Estos símbolos de seguridad se usan en el laboratorio y en investig
Aprende su significado y consúltalos con frecuencia. *Recuerda lava*

EQUIPO DE PROTECCIÓN   No empieces ningún laborat

 GAFAS PROTECTORAS Debes usar protección adecuada para los ojos cuando realices u observes actividades de ciencias que impliquen objetos o situaciones como los que se enumeran a continuación.

 DELANTAL Ponte un delantal cuando uses sustancias que puedan manchar, mojar o destruir la ropa.

 JABÓN ...las manos con agua y jabón antes de quitarte las gafas protectoras y después de todas las actividades del laboratorio.

 GUANTES Usa guantes cuando trabajes con materiales biológicos, sustancias químicas, animales, o que puedan manchar o irritar las manos.

RIESGOS EN EL LABORATORIO

Símbolos	Riesgos potenciales	Precaución	Reacción
DESECHOS	contaminación del salón de clases o del medioambiente debido al desecho inadecuado de materiales como sustancias químicas y especímenes vivos	• NO deseches materiales peligrosos en el lavamanos o la caneca de basura. • Desecha los desperdicios como indique tu profesor.	• Si se desechan materiales peligrosos inadecuadamente, informa a tu profesor de inmediato.
TEMPERATURA ALTA	la piel se quema debido a materiales extremadamente calientes o fríos como vidrio caliente, líquidos o metales calientes; nitrógeno líquido; hielo seco	• Usa equipo de protección adecuado como guantes resistentes al calor y/o pinzas, cuando manipules objetos con temperaturas altas.	• En caso de herida, informa a tu profesor de inmediato.
OBJETOS AFILADOS	punciones o cortes por objetos afilados como cuchillas de afeitar, alfileres, escalpelos y vidrios rotos	• Manipula los objetos de vidrio con cuidado para evitar que se rompan. • Camina con los objetos afilados hacia abajo, alejados de ti y los demás.	• En caso de que se rompa un vidrio o se produzca una herida, informa a tu profesor de inmediato.
ELECTRICIDAD	choque eléctrico o quemadura de piel debido a la conexión a tierra inadecuada, cortocircuitos, derrames de líquidos o cables expuestos	• Revisa el estado de los cables y los aparatos en busca de cables pelados o sin aislar, y equipo roto o partido. • Usa solo tomacorrientes con conexión a tierra (ICFT).	• NO trates de reparar problemas eléctricos. Informa a tu profesor de inmediato.
SUSTANCIA QUÍMICA	irritación de piel o quemaduras, dificultad para respirar y/o envenenamiento debido al contacto, ingestión o inhalación de sustancias químicas como ácidos, bases, blanqueador, compuestos metálicos, yodo, poinsettias, polen, amoniaco, acetona, quitaesmaltes, sustancias químicas calientes, bolas de naftalina y otras sustancias químicas rotuladas o conocidas como peligrosas	• Usa equipo de protección adecuado como gafas protectoras, delantal y guantes cuando uses sustancias químicas. • Asegúrate de que haya ventilación adecuada o usa una campana extractora de vapores cuando uses materiales que producen gases. • NUNCA huelas los gases directamente. • NUNCA pruebes ni comas ningún material en el laboratorio.	• En caso de contacto, lava la zona afectada de inmediato e informa a tu profesor. • En caso de derrame, evacua la zona de inmediato e informa a tu profesor.
MATERIAL INFLAMABLE	fuego inesperado debido a líquidos o gases que hacen combustión fácilmente como el alcohol antiséptico	• Evita llamas encendidas, chispas, o calor cuando líquidos inflamables estén presentes.	• En caso de incendio, evacua la zona de inmediato e informa a tu profesor.
LLAMA ENCENDIDA	quemaduras o incendios debido a la llama encendida de fósforos, mecheros Bunsen, o materiales en combustión	• Recógete el cabello y asegura tu ropa. • Mantén la llama alejada de todos los materiales. • Sigue las instrucciones del profesor para encender y apagar llamas. • Usa protección adecuada, como guantes resistentes al calor o pinzas, cuando manipules objetos calientes.	• En caso de incendio, evacua la zona de inmediato e informa a tu profesor.
SEGURIDAD ANIMAL	heridas causadas a animales de laboratorio u ocasionadas por estos	• Usa equipo de protección adecuado como guantes, delantal y gafas protectoras cuando trabajes con animales. • Lávate las manos después de manipular animales.	• En caso de herida, informa a tu profesor de inmediato.
MATERIAL BIOLÓGICO	infección o reacción adversa debido al contacto con organismos como bacterias, hongos y materiales biológicos como sangre, materiales animales o vegetales	• Usa equipo de protección adecuado como guantes, gafas protectoras y delantal cuando trabajes con materiales biológicos. • Evita contacto con el organismo o con cualquier parte de este. • Lávate las manos después de manipular los organismos.	• En caso de contacto, lava la zona afectada e informa a tu profesor de inmediato.
SUSTANCIA VOLÁTIL	dificultades respiratorias causadas por inhalación de sustancias volátiles como amoniaco, acetona, quitaesmaltes, sustancias químicas calientes y bolas de naftalina	• Usa gafas protectoras, delantal y guantes. • Asegúrate de que haya ventilación adecuada o usa una campana extractora de vapores cuando uses sustancias que produzcan gases. • NUNCA huelas los gases directamente.	• En caso de derrame, evacua la zona de inmediato e informa a tu profesor.
SUSTANCIA IRRITANTE	irritación de piel, membranas mucosas, o vías respiratorias debido a materiales como ácidos, bases, blanqueador, polen, bolas de naftalina, virutas de acero y permanganato de potasio	• Usa gafas protectoras, delantal y guantes. • Usa una máscara antipolvo para protegerte contra partículas finas.	• En caso de contacto con la piel, lava la zona afectada de inmediato e informa a tu profesor.
MATERIAL RADIACTIVO	exposición excesiva a partículas alfa, beta y gamma	• Quítate los guantes y lávate las manos con jabón y agua antes de quitarte el resto del equipo de protección.	• Si se encuentran grietas o huecos en el recipiente, informa a tu profesor de inmediato.

Get Connected to ConnectED

connectED.mcgraw-hill.com

Your online portal to everything you need!
- One-Stop Shop, One Personalized Password
- Easy Intuitive Navigation
- Resources, Resources, Resources

For Students
Leave your books at school. Now you can go online and interact with your StudentWorks™ Plus digital Student Edition from any place, any time!

For Teachers
ConnectED is your one-stop online center for everything you need to teach, including: digital eTeacher Edition, lesson planning and scheduling tools, pacing, and assessment.

For Parents
Get homework help, help your student prepare for testing, and review science topics.

Logon today and get ConnectED!

Tu portal en línea para todo lo que necesitas

connectED.mcgraw-hill.com

Busca estos iconos para acceder a estos emocionantes recursos digitales

- Video
- Audio
- Review
- Inquiry
- WebQuest
- Assessment
- Concepts in Motion

TIERRA Y ESPACIO

CIENCIAS

Glencoe

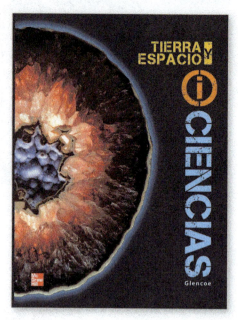

Geoda

Este es un corte transversal de una geoda, un tipo de roca. Generalmente, el exterior de la geoda es de piedra caliza, pero el interior contiene cristales minerales. Los cristales llenan parcialmente esta geoda, pero otras geodas están completamente ocupadas con cristales.

Copyright © 2012 The McGraw-Hill Companies, Inc. All rights reserved. No part of this publication may be reproduced or distributed in any form or by any means, or stored in a database or retrieval system, without the prior written consent of The McGraw-Hill Companies, Inc., including, but not limited to, network storage or transmission, or broadcast for distance learning.

Send all inquiries to:
McGraw-Hill Education
8787 Orion Place
Columbus, OH 43240-4027

ISBN: 978-0-07-896021-5
MHID: 0-07-896021-5

Printed in the United States of America.

9 10 11 12 13 LHN 24 23 22 21 20

Contenido breve

Métodos de la ciencia..NDLC 2

Unidad 1

Exploración de la Tierra..................................2
- **Capítulo 1** Cartografía de la Tierra 6
- **Capítulo 2** Estructura de la Tierra 38
- **Capítulo 3** Minerales 74
- **Capítulo 4** Rocas..108
- **Capítulo 5** Meteorización y suelo................................146
- **Capítulo 6** Erosión y deposición 174

Unidad 2

Cambios geológicos 210
- **Capítulo 7** Tectónica de placas 214
- **Capítulo 8** Dinámica de la Tierra.................................250
- **Capítulo 9** Terremotos y volcanes 290
- **Capítulo 10** Indicios del pasado de la Tierra...................324
- **Capítulo 11** Tiempo geológico 360

Unidad 3

Tiempo atmosférico y clima 402
- **Capítulo 12** Atmósfera de la Tierra...............................406
- **Capítulo 13** Tiempo atmosférico 448
- **Capítulo 14** Clima...484

Unidad 4

Agua y otros recursos..................................520
- **Capítulo 15** Agua de la Tierra.......................................524
- **Capítulo 16** Océanos..560
- **Capítulo 17** Agua dulce 604
- **Capítulo 18** Recursos naturales....................................640

Unidad 5

Exploración del universo..............................682
- **Capítulo 19** Exploración del espacio.............................686
- **Capítulo 20** El sistema Sol-Tierra-Luna 722
- **Capítulo 21** El sistema solar 758
- **Capítulo 22** Estrellas y galaxias....................................798

Authors and Contributors

Authors

American Museum of Natural History
New York, NY

Michelle Anderson, MS
Lecturer
The Ohio State University
Columbus, OH

Juli Berwald, PhD
Science Writer
Austin, TX

John F. Bolzan, PhD
Science Writer
Columbus, OH

Rachel Clark, MS
Science Writer
Moscow, ID

Patricia Craig, MS
Science Writer
Bozeman, MT

Randall Frost, PhD
Science Writer
Pleasanton, CA

Lisa S. Gardiner, PhD
Science Writer
Denver, CO

Jennifer Gonya, PhD
The Ohio State University
Columbus, OH

Mary Ann Grobbel, MD
Science Writer
Grand Rapids, MI

Whitney Crispen Hagins, MA, MAT
Biology Teacher
Lexington High School
Lexington, MA

Carole Holmberg, BS
Planetarium Director
Calusa Nature Center and Planetarium, Inc.
Fort Myers, FL

Tina C. Hopper
Science Writer
Rockwall, TX

Jonathan D. W. Kahl, PhD
Professor of Atmospheric Science
University of Wisconsin-Milwaukee
Milwaukee, WI

Nanette Kalis
Science Writer
Athens, OH

S. Page Keeley, MEd
Maine Mathematics and Science Alliance
Augusta, ME

Cindy Klevickis, PhD
Professor of Integrated Science and Technology
James Madison University
Harrisonburg, VA

Kimberly Fekany Lee, PhD
Science Writer
La Grange, IL

Michael Manga, PhD
Professor
University of California, Berkeley
Berkeley, CA

Devi Ried Mathieu
Science Writer
Sebastopol, CA

Elizabeth A. Nagy-Shadman, PhD
Geology Professor
Pasadena City College
Pasadena, CA

William D. Rogers, DA
Professor of Biology
Ball State University
Muncie, IN

Donna L. Ross, PhD
Associate Professor
San Diego State University
San Diego, CA

Marion B. Sewer, PhD
Assistant Professor
School of Biology
Georgia Institute of Technology
Atlanta, GA

Julia Meyer Sheets, PhD
Lecturer
School of Earth Sciences
The Ohio State University
Columbus, OH

Michael J. Singer, PhD
Professor of Soil Science
Department of Land, Air and Water Resources
University of California
Davis, CA

Karen S. Sottosanti, MA
Science Writer
Pickerington, Ohio

Paul K. Strode, PhD
I.B. Biology Teacher
Fairview High School
Boulder, CO

Jan M. Vermilye, PhD
Research Geologist
Seismo-Tectonic Reservoir Monitoring (STRM)
Boulder, CO

Judith A. Yero, MA
Director
Teacher's Mind Resources
Hamilton, MT

Dinah Zike, MEd
Author, Consultant, Inventor of Foldables
Dinah Zike Academy; Dinah-Might Adventures, LP
San Antonio, TX

Margaret Zorn, MS
Science Writer
Yorktown, VA

Consulting Authors

Alton L. Biggs
Biggs Educational Consulting
Commerce, TX

Ralph M. Feather, Jr., PhD
Assistant Professor
Department of Educational
Studies and Secondary Education
Bloomsburg University
Bloomsburg, PA

Douglas Fisher, PhD
Professor of Teacher Education
San Diego State University
San Diego, CA

Edward P. Ortleb
Science/Safety Consultant
St. Louis, MO

Series Consultants

Science

Solomon Bililign, PhD
Professor
Department of Physics
North Carolina Agricultural and
Technical State University
Greensboro, NC

John Choinski
Professor
Department of Biology
University of Central Arkansas
Conway, AR

Anastasia Chopelas, PhD
Research Professor
Department of Earth and Space
Sciences
UCLA
Los Angeles, CA

David T. Crowther, PhD
Professor of Science Education
University of Nevada, Reno
Reno, NV

A. John Gatz
Professor of Zoology
Ohio Wesleyan University
Delaware, OH

Sarah Gille, PhD
Professor
University of California San
Diego
La Jolla, CA

David G. Haase, PhD
Professor of Physics
North Carolina State University
Raleigh, NC

Janet S. Herman, PhD
Professor
Department of Environmental
Sciences
University of Virginia
Charlottesville, VA

David T. Ho, PhD
Associate Professor
Department of Oceanography
University of Hawaii
Honolulu, HI

Ruth Howes, PhD
Professor of Physics
Marquette University
Milwaukee, WI

Jose Miguel Hurtado, Jr., PhD
Associate Professor
Department of Geological
Sciences
University of Texas at El Paso
El Paso, TX

Monika Kress, PhD
Assistant Professor
San Jose State University
San Jose, CA

Mark E. Lee, PhD
Associate Chair & Assistant
Professor
Department of Biology
Spelman College
Atlanta, GA

Linda Lundgren
Science writer
Lakewood, CO

Keith O. Mann, PhD
Ohio Wesleyan University
Delaware, OH

Charles W. McLaughlin, PhD
Adjunct Professor of Chemistry
Montana State University
Bozeman, MT

Katharina Pahnke, PhD
Research Professor
Department of Geology and
Geophysics
University of Hawaii
Honolulu, HI

Jesús Pando, PhD
Associate Professor
DePaul University
Chicago, IL

Hay-Oak Park, PhD
Associate Professor
Department of Molecular
Genetics
Ohio State University
Columbus, OH

David A. Rubin, PhD
Associate Professor of Physiology
School of Biological Sciences
Illinois State University
Normal, IL

Toni D. Sauncy
Assistant Professor of Physics
Department of Physics
Angelo State University
San Angelo, TX

Series Consultants, continued

Malathi Srivatsan, PhD
Associate Professor of Neurobiology
College of Sciences and Mathematics
Arkansas State University
Jonesboro, AR

Cheryl Wistrom, PhD
Associate Professor of Chemistry
Saint Joseph's College
Rensselaer, IN

Reading

ReLeah Cossett Lent
Author/Educational Consultant
Blue Ridge, GA

Math

Vik Hovsepian
Professor of Mathematics
Rio Hondo College
Whittier, CA

Series Reviewers

Thad Boggs
Mandarin High School
Jacksonville, FL

Catherine Butcher
Webster Junior High School
Minden, LA

Erin Darichuk
West Frederick Middle School
Frederick, MD

Joanne Hedrick Davis
Murphy High School
Murphy, NC

Anthony J. DiSipio, Jr.
Octorara Middle School
Atglen, PA

Adrienne Elder
Tulsa Public Schools
Tulsa, OK

Carolyn Elliott
Iredell-Statesville Schools
Statesville, NC

Christine M. Jacobs
Ranger Middle School
Murphy, NC

Jason O. L. Johnson
Thurmont Middle School
Thurmont, MD

Felecia Joiner
Stony Point Ninth Grade Center
Round Rock, TX

Joseph L. Kowalski, MS
Lamar Academy
McAllen, TX

Brian McClain
Amos P. Godby High School
Tallahassee, FL

Von W. Mosser
Thurmont Middle School
Thurmont, MD

Ashlea Peterson
Heritage Intermediate Grade Center
Coweta, OK

Nicole Lenihan Rhoades
Walkersville Middle School
Walkersville, MD

Maria A. Rozenberg
Indian Ridge Middle School
Davie, FL

Barb Seymour
Westridge Middle School
Overland Park, KS

Ginger Shirley
Our Lady of Providence Junior-Senior High School
Clarksville, IN

Curtis Smith
Elmwood Middle School
Rogers, AR

Sheila Smith
Jackson Public School
Jackson, MS

Sabra Soileau
Moss Bluff Middle School
Lake Charles, LA

Tony Spoores
Switzerland Country Middle School
Vevay, IN

Nancy A. Stearns
Switzerland Country Middle School
Vevay, IN

Kari Vogel
Princeton Middle School
Princeton, MN

Alison Welch
Wm. D. Slider Middle School
El Paso, TX

Linda Workman
Parkway Northeast Middle School
Creve Coeur, MO

Teacher Advisory Board

The Teacher Advisory Board gave the authors, editorial staff, and design team feedback on the content and design of the Student Edition. They provided valuable input in the development of *Glencoe Earth iScience*.

Frances J. Baldridge
Department Chair
Ferguson Middle School
Beavercreek, OH

Jane E. M. Buckingham
Teacher
Crispus Attucks Medical Magnet High School
Indianapolis, IN

Elizabeth Falls
Teacher
Blalack Middle School
Carrollton, TX

Nelson Farrier
Teacher
Hamlin Middle School
Springfield, OR

Michelle R. Foster
Department Chair
Wayland Union Middle School
Wayland, MI

Rebecca Goodell
Teacher
Reedy Creek Middle School
Cary, NC

Mary Gromko
Science Supervisor K–12
Colorado Springs District 11
Colorado Springs, CO

Randy Mousley
Department Chair
Dean Ray Stucky Middle School
Wichita, KS

David Rodriguez
Teacher
Swift Creek Middle School
Tallahassee, FL

Derek Shook
Teacher
Floyd Middle Magnet School
Montgomery, AL

Karen Stratton
Science Coordinator
Lexington School District One
Lexington, SC

Stephanie Wood
Science Curriculum Specialist, K–12
Granite School District
Salt Lake City, UT

Online Guide

Get ConnectED
connectED.mcgraw-hill.com

ConnectED
▶ **Your Digital Science Portal**

   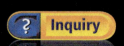 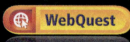

Observa la ciencia en la vida real mediante estos emocionantes videos.

Haz clic en el vínculo y escucharás el texto mientras lo lees.

Ensaya estas herramientas interactivas para ayudarte a repasar los conceptos de la lección.

Explora conceptos en laboratorios presenciales y laboratorios virtuales.

Estos retos para resolver en la web relacionan los conceptos que estás aprendiendo con las últimas noticias e investigaciones.

Los iconos de la edición del estudiante en línea te ofrecen oportunidades de aprendizaje interactivas. Navega por tu libro en línea para saber más.

Personal Tutor

Concepts in Motion

Animation

"Es **fácil** hacer mis tareas en línea y puedo encontrar **rápidamente** todo lo que necesito".

Assessment

Verifica la comprensión de los conceptos con las pruebas y las preguntas de práctica en línea.

Concepts in Motion

El libro de texto cobra vida con las explicaciones animadas de conceptos importantes.

Multilingual eGlossary

Lee vocabulario clave en 13 idiomas.

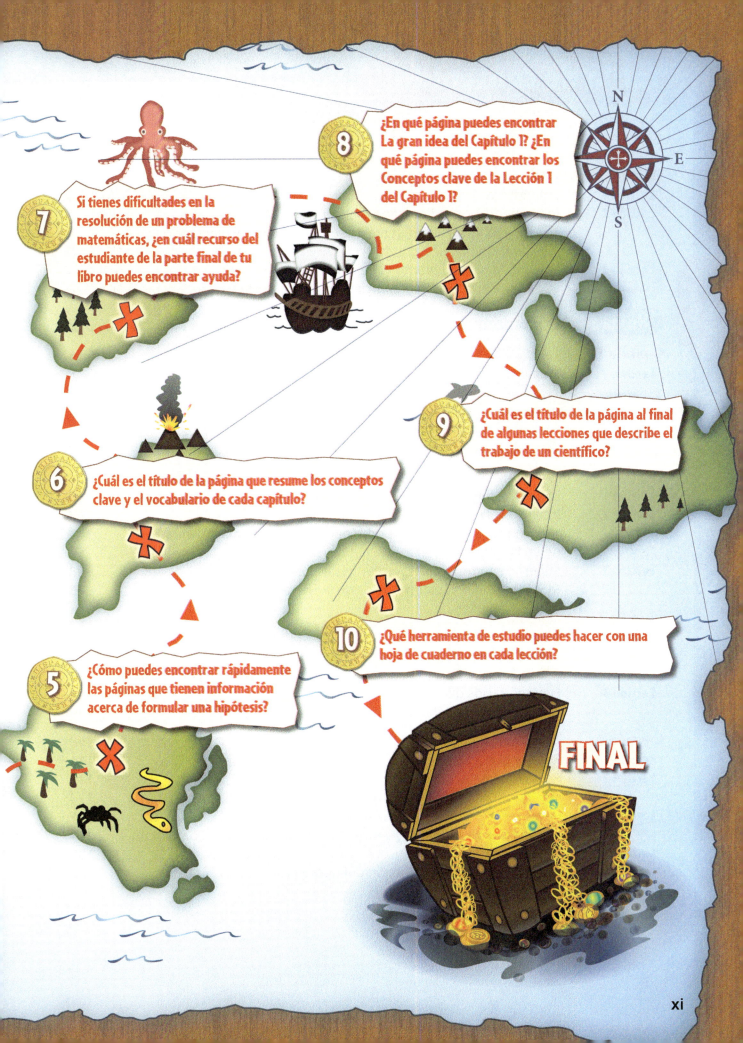

Tabla de contenido

Métodos de la ciencia.. NDLC 2
   Lección 1   Entender la ciencia... NDLC 4
   Lección 2   Instrumentos científicos y de medición................... NDLC 12
         Práctica de destrezas ¿Qué puedes aprender recolectando y analizando datos?.. NDLC 19
   Lección 3   Estudio de caso: El último viaje del Hombre de Hielo.............. NDLC 20
         Laboratorio Hacer inferencias a partir de evidencias indirectas... NDLC 28

Unidad 1   Exploración de la Tierra.. 2

Capítulo 1   **Cartografía de la Tierra**... 6
   Lección 1   Mapas.. 8
         Práctica de destrezas ¿Cómo puedes hacer caber todo tu salón de clase en una hoja de papel?... 17
   Lección 2   Tecnología y cartografía... 18
         Laboratorio ¿Estás viendo doble?...................................... 30

Capítulo 2   **Estructura de la Tierra**... 38
   Lección 1   La Tierra esférica.. 40
   Lección 2   Interior de la Tierra... 48
         Práctica de destrezas ¿Cómo puedes encontrar la densidad de un líquido?.. 57
   Lección 3   Superficie terrestre.. 58
         Laboratorio Hacer modelos de la Tierra y sus capas............... 66

Capítulo 3   **Minerales**... 74
   Lección 1   ¿Qué es un mineral?... 76
   Lección 2   ¿Cómo se identifican los minerales?.................................... 86
         Práctica de destrezas ¿Cómo determinas la densidad de un mineral?.. 93
   Lección 3   Fuentes y usos de los minerales.. 94
         Laboratorio Detective mineral....................................... 100

Capítulo 4   **Rocas**... 108
   Lección 1   Rocas y el ciclo geológico... 110
   Lección 2   Rocas ígneas.. 118
         Práctica de destrezas ¿Cómo identificas las rocas ígneas?........... 124
   Lección 3   Rocas sedimentarias.. 125
         Práctica de destrezas ¿Cómo se clasifican las rocas sedimentarias?... 131
   Lección 4   Rocas metamórficas.. 132
         Laboratorio Identificación del tipo de roca......................... 138

Tabla de contenido

Capítulo 5 **Meteorización y suelo**..**146**
Lección 1 Meteorización..148
 Práctica de destrezas ¿Qué causa la meteorización?.................156
Lección 2 Suelo..157
 Laboratorio Los horizontes y la formación del suelo.................166

Capítulo 6 **Erosión y deposición**..**174**
Lección 1 Los procesos de erosión y deposición....................................176
Lección 2 Accidentes geográficos formados por agua y viento 186
 Práctica de destrezas ¿Cómo ocurren la erosión y la deposición
 por agua a lo largo de un río?...194
Lección 3 Transporte en masa y glaciares...195
 Laboratorio Cómo evitar un deslizamiento de tierra..................202

Unidad 2 **Cambios geológicos**..**210**

Capítulo 7 **Tectónica de placas**..**214**
Lección 1 La hipótesis de la deriva continental......................................216
Lección 2 Desarrollo de una teoría...224
 Práctica de destrezas ¿Cómo las rocas del fondo oceánico varían
 en edad al alejarse de la dorsal meso-oceánica?...................231
Lección 3 La teoría de la tectónica de placas..232
 Laboratorio Movimiento de los límites de placas.....................242

Capítulo 8 **Dinámica de la Tierra**..**250**
Lección 1 Fuerzas que dan forma a la Tierra..252
 Práctica de destrezas ¿Puedes medir cómo la presión deforma
 la masilla?..259
Lección 2 Accidentes geográficos en los límites de placas.........................260
Lección 3 Formación de montañas 268
 Práctica de destrezas ¿Cuáles son los procesos tectónicos principales
 que han dado forma a América del Norte?.........................275
Lección 4 Formación de continentes..276
 Laboratorio Diseña accidentes geográficos...........................282

Capítulo 9 **Terremotos y volcanes**..**290**
Lección 1 Terremotos...292
 Práctica de destrezas ¿Puedes localizar el epicentro de un terremoto?..304
Lección 2 Volcanes..306
 Laboratorio Los peligros del monte Rainier..........................316

Capítulo 10 **Indicios del pasado de la Tierra**.............................**324**
Lección 1 Fósiles..326
Lección 2 Datación relativa..336
 Práctica de destrezas ¿Puedes correlacionar formaciones rocosas?...343
Lección 3 Datación absoluta...344
 Laboratorio Correlaciona rocas usando fósiles índice.................352

xiii

Tabla de contenido

Capítulo 11	**Tiempo geológico**	**360**
Lección 1	Historia geológica y la evolución de la vida	362
	Práctica de destrezas ¿Cómo ha cambiado la vida con el paso del tiempo?	369
Lección 2	La era Paleozoica	370
	Práctica de destrezas ¿Cuándo se formó el carbón?	377
Lección 3	La era Mesozoica	378
Lección 4	La era Cenozoica	386
	Laboratorio Cómo hacer un modelo del tiempo geológico	394

Unidad 3 — Tiempo atmosférico y clima 402

Capítulo 12	**Atmósfera de la Tierra**	**406**
Lección 1	Descripción de la atmósfera de la Tierra	408
Lección 2	Transferencia de energía en la atmósfera	417
	Práctica de destrezas ¿Puedes crear conducción, convección y radiación?	425
Lección 3	Corrientes de aire	426
	Práctica de destrezas ¿Puedes hacer un modelo de los patrones de viento global?	432
Lección 4	Calidad del aire	433
	Laboratorio Absorción de energía radiante	440
Capítulo 13	**Tiempo atmosférico**	**448**
Lección 1	Descripción del tiempo atmosférico	450
Lección 2	Patrones del tiempo atmosférico	458
	Práctica de destrezas ¿Por qué cambia el tiempo atmosférico?	469
Lección 3	Pronósticos del tiempo atmosférico	470
	Laboratorio ¿Puedes predecir el tiempo atmosférico?	476
Capítulo 14	**Clima**	**484**
Lección 1	Climas de la Tierra	486
	Práctica de destrezas ¿La reflexión de los rayos del sol puede cambiar el clima?	494
Lección 2	Ciclos del clima	495
Lección 3	Cambio climático reciente	504
	Laboratorio ¡El efecto invernadero es un gas!	512

Unidad 4 — Agua y otros recursos 520

Capítulo 15	**Agua de la Tierra**	**524**
Lección 1	El planeta de agua	526
Lección 2	Las propiedades del agua	536
	Práctica de destrezas ¿Por qué el agua líquida es más densa que el hielo?	544
Lección 3	Calidad del agua	545
	Laboratorio La temperatura y la densidad del agua	552

Tabla de contenido

Capítulo 16   **Océanos**..560
- **Lección 1**   Composición y estructura de los océanos de la Tierra....................562
- **Lección 2**   Olas y mareas oceánicas..572
  - **Práctica de destrezas** Mareas altas en la bahía de Fundy..............579
- **Lección 3**   Corrientes oceánicas...580
  - **Práctica de destrezas** ¿Cómo los oceanógrafos estudian las corrientes oceánicas?...587
- **Lección 4**   Impactos ambientales en los océanos..............................588
  - **Laboratorio** Predicción de avistamientos de ballenas con base en la surgencia...596

Capítulo 17   **Agua dulce**...604
- **Lección 1**   Glaciares y mantos de hielo polar.................................606
- **Lección 2**   Corrientes de agua y lagos..616
  - **Práctica de destrezas** ¿Cómo el agua desemboca en las corrientes de agua y sale de ellas?..623
- **Lección 3**   Agua subterránea y humedales....................................624
  - **Laboratorio** ¿Qué se puede hacer contra la polución?................632

Capítulo 18   **Recursos naturales**...640
- **Lección 1**   Recursos de energía..642
  - **Práctica de destrezas** ¿Cómo puedes identificar los sesgos y su fuente?...651
- **Lección 2**   Recursos de energía renovables...................................652
  - **Práctica de destrezas** ¿Cómo puedes analizar los datos de consumo de energía como información para ayudar a ahorrar energía?...........659
- **Lección 3**   Recursos de la tierra...660
- **Lección 4**   Recursos del aire y del agua......................................668
  - **Laboratorio** Investigación de ahorro de energía y uso de recursos...674

Unidad 5   Exploración del universo..................................682

Capítulo 19   **Exploración del espacio**......................................686
- **Lección 1**   Observación del universo..688
  - **Práctica de destrezas** ¿Cómo puedes elaborar un telescopio simple?..697
- **Lección 2**   Comienzos de la exploración del espacio...........................698
- **Lección 3**   Misiones espaciales recientes y futuras.............................706
  - **Laboratorio** Diseña y construye un hábitat en la Luna................714

Capítulo 20   **El sistema Sol-Tierra-Luna**...................................722
- **Lección 1**   Movimiento de la Tierra...724
  - **Práctica de destrezas** ¿Cómo el eje de rotación inclinado de la Tierra afecta las estaciones?...733
- **Lección 2**   La Luna de la Tierra...734
- **Lección 3**   Eclipses y mareas..742
  - **Laboratorio** Las fases de la Luna...................................750

xv

Tabla de contenido

Capítulo 21   **El sistema solar** **758**
- **Lección 1**   La estructura del sistema solar 760
- **Lección 2**   Los planetas interiores 768
  - **Práctica de destrezas** ¿Qué podemos aprender acerca de los planetas graficando sus características? 775
- **Lección 3**   Los planetas exteriores 776
- **Lección 4**   Los planetas enanos y otros objetos 784
  - **Laboratorio** El sistema solar a escala 790

Capítulo 22   **Estrellas y galaxias** **798**
- **Lección 1**   La vista desde la Tierra 800
  - **Práctica de destrezas** ¿Cómo puedes usar ilustraciones científicas para ubicar constelaciones? 807
- **Lección 2**   El Sol y las otras estrellas 808
- **Lección 3**   Evolución de las estrellas 816
  - **Práctica de destrezas** ¿Cómo graficar datos te puede ayudar a entender las estrellas? 823
- **Lección 4**   Las galaxias y el universo 824
  - **Laboratorio** Describe un viaje por el espacio 832

Recursos del estudiante

Manual de destrezas científicas **RDE-2**
- Los métodos científicos RDE-2
- Símbolos de seguridad RDE-11
- La seguridad en el laboratorio de ciencias RDE-12

Manual de destrezas matemáticas **RDE-14**
- Repaso de matemáticas RDE-14
- Las aplicaciones de la ciencia RDE-24

Manual de Foldables **RDE-29**

Manual de referencia **RDE-40**
- Tabla periódica de los elementos RDE-40
- Símbolos para mapas topográficos RDE-42
- Rocas RDE-43
- Minerales RDE-44
- Símbolos para mapas del tiempo atmosférico RDE-46

Glosario **G-2**
Índice **I-2**
Créditos **C-2**

Investigación

Laboratorio de inicio

- **1-1** ¿Cómo irás desde acá hasta allá?............9
- **1-2** ¿Será esta una caminata fácil o exigente?...19
- **2-1** ¿Cómo puedes hacer modelos de las esferas de la Tierra?......................41
- **2-2** ¿Cómo puedes hacer un modelo de las capas de la Tierra?......................49
- **2-3** ¿Cómo puedes medir el relieve topográfico?...........................59
- **3-1** ¿Son las rocas y los minerales lo mismo?...77
- **3-2** ¿Puedes crear cristales a partir de una solución?................................87
- **3-3** ¿Cuáles son algunos usos comunes de los minerales?........................95
- **4-1** ¿Qué hay en una roca?............... 111
- **4-2** ¿Cómo se forman las rocas ígneas?...... 119
- **4-3** ¿En qué se diferencian las rocas sedimentarias?...................... 126
- **4-4** ¿De qué manera la presión afecta la formación de las rocas?............... 133
- **5-1** ¿Cómo las rocas se pueden romper?..... 149
- **5-2** ¿Qué hay en tu suelo?................. 158
- **6-1** ¿En qué difieren la forma y el tamaño del sedimento?....................... 177
- **6-2** ¿Cómo el agua y el viento dan forma a la Tierra?........................... 187
- **6-3** ¿De qué manera un glaciar en movimiento da forma a la superficie terrestre?....... 196
- **7-1** ¿Puedes armar un rompecabezas con la cáscara de una naranja?.............. 217
- **7-2** ¿Puedes calcular la edad del pegamento?.. 225
- **7-3** ¿Puedes determinar la densidad cuando observas la flotabilidad?................ 233
- **8-1** ¿Las rocas se doblan?................... 253
- **8-2** ¿Qué sucede cuando las placas tectónicas chocan?..................... 261
- **8-3** ¿Qué pasa cuando las placas tectónicas de la Tierra divergen?................... 269
- **8-4** ¿Cómo crecen los continentes?.......... 277
- **9-1** ¿Qué causa los terremotos?............. 293
- **9-2** ¿Qué determina la forma de un volcán?.. 307
- **10-1** ¿Qué pueden mostrar las trazas fósiles?. 327
- **10-2** ¿Cuál capa de roca es la más antigua?... 337
- **10-3** ¿Cómo puedes describir tu edad?....... 345
- **11-1** ¿Puedes hacer una línea cronológica de tu vida?........................... 363
- **11-2** ¿Qué puedes aprender sobre tus antepasados?......................... 371
- **11-3** ¿Qué diversidad de dinosaurios existió?. 379
- **11-4** ¿Qué evidencias tienes de que fuiste al preescolar?....................... 387
- **12-1** ¿Dónde aplica presión el aire?........... 409
- **12-2** ¿Qué le ocurre al aire a medida que se calienta?............................ 418
- **12-3** ¿Por qué se mueve el aire?.............. 427
- **12-4** ¿Cómo se forma la lluvia ácida?......... 434
- **13-1** ¿Puedes formar nubes en una bolsa plástica?................................ 451
- **13-2** ¿Cómo la temperatura puede afectar la presión?............................ 459
- **13-3** ¿Entiendes el reporte del tiempo atmosférico?.......................... 471
- **14-1** ¿Cómo se comparan los climas?......... 487
- **14-2** ¿Cómo el eje inclinado de la Tierra afecta el clima?....................... 496
- **14-3** ¿Qué cambia el clima?.................. 505
- **15-1** ¿Cuál se calienta más rápido?........... 527
- **15-2** ¿Cuántas gotas caben en un centavo?... 537
- **15-3** ¿Cómo puedes analizar la turbidez del agua?............................. 546
- **16-1** ¿Cómo se relacionan la sal y la densidad?... 563
- **16-2** ¿Cómo se mide el nivel del mar?........ 573
- **16-3** ¿Cómo el viento mueve el agua?........ 581
- **16-4** ¿Qué le ocurre a los desechos en los océanos?............................. 589
- **17-1** ¿Dónde está toda el agua de la Tierra?... 607
- **17-2** ¿Cómo puedes medir la salud de una corriente de agua?..................... 617
- **17-3** ¿Cómo es de firme la superficie de la Tierra?.......................... 625
- **18-1** ¿Cómo usas los recursos de energía?.... 643
- **18-2** ¿Cómo pueden las fuentes de energía renovable generar energía en tu casa?... 653
- **18-3** ¿Qué recursos de la tierra usas todos los días?.............................. 661

Investigación

18-4 ¿Con qué frecuencia usas agua cada día?...669
19-1 ¿Ves lo que yo veo?...................... 689
19-2 ¿Cómo funcionan los cohetes?.......... 699
19-3 ¿Cómo se usa la gravedad para enviar naves espaciales lejos en el espacio?.... 707
20-1 ¿La forma de la Tierra afecta las temperaturas en su superficie?.......... 725
20-2 ¿Por qué parece que la Luna cambia de forma?................................. 735
20-3 ¿Cómo cambian las sombras?........... 743
21-1 ¿Cómo sabes qué unidad de distancia usar? 761
21-2 ¿Qué afecta a la temperatura de los planetas interiores?..................... 769
21-3 ¿Cómo vemos los objetos distantes en el sistema solar?..................... 777
21-4 ¿Cómo se formarían los asteroides y las lunas?................................ 785
22-1 ¿Cómo puedes "ver" la energía invisible?................................. 801
22-2 ¿Qué son esas manchas en el Sol?...... 809
22-3 ¿Las estrellas tienen ciclos de vida?..... 817
22-4 ¿Se mueve el universo?................. 825

Investigación MiniLab

1-1 ¿Puedes hallar la latitud y la longitud?..... 13
1-2 ¿Puedes construir un perfil topográfico?...22
2-1 ¿Cuáles materiales se hundirán?...........44
2-2 ¿Cuál líquido es más denso?...............51
2-3 ¿En qué se parecen los accidentes geográficos? 61
3-1 ¿Cómo puedes diferenciar los cristales?....80
3-2 ¿En qué se diferencian el clivaje y la fractura?..............................90
3-3 ¿Cómo se usan los minerales en nuestra vida diaria?......................98
4-1 ¿Puedes hacer un modelo del ciclo geológico? 115
4-2 ¿Qué relación hay entre la velocidad de enfriamiento y el tamaño del cristal?.... 120
4-3 ¿Dónde se formaron estas rocas?........ 128
4-4 ¿Puedes hacer un modelo del metamorfismo?........................ 134
5-1 ¿Cómo se meteorizan las rocas?......... 153
5-2 ¿Cómo puedes determinar la composición del suelo?.................. 159
6-1 ¿Puede medirse la meteorización?...... 179
6-2 ¿Cómo se forman las estalactitas?....... 190
6-3 ¿Cómo la pendiente de una colina afecta la erosión?...................... 198
7-1 ¿Cómo utilizas las pistas para encajar las piezas de un rompecabezas?......... 221
7-2 ¿Qué edad tiene el océano Atlántico? ... 227
7-3 ¿Cómo los cambios en la densidad generan movimiento? 238
8-1 ¿Qué pasará?........................... 256
8-2 ¿Qué relación hay entre el movimiento de placas y los accidentes geográficos?.. 264
8-3 ¿Cómo se forman las montañas plegadas? 272
8-4 ¿Puedes analizar un continente? 278
9-1 ¿Puedes usar la escala Mercalli para localizar un epicentro?.................. 300
9-2 ¿Puedes hacer un modelo del movimiento de magma?............................ 312
10-1 ¿De qué manera un fósil es un indicio?.. 328
10-2 ¿Puedes hacer un modelo de capas de roca?................................ 339
10-3 ¿Cuál es la vida media de un popote? ... 348
11-1 ¿Cómo el aislamiento geográfico afecta la evolución?..................... 366
11-2 ¿Qué pasaría si se formara un supercontinente?....................... 375
11-3 ¿Puedes correr como un reptil?.......... 382
11-4 ¿Qué le sucedió al puente intercontinental de Bering?............................. 392
12-1 ¿Por qué los muebles se llenan de polvo?.............................. 410
12-2 ¿Puedes identificar una inversión de temperatura?....................... 423
12-3 ¿Puedes modelar el efecto Coriolis?..... 429

Investigación

12-4 ¿Estar al aire libre puede ser dañino para tu salud?........................... 437
13-1 ¿Cuándo se formará rocío?.............. 453
13-2 ¿Cómo puedes observar la presión atmosférica? 461
13-3 ¿Cómo se representa el tiempo atmosférico en un mapa?................. 474
14-1 ¿En dónde se encuentran los microclimas?............................. 492
14-2 ¿Cómo varían los climas? 501
14-3 ¿Cuánto CO_2 emiten los vehículos?...... 509
15-1 ¿Qué le ocurre a la temperatura durante un cambio de estado? 531
15-2 ¿Todas las sustancias son menos densas en su estado sólido?..................... 541
15-3 ¿De qué manera los niveles de oxígeno afectan la vida marina?.................. 548
16-1 ¿Cómo la salinidad afecta la densidad del agua?............................... 565
16-2 ¿Puedes analizar los datos de la marea?.. 577
16-3 ¿Cómo la temperatura afecta las corrientes oceánicas?.................... 585
16-4 ¿Cómo el pH del agua de mar afecta a los organismos marinos?............... 594
17-1 ¿El color del suelo afecta la temperatura?.. 611
17-2 ¿Cómo una termoclina afecta la polución en un lago?............................. 620
17-3 ¿Puedes hacer un modelo de medioambientes de agua dulce?........ 630
18-1 ¿Cuál es tu reacción?..................... 647

18-2 ¿Cómo se usan los recursos de energía renovables en tu escuela?................ 657
18-3 ¿Cómo puedes administrar el uso del recurso de la tierra con responsabilidad ambiental?.............................. 662
18-4 ¿Cuánta agua puede desperdiciar un grifo con fugas?...................... 671
19-1 ¿Qué es la luz blanca?.................... 691
19-2 ¿Cómo la falta de fricción del espacio afecta las tareas simples?................. 703
19-3 ¿Qué condiciones se requieren para la vida en la Tierra?...................... 710
20-1 ¿Qué mantiene a la Tierra en órbita?..... 726
20-2 ¿Cómo puede rotar la Luna si el mismo lado de la Luna está siempre mirando a la Tierra?.............................. 738
20-3 ¿Cómo es la sombra de la Luna?......... 744
21-1 ¿Cómo harías un modelo de una órbita elíptica?................................. 765
21-2 ¿Cómo puedes hacer un modelo de los planetas interiores?................ 772
21-3 ¿Cómo las lunas de Saturno afectan sus anillos?............................. 781
21-4 ¿Cómo se forman los cráteres de impacto?. 788
22-1 ¿Cómo se diferencia la luz?.............. 803
22-2 ¿Puedes hacer un modelo de la estructura del Sol?....................... 810
22-3 ¿Cómo los astrónomos detectan los agujeros negros?.................... 820
22-4 ¿Puedes identificar una galaxia?......... 827

Investigación Práctica de destrezas

NDLC 2 ¿Qué puedes aprender recolectando y analizando datos?................ NDLC 19
1-1 ¿Cómo puedes hacer caber todo tu salón de clase en una hoja de papel?............17
2-2 ¿Cómo puedes encontrar la densidad de un líquido?...........................57
3-2 ¿Cómo determinas la densidad de un mineral?................................93
4-2 ¿Cómo identificas las rocas ígneas?...... 124
4-3 ¿Cómo se clasifican las rocas sedimentarias? 131

5-1 ¿Qué causa la meteorización?........... 156
6-2 ¿Cómo ocurren la erosión y la deposición por agua a lo largo de un río?........... 194
7-2 ¿Cómo las rocas del fondo oceánico varían en edad al alejarse de la dorsal meso-oceánica?......................... 231
8-1 ¿Puedes medir cómo la presión deforma la masilla?..................... 259
8-3 ¿Cuáles son los procesos tectónicos principales que han dado forma a América del Norte?.................... 275

xix

Investigación

9-1	¿Puedes localizar el epicentro de un terremoto?............................ 304	17-2	¿Cómo el agua desemboca en las corrientes de agua y sale de ellas?....... 623
10-2	¿Puedes correlacionar formaciones rocosas?................................. 343	18-1	¿Cómo puedes identificar los sesgos y su fuente?........................... 651
11-1	¿Cómo ha cambiado la vida con el paso del tiempo?........................... 369	18-2	¿Cómo puedes analizar los datos de consumo de energía como información para ayudar a ahorrar energía?.......... 659
11-2	¿Cuándo se formó el carbón?............ 377	19-1	¿Cómo puedes elaborar un telescopio simple?.................................... 697
12-2	¿Puedes crear conducción, convección y radiación?............................. 425	20-1	¿Cómo el eje de rotación inclinado de la Tierra afecta las estaciones?........ 733
12-3	¿Puedes hacer un modelo de los patrones de viento global?...................... 432	21-2	¿Qué podemos aprender acerca de los planetas graficando sus características? 775
13-2	¿Por qué cambia el tiempo atmosférico?.. 469		
14-1	¿La reflección de los rayos del sol puede cambiar el clima?...................... 494	22-1	¿Cómo puedes usar ilustraciones científicas para ubicar constelaciones? 807
15-2	¿Por qué el agua líquida es más densa que el hielo?............................ 544	22-3	¿Cómo graficar datos te puede ayudar a entender las estrellas?.................. 823
16-2	Mareas altas en la bahía de Fundy....... 579		
16-3	¿Cómo los oceanógrafos estudian las corrientes oceánicas?................... 587		

Investigación Laboratorio

NDLC 3	Hacer inferencias a partir de evidencias indirectas........................ NDLC 28	12-4	Absorción de energía radiante 440
1-2	¿Estás viendo doble?....................30	13-3	¿Puedes predecir el tiempo atmosférico?.. 476
2-3	Hacer modelos de la Tierra y sus capas....66	14-3	¡El efecto invernadero es un gas!........ 512
3-3	Detective mineral...................... 100	15-3	La temperatura y la densidad del agua.. 552
4-4	Identificación del tipo de roca........... 138	16-4	Predicción de avistamientos de ballenas con base en la surgencia................. 596
5-2	Los horizontes y la formación del suelo .. 166	17-3	¿Qué se puede hacer contra la polución?................................ 632
6-3	Cómo evitar un deslizamiento de tierra .. 202		
7-3	Movimiento de los límites de placas..... 242	18-4	Investigación de ahorro de energía y uso de recursos....................... 674
8-4	Diseña accidentes geográficos.......... 282		
9-2	Los peligros del monte Rainier.......... 316	19-3	Diseña y construye un hábitat en la Luna.. 714
10-3	Correlaciona rocas usando fósiles índice .. 352	20-3	Las fases de la Luna..................... 750
11-4	Cómo hacer un modelo del tiempo geológico................................ 394	21-4	El sistema solar a escala................. 790
		22-4	Describe un viaje por el espacio......... 832

Lecturas

CÓMO FUNCIONA

19-2 Sube. 705
22-2 Vista del Sol en 3D. 815

CÓMO FUNCIONA LA NATURALEZA

6-1 Pistas desde el Cañón 185
8-2 ¡Puntos calientes!. 267

CIENCIA VERDE

18-3 Una Greensburg más verde. 667

CIENCIA Y SOCIEDAD

13-1 ¿Hay relación entre los huracanes y el calentamiento global?. 457
17-1 La vida en la cima del mundo. 615
20-2 Regreso a la Luna. 741

PROFESIONES CIENTÍFICAS

2-1 Cápsulas del tiempo. 47
3-1 Miles de millones de años en la formación. 85
4-1 Un supervolcán hierve a fuego lento en silencio 117
7-1 Gondwana. 223
10-1 Fósiles perfectos: un raro hallazgo 335
11-3 Desentierran una sorpresa. 385
12-1 Una grieta en el escudo de la Tierra. . . 416
14-2 Congelado en el tiempo. 503
15-1 Océanos de nuevo en aumento 535
16-1 Exploración de los respiraderos de aguas profundas 571
21-3 Plutón 783

Naturaleza de la ciencia

Métodos de la ciencia

LA GRAN IDEA ¿Qué procesos usan los científicos cuando realizan investigaciones científicas?

Investigación ¿Agua rosada?

Este científico está usando tinte rosado para medir la velocidad del agua del glaciar en Groenlandia. Los científicos están comprobando la hipótesis de que la velocidad del agua del glaciar está aumentando debido a que los niveles de agua derretida, producida por el cambio climático, se están incrementando.

- ¿Qué es una hipótesis?
- ¿De qué otras maneras los científicos comprueban las hipótesis?
- ¿Qué procesos usan los científicos cuando realizan investigaciones científicas?

Unidad: Naturaleza de la CIENCIA

Este capítulo da inicio a tu estudio acerca de la naturaleza de la ciencia, pero en este libro hay aún más información sobre este tema. Cada unidad empieza explorando un tema importante que es fundamental para el estudio científico. A medida que leas estos temas, conocerás aún mejor la naturaleza de la ciencia.

Patrones	**Unidad 1**
Historia	**Unidad 2**
Modelos	**Unidad 3**
Gráficas	**Unidad 4**
Tecnología	**Unidad 5**

ConnectED — Your one-stop online resource

connectED.mcgraw-hill.com

- Video
- WebQuest
- Audio
- Assessment
- Review
- Concepts in Motion
- Inquiry
- Multilingual eGlossary

Lección 1

Entender la ciencia

Guía de lectura

Conceptos clave 🗝
PREGUNTAS IMPORTANTES

- ¿Qué es la investigación científica?
- ¿En qué se diferencian las leyes científicas de las teorías científicas?
- ¿Qué diferencia hay entre un hecho y una opinión?

Vocabulario

ciencia pág. NDLC 4
observación pág. NDLC 6
inferencia pág. NDLC 6
hipótesis pág. NDLC 6
predicción pág. NDLC 6
tecnología pág. NDLC 8
teoría científica pág. NDLC 9
ley científica pág. NDLC 9
pensamiento crítico pág. NDLC 10

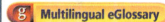 Multilingual eGlossary

 Video

- BrainPOP®
- Science video

¿Qué es la ciencia?

¿Alguna vez oíste cantar a un pájaro y miraste hacia los árboles cercanos para encontrar al ave cantora? ¿Alguna vez has observado que la Luna cambia de una delgada creciente a una luna llena cada mes? Cuando haces algo así, estás haciendo ciencia. *La* **ciencia** *es la investigación y exploración de los eventos naturales y de la información nueva que es el resultado de esas investigaciones.*

Durante miles de años, hombres y mujeres de todos los países y culturas han estudiado el mundo natural y anotado sus observaciones. Han compartido sus conocimientos y hallazgos, y han creado una vasta cantidad de información científica. El conocimiento científico ha sido el resultado de muchos debates y confirmaciones dentro de la comunidad científica.

Las personas usan la ciencia en su vida diaria y en sus profesiones. Por ejemplo, los bomberos, como se muestra en la **Figura 1**, llevan ropa que ha sido desarrollada y puesta a prueba para soportar temperaturas extremas sin prenderse. Los padres usan la ciencia cuando instalan un acuario para los peces de sus hijos. Los deportistas usan la ciencia cuando llevan equipo o ropa de alto rendimiento. Sin pensarlo, tú usas la ciencia o los resultados de la ciencia casi en todo lo que haces. Tu ropa, alimentación, productos para el cabello, electrodomésticos, equipo deportivo, y casi todo lo demás que usas son resultados de la ciencia.

Figura 1 La ropa, los tanques de oxígeno y el equipo de los bomberos son resultados de la ciencia.

Ramas de la ciencia

El mundo natural tiene muchas partes diferentes. Como hay tanto que estudiar, los científicos suelen concentrar su trabajo en una rama de la ciencia o en un tema dentro de esa rama. Las tres ramas principales de la ciencia son: ciencias de la Tierra, ciencias de la vida y ciencias **físicas.**

> **ORIGEN DE LAS PALABRAS**
> **física**
> del latín *physica*, que significa "estudio de la naturaleza"

Ciencias de la Tierra

El estudio de la Tierra, incluidas las rocas, los suelos, los océanos y la atmósfera, constituye las ciencias de la Tierra. Este científico de la Tierra, a la derecha, está recolectando muestras de lava para investigar. Los científicos de la Tierra hacen preguntas como:

- ¿Cómo reaccionan diferentes costas a los tsunamis?
- ¿Por qué los planetas giran alrededor del Sol?
- ¿Cuál es la tasa de cambio climático?

Ciencias de la vida

La ciencia de la vida, o biología, es el estudio de los seres vivos. Estos biólogos están poniendo un radiocollar a un oso polar y lo están marcando. La marca en el lomo del oso se puede ver desde el aire, y los biólogos pueden saber cuáles osos están siendo rastreados. Los biólogos también hacen preguntas como:

- ¿Por qué algunos árboles pierden sus hojas en invierno?
- ¿Cómo las aves saben en qué dirección viajan?
- ¿Cómo los mamíferos controlan su temperatura corporal?

Ciencias físicas

El estudio de la materia y la energía constituye las ciencias físicas. Estas incluyen la física y la química. Esta química investigadora está preparando muestras de posibles medicinas nuevas. Los físicos y químicos hacen preguntas como:

- ¿Qué reacciones químicas deben ocurrir para lanzar una nave espacial al espacio?
- ¿Es posible viajar más rápido que la velocidad de la luz?
- ¿De qué está formada la materia?

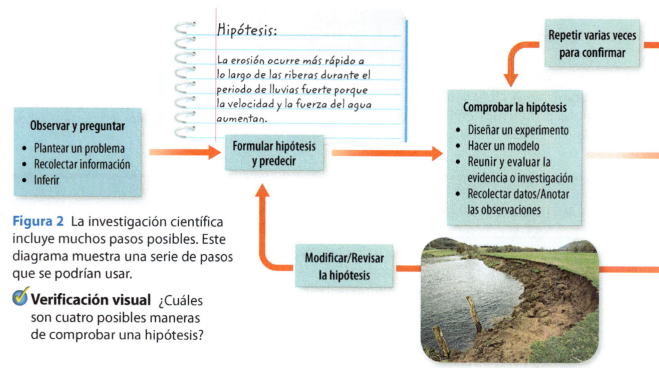

Figura 2 La investigación científica incluye muchos pasos posibles. Este diagrama muestra una serie de pasos que se podrían usar.

Verificación visual ¿Cuáles son cuatro posibles maneras de comprobar una hipótesis?

Investigación científica

Cuando los científicos realizan indagaciones científicas aplican la investigación científica. La investigación científica es un proceso que se vale de una serie de destrezas para responder preguntas o comprobar ideas acerca del mundo natural. Hay muchos tipos de investigaciones científicas y hay muchas maneras de realizarlas. La serie de pasos que se usan en cada investigación a menudo varía. El diagrama de flujo de la **Figura 2** muestra un ejemplo de las destrezas que se usan en la investigación científica.

Verificación de concepto clave
¿Qué es la investigación científica?

Preguntar

Una manera de empezar la investigación científica es observar el mundo natural y hacer preguntas. *Una* **observación** *es la acción de usar uno o más sentidos para reunir información y tomar nota de lo que ocurre.* Imagina que observas que las riberas de un río se han erosionado más este año que el anterior y quieres saber por qué. También notas que este año hubo un aumento en la precipitación. Después de estas observaciones, haces una inferencia basada en tus observaciones. *Una* **inferencia** *es una explicación lógica de una observación que se extrae de un conocimiento previo o experiencia.*

Tú infieres que el aumento en la precipitación causó el aumento en la erosión. Decides investigar más. Desarrollas una hipótesis y un método para comprobarla.

Formular hipótesis y predecir

Una **hipótesis** *es una explicación posible de una observación que se puede probar por medio de investigaciones científicas.* Una hipótesis enuncia una observación y brinda una explicación. Por ejemplo, podrías hacer la siguiente hipótesis: Este año se erosionaron más las riberas porque la cantidad, la velocidad y la fuerza del agua del río aumentaron.

Cuando los científicos plantean una hipótesis, con frecuencia la usan para hacer predicciones como ayuda para comprobar su hipótesis. *Una* **predicción** *es una afirmación de lo que ocurrirá después en una secuencia de eventos.* Los científicos hacen predicciones con base en la información que piensan que encontrarán cuando comprueben su hipótesis. Por ejemplo, algunas predicciones para la hipótesis anterior podrían ser: Si la precipitación aumenta, entonces la cantidad, la velocidad y la fuerza del agua del río aumentarán. Si la cantidad, la velocidad y la fuerza del agua del río aumentan, entonces habrá más erosión.

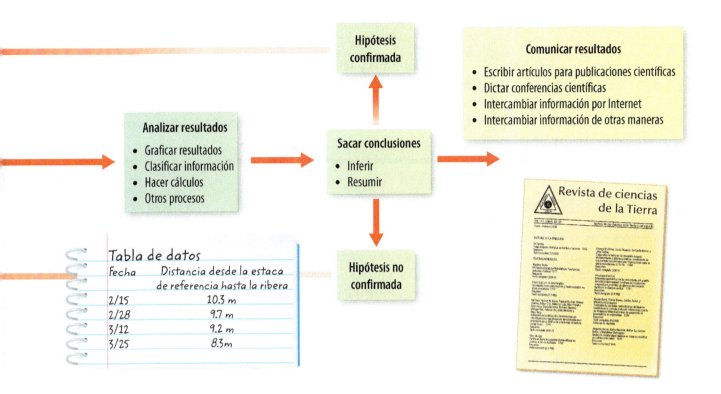

Comprobar hipótesis

Cuando compruebas una hipótesis, a menudo estás comprobando si tus predicciones son verdaderas. Si tu predicción se confirma, sustenta tu hipótesis. Si tu predicción no se confirma, es probable que necesites modificar tu hipótesis y volver a comprobarla.

Hay varias maneras de comprobar una hipótesis cuando se realiza una investigación científica. En la **Figura 2** se muestran cuatro modos posibles. Por ejemplo, podrías hacer un modelo de una ribera en el cual cambies la velocidad y la cantidad de agua y anotes los resultados y las observaciones.

Analizar resultados

Después de comprobar tu hipótesis, analizas tus resultados usando varios métodos, como se muestra en la **Figura 2.** Con frecuencia, es difícil ver tendencias o relaciones en los datos mientras los estás recolectando. Los datos se deben categorizar, graficar o clasificar de algún modo. Después de analizar los datos, se pueden hacer más inferencias.

Sacar conclusiones

Una vez que halles las relaciones entre los datos y hayas hecho varias inferencias, puedes sacar conclusiones.

Una conclusión es un resumen de la información obtenida luego de comprobar una hipótesis. Los científicos estudian la información disponible y sacan conclusiones con base en esa información.

Comunicar resultados

Un paso importante de la investigación científica es comunicar los resultados. En la **Figura 2** se enumeran varias formas de comunicar los resultados. Los científicos también pueden compartir su información de otras maneras. Ellos comunican los resultados para informar a otros científicos acerca de sus investigaciones y las conclusiones de las mismas. Los científicos pueden aplicar las conclusiones de los demás a su propio trabajo para ayudar a sustentar sus hipótesis.

Investigación científica adicional

La investigación científica no se termina cuando se completa la indagación científica. Si las predicciones son correctas y se confirma la hipótesis, los científicos comprobarán las predicciones varias veces para asegurarse de que las conclusiones sean las mismas. Si la hipótesis no se confirma, se puede usar la información nueva obtenida para modificar la hipótesis. Las hipótesis se pueden modificar y comprobar muchas veces.

Resultados de la ciencia

Los resultados y las conclusiones de una investigación pueden llevar a muchos productos, como las respuestas a una pregunta, más información sobre un tema específico o respaldo para una hipótesis. A continuación se describen otros resultados.

Tecnología

Durante la investigación científica, con frecuencia los científicos buscan respuestas a preguntas como: "¿cómo pueden las personas con discapacidad auditiva oír mejor?". Después de investigar y experimentar, la conclusión puede ser el desarrollo de una nueva tecnología. *La* **tecnología** *es el uso práctico del conocimiento científico, especialmente para uso industrial o comercial.* La tecnología, como el implante coclear, puede ayudar a muchas personas sordas a oír.

Nuevos materiales

Los viajes al espacio representan un desafío único. Los astronautas deben transportar oxígeno para respirar. También deben protegerse de la temperatura y la presión extremas, así como de pequeños objetos que vuelan a alta velocidad. Como resultado de la investigación, pruebas y cambios en el diseño, el traje espacial actual consta de 14 capas de tela. La capa exterior está compuesta de una mezcla de tres materiales. Una capa es impermeable, y otra es resistente al fuego y al calor.

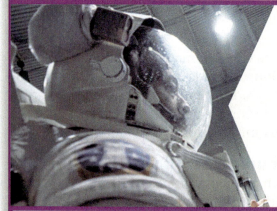

Posibles explicaciones

Con frecuencia, los científicos llevan a cabo investigaciones para hallar explicaciones a por qué o cómo algo sucede. El Telescopio espacial *Spitzer* de la NASA, el cual ha sido útil en la comprensión de la formación de estrellas, muestra una nube de gas y polvo con estrellas recién formadas.

 Verificación de la lectura ¿Cuáles son algunos resultados de la ciencia?

Teoría científica y ley científica

Otro resultado de la ciencia es el desarrollo de teorías y leyes científicas. Recuerda que una hipótesis es una posible explicación de una observación que puede ser comprobada mediante investigaciones científicas. ¿Qué sucede cuando una hipótesis o un grupo de hipótesis ha sido puesta a prueba muchas veces y ha sido confirmada por las investigaciones científicas repetidas? La hipótesis se puede convertir en una teoría científica.

Teoría científica

Con frecuencia, la palabra *teoría* se usa en conversaciones casuales para referirse a una idea u opinión sin comprobar. Sin embargo, los científicos usan la palabra *teoría* de otra manera. *Una* **teoría científica** *es una explicación de observaciones o eventos con base en conocimiento obtenido de muchas observaciones e investigaciones.*

Habitualmente, los científicos cuestionan las teorías científicas y ponen a prueba su validez. Por lo general, una teoría científica se acepta como verdadera hasta cuando es rebatida. Un ejemplo de una teoría científica es la teoría de la tectónica de placas. Esta teoría explica cómo se mueve la corteza de la Tierra y por qué ocurren los terremotos y los volcanes. En la **Figura 3** se muestra otro ejemplo de teoría científica.

Ley científica

Una ley científica es diferente de una ley de la sociedad, que es un acuerdo entre las personas con respecto a una conducta. *Una* **ley científica** *es una regla que describe un patrón dado en la naturaleza.* A diferencia de una teoría científica que explica por qué ocurre un evento, una ley científica solo afirma que un evento ocurrirá en determinadas circunstancias. Por ejemplo, la ley de la fuerza gravitatoria de Newton implica que si dejas caer un objeto, este caerá hacia la Tierra. La ley de Newton no explica por qué el objeto se mueve hacia la Tierra al caer, solo que lo hará.

▲ **Figura 3** Los científicos alguna vez creyeron que la Tierra era el centro del sistema solar. En el siglo XVI, Nicolás Copérnico formuló la hipótesis de que la Tierra y los otros planetas en realidad giran alrededor del Sol.

 Verificación de concepto clave ¿En qué se diferencian las leyes científicas y las teorías científicas?

Información nueva

La información científica cambia constantemente a medida que se descubre nueva información o se comprueban de nuevo hipótesis anteriores. La información nueva puede conducir a cambios en las teorías científicas, como se explica en la **Figura 4.** Cuando se revelan hechos nuevos, se puede modificar una teoría científica actual para incluir esos hechos nuevos, o la teoría se puede desmentir y refutar.

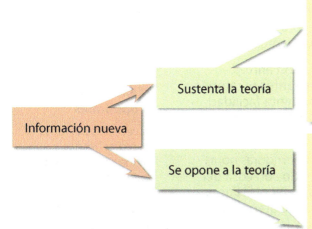

▲ **Figura 4** La información nueva puede llevar a cambios en las teorías científicas.

Si la información nueva sustenta una teoría científica actual, entonces la teoría no se cambia. La información se puede dar a conocer en una publicación científica para mostrar más respaldo a la teoría. La información nueva también puede llevar a avances en la tecnología o provocar preguntas nuevas que conduzcan a investigaciones científicas nuevas.

Si la información nueva se opone o no respalda a una teoría científica actual, la teoría se puede modificar o rechazar totalmente. A menudo, la información nueva puede llevar a los científicos a dar una nueva mirada a las observaciones originales. Esto puede conducir a investigaciones nuevas con hipótesis nuevas. Estas investigaciones pueden llevar a teorías nuevas.

FOLDABLES

Haz un boletín con seis solapas y rotúlalo como se muestra. Úsalo para organizar tus notas sobre la investigación científica.

Evaluación de evidencias científicas

¿Alguna vez has leído un anuncio, como el siguiente, que hacía afirmaciones extraordinarias? Si es así, probablemente ejercitaste tu **pensamiento crítico** —*una comparación que se hace cuando se sabe algo acerca de información nueva, y se decide si se está o no de acuerdo con ella*. Para determinar si la información es verdadera y científica o pseudocientífica (información incorrectamente representada como científica), debes ser escéptico e identificar hechos y opiniones. Esto te ayuda a evaluar las fortalezas y debilidades de la información y tomar decisiones informadas. El pensamiento crítico es importante en toda toma de decisiones: desde decisiones cotidianas hasta decisiones comunitarias, nacionales e internacionales.

 Verificación de concepto clave ¿En qué se diferencian un hecho y una opinión?

¡Aprende álgebra mientras duermes!

¿Has luchado para aprender álgebra? No luches más.

La nueva almohada algebraica de Matestupendo está comprobada científicamente para transferir las destrezas matemáticas de la almohada a tu cerebro mientras duermes. Este revolucionario diseño científico mejoró las puntuaciones en las pruebas de álgebra de ratones de laboratorio en 150 por ciento.

El Doctor Tadeo Ecuación afirma: "Nunca he visto estudiantes ni ratones aprender álgebra con tanta facilidad. Esta almohada es verdaderamente sorprendente".

Por solo $19.95, esas aburridoras horas que pasabas estudiando son cosa del pasado. ¡Así que actúa rápido! Si haces tu pedido hoy, puedes obtener la almohada algebraica y la igualmente sorprendente almohada geométrica por solo $29.95. ¡Te ahorras $10!

Escepticismo

Ser escéptico es dudar de la veracidad o exactitud de algo. Gracias al escepticismo, la ciencia puede corregirse a sí misma. Si alguien publica resultados o si una investigación arroja resultados que no parecen exactos, un científico escéptico usualmente cuestiona la información y pone a prueba la exactitud de los resultados.

Identificar hechos

Los precios de las almohadas y los ahorros son hechos. Un hecho es una medición, observación o afirmación que se puede definir estrictamente. La validez de muchos hechos científicos se puede evaluar mediante investigaciones.

Identificar opiniones

Una opinión es una visión, un sentimiento o una afirmación personales acerca de un tema. Las opiniones no son ni verdaderas ni falsas.

Mezclar hechos y opiniones

A veces las personas mezclan hechos y opiniones. Debes leer con cuidado para determinar qué parte de la información son hechos y qué parte son opiniones.

La ciencia no puede responder todas las preguntas.

Los científicos admiten que algunas preguntas no se pueden estudiar por medio de la investigación científica. Preguntas acerca de opiniones, creencias, valores y sentimientos no se pueden responder mediante una investigación científica. Por ejemplo, algunas preguntas que no se pueden responder con una investigación científica son:

- ¿Las comedias son las mejores películas?
- ¿En alguna ocasión está bien mentir?
- ¿Cuáles alimentos saben mejor?

Las respuestas a estas preguntas se basan en opiniones, no en hechos.

Seguridad en la ciencia

Para cualquiera que realice investigaciones científicas es muy importante seguir prácticas seguras, como lo hace la estudiante que se muestra en la **Figura 5.** Siempre debes seguir las instrucciones de tu profesor. Si tienes preguntas sobre riesgos potenciales, uso del equipo o el significado de los símbolos de seguridad, pregúntale a tu profesor. Siempre usa ropa y equipo de protección cuando realices investigaciones científicas. Si estás usando animales vivos en tus investigaciones, bríndales el cuidado y el tratamiento ético apropiados. Para mayor información sobre prácticas seguras y ética en ciencias, consulta el Manual de destrezas científicas que está al final de este libro.

Figura 5 Sigue siempre prácticas de laboratorio seguras cuando hagas investigaciones científicas.

VOCABULARIO ACADÉMICO

potencial
(adjetivo) posible o probable

Repaso de la lección 1

✓ **Assessment** Online Quiz
? **Inquiry** Virtual Lab

Usar vocabulario

1. El uso práctico de la ciencia, en especial para uso industrial o comercial, es _____.

2. **Distingue** entre hipótesis y predicción.

3. **Define** *observación* con tus propias palabras.

Entender conceptos clave

4. ¿Cuál de los siguientes pasos NO forma parte de la investigación científica?
   - **A.** analizar resultados
   - **B.** falsificar resultados
   - **C.** formular una hipótesis
   - **D.** hacer observaciones

5. **Explica** la diferencia entre teoría científica y ley científica. Da un ejemplo de cada una.

6. **Escribe** un ejemplo de un hecho y un ejemplo de una opinión.

Interpretar gráficas

7. **Organiza** Dibuja un organizador gráfico como el siguiente. Enumera cuatro maneras en las cuales un científico puede comunicar resultados.

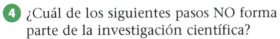

Pensamiento crítico

8. **Identifica** un problema de la vida real relacionado con tu hogar, tu comunidad o tu escuela que se podría investigar científicamente.

9. **Diseña** una investigación científica para comprobar una posible solución al problema que identificaste en la pregunta anterior.

Lección 2

Guía de lectura

Conceptos clave 🔑
PREGUNTAS IMPORTANTES

- ¿Por qué es importante para los científicos usar el Sistema Internacional de Unidades?
- ¿Qué causa la incertidumbre en las mediciones?
- ¿Qué son la media, la mediana, la moda y el intervalo?

Vocabulario

descripción pág. NDLC 12
explicación pág. NDLC 12
Sistema Internacional de Unidades (SI) pág. NDLC 12
cifra significativa pág. NDLC 14

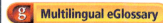 Multilingual eGlossary

Figura 6 Los científicos usan descripciones y explicaciones cuando observan eventos naturales.

Instrumentos científicos y de medición

Descripción y explicación

El científico de la **Figura 6** está observando un volcán. Él describe en su diario que la lava que fluye es roja brillante con una corteza negra y tiene una temperatura aproximada de 630 °C. *Una* **descripción** *es un resumen oral o escrito de observaciones.* Hay dos tipos de descripciones. Cuando haces una descripción cualitativa, como *roja brillante,* usas tus sentidos para describir una observación. Cuando haces una descripción cuantitativa, como *630 °C,* usas números y medidas. Posteriormente, el científico explica sus observaciones. *Una* **explicación** *es una interpretación que se hace de las observaciones.* Como la lava era roja brillante y tenía aproximadamente 630 °C de temperatura, el científico podría explicar que estas condiciones indican que la lava se está enfriando y el volcán no hizo erupción recientemente.

El Sistema Internacional de Unidades

En un tiempo, los científicos de distintas partes del mundo usaban diferentes unidades de medida. Imagina la confusión cuando un científico británico medía el peso en libras-fuerza, uno francés en newtons, y uno japonés lo medía en mommes. Era difícil compartir información científica.

En 1960, los científicos adoptaron un nuevo sistema de medidas para eliminar esta confusión. *El* **Sistema Internacional de Unidades (SI)** *es el sistema de medidas aceptado internacionalmente.* El SI usa estándares de medidas, llamados unidades básicas, que se muestran en la **Tabla 1** en la siguiente página. Una unidad básica es la unidad más usada en el SI para una medición determinada.

Tabla 1 Unidades básicas del SI		
Cantidad medida	Unidad	Símbolo
Longitud	metro	m
Masa	kilogramo	kg
Tiempo	segundo	s
Corriente eléctrica	amperio	A
Temperatura	Kelvin	K
Cantidad de sustancia	mol	mol
Intensidad lumínica	candela	cd

◀ **Tabla 1** Puedes usar unidades del SI para medir las propiedades físicas de los objetos.

Concepts in Motion
Interactive Table

Prefijos de las unidades del SI

Además de las unidades básicas, el SI usa prefijos para identificar el tamaño de la unidad, como se muestra en la **Tabla 2**. Los prefijos se usan para indicar una fracción de diez o un múltiplo de diez. En otras palabras, cada unidad es diez veces más pequeña que la siguiente unidad mayor, o diez veces mayor que la siguiente unidad más pequeña. Por ejemplo, el prefijo *deci–* significa 10^{-1}, o 1/10. Un decímetro es 1/10 de un metro. El prefijo *kilo–* significa 10^3, ó 1,000. Un kilómetro son 1,000 m.

Tabla 2 Los prefijos se usan en el SI para indicar el tamaño de la unidad. ▼

Tabla 2 Prefijos	
Prefijo	Significado
Mega- (M)	1,000,000 (10^6)
Kilo- (k)	1,000 (10^3)
Hecto- (h)	100 (10^2)
Deca- (da)	10 (10^1)
Deci- (d)	0.1 (10^{-1})
Centi- (c)	0.01 (10^{-2})
Mili- (m)	0.001 (10^{-3})
Micro- (μ)	0.000 001 (10^{-6})

Conversión entre unidades del SI

Como el SI se basa en diez, es fácil convertir una unidad del SI a otra. Para convertir unidades del SI, debes multiplicar o dividir por un factor de diez. También puedes usar proporciones como se muestran a continuación, en la actividad de Destrezas matemáticas.

 Verificación de concepto clave ¿Por qué es importante para los científicos usar el Sistema Internacional de Unidades (SI)?

Destrezas matemáticas — Usar proporciones

Un libro tiene una masa de **1.1 kg**. Usando una proporción, halla la masa del libro en gramos.

1 Usa la tabla para determinar la relación correcta entre las unidades. Un kg es 1,000 veces mayor que 1 g. Entonces, hay 1,000 g en 1 kg.

2 A continuación, establece una proporción.

$$\left(\frac{x}{1.1 \text{ kg}}\right) = \left(\frac{1,000 \text{ g}}{1 \text{ kg}}\right)$$

$$x = \left(\frac{(1,000 \text{ g})(1.1 \text{ kg})}{1 \text{ kg}}\right) = 1,100 \text{ g}$$

3 Verifica tus unidades. La respuesta es 1,100 g.

Review
- Math Practice
- Personal Tutor

Practicar

1. Dos ciudades están separadas 15,328 m. ¿Qué distancia hay en kilómetros?
2. La dosis de una medicina son 325 mg. ¿Cuál es la dosis en gramos?

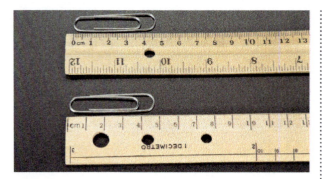

Figura 7 Todas las mediciones tienen algún grado de incertidumbre.

FOLDABLES

Haz un boletín vertical con dos solapas y usa los rótulos que se muestran. Úsalo para organizar tus notas sobre conversiones en el SI y el redondeo de cifras significativas.

| Conversiones entre unidades del SI |
| Redondeo de cifras significativas |

Review · Personal Tutor

Tabla 3 Reglas para las cifras significativas

1. Todos los números diferentes de cero son significativos.
2. Los ceros entre dígitos diferentes de cero son significativos.
3. Uno o más ceros finales usados después del punto decimal son significativos.
4. Los ceros que se usan solo para espaciar el punto decimal NO son significativos. Los ceros únicamente indican la posición del punto decimal.

* Los números en azul en los ejemplos son las cifras significativas.

Número	Cifras significativas	Reglas aplicadas
1.234	4	1
1.02	3	1, 2
0.023	2	1, 4
0.200	3	1, 3
1,002	4	1, 2
3.07	3	1, 2
0.001	1	1, 4
0.012	2	1, 4
50,600	3	1, 2, 4

Medición e incertidumbre

¿Alguna vez has medido un objeto, como un sujetapapel? Los instrumentos usados para tomar las medidas pueden limitar la exactitud de las medidas. Mira la regla de abajo en la **Figura 7.** Sus medidas se dividen en centímetros. Sabes que el sujetapapel mide entre 4 y 5 cm. Puedes hacer la conjetura de que mide 4.5 cm de largo. Ahora, mira la regla de la parte superior. Sus medidas se dividen en milímetros. Puedes decir con más certeza que el sujetapapel mide casi 4.7 cm de largo. Esta medición es más exacta que la primera.

Verificación de concepto clave ¿Qué causa la incertidumbre en las mediciones?

Cifras significativas y redondeo

Como los científicos replican los trabajos de otros, deben anotar los números con el mismo grado de precisión de los datos originales. Las cifras significativas les permiten a los científicos hacer esto. *Una* **cifra significativa** *es el número de dígitos que se conoce con cierto grado de fiabilidad en una medida.* La **Tabla 3** enumera las reglas para expresar y determinar cifras significativas.

Para alcanzar el mismo grado de precisión de una medida previa, con frecuencia es necesario redondear una medida hasta cierto número de cifras significativas. Imagina que tienes el siguiente número y necesitas redondearlo a cuatro cifras significativas.

$$1{,}348.527 \text{ g}$$

Para redondear a cuatro cifras significativas, tienes que redondear el 8. Si el dígito a la derecha del 8 es 0, 1, 2, 3, ó 4, el dígito que se está redondeando (8) sigue igual. Si el dígito a la derecha del 8 es 5, 6, 7, 8, ó 9, el dígito que se está redondeando (8) aumenta en uno. El número redondeado es 1,349 g.

¿Y si necesitas redondear 1,348.527 g a dos cifras significativas? Mira el número que está a la derecha del 3 para determinar cómo redondear. 1,348.527 redondeado a dos cifras significativas será 1,300 g. El 4 y el 8 se vuelven ceros.

Media, mediana, moda e intervalo

Un pluviómetro mide la cantidad de lluvia que cae en un lugar durante un periodo de tiempo. Un pluviómetro se puede usar para recolectar datos en investigaciones científicas, como los que se muestran en la **Tabla 4a**. Los científicos con frecuencia tienen que analizar sus datos para obtener información. Cuatro valores que se usan a menudo cuando se analizan números son la mediana, la media, la moda y el intervalo.

 Verificación de concepto clave ¿Qué son la media, la mediana y la moda?

Mediana

La mediana es el número intermedio en un conjunto de datos cuando los datos están organizados en orden numérico. Los datos de la precipitación en la Tabla 4b están en orden numérico. Si tienes un número par de datos, suma los dos números del medio y divídelos entre dos para hallar la mediana.

$$\text{Mediana} = \frac{8.18 \text{ cm} + 8.84 \text{ cm}}{2}$$
$$= 8.51 \text{ cm}$$

Tabla 4a
Datos de precipitación

Enero	7.11 cm
Febrero	11.89 cm
Marzo	9.58 cm
Abril	8.18 cm
Mayo	7.11 cm
Junio	1.47 cm
Julio	18.21 cm
Agosto	8.84 cm

Media

La media, o promedio, de un conjunto de datos es la suma de los números en un grupo de datos, dividida entre el número de entradas del conjunto. Para hallar la media, suma los números en tu conjunto de datos y luego divide el total entre el número de elementos en ese conjunto.

$$\text{Media} = \frac{(\text{suma de los números})}{(\text{número de elementos})}$$
$$= \frac{72.39 \text{ cm}}{8 \text{ meses}}$$
$$= \frac{9.05 \text{ cm}}{\text{mes}}$$

Moda

La moda de un conjunto de datos es el número o elemento que aparece con mayor frecuencia. El número en azul de la Tabla 4b aparece dos veces. Los otros números solo aparecen una vez.

moda = 7.11

Tabla 4b
Datos de precipitación
(en orden numérico)

1.47 cm
7.11 cm
7.11 cm
8.18 cm
8.84 cm
9.58 cm
11.89 cm
18.21 cm

Intervalo

El intervalo es la diferencia entre el número más grande y el número más pequeño en el conjunto de datos.

$$\text{intervalo} = 18.21 - 1.47$$
$$= 16.74$$

Instrumentos científicos

Cuando te dediques a la investigación científica, necesitarás instrumentos que te ayuden a tomar medidas cuantitativas. Siempre sigue procedimientos de seguridad apropiados cuando uses instrumentos científicos. Para ampliar la información sobre el uso apropiado de estos instrumentos, véase el Manual de destrezas científicas que está al final de este libro.

◀ Diario de ciencias

Usa un diario de ciencias para anotar observaciones, preguntas, hipótesis, datos y conclusiones de tus investigaciones científicas. Un diario de ciencias es cualquier cuaderno que puedes usar para tomar notas o registrar información y datos mientras realizas una investigación científica. Mantén tu diario organizado, de manera que puedas encontrar la información fácilmente. Escribe la fecha siempre que anotes información nueva. Asegúrate de llevar anotaciones veraces y exactas.

Reglas y varas métricas ▶

Usa reglas y varas métricas para medir longitudes y distancias. La unidad del SI para medir la longitud es el metro (m). Para objetos pequeños, como guijarros o semillas, usa una regla con centímetros y milímetros. Para medir objetos más grandes, como la longitud de tu habitación, usa una vara métrica. Para medir distancias largas, por ejemplo la distancia entre dos ciudades, usa un instrumento que mida en kilómetros. Ten cuidado al transportar las reglas y varas métricas, y nunca las apuntes hacia nadie.

◀ Materiales de vidrio

Usa los vasos graduados para almacenar y verter líquidos. Las líneas en el vaso graduado no son medidas precisas, por lo tanto debes usar un cilindro graduado para medir el volumen de un líquido. El volumen por lo general se mide en litros (l) o mililitros (ml).

Balanza de triple brazo ▶

Usa una balanza de triple brazo para medir la masa de un objeto. La masa de un objeto pequeño se mide en gramos. La masa de un objeto grande se mide en kilogramos. Las balanzas de triple brazo son instrumentos que debes manejar con cuidado. Sigue las instrucciones de tu profesor de manera que no dañes el instrumento. También puedes usar balanzas digitales.

◀ Termómetro

Usa un termómetro para medir la temperatura de una sustancia. Aunque el Kelvin (K) es la unidad del SI para medir la temperatura, usarás un termómetro para medir la temperatura en grados Celsius (°C). Para usarlo, coloca un termómetro a temperatura ambiente en la sustancia a la cual quieres medirle la temperatura. No dejes que el termómetro toque la base del recipiente que contiene la sustancia, de lo contrario obtendrás una lectura inexacta. Cuando termines, recuerda ponerlo en un lugar seguro. No lo dejes sobre una mesa porque puede rodar y caer de la mesa. Nunca uses el termómetro para revolver.

Computadoras y la Internet ▶

Usa una computadora para recolectar, organizar y almacenar información sobre un tema de investigación o una investigación científica. Las computadoras son instrumentos útiles para los científicos por varias razones. Los científicos usan las computadoras para anotar y analizar datos, investigar información nueva y compartir rápidamente sus resultados con otras personas alrededor del mundo mediante la Internet.

Instrumentos usados por los científicos de la Tierra

Binoculares
Los binoculares son instrumentos que permiten que las personas vean objetos lejanos con mayor claridad. Los científicos de la Tierra los usan para ver accidentes geográficos, animales o incluso el tiempo atmosférico que se avecina.

Brújula
Una brújula es un instrumento que muestra el norte magnético. Los científicos de la Tierra usan las brújulas para navegar cuando están en el campo y para determinar la dirección de accidentes geográficos distantes u otros objetos naturales.

Veleta y anemómetro
Una veleta es un instrumento, por lo general adherido a los techos de los edificios, que gira para mostrar la dirección del viento. Un anemómetro, o indicador de velocidad del viento, se usa para medir la velocidad y la fuerza del viento.

Placa de rayado
Una placa de rayado es una pieza dura de porcelana sin barniz que te ayuda a identificar minerales. Cuando raspas un mineral a lo largo de una placa de rayado, el mineral deja tras de sí marcas como polvo. El color de la marca es el rayado del mineral.

Repaso de la Lección 2

Usar vocabulario

1. **Distingue** entre descripción y explicación.
2. **Define** *cifras significativas* con tus propias palabras.

Entender conceptos clave

3. ¿Cuál de estas unidades básicas NO forma parte del Sistema Internacional de Unidades?
   A. amperio C. libra
   B. metro   D. segundo
4. **Da un ejemplo** de cómo los instrumentos científicos causan la incertidumbre en las mediciones.
5. **Diferencia** entre media, mediana, moda e intervalo.

Interpretar gráficas

6. **Cambia** Copia el siguiente organizador gráfico y cambia el número que se muestra para tener el número correcto de cifras significativas indicado.

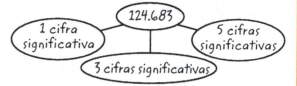

Pensamiento crítico

7. **Escribe** un breve ensayo que explique por qué Estados Unidos debería considerar la adopción del SI como el sistema de medidas usado por los supermercados y otros negocios.

8. **Convierte** 52 m a kilómetros. Explica cómo obtuviste tu respuesta.

Investigación: Práctica de destrezas
Recolectar y analizar datos — 45 minutos

Materiales

vaso graduado de 250 ml

pedazo grande de periódico

recipientes de 1 l

pinzas

colador

sonda

También necesitas: mezcla de suelo, balanza, recipientes plásticos

Seguridad

¿Qué puedes aprender recolectando y analizando datos?

Las personas que estudian culturas antiguas a menudo recolectan y analizan datos de muestras de suelo. Las muestras de suelo contienen pedazos de cerámica, hueso, semillas y otras claves de cómo vivían y qué comían los pueblos antiguos. En esta actividad, separarás y analizarás una muestra simulada de suelo de una civilización antigua.

Aprende
Los datos constan de observaciones que puedes hacer con tus sentidos y observaciones basadas en medidas de otro tipo. La **recolección y análisis de datos** incluye recolectar, clasificar, comparar y contrastar, e interpretar (buscar el significado en los datos).

Intenta

1. Lee y completa un formulario de seguridad en el laboratorio.

2. Consigue una muestra de "suelo" de 200 ml.

3. Extiende el periódico en tu área de trabajo. Lentamente vierte el suelo en un recipiente a través de un colador. Sacude con cuidado el colador para que todo el suelo entre al recipiente.

4. Vierte la porción restante de la muestra de suelo en el periódico. Usa una sonda y pinzas para separar los objetos. Clasifica diferentes tipos de objetos y colócalos en los otros recipientes plásticos.

5. Copia las tablas de datos del pizarrón en tu diario de ciencias.

6. Usa la balanza para medir y anotar las masas de cada grupo de objetos hallados en tu muestra de suelo. Escribe los datos de tu grupo en la tabla del pizarrón.

7. Cuando todos los grupos hayan terminado, usa los datos de la clase que están en el pizarrón para hallar la media, la mediana, la moda y el intervalo de cada tipo de objeto.

Aplica

8. **Haz inferencias** Si los objetos plásticos representaran huesos animales, ¿cuántos tipos diferentes de animales encontraste en tu análisis? Explica.

9. **Evalúa** Los arqueólogos a menudo incluyen información sobre la profundidad a la cual se toman las muestras de suelo. Si recibieras una muestra de suelo que conservara el suelo y los demás objetos en sus capas originales, ¿qué más podrías descubrir?

10. **Concepto clave** ¿Por qué nadie en la clase obtuvo los mismos datos? ¿Cuáles fueron algunas fuentes posibles de incertidumbre en tus mediciones?

Lección 3

Estudio de caso

Guía de lectura

Conceptos clave
PREGUNTAS IMPORTANTES

- ¿Cómo se relacionan las variables independientes y las variables dependientes?
- ¿Cómo se aplica una investigación científica en una indagación real?

Vocabulario
variable pág. NDLC 21
variable independiente pág. NDLC 21
variable dependiente pág. NDLC 21

g Multilingual eGlossary

El último viaje del Hombre de Hielo

Los Alpes Tiroleses bordean el oeste de Austria, el norte de Italia y el este de Suiza, como se muestra en la **Figura 8.** Son frecuentados por turistas, excursionistas, escaladores y esquiadores. En 1991, dos excursionistas hallaron los restos de un hombre, que también se muestran en la **Figura 8,** en un glaciar derretido en la frontera entre Austria e Italia. Pensaron que el hombre había muerto en un accidente durante una excursión. Reportaron su descubrimiento a las autoridades.

Al comienzo, las autoridades pensaron que el hombre era un profesor de música que había desaparecido en 1938. Sin embargo, pronto se enteraron de que el profesor estaba enterrado en una ciudad cercana. Artefactos junto al cadáver congelado indicaban que el hombre murió mucho antes de 1938. Los artefactos, como se muestra en la **Figura 9,** eran poco comunes. El hombre, apodado el Hombre de Hielo, estaba vestido con polainas, taparrabos y una chaqueta de piel de cabra. Cerca de él se hallaba un sombrero de piel de oso. Llevaba zapatos de piel de venado roja con suelas gruesas en piel de oso. Los zapatos estaban llenos de hierba para aislarlos. Además, los investigadores hallaron en el lugar un hacha de cobre, un arco a medio armar, un carcaj con 14 flechas, una armazón en madera de una mochila y una daga.

Figura 8 Los excavadores usaron taladros neumáticos para sacar del hielo el cuerpo del hombre, lo que dañó seriamente su cadera. Cerca de él se halló también un arco.

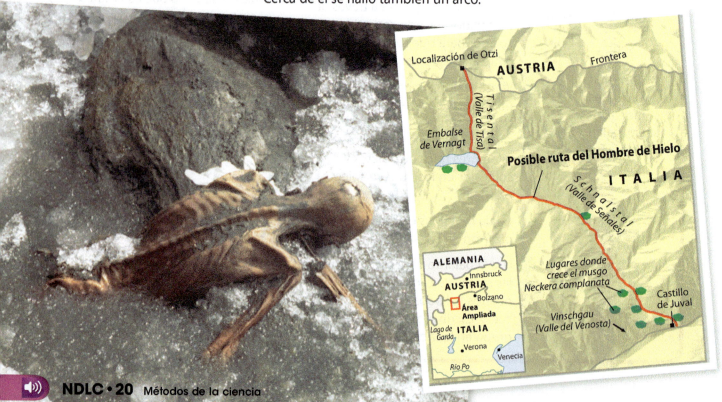

Experimento controlado

La identidad del cadáver era un misterio. Varias personas formularon hipótesis acerca de su identidad, pero se necesitaron experimentos controlados para desenredar el misterio de quién era el Hombre de Hielo. Los científicos y el público querían conocer la identidad del hombre, por qué y cuándo había muerto.

Identificación de variables y constantes

Cuando los científicos diseñan un experimento controlado, tienen que identificar los factores que pueden afectar el resultado de un experimento. *Una* **variable** *es cualquier factor que tenga más de un valor.* En los experimentos controlados hay dos tipos de variables. *La* **variable independiente** *es el factor que quieres poner a prueba. El investigador lo cambia para observar cómo afecta la variable dependiente. La* **variable dependiente** *es el factor que el científico observa o mide durante un experimento.* Cuando se cambia la variable independiente, esto hace que la variable dependiente cambie.

Un experimento controlado tiene dos grupos, un grupo experimental y uno de control. El grupo experimental se usa para estudiar cómo un cambio en la variable independiente modifica la variable dependiente. El grupo de control contiene los mismos factores que el grupo experimental, pero la variable independiente no se cambia. Sin un control, es difícil saber si las observaciones experimentales son el resultado de la variable que estás comprobando o de otro factor.

Los científicos aplicaron la investigación científica para indagar en el misterio del Hombre de Hielo. A medida que lees el resto de la historia, observa cómo en esta indagación se aplicaron los pasos de la investigación científica. Los recuadros azules en los márgenes señalan ejemplos del proceso de la investigación científica. Los cuadernos en los márgenes identifican lo que un científico podría haber escrito en su diario.

Figura 9 Estos modelos muestran cómo se podrían haber visto el Hombre de Hielo y los artefactos hallados junto a él.

Las investigaciones científicas a menudo comienzan cuando alguien formula una pregunta sobre algo que observó en la naturaleza.

Observación: Se encontró un cadáver en el hielo en los Alpes Tiroleses.

Hipótesis: El cadáver encontrado en los Alpes Tiroleses es el de un profesor de música que desapareció en 1938, y que no había sido encontrado.

Observación: Los artefactos cerca del cuerpo sugerían que el cuerpo era mucho más antiguo de lo que habría sido si se tratara del profesor de música.

Hipótesis modificada: El cadáver hallado estaba muerto mucho antes de 1938 porque los artefactos hallados cerca de él parecen proceder de mucho antes de la década de 1930.

Predicción: Si los artefactos pertenecen al cadáver, y datan de antes de 1930, entonces el cadáver no es el del profesor de música.

Una inferencia es una explicación lógica de observaciones basadas en experiencias anteriores.

> **Inferencia:** Por su construcción, el hacha tiene al menos 4,000 años.
> **Predicción:** Si el hacha tiene al menos 4,000 años, entonces el cuerpo hallado cerca de ella también tiene al menos 4,000 años.
> **Resultados de las pruebas:** La datación por radiocarbono mostró que el hombre tenía más de 5,300 años.

Después de muchas observaciones, hipótesis modificadas y pruebas, a menudo se pueden sacar conclusiones.

> **Conclusión:** El Hombre de Hielo tiene alrededor de 5,300 años. Era un visitante estacional de las altas montañas. Murió en otoño. Cuando llegó el invierno, el cuerpo del Hombre de Hielo quedó enterrado y se congeló en la nieve, que conservó su cuerpo.

Figura 10 El hacha, el arco y el carcaj, así como la daga y la funda fueron hallados con el cuerpo del Hombre de Hielo.

Conclusión preliminar

Konrad Spindler era profesor de arqueología en la Universidad de Innsbruck en Austria cuando se descubrió al Hombre de Hielo. Basándose en la construcción del hacha que se muestra en la **Figura 10,** Spindler calculó que esta tenía al menos 4,000 años. Si el hacha era tan antigua, el Hombre de Hielo también tendría al menos 4,000 años. Más adelante, la datación por radiocarbono mostró que el Hombre de Hielo vivió hace casi 5,300 años.

El cadáver del Hombre de Hielo estaba en un glaciar de montaña a 3,210 m sobre el nivel del mar. ¿Qué estaba haciendo este hombre en estas montañas tan elevadas y cubiertas de nieve y hielo? ¿Estaba cazando para obtener alimento, pastoreando sus animales o buscando metales?

Spindler notó que parte de la madera usada en los artefactos era de árboles que crecían en elevaciones de menor altura. Él concluyó que el Hombre de Hielo probablemente era un visitante estacional de las altas montañas.

Spindler también formuló la hipótesis de que poco antes de morir, el Hombre de Hielo había dirigido sus rebaños desde sus praderas de alta montaña del verano hasta los valles de las tierras bajas. Sin embargo, el Hombre de Hielo pronto regresó a las montañas donde murió por exposición al tiempo helado e invernal.

El cuerpo del Hombre de Hielo estaba sumamente bien conservado. Spindler infirió que el hielo y la nieve cubrieron el cuerpo del hombre poco después de su muerte. Spindler concluyó que el Hombre de Hielo murió en otoño y pronto quedó enterrado y congelado, lo que conservó su cuerpo y todas sus pertenencias.

Más observaciones e hipótesis modificadas

Cuando se descubrió el cuerpo del Hombre de Hielo, Klaus Oeggl era profesor asistente de botánica en la Universidad de Innsbruck. Su área de estudio era la vida de las plantas durante tiempos prehistóricos en los Alpes. Fue invitado a unirse al equipo de investigación que estaba estudiando al Hombre de Hielo.

Después de un examen detallado del Hombre de Hielo y sus pertenencias, el profesor Oeggl halló tres materiales vegetales: hierba del zapato, como se muestra en la **Figura 11,** una astilla de madera de su arco y una fruta pequeña llamada endrina.

Durante el año siguiente, el profesor Oeggl examinó pedazos de carbón envueltos en hojas de arce que habían sido encontrados en el lugar del descubrimiento. El examen de las muestras reveló que el carbón era de la madera de ocho tipos de árboles diferentes. Con excepción de uno, todos los árboles crecían en elevaciones más bajas que donde se encontró el cuerpo del Hombre de Hielo. Al igual que Spindler, el profesor Oeggl sospechaba que el Hombre de Hielo había estado en una elevación más baja poco antes de morir. A partir de sus observaciones, Oeggl formuló una hipótesis e hizo algunas predicciones.

Oeggl se dio cuenta de que necesitaría más datos para sustentar su hipótesis. Oeggl pidió autorización para examinar el contenido del aparato digestivo del Hombre de Hielo. Si todo iba bien, el estudio mostraría qué había tragado el hombre pocas horas antes de su muerte.

> Las investigaciones científicas a menudo llevan a nuevas preguntas.

Observaciones: Material vegetal hallado cerca del cuerpo para estudiar: hierba en el zapato, astilla del arco, endrina, carbón envuelto en hojas de arce, madera en carbón de ocho árboles diferentes; 7 de 8 tipos de madera del carbón crecen en elevaciones menores

Hipótesis: Poco antes de morir, el Hombre de Hielo había estado en elevaciones más bajas porque las plantas identificadas junto a él crecen únicamente en elevaciones menores.

Predicción: Si las plantas identificadas se hallan en el aparato digestivo del cadáver, entonces el hombre en realidad estaba en elevaciones más bajas antes de morir.

Pregunta: ¿Qué comió el Hombre de Hielo el día anterior a su muerte?

Figura 11 El profesor Oeggl examinó las pertenencias del Hombre de Hielo junto con las hojas y la hierba que estaban pegadas a su zapato.

Experimento para comprobar la hipótesis

Los equipos de investigación le suministraron al profesor Oeggl una pequeña muestra del aparato digestivo del Hombre de Hielo. Estaba decidido a estudiarlo cuidadosamente para obtener tanta información como fuera posible. Oeggl planeó detenidamente su investigación científica. Sabía que tenía que trabajar rápido para evitar que la muestra se descompusiera y para reducir las probabilidades de contaminación de las muestras.

Su plan era dividir el material del aparato digestivo en cuatro muestras. Cada muestra sería sometida a varias pruebas químicas. Luego, las muestras se examinarían bajo un microscopio electrónico para ver tantos detalles como fuera posible.

El profesor Oeggl empezó por agregar una solución salina a la primera muestra. Esto causó que la muestra se hinchara ligeramente, e hizo más fácil identificar partículas usando el microscopio a una ampliación relativamente baja. Él vio partículas de un grano entero conocido como trigo escaña cultivada, que era común en la región durante la época prehistórica. También halló otro material vegetal comestible en la muestra.

Oeggl notó además que la muestra contenía granos de polen, como se ve en el detalle de la **Figura 12.** Para ver los granos de polen con mayor claridad, usó un químico que separó las sustancias no deseadas de los granos de polen y lavó la muestra algunas veces con alcohol. Después de cada lavada, examinó la muestra bajo un microscopio de alta amplificación. Los granos de polen se hicieron más visibles. Ahora se podían ver muchos más granos de polen microscópicos. El profesor Oeggl identificó estos granos de polen como provenientes de un árbol palo de hierro (*Ostrya virginiana*).

> Hay más de una manera de comprobar una hipótesis. Los científicos pueden reunir y evaluar evidencia, recolectar datos y anotar sus observaciones, crear un modelo o diseñar y realizar un experimento. También pueden combinar estas destrezas.

Plan de prueba:
- Dividir una muestra del aparato digestivo del Hombre de Hielo en cuatro secciones.
- Examinar las partes bajo el microscopio.
- Reunir datos de las observaciones de las partes y anotar las observaciones.

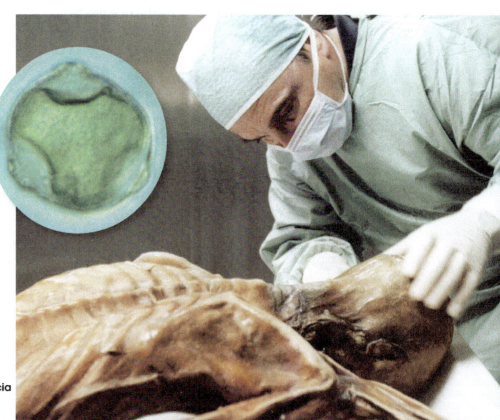

Figura 12 Al final, el profesor Oeggl identificó granos de polen de árboles palo de hierro.

Analizar resultados

El profesor Oeggl observó que los granos de polen del palo de hierro no habían sido digeridos. Por lo tanto, el Hombre de Hielo debe haberlos tragado horas antes de su muerte. Sin embargo, los árboles de palo de hierro solo crecen en los valles bajos. Oeggl estaba confundido. ¿Cómo este hombre pudo ingerir granos de polen de estos árboles, que crecen a bajas elevaciones, pocas horas antes de morir en las montañas elevadas y cubiertas de nieve? Quizá las muestras del aparato digestivo del Hombre de Hielo se habían contaminado. Oeggl sabía que debía investigar más.

Experimentación adicional

Oeggl se dio cuenta de que la fuente más probable de contaminación era su propio laboratorio. Entonces decidió probar si su equipo de laboratorio o la solución salina contenían granos de polen de palo de hierro. Para ello, preparó dos láminas estériles idénticas con solución salina. Luego, puso en una lámina una muestra del aparato digestivo del Hombre de Hielo. La lámina con la muestra era el grupo experimental. La lámina sin la muestra era el grupo de control.

La variable independiente, es decir, la que Oeggl cambió, fue la presencia de la muestra en la lámina. La variable dependiente, es decir, la variable que Oeggl estaba poniendo a prueba, era si había granos de polen de palo de hierro en las láminas. El profesor examinó las láminas detenidamente.

Análisis de los resultados adicionales

El experimento demostró que el grupo de control (la lámina sin la muestra del aparato digestivo) no contenía granos de polen de palo de hierro. En consecuencia, los granos de polen no provenían de su equipo de laboratorio ni de las soluciones. Se volvió a examinar minuciosamente cada muestra del aparato digestivo del Hombre de Hielo. Todas las muestras contenían los mismos granos de polen de palo de hierro. El Hombre de Hielo sí había tragado los granos de polen.

En la investigación científica los errores son comunes. Los científicos tienen cuidado de documentar los procedimientos y cualquier factor o accidente imprevistos. También tienen cuidado de documentar la incertidumbre en sus mediciones.

Procedimiento:
- *Esterilizar el equipo de laboratorio.*
- *Preparar las láminas con solución salina.*
- *Ver las láminas con la solución bajo el microscopio electrónico. Resultados: no hay granos de polen de palo de hierro*
- *Agregar muestra de aparato digestivo a una lámina.*
- *Ver esta lámina bajo el microscopio electrónico. Resultado: hay granos de polen de palo de hierro.*

Los experimentos controlados contienen dos tipos de variables.

Variables dependientes: cantidad de granos de polen de palo de hierro hallados en la lámina
Variable independiente: muestra de aparato digestivo en la lámina

Sin un grupo de control, es difícil determinar el origen de algunas observaciones.

Grupo de control: lámina esterilizada
Grupo experimental: lámina esterilizada con muestra de aparato digestivo

> Una inferencia es una explicación lógica de una observación, que se saca a partir de los conocimientos previos o la experiencia. Las inferencias pueden conducir a predicciones, hipótesis o conclusiones.

Observación: El aparato digestivo del Hombre de Hielo contiene granos de polen del árbol de palo de hierro y otras plantas que florecen en primavera.

Inferencia: Conociendo la tasa a la cual el alimento y el polen se descomponen después de tragarlos, se puede inferir que el Hombre de Hielo comió tres veces el día que murió.

Predicción: El Hombre de Hielo murió en primavera, pocas horas después de ingerir los granos de polen de palo de hierro.

Trazado del viaje del Hombre de Hielo

Los granos de polen de palo de hierro ayudaron a determinar en qué estación murió el Hombre de Hielo. Como los granos estaban enteros, el profesor Oeggl infirió que el hombre los tragó durante la estación en que florecen. Por tanto, el Hombre de Hielo debió haber muerto entre marzo y junio.

Después de una investigación adicional, el profesor Oeggl estaba listo para trazar la última expedición del Hombre de Hielo hacia las montañas. Como Oeggl sabía a qué tasa los alimentos recorren el aparato digestivo, infirió que el Hombre de Hielo había comido tres veces durante su último día y medio de vida. A partir de las muestras del aparato digestivo, Oeggl calculó dónde estaba el Hombre de Hielo cuando comió.

Primero, el Hombre de Hielo ingirió los granos de polen nativos de las regiones de alta montaña. Varias horas más tarde, tragó los granos de polen de palo de hierro de las regiones de montañas bajas. Por último, volvió a tragar otros granos de polen de los árboles de alta montaña. Oeggl sugirió que Hombre de Hielo había viajado del sur de los Alpes italianos hacia el norte, como se muestra en la **Figura 13**, dónde murió repentinamente. Hizo todo esto en un lapso de 33 horas.

Figura 13 Al examinar el contenido del aparato digestivo del Hombre de Hielo, el profesor Oeggl pudo reconstruir su último viaje.

Conclusión

Investigadores de todo el mundo trabajaron en distintos aspectos del misterio del Hombre de Hielo y compartieron sus resultados. El análisis del cabello del hombre reveló que su dieta usual se componía de vegetales y carne. Examinando la uña que le quedaba, los científicos determinaron que había estado enfermo tres veces durante los últimos seis meses de vida. Los rayos X revelaron la punta de una flecha debajo del hombro izquierdo del Hombre de Hielo. Esto sugirió que él murió de una herida grave y no por estar expuesto a la intemperie.

Por último, los científicos concluyeron que el Hombre de Hielo viajó desde la región alta de los Alpes en primavera hacia su villa de origen en los valles de las tierras bajas. Allí, durante un enfrentamiento, el Hombre de Hielo soportó una herida letal. Se retiró de nuevo a las tierras altas, donde murió. Los científicos admiten que sus hipótesis nunca pueden ser probadas, solo confirmadas o no confirmadas. Sin embargo, con los avances tecnológicos, los científicos pueden investigar más a fondo los misterios de la naturaleza.

> Las investigaciones científicas pueden desmentir hipótesis o conclusiones preliminares. Sin embargo, la nueva información puede causar que una hipótesis o conclusión se modifique muchas veces.

> **Conclusión modificada:** En primavera, el Hombre de Hielo viajó desde las altas montañas hasta los valles. Después de participar en un enfrentamiento violento, subió a la montaña en una región de hielo permanente; allí murió a causa de sus heridas.

Repaso de la Lección 3

Usar vocabulario

1. Un factor que puede tener más de un valor es un(a) _____.

2. **Diferencia** entre variable independiente y variable dependiente.

Entender conceptos clave

3. ¿Cuál de los siguientes pasos de la investigación científica NO se usó en este estudio del caso?
   A. Sacar conclusiones.
   B. Hacer observaciones.
   C. Formular hipótesis y predecir.
   D. Hacer un modelo por computadora.

4. **Determina** cuál es el grupo de control y cuál es el grupo experimental en la siguiente situación: Unos científicos están comprobando una nueva clase de aspirina para ver si alivia el dolor de cabeza. Ellos le dan la aspirina a un grupo de voluntarios. A otro grupo le dan píldoras que parecen aspirinas, pero en realidad son píldoras de azúcar.

Interpretar gráficas

5. **Resume** Copia y llena el siguiente organizador gráfico en el que se resume la secuencia de la investigación científica que se usó en una parte del estudio de caso. Dibuja el número de recuadros que necesites para tu secuencia.

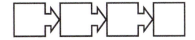

6. **Explica** ¿Qué importancia tiene el polen de palo de hierro hallado en el aparato digestivo del Hombre de Hielo?

Pensamiento crítico

7. **Formula** más preguntas sobre el Hombre de Hielo. ¿Qué te gustaría saber después?

8. **Evalúa** las hipótesis formuladas y las conclusiones obtenidas durante el estudio del Hombre de Hielo. ¿Ves algo que se pueda considerar una suposición? ¿Hay vacíos en esta investigación?

Laboratorio

1-2 periodos de clase

Materiales

excremento de búho

tabla de identificación ósea

aguja de disección

pinzas

lupa

También necesitas: palillos de dientes, cepillo pequeño, plato de cartón, regla

Seguridad

Hacer inferencias a partir de evidencias indirectas

En el estudio de caso del Hombre de Hielo, viste cómo los científicos usaron la evidencia hallada en el cuerpo o cerca de él para saber cómo pudo haber vivido y qué comía. En esta investigación, usarás evidencia indirecta parecida para conocer más sobre los búhos.

El excremento de búho es una bola de pelo y plumas que contiene huesos, dientes y otras partes sin digerir de animales devorados por el búho. Los búhos y otras aves, como los halcones y las águilas, tragan enteras sus presas. Los ácidos del estómago digieren las partes blandas de los alimentos. Los esqueletos y los revestimientos corporales no se digieren y forman una bola. Cuando el búho tose y expulsa la bola, esta puede caer al suelo. Las plumas, la paja o las hojas a menudo se adhieren a la bola húmeda cuando esta golpea el suelo.

Preguntar

¿Qué tipo de información puedo conocer sobre los búhos analizando excremento de búho?

Hacer observaciones

1. Lee y completa un formulario de seguridad en el laboratorio.
2. Mide con cuidado la longitud, el ancho y la masa del excremento. Escribe los datos en tu diario de ciencias.
3. Examina suavemente el exterior de la bola usando una lupa. ¿Ves algún rastro de pelos o plumas? ¿Qué otras sustancias puedes identificar? Anota tus observaciones.
4. Con una aguja de disección, palillos y unas pinzas, separa con cuidado la bola. Procura evitar que los huesos pequeños se rompan. Esparce las partes en un plato de cartón.
5. Copia la tabla en tu diario de ciencias. Usa la tabla de identificación ósea para reconocer cada uno de los huesos y demás materiales hallados en la muestra. Haz una marca en la tabla por cada parte que identifiques.

Tabla de identificación ósea		
Hueso	Animal	Número
Cráneo		
Maxilar		
Escápula		
Extremidad anterior		
Extremidad posterior		
Cadera/pelvis		
Costilla		
Vértebras		
Partes de insectos		

Analizar y concluir

6. **Arma** un esqueleto con los huesos que encuentres. Quizá necesites fotografías de roedores, musarañas, topos y aves.
7. **Comenta** con tus compañeros de grupo por qué pueden faltar partes del esqueleto del animal.
8. **Escribe** un informe que incluya tus datos y conclusiones sobre la dieta del búho.
9. **Identifica causa y efecto** ¿Todos los huesos que encontraste en la bola de excremento son necesariamente de la presa? ¿Por qué?
10. **Analiza** ¿Qué conclusiones puedes sacar acerca de la dieta del búho en particular del cual provino la muestra que analizaste? ¿Puedes ampliar esta conclusión a la dieta de todos los búhos? ¿Por qué?
11. **La Gran Idea** ¿En qué se parecen o diferencian los pasos de la investigación científica que aplicaste en tu indagación con los que aplicaron los científicos que estudiaron al Hombre de Hielo?

Comunicar resultados

Compara tus resultados con los de otros grupos. Comenta cualquier evidencia que sustente la idea de que las muestras de excremento provienen o no de la misma área.

Investigación Ir más allá

Escribe tus datos en el pizarrón. Usa los datos de la clase para determinar la media, la mediana, la moda y el intervalo de cada tipo de hueso.

Sugerencias para el laboratorio

☑ Cuando uses las pinzas, aprieta los lados ligeramente, de manera que no aplastes huesos frágiles.

☑ Usa el cepillo para limpiar los huesos. Trata de girar los huesos a medida que los relacionas con la tabla.

☑ Pon los huesos en el recuadro de coincidencias de la tabla a medida que los separas. Cuando termines, cuéntalos.

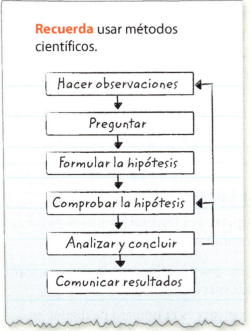

Recuerda usar métodos científicos.

- Hacer observaciones
- Preguntar
- Formular la hipótesis
- Comprobar la hipótesis
- Analizar y concluir
- Comunicar resultados

Guía de estudio y repaso del capítulo

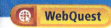

 LA GRAN IDEA Los científicos aplican el proceso de indagación científica para llevar a cabo investigaciones científicas.

Resumen de conceptos clave 🔑

Lección 1: Entender la ciencia
- La investigación científica es un proceso que aplica una serie de destrezas para responder preguntas o comprobar ideas sobre el mundo natural.
- Una **ley científica** es una regla que describe un patrón dado en la naturaleza. Una **teoría científica** es una explicación de cosas o eventos con base en conocimiento obtenido de muchas **observaciones** e investigaciones.
- Los hechos son mediciones, observaciones y teorías cuya validez se puede evaluar mediante investigaciones objetivas. Las opiniones son visiones, sentimientos o afirmaciones personales acerca de un tema que no se puede probar si son verdaderas o falsas.

Lección 2: Instrumentos científicos y de medición
- Los científicos del mundo usan el **Sistema Internacional de Unidades** porque es más fácil para sus pares confirmar y repetir su trabajo.
- La incertidumbre en las mediciones ocurre porque ningún instrumento científico puede suministrar una medición perfecta.
- La media, la mediana, la moda y el intervalo son cálculos estadísticos que se usan para evaluar conjuntos de datos.

Lección 3: Estudio de caso: El último viaje del Hombre de Hielo
- La **variable independiente** es el factor que el científico cambia para observar cómo afecta a una **variable dependiente**. La variable dependiente es el factor que el científico mide u observa durante un experimento.
- La investigación científica se aplicó en la indagación sobre el Hombre de Hielo cuando se desarrollaron hipótesis, predicciones, pruebas, análisis y conclusiones.

Vocabulario

- **ciencia** pág. NDLC 4
- **observación** pág. NDLC 6
- **inferencia** pág. NDLC 6
- **hipótesis** pág. NDLC 6
- **predicción** pág. NDLC 6
- **tecnología** pág. NDLC 8
- **teoría científica** pág. NDLC 9
- **ley científica** pág. NDLC 9
- **pensamiento crítico** pág. NDLC 10
- **descripción** pág. NDLC 12
- **explicación** pág. NDLC 12
- **Sistema Internacional de Unidades (SI)** pág. NDLC 12
- **cifras significativas** pág. NDLC 14
- **variable** pág. NDLC 21
- **variable independiente** pág. NDLC 21
- **variable dependiente** pág. NDLC 21

Usar vocabulario

Reemplaza los términos subrayados con la palabra de vocabulario correcta.

1. Una <u>descripción</u> es una interpretación de observaciones.

2. La <u>media</u> es el número de dígitos en una medición que conoces con cierto grado de confiabilidad.

3. El acto de ver algo y tomar nota de cómo ocurre es un(a) <u>inferencia</u>.

4. Una <u>teoría científica</u> es una regla que describe un patrón de la naturaleza.

Repaso del capítulo

 Assessment — Online Test Practice

Entender conceptos clave

5 En el diagrama del proceso de la investigación científica, ¿cuál destreza del recuadro de Comprobar la hipótesis falta?

> **Comprobar la hipótesis**
> - Diseñar un experimento
> - Reunir y evaluar evidencia
> - Recolectar datos/Anotar observaciones

A. Analizar resultados.
B. Comunicar resultados.
C. Hacer un modelo.
D. Hacer observaciones.

6 Tienes el siguiente conjunto de datos: 2, 3, 4, 4, 5, 7 y 8. ¿Es 6 la media, la mediana, la moda o el intervalo del conjunto?

A. media
B. mediana
C. moda
D. intervalo

7 ¿Cuál de las siguientes afirmaciones describe una variable independiente?

A. Es un factor que no está en todas las pruebas.
B. Es un factor que el investigador cambia.
C. Es un factor que mides durante una prueba.
D. Es un factor que permanece igual en cada prueba.

Pensamiento crítico

8 **Predice** qué pasaría si cada científico tratara de usar todas las destrezas de la investigación científica en el mismo orden en todas las indagaciones.

9 **Evalúa** el papel de la incertidumbre en la medición en las investigaciones científicas.

10 **Evalúa** la importancia de tener un grupo de control en una investigación científica.

Escritura en Ciencias

11 **Escribe** un párrafo de cinco oraciones que explique por qué el Sistema Internacional de Unidades (SI) es más fácil de usar que el sistema inglés. Asegúrate de incluir una oración de introducción y una oración de conclusión en tu párrafo.

 REPASO LA GRAN IDEA

12 ¿Qué proceso usan los científicos para realizar investigaciones científicas? Enumera y explica tres de las destrezas implicadas.

13 **Infiere** el propósito de la tintura rosada en la investigación científica que se muestra en la fotografía.

Destrezas matemáticas

 Review — Math Practice

Usar números

14 Convierte 162.5 kg a gramos.

15 Convierte 89.7 cm a milímetros.

Unidad 1
EXPLORACIÓN DE LA TIERRA

12000 a.C.
Un mapa tallado en el interior de la mandíbula de un mamut, el más antiguo que subsiste, muestra un grupo de asentamientos y el campo a su alrededor donde hoy es Mehirich, Ucrania.

10000 a.C.

2300 a.C.
Se creó el mapa más antiguo que subsiste. Este mapa de Lagash, Mesopotamia, incluye el diseño de la ciudad.

150 d.C.
Ptolomeo ilustró el mapamundi con la Tierra como una esfera que ocupa entre las latitudes 60° N y 30° S.

1500

1506
Francesco Rosselli hizo el primer mapa del Nuevo Mundo.

1900

1930-1939
Los mapas eran cada vez más exactos y reales debido al uso extendido de las fotografías aéreas después de la Primera Guerra Mundial.

1960-1969 Se desarrollaron los Sistemas de Información Geográfica (SIG). Los SIG muestran grandes cantidades de información e incluyen *software* y equipos de computación, así como datos digitales y almacenamiento.

1993 El Sistema de Posicionamiento Global, basado en el espacio, logró la capacidad operativa inicial.

2005 Una herramienta de mapeo en la Internet muestra imágenes satelitales de la superficie de la Tierra.

Inquiry
Visita ConnectED para desarrollar la actividad STEM de esta unidad.

Unidad 1
Naturaleza de la CIENCIA

Patrones

Es posible que algunas veces veas la Luna como un disco grande y brillante en el cielo nocturno. Otras veces, la Luna aparece con formas diferentes. Estas formas son las fases de la Luna o partes cambiantes que pueden verse desde la Tierra. Las fases de la Luna ocurren como un patrón que se repite aproximadamente cada 28 días. Un patrón es un plan o modelo constante que se usa como guía para entender y predecir cosas. Puedes predecir la siguiente fase de la Luna o determinar su fase previa si conoces el patrón.

Patrones en Ciencias de la Tierra

Los patrones ayudan a los científicos a entender las observaciones. Esto les permite predecir eventos futuros o entender eventos pasados. Por ejemplo, los geólogos son científicos de la Tierra que miden la composición química, la edad y la ubicación de las rocas. Ellos buscan patrones en estas mediciones. Los patrones les permiten proponer qué procesos formaron las rocas hace millones o miles de millones de años. Los geólogos también usan patrones para sacar conclusiones sobre cómo la Tierra ha cambiado con el tiempo y para calcular cómo cambiará en el futuro.

Los meteorólogos son científicos que estudian el tiempo atmosférico y el clima. Ellos estudian los patrones de los frentes, los vientos, la formación de nubes, la precipitación y las temperaturas del océano para hacer predicciones del tiempo atmosférico. Por ejemplo, siguen el rastro de los patrones de los huracanes, como velocidad del viento, movimientos y velocidad de rotación. Estos patrones les ayudan a entender las condiciones en las cuales un huracán se puede formar. Predecir la fuerza y la trayectoria de una tormenta puede ayudar a salvar vidas, edificaciones y propiedades. Cuando los meteorólogos ven patrones del tiempo atmosférico similares a los de huracanes pasados, pueden predecir la severidad de la tormenta y cuándo y dónde golpeará. Entonces, pueden enviar avisos de alerta con anticipación para que las personas se preparen sin riesgo.

Tipos de patrones

Patrones físicos
Un patrón que observas con tus ojos u otros instrumentos es un patrón físico. El levantamiento ocasionado por terremotos y la erosión revelan patrones físicos en las capas de roca, como se muestra en la fotografía. Los patrones en las capas de roca expuestas le indican a los geólogos muchas cosas, entre ellas el orden en que se formaron las rocas, los diferentes minerales y fósiles que contienen, la edad y el movimiento de los accidentes geográficos.

Patrones en gráficas
Los científicos representan datos en gráficas y luego las analizan en busca de patrones. Los patrones pueden aparecer en las gráficas como líneas rectas, líneas curvas u ondas. La gráfica de la derecha muestra un patrón en el nivel del mar a medida que este aumenta entre 1994 y 2008. Los científicos analizan patrones gráficos para predecir eventos en el futuro. Por ejemplo, un científico puede predecir que, en 2014, el nivel del mar será 30 mm más elevado que en 2008.

Patrones cíclicos
Un evento que se repite muchas veces en un orden predecible, como las fases de la Luna, tiene un patrón cíclico. Como se muestra en la gráfica, las temperaturas del agua en el océano Atlántico del norte y del sur suben y bajan con igual magnitud cada año. Los cambios anuales de la temperatura del agua siguen un patrón cíclico. ¿En qué se diferencian los patrones de temperatura en los dos océanos?

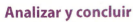 **MiniLab** — **15 minutos**

¿Qué patrones hay en un año?
¿Cuáles son algunos de los patrones cíclicos de tu vida?

1. En una **hoja de cuaderno,** dibuja cuatro círculos concéntricos cuyos diámetros sean 20 cm, 18 cm, 10 cm y 4 cm. Escribe tu nombre en el círculo más interno.
2. Divide los dos círculos más externos en 12 secciones iguales. Escribe un mes del año en cada sección del círculo más externo. En el siguiente círculo, escribe eventos personales o actividades que ocurran en el mes correspondiente.
3. Divide el círculo de 10 cm de diámetro en cuatro secciones. Escribe las condiciones del tiempo atmosférico y los patrones de las plantas que corresponden a los meses del círculo más externo.

Analizar y concluir
   Observa Si comienzas en un mes y te mueves hacia el interior a través de los anillos, ¿qué patrones observas? ¿Cómo estas observaciones concuerdan con el ciclo anual?

Capítulo 1

Cartografía de la Tierra

¿Cómo se miden y hacen modelos de las características de la superficie terrestre?

Investigación ¿Estos mapas muestran la misma área?

Los mapas muestran las características de la superficie terrestre, como montañas, carreteras o diferentes tipos de roca. Observa que estos mapas muestran diferentes características de la misma área.

- ¿Qué características se muestran en cada mapa?
- ¿Cómo se hicieron estos mapas?
- ¿Cómo medirías y harías un modelo de las características de la superficie terrestre?

Prepárate para leer

¿Qué opinas?

Antes de leer, piensa si estás de acuerdo o no con las siguientes afirmaciones. A medida que leas el capítulo, decide si cambias de opinión sobre alguna de ellas.

1. Los mapas ayudan a demarcar lugares de la Tierra.
2. Todos los modelos de la Tierra son esféricos.
3. Los mapas del mundo se dibujan exactamente para cada lugar.
4. Los mapas topográficos muestran cambios en las elevaciones de la superficie.
5. Los colores en los mapas geológicos muestran los colores de las rocas de la superficie.
6. Los satélites están demasiado lejos de la Tierra para reunir información útil sobre la superficie de la Tierra.

ConnectED Your one-stop online resource

connectED.mcgraw-hill.com

- Video
- Audio
- Review
- Inquiry
- WebQuest
- Assessment
- Concepts in Motion
- Multilingual eGlossary

Lección 1

Guía de lectura

Conceptos clave 🔑
PREGUNTAS IMPORTANTES

- ¿Cómo un mapa puede ayudar a demarcar un lugar?
- ¿Por qué hay diferentes proyecciones de mapas para representar la superficie de la Tierra?

Vocabulario

vista de mapa pág. 9
vista de perfil pág. 9
leyenda de mapa pág. 10
escala de mapa pág. 11
longitud pág. 12
latitud pág. 12
huso horario pág. 14
línea internacional de cambio de fecha pág. 14

g Multilingual eGlossary

Mapas

Investigación ¿Dónde están?

Mira el horizonte, el lugar donde el cielo azul y el agua azul se unen. ¿Qué ves? ¿Alguna vez has tenido que averiguar dónde estás sin usar algún punto de referencia? Imagina que estás navegando por el Pacífico del sur. ¿Cómo navegarías sin usar alguna señal como punto de referencia?

Investigación: Laboratorio de inicio

15 minutos

¿Cómo irás desde acá hasta allá?

Cuando necesites llegar a un lugar en el que nunca has estado, puedes encontrar el camino con la ayuda de un mapa. Los mapas ayudan a las personas a llegar adonde van sin perderse.

1. Imagina que es el primer día en la escuela de un estudiante nuevo. Escribe las instrucciones para que el estudiante vaya del salón de clases de ciencias a la cafetería.

2. Ahora dibuja un mapa para que el estudiante vaya del salón de clases de ciencias a la cafetería.

Piensa

1. ¿En qué se diferenciaron las instrucciones escritas y el mapa?

2. 🗝 **Concepto clave** ¿Por qué los mapas son útiles?

Comprensión de los mapas

¿Cuándo fue la última vez que usaste un mapa para encontrar información? Quizá miraste un mapa de tu escuela para encontrar tus salones de clase. O, quizá revisaste el mapa de la escuela con el fin de practicar para un simulacro de incendio o de otro desastre. Un mapa podría mostrarte todas las salidas o el salón más seguro para ir en caso de un tornado. Hay muchos tipos de mapas: mapas de carreteras, mapas de senderos y mapas climáticos. Cada tipo de mapa contiene diferente información y tiene un propósito distinto.

Un mapa es un modelo de la Tierra. Para hacer un modelo de la superficie terrestre, puedes hacer una representación plana de un área de la Tierra en un pedazo de papel. Para hacer un modelo de todo el planeta y su forma, puedes hacer un globo terráqueo.

Vistas de mapa

La mayoría de los mapas se dibujan en una **vista de mapa,** es decir, *se dibujan como si estuvieras mirando un área hacia abajo, desde arriba de la superficie de la Tierra.* La vista de mapa también se conoce como vista en planta y se muestra en la **Figura 1.**

Una **vista de perfil** *es un dibujo que muestra un objeto como si lo estuvieras mirando desde un lado.* Una vista de perfil es como una vista lateral de una casa. Para ayudarte a visualizar este concepto, en la **Figura 1** se muestran una vista de mapa y una vista de perfil de una casa. Las vistas de mapa y las vistas de perfil se usan para describir los mapas topográficos y los mapas geológicos al final de este capítulo. También usarás las vistas de perfil cuando estudies las secciones transversales, o los modelos de la estructura interna de la Tierra.

Vistas de mapa

Figura 1 Una vista de mapa o en planta mira un objeto hacia abajo, mientras que una vista de perfil lo mira de lado.

Figura 2 La leyenda de este mapa explica el significado de los símbolos.

Uso científico y uso común

leyenda

Uso científico parte de un mapa que explica los símbolos del mapa

Uso común relato que procede del pasado

Leyendas y escalas de los mapas

Los mapas tienen dos características que te ayudan a leerlos y a interpretarlos. Una característica es una serie de símbolos llamada **leyenda** de mapa. La otra es el ratio, que determina la escala del mapa.

Leyendas de mapas Los mapas usan símbolos específicos para representar algunas características de la superficie terrestre, como las carreteras de una ciudad o los baños en un parque. Estos símbolos permiten a los cartógrafos incluir muchos detalles en los mapas sin que queden muy recargados. Todos los mapas incluyen una **leyenda de mapa**, es decir, *una clave que enumera todos los símbolos usados en el mapa*, de manera que puedas interpretar los símbolos. También explica el significado de cada símbolo. Por ejemplo, en la leyenda del mapa de la **Figura 2,** una línea discontinua representa un sendero.

✓ **Verificación de la lectura** ¿Para qué sirve una leyenda de mapa?

Figura 3 En los mapas se pueden usar diferentes tipos de escalas. Por ejemplo, la escala gráfica compara la distancia en el mapa con la distancia real.

✓ **Verificación visual** ¿Qué escala usarías para medir la distancia entre los ríos que están a lo largo de la Ruta 192?

Escalas de mapa Cuando los cartógrafos dibujan un mapa, necesitan decidir de qué tamaño, grande o pequeño, hacer el mapa. Tienen que escoger la escala del mapa. *La **escala de mapa** es la relación entre una distancia en el mapa y la distancia real en el terreno.* La escala se puede escribir verbalmente, por ejemplo "un centímetro equivale a 1 kilómetro". La escala también puede escribirse en forma de ratio, como 1:100. Como este es un ratio simple, no hay unidades. Verbalmente dirías: "cada unidad en el mapa equivale a 100 unidades en el terreno". Si tu unidad fuera 1 cm en el mapa, equivaldría a 100 cm en el terreno. ¡Si dibujaras un mapa de tu escuela en una escala de 1:1, tu mapa sería del mismo tamaño de tu escuela! La **Figura 3** te da una escala escrita, una escala de ratio y una escala gráfica en la leyenda del mapa. Cada una puede ser útil de diferentes maneras. Por ejemplo, la escala gráfica, o barra de escala, sería útil para medir distancias en el mapa. Sin embargo, tendrías que medirlo para averiguar que 1 cm equivale a 1 km.

La **Figura 4** muestra otra manera de usar las escalas. Los modelos se construyen con medidas a escala que pueden aumentarse o disminuirse en relación con las medidas de los objetos reales. Los modelos tienen las mismas proporciones relativas de los objetos que representan, como sucede en una escala de mapa.

Destrezas matemáticas

Escala de ratio

Un ratio es una comparación de dos cantidades mediante la división. Por ejemplo, una escala de mapa es el ratio de la distancia en el mapa con relación a la distancia real. Un mapa podría usar una escala en la cual **1 cm** en el mapa representa **5 km** de la distancia real. Esto puede escribirse como un ratio:

1 cm a **5 km** o
1 cm : **5 km** o
$\frac{1\ cm}{5\ km}$

Este ratio es la escala del mapa.

Practicar

Un mapa usa una escala de **1 cm** : **1 km**. Si la distancia entre dos puntos en el mapa es **3 cm**, ¿cuál es la distancia real entre los puntos?

▸ Review
- Math Practice
- Personal Tutor

Figura 4 Estas imágenes tienen diferentes escalas. En la fotografía grande, la escala es 1:25. En la fotografía más pequeña, a la derecha, la escala es 12:1.

Lectura de mapas

Para encontrar cómo llegar a un lugar específico, necesitas una manera de determinar en qué lugar de la Tierra estás. Imagínate cómo decirle a alguien tu ubicación exacta en la Antártida, un continente cubierto de nieve. Sería difícil describirla. Los capitanes de barco y los pilotos de avión experimentan los mismos problemas cuando trazan su rumbo a través de los océanos o sobre una capa de nubes que cubre la Tierra.

Sistema de cuadrícula para graficar localidades

¿Alguna vez has jugado ajedrez? Si es así, sabes que el tablero está formado por líneas de cuadrícula que te ayudan a elegir tus jugadas y la posición de las fichas en el tablero. Hace mucho, los cartógrafos crearon un sistema para identificar lugares en la Tierra que utiliza un sistema de cuadrícula parecido. Este sistema utiliza dos juegos de líneas imaginarias que rodean la Tierra. Los dos juegos de líneas se llaman latitud y longitud. La intersección de una línea de latitud y una de longitud puede señalar un lugar en un mapa o en un globo terráqueo.

Longitud Los cartógrafos empezaron el sistema de cuadrícula con una línea que rodeaba la Tierra y pasaba por el polo Norte y el polo Sur. La mitad del círculo desde el polo Norte hasta el polo Sur pasa por Greenwich, Inglaterra, y se conoce como el meridiano de Greenwich, el cual se muestra en la **Figura 5.** La otra mitad del círculo es el meridiano 180°. En cada grado al este y al oeste del meridiano de Greenwich se dibujan círculos semejantes. *La* longitud *es la distancia en grados al este u oeste del meridiano de Greenwich.* El meridiano de Greenwich y el meridiano 180° se combinan para dividir la Tierra en las mitades este y oeste, o hemisferios: oriental y occidental. Al este del meridiano de Greenwich, la longitud se mide en grados este y, al oeste, la longitud se mide en grados oeste. Ambas se encuentran en el meridiano 180°. Todos los meridianos pasan por el polo Norte y el polo Sur.

Latitud Los cartógrafos también dibujaron líneas al este y al oeste alrededor de la Tierra. Estas líneas, llamadas líneas de latitud, son un tanto perpendiculares a las líneas de longitud. La línea central, llamada el ecuador, divide la Tierra en hemisferio norte y hemisferio sur. *La* latitud *es la distancia en grados al norte o al sur del ecuador.* A diferencia de las líneas de longitud, las líneas de latitud son paralelas, como se muestra en la **Figura 5.** El ecuador es el círculo más grande. Los otros círculos se hacen más pequeños cuanto más cerca están de los polos de la Tierra.

Verificación de concepto clave ¿Qué relación tienen las líneas de longitud y las líneas de latitud?

Origen de las palabras

longitud
del latín *longitudo*, que significa "largo"

Meridiano de Greenwich
Longitud

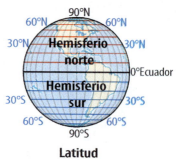
Latitud

Figura 5 La longitud y la latitud son líneas imaginarias usadas para señalar lugares de la Tierra.

Grafica localidades

¿Cómo puedes usar el sistema de cuadrícula de la Tierra para graficar localidades? Primero, piensa por qué la longitud y la latitud se miden en grados. La Tierra es una esfera, un objeto en forma de bola. Si miras una esfera hacia abajo en línea recta, se ve como un círculo. Al igual que un círculo, una esfera se puede dividir en 360 grados. Mira de nuevo la **Figura 5.** La latitud en el ecuador es 0°. Todas las otras líneas de latitud se miden en grados norte o sur del ecuador. El polo Norte está ubicado a 90 grados de latitud norte (90°N), y el polo Sur está a 90 grados de latitud sur (90°S).

Las líneas de longitud se miden en grados este u oeste del meridiano de Greenwich. Hay 180 grados de longitud este y 180 grados de longitud oeste.

Cualquier lugar en la Tierra se puede referenciar por la intersección de la línea de latitud y la línea de longitud más cercanas. La latitud siempre se expresa antes de la longitud.

Minutos y segundos Como las líneas de longitud y latitud están separadas, y para ayudar a señalar las localidades, dividimos cada grado en 60 minutos (') y cada minuto en 60 segundos (").

 Verificación de concepto clave ¿De qué manera la latitud y la longitud describen un lugar en la Tierra?

MiniLab   20 minutos

¿Puedes hallar la latitud y la longitud?

Usa el diagrama de la derecha para responder las siguientes preguntas.

1. ¿Cuál ciudad está ubicada a 20°N, 155°O?
2. ¿Cuál ciudad está ubicada a 40°N, 75°O?
3. ¿Cuál es la latitud y la longitud de Seward, en Alaska; Memphis, en Tennessee; y Denver, en Colorado?

Analizar y concluir

1. **Explica** por qué en las preguntas 1 y 2 la latitud es °N y la longitud es °O.
2. **Calcula** ¿Cuáles son la latitud y la longitud de la ciudad más cercana a la tuya?
3. **Concepto clave** ¿De qué manera la latitud y la longitud ayudan a las personas a ubicar ciudades en un mapa?

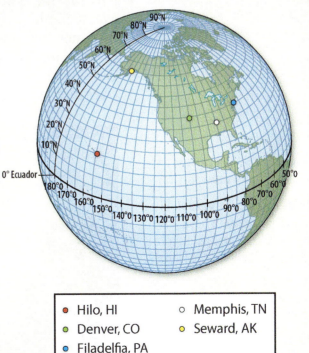

- Hilo, HI
- Denver, CO
- Filadelfia, PA
- Memphis, TN
- Seward, AK

Husos horarios Cuando es el mediodía en tu ciudad, el Sol está directamente sobre tu cabeza. Sin embargo, a medida que la Tierra rota, el Sol está directamente sobre diferentes lugares a diferentes horas. Las compañías con sedes en ciudades separadas muchas millas tendrían dificultad para hacer negocios entre ellas si cada ciudad tuviera una hora diferente. Los husos horarios se crearon para facilitar los viajes, las comunicaciones y los negocios. *Un* **huso horario** *es el área en la superficie de la Tierra que está entre dos meridianos donde la gente maneja la misma hora.* La referencia o punto de partida de los husos horarios es el meridiano de Greenwich o **primer** meridiano. La Tierra está dividida en 24 husos horarios, y el ancho de un huso horario es 15° de longitud. Pero como se muestra en la **Figura 6,** los husos horarios no siguen exactamente los meridianos. Su ubicación a veces se altera en límites políticos. Observa que el tiempo cambia una hora en el límite de cada huso horario. ¿Qué sucede cuando estás en la mitad del globo terráqueo?

> **VOCABULARIO ACADÉMICO**
> **primer**
> *(adjetivo)* el primero en su categoría

 Verificación de la lectura ¿Por qué necesitamos un punto de partida para los husos horarios?

Línea internacional de cambio de fecha *La línea de longitud 180° al este u oeste del meridiano de Greenwich se llama* **línea internacional de cambio de fecha.** Recuerda que existen 24 husos horarios y 24 horas en un día. Como un lugar no puede estar en dos días diferentes a la vez, el día cambia según como cruces la línea de cambio de fecha. Si cruzas de este a oeste, es un día antes. Si cruzas de oeste a este, es el día siguiente.

Observa que la línea internacional de cambio de fecha no sigue exactamente el meridiano 180°. Esto se debe a que algunas naciones insulares quedarían divididas por la línea. Sería un día para una isla y otro día para las demás en la misma nación. Para evitar esto, la línea internacional de cambio de fecha se traza alrededor de ellas.

Figura 6 Hay 24 husos horarios en el mundo.

Verificación visual Si en la Ciudad de Nueva York son las 2.00 p.m., ¿qué hora es en Los Ángeles, California?

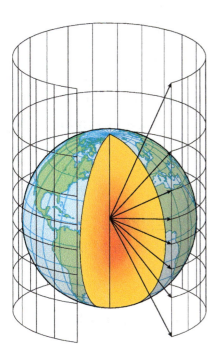

Proyección cilíndrica

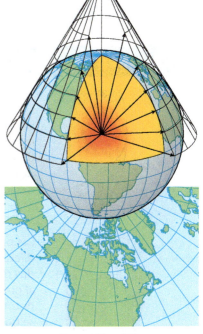
Proyección cónica

Proyecciones de mapa

Dado que un globo terráqueo es esférico, como la Tierra, las características de la Tierra no se distorsionan en él. En cambio, los mapas son planos. ¿Cómo se puede hacer un planisferio a partir de una esfera? Una forma de transferir las características de un globo terráqueo a un planisferio es hacer una proyección.

Proyecciones cilíndricas Imagina una luz en el centro de un globo terráqueo. Si se envolviera el globo en una hoja de papel, emitiría sombras de los continentes y de las líneas de latitud y longitud sobre ella. Dado que el papel tiene forma de cilindro, como se muestra en la **Figura 7,** esta se llama proyección cilíndrica. El mapa resultante representa muy bien las formas que están cerca del ecuador. En cambio, las formas que están cerca de los polos se agrandan. Observa que en la proyección cilíndrica, Groenlandia parece ser más grande que América del Sur. Sin embargo, el tamaño de Groenlandia es casi una octava parte del de América del Sur.

Proyecciones cónicas Cuando se envuelve un cono alrededor del globo terráqueo se obtiene una proyección cónica. Esta tiene una pequeña distorsión cerca de la línea de latitud donde el cono toca el globo, pero está distorsionada en las demás partes. Todos los tipos de proyecciones distorsionan las figuras que se observan en una esfera. En otras proyecciones, los continentes se representan con exactitud solo porque las otras áreas, como los océanos, se ven distorsionadas o cortadas.

 Verificación de concepto clave ¿Cuáles son las ventajas y desventajas de las proyecciones cilíndricas y cónicas?

Figura 7 Las proyecciones cilíndricas y cónicas transfieren a un planisferio características ubicadas en una esfera. Este proceso siempre genera alguna distorsión.

Concepts in Motion
Animation

FOLDABLES

Haz un boletín en pliegos con una hoja de papel. Rotúlalo como se muestra y úsalo para anotar información sobre las proyecciones de mapa. Rotula la parte externa del boletín: Proyecciones de mapas.

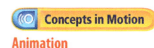

Lección 1
EXPLICAR

Repaso de la Lección 1

 Assessment   Online Quiz

Resumen visual

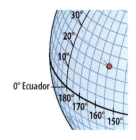

En el globo terráqueo se pueden hallar localidades con exactitud usando líneas de cuadrícula llamadas longitud y latitud.

Las proyecciones diferentes ofrecen diversas soluciones al problema de la distorsión cuando se transfieren de tres dimensiones a dos dimensiones.

FOLDABLES

Usa tu modelo de papel (*Foldable*) para repasar la lección. Guarda tu modelo para el proyecto de final de capítulo.

¿Qué opinas AHORA?

Al inicio de este capítulo leíste las siguientes afirmaciones.

1. Los mapas ayudan a demarcar lugares de la Tierra.
2. Todos los modelos de la Tierra son esféricos.
3. Los mapas del mundo se dibujan exactamente para cada lugar.

¿Sigues estando de acuerdo o en desacuerdo con las afirmaciones? Reescribe las afirmaciones falsas para hacerlas verdaderas.

Usar vocabulario

1. **Define** *vista de perfil* con tus propias palabras.
2. **Usa los términos** *latitud* y *longitud* en una oración.
3. **Explica** la diferencia entre escala de mapa y leyenda de mapa.

Entender conceptos clave

4. ¿Qué líneas se usan para medir la distancia al sur del ecuador?
   A. meridianos
   B. líneas de latitud
   C. la línea internacional de cambio de fecha
   D. líneas de longitud

5. **Compara** un globo terráqueo y un mapa. Explica por qué ocurren distorsiones.

6. **Explica** por qué la línea internacional de cambio de fecha no coincide exactamente con el meridiano 180°.

Interpretar gráficas

7. **Identifica** Copia y llena el siguiente organizador gráfico para identificar las tres unidades que se usan para medir la latitud y la longitud.

Pensamiento crítico

8. **Sugiere** una razón por la cual los husos horarios no siguen exactamente los meridianos.

9. **Evalúa** ¿Qué tipo de proyección, cónica o cilíndrica, mostraría menos distorsión del centro de África? Explica tu respuesta.

Destrezas matemáticas   Math Practice

10. La distancia entre dos ciudades en un mapa es 7 cm. La escala de mapa es 1 cm:100 km. ¿Cuál es la distancia real entre las dos ciudades?

Investigación: Práctica de destrezas

Comparar y contrastar
25 minutos

¿Cómo puedes hacer caber todo tu salón de clase en una hoja de papel?

Materiales

regla métrica

vara métrica

papel cuadriculado

Los cartógrafos deben medir objetos y distancias con mucho cuidado para producir mapas exactos. Sin medidas exactas y detalladas, los mapas no serían útiles. La mayoría de los mapas se reducen de escala. Esto significa que el mapa y los detalles en él son más pequeños que la realidad que representan. Los tamaños y las distancias en un mapa a escala son proporciones de los valores reales. Por ejemplo, si un mapa tiene una escala de 1 cm a 1 m, 5 cm en el mapa representan 5 m.

Aprende

Cuando buscas semejanzas entre dos cosas, las **comparas.** Cuando encuentras diferencias entre ellas, las **contrastas.** Cuando creas un ratio con el fin de reducir a escala las dimensiones de un cuarto para hacer un mapa, estás **comparando** las dimensiones reales del cuarto con las dimensiones a escala del mapa. La diferencia entre el mapa y el cuarto son las unidades de medida (cm:m).

Intenta

1. Lee y completa un formulario de seguridad en el laboratorio.

2. En una hoja en blanco de papel cuadriculado haz un boceto de tu salón de clases como si estuvieras viéndolo hacia abajo. Por ahora no te preocupes por la exactitud.

3. Elige varios objetos o estructuras que bordeen el salón, como ventanas o puertas. Mide a qué distancia se halla cada una de las esquinas de las paredes. Anota tus datos en tu diario de ciencias.

4. Tu profesor te dirá las dimensiones del salón de clases. Elige una escala para un mapa de tu salón. Usa las dimensiones y tu escala para dibujar un mapa de tu salón en una hoja de papel cuadriculado.

5. Asegúrate de incluir todas las características de tu boceto. Incluye además una escala, una leyenda y el área total.

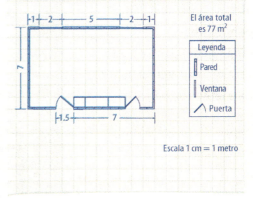

Aplica

6. ¿Qué escala usaste en tu mapa? Explica por qué elegiste esa escala.

7. ¿En qué se parece tu mapa a un mapa de la Tierra? ¿En qué se diferencia?

8. 🔑 **Concepto clave** ¿Qué ayudaría más a una persona a localizar un objeto en el salón: el boceto o el mapa que hiciste? Justifica tu razonamiento.

Lección 1 EXTENDER

Lección 2

Guía de lectura

Conceptos clave
PREGUNTAS IMPORTANTES

- ¿Qué te puede decir un mapa topográfico sobre la forma de la superficie terrestre?
- ¿Qué puedes aprender a partir de los mapas geológicos sobre las rocas que están cerca de la superficie terrestre?
- ¿Cómo la tecnología moderna se puede aplicar en la cartografía?

Vocabulario

mapa topográfico pág. 20
elevación pág. 20
relieve pág. 20
curva de nivel pág. 20
distancia vertical pág. 21
pendiente pág. 21
mapa geológico pág. 23
sección transversal pág. 23
teledetección pág. 27

 Multilingual eGlossary

 Video

What's Science Got to do With It?

Tecnología y cartografía

Investigación ¿Montañas o madrigueras?

¿Alguna vez has ido de caminata a la cima de una montaña o a una mesa? ¿Cómo sabías qué altura tenía? Quizá usaste un mapa con información acerca de la altura sobre el nivel del mar de los lugares que están a lo largo del sendero. ¿Por qué esta información sería útil? ¿Cómo se muestra esta información en un mapa?

Laboratorio de inicio

20 minutos

¿Será esta una caminata fácil o exigente?

Si fueras a una caminata, probablemente te gustaría saber si será fácil o difícil. ¿Tendrás que subir una colina empinada o es un área plana? ¿Cómo podrías hallar esta información?

1. Consigue un mapa con información sobre elevaciones.
2. Planea dos caminatas que cubran la misma distancia en el mapa. Planea una caminata fácil en terreno plano y una difícil en la cual haya que subir una montaña.
3. Comenta con un compañero qué diferencias habría entre las dos caminatas. ¿Cómo se muestran las elevaciones de los lugares en tu mapa?

Piensa

1. ¿Cuáles son las ventajas de saber dónde hay pendientes empinadas y leves en un mapa?
2. **Concepto clave** ¿Cómo describirías la información de elevaciones en un mapa?

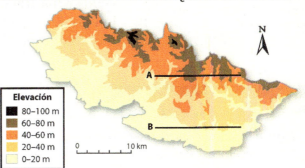

Tipos de mapas

Si fueras a unir dos trozos de madera puedes usar martillo y clavos. Para preparar huevos revueltos puedes usar un batidor y una sartén. Así como hay herramientas para realizar diferentes tareas, hay mapas para diversos propósitos.

Mapas de uso general

Los primeros mapas eran hechos a mano por exploradores y marineros para registrar sus rutas comerciales. Hoy usamos mapas en diversas situaciones. Puedes usar un mapa para ayudar a un amigo a hallar su casa o la ruta más rápida al centro comercial. Si vas a un parque, debe haber un mapa de senderos que trace la ruta por la cual caminarás. Algunos de los mapas cotidianos que puedes usar son:

- **Mapas físicos** usan líneas, matices y colores para indicar características como montañas, lagos y corrientes de agua.

- **Mapas de relieve** usan matices y sombras para identificar montañas y áreas planas.

- **Mapas políticos** muestran los límites entre países, estados, condados y pueblos. Los límites se pueden mostrar como líneas continuas o discontinuas. Se pueden usar diferentes colores para indicar las áreas dentro de los límites.

- **Mapas de carreteras,** como se muestra en la **Figura 8,** pueden presentar carreteras interestatales o una variedad de vías, desde autopistas de cuatro carriles hasta caminos empedrados. Todos son útiles para que encuentres tu camino.

Figura 8 Los mapas de carreteras de condados o ciudades pueden ser muy detallados, en cambio un atlas de mapas de los 50 estados solo puede mostrar las carreteras importantes o principales.

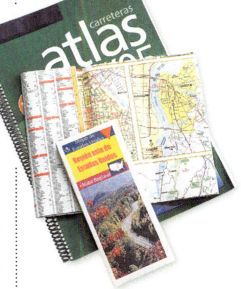

Lección 2
EXPLORAR

Mapas topográficos

Si estuvieras cruzando a pie Estados Unidos, quizá desearías seguir terreno plano. Si estuvieras recorriendo el país piloteando un avión, sin duda desearías volar más alto que una montaña. Un tipo de mapa especializado se caracteriza por mostrar lo alto o bajo que es el relieve.

La forma de la superficie de la tierra se llama topografía. *Un* **mapa topográfico** *muestra las formas detalladas de la superficie de la Tierra, junto con sus características naturales y artificiales.* Te ayuda a hacerte una imagen de la apariencia del paisaje sin que lo veas. El mapa topográfico de la Torre del Diablo en la **Figura 9** muestra los detalles que no puedes ver en la fotografía.

ORIGEN DE LAS PALABRAS

topografía del griego *topos*, que significa "lugar"; y *graphein*, que significa "escribir"

Mapa topográfico 🔑

Figura 9 Las curvas de nivel en el mapa topográfico muestran las diferencias en elevación en esta torre volcánica. Cuando las curvas de nivel no están muy separadas, la topografía es más inclinada.

Elevación y relieve *La altura sobre el nivel del mar de cualquier punto de la superficie de la Tierra es su* **elevación**. Por ejemplo, el monte Rainier en Washington mide 4,392 m sobre el nivel del mar. La ciudad de Olimpia, en Washington, está a casi 43 m sobre el nivel del mar. *La diferencia en elevación entre el punto más alto y el más bajo en un área se llama* **relieve**. Por ejemplo, el relieve entre el monte Rainier y Olimpia es 4,392 m − 43 m = 4,349 m.

Las **curvas de nivel** *son líneas que conectan puntos de igual elevación en un mapa topográfico.* Al igual que las líneas de latitud y longitud, las curvas de nivel en realidad no existen sobre la superficie de la Tierra. Al usar curvas de nivel, puedes medir tanto la elevación como el relieve en un mapa topográfico. Si la cima de la Torre del Diablo está a 5,112 pies y su base está a 4,400 pies, ¿cuál es su relieve?

Verificación de la lectura ¿En qué se parecen las curvas de nivel y las líneas de latitud y longitud?

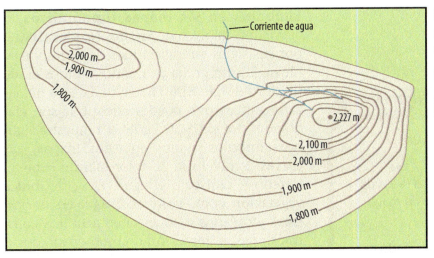

Figura 10 Las curvas de nivel conectan puntos de igual elevación.

Verificación visual
¿Dónde es la pendiente leve o empinada?

Interpreta curvas En la **Figura 10** se muestran curvas de nivel que representan una montaña. Observa que la elevación no está escrita en cada curva de nivel. Las curvas de nivel más oscuras, llamadas curvas índice, se rotulan con la elevación. ¿De qué otra manera hallas la elevación de las curvas sin usar las curvas índice? Necesitas conocer la diferencia en elevación entre las curvas.

La diferencia en elevación entre las curvas que están cercanas entre sí se llama **distancia vertical**. El mapa de la **Figura 10** tiene una distancia vertical de 50 m. Puedes hallar la elevación de una curva sin rotular usando las curvas índice numeradas. Primero, halla la curva índice más cercana, justo debajo de la curva que estás identificando. Luego, cuenta desde esta, 50 en 50, hasta la curva que estás investigando.

Estudia de nuevo la **Figura 10.** Observa que una curva de nivel en la cima de la montaña forma un pequeño lazo cerrado con un punto en el centro. Este punto representa el punto más alto en la montaña, 2,227 m. Las curvas en forma de V que apuntan hacia abajo de la colina indican crestas. Una V pequeña que apunta hacia arriba de la colina indica un valle de una corriente de agua o un drenaje.

El espacio entre las curvas indica la pendiente. *La* **pendiente** *es una medida de la inclinación del terreno.* Si las curvas están separadas, la pendiente es leve o plana. Si las curvas están cerca, la pendiente es empinada.

Verificación de concepto clave ¿Qué puedes aprender sobre las características en la superficie de la Tierra a partir del estudio de las curvas de nivel?

FOLDABLES

Usa tu modelo de papel para reunir información sobre lo que un mapa topográfico te puede mostrar. Escribe *Mapas topográficos* en la parte externa del modelo de papel.

Elevación y relieve
Curvas de nivel
Pendiente

Perfiles topográficos En la Lección 1 leíste sobre las vistas de mapa y las vistas de perfil. La información obtenida de las curvas de nivel en un mapa topográfico se puede usar para dibujar un perfil topográfico exacto. Hacer perfiles como este te puede ayudar a determinar el camino más fácil que puedes tomar cuando vas a atravesar un terreno.

Investigación MiniLab 20 minutos

¿Puedes construir un perfil topográfico?

Un perfil topográfico de la línea AB te ayuda a identificar rasgos geológicos de un mapa de curvas de nivel.

1. Usa una hoja de **papel cuadriculado** para preparar tu gráfica de perfil topográfico. Rotula el eje *x*, *Distancia entre A y B*. Rotula el eje *y*, *Elevación* (m).

2. Mide la longitud de la línea AB en el siguiente mapa de curvas. Con una **regla** mide la distancia del punto A a la intersección de la primera curva de nivel. Dibuja el punto en tu gráfica.

3. Grafica las parejas de distancia y elevación para cada punto en donde se intersecan las curvas de nivel con la línea AB.

4. Conecta los puntos de tu gráfica y observa el perfil topográfico.

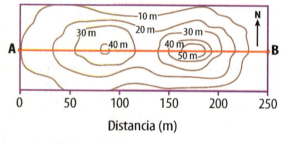

Analizar y concluir

1. **Analiza** ¿A qué distancia del punto A se halla el punto más alto de la línea AB? ¿El más bajo?

2. **Identifica** en dónde la topografía de la línea AB es más empinada. Explica cómo lo sabes.

3. **Predice** cómo un mapa de curvas de nivel y un perfil topográfico te ayudarían en el diseño de un parque de monopatín.

4. 🔑 **Concepto clave** Describe tres rasgos topográficos representados en tu perfil topográfico.

Símbolos en los mapas topográficos El Servicio Geológico de Estados Unidos (USGS, por sus siglas en inglés) ha sido el responsable de la cartografía de Estados Unidos desde finales del siglo XIX. La mayoría de los mapas topográficos que puedes encontrar son elaborados por el USGS. La **Tabla 1** muestra algunos símbolos usados en estos mapas. Las curvas de nivel son de color marrón sobre el terreno y azul bajo el agua. El verde indica vegetación, como bosques. El agua en los ríos, lagos y océanos se muestra en azul. Las construcciones se representan como cuadrados o rectángulos negros, excepto en ciudades donde un matiz rosado indica alta densidad habitacional. Si la información ha sido actualizada después de la elaboración del mapa original, se agrega en morado.

✅ **Verificación de la lectura** ¿Por qué es importante que un mapa topográfico tenga leyenda?

Tabla 1 Símbolos del USGS para mapas topográficos

Descripción	Símbolo
Autopista principal	══════
Autopista secundaria	══ ══ ══
Carretera sin pavimentar	============
Vía férrea	─┼─┼─┼─┼─
Construcciones	▪ ■ ■
Área urbana	(rosado)
Curva índice	～100～
Curva intermedia	～～～
Corrientes permanentes	(azul)
Corrientes intermitentes	(azul discontinuo)
Pantano boscoso	(verde con símbolos)
Bosques o matorrales	(verde)

✅ **Verificación visual** ¿En qué se diferencian una autopista principal y una autopista secundaria en un mapa topográfico del USGS?

Mapas geológicos

Otro tipo de mapa especializado es el mapa geológico. *Los mapas geológicos muestran la geología de la superficie del área cartografiada.* Esta puede incluir los tipos de roca, sus edades y las ubicaciones de las fallas. El mapa geológico de la **Figura 11** muestra la geología del Gran Cañón.

Mapa geológico

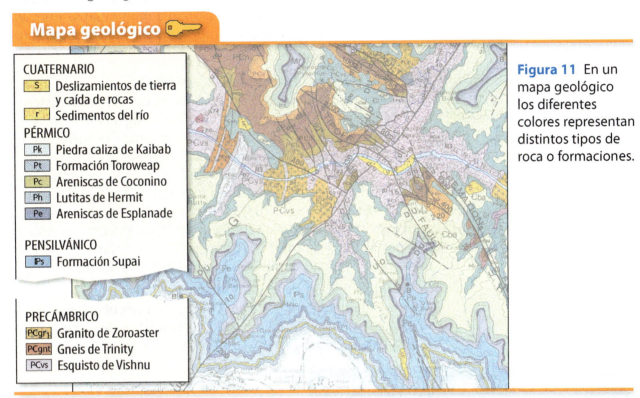

CUATERNARIO
- S Deslizamientos de tierra y caída de rocas
- r Sedimentos del río

PÉRMICO
- Pk Piedra caliza de Kaibab
- Pt Formación Toroweap
- Pc Areniscas de Coconino
- Ph Lutitas de Hermit
- Pe Areniscas de Esplanade

PENSILVÁNICO
- IPs Formación Supai

PRECÁMBRICO
- PCgr₁ Granito de Zoroaster
- PCgnt Gneis de Trinity
- PCvs Esquisto de Vishnu

Figura 11 En un mapa geológico los diferentes colores representan distintos tipos de roca o formaciones.

Formaciones geológicas En un mapa geológico, los diferentes colores y símbolos representan formaciones geológicas distintas. Una formación geológica es una unidad de rocas que tienen similares orígenes, tipos de roca y edad. La leyenda del mapa enumera los colores y símbolos así como la edad de la formación rocosa. Los colores no indican los verdaderos colores de las rocas, sino que muestran las numerosas formaciones en el mapa. Encuentra la formación Kaibab en la leyenda del mapa de la **Figura 11.** Te dice que esta roca caliza se formó durante el periodo Pérmico.

Secciones transversales geológicas Algunas veces los geólogos necesitan saber cómo son las rocas tanto bajo la tierra como en la superficie. La información se puede reunir perforando en busca de muestras, estudiando las ondas sísmicas y observando los acantilados. El frente de un acantilado es como una vista de perfil del suelo. Los geólogos usan esta información para producir una vista de perfil de las rocas subterráneas. *El diagrama resultante, que muestra un corte vertical en las rocas bajo la superficie se llama* **sección transversal**. La **Figura 12** muestra una sección transversal de un mapa geológico.

Figura 12 Una sección transversal de un mapa geológico muestra un corte vertical en las rocas bajo la superficie. ▼

 Verificación de concepto clave ¿Cómo se usa el color en un mapa geológico?

Lección 2
EXPLICAR

Elaboración de mapas en la actualidad

Por siglos, los cartógrafos hicieron observaciones de la Tierra y reunieron información de los exploradores. Primero, los cartógrafos y exploradores empleaban instrumentos como brújulas, telescopios y sextantes, que se usan para hallar la latitud, con el fin de tomar y anotar sus mediciones. Posteriormente, los cartógrafos, con cuidado, dibujaban a mano mapas nuevos. Hoy día, los cartógrafos usan computadoras y datos de los satélites para hacer los mapas.

Sistema de posicionamiento global

Un recurso importante para los cartógrafos hoy es el Sistema de Posicionamiento Global (GPS, por sus siglas en inglés). El GPS es un grupo de satélites que se usan para la navegación. Como se muestra en la **Figura 13,** 24 satélites GPS orbitan alrededor de la Tierra. Las señales enviadas desde los aparatos que están sobre la superficie regresan a la Tierra. Las señales transmitidas se usan para calcular la distancia al satélite con base en el tiempo promedio de la señal. Los aparatos pueden ser unidades portátiles del tamaño de un teléfono celular, o unidades más grandes, como la que se muestra en la **Figura 14.**

En un momento dado, una unidad GPS recibe señales de tres o cuatro satélites diferentes. Luego el receptor calcula rápidamente su localización: su latitud, longitud y altitud. Los cartógrafos usan el GPS para localizar con exactitud puntos de referencia.

Sistema de Posicionamiento Global

Figura 13 Los receptores GPS detectan las señales de los 24 satélites GPS que orbitan alrededor de la Tierra. Usando señales de al menos tres satélites, el receptor puede calcular su localización dentro de 10 m.

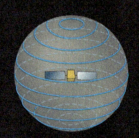

1 La información de un satélite le indica al receptor GPS que se encuentra en una esfera que rodea ese satélite. Supón que la distancia al satélite es 20,000 km. Esto limita la localización posible del receptor a un radio esférico de 20,000 km desde el satélite. Si el receptor está en la Tierra, eso limita la localización a un gran círculo en un lugar de la Tierra.

Originalmente diseñado para fines militares, es ahora un servicio disponible de manera permanente para todas las personas en cualquier lugar del mundo. Aviones, barcos y autos tienen sistemas de navegación que usan tecnología GPS. La gente puede orientarse para llegar a restaurantes, hoteles o eventos deportivos y de regreso a casa. Otros usos incluyen el seguimiento de animales salvajes para recolección de datos científicos, detección de terremotos, caminatas, paseos en bicicleta y agrimensura. La **Figura 14** muestra un receptor GPS portátil que podrías usar durante un viaje en auto.

Verificación de la lectura ¿Cuáles son algunos usos comunes del GPS?

La tecnología GPS sigue mejorando. Ya se están usando unidades terrestres en combinación con satélites para localizar personas y lugares al centímetro. Algunos adelantos futuros incluirán canales civiles adicionales proyectados para mejorar operaciones de seguridad y rescate, y con el tiempo se usarán para guiar automóviles sin conductor.

Verificación de concepto clave ¿Cómo la tecnología GPS se puede aplicar en cartografía?

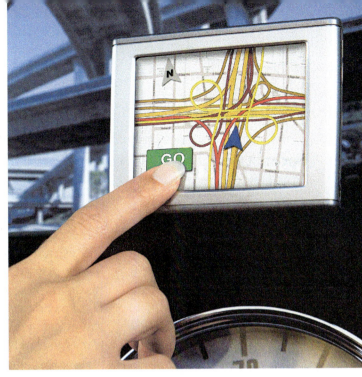

▲ **Figura 14** Receptores portátiles GPS como este se pueden usar para encontrar el camino.

Concepts in Motion Animation

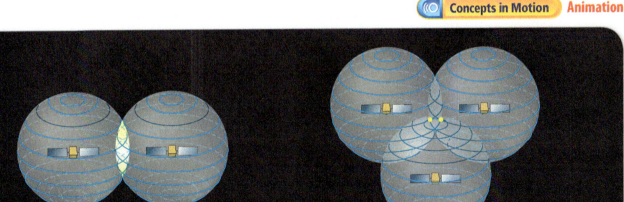

2 A continuación, el receptor mide la distancia hasta un segundo satélite. Supón que esta distancia se calcula en 21,000 km. El receptor debe de estar localizado en algún lugar del área donde las dos esferas se intersecan, como se muestra aquí en color amarillo.

3 Por último, se calcula la distancia a un tercer satélite. Usando esta información, la localización del receptor se puede limitar aún más. Agregando una tercera esfera, se puede calcular que la localización es uno de dos puntos, como se muestra aquí. A menudo, uno de estos puntos se puede rechazar como una localización improbable o imposible. La información desde un cuarto satélite ayuda a determinar la elevación sobre la superficie de la Tierra. Esto puede resultar útil para un piloto o un escalador.

VOCABULARIO ACADÉMICO

aéreo
(adjetivo) que opera o sucede en lo alto

Sistemas de información geográfica

Los Sistemas de Información Geográfica (GIS, por sus siglas en inglés) son sistemas de información computarizados usados para almacenar y analizar datos de mapas. Los GIS combinan datos recolectados de muchas fuentes diferentes, incluidos satélites, escáneres y fotografías **aéreas.** Las fotografías aéreas se toman por encima del terreno. La recolección de datos que en otro tiempo tardaba meses ahora tarda horas o minutos.

Los cartógrafos usan los GIS para analizar y organizar esos datos y luego generan mapas digitales. Una de las características de los GIS es que crean diferentes capas o coberturas de mapa de una misma zona. Como se muestra en la **Figura 15,** las capas o coberturas de mapa son como las capas de un pastel. Sin embargo, cuando las capas de mapa se colocan unas encima de otras, puedes ver a través hasta las capas inferiores. Las capas diferentes pueden mostrar el uso del suelo, la elevación, las carreteras, las corrientes de agua y los lagos, o el tipo de suelo presentes en la zona.

Tres vistas Imagina instalar un modelo para un avión que aterriza en ciertas condiciones climáticas usando GIS.

- La vista de la base de datos inicia el proceso integrando información de bases de datos existentes sobre vientos, vuelo en aviones, procedimientos de aterrizaje y diseño de aeropuertos.
- La vista del mapa se extrae de una serie de mapas digitales interactivos que muestran características y su relación con la superficie de la Tierra.
- La vista del modelo integra toda la información de manera que puedas realizar simulaciones en condiciones climáticas cambiantes.

Verificación de la lectura ¿Cuáles son dos maneras en que los GIS se pueden usar para procesar información geográfica?

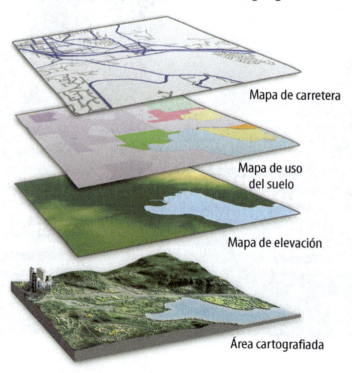

Figura 15 Los GIS combinan los datos de varios mapas para dar información detallada sobre un área cartografiada.

Teledetección

Una taza de chocolate caliente se ve muy caliente. Pones tu mano sobre ella y sientes el calor del líquido. Aun sin tocarla, sabes que está demasiado caliente para beber. Acabas de evitar el quemarte la boca, usando la teledetección.

*La **teledetección** es el proceso de recolectar información sobre un área sin entrar en contacto físico con ella.* Hay muchas aplicaciones para la teledetección. Este proceso produce mapas que muestran información detallada sobre agricultura, silvicultura, geología, uso del suelo y muchos otros temas. A menudo estos mapas cubren áreas enormes.

La cartografía se transformó cuando fue posible tomar fotografías aéreas desde aviones. Ahora se dispone de un tipo de teledetección aún más potente. Desde la década de 1970, se han usado satélites que orbitan a miles de kilómetros sobre la superficie de la Tierra para recolectar información.

Monitoreo de cambios mediante teledetección Los satélites orbitan alrededor de la Tierra de manera repetida. Esto significa que las imágenes de un lugar tomadas en diferentes momentos se pueden usar para estudiar cambios. Por ejemplo, en 2005 el huracán Katrina golpeó la Costa del Golfo. En la **Figura 16** se muestran imágenes de la región del delta del río Mississipi antes y después del huracán. Imágenes como estas ayudan a los cartógrafos a elaborar rápidamente mapas de áreas afectadas por desastres naturales. Luego estos mapas se usan para monitorear los daños y ayudar a organizar las labores de rescate.

 Verificación de concepto clave ¿Cómo la teledetección puede ser una ventaja para los cartógrafos?

Figura 16 Estas imágenes satelitales muestran la región del delta del río Mississippi antes y después de que el huracán Katrina golpeara la Costa del Golfo en 2005. La imagen que se tomó después muestra la inundación que destruyó gran parte de la zona pantanosa costera.

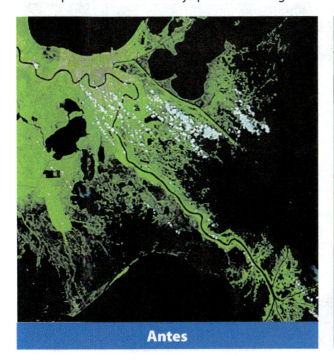
Antes

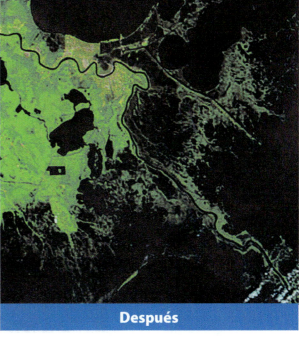
Después

Landsat El grupo Landsat es una serie de satélites usados para recolectar datos de la superficie de la Tierra. El *Landsat 7*, lanzado en 1999, realiza una exploración completa de la superficie de la Tierra cada 16 días. Recientemente se usó para cartografiar las aguas costeras de Estados Unidos. Comparando los datos actuales con datos semejantes recolectados hace 18 años, los científicos identificaron cambios en los arrecifes de coral. Así mismo, comparar datos de los humedales de Minnesota te ayudará a hacer un seguimiento de los cambios climáticos y quizá de los efectos en las poblaciones de aves que migran allí. El Landsat también se ha usado para contribuir a la base de datos de los GIS.

TOPEX/Jason-1 Un par de satélites, *TOPEX* y su sucesor *Jason-1*, se han usado para determinar la topografía y circulación oceánicas, el nivel del mar, las mareas y ahora el cambio climático. Usando un radar, se hace rebotar una señal en la superficie del océano para medir protuberancias y valles hasta dentro de 3 m. La **Figura 17** muestra cambios en la superficie del océano debidos a un huracán que estaba bajo monitoreo.

Sea Beam Es un aparato que usa un sonar para cartografiar el fondo del océano. El Sea Beam se monta sobre un barco, las computadoras calculan el tiempo que una onda sonora se tarda en rebotar por el fondo oceánico y regresar al barco. Esto les da a los operadores una imagen exacta del fondo oceánico y la profundidad en ese punto. El Sea Beam lo usan flotas pesqueras, operaciones de perforación y diferentes científicos.

Verificación de la lectura ¿Cuáles son algunos métodos usados para recolectar los datos de la teledetección?

Figura 17 Esta imagen del Pacífico fue capturada por *TOPEX* durante un huracán. El área blanca muestra un cambio en la superficie del océano en comparación con lo normal.

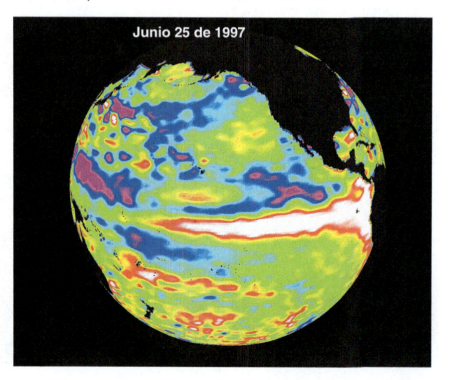

Repaso de la Lección 2

Assessment — Online Quiz
Inquiry — Virtual Lab

Resumen visual

Los mapas topográficos tienen curvas de nivel que ayudan a describir la elevación y el relieve de la superficie de la Tierra en un lugar particular.

Los mapas geológicos sirven para determinar el tipo de roca, su edad, y las formaciones de roca en un área.

FOLDABLES

Usa tu modelo de papel para repasar la lección. Guarda tu modelo para el proyecto de final de capítulo.

¿Qué opinas AHORA?

Al inicio de este capítulo leíste las siguientes afirmaciones.

4. Los mapas topográficos muestran cambios en las elevaciones de la superficie.

5. Los colores en los mapas geológicos muestran los colores de las rocas de la superficie.

6. Los satélites están demasiado lejos de la Tierra para reunir información útil sobre la superficie de la Tierra.

¿Sigues estando de acuerdo o en desacuerdo con las afirmaciones? Reescribe las afirmaciones falsas para hacerlas verdaderas.

Usar vocabulario

1. **Define** *sección transversal* con tus propias palabras.

2. Un cambio en la elevación se llama _____.

3. **Usa los términos** *curvas de nivel* y *distancia vertical* en una oración completa.

Entender conceptos clave

4. ¿Qué tipo de mapa sería más útil para determinar la ruta más rápida por auto?
   A. mapa geológico
   B. mapa político
   C. mapa de carreteras
   D. mapa topográfico

5. **Ilustra** la cima de una montaña que tiene 850 m de altura usando una distancia vertical de 50 m.

6. **Separa** los símbolos que se muestran en la leyenda del mapa topográfico en grupos de características naturales y culturales.

Interpretar gráficas

7. **Resume** Copia y llena el siguiente organizador gráfico para identificar tres cosas que puedes aprender sobre la forma de la superficie de la Tierra a partir de las curvas de nivel.

8. **Determina** la distancia vertical para el siguiente mapa de curvas.

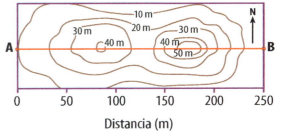

Pensamiento crítico

9. **Sugiere** cómo una fotografía del Gran Cañón se podría usar para hacer un mapa geológico de Arizona.

Investigación Laboratorio

40 minutos

¿Estás viendo doble?

Materiales

regla métrica

Las imágenes satelitales que se muestran aquí también se llaman estereofotografías. A primera vista, las fotografías en cada par pueden parecer iguales. No obstante, si miras detenidamente, notarás ligeras diferencias entre ellas. Estas diferencias permitirán que tus ojos conviertan imágenes bidimensionales en vistas tridimensionales de la tierra. Veamos si tus ojos pueden crear estas ilusiones ópticas en 3D, de manera que puedas estudiar estas características de la superficie terrestre.

Preguntar

¿Cómo las estereofotografías se pueden usar para estudiar las características de la superficie terrestre?

Procedimiento

1. Observa las imágenes de esta página. Encuentra las delgadas líneas grises en la imagen. Estos son ríos que fueron cubiertos por cenizas provenientes de una erupción volcánica.
2. Ahora localiza las formas de color negro que están cerca del centro de cada imagen. Estos son lagos.
3. Gran parte del área blanca y gris en la fotografía es un accidente geográfico conformado por un volcán, su ceniza y depósitos de escoria.
4. Ahora estudia las imágenes de la página siguiente. Las áreas de color azul brillante en las imágenes son lagos.
5. Las áreas de color marrón y marrón rojizas en este par de imágenes son rocas y suelos desnudos.
6. Ahora localiza las diferentes áreas verdes en este par de imágenes. Estos son árboles y otro tipo de vegetación.

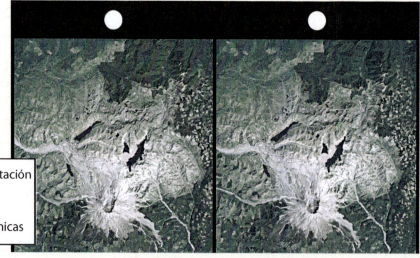

- Tierra cubierta de vegetación
- Agua del lago
- Ceniza y escorias volcánicas

7. Observa cada paisaje en 3D. Para ello, mira los dos puntos blancos que están encima de las imágenes bizqueando ligeramente. Verás un tercer punto blanco entre los dos primeros. En este momento, deberías tener una vista tridimensional del paisaje. Estudia el paisaje. Luego repite este procedimiento con otro par de imágenes.

Sugerencias para el laboratorio

☑ Bizquea solo un poco para ayudarte a formar una vista en 3D.

☑ ¡Relájate! A veces, si te esfuerzas demasiado por ver en 3D, tus ojos no podrán formar la ilusión óptica.

Analizar y concluir

8. **Explica** ¿Qué características cambiaron cuando viste las fotografías en 3D?

9. **Mide** La escala de la imagen anterior es 1 cm = 2.39 km. En la imagen de la izquierda, ¿cuál es la distancia real desde la orilla oeste del lago más grande hasta la punta este de la mesa grande que está en la orilla este?

10. **La gran idea** ¿Qué tipos de modelos son imágenes satelitales y por qué algunas veces se usan para estudiar las características de la Tierra?

Comunicar resultados

Escribe varias oraciones para describir la topografía general de cada paisaje.

 **Ir más allá**

¿Qué paisaje es mejor para tu actividad favorita al aire libre? Justifica tu respuesta.

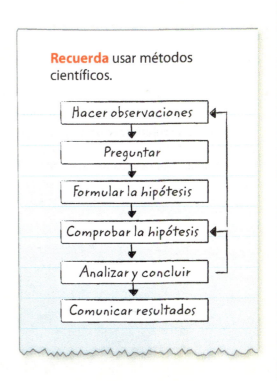

Lección 2
EXTENDER

Guía de estudio del Capítulo 1

Los geólogos representan las características de la Tierra mediante proyecciones de mapa, mapas topográficos y mapas geológicos. Ellos miden las características de la Tierra usando teledetección, principalmente de los satélites.

Resumen de conceptos clave 🔑

Lección 1: Mapas

- Los mapas representan las características de la superficie de la Tierra y tienen símbolos, escalas y una cuadrícula de líneas de **latitud** y **longitud** que identifican los lugares.

- La distorsión se debe a que los mapas son representaciones planas de la Tierra. Los cartógrafos usan diferentes proyecciones de mapa para reducir la distorsión en ciertas áreas.

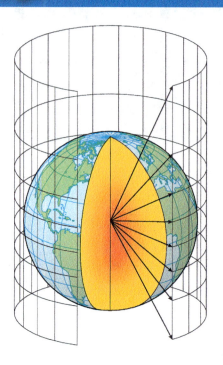

Vocabulario

vista de mapa pág. 9
vista de perfil pág. 9
leyenda de mapa pág. 10
escala de mapa pág. 11
longitud pág. 12
latitud pág. 12
huso horario pág. 14
línea internacional de cambio de fecha pág. 14

Lección 2: Tecnología y cartografía

- Los mapas topográficos muestran la **elevación** mediante **curvas de nivel.**

- Los **mapas geológicos** contienen información acerca de las rocas, como el tipo de roca, edad de la roca y fallas.

- Las técnicas de **teledetección** usan satélites y crean mapas de las características de la superficie de la Tierra. Los GIS integran datos y crean mapas digitales detallados y por capas.

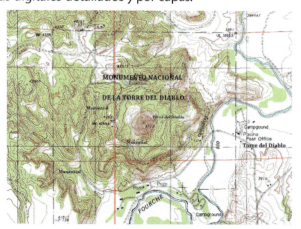

mapa topográfico pág. 20
elevación pág. 20
relieve pág. 20
curva de nivel pág. 20
distancia vertical pág. 21
pendiente pág. 21
mapa geológico pág. 23
sección transversal pág. 23
teledetección pág. 27

Guía de estudio

Review
- Personal Tutor
- Vocabulary eGames
- Vocabulary eFlashcards

FOLDABLES Proyecto del capítulo

Organiza tus modelos de papel como se muestra, para hacer un proyecto de capítulo. Usa el proyecto para repasar lo que aprendiste en este capítulo.

Usar vocabulario

1. La escala de mapa y la _____ se incluyen en el mapa para ayudar a interpretar las características que se muestran en él.

2. Para simplificar la puntualidad en lugares que están cercanos entre sí, la Tierra se divide en 24 _____.

3. Para aprender sobre las formaciones geológicas subterráneas, necesitas mirar un _____.

4. La _____ indica la diferencia en elevación entre dos curvas de nivel adyacentes.

5. Las fotografías aéreas forman parte de la tecnología cartográfica conocida como _____.

6. Un mapa que muestra la forma y las características de la superficie de la Tierra es un(a) _____.

Relacionar vocabulario y conceptos clave

 Interactive Concept Map

Copia este mapa conceptual y luego usa términos de vocabulario de la página anterior para completarlo.

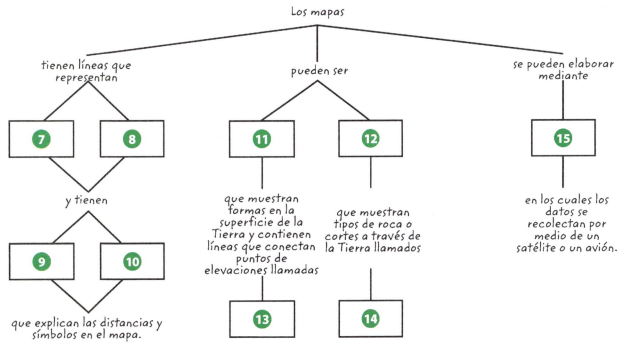

Repaso del Capítulo 1

Entender conceptos clave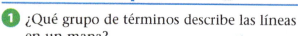

1. ¿Qué grupo de términos describe las líneas en un mapa?
   A. latitud, meridianos, línea internacional de cambio de fecha
   B. paralelos, perfiles, husos horarios
   C. leyendas, meridianos, línea internacional de cambio de fecha
   D. longitud, latitud, leyendas

2. Si viajaras al oeste desde un huso horario a otro, ¿cuál sería la diferencia horaria?
   A. un minuto
   B. dos minutos
   C. una hora
   D. dos horas

3. ¿Cuál de los siguientes modelos de la Tierra no distorsiona las características de la superficie?
   A. una proyección cónica
   B. una proyección cilíndrica
   C. un globo terráqueo
   D. un mapa

4. ¿Qué representan las líneas blancas en la siguiente figura?

   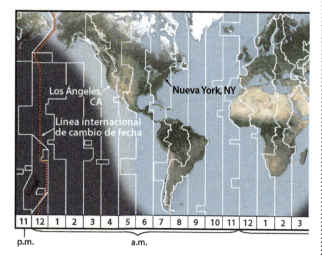

   A. husos horarios
   B. meridianos
   C. líneas de latitud
   D. líneas de longitud

5. Un diagrama que representa un corte de la Tierra se denomina
   A. una sección transversal.
   B. topografía.
   C. relieve.
   D. una elevación.

6. Estudia el siguiente mapa topográfico.

   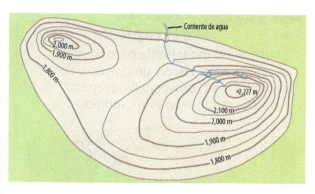

   ¿Cuál es el punto más alto en el anterior mapa topográfico?
   A. 1,800 m
   B. 2,150 m
   C. 2,227 m
   D. 2,300 m

7. ¿Qué información de un mapa topográfico te ayudaría si fueras a hacer una sección transversal geológica?
   A. formaciones
   B. corrientes de agua
   C. cimas de las montañas
   D. acantilados

8. ¿Cuál es el número mínimo de satélites necesarios para encontrar tu ubicación exacta usando un GPS?
   A. 1
   B. 3
   C. 12
   D. 24

9. ¿Cuál de los siguientes elementos de una leyenda usarías para medir la distancia entre dos ciudades en un mapa?
   A. distancia vertical
   B. escala gráfica
   C. proyección de mapa
   D. símbolo de carretera

Repaso del capítulo

✓ **Assessment**
Online Test Practice

Pensamiento crítico

10 Compara GIS y GPS.

11 Construye un mapa de una ciudad imaginaria. Incluye una escala y una leyenda.

12 Distingue entre mapas políticos y mapas geológicos.

13 Sugiere una razón por la cual la distancia vertical usada en un mapa de una montaña podría ser diferente de la distancia vertical usada en un mapa de una llanura.

14 Evalúa la ventaja de crear un perfil topográfico.

15 Analiza ¿Qué proyección en la siguiente imagen tiene menos distorsión? ¿Cómo explicas esta diferencia?

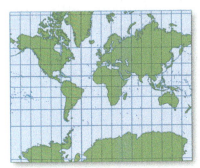
Mercator

Winkel

16 Justifica el uso de la tecnología de teledetección durante un desastre natural.

Escritura en Ciencias

17 Escribe un párrafo que justifique el gasto para hacer satélites y ponerlos en órbita con el fin de observar la Tierra.

REPASO LA GRAN IDEA

18 ¿De qué manera los diferentes tipos de mapas representan las características de la Tierra? Explica cómo el método de recolección de datos o la forma en que se construyó el mapa afectan la información en el mapa.

19 ¿Por qué es importante tener diferentes tipos de mapas de la misma área?

20 ¿Cómo puedes determinar la escala de la silla de la siguiente fotografía?

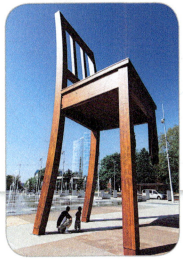

Destrezas matemáticas

 Review — Math Practice

Escala de ratio

21 Al hacer un mapa de la escuela, decides que 1 cm de tu mapa representa 10 m de distancia real. Escribe este ratio de tres maneras diferentes.

22 Un mural de un mapa de un museo usa una escala de 1 cm:2 m. Si la longitud de un salón en el mapa mide 25 cm, ¿cuál es la longitud real del salón?

23 Estás haciendo un mapa de tu ciudad con una escala de 1 cm:4 km. Si dos edificios de tu ciudad están a 6 km de distancia, ¿a qué distancia estarán en tu mapa?

Práctica para la prueba estandarizada

Anota tus respuestas en la hoja de respuestas que te entregó el profesor o en una hoja de papel.

Selección múltiple

1. ¿Qué relación hay entre distancia en el mapa y distancia real?
   A latitud del lugar
   B longitud del lugar
   C leyenda de mapa
   D escala de mapa

Usa el siguiente diagrama para responder las preguntas 2 y 3.

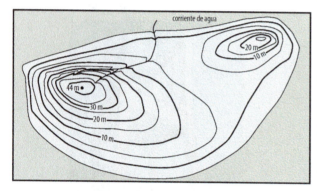

2. ¿Cuál es la altura aproximada del pico más bajo en el anterior diagrama?
   A 20 m
   B 27 m
   C 30 m
   D 32 m

3. ¿Cuál es el relieve en el mapa?
   A 27 m
   B 30 m
   C 32 m
   D 44 m

4. ¿Cuántos minutos comprende cada grado de longitud y latitud?
   A 60
   B 90
   C 180
   D 360

Usa el siguiente diagrama para responder la pregunta 5.

5. En el diagrama anterior, ¿qué número de la vista en planta corresponde al área sombreada en la vista de perfil?
   A 1
   B 2
   C 3
   D 4

6. ¿Cuál de las siguientes es una característica de los GIS?
   A diferentes coberturas o capas de mapa del mismo lugar
   B satélites de navegación
   C tipos de roca y localizaciones
   D geología de la superficie de un área en particular

7. ¿Qué mapa muestra principalmente los límites entre estados y condados?
   A físico
   B político
   C de relieve
   D de carreteras

Práctica para la prueba estandarizada

Assessment
Online Standardized Test Practice

Usa el siguiente diagrama para responder la pregunta 8.

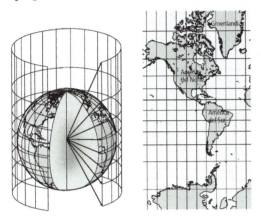

8 ¿Dónde es mayor la distorsión del mapa en el tipo de proyección anterior?

   A   a lo largo de las latitudes medias

   B   a lo largo del meridiano de Greenwich

   C   en el ecuador

   D   en los polos

9 ¿Qué conectan las curvas de nivel en un mapa topográfico?

   A   áreas con climas similares

   B   el punto más alto y el más bajo

   C   puntos de igual elevación

   D   regiones bajo la misma norma

10 Si los estudiantes de ciencias de la Tierra quieren encontrar una capa de roca arenisca bajo la superficie en donde están de pie, ¿qué mapa deben estudiar?

   A   geológico

   B   físico

   C   de relieve

   D   de carreteras

Respuesta elaborada

Usa el siguiente diagrama para responder las preguntas 11 y 12.

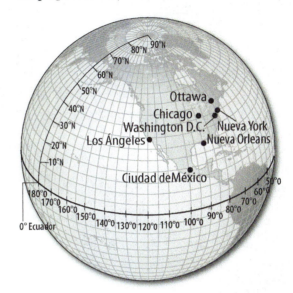

11 En el diagrama anterior, ¿cuáles son las coordenadas de Ciudad de México y Nueva Orleáns, aproximadas a los 10 grados más cercanos? ¿Cuál es la diferencia en latitud entre las dos ciudades?

12 ¿Cuáles son las coordenadas de Nueva York y Los Ángeles, aproximadas a los 5 grados más cercanos? ¿Cuál es la diferencia en longitud entre las dos ciudades?

13 ¿De qué manera las tecnologías modernas, como los sistemas de teledetección y posicionamiento global, ayudan a los cartógrafos?

14 ¿Por qué los caminantes a menudo usan mapas topográficos? Describe los símbolos, colores y características de los mapas que pueden ser útiles para los caminantes.

¿NECESITAS AYUDA ADICIONAL?														
Si no pudiste responder la pregunta…	1	2	3	4	5	6	7	8	9	10	11	12	13	14
Pasa a la Lección…	1	2	2	1	1	2	2	1	2	2	1	1	2	2

Capítulo 1: Práctica para la prueba estandarizada • **37**

Capítulo 2

Estructura de la Tierra

 ¿Cómo es la estructura de la Tierra?

Investigación ¿Qué hay en el cielo?

Estas luces danzantes en el cielo nocturno se denominan aurora. Las interacciones entre la atmósfera de la Tierra y partículas cargadas provenientes del Sol, provocan la aurora. Condiciones en las profundidades de la estructura interna de la Tierra crean un campo magnético que atrae las partículas cargadas hacia el polo Norte y hacia el polo Sur de la Tierra.

- ¿Cómo es la estructura de la Tierra?
- ¿Cómo el núcleo de la Tierra crea el campo magnético?

Prepárate para leer

¿Qué opinas?
Antes de leer, piensa si estás de acuerdo o no con las siguientes afirmaciones. A medida que leas el capítulo, decide si cambias de opinión sobre alguna de ellas.

1. Las personas siempre han sabido que la Tierra es redonda.
2. La hidrosfera de la Tierra se compone de hidrógeno gaseoso.
3. El interior de la Tierra se compone de diferentes capas.
4. Los científicos descubrieron que el núcleo externo de la Tierra es líquido al perforar pozos profundos.
5. Todo el fondo oceánico es plano.
6. La mayor parte de la superficie terrestre está cubierta por agua.

ConnectED Your one-stop online resource

connectED.mcgraw-hill.com

- Video
- WebQuest
- Audio
- Assessment
- Review
- Concepts in Motion
- Inquiry
- Multilingual eGlossary

Lección 1

Guía de lectura

Conceptos clave
PREGUNTAS IMPORTANTES

- ¿Cuáles son los principales sistemas de la Tierra y cómo interactúan?
- ¿Por qué la Tierra tiene forma esférica?

Vocabulario
esfera pág. 41
geosfera pág. 42
gravedad pág. 43
densidad pág. 45

Multilingual eGlossary

Video   Science Video

La Tierra esférica

Investigación ¿Por qué la Tierra es esférica?

Esta imagen de la Tierra fue tomada desde el espacio. Observa la forma de la Tierra y las nubes tenues que rodean parte del planeta. ¿Qué más observas sobre la Tierra?

Laboratorio de inicio

10 minutos

¿Cómo puedes hacer modelos de las esferas de la Tierra?

La Tierra tiene varias esferas compuestas de agua, materiales sólidos, aire y vida. Cada esfera tiene características únicas.

1. Lee y completa un formulario de seguridad en el laboratorio.
2. Pon un **recipiente de plástico transparente** en tu mesa y agrega cerca de 2 cm de **gravilla.**
3. Vierte volúmenes iguales de **jarabe de maíz** y **agua coloreada** dentro del recipiente.
4. Observa el recipiente durante 2 minutos. Anota tus observaciones en tu diario de ciencias.

Piensa

1. ¿Qué pasó con los materiales?
2. 🔑 **Concepto clave** ¿Cuál esfera de la Tierra representó cada material?

Descripción de la Tierra

Imagínate parado en la cima de una montaña. Probablemente podrías ver que la Tierra se extiende por millas abajo de ti. Pero no puedes ver toda la Tierra: es demasiado grande. La gente ha intentado determinar la forma y el tamaño de la Tierra durante siglos. Lo han hecho examinando las partes que sí pueden ver.

Hace muchos años, la gente creía que la Tierra era un disco plano con tierra en el centro y agua en los bordes. Más tarde, usaron pistas para determinar la verdadera forma de la Tierra, como estudiar la sombra de la Tierra sobre la Luna durante un eclipse.

El tamaño y la forma de la Tierra

Ahora existen mejores formas de obtener una vista de nuestro planeta. Con el uso de satélites y otras tecnologías, los científicos saben que la Tierra es una esfera. *Una* **esfera** *es una figura similar a un balón, cuyos puntos en la superficie están ubicados a una distancia igual del centro*. Pero la Tierra no es una esfera perfecta. Como se ilustra en la **Figura 1,** la Tierra es un poco achatada en los polos, con una ligera protuberancia alrededor del ecuador. La Tierra tiene un diámetro de casi 13,000 km. Es el planeta más grande de los cuatro planetas rocosos más cercanos al Sol.

Figura 1 La forma de la Tierra es como una esfera que está algo achatada.

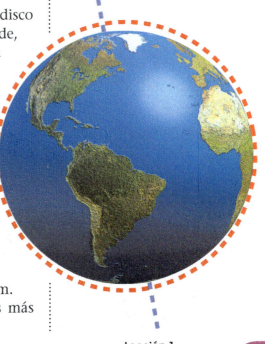

Lección 1
41
EXPLORAR

Los sistemas de la Tierra

La Tierra es grande y compleja. Para simplificar la tarea de estudiar la Tierra, los científicos describen los sistemas en la Tierra, como se muestra en la **Figura 2**. Todos estos sistemas interactúan mediante el intercambio de materia y energía. Por ejemplo, el agua del océano se evapora y entra en la atmósfera. Luego, el agua se precipita sobre la tierra y diluye sales hacia el océano.

La hidrosfera es el agua que se encuentra en la superficie de la Tierra, bajo tierra y el agua líquida en la atmósfera. La mayor parte del agua de la hidrosfera corresponde al agua salada de los océanos. El agua dulce está en la mayoría de los ríos, lagos y bajo tierra. Además, el agua congelada, como los glaciares, hace parte de la criosfera, la cual se sobrelapa con la hidrosfera.

La atmósfera, la hidrosfera y la criosfera La atmósfera es la capa de gases que rodea la Tierra. Es el sistema más externo de la Tierra. Esta capa tiene casi 100 km de grosor. Es una mezcla de nitrógeno, oxígeno, dióxido de carbono y rastros de otros gases.

La geosfera y la biosfera *La geosfera es todo el cuerpo sólido de la Tierra.* Se compone de una capa delgada de suelo y sedimentos que recubren un centro rocoso. Es el sistema más grande de la Tierra. La biosfera incluye todos los seres vivos de la Tierra. Los organismos viven dentro de la biosfera e interactúan con la atmósfera, la hidrosfera e incluso con la geosfera.

 Verificación de concepto clave
Identifica los principales sistemas de la Tierra.

Sistemas de la Tierra

Figura 2 Los sistemas de la Tierra interactúan. Un cambio en uno de los sistemas afecta a todos los demás sistemas terrestres. Estos intercambian energía y materia, lo que hace que la Tierra sea adecuada para la vida.

Atmósfera: capa de gases que rodea la Tierra

Hidrosfera: el agua líquida en la Tierra

Geosfera: todo el cuerpo sólido de la Tierra

Biosfera: todos los organismos vivos de la Tierra

Criosfera: el agua congelada en la Tierra

¿Cómo se formó la Tierra?

La Tierra se formó hace cerca de 4,600 millones de años (ma), junto con el Sol y el resto de nuestro sistema solar. Los materiales de una gran nube de gas y polvo se unieron y formaron el Sol y todos los planetas. Para entender cómo sucedió esto, debes saber cómo funciona la gravedad.

La influencia de la gravedad

La **gravedad** *es la fuerza de atracción que un objeto ejerce sobre otro, debido a sus masas.* La fuerza de gravedad entre dos objetos depende de sus masas y la distancia que los separa. Entre más masa tenga cualquiera de los objetos, o entre más cerca estén, más fuerte es la fuerza gravitatoria. Puedes ver un ejemplo en la **Figura 3**.

FOLDABLES

Haz un boletín de dos hojas con una hoja de papel y rotúlalo como se muestra. Úsalo para organizar tus notas sobre la formación de la Tierra.

¿Cómo se formó la Tierra? ¿Por qué la Tierra es una esfera?

La fuerza de gravedad

Los dos objetos de la hilera A están a la misma distancia que los dos objetos de la hilera B. Uno de los objetos de la hilera B tiene mayor masa, lo que crea una mayor fuerza gravitatoria entre los dos objetos de la hilera B.

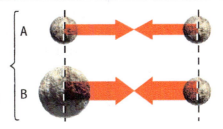

Figura 3 La masa y la distancia afectan la intensidad de la fuerza gravitatoria entre los objetos.

✓ **Verificación visual**
¿Por qué la Tierra ejerce una fuerza gravitatoria mayor sobre ti que la que ejercen otros objetos?

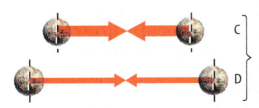

Los cuatro objetos tienen la misma masa. Los dos objetos de la hilera C están más cerca entre sí que los dos objetos de la hilera D y, por tanto, tienen una mayor fuerza gravitatoria entre ellos.

La fuerza de gravedad es más fuerte entre los objetos de la hilera B. A pesar de que los objetos de la hilera A están a la misma distancia que los de la hilera B, la fuerza de gravedad entre estos es menor debido a que tienen menos masa. La fuerza de gravedad es más débil entre los objetos de la hilera D.

 Verificación de la lectura ¿Qué factores afectan la intensidad de la fuerza gravitatoria entre los objetos?

Como se ilustra en la **Figura 4,** todos los objetos en o cerca de la Tierra son atraídos hacia el centro de la Tierra por la gravedad. La gravedad de la Tierra nos mantiene sobre la superficie terrestre. Como la Tierra tiene más masa que cualquier objeto a tu alrededor, ejerce una fuerza gravitatoria mayor sobre ti que la que ejerce cualquier otro objeto. No percibes la fuerza de gravedad entre los objetos de menor masa.

Figura 4 La gravedad de la Tierra atrae los objetos hacia el centro de la Tierra.

Lección 1
EXPLICAR

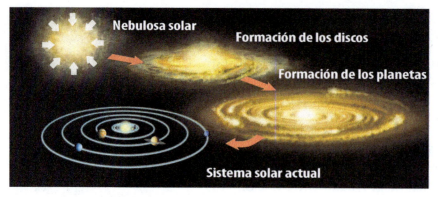

Figure 5 La gravedad ayudó a transformar una nube de polvo, gas y hielo, llamada nebulosa, en nuestro sistema solar. En primer lugar se formó el Sol y los planetas se formaron a partir del disco giratorio de las partículas que quedaron.

Verificación visual ¿A partir de qué tipo de nube se formó nuestro sistema solar?

La nebulosa solar

La fuerza de gravedad jugó un papel importante en la formación de nuestro sistema solar. Como se muestra en la **Figura 5,** el sistema solar se formó a partir de una nube de gas, hielo y polvo, llamada nebulosa. La gravedad atrajo los materiales, acercándolos. La nebulosa se contrajo y se aplanó formando un disco, el cual empezó a girar. Los materiales en el centro del disco se volvieron más densos, y formaron una estrella: el Sol.

Luego, los planetas comenzaron a tomar su forma de las partes restantes de material. La Tierra se formó a medida que la gravedad reunió esas pequeñas partículas. Mientras chocaban, se unieron y formaron objetos más grandes de formas irregulares. Estos objetos de mayor tamaño tenían más masa y atrajeron más partículas. Con el tiempo, se recogió suficiente materia y se formó la Tierra. Pero, ¿cómo se volvió esférica la forma irregular del joven planeta?

La Tierra primitiva

Con el tiempo, la Tierra recién formada creció y generó energía térmica, comúnmente llamada calor, en su interior. Las rocas del planeta se ablandaron y comenzaron a fluir.

La gravedad acomodó las irregularidades de la superficie del planeta recién formado. Como resultado, la Tierra desarrolló una superficie relativamente uniforme y esférica.

Verificación de concepto clave ¿Cómo la Tierra desarrolla su forma esférica?

Investigación MiniLab — 15 minutos

¿Cuáles materiales se hundirán?

Puedes investigar la densidad de un material, al compararla con la densidad del agua.

1. Lee y completa un formulario de seguridad en el laboratorio.
2. Agrega agua a un **tazón de vidrio transparente** hasta que esté tres cuartos lleno.
3. Sostén un trozo de **madera de balsa** bajo la superficie del agua, luego suéltalo. Anota tus observaciones en tu diario de ciencias. Retira la madera del tazón.
4. Repite el paso 2 con un trozo de **granito, piedra pómez** y, por último, **madera pesada.**

Analizar y concluir
1. **Resume** ¿Cuáles materiales se hundieron? ¿Cuáles flotaron? Formula una hipótesis para explicar por qué ocurrió esto.
2. **Concepto clave** Usa el concepto de densidad para inferir por qué la hidrosfera está encima de la geosfera pero debajo de la atmósfera.

La formación de las capas de la Tierra

La energía térmica del interior de la Tierra también afectó a la Tierra de otras maneras. Antes de calentarse, la Tierra era una mezcla de partículas sólidas. La energía térmica fundió algunos de estos materiales y empezaron a fluir. A medida que fluían, la Tierra desarrolló capas de materiales diferentes.

Los diferentes materiales formaron capas según sus densidades. *La* **densidad** *es la cantidad de masa de un material por unidad de volumen.* La densidad se describe matemáticamente como

$$D = m/V$$

donde D es la densidad del material, m es la masa del material y V es su volumen. Si dos materiales tienen el mismo volumen, el material más denso tendrá más masa.

 Verificación de la lectura ¿Puede un objeto pequeño tener más masa que un objeto grande? Explica tu respuesta.

Hay una mayor fuerza gravitatoria entre la Tierra y un objeto más denso, que entre la Tierra y un objeto menos denso. Puedes verlo si pones dos bloques con igual volumen, uno de hierro y otro de madera de pino, en un tazón con agua. El bloque de madera, que es menos denso que el agua, flotará sobre su superficie. El bloque de hierro, que es más denso que el agua, se hundirá hasta el fondo del tazón.

Cuando la Tierra antigua comenzó a fundirse, sucedió algo parecido. Los materiales más densos se hundieron y formaron la capa más interna de la Tierra. Los materiales menos densos se quedaron en la superficie y formaron una capa separada. Los materiales con densidades intermedias formaron capas entre la capa interior y exterior. Las tres capas principales de la Tierra se muestran en la **Figura 6**.

Figura 6 La geosfera de la Tierra está dividida en tres capas principales.

Destrezas matemáticas

Resolver ecuaciones de primer grado

Comparar las masas de sustancias es útil solo si se usa el mismo volumen de cada sustancia. Para calcular la densidad, se divide la masa entre el volumen. La unidad para densidad es una unidad de masa, como g, dividida entre una unidad de volumen, como cm^3. Por ejemplo, un cubo de aluminio tiene una masa de 27 g y un volumen de 10 cm^3. La densidad del aluminio es 27 g / 10 cm^3 = 2,7 g/cm^3.

Practicar

Un pedazo de oro con un volumen de 5.00 cm^3 tiene una masa de 96.5 g. ¿Cuál es la densidad del oro?

 Review

- **Math Practice**
- **Personal Tutor**

ORIGEN DE LAS PALABRAS

densidad
del latín *densus*, que significa "espesor, lleno de"

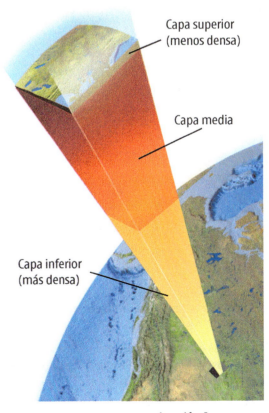

Capa superior (menos densa)

Capa media

Capa inferior (más densa)

Repaso de la Lección 1

Resumen visual

Los sistemas de la Tierra, incluyendo la atmósfera, hidrosfera, criosfera, biosfera y geosfera, interactúan entre sí.

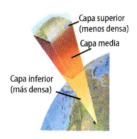

La geosfera es el cuerpo sólido de la Tierra.

El sistema solar, incluida la Tierra, se formó hace 4,600 millones de años. La gravedad causó que las partículas se juntaran y formaran la Tierra esférica.

FOLDABLES

Usa tu modelo de papel para repasar la lección. Guarda tu modelo para el proyecto de final de capítulo.

¿Qué opinas AHORA?

Al inicio de este capítulo leíste las siguientes afirmaciones.

1. Las personas siempre han sabido que la Tierra es redonda.
2. La hidrosfera de la Tierra se compone de hidrógeno gaseoso.

¿Sigues estando de acuerdo o en desacuerdo con las afirmaciones? Reescribe las afirmaciones falsas para hacerlas verdaderas.

Usar vocabulario

1. El sistema terrestre compuesto principalmente por agua superficial se llama _____.

2. **Usa el término** *densidad* en una oración.

Entender conceptos clave

3. ¿Cuál hace parte de la atmósfera?
   A. una roca
   B. un árbol
   C. oxígeno gaseoso
   D. el océano

4. **Describe** cómo la gravedad afectó la forma de la Tierra durante su formación.

Interpretar gráficas

5. **Organiza** Copia y llena el siguiente organizador gráfico. En cada óvalo anota uno de los siguientes términos: *geosfera, hidrosfera, criosfera, Tierra, atmósfera y biosfera*.

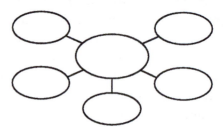

Pensamiento crítico

6. **Asocia** tus conocimientos de cómo la Tierra adquirió la forma esférica con las observaciones de la Luna. Luego, formula una hipótesis acerca de la formación de la Luna.

7. **Explica** A medida que se formó la Tierra, ¿se hizo más grande o más pequeña? Explica tu respuesta.

Destrezas matemáticas

8. A una temperatura dada, 3.00 m³ de dióxido de carbono tienen una masa de 5.94 kg. ¿Cuál es la densidad del dióxido de carbono a esa temperatura?

PROFESIONES CIENTÍFICAS

◀ George Harlow estudia los diamantes para aprender más acerca del interior de la Tierra.

Cápsulas del tiempo

Formados hace miles de millones de años en el manto de la Tierra, los diamantes guardan pistas importantes sobre el misterioso interior de nuestro planeta.

George Harlow está fascinado con los diamantes. No por su brillo deslumbrante o su valor, sino por lo que pueden revelar acerca de la Tierra. Él considera que los diamantes son diminutas cápsulas del tiempo que capturan una imagen del manto antiguo, donde se cristalizaron.

La mayoría de los diamantes que encontramos hoy en día se formaron hace miles de millones de años en las profundidades del manto terrestre, a más de 161 km bajo la superficie de la Tierra. A medida que se formaron fragmentos del manto llamados inclusiones, quedaron atrapados dentro de estos cristales extremadamente duros. Millones de años más tarde, las envolturas de los diamantes siguen protegiéndolos.

Harlow colecciona estos diamantes de lugares como Australia, África y Tailandia. De regreso en el laboratorio, Harlow y sus colegas quitan las inclusiones de los diamantes. Primero, abren el diamante con una herramienta similar a un cascanueces. Luego, utilizan un microscopio y una especie de alfiler para escudriñar entre los escombros del diamante. Ellos buscan una inclusión, que es casi del tamaño de un grano de arena. Cuando encuentran una, utilizan una microsonda electrónica y un láser para analizar la composición o estructura química de la inclusión. La muestra puede ser diminuta, pero es suficiente para que los científicos conozcan la temperatura, presión y composición del manto en el cual se formó el diamante.

La próxima vez que veas un diamante, puedes preguntarte si también tiene un poquito de manto antiguo del interior de la Tierra.

¿Suben?

Los cristales de diamante se forman en el interior del manto bajo temperaturas y presiones intensas. Estos ascienden a la superficie terrestre en roca fundida o magma. El magma empuja los diamantes de la roca subterránea y rápidamente los lleva a la superficie. El magma hace erupción en la superficie de la Tierra mediante pequeños volcanes explosivos. Los diamantes y otros cristales y rocas están en la profundidad del manto como conos en forma de zanahoria, denominados pipas de kimberlita, que hacen parte de estos volcanes raros.

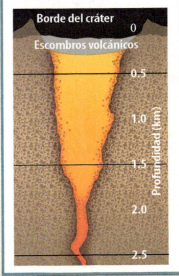

Te toca a ti

INVESTIGA Los diamantes son las piedras preciosas más populares del mundo. ¿Qué otros usos tienen los diamantes? Investiga las propiedades de los diamantes y cómo se utilizan en la industria. Presenta un informe de tus resultados a la clase.

Lección 1 EXTENDER

Lección 2

Guía de lectura

Conceptos clave 🔑
PREGUNTAS IMPORTANTES

- ¿Cuáles son las capas internas de la Tierra?
- ¿Qué prueba indica que la Tierra tiene un núcleo interior sólido y un núcleo exterior líquido?

Vocabulario

corteza pág. 51
manto pág. 52
litosfera pág. 52
astenosfera pag. 52
núcleo pág. 54
magnetosfera pág. 55

 Multilingual eGlossary

 Video Science Video

Interior de la Tierra

Investigación ¿Qué hay al interior de la Tierra?

La Tierra tiene un grosor de miles de kilómetros. Las minas y pozos más profundos en el mundo apenas rayan la superficie de la Tierra. ¿Cómo crees que los científicos aprenden acerca del interior de la Tierra?

Capítulo 2
EMPRENDER

Laboratorio de inicio

10 minutos

¿Cómo puedes hacer un modelo de las capas de la Tierra?

Hay tres capas principales en la Tierra: la delgada corteza externa, el manto grueso y el núcleo central. Puedes utilizar diferentes objetos para hacer modelos de estas capas.

1. Lee y completa un formulario de seguridad en el laboratorio.

2. Pon un **huevo cocido** sobre una **toalla de papel.** Con una **lupa** examina de cerca la superficie del huevo. ¿Su cáscara es lisa o rugosa? Anota tus observaciones en tu diario de ciencias.

3. Con cuidado retira la cáscara del huevo.

4. Corta el huevo por la mitad con un **cuchillo plástico.** Observa las características de la cáscara, la clara y la yema.

5. Dibuja las capas del huevo en tu diario de ciencias. ¿Cuáles capas podrían representar las capas de la Tierra? Rotula las capas como *corteza, manto* o *núcleo*.

Piensa

1. ¿Qué otros objetos se pueden usar para hacer modelos de las capas de la Tierra?
2. **Concepto clave** Explica por qué un huevo cocido es un buen modelo para explicar las capas de la Tierra.

Pistas acerca del interior de la Tierra

¿Alguna vez te han dado un regalo y tuviste que esperar para abrirlo? Tal vez trataste de averiguar qué había adentro tocándolo o agitándolo. Con métodos como estos, tal vez hayas podido determinar el contenido del regalo. Los científicos tampoco pueden ver qué hay dentro de la Tierra. Pero pueden usar métodos indirectos para descubrir cómo es el interior de la Tierra.

¿Qué hay bajo de la superficie de la Tierra?

Las minas y pozos profundos dan pistas a los científicos acerca del interior de la Tierra. La mina más profunda construida hasta ahora es una mina de oro en Sudáfrica. Tiene más de 3 km de profundidad. La gente puede bajar a la mina para explorar la geosfera.

Los pozos perforados son aún más profundos. El pozo más profundo se encuentra en la península de Kola, en Rusia y tiene más de 12 km de profundidad. Una perforación a estas profundidades es muy difícil: la perforación del pozo de Kola tardó más de 20 años. A pesar de que la gente no puede bajar al fondo del pozo, puede enviar instrumentos para hacer **observaciones** y traer muestras a la superficie. ¿Qué han aprendido los científicos sobre el interior de la Tierra mediante el estudio de minas y pozos como los dos mencionados anteriormente?

REPASO DE VOCABULARIO

observación
acción de reconocimiento y examen atento de un hecho o acontecimiento

Lección 2
EXPLORAR

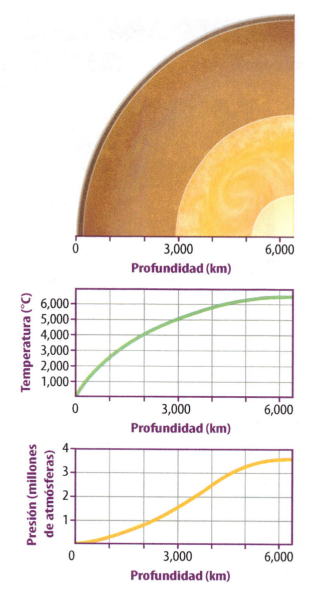

Figura 7 La temperatura y la presión aumentan a medida que aumenta la profundidad de la geosfera.

Foldables
Haz un boletín en capas con dos hojas de papel. Úsalo para organizar información sobre corteza, manto, núcleo externo y núcleo interno de la Tierra.

La temperatura y la presión aumentan con la profundidad

Algo que notan los trabajadores de las minas o pozos profundos es que el interior de la Tierra es caliente. En las minas de oro sudafricanas, a 3.5 km bajo la superficie terrestre, la temperatura es cercana a los 53 °C (127 °F). La temperatura en el fondo del pozo de Kola es de 190 °C (374 °F). ¡Ese es el calor suficiente para hornear galletas! Hasta ahora, nadie ha registrado la temperatura del centro de la Tierra, pero se estima que está alrededor de 6,000 °C. Como se muestra en la **Figura 7,** la temperatura dentro de la Tierra aumenta con la profundidad.

No solamente la temperatura aumenta, la presión también aumenta a mayor profundidad dentro de la Tierra. Esto se debe al peso de las rocas en la superficie. La presión alta aprieta las rocas, haciéndolas mucho más densas que las rocas de la superficie.

 Verificación de la lectura Describe cómo cambia la presión a medida que aumenta la profundidad dentro de la Tierra.

Las altas temperaturas y presiones dificultan perforar pozos profundos. La profundidad del pozo de Kola es menor al 1 por ciento de la distancia al centro de la Tierra. Por lo tanto, se ha estudiado solo una pequeña parte de la geosfera. ¿Cómo pueden los científicos aprender acerca de lo que hay bajo los pozos profundos?

Uso de ondas sísmicas

Como leíste anteriormente, los científicos usan métodos indirectos para estudiar el interior de la Tierra. Ellos obtienen la mayor parte de su evidencia analizando las ondas sísmicas. Los terremotos liberan energía en forma de tres tipos de ondas. A medida que estas ondas se mueven a través de la Tierra, son afectadas por los diferentes materiales por los que viajan. Algunas ondas no pueden viajar por ciertos materiales. Otras cambian de dirección cuando se encuentran con algunos materiales. Al estudiar cómo se mueven las ondas, los científicos pueden inferir la densidad y composición de los materiales dentro de la Tierra.

Las capas de la Tierra

Las diferentes densidades de los materiales en el interior de la Tierra, hicieron que se formaran capas. Cada capa tiene una composición distinta, con el material más denso en el centro de la Tierra.

La corteza

La capa frágil y rocosa de la parte externa de la Tierra se denomina **corteza**. Esta es mucho más delgada que las otras capas, como la cáscara del huevo cocido. Es la capa menos densa de la geosfera. Está compuesta por elementos con poca masa, como el silicio y oxígeno, principalmente.

Las rocas de la corteza están bajo los océanos y en la tierra. La corteza bajo los océanos se llama corteza oceánica compuesta por rocas densas ricas en hierro y magnesio. La corteza sobre la tierra se llama corteza continental y es casi cuatro veces más gruesa que la oceánica. La corteza continental es más gruesa bajo las montañas. La **Figura 8** muestra una comparación entre los dos tipos de corteza.

Existe un límite claro entre la corteza y la capa inferior. Cuando las ondas sísmicas cruzan este límite, se aceleran. Esto indica que la capa inferior es más densa que la corteza.

 Verificación de la lectura ¿En qué se diferencia la corteza oceánica de la continental?

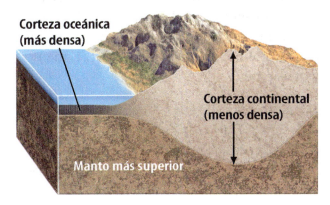

Figura 8 La corteza oceánica es delgada y densa comparada con la corteza continental.

Review — Personal Tutor

MiniLab

¿Cuál líquido es más denso?

Las capas de la Tierra fueron determinadas según su densidad. El hierro en el núcleo interior compone la capa más densa de la Tierra. El silicio y oxígeno dentro de la corteza terrestre tienen una densidad mucho menor.

1. Lee y completa un formulario de seguridad en el laboratorio.
2. Vierte 50 ml de **jarabe de maíz** dentro de un **vaso graduado de 100 ml.** Rotula el vaso graduado.
3. Llena los otros tres vasos graduados con **glicerina, agua** y **aceite vegetal,** respectivamente. Rotúlalos.
4. Revuelve unas gotas de **colorante azul** en el agua con una **cuchara.**
5. Enjuaga la cuchara, luego revuelve unas gotas de **colorante rojo** en el jarabe de maíz.
6. Vierte el jarabe de maíz dentro de un **vaso graduado de 250 ml.**
7. Con un **embudo** agrega la glicerina al jarabe de maíz. Mantén el embudo contra la pared del vaso graduado.
8. Repite el paso 7 usando aceite vegetal y luego agua.

Analizar y concluir

1. **Describe** ¿Qué sucedió con los líquidos? ¿Por qué sucedió esto?
2. **Concepto clave** ¿Cómo se relacionan las capas de líquido del vaso graduado con las capas de la Tierra?

El manto

El manto terrestre se encuentra justo debajo de la corteza. *El* **manto** *es la capa de mediano espesor de la parte sólida de la Tierra.* Contiene más hierro y magnesio que la corteza oceánica. Esto la hace más densa que cualquiera de las cortezas. Como la corteza, el manto está compuesto por roca. Las rocas ricas en hierro de esta capa se llaman peridotita y eclogita. Los científicos agruparon el manto en cuatro capas según la forma como reaccionan las rocas a las fuerzas de empuje. La **Figura 9** muestra el manto y otras capas.

El manto más superior Las rocas de la capa más superior del manto son frágiles y rígidas, como las rocas de la corteza. Debido a esto, *los científicos agrupan la corteza y el manto más superior en una capa rígida llamada* **litosfera**.

Astenosfera Debajo de la litosfera las rocas están tan calientes que los trozos diminutos se funden. Cuando esto sucede, las rocas ya no son frágiles y empiezan a fluir. Los científicos usan el término *plástico* para describir rocas que fluyen en esta forma. *Esta capa plástica dentro del manto se denomina* **astenosfera**.

 Verificación de la lectura Compara la litosfera y la astenosfera.

La astenosfera no se parece a los plásticos utilizados para hacer productos de uso cotidiano. La palabra *plástico* se refiere a los materiales que son tan suaves que fluyen. La astenosfera fluye lentamente. Incluso si fuera posible visitar el manto, no podrías observar este flujo. Las rocas en la astenosfera se mueven tan lentamente así como crecen las uñas de tus dedos.

Manto superior y manto inferior La roca debajo de la astenosfera es sólida, pero más caliente que la roca de la astenosfera. ¿Cómo es posible? A esa profundidad la presión es tan grande que las rocas no se funden. Mientras el aumento de temperatura tiende a derretir la roca, la presión alta tiende a impedir la fusión. La presión alta comprime la roca en un material sólido. Esta roca sólida del manto superior e inferior forma la capa más grande de la Tierra.

ORIGEN DE LAS PALABRAS

astenosfera
del griego *asthenes*, que significa "débil"; y *spharia*, que significa "esfera"

Figura 9 🔑 Las principales capas de la Tierra incluyen la corteza, el manto y el núcleo. Estas capas se subdividen de acuerdo con sus características químicas y físicas.

✓ **Verificación visual** ¿Cuál de las capas de la Tierra es la más densa?

Concepts in Motion
Animation

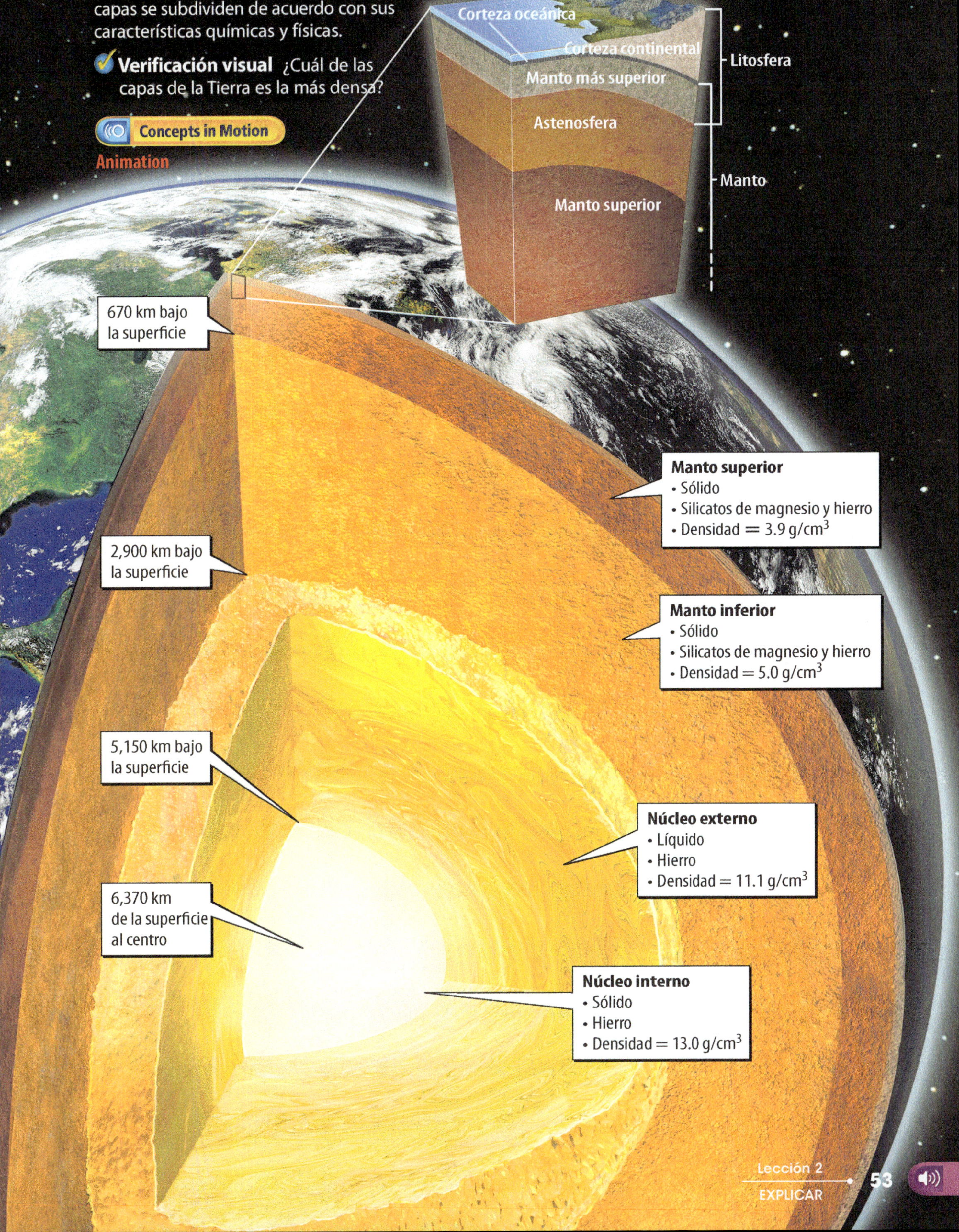

Corteza oceánica
Corteza continental
Manto más superior
Astenosfera
Manto superior

Litosfera
Manto

670 km bajo la superficie

2,900 km bajo la superficie

5,150 km bajo la superficie

6,370 km de la superficie al centro

Manto superior
- Sólido
- Silicatos de magnesio y hierro
- Densidad = 3.9 g/cm^3

Manto inferior
- Sólido
- Silicatos de magnesio y hierro
- Densidad = 5.0 g/cm^3

Núcleo externo
- Líquido
- Hierro
- Densidad = 11.1 g/cm^3

Núcleo interno
- Sólido
- Hierro
- Densidad = 13.0 g/cm^3

Lección 2
EXPLICAR

El núcleo de la Tierra

Figura 10 El núcleo de la Tierra tiene una capa externa líquida que rodea una capa interna sólida de hierro. El núcleo interno gira un poco más rápido que el núcleo externo.

Verificación visual ¿Cómo las flechas de la figura indican que el núcleo interno gira más rápido que el externo?

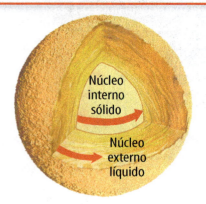

El núcleo

El centro de la Tierra denso y metálico es el **núcleo**, como se muestra en la **Figura 10**. Si imaginas la Tierra como un huevo cocido, el núcleo es la yema. La corteza terrestre y el manto están formados por rocas. ¿Por qué el núcleo está formado por metal? Recuerda que en la historia de la Tierra, esta era mucho más caliente que ahora. Los materiales de la Tierra fluían, como lo hacen hoy en la astenosfera. Los científicos no saben cuánto se ha fundido de la Tierra. Pero saben que era tan suave que la gravedad atrajo el material más denso al centro. Este material denso es metal en su mayoría, hierro con pequeñas cantidades de **níquel** y otros elementos. La parte externa del núcleo es líquida y la parte interna, sólida.

 Verificación de concepto clave ¿Cuáles son las capas interiores de la Tierra?

Núcleo externo Si la presión es tan alta como para mantener el manto inferior sólido, ¿cómo puede el núcleo externo ser líquido? Los materiales y las temperaturas de fusión del manto y núcleo son diferentes. Como en la astenosfera, los efectos de la temperatura pesan más que los de la presión sobre el núcleo externo. Los científicos usaron el método indirecto de análisis de ondas sísmicas y aprendieron que el núcleo externo de la Tierra es líquido.

 Verificación de concepto clave ¿Qué pruebas indican que el núcleo externo de la Tierra es líquido?

Núcleo interno Es una bola densa de cristales de hierro sólido. La presión en el centro de la Tierra es tan alta que incluso a temperaturas cercanas a los 6,000 °C, el hierro sigue en estado sólido. Como el núcleo externo es líquido, no se une rígidamente al núcleo interno. El núcleo interno gira un poco más rápido que el resto de la Tierra.

Núcleo de la Tierra y geomagnetismo

¿Por qué la aguja de una brújula apunta al norte? La aguja metálica de la brújula se alinea con el campo magnético que rodea la Tierra. El campo magnético es creado por el núcleo giratorio.

USO CIENTÍFICO Y USO COMÚN

níquel

Uso científico un tipo específico de metal

Uso común una moneda de cinco centavos

El campo magnético de la Tierra

Recuerda que el núcleo interno de la Tierra gira más rápido que el externo. Esto produce corrientes de hierro fundido que fluyen en el núcleo externo. El campo magnético de la Tierra es una región de magnetismo producido, en parte, por el flujo de materiales fundidos en el núcleo externo. El campo magnético actúa como un imán gigante. Tiene polos opuestos, como se muestra en la **Figura 11**.

Durante siglos, la gente ha usado las brújulas y el campo magnético terrestre para la navegación. Pero, el campo magnético no es completamente estable. Con el tiempo geológico, su fuerza y dirección varían. En varias ocasiones de la historia de la Tierra, la dirección incluso se ha invertido.

Magnetosfera

El campo magnético de la Tierra la protege de rayos cósmicos y partículas cargadas procedentes del Sol. Hace a un lado algunas de las partículas cargadas y atrapa otras. *La parte externa del campo magnético que interactúa con estas partículas se denomina* **magnetosfera**. Examina la **Figura 12** para ver cómo se produce la forma de la magnetosfera por el flujo de estas partículas cargadas.

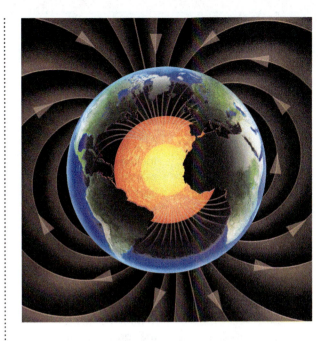

Figura 11 El campo magnético terrestre se produce por el movimiento de los materiales fundidos en el núcleo externo.

ORIGEN DE LAS PALABRAS

magnetosfera
del latín *magnes*, que significa "magnetita"; y *spharia*, que significa "esfera"

La magnetosfera

Figura 12 Partículas atrapadas y el campo magnético terrestre forman un escudo alrededor de la Tierra.

Repaso de la Lección 2

Assessment — Online Quiz

Resumen visual

Las capas de la Tierra incluyen corteza, manto y núcleo. La corteza oceánica está bajo los océanos. Los continentes están compuestos por corteza continental.

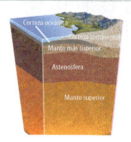

El manto es la capa más gruesa de la Tierra. Incluye parte de la litosfera y la astenosfera.

El núcleo externo de la Tierra es líquido, y el interno es sólido.

FOLDABLES

Usa tu modelo de papel para repasar la lección. Guarda tu modelo para el proyecto de final de capítulo.

¿Qué opinas AHORA?

Al inicio de este capítulo leíste las siguientes afirmaciones.

3. El interior de la Tierra se compone de diferentes capas.

4. Los científicos descubrieron que el núcleo externo de la Tierra es líquido al perforar pozos profundos.

¿Sigues estando de acuerdo o en desacuerdo con las afirmaciones? Reescribe las afirmaciones falsas para hacerlas verdaderas.

Usar vocabulario

1. La capa de la Tierra compuesta por metal es _____.

2. **Distingue** entre la corteza y la litosfera.

3. **Usa los términos** *núcleo* y *manto* en una oración completa.

Entender conceptos clave

4. ¿Cuál de las capas de la Tierra está compuesta por materiales fundidos?
   A. la corteza
   B. el núcleo interno
   C. la litosfera
   D. el núcleo externo

5. **Diseña** un modelo de capas de la Tierra. Enumera los materiales necesarios para realizar tu modelo.

6. **Clasifica** las capas de la Tierra con base en sus propiedades físicas.

Interpretar gráficas

7. **Identifica** y compara los dos tipos de corteza que se muestran a continuación.

8. **Determina causa y efecto** Dibuja un organizador gráfico como el siguiente y anota los dos hechos acerca del campo magnético de la Tierra.

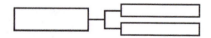

Pensamiento crítico

9. **Reflexiona** Los terremotos producen ondas que ayudan a los científicos a comprender cómo se ve el interior de la Tierra, pero a la vez causan perjuicio a las personas. Reflexiona si las ondas sísmicas son buenas o malas.

Investigación: Práctica de destrezas — Medir

30 minutos

Materiales

vaso graduado

balanza

probeta graduada

aceite vegetal

jarabe de maíz

alcohol isopropílico

Seguridad

¿Cómo puedes encontrar la densidad de un líquido?

El interior de la Tierra se compone de sólidos y líquidos con diferentes densidades. Puedes medir el volumen y la masa, y luego calcular la densidad mediante la ecuación:

$$\text{Densidad} = \frac{\text{Masa}}{\text{Volumen}}$$

Aprende

Los científicos **miden** para saber cuánto tienen de un cierto tipo de materia. Recuerda que la materia es todo aquello que tiene masa y volumen. Puedes medir la masa con una balanza de triple brazo. La unidad de masa que usarás más a menudo es el gramo (g). Puedes medir el volumen de un líquido con una probeta graduada. El mililitro (ml) es la unidad de volumen que usarás más a menudo.

Intenta

1. Lee y completa un formulario de seguridad en el laboratorio.
2. Mide la masa de una probeta graduada de 50 ml. Anota la masa en tu diario de ciencias.
3. Vierte cerca de 15 ml de alcohol dentro de un vaso graduado limpio.
4. Vierte lentamente el alcohol dentro de la probeta graduada hasta que el alcohol marque 10 ml.
5. Mide y anota la masa del alcohol y la probeta graduada.
6. En tu diario de ciencias, resta la masa que anotaste en el paso 2 de la masa que anotaste en el paso 5.
7. Desocupa y limpia la probeta graduada como lo indicó tu profesor.
8. Repite los pasos 3 a 7 con el jarabe de maíz y el aceite vegetal.

Aplica

9. Calcula y anota la densidad de cada líquido con tus medidas de masa y volumen y la ecuación mostrada arriba.
10. ¿Cuál fluido tiene mayor densidad? ¿Cuál tiene menor densidad? Explica tu respuesta.
11. **Concepto clave** Con base en lo que aprendiste, describe la densidad relativa de las capas de la Tierra.

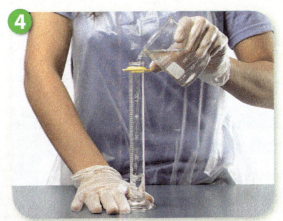

Lección 2 EXTENDER

Lección 3

Guía de lectura

Conceptos clave 🗝
PREGUNTAS IMPORTANTES

- ¿Cuáles son los principales accidentes geográficos de la Tierra y en qué se parecen?
- ¿Cuáles son las principales regiones de accidentes geográficos en Estados Unidos?

Vocabulario

accidente geográfico pág. 60
llanura o planicie pág. 62
meseta pág. 63
montaña pág. 63

 Multilingual eGlossary

 Video BrainPOP®

Superficie terrestre

Investigación ¿Qué ves?

Algunas de las características de la superficie de la Tierra son planas y bajas. Otras son empinadas y elevadas. ¿Qué más es diferente acerca de estas características?

Laboratorio de inicio

15 minutos

¿Cómo puedes medir el relieve topográfico?

El relieve describe las diferencias en elevación de una región dada. La región puede tener montañas altas o valles profundos. En este laboratorio, usarás materiales simples para medir el relieve de un paisaje modelo.

1. Lee y completa un formulario de seguridad en el laboratorio.
2. Con un poco de **masa de sal,** forma un disco grueso ligeramente más grande que tu mano.
3. Con tus dedos separados, presiona tu mano con firmeza sobre la masa de modo que partes de masa pasen por entre tus dedos.
4. Estira **seda dental** a través de las impresiones de tus dedos en la masa. Corta una sección de tu modelo haciendo presión con la seda dental a través de la masa.
5. Realiza otro corte a través de la palma de tu mano en tu modelo de masa.
6. Observa los perfiles de las dos secciones que cortaste. Con una **regla** mide la diferencia entre los puntos más altos y más bajos en la sección de la palma de tu mano.
7. Mide la diferencia entre los puntos más altos y más bajos en la sección de los dedos.

Piensa

1. ¿Cuál es la diferencia de elevación entre los puntos más altos y más bajos de la impresión de tu mano?
2. 🔑 **Concepto clave** Compara y contrasta las características de tu modelo. ¿En qué se parecen a las características de la Tierra?

Océanos y continentes

La Tierra tiene una variedad de características, como montañas y valles. Sin embargo, la superficie del océano es relativamente suave. Pero, ¿qué hay bajo la superficie del agua? Imagina que puedes explorar el fondo oceánico con igual facilidad que cuando viajas en tierra firme, ¿qué piensas que verías?

La superficie de la Tierra se compone de océanos y continentes. Los océanos cubren más del 70 por ciento de la superficie terrestre. Muchas de las características que aparecen en tierra firme, también aparecen en el fondo oceánico. Por ejemplo, la cordillera más larga de la Tierra está cerca al centro de los océanos. El cañón de Monterrey, ilustrado en la **Figura 13,** es un cañón submarino comparable en tamaño al Gran Cañón en tierra.

Figura 13 Desde el borde al fondo del cañón, el cañón de Monterrey alcanza una profundidad máxima de casi 1,920 m, lo que lo hace ligeramente más profundo que el Gran Cañón.

Lección 3
59
EXPLORAR

Accidentes geográficos comunes

Figura 14 Los accidentes geográficos más comunes de la Tierra se caracterizan por tamaño, forma, inclinación, elevación y relieve.

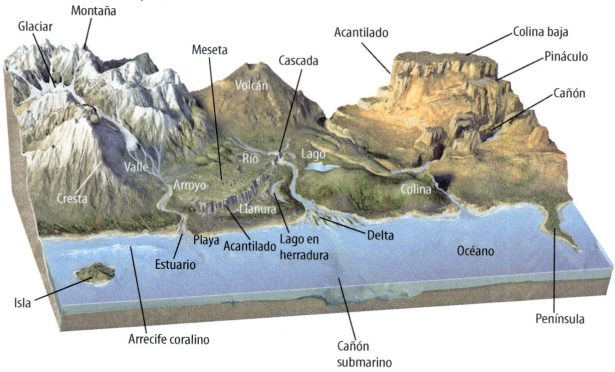

 Verificación visual
¿Cuáles accidentes geográficos reconoces?

VOCABULARIO ACADÉMICO

característica
(sustantivo) la estructura, forma o apariencia de algo

Accidentes geográficos

Montañas, llanuras, mesetas, cañones y otras **características** se llaman accidentes geográficos. Algunos ejemplos de accidentes geográficos de la Tierra se muestran en la **Figura 14.** *Los* **accidentes geográficos** *son las características topográficas formadas por procesos que moldean la superficie de la Tierra.* Pueden ser tan grandes como montañas o pequeñas como hormigueros. Características como tamaño, forma, inclinación, elevación, relieve y orientación relativas al paisaje circundante son usadas a menudo para describir los accidentes geográficos. Un accidente geográfico se suele identificar por la forma de la superficie y ubicación.

Verificación de concepto clave ¿Qué son accidentes geográficos?

Los accidentes geográficos no son permanentes. Sus características cambian con el tiempo. Muchos factores, como la erosión o levantamiento de la superficie de la Tierra pueden crear y afectar accidentes geográficos.

Altitud

Los científicos emplean el término *altitud* para describir la altura sobre el nivel del mar de una característica particular. Algunos accidentes geográficos tienen gran altitud. Otros, tienen baja altitud. Por ejemplo, la altitud es una de las principales características empleada para distinguir una llanura de una meseta.

60 Capítulo 2
EXPLICAR

Relieve

¿Recuerdas cómo mediste el relieve en el laboratorio de inicio, al comienzo de esta lección? *Relieve* es el término que usan los científicos para describir las diferencias en elevación. Algunos accidentes geográficos o regiones geográficas se describen como con bajo relieve. Esto significa que hay una diferencia relativamente pequeña entre la elevación más baja y la elevación más alta de una región. Los accidentes geográficos o regiones con alto relieve tienen una diferencia relativamente grande entre la elevación más baja y la más alta. Por ejemplo, si tuvieras que subir una montaña del Gran Cañón, probablemente dirías que tiene alto relieve.

Topografía

Los científicos usan el término *topografía* para describir la forma de una región geográfica. Puedes describir la topografía de un lugar pequeño o puedes pensar acerca de la topografía general de una región extensa. Relieve y topografía se pueden usar para describir características en los continentes y en el fondo del océano. Más adelante leerás cómo se usan el relieve y la elevación para describir los accidentes geográficos más comunes de la Tierra: llanuras, mesetas y montañas.

Investigación MiniLab   20 minutos

¿En qué se parecen los accidentes geográficos?

Los términos *barranco*, *despeñadero* y *cañón* describen una depresión elongada formada por la erosión del agua. Pero, ¿en qué difieren estos accidentes geográficos?

1. Lee y completa un formulario de seguridad en el laboratorio.
2. Trabaja con un compañero, usa un **diccionario** para encontrar la definición de los accidentes geográficos en una de las siguientes listas.

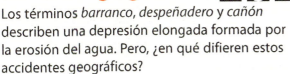

Lista 1	Lista 2	Lista 3	Lista 4
otero	colina	bahía	canal
colina baja	montículo	ensenada	estrecho
meseta	montaña	golfo	brazo

3. Con **arcilla de modelar** representa los accidentes geográficos de la lista que escogiste.
4. Con unas **tijeras** corta **cartulina de construcción** de diferente color, y haz paisajes con tus accidentes geográficos.
5. Rotula cada parte del paisaje.

Analizar y concluir

🗝 **Concepto clave** Compara y contrasta los modelos de los accidentes geográficos.

Figura 15 Llanuras, mesetas y montañas difieren en términos de la elevación y el relieve.

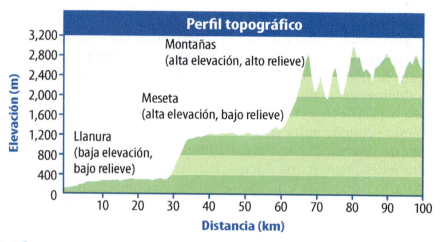

Llanuras

Las características que cubren la mayor parte de la superficie terrestre son planas. *Las **llanuras o planicies** son accidentes geográficos de bajo relieve y baja elevación,* como se ilustró en la **Figura 15**. La región extensa y plana del centro de América del Norte se conoce como llanuras interiores, como se muestra en la **Figura 16**.

Las llanuras se pueden formar cuando se depositan sedimentos por el agua o viento. El suelo es, a menudo, rico y por esta razón muchas llanuras se usan para el cultivo y para el pastoreo de animales.

Origen de las palabras

llanura
del latín *planus*, que significa "plano, nivel"

Principales regiones de accidentes geográficos

Figura 16 Este mapa muestra las principales regiones de accidentes geográficos en la Tierra: llanuras, mesetas y montañas.

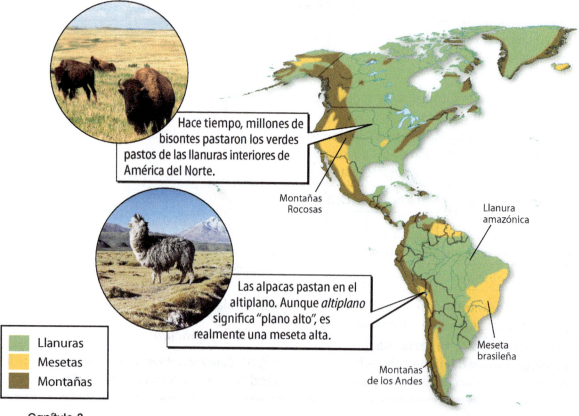

Mesetas

Como acabas de leer, las llanuras son relativamente llanas y bajas. En contraste, las mesetas son llanas y altas. *Las mesetas son regiones de bajo relieve y alta elevación.* Mira de nuevo la **Figura 15** para observar en qué difiere una meseta de una llanura.

Las mesetas son mucho más altas que la tierra circundante y, a veces, tienen lados empinados y accidentados. Estas son menos comunes que las llanuras, pero existen en todos los continentes. Encuentra algunas mesetas del mundo en la **Figura 16**.

 Verificación de la lectura Describe una meseta.

Las mesetas se forman cuando fuerzas dentro de la Tierra elevan las capas de roca o causan choques entre secciones de la corteza terrestre. Por ejemplo, la meseta más alta del mundo es la meseta Tibetana, llamada "la azotea del mundo". Esta meseta aún se está formando por choques entre India y Asia.

Las mesetas también pueden formarse por actividad volcánica. Por ejemplo, la meseta de Columbia al oeste de Estados Unidos es el resultado de la acumulación de muchos flujos sucesivos de lava.

Montañas

Los accidentes geográficos más altos son las montañas. *Las montañas son accidentes geográficos de alto relieve y gran elevación.* Mira de nuevo el mapa en la **Figura 16**. ¿Cuántas montañas reconocidas de la Tierra puedes encontrar?

Las montañas se forman de diferentes maneras; algunas, a partir de la acumulación de lava en el fondo oceánico. Con el tiempo, la montaña crece lo suficiente hasta alcanzar la superficie del océano. Las islas de Hawai se formaron de esta manera. Otras montañas se forman cuando fuerzas en el interior de la Tierra doblan, empujan o levantan bloques enormes de rocas. La cadena de los Himalayas, las Rocosas y los Apalaches se formaron por fuerzas descomunales al interior de la Tierra.

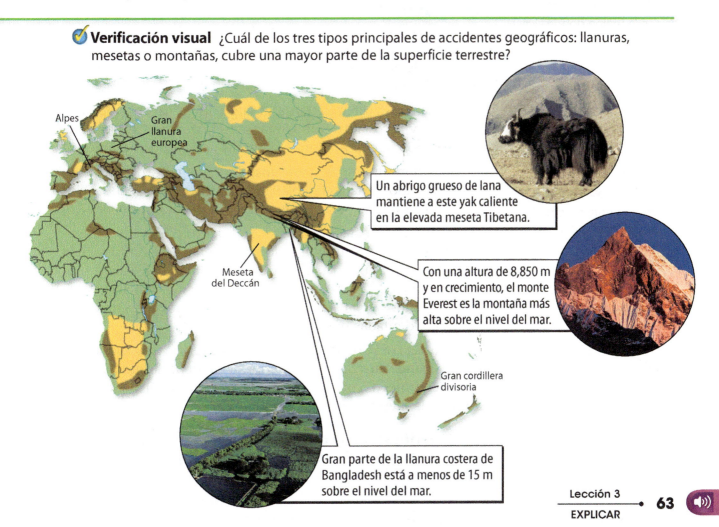

Verificación visual ¿Cuál de los tres tipos principales de accidentes geográficos: llanuras, mesetas o montañas, cubre una mayor parte de la superficie terrestre?

- Alpes
- Gran llanura europea
- Meseta del Deccán
- Un abrigo grueso de lana mantiene a este yak caliente en la elevada meseta Tibetana.
- Con una altura de 8,850 m y en crecimiento, el monte Everest es la montaña más alta sobre el nivel del mar.
- Gran cordillera divisoria
- Gran parte de la llanura costera de Bangladesh está a menos de 15 m sobre el nivel del mar.

Principales regiones de accidentes geográficos en EE.UU.

Concepts in Motion Animation

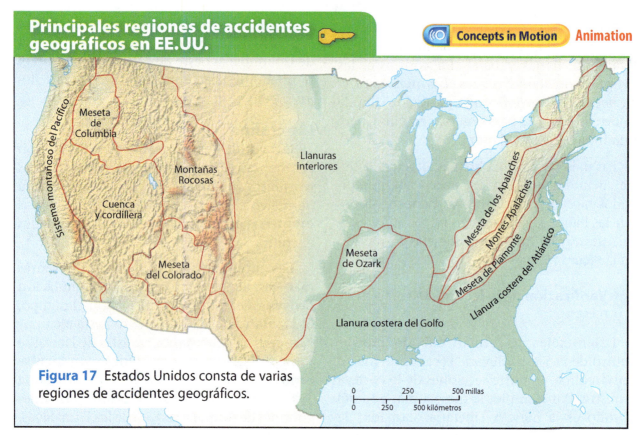

Figura 17 Estados Unidos consta de varias regiones de accidentes geográficos.

Verificación visual
¿Cuál accidente geográfico hay en la región donde vives?

FOLDABLES

Con una hoja de papel haz un boletín con tres secciones y rotúlalo como se muestra. Úsalo para organizar tus notas sobre los principales accidentes geográficos de la Tierra.

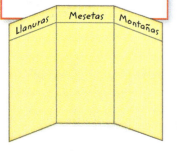

Principales regiones de accidentes geográficos en Estados Unidos

Estados Unidos tiene una variedad de accidentes geográficos, desde planas llanuras hasta montañas altísimas. Las principales regiones de accidentes geográficos en Estados Unidos se muestran en la **Figura 17.**

Las llanuras costeras están a lo largo de la mayor parte de la costa Este y la costa del Golfo. Estas se formaron hace millones de años cuando se depositaron sedimentos en el fondo oceánico.

Las llanuras interiores conforman la mayor parte del centro de Estados Unidos. Esta región plana y cubierta de pasto tiene suelos gruesos y propicios para el cultivo y el pastoreo de animales.

Los montes Apalaches, al este de Estados Unidos, se formaron desde hace 480 millones de años y eran mucho más altos de lo que son ahora. La erosión ha reducido su elevación promedio a cerca de 2,000 m. Las Rocosas se encuentran al oeste de Estados Unidos y Canadá. Son montañas más jóvenes, más altas y más accidentadas que los Apalaches.

La meseta del Colorado es también una región accidentada. Se formó cuando fuerzas en el interior de la Tierra levantaron secciones enormes de corteza terrestre. Con el tiempo, el río Colorado atravesó la meseta, formando el Gran Cañón.

Verificación de concepto clave Describe al menos tres de las principales regiones de accidentes geográficos en Estados Unidos.

Repaso de la Lección 3

Assessment — Online Quiz
Inquiry — Virtual Lab

Resumen visual

Los accidentes geográficos son características topográficas formadas por procesos que moldean la superficie de la Tierra.

Los principales accidentes geográficos incluyen llanuras planas, mesetas elevadas y montañas accidentadas.

Las principales regiones de accidentes geográficos en Estados Unidos incluyen los montes Apalaches, las Grandes Llanuras, la meseta de Colorado y las montañas Rocosas.

FOLDABLES

Usa tu modelo de papel para repasar la lección. Guarda tu modelo para el proyecto de final de capítulo.

¿Qué opinas AHORA?

Al inicio de este capítulo leíste las siguientes afirmaciones.

5. Todo el fondo oceánico es plano.

6. La mayor parte de la superficie terrestre está cubierta por agua.

¿Sigues estando de acuerdo o en desacuerdo con las afirmaciones? Reescribe las afirmaciones falsas para hacerlas verdaderas.

Usar vocabulario

1. Llanuras y montañas son ejemplos de _____ formados por procesos que moldean la superficie de la Tierra.

2. Un(a) _____ es un accidente geográfico con alto relieve y alta elevación.

3. **Distingue** entre una llanura y una meseta.

Entender conceptos clave

4. Un accidente geográfico con bajo relieve y alta elevación es una
   A. montaña.   C. meseta.
   B. llanura.   D. topografía.

5. **Describe** algún accidente geográfico que esté cerca a tu escuela.

Interpretar gráficas

6. **Compara** Estudia la siguiente ilustración. ¿En qué se parecen las llanuras y las mesetas en términos de relieve?

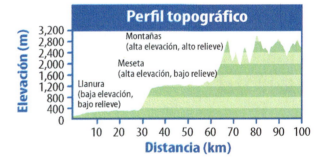

7. **Resume** Copia y llena el siguiente organizador gráfico para identificar los principales tipos de accidentes geográficos.

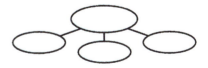

Pensamiento crítico

8. **Sugiere** una forma de hacer modelos de llanuras, mesetas y montañas con hojas de cartulina.

9. **Evalúa** los inconvenientes y beneficios de vivir en las montañas.

Lección 3
EVALUAR

Investigación Laboratorio

40 minutos

Materiales

masa de sal

colorantes

papel encerado

regla de centímetros

cuchillo plástico

rodillo o lata

Seguridad

Hacer modelos de la Tierra y sus capas

La Tierra tiene distintas capas. Cada capa tiene un volumen relativo específico. Puedes usar esos volúmenes para construir un modelo de la Tierra con la proporción de cada capa.

Preguntar

Si sabes el volumen relativo del núcleo interno, núcleo externo, manto y corteza de la Tierra, ¿cómo podrías construir un modelo a escala exacto de estas capas?

Procedimiento

1. Lee y completa un formulario de seguridad en el laboratorio.

2. Pide un poco de masa de sal a tu profesor. Estudia la siguiente tabla que muestra el volumen relativo de cada capa de la Tierra. ¿Cómo puedes usar estos datos para convertir tu trozo de masa en un modelo de las capas de la Tierra?

Los volúmenes relativos de las capas de la Tierra	
Capa	Volumen relativo (%)
Núcleo interno	0.7
Núcleo externo	15.7
Manto	82.0
Corteza	1.6

3. Probablemente tengas muchas ideas acerca de cómo dividir la masa en las proporciones correctas para construir tu modelo. Aquí hay una que puedes probar:

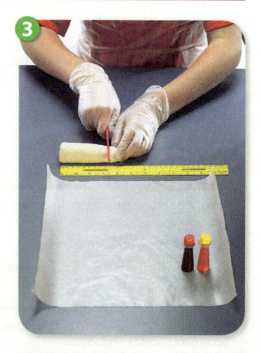

- Trabaja sobre una hoja de papel encerado para que la masa no se pegue. Enrolla la masa en un cilindro que mida 10 cm de largo. El cilindro representa el 100 por ciento del volumen.

- Ahora usa tu regla de centímetros para medir y marcar cada uno de los porcentajes enumerados en la tabla.

- Corta cada pedazo y enróllalo hasta obtener una esfera.

4. Usa los datos de la tabla para averiguar cómo puedes construir un modelo exacto.

5. Haz un modelo de las capas de la Tierra usando las esferas que representan el volumen relativo de cada capa. Agrega un poco de colorante para que cada una de las cuatro esferas tenga un color diferente. Trabaja la masa de sal para que el color quede bien distribuido. Vuelve a formar una esfera con cada trozo de masa. Tus esferas deben quedar similares a las que se muestran en la siguiente fotografía.

6. Corta por la mitad la esfera que representa el núcleo externo.

7. Haz con cuidado una pequeña depresión en la parte plana de cada mitad del núcleo externo. Luego, pon el núcleo interno dentro del núcleo externo y cierra la esfera.

8. Corta por la mitad la esfera que representa el manto.

9. Haz con cuidado una pequeña depresión en la parte plana de cada mitad del manto. Acomoda la esfera que representa el núcleo interno y el núcleo externo dentro del manto.

10. La última esfera representa la corteza de la Tierra. Pon esta esfera en un pedazo de papel encerado y usa el rodillo (o una lata) para expandirla lo suficiente para que pueda envolver el exterior del manto.

11. Corta tu modelo por la mitad.

Analizar y concluir

12. **La gran idea** Describe cómo está representada cada capa de la Tierra en tu modelo.

13. **Piensa críticamente** ¿Piensas que tu modelo muestra los volúmenes exactos de las diferentes capas? ¿Por qué?

14. **Saca conclusiones** ¿Qué puedes concluir acerca de los volúmenes relativos de las diferentes capas? ¿Por qué no pudiste extender la corteza lo suficiente para que cubriera el manto? ¿Por qué no pudiste simplemente agregar más masa a la corteza?

Comunicar resultados

Dibuja y rotula las capas de la Tierra. Muestra el dibujo junto con tu modelo y usa ambos para explicar lo que descubriste acerca de las capas de la Tierra.

Investigación: Ir más allá

¿Cómo podrías hacer un modelo comestible de las capas de la Tierra? Pista: Piensa en usar moldes de helado o gelatina.

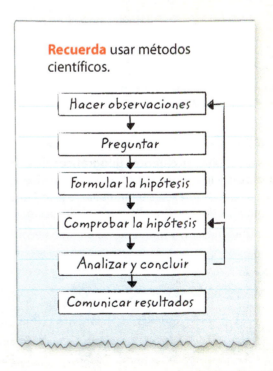

Lección 3 EXTENDER

Guía de estudio del Capítulo 2

 Las tres principales capas de la Tierra son la corteza, el manto y el núcleo.

Resumen de conceptos clave

Lección 1: La Tierra esférica

- Los principales sistemas de la Tierra incluyen la atmósfera, hidrosfera, criosfera, biosfera y **geosfera.**
- Los principales sistemas de la Tierra interactúan mediante el intercambio de materia y energía. Un cambio en un sistema de la Tierra afecta a todos los demás sistemas.
- La **gravedad** causó que las partículas se juntaran para formar una Tierra esférica.

Vocabulario

esfera pág. 41
geosfera pág. 42
gravedad pág. 43
densidad pág. 45

Lección 2: Interior de la Tierra

- Las capas del interior de la Tierra incluyen **corteza, manto** y **núcleo.**
- Mediante el análisis de ondas sísmicas, los científicos determinaron que el núcleo externo de la Tierra es líquido y el núcleo interno es sólido.

corteza pág. 51
manto pág. 52
litosfera pág. 52
astenosfera pág. 52
núcleo pág. 54
magnetosfera pág. 55

Lección 3: Superficie terrestre

- Los principales **accidentes geográficos** de la Tierra son **llanuras, mesetas** y **montañas.** Las llanuras tienen bajo relieve y baja elevación. Las mesetas tienen bajo relieve y alta elevación. Las montañas tienen alto relieve y alta elevación.
- Llanuras, mesetas y montañas se pueden encontrar en Estados Unidos.

accidente geográfico pág. 60
llanura pág. 62
meseta pág. 63
montaña pág. 63

Guía de estudio

Review
- Personal Tutor
- Vocabulary eGames
- Vocabulary eFlashcards

FOLDABLES Proyecto del capítulo

Organiza tus modelos de papel como se muestra, para hacer un proyecto de capítulo. Usa el proyecto para repasar lo que aprendiste en este capítulo.

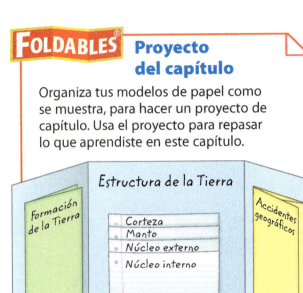

Usar vocabulario

1. La Tierra se formó cuando la _____ juntó el gas y el polvo que giraban alrededor del Sol.

2. La fuerza gravitatoria es mayor entre objetos de tamaño similar que tienen una mayor _____.

3. La _____ es el sistema más grande de la Tierra.

4. Pequeñas cantidades de material fundido en el _____ produce flujo en el manto.

5. Las rocas menos densas de la Tierra se encuentran en el _____.

6. El líquido en el _____ produce el campo magnético de la Tierra.

7. Una característica topográfica formada por procesos que moldean la superficie de la Tierra es un _____.

8. Un(a) _____ tiene bajo relieve y baja elevación.

9. Un accidente geográfico que es alto y plano es un(a) _____.

Relacionar vocabulario y conceptos clave  Interactive Concept Map

Copia este mapa conceptual y luego usa términos de vocabulario de la página anterior para completarlo.

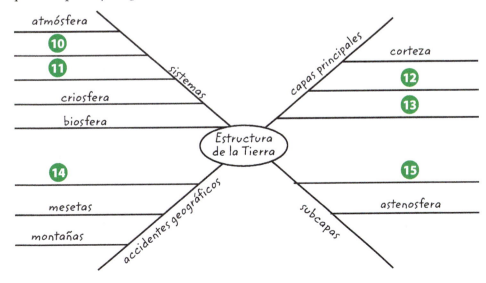

Repaso del Capítulo 2

Entender conceptos clave

1. ¿Qué contiene la biosfera?
   A. aire
   B. seres vivos
   C. rocas
   D. agua

2. ¿Qué afecta la fuerza de gravedad entre dos objetos?
   A. la densidad de los objetos
   B. la masa de los objetos
   C. la distancia entre los objetos
   D. la masa y la distancia entre los objetos

3. La siguiente figura muestra las capas de la Tierra. ¿Qué representa la capa roja?
   A. astenosfera
   B. corteza
   C. litosfera
   D. manto

4. ¿Cuál es la forma de la Tierra?
   A. como un disco
   B. esférica ligeramente achatada
   C. esférica
   D. esférica con los polos abultados

5. ¿Qué utilizan los científicos para aprender acerca del núcleo de la Tierra?
   A. ondas sísmicas
   B. minas
   C. mediciones de temperatura
   D. pozos

6. ¿De qué protege la magnetosfera a la gente?
   A. asteroides
   B. rayos cósmicos
   C. calentamiento global
   D. manchas solares

7. En la siguiente figura, ¿qué característica está apuntando la flecha?
   A. núcleo
   B. montaña
   C. llanura
   D. meseta

8. ¿Qué describe la topografía?
   A. la profundidad de una característica oceánica
   B. la altura de un accidente geográfico
   C. la forma de cierta región
   D. el ancho de una región

9. ¿Qué es cierto para los accidentes geográficos?
   A. Todos son planos.
   B. Son permanentes.
   C. Cambian con el tiempo.
   D. Solo se encuentran en los continentes.

10. ¿Qué tipo de accidente geográfico representa una caja en el suelo?
    A. montaña
    B. llanura
    C. meseta
    D. relieve

Repaso del capítulo

Assessment
Online Test Practice

Pensamiento crítico

11. **Explica** cómo la gravedad te afectaría de manera diferente en un planeta con menos masa que la Tierra, como Mercurio.

12. **Compara** entre los materiales de la geosfera y los de la atmósfera.

13. **Considera** ¿Cómo las capas de la Tierra se afectarían si todos los materiales que la forman tuvieran la misma densidad?

14. **Relaciona** ¿Cómo interactúan los sistemas de la Tierra?

15. **Explica** por qué todo objeto en o cerca a la Tierra es atraído hacia su centro.

16. **Expón** las similitudes entre la corteza y el manto superior.

17. **Resume** corteza terrestre, manto y núcleo, basándote en la posición relativa, densidad y composición.

18. **Crea** un modelo de la magnetosfera de la Tierra.

19. **Explica** en qué difiere una meseta de una llanura.

20. **Resume** las características de las regiones de accidentes geográficos que se nombran en el siguiente mapa.

21. **Evalúa** qué tipo de accidente geográfico es más favorable para la agricultura.

Escritura en Ciencias

22. Una canción contiene letra que por lo general rima. Escribe la letra de una canción acerca de la elevación de los accidentes geográficos.

REPASO LA GRAN IDEA

23. **Identifica** y describe las diferentes capas de la Tierra.

24. ¿Cómo el núcleo terrestre crea el campo magnético de la Tierra?

25. **Formula** una hipótesis de qué sucedería con la vida en la Tierra si no existiera la magnetosfera.

Destrezas matemáticas

Review
Math Practice

Resolver ecuaciones de primer grado

26. Un globo meteorológico grande contiene 3.00 m³ de aire. El aire del globo tiene una masa de 3.75 kg. ¿Cuál es la densidad del aire dentro del globo?

27. Una tabla de pino tiene un volumen de 18 cm³. La masa de la tabla es 9.0 g. ¿Cuál es la densidad de la tabla de pino?

28. 100 cm³ de agua tienen una masa de 100 g. ¿La tabla de pino de la pregunta anterior flotaría o se hundiría en el agua?

Práctica para la prueba estandarizada

Anota tus respuestas en la hoja de respuestas que entregó el profesor o en una hoja de papel.

Selección múltiple

1 La densidad es igual a
   A la masa dividida entre el volumen
   B la masa por el volumen
   C el volumen dividido entre la masa
   D el volumen por la masa

2 ¿Qué fuerza le dio a la Tierra su forma esférica?
   A electricidad
   B fricción
   C gravedad
   D magnetismo

Usa el siguiente diagrama para responder la pregunta 3.

3 ¿Cuál accidente geográfico cubre el área más grande de Estados Unidos?
   A Llanuras costeras
   B Llanuras interiores
   C Meseta de Ozark
   D Montañas Rocosas

4 ¿Cuál describe la astenosfera de la Tierra?
   A frágil
   B de movimiento rápido
   C liofilizada
   D plástica

Usa el siguiente diagrama y las gráficas para responder la pregunta 5.

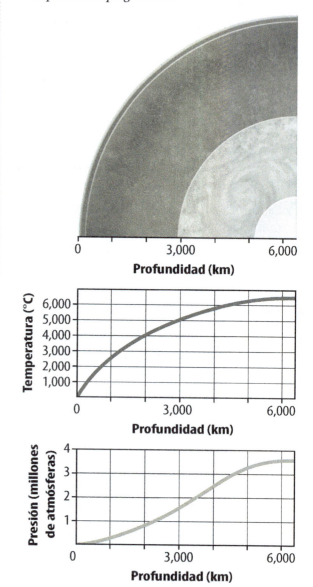

5 ¿Cuál describe la presión y temperatura en el centro de la Tierra?
   A alta presión y alta temperatura
   B alta presión y baja temperatura
   C baja presión y alta temperatura
   D baja presión y baja temperatura

Práctica para la prueba estandarizada

6. ¿Cuál explica el término *topografía*?
   A las edades geológicas de los accidentes geográficos
   B las alturas y ubicaciones de los accidentes geográficos
   C la variación estacional de los accidentes geográficos
   D las rutas de viaje entre los accidentes geográficos

7. ¿Cuál es el orden correcto de las capas de la Tierra desde la superficie hacia el centro?
   A corteza, núcleo, manto
   B corteza, manto, núcleo
   C manto, núcleo, corteza
   D manto, corteza, núcleo

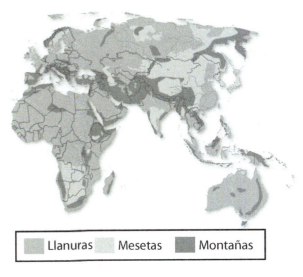

8. ¿Cuál continente tiene el área más grande de mesetas?
   A África
   B Asia
   C Australia
   D Europa

Respuesta elaborada

9. Compara y contrasta mesetas y llanuras.

   Usa los siguientes diagramas para responder las preguntas 10 a 12.

10. En los diagramas anteriores se muestran tres sistemas de la Tierra. Nombra cada sistema y describe sus características.

11. Describe cómo estos tres sistemas interactúan.

12. Dibuja un diagrama del cuarto sistema principal de la Tierra. Describe sus características.

¿NECESITAS AYUDA ADICIONAL?											
Si no pudiste responder la pregunta...	1	2	3	4	5	6	7	8	9	10	11	12
Pasa a la Lección...	1	1	3	2	2	3	2	3	3	1	1	1

Capítulo 3

Minerales

 ¿Qué son los minerales y por qué son útiles?

¿Cómo se formaron estos cristales gigantes?

Estos cristales de yeso, en la Cueva de los Cristales, en México, son los más grandes del mundo. ¿Cómo se formaron? Se cristalizaron a partir de sólidos disueltos en agua sobrecalentada. Cuando el agua se evaporó, los sólidos se combinaron y formaron cristales gigantes de yeso. Estos cristales son hermosos, pero ¿se pueden usar para algo?

- ¿Qué es un mineral?
- ¿Cómo se clasifican los minerales?
- ¿Cómo usas los minerales en tu vida diaria?

Prepárate para leer

¿Qué opinas?

Antes de leer, piensa si estás de acuerdo o no con las siguientes afirmaciones. A medida que leas el capítulo, decide si cambias de opinión sobre alguna de ellas.

1. Un mineral es cualquier sólido de la Tierra.
2. Algunos minerales se forman cuando el agua de la superficie de la Tierra se evapora.
3. La mejor manera de identificar un mineral es por su color.
4. La dureza, la raya y el brillo son algunas de las propiedades que se usan para identificar los minerales.
5. Una mena es una concentración de minerales que solo contiene hierro.
6. Los depósitos de gemas y menas están distribuidos de manera uniforme por el mundo.

ConnectED Your one-stop online resource

connectED.mcgraw-hill.com

- Video
- WebQuest
- Audio
- Assessment
- Review
- Concepts in Motion
- Inquiry
- Multilingual eGlossary

Lección 1

Guía de lectura

Conceptos clave 🗝️
PREGUNTAS IMPORTANTES

- ¿Qué es un mineral?
- ¿Cuáles son los minerales comunes formadores de roca?
- ¿Cómo se forman los minerales?

Vocabulario

mineral pág. 77
silicato pág. 81
cristalización pág. 81
magma pág. 83
lava pág. 83

g Multilingual eGlossary

¿Qué es un mineral?

Investigación ¿Castillos en el lago Mono?

Estas torres rocosas se forman con el agua salada del lago Mono en California. El lago está saturado con sales disueltas. Las sales se cristalizan en el lago y con el tiempo se convierten en torres altas y columnas. ¿Son comunes los depósitos minerales como estos?

Laboratorio de inicio **20 minutos**

¿Son las rocas y los minerales lo mismo?

Las rocas y los minerales a menudo se confunden, pero hay diferencias entre ellos. Las rocas comúnmente contienen dos o más minerales. En cambio, los minerales están formados por una sustancia uniforme. En este laboratorio, investigarás diversos objetos y tratarás de determinar si cada objeto es una roca o un mineral, con base en sus propiedades físicas.

1. Lee y completa un formulario de seguridad en el laboratorio.
2. Observa el **grupo de objetos** o **fotografías** que están encima de tu mesa.
3. Trata de organizar algunos de los objetos o fotografías en un grupo, de acuerdo con sus características comunes. No reveles esta característica a tus compañeros. Coloca una **lazada** alrededor de tu grupo. Pide a tus compañeros que traten de adivinar la característica común de los objetos en el grupo.
4. Pide a un compañero que piense en otra forma de agrupar los objetos. Pídele que reacomode los objetos en un nuevo grupo y coloque una lazada alrededor de ellos. Ahora te toca a ti adivinar la característica común de estos objetos.
5. Agrupa todos los objetos que parecen estar hechos de una sustancia uniforme. Forma otro grupo con los objetos que contienen dos o más sustancias.

Piensa
1. Decide con tu clase cuál grupo contiene rocas y cuál solo contiene minerales. Explica tu respuesta.
2. **Verificación de concepto clave** En grupo, escriban una definición de *rocas* y una de *minerales*.

¿Qué es un mineral?

Cuando te despertaste esta mañana, los minerales quizá no fueron lo primero que vino a tu mente. Cuando saliste de la cama para alistarte para la escuela, sin saberlo, usaste materiales hechos de minerales. Por ejemplo, el desodorante, el champú y el maquillaje son hechos de minerales. Cualquier cosa hecha de metal (la hebilla del cinturón, las joyas o los cierres de tu ropa) provienen de un mineral. Aun la sal que le pones a los huevos al desayuno es un mineral. *Un* **mineral** *es un sólido inorgánico de origen natural con una composición química definida y una disposición ordenada de átomos o iones.* La **Figura 1** muestra algunos objetos domésticos comunes que son hechos de minerales.

Figura 1 A diario usas objetos hechos de minerales.

 Verificación de concepto clave
¿Qué es un mineral?

Lección 1
EXPLORAR

Origen natural

Desde la cima de las montañas más altas hasta los sedimentos del fondo oceánico, los minerales están en todas partes. Hay alrededor de 4,000 minerales en la Tierra. Sin embargo, solo aproximadamente 30 son comunes. Diez de ellos se denominan minerales formadores de roca. Estos son de origen natural y no se producen en laboratorios. El cuarzo, el feldespato y el olivino son algunos de los minerales formadores de roca.

Composición química definida

Los minerales tienen una composición química definida. Por ejemplo, la fórmula química de la hematita es Fe_2O_3. Si observas la tabla periódica de los elementos, puedes ver que estos símbolos representan los elementos hierro (Fe) y oxígeno (O). Cualquier material formado por dos partes de hierro y tres partes de oxígeno se llama hematita. Algunos minerales, como la plata (Ag) y el azufre (S), solo constan de un elemento. Estos se llaman elementos nativos. Otros minerales, como el feldespato potásico ($KAlSi_3O_8$), están compuestos por una combinación de varios elementos.

Forma cristalina

Los minerales forman patrones de **cristal** predecibles. La disposición interna de los átomos o **iones** determina la forma de un cristal. ¿Alguna vez has visto los cristales de sal de cerca o con una lupa? Podrías notar que estos pequeños cristales de sal forman cubos. La forma del cristal de sal no es aleatoria.

La sal que agregas a tu comida a menudo contiene halita. La **Figura 2** muestra la disposición atómica interna de la halita. Observa que los iones sodio y cloro se repiten una y otra vez en las tres dimensiones del espacio. Una disposición repetitiva de los átomos o iones en tres direcciones lo hace un cristal. Compara el patrón cúbico del cristal de la halita con la disposición de los átomos en el vidrio, que también se muestra en la **Figura 2.**

 Verificación de la lectura ¿Por qué el vidrio no es de forma cristalina?

USO CIENTÍFICO Y USO COMÚN

cristal

Uso científico sólido de una sustancia química con una disposición regular y repetitiva de sus átomos

Uso común vidrio transparente e incoloro de calidad superior

REPASO DE VOCABULARIO

ion
átomo o grupo de átomos con carga eléctrica

Figura 2 Los átomos de sodio y cloro en la halita están organizados en un patrón repetitivo y ordenado tridimensional. Los átomos de silicio y oxígeno en el vidrio no lo están.

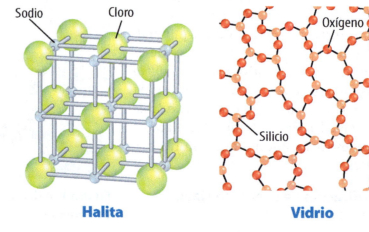

Halita   **Vidrio**

Sólido

Los minerales son sólidos, pero no todos los sólidos son minerales. Un sólido es materia cuyos átomos o iones están muy apretados. Este tiene una forma y volumen definidos. Para ser un mineral, un sólido debe tener forma de cristal. Los sólidos que no tienen forma de cristal, los líquidos y los gases, no son minerales.

Inorgánicos

Los minerales son inorgánicos, es decir, no son de origen biológico. Los minerales se forman en distintos ambientes debido a la evaporización y cristalización. El yeso, que se muestra en la **Figura 3,** se formó cuando el agua se evaporó y dejó sólidos disueltos tras de sí. Esta variedad de yeso se llama rosa del desierto debido a su aspecto semejante al pétalo de una rosa. A pesar de ser inorgánicos, algunos minerales se pueden formar como resultado de procesos orgánicos. Por ejemplo, los organismos marinos pueden extraer sólidos disueltos del agua de mar, y elaborar sus conchas.

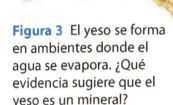

Figura 3 El yeso se forma en ambientes donde el agua se evapora. ¿Qué evidencia sugiere que el yeso es un mineral?

 Verificación de concepto clave Identifica las cinco características principales de un mineral.

La estructura de los minerales

Recuerda que los minerales tienen forma cristalina definida y que la forma refleja la disposición interna de los átomos o iones. Compara la forma de los cristales de cuarzo (SiO_2) con la de los cristales de calcita ($CaCO_3$) en la **Figura 4.** Los cristales de cuarzo bien formados son largos y por lo general tienen extremos claramente puntudos. Los cristales de calcita bien formados tienen forma romboide y juegos de lados paralelos. ¿Piensas que sería fácil identificar un mineral solo con base en la estructura de sus cristales?

 Verificación de la lectura ¿Qué pueden los geólogos inferir a partir de la forma de un mineral?

Figura 4 El cuarzo (SiO_2) y la calcita ($CaCO_3$) forman cristales muy distintos.

Lección 1
EXPLICAR

Figura 5 Esta imagen tomada con un microscopio electrónico de barrido muestra las caras del cristal cúbico de la galena.

Galena

✓ **Verificación visual** ¿Puedes identificar los ángulos de 90° que se forman entre los iones Pb y S en el cristal de la galena?

Forma del cristal

Como observarás, los minerales tienen muchas formas diferentes. A menudo son pequeños y difíciles de identificar. Ocasionalmente, cuando un cristal se forma en las condiciones apropiadas y tiene tiempo de crecer, desarrollará un cristal de forma característica. La **Figura 5** ilustra un cristal de galena (PbS) en el cual la disposición de los iones plomo y azufre forma cubos. Los ángulos entre los iones plomo y azufre son de 90°. Así, el cristal de la galena se caracteriza por su forma cúbica.

Los minerales no siempre existen en formas geométricas grandes y bien desarrolladas. La mayor parte del tiempo, crecen en grupos diminutos. Los científicos pueden examinar la forma de los cristales diminutos mediante imágenes tomadas con un microscopio electrónico de barrido. Las altas ampliaciones revelan una disposición ordenada de los átomos o iones dentro del cristal, a pesar de su reducido tamaño, como muestra la **Figura 5.**

 Verificación de la lectura ¿Cuándo los cristales crecen en formas grandes y bien desarrolladas?

Investigación **MiniLab**

20 minutos

¿Cómo puedes diferenciar los cristales?

Los geólogos usan la forma de los cristales para identificar minerales desconocidos. La halita, o sal de roca, es un mineral común en la sal de mesa. La sal de Epsom (sulfato de magnesio) se halla en el agua mineral.

1. Lee y completa un formulario de seguridad en el laboratorio.
2. Vierte algunos cristales de **sal de roca** en un pedacito de **papel para manualidades** oscuro.
3. Con una **lupa** observa la forma de los cristales.
4. Haz un dibujo de un solo cristal de sal en tu diario de ciencias.
5. Repite los pasos 2-4 usando **sal de Epsom.**

Analizar y concluir

1. **Describe** la forma de la sal de roca y de la sal de Epsom.
2. 🔑 **Concepto clave** ¿Cómo puedes distinguir un cristal de sal de mesa y uno de sal de Epsom?

Minerales comunes

Has leído que cada tipo de mineral es único debido a su composición química y a la disposición de sus átomos o iones. De los 30 minerales más abundantes de la Tierra, solo unos pocos se consideran como los minerales comunes formadores de roca. Algunos de estos minerales se muestran en la **Tabla 1.** Los minerales comunes formadores de roca están compuestos por combinaciones de elementos que abundan en la corteza de la Tierra. Los dos elementos más abundantes en la corteza son el oxígeno y el silicio. El cuarzo puro solo está compuesto por oxígeno y silicio. El cuarzo forma parte de una de las dos principales familias de minerales comunes formadores de roca.

Las dos familias principales de minerales formadores de roca son los silicatos y los no silicatos. *Un* **silicato** *es un miembro del grupo de minerales que tiene silicio y oxígeno en su estructura de cristal.* El cuarzo, cuya composición química es SiO_2, es un mineral silicato. El feldespato es el mineral silicato más común en la corteza de la Tierra. Otros silicatos son el olivino, el piroxeno, el anfíbol y la mica, como muestra la **Tabla 1.** La calcita y la halita son minerales no silicatos comunes: minerales que no contienen silicio.

 Verificación de concepto clave ¿Cuáles son las dos familias principales de minerales formadores de roca?

¿Cómo se forman los minerales?

Los minerales se forman en diversos ambientes. Independiente del ambiente, todos los minerales se forman mediante un proceso llamado cristalización. *El proceso de* **cristalización** *ocurre cuando partículas disueltas en un líquido o en un material fundido se solidifican y forman cristales.* Los minerales se pueden cristalizar a partir de soluciones calientes o frías. Por ejemplo, la halita se forma a partir de soluciones frías, en las cuales se evapora agua con sólidos disueltos y deja tras de sí cristales de halita. Las propiedades químicas y físicas de los minerales pueden ayudar a los geólogos a inferir el tipo de ambiente donde estos minerales se formaron.

Tabla 1 Minerales comunes

Silicatos	
Cuarzo	
Feldespato potásico	
Feldespato de plagioclasa	
Olivino	
Piroxeno	
Anfíbol	
Mica	

No silicatos	
Calcita	
Halita	

Formación de minerales 🔑

Figura 6 El depósito de halita a la izquierda se formó cuando el agua de la superficie de la Tierra se evaporó. El arrecife de coral a la derecha se formó cuando los organismos extrajeron minerales disueltos del océano.

> **REPASO DE VOCABULARIO**
> **disolver**
> dispersarse o desaparecer en una solución

Minerales a partir de soluciones frías

Cuando llueve o la nieve se derrite, el agua que resulta penetra en el suelo o corre sobre la superficie de la Tierra. Cuando el agua se mueve, interactúa con minerales en las rocas y la tierra. El agua **disuelve** algunos de estos minerales y recoge elementos como potasio, calcio, hierro y silicio de la roca y la tierra. Estos elementos se convierten en sólidos disueltos.

El agua solo puede almacenar una determinada concentración de sólidos disueltos. En condiciones de sequía, cuando el agua se evapora, los sólidos se cristalizan a partir del agua y forman minerales. En la **Figura 6,** un depósito de halita (sal de roca común) se formó cuando el agua de un lago poco profundo se evaporó.

A veces, los minerales pueden cristalizarse a partir del agua en ambientes que no son secos. Por ejemplo, las sales disueltas en el agua de mar hacen que el océano sea salado. El agua de mar se puede saturar con sales disueltas. En otras palabras, el agua no puede contener más sal. Algunos organismos marinos pueden remover estas sales del agua de mar y producir conchas protectoras o construir un arrecife, como el de la **Figura 6.**

Figura 7 Los líquidos calientes pueden atravesar las grietas en la corteza de la Tierra y cristalizarse para formar nuevos minerales.

Minerales a partir de soluciones calientes

El agua de la superficie de la Tierra puede atravesar las grietas de la corteza y penetrar en ambientes profundos y calientes. Estas soluciones calientes a veces transportan grandes concentraciones de sólidos disueltos. Algunos de ellos, con el tiempo forman valiosos depósitos minerales. Por ejemplo, la veta de oro de la **Figura 7,** se formó así. Cuando las condiciones fueron propicias, el oro se cristalizó a partir de la solución de agua caliente y llenó las grietas en la roca. Los cristales gigantes de la primera página de este capítulo son ejemplos extremos de este proceso.

✅ **Verificación de la lectura** ¿Cómo se forma una veta de oro?

Basalto

Andesita

Figura 8 La roca volcánica a la izquierda tiene cristales muy pequeños. La roca volcánica a la derecha tiene cristales más grandes.

Verificación visual
¿Cuál roca de esta figura se enfrió más rápido?

Minerales de magma

Si alguna vez has visto una erupción de un volcán, has visto roca fundida en acción. *El **Magma** es roca fundida depositada bajo la superficie de la Tierra. Cuando la roca fundida hace erupción en la superficie de la Tierra o cerca de ella, se llama **lava** o ceniza.* Cuando la lava o ceniza se enfría sobre el suelo o el magma se enfría bajo el suelo, los átomos e iones se distribuyen y forman cristales minerales. Los cristales tienen distinto tamaño dependiendo de la rapidez de enfriamiento del magma, la lava o la ceniza.

Los cristales pequeños (algunos apenas visibles con un microscopio óptico) se forman cuando la lava se enfría rápidamente en la superficie de la Tierra o cerca de ella. Algunas veces se forman cristales grandes cuando el magma se enfría y se cristaliza lentamente bajo la superficie de la Tierra. El basalto y la andesita de la **Figura 8** se enfriaron a diferentes velocidades. Compara el tamaño de los cristales para determinar cuál se enfrió más rápido: el basalto o la andesita.

Cambios en los minerales

Algunos minerales se forman en las profundidades dentro de la corteza y el manto de la Tierra. Estos minerales son estables en condiciones de presión y temperatura altas. La actividad metamórfica puede levantar minerales desde grandes profundidades hasta la superficie de la Tierra. Debido a que las condiciones de presión y temperatura en la superficie de la Tierra son menos extremas, los materiales se vuelven inestables. Los cambios en la presión y la temperatura, combinados con agentes erosivos como el agua, el viento y el hielo, causan que los minerales se descompongan. Con el tiempo se forman nuevos minerales.

Los minerales se pueden usar para interpretar las condiciones de su formación. Es muy poco probable que encuentres una roca que contenga tanto olivino como cuarzo. El olivino se forma a temperatura y presión altas; en cambio, el cuarzo se forma en condiciones menos extremas.

Verificación de concepto clave Identifica cómo se pueden formar los minerales.

ORIGEN DE LAS PALABRAS
lava
del latín *labi*, que significa "deslizarse"

FOLDABLES
Haz un boletín vertical con cuatro solapas y rotúlalo como se muestra. Anota información sobre la formación de los minerales en cada solapa.

Formación de los minerales
| A partir de soluciones frías | A partir de soluciones calientes | A partir de magma | Cambios en los minerales |

Lección 1
EXPLICAR

Repaso de la Lección 1

 Assessment Online Quiz

Resumen visual

Un mineral es un sólido inorgánico de origen natural con una composición química y forma cristalina definida.

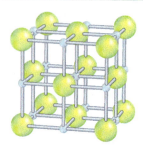

La forma del cristal refleja la disposición interna de los átomos o iones.

Los minerales más comunes formadores de roca son los silicatos.

FOLDABLES

Usa tu modelo de papel para repasar la lección. Guarda tu modelo para el proyecto de final de capítulo.

Usar vocabulario

1. **Usa el término** *cristalización* en una oración para describir cómo se forman los minerales.

2. La roca fundida que existe bajo la superficie de la Tierra se llama _____.

3. Un _____ contiene los elementos silicio y oxígeno.

Entender conceptos clave

4. ¿Qué proceso causa que se formen minerales en un lago poco profundo en condiciones de sequía?
   - A. entierro
   - B. evaporación
   - C. alta presión
   - D. fusión

5. **Compara** la formación de minerales por evaporación con los que se cristalizan directamente en el agua de mar y los que se cristalizan a partir del magma.

6. ¿Qué proceso causa la cristalización de los minerales a partir del magma?
   - A. enfriamiento
   - B. erupción
   - C. evaporación
   - D. fusión

Interpretar gráficas

7. **Crea** Dibuja un organizador gráfico como el siguiente. Identifica tres ambientes donde se forman los minerales.

Pensamiento crítico

8. **Diseña** un experimento para obtener cristales de azúcar a partir de una solución azucarada. Lleva una bitácora en tu diario de ciencias para describir cómo los cristales de azúcar cambian de tamaño y forma a medida que van creciendo.

9. **Evalúa** el diseño de tu experimento de la pregunta 8. ¿Qué variable(s) cambiarías, si fuera el caso, para crear cristales grandes y reconocibles de una manera más satisfactoria?

¿Qué opinas AHORA?

Al inicio de este capítulo leíste las siguientes afirmaciones.

1. Un mineral es cualquier sólido de la Tierra.
2. Algunos minerales se forman cuando el agua de la superficie de la Tierra se evapora.

¿Sigues estando de acuerdo o en desacuerdo con las afirmaciones? Reescribe las afirmaciones falsas para hacerlas verdaderas.

Ed Mathez trabaja en minas como esta, cerca del Complejo Ígneo Bushveld en Sudáfrica. Ed examina estratos de rocas ígneas en busca de metales raros. ▶

PROFESIONES CIENTÍFICAS

Miles de millones de años en la formación

Ed Mathez investiga depósitos de mena para determinar la fuente de metales raros.

El platino es un metal precioso, más raro que el oro y la plata. De hecho, la mayor parte del platino del mundo se extrae solo de tres lugares: uno en Montana, uno en Rusia y uno en Sudáfrica. Para Ed Mathez, estos sitios contienen más que simples metales preciosos: contienen indicios del pasado de la Tierra. Mathez, geólogo del Museo Estadounidense de Historia Natural en Nueva York, estudia los depósitos de menas de platino y los procesos geológicos que llevaron a su formación hace mucho.

Mathez elabora mapas de estratos de rocas ígneas del Complejo Ígneo de Bushveld, en Sudáfrica. Las capas se formaron cuando el magma, o roca fundida, se enfrió y se cristalizó dentro de la corteza de la Tierra. Las capas en la parte inferior del Complejo Ígneo de Bushveld contienen altas concentraciones de depósitos densos de sulfuro: hierro, azufre y minerales ricos en cromo. Los depósitos de sulfuro también contienen pequeñas concentraciones de platino. Mathez ha determinado que las capas más densas, cerca de la parte inferior de la formación, almacenan un promedio de 6 a 8 partes por millón (ppm) de platino. Esto significa que de cada millón de átomos, apenas 6 son de platino. Es un trabajo descomunal extraer platino de las rocas para producir cantidades rentables de platino. Pero el esfuerzo vale la pena. Hoy, muchos productos importantes y tecnologías nuevas dependen de este metal precioso.

De la mina al mercado

1 Extracción Los mineros extraen la roca rica en metal del depósito de mena, la trituran y la mezclan con un líquido llamado espumante. El metal se adhiere al espumante y se desnata.

2 Concentración El espumante se seca. Los restos se funden en un horno para separar los metales de los no metales.

3 Afinación El platino se separa de otros metales, como el níquel y el oro. El refinado requiere reacciones químicas para separar los metales.

4 Manufactura El platino generalmente se mezcla con otros metales para producir joyería, equipos electrónicos y convertidores catalíticos para autos.

▲ La durabilidad y la superficie brillante del platino lo hacen una elección popular para la joyería. El platino ayuda a convertir las emisiones de gases tóxicos en gases menos nocivos en los convertidores catalíticos.

Te toca a ti

HAZ UNA LISTA Con un compañero, identifica en tu casa y en la escuela artículos hechos de platino u otros metales. Describe el artículo y trata de determinar qué propiedades hacen que el metal sea útil. Compara tu lista con las de tus compañeros.

Lección 2

Guía de lectura

Conceptos clave 🔑
PREGUNTAS IMPORTANTES

- ¿Por qué es necesario usar más de una propiedad para identificar los minerales?
- ¿Qué propiedades puedes usar para identificar los minerales?

Vocabulario
mineralogista pág. 87
brillo pág. 88
raya pág. 88
dureza pág. 89
clivaje pág. 90
fractura pág. 90
densidad pág. 91

 Multilingual eGlossary

 Video BrainPOP®

¿Cómo se identifican los minerales?

Investigación ¿Dos minerales o uno?

Esta es una variedad de la turmalina llamada turmalina sandía, ¿adivinas por qué? La turmalina es de varios colores: amarilla, rosada, verde y azul. ¿Por qué el color no es una propiedad confiable para la identificación de minerales? ¿Qué otras propiedades físicas y químicas puedes usar para identificar este mineral?

Laboratorio de inicio

20 minutos

¿Puedes crear cristales a partir de una solución?

Cuando las soluciones se evaporan, las sustancias disueltas en ellas se pueden cristalizar. Trata de crear cristales de diferentes sustancias a partir de soluciones saturadas.

1. Lee y completa un formulario de seguridad en el laboratorio.
2. Rotula un **vaso graduado pequeño** *Sal*. Agrega 20 ml de **agua caliente** (no hirviendo). Agrega una **cucharadita de sal** y agita hasta que se disuelva.
3. Continúa agregando sal lentamente hasta que no se disuelva más sal.
4. Repite los pasos 2-3 usando **alumbre**, **sal de Epsom** y **sosa en cristales.** Rotula cada vaso graduado debidamente.
5. Retira 5 ml de cada solución con un **gotero.** Usa un gotero limpio para cada solución.
6. Pon 5-10 gotas de cada solución en la **tapa de un frasco** haciendo cuatro charquitos separados.
7. Pon 2 gotas de cada solución en un quinto charquito "mezclado".
8. Coloca la tapa en un lugar caliente. Revisa tu solución a intervalos regulares durante dos días.

Piensa

1. ¿Las sustancias formaron cristales? ¿Se veían iguales todos los cristales?
2. **Concepto clave** Identifica una propiedad que te ayudó a diferenciar entre los cristales de la solución mezclada.

Propiedades físicas

A diario usas minerales. ¿Cómo supones que los científicos descubrieron los usos valiosos de estos recursos minerales? *Los* **mineralogistas**, *científicos que estudian la distribución, las propiedades y los usos de los minerales,* han identificado pruebas sencillas para ayudarte a clasificar minerales desconocidos. Usando las propiedades físicas y químicas de los minerales, tú también puedes descubrir la identidad de un mineral.

Color

A medida que aprendas a identificar minerales, descubrirás que el solo color no se puede usar para la identificación de minerales. Muchos minerales diferentes pueden ser del mismo color. Por ejemplo, el olivino y el piroxeno son verdes. En cambio, un mismo mineral puede tener diferentes colores. Por ejemplo, el cuarzo puede ser transparente, blanco, gris humo, morado, anaranjado o rosado. La turmalina sandía de la página anterior es rosada y verde, pero también puede ser amarilla y azul. Las variaciones en el color reflejan la presencia de distintos tipos de impurezas químicas, como el hierro, el cromo o el manganeso. ¿Qué problemas ocurrirían si los mineralogistas usaran solo el color para identificar un mineral desconocido?

Verificación de concepto clave ¿Por qué el cuarzo no se puede clasificar solo con base en el color?

FOLDABLES

Haz un boletín de dos hojas. Vuélvelo a doblar por la mitad. Rotula el frente del boletín como se muestra. Dentro del boletín, describe las propiedades físicas usadas para identificar los minerales.

Lección 2
EXPLORAR
87

Brillo

Talco

Hematita

Figura 9 La forma como la luz interactúa con la superficie de un mineral causa su brillo.

✅ **Verificación visual** Describe el brillo de los minerales talco y hematita.

Brillo

¿Qué es lo primero que notas cuando ves un objeto de metal brillante, como una rueda cromada de una bicicleta? ¿O un carro nuevo? ¿Es su resplandor? *La forma en que un mineral refleja o absorbe la luz en su superficie se llama* **brillo**.

Los minerales que también son metales, como el cobre, la plata y el oro, reflejan la luz. Esto produce el brillo más resplandeciente, llamado brillo metálico. Los minerales no metálicos tienen tipos de brillo que pueden seguir siendo resplandecientes, pero no son reflectivos como un metal. Por ejemplo, un diamante tallado y pulido tiene brillo metálico. Otras descripciones del brillo de un mineral son: ceroso, sedoso, nacarado y vítreo, que quiere decir vidrioso. Los minerales que carecen de brillo resplandeciente a menudo se llaman minerales terrosos o mate. El brillo se relaciona directamente con la composición química de los minerales. La **Figura 9** muestra el brillo de dos minerales diferentes, uno con brillo metálico y uno con brillo no metálico.

Raya

Algunos minerales, como el grafito, producen un residuo pulverulento al rayarlo. A veces, al frotar un mineral en una placa de porcelana sin esmaltar, llamada placa de rayado, este deja una raya de color sobre la superficie. *La* **raya** *es el color de un mineral en la forma pulverizada*. La raya solo es útil para identificar minerales más blandos que la porcelana.

Los minerales no metálicos por lo general producen una raya blanca. No obstante, muchos minerales metálicos producen colores de raya característicos. De hecho, un mineral metálico puede cambiar de color, pero tener exactamente el mismo color de raya. Como muestra la **Figura 10,** la hematita (Fe_2O_3) produce una raya rojiza/marrón, aunque algunas muestras de hematita son plateadas y metálicas mientras que otras son mate y rojas o grises.

✅ **Verificación de la lectura** ¿En qué se relacionan la raya y el color?

Figura 10 Estas dos muestras de hematita tienen distinto color, pero ambas producen la misma raya rojiza/marrón cuando se rayan sobre una placa de porcelana.

Raya

Dureza

La raya se relaciona con la composición y dureza de un mineral. *La **dureza** es la resistencia de un mineral al rayado.* Friedrich Mohs, un mineralogista alemán, desarrolló una escala para comparar la dureza de diferentes minerales. La escala de dureza de Mohs va de 1 a 10, como muestra la **Tabla 2.** El valor de dureza 1 se asigna al mineral más blando en la escala: el talco. El diamante es el mineral más duro de la escala, con un valor de dureza igual a 10.

El cuarzo tiene una dureza 7. Si se frota un pedazo de cuarzo sobre la superficie de un mineral que sea más blando que el cuarzo (con una dureza inferior a 7), el cuarzo rayará el mineral. El cuarzo rayará el feldespato, la calcita y el talco porque cada uno tiene una dureza inferior a 7. El cuarzo no rayará el topacio, el corindón ni el diamante porque estos tienen una dureza mayor que 7.

Los mineralogistas a menudo usan objetos cotidianos para comparar la dureza de minerales desconocidos, como lo muestra la **Tabla 2.** Se conoce la dureza de una lima de acero, un pedazo de vidrio, un penique y una uña. Los mineralogistas han agregado estos valores a la escala de dureza de Mohs. Por ejemplo, un mineral que raya un penique pero no un cuarzo tiene una dureza entre 3 y 7. Un mineral que puedes rayar con la uña, tiene una dureza menor que 2.5. Como se muestra en la **Tabla 2,** los objetos de dureza conocida te pueden ayudar a calcular la dureza de una muestra de un mineral desconocido.

Figura 11 Un pedazo de vidrio se puede usar en campo o en el laboratorio para probar la dureza de un mineral.

Tabla 2 Escala de dureza de Mohs

Dureza	Mineral u objeto cotidiano
10	Diamante
9	Corindón
8	Topacio
7	Cuarzo
6.5	Lima de acero
6	Feldespato
5.5	Vidrio
5	Apatito
4.5	Clavo de hierro
4	Fluorita
3	Calcita
3	Penique
2.5	Uña
2	Yeso
1	Talco

Lección 2
EXPLICAR

Clivaje y fractura

Figura 12 Observa que el mineral con clivaje forma superficies planas donde se rompe. Los minerales se fracturan de manera irregular porque sus enlaces tienen la misma fuerza en todas las direcciones.

Mineral con clivaje

Mineral con fractura

Clivaje y fractura

A veces la forma en que un mineral se rompe ofrece indicios sobre su identidad, como muestra la **Figura 12.** La disposición de los átomos o iones y la fuerza de sus enlaces químicos determinan cómo se rompe un mineral. Los minerales se rompen donde los enlaces entre átomos o iones son débiles. *Si un mineral al romperse forma superficies lisas y planas, tiene* **clivaje**. Minerales como la calcita, la imagen a la izquierda en la **Figura 12,** se rompe en tres direcciones de clivaje, identificadas como tres grupos de lados paralelos.

Otros minerales como el cuarzo, a la derecha en la **Figura 12,** se rompen de manera irregular porque sus enlaces tienen la misma fuerza en todas las direcciones. *Si un mineral se rompe y forma superficies irregulares, tiene* **fractura**. Los patrones de fractura pueden ser impredecibles. Algunos minerales, como los asbestos, se rompen en astillas o fibras. Otros, por ejemplo el cuarzo, se rompen como vidrio grueso con superficies lisas y curvas.

ORIGEN DE LAS PALABRAS
clivaje
del inglés *cleavage*, y este, a su vez, del inglés antiguo *cleofan*, que significa "partir, separar"

Investigación MiniLab

20 minutos

¿En qué se diferencian el clivaje y la fractura?

Cuando un mineral se rompe en pedacitos, se rompe donde los enlaces son más débiles. A veces, cuando los enlaces entre átomos o iones son débiles, el mineral se rompe y produce una superficie lisa y plana. Algunas veces los minerales se rompen en patrones aleatorios y ásperos.

1. Lee y completa un formulario de seguridad en el laboratorio.
2. Pide a tu profesor un **grupo de minerales.**
3. Sepáralos en dos grupos: los que tienen clivaje y los que tienen fractura.
4. Determina cuántos grupos de lados paralelos tiene cada mineral. Cada juego de lados paralelos equivale a una dirección de clivaje. Anota tus observaciones en tu diario de ciencias.
5. Mira los minerales sin clivaje. Describe sus superficies en tu diario de ciencias.

Analizar y concluir

1. **Evalúa** el número de direcciones de clivaje de cada mineral en el paso 4.
2. **Identifica** ¿Identificaste algún mineral que presentara fractura? ¿Fractura concoidal?
3. **Concepto clave** ¿Cómo el clivaje o la fractura pueden ayudar en la identificación de los minerales?

Densidad

Antes de levantar una bola de bolos, probablemente esperas que esta sea pesada. Pero cuando levantas un balón de voleibol, sabes que será liviano. Si la bola de bolos y el balón de voleibol tienen aproximadamente el mismo tamaño, ¿por qué el balón de voleibol es más liviano? Este es más liviano porque es menos denso que la bola de bolos. *La **densidad** de un objeto es igual a su masa dividida entre su volumen* (g/cm^3). Como los volúmenes de la bola de bolos y del balón de voleibol son aproximadamente iguales y la masa de la bola de bolos es mayor, esta es más densa que el balón de voleibol. Midiendo la masa y el volumen de cualquier objeto, puedes calcular su densidad.

De la misma manera que comparas la densidad de una bola de bolos y de un balón de voleibol, puedes comparar las densidades de distintos minerales sin tener que medir su masa y su volumen. Si tomas dos minerales distintos que tienen aproximadamente el mismo volumen y sostienes uno en cada mano, el que se sienta más pesado es el que tiene mayor masa y por tanto mayor densidad. Con la práctica, podrás identificar algunos minerales basándote solo en lo pesados que se sientan.

Propiedades especiales

Algunos minerales tienen propiedades especiales que te ayudan a identificarlos. La textura de un mineral, es decir, cómo se siente, puede ser grasosa o lisa al tacto. El grafito se siente grasoso; el talco, liso. Algunos minerales reaccionan. La calcita burbujea y produce un gas cuando entra en contacto con el ácido clorhídrico. Algunos minerales tienen olores característicos. El azufre huele a fósforo, y la caolinita huele a arcilla. La fluorescencia, que se muestra en la **Figura 13,** es la capacidad que tiene un mineral de brillar cuando se expone a la luz ultravioleta. La calcita y la fluorita son dos minerales fluorescentes comunes. Algunos minerales, como la magnetita que se muestra en la **Figura 13,** son magnéticos.

 Verificación de concepto clave Identifica las propiedades que se usan para clasificar un mineral desconocido.

Propiedades especiales

Figura 13 La calcita es fluorescente cuando se expone a la luz ultravioleta. La magnetita es magnética debido la presencia de hierro en su fórmula química.

Repaso de la Lección 2

Assessment — Online Quiz
Inquiry — Virtual Lab

Resumen visual

La raya es el color de un mineral en la forma pulverizada.

Los minerales varían en dureza. Esta es la resistencia de un mineral al rayado.

Los minerales con propiedades especiales como la fluorescencia pueden ser más fáciles de identificar.

FOLDABLES

Usa tu modelo de papel para repasar la lección. Guarda tu modelo para el proyecto de final de capítulo.

¿Qué opinas AHORA?

Al inicio de este capítulo leíste las siguientes afirmaciones.

3. La mejor manera de identificar un mineral es por su color.

4. La dureza, la raya y el brillo son algunas de las propiedades que se usan para identificar los minerales.

¿Sigues estando de acuerdo o en desacuerdo con las afirmaciones? Reescribe las afirmaciones falsas para hacerlas verdaderas.

Usar vocabulario

1 **Define** *dureza* con tus propias palabras.

2 **Distingue** entre clivaje y fractura usados para identificar los minerales.

3 **Usa el término** *brillo* en una oración.

Entender conceptos clave

4 ¿Qué indican las formas simétricas de los cristales sobre un mineral?
  A. una dureza de 8 en la escala de dureza de Mohs
  B. un brillo metálico
  C. una disposición ordenada de los átomos
  D. una tendencia a variar en el color

5 **Observa** Mira los minerales en las siguientes fotografías. ¿Son el mismo mineral o son minerales diferentes? Explica.

Interpretar gráficas

6 **Completa** un organizador gráfico que describa las cinco pruebas principales usadas para determinar la identidad de un mineral desconocido.

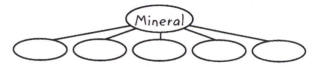

Pensamiento crítico

7 **Describe** cómo distinguir entre un mineral con una dureza de 6 y uno con una dureza de 4 usando solo una placa de vidrio y un penique de cobre.

8 **Critica** el siguiente fragmento: La mayoría de las muestras de caolinita no tienen cristales bien formados. Estas muestras de caolinita no tienen una disposición interna ordenada de sus átomos.

Investigación: Práctica de destrezas — Medir

25 minutos

Materiales

muestras de minerales

balanza

probeta graduada de 100 ml

Seguridad

¿Cómo determinas la densidad de un mineral?

La densidad es una propiedad física que se usa con frecuencia para identificar minerales. Para comparar las densidades de diferentes minerales, debes medir la masa de cada uno. La masa se refiere a cuánta materia contiene una sustancia. La densidad es igual a la masa de un objeto dividida entre su volumen (g/cm^3). El volumen de un sólido irregular, como un mineral, es igual a la cantidad de agua que este desplaza. 1 ml de agua = 1 cm^3.

Aprende

Para determinar la identidad de un mineral desconocido, los mineralogistas examinan y **miden** las propiedades físicas y químicas del objeto. La medición implica observar características como la masa y el volumen del objeto. Ecuaciones como la de la densidad, $D = m \div V$, se pueden usar para ayudar a identificar un mineral desconocido.

Intenta

1. Lee y completa un formulario de seguridad en el laboratorio.

2. Usa la balanza para medir la masa de cada muestra de mineral. Anota la masa de cada mineral en tu diario de ciencias, en una tabla como la que se muestra a continuación.

3. Vierte cerca de 50 ml de agua en una probeta graduada de 100 ml. Anota el volumen exacto del agua en tu tabla de datos.

4. Ata una cuerda alrededor de un mineral desconocido y con cuidado hazlo descender por la probeta graduada hasta que esté por debajo de la superficie del agua, sin tocar el fondo. Lee el volumen final de agua y anota este volumen en tu tabla de datos.

5. Retira el mineral del agua. Calcula el volumen de tu muestra de mineral y anótalo en tu tabla de datos.

6. Repite los pasos 3-5 con cada una de las muestras de mineral.

Aplica

7. Calcula la densidad de cada una de las muestras de mineral. ¿Cómo podrías usar las densidades para identificar los minerales?

8. 🔑 **Concepto clave** ¿Sería más útil la densidad o el color para identificar un mineral en particular? Explica tu respuesta.

Muestra	Masa (g)	Volumen de agua (ml)	Volumen de agua + mineral (ml)	Volumen de la muestra, ml=cm^3	Densidad (masa/volumen)
1					
2					

Lección 2 — EXTENDER

Lección 3

Guía de lectura

Conceptos clave 🔑
PREGUNTAS IMPORTANTES

- ¿Cómo usas los minerales en tu vida diaria?
- ¿Por qué los minerales son un recurso valioso?

Vocabulario
mena pág. 95
gema pág. 98

 Multilingual eGlossary

 Video Science Video

Fuentes y usos de los minerales

Investigación ¿Esto es lava?

El material de esta fotografía claramente está fundido. No es lava. Es mineral de hierro fundido. El hierro se mezcla con el carbón en grandes hornos para producir esta mezcla fundida y caliente. El resultado es un metal de hierro más limpio y resistente. El mineral de hierro es una fuente de metal que usas a diario. ¿Usas otros minerales? ¿De dónde provienen estos minerales? ¿Qué hace que los recursos minerales sean valiosos?

Laboratorio de inicio

20 minutos

¿Cuáles son algunos usos comunes de los minerales?

A diario usamos los minerales para muchas cosas. Haz un juego de tarjetas para aprender los usos de los minerales.

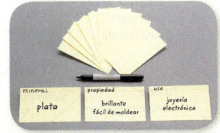

1. Observa los materiales en tu mesa de laboratorio. ¿Son resistentes, fáciles de doblar o quebradizos? Recuerda las propiedades de los minerales y úsalas para describir los materiales.

2. Trabaja en grupos de tres. Haz un juego de 3 tarjetas para cada material. En la Tarjeta 1 escribe el nombre de un mineral; en la Tarjeta 2 describe las propiedades del mineral, y en la Tarjeta 3 describe cómo se usa el mineral en el material suministrado.

3. Baraja las tarjetas de todos los grupos. Distribuye tres tarjetas a cada integrante del grupo. El primer jugador elige a una persona y le pide una tarjeta que corresponda a una de las suyas. Por ejemplo, si tiene la tarjeta que dice plata, podría describir las propiedades de la plata (brillante y fácil de doblar). Si la otra persona tiene una tarjeta que coincida con estas propiedades, el primer jugador toma la tarjeta de esta persona y sigue tratando de encontrar una tarjeta de uso de un mineral para completar el juego de tres tarjetas. Si no lo logra, el jugador a su derecha toma el turno.

4. El juego termina cuando todas las tarjetas estén en juegos sobre la mesa. La persona con más juegos gana.

Piensa

1. Identifica algunos minerales, sus propiedades y sus usos comunes en la vida diaria.

2. **Concepto clave** ¿Cómo piensas que se usan estos minerales en tu vida diaria?

Recursos minerales

Piensa en toda la roca, el ladrillo, el mineral y los recursos metálicos que se usaron para construir tu casa y tu escuela. ¿De dónde provinieron estos recursos?

Una persona promedio usa 22,000 kg de recursos minerales al año. Por ejemplo, el cobre se usa en el cableado eléctrico y en instalaciones de plomería, y con el cuarzo se fabrica vidrio y cerámica. En la industria automotriz, la agricultura y producción de alimentos, así como en la construcción de vías, casas y edificios se usan recursos minerales.

Recuerda que los minerales se forman en diversos ambientes. A veces estos ambientes están en el fondo de la Tierra y son difíciles de hallar. Otras veces, la fuente puede ser un accidente geográfico superficial, como un depósito de sal en un lago. La gente extrae estos recursos minerales porque son útiles en la vida diaria. No obstante, estos materiales extraídos deben contener suficiente del recurso mineral o rocoso para producir ganancias. *Una roca que contiene concentraciones suficientemente altas de una sustancia determinada, como un mineral, para explotarlo y obtener ganancias se llama* **mena**. Por ejemplo, el aluminio de la **Figura 14** es una mena rentable usada en las industrias: electrónica, de transporte y de alimentos.

Figura 14 El aluminio se extrae de la bauxita y es una mena rentable en diversas industrias.

Usos de los minerales 🔑

Figura 15 Los minerales son recursos valiosos que se usan para construir muchas partes de una casa.

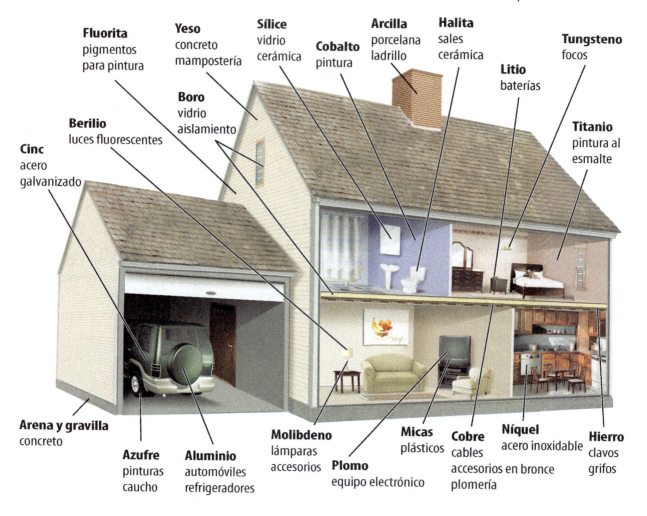

- **Fluorita** pigmentos para pintura
- **Yeso** concreto mampostería
- **Sílice** vidrio cerámica
- **Cobalto** pintura
- **Arcilla** porcelana ladrillo
- **Halita** sales cerámica
- **Tungsteno** focos
- **Litio** baterías
- **Boro** vidrio aislamiento
- **Berilio** luces fluorescentes
- **Titanio** pintura al esmalte
- **Cinc** acero galvanizado
- **Arena y gravilla** concreto
- **Azufre** pinturas caucho
- **Aluminio** automóviles refrigeradores
- **Molibdeno** lámparas accesorios
- **Plomo** equipo electrónico
- **Micas** plásticos
- **Cobre** cables accesorios en bronce plomería
- **Níquel** acero inoxidable
- **Hierro** clavos grifos

Recursos minerales metálicos

Las menas de los elementos hierro (Fe) y aluminio (Al) están entre los recursos minerales metálicos de más uso diario. Por ejemplo, los minerales hematita (Fe_2O_3) y magnetita (Fe_3O_4) son importantes fuentes de hierro. El hierro es el principal ingrediente en el acero usado para construir edificios y puentes y para fabricar automóviles, trenes y aviones. El hierro también es un ingrediente común en los clavos, tornillos y demás accesorios en el hogar, como se muestra en la **Figura 15.**

Las menas de metal también se usan en la industria de alimentos, como en la fabricación de latas de aluminio para la comida y las bebidas. El aluminio abunda en la corteza terrestre, pero rara vez ocurre como elemento nativo. La bauxita es una mezcla de aluminio y otros elementos. La bauxita y el aluminio se extraen para fabricar diversos productos. La industria minera procesa más de 2.7×10^{10} kg de aluminio al año.

✅ **Verificación de la lectura** ¿Qué elemento es un ingrediente común del acero?

FOLDABLES

Haz un boletín con dos solapas y rotúlalo como se muestra. Anota información sobre los usos comunes de los minerales en tu vida diaria.

Metales raros

El oro se presenta en un ratio de 1 parte de oro por 4,000 millones de partes de roca en la corteza terrestre. Sin embargo, el oro se presenta en concentraciones que son suficientemente grandes para explotarlo y obtener ganancias. Su color amarillo brillante y sus propiedades metálicas hacen del oro un metal atractivo para la fabricación de joyas. El oro también conduce la electricidad y no se corroe. Tiene muchos usos científicos e industriales.

La industria tecnológica depende de otros recursos minerales metálicos. El platino se usa en convertidores catalíticos para ayudar a regular las emisiones de gas nocivas de los automóviles. Los convertidores transforman estos gases en CO_2 y agua. Actualmente los científicos están investigando el uso del platino en células de combustible para carros eléctricos. Estos nuevos carros no producirán emisiones de gas nocivas y en consecuencia serán mejores para el medioambiente.

Recursos minerales no metálicos

Todos los días, las personas usamos minerales que no son menas. Las materias primas que se usan en la construcción de carreteras, productos de cerámica, roca para construcción y fertilizantes son ejemplos de recursos minerales no metálicos. Como muestra la **Figura 16,** la construcción de un edificio y un estacionamiento requiere muchos recursos minerales.

La arena en la que probablemente jugaste de niño también es un recurso mineral no metálico. La arena comúnmente está compuesta por partículas de mineral de cuarzo (SiO_2).

 Verificación de concepto clave Enumera al menos cinco ejemplos de minerales y su uso común.

Otros recursos minerales

Figura 16 La construcción de este edificio y este estacionamiento requiere varios tipos de roca y recursos minerales diferentes. ¿Puedes identificar alguno de estos recursos?

Destrezas matemáticas

Usar porcentajes

La cantidad de metal que se puede obtener de una mena se llama porcentaje de rendimiento. Por ejemplo, cuando se procesan 500 kg de óxido ferroso (Fe_3O_4) se producen 308 kg de hierro puro (Fe). ¿Cuál es el porcentaje de rendimiento?

1. Expresa el número como una fracción.

    $$\frac{308 \text{ kg Fe}}{500 \text{ kg Fe}_3\text{O}_4}$$

2. Convierte la fracción en un decimal.

    $$\frac{308}{500} = 0.616$$

3. Multiplica por 100 y agrega %.

    $0.616 \times 100 = 61.6\%$

Practicar
Si se trituran los 500 kg de mena del ejemplo anterior antes de procesar, se producen 410 kg de hierro (Fe). ¿Cuánto la molienda mejora el porcentaje de rendimiento?

Review
- **Math Practice**
- **Personal Tutor**

Lección 3
EXPLICAR

Gemas

Una **gema** *es un mineral raro y atractivo que se usa como joya*. Por ejemplo, minerales como los diamantes y los rubíes adquieren propiedades especiales cuando son tallados y pulidos. El brillo de un diamante tallado y pulido es lo que lo convierte en una gema valiosa. Pero las propiedades físicas de las gemas también las hacen útiles en la industria. Por ejemplo, en la escala de dureza de Mohs la dureza del diamante es 10 y la del corindón es 9. Debido a su dureza, se usan con frecuencia en abrasivos y en herramientas de corte. Desde luego, los diamantes grandes con calidad de gemas no se usan para estos propósitos. De hecho, muchas gemas industriales en realidad son piedras sintéticas fabricadas por los humanos. Algunas veces las gemas artificiales son menos costosas que las mismas gemas naturales. La **Tabla 3** muestra ejemplos de gemas comunes y sus nombres como minerales.

 Verificación de la lectura ¿Para qué se usan los diamantes?

Tabla 3 Algunas gemas naturales

Gema		Nombre y fórmula química del mineral
Esmeralda		berilio $Be_3Al_2Si_6O_{18}$
Zafiro		corindón Al_2O_3
Rubí		corindón Al_2O_3
Diamante		diamante C
Peridoto		olivino $(Mg,Fe)_2SiO_4$
Amatista		cuarzo SiO_2

MiniLab

20 minutos

¿Cómo se usan los minerales en nuestra vida diaria?

Los minerales son recursos naturales que usas a diario. Las ollas metálicas, los platos de cerámica y la pasta de dientes son algunos ejemplos de cosas hechas de minerales.

1. Lee y completa un formulario de seguridad en el laboratorio.
2. Coloca una porción pequeña de **talco** sobre una **hoja de papel negra**. Observa el talco y frótalo entre los dedos. Anota tus observaciones en tu diario de ciencias.
3. Mete una **toalla de papel húmeda** en el talco. Frota un **clavo** con el talco, dando 20 golpes. Anota tus observaciones.
4. Repite los pasos 2 y 3 con **arena.**

Analizar y concluir

1. **Compara** cómo sentiste el talco y la arena entre los dedos.
2. **Describe** el efecto del talco y la arena sobre el clavo.
3. **Concepto clave** Explica por qué el talco se usa como ingrediente para los polvos corporales y la arena es mejor que el talco como abrasivo. Explica por qué los minerales son un recurso valioso en tu vida diaria.

Repaso de la Lección 3

 Assessment   Online Quiz

Resumen visual

Una mena contiene concentraciones suficientemente altas de una sustancia determinada, como para explotarla y obtener ganancias.

Los recursos minerales metálicos se usan en la construcción de edificios, carros y aviones.

Una gema es un mineral valioso conocido por su belleza, rareza o durabilidad.

FOLDABLES

Usa tu modelo de papel para repasar la lección. Guarda tu modelo para el proyecto de final de capítulo.

¿Qué opinas AHORA?

Al inicio de este capítulo leíste las siguientes afirmaciones.

5. Una mena es una concentración de minerales que solo contiene hierro.

6. Los depósitos de gemas y menas están distribuidos de manera uniforme por el mundo.

¿Sigues estando de acuerdo o en desacuerdo con las afirmaciones? Reescribe las afirmaciones falsas para hacerlas verdaderas.

Usar vocabulario

1. **Usa el término** *mena* en una oración.
2. **Describe** las gemas con tus propias palabras.
3. **Compara y contrasta** los recursos minerales metálicos y no metálicos.

Entender conceptos clave

4. El aluminio se extrae de mena de _____.
   A. bauxita   C. magnetita
   B. hematita   D. cuarzo

5. **Identifica** cinco productos derivados de recursos minerales.

6. ¿Cuál de los siguientes minerales es una fuente importante de mena de hierro?
   A. feldespato   C. mica
   B. hematita   D. cuarzo

Interpretar gráficas

7. **Organiza** Copia y llena el siguiente organizador gráfico. En cada óvalo, enumera un producto hecho de recursos minerales no metálicos.

Pensamiento crítico

8. **Interpreta** la siguiente afirmación: Un diamante grande con calidad de gema creado en un laboratorio es una gema útil, pero no es un mineral.

Destrezas matemáticas Review — Math Practice

9. Durante la Fiebre del Oro en California, en la década de 1870, los mineros obtenían un promedio de 2,700 kg de oro de cada 5,000 kg de mena. ¿Cuál era el porcentaje de rendimiento del oro?

10. Una muestra de 3,000 kg de bauxita (mena de aluminio) descubierta en Australia fue explotada y procesada para producir 750 kg de aluminio. ¿Cuál es el porcentaje de rendimiento?

Investigación Laboratorio

45 minutos

Materiales

muestras de 6-8 minerales

lupa

imán

balanza

clavo de acero

penique

También necesitas:
HCl al 5%, placa de vidrio, diagrama de flujo para identificación de minerales, baldosa de porcelana, probeta graduada de 100 ml

Seguridad

⚠️ **¡ADVERTENCIA!** Si ocurre una salpicadura de HCl, notifica a tu profesor y enjuaga con agua fría.

Detective mineral

Los detectives reúnen evidencia física para determinar qué sucedió durante un crimen. Tal como los detectives, los geólogos reúnen evidencia física y química para ayudar a clasificar minerales desconocidos. Una vez que identifican los minerales, los geólogos a menudo pueden interpretar cómo estos se formaron.

Preguntar

¿Qué propiedades físicas y químicas puedes usar para identificar un mineral?

Procedimiento

1. Lee y completa un formulario de seguridad en el laboratorio.
2. Examina las muestras de minerales. Con tu grupo, analiza cuáles propiedades físicas y químicas serían las más útiles para identificar cada mineral.

3. Copia la siguiente tabla en tu diario de ciencias.

Identificación de la muestra	Brillo	Dureza	Raya	Clivaje o fractura	Color	Otras propiedades	Nombre del mineral
A	metálico	5.5	marrón rojiza	sin clivaje	rojo óxido		hematita

4. Completa los siguientes pasos para cada muestra de mineral y anota tus observaciones en la tabla en tu diario de ciencias.

- ¿Es el brillo de la muestra metálico o no metálico?
- Usa tu uña, un penique, un clavo de hierro y la placa de vidrio para determinar y anotar la dureza de cada muestra. Remítete a la escala de dureza de Mohs, en la Lección 2 de este capítulo.
- Usa la baldosa de porcelana para determinar el color de raya de la muestra.
- ¿La muestra presenta clivaje o fractura?
- ¿De qué color es la muestra?
- Anota otras propiedades como olor, magnetismo, fluorescencia, etcétera.

5. Lee el diagrama de flujo para identificación de minerales. Luego, usa la tabla y el diagrama de flujo para identificar cada muestra. Anota el nombre del mineral en la tabla en tu diario de ciencias.

Sugerencias para el laboratorio

☑ El brillo metálico a menudo se describe como resplandeciente. El brillo no metálico se puede describir como vítreo (vidrioso), nacarado, grasoso, sedoso, mate o adamantino.

☑ Los planos de clivaje se pueden identificar buscando grupos de lados lisos, planos y paralelos.

Analizar y concluir

6. **Compara y contrasta** ¿Qué propiedades fueron las más útiles para la identificación de minerales? ¿Cuáles fueron las menos útiles? Explica.

7. **La gran idea** Describe al menos tres formas en las cuales las propiedades físicas de los minerales contribuyen a sus usos cotidianos.

8. **Describe** ¿Qué muestras fueron las más difíciles de identificar? Explica.

Comunicar resultados

En grupos pequeños, crea un organizador gráfico que resuma los pasos que usaste para identificar los minerales desconocidos en esta actividad de laboratorio.

Investigación — Ir más allá

¿Cómo podrías medir con mayor exactitud la dureza de un mineral, en particular aquellos con dureza mayor que 6? ¿Hay otras pruebas adicionales que podrías haber usado para identificar minerales en el laboratorio?

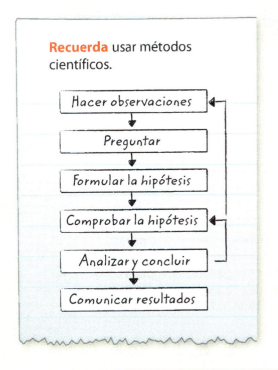

Recuerda usar métodos científicos.

Guía de estudio del Capítulo 3

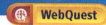 WebQuest

 LA GRAN IDEA Los minerales son sólidos inorgánicos de origen natural con una composición química definida y una disposición ordenada de sus átomos o iones. Los minerales se usan en materiales cotidianos y como gemas.

Resumen de conceptos clave

Vocabulario

Lección 1: ¿Qué es un mineral?

- Un **mineral** es un sólido inorgánico de origen natural, con una composición química y forma cristalina definidas.
- Los minerales comunes formadores de roca provienen de la familia de los **silicatos** y de la familia de los no silicatos.
- Los minerales se forman a partir de la **cristalización** de soluciones calientes y frías sobre la superficie de la Tierra y debajo de ella. También se forman a partir de **magma** en proceso de enfriamiento.

mineral pág. 77
silicato pág. 81
cristalización pág. 81
magma pág. 83
lava pág. 83

Lección 2: ¿Cómo se identifican los minerales?

- El mismo mineral puede existir en muchos colores debido a las impurezas químicas. Varios minerales pueden ser del mismo color.
- Los minerales se identifican por sus propiedades físicas: color, **brillo**, **raya**, **dureza**, **clivaje**, **fractura**, **densidad** y otras propiedades especiales.

mineralogista pág. 87
brillo pág. 88
raya pág. 88
dureza pág. 89
clivaje pág. 90
fractura pág. 90
densidad pág. 91

Lección 3: Fuentes y usos de los minerales

- Los minerales son fuentes de metales y se usan en materiales para construcción y fertilizantes.
- Una **mena** es un recurso mineral metálico que se explota para obtener ganancias. Algunas **gemas** son valiosas porque son raras, preciosas y durables.

mena pág. 95
gema pág. 98

Guía de estudio

Review
- Personal Tutor
- Vocabulary eGames
- Vocabulary eFlashcards

FOLDABLES Proyecto del capítulo

Organiza tus modelos de papel como se muestra, para hacer un proyecto de capítulo. Usa el proyecto para repasar lo que aprendiste en este capítulo.

Usar vocabulario

1. La _____ de un mineral se puede calcular dividiendo la masa del mineral entre su volumen.

2. La escala de Mohs se usa para describir la _____ relativa de un mineral.

3. ¿En qué se diferencian la raya y el color?

4. Cuando las partículas de sólidos disueltos en agua se distribuyen en un patrón repetitivo y ordenado, el proceso de _____ forma un mineral.

5. Usa la palabra *lava* en una oración.

6. Defina el término *mena* con tus propias palabras.

7. Un(a) _____ es un sólido que es precioso o raro, pero lo suficientemente durable para usarlo como un adorno o un objeto de arte.

8. Los minerales que se rompen a lo largo de planos débiles presentan _____.

9. Otra palabra para el material fundido bajo la superficie de la Tierra es _____.

Relacionar vocabulario y conceptos clave  Interactive Concept Map

Copia este mapa conceptual y luego usa términos de vocabulario de la página anterior para completarlo.

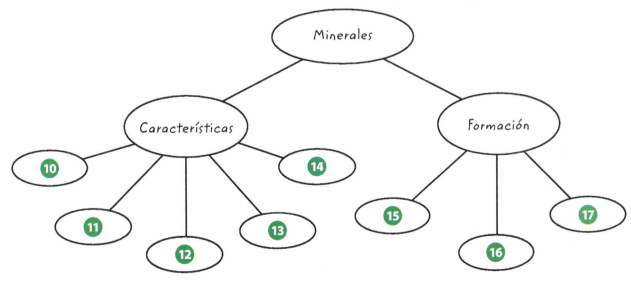

Repaso del Capítulo 3

Entender conceptos clave

1. Un estudiante observa que un mineral desconocido raya una placa de vidrio (dureza 5.5) y una muestra de cuarzo (dureza 7). ¿Qué más sabe el estudiante sobre el mineral desconocido?
   A. Su dureza está entre 5.5 y 7.
   B. Su dureza es mayor que 7.
   C. Su dureza es menor que 7.
   D. Su dureza es menor que 5.5.

2. Examina el siguiente mineral. ¿Qué característica deberías buscar para verificar que un mineral presenta clivaje?
   A. cristales hexagonales
   B. superficies mate e irregulares
   C. superficies lisas y planas
   D. líneas onduladas que atraviesan la muestra

3. ¿Qué instrumento se usa para determinar la raya de un mineral?
   A. un penique de cobre
   B. una placa de vidrio
   C. una baldosa de porcelana sin esmaltar
   D. la uña

4. ¿Qué propiedades físicas resultan de la manera como la luz interactúa con un mineral?
   A. color y densidad
   B. color y brillo
   C. densidad y brillo
   D. dureza y brillo

5. Los minerales no pueden ser
   A. cristalinos.
   B. de origen natural.
   C. orgánicos.
   D. sólidos.

6. ¿Qué propiedad causa que la halita se rompa en cubos?
   A. clivaje
   B. densidad
   C. dureza
   D. brillo

7. ¿En cuál de los siguientes ambientes de cristalización se forma una veta de oro?
   A. lava
   B. magma
   C. solución fría
   D. solución caliente

8. ¿Cuál de los siguientes minerales reacciona con el ácido clorhídrico?
   A. calcita
   B. fluorita
   C. yeso
   D. cuarzo

9. Examina los siguientes minerales. Los términos mate, vítreo, nacarado, terroso y metálico referidos a un mineral describen su
   A. clivaje.
   B. densidad.
   C. brillo.
   D. raya.

10. ¿Cuál de los siguientes grupos de minerales se compone principalmente de silicio y oxígeno?
    A. carbonatos
    B. haluros
    C. óxidos
    D. silicatos

Repaso del capítulo

Assessment
Online Test Practice

Pensamiento crítico

11 **Identifica** un cristal que no sea un mineral.

12 **Diseña** un diagrama de flujo que te ayude a identificar 10 minerales comunes usando al menos 3 de las propiedades físicas que aprendiste en la Lección 2.

13 **Observa** la disposición de los iones en la siguiente galena. Observa los ángulos que forman los iones entre sí. Predice la forma del cristal de la galena.

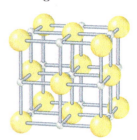

14 **Compara y contrasta** cómo se forma un mineral a partir de soluciones frías y cómo se forma un mineral a partir de soluciones calientes.

15 **Infiere** ¿Qué puedes inferir sobre la formación de un grupo de cristales de cuarzo bien formados?

16 **Infiere** ¿Por qué los minerales que se forman en las profundidades de la Tierra se vuelven inestables en la superficie?

17 **Crea** un cuadernillo de ilustraciones que muestre ambientes donde se pueden formar minerales.

Escritura en Ciencias

18 **Defiende** la siguiente afirmación: Muchos minerales se forman en ambientes que la gente no puede ver. Los científicos diseñan experimentos para crear minerales a temperaturas y presiones altas que no se pueden observar directamente.

19 **Formula una hipótesis** Los minerales se consideran no renovables. Teniendo esto en cuenta, ¿por qué piensas que el reciclaje de productos como el vidrio y el aluminio es importante?

REPASO LA GRAN IDEA

20 ¿Qué son los minerales? Distingue entre los minerales y al menos otro tipo de sólido de origen natural.

21 ¿Cómo se usan los minerales en la vida diaria? Enumera dos ejemplos de cómo usas los minerales cada día.

Destrezas matemáticas

Review Math Practice

Usar porcentajes

22 Cuanto más tiempo se explota un metal en un lugar determinado, menor será el rendimiento de la mena restante. En 1955, una mena de cobre en una mina en Butte, Montana, produjo 6,000 kg de cobre (Cu) a partir de 20,000 kg de mena de cobre. ¿Cuál fue el porcentaje de rendimiento? Hoy, a partir de 20,000 kg de mena se pueden producir 100 kg de Cu. ¿Cuál es el porcentaje de rendimiento actual?

23 El porcentaje de rendimiento promedio de plata en una mena descubierta en California durante la década de 1870 fue del 48%. Usa el porcentaje de rendimiento para calcular la masa de plata que se podría obtener a partir de 70,000 kg de mena de plata.

Práctica para la prueba estandarizada

Anota tus respuestas en la hoja de respuestas que te entregó el profesor o en una hoja de papel.

Selección múltiple

1. ¿Cuál de las siguientes es una de las dos familias principales de minerales formadores de roca?
   - A carbonatos
   - B elementos
   - C óxidos
   - D silicatos

2. Con base en el diagrama anterior, la roca ígnea muy probablemente
   - A contenía muy pocos minerales.
   - B se enfrió rápidamente.
   - C se enfrió lentamente.
   - D se formó en la superficie de la Tierra.

3. El proceso de cristalización
   - A separa las partículas de los sólidos.
   - B forma TODOS los minerales de la Tierra.
   - C se limita a las soluciones frías.
   - D solo ocurre en ambientes secos.

4. ¿Cuál es el mineral más blando en la escala de dureza de Mohs?
   - A calcita
   - B diamante
   - C vidrio
   - D talco

5. ¿Cuál de los siguientes es una gema?
   - A coral
   - B yeso
   - C cuarzo
   - D rubí

Usa la siguiente tabla para responder las preguntas 6 y 7.

Sustancias	Usos
Aluminio	automóviles, latas de refrescos
	automóviles, clavos, grifos
Plomo	baterías, equipos electrónicos
Azufre	neumáticos, fósforos
Níquel	acero inoxidable
Cobre	

6. Remítete a la tabla anterior. El mineral desconocido en la columna *Sustancias* probablemente es
   - A arcilla.
   - B cobalto.
   - C hierro.
   - D sílice.

7. Identifica uno de los usos comunes del cobre para completar la tabla anterior.
   - A concreto
   - B aislamiento
   - C plásticos
   - D plomería

8. Un penique tiene una dureza de 3. El vidrio tiene una dureza de 5.5. Con base en esta información, ¿cuál de las siguientes afirmaciones es verdadera?
   - A El uno puede rayar al otro.
   - B El vidrio puede rayar el penique.
   - C Ninguno puede rayar al otro.
   - D El penique puede rayar el vidrio.

9. Los minerales pueden formar cristales cuando _____ se enfría.
   - A el aire acondicionado
   - B la gasolina
   - C el magma
   - D el agua purificada

Práctica para la prueba estandarizada

Usa el siguiente diagrama para responder la pregunta 10.

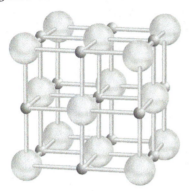

10 El anterior diagrama muestra la disposición interna de los iones en la halita. ¿Cuál es la forma del cristal de halita?

   A circular

   B cúbica

   C cilíndrica

   D elíptica

11 ¿Qué tipo de roca contiene suficiente de una sustancia determinada para explotarla y obtener ganancias?

   A diamante

   B lava

   C mena

   D piedra

12 Los minerales se consideran inorgánicos porque

   A son componentes no vivos.

   B existen en los líquidos.

   C forman cristales.

   D se originan bajo la superficie.

Respuesta elaborada

Usa la siguiente tabla para responder las preguntas 13 y 14.

Propiedades de los minerales	Descripción
Color	
Propiedades especiales	

13 En la tabla anterior, identifica todas las propiedades que los científicos usan para clasificar los minerales. Describe cada propiedad.

14 ¿Por qué es importante conocer las propiedades de los minerales? ¿Qué propiedades podrían ser las más útiles en construcción? ¿En joyería? Explica.

Usa el siguiente diagrama para responder la pregunta 15.

15 Usa el diagrama anterior para explicar por qué este no puede ser un mineral.

¿NECESITAS AYUDA ADICIONAL?															
Si no pudiste responder la pregunta…	1	2	3	4	5	6	7	8	9	10	11	12	13	14	15
Pasa a la Lección…	1	1	1	2	3	3	3	2	1	1	3	1	2	2	1

Capítulo 4

Rocas

 ¿Cómo se forman los tres tipos principales de rocas?

Investigación ¿Cómo se formaron estas rocas?

Las rocas que componen las montañas y el valle de esta fotografía son muy diferentes entre sí. Son distintas porque las formaron diferentes procesos. La arena una vez fue parte de una roca y, algún día, formará rocas de nuevo.

- ¿Por qué no todas las rocas se ven iguales?
- ¿Por qué las rocas son de diferentes colores?
- ¿Qué está sucediendo en la Tierra que causa la formación de diferentes rocas?

Prepárate para leer

¿Qué opinas?

Antes de leer, piensa si estás de acuerdo o no con las siguientes afirmaciones. A medida que leas el capítulo, decide si cambias de opinión sobre alguna de ellas.

1. Una vez que una roca se forma como parte de una montaña, no cambia.
2. Algunas rocas, al quedar expuestas en la superficie de la Tierra, sufren meteorización y erosión.
3. Cuando la lava se enfría rápidamente sobre la superficie de la Tierra se forman cristales grandes.
4. Cuando el magma se enfría y cristaliza se forman rocas ígneas.
5. El agua puede disolver las rocas.
6. Todas las rocas sedimentarias de la Tierra se formaron a partir de los restos de organismos que vivieron en los océanos.
7. Con las condiciones de presión y temperatura apropiadas, los minerales en una roca pueden cambiar de forma sin romperse ni fundirse.
8. Las rocas metamórficas tienen capas que se forman a medida que los minerales se funden y luego se vuelven a cristalizar.

Lección 1

Guía de lectura

Conceptos clave 🔑
PREGUNTAS IMPORTANTES
- ¿Cómo se clasifican las rocas?
- ¿Qué es el ciclo geológico?

Vocabulario
roca pág. 111
grano pág. 111
textura pág. 112
magma pág. 113
lava pág. 113
sedimento pág. 113
ciclo geológico pág. 114

 Multilingual eGlossary

 Video

- BrainPOP®
- Science Video

Rocas y el ciclo geológico

Investigación ¿Qué creó esta característica?

Con el tiempo, esta corriente de agua ha esculpido lentamente un canal en las capas de roca y ceniza de una erupción volcánica. Observa el sedimento en el primer plano. ¿De dónde vino todo este sedimento? ¿Qué le sucederá a este sedimento con el tiempo?

Laboratorio de inicio

20 minutos

¿Qué hay en una roca?

Probablemente has visto diferentes tipos de roca, en fotografías o reales. Las rocas tienen distintos colores y texturas, y contienen una combinación de minerales, conchas y granos. En esta actividad, observarás diferencias entre muestras de rocas.

1. Lee y completa un formulario de seguridad en el laboratorio.
2. Pide a tu profesor algunas **muestras de roca.**
3. Examina cada roca, con y sin **lupa.**
4. Describe en detalle cada muestra de roca. Anota el color y la textura, y describe los minerales o granos de cada roca de la muestra en tu diario de ciencias.

Piensa

1. Escribe una breve descripción de cada muestra de roca en tu diario de ciencias. Identifica en qué se parecen y en qué se diferencian tus muestras.
2. **Concepto clave** ¿Piensas que todas las rocas se forman de la misma manera? Explica.

Rocas

Las rocas están por todas partes. Las montañas, los valles y el fondo oceánico están formados por rocas. Las rocas y los recursos minerales hasta forman partes de tu casa. Hoy es común que pisos, mesones y aun superficies de las mesas estén hechos de algún tipo de roca.

Una roca *es una mezcla sólida y natural de minerales o granos.* Los cristales de minerales individuales, pedazos rotos de minerales o fragmentos de roca componen estos granos. A veces, una roca contiene los restos de un organismo o vidrio volcánico. Los procesos que ocurren en la superficie de la Tierra pueden causar que las rocas se rompan en muchos fragmentos de diferente tamaño, como se ve en la **Figura 1.** *Los geólogos llaman* granos *a los fragmentos que forman una roca,* y usan el tamaño, la forma y la composición química de los granos para clasificar las rocas.

REPASO DE VOCABULARIO

mineral
sólido inorgánico de origen natural, con una composición química definida y una disposición ordenada de sus átomos

Figura 1 Las rocas están por todas partes en la Tierra. Estudiando las rocas, los geólogos pueden comprender mejor los procesos que crearon diferentes tipos de roca y los ambientes en los cuales estas se formaron.

Lección 1
EXPLORAR

Granito

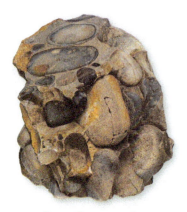

Conglomerado

Figura 2 Los geólogos usan la textura y la composición para clasificar estas rocas como granito y conglomerado.

✓ **Verificación visual** Compara y contrasta la forma y el tamaño de los granos en cada una de estas rocas.

Textura

Los geólogos usan dos observaciones importantes para clasificar las rocas: la textura y la composición. *El tamaño del grano y la forma como los granos encajan en una roca se llaman* **textura**. Cuando un geólogo clasifica una roca por su textura, mira el tamaño de los minerales o granos de la roca, la distribución de estos granos individuales, y en general cómo se siente la roca.

La textura también se puede usar para determinar el ambiente en el cual se formó una roca. El granito de la **Figura 2** tiene grandes cristales minerales. Este colorido y su textura cristalina ayudan a los geólogos a clasificar esta roca como una roca ígnea. El conglomerado de la **Figura 2** tiene fragmentos de roca redondeados. Los fragmentos de roca bien redondeados implican que fuerzas poderosas, como el agua o el hielo, esculpieron los clastos individuales y produjeron superficies lisas. Esta es una roca sedimentaria. Aprenderás más sobre las rocas ígneas, sedimentarias, y un tercer tipo de rocas, las metamórficas, en las siguientes lecciones.

Composición

Los minerales o granos presentes en una roca ayudan a los geólogos a clasificar la composición de la roca. Esta información se puede usar para determinar dónde se formó la roca, por ejemplo, dentro de un volcán o a lo largo de un río. Los geólogos realizan su trabajo de campo usando mapas, un diario de campo, una brújula, un martillo geológico y otras herramientas para ayudar a clasificar la composición y textura de las rocas, como se muestra en la **Figura 3**. Estas herramientas también ayudan a los geólogos a interpretar las condiciones específicas en las cuales se formó la roca. Por ejemplo, la presencia de determinados minerales podría sugerir que la roca se formó bajo temperatura y presión extremas. Otros minerales indican que la roca se formó a partir de material fundido en las profundidades de la Tierra.

 Verificación de concepto clave ¿Cómo se clasifican las rocas?

Figura 3 Un geólogo en terreno usa herramientas como un diario de campo, un martillo geológico y mapas para interpretar las condiciones de formación de la roca.

Tres tipos principales de rocas

Los geólogos clasifican las rocas, es decir, las ubican en grupos según como se forman. Los tres grupos principales son: rocas ígneas, sedimentarias y metamórficas. Los geólogos pueden interpretar el ambiente en el cual se formaron estas rocas con base en las características físicas y químicas de cada tipo de roca.

Rocas ígneas

Quizá recuerdes que cuando el **magma**, *roca fundida o líquida bajo el suelo*, se enfría, se forman cristales de minerales. *La roca fundida que hace erupción sobre la superficie de la Tierra se denomina* **lava**. Cuando el magma o la lava se enfrían y cristalizan, crean rocas ígneas. A medida que los cristales de los minerales crecen, se unen como las piezas de un rompecabezas. Estos cristales se convierten en los granos de las rocas ígneas.

La textura y la composición de estos granos ayudan a los geólogos a clasificar el tipo de roca ígnea y el ambiente donde pudo haberse formado esta roca. Las rocas ígneas se forman en diversos ambientes, entre otros: zonas de subducción, dorsales meso-oceánicas y puntos calientes donde los volcanes son comunes.

Rocas sedimentarias

Cuando las rocas quedan expuestas en la superficie de la Tierra pueden partirse y ser transportadas a nuevos ambientes. Fuerzas como el viento, el agua corriente, el hielo y aun la gravedad causan que las rocas en la superficie de la Tierra se rompan. *El* **sedimento** *es material rocoso formado cuando las rocas se rompen en piezas pequeñas o cuando se disuelven en agua al erosionarse*. Estos materiales, que incluyen fragmentos de roca, cristales de minerales y restos de algunas plantas y animales, son las piezas fundamentales de las rocas sedimentarias.

Las rocas sedimentarias se forman cuando se **deposita** sedimento. Algunos ambientes sedimentarios incluyen los ríos y las corrientes de agua, los desiertos y los valles, como el de la **Figura 4.** Aun los sedimentos sueltos de la fotografía al inicio de esta lección algún día se convertirán en rocas. Las rocas sedimentarias pueden encontrarse en los valles de las montañas, a lo largo de las riberas de los ríos, en la playa e incluso en el patio de tu casa.

Uso científico y uso común

depositar
Uso científico agregar sedimento o roca a un accidente geográfico

Uso común poner dinero en un banco

Figura 4 El viento, el agua, el hielo y la fuerza de gravedad pueden depositar sedimentos en ambientes como el valle de la montaña que se muestra en la fotografía.

Rocas metamórficas

Figura 5 Las rocas metamórficas se forman a partir de rocas ya existentes que reaccionan a cambios de temperatura y presión o a la adición de fluidos químicos.

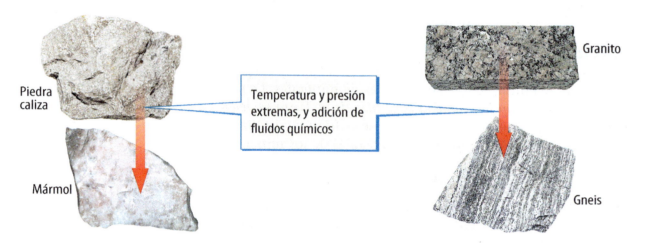

Verificación visual
¿Qué tipo de roca resulta cuando el granito se somete a temperatura y presión extremas?

FOLDABLES
Con una hoja de papel haz un boletín horizontal de dos hojas para ilustrar y explicar el ciclo geológico.

Rocas metamórficas

Cuando las rocas se exponen a temperatura y presión extremas, como en los límites de placas, pueden transformarse en rocas metamórficas. La adición de fluidos químicos también puede causar que las rocas se vuelvan metamórficas. Los minerales que componen la roca cambian así como la textura, o distribución de los granos individuales del mineral. En muchos casos, el cambio es tan drástico que la distribución de los granos aparece como capas dobladas o torcidas, como se ve en el gneis de la **Figura 5.** Las rocas metamórficas se pueden formar a partir de cualquier roca ígnea o sedimentaria, o aun de otra metamórfica. Por ejemplo, en la **Figura 5,** la roca ígnea granito se transforma en gneis y la roca sedimentaria piedra caliza se transforma en mármol.

El ciclo geológico

Cuando observas una montaña de roca es difícil imaginar que alguna vez pueda cambiar. Pero las rocas cambian todo el tiempo. Por lo general, no ves este cambio porque sucede muy lentamente. *La serie de procesos que cambian un tipo de roca en otro tipo de roca se denomina* **ciclo geológico**. Las fuerzas en la superficie de la Tierra y en sus profundidades impulsan este ciclo, que describe cómo un tipo de roca puede convertirse en otro mediante procesos naturales. Imagina una roca ígnea que comienza como lava. La lava se enfría y cristaliza. Con el tiempo, la roca ígnea queda expuesta en la superficie de la Tierra. El agua puede erosionar esta roca y formar sedimentos que al final se cementan y se vuelven rocas sedimentarias.

Verificación de concepto clave ¿Qué es el ciclo geológico?

Rocas en acción

La **Figura 6** muestra cómo se originan y cómo cambian las rocas ígneas, sedimentarias y metamórficas, durante el ciclo geológico. Los rectángulos representan diferentes materiales de la Tierra: magma, sedimento y los tres tipos de roca. Los óvalos representan procesos naturales que cambian un tipo de roca en otro. Las flechas indican muchos y diversos recorridos por el ciclo geológico tanto en la superficie como debajo de ella.

Algunos procesos del ciclo geológico solo ocurren bajo la superficie de la Tierra, como aquellos que implican presión y temperatura extremas y fusión. El levantamiento es un proceso tectónico que empuja estas rocas hacia la superficie, donde cambian debido a procesos naturales como meteorización, erosión, deposición, compactación y cementación.

¿Puedes trazar un recorrido completo por el ciclo geológico usando tipos de rocas y procesos? Empieza en cualquier punto del ciclo y mira cuántos recorridos diferentes puedes hacer.

Figura 6 El ciclo geológico describe cómo los materiales y procesos de la Tierra forman y cambian continuamente las rocas.

Concepts in Motion Animation

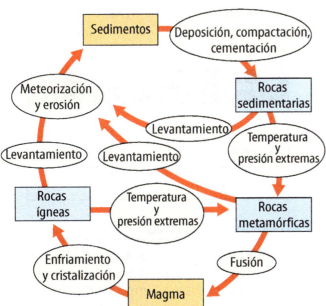

Investigación MiniLab 20 minutos

¿Puedes hacer un modelo del ciclo geológico?

El ciclo geológico incluye todos los cambios que pueden ocurrir en las rocas. Puedes usar un modelo de roca hecho en crayón para conocer algunos de estos cambios.

1. Lee y completa un formulario de seguridad en el laboratorio.
2. Raspa una **moneda** contra el borde de dos o tres **crayones** de diferentes colores. Coloca las raspaduras en capas sobre un pedazo de **papel aluminio.**
3. Dobla el papel aluminio alrededor de las raspaduras y presiónalo fuertemente con las manos. Abre el paquete. Anota tus observaciones de la roca de crayón en tu diario de ciencias. Trata de doblar tu roca de crayón por la mitad. Quizá se rompa. Vuelve a empacar tu roca de crayón.
4. Pide a tu profesor un **vaso graduado** de **agua caliente.** Con unas **pinzas,** sumerge el paquete de aluminio en el agua durante aproximadamente 10 s. Retíralo y sécalo en una **toalla de papel.** Presiona tu **libro** sobre el paquete de aluminio. Ábrelo y anota tus observaciones en tu diario de ciencias.
5. Vuelve a empacar tu roca de crayón. Dale el paquete a tu profesor para que lo **planche.** Deja que tu paquete se enfríe y ábrelo. Anota tus observaciones en tu diario de ciencias.

Analizar y concluir

1. **Reconoce causa y efecto** ¿Qué parte del ciclo geológico representa el planchado de tu roca de crayón?

2. **Haz un modelo** ¿Qué tipo de roca representa tu modelo en los pasos 3, 4 y 5?

3. 🔑 **Concepto clave** ¿Cómo podrías continuar el ciclo geológico con la roca de crayón que formaste en el paso 4?

Lección 1
EXPLICAR

Repaso de la Lección 1

Assessment — Online Quiz
Inquiry — Virtual Lab

Resumen visual

Las rocas son una mezcla sólida natural de minerales o granos.

La textura describe el tamaño y la distribución de los minerales o granos en una roca.

El ciclo geológico representa una serie de procesos que cambia un tipo de roca en otro.

FOLDABLES

Usa tu modelo de papel para repasar la lección. Guarda tu modelo para el proyecto de final de capítulo.

¿Qué opinas AHORA?

Al inicio de este capítulo leíste las siguientes afirmaciones.

1. Una vez que una roca se forma como parte de una montaña, no cambia.
2. Algunas rocas, al quedar expuestas en la superficie de la Tierra, sufren meteorización y erosión.

¿Sigues estando de acuerdo o en desacuerdo con las afirmaciones? Reescribe las afirmaciones falsas para hacerlas verdaderas.

Usar vocabulario

1. **Usa los términos** *grano* y *sedimento* en una oración.

2. **Distingue** Una roca que se forma cuando el magma se solidifica es una roca _____.

3. **Usa el término** *roca metamórfica* en una oración completa.

Entender conceptos clave

4. ¿Qué tipo de roca se forma en la superficie de la Tierra a partir de pedazos de otras rocas?
   A. roca extrusiva   C. roca metamórfica
   B. roca intrusiva   D. roca sedimentaria

5. **Explica** por qué el ciclo geológico no tiene principio ni final.

Interpretar gráficas

6. **Compara** las siguientes rocas. ¿De qué manera la textura de cada roca da información sobre cómo se formaron?

7. **Relaciona** Copia la siguiente tabla. Para cada tipo de roca, llena los materiales de la Tierra y los procesos.

Tipo de roca	Material de la Tierra	Procesos
Ígnea		
Sedimentaria		
Metamórfica		

Pensamiento crítico

8. **Critica** la siguiente afirmación: Cuando las rocas ígneas, sedimentarias o metamórficas quedan expuestas a temperatura y presión altas se forman rocas metamórficas.

AMERICAN MUSEUM OF NATURAL HISTORY

PROFESIONES CIENTÍFICAS

Un supervolcán hierve a fuego lento en silencio.

Las rocas volcánicas te cuentan sobre el pasado explosivo de un supervolcán y ofrecen indicios sobre erupciones futuras.

El Parque Nacional Yellowstone en Wyoming alberga miles de maravillas naturales como géiseres en erupción, fuentes de vapor hirviendo a fuego lento, fuentes sulfurosas burbujeantes y fuentes termales de colores. Su fuente, magma supercalentado, se almacena en una cámara de magma que hierve a fuego lento, a pocos kilómetros por debajo del parque. Yellowstone alberga el área volcánica activa más grande de Norteamérica. Algunas de las erupciones pasadas fueron tan explosivas que la ceniza se esparció por el continente americano, por lo cual Yellowstone es llamado supervolcán.

¿Cómo se forman los supervolcanes? Sarah Fowler, geóloga del Museo Estadounidense de Historia Natural, está en busca de indicios. Ella estudia cámaras de magma bajo supervolcanes como Yellowstone para determinar la causa de erupciones explosivas. Como no puede tomar muestras de la cámara de magma directamente, analiza rocas que fueron arrojadas por una erupción del supervolcán en el pasado.

Piedra pómez

¿Qué le dicen las rocas? Fowler estudia la piedra pómez, una roca volcánica liviana llena de orificios diminutos. Estos orificios se formaron cuando el gas escapó del material fundido durante el enfriamiento y la cristalización. La lava y la ceniza que contienen gas atrapado hacen erupción en forma violenta, así que Fowler sabe que la presencia de piedra pómez es señal de un pasado explosivo. Fowler también estudia una roca volcánica llamada toba. Durante una erupción rica en gases, un volcán arroja ceniza a la atmósfera. La ceniza se asienta y con el tiempo se acumula en capas, que se fusionan y forman toba. La geóloga examina el tamaño de la ceniza para determinar dónde se originó la explosión. Los fragmentos más grandes caen cerca de la fuente. Los más pequeños son transportados por el viento y caen más lejos. Cuando Fowler halla rocas como piedra pómez y toba, ella anota su ubicación y estudia su textura y composición. Con estos datos, ella puede producir modelos por computadora que simulan erupciones pasadas.

Toba

Es poco probable que Yellowstone haga erupción pronto; sin embargo, los geólogos monitorean la actividad sísmica y otros indicadores de signos de una erupción futura.

Te toca a ti

ESCRIBE Imagina que eres geólogo y descubres una roca ígnea, como basalto o granito. Describe la roca en tu diario de ciencias. Conduce algunas investigaciones para explicar dónde se formó esta roca y los procesos que llevaron a su formación.

Lección 1
EXTENDER

Lección 2

Rocas ígneas

Guía de lectura

Conceptos clave 🔑
PREGUNTAS IMPORTANTES

- ¿Cómo se forman las rocas ígneas?
- ¿Cuáles son los tipos comunes de rocas ígneas?

Vocabulario

roca extrusiva pág. 120
vidrio volcánico pág. 120
roca intrusiva pág. 121

 Multilingual eGlossary

 Video   BrainPOP®

 Investigación   ¿Puede la roca ser líquida?

La composición y temperatura de la lava influyen en si esta será gruesa y pastosa o delgada y fluida, como el agua. ¿Cómo se formó esta lava? Al enfriarse y cristalizarse, ¿en qué tipo de roca se convertirá? ¿Dónde se forma normalmente este tipo de roca?

Capítulo 4
EMPRENDER

Laboratorio de inicio

15 minutos

¿Cómo se forman las rocas ígneas?

Una de las maneras en que se forman las rocas ígneas es mediante el enfriamiento y la cristalización de la lava. Quizá has visto videos de lava fundida que desemboca en el océano. ¿Qué piensas que sucede cuando la lava golpea la fría agua del océano?

1. Lee y completa un formulario de seguridad en el laboratorio.
2. Observa mientras tu profesor aplica lentamente gotas de **azúcar caliente derretido** en un **vaso graduado** con agua fría. Anota lo que sucede en tu diario de ciencias.
3. Observa mientras tu profesor vierte rápidamente azúcar caliente derretido en un vaso graduado con agua fría. Anota lo que sucede en tu diario de ciencias.
4. Examina cada una de las "rocas de caramelo" que se formaron en el agua fría.

Piensa

1. ¿Qué diferencia hay entre las rocas de caramelo que se formaron en el paso 2 y las que se formaron en el paso 3?
2. **Concepto clave** ¿De qué manera esta actividad representa la formación de rocas ígneas?

Formación de rocas ígneas

¿Recuerdas qué diferencia hay entre magma y lava? El magma es roca fundida bajo la superficie de la Tierra y la lava es roca fundida que ha hecho erupción sobre la superficie de la Tierra. Cuando escuchas la palabra *lava*, quizás te imaginas un líquido caliente y pegajoso que fluye fácilmente. Cuando la lava se enfría y cristaliza, se convierte en roca ígnea. La lava de la fotografía en la página anterior ya está en camino de convertirse en roca ígnea sólida. Se enfría rápidamente después de entrar en contacto con el aire más frío que la rodea. Puedes ver dónde la lava ha empezado a cristalizarse. Es el material más oscuro sobre el material rojo encendido fundido.

No toda la roca fundida llega a la superficie de la Tierra. Grandes volúmenes de magma se enfrían y cristalizan por debajo de ella. En estas condiciones, el enfriamiento y la cristalización tardan mucho tiempo. La roca que surge del enfriamiento bajo la superficie es diferente de la que resulta cuando la lava se enfría sobre la superficie de la Tierra. Con el tiempo, el viento, la lluvia y otros factores pueden arrastrar materiales sobre la superficie de la tierra. Las rocas que alguna vez estuvieron en las profundidades bajo el suelo pueden quedar expuestas en la superficie de la Tierra. La montaña de piedra, que se muestra en la **Figura 7,** es un ejemplo de roca ígnea que se formó a partir de magma que se enfrió lentamente bajo el suelo.

Verificación de concepto clave ¿Cómo se forman las rocas ígneas?

Figura 7 La montaña de piedra en Georgia está compuesta por rocas ígneas que se formaron bajo el suelo y hoy están expuestas sobre la superficie de la Tierra.

Figura 8 Los geólogos estudian la textura y composición de las rocas ígneas extrusivas para determinar cómo se formaron.

Obsidiana

Piedra pómez

Rocas extrusivas

Cuando el material volcánico erupciona y se enfría y cristaliza en la superficie de la Tierra, forma un tipo de roca ígnea llamada **roca extrusiva**. Los materiales como la lava y la ceniza se solidifican y forman rocas ígneas extrusivas.

La lava se puede enfriar rápidamente sobre la superficie de la Tierra. Esto significa que quizá no haya tiempo de que los cristales crezcan. Por tanto, las rocas ígneas extrusivas tienen una textura de grano fino. El **vidrio volcánico** *es roca que se forma cuando la lava se enfría demasiado rápido para formar cristales,* como la obsidiana que muestra la **Figura 8**.

El magma depositado bajo el suelo puede contener gases disueltos. A medida que el magma sube a la superficie, la presión disminuye y los gases se separan de la mezcla fundida. Es algo similar al dióxido de carbono que escapa cuando destapas una bebida carbonatada. Cuando la lava rica en gases erupciona en un volcán, los gases escapan. Entre las características más notables de algunas rocas ígneas extrusivas, como la piedra pómez, están los orificios que quedan después de que el gas escapa, como muestra la **Figura 8**.

Verificación de la lectura ¿Por qué hay orificios en algunas rocas ígneas?

Investigación MiniLab

20 minutos

¿Qué relación hay entre la velocidad de enfriamiento y el tamaño del cristal?

El tamaño del cristal se relaciona directamente con la velocidad de cristalización. En este laboratorio, harás un modelo de la formación de cristales en diferentes condiciones de temperatura.

1. Lee y completa un formulario de seguridad en el laboratorio.
2. Mezcla 10 ml de agua tibia con 10 mg de **sal de Epsom** ($MgSO_4$). Disuelve completamente.
3. Llena hasta el borde tres **vasos graduados** con agua caliente, tibia y fría, respectivamente. Rotula los vasos.
4. Coloca un **vidrio de reloj** encima de cada vaso graduado, de manera que su parte inferior toque el agua.
5. Mide 3 ml de solución de sal de Epsom en una **probeta graduada.** Vierte esta cantidad en cada vidrio de reloj.
6. Deja hasta el otro día. Anota tus observaciones en tu diario de ciencias.

Analizar y concluir

1. **Describe** los cristales en cada vidrio de reloj.
2. **Infiere** ¿En qué vidrio de reloj se formaron primero los cristales?
3. **Formula una hipótesis** ¿De qué manera tu respuesta a la pregunta 2 se relaciona con la velocidad de enfriamiento y el tamaño del cristal de las rocas ígneas?
4. 🔑 **Concepto clave** ¿Qué vidrio de reloj representaba el tipo de cristales hallados en las rocas ígneas extrusivas? ¿Cuál representaba las rocas ígneas intrusivas?

Rocas intrusivas y extrusivas 🗝

Figura 9 El magma que se enfría y cristaliza bajo la superficie de la Tierra forma rocas ígneas intrusivas. La lava y la ceniza que hacen erupción en la superficie de la Tierra forman rocas ígneas extrusivas.

✅ **Verificación visual** ¿Dónde se enfría el magma lentamente? ¿Dónde se enfría la lava rápidamente?

Rocas intrusivas

Las rocas ígneas que se forman cuando el magma se enfría bajo el suelo se llaman **rocas intrusivas**. Debido a que el magma dentro de la Tierra es aislado por roca sólida, este se enfría más lentamente que la lava sobre la superficie de la Tierra. Cuando el magma se enfría lentamente, se forman cristales grandes y bien definidos.

La **Figura 9** muestra una sección transversal de la corteza terrestre donde una cámara de magma se ha solidificado y ha formado roca **intrusiva**. La distribución de los cristales en las rocas intrusivas es aleatoria. Los cristales se entrelazan como piezas de un rompecabezas. Una distribución aleatoria y unos cristales grandes son característicos de las rocas ígneas intrusivas.

✅ **Verificación de la lectura** ¿Dónde se forman las rocas intrusivas?

Identificación de rocas ígneas

Como leíste en la Lección 1, dos características pueden ayudar a identificar todas las rocas: textura y composición. Los geólogos identifican una roca ígnea con base en la distribución y el tamaño de los cristales minerales en la roca. La composición química también se puede usar para identificar las rocas ígneas.

Textura

Los geólogos determinan si una roca ígnea es extrusiva o intrusiva estudiando la textura de la roca. Si los cristales son pequeños o es imposible verlos sin una lupa, la roca es extrusiva. Si todos los cristales son suficientemente grandes como para verlos y tienen una textura entrelazada, la roca es intrusiva.

ORIGEN DE LAS PALABRAS

intrusiva
del latín *intrudere*, que significa "empujar hacia dentro"

FOLDABLES

Con una hoja de papel haz un boletín horizontal con dos solapas. Recolecta información sobre rocas ígneas extrusivas e intrusivas.

Lección 2
EXPLICAR

Composición

Además de la textura, los geólogos estudian la composición mineral de las rocas ígneas. Las rocas ígneas se clasifican, en parte, según su contenido de sílice. Los minerales de color claro como el cuarzo y el feldespato contienen cantidades mayores de sílice. Los minerales de colores oscuros como el olivino y el piroxeno contienen menos sílice y mayores cantidades de elementos como magnesio y hierro. Si los minerales son difíciles de identificar, a veces puedes inferir su composición observando cómo es de oscura la roca. Las rocas de colores más claros se parecen al granito en su composición mineral. Las rocas de colores más oscuros se parecen al basalto en su composición.

La composición del magma, el lugar donde el magma o la lava se enfrían y cristalizan, y la velocidad de enfriamiento determinan el tipo de roca ígnea que se forma. Por ejemplo, el granito tiene alto contenido de sílice y se enfría lentamente bajo la superficie de la Tierra. El granito es una roca ígnea intrusiva. El basalto es una roca ígnea extrusiva que tiene un bajo contenido de sílice y se formó cuando la lava se enfrió rápidamente sobre la superficie de la Tierra.

La **Tabla 1** organiza las rocas ígneas comunes de acuerdo con su textura y su composición mineral. Observa que una roca ígnea extrusiva puede tener la misma composición mineral de una roca ígnea intrusiva, pero su textura es diferente. Nota además que los minerales presentes en la roca afectan su color.

Tabla 1 La textura indica si una roca ígnea es intrusiva o extrusiva. El color de los minerales da indicios sobre la composición de una roca.

Concepts in Motion
Interactive Table

Verificación de concepto clave ¿En qué se diferencian las rocas extrusivas e intrusivas?

Tabla 1 Rocas ígneas comunes

Minerales importantes formadores de rocas	Textura intrusiva (todos los cristales se pueden observar a simple vista)	Textura extrusiva (algunos cristales, o ninguno, se pueden observar a simple vista)
cuarzo, feldespato, mica, anfíbol	granito	riolita
piroxeno, feldespato, mica, anfíbol y algunos cuarzos	diorita	andesita
olivino, piroxeno, feldespato, mica, anfíbol, poco o nada de cuarzo	gabro	basalto

Repaso de la Lección 2

Resumen visual

Las rocas ígneas extrusivas se enfrían y cristalizan a partir de material volcánico que erupcionó sobre la superficie de la Tierra.

Cuando la lava se enfría rápido, se forma vidrio volcánico.

Las rocas ígneas intrusivas se forman cuando el magma se enfría y cristaliza en las profundidades de la Tierra.

FOLDABLES

Usa tu modelo de papel para repasar la lección. Guarda tu modelo para el proyecto de final de capítulo.

¿Qué opinas AHORA?

Al inicio de este capítulo leíste las siguientes afirmaciones.

3. Cuando la lava se enfría rápidamente sobre la superficie de la Tierra se forman cristales grandes.

4. Cuando el magma se enfría y cristaliza se forman rocas ígneas.

¿Sigues estando de acuerdo o en desacuerdo con las afirmaciones? Reescribe las afirmaciones falsas para hacerlas verdaderas.

Usar vocabulario

1. **Usa los términos** *roca intrusiva* y *roca extrusiva* en una oración.

2. **Recuerda** qué tipo de roca ígnea tiene los cristales más grandes.

3. **Describe** la formación del *vidrio volcánico*.

Entender conceptos clave

4. ¿Qué causa que se formen orificios en la roca ígnea extrusiva?
   A. cristales   C. magma
   B. gases   D. agua

5. Compara la textura de las rocas ígneas que se cristalizan en las profundidades de la Tierra con la de aquellas que se cristalizan en la superficie de la Tierra.

6. ¿Qué proceso se requiere para que los minerales se cristalicen a partir del magma?
   A. enfriamiento   C. evaporación
   B. erupción   D. fusión

7. ¿Qué roca ígnea contiene la mayor cantidad de cuarzo?
   A. basalto   C. granito
   B. gabro   D. escoria

Interpretar gráficas

8. **Analiza** ¿Qué roca ígnea intrusiva tiene la misma composición mineral del basalto?

9. **Organiza** Dibuja un organizador gráfico como el siguiente para identificar diferentes texturas en rocas ígneas.

Pensamiento crítico

10. **Predice** la textura de una roca ígnea formada a partir de una erupción volcánica explosiva.

Lección 2
EVALUAR
123

Investigación: Práctica de destrezas

Comparar y contrastar
30 minutos

¿Cómo identificas las rocas ígneas?

Las rocas ígneas se pueden clasificar con base en su textura y su composición mineral. La textura depende del ambiente de enfriamiento. Cuando el magma se enfría lentamente bajo la superficie de la Tierra, se forman cristales grandes. Cuando la lava se enfría rápidamente sobre la superficie de la Tierra, se forman cristales diminutos. El color se puede usar para determinar si una roca es rica en sílice. Los geólogos comparan y contrastan la textura y la composición mineral de las rocas ígneas para determinar los procesos que las formaron.

Materiales

rocas ígneas (granito, piedra pómez, basalto, gabro, riolita, obsidiana)

lupa

Seguridad

Aprende

Las comparaciones ayudan a los científicos a clasificar elementos desconocidos cuando solo tienen una descripción de sus propiedades. En esta actividad, **compararás y contrastarás** diversas rocas ígneas y las clasificarás con base en descripciones detalladas de su textura y composición mineral.

Intenta

1. Lee y completa un formulario de seguridad en el laboratorio.
2. Copia la siguiente tabla de datos en tu diario de ciencias.
3. Consigue muestras de granito y gabro. Ambos son rocas ígneas intrusivas.
4. Describe el tamaño del cristal y el color del granito y el gabro y anota tus observaciones en la tabla de datos.
5. Ahora, consigue muestras de piedra pómez, basalto y riolita. Estos son rocas ígneas extrusivas.
6. Describe el tamaño del cristal y el color de las rocas extrusivas y anota tus observaciones en la tabla de datos.
7. Por último, examina una muestra de obsidiana. Describe en qué se diferencia esta roca de otras rocas extrusivas.

Aplica

8. **Piensa críticamente** ¿Por qué piensas que la obsidiana (vidrio volcánico) es diferente de las otras rocas ígneas extrusivas?
9. **Infiere** ¿Es la piedra pómez menos densa que la riolita? Explica tu respuesta.
10. **Verificación de concepto clave** ¿En qué se diferencian las rocas ígneas intrusivas y las extrusivas?

Características de las rocas ígneas

Roca	Textura: tamaño del cristal	Color
Granito		
Gabro		
Piedra pómez		
Basalto		
Riolita		
Obsidiana		

Lección 3

Rocas sedimentarias

Guía de lectura

Conceptos clave 🗝
PREGUNTAS IMPORTANTES

- ¿Cómo se forman las rocas sedimentarias?
- ¿Cuáles son los tres tipos de rocas sedimentarias?

Vocabulario

compactación pág. 126
cementación pág. 126
roca clástica pág. 127
clasto pág. 127
roca química pág. 128
roca bioquímica pág. 129

g Multilingual eGlossary

Investigación ¿Cómo se formaron estos fragmentos de roca?

Este río contribuye a la formación de rocas sedimentarias. El agua corriente erosiona la roca y deposita los fragmentos en el lecho del río. Algunos de estos fragmentos de roca pudieron haberse originado en las montañas del fondo. ¿Qué le sucederá a todo este material?

Lección 3
EMPRENDER

Laboratorio de inicio

20 minutos

¿En qué se diferencian las rocas sedimentarias?

Las rocas sedimentarias están formadas por una mezcla de granos minerales, fragmentos de roca y a veces material orgánico. ¿Puedes comparar el tamaño de los granos y determinar los tipos de roca sedimentaria?

1. Lee y completa un formulario de seguridad en el laboratorio.
2. Pide a tu profesor un grupo de **muestras rotuladas.**
3. Con una **lupa manual** examina de cerca el sedimento que forma la muestra de roca A. Anota tus observaciones en tu diario de ciencias.
4. Repite el paso 3 con otras muestras de tu grupo.
5. Repasa tus notas y determina cuántos tipos diferentes de rocas sedimentarias tienes. Verifica con tu profesor para ver si tienes razón.

Piensa

1. ¿Qué características usaste para distinguir entre las muestras de roca?
2. **Concepto clave** ¿Por qué piensas que las rocas sedimentarias son tan comunes en la superficie de la Tierra?

Formación de rocas sedimentarias

Al igual que las rocas ígneas, las rocas sedimentarias se pueden formar en diferentes ambientes a través de una serie de pasos naturales. El agua y el aire pueden cambiar las propiedades físicas o químicas de las rocas. Este cambio puede causar que las rocas se rompan, se disuelvan o formen nuevos minerales. Cuando el agua viaja a través de la roca, algunos de los elementos en la roca se pueden disolver y ser transportados a otros lugares. Los minerales y los fragmentos de roca también pueden ser transportados por el agua, el hielo glaciar, la gravedad o el viento. Con el tiempo, los sedimentos se depositan, o yacen, donde luego se pueden acumular en capas.

Imagina que los depósitos de sedimentos se vuelven más gruesos a través del tiempo. Las capas de sedimento más nuevas entierran las más antiguas. Con el tiempo, depósitos aún más nuevos de sedimento pueden enterrar las capas nuevas y antiguas de sedimento. *El peso de las capas de sedimento extrae los fluidos y reduce el espacio entre los granos durante un proceso llamado* **compactación**. Este proceso puede conducir a otro proceso llamado cementación. *Cuando los minerales disueltos en agua se cristalizan entre granos de sedimento, el proceso se denomina* **cementación**. El cemento mineral agrupa los granos, como se muestra en la **Figura 10.** Algunos de los minerales comunes que unen por cementación los sedimentos son el cuarzo, la calcita y la arcilla.

Figura 10 Después de que los sedimentos se depositan, empieza el proceso de compactación y cementación.

Verificación de concepto clave ¿Qué diferencia hay entre compactación y cementación?

Identificación de rocas sedimentarias

Al igual que las rocas ígneas, las rocas sedimentarias se clasifican según como se forman. Estas se forman cuando sedimentos, fragmentos de roca, minerales o materiales orgánicos se depositan, compactan y posteriormente se unen por cementación. También se forman durante la evaporación cuando los minerales se cristalizan a partir de agua o cuando los organismos retiran los minerales del agua para hacer sus conchas o esqueletos.

Rocas sedimentarias clásticas

Algunas rocas, como la arenisca, tienen una textura arenosa que se parece al azúcar. La arenisca es una roca sedimentaria clástica común. *Las rocas sedimentarias formadas por pedazos partidos de minerales y fragmentos de rocas se conocen como* **rocas clásticas**. *Los pedazos partidos o fragmentos se llaman* **clastos**.

Los geólogos identifican las rocas clásticas de acuerdo con el tamaño y la forma de los clastos. El conglomerado de la **Figura 11** es un ejemplo de una roca que fue depositada en el canal de un río. Los pedazos grandes de sedimento se pulieron y redondearon a medida que rebotaban en el fondo del canal. Sin embargo, los fragmentos angulares en la brecha de la **Figura 11** probablemente no fueron transportados lejos, ya que sus bordes afilados no se desgastaron.

El solo tamaño de los sedimentos no se puede usar para determinar el ambiente donde se formó una roca clástica. Por ejemplo, el sedimento depositado por un glaciar puede ser del tamaño de un carro o tan pequeño como granos de harina. Esto se debe a que el hielo puede mover tanto clastos grandes como pequeños. Los geólogos estudian la forma de los clastos para ayudar a determinar el ambiente donde se formaron las rocas. Por ejemplo, un río de corriente rápida y las olas del océano tienden a mover grandes sedimentos. El sedimento pequeño y arenoso por lo general se deposita en ambientes tranquilos como el fondo oceánico o el fondo de un lago.

 Verificación de la lectura ¿Por qué no se puede usar solo el tamaño del sedimento para identificar un ambiente de rocas sedimentarias?

FOLDABLES

Con una hoja de papel haz un boletín vertical con dos solapas. Recolecta información sobre las rocas sedimentarias clásticas y químicas.

ORIGEN DE LAS PALABRAS

clástico
del griego *klastos*, que significa "roto"

Conglomerado

Brecha

Figura 11 Un río de corriente rápida redondeó los clastos en el conglomerado de la izquierda. Las fuerzas que crearon los fragmentos angulares de la brecha de la derecha quizá no hayan sido tan fuertes ni duraderas.

Lección 3
EXPLICAR

MiniLab 15 minutos

¿Dónde se formaron estas rocas?

Las rocas sedimentarias se pueden clasificar según el tamaño y la forma de sus granos. En esta actividad, identificarás rocas sedimentarias y usarás sus granos para inferir el ambiente en el cual probablemente se formaron.

1. Lee y completa un formulario de seguridad en el laboratorio.
2. Pide a tu profesor un grupo de **muestras de rocas.**
3. Para cada roca, piensa dónde has visto una roca parecida o los granos que la componen.
4. Copia la siguiente tabla en tu diario de ciencias. Calcula y anota el tamaño relativo del grano y la forma de cada muestra. Luego, propón un posible ambiente donde se pudo haber formado cada roca.

	Tamaño/Forma del grano	Ambiente
A		
B		
C		

Analizar y concluir

1. **Organiza** Imagina que estás de pie en la playa. Organiza tus muestras de acuerdo con el lugar donde se pudieron haber formado, desde la orilla hacia fuera.
2. **Describe** el tamaño del grano de cada muestra.
3. **Concepto clave** ¿Qué tipos de rocas sedimentarias hay en tu grupo de muestras?

Rocas sedimentarias químicas

Recuerda que a medida que el agua atraviesa las grietas o los espacios vacíos de las rocas, puede disolver los minerales en su interior. Con el tiempo, los ríos transportan estos minerales disueltos a los océanos, los cuales contribuyen a la salinidad del agua de mar.

El agua se puede saturar con minerales disueltos. Cuando esto ocurre, las partículas se pueden cristalizar fuera del agua y formar minerales. *Las **rocas químicas** se forman cuando los minerales se cristalizan directamente del agua.* La sal de roca, de la **Figura 12,** el yeso de roca y la piedra caliza son ejemplos de rocas sedimentarias químicas comunes.

Verificación de la lectura ¿Cómo se forman las rocas químicas?

Las rocas sedimentarias químicas a menudo tienen una textura cristalina entrelazada, parecida a la textura de muchas rocas ígneas. Una diferencia entre las rocas ígneas intrusivas y las rocas sedimentarias químicas es que las rocas ígneas están compuestas por una variedad de minerales y tienen un aspecto multicolor. Las rocas sedimentarias químicas por lo general están compuestas por un mineral dominante y su color es uniforme. Por ejemplo, el granito está compuesto por cuarzo, feldespato y mica, pero la sal de roca solo está compuesta por halita.

Figura 12 El agua que alguna vez llenó el lecho de este lago, lo saturó, o llenó, de halita disuelta. El agua se evaporó y se formó sal de roca cristalina.

Tabla 2 Rocas químicas y bioquímicas comunes

Nombre de la roca	piedra caliza química	yeso de roca	sal de roca	piedra caliza fosilífera	chert	carbón
Composición mineral	calcita	yeso	halita	aragonita o calcita	cuarzo	carbono**
Tipo	química	química	química	bioquímica	bioquímica*	bioquímica
Ejemplo						

*Algunos chert no son bioquímicos. **El carbono en el carbón no es un mineral.

Tabla 2 Las rocas sedimentarias químicas y bioquímicas son comunes en la superficie de la Tierra.

Concepts in Motion
Interactive Table

Rocas sedimentarias bioquímicas

Una **roca bioquímica** *es una roca sedimentaria formada por organismos o que contiene restos de organismos.* La roca sedimentaria bioquímica más común es la piedra caliza. Los organismos marinos fabrican sus conchas con minerales disueltos en el océano. Cuando estos organismos mueren, sus conchas se depositan en el fondo oceánico. Este sedimento se compacta y cementa, y forma piedra caliza. A veces los restos o trazas de estos organismos se conservan como fósiles en las rocas sedimentarias. Los geólogos llaman piedra caliza fosilífera a la piedra caliza que contiene fósiles, como muestra la **Tabla 2.** La piedra caliza se clasifica como un tipo de roca carbonatada porque contiene los elementos carbono y oxígeno. Las rocas carbonatadas burbujean cuando hacen contacto con ácido clorhídrico. Los geólogos usan esta propiedad química como ayuda para identificar diferentes variedades de piedra caliza.

No todas las rocas sedimentarias bioquímicas son carbonatadas. Algunos organismos oceánicos microscópicos hacen sus conchas removiendo el silicio y el oxígeno del agua de mar. Cuando estos organismos mueren y se depositan en el fondo oceánico, el proceso de compactación y cementación transforma este sedimento en chert sedimentario.

El carbón es otro tipo de roca sedimentaria bioquímica. Está compuesto por los restos de plantas y animales de pantanos prehistóricos. Con el tiempo, estos restos orgánicos quedaron enterrados. Su enterramiento llevó a la compresión, que con el tiempo transformó los restos en roca sedimentaria.

 Verificación de concepto clave ¿Cómo se forman las rocas sedimentarias químicas y bioquímicas?

Lección 3
EXPLICAR
129

Repaso de la Lección 3

Resumen visual

Las rocas sedimentarias clásticas están formadas por clastos de minerales o fragmentos de roca.

Cuando los minerales se cristalizan directamente del agua, se forman rocas sedimentarias químicas.

Las rocas sedimentarias bioquímicas contienen los restos de organismos vivos o fueron formadas por organismos.

FOLDABLES

Usa tu modelo de papel para repasar la lección. Guarda tu modelo para el proyecto de final de capítulo.

¿Qué opinas AHORA?

Al inicio de este capítulo leíste las siguientes afirmaciones.

5. El agua puede disolver las rocas.

6. Todas las rocas sedimentarias de la Tierra se formaron a partir de los restos de organismos que vivieron en los océanos.

¿Sigues estando de acuerdo o en desacuerdo con las afirmaciones? Reescribe las afirmaciones falsas para hacerlas verdaderas.

Usar vocabulario

1. **Usa el término** *compactación* en una oración.

2. El carbón es un ejemplo de un tipo de roca sedimentaria llamada _____.

3. **Distingue** entre rocas clásticas, químicas y sedimentarias bioquímicas.

Entender conceptos clave

4. ¿Cuál de los siguientes es una roca clástica?
   A. carbón C. yeso de roca
   B. piedra caliza D. arenisca

5. **Clasifica** cada una de las siguientes rocas sedimentarias como clástica, química o bioquímica: conglomerado, yeso de roca, piedra caliza fosilífera y sal de roca.

6. **Identifica** un factor que NO es responsable de la formación de rocas sedimentarias.
   A. glaciar C. río
   B. magma D. viento

Interpretar gráficas

7. **Organiza** Ordena correctamente los siguientes términos para describir la formación de rocas sedimentarias clásticas: *transporte, cementación, deposición, erosión.*

Pensamiento crítico

8. **Compara y contrasta** las texturas del conglomerado y la brecha.

9. **Formula una hipótesis** Con el tiempo, la piedra caliza se disuelve cuando se presenta lluvia ácida en la superficie de la Tierra. Relaciona esta propiedad química con el uso de la piedra caliza para la construcción de edificios y monumentos.

10. **Analiza** esta afirmación: A medida que las rocas se erosionan, los ríos transportan minerales disueltos al océano, lo que aumenta la salinidad del agua de mar.

Investigación: Práctica de destrezas — Observar

30 minutos

¿Cómo se clasifican las rocas sedimentarias?

Materiales

rocas sedimentarias (piedra caliza, arenisca, pizarra arcillosa, conglomerado)

vinagre

gotero

lupa

Seguridad

Durante millones de años, las rocas sobre la superficie de la Tierra se han erosionado con la ayuda del agua, el viento, el hielo y la gravedad. Los sedimentos son transportados y depositados, y se asientan en el fondo de ríos, lagos y océanos. Las capas de sedimento se acumulan y experimentan compactación y cementación hasta convertirse en roca sedimentaria. En esta actividad, usarás un diagrama de flujo para identificar diferentes rocas sedimentarias.

Aprende

Los científicos hacen observaciones como ayuda para desarrollar hipótesis. En esta actividad, **observarás** las propiedades químicas y físicas de las rocas sedimentarias para identificar diferentes tipos de roca.

Intenta

1. Lee y completa un formulario de seguridad en el laboratorio.
2. Consigue un grupo de muestras de rocas sedimentarias.
3. Copia el siguiente diagrama de flujo en tu diario de ciencias.
4. Empieza en la parte superior del diagrama de flujo. Si hay partículas presentes, determina su tamaño e identifica la muestra.
5. Si la roca es suave al tacto, haz una prueba de la muestra con vinagre. Si la muestra burbujea al contacto con el vinagre, es piedra caliza. Si no burbujea, es piedra arcillosa.
6. Repite los pasos 4 y 5 con cuatro muestras distintas de rocas sedimentarias.

Aplica

7. **Infiere** ¿Por qué se usó vinagre en el laboratorio?
8. **Identifica** ¿Las muestras que identificaste son clásticas, químicas o bioquímicas?
9. 🔑 **Verificación de concepto clave** ¿Qué características se pueden usar con el fin de organizar las rocas sedimentarias para identificarlas?

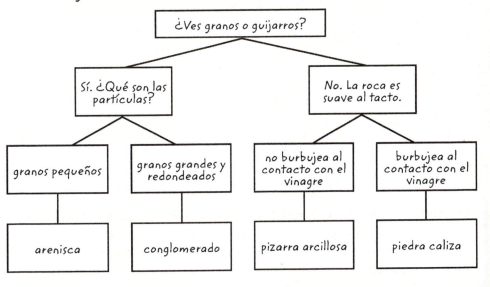

Diagrama de identificación de rocas sedimentarias

Lección 3 **EXTENDER** **131**

Lección 4

Guía de lectura

Conceptos clave 🔑
PREGUNTAS IMPORTANTES

- ¿Cómo se forman las rocas metamórficas?
- ¿En qué se diferencian los tipos de roca metamórfica?

Vocabulario

metamorfismo pág. 133
deformación plástica pág. 134
roca foliada pág. 135
roca no foliada pág. 135
metamorfismo de contacto pág. 136
metamorfismo regional pág. 136

g **Multilingual eGlossary**

Rocas metamórficas

Investigación ¿Cómo se formó este pliegue?

El sedimento usualmente se deposita en capas horizontales. En las condiciones apropiadas, estas capas pueden doblarse y plegarse. ¡Imagínate la increíble cantidad de presión que se requirió para causar que rocas sólidas, como esta, se doblen!

Laboratorio de inicio

20 minutos

¿De qué manera la presión afecta la formación de las rocas?

¿De qué manera la presión afecta los minerales en las rocas? La distribución de minerales en una roca metamórfica se puede usar como ayuda para clasificarla.

1. Lee y completa un formulario de seguridad en el laboratorio.
2. Coloca algunos granos de arroz encima de la mesa.
3. Estira una **bola de arcilla** encima del **arroz.** Amasa la bola hasta que el arroz se mezcle uniformemente con la arcilla.
4. Usa un **rodillo** o una **lata redonda** para estirar la arcilla hasta un grosor aproximado de 0.5 cm. Dibuja y rotula la lámina de arcilla con los granos de arroz en tu diario de ciencias.
5. Dobla el borde de la arcilla que está más cerca de ti hacia el borde más alejado. Estira la arcilla en la dirección en que la doblaste. Repite y aplana de nuevo la arcilla hasta que alcance un grosor de 0.5 cm. Dibuja y rotula la lámina de arcilla con los granos de arroz en tu diario de ciencias.

Piensa

1. Describe las diferencias que observaste en la orientación de los granos de arroz entre los pasos 4 y 5.
2. **Concepto clave** ¿Qué fuerza causó que la orientación de los granos de arroz en la arcilla cambiara? ¿En qué podría parecerse este proceso a la formación de las rocas metamórficas?

Formación de rocas metamórficas

Imagina que dejaste un sándwich de queso en tu mochila durante un día caluroso y luego metiste tu mochila en tu *locker*. ¿El sándwich se vería igual después de clases? Los cambios en la temperatura durante el día probablemente podrían hacer que el queso se ablandara. La presión del peso de tu mochila aplastaría el sándwich. Al igual que el sándwich, los cambios en la temperatura y la presión también afectan las rocas. Estas rocas se llaman metamórficas. El **metamorfismo** *es cualquier proceso que afecta la estructura o composición de una roca en estado sólido debido a cambios en la temperatura y la presión, o a la adición de fluidos químicos.*

La mayoría de las rocas metamórficas se forman en las profundidades de la corteza terrestre. Al igual que las rocas ígneas, las rocas metamórficas se forman en condiciones de temperatura y presión altas. Pero a diferencia de las rocas ígneas, las rocas metamórficas no se cristalizan a partir de magma. Al contrario de las rocas sedimentarias, las rocas metamórficas no resultan de la erosión y la deposición. La forma de las rocas metamórficas de la página 132 ha cambiado. Al **exponerse** a temperatura y presión extremas, las rocas se doblaron y torcieron en capas plegadas que se clasifican como rocas metamórficas.

Verificación de la lectura ¿Qué es el metamorfismo?

VOCABULARIO ACADÉMICO

exponerse
(verbo) estar al descubierto o estar sometido a algo

MiniLab
20 minutos

¿Puedes hacer un modelo del metamorfismo?

La temperatura y la presión extremas pueden causar metamorfismo. En esta actividad, harás un modelo de la formación de una roca metamórfica usando pan y queso de untar.

1. Lee y completa un formulario de seguridad en el laboratorio.

2. Pide a tu profesor dos trozos de **pan blanco**, dos trozos de **pan de trigo**, **queso de untar** y un **cuchillo plástico**.

3. Coloca una **toalla de papel** sobre la mesa de laboratorio.

4. Apila el pan sobre la toalla de papel en este orden: pan blanco, pan de trigo, queso de untar, pan blanco, pan de trigo.

5. Coloca otra toalla encima de tu montón y presiónalo con un **libro** pesado.

6. Retira el libro y lentamente dobla tu montón por la mitad.

7. Coloca una toalla de papel encima y presiona de nuevo las capas de tu sándwich.

8. Calienta las capas en un **horno** o un **horno microondas** durante unos 2 minutos.

Analizar y concluir

1. **Describe** ¿Qué representa la roca madre en tu modelo de metamorfismo?

2. **Interpreta** ¿En qué paso hiciste un modelo de la deformación plástica? Explica.

3. **Piensa críticamente** ¿En qué se diferencia tu modelo del metamorfismo?

4. **Concepto clave** Explica qué función tienen los cambios en la temperatura y la presión en la formación de una roca metamórfica.

Temperatura y presión

Cuando las rocas experimentan un aumento en temperatura y presión, se comportan como un plástico flexible. Sin derretirse, las rocas se doblan o pliegan. Este *cambio permanente en la forma de las rocas causado por el doblamiento y el plegado se denomina* **deformación plástica**. Es una manera en la cual la textura de una roca cambia durante el metamorfismo. La deformación plástica ocurre durante eventos de levantamiento cuando las placas tectónicas chocan y forman montes, como los Himalaya en Asia. Los cambios en la composición y la estructura son indicios de que una roca ha sufrido metamorfismo.

La roca que cambia durante el metamorfismo se llama roca madre. Las temperaturas requeridas para que una roca experimente metamorfismo dependen de la composición de la roca madre. El límite inferior del intervalo de temperatura para la formación de roca metamórfica está entre 150 °C y 200 °C. Además de la temperatura, la presión también aumenta con la profundidad en la corteza terrestre y el manto, como se ve en la **Figura 13**. La presión se mide en kilobares (kb).

Verificación de concepto clave ¿En qué condiciones se forman las rocas metamórficas?

Figura 13 La presión aumenta con la profundidad en la Tierra.

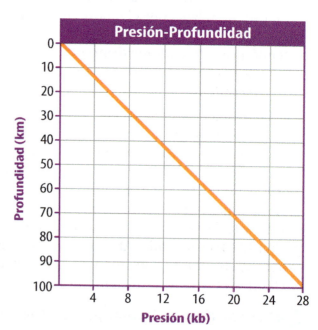

Identificación de rocas metamórficas

Los cambios en la temperatura y la presión, o la adición de fluidos químicos pueden dar lugar a la reorganización de minerales o a la formación de nuevos minerales en una roca metamórfica. Los geólogos estudian la textura y composición de los minerales para identificar las rocas metamórficas.

Las rocas metamórficas se clasifican en dos grupos según su textura. En muchos casos, los cambios en la presión causan que los minerales se alineen y formen capas en las rocas metamórficas. Estas capas se asemejan a las capas asociadas a rocas sedimentarias clásticas. Sin embargo, los minerales cristalinos presentes en las rocas metamórficas las hacen diferentes de las rocas sedimentarias clásticas. En otros casos, las rocas pueden tener estructura en bloque, intercalando cristales cuyo color tiene un aspecto uniforme.

> **Destrezas matemáticas**
>
> ### Usar gráficas
> La gráfica lineal de la **Figura 13** representa la presión bajo la superficie de la Tierra. ¿Cuál es la presión a una profundidad de 50 km?
>
> a. Lee el título de la gráfica para determinar qué datos están representados.
>
> b. Lee los rótulos en los ejes *x* e *y* para determinar las unidades.
>
> c. Muévete horizontalmente desde 50 km hasta la línea anaranjada. Muévete verticalmente desde la línea anaranjada hasta el eje *x*. La presión es 14 kb.
>
> **Practicar**
> ¿A qué profundidad la presión es de 20 kb?
>
> **Review**
> - Math Practice
> - Personal Tutor

Rocas foliadas

El esquisto, roca metamórfica, que se muestra en la **Figura 14,** es un ejemplo de una roca foliada. *Las* **rocas foliadas** *contienen capas paralelas de minerales planos y alargados.* Mira de cerca las capas de minerales oscuras y claras en el esquisto. Estas capas son el resultado de una distribución irregular de la presión durante el metamorfismo. La foliación es un rasgo común en las rocas metamórficas.

 Verificación de la lectura ¿Qué tipo de roca metamórfica tiene capas?

Rocas no foliadas

Las rocas metamórficas con granos de mineral que tienen una textura intercalada al azar son **rocas no foliadas**. No hay una alineación obvia de los cristales minerales en una roca metamórfica no foliada. En cambio, los cristales individuales tienen estructura en bloque y son casi del mismo tamaño. Esta textura cristalina difiere de una roca ígnea en la que los minerales por lo general tienen un color uniforme, en contraste con los minerales de diversos colores de rocas ígneas como el granito.

ORIGEN DE LAS PALABRAS

foliada
del latín *foliatus*, que significa "compuesto de capas delgadas como una hoja"

Figura 14 Los minerales alargados o planos en las rocas foliadas se alinean como respuesta a la presión.

Verificación visual ¿Puedes determinar la dirección en la que se aplicó la presión?

Metamorfismo de contacto y regional

Una manera en que se pueden formar las rocas metamórficas no foliadas es cuando el magma penetra en la roca. *Durante el* **metamorfismo de contacto**, *el magma entra en contacto con la roca existente, y su energía térmica y sus gases interactúan con la roca que la rodea, y forma nuevas rocas metamórficas.* El metamorfismo de contacto puede aumentar el tamaño de los cristales o formar nuevos minerales y cambiar la roca. En la **Figura 15** se muestra un ejemplo común de roca no foliada: el mármol. Observa la uniformidad del color y el tamaño de los cristales de esta muestra. La **Tabla 3** ilustra otros ejemplos de rocas metamórficas foliadas y no foliadas.

El **metamorfismo regional** *es la formación de cuerpos de rocas metamórficas que son del tamaño de cientos de kilómetros cuadrados.* Este proceso puede crear toda una cordillera de roca metamórfica. Los cambios en la temperatura y la presión, así como la presencia de fluidos químicos actúan sobre grandes volúmenes de roca y producen texturas metamórficas. Estas texturas pueden ayudar a revelar los misterios de un evento de formación de montañas. Los Himalaya en Asia y los montes Apalaches en el este de Estados Unidos presentan estructuras asociadas a metamorfismo regional.

Verificación de concepto clave Compara y contrasta metamorfismo de contacto y metamorfismo regional.

Figura 15 En las rocas no foliadas la orientación de los minerales no es evidente.

Tabla 3 Las rocas metamórficas se clasifican en dos grupos según la textura.

Interactive Table

Haz un boletín vertical con dos solapas. Úsalo para organizar tus notas sobre metamorfismo de contacto y metamorfismo regional.

Tabla 3 Rocas metamórficas				
	Textura	Composición	Nombre de la roca	Ejemplo
Foliada	en capas	cuarzo, mica, minerales de arcilla	pizarra	
	en capas	cuarzo, mica, minerales de arcilla	filita	
	bandas de color	cuarzo, feldespato, anfíbol, mica	esquisto	
	bandas de color	cuarzo, feldespato, anfíbol, piroxeno	gneis	
No foliada	cristales con estructura en bloque	cuarzo	cuarcita	
	cristales con estructura en bloque	calcita	mármol	

Repaso de la Lección 4

Assessment — Online Quiz

Resumen visual

Las rocas metamórficas foliadas tienen capas distintas de minerales planos y alargados.

Una roca metamórfica no foliada tiene minerales organizados en una textura intercalada al azar.

El metamorfismo de contacto ocurre cuando las rocas entran en contacto con el magma sin fundirse.

FOLDABLES

Usa tu modelo de papel para repasar la lección. Guarda tu modelo para el proyecto de final de capítulo.

¿Qué opinas AHORA?

Al inicio de este capítulo leíste las siguientes afirmaciones.

7. Con las condiciones de presión y temperatura apropiadas, los minerales en una roca pueden cambiar de forma sin romperse ni fundirse.

8. Las rocas metamórficas tienen capas que se forman a medida que los minerales se funden y luego se vuelven a cristalizar.

¿Sigues estando de acuerdo o en desacuerdo con las afirmaciones? Reescribe las afirmaciones falsas para hacerlas verdaderas.

Usar vocabulario

1. **Usa el término** *deformación plástica* en una oración.

2. Una pila de papel se parece a la textura _____ de las rocas metamórficas.

3. Los cristales en una roca metamórfica _____ tienen estructura en bloque y son del mismo tamaño.

Entender conceptos clave

4. ¿Cuál de las siguientes fuerzas contribuye a la formación de rocas metamórficas?
   A. compactación   C. cristalización
   B. cementación   D. presión

5. **Clasifica** las siguientes rocas como foliadas o no foliadas: cuarcita, esquisto.

Interpretar gráficas

6. **Identifica** Haz un organizador gráfico para identificar las tres posibles causas de metamorfismo.

Pensamiento crítico

7. **Explica** cómo diferenciar la roca ígnea de granito de la roca metamórfica gneis.

Destrezas matemáticas
Math Practice

8. **De acuerdo con** la siguiente gráfica, ¿cuál es la presión a 40 km de profundidad? ¿A qué profundidad la presión sería de 30 kb?

Lección 4
EVALUAR

Investigación Laboratorio

45 minutos

Identificación del tipo de roca

Materiales

rocas metamórficas (mármol, gneis, esquisto)

vinagre

gotero

lupa

rocas

Seguridad

Las rocas se pueden clasificar en tres grupos principales: ígneas, sedimentarias y metamórficas. Los geólogos examinan la textura y la composición mineral de las rocas para clasificarlas. Las rocas ígneas pueden ser cristalinas gruesas o finas, y de muchos colores o vidriosas. Las rocas sedimentarias a menudo tienen capas y contienen una mezcla de fragmentos de roca, conchas, minerales y fósiles. Las rocas metamórficas pueden reflejar un cambio de forma debido a un aumento en la temperatura y la presión o a la adición de fluidos químicos. La foliación es común en las rocas metamórficas. En esta actividad, recibirás diversas muestras de rocas para que intentes clasificarlas de acuerdo con sus propiedades físicas y químicas.

Preguntar

¿Cómo la textura y la composición mineral de una roca se pueden usar para clasificar la roca como ígnea, sedimentaria o metamórfica?

Procedimiento

1. Lee y completa un formulario de seguridad en el laboratorio.
2. Toma una roca metamórfica y examina su textura y el tamaño de sus granos.
3. Anota tus observaciones en tu diario de ciencias.
4. ¿La roca tiene capas paralelas distintas? Si es así, es una roca metamórfica foliada. Si no, entonces es no foliada.
5. Usa un gotero para aplicar 1-2 gotas de vinagre sobre la roca. Si burbujea, la roca contiene calcita.
6. Repite los pasos de la clasificación con otra roca metamórfica.

138 Capítulo 4 EXTENDER

7 Diseña un diagrama de flujo para identificación de rocas que incorpore los tres tipos de roca y todas las características que analizaste en los laboratorios de identificación de cada roca. Dibuja el diagrama de flujo en tu diario de ciencias.

8 Experimenta con tu diagrama de flujo a medida que clasificas varias muestras de rocas desconocidas.

9 Modifica el diagrama de flujo para clasificación según sea necesario para que sirva para todas las muestras que te den.

10 Identifica las muestras desconocidas e incorpora sus nombres en el diagrama de flujo que creaste.

Analizar y concluir

11 Describe por qué algunas muestras fueron más difíciles de clasificar que otras.

12 Explica qué característica fue la menos útil en tu esquema de clasificación.

13 La gran idea ¿Qué características hicieron más fácil la clasificación de las muestras de roca?

Comunicar resultados

Elabora un afiche de tu diagrama de flujo final para presentarlo a tu clase. Asegúrate de rotular las características y las opciones en cada paso del diagrama, de manera que sea fácil de seguir.

investigación Ir más allá

Investiga las rocas que identificaste en esta actividad. Explica cómo se formó cada roca y describe las semejanzas y diferencias entre los tipos de roca.

Sugerencias para el laboratorio

☑ Recuerda que los colores claros u oscuros de una roca pueden llevar a la identificación de los minerales en las rocas.

☑ Las rocas que burbujean cuando se les agrega un ácido, como el vinagre, contienen calcita. Ejemplos de estas rocas son la piedra caliza y el mármol.

Recuerda usar métodos científicos.

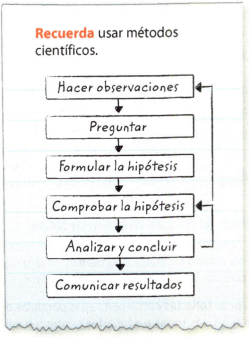

Guía de estudio del Capítulo 4

LA GRAN IDEA Las rocas ígneas se forman a partir de roca fundida que se enfría y cristaliza. Las rocas sedimentarias se forman por la compactación y cementación de sedimentos o por la evaporación y cristalización de minerales disueltos en agua. Las rocas metamórficas se forman por la exposición de las rocas existentes a temperatura y presión altas, o por la adición de fluidos químicos.

Resumen de conceptos clave 🗝 | Vocabulario

Lección 1: Rocas y el ciclo geológico

- Los tres tipos principales de **roca** son ígnea, sedimentaria y metamórfica. Los geólogos clasifican las rocas basados en cómo se formaron.
- El **ciclo geológico** es una serie de procesos que transforman continuamente las rocas y los materiales de la Tierra en diferentes tipos de roca.

roca pág. 111
grano pág. 111
textura pág. 112
magma pág. 113
lava pág. 113
sedimento pág. 113
ciclo geológico pág. 114

Lección 2: Rocas ígneas

- Las rocas ígneas se forman cuando el material volcánico se enfría y cristaliza.
- La mayoría de rocas ígneas son **rocas intrusivas** o **rocas extrusivas**. El tamaño de los cristales de las rocas ígneas depende de la rapidez con la cual el magma o la lava se enfrían.

roca extrusiva pág. 120
vidrio volcánico pág. 120
roca intrusiva pág. 121

Lección 3: Rocas sedimentarias

- Las rocas sedimentarias se forman mediante los procesos de meteorización, erosión, transporte, deposición, **compactación**, **cementación** y cristalización.
- Las rocas sedimentarias por lo general se clasifican en **rocas clásticas, rocas químicas,** o **rocas bioquímicas.**

compactación pág. 126
cementación pág. 126
roca clástica pág. 127
clasto pág. 127
roca química pág. 128
roca bioquímica pág. 129

Lección 4: Rocas metamórficas

- Las rocas metamórficas se forman a partir de una roca madre que ha estado expuesta a aumentos en la temperatura y la presión, o a la adición de fluidos químicos.
- Las **rocas foliadas** contienen capas paralelas de minerales. Las **rocas no foliadas** contienen cristales gruesos y con estructura en bloque que tienen un color uniforme.

metamorfismo pág. 133
deformación plástica pág. 134
roca foliada pág. 135
roca no foliada pág. 135
metamorfismo de contacto pág. 136
metamorfismo regional pág. 136

Guía de estudio

Review
- Personal Tutor
- Vocabulary eGames
- Vocabulary eFlashcards

Proyecto del capítulo

FOLDABLES

Organiza tus modelos de papel como se muestra, para hacer un proyecto de capítulo. Usa el proyecto para repasar lo que aprendiste en este capítulo.

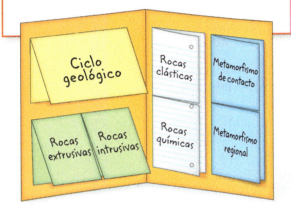

Usar vocabulario

1. Define *roca ígnea*.
2. Usa la palabra *sedimento* en una oración.
3. Una _____ se forma a presión y temperatura altas, permaneciendo sólida.
4. Define *roca intrusiva*.
5. Usa la frase *roca extrusiva* en una oración.
6. Identifica dos texturas comunes en las rocas metamórficas.
7. Durante _____, minerales como la calcita o el cuarzo se cristalizan entre granos de roca clástica.
8. Una roca sedimentaria _____ está formada por fragmentos de mineral y roca.
9. Usa el término *roca química* en una oración.
10. Describe una *roca no foliada*.
11. Las capas plegadas son ejemplos de _____ en una roca metamórfica.
12. Usa el término *metamorfismo regional* en una oración.

Relacionar vocabulario y conceptos clave

Concepts in Motion — Interactive Concept Map

Copia este mapa conceptual y luego usa términos de vocabulario de la página anterior para completarlo.

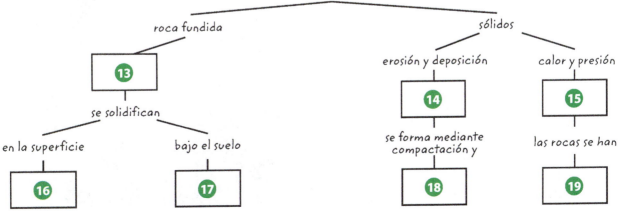

Repaso del Capítulo 4

Entender conceptos clave

1. ¿Qué tipo de roca se forma a partir del enfriamiento de la lava en la superficie de la Tierra?
   A. ígnea extrusiva
   B. ígnea intrusiva
   C. granito
   D. piedra caliza

2. ¿Qué proceso aprieta los fluidos provenientes de los granos individuales?
   A. cementación
   B. compactación
   C. erosión
   D. transporte

3. El basalto es un ejemplo de una
   A. roca ígnea extrusiva.
   B. roca ígnea intrusiva.
   C. roca metamórfica.
   D. roca sedimentaria.

4. ¿Qué se puede determinar estudiando la forma de los granos clásticos?
   A. la distancia que han sido transportados
   B. cómo se erosionaron
   C. el contenido mineral de la roca madre
   D. cuál era la roca madre

5. Examina la anterior roca. ¿Qué propiedad indica que esta es una roca bioquímica?
   A. capas foliadas
   B. conchas fosilizadas
   C. grandes clastos redondeados
   D. minerales de diferentes colores

6. ¿Cuál de las siguientes afirmaciones sobre el vidrio volcánico es verdadera?
   A. No contiene cristales.
   B. Se enfría lentamente.
   C. Se fractura con facilidad.
   D. Es intrusivo y extrusivo.

7. ¿Qué característica se usa para clasificar una roca sedimentaria como arenisca?
   A. el contenido de vidrio y la textura
   B. el tamaño del grano
   C. el brillo y la dureza
   D. la textura y la composición mineral

8. ¿Cómo se forman las rocas metamórficas?
   A. por compactación y cementación
   B. por enfriamiento y cristalización
   C. por temperatura y presión extremas
   D. por meteorización y erosión

9. ¿Cuál de las siguientes rocas ígneas se enfrió lentamente?
   A. basalto
   B. granito
   C. obsidiana
   D. riolita

10. ¿Cuál es el término general para un fragmento de roca presente en una roca sedimentaria?
    A. clasto
    B. vidrio
    C. mineral
    D. poro

11. ¿Qué proceso está ocurriendo en esta fotografía?
    A. cementación
    B. condensación
    C. cristalización
    D. evaporación

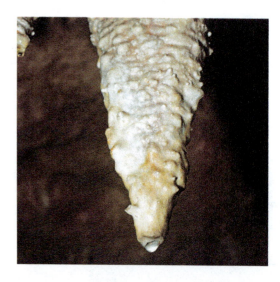

Repaso del capítulo

Assessment
Online Test Practice

Pensamiento crítico

12 Decide cuál de los tres tipos de rocas sedimentarias se forma cuando el agua de un mar poco profundo se evapora.

13 Completa la siguiente tabla con los nombres de al menos tres rocas comunes de cada tipo principal de roca.

Tipo de roca	Nombre de la roca
Ígnea	
Sedimentaria	
Metamórfica	

14 Relaciona ¿Qué proceso del ciclo geológico es el opuesto a la cristalización de magma?

15 Compara un proceso del ciclo geológico que ocurre sobre la superficie de la Tierra con uno que ocurre bajo la superficie.

16 Formula una hipótesis Imagina que la temperatura dentro de la Tierra ya no fuera caliente. ¿Cómo afectaría esto el ciclo geológico?

17 Deduce en qué se parecería una roca formada a partir de una erupción volcánica explosiva a una roca sedimentaria clástica.

18 Formula una hipótesis sobre cómo la dirección del esfuerzo aplicado afecta la distribución de los minerales en una roca metamórfica.

19 Relaciona la presencia de los orificios con la propiedad que tiene la piedra pómez de flotar en el agua.

20 Compara y contrasta la formación de gneis con la formación de su roca madre, el granito.

Escritura en Ciencias

21 Escribe un párrafo que diferencie entre los procesos del ciclo geológico que forman rocas metamórficas y rocas ígneas bajo la profundidad de la superficie de la Tierra.

REPASO LA GRAN IDEA

22 Usa el ciclo geológico para explicar cómo se forma cada tipo de roca.

23 ¿Qué podría sucederle a la arena del valle si se depositara más arena sobre ella?

Destrezas matemáticas — **Review Math Practice**

Usa la gráfica para responder las siguientes preguntas.

24 ¿A qué profundidad aproximada la presión alcanza los 20 kb?

25 Usa la tendencia en la gráfica para predecir la presión aproximada a una profundidad de 200 km.

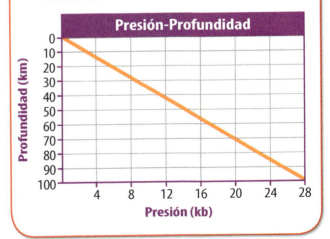

Repaso del Capítulo 4 • 143

Práctica para la prueba estandarizada

Anota tus respuestas en la hoja de respuestas que te entregó el profesor o en una hoja de papel.

Selección múltiple

1. Los minerales de color claro, como el cuarzo, contienen mayores cantidades de
   A hierro.
   B magnesio.
   C manganeso.
   D sílice.

Usa el siguiente diagrama para responder la pregunta 2.

2. ¿Qué proceso se ilustra en la última parte del diagrama anterior?
   A cementación
   B compactación
   C metamorfismo
   D transporte

3. ¿Por qué no se forman cristales en el vidrio volcánico?
   A La lava contiene gases disueltos.
   B La lava se enfría en las profundidades de la Tierra.
   C La lava se enfría demasiado rápido.
   D La lava no hace erupción.

4. ¿Qué roca contiene los restos duros de organismos marinos fabricados de los minerales del agua de mar?
   A basalto
   B granito
   C piedra caliza
   D mármol

Usa la siguiente gráfica para responder la pregunta 5.

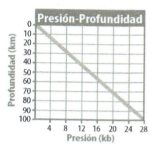

5. De acuerdo con la anterior gráfica, ¿cuánto es mayor la presión en el interior de la Tierra a una profundidad de 100 km en comparación con la presión a una profundidad de 50 km?
   A 12 kb
   B 14 kb
   C 16 kb
   D 20 kb

6. Las rocas sólidas expuestas a cambios en la energía térmica y la presión, o a la adición de fluidos químicos forman rocas metamórficas. Se formarán rocas ígneas, NO metamórficas, si
   A el calor cede.
   B la presión disminuye.
   C la roca contiene minerales.
   D la roca se funde.

7. Una roca cambia permanentemente de forma por doblamiento o plegado durante
   A metamorfismo de contacto.
   B foliación.
   C deformación plástica.
   D sedimentación.

8. ¿Cuál es el término para los fragmentos de roca?
   A clastos
   B cristales
   C vidrio
   D capas

Práctica para la prueba estandarizada

Usa el siguiente diagrama para responder la pregunta 9.

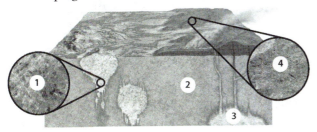

9 En el anterior diagrama, ¿cuál número representa la roca ígnea extrusiva?

   A 1
   B 2
   C 3
   D 4

10 ¿Con qué criterio las rocas se clasifican en tres grupos principales?

   A su textura
   B la manera como se forman
   C su edad
   D su color

11 ¿Qué condición produce las distintas capas de minerales planos y alargados en las rocas metamórficas foliadas?

   A cambios drásticos en la temperatura
   B textura intercalada al azar
   C distribución irregular de la presión
   D uniformidad en el color de los minerales

Respuesta elaborada

Usa el siguiente diagrama para responder las preguntas 12 y 13.

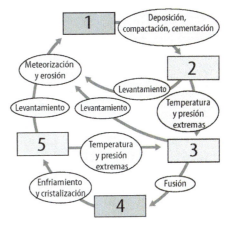

12 ¿Qué representan los números en el anterior ciclo geológico? Explica tu razonamiento.

13 Usa el anterior diagrama para identificar y describir al menos tres procesos que cambian las rocas a medida que recorren el ciclo geológico.

Usa la siguiente tabla para responder la pregunta 14.

Tipo de roca	Proceso de formación

14 ¿Cuáles tres tipos principales de rocas sedimentarias corresponden a la columna 1 de la tabla anterior? ¿Cómo se forma cada uno de ellos?

¿NECESITAS AYUDA ADICIONAL?														
Si no pudiste responder la pregunta...	1	2	3	4	5	6	7	8	9	10	11	12	13	14
Pasa a la Lección...	2	3	2	3	4	1	4	3	2	1	4	1	1	3

Capítulo 5

Meteorización y suelo

 LA GRAN IDEA ¿Qué procesos naturales rompen las rocas y comienzan la formación del suelo?

Investigación ¿Qué es el polvo?

El polvo es roca meteorizada o partida en trozos diminutos. Estos pedazos diminutos de roca forman una gran parte del suelo. Algunas veces estos son tan pequeños que el viento los arrastra fácilmente.

- ¿Cómo se rompe la roca en trozos diminutos de polvo?
- ¿Qué procesos naturales rompen las rocas y comienzan la formación del suelo?

Prepárate para leer

¿Qué opinas?
Antes de leer, piensa si estás de acuerdo o no con las siguientes afirmaciones. A medida que leas el capítulo, decide si cambias de opinión sobre alguna de ellas.

1. Dos rocas cualquiera se meteorizan a la misma tasa.
2. Los seres humanos son la causa principal de la meteorización.
3. Las plantas pueden romper las rocas en trozos más pequeños.
4. El aire y el agua están presentes en el suelo.
5. El suelo que tiene 1,000 años es suelo joven.
6. El suelo es el mismo en todos los lugares.

ConnectED Your one-stop online resource

connectED.mcgraw-hill.com

- Video
- WebQuest
- Audio
- Assessment
- Review
- Concepts in Motion
- Inquiry
- Multilingual eGlossary

Lección 1

Meteorización

Guía de lectura

Conceptos clave 🔑
PREGUNTAS IMPORTANTES

- ¿De qué manera la meteorización rompe o cambia la roca?
- ¿De qué manera los procesos mecánicos rompen las rocas en pedazos más pequeños?
- ¿Cómo cambian las rocas los procesos químicos?

Vocabulario

meteorización pág. 149
meteorización mecánica pág. 150
meteorización química pág. 152
oxidación pág. 153

g Multilingual eGlossary
Video BrainPOP®

Investigación ¿Qué esculpió esta roca?

Rocas esculpidas de esta manera se ven a lo largo de las costas y los ríos, en los desiertos, e incluso bajo la tierra. ¿Qué las esculpió? ¿Qué tienen en común?

Laboratorio de inicio

10 minutos

¿Cómo las rocas se pueden romper?

¿Alguna vez has mirado las rocas de un arroyo? ¿Qué hace que algunas rocas se vean diferentes de otras?

1. Lee y completa un formulario de seguridad en el laboratorio.
2. Pide a tu profesor 12 **chocolates cubiertos con dulce.** Pon cuatro de ellos en un **vaso de plástico.** Coloca el resto en un **recipiente con tapa.**
3. Ajusta bien la tapa. Agita el recipiente vigorosamente 300 veces.
4. Saca casi la mitad de los chocolates. Colócalos en otro vaso de plástico.
5. Tapa el recipiente y agítalo otras 300 veces. Retira las "rocas" restantes y colócalas en otro vaso.

Piensa

1. Compara y contrasta las "rocas" de cada vaso.
2. **Concepto clave** ¿Qué causó el cambio de las "rocas"?

La meteorización y sus efectos

Todo lo que hay a tu alrededor cambia con el paso del tiempo. Las paredes de colores brillantes y las señales se destiñen lentamente. Los carros brillantes se oxidan. Las cosas elaboradas con madera se secan y cambian de color. Estos cambios son ejemplos de meteorización. *Los procesos mecánicos y químicos que cambian los objetos de la superficie de la Tierra con el paso del tiempo se llaman* **meteorización**.

La meteorización también cambia la superficie de la Tierra. En la actualidad, la superficie terrestre es diferente de lo que era en el pasado y de lo que será en el futuro. Los procesos de meteorización rompen, desgastan, erosionan y alteran químicamente las rocas y las superficies rocosas. La meteorización puede producir rocas con formas extrañas como las de la página anterior.

En miles de años, la meteorización puede romper las rocas en pedazos cada vez más pequeños. Estos trozos, también se conocen como sedimentos, se llaman arena, limo y arcilla. Los trozos más grandes del suelo son los granos de arena y los más pequeños son arcilla. La meteorización también puede cambiar la composición química de una roca. Con frecuencia, los cambios químicos facilitan el rompimiento de una roca.

Verificación de concepto clave ¿De qué manera la meteorización rompe o cambia la roca?

USO CIENTÍFICO Y USO COMÚN

meteorizar

Uso científico cambiar por la acción del medioambiente

Uso común dicho de la tierra: recibir la influencia de los meteoros

FOLDABLES

Haz un boletín con dos solapas y rotúlalo como se muestra. Úsalo para organizar tus notas sobre cómo la meteorización mecánica y química afecta las rocas.

Destrezas matemáticas

Usar geometría
El área (A) de una superficie rectangular es el producto de su longitud por su ancho.

$$A = \ell \times a$$

El área tiene unidades cuadradas, como centímetros cuadrados (cm^2).

El área de superficie (AS) de un sólido regular es la suma de las áreas de sus lados.

Practicar
Una muestra de roca tiene forma de cubo y sus lados miden 3 cm cada uno.

1. ¿Cuál es el área de superficie de la roca?
2. Si rompes la muestra en dos partes iguales, ¿cuál es el área de superficie total ahora?

 Review
- Math Practice
- Personal Tutor

La meteorización mecánica

La **meteorización mecánica** *ocurre cuando procesos físicos de manera natural rompen las rocas en pedazos más pequeños.* La composición química de una roca no cambia debido a la meteorización mecánica. Por ejemplo, si un pedazo de granito sufre meteorización mecánica, los trozos más pequeños que resultan siguen siendo granito.

Ejemplos de meteorización mecánica

Un ejemplo de meteorización mecánica es cuando la temperatura intensa de un incendio forestal hace que las rocas cercanas se expandan y se agrieten. En la **Tabla 1** de la página siguiente se describen otras causas de meteorización mecánica.

 Verificación de concepto clave ¿Cuál es el resultado de una roca que sufre meteorización mecánica?

El área de superficie

Como se muestra en la **Figura 1,** cuando algo se rompe en pedazos más pequeños, el área de superficie total se aumenta. El área de superficie es la cantidad de espacio en el exterior de un objeto. La tasa de meteorización depende del área de superficie de una roca que está expuesta al medioambiente.

La arena y la arcilla son el resultado de la meteorización mecánica. Si viertes agua sobre arena, parte del agua se adhiere a la superficie. Supón que viertes igual cantidad de agua sobre un volumen igual de arcilla, cuyas partículas son solo casi un centésimo del tamaño de las de la arena. La mayor área de superficie de las partículas de arcilla hace que más agua quede adherida a su superficie, junto con cualquier sustancia que el agua contenga. Esta área agrandada significa que la meteorización tiene mayor efecto en suelo con partículas pequeñas. Esto también aumenta la tasa de meteorización química.

 Verificación de la lectura ¿Por qué el área de superficie de una roca es importante?

El área de superficie

Figura 1 El área de superficie de un objeto es toda el área de las superficies expuestas.

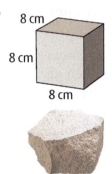

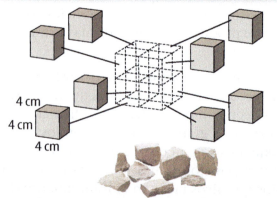

Área de superficie de un cubo = 6 cuadrados iguales
Área de superficie = 6 cuadrados × 64 cm^2/cuadrado
Área de superficie = 384 cm^2

Área de superficie de 8 cubos = 48 cuadrados iguales
Área de superficie = 48 cuadrados × 16 cm^2/cuadrado
Área de superficie = 768 cm^2

Tabla 1 Causas de la meteorización mecánica

Cuñas de hielo
Uno de los procesos de meteorización más efectivos es mediante las cuñas de hielo, también conocido como acuñado rocoso por hielo. El agua entra en las grietas de las rocas. Cuando la temperatura llega a 0 °C el agua se congela. El agua se expande a medida que se congela y la expansión agranda la grieta. Como se muestra en la fotografía, la congelación y la descongelación repetidas rompen las rocas.

Abrasión
Otro proceso de meteorización mecánica efectivo es la abrasión: el desgaste de las rocas por fricción o impacto. Por ejemplo, la corriente fuerte de un arroyo puede transportar fragmentos sueltos de roca corriente abajo. Los fragmentos dan vueltas y se muelen unos contra otros. Por último, los fragmentos se muelen en trozos cada vez más pequeños. Los glaciares, el viento y las olas en las costas de los océanos o las orillas de los lagos causan abrasión.

Plantas
Las plantas causan meteorización porque desmoronan las rocas. Imagina una planta que crece en la grieta de una roca. Las raíces absorben minerales de la roca, y la debilitan. A medida que la planta crece, su tallo y sus raíces no solo se hacen más largos sino también más anchos. La planta en crecimiento empuja hacia los lados de la grieta. Con el tiempo, la roca se rompe.

Animales
Los animales que viven en el suelo hacen huecos donde entra el agua que causa meteorización. Los animales que excavan a través de la roca suelta también ayudan a romper las rocas.

Figura 2 Estos obeliscos de granito se tallaron en un clima seco y luego uno se trasladó a un clima diferente, más húmedo.

Verificación visual ¿Cuál es la evidencia de que ocurrió meteorización química?

`Review`
Personal Tutor

Egipto | Nueva York

La meteorización química

La **Figura 2** muestra cómo la meteorización química puede afectar algunas rocas. Ambos obeliscos se tallaron en Egipto hace casi 3,500 años. Uno se trasladó a Nueva York en el siglo XIX. Allí ha estado expuesto a más agentes de meteorización química. *La* **meteorización química** *transforma los materiales que hacen parte de una roca en materiales nuevos.* Si un trozo de granito se meteoriza químicamente, la composición y el tamaño del granito cambian.

Verificación de la lectura ¿En qué se diferencia la meteorización química de la meteorización mecánica?

El agua y la meteorización química

El agua es importante en la meteorización química porque la mayor parte de las sustancias se disuelven en ella. Los minerales que forman la mayoría de las rocas se disuelven muy lentamente en el agua. Algunas veces, la cantidad que se disuelve durante varios años es tan pequeña que parece que el mineral no se disolviera en absoluto.

En una roca, el proceso de disolución ocurre cuando los minerales de la roca se rompen en partes más pequeñas dentro de la solución. Por ejemplo, la sal de mesa es el mineral cloruro de sodio. Cuando la sal de mesa se disuelve en el agua, se descompone en iones sodio y iones cloruro más pequeños.

La disolución por ácidos

Los ácidos aumentan la tasa de meteorización química más que la lluvia o el agua. La acción de los ácidos atrae los átomos de los minerales que hay en la roca y los disuelve en el ácido.

Los científicos usan el pH, que es una propiedad de las soluciones, para saber si una solución es ácida, básica o neutra. Ellos miden el pH de una solución en una escala de 0 a 14, en donde 7 es neutral. El pH de un ácido está entre 0 y 7. El vinagre tiene un pH de 2 a 3, de manera que es un ácido.

La lluvia normal es ligeramente ácida, alrededor de 5.6, porque el dióxido de carbono del aire forma un ácido débil cuando reacciona con la lluvia. Esto significa que la lluvia puede disolver rocas, tal como lo hizo con el obelisco de la **Figura 2.**

Los químicos que forman ácidos llegan al aire provenientes de fuentes naturales como los volcanes. Los contaminantes del aire también reaccionan con la lluvia y la hacen más ácida. Por ejemplo, cuando el carbón arde, se forman y entran en la atmósfera óxidos de azufre. Cuando estos óxidos se disuelven en la lluvia, ionizan el agua y producen lluvia ácida. La lluvia ácida tiene un pH de 4.5 o menos y puede causar más meteorización química que la lluvia normal.

Verificación de la lectura ¿Cómo los contaminantes crean lluvia ácida?

La oxidación

Otro proceso que causa meteorización química se llama oxidación. *La **oxidación** combina el elemento oxígeno con otros elementos o moléculas.* La mayor parte del oxígeno que se necesita para la oxidación proviene del aire.

La adición de oxígeno a una sustancia produce un óxido. El óxido de hierro es un óxido común en los materiales terrestres. Minerales útiles como la hematita y la bauxita, son óxidos de hierro y aluminio, respectivamente.

¿Todas las partes de una roca que contienen hierro se oxidan a la misma tasa? El exterior de una roca tiene más contacto con el oxígeno del aire. Por consiguiente, sus partes externas se oxidan más. Cuando las rocas que contienen hierro se oxidan, se forma una capa roja de óxido de hierro sobre la superficie externa gris, como se muestra en la **Figura 3.**

 Verificación de concepto clave ¿Cómo la meteorización química cambia la roca?

Figura 3 La capa externa roja de esta roca se formó por oxidación. Los minerales oxidados de la capa exterior son diferentes de los minerales del centro de la roca.

MiniLab 20 minutos

¿Cómo se meteorizan las rocas?

Los ácidos débiles pueden causar meteorización química. Estos reaccionan con los minerales de la roca y producen sustancias nuevas.

1. Lee y completa un formulario de seguridad en el laboratorio.
2. Con una **lupa** examina cuidadosamente las **rocas** que te entregó tu profesor. Observa detalles como el color, la textura y el tamaño de los granos.
3. Con una **pipeta de plástico** pon varias gotas de **agua** sobre cada roca.
4. Observa lo que le ocurre a cada roca. Anota tus observaciones en tu diario de ciencias.
5. Usa la pipeta para poner algunas gotas de **ácido clorhídrico** diluido sobre cada roca. De nuevo, anota tus observaciones.

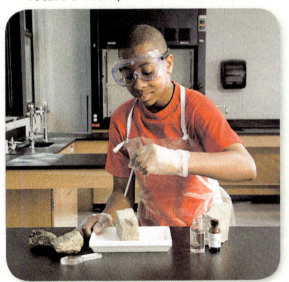

Analizar y concluir

1. **Reconoce causa y efecto** ¿Cuál sustancia reaccionó con la roca? ¿Cómo sabes que ocurrió una reacción?
2. **Concepto clave** ¿Qué le ocurriría a las rocas expuestas a una sustancia similar en el medioambiente?

Figura 4 La pared del NIST (Instituto Nacional de Normas y Tecnología) se construyó con rocas provenientes de casi todos los estados y de varios países extranjeros. La pared ha estado expuesta a la meteorización continua desde 1948.

 Verificación visual Señala las rocas que se han meteorizado.

VOCABULARIO ACADÉMICO

medioambiente
los factores físicos, químicos y bióticos que actúan en una comunidad

¿Qué afecta las tasas de meteorización?

En la **Figura 2** viste que rocas similares se pueden meteorizar a tasas diferentes. ¿Qué ocasiona esta diferencia?

El **medioambiente** en el que ocurre la meteorización ayuda a determinar su tasa. Ambos tipos de meteorización dependen del agua y de la temperatura. La mecánica ocurre más rápido en lugares con cambios frecuentes de temperatura. Este tipo de meteorización requiere ciclos de mojado y secado o de congelación y derretimiento. La química es más rápida en lugares húmedos y cálidos. Como resultado, la meteorización ocurre más rápido en zonas cercanas al ecuador.

Verificación de la lectura ¿Por qué la meteorización es lenta en lugares fríos y secos?

El tipo de rocas que se meteoriza también afecta la tasa de meteorización. El Instituto Nacional de Normas y Tecnología (NIST, por su sigla en inglés), construyó la pared que se muestra en la **Figura 4** para observar cómo se meteorizan las diferentes rocas bajo las mismas condiciones.

Las rocas están formadas por uno o muchos minerales. El mineral que se meteoriza más fácil determina la tasa de meteorización de toda la roca. Por ejemplo, las rocas que contienen minerales con baja dureza sufren meteorización mecánica con más facilidad. Esto aumenta el área de superficie de la roca. Debido a que más área de superficie está expuesta, estas rocas sufren meteorización química más fácilmente. El tamaño y el número de agujeros en una roca también afectan la tasa a la cual se meteoriza.

Repaso de la Lección 1

Assessment — Online Quiz
Inquiry — Virtual Lab

Resumen visual

Los procesos mecánicos y químicos que transforman las cosas con el paso del tiempo se llaman meteorización.

La meteorización mecánica no cambia la identidad de los materiales que forman la roca. Esta rompe las rocas en pedazos más pequeños.

La meteorización química es el proceso que cambia los minerales de la roca en diferentes materiales. La oxidación es un tipo de meteorización química, ya que es una reacción con un ácido.

FOLDABLES

Usa tu modelo de papel para repasar la lección. Guarda tu modelo para el proyecto de final de capítulo.

¿Qué opinas AHORA?

Al inicio de este capítulo leíste las siguientes afirmaciones.

1. Dos rocas cualquiera se meteorizan a la misma tasa.
2. Los seres humanos son la causa principal de la meteorización.
3. Las plantas pueden romper las rocas en trozos más pequeños.

¿Sigues estando de acuerdo o en desacuerdo con las afirmaciones? Reescribe las afirmaciones falsas para hacerlas verdaderas.

Usar vocabulario

1. Los procesos químicos y físicos que transforman las cosas con el paso del tiempo se llaman _____.

2. **Define** *meteorización mecánica* con tus propias palabras.

3. **Usa el término** *oxidación* en una oración.

Entender conceptos clave

4. **Identifica** ¿Qué tipos de roca se meteorizan más rápidamente?

5. ¿Qué condiciones producen la meteorización más rápida?
   A. frío y seco
   B. cálido y húmedo
   C. cálido y seco
   D. frío y húmedo

6. **Resume** ¿De qué manera la meteorización cambia las rocas y los minerales?

Interpretar gráficas

7. **Explica** ¿Cómo la meteorización química cambiaría la apariencia de este obelisco?

8. **Compara y contrasta** los tipos de meteorización en la siguiente tabla. Cópiala y luego complétala.

Meteorización	Similar	Diferente
Química y física		

Pensamiento crítico

9. **Explica** cómo las tasas de meteorización química cambian a medida que la temperatura aumenta.

Destrezas matemáticas
Review — Math Practice

10. Un bloque de piedra mide 15 cm × 15 cm × 20 cm. ¿Cuál es el área de superficie total de la piedra? Pista: Un bloque tiene seis lados.

Investigación: Práctica de destrezas — Modelar

30 minutos

¿Qué causa la meteorización?

Con el paso del tiempo, las rocas que están expuestas en la superficie de la Tierra sufren meteorización mecánica y química. Ya has visto cómo los procesos mecánicos rompen una roca en partículas más pequeñas llamadas sedimento. Ahora, harás un modelo de la meteorización mecánica de una roca y determinarás cuánta roca se meteoriza.

Materiales

balanza

trozos de roca

botella de plástico de boca ancha con tapa

agua

cronómetro

toallas de papel

Seguridad

Aprende

Los científicos usan **modelos** en el laboratorio por muchas razones. Un uso de los modelos es estudiar procesos que ocurren tan lentamente, que no es posible analizarlos de forma eficiente fuera del laboratorio. La meteorización es uno de ellos.

Intenta

1. Lee y completa un formulario de seguridad en el laboratorio.
2. Copia la tabla de datos en tu diario de ciencias.
3. Remoja en agua algunos trozos de roca. Luego, escurre el agua y sécalos. Con una balanza mide 10.0 g de trozos de roca húmeda.
4. Coloca los trozos de roca en una botella. Agrega agua suficiente para cubrir los trozos. Tapa la botella. Agítala vigorosamente durante 3 minutos.
5. Escurre el agua y con cuidado retira los trozos de roca. Sécalos con una toalla de papel. Mide la masa de los trozos de roca húmedos y aproxima el valor a la decena más cercana. Anota los resultados en la tabla de datos.
6. Repite los pasos 4 y 5 cuatro veces más.
7. Calcula el porcentaje de pérdida de masa en cada prueba. Aplica los siguientes pasos. Anota cada respuesta en tu tabla de datos.

   a. **Encuentra la cantidad de masa perdida.** Resta la masa obtenida al final de la prueba de la masa del inicio de la prueba.

   b. **Calcula el porcentaje de pérdida de masa.** Divide la cantidad de pérdida de masa (paso a) entre la masa del inicio de la prueba. Tu respuesta debe tener tres cifras decimales. Luego, multiplica por 100 para cambiar la respuesta a porcentaje.

Aplica

8. ¿Cómo el porcentaje cambió durante el experimento?
9. **Concepto clave** ¿Qué tipo de meteorización modelaste en este experimento? ¿En qué se parece este modelo al proceso natural que representa? ¿En qué se diferencia?

Tabla de datos

Prueba	Masa de las rocas al final de la prueba (g)	Cantidad de masa perdida (g)	Porcentaje de masa perdida
Inicio	10.0	Ninguna	Ninguno
1			
2			
3			
4			
5			

Lección 2

Suelo

Guía de lectura

Conceptos clave 🔑
PREGUNTAS IMPORTANTES

- ¿Cómo se formó el suelo?
- ¿Qué son los horizontes del suelo?
- ¿Cuáles propiedades del suelo se pueden observar y medir?
- ¿Cómo los suelos y las condiciones del suelo se relacionan con la vida?

Vocabulario

suelo pág. 158
materia orgánica pág. 158
poro pág. 158
descomposición pág. 159
roca madre pág. 160
clima pág. 160
topografía pág. 161
biota pág. 161
horizonte pág. 162

 Multilingual eGlossary

Inquiry ¿Por qué el suelo es tan rojo?

Los suelos tienen colores diferentes debido a su contenido. Este suelo contiene hierro, que lo hace rojo. ¿Por qué los suelos ricos en hierro se vuelven rojos? ¿También es rojo el subsuelo? ¿De qué color es tu suelo?

Lección 2
EMPRENDER

Laboratorio de inicio

10 minutos

¿Qué hay en tu suelo?

Los suelos son distintos en lugares diferentes. Imagina que observas el suelo a lo largo de la ribera de un río. ¿Es este suelo como el suelo en el campo? ¿Son estos suelos como el suelo cerca de tu casa? ¿Qué hay en el suelo del lugar donde vives?

1. Lee y completa un formulario de seguridad en el laboratorio.
2. Coloca casi un vaso de **suelo local** en un **frasco** que tenga **tapa.** Agrega algunas gotas de **detergente líquido.**
3. Agrega **agua** al frasco hasta que esté casi lleno. Ajusta firmemente la tapa.
4. Agítalo durante 1 minuto y colócalo sobre tu escritorio.
5. Observa el contenido del frasco luego de 2 minutos y de nuevo al cabo de 5 minutos.

Piensa

1. ¿Cuántas capas diferentes se formaron en tu muestra?
2. **Concepto clave** A partir de tus observaciones, ¿qué piensas que forma cada capa?

ORIGEN DE LAS PALABRAS

poro
del griego *poros*, que significa "pasadizo"

¿Qué es el suelo?

Un geólogo podría pensar que el suelo es "la piel activa de la Tierra". El suelo está lleno de vida y la vida en la Tierra depende del suelo.

Si excavaras en el suelo, ¿qué encontrarías? Casi la mitad del volumen del suelo es material sólido. La otra mitad son líquidos y gases. *El* **suelo** *es una mezcla de roca meteorizada, fragmentos de rocas, materia orgánica en descomposición, agua y aire.*

Como leíste en la Lección 1, la meteorización rompe progresivamente las rocas en fragmentos cada vez más pequeños. Sin embargo, estos fragmentos no se convierten en suelo bueno hasta que las plantas y los animales viven en ellos. Las plantas y los animales añaden materia orgánica a los fragmentos de rocas. *La* **materia orgánica** *son los restos de algo que estuvo vivo.*

Las cantidades de agua y aire varían en los huecos y espacios pequeños del suelo. *Estos huecos y espacios pequeños se llaman* **poros***.* Los poros son importantes porque permiten que el agua fluya dentro y a través del suelo. Los poros varían mucho en tamaño según las partículas que forman el suelo. La **Figura 5** muestra tres partículas que se encuentran comúnmente en el suelo: arena, limo y arcilla. A medida que el tamaño de las partículas aumenta, los poros también se agrandan. Los poros entre las partículas de arcilla son más pequeños que los de las partículas de arena.

Verificación de la lectura ¿Qué hay en un poro?

La parte orgánica del suelo

Recuerda que la parte sólida del suelo que una vez fue parte de un organismo se llama materia orgánica. Ejemplos de esta son los pedazos de hojas, insectos muertos y excrementos de animales que hay en el suelo.

¿Cómo se forma la materia orgánica? El suelo es el hogar de muchos organismos, desde las raíces hasta las bacterias diminutas. Con el paso del tiempo, las raíces mueren, y las hojas y las ramas caen al piso. Los organismos que viven en el suelo descomponen estos materiales para alimentarse. *La* **descomposición** *es el proceso de transformación de material que estuvo vivo en materia orgánica de color oscuro.* Al final, algo que alguna vez se reconoció como la hoja en forma de aguja de un pino se vuelve materia orgánica.

Verificación de la lectura ¿Cómo la descomposición se relaciona con la materia orgánica?

La materia orgánica le da al suelo propiedades importantes. El suelo oscuro absorbe luz solar mientras que la materia orgánica retiene agua, suministra nutrientes vegetales y mantiene los minerales agrupados. Esto conserva abiertos los poros del suelo y permite que el agua y el aire se muevan dentro de él.

La parte inorgánica del suelo

El término *inorgánico* describe materiales que nunca han estado vivos. La meteorización mecánica y química de las rocas en fragmentos forma la materia inorgánica del suelo. Los científicos clasifican los fragmentos del suelo según su tamaño. Los fragmentos de roca pueden ser cantos rodados, guijarros, gravilla, arena, limo o arcilla. La **Figura 5** muestra una imagen aumentada de las tres partículas más pequeñas del suelo. Entre las partículas grandes hay poros grandes, lo que afecta las propiedades del suelo como el drenaje y el almacenamiento del agua.

Figura 5 La materia inorgánica aporta diferentes propiedades al suelo. Los poros grandes se presentan entre partículas grandes, las cuales drenan rápidamente; los poros de las partículas pequeñas retienen más agua en el suelo.

Investigación MiniLab

20 minutos

¿Cómo puedes determinar la composición del suelo?

Algunas veces los científicos tocan el suelo como ayuda para identificar la composición del suelo. ¿Puedes identificar la composición del suelo según como se sienta?

1. Lee y completa un formulario de seguridad en el laboratorio.
2. Observa con cuidado tu muestra de **suelo** con una **lupa**. En tu diario de ciencias anota los tamaños de las partículas que observas.
3. Llena un **atomizador** o una **regadera** con **agua**. Humedece el suelo con el agua.
4. Frota un poco de suelo húmedo entre los dedos.
5. Usa la **Figura 5** y tus observaciones para clasificar el suelo como arenoso, en su mayoría limo o en su mayoría arcilla.

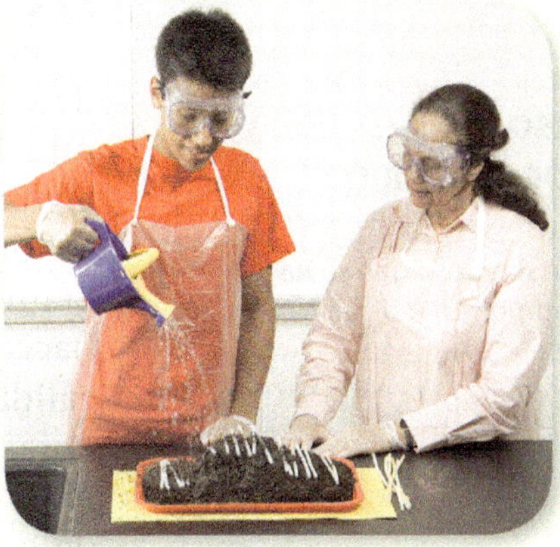

Analizar y concluir

1. **Clasifica** ¿Qué textura tiene el suelo?
2. **Concepto clave** ¿Qué otras propiedades observaste en tu muestra de suelo?

FOLDABLES

Divide un círculo en cinco partes y rotúlalas como se muestra. Usa el organizador circular para anotar la información sobre los factores de la formación del suelo.

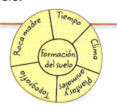

La formación del suelo

¿Por qué el suelo cercano a tu escuela es diferente del suelo que está a lo largo de una ribera o del suelo de un desierto? Los muchos tipos de suelos que se forman dependen de cinco factores, llamados factores de la formación del suelo. Los cinco factores son la roca madre, el clima, la topografía, la biota y el tiempo.

La roca madre

El material original del suelo es la **roca madre**. Esta está formada por la roca o el **sedimento** que se meteoriza y forma el suelo, como se muestra en la **Figura 6**. El suelo se puede formar a partir de roca que se meteorizó en el mismo lugar en el que se formó. Esta roca se conoce como lecho rocoso. El suelo también puede desarrollarse a partir de trozos de roca meteorizada que el viento o el agua transportaron desde otro lugar. El tamaño y el tipo de las partículas de la roca madre pueden determinar las propiedades del suelo que se forma.

Verificación de concepto clave ¿Cuál es la función de la roca madre en la formación del suelo?

Figura 6 La roca madre se rompe por meteorización mecánica y química.

La roca madre

REPASO DE VOCABULARIO

sedimento
material rocoso que se ha descompuesto o disuelto en agua

El clima

El tiempo atmosférico promedio de un lugar es su **clima**. ¿Cómo describes el clima del lugar donde vives? La cantidad de precipitación y las temperaturas promedio diarias y anuales son algunas medidas del clima. Si la roca madre está en un clima cálido y húmedo, la formación del suelo es rápida. La lluvia en grandes cantidades acelera la meteorización a medida que esta hace contacto con la superficie de la roca. Las temperaturas cálidas también aceleran la meteorización porque aumentan la tasa de cambios químicos. Las tasas de meteorización también se incrementan en lugares donde ocurre congelación y descongelación.

Verificación de la lectura ¿Por qué los suelos se forman rápidamente en climas cálidos y húmedos?

Capítulo 5
EXPLICAR

La topografía

¿El lugar donde vives es plano o montañoso? Si es montañoso, ¿las montañas son empinadas o con pendiente suave? *La **topografía** es la forma y la inclinación del paisaje.* La topografía de una zona determina lo que le ocurre al agua que llega a la superficie del suelo. Por ejemplo, en paisajes planos la mayor parte del agua penetra el suelo y acelera la meteorización. En paisajes empinados gran parte del agua corre cuesta abajo, lo que puede arrastrar suelo y dejar algunas pendientes desnudas. La **Figura 7** muestra que la roca rota y los sedimentos se agrupan en la base de una pendiente empinada donde continúan el proceso de meteorización.

Figura 7 Pedazos de roca y sedimento se agrupan en la base de las pendientes empinadas. Los arroyos y otras corrientes de agua redistribuyen el sedimento a manera de barras de arena y deposición en la orilla.

 Verificación de la lectura ¿Qué es la topografía?

La biota

El suelo es el hogar de gran cantidad y variedad de organismos, desde las bacterias más pequeñas hasta roedores pequeños. *Todos los organismos que viven en una región se denominan **biota**.* La biota en el suelo ayuda a acelerar el proceso de formación del suelo. Parte de la biota forma pasadizos por los que se mueve el agua. La mayoría de estos organismos participa en la descomposición de materiales que forman materia orgánica. La **Figura 8** muestra que la actividad de los organismos afecta la roca y el suelo.

 Verificación de concepto clave ¿Cómo la biota contribuye a la formación del suelo?

El tiempo

A lo largo del tiempo, la meteorización actúa constantemente sobre la roca y el sedimento. Por tanto, la formación del suelo es un proceso lento pero constante. Una persona de 90 años se considera vieja, pero el suelo aún es joven luego de mil años. Es difícil ver los cambios que ocurren en el suelo en el lapso de una vida humana.

Como lo muestra la **Figura 8,** el suelo maduro desarrolla capas a medida que se forma suelo nuevo encima del más viejo. Cada capa tiene características diferentes porque se agrega materia orgánica o el agua arrastra elementos y nutrientes cuesta abajo.

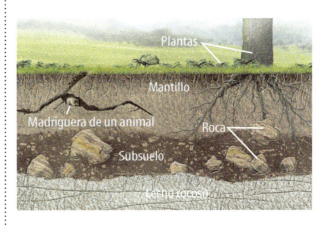

Figura 8 El suelo maduro se forma durante miles de años durante los cuales las plantas, los animales y otros procesos descomponen el lecho rocoso y el subsuelo.

Los horizontes

Sabes que el suelo es más de lo que ves cuando observas el piso. Si excavas en el suelo verás que es diferente a medida que llegas más profundo. Podrás ver suelo oscuro cerca de la superficie. El suelo que ves a mayor profundidad es de color más claro y probablemente contiene pedazos más grandes de roca. El suelo puede estar más suelto en la superficie, pero el suelo profundo es más compacto.

El suelo tiene capas, llamadas horizontes. *Los* **horizontes** *son capas de suelo formadas por el movimiento de los productos de la meteorización.* Cada horizonte tiene características que se basan en el tipo de materiales que este contiene. Los tres horizontes comunes a la mayoría de los suelos se identifican como horizonte A, horizonte B y horizonte C, como se muestra en la **Figura 9**. Cada uno puede verse algo diferente, según en donde se forma el suelo. La capa orgánica superior se llama horizonte O y el lecho rocoso no meteorizado es el horizonte R.

> **Verificación de concepto clave** ¿Qué son los horizontes del suelo?

ORIGEN DE LAS PALABRAS
horizonte
del latín *horizontem*, que significa "línea del círculo que indica el límite aparente entre el cielo y la Tierra"

Horizontes comunes del suelo

Figura 9 Los horizontes A, B y C se encuentran con frecuencia en el suelo. Algunos suelos contienen otras clases de horizontes. No todo tipo de horizonte se encuentra en todos los suelos.

Verificación visual Un horizonte contiene mucha arcilla y otro es oscuro. De estos dos horizontes, ¿cuál es el superior? Explica tu respuesta.

Horizonte A
El horizonte A es la parte del suelo que es más probable que veas cuando excavas un hueco poco profundo con tus dedos. La materia orgánica de las raíces en descomposición y la acción de los organismos del suelo con frecuencia hacen de este un horizonte excelente para cultivar plantas. Debido a que el horizonte A contiene más materia orgánica en el suelo, generalmente es más oscuro que los otros horizontes.

Horizonte B
Cuando el agua de la lluvia o de la nieve penetra a través de los poros del horizonte A, arrastra partículas de arcilla. La arcilla se deposita debajo de la capa superior y forma el horizonte B. Otros materiales también se acumulan en el horizonte B.

Horizonte C
La capa de roca madre meteorizada se llama horizonte C. La roca madre puede ser roca o sedimentos.

Propiedades y uso del suelo

Los horizontes de lugares diversos tienen propiedades diferentes. Recuerda que las propiedades son características que se usan para describir algo. En la **Tabla 2** se enumeran y describen varias propiedades del suelo. Estas determinan el mejor uso para ese suelo. Por ejemplo, el suelo joven, profundo y que tenga pocos horizontes es bueno para el crecimiento de las plantas.

Observación y medición de propiedades del suelo

Algunas propiedades del suelo se pueden determinar solo por la observación. La cantidad de arena, limo y arcilla puede calcularse tocando el suelo. Los tipos de horizontes también dan información sobre el suelo. El color de un suelo se observa fácilmente y muestra cuánta materia orgánica contiene.

Muchas propiedades se pueden medir con más precisión en el laboratorio. Las mediciones del laboratorio determinan con exactitud qué hay en cada muestra de suelo. La medición del contenido de nutrientes y del pH del suelo para determinar si es apto para cultivo o uso en jardines requiere cuidadosos análisis de laboratorio.

 Verificación de concepto clave Enumera propiedades del suelo que se puedan observar y medir.

Propiedades que sustentan la vida

Las plantas dependen de los nutrientes que provienen de la materia orgánica y de la meteorización de las rocas. Los agricultores observan el crecimiento de las plantas en el suelo para obtener información sobre los nutrientes. Los cultivos dependen menos de la meteorización para obtener nutrientes porque los granjeros en general usan fertilizantes que agregan nutrientes.

La formación del suelo a partir de la roca madre dura miles de años. El suelo que se daña o se usa mal tarda en reponer sus nutrientes. La restauración puede tomar varios periodos de vida humanos.

 Verificación de concepto clave ¿Cómo los nutrientes del suelo se relacionan con la vida?

Tabla 2 Propiedades del suelo

Color	El suelo se puede describir con base en el color, como cuán amarillo, marrón o rojo es; cuán claro o tan oscuro es; y cuán intenso es su color.
Textura	La textura del suelo varía desde pedazos del tamaño de los cantos rodados hasta arcilla muy fina.
Estructura	La estructura del suelo describe la forma de los agregados de suelo y cómo las partículas se mantienen unidas. La estructura puede ser en forma de granos, bloques o prismas.
Consistencia	La dureza o la suavidad de un suelo es la medida de su consistencia. La consistencia varía con la humedad. Por ejemplo, algunos suelos tienen consistencia suave y resbalosa cuando están húmedos.
Infiltración	La infiltración describe la rapidez a la que penetra el agua en el suelo.
Humedad del suelo	La cantidad de agua en los poros del suelo es su contenido de humedad. Los geólogos determinan la pérdida de peso mediante el secado de muestras en un horno a 100 °C. La diferencia de peso es la cantidad de humedad en el suelo.
pH	La mayoría de los suelos tienen un pH entre 5.5 y 8.2. Los suelos pueden ser más ácidos en medioambientes húmedos.
Fertilidad	La fertilidad del suelo es la medida de la capacidad de un suelo para permitir el crecimiento de plantas. La fertilidad del suelo comprende la cantidad de ciertos elementos que son esenciales para el buen crecimiento de las plantas.
Temperatura	Sobre la superficie del piso, la temperatura del suelo cambia según los ciclos diarios y el tiempo atmosférico. La temperatura del suelo en las capas inferiores cambia menos.

Tabla 2 Muchas propiedades del suelo se observan. Otras se miden. Estas propiedades pueden predecir la calidad del suelo.

Tipos de suelo de América del Norte

Figura 10 Las propiedades del suelo son diferentes en climas diversos. Existen 12 tipos principales de suelos en el mundo. América del Norte tiene casi todos los tipos de suelo.

Verificación visual ¿Qué propiedad del suelo es típica de un desierto en el suroeste?

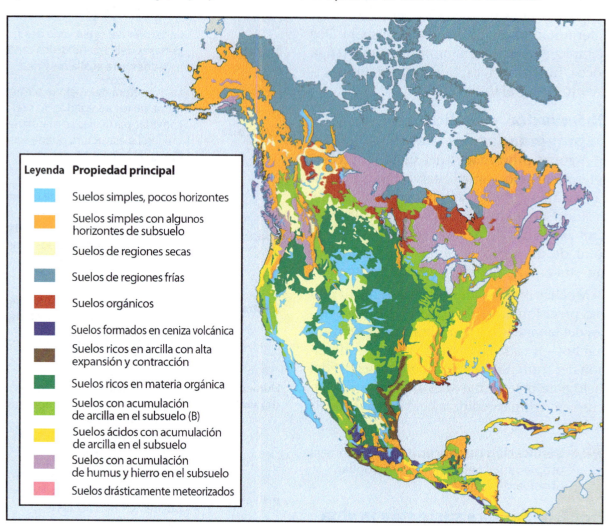

Los tipos de suelo y sus ubicaciones

Recuerda que el tipo de suelo que se forma depende en parte del clima. ¿Puedes ver cómo los tipos de suelo que se muestran en la **Figura 10** dependen del clima en donde se forman? Por ejemplo, en el norte de Canadá y Alaska y a lo largo de las cordilleras, algunos suelos permanecen congelados durante todo el año. Estos suelos son muy simples y tienen pocos horizontes. En las latitudes medias, puedes ver gran variedad de tipos de suelo y profundidades. Más allá, hacia el clima cálido y húmedo de los trópicos, los suelos están muy meteorizados. Los suelos que se forman cerca de los volcanes, como los de Alaska y California, son ácidos y contienen partículas finas de ceniza provenientes de la actividad volcánica.

Verificación de concepto clave ¿Los suelos son iguales en todas partes?

Repaso de la Lección 2

 Assessment   Online Quiz

Resumen visual

La materia inorgánica del suelo está formada por roca madre meteorizada. La materia orgánica del suelo está formada por la descomposición de cosas que alguna vez estuvieron vivas.

Los cinco factores que contribuyen a la formación del suelo son la roca madre, la topografía, el clima, la biota y el tiempo.

El suelo contiene horizontes, que son capas formadas por el movimiento de los productos de la meteorización. La mayoría de los suelos contienen horizontes A, B y C.

FOLDABLES

Usa tu modelo de papel para repasar la lección. Guarda tu modelo para el proyecto de final de capítulo.

¿Qué opinas AHORA?

Al inicio de este capítulo leíste las siguientes afirmaciones.

4. El aire y el agua están presentes en el suelo.

5. El suelo que tiene 1,000 años es suelo joven.

6. El suelo es el mismo en todos los lugares.

¿Sigues estando de acuerdo o en desacuerdo con las afirmaciones? Reescribe las afirmaciones falsas para hacerlas verdaderas.

Usar vocabulario

1 **Usa el término** *descomposición* correctamente en una oración.

2 **Explica** por qué una hoja es materia orgánica.

3 **Define** *biota* con tus propias palabras.

Entender conceptos clave

4 ¿Qué hay en el horizonte C?
   A. lecho rocoso   C. piedra meteorizada
   B. arcilla   D. material orgánico

5 **Contrasta** rocas y suelo. Enumera tres diferencias.

6 **Describe** qué llena los poros del suelo.

Interpretar gráficas

7 **Identifica** Usa el siguiente diagrama para identificar el horizonte de suelo que contiene la mayor cantidad de materia orgánica.

8 **Ordena** Copia el siguiente organizador gráfico. Comienza con la roca madre y enumera los pasos que conducen a la formación de un horizonte A.

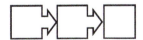

Pensamiento crítico

9 **Explica** ¿Cuáles tres cosas les suministra el suelo a las plantas?

10 **Aplica** Describe los factores de formación del suelo que hay alrededor de tu escuela.

Lección 2 **165**
EVALUAR

Investigación Laboratorio

40 minutos

Los horizontes y la formación del suelo

Materiales

tarjetas

pegamento

lápices de colores

limo

arcilla

arena

mantillo

Seguridad

El suelo, la mezcla compleja de roca meteorizada y materia orgánica parcialmente descompuesta, cubre la mayoría de las superficies de la Tierra. El suelo es distinto en lugares diferentes porque se forma a partir de rocas diferentes y en climas y topografías diversas. A medida que el suelo se desarrolla, forma capas horizontales que tienen propiedades distintas. Estas capas varían en color y en grosor. Juntas forman el perfil del suelo. ¿Cómo puedes hacer un modelo de un perfil del suelo y relacionarlo con la manera en que se formó el suelo en dicho lugar?

Preguntar
¿De qué manera el perfil del suelo en cierto lugar se determina por los factores de formación del suelo en ese lugar?

Procedimiento

1. Comenta sobre los tipos de roca, el clima y la topografía de Minnesota, Colorado y Florida. Usa materiales de referencia para obtener esta información. Anota algunas semejanzas y diferencias en tu diario de ciencias.

2. Examina el perfil del suelo de cada muestra que aparece en estas páginas. Anota algunas semejanzas y diferencias.

3. Dibuja los perfiles de las muestras y marca los horizontes A, B y C que aparecen en cada dibujo.

4. Usa lo que sabes sobre la formación del suelo y los perfiles de las muestras para plantear cómo cada horizonte de suelo se relaciona con los factores de formación del suelo.

Florida

166 Capítulo 5
EXTENDER

5. Escoge uno de los tres perfiles de suelo que se muestran en esta actividad. Usa los materiales suministrados para hacer un modelo de este perfil. Rotula el modelo con el nombre del estado y de los horizontes que observas.

6. Examina la información sobre la roca madre, el clima y la topografía del estado que escogiste. Generaliza sobre cómo los factores de formación del suelo afectan los perfiles del suelo.

Analizar y concluir

7. ¿A alguno de los perfiles le faltaba el horizonte A, B o C? Explica por qué un horizonte puede no estar presente en un perfil.

8. ¿Alguno de los horizontes era más grueso en cualquiera de los perfiles? ¿Qué podría explicar esto?

9. **La gran idea** ¿Qué mostraron tus conclusiones sobre cómo el perfil se relaciona con los factores de formación del suelo?

Comunicar resultados

Con tu clase, coloca en un mapa de Estados Unidos un modelo de perfil de suelo para cada estado trabajado. Para cada perfil, comenta qué otros estados podrían tener uno similar.

investigación Ir más allá

Selecciona un lugar en otro continente que pienses que tendría un perfil de suelo similar a uno de los perfiles examinados en esta actividad. Investiga el suelo del lugar y reporta las similitudes y diferencias entre los suelos de cada lugar. Incluye una explicación sobre por qué los suelos son diferentes.

Sugerencias para el laboratorio

☑ Verifica en qué lugar de los horizontes del suelo están el limo, la arcilla, la arena y el mantillo antes de hacer el modelo del perfil del suelo.

Minnesota

Colorado

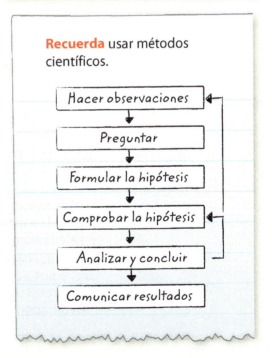

Recuerda usar métodos científicos.

- Hacer observaciones
- Preguntar
- Formular la hipótesis
- Comprobar la hipótesis
- Analizar y concluir
- Comunicar resultados

Guía de estudio del Capítulo 5

La meteorización mecánica y química rompe las rocas, e inician la formación del suelo.

Resumen de conceptos clave

Lección 1: Meteorización

- La **meteorización** actúa de manera mecánica y química y rompe las rocas.
- Mediante la acción de procesos terrestres como congelación y descongelación, la **meteorización mecánica** rompe las rocas en pedazos más pequeños.
- La **meteorización química** por agua y ácidos transforma los materiales de las rocas en materiales nuevos.

Vocabulario

meteorización pág. 149
meteorización mecánica pág. 150
meteorización química pág. 152
oxidación pág. 153

Lección 2: Suelo

- Cinco factores: la **roca madre**, el **clima**, la **topografía**, la **biota** y el tiempo, afectan la formación del suelo.
- Los **horizontes** son capas de suelo que se forman por el movimiento de los diferentes productos de la meteorización.
- El suelo se puede caracterizar según propiedades como la cantidad de **materia orgánica** y materia inorgánica.
- Las plantas dependen de ciertas características del suelo como la materia orgánica y la cantidad de meteorización.

suelo pág. 158
materia orgánica pág. 158
poro pág. 158
descomposición pág. 159
roca madre pág. 160
clima pág. 160
topografía pág. 161
biota pág. 161
horizonte pág. 162

Guía de estudio

Review
- Personal Tutor
- Vocabulary eGames
- Vocabulary eFlashcards

FOLDABLES Proyecto del capítulo

Organiza tus modelos de papel como se muestra, para hacer un proyecto de capítulo. Usa el proyecto para repasar lo que aprendiste en este capítulo.

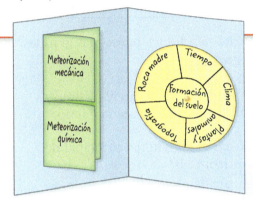

Usar vocabulario

1. Cuando la roca sufre _____, el producto son trozos más pequeños del mismo tipo de roca.

2. Los fragmentos de roca y otros materiales se combinan para formar _____.

3. La parte del suelo que proviene de plantas y animales es _____.

4. Un factor importante de formación del suelo que incluye árboles y microorganismos es _____.

5. El oxígeno se combina con otros elementos o compuestos durante el proceso de _____.

6. La forma de la tierra es su _____.

Relacionar vocabulario y conceptos clave   Concepts in Motion   Interactive Concept Map

Copia este mapa conceptual y luego usa términos de vocabulario de la página anterior para completarlo.

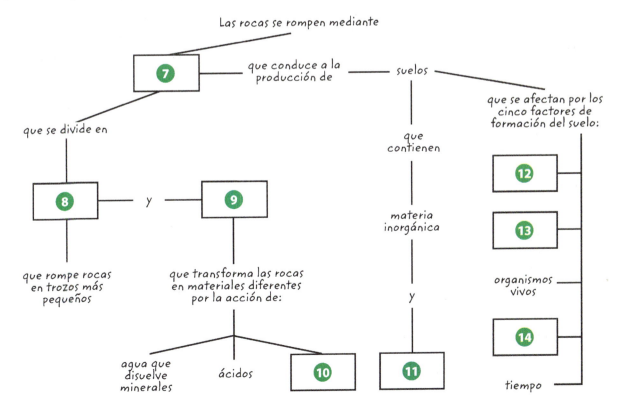

Repaso del Capítulo 5

Entender conceptos clave

1 ¿Cuál es un ejemplo de meteorización química?
   A. abrasión
   B. cuñas de hielo
   C. organismos
   D. oxidación

2 El medioambiente daña una estatua de piedra caliza. ¿Cuál tiene mayor probabilidad de haber causado el daño?
   A. ácido
   B. una raíz
   C. topografía
   D. viento

3 La siguiente imagen muestra cómo la meteorización mecánica y química transforman la roca.

¿Qué tipo de meteorización química es más probable que muestre la imagen anterior?
   A. reacciones de lluvia ácida
   B. cuña de hielo
   C. absorción de minerales
   D. presión de las raíces

4 ¿Qué tipo de clima tiene la meteorización más rápida?
   A. frío y seco
   B. frío y húmedo
   C. cálido y seco
   D. cálido y húmedo

5 ¿De qué manera la materia orgánica ayuda al suelo?
   A. Descompone las bacterias en el suelo.
   B. Retiene agua.
   C. Meteoriza y forma arcilla.
   D. Meteoriza las rocas cercanas.

6 La siguiente tabla muestra tamaños diferentes de partículas de suelo.

La arena se siente áspera.	El limo se siente suave.	La arcilla se siente pegajosa.

¿Cuál tendrá los poros más grandes?
   A. arcilla
   B. arena
   C. una mezcla de arcilla y limo
   D. una mezcla de arena y limo

7 ¿Cuál es el material principal del horizonte B?
   A. arcilla
   B. hierro
   C. materia orgánica
   D. roca madre

8 ¿Cuál afirmación es cierta acerca de los suelos en el mundo?
   A. Tienen el mismo color.
   B. Tienen la misma edad.
   C. Son diferentes de muchas maneras.
   D. Difieren solo en grosor.

9 ¿Cuál proceso hace que la gravilla de río tenga bordes redondeados?
   A. abrasión
   B. lluvia ácida
   C. cuña de hielo
   D. oxidación

10 ¿Cuál NO es una propiedad del suelo?
   A. color
   B. pH
   C. textura
   D. topografía

Repaso del capítulo

Assessment
Online Test Practice

Pensamiento crítico

11 Infiere Un estudiante observa que cuando llueve, la mayor parte del agua que cae en su jardín corre en lugar de filtrarse. ¿Es más probable que el suelo de su jardín contenga en su mayoría arcilla o arena? Explica.

12 Explica ¿De qué manera la biota que se muestra en la siguiente imagen ayuda a formar el suelo?

Mantillo

13 Explica cómo el clima ayuda a formar suelo.

14 Describe cómo se producen e identifican los horizontes del suelo.

15 Compara Las edificaciones de piedra que están cerca de las ciudades sufren más meteorización química que las edificaciones que quedan lejos de las ciudades. Explica por qué esto es cierto.

16 Resume cómo el suelo es importante para la vida.

17 Identifica cómo la meteorización química y la meteorización mecánica producen suelo.

18 Describe cómo las cuñas de hielo y las raíces de las plantas actúan de manera similar en el proceso de rompimiento de rocas.

Escritura en Ciencias

19 Escribe una historia breve que explique cómo un canto rodado grande se transforma en arena mediante la meteorización. En tu historia, incluye la meteorización mecánica y la meteorización química. Incluye ideas principales y detalles de apoyo.

REPASO LA GRAN IDEA

20 ¿Qué proceso pudo haber creado el polvo de la fotografía de inicio de capítulo?

21 ¿Cómo el polvo se pudo volver un agente de formación del suelo?

Destrezas matemáticas

Review Math Practice

Usa los datos siguientes para responder las preguntas.

Muestra de roca	Longitud	Ancho	Altura
X	8 cm	8 cm	8 cm
Y	2 cm	16 cm	16 cm

22 ¿En qué se parecen y se diferencian las áreas de superficie de la muestra de roca X y de Y?

23 ¿Cuál es el área de superficie de cada cara de la roca X? ¿De la roca Y?

24 La muestra de roca X se rompe en 8 cubos iguales.

   a. ¿Cuál es el área de superficie de cada cubo?

   b. ¿Cuál es el área de superficie total de la roca rota?

   c. ¿En qué se parece y se diferencia esta área del área de superficie original?

Práctica para la prueba estandarizada

Anota tus respuestas en la hoja de respuestas que te entregó el profesor o en una hoja de papel.

Selección múltiple

1 ¿Qué es cierto sobre la oxidación?
- **A** Es un proceso mecánico.
- **B** No ocurren cambios en la composición de la roca.
- **C** Las partes de la roca se meteorizan a diferentes tasas.
- **D** El agua entra en las grietas de la roca.

2 ¿Qué describe el término *biota*?
- **A** todos los organismos que habitan en una región
- **B** cómo los animales excavadores transforman el suelo y las rocas
- **C** la capacidad de cierto tipo de suelo para soportar vida vegetal
- **D** los restos de seres que alguna vez vivieron en el suelo

Usa la siguiente tabla para responder la pregunta 3.

Muestra de lluvia	pH
1	5.3
2	4.7
3	5.5
4	4.3

3 Algunos estudiantes recolectaron y anotaron el pH de cuatro muestras de agua lluvia en la tabla anterior. ¿Cuál muestra es la más ácida?
- **A** 1
- **B** 2
- **C** 3
- **D** 4

4 ¿Qué propiedad del suelo es una medida de la consistencia del suelo?
- **A** el contenido de humedad
- **B** su capacidad para soportar el crecimiento vegetal
- **C** su dureza o suavidad
- **D** el tamaño de sus partículas

Usa el siguiente diagrama para responder la pregunta 5.

5 ¿En qué punto del paisaje anterior encontrarías con mayor probabilidad una pila de rocas rotas y meteorizadas?
- **A** 1
- **B** 2
- **C** 3
- **D** 4

6 ¿Cuál es el rango de pH de la mayoría de los suelos?
- **A** 2.0–3.0
- **B** 4.4–7.0
- **C** 5.5–8.2
- **D** 7.5–10.5

7 El desgaste de la roca por fricción o por impacto se llama
- **A** abrasión.
- **B** descomposición.
- **C** erosión.
- **D** infiltración.

8 ¿Cuál NO es materia orgánica?
- **A** desechos animales
- **B** insectos muertos
- **C** hojas en descomposición
- **D** fragmentos minerales

Práctica para la prueba estandarizada

Assessment
Online Standardized Test Practice

Usa el siguiente diagrama para responder la pregunta 9.

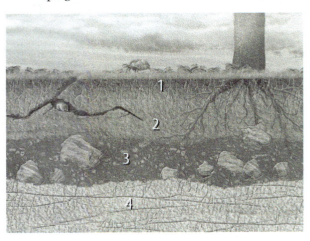

9 ¿Cuál zona ilustrada en el diagrama anterior contiene la materia más orgánica?
- **A** 1
- **B** 2
- **C** 3
- **D** 4

10 ¿Cuál es MENOS probable de meteorizar el lecho rocoso enterrado bajo capas de suelo?
- **A** abrasión
- **B** agua ácida
- **C** hielo
- **D** raíces de las plantas

11 Si el volumen fuera el mismo, ¿cuál tendría la mayor área de superficie?
- **A** arcilla
- **B** gravilla
- **C** arena
- **D** limo

Respuesta elaborada

Usa la siguiente tabla para responder las preguntas 12 y 13.

Horizonte del suelo	Descripción
O	
A	
B	la capa rica en arcilla por debajo del horizonte A.
C	
R	lecho rocoso no meteorizado que forma la roca madre del suelo.

12 Describe los horizontes O, A y C para completar la tabla anterior.

13 ¿Por qué el horizonte B es rico en arcilla?

14 ¿Cuáles son los cinco factores de la formación del suelo? Descríbelos.

15 ¿Qué son los poros del suelo? ¿Por qué son importantes?

¿NECESITAS AYUDA ADICIONAL?															
Si no pudiste responder la pregunta...	1	2	3	4	5	6	7	8	9	10	11	12	13	14	15
Pasa a la Lección...	1	2	1	2	2	2	1	2	2	1	1	2	2	2	2

Capítulo 6

Erosión y deposición

LA GRAN IDEA ¿Cómo la erosión y la deposición dan forma a la superficie terrestre?

Investigación ¿Olas de roca?

Las pendientes ondulantes de este barranco lucen como si maquinaria pesada hubiera esculpido los patrones en la roca. Pero la naturaleza formó estos patrones.

- ¿Qué ocasionó las capas de colores de la roca?
- ¿Por qué la roca tiene curvas suaves en lugar de puntas afiladas?
- ¿Cómo la erosión y la deposición formaron ondas en la roca?

Prepárate para leer

¿Qué opinas?

Antes de leer, piensa si estás de acuerdo o no con las siguientes afirmaciones. A medida que leas el capítulo, decide si cambias de opinión sobre alguna de ellas.

1. El viento, el agua, el hielo y la gravedad dan forma continuamente a la superficie terrestre.
2. Los sedimentos de diferentes tamaños tienden a mezclarse cuando el agua los transporta.
3. Una playa es un accidente geográfico que no cambia con el paso del tiempo.
4. El sedimento transportado por el viento puede cortar y pulir superficies de roca expuesta.
5. Los deslizamientos de tierra son procesos naturales que no pueden ser influenciados por actividades humanas.
6. Un glaciar deja tras de sí una tierra muy lisa a medida que se mueve por una región.

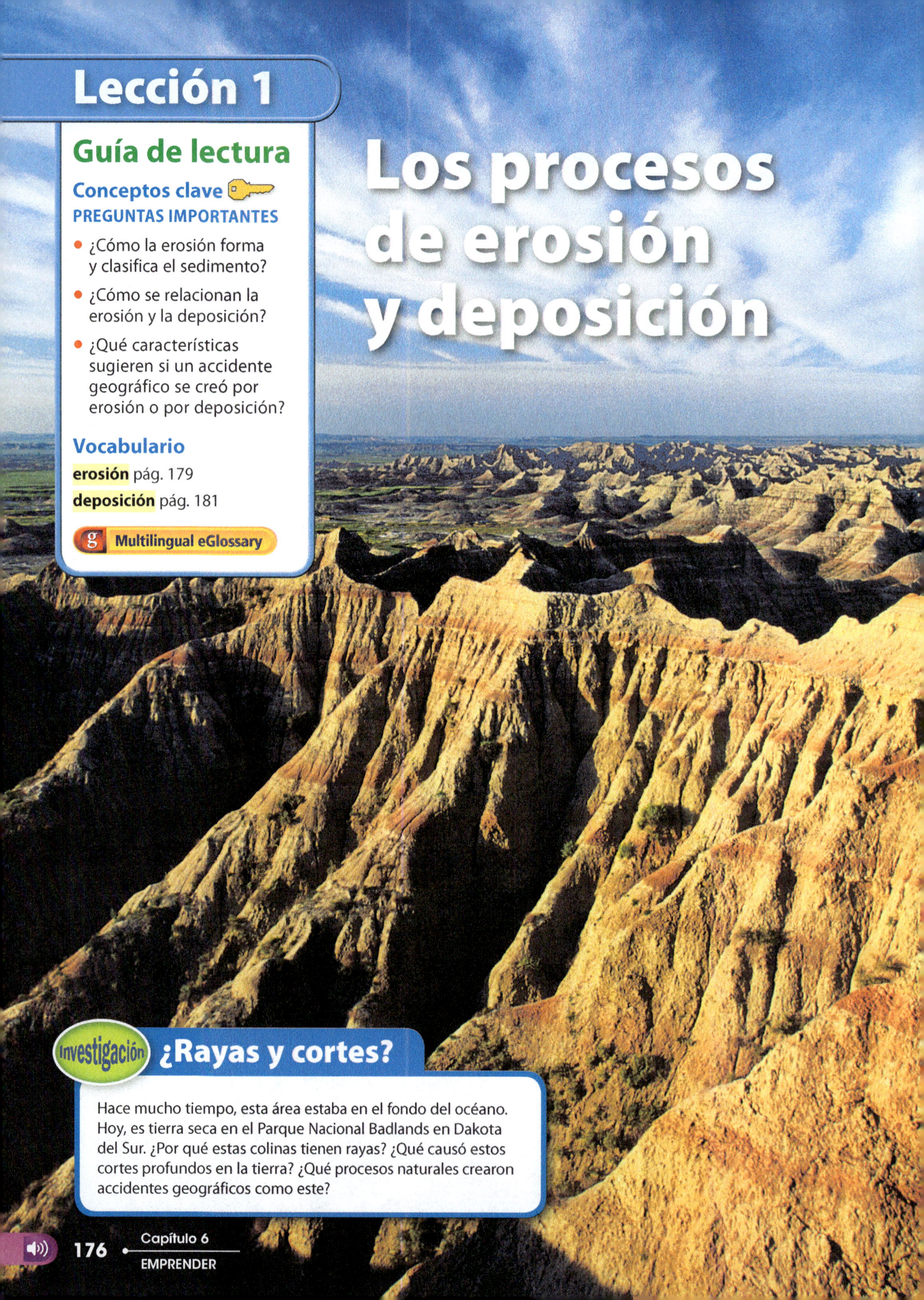

Lección 1

Guía de lectura

Conceptos clave 🔑
PREGUNTAS IMPORTANTES

- ¿Cómo la erosión forma y clasifica el sedimento?
- ¿Cómo se relacionan la erosión y la deposición?
- ¿Qué características sugieren si un accidente geográfico se creó por erosión o por deposición?

Vocabulario
erosión pág. 179
deposición pág. 181

g Multilingual eGlossary

Los procesos de erosión y deposición

Investigación ¿Rayas y cortes?

Hace mucho tiempo, esta área estaba en el fondo del océano. Hoy, es tierra seca en el Parque Nacional Badlands en Dakota del Sur. ¿Por qué estas colinas tienen rayas? ¿Qué causó estos cortes profundos en la tierra? ¿Qué procesos naturales crearon accidentes geográficos como este?

Laboratorio de inicio

10 minutos

¿En qué difieren la forma y el tamaño del sedimento?

El sedimento se forma cuando las rocas se rompen. El viento, el agua y otros factores mueven el sedimento de un lugar a otro. A medida que el sedimento se mueve, su forma y tamaño pueden cambiar. En esta actividad, observarás diferentes formas y tamaños del sedimento.

1. Lee y completa un formulario de seguridad en el laboratorio.
2. Pide a tu profesor una **bolsa de sedimento.** Vierte el sedimento sobre una hoja de **papel.**
3. Usa una **lupa** para observar las diferencias en forma y tamaño del sedimento.
4. Divide el sedimento en grupos según su tamaño y si tiene bordes redondeados o afilados.

Piensa

1. ¿Qué grupos usaste para clasificar el sedimento?
2. **Concepto clave** ¿De qué manera el movimiento por viento o agua puede afectar la forma y el tamaño del sedimento?

Reformación de la superficie terrestre

¿Has visto alguna vez bulldozers, excavadoras y camiones de volteo en un proyecto de construcción? Habrás visto al bulldozer aplanar el terreno y formar una superficie plana o empujar la tierra y formar colinas. Una excavadora habrá abierto zanjas profundas para colocar la tubería de agua y alcantarillado. Los camiones de volteo habrán volcado gravilla u otros materiales de construcción en pilas pequeñas. Los cambios que las personas le hacen al paisaje en un sitio de construcción son ejemplos pequeños de lo que ocurre de manera natural en la superficie terrestre.

La combinación de **procesos** constructivos y destructivos produce accidentes geográficos. Los procesos constructivos desarrollan las características sobre la superficie terrestre. Por ejemplo, la lava de un volcán en erupción se endurece y forma tierra nueva sobre la zona donde la lava cae. Los procesos destructivos derriban las características de la superficie terrestre. Un huracán fuerte, por ejemplo, puede arrastrar parte del litoral hacia el mar. Los procesos constructivos y destructivos forman y reforman continuamente la superficie de la Tierra.

VOCABULARIO ACADÉMICO

proceso
(sustantivo) eventos continuos o series de eventos relacionados

Meteorización, erosión y deposición

Figura 1 La meteorización, la erosión y la deposición continuas de sedimento ocurren desde la cima de una montaña y a lo largo de la superficie terrestre hasta el océano distante.

Meteorización es el rompimiento de roca. La meteorización química cambia la composición mineral de la roca. La meteorización física rompe la roca en trozos pequeños sin cambiar su composición.

✓ **Verificación visual**
¿De qué manera la meteorización y la erosión afectarán las montañas en los siguientes mil años?

Un proceso de cambio continuo

Imagina que estás sobre una montaña, como la que se muestra en la **Figura 1.** En la distancia, podrías ver un río o un océano. ¿Cómo era esta zona hace miles de años? ¿Las montañas aún estarán acá dentro de miles de años? El paisaje de la Tierra cambia constantemente, pero con frecuencia los cambios ocurren tan lentamente que no los notas. ¿Qué causa estos cambios?

La meteorización

Un tipo de proceso destructivo que cambia la superficie terrestre es la meteorización: la descomposición de la roca. La meteorización química cambia la composición química de la roca. La meteorización física rompe las rocas en pedazos llamados sedimentos, pero no cambia la composición química de la roca. La gravilla, la arena, el limo y la arcilla son sedimentos de diferentes tamaños.

Figura 2 Las velocidades diferentes de meteorización de la roca pueden producir formaciones rocosas poco usuales.

Agentes de meteorización El agua, el viento y el hielo se conocen como agentes, o causas, de meteorización. El agua, por ejemplo, puede disolver minerales de la roca. El viento puede moler y pulir rocas al soplar partículas contra ellas. Además, una roca puede romperse a medida que el hielo se expande o las raíces de las plantas crecen dentro de las grietas de la roca.

Diferentes velocidades de meteorización La composición mineral de algunas rocas las hace más resistentes a la meteorización que otras. Las diferencias en las velocidades de meteorización pueden producir accidentes geográficos inusuales, como se muestra en la **Figura 2.** La meteorización puede desprender las partes menos resistentes de la roca y dejar las partes más resistentes.

La erosión es el desgaste de los accidentes geográficos y el transporte de fragmentos de roca. Este río está turbio debido a los sedimentos que transporta.

La deposición es el asentamiento de sedimentos por el agua, el viento, los glaciares o la gravedad.

La erosión

¿Qué le ocurre al material meteorizado? Con frecuencia, es transportado lejos de su roca de origen. **Erosión** *es el transporte de material meteorizado de un lugar a otro.* Los agentes de erosión incluyen el agua, el viento, los glaciares y la gravedad. El agua turbia de la **Figura 1,** es prueba de erosión.

Velocidad de la erosión Al igual que la meteorización, la erosión ocurre a diferentes velocidades. Por ejemplo, un río de curso veloz erosiona gran cantidad de material muy rápido, mientras que uno de curso lento erosionará una pequeña cantidad de material lentamente. Los factores que afectan la velocidad de erosión incluyen tiempo atmosférico, clima, topografía y tipo de roca. El viento fuerte transporta rocas meteorizadas con más facilidad que la brisa suave. Estas rocas se mueven más rápido bajando por una pendiente empinada que por una zona plana. La presencia de plantas y el uso humano del suelo también afecta la velocidad de erosión. Esta ocurre más rápido en tierra árida que en tierra cubierta con vegetación.

Verificación de la lectura ¿Qué factores afectan la velocidad de erosión?

Investigación MiniLab
15 minutos

¿Puede medirse la meteorización?

Puedes medir la meteorización de las rocas.

1. Lee y completa un formulario de seguridad en el laboratorio.
2. Consigue **trozos de roca partida.** Enjuaga las rocas y sécalas completamente con **toallas de papel.**
3. Mide la masa de la roca con una **balanza.** Anota tus datos en tu diario de ciencias.
4. Introduce las rocas en una **botella de plástico.** Cubre las rocas con agua y sella la botella. Agita la botella vigorosamente durante 5 minutos.
5. Enjuaga las rocas y sécalas completamente con toallas de papel. De nuevo, anota su masa.

Analizar y concluir

1. **Compara y contrasta** la masa de las rocas antes y después de enjuagar.
2. **Concepto clave** ¿Qué evidencia sugiere que ha ocurrido meteorización?

Figura 3 La erosión puede transformar rocas poco redondeadas (arriba) en rocas bien redondeadas (abajo).

Velocidad de erosión y tipo de roca A veces la velocidad de erosión depende del tipo de roca. La meteorización puede romper en trozos grandes algunos tipos de roca, como la arenisca. Otro tipo de rocas, como la pizarra arcillosa o la limolita, se rompen fácilmente en trozos pequeños. Estos se pueden retirar y transportar rápidamente por agentes erosivos. Por ejemplo, las rocas grandes en los ríos se mueven distancias cortas en pocas décadas, pero las partículas de limo pueden moverse un kilómetro o más cada día.

Redondeado Los fragmentos de roca chocan entre sí durante la erosión. Cuando esto ocurre, las formas de los fragmentos pueden cambiar. Los fragmentos de roca oscilan entre poco redondeados a bien redondeados. Cuanto más esférica y redonda sea una roca, significa que ha sido más pulida durante la erosión. Los bordes rugosos se desprenden a medida que los fragmentos de roca chocan entre sí. En la **Figura 3** se muestran las diferencias en el redondeado del sedimento.

 Verificación de concepto clave ¿Cómo afecta la erosión la forma del sedimento?

Clasificación La erosión también afecta el grado de clasificación del sedimento. La clasificación es la separación de partículas en grupos según una o más propiedades. A medida que el sedimento se transporta, puede clasificarse según el tamaño del grano, como se muestra en la **Figura 4.** El sedimento está bien clasificado cuando el viento o las olas lo han movido mucho. El sedimento pobremente clasificado es el resultado del transporte rápido, como durante una tormenta, una inundación o una erupción volcánica. El sedimento en los bordes de los glaciares también está pobremente clasificado.

 Verificación de concepto clave ¿Cómo la erosión clasifica el sedimento?

Clasificación del sedimento según el tamaño

Figura 4 La erosión puede clasificar el sedimento según su tamaño.

El sedimento **pobremente clasificado** tiene un rango amplio de tamaños.

El sedimento **moderadamente clasificado** tiene un rango pequeño de tamaños.

El sedimento **bien clasificado** es casi del mismo tamaño.

La deposición

Has leído sobre dos procesos destructivos que dan forma a la superficie terrestre: la meteorización y la erosión. Después de que el material se ha erosionado, se inicia un proceso constructivo. La **deposición** es *el establecimiento o asentamiento de material erosionado*. A medida que el agua y el viento disminuyen de velocidad, tienen menos energía y pueden contener menos sedimento. Entonces, parte del sedimento puede establecerse o depositarse.

> **ORIGEN DE LAS PALABRAS**
> **deposición**
> del francés *deposer,* que significa "depositar"

 Verificación de concepto clave ¿Cómo se relacionan la erosión y la deposición?

Ambientes deposicionales El sedimento se deposita en lugares llamados ambientes deposicionales. Estos lugares están en la tierra, a lo largo de las costas o en los océanos. Los ejemplos incluyen **ciénagas,** deltas, playas y fondo oceánico.

 Verificación de la lectura ¿Qué es un ambiente deposicional?

Los ambientes donde el sedimento se transporta y deposita rápidamente son medioambientes de alta energía. Algunos ejemplos incluyen ríos torrentosos, costas oceánicas con olas grandes, y desiertos con vientos fuertes. Los granos grandes de sedimento tienden a depositarse en ambientes de alta energía.

> **REPASO DE VOCABULARIO**
> **ciénaga**
> un humedal ocasional o parcialmente cubierto de agua

Los pequeños granos de sedimento con frecuencia se depositan en ambientes de baja energía. Los lagos profundos y las zonas de aire o agua de movimiento lento son ambientes de baja energía. La ciénaga que se muestra en la **Figura 5,** es un ejemplo de ambiente de energía baja. El material que compone una roca sedimentaria de grano fino, como pizarra arcillosa, probablemente se depositó en un ambiente de baja energía.

Capas de sedimento El sedimento que se deposita en el agua normalmente forma capas llamadas estratos. Algunos ejemplos de estratos se ven como "rayas" en la fotografía de inicio de esta lección. Los estratos se forman, con frecuencia, como capas de sedimento en el fondo de ríos, lagos y océanos. Estas capas pueden preservarse en rocas sedimentarias.

Figura 5 El limo y la arcilla se depositan en ambientes de baja energía como las ciénagas. Los depósitos de las ciénagas también incluyen materia orgánica oscura proveniente de árboles y otras plantas en descomposición.

Un ambiente deposicional de baja energía

Figura 6 Las características elevadas, pendientes y algo afiladas que se muestran en estas fotografías son frecuentes en accidentes geográficos esculpidos por la erosión.

①
Las colinas cónicas en el Desierto Pintado de Arizona

②
Pináculos de erosión en el Parque Nacional Bryce Canyon

③
Parque Nacional de los Glaciares, en Montana

✓ **Verificación visual** ¿De qué manera el paso de los glaciares a través de estas montañas cambia la forma de los valles?

La interpretación de accidentes geográficos

¿Qué sugieren las características de los accidentes geográficos como estructura, elevación y exposición de la roca acerca de su desarrollo? Ejemplos de accidentes geográficos incluyen montañas, valles, llanuras, acantilados y playas. Estos accidentes geográficos cambian permanentemente, aunque no observes dichos cambios durante tu vida. Las características de los accidentes geográficos se pueden ver para determinar si fuerzas destructivas, como la erosión, o constructivas, como la deposición, los produjeron.

Accidentes geográficos creados por erosión

Los accidentes geográficos pueden tener características claramente formadas por la erosión. Estos, con frecuencia, son estructuras altas, dentadas y cortes en capas de roca, como se muestra en las fotografías de la **Figura 6**.

① Los accidentes geográficos formados por erosión pueden exponer varias capas de roca. Las colinas cónicas en el Desierto Pintado de Arizona tienen varias capas de materiales diferentes. Con el tiempo, la erosión desgastó partes de la tierra y dejó colinas aisladas multicolores.

② Recuerda que velocidades diferentes de erosión pueden producir accidentes geográficos inusuales cuando algunas rocas se erosionan y dejan rocas más resistentes al desgaste. Por ejemplo, en la **Figura 6,** se muestran accidentes geográficos altos y protuberantes llamados pináculos de erosión. Con el tiempo, el agua y el hielo erosionan la roca sedimentaria menos resistente. Las rocas restantes son más resistentes. Si quieres examinar de cerca los pináculos de erosión, observa de nuevo la **Figura 2.**

③ La erosión glaciar y la costera también forman accidentes geográficos únicos. La erosión glaciar puede producir características esculpidas en hielo en las montañas. Los valles en forma de U del Parque Nacional de los Glaciares en Montana, que se muestra en la fotografía inferior, se formaron por la erosión glaciar. La erosión costera forma pintorescos accidentes geográficos, tales como acantilados, cuevas y arcos marinos.

Accidentes geográficos creados por deposición

Los accidentes geográficos creados por deposición son, en general, planos y bajos. La deposición del viento puede gradualmente formar desiertos de arena. También ocurre deposición donde ríos de montañas alcanzan las pendientes suaves de valles amplios y planos. Con frecuencia se forma una planicie de sedimento, llamada abanico aluvial, donde fluye un río desde un cañón empinado y angosto hacia una llanura en el pie de la montaña, como se muestra en la **Figura 7.**

Verificación de la lectura ¿Cómo se desarrolla un abanico aluvial?

El agua que viaja en un río puede desacelerar debido a la fricción con los bordes y el fondo del cauce del río. Un aumento en el ancho o en la profundidad del cauce también puede desacelerar la corriente y promover la deposición. La deposición a lo largo del lecho del río ocurre cuando la velocidad del agua disminuye. Esta deposición puede formar una barra de arena, como se muestra en la **Figura 8.** El punto final de la mayoría de los ríos es cuando llegan a un lago o a un océano y depositan sedimento bajo el agua. La acción de las olas a lo largo del litoral también mueve y deposita sedimento.

◀ **Figura 7** Un abanico aluvial es una masa de sedimento que desciende con suavidad y se forma en donde un río alcanza una planicie al pie de una pendiente empinada.

◀ **Figura 8** Una barra de arena es una característica deposicional en ríos y cerca de las costas del océano.

A medida que los glaciares se derriten, pueden dejar tras de sí pilas de sedimento y roca. Por ejemplo, los glaciares pueden crear depósitos largos y estrechos llamados eskers y morrenas. En Estados Unidos, estas características están mejor preservadas en estados del norte como Wisconsin y Nueva York. Leerás más acerca de la deposición glaciar en la Lección 3.

Comparación de accidentes geográficos

Observa de nuevo los accidentes geográficos de la **Figura 6, Figura 7** y **Figura 8.** Nota que los accidentes geográficos producidos por erosión y deposición son diferentes. La erosión produce, con frecuencia, formas altas y dentadas, pero la deposición produce, generalmente, formas en terrenos planos y bajos. Al observar las características de un accidente geográfico, puedes inferir si fue producido por erosión o por deposición.

Verificación de concepto clave ¿Qué características sugieren si un accidente geográfico se produjo por erosión o deposición?

FOLDABLES

Haz un boletín con dos solapas y rotúlalo como se muestra. Úsalo para describir e identificar algunos accidentes geográficos creados por los procesos de erosión y deposición.

Accidentes geográficos creados por
Erosión | Deposición

Lección 1
EXPLICAR
183

Repaso de la Lección 1

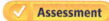 Assessment Online Quiz

Resumen visual

La erosión ocurre a velocidades diferentes y puede esculpir la roca en formas interesantes.

Los fragmentos de roca que tienen bordes rugosos se redondean durante el transporte.

Los accidentes geográficos producidos durante la deposición son, con frecuencia, planos y bajos.

FOLDABLES
Usa tu modelo de papel para repasar la lección. Guarda tu modelo para el proyecto de final de capítulo.

¿Qué opinas AHORA?

Al inicio de este capítulo leíste las siguientes afirmaciones.

1. El viento, el agua, el hielo y la gravedad dan forma continuamente a la superficie terrestre.

2. Los sedimentos de diferentes tamaños tienden a mezclarse cuando el agua los transporta.

¿Sigues estando de acuerdo o en desacuerdo con las afirmaciones? Reescribe las afirmaciones falsas para hacerlas verdaderas.

Usar vocabulario

1. **Define** *deposición* con tus propias palabras.

2. **Usa el término** *erosión* en una oración completa.

Entender conceptos clave

3. ¿Cuál deja atrás, con mayor probabilidad, sedimento bien clasificado?
   A. inundación repentina
   B. glaciar derritiéndose
   C. olas oceánicas
   D. erupción volcánica

4. **Describe** algunas características de un abanico aluvial que sugieran que se formó por deposición.

5. **Explica** cómo se relacionan la erosión y la deposición causadas por un río.

Interpretar gráficas

6. **Examina** la siguiente ilustración de tamaños de partículas de sedimento.

A 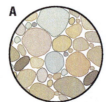   B   C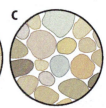

Clasifica cada conjunto de partículas como bien clasificadas, moderadamente clasificadas y pobremente clasificadas. Explica.

7. **Ordena** Copia y llena el siguiente organizador gráfico para describir la posible historia de un grano de mineral de cuarzo que comienza como un pedrusco en la cima de una montaña y termina como un grano de arena en la costa.

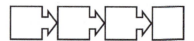

Pensamiento crítico

8. **Decide** Imagina un río que solo deposita partículas pequeñas donde desemboca en el mar. ¿Es más probable que la corriente del río fluya rápido o lento? ¿Por qué?

Pistas desde el Cañón

CÓMO FUNCIONA LA NATURALEZA

Las rocas del majestuoso Gran Cañón cuentan una historia sobre el pasado de la Tierra.

Los visitantes del Gran Cañón en Arizona se impresionan por su imponente tamaño y profundidad. Pero, para muchos científicos las paredes del cañón son todavía más admirables. Las enormes paredes contienen cerca de 40 capas de rocas coloridas en tonos de rojo, amarillo, marrón y gris. Cada capa es como una página de un libro de historia sobre el pasado de la Tierra y, cuanto más abajo se encuentra la capa, más vieja es. Las diferentes capas reflejan los ambientes particulares en que se formaron.

Meteorización Actualmente, las paredes del cañón continúan sufriendo meteorización y erosión. Son comunes los desprendimientos de rocas y los deslizamientos de tierra. La roca dura como la arenisca se meteoriza en trozos grandes que se desprenden y forman acantilados empinados. Las rocas blandas se meteorizan y erosionan más fácil. Esto forma pendientes suaves.

Deposición Estas capas de roca se formaron desde hace 260 a 280 millones de años. Durante el inicio de este periodo, la región estaba cubierta por dunas de arena y capas de arena que el viento depositó. Luego, mares poco profundos cubrieron la zona y en el fondo marino se depositaron capas de conchas. Gradualmente, los sedimentos se compactaron y cementaron, y se formaron estas capas multicolores de roca sedimentaria.

Erosión Hace varios millones de años, el movimiento de las placas tectónicas empujó hacia arriba las capas de roca. Esto formó lo que se conoce como la Meseta del Colorado. A medida que las rocas se elevaban cada vez más, la inclinación del río Colorado se hizo más pronunciada y sus aguas fluyeron más rápido y con mayor fuerza. El río Colorado se abrió camino a través de la roca meteorizada y arrastró sedimento. Con el paso de millones de años, esta erosión formó el cañón.

Te toca a ti

DIAGRAMA Con un compañero, encuentra una fotografía de un accidente geográfico natural local. Indaga y escribe una descripción corta que explique cómo se crearon partes de la formación. Inserta tus descripciones en la parte adecuada de la fotografía.

Lección 2

Guía de lectura

Conceptos clave 🗝
PREGUNTAS IMPORTANTES

- ¿Cuáles son las etapas del desarrollo de un río?
- ¿De qué manera la erosión y la deposición por agua cambian la superficie terrestre?
- ¿De qué manera la erosión y la deposición por viento cambian la superficie terrestre?

Vocabulario
meandro pág. 188
corriente costera pág. 189
delta pág. 190
abrasión pág. 192
duna pág. 192
loess pág. 192

 Multilingual eGlossary

 Video
What's Science Got to do With It?

Accidentes geográficos formados por agua y viento

Investigación ¿Río retorcido?

A medida que un río fluye por una montaña, lo hace, usualmente, en la misma dirección general. ¿Qué ocasiona que este río fluya de lado a lado? ¿Por qué no fluye en una trayectoria recta?

Laboratorio de inicio

15 minutos

¿Cómo el agua y el viento dan forma a la Tierra?

Imagina un río torrentoso que se precipita contra las rocas o un viento fuerte que sopla por un campo. ¿Qué cambios le causan a la Tierra el agua y el viento?

1. Formen grupos. Comenta sobre las siguientes fotografías con otros compañeros de tu grupo.

2. ¿Puedes reconocer evidencia sobre cómo el agua y el viento han cambiado la tierra mediante erosión y deposición?

Accidentes geográficos formados por el agua y el viento

Piensa

1. ¿Cuáles son algunos ejemplos de erosión y deposición en las fotografías?

2. **Concepto clave** Describe formas en que el agua pudo haber cambiado la tierra en las fotografías. ¿De qué maneras el viento pudo haber cambiado la tierra?

Dar forma a la tierra con agua y viento

Recuerda que los accidentes geográficos de la superficie terrestre sufren cambios continuos. La meteorización y la erosión son procesos destructivos que dan forma a la superficie de la Tierra. Estos procesos destructivos con frecuencia producen accidentes geográficos elevados y dentados. La deposición es un proceso constructivo que también le da forma a la superficie terrestre. Los procesos constructivos producen, con frecuencia, accidentes geográficos planos y bajos.

¿Qué ocasiona estos procesos que continuamente derriban y construyen la superficie terrestre? En esta lección leerás que el agua y el viento son dos agentes importantes de meteorización, erosión y deposición. Los acantilados que se muestran en la **Figura 9** son un ejemplo de cómo la erosión por agua y viento pueden cambiar la forma de accidentes geográficos. En la siguiente lección leerás sobre las maneras en que la superficie terrestre cambia por el movimiento cuesta abajo de rocas y suelo y por el movimiento de glaciares.

Figura 9 La erosión por agua y viento formó estos acantilados a lo largo del Lago Superior.

Lección 2
EXPLORAR
187

Figura 10 La erosión por agua esculpió este valle en forma de V en Lower Falls, Parque Nacional de Yellowstone, en Wyoming.

FOLDABLES

Haz un boletín con dos solapas y rotúlalo como se muestra. Úsalo para organizar información sobre los accidentes geográficos y las características creadas por erosión y deposición por agua y viento.

Erosión y deposición por agua

El agua puede dar forma a accidentes geográficos sobre y debajo de la superficie terrestre. La velocidad del agua y los ambientes deposicionales afectan la forma de los accidentes geográficos.

Erosión por agua

Si alguna vez has tenido la oportunidad de caminar dentro del mar y sentir las olas que llegan a la costa, sabes que el agua en movimiento puede ser increíblemente fuerte. El agua en movimiento causa erosión a lo largo de los ríos, en las playas y en el subsuelo.

Erosión por río Los ríos son sistemas activos que erosionan la tierra y transportan sedimentos. La erosión que causa un río depende de la energía de este. Esta energía es muy fuerte en zonas empinadas y montañosas, donde los ríos jóvenes fluyen rápido. El agua en movimiento con frecuencia esculpe valles en forma de V, como el que se muestra en la **Figura 10.** Las cascadas y los rápidos son frecuentes en los ríos de montañas empinadas.

El agua de un río joven desacelera cuando llega a pendientes suaves. Entonces el río recibe el nombre de río maduro, como el que se muestra en la **Figura 11.** El agua que se mueve lentamente erosiona más los lados del lecho que el fondo, y el río crea curvas. *Un* **meandro** *es una curva pronunciada en forma de C en una corriente de agua.*

Cuando un río llega a tierra plana, se mueve todavía más despacio y recibe el nombre de río viejo. Con el tiempo, los meandros cambian de forma. En el exterior de la curva ocurre más erosión porque el agua fluye más rápido. En el interior de la curva ocurre más deposición, pues el agua fluye más despacio. Con el tiempo, aumenta el tamaño del meandro.

Verificación de concepto clave Describe las etapas de desarrollo de un río.

Etapas de desarrollo de un río

Figura 11 Los ríos cambian a medida que fluyen desde pendientes empinadas hacia pendientes suaves y finalmente hacia llanuras.

Río joven

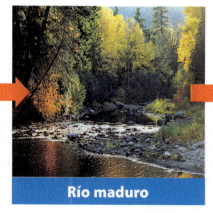
Río maduro

Río viejo

Erosión por corriente costera

Dirección de la ola Las olas por lo general se acercan a la costa formando un ángulo.

Trayectoria de la arena Las olas mueven arena hacia la costa formando un ángulo. La arena se aleja de manera perpendicular a la costa.

Transporte costero El resultado final es que la arena se mueve a lo largo de la costa en la dirección de la corriente costera.

Corriente costera El flujo del agua es paralelo a la costa.

Erosión costera Al igual que los ríos, los litorales cambian continuamente. Las olas que se estrellan contra la costa erosionan arena suelta, gravilla y roca a lo largo del litoral. Un tipo de erosión costera se muestra en la **Figura 12.** *Una* **corriente costera** *es una corriente que fluye paralela a la costa.* Esta corriente mueve sedimento y cambia continuamente el tamaño y la forma de las playas. También ocurre erosión costera cuando la acción cortante de las olas a lo largo de las costas rocosas forma acantilados marinos. Características de la erosión como cuevas, columnas marinas (pilares elevados cerca de la costa) y arcos marinos (puentes de roca que se extienden mar adentro) pueden formarse cuando las olas erosionan rocas menos resistentes a lo largo de la costa.

▶ **Verificación de concepto clave** ¿Cómo la erosión por agua cambia la superficie terrestre?

Erosión por agua subterránea El agua que fluye bajo la tierra también puede erosionar rocas. ¿Te has preguntado alguna vez cómo se forman las cuevas? Cuando el dióxido de carbono del aire se mezcla con el agua de lluvia, se forma un ácido débil. Parte del agua de lluvia se vuelve agua subterránea. A medida que el agua ácida se filtra entre la roca y el suelo, puede atravesar capas de piedra caliza. El agua ácida disuelve y arrastra la piedra caliza, hasta formar una cueva, como se muestra en la **Figura 13.**

✓ **Verificación de la lectura** ¿Cómo la erosión por agua forma una cueva?

▲ **Figura 12** Una corriente costera erosiona y deposita grandes cantidades de sedimento a lo largo de la costa.

Verificación visual ¿Qué causa que la arena se aleje de manera perpendicular a la costa?

▲ **Figura 13** Las cavernas Carlsbad en Nuevo México se formaron por la erosión por agua.

Lección 2
EXPLICAR

Figura 14 Este delta se formó por deposición de sedimento cuando el agua fluyó desde un río hacia un océano.

MiniLab
20 minutos

¿Cómo se forman las estalactitas?

Una estalactita se forma cuando los minerales se depositan como cristales. En este laboratorio, modelarás la formación de una estalactita.

1. Lee y completa un formulario de seguridad en el laboratorio.
2. Usa **tijeras** para abrir un agujero en el fondo de un **vaso pequeño de papel.**

3. Amarra una **arandela** a un extremo de un trozo de **lana** de 25 cm de largo. Enhebra el otro extremo a través del agujero del vaso y del agujero de la parte superior de una **caja.** Coloca el vaso sobre la caja con los agujeros alineados.
4. Llena hasta la mitad **otro vaso** con **sales de Epson.** Añade **agua caliente** hasta que el vaso esté lleno. Revuelve con una **cuchara.** Vierte el agua con sal en el vaso con la lana, de manera que gotee por la lana a un **tazón.**
5. Anota en tu diario de ciencias tus observaciones sobre el modelo, todos los días durante una semana.

Analizar y concluir
1. **Describe** los cambios diarios que sufre tu modelo.
2. **Concepto clave** ¿Cómo representó esta actividad la formación de una estalactita?

Deposición por agua

El agua que fluye deposita sedimento a medida que desacelera. La pérdida de velocidad reduce la cantidad de energía que tiene el agua para transportar sedimento.

Deposición a lo largo de los ríos La deposición por un río puede ocurrir en cualquier punto de su trayectoria donde la velocidad del agua disminuye. Como leíste antes, en el interior de las curvas de los meandros se deposita sedimento, pues el agua se mueve despacio. Un río también desacelera y deposita sedimento cuando llega a tierra plana o a un cuerpo grande de agua, como un lago o un océano. Un ejemplo es el delta de la **Figura 14.** Un **delta** *es un depósito grande de sedimento que se forma donde un río entra a un cuerpo grande de agua.*

Deposición a lo largo de los litorales Los ríos depositan mucha de la arena en las playas oceánicas. Las corrientes costeras transportan la arena a lo largo de los litorales. Con el tiempo, la arena se deposita donde las corrientes son más lentas y tienen menos energía. Allí se desarrollan playas arenosas.

> **Verificación de concepto clave** ¿Cómo cambia la superficie terrestre por la deposición por agua?

Deposición por agua subterránea La meteorización y la erosión producen cuevas, y la deposición forma muchas estructuras dentro de las cuevas. Observa de nuevo la **Figura 13.** La cueva contiene accidentes geográficos formados por la deposición de minerales mediante el goteo de agua subterránea. Con el tiempo, los depósitos se volvieron estalactitas y estalagmitas. Las estalactitas cuelgan del techo. Las estalagmitas se forman sobre el suelo de la cueva.

El uso de la tierra

La manera en que la gente usa la tierra puede afectar el daño que causa la erosión por agua. Dos zonas de preocupación son las playas a lo largo de las costas y las zonas de superficie en los interiores continentales.

Erosión en las playas Las olas oceánicas pueden erosionar las playas al remover el sedimento. Para reducir esta erosión, las personas, algunas veces, construyen estructuras como muros de contención, o escolleras, como las que se muestran en la **Figura 15**. Una hilera de escolleras se construye en ángulo recto con respecto a la costa. Se levantan para atrapar sedimento y reducir los efectos erosivos de las corrientes costeras.

Las personas afectan las playas de manera no deliberada. Por ejemplo, construyen represas en los ríos con fines de control de inundaciones y por otras razones. Sin embargo, las represas de los ríos evitan que la arena del río llegue a las playas. Entonces, la arena de la playa que las olas arrastran hacia el mar no se repone.

Erosión superficial Reducir la cantidad de vegetación o retirarla del suelo aumenta la erosión de la superficie. La producción agrícola, las actividades de construcción y la tala de árboles para aserraderos y producción de papel son algunas de la razones por las cuales la gente retira la vegetación.

✅ **Verificación de la lectura** ¿Cuáles son algunas maneras como las actividades humanas afectan la erosión por agua?

▲ **Figura 15** Estas escolleras costeras previenen la erosión de la playa al atrapar sedimento.

Una llanura de inundación es una zona ancha y plana ubicada al lado de un río. Generalmente es tierra seca, pero puede inundarse cuando el río se desborda. Las lluvias intensas o la nieve que se derrite rápido pueden hacer que un río provoque una inundación. Construir en una llanura de inundación es arriesgado, como se muestra en la **Figura 16.** Sin embargo, las inundaciones proveen un suelo rico en minerales ideal para la agricultura. Una manera para disminuir la inundación en una llanura de inundación es construir un dique. Un dique es un muro de tierra bajo que se construye a lo largo de un río. Sin embargo, disminuir las inundaciones también disminuye la renovación del suministro de suelo rico en minerales para la agricultura.

◀ **Figura 16** En 2005, este dique se rompió en Nueva Orleans y causó mucho daño debido a la inundación.

▲ **Figura 17** La abrasión del viento esculpió este accidente geográfico inusual en la arenisca roja de la región del Valle de Fuego, en Nevada.

Erosión y deposición eólicas

Cuando piensas en el viento suave que mece las hojas en el otoño, parece poco probable que ese viento pueda causar erosión de la tierra y deposición. Pero los vientos fuertes y prolongados pueden cambiar de manera significativa la tierra.

Erosión eólica

El sedimento corta y pule la roca expuesta a medida que viaja con el viento. *La **abrasión** es el desgaste de una roca o de otras superficies a medida que las partículas transportadas por el viento, el agua o el hielo las raspan.* Ejemplos de superficies de roca esculpida por la abrasión del viento se muestran en la **Figura 17** y al inicio de este capítulo.

Deposición eólica

Dos tipos comunes de depósitos transportados por el viento son las dunas y los loess. *Una **duna** es un montículo de arena que el viento transporta.* Con el tiempo, campos enteros de dunas pueden viajar por la tierra a medida que el viento continúa transportando la arena. Algunas dunas se muestran en la **Figura 18.** *Un **loess** es un depósito quebradizo de limo y arcilla transportado por el viento.* Un tipo de loess se forma a partir de roca que los glaciares molieron y depositaron. El viento recoge este sedimento de grano fino y lo vuelve a depositar en capas gruesas de polvo llamadas loess.

> **Verificación de concepto clave** ¿Cómo cambian la superficie terrestre la erosión y deposición eólicas?

El uso del suelo

La gente contribuye a la erosión eólica. Por ejemplo, los campos arados y las praderas secas con sobrepastoreo exponen el suelo. Vientos fuertes pueden remover la capa más superficial del suelo que las plantas no mantienen en su lugar. Una manera de disminuir los efectos de la erosión eólica es no arar los campos después de la cosecha. Los agricultores también pueden sembrar hileras de árboles para desacelerar el viento y proteger las tierras de cultivo.

ORIGEN DE LAS PALABRAS

loess
del alemán de Suiza *Lösch*, que significa "suelto"

Figura 18 Dunas como estas en el Valle de la Muerte, en California, se formaron por la deposición de arena transportada por el viento. ▶

✓ **Verificación visual** ¿Cuáles son dos efectos del viento en este paisaje?

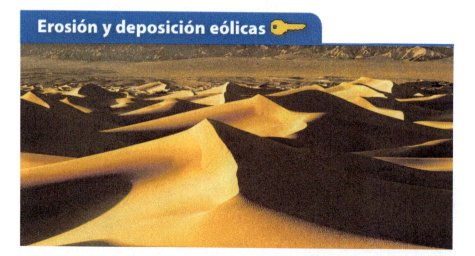

Erosión y deposición eólicas

Repaso de la Lección 2

 Assessment — Online Quiz
 Inquiry — Virtual Lab

Resumen visual

La erosión por agua cambia la superficie terrestre. Un ejemplo de esto es el cambio en las características de un río con el paso del tiempo.

El agua transporta sedimento y lo deposita en lugares donde la velocidad del agua disminuye.

La erosión eólica puede cambiar la superficie terrestre al transportar sedimento. Una duna y un loess son dos tipos de deposición eólica.

FOLDABLES

Usa tu modelo de papel para repasar la lección. Guarda tu modelo para el proyecto de final de capítulo.

¿Qué opinas AHORA?

Al inicio de este capítulo leíste las siguientes afirmaciones.

3. Una playa es un accidente geográfico que no cambia con el paso del tiempo.

4. El sedimento transportado por el viento puede cortar y pulir superficies de roca expuesta.

¿Sigues estando de acuerdo o en desacuerdo con las afirmaciones? Reescribe las afirmaciones falsas para hacerlas verdaderas.

Usar vocabulario

1. **Distingue** entre loess y duna.

2. **Usa el término** *delta* en una oración completa.

3. El sedimento se transporta de manera paralela a la costa mediante una _____.

Entender conceptos clave

4. ¿Cuál característica es más probable que tenga un río joven?
   A. meandro
   B. movimiento suave
   C. salto de agua
   D. cauce ancho

5. **Explica** cómo la erosión eólica puede afectar la roca expuesta.

6. **Compara y contrasta** las ventajas y desventajas de cultivar en una llanura de inundación.

Interpretar gráficas

7. **Determina causa y efecto** Copia y llena el siguiente organizador gráfico para identificar dos maneras en que las olas causan erosión en la costa.

8. **Examina** la siguiente imagen.

¿Cómo la erosión y la deposición dieron forma a este río?

Pensamiento crítico

9. **Supón** que la cantidad de arena frente a un hotel grande ubicado frente a la playa está desapareciendo lentamente. Explica el proceso que probablemente esté causando este problema. Sugiere una manera de evitar más pérdida de arena.

10. **Recomienda** ¿Cuáles son algunos pasos que un agricultor podría poner en práctica para evitar la erosión eólica y la erosión por agua en tierras de cultivo?

Investigación Práctica de destrezas | Analizar | 40 minutos

¿Cómo ocurren la erosión y la deposición por agua a lo largo de un río?

El agua de un río erosiona la tierra sobre la que fluye. A medida que el río desacelera, deposita sedimentos. Puedes aprender sobre este tipo de erosión y deposición analizando cómo el agua da forma a la tierra.

Materiales

arena

vaso de papel

palitos de manualidades

cubeta

Simulador de corrientes de agua

roca pequeña

También necesitas: tubo de drenaje

Seguridad

Aprende

Cuando **analizas** un evento, como la erosión o la deposición, observas las diferentes cosas que ocurren. También tienes en cuenta los efectos de los cambios. En esta actividad, analizarás cómo la erosión y la deposición ocurren a lo largo de un río.

Intenta

1. Lee y completa un formulario de seguridad en el laboratorio.

2. Llena con arena hasta la mitad un simulador de corrientes de agua. Moja la arena. Inclina ligeramente el simulador, e inserta el tubo de drenaje en la cubeta.

3. Aplana la arena para formar una pendiente suave. Vierte agua lentamente con el vaso de cartón sobre el extremo elevado de la arena. Observa el movimiento de la arena a lo largo de la trayectoria del agua. Anota tus observaciones en tu diario de ciencias.

4. De nuevo, aplana la arena. Con un palito de manualidades, construye un cauce recto para el agua. Vierte agua lentamente y luego rápidamente en el cauce. Analiza el movimiento de la arena a lo largo del cauce.

Aplica

5. Prueba el efecto de tener un objeto, como una roca, en la trayectoria del agua. Analiza cómo afecta esto la trayectoria del agua y el movimiento de la arena.

6. Piensa acerca de cómo el agua que fluye afecta la forma de un meandro. Pruébalo con tu arena húmeda y agua. Describe tus resultados.

7. 🔑 **Concepto clave** ¿Cómo ocurrió la erosión y la deposición por agua a lo largo del río?

3

Lección 3

Guía de lectura

Conceptos clave
PREGUNTAS IMPORTANTES

- ¿De qué maneras la gravedad da forma a la superficie terrestre?
- ¿Cómo los glaciares erosionan la superficie terrestre?

Vocabulario

transporte en masa pág. 196
deslizamiento de tierra pág. 197
talus pág. 197
glaciar pág. 199
till pág. 200
morrena pág. 200
sandur pág. 200

 Multilingual eGlossary

 Video BrainPOP®

Transporte en masa y glaciares

Investigación ¿Un río de lodo?

Las lluvias fuertes aflojaron el sedimento de esta montaña. Con el tiempo, la tierra se derrumbó y ocasionó un río de lodo que fluyó cuesta abajo. Eventos como este pueden dañar gravemente la tierra, así como las viviendas y los negocios.

Lección 3
EMPRENDER

Laboratorio de inicio

15 minutos

¿De qué manera un glaciar en movimiento da forma a la superficie terrestre?

Un glaciar es una masa enorme de hielo que se mueve lentamente. El peso de un glaciar es tan grande que su movimiento causa erosión y deposición significativas a su paso. En este laboratorio, usarás un modelo de glaciar para observar estos efectos.

1. Lee y completa un formulario de seguridad en el laboratorio.
2. Llena hasta la mitad un **molde de aluminio** con **tierra** y **gravilla**. Vierte suficiente agua, de manera que la tierra se mantenga unida fácilmente. Con **dos libros** eleva un extremo del molde.
3. Rocía **arena coloreada** en la parte superior de la colina de tierra.
4. Coloca un **modelo de glaciar** en la cima de la colina. Mueve lentamente el glaciar cuesta abajo, presionando hacia abajo con suavidad.

Piensa

1. ¿Qué le ocurrió a la arena coloreada a medida que el glaciar se movió cuesta abajo?
2. **Concepto clave** ¿Qué tipos de erosión y deposición causó tu modelo de glaciar?

El transporte en masa

¿Alguna vez has visto o escuchado noticias sobre un derrumbe de una pila grande de canto rodado desde una montaña sobre una carretera? Este es un ejemplo de un evento de transporte en masa. *El* **transporte en masa** *es el movimiento cuesta abajo de gran cantidad de roca o tierra debido a la fuerza de gravedad.* Hay dos partes importantes en esta definición:

- el material se mueve en una mole como una gran masa
- la gravedad es la causa principal del movimiento. Por ejemplo, la masa se mueve simultáneamente, en lugar de hacerlo como piezas separadas durante un periodo largo de tiempo. Además, la masa no se mueve impulsada por, en, sobre o debajo de un agente transportador como el agua, el hielo o el viento.

Verificación de la lectura Describe dos características de un evento de transporte en masa.

Observa de nuevo la fotografía de la página anterior. Es un evento de transporte en masa llamado flujo de lodo. Aunque el agua no transporta al lodo, sí contribuye con el transporte en masa. El transporte en masa suele ocurrir cuando el suelo de una colina está empapado por las lluvias. El suelo empapado se vuelve tan pesado que se desprende y se desliza ladera abajo.

Recuerda que en las pendientes empinadas la vegetación reduce la cantidad de erosión por agua durante una lluvia fuerte. La presencia de vegetación densa en una pendiente disminuye la probabilidad de un evento de transporte en masa. El sistema radicular de las plantas ayuda a mantener el sedimento en su lugar. La vegetación también reduce la fuerza con la que cae la lluvia al suelo. Esto minimiza la erosión, pues permite que el agua penetre lentamente en el suelo.

Ejemplos de transporte en masa 🗝

Desprendimiento de rocas

Desprendimiento de tierra

Reptación

Erosión por transporte en masa

Hay muchos tipos de eventos por transporte en masa. Por ejemplo, *un **deslizamiento de tierra** es un movimiento rápido cuesta abajo de suelo, rocas sueltas y canto rodado.* Dos tipos de deslizamiento son el de rocas, como el que se muestra en la **Figura 19,** y el de lodo, que se muestra en la primera página de esta lección. El desprendimiento de tierra es un tipo de transporte en masa en el cual el material se mueve lentamente, en un bloque grande. Si el material se mueve de forma tan lenta que no se nota, y hace que los árboles y otros objetos se inclinen, el evento se llama reptación, como se muestra en la **Figura 19.**

La cantidad de erosión que ocurre durante un evento de transporte en masa depende de factores como el tipo de roca, la cantidad de agua en el suelo y la resistencia de la fuerza que mantiene unidas la roca y la tierra. La erosión tiende a ser más destructiva cuando el transporte en masa ocurre en pendientes muy empinadas. Por ejemplo, los deslizamientos de tierra por una ladera empinada pueden ocasionar un daño extenso porque transportan rápidamente grandes cantidades de material.

🗝 **Verificación de concepto clave** ¿De qué maneras la gravedad da forma a la superficie terrestre?

Deposición por transporte en masa

La erosión que ocurre durante el transporte en masa continúa mientras la gravedad sea mayor que otras fuerzas que mantienen la roca y el suelo en su lugar. Pero cuando el material alcanza un lugar estable, como la base de una montaña, se deposita. *Un **talus** es una pila de rocas angulares y sedimentos de un desprendimiento de rocas,* como la pila de roca en la base de la colina de la **Figura 19.**

Figura 19 El desprendimiento de rocas, el desprendimiento de tierra y la reptación son ejemplos de transporte en masa.

Verificación visual
¿Qué evidencia encuentras en la figura que te indique que ocurrió un transporte en masa?

FOLDABLES

Haz un boletín con dos solapas y rotúlalo como se muestra. Úsalo para organizar información sobre los accidentes geográficos y las características que crean la erosión y deposición por transporte en masa y glaciares.

Lección 3
EXPLICAR

Destrezas matemáticas

Usar ratios

La **pendiente** es el ratio del cambio en altura vertical sobre el cambio de distancia horizontal. La pendiente de la colina en la ilustración es

$$\frac{(108\ m - 100\ m)}{40\ m} = \frac{8\ m}{40\ m} = 0.2$$

Multiplica la respuesta por 100 para calcular el porcentaje de la pendiente.

$$0.2 \times 100 = 20\%$$

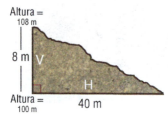

Practicar

Una montaña se eleva desde 380 a 590 m sobre una distancia horizontal de 3,000 m. ¿Cuál es el porcentaje de su pendiente?

Review

- Math Practice
- Personal Tutor

Figura 20 La construcción en pendientes empinadas puede aumentar el riesgo de un deslizamiento de tierra. La construcción o la remoción de la vegetación dejan la ladera aún más inestable.

El uso del suelo

Las actividades humanas pueden afectar la severidad del transporte en masa y la tendencia a que ocurra. Las casas de la **Figura 20** se construyeron sobre pendientes empinadas e inestables y sufrieron daños durante un deslizamiento de tierra. Remover la vegetación aumenta la erosión del suelo y puede promover el transporte en masa. El uso de maquinaria pesada o explosiones puede sacudir el suelo y desencadenar un transporte en masa. Además, el paisajismo puede hacer una pendiente más empinada, la cual tiene más probabilidad de sufrir un transporte en masa.

Verificación de la lectura ¿De qué maneras la actividad humana puede aumentar o disminuir el riesgo de transporte en masa?

Investigación MiniLab

20 minutos

¿Cómo la pendiente de una colina afecta la erosión?

1. Lee y completa un formulario de seguridad en el laboratorio.
2. Usa **tijeras** para abrir huecos en un extremo de un **molde de aluminio.** Eleva el otro extremo con un **libro.** Coloca el **segundo molde** debajo del extremo inferior. Haz una pila de **300 ml de tierra** en el extremo elevado.
3. Vierte rápidamente **400 ml de agua** sobre la tierra. Escurre el agua del segundo molde. Usa una **balanza** para medir la masa de tierra que recibió el segundo molde.
4. Limpia los moldes. Con tierra nueva repite los pasos 2 y 3, pero esta vez usa **tres libros** para sostener el extremo superior del molde.

Analizar y concluir

1. **Predice** cuáles habrían sido tus resultados si hubieras rociado el agua lentamente.
2. **Concepto clave** ¿Cómo la pendiente de la colina afectó la cantidad de erosión?

Erosión y deposición por glaciar

Ya sabes que la erosión y la deposición ocasionan transporte en masa. Los glaciares también pueden ocasionar erosión y deposición. *Un glaciar es una masa enorme de hielo formada en la tierra que se mueve lentamente a través de la superficie de la Tierra.* Los glaciares se forman en áreas donde la nieve que cae es mayor que la que se derrite. Aunque los glaciares lucen estáticos, se mueven varios centímetros o más cada día.

Hay dos tipos principales de glaciares: alpinos y mantos o capas de hielo. Los glaciares alpinos, como el que se muestra en la **Figura 21**, se forman en las montañas y fluyen cuesta abajo. Hoy existen más de 100,000 glaciares alpinos en la Tierra. Las capas de hielo cubren grandes extensiones de tierra y se mueven hacia fuera desde ubicaciones centrales. Las capas de hielo continental eran comunes en la última edad del hielo, pero solo existen en la actualidad en la Antártida y en Groenlandia.

Erosión por glaciar

Los glaciares erosionan la superficie terrestre a medida que se deslizan sobre ella. Actúan como *bulldozers* que esculpen la tierra a medida que se mueven. Las rocas y la arena de grano grueso que están congeladas dentro del hielo crean ranuras y surcos en la roca subyacente. Esto es similar a la manera en que el papel de lija pule la madera. Los glaciares alpinos producen características erosivas particulares, como las que se muestran en la **Figura 22.** Observa los valles en forma de U que los glaciares esculpen a través de las montañas.

Verificación de concepto clave ¿Cómo los glaciares erosionan la superficie terrestre?

▲ **Figura 21** El glaciar Mendenhall en Alaska es un glaciar alpino.

Figura 22 Los glaciares alpinos producen características erosivas particulares.

Verificación visual ¿Cómo serían estas montañas y este valle si no hubiera pasado un glaciar a través de ellos? ▼

Erosión por glaciar

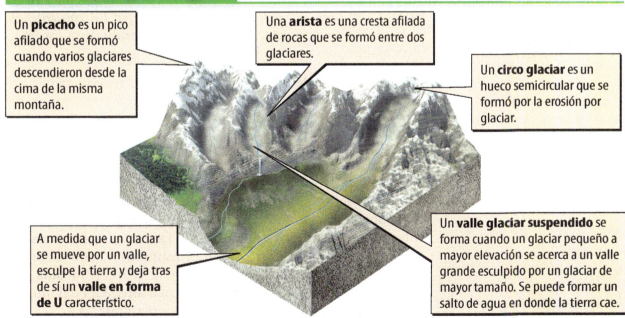

Un **picacho** es un pico afilado que se formó cuando varios glaciares descendieron desde la cima de la misma montaña.

Una **arista** es una cresta afilada de rocas que se formó entre dos glaciares.

Un **circo glaciar** es un hueco semicircular que se formó por la erosión por glaciar.

A medida que un glaciar se mueve por un valle, esculpe la tierra y deja tras de sí un **valle en forma de U** característico.

Un **valle glaciar suspendido** se forma cuando un glaciar pequeño a mayor elevación se acerca a un valle grande esculpido por un glaciar de mayor tamaño. Se puede formar un salto de agua en donde la tierra cae.

Lección 3
EXPLICAR

Deposición por glaciar

Concepts in Motion — Animation

Figura 23 Los glaciares que se derriten forman diversas estructuras en la tierra a medida que depositan roca y sedimento.

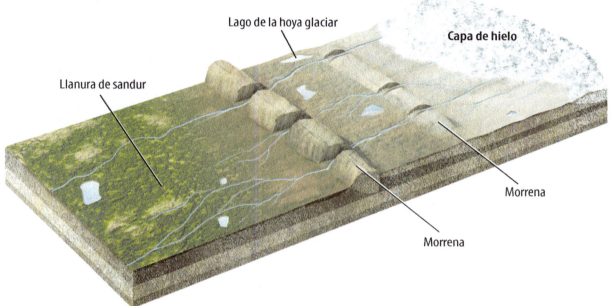

Uso científico y uso común

till

Uso científico roca y sedimento depositado por un glaciar

Uso común en inglés, significa trabajar arando, sembrando y cultivando

Origen de las palabras

morrena
del francés *morena*, que significa "montículo de tierra"

Deposición por glaciar

Los glaciares se derriten lentamente a medida que se mueven desde grandes altitudes o cuando el clima de la zona se calienta. El sedimento que una vez estuvo congelado dentro del hielo se deposita finalmente de diversas maneras, como se ilustra en la **Figura 23. Till** *es una mezcla de varios tamaños de sedimento depositado por un glaciar.* Los depósitos de till están pobremente clasificados. Por lo general contienen partículas que varían de tamaño, desde canto rodado hasta limo. El till se apila, con frecuencia, al frente y a lo largo de los lados de los glaciares. El hielo en movimiento puede darle forma suave y crear muchos accidentes geográficos. Por ejemplo, *una* **morrena** *es un montículo o cresta de sedimento sin clasificar depositado por un glaciar.* **Sandur** *son capas de sedimentos depositados por las corrientes de agua que fluyen de un glaciar en deshielo.* El sandur está formado principalmente de arena bien clasificada y gravilla.

 Verificación de la lectura ¿En qué se diferencia un sandur de una morrena?

El uso del suelo

A primera vista, parecería que las actividades humanas no afectan los glaciares. Pero, de varias maneras, sus efectos son más significativos de lo que son con respecto a otras formas de erosión y deposición. Por ejemplo, las actividades humanas contribuyen al calentamiento global: el incremento gradual de la temperatura promedio de la Tierra. Esto ocasiona el considerable derretimiento de los glaciares. Estos contienen alrededor de dos tercios de toda el agua dulce de la Tierra. A medida que los glaciares se derriten, los niveles del mar alrededor del mundo se elevan y hacen posibles las inundaciones costeras.

Repaso de la Lección 3

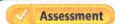 Assessment Online Quiz

Resumen visual

El transporte en masa puede suceder muy rápido, como cuando ocurre un deslizamiento de tierra, o lentamente durante varios años.

El material que se mueve por un evento de transporte en masa se deposita cuando llega a un lugar relativamente estable. Un ejemplo es el talus depositado en la base de esta colina.

Un glaciar erosiona la superficie terrestre a medida que se mueve y se derrite. Los glaciares pueden originar valles en forma de U cuando pasan entre las montañas.

FOLDABLES

Usa tu modelo de papel para repasar la lección. Guarda tu modelo para el proyecto de final de capítulo.

¿Qué opinas AHORA?

Al inicio de este capítulo leíste las siguientes afirmaciones.

5. Los deslizamientos de tierra son procesos naturales que no pueden ser influenciados por actividades humanas.

6. Un glaciar deja tras de sí una tierra muy lisa a medida que se mueve por una región.

¿Sigues estando de acuerdo o en desacuerdo con las afirmaciones? Reescribe las afirmaciones falsas para hacerlas verdaderas.

Usar vocabulario

1. **Define** *transporte en masa* con tus propias palabras.

2. **Usa el término** *talus* en una oración completa.

3. La erosión por el movimiento de un _____ puede originar un valle en forma de U.

Entender conceptos clave

4. ¿Cuál es el evento de transporte en masa más lento?
   - A. reptación
   - B. deslizamiento de tierra
   - C. desprendimiento de rocas
   - D. desprendimiento de tierra

5. **Clasifica** cada una de las siguientes como características de erosión o deposición: (a) arista, (b) sandur, (c) circo glaciar y (d) till.

Interpretar gráficas

6. **Examina** el dibujo. ¿Qué característica que formó el glaciar indica la flecha?

7. **Compara y contrasta** Copia y llena la siguiente tabla para comparar y contrastar morrena y sandur.

Semejanzas	Diferencias

Pensamiento crítico

8. **Redacta** una lista de señales de erosión y deposición que podrías encontrar en un parque montañoso que indicarían la existencia de glaciares en el pasado.

Destrezas matemáticas Review — Math Practice —

9. La base de una montaña está a 2,500 m de altura y su pico a 3,500 m. La distancia horizontal cubre 4,000 m. ¿Cuál es el porcentaje de la pendiente?

Lección 3 • **201**
EVALUAR

Laboratorio

40 minutos

Cómo evitar un deslizamiento de tierra

Los daños que causan los deslizamientos de tierra pueden ser costosos para los seres humanos. Algunas veces, estos son incluso mortales. Los deslizamientos de tierra ocurren con mayor frecuencia después de un periodo de lluvia intensa en regiones propensas a terremotos. En este laboratorio, analizarás maneras de proteger una casa de un deslizamiento de tierra.

Preguntar
¿Cuáles son algunas maneras de reducir el riesgo de un deslizamiento de tierra?

Hacer observaciones

Materiales

molde de aluminio

arena

vaso de papel

modelo de una casa

papel

colección de hierba, palos pequeños y guijarros

Seguridad

1. Lee y completa un formulario de seguridad en el laboratorio.

2. En un molde, mezcla dos partes de arena por una parte de agua. Debe haber 2 a 3 cm de arena húmeda en el molde.

3. Forma una colina con la arena. Coloca el modelo de la casa en la cima de la colina.

4. Con el vaso, vierte agua sobre la colina, como si estuviera lloviendo. Anota tus observaciones en tu diario de ciencias.

5. Reconstruye la colina y coloca la casa. Esta vez, agita con suavidad el molde, como si hubiera un terremoto. Anota tus observaciones.

Observaciones de las pruebas de deslizamiento de tierra		
Montaje	Acción	Observaciones
colina de arena húmeda, suelo sin cubierta	verter agua sin agitar	
colina de arena húmeda, suelo sin cubierta	verter agua y agitar el molde	

Formular la hipótesis

6 Supón que alguien construye una casa en la cima de una colina. ¿De cuáles tres maneras es posible reducir el riesgo de un deslizamiento de tierra? Para cada una desarrolla una hipótesis para proteger la casa de un deslizamiento de tierra.

Comprobar la hipótesis

7 Desarrolla un plan para comprobar cada hipótesis. Presenta tus planes a tu profesor. Cuando estén aprobados, pide a tu profesor materiales adicionales para implementar los planes.

8 Prueba tus planes con lluvia y terremoto. Reconstruye la colina y coloca de nuevo la casa entre cada prueba, si es necesario.

Sugerencias para el laboratorio

☑ Mezcla la arena y el agua completamente, pero permite que el agua drene para que la colina sea fuerte.

☑ Antes de probar tus hipótesis, predice cuál método será más efectivo para reducir el riesgo de un deslizamiento de tierra.

Analizar y concluir

9 **Describe** los resultados de tus pruebas. Para cada una, ¿fue tu hipótesis correcta? ¿Qué habría funcionado mejor?

10 **Analiza** ¿Cuál es la relación entre la cantidad de agua en el suelo y la probabilidad de un deslizamiento de tierra? Da ejemplos específicos del laboratorio en tu explicación.

11 **La gran idea** ¿De qué maneras la gente puede alterar la superficie terrestre para reducir el riesgo de un deslizamiento de tierra?

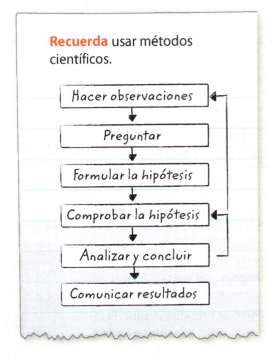

Comunicar resultados

Las personas que viven en zonas propensas a los deslizamientos de tierra necesitan proteger sus viviendas. Escribe y representa un anuncio de servicio público de 30 segundos que describa tus resultados y cómo estos pueden ayudar a la gente a proteger sus viviendas.

Investigación — Ir más allá

Verifica tu vivienda para comprobar si está en una zona de riesgo de un deslizamiento de tierra. ¿Está en una pendiente? ¿Recibes mucha lluvia? ¿Vives en una región propensa a los terremotos?

Guía de estudio del Capítulo 6

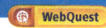

LA GRAN IDEA

La erosión y la deposición dan forma a la superficie terrestre mediante la acumulación y destrucción de los accidentes geográficos.

Resumen de conceptos clave 🔑

Lección 1: Los procesos de erosión y deposición

- **Erosión** es el desgaste y el transporte de material meteorizado. **Deposición** es el asentamiento de material erosionado.
- La erosión tiende a hacer las rocas más redondeadas. Esta clasifica el sedimento por el tamaño del grano.
- La deposición produce accidentes geográficos generalmente en tierras planas y bajas. Los que produce la erosión son altos o dentados.

Vocabulario

erosión pág. 179
deposición pág. 181

Lección 2: Accidentes geográficos formados por agua y viento

- Un río joven corre rápido por pendientes empinadas. Un río maduro se mueve más lentamente y desarrolla **meandros**. Un río viejo es más ancho y se mueve despacio.
- La erosión por agua puede originar valles en forma de V. Las **corrientes costeras** reforman las playas. La deposición de sedimento del agua puede formar **deltas**.
- La **abrasión** eólica puede cambiar la forma de las rocas. La deposición eólica puede formar **dunas** o **loess**.

meandro pág. 188
corriente costera pág. 189
delta pág. 190
abrasión pág. 192
duna pág. 192
loess pág. 192

Lección 3: Transporte en masa y glaciares

- La gravedad puede dar forma a la superficie terrestre mediante el **transporte en masa**. La reptación es un ejemplo de transporte en masa.
- Un **glaciar** erosiona la superficie terrestre a medida que se mueve y esculpe ranuras y surcos en la roca.

transporte en masa pág. 196
deslizamiento de tierra pág. 197
talus pág. 197
glaciar pág. 199
till pág. 200
morrena pág. 200
sandur pág. 200

Guía de estudio

Review
- Personal Tutor
- Vocabulary eGames
- Vocabulary eFlashcards

FOLDABLES Proyecto del capítulo

Organiza tus modelos de papel como se muestra, para hacer un proyecto de capítulo. Usa el proyecto para repasar lo que aprendiste en este capítulo.

Usar vocabulario

1. El agua que transporta sedimento cuesta abajo y un glaciar que crea un valle en forma de U mientras se mueve por las montañas son ejemplos de _____.

2. Si va más despacio, el viento tiene menos energía y ocurre _____ de sedimento.

3. El desgaste de una roca a medida que el agua, el viento o los glaciares mueven sedimento es _____.

4. Una planicie de sedimento conocida como _____ se forma en donde un río entra a un lago o a un océano.

5. El desprendimiento de tierra y la reptación son tipos de _____.

6. Una gran pila de rocas formada por un desprendimiento de rocas es _____.

Relacionar vocabulario y conceptos clave

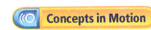 **Interactive Concept Map**

Copia este mapa conceptual y luego usa términos de vocabulario de la página anterior para completarlo.

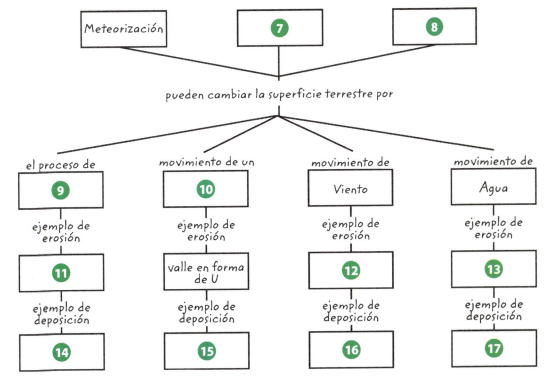

Guía de estudio del Capítulo 6 • **205**

Repaso del Capítulo 6

Entender conceptos clave

1. ¿Cuál es una estructura creada principalmente por deposición?
   A. circo glaciar
   B. pináculo de erosión
   C. banco de arena
   D. desprendimiento de tierra

2. ¿Cuál muestra un ejemplo de sedimento que está poco redondeado y bien clasificado?

   A.    C.

   B.    D.

3. ¿Cuál es un típico ambiente deposicional de baja energía?
   A. un río que se mueve rápidamente
   B. un litoral oceánico con olas
   C. un río con meandros
   D. una ciénaga con árboles en descomposición

4. ¿Cuál podría producir con mayor probabilidad una morrena?
   A. un glaciar
   B. un océano
   C. un río
   D. el viento

5. La siguiente ilustración muestra un tipo de transporte en masa.

   ¿Cuál fue producido por este evento?
   A. circo glaciar
   B. morrena
   C. talus
   D. till

6. ¿Cuál es la diferencia principal entre desprendimiento de tierra y reptación?
   A. el tipo de tierra que se afecta
   B. el lugar donde ocurre
   C. la velocidad a la cual ocurre
   D. la cantidad de lluvia que los causa

7. ¿Cuál describe mejor la diferencia entre una duna y un loess?
   A. Se producen en diferentes lugares.
   B. Uno es erosión y el otro es deposición.
   C. Son depósitos de partículas de diferente tamaño.
   D. Uno es causado por el viento y el otro es causado por el agua.

8. ¿Dónde encontrarías con mayor probabilidad un meandro?
   A. en una cueva
   B. en un río maduro
   C. debajo de un glaciar
   D. al lado de un salto de agua

9. ¿Cuál se construye para prevenir la erosión de la playa?
   A. delta
   B. escollera
   C. dique
   D. barra de arena

Repaso del capítulo

Assessment
Online Test Practice

Pensamiento crítico

10 **Describe** una característica de la erosión y una de la deposición que esperarías encontrar en (a) un valle, (b) un desierto y (c) arriba en las montañas.

11 **Clasifica** estos accidentes geográficos como formados principalmente por erosión o deposición: (a) circo glaciar, (b) duna de arena, (c) abanico aluvial, (d) pináculo de erosión.

12 **Construye** una tabla que enumere tres usos descuidados del suelo que originen transporte en masa que pueda ser peligroso para los humanos. Incluye en tu tabla detalles sobre cómo cada uso del suelo puede cambiarse para hacerlo más seguro.

13 **Escribe** un listado de al menos tres condiciones de riesgo de erosión o deposición que serían más peligrosas durante una estación particularmente tormentosa y lluviosa.

14 **Predice** varias maneras como estas montañas y valles podrían cambiar a medida que los glaciares se deslizan por su pendiente.

15 **Contrasta** la manera como un río joven y un río viejo redondean y clasifican el sedimento.

Escritura en Ciencias

16 **Escribe** Imagina que planeas construir una vivienda sobre un acantilado alto con vista al mar. Escribe un párrafo que evalúe el potencial de ocurrencia de transporte en masa a lo largo del acantilado. Describe al menos cuatro características que te preocuparían.

REPASO LA GRAN IDEA

17 ¿Cómo la erosión y la deposición dan forma a la superficie terrestre?

18 La siguiente fotografía muestra un accidente geográfico conocido como La Ola, en Arizona. Explica cómo la erosión y la deposición pudieron producir este accidente geográfico.

Destrezas matemáticas

Review — Math Practice

Usar ratios

19 Calcula el porcentaje promedio de la pendiente de las montañas en las partes a y b.

  a. La montaña A se eleva desde 3,200 a 6,700 m sobre una distancia horizontal de 10,000 m.

  b. La montaña B se eleva desde 1,400 a 9,400 m sobre una distancia horizontal de 2.5 km.

  c. Si las montañas A y B se componen de los mismos materiales, ¿cuál montaña es más probable que experimente transporte en masa?

20 Si la pendiente de una colina es 10 por ciento, ¿cuántos metros se eleva la colina por cada 10 m de distancia horizontal?

Práctica para la prueba estandarizada

Anota tus respuestas en la hoja de respuestas que te entregó el profesor o en una hoja de papel.

Selección múltiple

1 ¿Cuál accidente geográfico se crea por deposición?

  A abanico aluvial

  B valle glaciar

  C cadena montañosa

  D cauce de un río

Usa el siguiente diagrama para responder la pregunta 2.

2 ¿Cuál proceso formó las características que muestra el diagrama anterior?

  A Un río erosionó y depositó sedimento.

  B El agua subterránea depositó minerales en una cueva.

  C El agua subterránea disolvió varias capas de roca.

  D El viento y el hielo desgastaron la roca sedimentaria blanda.

3 ¿Cuál causa transporte en masa?

  A gravedad

  B hielo

  C magnetismo

  D viento

4 ¿Cuál típicamente NO es un ambiente deposicional?

  A delta

  B pico montañoso

  C suelo oceánico

  D ciénaga

Usa el siguiente diagrama para responder las preguntas 5 y 6.

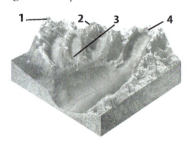

5 ¿Cuál accidente geográfico en el diagrama anterior es un circo glaciar?

  A 1

  B 2

  C 3

  D 4

6 ¿Cómo se formó la estructura 1 del diagrama anterior?

  A Un glaciar depositó gran cantidad de tierra a medida que se movió.

  B Un glaciar pequeño se acercó a un valle esculpido por un glaciar grande.

  C Varios glaciares descendieron desde la cima de la misma montaña.

  D Dos glaciares que se formaron a ambos lados de una cresta.

7 ¿Cuál agente de erosión puede crear una cueva de piedra caliza?

  A agua ácida

  B congelación y fusión del hielo

  C crecimiento de raíces de plantas

  D ráfaga de viento

8 ¿Cuál depósito crea el transporte en masa?

  A loess

  B sandur

  C talus

  D till

Práctica para la prueba estandarizada

Usa el siguiente diagrama para responder la pregunta 9.

9 ¿A cuál característica del río apunta la flecha?
- **A** una corriente
- **B** un meandro
- **C** un valle
- **D** un abanico aluvial

10 ¿Cuál afirmación es cierta acerca de una corriente costera?
- **A** SIEMPRE fluye de manera perpendicular a la costa.
- **B** Puede formar cuevas subterráneas grandes.
- **C** Cambia continuamente el tamaño y la forma de las playas.
- **D** Crea extensiones de dunas de arena a lo largo de la costa.

11 ¿Cuál proceso geológico es causado con frecuencia por el crecimiento de las raíces de las plantas?
- **A** deposición
- **B** erosión
- **C** clasificación
- **D** meteorización

Respuesta elaborada

Usa el siguiente diagrama para responder las preguntas 12 y 13.

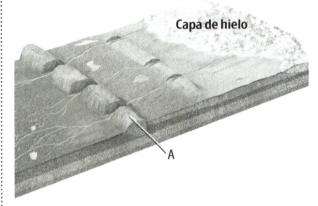

12 Describe las características de los depósitos que se encuentran en la característica rotulada como *A*.

13 ¿Cómo se formó la característica *A*?

14 Una formación de roca sedimentaria contiene capas alternantes de roca de grano fino y de roca conglomerada, que contienen sedimentos de guijarros lisos. ¿Cuál es el proceso que con mayor probabilidad depositó los sedimentos que dieron lugar a esta formación rocosa?

15 ¿Qué factores determinan la cantidad de erosión que ocurre durante el transporte en masa? ¿Cómo la pendiente afecta el poder de este evento destructivo?

16 ¿Cuál es la apariencia típica de los accidentes geográficos formados mediante erosión?

¿NECESITAS AYUDA ADICIONAL?																
Si no pudiste responder la pregunta...	1	2	3	4	5	6	7	8	9	10	11	12	13	14	15	16
Pasa a la Lección...	1	2	3	1	3	3	2	3	2	2	1	3	3	1,2	3	1

Unidad 2

Cambios geológicos

¡Aquí estamos, hace 340 millones de años!

¡Vaya! ¡No sabía que esta parte de Estados Unidos estuvo una vez bajo el agua!

Hace casi 100 millones de años, el agua ya se había retirado...

...y hace 65 millones de años el río se estaba abriendo camino en medio de las rocas.

5000 millones a.C. — 1700 — 1800

Hace 4570 millones de años
Se formó el Sol.

Hace 4540 millones de años
Se formó la Tierra.

1778
El naturalista francés Comte du Buffon creó un pequeño globo que se asemejaba a la Tierra y midió su tasa de enfriamiento para calcular la edad de la Tierra. Él concluyó que la Tierra tiene aproximadamente 75,000 años.

1830
El geólogo Charles Lyell empezó la publicación de *Los principios de la geología*. Su obra difundió el concepto de que los rasgos de la Tierra están en permanente cambio, erosión y reforma.

1862
El físico William Thomson publicó los cálculos según los cuales la Tierra tiene alrededor de 20 millones de años. Aseguró que la Tierra se había formado como un objeto completamente fundido y calculó cuánto tiempo tardaría la superficie en enfriarse hasta alcanzar su temperatura actual.

1899–1900 John Joly dio a conocer sus cálculos de la edad de la Tierra usando la tasa de acumulación de sal del océano. Determinó que los océanos tienen alrededor de 80-100 millones de años.

1905 Ernest Rutherford y Bertrand Boltwood usaron la datación radiométrica para determinar la edad de muestras de roca. Esta técnica se empleó más tarde para determinar la edad de la Tierra.

1956 C. C. Patterson determinó la edad de la Tierra que se acepta hoy en día, usando la datación con un isótopo de uranio-plomo en varios meteoritos.

Inquiry Visita ConnectED para desarrollar la actividad STEM de esta unidad.

Unidad 2
Naturaleza de la CIENCIA

Ciencia e historia

Hace casi 500,000 años, los primeros humanos usaron piedras para fabricar herramientas, armas y pequeños artículos decorativos. Luego, hace casi 8,000 años, alguien pudo haber detectado un objeto brillante entre las rocas. Era oro, el metal que se piensa fue el primero que descubrieron los humanos. El oro era muy diferente de la piedra. No se rompía cuando se golpeaba. Podía dársele fácilmente la forma de objetos hermosos y útiles. Con el tiempo, se descubrieron otros metales. Cada uno ayudó al progreso de la civilización humana. Los metales de la corteza terrestre han ayudado a los seres humanos a ir de la Edad de Piedra a la Luna, a Marte y más allá.

Oro

Desde el momento de su descubrimiento, el oro ha sido un símbolo de riqueza y poder. Se usa principalmente en joyería, monedas y otros objetos de valor. El ataúd del rey Tut se fabricó con oro puro. El cuerpo de Tut se rodeó de la colección más grande de objetos de oro jamás descubierta: carros de guerra, estatuas, joyería y un trono. Dado que el oro es tan valioso, mucho de este se recicla. Si posees una pieza de joyería en oro, es posible que contenga oro que se extrajo hace miles de años.

Plomo

Los antiguos egipcios usaron el mineral sulfuro de plomo, también llamado galena, como maquillaje para los ojos. Hace casi 5,500 años, los metalúrgicos descubrieron que la galena se funde a temperatura baja y forma charcos de plomo. El plomo se deja doblar con facilidad, y los romanos le dieron forma de tuberías para agua. Con los años, ellos entendieron que el agua tenía plomo y era tóxica para los humanos. A pesar del peligro posible, las tuberías de plomo para agua fueron comunes en los hogares modernos durante décadas. Finalmente, en 2004 se prohibió el uso de estas tuberías en la construcción de casas.

Cobre

El primer metal que se comercializó fue el cobre. Hace casi 5,000 años, los indígenas americanos extrajeron de las minas más de medio millón de toneladas de cobre en la región que hoy es Michigan. El cobre es más resistente que el oro. En ese entonces, se hacían sierras, hachas y otras herramientas con cobre. Las sierras resistentes facilitaban la tala de árboles. Esta madera se podía usar entonces para fabricar botes, que permitían la expansión de las rutas de comercio. Para dar forma al cobre, muchas culturas aún usan métodos similares a los que se usaron en el pasado.

Estaño y bronce

Hace casi 4,500 años, los sumerios observaron diferencias entre el cobre que usaban. Alguno fluía más fácil cuando se derretía y era más resistente cuando se endurecía. Descubrieron que este metal más resistente tenía otro metal: estaño. Los metalúrgicos comenzaron a mezclar estaño y cobre para producir el metal bronce. Con el tiempo, este reemplazó al cobre como el metal más importante. El bronce era resistente y lo suficientemente barato para fabricar herramientas de uso diario. Se podía moldear con facilidad en cabezas de flechas, armaduras, hachas y hojas de espadas. Las personas admiraban la apariencia del bronce. Se sigue usando en esculturas. El bronce, junto con el oro y la plata, se usa en las medallas olímpicas y como símbolo de excelencia.

Hierro y acero

Aunque las rocas con hierro se conocían hacía siglos, las personas no podían encender fuegos lo suficientemente calientes para derretir la roca y extraer el hierro. A medida que se mejoraron los métodos para aumentar la temperatura del fuego, el uso del hierro se hizo más común. Este reemplazó al bronce en todos los usos, salvo en el arte. Las herramientas agrícolas de hierro revolucionaron la agricultura. Las armas de hierro se convirtieron en la opción para la guerra. Al igual que los metales que usaron las civilizaciones antiguas, el hierro aumentó el comercio y la riqueza y mejoró la calidad de vida de las personas.

En el siglo XVII, los metalúrgicos desarrollaron una manera de mezclar el hierro con el carbono. De este proceso se obtenía el acero. Muy rápido, el hierro se valoró por su dureza, resistencia a la corrosión y por la facilidad de usarlo en soldadura. Además de emplearse en la construcción de rascacielos, puentes y autopistas, el hierro se usa para fabricar herramientas, barcos, vehículos, máquinas y aparatos.

Trata de imaginar tu mundo sin metales. A lo largo de la historia, estos han cambiado la sociedad a medida que las personas aprendieron a usarlos.

MiniLab
20 minutos

¿Cómo las propiedades de un metal afectan sus usos?

¿Por qué distintos objetos comunes están elaborados con metales diferentes?

1. Lee y completa un formulario de seguridad en el laboratorio.
2. Examina una **pesa de plomo de pescar**, un trozo de **tubería de cobre** y un **perno de hierro**.
3. En tu diario de ciencias, haz una tabla para comparar las características de estos objetos.
4. Usa un **martillo** para golpear cada objeto. Anota tus observaciones en tu tabla.

Analizar y concluir

1. **Infiere** ¿Por qué se usó plomo, y no cobre o hierro, en la fabricación de la pesa de pescar?
2. **Compara** ¿Qué semejanzas comparten los tres objetos?
3. **Infiere** ¿Por qué los pueblos de la antigüedad usaron plomo para fabricar tuberías y hierro para fabricar armas?

Capítulo 7

Tectónica de placas

 ¿Qué es la teoría de la tectónica de placas?

Investigación ¿Esto es un volcán?

En Islandia hay muchos volcanes activos como este. Esta erupción se denomina erupción de fisura. Ocurre cuando la lava sale de una grieta o fisura en la corteza de la Tierra.

- ¿Por qué se separa la corteza terrestre acá?
- ¿Qué factores determinan dónde se formará un volcán?
- ¿Cómo se relacionan los volcanes con la tectónica de placas?

Prepárate para leer

¿Qué opinas?
Antes de leer, piensa si estás de acuerdo o no con las siguientes afirmaciones. A medida que leas el capítulo, decide si cambias de opinión sobre alguna de ellas.

1. La India siempre ha estado al norte del ecuador.
2. Todos los continentes alguna vez formaron un supercontinente.
3. El fondo oceánico es plano.
4. La actividad volcánica solo ocurre en el fondo oceánico.
5. Los continentes flotan a través del manto fundido.
6. Cuando los continentes chocan, se pueden formar cordilleras.

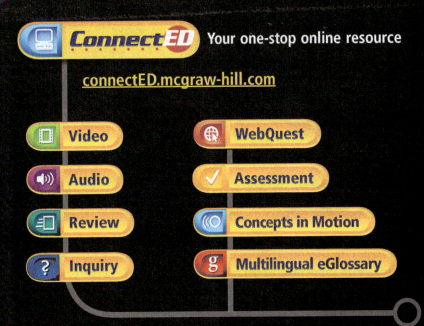

ConnectED Your one-stop online resource

connectED.mcgraw-hill.com

- Video
- Audio
- Review
- Inquiry
- WebQuest
- Assessment
- Concepts in Motion
- Multilingual eGlossary

Lección 1

Guía de lectura

Conceptos clave 🔑
PREGUNTAS IMPORTANTES

- ¿Qué evidencias apoyan la deriva continental?
- ¿Por qué los científicos dudaron de la hipótesis de la deriva continental?

Vocabulario
Pangea pág. 217
deriva continental pág. 217

 Multilingual eGlossary

 Video BrainPOP®

La hipótesis de la deriva continental

Investigación ¿Cómo ocurrió esto?

En Islandia, estas grietas alargadas denominadas hendiduras geológicas son fáciles de encontrar. ¿Por qué ocurren aquí las hendiduras geológicas? Islandia está sobre un área del fondo oceánico donde la corteza terrestre se está separando. La corteza terrestre está constantemente en movimiento. Los científicos descubrieron esto hace mucho tiempo, pero no pudieron demostrar cómo y por qué sucede este fenómeno.

Capítulo 7
EMPRENDER

Investigación — Laboratorio de inicio

20 minutos

¿Puedes armar un rompecabezas con la cáscara de una naranja?

Los primeros cartógrafos observaron que las costas de África y América del Sur parecen encajar como piezas de un mismo rompecabezas. Con el tiempo, los científicos descubrieron que ambos continentes una vez formaron parte de una gran placa continental. ¿Puedes utilizar una cáscara de naranja para ilustrar cómo encajan los continentes?

1. Lee y completa un formulario de seguridad en el laboratorio.
2. Pela una **naranja** con cuidado, asegúrate de que los trozos de cáscara sean lo más grandes posible.
3. Pon la naranja a un lado.
4. Repara la forma esférica de la naranja, solo con los trozos de cáscara.
5. Una vez reconstruida con éxito la forma de la naranja, desarma las piezas.
6. Intercambia tus trozos de cáscara de naranja con un compañero de clase y trata de reconstruirla con sus trozos.

Piensa

1. ¿Cuál cáscara de naranja te fue más fácil reconstruir? ¿Por qué?
2. Mira un mapamundi. ¿Crees que las costas de los otros continentes podrían encajar?
3. **Concepto clave** ¿Qué otras evidencias necesitarías para demostrar que los continentes pudieron haber sido uno?

Pangea

¿Sabías que la superficie de la Tierra está en movimiento? ¿Puedes sentirlo? Cada año, América del Norte se aleja unos centímetros de Europa, acercándose a Asia. El movimiento es de varios centímetros, casi como el grosor de este libro. A pesar de que no sientas el movimiento, la superficie terrestre se mueve a diario de manera muy lenta.

Hace casi 100 años, Alfred Wegener, un científico alemán, inició una importante investigación que continúa hasta hoy. Wegener quería saber si los continentes se quedaban fijos en sus posiciones. Propuso que *todos los continentes fueron una vez parte de un supercontinente llamado* **Pangea**. Con el tiempo Pangea se empezó a separar y los continentes se movieron lentamente hasta su posición actual. Wegener formuló la hipótesis de la **deriva continental**, *que sugiere que los continentes están en constante movimiento en la superficie de la Tierra.*

Alfred Wegener observó las similitudes de las costas continentales ahora separadas por océanos. Mira los contornos de África y América del Sur en la **Figura 1**. Observa que podrían encajar como piezas de un rompecabezas. Hace cientos de años, los cartógrafos descubrieron este patrón de rompecabezas cuando hicieron los primeros mapas de los continentes.

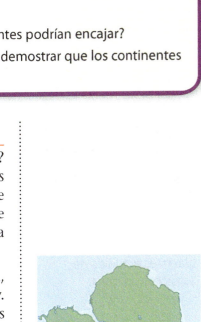

Figura 1 La forma de la costa oriental de América del Sur refleja la forma de la costa oeste de África.

Evidencia de que los continentes se mueven

¿Cómo habrías probado la hipótesis de la deriva continental, si la hubieras descubierto? La prueba más evidente de la deriva continental es que los continentes parecen encajar como piezas de un rompecabezas. Sin embargo, los científicos se mostraron escépticos y Wegener necesitó evidencias adicionales para sustentar su hipótesis.

Indicios climáticos

Cuando Wegener reconstruyó Pangea, propuso que hace 280 millones de años, América del Sur, África, India y Australia estaban más cerca de la Antártida. Sugirió que el clima del hemisferio sur era más frío en ese tiempo. Los glaciares cubrían grandes áreas que ahora son parte de estos continentes. Estos glaciares serían similares a la capa de hielo que cubre gran parte de la Antártida hoy en día.

Wegener usó los indicios climáticos como sustento de su hipótesis de la deriva continental. Estudió los sedimentos depositados por los glaciares en América del Sur y África, así como en la India y Australia. Debajo de estos sedimentos, Wegener descubrió surcos glaciares o rayas profundas en las rocas, hechas a medida que los glaciares se movían a través de la tierra. La **Figura 2** muestra dónde se encuentran hoy estos rasgos glaciares en los continentes vecinos. Estos continentes fueron una vez parte del supercontinente Pangea, cuando el clima en el hemisferio sur era más frío.

Indicios climáticos

Concepts in Motion   Animation

Figura 2 Si los continentes del hemisferio sur se pudieran rearmar en Pangea, la presencia de una capa de hielo explicaría los rasgos glaciares actuales de estos continentes.

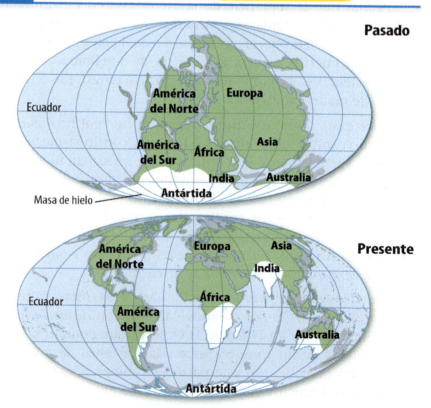

Indicios fósiles

Los animales y plantas que viven en diferentes continentes pueden ser exclusivos de estos. Los leones viven en África, pero no en América del Sur. Los canguros viven únicamente en Australia. Debido a que los océanos separan los continentes, estos animales no pueden trasladarse entre continentes por medios naturales. Sin embargo, se han encontrado **fósiles** de organismos similares en varios continentes separados por océanos. ¿Cómo sucedió esto? Wegener argumentó que estos continentes debieron estar conectados alguna vez en el pasado.

Fósiles de la planta *Glossopteris* se han descubierto en rocas de América del Sur, África, India, Australia y la Antártida. Estos continentes están muy alejados hoy. Las semillas de la planta no pudieron haber viajado a través de los vastos océanos que los separan. La **Figura 3** muestra que cuando estos continentes eran parte de Pangea hace 225 millones de años, *Glossopteris* vivía en una región. La evidencia sugiere que esta planta creció en un ambiente pantanoso. Por lo que el clima de esta región, incluida la Antártida, era diferente del actual. La Antártida tenía clima cálido y húmedo. El clima cambió drásticamente de lo que era hace 55 millones de años, cuando existían los glaciares.

> **Verificación de la lectura** ¿Cómo ha cambiado el clima de la Antártida entre hace 280 y 225 millones de años?

REPASO DE VOCABULARIO
fósil
restos, huellas o rastros preservados de forma natural, pertenecientes a un organismo que vivió muchos años atrás

Figura 3 Se han encontrado fósiles de *Glossopteris* en varios continentes que hoy están separados por océanos. La franja anaranjada, en la imagen de la derecha, representa dónde se han encontrado fósiles de *Glossopteris*.

> **Verificación visual** ¿En cuál continente no podría crecer *Glossopteris* actualmente?

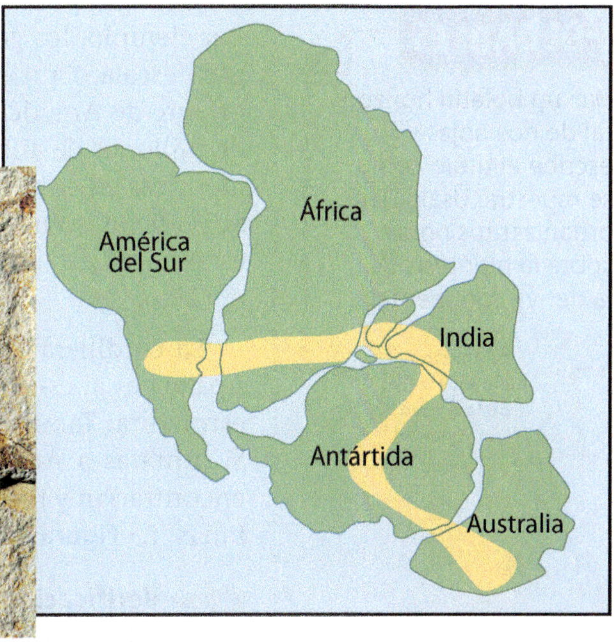

Lección 1
EXPLICAR

Indicios en las rocas 🗝

Figura 4 Si pudieras acercar América del Norte y Europa, los montes Apalaches y las montañas Caledonianas lucirían como una cordillera continua con formaciones similares.

Indicios en las rocas

Wegener se dio cuenta de que necesitaba más evidencias para apoyar la hipótesis de la deriva continental. Observó que las cordilleras como las de la **Figura 4** y las formaciones rocosas en diferentes continentes tenían orígenes comunes. Hoy en día, los geólogos pueden determinar cuándo se formaron estas rocas. Por ejemplo, los geólogos sugieren que erupciones volcánicas a gran escala ocurrieron en las costas al occidente de África y al oriente de América del Sur, casi al mismo tiempo hace cientos de millones de años. Las rocas volcánicas de las erupciones son idénticas en composición química y edad. Regresa a la **Figura 1.** Si pudieras sobreponer tipos de rocas similares en los mapas, estas rocas estarían en el área donde África y América del Sur encajan.

La cordillera Caledoniana al norte de Europa y los montes Apalaches al este de América del Norte, son similares en edad y estructura. También están compuestos del mismo tipo de roca. Si juntaras a América del Norte y Europa, estas montañas se encontrarían y formarían un cinturón largo y continuo de montañas. La **Figura 4** ilustra dónde estaría esta cordillera.

 Verificación de concepto clave ¿Cómo se usaron tipos de rocas similares para sustentar la hipótesis de la deriva tinental?

FOLDABLES

Haz un boletín horizontal de dos hojas y escribe el título como se muestra. Úsalo para organizar tus notas sobre la hipótesis de la deriva continental.

Evidencia de la hipótesis de la deriva continental

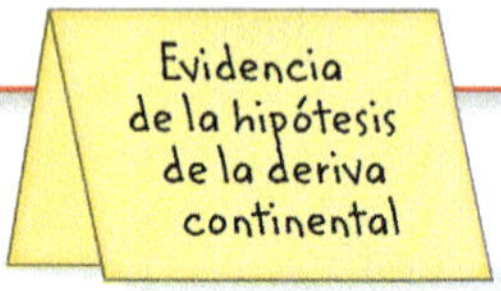

¿Qué faltaba?

Wegener siguió sustentando la hipótesis de la deriva continental hasta su muerte en 1930. Las ideas de Wegener no fueron completamente aceptadas hasta casi cuatro décadas más tarde. ¿Por qué los científicos fueron escépticos con la hipótesis de Wegener? Aunque Wegener tenía evidencia del movimiento de los continentes, no podía explicar cómo se movían.

Una razón por la cual los científicos cuestionaron la deriva continental fue por la lentitud de este proceso. Para Wegener no fue posible medir la velocidad con la que se movieron los continentes. Sin embargo, la principal objeción a la hipótesis de la deriva continental fue que Wegener no pudo explicar qué fuerzas causaron el movimiento de los continentes. El **manto** debajo de los continentes y el fondo oceánico están formados por roca sólida. ¿Cómo pudieron los continentes abrirse camino a través de la roca sólida? Wegener necesitaba más evidencias científicas para probar su hipótesis. Sin embargo, esta evidencia estaba oculta en el fondo oceánico entre los continentes a la deriva. La evidencia necesaria para demostrar la deriva continental fue descubierta mucho tiempo después de la muerte de Wegener.

> **Uso científico y uso común**
>
> **manto**
> *Uso científico* capa media de la Tierra, situada entre la corteza de encima y el núcleo de abajo
>
> *Uso común* prenda de vestir suelta y sin mangas que se usa sobre otra ropa

 Verificación de concepto clave ¿Por qué los científicos argumentaban en contra de la hipótesis de la deriva continental de Wegener?

Investigación MiniLab

20 minutos

¿Cómo utilizas las pistas para encajar las piezas de un rompecabezas?

Cuando armas un rompecabezas, utilizas pistas para averiguar qué piezas van juntas. ¿Qué técnica parecida Wegener usó para reconstruir Pangea?

1. Lee y completa un formulario de seguridad en el laboratorio.
2. Con unas **tijeras** corta un pedazo de **papel periódico** o una página de una **revista** en forma irregular, con un diámetro aproximado de 25 cm.
3. Corta el pedazo de papel en no menos de 12 y no más de 20 piezas.
4. Intercambia tu rompecabezas con el de un compañero y trata de encajar las piezas del nuevo rompecabezas.
5. Reclama tu rompecabezas y quita tres piezas al azar. Intercambia tu rompecabezas incompleto con un compañero diferente. Trata de armar el rompecabezas incompleto.

Analizar y concluir

1. **Resume** Haz una lista de las pistas que usaste para armar el rompecabezas de tu compañero.
2. **Describe** ¿Qué diferencias encontraste entre armar el rompecabezas completo y armar el incompleto?
3. **Concepto clave** ¿Qué pistas Wegener empleó para formular la hipótesis de la existencia de Pangea? ¿Qué pistas faltaron en el rompecabezas de Wegener?

Repaso de la Lección 1

 Assessment Online Quiz

Resumen visual

Pasado

Todos los continentes fueron alguna vez parte de un supercontinente llamado Pangea.

Presente

La evidencia encontrada en los continentes actuales, sugiere que los continentes se han movido a través de la superficie terrestre.

FOLDABLES

Usa tu modelo de papel para repasar la lección. Guarda tu modelo para el proyecto de final de capítulo.

¿Qué opinas AHORA?

Al inicio de este capítulo leíste las siguientes afirmaciones.

1. La India siempre ha estado al norte del ecuador.
2. Todos los continentes alguna vez formaron un supercontinente.

¿Sigues estando de acuerdo o en desacuerdo con las afirmaciones? Reescribe las afirmaciones falsas para hacerlas verdaderas.

Usar vocabulario

1 **Define** *Pangea*.

2 **Explica** en qué consiste la hipótesis de la deriva continental y la evidencia que la sustenta.

Entender conceptos clave

3 **Identifica** el primer científico que propuso que los continentes se desplazan, acercándose o alejándose unos de otros.

4 ¿Qué se puede usar como un indicador del clima en el pasado?
   A. fósiles   C. cordilleras
   B. flujos de lava D. mareas

Interpretar gráficas

5 **Interpreta** Mira el siguiente mapa. ¿En qué dirección se movió América del Sur con relación a África?

6 **Resume** Copia y llena el siguiente organizador gráfico para mostrar la evidencia que usó Alfred Wegener para sustentar su hipótesis de la deriva continental.

Pensamiento crítico

7 **Reconoce** La forma y la edad de los montes Apalaches son similares a las de las montañas Caledonianas al norte de Europa. ¿En qué más se pueden parecer?

8 **Explica** Si los continentes continúan a la deriva, ¿es posible que se forme un nuevo supercontinente? ¿Cuáles continentes podrían estar juntos dentro de 200 millones de años?

▼ Este pequeño mamífero es un pariente cercano de un animal que alguna vez vivió en la Antártida.

PROFESIONES CIENTÍFICAS

Gondwana

▲ Ross MacPhee es un paleontólogo del Museo de Historia Natural en Nueva York. Aquí, está buscando fósiles en la Antártida.

Un indicio fósil de la placa continental gigante que una vez dominó el hemisferio sur

Si pudieras viajar en el tiempo 120 millones de años atrás, probablemente descubrirías que la Tierra era muy diferente de lo que es hoy. Los científicos creen que en lugar de siete continentes, había dos placas continentales gigantes, o supercontinentes, en ese tiempo. A la placa continental en el hemisferio norte la denominaron *Laurasia* y la del hemisferio sur, *Gondwana*. Esta incluía los actuales continentes de la Antártida, América del Sur, Australia y África.

¿Cómo los científicos saben de la existencia de Gondwana? Ross MacPhee es paleontólogo, un científico que estudia los fósiles. MacPhee viajó a la Antártida recientemente y descubrió un diente fosilizado perteneciente a un pequeño mamífero terrestre. Después de un cuidadoso examen, se dio cuenta de que se parecía a los fósiles de antiguos mamíferos terrestres encontrados en África y América del Norte. MacPhee considera que estos mamíferos son los parientes antiguos de un mamífero que vive actualmente en la nación insular africana de Madagascar.

▲ *Gondwana* y *Laurasia* se formaron cuando se rompió el supercontinente Pangea.

¿Cómo los restos fósiles y sus parientes actuales quedaron separados por kilómetros de océano? MacPhee tiene la hipótesis de que el mamífero migró a través de los puentes de tierra que alguna vez conectaron las partes de Gondwana. Durante millones de años, el movimiento de las placas tectónicas terrestres rompió este supercontinente. Nuevas cuencas oceánicas se formaron entre los continentes, lo que resultó en la disposición de placas continentales que vemos hoy.

Te toca a ti

INVESTIGA Hace millones de años, la isla de Madagascar se separó del continente de Gondwana. Los animales de Madagascar cambiaron y se adaptaron para vivir en este ambiente. Investiga e informa acerca de un animal. Describe algunas de sus adaptaciones únicas.

Lección 1 **EXTENDER** 223

Lección 2

Guía de lectura

Conceptos clave
PREGUNTAS IMPORTANTES

- ¿Qué es la expansión del fondo oceánico?
- ¿Qué evidencia se usa para sustentar la expansión del fondo oceánico?

Vocabulario
dorsal meso-oceánica pág. 225
expansión del fondo oceánico pág. 226
polaridad normal pág. 228
inversión magnética pág. 228
polaridad inversa pág. 228

g Multilingual eGlossary

Desarrollo de una teoría

Investigación ¿Qué representan los colores?

En esta imagen de satélite, los colores muestran la topografía. Los colores cálidos como rojo, rosa y amarillo representan las formaciones terrestres sobre el nivel del mar. Los verdes y azules indican los cambios de la topografía bajo el nivel del mar. En las profundidades del océano Atlántico hay una cordillera, que se muestra aquí como una característica lineal en verde. ¿Existe relación entre este accidente geográfico y la hipótesis de la deriva continental?

Laboratorio de inicio

15 minutos

¿Puedes calcular la edad del pegamento?

La edad del fondo oceánico se puede determinar con la medición de los patrones magnéticos de las rocas del fondo del océano. ¿Cómo pueden usarse patrones similares en el secado del pegamento para mostrar las relaciones en la edad entre las rocas del fondo oceánico?

1. Lee y completa un formulario de seguridad en el laboratorio.
2. Extiende con cuidado una capa delgada de **pegamento a base de caucho** sobre una hoja de **papel**.
3. Observa durante 3 minutos. Anota el patrón de secado del pegamento en tu diario de ciencias.
4. Repite el paso 2. Después de 1 minuto, intercambia el papel con un compañero.
5. Pídele a tu compañero que observe y te diga cuál parte del pegamento se secó primero.

Piensa

1. ¿Qué evidencia te ayudó a identificar las capas de pegamento seco y fresco?
2. ¿En qué se parece esto a lo que el geólogo hace para estimar la edad de las rocas en el fondo oceánico?
3. **Concepto clave** ¿Cómo los patrones magnéticos ayudan a predecir la edad de una roca?

Cartografía del fondo oceánico

A finales de la década de 1940, después de la Segunda Guerra Mundial, los científicos comenzaron a explorar el fondo oceánico en mayor detalle. Fueron capaces de determinar la profundidad del océano mediante un dispositivo llamado ecosonda, como se muestra en la **Figura 5**. Una vez determinada la profundidad del océano, los científicos utilizaron estos datos para crear mapas topográficos del fondo oceánico. Estos nuevos mapas revelaron que vastas cordilleras se extendían por muchos kilómetros de profundidad bajo la superficie del océano. *Las cordilleras en la mitad de los océanos se denominan* **dorsales meso-oceánicas**. Estas, como se muestran en la **Figura 5,** son mucho más largas que cualquier cordillera en la tierra.

Figura 5 Un ecosonda produce ondas sonoras que viajan desde una embarcación hasta el fondo oceánico y se devuelven. Cuanto más profundo el océano, más tiempo tarda la onda en recorrerlo. La profundidad se puede usar para determinar la topografía del fondo oceánico.

Topografía del fondo oceánico

Expansión del fondo oceánico

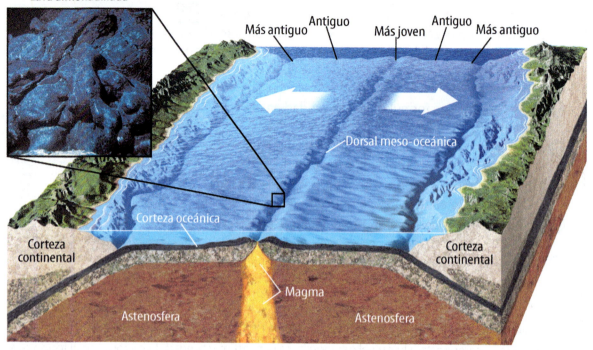

Figura 6 Cuando la lava hace erupción a lo largo de la dorsal meso-oceánica, se enfría y cristaliza, formando un tipo de roca llamado basalto. El basalto es el tipo de roca predominante en el fondo oceánico. El basalto más joven se encuentra más cerca a la dorsal. El más antiguo se encuentra más lejos de la dorsal.

Verificación visual Al observar la imagen anterior, ¿puedes proponer que existe un patrón en las rocas a ambos lados de la dorsal meso-oceánica?

Expansión del fondo oceánico

En la década de 1960 los científicos descubrieron un nuevo proceso que ayudó a explicar la deriva continental. Este proceso, que se muestra en la **Figura 6,** se denomina expansión del fondo oceánico. La **expansión del fondo oceánico** *es el proceso por el cual se forma nueva corteza oceánica a lo largo de la dorsal meso-oceánica y la corteza oceánica más antigua se aleja de la dorsal.*

Cuando el fondo oceánico se expande, el manto inferior se funde y forma magma. Debido a que el magma es menos denso que el material del manto sólido, asciende a través de las grietas en la corteza a lo largo de la dorsal meso-oceánica. Cuando el magma hace erupción en la superficie de la Tierra, se denomina lava. A medida que esta lava se enfría y cristaliza en el fondo oceánico, forma un tipo de roca llamada basalto. Como hay erupción de lava dentro del agua, esta se enfría rápidamente y forma estructuras redondeadas llamadas lavas almohadilladas. Observa la forma de la lava almohadillada de la **Figura 6.**

A medida que el fondo oceánico continúa separándose, la corteza oceánica antigua se aleja de la dorsal meso-oceánica. Cuanto más cerca esté la corteza de la dorsal meso-oceánica, más joven es la corteza oceánica. Los científicos argumentaron que si el fondo oceánico se expande, los continentes también deben estar en movimiento. Finalmente se descubrió un mecanismo para explicar la deriva continental, mucho después de que Wegener propuso su hipótesis.

Verificación de concepto clave ¿Qué es la expansión del fondo oceánico?

La topografía del fondo oceánico

Las montañas escarpadas que componen el sistema de la dorsal meso-oceánica se forman de dos maneras diferentes. Por ejemplo, una erupción puede arrojar grandes cantidades de lava desde el centro de la dorsal, la lava se enfría y acumula alrededor de la dorsal. O, a medida que la lava se enfría y forma nueva corteza, esta se agrieta. Las rocas se mueven hacia arriba o hacia abajo a lo largo de estas grietas en el fondo oceánico, formando cordilleras con picos.

 Verificación de la lectura ¿Cómo se forman las montañas a lo largo de la dorsal meso-oceánica?

Con el tiempo, los sedimentos se acumulan en la parte superior de la corteza oceánica. Cerca de la dorsal meso-oceánica no hay casi sedimento. Lejos de la dorsal, la capa de sedimento se vuelve lo suficientemente espesa para formar el fondo oceánico liso. Esta parte del fondo oceánico se muestra en la **Figura 7** y se denomina plano abisal.

Los continentes se mueven

La teoría de la expansión del fondo oceánico da una explicación de cómo se mueven los continentes. Estos no se mueven a través del manto sólido o del fondo oceánico, sino a medida que el fondo oceánico se expande a lo largo de la dorsal meso-oceánica.

 **MiniLab** 20 minutos

¿Qué edad tiene el océano Atlántico?

Si mides la anchura del océano Atlántico y conoces la velocidad de expansión del fondo oceánico, puedes calcular la edad del Atlántico.

1. Con una **regla** mide la distancia horizontal entre un punto en la costa este de América del Sur y un punto en la costa oeste de África en un **mapamundi.** Repite tres veces y calcula la distancia media en tu diario de ciencias.

2. Usa la leyenda del mapa para convertir la distancia media de centímetros a kilómetros.

3. Si África y América del Sur se han estado separando a una velocidad de 2.5 cm al año, calcula la edad del océano Atlántico.

Analizar y concluir

1. **Mide** ¿Tus medidas cambiaron?

2. **Concepto clave** ¿En qué se relaciona la edad que calculaste con la ruptura de Pangea hace 200 millones de años?

Plano abisal

Figura 7 El plano abisal es llano debido a la acumulación de sedimentos lejos de la dorsal.

Verificación visual Compara y contrasta la topografía de la dorsal meso-oceánica y un plano abisal.

Desarrollo de una teoría

La primera evidencia que se usó para sustentar la expansión del fondo oceánico fue descubierta en las rocas del fondo oceánico. Los científicos estudiaron la firma magnética de los minerales de estas rocas. Para entender esto, necesitas saber la dirección y orientación del campo magnético de la Tierra y cómo las rocas registraron la información magnética.

Las inversiones magnéticas

Recuerda que el núcleo externo líquido, rico en hierro, es como un imán gigante que crea el campo magnético de la Tierra. La dirección del campo magnético no es constante. El campo magnético actual, mostrado en la **Figura 8,** se describe como de **polaridad normal**: *un estado en el que los objetos magnetizados, como las agujas de las brújulas, se orientarían apuntando hacia el norte.* A veces, *la* **inversión magnética** *causa que el campo magnético invierta su dirección.* Lo contrario a la polaridad normal es la **polaridad inversa**, *un estado en el que los objetos magnetizados invertirían la dirección y se orientarían apuntando hacia el sur*, como se muestra en la **Figura 8.** Las inversiones magnéticas suceden cada cientos de miles de años a cada millones de años.

Verificación de la lectura ¿Actualmente, el campo magnético de la Tierra es normal o de polaridad inversa?

Las rocas revelan una firma magnética

El basalto del fondo oceánico contiene minerales ricos en hierro que son magnéticos. Cada mineral actúa como un imán pequeño. La **Figura 9** muestra cómo los minerales magnéticos se alinean con el campo magnético de la Tierra. Cuando la lava hace erupción a través de una abertura a lo largo de una dorsal meso-oceánica, se enfría y cristaliza. Esta registra permanentemente la dirección y orientación del campo magnético de la Tierra al momento de la erupción. Los científicos han descubierto patrones paralelos en la firma magnética de las rocas en ambos lados de la dorsal meso-oceánica.

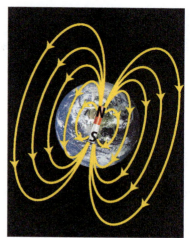

Campo magnético inverso

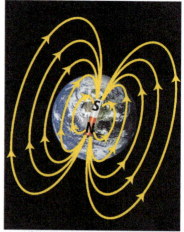

Campo magnético normal

▲ **Figura 8** El campo magnético de la Tierra es como un gran imán de barra. Ha invertido su dirección cientos de veces a lo largo de la historia.

Figura 9 Los minerales ricos en hierro de la lava fría, se alinean con el campo magnético de la Tierra. Cuando el campo magnético de la Tierra cambia de dirección, los minerales de la lava fría registran una nueva firma magnética. ▶

Verificación visual Describe el patrón de las bandas magnéticas en la imagen de la derecha.

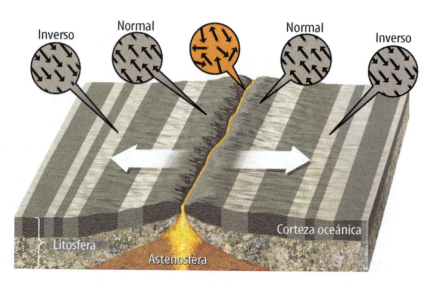

Teoría de la expansión del fondo oceánico

Figura 10 Una imagen simétrica de las bandas magnéticas a ambos lados de la dorsal meso-oceánica muestra que la corteza formada en la dorsal es arrastrada en direcciones opuestas.

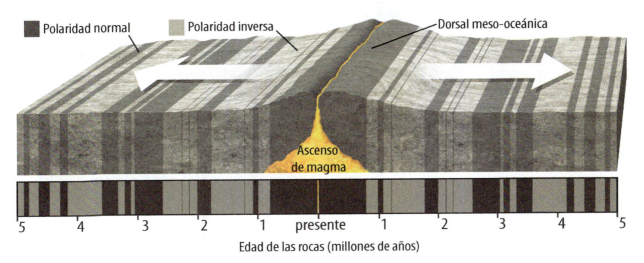

Evidencias que sustentan la teoría

¿Cómo los científicos probaron la teoría de expansión del fondo oceánico? Los científicos estudiaron los minerales magnéticos en las rocas del fondo oceánico. Utilizaron un magnetómetro para medir y registrar la firma magnética de estas rocas. Estas mediciones revelaron un patrón sorprendente. Los científicos descubrieron bandas magnéticas paralelas en ambos lados de la dorsal meso-oceánica. Cada par de bandas tiene composición, edad y carácter magnético similar. Cada banda magnética de la **Figura 10** representa la corteza que se formó y magnetizó en la dorsal meso-oceánica durante un periodo de polaridad **normal** o inversa. Los pares de bandas magnéticas confirman que la corteza oceánica formada en las dorsales meso-oceánicas es arrastrada del centro de las dorsales en direcciones opuestas.

Verificación de la lectura ¿Cómo los minerales magnéticos apoyan la teoría de la expansión del fondo oceánico?

Otras mediciones realizadas en el fondo oceánico confirman su expansión. Mediante la perforación de un pozo en el fondo oceánico y la medición de la temperatura bajo la superficie, los científicos pueden medir la cantidad de energía térmica que sale de la Tierra. Las mediciones muestran que se libera más energía térmica cerca de las dorsales meso-oceánicas, que la que se libera debajo de los planos abisales.

Además, es posible conocer la edad del sedimento recogido del fondo oceánico. Los resultados muestran que el sedimento más cercano a la dorsal meso-oceánica es más joven que el sedimento que está más alejado. El espesor del sedimento también aumenta con la distancia de la dorsal meso-oceánica.

VOCABULARIO ACADÉMICO

normal
(adjetivo) conforme a un tipo, estándar o patrón regular

FOLDABLES

Haz un boletín en capas usando dos hojas de papel de cuaderno. Usa las dos hojas para anotar tu información y el interior para ilustrar la expansión del fondo oceánico.

Repaso de la Lección 2

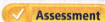

Resumen visual

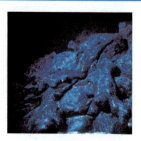

La lava entra en erupción a lo largo de la dorsal meso-oceánica.

La dorsal meso-oceánica es una gran cordillera que se extiende a través de los océanos de la Tierra.

Una inversión magnética ocurre cuando el campo magnético de la Tierra cambia de dirección.

FOLDABLES

Usa tu modelo de papel para repasar la lección. Guarda tu modelo para el proyecto de final de capítulo.

¿Qué opinas AHORA?

Al inicio de este capítulo leíste las siguientes afirmaciones.

3. El fondo oceánico es plano.

4. La actividad volcánica solo ocurre en el fondo oceánico.

¿Sigues estando de acuerdo o en desacuerdo con las afirmaciones? Reescribe las afirmaciones falsas para hacerlas verdaderas.

Usar vocabulario

1. Explica cómo las rocas del fondo oceánico registran las inversiones magnéticas a través del tiempo.

2. Diagrama el proceso de expansión del fondo oceánico.

3. Usa el término *expansión del fondo oceánico* para explicar cómo se forma la dorsal.

Entender conceptos clave

4. La corteza oceánica se forma
   A. en las dorsales meso-oceánicas.
   B. en cualquier parte del fondo oceánico.
   C. en los planos abisales.
   D. mediante inversiones magnéticas.

5. Explica por qué las bandas magnéticas del fondo oceánico son paralelas a la dorsal.

6. Describe cómo los científicos pueden medir la profundidad del fondo oceánico.

Interpretar gráficas

7. Determina Según la gráfica anterior, ¿dónde se localiza la corteza más joven? ¿Dónde se localiza la más antigua?

8. Describe cómo la expansión del fondo oceánico ayuda a explicar la hipótesis de la deriva continental.

9. Ordena información Copia y llena el siguiente organizador gráfico para explicar los pasos de la formación de la dorsal meso-oceánica.

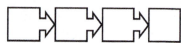

Pensamiento crítico

10. Infiere por qué las bandas magnéticas del océano Pacífico son más anchas que las del océano Atlántico.

11. Explica por qué el espesor de los sedimentos del fondo oceánico aumenta con la distancia de la dorsal oceánica.

Investigación · Destrezas de laboratorio · Hacer un modelo 30 minutos

¿Cómo las rocas del fondo oceánico varían en edad al alejarse de la dorsal meso-oceánica?

Los científicos descubrieron que la nueva corteza oceánica se forma en la dorsal meso-oceánica y, con el tiempo, se expande lentamente lejos de la dorsal. Este proceso se llama expansión del fondo oceánico. La edad del fondo oceánico es un componente que sustenta esta teoría.

Materiales

yogur de vainilla y yogur de fresa

lámina de foamy (10 cm × 4 cm)

papel encerado

cuchara plástica

Seguridad

No ingerir nada usado en este laboratorio.

Aprende

Los científicos usan **modelos** para representar la ciencia del mundo real. Con la creación de un modelo tridimensional de la actividad volcánica a lo largo de la dorsal meso-oceánica del Atlántico, los científicos representan el proceso de expansión del fondo oceánico. Luego comparan este proceso con la edad actual del fondo oceánico. En esta práctica, investigarás cómo cambia la edad de las rocas en el fondo oceánico con respecto a la distancia de la dorsal meso-oceánica.

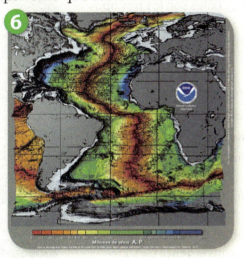

Intenta

1. Lee y completa un formulario de seguridad en el laboratorio.
2. Extiende una hoja de papel encerado sobre la mesa de laboratorio. Pon dos cucharadas de yogur de vainilla en una línea recta y abultada cerca del centro del papel.
3. Extiende las dos láminas de foamy sobre el yogur, dejando una pequeña abertura en el centro. Junta las láminas y empújalas hacia abajo, de manera que el yogur se filtre sobre cada lámina.
4. Separa las láminas de foamy y añade otra hilera de dos cucharadas de yogur de fresa en el centro. Levanta las láminas y ubícalas parcialmente sobre la nueva hilera. Empújalas con suavidad para unirlas. Observa los bordes exteriores de la nueva capa de yogur mientras las unes.
5. Repite el paso 4 con otra cucharada de yogur de vainilla. Luego repítelo nuevamente con otra cucharada de yogur de fresa.

Aplica

6. Compara el mapa y el modelo. ¿Dónde se encuentra la dorsal meso-oceánica Atlántica en el mapa? ¿Dónde está representada en tu modelo?
7. ¿Cuál de las capas de yogur coincide en la actualidad con este mapa? ¿Y cuál con la de hace millones de años?
8. ¿Cómo determinan los científicos las edades de las diferentes partes del fondo oceánico?
9. **Concluye** ¿Qué pasó con el yogur cuando agregaste más?
10. **Concepto clave** ¿Qué sucede con el material del fondo oceánico cuando el magma hace erupción a lo largo de la dorsal meso-oceánica?

Lección 3

Guía de lectura

Conceptos clave 🔑
PREGUNTAS IMPORTANTES

- ¿Qué plantea la teoría de la tectónica de placas?
- ¿Cuáles son los tres tipos de límites de placas?
- ¿Por qué se mueven las placas tectónicas?

Vocabulario

tectónica de placas pág. 233
litosfera pág. 234
límite de placa divergente pág. 235
límite de placa de transformación pág. 235
límite de placa convergente pág. 235
subducción pág. 235
convección pág. 238
empuje de dorsal pág. 239
tracción de bloque pág. 239

g Multilingual eGlossary

La teoría de la tectónica de placas

Investigación ¿Cómo se formaron estas islas?

La fotografía muestra una cadena de volcanes activos. Estos volcanes constituyen las Islas Aleutianas en Alaska. Justo al sur de estas islas volcánicas hay una fosa oceánica de 6 km de profundidad. ¿Por qué estas montañas volcánicas se formaron siguiendo una línea? ¿Puedes predecir dónde están los volcanes? ¿Están relacionados con la tectónica de placas?

Laboratorio de inicio

15 minutos

¿Puedes determinar la densidad cuando observas la flotabilidad?

La densidad es la medida de la masa de un objeto con relación a su volumen. La flotabilidad es la fuerza hacia arriba que un líquido ejerce sobre los objetos sumergidos en él. Si sumerges objetos con igual densidad en líquidos de diferentes densidades, las fuerzas de flotación serán distintas. Un objeto se hundirá o flotará dependiendo de la densidad del líquido comparada con la del objeto. Las capas de la Tierra difieren en densidad. Estas capas flotan o se hunden dependiendo de la densidad y la fuerza de flotación.

1. Lee y completa un formulario de seguridad en el laboratorio.
2. Pide cuatro **tubos de ensayo.** Ubícalos en una **gradilla.** Agrega **agua** a uno de los tubos hasta llenarlo ¾.
3. Repite con los otros tubos de ensayo usando **aceite vegetal** y **jarabe de glucosa.** Un tubo de ensayo debe quedar vacío.
4. Suelta **cuentas** de igual densidad dentro de cada tubo. Observa qué sucede con el objeto al sumergirse en cada líquido. Anota tus observaciones en tu diario de ciencias.

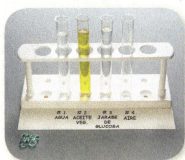

Piensa

1. ¿Cómo determinaste cuál líquido tiene la mayor densidad?
2. **Concepto clave** ¿Qué sucede cuando chocan capas de roca con diferentes densidades?

La teoría de la tectónica de placas

Cuando inflas un globo, este se expande y su área de superficie también aumenta. De forma similar, si la corteza oceánica continúa formándose en las dorsales meso-oceánicas y nunca es destruida, el área de la superficie terrestre debería aumentar. Sin embargo, esto no sucede. La corteza más vieja se debe destruir en algún lugar: pero, ¿dónde?

A finales de la década de 1960 se propuso una teoría más completa, llamada la tectónica de placas. La teoría de la **tectónica de placas** plantea que *la superficie de la Tierra está formada por bloques de roca rígida, o placas que se mueven una con respecto a la otra.* Esta nueva teoría establece que la superficie de la Tierra está dividida en grandes placas de roca rígida. Cada placa se mueve sobre el manto caliente y semiplástico de la Tierra.

Verificación de concepto clave ¿Qué es la tectónica de placas?

Los geólogos usan la palabra *tectónica* para describir las fuerzas que moldean la superficie terrestre y las estructuras rocosas que se forman. La tectónica explica la ocurrencia de terremotos y erupciones volcánicas. Cuando las placas se separan en el fondo oceánico, se generan terremotos y se forma una dorsal meso-oceánica. Cuando las placas se unen, una placa puede hundirse debajo de otra, lo que causa terremotos y crea cadenas volcánicas. Cuando las placas se deslizan una con respecto a la otra, pueden ocasionarse terremotos.

Placas tectónicas de la Tierra

Figura 11 La superficie terrestre está fracturada en grandes placas que encajan como piezas de un rompecabezas gigante. Las flechas muestran la dirección general del movimiento de cada placa.

Placas tectónicas

En la página anterior leíste que la teoría de la tectónica de placas establece que la superficie de la Tierra está fracturada en placas rígidas que se mueven una con respecto a la otra. Estas placas "flotan" en la parte superior de un manto caliente y semiplástico. El mapa de la **Figura 11** ilustra las principales placas de la Tierra y los límites que las definen. La placa del Pacífico es la más grande. La placa Juan de Fuca es de las más pequeñas, ubicada entre las placas de América del Norte y del Pacífico. Observa los límites que atraviesan los océanos. Muchos de estos límites marcan las posiciones de las dorsales meso-oceánicas.

Las capas más externas de la Tierra son frías y rígidas comparadas con las capas en el interior de la Tierra. *La capa de roca fría y rígida más externa se denomina* **litosfera**. Está compuesta por la corteza y el manto exterior sólido. La litosfera es delgada debajo de las dorsales meso-oceánicas y gruesa debajo de los continentes. Las placas tectónicas de la Tierra son grandes piezas de litosfera. Estas placas litosféricas encajan como las piezas de un rompecabezas gigante.

La capa de la Tierra por debajo de la litosfera se llama astenosfera. Esta capa es tan caliente que se comporta como un material **plástico.** Esto permite a las placas de la Tierra moverse, debido a que el material plástico y más caliente del manto debajo de estas puede fluir. Las interacciones entre la litosfera y la astenosfera ayudan a explicar la tectónica de placas.

Verificación de la lectura ¿Cuáles son las capas más externas de la Tierra?

USO CIENTÍFICO Y USO COMÚN
plástico
Uso científico capacidad de ser moldeado o de cambiar de forma sin romperse

Uso común cualquiera de los numerosos materiales orgánicos, sintéticos o procesados convertidos en objetos

234 • Capítulo 7
EXPLICAR

Límites de placas

Ubica dos libros lado con lado e imagina que cada libro representa una placa tectónica. Un límite de placas existe donde los libros se encuentran. ¿De cuántas maneras diferentes puedes mover los libros uno con respecto al otro? Puedes alejarlos, acercarlos y deslizarlos uno con relación al otro. Las placas tectónicas se mueven, en gran parte, de la misma manera.

Límites de placas divergentes

Las dorsales meso-oceánicas están localizadas a lo largo de los límites de placas divergentes. *Un* **límite de placa divergente** *se forma donde dos placas se separan.* Cuando el fondo oceánico se expande en una dorsal meso-oceánica, hay erupción y enfriamiento de lava, lo que forma nueva corteza oceánica. Los límites de placas divergentes también pueden existir en el centro de un continente. Ellos alejan los continentes y forman grietas continentales. La grieta de África oriental es un ejemplo de una grieta continental.

Límites de placas de transformación

La falla de San Andrés en California es un ejemplo de un límite de placa de transformación. *Un* **límite de placa de transformación** *se forma donde dos placas se deslizan una con respecto a la otra.* Mientras se mueven, pueden atascarse y detenerse. El esfuerzo se acumula en las placas "atascadas". Con el tiempo, el esfuerzo es demasiado grande y las rocas se rompen y se separan. Esto resulta en una liberación rápida de energía como los terremotos.

Límites de placas convergentes

Los **límites de placas convergentes** *se forman donde dos placas chocan. La placa más densa se hunde debajo de la placa con mayor flotabilidad en un proceso llamado* **subducción**. El área dentro de la Tierra donde desciende la placa más densa, a lo largo de un límite de placa convergente, se llama zona de **subducción.**

Cuando una placa oceánica y una continental chocan, la placa oceánica más densa se desliza debajo del borde de la continental. Esto crea una fosa oceánica profunda y una línea de volcanes por encima de la placa en subducción en el borde del continente. Este proceso también puede ocurrir cuando dos placas oceánicas chocan. La placa oceánica más vieja y más densa se deslizará debajo de la placa oceánica más joven. Esto crea una fosa oceánica profunda y una línea de volcanes llamada arco de islas.

Cuando dos placas continentales chocan, ninguna placa sufre subducción, y montañas como las Himalayas, al sur de Asia, se forman a partir de elevaciones de roca. La **Tabla 1** de la página siguiente resume las interacciones de las placas tectónicas.

Verificación de concepto clave ¿Cuáles son los tres tipos de límites de placas?

FOLDABLES

Haz un boletín en capas usando dos hojas de papel de cuaderno. Úsalo para organizar información sobre los diferentes tipos de límites de placas y los rasgos que forman.

ORIGEN DE LAS PALABRAS

subducción
del latín *subductus*, que significa "llevar hacia abajo, eliminar"

Tabla 1 La dirección del movimiento de las placas de la Tierra crea una variedad de rasgos en los límites entre placas.

Tabla 1 Interacciones entre las placas tectónicas de la Tierra

Límite de placa	Movimiento relativo	Ejemplo
Límite de placa divergente Cuando dos placas se separan y crean nueva corteza oceánica, se forma un límite de placa divergente. Este proceso ocurre donde se expande el fondo oceánico a lo largo de una dorsal meso-oceánica, como se muestra a la derecha. Este proceso también puede ocurrir en el centro de los continentes y se conoce como grieta continental.	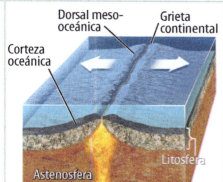	
Límite de placa de transformación Dos placas se deslizan horizontalmente una con respecto a la otra a lo largo de un límite de placa de transformación. Los terremotos son comunes en este tipo de límites de placas. La falla de San Andrés, que se muestra a la derecha, forma parte del límite de placa de transformación que se extiende a lo largo de la costa de California.		
Límite de placa convergente (océano-continente) Cuando una placa oceánica y una continental chocan, forman un límite de placa convergente. La placa más densa se deslizará. Una montaña volcánica, como el monte Rainier en las montañas de las Cascadas, se forma a lo largo del borde continental. Este proceso puede ocurrir también donde dos placas oceánicas chocan y la placa más densa se desliza.		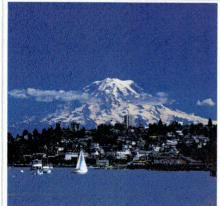
Límite de placa convergente (continente-continente) Los límites de placas convergentes pueden ocurrir también cuando chocan dos placas continentales. Debido a que ambas placas tienen igual densidad, ninguna de las placas se deslizará. Ambas placas se elevan y se deforman. Esto crea enormes montañas como las Himalayas, mostradas a la derecha.	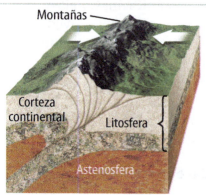	

Evidencia de la tectónica de placas

Cuando Wegener formuló la hipótesis de la deriva continental, la tecnología que se usó para medir la velocidad a la que se mueven los continentes en la actualidad, no estaba disponible aún. Recuerda que los continentes se alejan o se acercan a una velocidad de unos pocos centímetros al año. Esto es casi la longitud de un pequeño sujetapapeles.

Hoy, los científicos pueden medir la velocidad a la que se mueven los continentes. Una red de satélites que orbita la Tierra monitorea el movimiento de las placas. Mediante la medida de la distancia entre estos satélites y la Tierra, es posible localizar y determinar la velocidad a la que se mueve una placa tectónica. Esta red de satélites se llama Sistema de Posicionamiento Global (GPS, por sus siglas en inglés).

La teoría de la tectónica de placas también da una explicación de por qué los terremotos y volcanes ocurren en ciertos lugares. Debido a que las placas son rígidas, la actividad tectónica ocurre donde las placas se encuentran. Cuando las placas se separan, chocan o se deslizan una con respecto a la otra a lo largo de sus límites, el esfuerzo se acumula. Una rápida liberación de energía puede resultar en terremotos. Los volcanes se forman donde las placas se separan a lo largo de una dorsal meso-oceánica o una grieta continental o chocan en una zona de subducción. Las montañas pueden formarse donde dos continentes chocan. La **Figura 12** ilustra la relación entre los límites de placas y la ocurrencia de terremotos y volcanes. Regresa a la fotografía del inicio de la lección y busca estas islas en el mapa. ¿Están localizadas cerca a un límite de placas?

 Verificación de concepto clave ¿Cómo se relacionan los terremotos y los volcanes con la teoría de la tectónica de placas?

Figura 12 Observa que la mayoría de terremotos y volcanes ocurren cerca a los límites de placas.

Verificación visual ¿Los terremotos y los volcanes ocurren lejos de los límites de placas?

Movimiento de las placas

La principal objeción a la hipótesis de la deriva continental de Wegener fue que no pudo explicar por qué o cómo se movían los continentes. Los científicos ahora entienden que los continentes se mueven debido a que la astenosfera se mueve debajo de la litosfera.

Corrientes de convección

Es probable que ya sepas sobre el proceso de **convección**, *la circulación de material ocasionada por las diferencias de temperatura y densidad.* Por ejemplo, los pisos de arriba de casas y edificios son a menudo más cálidos porque el aire caliente sube, mientras el aire denso y frío desciende. La **Figura 13** muestra una convección.

Figura 13 Cuando el agua se calienta, se expande. El agua caliente menos densa asciende debido a que el agua fría se hunde, formando corrientes de convección.

 Personal Tutor

 Verificación de la lectura ¿Qué causa la convección?

La actividad tectónica de placas está relacionada con la convección en el manto, como se muestra en la **Figura 14.** Los elementos radiactivos, como el uranio, el torio y el potasio, calientan el interior de la Tierra. Cuando se calientan materiales como la roca sólida, estos se expanden y se vuelven menos densos. El material caliente del manto se va hacia arriba y entra en contacto con la corteza terrestre. La energía térmica se transfiere desde el material del manto caliente hacia la superficie más fría de encima. A medida que el manto se enfría, se vuelve más denso y se hunde, formando una corriente de convección. Estas corrientes en la astenosfera actúan como una banda transportadora moviendo la litosfera hacia arriba.

 Verificación de concepto clave ¿Por qué se mueven las placas tectónicas?

Investigación MiniLab

20 minutos

¿Cómo los cambios en la densidad generan movimiento?

Las corrientes de convección impulsan el movimiento de las placas. El material cercano a la base del manto se calienta, lo cual disminuye su densidad. Luego este material sube hacia la base de la corteza donde se enfría, aumenta su densidad y se hunde.

1. Lee y completa un formulario de seguridad en el laboratorio.
2. Copia la tabla de la derecha en tu diario de ciencias y agrega una hilera para cada minuto. Anota tus observaciones.
3. Vierte 100 ml de **agua carbonatada** o **soda clara** en un **vaso graduado** o un **vaso transparente.**
4. Pon cinco **uvas pasas** dentro del agua. Observa el camino que siguen las pasas durante cinco minutos.

Intervalo de tiempo	Observaciones
Primer minuto	
Segundo minuto	
Tercer minuto	

Analizar y concluir

1. **Observa** Describe cada movimiento de las uvas pasas.
2. **Concepto clave** ¿En qué se relaciona el comportamiento del modelo de uvas pasas con el movimiento en el manto de la Tierra?

Corrientes de convección

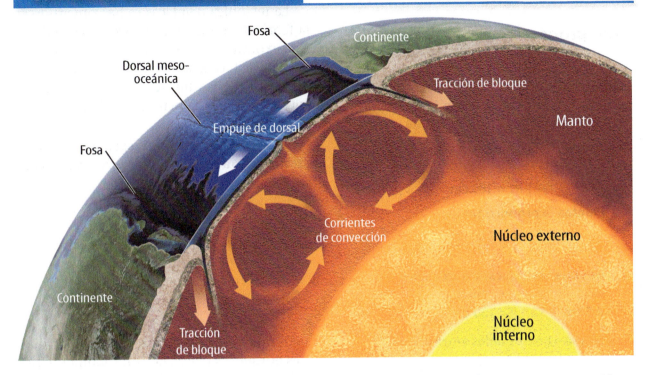

Fuerzas que causan el movimiento de las placas

¿Cómo puede moverse algo tan enorme como la placa del Pacífico? La **Figura 14** muestra las tres fuerzas que interactúan para causar el movimiento de las placas. Los científicos aún siguen debatiendo acerca de cuál de estas fuerzas tiene mayor efecto sobre el movimiento de las placas.

Arrastre basal Las corrientes de convección en el manto producen una fuerza que causa un movimiento llamado arrastre basal. Observa en la **Figura 14** cómo las corrientes de convección en la astenosfera circulan y arrastran la litosfera como lo hace la banda transportadora en la caja de un supermercado con los artículos.

Empuje de dorsal Recuerda que las dorsales meso-oceánicas tienen una mayor elevación que el fondo oceánico circundante. Debido a que estas son más altas, la gravedad empuja las rocas cercanas hacia abajo y lejos de la dorsal. *El levantamiento del material del manto en las dorsales meso-oceánicas crea el potencial para que las placas se alejen de la dorsal mediante una fuerza llamada* **empuje de dorsal**. El empuje de dorsal mueve la litosfera en dirección opuesta lejos de la dorsal.

Tracción de bloque Como leíste antes en esta lección, cuando las placas tectónicas chocan, la placa más densa se hundirá en el manto a lo largo de la zona de subducción. Esta placa se llama bloque. Debido a que el bloque es viejo y frío, es más denso que el manto circundante y se hundirá. *A medida que el bloque se hunde, empuja el resto de la placa mediante una fuerza llamada* **tracción de bloque**. Los científicos aún no están seguros de cuál fuerza tiene la mayor influencia en el movimiento de las placas.

Figura 14 La convección ocurre en el manto debajo de las placas tectónicas de la Tierra. Tres fuerzas actúan sobre las placas para hacer que se muevan: arrastre basal de las corrientes de convección, empuje de dorsal en las dorsales meso-oceánicas y tracción de bloque de las placas en subducción.

Verificación visual
¿Qué le sucede a una placa que se somete a la fuerza de tracción de bloque?

Destrezas matemáticas

Usar proporciones

Las placas a lo largo de la dorsal mesooceánica Atlántica se expanden a una velocidad media de 2.5 cm/año. ¿Cuánto tiempo le tomaría a las placas expandirse 1 m? Usa proporciones para encontrar la respuesta.

1 Convierte la distancia a unidades iguales.

$$1 \text{ m} = 100 \text{ cm}$$

2 Plantea la proporción:

$$\frac{2.5 \text{ cm}}{1 \text{ año}} = \frac{100 \text{ cm}}{x \text{ año}}$$

3 Haz una multiplicación cruzada y despeja x como se muestra:

$$2.5 \text{ cm} \times x \text{ año} = 100 \text{ cm} \times 1 \text{ año}$$

4 Divide a ambos lados entre 2.5 cm.

$$x = \frac{100 \text{ cm año}}{2.5 \text{ cm}}$$

$$x = 40 \text{ años}$$

Practicar

La placa de Eurasia es la que viaja más lento, a una velocidad aproximada de 0.7 cm/año. ¿Cuánto tiempo le tomaría a esta placa viajar 3 m?

(1 m = 100 cm)

Review
- Math Practice
- Personal Tutor

Una teoría en progreso

La tectónica de placas se ha convertido en la teoría de unificación dentro de la geología. Esta explica la conexión entre la deriva continental y la formación y destrucción de corteza a lo largo de los límites de placas. También ayuda a explicar la ocurrencia de terremotos, volcanes y montañas.

La investigación que Wegener inició hace casi un siglo aún está siendo revisada. Quedan varias preguntas por responder.

- ¿Por qué es la Tierra el único planeta del sistema solar que tiene actividad tectónica de placas? Se han formulado diferentes hipótesis para explicar esto. Planetas fuera del sistema solar también están siendo estudiados.

- ¿Por qué algunos terremotos y volcanes ocurren lejos de los límites de placas? Quizás es porque las placas no son totalmente rígidas. Existen diferencias entre el grosor y la rigidez dentro de las placas. Además, el manto es mucho más activo de lo que originalmente creían los científicos.

- ¿Qué fuerzas dominan el movimiento de las placas? Los modelos aceptados actualmente sugieren que las corrientes de convección ocurren en el manto. Sin embargo, no hay manera de observarlas o medirlas.

- ¿Qué será lo siguiente que investigarán los científicos? La **Figura 15** muestra una imagen producida por una técnica nueva llamada anisotropía, la cual crea una imagen en 3-D de las velocidades de las ondas sísmicas en una zona de subducción. Este desarrollo tecnológico ayuda a los científicos a entender mejor los procesos que ocurren dentro del manto y a lo largo de los límites de placas.

Verificación de la lectura ¿Por qué la teoría de la tectónica de placas continúa cambiando?

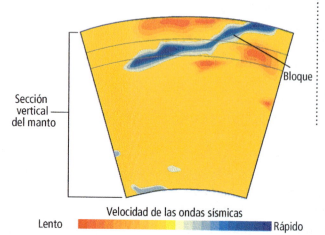

Figura 15 Las ondas sísmicas se usaron para producir este escaneo tomográfico. Los colores muestran una placa en subducción. El color azul representa los materiales rígidos con las mayores velocidades de la onda sísmica.

Repaso de la Lección 3

✓ **Assessment** — Online Quiz
? **Inquiry** — Virtual Lab

Resumen visual

Las placas tectónicas se componen de bloques de roca fríos y rígidos.

La convección del manto, o sea, la circulación del material del manto debida a diferencias en la densidad, impulsa el movimiento de las placas.

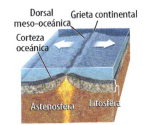

Los tres tipos de límites de placas son divergentes, convergentes y de transformación.

FOLDABLES

Usa tu modelo de papel para repasar la lección. Guarda tu modelo para el proyecto de final de capítulo.

¿Qué opinas AHORA?

Al inicio de este capítulo leíste las siguientes afirmaciones.

5. Los continentes flotan a través del manto fundido.

6. Cuando los continentes chocan, se pueden formar cordilleras.

¿Sigues estando de acuerdo o en desacuerdo con las afirmaciones? Reescribe las afirmaciones falsas para hacerlas verdaderas.

Usar vocabulario

1. La teoría que propone que la superficie terrestre está fracturada en placas rígidas que se mueven se denomina _____.

Entender conceptos clave

2. **Compara y contrasta** la actividad geológica que ocurre a lo largo de los tres tipos de límites de placas.

3. **Explica** por qué ocurre la convección en el manto.

4. Las placas tectónicas se mueven debido a
   A. las corrientes de convección.
   B. el aumento del tamaño de la Tierra.
   C. las inversiones magnéticas.
   D. la actividad volcánica.

Interpretar gráficas

5. **Identifica** Nombra el tipo de límite que existe entre las placas de Eurasia y América del Norte y entre las placas de Nazca y América del Sur.

6. **Determina causa y efecto** Copia y llena el siguiente organizador gráfico para enumerar las causas y los efectos de las corrientes de convección.

Pensamiento crítico

7. **Explica** por qué los terremotos ocurren a grandes profundidades a lo largo de los límites de placas convergentes.

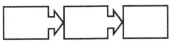

Destrezas matemáticas — Review — Math Practice

8. Dos placas en el Pacífico Sur se separan a una velocidad promedio de 15 cm/año. ¿A qué distancia se habrán separado después de 5,000 años?

Lección 3 — EVALUAR

Investigación: Laboratorio

45 minutos

Movimiento de los límites de placas

La superficie terrestre está fracturada en 12 placas tectónicas principales. Donde quiera que estas placas se toquen, se produce uno de cuatro eventos. Las placas pueden chocar y plegarse o doblarse para formar montañas. Una placa puede deslizarse debajo de otra para formar volcanes. Estas pueden alejarse y formar una dorsal mesooceánica, o pueden deslizarse una con respecto a la otra causando un terremoto. Esta investigación representa el movimiento de las placas.

Materiales

galletas graham

papel encerado (cuatro cuadros de 10×10-cm)

gotero

cubierta de chocolate

cuchara plástica

Seguridad

Preguntar
¿Qué sucede donde dos placas se juntan?

Procedimiento

Parte I

1. Lee y completa un formulario de seguridad en el laboratorio.
2. Pide los materiales a tu profesor.
3. Parte una galleta graham en dos, por la línea de separación.
4. Pon las partes lado con lado sobre un pedazo de papel encerado.
5. Desliza las galletas en direcciones opuestas de tal forma que los bordes se rocen.

Parte II

6. Pon otras dos galletas graham lado con lado pero sin tocarse.
7. Agrega varias gotas de agua en el espacio entre las galletas.
8. Desliza las galletas una con respecto a la otra y observa qué sucede.

Parte III

9. Pon una cucharada de cubierta de chocolate sobre un cuadro de papel encerado.
10. Pon dos galletas graham encima de la cubierta de chocolate de tal manera que se toquen.
11. Empuja las galletas hacia abajo y sepáralas en un solo movimiento.

Analizar y concluir

12 Analiza el movimiento de las galletas en cada uno de tus modelos.

Parte I

13 ¿Qué tipo de límite de placa representa las galletas graham en este modelo?

14 ¿Qué representan las migas en el modelo?

15 ¿Sentiste o escuchaste algo cuando las galletas se movieron una con respecto a la otra? Explica.

16 ¿Cómo se simula un terremoto en este modelo?

Parte II

17 ¿Qué representa el agua en este modelo?

18 ¿Qué tipo de límite de placa representa las galletas en este modelo?

19 ¿Por qué no se desliza una galleta debajo de la otra en este modelo?

Parte III

20 ¿Qué tipo de límite de placa representa las galletas en este modelo?

21 ¿Qué representa la cubierta de chocolate?

22 ¿Qué forma crea la cubierta de chocolate al mover las galletas?

23 ¿Qué formaron las galletas y la cubierta de chocolate?

Comunicar resultados

Crea un plegable con alguno de los límites de placas para mostrarle a un compañero que estuvo ausente. Muestra cómo se mueve cada límite de placa y el resultado de los movimientos.

Investigación: Ir más allá

Ubica una galleta graham y un pedazo de cartulina lado con lado. Deslízalos uno con respecto al otro. ¿Qué tipo de límite de placa representa este modelo? ¿En qué se diferencia este modelo de los tres que observaste en el laboratorio?

Sugerencias para el laboratorio

- ☑ Usa galletas graham frescas.
- ☑ Calienta ligeramente la cubierta de chocolate para hacerla más fluida para los experimentos.

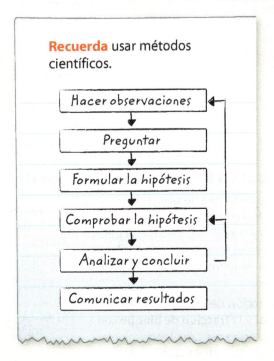

Recuerda usar métodos científicos.

- Hacer observaciones
- Preguntar
- Formular la hipótesis
- Comprobar la hipótesis
- Analizar y concluir
- Comunicar resultados

Guía de estudio del Capítulo 7

# WebQuest

 La teoría de la tectónica de placas afirma que la litosfera de la Tierra está dividida en placas rígidas que se mueven sobre la superficie de la Tierra.

Resumen de conceptos clave

Lección 1: La hipótesis de la deriva continental

- La forma de los continentes que encajan como piezas de rompecabeza, la evidencia fósil, el clima, las rocas y las cordilleras sustentan la hipótesis de la **deriva continental.**
- Los científicos se mostraron escépticos respecto a la deriva continental porque Wegener no pudo explicar el mecanismo del movimiento.

Lección 2: Desarrollo de una teoría

- La **expansión del fondo oceánico** proporciona un mecanismo para explicar la deriva continental.
- La expansión del fondo oceánico ocurre en las **dorsales meso-oceánicas.**
- La evidencia de la **inversión magnética** en las rocas, la dirección de la energía térmica y el descubrimiento de la expansión del fondo oceánico contribuyeron al desarrollo de la teoría de la tectónica de placas.

Lección 3: La teoría de la tectónica de placas

- Los tipos de límites de placas, la localización de los terremotos, volcanes y cordilleras, y las mediciones satelitales del movimiento de la placa, sustentan la teoría de la **tectónica de placas.**
- La **convección** del manto, el **empuje de dorsal** y la **tracción de bloque** son las fuerzas que causan el movimiento de la placa. La radiactividad en el manto y la energía térmica del núcleo producen la energía para la convección.

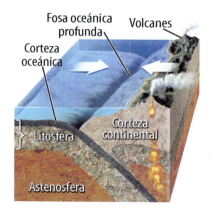

Vocabulario

Pangea pág. 217
deriva continental pág. 217

dorsal meso-oceánica pág. 225
expansión del fondo oceánico pág. 226
polaridad normal pág. 228
inversión magnética pag. 228
polaridad inversa pag. 228

tectónica de placas pág. 233
litosfera pág. 234
límite de placa divergente pág. 235
límite de placa de transformación pág. 235
límite de placa convergente pág. 235
subducción pág. 235
convección pág. 238
empuje de dorsal pág. 239
tracción de bloque pág. 239

Guía de estudio

Review
- Personal Tutor
- Vocabulary eGames
- Vocabulary eFlashcards

FOLDABLES Proyecto del capítulo

Organiza tus modelos de papel como se muestra, para hacer un proyecto de capítulo. Usa el proyecto para repasar lo que aprendiste en este capítulo.

Usar vocabulario

1. El proceso por el cual el manto caliente asciende y el manto frío desciende se denomina _____.

2. ¿Qué plantea la teoría de la tectónica de placas?

3. ¿Qué era Pangea?

4. Identifica los tres tipos de límites de placas y el movimiento relativo asociado a cada tipo.

5. Las inversiones magnéticas ocurren cuando _____.

6. Explica la expansión del fondo oceánico con tus propias palabras.

Relacionar vocabulario y conceptos clave

Concepts in Motion — Interactive Concept Map

Copia este mapa conceptual y luego usa términos de vocabulario de la página anterior para completarlo.

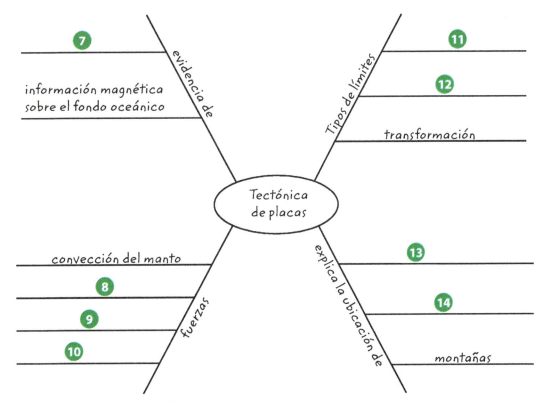

Guía de estudio del Capítulo 7 • **245**

Repaso del Capítulo 7

Entender conceptos clave

1. Alfred Wegener propuso la hipótesis de _____.
   A. la deriva continental
   B. la tectónica de placas
   C. el empuje de dorsal
   D. la expansión del fondo oceánico

2. La corteza oceánica está
   A. compuesta de continentes sumergidos.
   B. producida magnéticamente.
   C. producida en la dorsal meso-oceánica.
   D. producida en todos los límites de placas.

3. ¿Qué tecnologías NO usaron los científicos para desarrollar la teoría de la expansión del fondo oceánico?
   A. mediciones con ecosondas
   B. GPS (sistemas de posicionamiento global)
   C. mediciones con magnetómetro
   D. mediciones del grosor del fondo oceánico

4. La siguiente imagen muestra la posición de Pangea en la Tierra hace casi 280 millones de años. ¿Dónde descubrieron los geólogos los rasgos glaciares asociados a un clima más frío?
   A. Antártida
   B. Asia
   C. América del Norte
   D. América del Sur

Pangea

5. Las dorsales meso-oceánicas están asociadas a
   A. los límites de placas convergentes.
   B. los límites de placas divergentes.
   C. los puntos calientes.
   D. los límites de placas de transformación.

6. Dos placas de igual densidad forman cordilleras a lo largo de
   A. límites convergentes continente-continente.
   B. límites convergentes océano-continente.
   C. límites divergentes.
   D. límites de transformación.

7. ¿Cuál tipo de límite de placa se muestra en la siguiente figura?
   A. límite convergente
   B. límite divergente
   C. zona de subducción
   D. límite de transformación

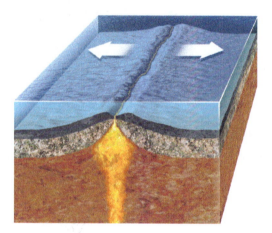

8. ¿Qué sucede con el campo magnético de la Tierra con el paso del tiempo?
   A. Cambia su polaridad.
   B. Se fortalece continuamente.
   C. Permanece igual.
   D. Se debilita y al final desaparece.

9. ¿Cuál capa externa de la Tierra incluye la corteza y el manto superior?
   A. astenosfera
   B. litosfera
   C. manto
   D. núcleo externo

Repaso del capítulo

Assessment
Online Test Practice

Pensamiento crítico

10 **Evalúa** El fondo oceánico más antiguo del océano Atlántico está localizado más cerca de los bordes continentales, como lo muestra la siguiente imagen. Explica cómo se puede usar esta edad para descubrir cuándo empezó a separarse América del Norte de Europa.

11 **Examina** la evidencia que se usó para desarrollar la teoría de la tectónica de placas. ¿Cómo la nueva tecnología ha fortalecido esta teoría?

12 **Explica** Los sedimentos depositados por los glaciares en África son sorprendentes porque África es ahora cálido. ¿Cómo la hipótesis de la deriva continental explica estos depósitos?

13 **Dibuja** un diagrama para mostrar la subducción de una placa oceánica debajo de una placa continental a lo largo de un límite de placa convergente. Explica por qué los volcanes se forman a lo largo de este tipo de límite.

14 **Infiere** La mantequilla de maní caliente es más fácil de expandir que la mantequilla fría. ¿Cómo saber esto te ayudará a entender por qué el manto tiene la capacidad de deformarse como si fuera plástico?

✏️ Escritura en Ciencias

15 **Predice** Si los continentes siguen moviéndose en la misma dirección en los próximos 200 millones de años, ¿cómo cambiaría la apariencia de las placas continentales? Escribe un párrafo explicando las posibles ubicaciones de las placas en el futuro. Según la teoría de la tectónica de placas, ¿es posible que se formen nuevos supercontinentes?

REPASO LA GRAN IDEA

16 ¿Qué plantea la teoría de la tectónica de placas? Distingue entre deriva continental, expansión del fondo oceánico y tectónica de placas. ¿Qué evidencias se usaron para sustentar la teoría de la tectónica de placas?

17 Usa la siguiente imagen para interpretar cómo ayuda la teoría de la tectónica de placas a explicar la formación de enormes montañas como las Himalayas.

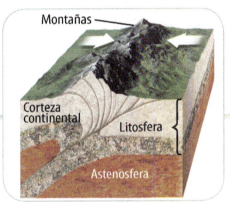

Destrezas matemáticas

Review
Math Practice

Usar proporciones

18 Las montañas sobre un límite de placa convergente pueden crecer a una velocidad de 3 mm/año. ¿Cuánto tiempo le tomaría a una montaña crecer a una altura de 3,000 m? (1 m = 1,000 mm)

19 La placa de América del Norte y la del Pacífico se han deslizado horizontalmente una con respecto a la otra a lo largo de la zona de la falla de San Andrés, durante cerca de 10 millones de años. Las placas se mueven a una velocidad promedio de 5 cm/año.

   a. ¿A qué distancia viajaron las placas, asumiendo una velocidad constante, durante este tiempo?

   b. ¿A qué distancia viajó la placa en kilómetros? (1 km = 100,000 cm)

Práctica para la prueba estandarizada

Anota tus respuestas en la hoja de respuestas que te entregó el profesor o en una hoja de papel.

Selección múltiple

Usa el siguiente diagrama para responder las preguntas 1 y 2.

1. En el anterior diagrama, ¿qué representa la línea irregular entre las placas tectónicas?

   A plano abisal

   B cadena de islas

   C dorsal meso-oceánica

   D eje polar

2. ¿Qué indican las flechas?

   A polaridad magnética

   B flujo oceánico

   C movimiento de placa

   D erupción volcánica

3. ¿Qué evidencia ayudó a sustentar la teoría de la expansión del fondo oceánico?

   A igualdad magnética

   B interferencia magnética

   C norte magnético

   D polaridad magnética

4. ¿Qué proceso de la tectónica de placas forma una fosa oceánica profunda?

   A conducción

   B deducción

   C inducción

   D subducción

5. ¿Qué causa el movimiento de la placa?

   A convección en el manto terrestre

   B corrientes en los océanos de la Tierra

   C polaridad inversa de la Tierra

   D rotación del eje de la Tierra

6. Se forman cortezas oceánicas nuevas y las cortezas oceánicas viejas se alejan de la dorsal meso-oceánica durante

   A la deriva continental.

   B las inversiones magnéticas.

   C la polaridad normal.

   D la expansión del fondo oceánico.

Usa el siguiente diagrama para responder la pregunta 7.

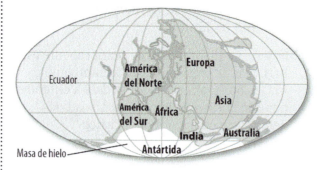

7. ¿Cómo se llama el antiguo supercontinente de Alfred Wegener que se muestra en el diagrama anterior?

   A Caledonia

   B deriva continental

   C *Glossopteris*

   D Pangea

248 • Capítulo 7: Práctica para la prueba estandarizada

Práctica para la prueba estandarizada

Usa el siguiente diagrama para responder la pregunta 8.

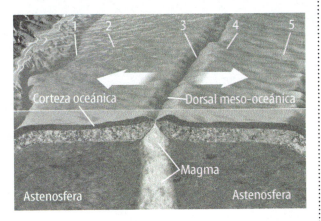

8 Los números del diagrama representan la roca del fondo oceánico. ¿Cuál representa la roca más antigua?

 A 1 y 5
 B 2 y 4
 C 3 y 4
 D 4 y 5

9 ¿Qué parte del fondo oceánico contiene la capa de sedimento más gruesa?

 A plano abisal
 B banda de deposición
 C dorsal meso-oceánica
 D zona tectónica

10 ¿Qué tipo de roca se forma cuando la lava se enfría y cristaliza en el fondo oceánico?

 A un fósil
 B un glaciar
 C basalto
 D magma

Respuesta elaborada

Usa la siguiente tabla para responder las preguntas 11 y 12.

Límite de placa	Ubicación

11 En la tabla anterior identifica tres tipos de límites de placas. Luego, describe una ubicación real para cada uno.

12 Crea un diagrama para mostrar el movimiento de la placa a lo largo de un tipo de límite de placa. Rotula el diagrama y luego dibuja flechas para indicar la dirección del movimiento de la placa.

13 Identifica y explica toda la evidencia que Wegener usó como ayuda para sustentar su hipótesis de la deriva continental.

14 ¿Por qué fue la deriva continental tan controversial en la época de Alfred Wegener? ¿Qué explicación fue necesaria para sustentar su hipótesis?

15 ¿Cómo los científicos prueban la teoría de la expansión del fondo oceánico?

16 Si constantemente se forma una nueva corteza oceánica a lo largo de las dorsales meso-oceánicas, ¿por qué la superficie total de la Tierra no está aumentando?

¿NECESITAS AYUDA ADICIONAL?																
Si no pudiste responder la pregunta...	1	2	3	4	5	6	7	8	9	10	11	12	13	14	15	16
Pasa a la Lección...	3	3	2	3	3	2	1	2	2	2	3	3	1	1	2	3

Capítulo 8

Dinámica de la Tierra

 ¿Cómo el movimiento de placas da forma a la superficie de la Tierra?

Investigación ¿Por qué el monte Everest es diferente?

Es probable que pienses que las conchas marinas solo se encuentran cerca de los océanos. Sin embargo, ¡algunas rocas del monte Everest contienen conchas marinas del fondo oceánico!

- ¿Cómo piensas que las conchas marinas llegaron a la cima del monte Everest?
- ¿De qué manera se mueven las placas tectónicas para formar montañas como estas, o fosas oceánicas, valles y mesetas?
- ¿Cómo el movimiento de placas da forma a la superficie de la Tierra?

Prepárate para leer

¿Qué opinas?

Antes de leer, piensa si estás de acuerdo o no con las siguientes afirmaciones. A medida que leas el capítulo, decide si cambias de opinión sobre alguna de ellas.

1. Las fuerzas creadas por el movimiento de placas son pequeñas y no deforman ni rompen las rocas.
2. El movimiento de placas solo causa el movimiento horizontal de los continentes.
3. Los accidentes geográficos nuevos solo se forman en los límites de placas.
4. Los accidentes geográficos más altos y más profundos se forman en los límites de placas.
5. Las rocas metamórficas formadas en las profundidades bajo la superficie de la Tierra, a veces pueden encontrarse cerca de la cima de las montañas.
6. Las cordilleras se pueden formar durante largos periodos de tiempo por los choques repetidos entre placas.
7. Los centros de los continentes son planos y antiguos.
8. Los continentes se encogen continuamente debido a la erosión.

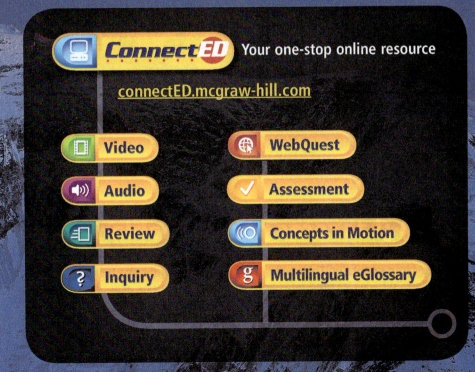

Lección 1

Fuerzas que dan forma a la Tierra

Guía de lectura

Conceptos clave
PREGUNTAS IMPORTANTES

- ¿Cómo se mueven los continentes?
- ¿Qué fuerzas pueden cambiar las rocas?
- ¿Cómo el movimiento de placas afecta el ciclo geológico?

Vocabulario

isostasia pág. 254
hundimiento pág. 255
levantamiento pág. 255
compresión pág. 255
tensión pág. 255
cizalla pág. 255
deformación pág. 256

¿Las rocas pueden hablar?

Este campamento en Thingvellir, Islandia, puede contar una historia sobre la Tierra si haces las preguntas apropiadas. ¿Por qué este acantilado está junto a un valle plano y cubierto de hierba? ¿Cómo llegó a verse así? ¿Siempre ha sido así? Puedes encontrar algunas respuestas observando las fuerzas que dan forma a la Tierra.

252 Capítulo 8
EMPRENDER

Investigación: Laboratorio de inicio

10 minutos

¿Las rocas se doblan?

Cuando los continentes de la Tierra se mueven, las rocas quedan atrapadas entre ellos y se doblan o se rompen. La tierra puede adquirir formas diferentes dependiendo de la temperatura y composición de las rocas, así como del tamaño y la dirección de la fuerza.

1. Lee y completa un formulario de seguridad en el laboratorio.
2. Extiende una **toalla de papel** sobre tu zona de trabajo y pon una **barra de caramelo** desenvuelta sobre la toalla.
3. Hala suavemente de los extremos de tu barra de caramelo. Observa cualquier cambio en la barra. Dibuja tus observaciones en tu diario de ciencias.
4. Reacomoda tu barra de caramelo y aprieta con suavidad ambos extremos hasta que se unan. Dibuja tus observaciones.

Piensa

1. ¿En qué se diferencian los resultados al halar y apretar?
2. ¿Qué sería diferente si la barra de caramelo estuviera caliente? ¿Y si estuviera fría?
3. **Concepto clave** ¿Qué tipos de fuerzas piensas que pueden cambiar las rocas?

Movimiento de placas

¿A qué distancia está la montaña más cercana a tu escuela? Si vives en la parte oeste o a lo largo de la costa este de Estados Unidos, es probable que estés cerca de las montañas. En cambio, la región central de Estados Unidos es plana. ¿Por qué estas regiones son tan diferentes?

Las montañas Rocosas en el oeste son altas y tienen picos afilados, pero los montes Apalaches en el este son más bajos y ligeramente redondeados, como se muestra en la **Figura 1**.

 Verificación de la lectura ¿En qué se diferencian las montañas Rocosas y los montes Apalaches?

Las montañas no duran para siempre. La meteorización y la erosión las desgastan de manera gradual. Los montes Apalaches son más pequeños y más suaves que las montañas Rocosas porque son más antiguos; se formaron hace cientos de millones de años. Las Rocosas se formaron hace tan solo 50 a 100 millones de años.

Las cordilleras se forman por la tectónica de placas. La teoría de la tectónica de placas plantea que la superficie de la Tierra se descompone en placas rígidas que se mueven horizontalmente sobre el manto superior más fluido de la Tierra. Montañas y valles se forman donde las placas chocan, se alejan o se deslizan una con respecto a la otra.

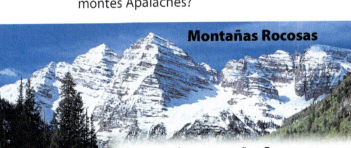

Figura 1 Las montañas Rocosas son más jóvenes, altas y tienen picos afilados. Los montes Apalaches son más antiguos, bajos y ligeramente redondeados.

Figura 2 La enorme porción inferior de un iceberg está bajo el agua. Así mismo, la raíz de una montaña se extiende en lo profundo del manto.

ORIGEN DE LAS PALABRAS

isostasia
del griego *iso*, que significa "igual"; y *stasy*, que significa "posición"

Movimiento vertical

Para comprender cómo pedazos enormes de la Tierra pueden elevarse verticalmente y formar regiones montañosas, debes entender las fuerzas que producen el movimiento vertical.

Equilibrio en el manto

Piensa en un iceberg que flota en el agua. El iceberg flota con la punta sobre el agua, pero la mayor parte de él está bajo la superficie del agua, como se muestra en la **Figura 2.** Flota así porque el hielo es menos denso que el agua y porque la masa del hielo iguala a la masa del agua que desplaza o saca del camino.

Del mismo modo, los continentes se elevan sobre el fondo oceánico porque la corteza continental está formada por rocas que son menos densas que el manto de la Tierra. La corteza continental desplaza parte del manto que está debajo de ella hasta que alcanza un equilibrio, o balance. *La* **isostasia** *es el equilibrio entre la corteza continental y el manto más denso debajo de ella.* Un continente flota encima del manto porque la masa del continente es igual a la del manto que desplaza. Las montañas actúan del mismo modo a menor escala.

✅ **Verificación de la lectura** ¿Qué es la isostasia?

La corteza continental cambia con el tiempo debido a la tectónica de placas y a la erosión. Si una parte de la corteza continental se vuelve más espesa, se hunde a mayor profundidad en el manto, como se muestra en la **Figura 3.** Pero también se eleva más alto hasta alcanzar un equilibrio. Por esta razón, las montañas son más altas que la corteza continental que las rodea. Aunque la montaña es enorme, es menos densa que el manto, así que "flota". Debajo de la superficie terrestre, la montaña se extiende en lo profundo del manto. En la superficie, la montaña se eleva sobre la corteza continental que está alrededor. Como se ilustra en la **Figura 3,** a medida que una montaña se erosiona, la corteza continental se levanta.

Mantener el equilibrio 🔑   Review   Personal Tutor

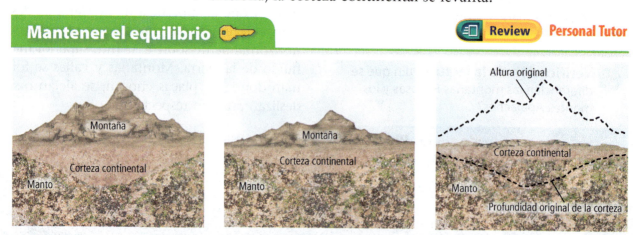

Figura 3 Con el tiempo, erosión y meteorización remueven la cima de una montaña. Para mantener la isostasia, los continentes se mueven hacia arriba o hacia abajo hasta que la masa del continente iguale la masa del manto que desplaza.

Hundimiento y levantamiento

Hace 20,000 años, gran parte de América del Norte estaba cubierta por glaciares de más de 1 km de espesor. El peso del hielo empujó la corteza hacia abajo hasta el manto, como se muestra en la **Figura 4**. *El movimiento vertical hacia abajo de la superficie de la Tierra se llama* **hundimiento**. Cuando el hielo se derritió y el agua corrió, el equilibrio isostático se alteró de nuevo. Como respuesta, la corteza se movió hacia arriba. *El movimiento vertical hacia arriba de la superficie de la Tierra se llama* **levantamiento**. En el centro de la bahía de Hudson en Canadá, la superficie de la tierra sigue levantándose 1 cm cada año a medida que se mueve hacia el equilibrio isostático.

Figura 4 El peso de un glaciar empuja la tierra hacia abajo. Cuando el glaciar se derrite, la tierra se levanta hasta que se restaura la isostasia.

 Verificación de concepto clave ¿Qué puede causar que la superficie de la Tierra se mueva hacia arriba o hacia abajo?

Movimiento horizontal

Encuentra una roca pequeña y apriétala. Acabas de aplicarle fuerza a la roca. ¿Cambió su forma? ¿Se rompió? El movimiento horizontal en los límites de placas aplica fuerzas mucho mayores a las rocas. Las fuerzas en los límites de placas son suficientemente poderosas para romper rocas o cambiar su forma. Las mismas fuerzas pueden formar montañas.

Tipos de esfuerzo

El esfuerzo es la fuerza que actúa sobre una superficie. Hay tres tipos de esfuerzo, como se ilustra en la **Figura 5**. *La* **compresión** *es un esfuerzo que comprime. La* **tensión** *es un esfuerzo que separa algo. Las fuerzas paralelas que actúan en direcciones opuestas son esfuerzos de* **cizalla**. Estos son esfuerzos que pueden cambiar la roca a medida que las placas se mueven horizontalmente.

FOLDABLES

Con una hoja de papel haz un boletín con tres solapas. Rotula las solapas como se ilustra y describe las fuerzas que dan forma a la Tierra.

Esfuerzos

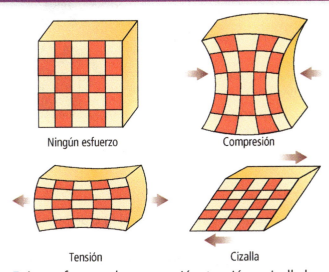

Figura 5 Los esfuerzos de compresión, tensión y cizalla hacen que las rocas cambien de forma.

Lección 1
EXPLICAR

Figura 6 La compresión puede plegar las rocas. La tensión puede estirarlas. El que las rocas recuperen su forma original depende del tipo de deformación.

 Verificación visual ¿Cuál de estas dos ilustraciones muestra tensión?

Uso científico y uso común

plástico
Uso científico que se puede moldear

Uso común material sintético de uso común

Tipos de deformación

Las rocas pueden cambiar cuando sobre ellas actúa alguna presión. *Un cambio en la forma de una roca causado por presión se llama* **deformación**. Hay dos tipos principales de deformación.

La deformación elástica no cambia, o deforma, permanentemente las rocas. Cuando se retira la presión, las rocas recuperan su forma original. La deformación elástica ocurre cuando las presiones son pequeñas o las rocas son muy fuertes. La deformación **plástica** crea un cambio permanente de forma. Aun si se retira la presión, las rocas no recuperan su forma original. La deformación plástica ocurre cuando las rocas son débiles o están calientes.

 Verificación de la lectura ¿Cuál tipo de deformación cambia permanentemente las rocas?

Deformación en la corteza

En la corteza más baja y más caliente y en el manto superior, las rocas tienden a deformarse plásticamente como masilla. En la **Figura 6,** la compresión hace que las capas de roca sean más espesas y se pliegen. La tensión las estira y adelgaza. En la parte superior y más fría de la corteza, las rocas se rompen antes de deformarse plásticamente. Cuando la deformación no solo cambia la forma de las rocas sino que las rompe, se llama grieta. Cuando las rocas se agrietan, se forman fracturas o fallas.

 **Verificación de concepto clave** ¿Qué puede causar que las rocas sean más espesas o se plieguen?

Investigación MiniLab

10 minutos

¿Qué pasará?

Si se hace suficiente fuerza sobre una roca, esta empezará a deformarse, o a cambiar de forma. Según la naturaleza de la fuerza y de la roca, algunas veces la roca se plegará y otras se fracturará.

1. Lee y completa un formulario de seguridad en el laboratorio.
2. Amasa un pedazo de **masilla** y sepárala lentamente. Forma una bola ovalada con ella y trata de separarla con rapidez. Anota tus observaciones en tu diario de ciencias.
3. Moldea un óvalo con tu masilla y sumérgela en agua caliente durante 2 min. Sepárala. Anota tus observaciones.
4. Moldea un óvalo con tu masilla y sumérgela en **agua helada** durante 2 min. Sepárala. Anota tus observaciones.
5. Trata de separar tu masilla halándola y presionándola. Anota tus observaciones en tu diario de ciencias.

Analizar y concluir

1. **Resume** los efectos de la velocidad de deformación, la temperatura y el tipo de presión sobre la masilla.
2. **Concepto clave** Relaciona la experiencia con tu modelo de masilla con las fuerzas que pueden cambiar las rocas y con las condiciones en la Tierra que harán que las rocas cambien.

Tectónica de placas y el ciclo geológico

Aunque podría parecer que las rocas siempre son iguales, estas se hallan en movimiento, por lo general muy lento. Las rocas nunca dejan de moverse en el ciclo geológico, como se ilustra en la **Figura 7**. La teoría de la tectónica de placas combinada con el levantamiento y el hundimiento explican por qué hay un ciclo geológico en la Tierra.

Las fuerzas que causan la tectónica de placas producen movimiento horizontal. La isostasia resulta en movimiento vertical dentro de los continentes. En conjunto, el movimiento de placas, el levantamiento y el hundimiento mantienen las rocas en movimiento en el ciclo geológico.

El levantamiento lleva las rocas metamórficas y las rocas ígneas desde el fondo de la corteza hasta la superficie. En la superficie, la erosión descompone las rocas en sedimento. El sedimento es enterrado por más sedimento. El sedimento enterrado se convierte en rocas sedimentarias. La presión y la temperatura aumentan a medida que las rocas son enterradas y, con el tiempo, las rocas sedimentarias se vuelven metamórficas. La subducción lleva rocas de todo tipo al fondo de la Tierra, donde pueden fundirse y crear nuevas rocas ígneas o metamórficas.

Verificación de concepto clave ¿Cómo el movimiento de placas afecta el ciclo geológico?

El ciclo geológico

Figura 7 El movimiento tectónico horizontal y el movimiento vertical por levantamiento y hundimiento ayudan a mover las rocas en el ciclo geológico.

Verificación visual ¿Qué le sucede al sedimento erosionado?

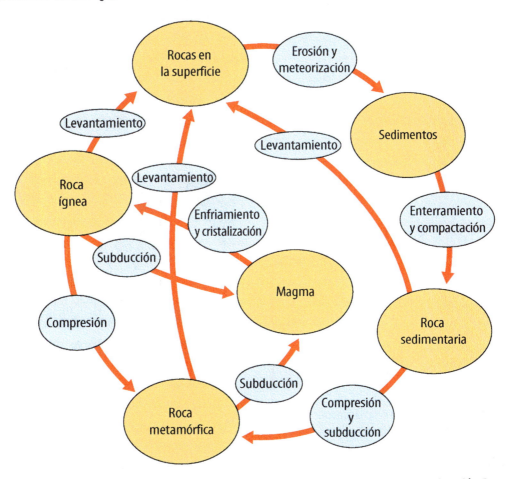

Lección 1
EXPLICAR

Repaso de la Lección 1

Assessment — Online Quiz
Inquiry — Virtual Lab

Resumen visual

Cuando la erosión desgasta una montaña, el continente se levantará hasta que se restablezca el equilibrio isostático.

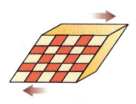

Diversos tipos de esfuerzo cambian las rocas de diferente manera.

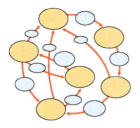

Los movimientos horizontales y verticales forman parte de lo que mantiene las rocas en movimiento en el ciclo geológico.

FOLDABLES

Usa tu modelo de papel para repasar la lección. Guarda tu modelo para el proyecto de final de capítulo.

¿Qué opinas AHORA?

Al inicio de este capítulo leíste las siguientes afirmaciones.

1. Las fuerzas creadas por el movimiento de placas son pequeñas y no deforman ni rompen las rocas.
2. El movimiento de placas solo causa el movimiento horizontal de los continentes.

¿Sigues estando de acuerdo o en desacuerdo con las afirmaciones? Reescribe las afirmaciones falsas para hacerlas verdaderas.

Usar vocabulario

1. Lo opuesto de levantamiento es _____.
2. El equilibrio entre la corteza y el manto debajo de ella es _____.
3. **Explica** la diferencia entre los dos tipos de deformación.

Entender conceptos clave

4. **Describe** lo que le sucede a la elevación de la superficie de la tierra cuando la corteza se hace más espesa.
5. **Nombra** un resultado del agrietamiento de una roca.
6. ¿Cuál tipo de deformación es producida por la compresión de la corteza plástica?
   A. grieta   C. pliegues
   B. fallas   D. cizalla

Interpretar gráficas

7. **Enumera** Copia el siguiente organizador gráfico y úsalo para mostrar tres tipos de esfuerzo.

8. **Identifica** el tipo de esfuerzo que deformó las rocas de la siguiente imagen. ¿Qué tipo de deformación resultó del esfuerzo?

Pensamiento crítico

9. **Predice** qué le pasaría a la altura de la superficie terrestre de la Antártida si la capa de hielo empezara a derretirse.
10. **Reflexiona** acerca de la relación entre el movimiento vertical y el horizontal. ¿Cómo se relacionan? ¿Cuándo no se relacionan?

Investigación · Práctica de destrezas · Diseñar un experimento · 40 minutos

Materiales

pesos variados

cartón

regla

cronómetro

masilla

Seguridad

¿Puedes medir cómo la presión deforma la masilla?

Los científicos que estudian las rocas investigan cómo la presión, o fuerza aplicada a una roca, hace que la roca cambie de forma, o se deforme. Como las rocas son duras y solo se deforman con fuerzas enormes a velocidades lentas, se necesita un equipo especial para estudiarlas. En este laboratorio, aplicarás fuerzas a la masilla y tomarás medidas semejantes a las que los científicos toman en las rocas.

Aprende

Un científico toma muchas decisiones antes de iniciar una investigación. Algunas decisiones incluyen hallar la forma de tomar las medidas necesarias. En este laboratorio, **diseñarás** instrumentos y un **experimento** para medir la presión y la deformación de la masilla.

Intenta

1. Lee y completa un formulario de seguridad en el laboratorio.
2. Determina cómo usarás los materiales que recibiste para medir la presión, la deformación y el tiempo que tarda la masilla en deformarse.
3. Escribe un procedimiento en tu diario de ciencias y pide a tu profesor que apruebe tu plan.
4. Examina tus procedimientos. Modifícalos si es necesario.
5. Recolecta tus datos y anótalos en una tabla de datos como la que se presenta a continuación.

Aplica

6. **Resume** la relación entre la presión y la velocidad de deformación.
7. 🔑 **Concepto clave** Relaciona la deformación de la masilla con la manera como las fuerzas cambian las rocas.

	Presión aplicada	Deformación medida	Tiempo medido	Velocidad de deformación (deformación/tiempo)
Intento 1				
Intento 2				

Lección 1 · EXTENDER

Lección 2

Accidentes geográficos en los límites de placas

Guía de lectura

Conceptos clave
PREGUNTAS IMPORTANTES

- ¿Qué rasgos del relieve se forman donde convergen dos placas?
- ¿Qué rasgos del relieve se forman donde divergen dos placas?
- ¿Qué rasgos del relieve se forman donde dos placas se deslizan una con respecto a la otra?

Vocabulario
fosa oceánica pág. 262
arco volcánico pág. 263
falla de transformación pág. 265
zona de falla pág. 265

g Multilingual eGlossary

Investigación ¿Qué pasó aquí?

¿Qué devastó este paisaje? ¿Alguna vez has visto un lugar como este? ¡Probablemente no, porque lugares así por lo general están bajo el océano! Ya sea bajo el océano o en terreno seco, hay mucha acción en los límites de placas.

Laboratirio de inicio 10 minutos

¿Qué sucede cuando las placas tectónicas chocan?

A medida que los continentes de la Tierra se mueven, las placas tectónicas pueden unirse, separarse o deslizarse una con respecto a la otra. Cada una de estas interacciones forma diferentes accidentes geográficos.

1. Con **cartulina de construcción** y **tarjetas,** haz un modelo de límite de placa. Dibuja tu modelo en tu diario de ciencias.
2. Rotula las dos placas tectónicas, la falla entre ellas y el manto. Titúlalo *Antes del esfuerzo*.
3. Representa la tensión separando las placas. Dibuja y rotula tu modelo. Titúlalo *Tensión*.
4. Representa la cizalla deslizando una placa hacia delante y la otra hacia atrás. Dibuja y rotula tu modelo. Titúlalo *Cizalla*.
5. Representa la compresión uniendo las placas. Experimenta hasta que obtengas dos resultados diferentes. Dibuja y rotula ambos resultados. Titúlalo *Compresión*.

Piensa

1. ¿Qué pasaría si la convergencia y la cizalla ocurrieran al tiempo?
2. **Concepto clave** ¿En qué se diferencian los rasgos que se forman bajo diferentes tipos de esfuerzo? ¿En qué se parecen?

Accidentes geográficos formados por el movimiento de placas

Las placas tectónicas se mueven despacio, solo 1–9 cm por año. Pero estas enormes placas que se mueven lentamente tienen tanta fuerza que pueden formar montañas altas, valles profundos y desgarrar la superficie de la Tierra.

Los esfuerzos de compresión, tensión y cizalla están activos en los límites de placas. Cada tipo de esfuerzo forma diferentes tipos de accidentes geográficos. Por ejemplo, la falla de San Andrés en la costa oeste de Estados Unidos es el resultado de esfuerzos de cizalla donde las placas se mueven una con respecto a la otra. Montañas altas, como los montes Urales de la **Figura 8,** se forman por esfuerzos de compresión donde las placas chocan.

Verificación de la lectura ¿Con qué rapidez se mueven las placas tectónicas?

Figura 8 Los montes Urales son el resultado de un choque que se inició hace 250 millones de años entre placas continentales que son ahora los continentes de Europa y Asia.

Formación del Himalaya

Figura 9 En la ilustración se muestran tres etapas en el crecimiento del Himalaya. Las placas debajo de India y Asia empezaron a chocar hace casi 50 millones de años y siguen haciéndolo. Como continúan chocando, el Himalaya crece unos pocos milímetros cada año debido a la compresión.

Verificación visual ¿Cuáles son los dos accidentes geográficos que chocaron?

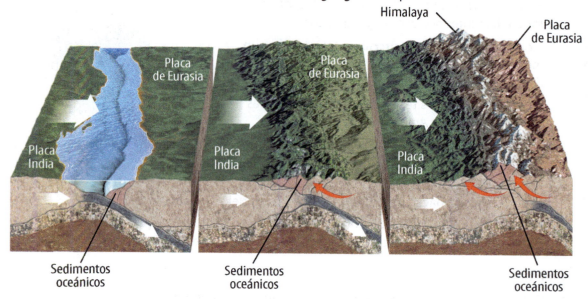

Accidentes geográficos formados por compresión

Los accidentes geográficos más grandes de la Tierra son producidos por compresión en los límites de placas convergentes. Los tipos de accidentes geográficos que se forman dependen de si las placas son oceánicas o continentales.

Cordilleras

Un choque entre dos placas continentales puede formar montañas altas; pero estas montañas se forman con lentitud y en etapas durante millones de años. En la **Figura 9** se ilustra la historia del Himalaya. Esta cordillera sigue creciendo aún hoy a medida que el choque continental las hace más altas. Observa que aunque las placas se mueven horizontalmente, el choque hace que la corteza también se mueva verticalmente.

Fosas oceánicas

Cuando dos placas chocan, una puede irse debajo de la otra y ser forzada hacia el manto en un proceso llamado subducción. Como se muestra en la **Figura 10,** donde dos placas se encuentran se forma una fosa profunda. *Las* **fosas oceánicas** *son depresiones profundas submarinas creadas por una placa que se desliza debajo de otra en un límite de placa convergente.* Las fosas oceánicas son los lugares más profundos en los océanos de la Tierra.

Verificación de concepto clave ¿Cuáles son los dos accidentes geográficos que se pueden formar donde dos placas convergen?

FOLDABLES

Con una hoja de papel haz un boletín vertical con tres solapas. A medida que leas, describe cómo diferentes rasgos se forman en los límites de placas. Incluye ejemplos específicos de cada accidente geográfico.

Arcos volcánicos

Las montañas volcánicas se pueden formar en el océano donde las placas convergen y una se desliza debajo de otra. Estos volcanes emergen como islas. *Un* **arco volcánico** *es una línea curva de volcanes que se forma paralela a un límite de placa.* La mayoría de los volcanes activos en Estados Unidos forman parte del arco volcánico aleutiano de Alaska. Allí hay alrededor de 40 volcanes activos, que se formaron porque la placa del Pacífico se deslizó debajo de la placa de América del Norte.

Los arcos volcánicos en el océano también se llaman arcos insulares. Sin embargo, un arco volcánico también se puede formar donde una placa oceánica se desliza debajo de una placa continental. Como el continente está sobre el nivel del mar, los volcanes se asientan sobre el continente, como ocurre con el monte Shasta en California, que se muestra en la **Figura 10**.

 Verificación de la lectura ¿Dónde se forman los arcos volcánicos?

Accidentes geográficos formados por tensión

Donde las placas se separan, los esfuerzos de tensión estiran la corteza terrestre. La tensión forma distintos accidentes geográficos.

Dorsales meso-oceánicas

Quizá te sorprenda que los esfuerzos de tensión bajo el océano pueden formar largas cordilleras de más de 2 km de altura. Estas se forman bajo el agua en límites divergentes cuando las placas oceánicas se alejan una de la otra.

A medida que los esfuerzos de tensión hacen que la corteza oceánica se separe, la roca caliente del manto se levanta. Como la roca caliente es menos densa que la roca fría, el manto caliente empuja el fondo oceánico hacia arriba. Así se forman en el océano crestas largas y elevadas. Quizá sabes que una cordillera larga y alta formada donde las placas oceánicas divergen, se llama dorsal meso-oceánica. **La Figura 11** muestra una dorsal cerca de la costa oeste de Estados Unidos.

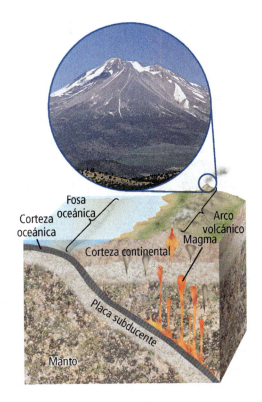

Figura 10 Los arcos volcánicos también se pueden formar en los continentes. El monte Shasta en California forma parte del arco volcánico de la Cascada.

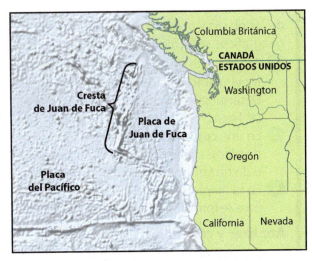

Figura 11 La cresta de Juan de Fuca en la costa de Washington y Oregón es una dorsal meso-oceánica.

Verificación visual ¿En qué dirección se está moviendo la placa de Juan de Fuca con relación a la placa del Pacífico?

Lección 2
EXPLICAR

Fosas tectónicas continentales

Cuando los límites divergentes ocurren dentro de un continente, pueden formar fosas tectónicas continentales o valles de rift, es decir, enormes separaciones en la corteza de la Tierra. Los esfuerzos de tensión en la parte superior y fría de la corteza crean fallas. En estas fallas, grandes bloques de corteza se mueven hacia abajo y forman valles entre dos crestas.

La fosa tectónica de África del Este, de la **Figura 12,** es un ejemplo de una fosa tectónica continental activa que está empezando a separar en dos el continente africano. Cada año, las dos partes se alejan 3-6 mm una de la otra. Un día, dentro de millones de años, el límite divergente habrá creado dos placas continentales separadas y el agua llenará el espacio entre ellas.

✅ **Verificación de la lectura** ¿En qué lugar de la Tierra se está formando una fosa tectónica continental o valle de rift?

El valle en esta fosa tectónica también se está hundiendo. La parte inferior y caliente de la corteza actúa como masilla. A medida que la corteza se estira, esta se vuelve más delgada y se hunde, como se muestra en la **Figura 12.**

🔑 **Verificación de concepto clave** ¿Qué rasgos se forman en los límites divergentes?

Figura 12 🔑 Un límite divergente ha creado una fosa tectónica continental en África. Esta fosa con el tiempo separará a África en dos partes.

Investigación MiniLab

20 minutos

¿Qué relación hay entre el movimiento de placas y los accidentes geográficos?

A medida que las placas tectónicas se mueven, forman accidentes geográficos en patrones predecibles. ¿Puedes analizar el movimiento de las placas y predecir qué accidentes geográficos se formarán?

1. Estudia este mapamundi que muestra el movimiento de las placas tectónicas. Determina el significado de las flechas y las líneas.
2. En una **copia del mapa,** rotula los límites de placas como divergentes, convergentes o de transformación.
3. En tu mapa, predice qué accidentes geográficos se formarán en cada límite de placas.

Analizar y concluir

1. **Describe** el accidente geográfico que está al borde del Pacífico. Formula una hipótesis de por qué se llama Cinturón de fuego.
2. **Compara y contrasta** los accidentes geográficos en las costas este y oeste de Sudamérica. Sustenta tu respuesta con datos.
3. 🔑 **Concepto clave** Diseña una tabla en la que relaciones el tipo de esfuerzo (compresión, tensión o cizalla) y la ubicación del límite de placa (en el centro de un continente, en el borde de un continente o en el centro del océano). Llena la tabla con los accidentes geográficos que encontraste en cada caso. Menciona un lugar en la Tierra donde cada uno de ellos esté ocurriendo.

Fallas de transformación

Figura 13 A la izquierda, se forma una falla de transformación a medida que dos placas se mueven una con relación a la otra. A la derecha, la línea amarilla muestra la dorsal meso-oceánica. Las líneas rojas son fallas de transformación.

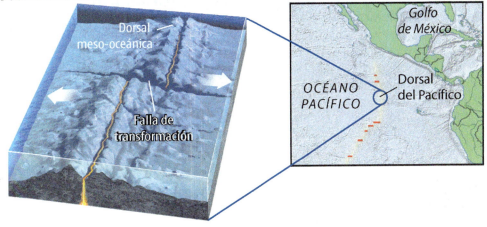

Verificación visual En la figura de la derecha, ¿dónde están las zonas de fractura?

Accidentes geográficos formados por esfuerzos de cizalla

Recuerda que a medida que las placas se deslizan horizontalmente una con relación a la otra, los esfuerzos de cizalla crean límites de transformación. Los accidentes geográficos formados por los esfuerzos de cizalla no son tan obvios como los formados por tensión o compresión.

Fallas de transformación

Donde las placas tectónicas se deslizan horizontalmente una con respecto a la otra, forman **fallas de transformación**. Algunas se forman perpendiculares a las dorsales meso-oceánicas, como se muestra a la izquierda de la **Figura 13.** Recuerda que la tensión forma dorsales meso-oceánicas en límites divergentes. A medida que las placas se deslizan alejándose una de la otra, también se forman fallas de transformación y pueden separar secciones de las dorsales. El mapa de la **Figura 13** muestra las fallas de transformación a lo largo de la dorsal del Pacífico.

 Verificación de concepto clave ¿Qué rasgos se forman donde las placas se deslizan una con relación a la otra?

Zonas de falla

En la superficie de la Tierra se pueden ver algunas fallas de transformación. Por ejemplo, la falla de San Andrés en California es visible en muchos lugares. Aunque esta se ve en la superficie, gran parte de su sistema de fallas es subterráneo. Como se muestra en la **Figura 14,** no se trata de una sola falla. Existen muchas fallas más pequeñas en la zona que rodea la falla de San Andrés. *Una zona de muchos pedazos fracturados de corteza a lo largo de una falla extensa se denomina* **zona de falla.**

ORIGEN DE LAS PALABRAS

transformar
del latín *trans*, que significa "a través"; y *formare*, que significa "formar"

Figura 14 Los esfuerzos de cizalla crean fallas en la superficie de la Tierra. Debajo de ella puede haber muchas otras fallas que forman parte de la misma zona de falla.

Repaso de la Lección 2

 Assessment   Online Quiz

Resumen visual

Los accidentes geográficos más profundos y más altos de la Tierra se forman en los límites de placas.

Los esfuerzos de tensión dentro de los continentes pueden producir enormes separaciones en la superficie de la Tierra.

Las fallas en la superficie de la Tierra pueden formar parte de zonas de falla mucho más grandes, que tienen muchas fallas en el subsuelo o subterráneas.

FOLDABLES

Usa tu modelo de papel para repasar la lección. Guarda tu modelo para el proyecto de final de capítulo.

¿Qué opinas AHORA?

Al inicio de este capítulo leíste las siguientes afirmaciones.

3. Los accidentes geográficos nuevos solo se forman en los límites de placas.

4. Los accidentes geográficos más altos y más profundos se forman en los límites de placas.

¿Sigues estando de acuerdo o en desacuerdo con las afirmaciones? Reescribe las afirmaciones falsas para hacerlas verdaderas.

Usar vocabulario

1. **Usa los términos** *arco volcánico* y *fosa* en una oración.

2. **Relaciona** falla de transformación con zona de falla.

Entender conceptos clave

3. **Define** *zona de falla* con tus propias palabras.

4. ¿Qué tipo de esfuerzo se está produciendo actualmente en la fosa tectónica de África del Este?
   A. esfuerzo de cizalla
   B. esfuerzo de tensión
   C. esfuerzos de compresión y tensión
   D. esfuerzos de cizalla y compresión

5. **Compara** el desarrollo de las montañas altas con la formación de fosas oceánicas.

6. **Resume** los procesos que involucran la formación de un arco volcánico.

Interpretar gráficas

7. **Conectar** Copia el siguiente organizador gráfico. Úsalo para relacionar los esfuerzos en los límites de placas y los accidentes geográficos asociados con cada tipo de límite.

Esfuerzos	Accidentes geográficos
Compresión	
Tensión	
Cizalla	

Pensamiento crítico

8. **Evalúa** Si oíste que en el mismo año tembló en Illinois, Missouri y Kentucky, ¿qué podrías inferir que estaba sucediendo bajo la superficie?

9. **Relaciona** fosa tectónica continental con dorsal meso-oceánica.

10. **Crea** un diagrama que ilustre cómo se forman las montañas donde chocan dos continentes.

¡Puntos calientes!

CÓMO FUNCIONA LA NATURALEZA

Volcanes en una placa

No todos los volcanes se forman en los límites de placas. Algunos, llamados volcanes de puntos calientes, emergen en el centro de una placa tectónica. Los volcanes de puntos calientes se forman sobre una columna de magma que asciende, llamada pluma del manto. Aunque se desconoce el origen de las plumas del manto, la evidencia muestra que probablemente surgen del límite entre el manto y el núcleo de la Tierra.

Cuando una placa tectónica pasa sobre una pluma del manto, se forma un volcán sobre la pluma. La placa tectónica sigue moviéndose y se forma una cadena de volcanes. Si estos están en el océano y crecen lo suficiente, se convierten en islas, como las islas Hawai. A continuación verás cómo sucede:

AMERICAN MUSEUM OF NATURAL HISTORY

④ Las islas más antiguas están más distantes de la pluma.

③ A medida que la placa del Pacífico se mueve, se lleva consigo las islas formadas por el punto caliente y las aleja de la pluma del magma.

Dirección del movimiento de la placa del Pacífico

Dorsal hawaiana

② La montaña marina sigue creciendo hasta que sale del agua y se convierte en una isla.

Hawai

① El magma, que es menos denso que la roca alrededor, asciende hasta el fondo oceánico y forma una montaña marina.

Niihau
Kauai 3.8 a 5.6 millones de años
Oahu 2.2 a 3.3 millones de años
Maui Menos de 1 millón de años
Molokai
Lanai
Kahoolawe
Dirección del movimiento de la placa
Hawai empezó a formarse hace 0.8 millones de años.

Te toca a ti

INVESTIGA No todos los puntos calientes surgen en los océanos. Gran parte del Parque Nacional Yellowstone se halla dentro de la caldera de un volcán gigante que se asienta sobre un punto caliente. ¿Sigue activo el punto caliente de Yellowstone?

Lección 2
EXTENDER

Lección 3

Guía de lectura

Conceptos clave 🗝
PREGUNTAS IMPORTANTES

- ¿Cómo cambian las montañas con el tiempo?
- ¿Cómo se forman los diferentes tipos de montañas?

Vocabulario

montaña plegada pág. 271
montaña de bloques fallados pág. 272
montaña elevada pág. 273

Ⓖ Multilingual eGlossary
▢ Video BrainPOP®

Formación de montañas

Investigación ¿Es este un lugar seguro para vivir?

¿Es seguro vivir cerca de esta montaña? ¿Arrojará lava? ¿Habrá terremotos cerca de allí? No todas las montañas son iguales. Una vez que sabes cómo se formó una montaña, puedes predecir lo que podría pasar en el futuro.

268 Capítulo 8
EMPRENDER

Laboratorio de inicio 10 minutos

¿Qué pasa cuando las placas tectónicas de la Tierra divergen?

Cuando las placas tectónicas divergen, la corteza se hace más delgada. A veces grandes bloques de corteza se hunden y forman valles. Los bloques cercanos a ellos se mueven hacia arriba y se convierten en montañas de bloques fallados. Así es como se formó la provincia de Basin y Range en el oeste de Estados Unidos.

1. Sobre un escritorio coloca de 5 a 6 **libros de tapa dura** con la tapa en sentido vertical.
2. Con una **regla,** mide el ancho y la altura de los libros, como se muestra. Anota los resultados en una tabla en tu diario de ciencias.
3. Sosteniendo los libros juntos, inclínalos al mismo tiempo hasta un ángulo aproximado de 30°. Mide el ancho y la altura de los libros. Anota los resultados en tu tabla.
4. Inclina los libros hasta un ángulo aproximado de 60°. Mide su ancho y su altura. Anota los resultados en tu tabla.
5. Dibuja un diagrama de los libros inclinados en tu diario de ciencias y rotula las montañas, los valles y las fallas.

Piensa
1. ¿Cómo se relaciona el grosor de la corteza y la altura de una montaña?
2. 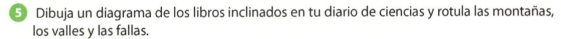 **Concepto clave** ¿Cómo se forman las montañas de bloques fallados?

Ciclo de formación de montañas

Las cordilleras se forman y cambian lentamente. Como son el resultado de diversos choques de placas durante muchos millones de años, están compuestas por diferentes tipos de roca. Los procesos de meteorización y erosión remueven parte de una montaña o toda.

 Verificación de la lectura ¿Qué procesos remueven parte de una montaña?

Placas convergentes

Recuerda que cuando las placas chocan en un límite de placa, una combinación de pliegues, fallas y levantamientos forma montañas. Después de millones de años, las fuerzas que originalmente hicieron que las placas se unieran pueden volverse inactivas. Como se muestra en la **Figura 15,** un continente nuevo se forma a partir de dos antiguos, y el límite de placa se vuelve inactivo. Al no haber compresión en el límite de placa convergente, las montañas dejan de crecer.

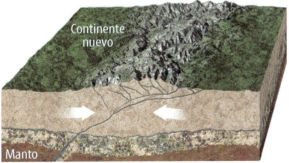

Figura 15 Las fuerzas que originalmente hicieron que las placas se unieran, con el tiempo se vuelven inactivas. Un continente nuevo se forma a partir de dos antiguos, y el límite de placa se vuelve inactivo.

Lección 3 EXPLORAR

FOLDABLES

Dobla una hoja de papel para hacer un boletín vertical con tres solapas. Rotula las solapas como se ilustra. Describe cómo se forman los diferentes tipos de montañas. Identifica un ejemplo específico de cada tipo.

ORIGEN DE LAS PALABRAS

Apalaches
del apalache *abalahci*, que significa "otro lado del río"

Choques y formación de fosas tectónicas

Los continentes cambian de manera continua porque las placas tectónicas de la Tierra siempre se están moviendo. Cuando los continentes se separan en un límite de placa divergente, a menudo se rompen cerca al punto donde chocaron inicialmente. Primero se forma una separación grande, o fosa tectónica. Esta fosa crece y en ella fluye el agua marina; entonces se forma un océano.

Con el tiempo, el movimiento de placas vuelve a cambiar y los continentes chocan. Las cordilleras nuevas se forman sobre cordilleras más antiguas o junto a ellas. El ciclo de choques repetidos y la formación de fosas tectónicas pueden crear cordilleras antiguas e intrincadas, como los montes **Apalaches.**

 Verificación de la lectura ¿Dónde tienden a romperse las placas?

La **Figura 16** ilustra la historia de los choques de placas y las fosas tectónicas que formaron la cordillera actual. Las rocas que conforman cordilleras como los montes Apalaches registran la historia del movimiento de placas y los choques que formaron las montañas.

Meteorización

Los montes Apalaches son una cordillera antigua que se extiende por la mayor parte del este de Estados Unidos. No son tan altos y escarpados como las montañas Rocosas al oeste porque son mucho más antiguos y ya no crecen. La meteorización ha redondeado los picos y disminuido las elevaciones.

Formación de los Apalaches Concepts in Motion Animation

Figura 16 Los montes Apalaches se formaron durante varios cientos de millones de años.

 **Verificación visual** ¿Qué cordillera está entre Valley y Ridge y Piedmont?

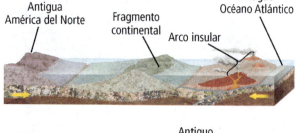
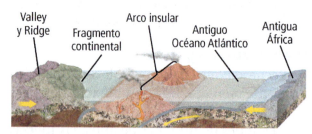
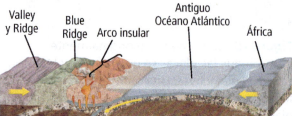

Erosión y levantamiento

Con el tiempo, los procesos naturales desgastan las montañas, suavizan sus picos y reducen su altura. Pero algunas cordilleras tienen cientos de millones de años. ¿Cómo duran tanto tiempo? Recuerda cómo funciona la isostasia. Cuando una montaña se erosiona, la corteza bajo ella debe levantarse para restaurar el equilibrio entre lo que queda de la montaña y lo que flota en el manto. Las rocas en lo profundo, bajo los continentes, se levantan lentamente hacia la superficie. En cordilleras antiguas, las rocas metamórficas que se formaron en lo profundo, bajo la superficie, quedan expuestas en la cima de las montañas, como las de la **Figura 17.**

 Verificación de concepto clave ¿Cómo pueden cambiar las montañas con el tiempo?

Tipos de montañas

En la primera lección aprendiste que los esfuerzos producidos por el movimiento de las placas pueden halar o comprimir la corteza. Esta es una manera en la que el movimiento de placas participa en la creación de muchos tipos de montañas. Pero el efecto de este movimiento también causa cambios en la posición de las rocas y en las rocas mismas dentro de una cordillera.

Montañas plegadas

Las rocas que están a mayor profundidad en la corteza son más calientes que las que están más cerca de la superficie. Las rocas más profundas también se encuentran bajo mayor presión. Cuando las rocas están suficientemente calientes o bajo suficiente presión, se forman pliegues en vez de fallas, como en la **Figura 18.** *Las* **montañas plegadas** *están formadas por capas de rocas plegadas.* Estas se forman cuando las placas continentales chocan, plegando y levantando capas de roca. Cuando la erosión remueve la parte superior de la corteza, los pliegues quedan expuestos en la superficie.

La disposición de los pliegues no es accidental. Puedes demostrarlo tomando un pedazo de papel y presionando suavemente los extremos entre sí para formar un pliegue. Un pliegue es una larga cresta **perpendicular** a la dirección en la cual presionas. Las montañas plegadas son semejantes. Los pliegues son perpendiculares a la dirección de la compresión que los formó.

Figura 17 Las rocas metamórficas, como estas, se formaron en lo profundo, bajo la superficie de la Tierra. Después de que el material sobre ellas se erosionó, la roca se levantó debido a la isostasia. Ahora se encuentran sobre la superficie de la Tierra.

VOCABULARIO ACADÉMICO

perpendicular
(*adj.*) que está en ángulo recto con relación a una recta o un plano

Figura 18 Los esfuerzos de compresión plegaron estas rocas. Como los pliegues suben y bajan, la compresión debió haber venido de los lados.

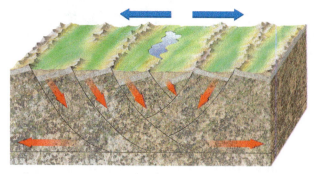

Figura 19 En la mitad de un continente, la tensión puede separar la corteza. Donde la corteza se rompe, se pueden formar montañas de bloques fallados y valles a medida que se levanten o caigan enormes bloques de Tierra.

✓ **Verificación visual** ¿En qué sentido está halando la tensión?

Montañas de bloques fallados

A veces los esfuerzos de tensión dentro de un continente crean montañas. A medida que la tensión separa la corteza, se forman fallas. En ellas, algunos bloques de corteza caen y otros se levantan, como se muestra en la **Figura 19**. Las **montañas de bloques fallados** *son crestas paralelas que se forman donde los bloques de corteza se mueven hacia arriba o hacia abajo a lo largo de las fallas.*

La provincia de Basin y Range en el oeste de Estados Unidos consta de docenas de montañas de bloques fallados paralelas en dirección norte-sur. La tensión que formó las montañas haló en las direcciones este-oeste. Al inicio de esta lección se muestra una de estas montañas. Observa que justo al lado del valle hay una cresta alta y escarpada. En algún punto entre los dos, hay una falla donde alguna vez ocurrió un movimiento enorme.

Verificación de concepto clave ¿Cómo se forman las montañas plegadas y las de bloques fallados?

MiniLab

15 minutos

¿Cómo se forman las montañas plegadas?

Cuando dos placas continentales convergen, las rocas se contraen y forman montañas plegadas. Si las rocas se formaron en capas, como las rocas sedimentarias, los pliegues son visibles.

1. Lee y completa un formulario de seguridad en el laboratorio.
2. En un pedazo de **papel encerado**, moldea cuatro bolas de **masa de colores** diferentes hasta obtener rectángulos de casi 1 cm de grosor.
3. Apila los rectángulos. Con un **cuchillo plástico** recorta los bordes, para ver las capas claramente. Dibuja una vista lateral de las placas sin plegar en tu diario.
4. Oprime la masa empujando los lados cortos hasta unirlos en forma de S. Trata de obtener al menos un pliegue ascendente y uno descendente. Dibuja una vista lateral de las placas plegadas en tu diario.
5. Con el cuchillo, simula la erosión cortando la punta de tus montañas plegadas. Dibuja una vista desde arriba de las montañas erosionadas en tu diario de ciencias.

Analizar y concluir

1. **Relaciona** la dirección de compresión con la dirección de los picos de las montañas.
2. **Concepto clave** Describe cómo las montañas plegadas se forman y cambian con el tiempo.

Montañas elevadas

El granito en la cima del monte Whitney en la Sierra Nevada alguna vez estuvo 10 km bajo la superficie de la Tierra. ¡Ahora está en la cima de una montaña de 4,400 m de altura! ¿Cómo ocurrió esto? El monte Whitney es un ejemplo de una montaña elevada. *Cuando grandes regiones se elevan verticalmente con muy poca deformación, se forman las* **montañas elevadas**. Las rocas en la Sierra Nevada están compuestas por granito, una roca ígnea que originalmente se formó a varios kilómetros bajo la superficie de la Tierra. El levantamiento y la erosión la han puesto al descubierto.

 Verificación de la lectura ¿Qué tipo de rocas se encuentra en la Sierra Nevada?

Los científicos no entienden del todo cómo se forman las montañas elevadas. Una hipótesis plantea que el manto frío bajo la corteza se desprende de esta y se hunde más en el manto, como se muestra en la **Figura 20**. El manto que se hunde empuja la corteza y crea compresión más cerca de la superficie. A medida que la corteza se hace más gruesa, la parte superior se levanta para mantener la isostasia. A veces se eleva lo suficiente para formar cordilleras enormes. Los geólogos están diseñando experimentos para probar esta hipótesis.

Montañas volcánicas

Quizá no pienses que los volcanes son montañas, pero los científicos consideran que los volcanes son tipos especiales de montañas. De hecho, algunas de las montañas más grandes de la Tierra son el resultado de erupciones volcánicas. Cuando la roca fundida y la ceniza de una erupción salen a la superficie, se endurecen. Con el tiempo, muchas erupciones pueden formar enormes montañas volcánicas como las de las islas Hawai.

No todas las montañas volcánicas hacen erupción todo el tiempo. Algunas están inactivas, y pueden volver a hacer erupción algún día. Otras nunca volverán a hacer erupción.

 Verificación de concepto clave ¿Cómo se forman las montañas elevadas y las volcánicas?

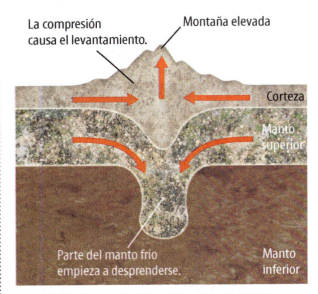

Figura 20 Una posible explicación de cómo se forman las montañas elevadas, es que el manto al hundirse comprime la corteza. Esta se levanta para recuperar isostasia y se forman las montañas.

Destrezas matemáticas

Usar proporciones

Una proporción es una ecuación que muestra dos ratios iguales. Algunas montañas en el Himalaya se elevan 0.001 m/año. ¿Cuánto tardarían estas montañas en alcanzar 7,000 m de altura?

1. Establece una proporción.

$$\frac{0.001 \text{ m}}{1 \text{ año}} = \frac{7,000 \text{ m}}{x \text{ año}}$$

2. Multiplica en cruz.

$$0.001x = 7,000$$

3. Divide ambos lados entre 0.001.

$$\frac{0.001x}{0.001} = 7,000$$

4. Despeja la x.

$$x = 7,000,000 \text{ años}$$

Practicar

Si la velocidad de elevación del monte Everest es 0.0006 m/año, ¿cuánto tardó el monte Everest en alcanzar 8,848 m de altura?

 Review

- Math Practice
- Personal Tutor

Lección 3
EXPLICAR

Repaso de la Lección 3

 Assessment Online Quiz

Resumen visual

Las cordilleras pueden ser el resultado de choques repetidos entre continentes y la formación de fosas tectónicas.

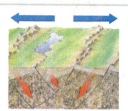
Los esfuerzos de tensión crean cordilleras que son una serie de fallas, crestas y valles.

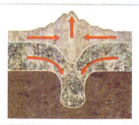
Las montañas elevadas se forman como resultado de la compresión cerca de la superficie de la Tierra.

FOLDABLES

Usa tu modelo de papel para repasar la lección. Guarda tu modelo para el proyecto de final de capítulo.

¿Qué opinas AHORA?

Al inicio de este capítulo leíste las siguientes afirmaciones.

5. Las rocas metamórficas formadas en las profundidades bajo la superficie de la Tierra, a veces pueden encontrarse cerca de la cima de las montañas.

6. Las cordilleras se pueden formar durante largos periodos de tiempo por los choques repetidos entre placas.

¿Sigues estando de acuerdo o en desacuerdo con las afirmaciones? Reescribe las afirmaciones falsas para hacerlas verdaderas.

Usar vocabulario

1. Las montañas plegadas son formadas por esfuerzos de _____.

2. **Nombra** dos tipos de montañas que pueden formarse lejos de los límites de placas.

3. Las rocas que se forman en lo profundo de la Tierra pueden encontrarse en la superficie debido a _____.

Entender conceptos clave

4. **Contrasta** montañas plegadas y montañas de bloques fallados.

5. ¿Qué tipo de montañas se forma cuando hay poca deformación?
   A. montañas de bloques fallados
   B. montañas plegadas
   C. montañas elevadas
   D. montañas volcánicas

6. **Identifica** el tipo de límite de placa donde se formaron los montes Apalaches.

Interpretar gráficas

7. **Resume** los fenómenos de la tectónica de placas que formaron los montes Apalaches, usando un organizador gráfico como el siguiente.

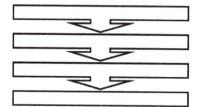

Pensamiento crítico

8. **Critica** la generalización de que las montañas solo se forman en límites convergentes. Explica cómo otros procesos pueden formar montañas.

Destrezas matemáticas Review
Math Practice

9. Los volcanes en Hawai empezaron a formarse en el fondo oceánico, unos 5,000 m bajo la superficie. Si un volcán alcanza la superficie en 300,000 años, ¿cuál fue su velocidad de crecimiento vertical por año?

Investigación Práctica de destrezas — Investigar información — 2 periodos de clase

¿Cuáles son los procesos tectónicos principales que han dado forma a América del Norte?

Materiales

regla métrica

mapa de América del Norte

Las montañas son importantes estructuras del paisaje de América del Norte. Los científicos pueden averiguar cuáles procesos han dado forma al continente durante los últimos cientos de millones de años, estudiando los tipos de montañas.

Aprende

Antes de que los científicos puedan sacar conclusiones sobre la formación de un continente, tienen que saber qué sucedió en todas sus partes. Los científicos usan la **investigación de información** de manera que puedan responder preguntas y sacar conclusiones acerca del continente en general.

Intenta

1. Estudia el mapa de la derecha. Elige una cordillera para investigar. Con la aprobación de tu profesor, puedes investigar una cordillera que no esté en este mapa.

2. Usando las fuentes aprobadas por tu profesor, investiga tu cordillera. Responde las siguientes preguntas e incluye otra información que te parezca interesante.

- ¿Cómo se llama y dónde está ubicada tu cordillera?
- ¿Qué tipo de límite de placa está cerca de tu cordillera?
- ¿Qué placas tectónicas forman el límite cercano a tu cordillera?
- ¿Qué tipo(s) de montañas conforman tu cordillera?
- ¿Cómo se formaron las montañas?
- ¿Qué tipo(s) de rocas conforman las montañas?
- ¿Qué altura tienen las montañas de tu cordillera?
- ¿Qué edad tiene tu cordillera?
- ¿Qué otros factores han afectado la altura o la forma de las montañas?

3. Anota tus resultados en tu diario de ciencias.

Aplica

4. **Crea** una presentación visual sobre la cordillera que investigaste. Incluye fotografías o bocetos para sustentar tu investigación.

5. **Compara y contrasta** Compara tu investigación con la de otros grupos. ¿En qué se parecen sus cordilleras? ¿En qué se diferencian?

6. 🔑 **Concepto clave** ¿Qué fuerzas han dado forma a América del Norte?

Lección 4

Formación de continentes

Conceptos clave 🔑
PREGUNTAS IMPORTANTES
- ¿Cuáles son las dos maneras en que los continentes crecen?
- ¿Qué diferencias hay entre llanuras interiores, cuencas y mesetas?

Vocabulario
llanuras pág. 279
cuenca pág. 279
meseta pág. 280

g Multilingual eGlossary

Investigación ¿Qué es en realidad?

Quizá hayas oído que el Gran Cañón es solo un gran hoyo en el suelo. De hecho, no es un hoyo. ¿Qué piensas que podría ser? ¿Cómo se formó? Te podría sorprender la respuesta.

Capítulo 8
EMPRENDER

Laboratorio de inicio

20 minutos

¿Cómo crecen los continentes?

Durante la historia de la Tierra, los continentes han estado aumentando de tamaño lentamente. Los continentes pueden crecer cuando fragmentos de corteza que se formaron en otras partes del mundo, se adhieren a los bordes del continente en los límites de placa convergentes.

1. Lee y completa un formulario de seguridad en el laboratorio.
2. Pon **papel encerado** en la mesa de laboratorio y coloca un **bloque de madera** en un extremo del papel.
3. Con **crema de afeitar,** crea un arco volcánico sobre el papel encerado.
4. Hala el papel encerado debajo de la madera y observa lo que pasa. Anota tus observaciones en tu diario de ciencias.

Piensa

1. Usando el vocabulario del capítulo (palabras como *compresión, convergencia, montañas plegadas, montañas volcánicas*), describe lo que ocurrió cuando terminaste el laboratorio.
2. Diseña un diagrama rotulado que muestre el movimiento de las placas oceánica y continental. Incluye el arco volcánico y describe lo que le sucedió cuando se encontró con el continente.
3. **Concepto clave** ¿Cómo crecen los continentes?

La estructura de los continentes

Si observas el mapa de la **Figura 21,** notarás que la mayoría de las elevaciones más altas están localizadas cerca de los bordes de los continentes. ¿Por qué piensas que esto es así?

En cambio, el interior de la mayoría de continentes es plano. Por lo general, el centro de un continente apenas está a unos pocos cientos de metros sobre el nivel de mar. Los interiores continentales tienen muy pocas montañas. En estas regiones, las rocas que se ven en la superficie de la Tierra son rocas ígneas y metamórficas antiguas. En la **Figura 21** hay un mapa que muestra los antiguos y estables interiores de los continentes del mundo. Observa que por lo general están cerca del centro del continente. Estas regiones usualmente son suaves y planas porque millones o incluso miles de millones de años de erosión las han suavizado.

 Verificación de la lectura ¿Dónde están ubicadas generalmente las elevaciones altas? ¿Y las elevaciones bajas?

ORIGEN DE LAS PALABRAS

continente del latín *terra continens*, que significa "tierra continua"

Figura 21 El mapa de la izquierda muestra en blanco las zonas de alta elevación. Estas, por lo general, están cerca de los bordes de los continentes. El mapa de la derecha muestra interiores continentales de baja elevación.

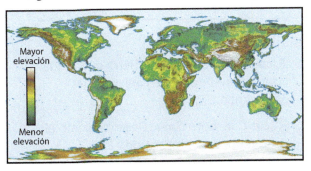
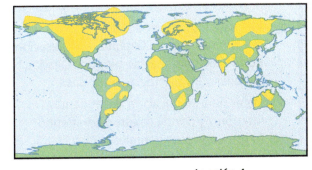

Cómo crecen los continentes

La forma y el tamaño de los continentes han cambiado muchas veces durante la historia de la Tierra. Estos pueden romperse y hacerse más pequeños, o más grandes. Una manera en que los continentes pueden hacerse más grandes es mediante la adición de rocas ígneas durante erupciones volcánicas. Otra forma es cuando las placas tectónicas llevan con ellas arcos insulares, continentes completos o fragmentos de continentes.

Cuando una placa que lleva fragmentos alcanza un continente en un límite convergente, los fragmentos menos densos son empujados sobre el borde del continente. La **Figura 22** es un mapa que muestra fragmentos que se han unido a la costa oeste de América del Norte durante los últimos 600 millones de años. Los fragmentos en el oeste de Estados Unidos incluyen arcos volcánicos, fondo oceánico antiguo y pequeños pedazos de otros continentes.

Figura 22 Las zonas verdes muestran partes de la actual América del Norte que alguna vez estuvieron unidas a otros continentes en otras partes del mundo.

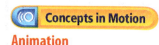

Verificación de concepto clave ¿Cuáles son dos maneras en que los continentes crecen?

Si no se adhirieran rocas a los continentes, ¿qué piensas que sucedería con el tamaño de estos? Las fosas tectónicas cambiarían el tamaño y la forma de los continentes, y la meteorización y la erosión los desgastarían poco a poco.

Investigación MiniLab

20 minutos

¿Puedes analizar un continente?

Cuando las placas tectónicas se mueven por la superficie de la Tierra, interactúan en patrones predecibles. Imagina que pudieras dar un vistazo a un continente de la Tierra en otro tiempo. Puedes usar lo que sabes para averiguar cómo es ese continente.

1. Lee y completa un formulario de seguridad en el laboratorio.
2. Copia el continente imaginario de la derecha en tu diario de ciencias. El tamaño de las flechas es proporcional a la velocidad de las placas.
3. Usa **lápices de colores** para diferenciar regiones de compresión, tensión y cizalla.
4. Identifica los tipos de accidentes geográficos que podría haber en Gigantia y su ubicación. Rotula las montañas de bloques fallados, las fallas y las montañas plegadas.
5. Determina la ubicación de las llanuras interiores y dónde se están adhiriendo fragmentos continentales.

Analizar y concluir

1. **Escoge** una región de la Tierra que tenga interacciones de placa similares a las de Gigantia.
2. **Concepto clave** Describe cómo el continente está cambiando.

Interiores continentales

Las rocas en los interiores continentales tienden a ser estables, planas, muy antiguas y fuertes. Tienen más de 500 millones de años. ¡En algunos interiores continentales, las rocas son mucho más antiguas que estas! Las rocas de la **Figura 23** podrían ser las más antiguas sobre la superficie de la Tierra. Aunque no parezcan muy emocionantes, ¡es increíble pensar que tienen más de 4,200 millones de años!

Formación de llanuras interiores

Una **llanura** *es una extensa área de tierra plana u ondulada.* La mayor parte de la región central de América del Norte se conoce como llanuras interiores. Sus rocas provienen de choques de varias placas más pequeñas hace alrededor de mil millones de años. En diferentes momentos de la historia de la Tierra, las llanuras estuvieron cubiertas por mares poco profundos. Estas se han aplanado debido a millones de años de meteorización y erosión.

Verificación de concepto clave ¿Qué es una llanura?

Formación de cuencas

Así como el movimiento de placas y la isostasia forman montañas, también causan hundimientos. *Las zonas de hundimiento y las regiones con elevaciones bajas se llaman* **cuencas**. Los sedimentos erosionados de las montañas se acumulan en las cuencas. En la **Figura 24** se ven las cuencas más grandes de América del Norte. ¿Existe relación entre las ubicaciones de las cuencas y las grandes cordilleras?

Verificación de la lectura ¿Cómo se llama el rasgo donde el sedimento se acumula?

Las cuencas pueden tener gran importancia económica. En circunstancias apropiadas, los restos de plantas y animales son enterrados en los sedimentos que se acumulan en las cuencas. Durante millones de años, el calor y la presión convierten los restos de plantas y animales en petróleo, gas natural y carbón. La mayoría de nuestros recursos de energía son extraídos de las cuencas sedimentarias. Los campos de petróleo y gas natural más grandes del mundo también se hallan allí.

Figura 23 La rocas canadienses de la fotografía han existido durante gran parte de la historia de la Tierra. Tienen más de 4,200 millones de años.

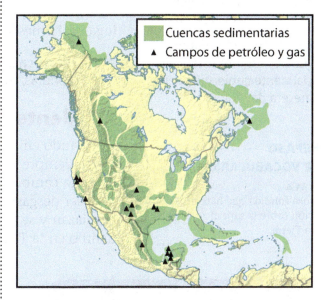

Figura 24 Las antiguas cuencas sedimentarias son importantes porque el petróleo, el gas natural y el carbón, por lo general se encuentran en las cuencas.

Verificación visual ¿Cómo se relacionan los campos de petróleo y gas con las cuencas?

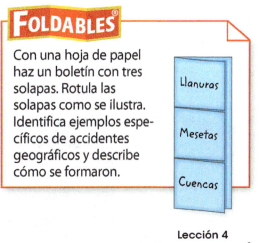

Con una hoja de papel haz un boletín con tres solapas. Rotula las solapas como se ilustra. Identifica ejemplos específicos de accidentes geográficos y describe cómo se formaron.

Figura 25 La meseta del Colorado es un ejemplo de una meseta elevada.

✅ **Verificación visual**
¿Cuáles estados están parcialmente cubiertos por la meseta del Colorado?

> **REPASO DE VOCABULARIO**
> **lava**
> roca fundida que hace erupción sobre la superficie de la Tierra.

Formación de mesetas

Algunas regiones están a gran altura sobre el nivel de mar, pero son planas. *Las regiones planas con altas elevaciones se llaman* . Algunas mesetas se forman por levantamiento. Un ejemplo de una meseta elevada es la meseta del Colorado, que se muestra en la **Figura 25**. En los últimos 5 millones de años, esta región se ha elevado más de 1 km.

Observa en la **Figura 25** que el Gran Cañón es solo una pequeña parte de la meseta del Colorado. Se formó cuando el río Colorado atravesó y erosionó la meseta elevada. ¡De manera que el Gran Cañón fue creado por el agua!

La erupción de **lava** también puede formar grandes mesetas. Más de 200,000 km^3 de lava inundaron la inmensa región que se muestra en la **Figura 26**. Durante más de 2 millones de años, múltiples erupciones aumentaron capas de roca. ¡En algunos lugares, la meseta de la **Figura 26** tiene más de 3 km de grosor!

🔑 **Verificación de concepto clave** ¿Qué diferencias hay entre llanuras, cuencas y mesetas?

Accidentes geográficos dinámicos

Cuando empezaste a leer este capítulo quizás pensaste que la Tierra siempre se ha visto igual. Ahora sabes que la superficie de la Tierra cambia constantemente. Las montañas se forman solo para ser desgastadas por la erosión. Los continentes crecen, se desplazan y se encogen. Nada permanece igual durante mucho tiempo en la Tierra dinámica.

La meseta de Columbia

Figura 26 El mapa muestra la región cubierta por múltiples erupciones de lava durante millones de años. La lava se enfrió y formó el basalto del río Columbia. Las capas de basalto se ven en la fotografía. Algunas partes de la meseta de Columbia tienen más de 3 km de grosor.

Repaso de la Lección 4

Assessment — Online Quiz

Resumen visual

Las rocas en el centro de la mayoría de continentes son muy antiguas, fuertes y planas.

Fragmentos de corteza se adhieren a los continentes en los límites convergentes.

La elevación y los flujos de lava forman mesetas grandes y elevadas.

FOLDABLES

Usa tu modelo de papel para repasar la lección. Guarda tu modelo para el proyecto de final de capítulo.

¿Qué opinas AHORA?

Al inicio de este capítulo leíste las siguientes afirmaciones.

7. Los centros de los continentes son planos y antiguos.

8. Los continentes se encogen continuamente debido a la erosión.

¿Sigues estando de acuerdo o en desacuerdo con las afirmaciones? Reescribe las afirmaciones falsas para hacerlas verdaderas.

Usar vocabulario

1. Cuando una montaña se erosiona, se puede acumular sedimento en una _____ cercana.

2. La región central y plana de América del Norte se conoce como las _____.

3. El Gran Cañón se erosionó a partir de una gran _____.

Entender conceptos clave

4. ¿Cuál término describe mejor el centro de América del Norte?
   A. cuenca   C. meseta
   B. lava   D. llanura

5. **Describe** cómo cambian los continentes con el tiempo.

6. **Contrasta** cuencas y mesetas.

Interpretar gráficas

7. **Resume** Usa un organizador gráfico como el siguiente para mostrar las diferentes etapas del crecimiento de los continentes. Empieza con un interior continental antiguo y termina con un continente nuevo.

Pensamiento crítico

8. **Infiere** En esta lección aprendiste que fragmentos de otros continentes se unieron a la costa oeste de América del Norte. ¿En qué otro lugar de Estados Unidos se unieron fragmentos continentales?

9. **Generaliza** ¿En qué se diferencian los accidentes geográficos que están cerca de los bordes de los continentes, de los que están en los interiores continentales? ¿Cómo se relacionan estos accidentes geográficos con la tectónica de placas o los procesos en el ciclo geológico?

10. **Infiere** ¿Qué le pasaría al Gran Cañón si hubiera otro levantamiento de la meseta del Colorado?

Investigación Laboratorio

2 periodos de clase

Diseña accidentes geográficos

Materiales

cubeta

vaso graduado

fécula de maíz

pesos con gancho

termómetro

harina

placa calentadora

También necesitas:
cronómetro, cuchara, regla métrica, hielo

Seguridad

Imagina que eres un diseñador de museos y quieres mostrarles a las personas que en diversas circunstancias se pueden formar diferentes accidentes geográficos. Algunas veces las rocas se pliegan, a veces se rompen, otras veces forman montañas y a veces se hunden en la Tierra y crean fosas. Lo que hagan, depende de las propiedades de la roca y del tipo de esfuerzo. Por desgracia, las rocas hacen todo esto tan lentamente que es difícil verlas en movimiento. ¿Qué materiales usarías para hacer un modelo de la formación de accidentes geográficos? ¿Qué factores afectan el comportamiento de las rocas? ¿Cómo podrías cambiar tus materiales para hacer un modelo del comportamiento de las rocas?

Preguntar

¿Qué materiales podrían representar rocas? ¿En qué se diferencian los materiales y las rocas?

Hacer observaciones

1. Lee y completa un formulario de seguridad en el laboratorio.
2. Mezcla algunos ingredientes en tu cubeta plástica o tazón. Trata con diferentes combinaciones hasta que obtengas un material que puedas usar para hacer un modelo de los accidentes geográficos.
3. Experimenta con los materiales y trata de crear diferentes accidentes geográficos.
4. Anota tus observaciones en tu diario de ciencias. ¿En qué aspectos los materiales se comportan como rocas y en qué se diferencian?

Formular la hipótesis

5 Después de observar el comportamiento de tu material, piensa en los factores que causan que las rocas tengan un comportamiento diferente. ¿Cómo podrías recrear estas diferentes situaciones? Elige un factor y desarrolla una hipótesis sobre cómo puedes usar los materiales para hacer un modelo del comportamiento de las rocas.

Comprobar la hipótesis

6 Desarrolla un procedimiento para comprobar tu hipótesis. ¿Cuál es tu variable controlada y cuál tu variable independiente? ¿Cómo harás mediciones cuantitativas de ambas variables?

7 Diseña una tabla para anotar tus resultados.

8 Pide a tu profesor que apruebe tu procedimiento y tu tabla.

9 Realiza tu experimento y anota los resultados.

Sugerencias para el laboratorio

☑ ¡Este laboratorio puede ser desordenado! Limpia la fécula de maíz y la harina secas con una escoba y un recogedor.

☑ ¡Sé cuantitativo! Averigua formas concretas de medir tanto la variable que estás cambiando (la variable controlada) como la variable que estás midiendo (la variable independiente).

☑ Si tu primer intento no es satisfactorio, ¡intenta algo diferente! La ciencia rara vez funciona en el primer intento.

Analizar y concluir

10 **Diseña** una gráfica para presentar tus resultados.

11 **Interpreta** tu gráfica y explica la relación entre las variables.

12 **Critica** tu procedimiento y tus resultados.

13 **La gran idea** Relaciona tus resultados con la manera en que el movimiento de placas le da forma a la superficie de la Tierra.

Comunicar resultados

Diseña una exposición para un museo en la que hagas un modelo sobre la formación de uno o más accidentes geográficos.

Investigación Ir más allá

¿Qué materiales podrían representar la corteza de la Tierra? Ahora que has hecho un modelo de los accidentes geográficos de la Tierra, pon los accidentes sobre placas tectónicas. Haz un modelo del movimiento de placas y describe cómo cambian tus accidentes geográficos en diferentes tipos de límites de placas.

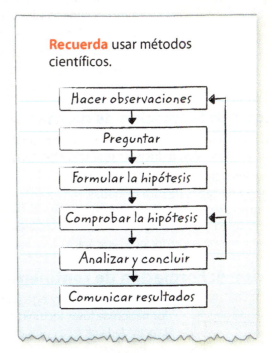

Recuerda usar métodos científicos.

- Hacer observaciones
- Preguntar
- Formular la hipótesis
- Comprobar la hipótesis
- Analizar y concluir
- Comunicar resultados

Guía de estudio del Capítulo 8

 Las fuerzas creadas por el movimiento de las placas tectónicas son responsables de la variedad de accidentes geográficos de la Tierra, que cambian constantemente.

Resumen de conceptos clave	Vocabulario
Lección 1: Fuerzas que dan forma a la Tierra • A medida que los continentes flotan en el manto, suben y bajan para mantener el equilibrio de la **isostasia**. • Los esfuerzos de **compresión**, **tensión** y **cizalla** pueden deformar o romper las rocas. • El **levantamiento** y el movimiento de placas mueven las rocas a través del ciclo geológico. 	**isostasia** pág. 254 **hundimiento** pág. 255 **levantamiento** pág. 255 **compresión** pág. 255 **tensión** pág. 255 **cizalla** pág. 255 **deformación** pág. 256
Lección 2: Accidentes geográficos en los límites de placas  • Cuando dos placas continentales chocan, se forman cordilleras altas. Cuando una placa oceánica se desliza debajo de otra, se forman una **fosa oceánica** y un **arco volcánico**. • En los límites divergentes, se forman las dorsales meso-oceánicas y las fosas tectónicas continentales o valles de rift. • Las **fallas de transformación** pueden crear grandes zonas de falla y fracturas, algunas de las cuales no se pueden ver en la superficie de la Tierra.	**fosa oceánica** pág. 262 **arco volcánico** pág. 263 **falla de transformación** pág. 265 **zona de falla** pág. 265
Lección 3: Formación de montañas • Las cordilleras pueden crecer a partir de repetidos choques entre placas. La erosión reduce el tamaño de los continentes. • Diferentes tipos de montañas se forman a partir de capas de roca plegadas, bloques de corteza que se mueven hacia arriba y hacia abajo en fallas, levantamientos y erupciones volcánicas. 	**montaña plegada** pág. 271 **montaña de bloques fallados** pág. 272 **montaña elevada** pág. 273
Lección 4: Formación de continentes  • Los continentes se encogen debido a la erosión y la formación de fosas tectónicas. Los continentes crecen por la actividad volcánica y los choques entre continentes. • Las **llanuras** por lo general son regiones planas de tierra, usualmente en el centro de los continentes. Las **cuencas** son regiones en elevaciones bajas donde los sedimentos se acumulan o se acumularon alguna vez. Las **mesetas** son extensas regiones planas en elevaciones altas.	**llanura** pág. 279 **cuenca** pág. 279 **meseta** pág. 280

Guía de estudio

- **Personal Tutor**
- **Vocabulary eGames**
- **Vocabulary eFlashcards**

Usar vocabulario

1. Las deformaciones plástica y elástica son tipos de _____.

2. Las zonas de corteza fracturada a lo largo de una falla se llaman _____.

3. Las montañas que se levantan con poca deformación de las rocas son _____.

4. Las erupciones volcánicas repetidas en la tierra pueden formar grandes _____.

5. El movimiento vertical hacia abajo de la superficie de la Tierra es _____.

6. Las crestas paralelas separadas por fallas y valles son _____.

Relacionar vocabulario y conceptos clave 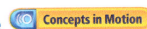 Interactive Concept Map

Copia este mapa conceptual y luego usa términos de vocabulario de la página anterior y otros términos del capítulo para completarlo.

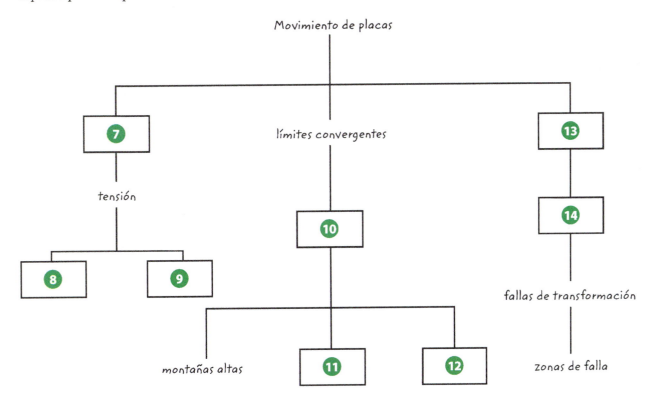

Guía de estudio del Capítulo 8 • **285**

Repaso del Capítulo 8

Entender conceptos clave

1 ¿A qué se debe el hecho de que la superficie de la Tierra sea alta donde la corteza es gruesa?
   A. isostasia
   B. subducción
   C. esfuerzos de cizalla
   D. esfuerzos de tensión

2 ¿En cuál tipo de límite de placa se forman las montañas más altas?
   A. convergente
   B. divergente
   C. oceánico
   D. de transformación

3 ¿Por qué la deformación plástica ocurre en la corteza inferior?
   A. Las rocas son calientes.
   B. Las rocas son fuertes.
   C. La tensión ocurre en la corteza inferior.
   D. El manto es plástico.

4 El lago Baikal de Siberia, que se ve en la siguiente imagen, llena una fosa tectónica continental. ¿Qué tipo de esfuerzo está creando la fosa?

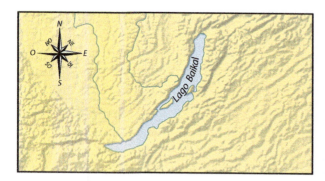

   A. compresión en dirección norte-sur
   B. cizalla en dirección noroeste-sudoeste
   C. tensión en dirección norte-sur
   D. tensión en dirección noroeste-sudeste

5 Cuando una placa oceánica converge con una placa continental, un arco insular
   A. no se forma.
   B. se forma sobre ambas placas.
   C. se forma sobre la placa continental.
   D. se forma sobre la placa más grande.

6 En la siguiente ilustración, ¿qué rasgo indica la flecha?

   A. una zona de falla
   B. una fosa oceánica
   C. una montaña elevada
   D. un arco volcánico

7 ¿En qué región de Estados Unidos se han adherido fragmentos continentales?
   A. en el centro
   B. en las costas este y oeste
   C. en la costa este
   D. solo cerca del Golfo de México

8 ¿Cuáles son las causas de que las rocas queden expuestas en la superficie de la Tierra?
   A. erosión y hundimiento
   B. erosión y levantamiento
   C. formación de fallas y pliegues
   D. formación de pliegues y hundimiento

Repaso del capítulo

Assessment — Online Test Practice

Pensamiento crítico

9 Compara un iceberg flotante con un continente que está flotando sobre el manto.

10 Explica cómo llegaron las conchas marinas a la cima del monte Everest.

11 Infiere Observa la ilustración anterior. ¿Dónde se unirán las islas Hawai a otro continente?

12 Evalúa la afirmación: "La isostasia nunca deja de causar levantamientos y hundimientos".

13 Sugiere la fuente del sedimento que llenó las cuencas en Dakota del Norte y Colorado.

14 Defiende la afirmación de que las montañas grandes de las islas Hawai no se formaron en un límite de placa.

15 Predice en qué parte de la Tierra la corteza es más gruesa.

16 Infiere ¿Por qué la zona del sur de África es plana pero elevada?

17 Ilustra lo que puede ocurrir en el futuro con los montes Apalaches. ¿Cómo piensas que se verán en 200 millones de años? ¿Qué procesos cambiarán estas montañas?

Escritura en Ciencias

18 Escribe un párrafo que describa la historia de una cordillera imaginaria. Usa los términos *pliegue*, *arco volcánico*, *convergente* y *divergente*.

REPASO LA GRAN IDEA

19 Si la tectónica de placas se detuviera de repente, ¿cómo cambiaría la superficie de la Tierra?

20 La siguiente fotografía muestra el monte Everest en el Himalaya. ¿Cómo llegó a ser tan alto?

Destrezas matemáticas

Review — Math Practice

Usar proporciones

21 El Himalaya se formó cuando el subcontinente indio chocó con la placa de Eurasia. El subcontinente indio se movió alrededor de 10 cm/año.

a. ¿Cuánto se habría movido en 24,000,000 de años?

b. ¿Cuántos kilómetros se movió la placa? (1 km = 100,000 cm)

22 Un continente viaja 0.006 m/año. ¿Cuánto tardará en recorrer 100 m?

23 El monte Whitney tiene 4,419 m de altura. Empezó como una colina con una elevación de apenas 457 metros hace casi 40 millones de años. ¿Cuál fue la velocidad de elevación del monte Whitney en m/año? (Pista: Averigua primero la ganancia en la elevación total.)

Práctica para la prueba estandarizada

Anota tus respuestas en la hoja de respuestas que te entregó el profesor o en una hoja de papel.

Selección múltiple

1. ¿Cuál de los siguientes es un resultado de la isostasia?
   A una cuenca que se llena de sedimento
   B un iceberg flotando en el océano
   C magma que asciende por debajo de una montaña
   D una placa que se desliza debajo de otra

2. La falla de San Andrés se clasifica como una falla de transformación. ¿Qué tipo de esfuerzo puede crear fallas de transformación?
   A compresión
   B cizalla
   C fractura
   D tensión

Usa la siguiente figura para responder la pregunta 3.

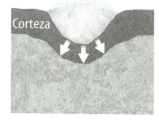 

3. ¿Cuál proceso se muestra en la figura?
   A compresión
   B cizalla
   C hundimiento
   D levantamiento

4. ¿Qué pasa cuando una roca se agrieta?
   A Se rompe.
   B Sufre una deformación elástica.
   C Sufre una deformación plástica.
   D Se pliega.

5. ¿Qué función tiene la subducción en el ciclo geológico?
   A Convierte las rocas en sedimento.
   B Disminuye la presión sobre las rocas enterradas.
   C Hala las rocas hacia lo profundo de la Tierra.
   D Empuja las rocas hacia la superficie de la Tierra.

Usa la siguiente figura para responder las preguntas 6 y 7.

6. ¿Qué fuerza se muestra en la figura?
   A compresión
   B cizalla
   C tensión
   D levantamiento

7. ¿Qué tipo de montaña resulta de la fuerza que se muestra en la figura?
   A plegada
   B de bloques fallados
   C elevada
   D volcánica

8. ¿Cuál accidente geográfico continental resulta cuando dos placas divergen?
   A cuenca
   B fosa tectónica continental
   C dorsal meso-oceánica
   D falla de transformación

Práctica para la prueba estandarizada

Usa la siguiente figura para responder la pregunta 9.

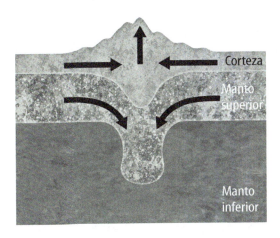

9 ¿Qué tipo de montaña se muestra en la figura?

   A de bloques fallados
   B plegada
   C elevada
   D volcánica

10 ¿Qué accidente geográfico es una región plana ubicada en una elevación alta?

   A una cuenca
   B una montaña
   C una llanura
   D una meseta

11 ¿Qué accidentes geográficos tienen mayor probabilidad de contener depósitos de carbón, petróleo y gas?

   A cuencas
   B montañas
   C llanuras
   D mesetas

Respuesta elaborada

Usa la siguiente figura para responder las preguntas 12 y 13.

12 Usa la figura para explicar cómo se formó el Himalaya. Identifica las fuerzas que participaron.

13 ¿Qué ocurriría si el movimiento de las placas se invirtiera? Describe los escenarios posibles para las etapas que se muestran a la izquierda y a la derecha de la figura.

Usa la siguiente figura para responder la pregunta 14.

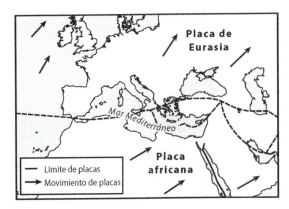

14 Cada año, la placa africana se mueve hacia la placa de Eurasia. Predice cómo el mar Mediterráneo y los continentes que se muestran en la figura cambiarán en 100 millones de años.

¿NECESITAS AYUDA ADICIONAL?														
Si no pudiste responder la pregunta...	1	2	3	4	5	6	7	8	9	10	11	12	13	14
Pasa a la Lección...	1	2	1	2	1	1	2	3	4	4	2	3	4	4

Capítulo 9

Terremotos y volcanes

 ¿Qué causa los terremotos y las erupciones volcánicas?

Investigación ¿Por qué los volcanes hacen erupción?

El monte Pinatubo, un volcán de las Filipinas, arrojó partículas ardientes de ceniza y polvo en junio de 1991. Este camión está tratando de dejar atrás un flujo piroclástico producido durante esta erupción. *Piroclástico* significa "fragmentos de fuego". ¿Por qué piensas que esta erupción fue tan peligrosa?

- ¿Por qué el monte Pinatubo hizo erupción de manera explosiva?
- ¿Los científicos pueden predecir los terremotos y las erupciones volcánicas?
- ¿Qué causa los terremotos y la actividad volcánica?

Prepárate para leer

¿Qué opinas?

Antes de leer, piensa si estás de acuerdo o no con las siguientes afirmaciones. A medida que leas el capítulo, decide si cambias de opinión sobre alguna de ellas.

1. La corteza terrestre se parte en losas rígidas de roca que se mueven y ocasionan terremotos y erupciones volcánicas.
2. Los terremotos crean ondas de energía que viajan por la Tierra.
3. Todos los terremotos ocurren en límites de placas.
4. Los volcanes pueden hacer erupción en cualquier lugar de la Tierra.
5. Las erupciones volcánicas son raras.
6. Las erupciones volcánicas solo afectan a las personas y lugares cercanos al volcán.

ConnectED — Your one-stop online resource

connectED.mcgraw-hill.com

- Video
- WebQuest
- Audio
- Assessment
- Review
- Concepts in Motion
- Inquiry
- Multilingual eGlossary

Lección 1

Guía de lectura

Conceptos clave 🔑
PREGUNTAS IMPORTANTES

- ¿Qué es un terremoto?
- ¿Dónde ocurren los terremotos?
- ¿Cómo los científicos monitorean la actividad sísmica?

Vocabulario

terremoto pág. 293
falla pág. 295
onda sísmica pág. 296
foco pág. 296
epicentro pág. 296
onda primaria pág. 297
onda secundaria pág. 297
onda superficial pág. 297
sismólogo pág. 298
sismómetro pág. 299
sismograma pág. 299

 Multilingual eGlossary

 Video   Science Video

Terremotos

Investigación ¿Por qué este edificio colapsó?

Este edificio colapsó durante el terremoto de Loma Prieta que sacudió la región de la bahía de San Francisco, California, en 1989. El terremoto de magnitud 7.1 produjo un fuerte temblor y daños. Las autopistas y los edificios colapsaron y hubo varios heridos y muertos. ¿Por qué los terremotos son frecuentes en California?

Laboratorio de inicio

15 minutos

¿Qué causa los terremotos?

Los terremotos ocurren todos los días. En la Tierra, diariamente se presentan alrededor de 35 terremotos en promedio. Estos varían en intensidad. ¿Qué causa el intenso temblor de un terremoto? En esta actividad, simularás la energía liberada durante un terremoto y observarás el temblor que produce.

1. Lee y completa un formulario de seguridad en el laboratorio.
2. Ata dos **bandas elásticas grandes y gruesas.**
3. Pasa una banda elástica alrededor del largo de un **libro.**
4. Con **cinta adhesiva** pega una **hoja de lija de grano medio** a la superficie de la mesa.
5. **Pega** otra hoja de lija a la portada del libro.
6. Pon el libro sobre la mesa, de manera que las hojas de lija se toquen.
7. Hala lentamente el extremo de la banda elástica hasta que el libro se mueva.
8. Observa y anota lo que ocurre en tu diario de ciencias.

Piensa

1. ¿De qué manera este experimento representa la creación de esfuerzos a lo largo de una falla?
2. **Concepto clave** ¿Por qué el movimiento rápido de las rocas en una falla produce un terremoto?

¿Qué son los terremotos?

¿Alguna vez has tratado de doblar un palo hasta romperlo? Cuando el palo se quiebra, vibra y libera energía. Los terremotos pasan de modo similar. *Los* **terremotos** *son las vibraciones en el suelo producidas por el movimiento en las fracturas de la litosfera de la Tierra.* Estas fracturas se llaman fallas.

Verificación de concepto clave ¿Qué es un terremoto?

¿Por qué las rocas se mueven en una falla? Las fuerzas que mueven las placas tectónicas también empujan y halan las rocas sobre la falla. Si estas fuerzas son lo bastante grandes, los bloques de roca de cualquiera de los lados de la falla, pueden moverse horizontal o verticalmente uno con respecto al otro. A mayor fuerza aplicada sobre una falla, mayor probabilidad de que haya un terremoto grande y destructor. La **Figura 1** muestra los daños producidos por el terremoto de Northridge en 1994.

Figura 1 En 1994, el terremoto de Northridge a lo largo de la falla de San Andrés, en California, ocasionó daños por $20 mil millones.

Lección 1
EXPLORAR

Distribución de los terremotos

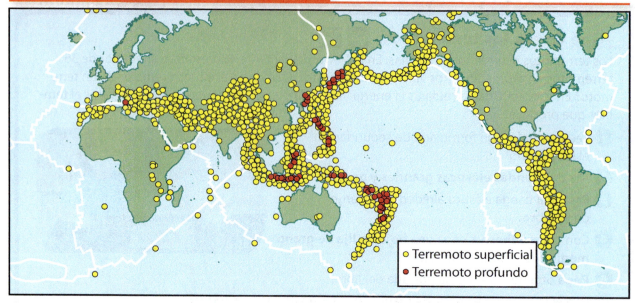

Figura 2 Observa que la mayoría de los terremotos ocurren a lo largo de los límites de placas.

REPASO DE VOCABULARIO

límite de placas zona donde las placas litosféricas de la Tierra se mueven e interactúan entre sí y producen terremotos, volcanes y cordilleras

¿Dónde ocurren los terremotos?

En la **Figura 2** se muestra la localización de los principales terremotos que ocurrieron entre 2000 y 2008. Observa que solo unos pocos se presentaron en la mitad de un continente. Los registros muestran que la mayoría de terremotos ocurren en los océanos y a lo largo de los bordes de los continentes. ¿Hay excepciones?

Terremotos y límites de placas

Compara la localización de los terremotos en la **Figura 2** con los **límites de placas** tectónicas. ¿Cuál es la relación entre terremotos y límites de placas? Los terremotos se producen por la acumulación y liberación de esfuerzos a lo largo de límites de placas activos.

Algunos terremotos ocurren a más de 100 km bajo la superficie de la Tierra, como se muestra en la **Figura 2.** ¿Cuáles límites de placas se asocian con terremotos profundos? Los terremotos más profundos ocurren donde las placas chocan a lo largo de un límite de placa convergente. Allí, la placa oceánica más densa subduce en el **manto.** Los terremotos que ocurren a lo largo de límites de placas convergentes en general liberan enormes cantidades de energía y pueden ser desastrosos.

Los terremotos superficiales son frecuentes donde las placas se separan a lo largo de un límite de placa divergente, como el sistema dorsal meso-oceánico. También pueden ocurrir a lo largo de límites de placas de transformación, como la falla de San Andrés en California. Donde los continentes chocan se presentan terremotos de diversa profundidad. Los choques entre continentes dan lugar a la formación de cordilleras grandes y deformadas como los Himalayas en Asia.

Verificación de concepto clave ¿Dónde ocurren la mayoría de terremotos?

Deformación de las rocas

Al comienzo de esta lección leíste que la energía de los terremotos se asemeja a doblar y romper un palo. Las rocas bajo la superficie terrestre se comportan igual. Cuando se aplica una fuerza a un cuerpo de roca, esta puede doblarse o romperse, dependiendo de sus propiedades y de la fuerza aplicada.

Cuando se aplica una fuerza como la presión a la roca a lo largo de los límites de placas, la roca puede cambiar de forma. Esto se conoce como deformación de una roca. Con el tiempo las rocas pueden deformarse tanto que se fracturan y se mueven. La **Figura 3** ilustra cómo la deformación de las rocas puede dar lugar al desplazamiento del terreno. Observa que la deformación de la roca ha provocado un desplazamiento del terreno donde el arroyo ha sido arrastrado en dos direcciones diferentes.

Fallas

Cuando hay un esfuerzo en lugares como un límite de placa, las rocas pueden formar fallas. *Una* **falla** *es una ruptura en la litosfera de la Tierra, donde un bloque de roca se acerca, se aleja o deja atrás a otro.* Cuando las rocas se mueven en cualquier dirección en una falla, ocurre un terremoto. La dirección en que se mueven las rocas en cualquier lado de la falla depende de las fuerzas aplicadas a esta. La **Tabla 1** enumera tres tipos de fallas producidos por el movimiento en los límites de placas. Estas fallas se llaman fallas rumbo-deslizantes, normales e inversas.

 Verificación de la lectura ¿Qué es una falla?

▲ **Figura 3** Fuerzas activas a lo largo de la falla de San Andrés en California, causaron el desplazamiento de este arroyo en dos direcciones en una falla rumbo-deslizante.

Tabla 1 Los tres tipos de fallas se definen con base en el movimiento relativo a lo largo de la falla. ▼

Tabla 1 Tipos de fallas

Rumbo-deslizante	• Dos bloques de roca se deslizan horizontalmente en direcciones opuestas uno con relación al otro. • Localización: límites de placas de transformación	
Normal	• Las fuerzas separan dos bloques de roca. El bloque que se halla sobre la falla se mueve hacia abajo con relación al que se halla debajo de la falla. • Localización: límites de placas divergentes	
Inversa	• Las fuerzas juntan dos bloques de roca. El bloque que se halla sobre la falla se mueve hacia arriba con relación al que se halla debajo de la falla. • Localización: límites de placas convergentes	

FOLDABLES

Con una hoja de papel, haz un boletín con tres secciones. Rotúlalo como se muestra. Úsalo para organizar tus notas sobre tipos de movimientos de placas y las actividades resultantes en cada uno de estos límites de placas.

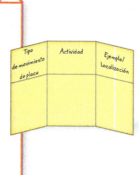

Tipos de fallas Las fallas rumbo-deslizantes se pueden formar a lo largo de límites de placas de transformación. Allí, las fuerzas hacen que las rocas se deslicen horizontalmente una al lado de la otra en direcciones opuestas. En cambio, las fallas normales se pueden formar cuando las fuerzas apartan las rocas a lo largo de un límite de placa divergente. En una falla normal, un bloque de roca se mueve hacia abajo con relación al otro. Las fuerzas empujan las rocas acercándolas entre sí en un límite de placa convergente y pueden formar una falla inversa. Allí, un bloque de roca se mueve hacia arriba con relación a otro bloque de roca.

Verificación de la lectura ¿Cuáles son los tres tipos de fallas?

Foco y epicentro de un terremoto

Cuando las rocas se mueven en una falla, liberan *energía que viaja como vibraciones sobre y dentro de la Tierra llamadas* **ondas sísmicas**. *Estas ondas se originan donde las rocas empezaron a moverse a lo largo de la falla, en un lugar dentro de la Tierra llamado* **foco**. Los terremotos pueden ocurrir en cualquier punto entre la superficie de la Tierra y profundidades mayores a 600 km. Cuando ves una noticia, el reportero por lo general identifica el epicentro del terremoto. *El* **epicentro** *es el lugar de la superficie de la Tierra que está justo sobre el foco del terremoto.* La **Figura 4** muestra la relación entre el foco de un terremoto y su epicentro.

Ondas sísmicas

Durante un terremoto, una rápida liberación de energía en una falla produce ondas sísmicas. Las ondas sísmicas viajan hacia fuera en todas las direcciones a través de la roca. Algo similar sucede cuando arrojas una piedra al agua. Cuando la piedra golpea la superficie del agua, las ondas se mueven hacia fuera en círculos. Las ondas sísmicas transfieren energía por el suelo y producen el movimiento que sientes durante un terremoto. La energía liberada es más fuerte cerca al epicentro. A medida que las ondas sísmicas se alejan del epicentro, disminuyen en magnitud e intensidad. Cuanto más lejos te encuentres del epicentro de un terremoto, menos se moverá el suelo.

USO CIENTÍFICO Y USO COMÚN

foco

Uso científico el lugar de origen de un terremoto

Uso común lámpara de luz muy potente

Figura 4 El epicentro de un terremoto se encuentra sobre el foco, donde se origina el movimiento a lo largo de la falla.

Verificación visual ¿Qué relación existe entre el foco y el epicentro de un terremoto?

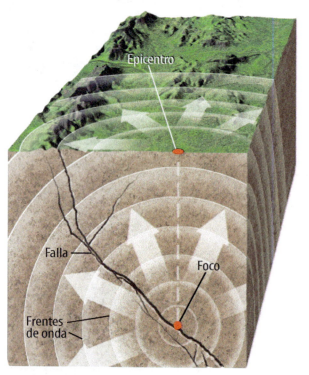

Tipos de ondas sísmicas

Cuando ocurre un terremoto, las partículas del suelo se pueden mover hacia adelante y atrás, hacia arriba y abajo, o en un movimiento elíptico paralelo a la dirección en la que viaja la onda sísmica. Los científicos usan el movimiento y la velocidad de onda, y el tipo de material por el cual viajan, para clasificar las ondas sísmicas. Los tres tipos de ondas sísmicas son: ondas **primarias,** secundarias y superficiales.

Como se muestra en la **Tabla 2,** las **ondas primarias**, *u ondas P, causan un movimiento de atracción y repulsión en las partículas del suelo, similar a un resorte.* Las ondas P son las ondas sísmicas más rápidas. Son las primeras ondas que sientes cuando hay un terremoto. *Las* **ondas secundarias**, *u ondas S, son más lentas que las ondas P. Hacen que las partículas se muevan hacia arriba y hacia abajo en ángulos rectos respecto a la dirección en que la onda viaja.* Este movimiento se puede demostrar sacudiendo un resorte de lado a lado y de arriba abajo al mismo tiempo. *Las* **ondas superficiales**, *causan un movimiento ondulante hacia arriba y hacia abajo en las partículas del suelo,* similar a las olas del océano. Las ondas superficiales solo viajan por la superficie de la Tierra más cercana al epicentro. Las ondas P y S pueden viajar por el interior de la Tierra. Sin embargo, los científicos han descubierto que las ondas S no pueden viajar a través de líquidos.

 Verificación de la lectura Describe los tres tipos de ondas sísmicas.

ORIGEN DE LAS PALABRAS

primaria
del latín *primus*, que significa "primero"

Tabla 2 Los tres tipos de ondas sísmicas se clasifican según el movimiento de onda, la velocidad de onda y los tipos de materiales por los cuales pueden viajar.

 Concepts in Motion
Animation

Tabla 2 Propiedades de las ondas sísmicas

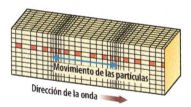

Onda primaria
- Hace que las partículas de roca vibren en la misma dirección en que viajan las ondas
- Ondas sísmicas más rápidas
- Primeras que se detectan y registran
- Viajan por sólidos y líquidos

Onda secundaria
- Hace que las partículas de roca vibren perpendiculares a la dirección en que viajan las ondas
- Más lenta que las ondas P, más rápida que las superficiales
- Se detecta y registra después de las ondas P
- Solo viaja por sólidos

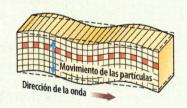

Onda superficial
- Hace que las partículas de roca se muevan de manera ondulante o elíptica en la misma dirección en que viajan las ondas
- Onda sísmica más lenta
- Por lo general es la que causa mayores daños en la superficie de la Tierra

Interior de la Tierra

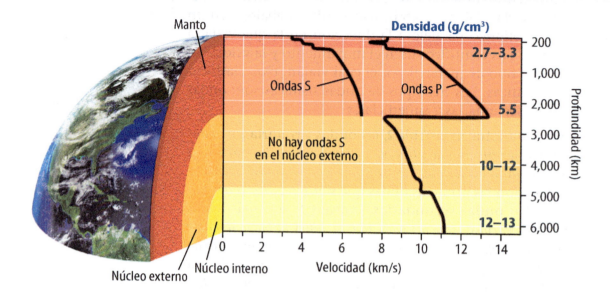

Figura 5 Las ondas sísmicas cambian de velocidad y dirección a medida que viajan por el interior de la Tierra. Las ondas S no viajan por el núcleo externo porque este es líquido.

Verificación visual
¿Qué les pasa a las ondas P y S a una profundidad de 2,500 km?

Estudio del interior de la Tierra

Los científicos que estudian los terremotos se llaman **sismólogos**. Ellos usan las propiedades de las ondas sísmicas para hacer mapas del interior de la Tierra. Las ondas P y S cambian de velocidad y dirección dependiendo del material por el cual viajan. La **Figura 5** muestra la velocidad de las ondas P y S a diferentes profundidades del interior de la Tierra. Al comparar estas medidas con la densidad de distintos materiales de la Tierra, los científicos han determinado la composición de las capas de la Tierra.

Núcleo interno y núcleo externo Mediante estudios extensos de los terremotos, los sismólogos han descubierto que las ondas S no viajan por el núcleo externo. Este hallazgo probó que el núcleo externo de la Tierra es líquido, a diferencia del interno que es sólido. Al analizar la velocidad de las ondas P que viajan por el núcleo, los sismólogos también han descubierto que los núcleos interno y externo están compuestos principalmente por hierro y níquel.

Verificación de la lectura ¿Cómo los científicos descubrieron que el núcleo externo de la Tierra es líquido?

El manto Los sismólogos también han usado las ondas sísmicas para hacer modelos de las corrientes de convección en el manto. La velocidad de las ondas sísmicas depende de la temperatura, la presión y la composición química de las rocas por las que viajan. Las ondas sísmicas tienden a hacerse más lentas cuando viajan por material caliente. Por ejemplo, en áreas del manto que están bajo las dorsales meso-oceánicas o cerca de los puntos calientes. Las ondas sísmicas son más rápidas en áreas frías del manto cercanas a las zonas de subducción.

Localización del epicentro de un terremoto

Un instrumento llamado **sismómetro** *mide y registra el movimiento del suelo y puede usarse para determinar la distancia que las ondas sísmicas recorren*. El movimiento del suelo se registra en un **sismograma**, *una ilustración gráfica de las ondas sísmicas*, como se muestra en la **Figura 6**.

Los sismólogos usan un método llamado triangulación para localizar el epicentro de un terremoto. Este método usa las velocidades y los tiempos de recorrido de las ondas sísmicas para determinar la distancia al epicentro del terremoto desde por los menos tres sismógrafos diferentes.

❶ Halla la diferencia en el tiempo de llegada.

Primero, determina el número de segundos entre la llegada de la primera onda P y la primera onda S en el sismograma. Esta diferencia de tiempo se llama tiempo muerto. Al usar la escala de tiempo en la parte inferior del sismograma, resta el tiempo de llegada de la primera onda P del tiempo de llegada de la primera onda S.

❷ Halla la distancia al epicentro.

Luego, usa una gráfica que muestre el tiempo muerto entre las ondas P y S con relación a la distancia. Mira el eje *y* y localiza sobre la línea azul continua el punto de intersección con el tiempo muerto que calculaste con el sismograma. Luego, lee la distancia desde el epicentro en el eje *x*.

❸ Traza la distancia en un mapa.

Luego, con una regla y un mapa a escala mide la distancia entre el sismógrafo y el epicentro del terremoto. Traza un círculo con un radio igual a esta distancia, ubicando la punta del compás sobre la localización del sismógrafo. Coloca el lápiz a la distancia medida en la escala. Dibuja un círculo completo alrededor de la localización del sismógrafo. El epicentro es algún punto en el círculo. Cuando se trazan los círculos con los datos de por lo menos tres estaciones sísmicas, se puede localizar el epicentro, ubicado en el punto de intersección de los tres círculos.

Triangulación

❶ Halla la diferencia en el tiempo de llegada.

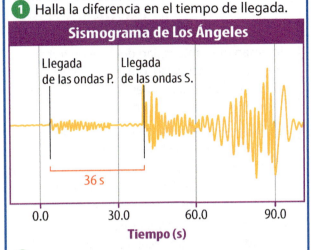

❷ Halla la distancia al epicentro.

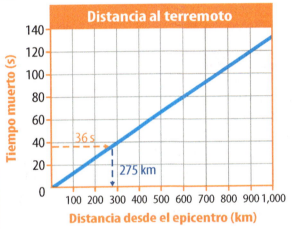

❸ Traza la distancia en el mapa.

Figura 6 Los sismogramas brindan la información necesaria para localizar el epicentro de un terremoto.

MiniLab

Investigación — 15 minutos

¿Puedes usar la escala Mercalli para localizar un epicentro?

Las líneas isosísmicas conectan áreas que experimentan igual intensidad durante un terremoto. En esta actividad, observarás tendencias en intensidad y usarás la escala Mercalli para localizar el epicentro de un terremoto.

1. Consigue un **mapa** de la clasificación Mercalli de la bahía de San Francisco.
2. Dibuja una línea que conecte todos los puntos de igual intensidad, haciendo una curva cerrada. Esta es tu primera línea isosísmica.
3. Sigue dibujando líneas isosísmicas para cada clasificación Mercalli en el mapa. Al igual que las curvas de nivel, estas nunca deben cruzarse.

Analizar y concluir

1. **Interpreta datos** Identifica dos ciudades que hayan experimentado efectos similares durante el terremoto.
2. **Infiere** ¿Cuáles fueron algunas de las experiencias que las personas de San Francisco pudieron haber tenido durante el terremoto?
3. **Concepto clave** ¿Puedes identificar el epicentro del terremoto en tu mapa? ¿Por qué elegiste este lugar?

Destrezas matemáticas

Usar números romanos

Usa las siguientes reglas para evaluar los números romanos.

1. Valores: X = 10; V = 5; I = 1
2. Suma valores similares que estén juntos, como III (1 + 1 + 1 = 3)
3. Suma un valor menor que está después de un valor mayor, como XV (10 + 5 = 15)
4. Resta un valor menor que está antes de un valor mayor, como IX (10 − 1 = 9)
5. Usa la menor cantidad posible de números para expresar el valor (X en vez de VV)

Practicar
¿Cuál es el valor de los números romanos XVI y XIV?

- Math Practice
- Personal Tutor

Determinación de la magnitud de un terremoto

Los científicos pueden usar tres escalas diferentes para medir y describir los terremotos. La escala de magnitud Richter emplea la cantidad de movimiento del suelo a cierta distancia desde el terremoto para determinar su magnitud. Esta escala se usa cuando se informa la actividad del terremoto al público.

La escala Richter empieza en cero, pero no tiene un límite superior. Cada aumento de 1 unidad en la escala representa diez veces la cantidad de movimiento del suelo registrado en el sismograma. Por ejemplo, un terremoto de magnitud 8 produce un temblor 10 veces mayor que uno de magnitud 7, y 100 veces mayor que uno de magnitud 6. El mayor terremoto que se ha registrado fue uno de magnitud 9.5 en Chile, en 1960. El terremoto y los tsunamis posteriores dejaron casi 2,000 muertos y 2 millones de personas sin hogar.

Los sismólogos usan la escala de magnitud del momento sísmico, que mide la cantidad total de energía liberada por el terremoto. La energía liberada depende del tamaño de la falla que se fractura, del movimiento que ocurre a lo largo de la falla y de la fuerza de las rocas que se fracturan durante el terremoto. Las unidades de esta escala son exponenciales. Por cada unidad de incremento en la escala, el terremoto libera 31.5 veces más energía. Esto significa que un terremoto de magnitud 8 libera más de 992 veces la cantidad de energía que libera uno de magnitud 6.

 Verificación de la lectura Compara la escala Richter con la escala de magnitud del momento.

Descripción de la intensidad de un terremoto

Otra forma de medir y describir un terremoto es evaluar los daños producidos por el temblor. Este está directamente relacionado con la intensidad del terremoto. La escala Mercalli modificada mide la intensidad del terremoto con base en descripciones de sus efectos sobre las personas y estructuras. La escala Mercalli modificada, en la **Tabla 3,** va desde I, cuando el temblor no es perceptible, hasta XII, cuando la destrucción es total.

La geología local también contribuye a los daños que causa el terremoto. En una zona cubierta por sedimentos sueltos, el movimiento del suelo es exagerado. La intensidad de un terremoto será mayor allí que en lugares construidos sobre roca sólida, aun si se hallan a la misma distancia del epicentro. Recuerda el inicio de lección. El terremoto de Loma Prieta en 1989, produjo un temblor grave en el Distrito de la Marina en la bahía de San Francisco. Esta zona fue construida sobre sedimentos sueltos, susceptibles al temblor.

Tabla 3 La escala Mercalli modificada se usa para evaluar la intensidad de un terremoto con base en los daños que produce.

Tabla 3 Escala Mercalli modificada

I	Imperceptible, excepto en condiciones poco usuales.
II	Perceptible para pocas personas; los objetos colgados pueden mecerse.
III	Más perceptible en recintos cerrados; las vibraciones son como el paso de un camión.
IV	Perceptible para muchas personas en recintos cerrados, pero pocas en el exterior; los platos y las ventanas vibran; los carros detenidos se mecen notablemente.
V	Perceptible para casi todo el mundo; algunos platos y ventanas se rompen y algunas paredes se agrietan.
VI	Perceptible para todas las personas; los muebles se mueven; el yeso de algunas paredes se desprende y algunas chimeneas se dañan.
VII	Todo el mundo corre hacia la calle; algunas chimeneas se rompen; ligeros daños en estructuras bien construidas, pero considerables en estructuras débiles.
VIII	Las chimeneas, los conductos de chimeneas y las paredes se derrumban; los muebles pesados se voltean; colapso parcial de edificios corrientes.
IX	Ocurren grandes daños generales; los edificios se salen de sus bases; el suelo se agrieta; los tubos subterráneos se rompen.
X	La mayoría de estructuras corrientes se destruye; los rieles se doblan; son frecuentes los deslizamientos de tierra.
XI	Pocas estructuras se mantienen en pie; los puentes se destruyen; los rieles se doblan considerablemente; se forman amplias fisuras en el suelo.
XII	Destrucción total; los objetos saltan al aire.

Lección 1
EXPLICAR

Mapa de riesgo sísmico

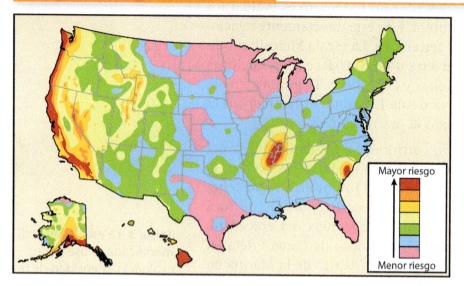

Figura 7 Áreas que experimentaron terremotos en el pasado probablemente volverán a sentirlos. Observa que incluso algunas partes del centro y oriente de Estados Unidos tienen un alto riesgo sísmico debido a su actividad en el pasado.

REPASO DE VOCABULARIO
convergente
que tienden a moverse hacia un punto o a acercarse entre sí

Riesgo sísmico

Recuerda que la mayoría de los terremotos ocurre cerca de los límites de placas tectónicas. El límite de placa de transformación en California y los límites de placas **convergentes** en Oregón, Washington y Alaska tienen el mayor riesgo sísmico en Estados Unidos. Sin embargo, no todos los terremotos ocurren cerca de los límites de placas. Algunos de los terremotos más grandes en el país han ocurrido lejos de los límites de placas.

Entre 1811 y 1812, ocurrieron tres terremotos con magnitudes entre 7.8 y 8.1 en la falla de Nueva Madrid en Missouri. En contraste, el terremoto de Loma Prieta en 1989 tuvo una magnitud de 7.1. La **Figura 7** ilustra el riesgo sísmico en Estados Unidos. Por fortuna, los terremotos destructivos y de alta magnitud no son muy comunes. En promedio, solo ocurren en el mundo alrededor de 10 terremotos de magnitud superior a 7.0 cada año. Los terremotos con magnitudes superiores a 9.0, como el del océano Índico que causó el tsunami en Asia en 2004, son escasos.

Debido a que los terremotos ponen en peligro la vida y las propiedades de las personas, los sismólogos estudian las probabilidades de que ocurra un terremoto en una zona dada. La probabilidad es uno de varios factores que ayudan a evaluar el riesgo sísmico. Los sismólogos también estudian la actividad sísmica anterior, la geología que rodea una falla, la densidad poblacional y el diseño de las construcciones en una zona para evaluar el riesgo. Los ingenieros usan estas evaluaciones de riesgo para diseñar estructuras antisísmicas, capaces de soportar el temblor durante un terremoto. Los gobiernos municipal y estatal usan las evaluaciones de riesgo como ayuda para planear y prepararse para futuros terremotos.

Verificación de concepto clave ¿Cómo los sismólogos evalúan el riesgo?

Repaso de la Lección 1

 Assessment Online Quiz

Resumen visual

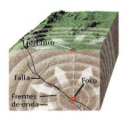

El foco es el punto de una falla donde se origina un terremoto.

Los terremotos pueden ocurrir a lo largo de los límites de placas.

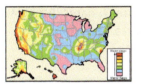

Los sismólogos evalúan el riesgo sísmico estudiando la actividad sísmica anterior y la geología local.

FOLDABLES

Usa tu modelo de papel para repasar la lección. Guarda tu modelo para el proyecto de final de capítulo.

¿Qué opinas AHORA?

Al inicio de este capítulo leíste las siguientes afirmaciones.

1. La corteza terrestre se parte en losas rígidas de roca que se mueven y ocasionan terremotos y erupciones volcánicas.
2. Los terremotos crean ondas de energía que viajan por la Tierra.
3. Todos los terremotos ocurren en límites de placas.

¿Sigues estando de acuerdo o en desacuerdo con las afirmaciones? Reescribe las afirmaciones falsas para hacerlas verdaderas.

Usar vocabulario

1. **Compara y contrasta** los tres tipos de fallas.
2. **Distingue** entre el foco y el epicentro de un terremoto.
3. **Usa los términos** *sismograma* y *sismómetro* en una oración.

Entender conceptos clave

4. **Identifica** las regiones de Estados Unidos que tienen el mayor riesgo sísmico.
5. ¿Aproximadamente cuántas veces más energía se libera en un terremoto de magnitud 7 en comparación con uno de magnitud 5?
   A. 30   C. 90
   B. 60   D. 1000

Interpretar gráficas

6. **Compara y contrasta** Crea una tabla con títulos de columna: Tipo de onda, Movimiento de onda y Propiedades de onda. Usa la tabla para comparar y contrastar los tres tipos de ondas sísmicas.

7. **Describe** Usa la siguiente imagen para describir el interior de la Tierra.

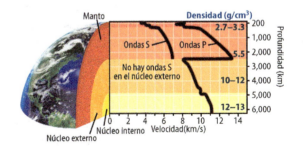

Pensamiento crítico

8. **Determina** qué mediciones harías para evaluar el riesgo sísmico en tu ciudad.

Destrezas matemáticas Review — Math Practice

9. ¿Cuál es el valor del número romano XXVI?

Investigación · Práctica de destrezas · Analizar · 45 minutos

Materiales

mapa de América del Norte

compás de dibujo

Seguridad

¿Puedes localizar el epicentro de un terremoto?

Imagina que el cuarto donde estás sentado de repente empieza a temblar. Este movimiento dura casi 10 segundos. De acuerdo con el temblor que sentiste, parecería que el terremoto ocurrió cerca. Pero, para localizar el epicentro, necesitas analizar los datos sobre las ondas P y S registrados para el mismo terremoto en por lo menos tres lugares diferentes.

Aprende

Cuando los científicos realizan experimentos hacen mediciones, recolectan y **analizan** datos. Por ejemplo, los sismólogos miden la diferencia en los tiempos de llegada entre las ondas P y S después de que ocurre un terremoto. Ellos recolectan información de las ondas sísmicas de al menos tres lugares distintos. Con la diferencia en los tiempos de llegada, o tiempo muerto, los sismólogos pueden determinar la distancia al epicentro de un terremoto.

Intenta

1. Lee y completa un formulario de seguridad en el laboratorio.

2. Pide a tu profesor un mapa de Estados Unidos.

3. Estudia los tres sismogramas. Determina los tiempos de llegada, aproximados al segundo más cercano, de las ondas P y S para cada estación sismográfica: Berkeley, CA; Parkfield, CA, y Kanab, UT. Anota la ubicación y los tiempos de llegada de las ondas P y S en tu diario de ciencias.

4. Resta el tiempo de llegada de la onda P del tiempo de llegada de la onda S y anota el tiempo muerto en tu diario de ciencias.

5. Usa el tiempo muerto y la gráfica de Distancia al terremoto, para determinar la distancia al epicentro desde cada estación sismográfica.

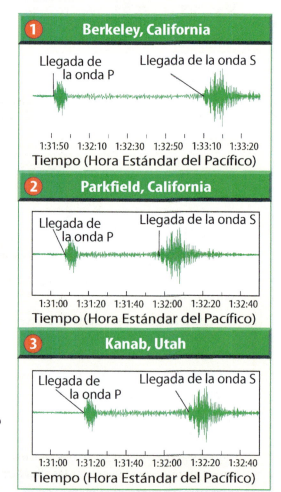

304 Capítulo 9 EXTENDER

6. Usa la escala del mapa para igualar el espacio entre el lápiz y la punta del compás con la distancia al primer sismómetro. Traza un círculo con un radio igual a la distancia alrededor de la estación sísmica en el mapa.

7. Repite el procedimiento con la ubicación de los otros dos sismómetros. El punto de intersección de los tres círculos marca el epicentro del terremoto.

Distancia al terremoto

(gráfica: Tiempo muerto (s) vs. Distancia desde el epicentro (km))

Aplica

8. Considera la diferencia entre los tiempos de llegada de las ondas P en las ubicaciones de los tres sismómetros. ¿Por qué ocurre esta diferencia?

9. **Examina** los tiempos muertos calculados para los tres sismogramas. ¿Por qué piensas que las diferencias en los tiempos de llegada son mayores para las estaciones que están más alejadas del epicentro?

10. ¿Dónde ocurrió el terremoto?

11. 🔑 **Concepto clave** ¿Por qué se necesitan tres sismogramas para localizar el epicentro de un terremoto? ¿Cómo se llama este proceso?

Lección 2

Volcanes

Guía de lectura

Conceptos clave 🔑
PREGUNTAS IMPORTANTES

- ¿Cómo se forman los volcanes?
- ¿Qué factores contribuyen al tipo de erupción de un volcán?
- ¿Cómo se clasifican los volcanes?

Vocabulario

volcán pág. 307
magma pág. 307
lava pág. 308
punto caliente pág. 308
volcán escudo pág. 310
volcán compuesto pág. 310
cono de ceniza pág. 310
ceniza volcánica pág. 311
viscosidad pág. 311

🄖 Multilingual eGlossary

▢ Video

- Science Video
- What's Science Got to do With It?

Investigación ¿Qué hace que una erupción sea explosiva?

Observa la "fuente de fuego" roja y ardiente que sale del volcán Kilauea en Hawai. Este es el volcán más activo del mundo. Ahora, recuerda la erupción de ceniza de la fotografía al inicio de este capítulo. ¿Qué hace que los volcanes hagan erupción de manera tan diferente? La respuesta puede encontrarse en la composición química del magma.

Investigación: Laboratorio de inicio

15 minutos

¿Qué determina la forma de un volcán?

No todos los volcanes se ven iguales. La ubicación del volcán y la composición química del magma juegan un papel importante en determinar su forma.

1. Lee y completa un formulario de seguridad en el laboratorio.
2. Consigue una **bandeja, un vaso graduado con arena, un vaso graduado con una mezcla de harina y agua, papel encerado** y una **cuchara plástica**.
3. Extiende el papel encerado dentro de la bandeja.
4. Sostén el vaso graduado con arena casi 30 cm por encima de la bandeja. Echa lentamente la arena sobre el papel encerado y observa cómo se amontona.
5. Dobla el papel por la mitad y úsalo para volver a echar la arena en el vaso graduado con cuidado.
6. Revuelve la mezcla de harina y agua. Debe tener una consistencia similar a la de la avena. Agrega agua si es necesario.
7. Repite los pasos 4 y 5 con la mezcla de harina y agua. Anota tus observaciones de cada intento en tu diario de ciencias.

Piensa

1. ¿Qué representan la arena y la mezcla de harina y agua?
2. **Concepto clave** ¿Cómo piensas que los volcanes tomaron su forma?

¿Qué es un volcán?

Quizá has oído sobre volcanes famosos como el monte Santa Helena, el Kilauea o el monte Pinatubo. Todos ellos han hecho erupción en los últimos 30 años. *Un **volcán** es una abertura en la corteza terrestre por donde fluye la roca derretida, o fundida. La roca fundida bajo la superficie de la Tierra se llama **magma***. Hay volcanes en muchas partes del mundo. Algunos lugares tienen más volcanes que otros. En esta lección, aprenderás cómo y dónde se forman los volcanes, y conocerás su estructura y tipo de erupción.

✓ **Verificación de la lectura** ¿Qué es el magma?

¿Cómo se forman los volcanes?

Las erupciones volcánicas constantemente dan forma a la superficie de la Tierra. Estas pueden formar grandes montañas, crear una nueva corteza y dejar tras de sí un sendero de destrucción. Los científicos han aprendido que el movimiento de las placas tectónicas de la Tierra ocasiona la formación de volcanes y las erupciones que producen.

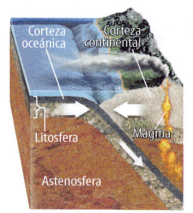

Figura 8 Durante la subducción, el magma se forma cuando una placa se hunde debajo de otra.

Límites convergentes

Los volcanes se forman en los límites de placas convergentes. Cuando dos placas chocan, la más densa se hunde, o subduce en el manto, como en la **Figura 8.** La energía térmica bajo la superficie y los líquidos desviados de la placa hundida, funden el manto y forman magma. El magma que sube por las grietas de la corteza es menos denso que el manto. Esto forma un volcán. *La roca fundida que erupciona a la superficie de la Tierra se llama* **lava**.

Límites divergentes

La lava también sale a lo largo de los límites de placas divergentes. Recuerda que dos placas se separan en un límite de placa divergente. Cuando eso ocurre, el magma sube por la abertura de la corteza terrestre que se forma entre las placas. Este proceso suele ocurrir en una dorsal meso-oceánica y forma una nueva corteza oceánica, como se muestra en la **Figura 9.** Más del 60 por ciento de toda la actividad volcánica en la Tierra ocurre a lo largo de estas dorsales.

Figura 9 Cuando las placas se separan, el magma sube a la superficie y crea una nueva corteza. La lava almohadillada de la fotografía se formó en la dorsal meso-oceánica. ▼

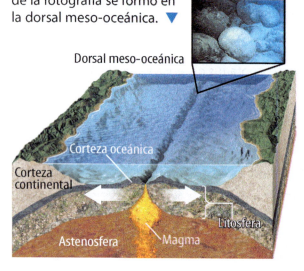

Puntos calientes

No todos los volcanes se forman en o cerca a los límites de placas. Los volcanes de las montañas submarinas Emperador en las islas hawaianas están lejos de los límites de placa. *Los volcanes que no están asociados con límites de placas se llaman* **puntos calientes**. Los geólogos especulan que los puntos calientes se originan sobre una corriente de convección que sube desde lo profundo del manto de la Tierra. Ellos usan la palabra *pluma* para describir estas corrientes ascendentes de material caliente del manto.

La **Figura 10** ilustra cómo se forma un volcán a medida que una placa tectónica se mueve sobre una pluma. Cuando la placa se aleja, el volcán queda inactivo. Con el tiempo, se forma una cadena de volcanes a medida que la placa se mueve. El volcán más antiguo está más alejado del punto caliente. El más joven está justo sobre el punto caliente.

◀ **Figura 10** A mayor distancia entre cada isla hawaiana y el punto caliente, más antigua es la isla.

🔑 **Verificación de concepto clave** ¿Cómo se forman los volcanes?

Distribución de los volcanes

◀ **Figura 11** La mayoría de los volcanes activos del mundo se localizan a lo largo de los límites de placas convergentes y divergentes y en los puntos calientes.

¿Dónde se forman los volcanes?

En la **Figura 11** se muestran los volcanes activos del mundo. Todos han hecho erupción en los últimos 100,000 años. Observa que la mayoría de los volcanes están cerca de los límites de placas.

Cinturón de fuego

El Cinturón de fuego representa una zona de actividad sísmica y volcánica que rodea el océano Pacífico. Al comparar la ubicación de los volcanes activos y los límites de placas en la **Figura 11**, puedes ver que los volcanes están principalmente a lo largo de los límites de placas convergentes donde las placas chocan. También están ubicados a lo largo de los límites de placas divergentes donde las placas se separan. Los volcanes también pueden ocurrir sobre puntos calientes, como Hawai, las islas Galápagos y el Parque Nacional Yellowstone en Wyoming.

 Verificación de la lectura ¿Dónde queda el Cinturón de fuego?

Los volcanes en Estados Unidos

En Estados Unidos existen 60 volcanes potencialmente activos. La mayoría de ellos forman parte del Cinturón de fuego. Alaska, Hawai, Washington, Oregón y el norte de California tienen volcanes activos, como el monte Redoubt en Alaska. Algunos de estos volcanes han producido violentas erupciones, como la explosión del monte Santa Helena en 1980.

El Servicio Geológico de Estados Unidos (USGS, por su sigla en inglés) ha establecido tres observatorios vulcanológicos para monitorear el potencial de futuras erupciones volcánicas en el país. Debido a que enormes poblaciones humanas viven cerca de los volcanes como el monte Rainier en Washington, que se muestra en la **Figura 12**, el USGS ha desarrollado un programa de evaluación de riesgos. Los científicos monitorean la actividad sísmica, los cambios en la forma del volcán, las emisiones de gas y la historia de erupciones pasadas de un volcán para evaluar la posibilidad de futuras erupciones.

Figura 12 El monte Rainier es un volcán activo en la cordillera de las Cascadas en el noroeste del Pacífico. Muchas personas viven a muy poca distancia del volcán. ▼

Lección 2
EXPLICAR

Tipos de volcanes

Los volcanes se clasifican según su forma y tamaño, como se muestra en la **Tabla 4**. La composición del magma y el tipo de erupción del volcán influyen en la forma. *Los* **volcanes escudo** *son comunes a lo largo de los límites de placas divergentes y puntos calientes oceánicos. Estos volcanes son grandes con suaves pendientes de lavas basálticas. Los* **volcanes compuestos** *son volcanes grandes y de lados empinados producidos por erupciones explosivas de lava andesítica y riolítica y ceniza a lo largo de los límites de placas convergentes. Los* **conos de ceniza** *son volcanes pequeños y de lados empinados que expulsan lavas basálticas ricas en gases.* Algunos volcanes se clasifican como supervolcanes: volcanes con erupciones muy grandes y explosivas. Hace casi 630,000 años la caldera de Yellowstone en Wyoming arrojó más de 1,000 km³ de ceniza riolítica y roca en una erupción. Esta erupción produjo casi 2,500 veces el volumen de materiales expulsados por el monte Santa Helena en 1980.

Verificación de concepto clave ¿Qué determina la forma de un volcán?

FOLDABLES

Dobla una hoja de papel para hacer un boletín en forma piramidal. Úsalo para ilustrar los tres tipos principales de volcanes. Organiza tus notas dentro de la pirámide.

Tabla 4 Los geólogos clasifican los volcanes según su tamaño, forma y tipo de erupción.

Tabla 4 Características volcánicas

Concepts in Motion — Interactive Table

Volcán escudo

Volcán grande en forma de escudo, con suaves pendientes, formado de lavas basálticas.

Volcán compuesto

Volcán grande y de lados empinados, formado de una mezcla de lava andesítica y riolítica y ceniza.

Cono de ceniza

Volcán pequeño y de lados empinados, formado de erupciones moderadamente explosivas de lavas basálticas.

Caldera

Gran depresión volcánica formada cuando la cima de un volcán colapsa o la actividad explosiva la destruye.

Erupciones volcánicas

Cuando el magma sale a la superficie puede hacer erupción como un río de lava, como el de la **Figura 13,** del volcán Kilauea en Hawai. Otras veces, el magma puede explotar y arrojar a la atmósfera **ceniza volcánica**, es decir, *partículas diminutas de roca y vidrio volcánicos pulverizados.* La **Figura 13** también muestra el monte Santa Helena en Washington, durante su erupción violenta en 1980. ¿Por qué algunos volcanes hacen erupción de manera violenta mientras que otros lo hacen en silencio?

Tipo de erupción

La composición química del magma determina el tipo de erupción de un volcán. En el comportamiento explosivo de un volcán influye la cantidad de gases disueltos en el magma, específicamente, vapor de agua y sílice, SiO_2.

Composición química del magma Los magmas que se forman en diferentes ambientes volcánicos tienen composiciones químicas únicas. El sílice es el principal compuesto químico en todos los magmas. Las diferencias en la cantidad de sílice afectan el espesor del magma y su **viscosidad**, es decir, *la resistencia de un líquido a fluir.*

El magma con un bajo contenido de sílice es poco viscoso y fluye fácilmente, como el jarabe de arce caliente. Cuando el magma sale, fluye como lava líquida que se enfría, cristaliza y forma el basalto, una roca volcánica. Este tipo de lava suele hacer erupción a lo largo de las dorsales meso-oceánicas y en los puntos calientes oceánicos, como Hawai.

El magma con un alto contenido de sílice es muy viscoso y fluye como pasta dental pegajosa. Este tipo de magma se forma cuando las rocas ricas en sílice se funden o cuando el magma del manto se mezcla con la corteza continental. Las rocas volcánicas andesita y la riolita se forman cuando magmas con contenido de sílice intermedio y alto salen de volcanes en zonas de subducción y puntos calientes continentales.

 Verificación de concepto clave ¿Qué factores afectan el tipo de erupción?

Erupción silenciosa

Erupción violenta

Figura 13 Las lavas con bajo contenido de sílice y gases disueltos hacen erupción de manera silenciosa. Las erupciones explosivas se producen por lava y ceniza con alto contenido de sílice y gases disueltos.

VOCABULARIO ACADÉMICO

disolver
(*verbo*) hacer dispersar o desaparecer

Gases disueltos La presencia de gases **disueltos** en el magma influye en lo explosivo que puede ser un volcán. Es algo similar a lo que sucede cuando sacudes una lata de refresco y luego la abres. Las burbujas provienen del dióxido de carbono disuelto en el refresco. La presión dentro de la lata disminuye rápidamente cuando la abres. Las burbujas atrapadas aumentan rápido de tamaño y escapan mientras el refresco sale de la lata.

Todos los magmas contienen gases disueltos. Estos gases incluyen vapor de agua y pequeñas cantidades de dióxido de carbono y dióxido de azufre. A medida que el magma se mueve hacia la superficie, la presión del peso de la roca que está encima disminuye. Cuando la presión disminuye, la capacidad de los gases para permanecer disueltos en el magma también se reduce. Con el tiempo, los gases ya no pueden permanecer disueltos en el magma y empiezan a formarse burbujas. A medida que el magma sigue subiendo a la superficie, las burbujas aumentan de tamaño y el gas empieza a escapar. Como los gases no pueden escapar fácilmente de lavas muy viscosas, esta combinación con frecuencia produce erupciones explosivas. Cuando los gases escapan sobre el suelo, la lava, la ceniza o el vidrio volcánico que se enfrían y cristalizan tienen hoyos. Estos hoyos, que se muestran en la **Figura 14,** son un rasgo común de la piedra pómez.

Figura 14 Las burbujas de gas que escaparon durante una erupción volcánica causaron los hoyos en esta piedra pómez.

Investigación MiniLab

20 minutos

¿Puedes hacer un modelo del movimiento de magma?

El magma hace erupción porque es menos denso que la corteza terrestre. Así mismo, el aceite es menos denso que el agua y puede usarse para hacer un modelo del magma.

1. Lee y completa un formulario de seguridad en el laboratorio.
2. Llena hasta la mitad un **vaso de plástico transparente** con **guijarros**.
3. Llena el vaso con **agua** justo hasta arriba de los guijarros.
4. Llena una **jeringa** con 5 ml de **aceite de oliva**.
5. Inserta la jeringa entre los guijarros y el lado del vaso hasta que toques el fondo.
6. Inyecta el aceite lentamente, 1 ml cada vez.
7. Observa y anota tus resultados en tu diario de ciencias.
8. Repite los procedimientos usando **aceite para motor**.

Analizar y concluir

1. **Observa** ¿Qué le pasa al aceite cuando lo inyectas en el agua?
2. **Compara** ¿En qué se diferencia el movimiento de los dos aceites?
3. **Concepto clave** ¿Cuál aceite se comporta como el magma que se convertirá en basalto? ¿Cuál lo hace como el magma que se convertirá en riolita? Explica.

Efectos de las erupciones volcánicas

En promedio, alrededor de 60 volcanes diferentes hacen erupción cada año. Los efectos de los ríos de lava, la lluvia de ceniza, los flujos piroclásticos y las avalanchas de barro pueden afectar a toda la vida en la Tierra. Los volcanes enriquecen las rocas y el suelo con valiosos nutrientes y ayudan a regular el clima. Por desgracia, también pueden ser destructivos y a veces hasta mortales.

Ríos de lava Ya que los ríos de lava se mueven relativamente despacio, rara vez son mortales, pero pueden ser dañinos. El monte Etna en Sicilia, Italia, es el volcán más activo de Europa. La **Figura 15** muestra una fuente de lava líquida caliente que expulsa una de las muchas aberturas del volcán. En mayo de 2008, el volcán empezó a arrojar lava y ceniza en una erupción que duró más de seis meses. Aunque las lavas tienden a moverse lentamente, ponen en peligro a las comunidades cercanas. Las personas que viven en las laderas del monte Etna están acostumbradas a las evacuaciones, debido a las frecuentes erupciones.

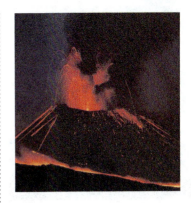

▲ **Figura 15** El monte Etna es uno de los volcanes más activos del mundo. Las personas que viven cerca del volcán están acostumbradas a las frecuentes erupciones de lava y ceniza.

Lluvia de ceniza Durante una erupción explosiva, los volcanes pueden expulsar grandes cantidades de ceniza volcánica. Las columnas de ceniza pueden alcanzar alturas de más de 40 km. Recuerda que la ceniza es una mezcla de partículas de roca y vidrio pulverizados. La ceniza puede interrumpir el tránsito aéreo y hacer que los motores se detengan a mitad de vuelo cuando fragmentos de roca y ceniza se funden en las aspas calientes del motor. La ceniza también puede afectar la calidad del aire y ocasionar serios problemas respiratorios. Grandes cantidades de ceniza arrojadas a la atmósfera también pueden afectar al clima bloqueando la luz del sol y enfriando la atmósfera de la Tierra.

Avalanchas de lodo La energía térmica que un volcán produce durante una erupción puede derretir la nieve y el hielo en la cima. Esta agua de nieve derretida puede mezclarse con lodo y ceniza en la montaña y formar avalanchas de lodo también llamadas lahares. El monte Redoubt en Alaska hizo erupción el 23 de marzo de 2009. La nieve y el agua de nieve derretida se mezclaron para formar las avalanchas de lodo que se muestran en la **Figura 16**.

◀ **Figura 16** Muchos volcanes compuestos de lados empinados están cubiertos de nieve estacional. Cuando un volcán se vuelve activo, la nieve puede derretirse y mezclarse con lodo y ceniza y formar una avalancha como esta en el estrecho de Cook, en Alaska.

Lección 2 EXPLICAR

▲ **Figura 17** Un flujo piroclástico desciende del monte Mayon en Filipinas. Los flujos piroclásticos están formados por partículas (*clast*) volcánicas calientes (*piro*).

Figura 18 En 1991, el monte Pinatubo arrojó a la atmósfera más de 20 millones de toneladas de gas y ceniza volcánica. La mayor concentración de gases de dióxido de azufre de la erupción se muestra a continuación en azul. La erupción hizo que las temperaturas disminuyeran casi un grado Celsius por año. ▼

Flujo piroclástico Los volcanes explosivos pueden producir avalanchas rápidas de gas, ceniza y roca calientes llamados flujos piroclásticos. Los flujos piroclásticos viajan a velocidades superiores a 100 km/h y con temperaturas por encima de 1000 °C. En 1980, el monte Santa Helena produjo un flujo piroclástico que mató a 58 personas y destruyó 1000 millones de km^3 de bosque. El monte Mayon en Filipinas hace erupción con frecuencia y produce flujos piroclásticos como el de la **Figura 17.**

Predicción de erupciones volcánicas

A diferencia de los terremotos, las erupciones volcánicas se pueden predecir. El magma en movimiento puede causar la deformación del suelo, un cambio en la forma del volcán y una serie de terremotos denominada enjambre sísmico. Las emisiones de gas volcánico pueden aumentar. El agua subterránea y de la superficie cerca del volcán puede volverse más ácida. Los geólogos estudian estos fenómenos, además de las fotografías aéreas y satelitales, para evaluar riesgos volcánicos.

Erupciones volcánicas y cambio climático

Las erupciones volcánicas afectan el clima cuando la ceniza volcánica en la atmósfera bloquea la luz del sol. El viento a gran altura puede mover la ceniza alrededor del mundo. Además, el dióxido de azufre gaseoso liberado de un volcán forma gotitas de ácido sulfúrico en la atmósfera superior. Estas gotitas reflejan la luz del sol al espacio, lo que disminuye las temperaturas ya que menos rayos del sol alcanzan la superficie de la Tierra. La **Figura 18** muestra el resultado del dióxido de azufre gaseoso en la atmósfera, de la erupción del monte Pinatubo en 1991.

 Verificación de concepto clave ¿Cómo los volcanes afectan el clima?

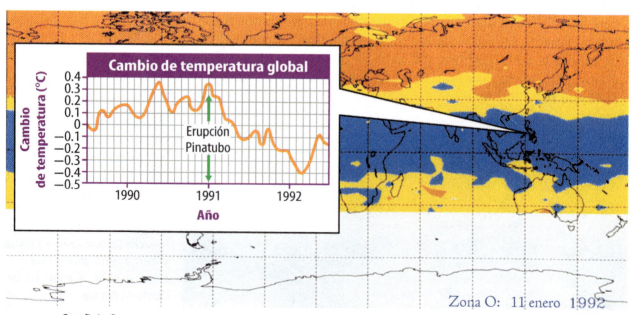

Zona O: 11 enero 1992

Repaso de la Lección 2

✓ **Assessment** — Online Quiz
? **Inquiry** — Virtual Lab

Resumen visual

Los volcanes se forman cuando el magma sube por las grietas de la corteza y sale de las aberturas en la superficie de la Tierra.

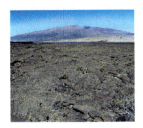

El magma poco viscoso y con bajas cantidades de sílice hace erupción para formar volcanes escudo.

El magma con altas cantidades de sílice y muy viscoso hace erupción de manera explosiva para formar conos compuestos.

FOLDABLES

Usa tu modelo de papel para repasar la lección. Guarda tu modelo para el proyecto de final de capítulo.

¿Qué opinas AHORA?

Al inicio de este capítulo leíste las siguientes afirmaciones.

4. Los volcanes pueden hacer erupción en cualquier lugar de la Tierra.
5. Las erupciones volcánicas son raras.
6. Las erupciones volcánicas solo afectan a las personas y lugares cercanos al volcán.

¿Sigues estando de acuerdo o en desacuerdo con las afirmaciones? Reescribe las afirmaciones falsas para hacerlas verdaderas.

Usar vocabulario

1. **Compara y contrasta** lava y magma.
2. **Explica** el término *viscosidad*.
3. La roca y la ceniza pulverizadas que salen de los volcanes explosivos se llaman _____.

Entender conceptos clave

4. **Identifica** los lugares donde se forman los volcanes.
5. **Compara** los tres tipos principales de volcanes.
6. ¿Qué tipo de lava sale de los volcanes escudo?
    A. andesítica   C. granítica
    B. basáltica   D. riolítica

Interpretar gráficas

7. **Analiza** la siguiente imagen y explica qué factores contribuyen a las erupciones explosivas.

8. **Crea** un organizador gráfico para ilustrar los cuatro tipos de material eruptivo que una erupción volcánica puede producir.

Pensamiento crítico

9. **Compara** la forma de los volcanes compuestos y volcanes escudo. ¿Por qué sus formas y tipo de erupción son tan diferentes?
10. **Explica** cómo las erupciones volcánicas explosivas pueden causar cambios climáticos. ¿Qué pasaría si la caldera de Yellowstone hiciera erupción hoy?

Laboratorio

45 minutos

Los peligros del monte Rainier

Materiales

lápices de colores

regla métrica

compás de dibujo

mapa topográfico del monte Rainier

Seguridad

Si alguna vez has visitado los alrededores de Seattle o Tacoma, en Washington, es difícil no ver en el horizonte el majestuoso nevado del monte Rainier. Este monte está a casi 4.4 km, es el volcán activo más alto de la cordillera de las Cascadas en el noroeste de Washington. Más de 3.6 millones de personas viven en un área de 100 km al norte y oeste del monte Rainier.

El monte Rainier hizo erupción por última vez en 1895, pero los registros históricos muestran que hace erupción con una frecuencia que oscila entre 100 y 500 años. El pasado explosivo del monte Rainier es evidente en los flujos piroclásticos, las avalanchas de lodo y los depósitos de ceniza que rodean el volcán. Los geólogos predicen que el monte Rainier hará erupción en el futuro; ¿pero cuándo? En este laboratorio, evaluarás los peligros volcánicos del monte Rainier.

Preguntar

Imagina que decides abrir una tienda de bicicletas de montaña ya sea en Sunrise, Longmire o Ashford, en Washington. Antes de tomar una decisión final sobre el lugar, debes examinar los riesgos volcánicos del monte Rainier. ¿Cuál ciudad es la opción más segura?

Hacer observaciones

1. Pide a tu profesor un mapa topográfico del monte Rainier.
2. Usa el mapa topográfico y la siguiente tabla para indicar dónde ocurrirían avalanchas de lodo. Ubica esa zona en tu mapa y coloréala de amarillo.
3. Usa la información de la tabla, la escala del mapa y un compás para identificar la zona que podría verse afectada por
   - lava y flujos piroclásticos. Colorea esta zona de naranja en tu mapa;
   - lluvia de ceniza. Colorea esta zona de azul en tu mapa.

   Asegúrate de incluir una leyenda en tu mapa.

Riesgos volcánicos

Tipo de riesgo	Alcance	Notas
Avalancha de lodo	Hasta 64 km	Contenido dentro de los valles de los ríos
Lava y flujo piroclástico	16 km a la redonda de la cima	Probablemente permanecerá dentro del límite del Parque Nacional Monte Rainier
Lluvia de ceniza	96 km en la dirección del viento	El viento por lo general sopla hacia el este del monte Rainier

Formular la hipótesis

4 A partir de tus observaciones formula una hipótesis sobre cuál ciudad, Sunrise, Longmire o Ashford, sería la más segura para abrir tu tienda de bicicletas. Basa tu hipótesis en tu evaluación de los riesgos volcánicos asociados con el monte Rainier.

Comprobar la hipótesis

5 Compara tu mapa con el de un compañero. Si las evaluaciones son diferentes, explica cómo desarrollaste tu hipótesis.

Analizar y concluir

6 **Calcula** Si una avalancha de lodo del monte Rainier viajara por el valle del río Nisqually, ¿cuánto tiempo tendrían las ciudades de Longmire y Ashford para prepararse? *(Pista: Las avalanchas de lodo pueden moverse a velocidades de 80 km/h.)*

7 **Predice** Con base en el alcance de los riesgos volcánicos que identificaste, ¿sería posible que una avalancha de lodo llegara hasta Tacoma, en Washington? Justifica tu respuesta.

8 **La gran idea** El monte Rainier está en la zona de subducción de la Cascada. ¿Por qué riesgos como terremotos y erupciones volcánicas son comunes a lo largo de una zona de subducción?

Comunicar resultados

Como propietario de una tienda de bicicletas quieres que tus clientes tengan una gran visita al monte Rainier. Sin embargo, quieres que ellos entiendan los riesgos asociados con la recreación en un volcán. Crea un folleto que describa los riesgos volcánicos del monte Rainier. Incluye un mapa de los riesgos. Podrías incluir los nombres e información de contacto de las agencias locales de atención de emergencias.

Ir más allá

Imagina que estás paseando en bicicleta por senderos sobre el valle del río Nisqually, cuando una avalancha de lodo inunda el valle que está abajo. Escribe una historia que describa tu experiencia. Describe lo que viste, lo que oíste y lo que sentiste. Explica cómo la avalancha de lodo podría cambiar lo que las personas piensan acerca de los peligros volcánicos del monte Rainier.

Sugerencias para el laboratorio

☑ Usa la escala de distancia del mapa para determinar el alcance de los riesgos volcánicos.

☑ Las avalanchas de lodo que se originan en el monte Rainier siguen la topografía y descienden por los valles de los ríos.

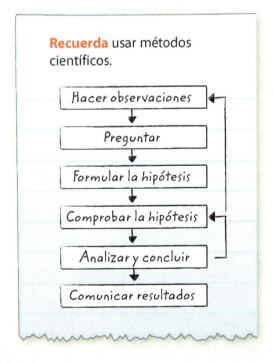

Guía de estudio del Capítulo 9

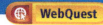 WebQuest

La mayoría de los terremotos ocurren a lo largo de los límites de placas, donde las placas se deslizan una con respecto a la otra, chocan o se separan. Los volcanes se forman en zonas de subducción, dorsales meso-oceánicas y puntos calientes.

Resumen de conceptos clave

Lección 1: Terremotos

- Los terremotos suelen ocurrir en o cerca a los límites de placas tectónicas.
- El estudio de los terremotos permite conocer la composición y estructura del interior de la Tierra e identificar la ubicación de las fallas activas.
- Los terremotos se monitorean con **sismómetros** y se describen usando la escala de magnitud Richter, la escala de magnitud del momento sísmico y la escala Mercalli modificada.

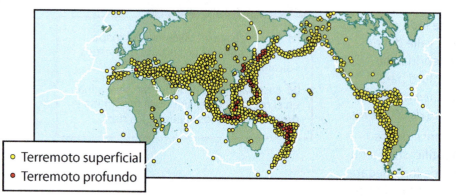

- Terremoto superficial
- Terremoto profundo

Vocabulario

terremoto pág. 293
falla pág. 295
onda sísmica pág. 296
foco pág. 296
epicentro pág. 296
onda primaria pág. 297
onda secundaria pág. 297
onda superficial pág. 297
sismólogo pág. 298
sismómetro pág. 299
sismograma pág. 299

Lección 2: Volcanes

- El **magma** fundido se empuja hacia arriba a través de las grietas de la corteza y hace erupción de los volcanes.
- El tipo de erupción, el tamaño y la forma de un volcán dependen de la composición del magma, incluyendo la cantidad de gases disueltos.
- Los volcanes se clasifican como **conos de ceniza**, **volcanes escudo** y **conos compuestos.**

volcán pág. 307
magma pág. 307
lava pág. 308
punto caliente pág. 308
volcán escudo pág. 310
volcán compuesto pág. 310
cono de ceniza pág. 310
ceniza volcánica pág. 311
viscosidad pág. 311

Guía de estudio

Review
- Personal Tutor
- Vocabulary eGames
- Vocabulary eFlashcards

FOLDABLES Proyecto del capítulo

Organiza tus modelos de papel como se muestra, para hacer un proyecto de capítulo. Usa el proyecto para repasar lo que aprendiste en este capítulo.

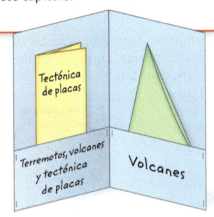

Usar vocabulario

1. Un volcán con lados suavemente empinados es un(a) _____.

2. Escribe una oración con los términos *ondas sísmicas*, *ondas P* y *ondas S*.

3. Magma que hace erupción silenciosamente es _____. El magma con mayor probabilidad de hacer erupción de manera explosiva es _____.

4. La actividad volcánica que no ocurre cerca de un límite de placa se presenta en un(a) _____.

5. La roca fundida dentro de la Tierra se llama _____.

6. Los _____ se usan para registrar el movimiento de tierra durante un terremoto.

7. El _____ marca la ubicación exacta de un terremoto. El _____ es el lugar de la superficie de la Tierra que está directamente sobre él.

8. El tipo de onda sísmica que tiene un movimiento similar a una ola oceánica es un(a) _____.

9. La mezcla de ceniza pulverizada, roca y gas expulsados durante las erupciones explosivas se llama un(a) _____.

Relacionar vocabulario y conceptos clave 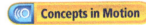 Interactive Concept Map

Copia este mapa conceptual y luego usa términos de vocabulario de la página anterior para completarlo.

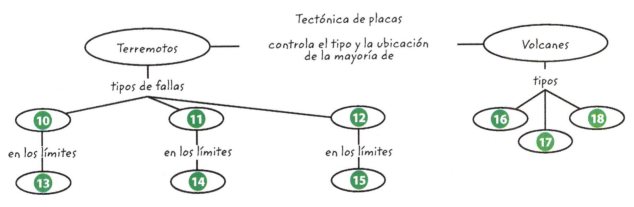

Repaso del Capítulo 9

Entender conceptos clave

1. La mayor parte de la actividad volcánica en la Tierra ocurre
   A. a lo largo de las dorsales meso-oceánicas.
   B. a lo largo de los límites de placas de transformación.
   C. en los puntos calientes.
   D. dentro de la corteza.

2. En un límite de placa divergente, como una dorsal, esperarías encontrar
   A. lava poco viscosa y fallas normales.
   B. lava poco viscosa y fallas inversas.
   C. lava muy viscosa y fallas normales.
   D. lava muy viscosa y fallas inversas.

3. Los terremotos que liberan altos niveles de energía ocurren
   A. lejos de los límites de placas.
   B. lejos de los límites de placas divergentes.
   C. en los límites de placas convergentes.
   D. en los límites de placas de transformación.

4. Las erupciones volcánicas grandes y explosivas, como la que se muestra a continuación, pueden cambiar el clima porque
   A. la ceniza y el gas que expulsan a la atmósfera pueden reflejar la luz del sol.
   B. el magma que sale está caliente.
   C. la ceniza volcánica evita que la Tierra pierda su calor.
   D. las montañas volcánicas bloquean la radiación solar.

5. ¿Qué es un terremoto?
   A. una falla en un límite de placa convergente
   B. una ola de agua en la corteza
   C. energía liberada cuando las rocas se rompen y se mueven a lo largo de una falla
   D. la deformación elástica almacenada en las rocas

6. ¿Aproximadamente cuántas veces más el movimiento del suelo se registra en un sismograma de un terremoto de magnitud 6 comparado con uno de magnitud 4?
   A. 10 veces más
   B. 50 veces más
   C. 100 veces más
   D. 1,000 veces más

7. La siguiente figura muestra las islas Hawai, formadas por un punto caliente. ¿Cuál isla es la más antigua?
   A. Hawai
   B. Kauai
   C. Maui
   D. Oahu

8. Una gráfica de tiempo muerto ilustra la relación entre el tiempo que tarda en viajar una onda sísmica desde el epicentro de un terremoto hasta un sismómetro y
   A. la distancia entre el terremoto y el sismómetro.
   B. la intensidad del terremoto.
   C. la magnitud del terremoto.
   D. el tamaño de la falla.

9. ¿Cuál de las siguientes opciones muestra la cantidad de energía liberada por un terremoto?
   A. una gráfica de tiempo muerto
   B. la escala Mercalli modificada
   C. la escala de magnitud del momento sísmico
   D. La escala de magnitud Richter

10. La ubicación de un terremoto se puede determinar a partir de la información sísmica registrada de al menos
    A. un sismómetro.
    B. dos sismómetros.
    C. tres sismómetros.
    D. cinco sismómetros.

Repaso del capítulo

Assessment
Online Test Practice

Pensamiento crítico

11 **Explica** por qué Alaska tiene un riesgo asociado con terremotos tan alto.

12 **Analiza** los diferentes tipos de volcanes que se muestran en la **Tabla 4**. ¿Qué tipo de volcán es más probable que se forme en un punto caliente en el océano? Explica tu respuesta.

13 **Evalúa** la siguiente afirmación: "Yellowstone es una caldera que ha arrojado más de 1,000 km³ de magma tres veces en los últimos 2.2 millones de años". Sugiere cómo comprobarías la hipótesis de que hoy hay material caliente fundido bajo Yellowstone.

14 **Formula una hipótesis** En el siguiente mapa identifica evidencias que sugieran que África se está dividiendo en dos continentes.

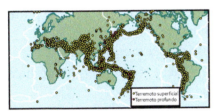

15 **Describe** cómo los sismólogos descubrieron que la mayor parte del manto es sólida.

16 **Identifica** varias razones por las cuales un terremoto de magnitud 6 en Nueva Orleáns sería más dañino que uno de magnitud 7 en San Francisco.

17 **Explica** por qué los flujos piroclásticos han causado más muertes que los ríos de lava.

18 **Describe** Mira un mapa de la cadena montañosa submarina Hawai-Emperador, formada por un punto caliente activo. Describe la relación entre estas dos cadenas. ¿Qué piensas que cambió para que se formaran dos cadenas en vez de una?

Escritura en Ciencias

19 **Formula una hipótesis** de cómo los científicos podrían determinar la composición del interior de la Luna, a partir de lo que sabes acerca del interior de la Tierra.

REPASO LA GRAN IDEA

20 ¿Cómo la tectónica de placas explica la ubicación de la mayoría de terremotos y volcanes?

21 La siguiente fotografía muestra un flujo piroclástico del monte Pinatubo en Filipinas. ¿Por qué esta erupción fue tan explosiva?

Destrezas matemáticas

Review
Math Practice

22 **Identifica** ¿Cuál es el valor del número romano XXXIX?

23 **Evalúa** ¿Cómo escribirías 38 en números romanos?

24 **Evalúa** En números romanos, L = 50. ¿Cuál es el valor del número romano XL?

25 **Determina** ¿Cómo escribirías 83 en números romanos?

Práctica para la prueba estandarizada

Anota tus respuestas en la hoja de respuestas que te entregó el profesor o en una hoja de papel.

Selección múltiple

1 ¿A lo largo de cuál tipo de límite de placa ocurren los terremotos más profundos?

  A convergente
  B divergente
  C pasivo
  D de transformación

2 La escala de Richter registra la magnitud de un terremoto determinando

  A la cantidad de energía liberada por el terremoto.
  B la cantidad de movimiento del suelo medida a una distancia dada del terremoto.
  C las descripciones del daño causado por el terremoto.
  D el tipo de ondas sísmicas producidas por el terremoto.

3 ¿Cuál estado no tiene volcanes activos?

  A California
  B Hawai
  C Nueva York
  D Washington

Usa el siguiente diagrama para responder la pregunta 4.

4 ¿Qué tipo de falla se muestra en el diagrama anterior?

  A normal
  B inversa
  C poco profunda
  D rumbo-deslizante

Usa el siguiente diagrama para responder la pregunta 5.

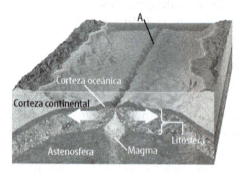

5 ¿Cuál característica del relieve está rotulada con la letra *A* en el anterior diagrama?

  A una caldera
  B una cadena de volcanes de puntos calientes
  C una dorsal meso-oceánica
  D una placa tectónica que subduce

6 ¿Qué término describe una avalancha rápida de gas caliente, ceniza y roca que hace erupción de un volcán explosivo?

  A lluvia de ceniza
  B cono de ceniza
  C lahar
  D flujo piroclástico

7 A lo largo de la falla de San Andrés ocurren terremotos. ¿Cuál es un ejemplo de este tipo de límite de placa?

  A convergente
  B divergente
  C pasivo
  D de transformación

8 Los volcanes de puntos calientes SIEMPRE

  A se forman en los límites de placas.
  B hacen erupción en cadenas.
  C se forman sobre plumas del manto.
  D permanecen activos.

Práctica para la prueba estandarizada

Assessment — Online Standardized Test Practice

Usa el siguiente mapa para responder las preguntas 9 y 10.

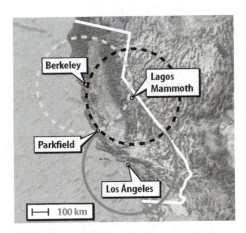

9 ¿Qué representan los círculos en el anterior mapa de actividad sísmica?

  A la distancia entre ondas

  B la distancia al epicentro del terremoto

  C la velocidad de la onda sísmica

  D el tiempo de recorrido de la onda

10 Según el mapa, ¿en dónde es el epicentro del terremoto?

  A Berkeley

  B Los Ángeles

  C Lagos Mammoth

  D Parkfield

11 ¿En dónde se originan las ondas sísmicas?

  A sobre el suelo

  B epicentro

  C foco

  D sismograma

Respuesta elaborada

Usa el siguiente diagrama para responder las preguntas 12 y 13.

12 El diagrama anterior muestra una manera como se forman los volcanes. Explica el proceso que se muestra en el diagrama y por qué los volcanes se forman como resultado de este proceso.

13 ¿Qué tipo de volcán resulta del proceso que se muestra en el diagrama? Descríbelo. ¿Cuál es el tipo de erupción de esta clase de volcán? ¿Por qué?

Usa la siguiente tabla para responder la pregunta 14.

Tipo de onda	Características

14 Copia la tabla anterior e identifica los tres tipos de ondas sísmicas. Luego, describe las características de las ondas, como el movimiento y la velocidad y las diferencias en los tiempos de llegada para cada tipo.

¿NECESITAS AYUDA ADICIONAL?														
Si no pudiste responder la pregunta…	1	2	3	4	5	6	7	8	9	10	11	12	13	14
Pasa a la Lección…	1	1	2	1	2	2	1	2	1	1	1	2	2	1

Capítulo 10

Indicios del pasado de la Tierra

 ¿Qué evidencia usan los científicos para determinar la edad de las rocas?

Investigación ¿Ha sido siempre un cañón?

El río Colorado empezó a abrirse camino en las capas de roca del Gran Cañón hace solo unos 6 millones de años. Hace cientos de millones de años, estas capas de roca se depositaron en el fondo de un antiguo mar. Incluso antes de eso, existió aquí una enorme cordillera.

- ¿Qué evidencia usan los científicos para aprender sobre ambientes sedimentarios del pasado?

- ¿Qué evidencia usan los científicos para determinar la edad de las rocas?

Prepárate para leer

¿Qué opinas?

Antes de leer, piensa si estás de acuerdo o no con las siguientes afirmaciones. A medida que leas el capítulo, decide si cambias de opinión sobre alguna de ellas.

1. Los fósiles son pedazos de organismos muertos.
2. Solo los huesos se pueden convertir en fósiles.
3. Las rocas más antiguas siempre están ubicadas debajo de las rocas más jóvenes.
4. Edad relativa significa que los científicos están relativamente seguros de la edad.
5. Edad absoluta significa que los científicos están seguros de la edad.
6. Los científicos usan la desintegración radiactiva para determinar la edad de algunas rocas.

Lección 1

Guía de lectura

Conceptos clave 🔑
PREGUNTAS IMPORTANTES

- ¿Qué son los fósiles y cómo se forman?
- ¿Qué pueden revelar los fósiles sobre el pasado de la Tierra?

Vocabulario

fósil pág. 327
catastrofismo pág. 327
uniformismo pág. 328
película de carbono pág. 330
molde pág. 331
contramolde pág. 331
traza fósil pág. 331
paleontólogo pág. 332

🅖 Multilingual eGlossary

▢ Video

- BrainPOP®
- Science Video

Fósiles

Investigación ¿Fósiles?

Estos insectos son fósiles. Hace millones de años, quedaron atrapados en savia pegajosa de árboles. La savia cayó al suelo, donde el lodo o la arena la enterraron. Con el tiempo, la savia se convirtió en ámbar y los insectos se conservaron como fósiles.

Laboratorio de inicio

20 minutos

¿Qué pueden mostrar las trazas fósiles?

¿Sabías que un fósil puede ser una huella o la marca de un nido antiguo? Estos son ejemplos de trazas fósiles. Aunque las trazas fósiles no contienen ninguna parte de un organismo, sí contienen indicios sobre cómo vivían, se movían o se comportaban los organismos.

1. Lee y completa un formulario de seguridad en el laboratorio.
2. Aplana **arcilla** en forma de panqueque.
3. Piensa en un comportamiento o un movimiento que te gustaría representar con tu fósil. Usa los instrumentos que estén disponibles, como un **cuchillo plástico,** un **alambre de felpilla** o un **palillo de dientes** para hacer un fósil que muestre ese comportamiento o movimiento.
4. Intercambia tu fósil con otro estudiante. Intenta averiguar qué comportamiento o característica representó.

Piensa

1. ¿Pudiste determinar qué comportamiento o movimiento representa el fósil de tu compañero(a)? ¿Pudo él o ella determinar el tuyo? ¿Por qué?

2. **Concepto clave** ¿Qué piensas que pueden aprender los científicos del estudio de las trazas fósiles?

Evidencias del pasado remoto

¿Alguna vez has visto un álbum de fotografías familiares viejo? Cada fotografía muestra una parte de la historia de tu familia. Podrías adivinar la edad de las fotografías con base en la ropa que llevan puesta las personas, los vehículos que están conduciendo, o incluso el papel fotográfico en el cual están impresas.

De la misma manera que las fotografías antiguas pueden suministrar indicios del pasado de tu familia, las rocas aportan indicios del pasado de la Tierra. Algunos de los indicios más obvios hallados en las rocas son los restos o trazas de antiguos seres vivos. *Los* **fósiles** *son los restos conservados o evidencia de antiguos seres vivos.*

Catastrofismo

Muchos fósiles representan plantas y animales que ya no viven en la Tierra. Las ideas sobre cómo estos fósiles se formaron han cambiado con el tiempo. Algunos de los primeros científicos creían que grandes catástrofes repentinas mataron a los organismos que se convirtieron en fósiles. Estos científicos explicaban la historia de la Tierra como una serie de eventos desastrosos que ocurrieron durante cortos periodos de tiempo. *El* **catastrofismo** *es la idea de que las condiciones o criaturas en la Tierra cambian mediante eventos rápidos y violentos.* Se pensaba que fuerzas sobrenaturales habían causado muchos de estos eventos. Por ejemplo, los antiguos romanos pensaban que un ser sobrenatural llamado Vulcano ocasionaba las erupciones volcánicas.

ORIGEN DE LAS PALABRAS
fósil
del latín *fossilis*, que significa "excavado"

Figura 1 Hutton se dio cuenta de que la erosión se presenta a pequeña o a gran escala.

VOCABULARIO ACADÉMICO

uniforme
(adjetivo) que siempre tiene la misma forma, manera o grado; invariable

Uniformismo

La mayoría de las personas que apoyaban el catastrofismo pensaban que la Tierra apenas tenía unos pocos miles de años. En el siglo XVIII, James Hutton refutó esta idea. Hutton fue un naturalista y granjero escocés, que observaba cómo el paisaje de su granja cambiaba gradualmente con los años. Pensaba que los procesos responsables de cambiar el paisaje de su granja también podrían dar forma a la superficie de la Tierra. Por ejemplo, pensaba que la erosión que causaban las corrientes de agua, como la que muestra la **Figura 1,** también podían devastar los montes. Como se dio cuenta de que esto tardaría mucho tiempo, Hutton planteó que la Tierra tenía más que unos pocos miles de años.

Con el tiempo, las ideas de Hutton se incluyeron en un principio llamado uniformismo. *El principio del* **uniformismo** *afirma que los procesos geológicos que ocurren actualmente son similares a aquellos que ocurrieron en el pasado.* De acuerdo con esta visión, la superficie de la Tierra cambia de manera constante y **uniforme.**

✅ **Verificación de la lectura** ¿Qué es el uniformismo?

Hoy, el uniformismo es la base para entender el pasado de la Tierra. No obstante, los científicos también saben que a veces ocurren eventos catastróficos. Enormes erupciones volcánicas y el impacto de meteoritos gigantes pueden cambiar la superficie de la Tierra muy rápidamente. Sin embargo, estos eventos catastróficos no son sobrenaturales; se pueden explicar mediante procesos naturales.

Investigación MiniLab

15 minutos

¿De qué manera un fósil es un indicio?

Los fósiles suministran indicios de organismos extintos. A veces es difícil interpretar estos indicios.

1. Lee y completa un formulario de seguridad en el laboratorio.
2. Escoge un **objeto** de una bolsa que te dará tu profesor. No dejes que nadie vea tu objeto.
3. Haz una impresión fósil de tu objeto presionando solo una parte de él en un pedazo de **arcilla.**
4. Coloca tu fósil de arcilla y tu objeto en lugares separados que te indicará tu profesor.
5. Elabora una tabla en tu diario de ciencias que relacione los objetos de tus compañeros de clase y sus fósiles.

Analizar y concluir

1. ¿Relacionaste correctamente los objetos con sus fósiles?
2. ¿Por qué los científicos podrían necesitar más de un fósil de un organismo para entender cuál era su aspecto?
3. 🔑 **Concepto clave** ¿Qué piensas que podrías aprender de los fósiles?

Formación de fósiles

Figura 2 Un fósil se puede formar si un organismo con partes duras, como un pez, es enterrado rápidamente después de que muere.

1 Un pez muerto cae al fondo de un río durante una inundación. El lodo, la arena u otro sedimento entierran su cuerpo rápidamente.

2 Con el tiempo, el cuerpo se descompone pero los huesos duros se convierten en un fósil.

3 Los sedimentos, endurecidos y convertidos en roca, se elevan y erosionan. Esto deja expuesto el fósil del pez en la superficie.

Formación de fósiles

Recuerda que los fósiles son los restos o trazas de antiguos organismos vivos. No todos los organismos muertos se vuelven fósiles. Estos se forman solo en ciertas condiciones.

Condiciones para la formación de fósiles

La mayoría de las plantas y animales son devorados o se desintegran al morir y no quedan evidencias de que vivieron. Piensa en las posibilidades de que una manzana se vuelva un fósil. Si está en el suelo durante muchos meses, se descompondrá en un pedazo blando y putrefacto. Con el tiempo, los insectos y las bacterias la consumen.

Sin embargo, algunas condiciones aumentan las probabilidades de formación de fósiles. Un organismo tiene mayores probabilidades de volverse un fósil si tiene partes duras, como conchas, dientes o huesos, como el pescado de la **Figura 2.** A diferencia de una manzana blanda, las partes duras no se descomponen con facilidad. Además, es más probable que un organismo se convierta en fósil si se entierra rápidamente después de que muere. Si las capas de arena o lodo entierran un organismo rápidamente, la desintegración es más lenta o se detiene.

 Verificación de concepto clave ¿Qué condiciones aumentan las probabilidades de formación de fósiles?

Fósiles de todos los tamaños

Quizá hayas visto imágenes de fósiles de dinosaurios. Muchos dinosaurios eran animales grandes, por eso al morir dejaban huesos grandes. No todos los fósiles son suficientemente grandes para que los veas. A veces, es necesario usar un microscopio para verlos. Los fósiles diminutos se llaman microfósiles. Los microfósiles de la **Figura 3** tienen el tamaño aproximado de una mancha de polvo.

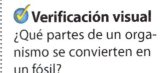

Verificación visual ¿Qué partes de un organismo se convierten en un fósil?

Figura 3 Los detalles de los microfósiles solo se pueden ver al microscopio.

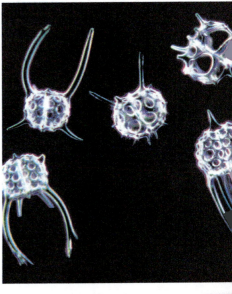

Tipos de conservación

Los fósiles se conservan de diferentes maneras. Como muestra la **Figura 4,** los fósiles se pueden formar de muchas maneras.

Restos conservados

A veces los restos mismos de los organismos se conservan como fósiles. Para que esto ocurra, un organismo debe estar completamente encerrado en algún material durante un largo periodo de tiempo. Esto evita que estén expuestos al aire o a las bacterias. Por lo general, los restos conservados tienen 10,000 años o menos. Sin embargo, los insectos conservados en ámbar, como los que se muestran en la fotografía al comienzo de la lección, pueden tener millones de años.

Películas de carbono

A veces cuando un organismo queda enterrado, la exposición al calor y a la presión expulsa los gases y líquidos de los tejidos del organismo, de manera que solo queda el carbono. Una **película de carbono** es el contorno de carbono fosilizado de un organismo o parte de un organismo.

Reemplazo de minerales

Se pueden formar réplicas, o copias, de organismos a partir de minerales presentes en el agua subterránea. Estos llenan los espacios de los poros o reemplazan los tejidos de los organismos muertos. La madera **petrificada** es un ejemplo.

> **Uso científico y uso común**
>
> **petrificado**
>
> **Uso científico** transformado en roca por el reemplazo de tejido con minerales
>
> **Uso común** que se ha puesto rígido por temor

Figura 4 Los fósiles se pueden formar de muchas maneras diferentes.

Tipos de conservación 🔑

Restos conservados Los organismos atrapados en ámbar, fosos de alquitrán o hielo se pueden conservar durante miles de años. Este mamut bebé se conservó en hielo durante más de 10,000 años antes de que lo descubrieran. ▶

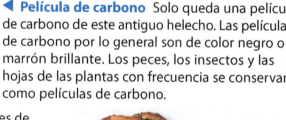

◀ **Película de carbono** Solo queda una película de carbono de este antiguo helecho. Las películas de carbono por lo general son de color negro o marrón brillante. Los peces, los insectos y las hojas de las plantas con frecuencia se conservan como películas de carbono.

Reemplazo de minerales Los minerales formadores de roca disueltos en el agua subterránea pueden llenar los espacios de los poros o reemplazar los tejidos de los organismos muertos. Esta madera petrificada se formó cuando la sílice (SiO_2) llenó los espacios entre las paredes celulares de un árbol muerto. La madera se petrificó cuando la SiO_2 se cristalizó. ▶

Moldes

A veces lo único que queda de un organismo es su huella, o impresión, fosilizada. *Un **molde** es la impresión que un organismo antiguo deja en una roca.* Un molde se puede formar cuando el sedimento se endurece alrededor de un organismo enterrado. A medida que el organismo se desintegra con el paso del tiempo, queda una impresión de su forma en el sedimento. Con el tiempo, el sedimento se transforma en roca.

Contramoldes

A veces, después de que se forma un molde, se llena con más sedimento. *Un **contramolde** es una copia fósil de un organismo producida cuando un molde del organismo se llena con depósitos de sedimento o mineral.* El proceso se asemeja a preparar un postre de gelatina usando un molde.

Trazas fósiles

Algunos animales dejan trazas fosilizadas de su movimiento o actividad. *Una **traza fósil** es la evidencia conservada de la actividad de un organismo.* Las trazas fósiles incluyen rastros, huellas y nidos. Estos fósiles ayudan a los científicos a conocer las características y los comportamientos de los animales. Los rastros de dinosaurio en la **Figura 4** revelan indicios sobre su tamaño, su velocidad y si viajaba solo o en grupo.

✓ **Verificación de la lectura** ¿Cuáles son algunos ejemplos de trazas fósiles?

Con una hoja de papel haz un boletín con tres secciones y rotúlalo como se muestra. Úsalo para organizar tus notas sobre los diferentes tipos de fósiles.

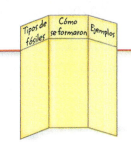

Molde Este molde de un antiguo molusco se formó después de que el sedimento lo enterró y este se desintegró. El sedimento se endureció y dejó una impresión de su forma en la roca. ▼

▲ **Contramolde** Este contramolde se formó cuando el molde se llenó posteriormente con sedimento que luego se endureció. Los moldes y contramoldes solo muestran los rasgos externos, o de afuera, de los organismos.

Traza fósil Estas trazas fósiles se formaron cuando huellas de dinosaurios en sedimentos blandos fueron rellenados más tarde por otros sedimentos que luego se endurecieron. Las trazas fósiles revelan información sobre el comportamiento de los organismos. ▶

Trilobite

Cangrejo de herradura

▲ **Figura 5** 🔑 En parte porque los fósiles trilobites se parecen al actual cangrejo de herradura, los científicos infieren que los trilobites vivieron en un ambiente similar a aquel en el cual vive el cangrejo de herradura.

Ambientes sedimentarios antiguos

Los científicos que estudian los fósiles se llaman **paleontólogos**. Los paleontólogos aplican el principio de uniformismo para aprender sobre organismos antiguos y los ambientes sedimentarios en que estos vivieron. Por ejemplo, pueden comparar los fósiles de organismos antiguos con los que viven en la actualidad. El fósil trilobite y el cangrejo de herradura de la **Figura 5** se parecen. Los cangrejos de herradura actuales viven en aguas poco profundas en el fondo oceánico. En parte porque los fósiles trilobites se parecen al actual cangrejo de herradura, los paleontólogos infieren que los trilobites también vivieron en aguas oceánicas poco profundas.

Mares poco profundos

Hoy, los continentes de la Tierra están principalmente sobre el nivel del mar. Pero el nivel del mar aumentó muchas veces en el pasado e inundó los continentes de la Tierra. Por ejemplo, un océano poco profundo cubría gran parte de América del Norte hace 450 millones de años, como se ilustra en el mapa de la **Figura 6.** Los fósiles de organismos que vivieron en ese océano poco profundo, como los de la **Figura 6,** ayudan a los científicos a reconstruir el aspecto del fondo oceánico en ese tiempo.

 Verificación de concepto clave ¿Qué pueden decirnos los fósiles sobre los ambientes sedimentarios antiguos?

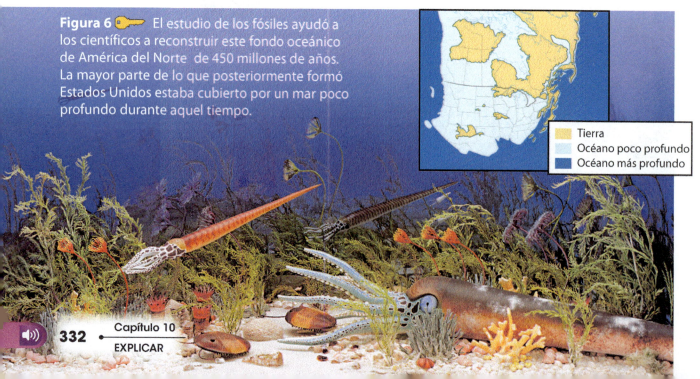

Figura 6 🔑 El estudio de los fósiles ayudó a los científicos a reconstruir este fondo oceánico de América del Norte de 450 millones de años. La mayor parte de lo que posteriormente formó Estados Unidos estaba cubierto por un mar poco profundo durante aquel tiempo.

Tierra
Océano poco profundo
Océano más profundo

Figura 7 Hace aproximadamente 100 millones de años, las ciénagas y bosques tropicales cubrían gran parte de América del Norte. Los dinosaurios también habitaron en la Tierra durante esa época.

Climas del pasado

Quizá hayas oído a las personas hablar sobre el cambio climático global, o quizá has leído al respecto. Las evidencias indican que el clima actual de la Tierra se está calentando. Los fósiles muestran que el clima de la Tierra se calentó y enfrió muchas veces en el pasado.

Los fósiles vegetales son especialmente buenos indicadores del cambio climático. Por ejemplo, los fósiles de helechos y otras plantas tropicales que datan de la época de los dinosaurios revelan que la Tierra era muy caliente hace 100 millones de años. Los bosques tropicales y las ciénagas cubrían gran parte de la tierra, como se ilustra en la **Figura 7.**

 Verificación de concepto clave
¿Cómo era el clima de la Tierra cuando vivían los dinosaurios?

Millones de años más tarde, las ciénagas y los bosques habían desaparecido, pero en su lugar crecían hierbas gruesas. Enormes mantos de hielo llamados glaciares se extendían por partes de América del Norte, Europa y Asia. Los fósiles sugieren que los organismos que vivieron durante esa época, como el mamut lanudo de la **Figura 8,** pudieron adaptarse al clima más frío.

Los fósiles de organismos como los helechos y los mamuts ayudan a los científicos a aprender sobre organismos antiguos y ambientes sedimentarios del pasado. En las siguientes lecciones, leerás cómo los científicos usan los fósiles y otros indicios, como el orden de las capas de roca y la radiactividad, para conocer la edad de las rocas de la Tierra.

Los enormes dientes del mamut podían triturar las hierbas gruesas que crecían en el clima frío.

Figura 8 El mamut lanudo se adaptó bien al clima frío.

Lección 1
EXPLICAR

Repaso de la Lección 1

 Assessment — Online Quiz
Inquiry — Virtual Lab

Resumen visual

El principio de uniformismo es la base para entender el pasado de la Tierra.

Los fósiles se pueden formar de muchas maneras diferentes.

Los fósiles ayudan a los científicos a aprender sobre organismos antiguos y ambientes sedimentarios del pasado de la Tierra.

FOLDABLES
Usa tu modelo de papel para repasar la lección. Guarda tu modelo para el proyecto de final de capítulo.

¿Qué opinas AHORA?

Al inicio de este capítulo leíste las siguientes afirmaciones.

1. Los fósiles son pedazos de organismos muertos.

2. Solo los huesos se pueden convertir en fósiles.

¿Sigues estando de acuerdo o en desacuerdo con las afirmaciones? Reescribe las afirmaciones falsas para hacerlas verdaderas.

Usar vocabulario

1 **Distingue** entre catastrofismo y uniformismo.

2 Las hojas de las plantas a menudo se conservan como _____.

3 **Usa los términos** *contramolde* y *molde* en una oración completa.

Entender conceptos clave

4 ¿Cuáles de las siguientes condiciones ayudan en la formación de los fósiles?
   A. partes duras y un entierro lento
   B. partes duras y un entierro rápido
   C. partes blandas y un entierro rápido
   D. partes blandas y un entierro lento

5 **Da un ejemplo** de una parte de tu cuerpo que se podría fosilizar. Explica.

6 **Determina** qué tipo de ambiente sedimentario indicaría un fósil de una palmera.

Interpretar gráficas

7 **Compara** los siguientes dos grupos de huellas de dinosaurios. ¿Cuál dinosaurio estaba corriendo? ¿Cómo lo sabes?

8 **Organiza información** Copia y llena el siguiente organizador gráfico para enumerar los tipos de conservación de fósiles.

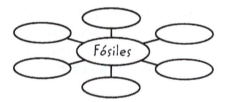

Pensamiento crítico

9 **Inventa** un proceso para la formación de cuencas oceánicas que sea consistente con el catastrofismo.

10 **Evalúa** cómo se relaciona la siguiente afirmación con lo que has leído en esta lección: "El presente es la clave del pasado".

▼ Este cráneo de *Byronosaurus* fue descubierto en Ukhaa Tolgod y dio a los científicos importantes indicios sobre cómo se relacionan las aves y los dinosauros.

PROFESIONES CIENTÍFICAS

Fósiles perfectos: un raro hallazgo

Fósiles espectaculares se formaron cuando los organismos antiguos quedaron enterrados rápidamente.

La clave para que un fósil esté bien conservado es lo que le sucede a un organismo inmediatamente después de que muere. Cuando los organismos se entierran rápidamente, sus restos quedan protegidos de animales carroñeros y eventos naturales. Con el tiempo, sus huesos y dientes forman fósiles sorprendentemente bien conservados.

Cuando era niño en Los Ángeles, a Michael Novacek le encantaba visitar los fosos de alquitrán de La Brea. Los fósiles de estos fosos de alquitrán están increíblemente intactos porque los animales quedaron atrapados en charcos de alquitrán pegajoso y se hundieron rápidamente. Estos fósiles inspiraron a Novacek para hacerse paleontólogo.

Años después, en una visita al Museo Estadounidense de Historia Natural, Novacek descubrió otro sitio extraordinario. En el desierto de Gobi, en Mongolia, él y su equipo descubrieron una rica colección de fósiles en un sitio llamado Ukhaa Tolgod.

Los fósiles estaban sorprendentemente completos. Por ejemplo un esqueleto de un mamífero de 2 pulg, aún con sus microscópicos huesos del oído. Así como los animales de los fosos de alquitrán de La Brea, los que murieron acá fueron enterrados rápidamente. Sin embargo, después de examinar la evidencia, los científicos han determinado que es probable que una avalancha o un deslizamiento de tierra devastadores hayan matado y cubierto a estos animales. Fósiles espectaculares se formaron cuando los organismos antiguos quedaron enterrados rápidamente.

◄ Novacek y su equipo han hallado fósiles sorprendentes en el desierto de Gobi, en Mongolia, incluido este velocirraptor.

Hoy, las dunas de Ukhaa Tolgod son arenosas y estériles. No obstante, hace mucho tiempo, vivían en la región muchas plantas y animales. ▶

Cómo descubrir lo que sucedió en Ukhaa Tolgod

Los científicos han buscado indicios en las rocas donde se hallan los fósiles. La mayoría de las rocas están compuestas por arenisca. Una hipótesis era que los animales fueron enterrados vivos por dunas que se dispersaron durante una tormenta de arena. Pero entonces los científicos notaron que las rocas cercanas a los fósiles contenían guijarros que eran muy grandes para que el viento los transportara.

Para hallar una explicación, desviaron su atención hacia las Colinas de Arena de Nebraska: una región de dunas gigantes y estables, parecidas a las que existían en Ukhaa Tolgod. En las Colinas de Arena, las fuertes lluvias pueden ocasionar avalanchas de arena húmeda. Una enorme losa de arena mojada y pesada puede enterrar todo a su paso. La hipótesis actual sobre Ukhaa Tolgod es que las fuertes lluvias desencadenaron una avalancha de arena que echó abajo las dunas y enterró bajo ellas a los animales.

Te toca a ti

DIBUJA Con un compañero, dibuja una novela gráfica que muestre cómo pudieron morir y ser enterrados los animales de Ukhaa Tolgod. Usa la novela gráfica para explicar cómo se conservaron los fósiles casi perfectos.

Lección 2

Guía de lectura

Conceptos clave 🔑
PREGUNTAS IMPORTANTES

- ¿Qué significa edad relativa?
- ¿Cómo se pueden usar las posiciones de las capas de roca para determinar la edad relativa de las rocas?

Vocabulario

edad relativa pág. 337
superposición pág. 338
inclusión pág. 339
discontinuidad pág. 340
correlación pág. 340
fósil índice pág. 341

g Multilingual eGlossary

Datación relativa

Investigación ¿Cómo sucedió esto?

Hace cientos de millones de años, el magma caliente de las profundidades de la Tierra fue obligado a salir en estas capas de roca rojas y horizontales del Gran Cañón. Cuando el magma se enfrió, formó este filón oscuro. ¿Cómo piensas que rasgos como este ayudan a los científicos a determinar la edad relativa de las capas de roca?

Laboratorio de inicio

15 minutos

¿Qué capa de roca es la más antigua?

Los científicos estudian las capas de roca para conocer la historia geológica de una zona. ¿Cómo determinan en qué orden se depositaron las capas de roca?

1. Lee y completa un formulario de seguridad en el laboratorio.

2. Parte por la mitad una **bandeja desechable de poliestireno para carne.** Coloca los dos pedazos sobre una superficie plana, de manera que los bordes rotos se toquen.

3. Rompe por la mitad **otra bandeja para carne.** Coloca los dos pedazos directamente encima de los dos pedazos de bandeja rotos.

4. Coloca una **tercera bandeja para carne intacta** encima de las dos bandejas rotas.

Piensa

1. Si observaras capas de roca que se vieran como tu modelo, ¿qué pensarías que pudo haber causado la ruptura solo en las dos capas inferiores?

2. **Concepto clave** ¿En qué piensas que tu modelo se parece a una formación rocosa? ¿Qué capa de tu modelo es la más joven? ¿Cuál es la más antigua?

Edad relativa de las rocas

Acabas de recordar dónde dejaste el dinero que estabas buscando. Está en el bolsillo del pantalón que te pusiste para ir al cine el sábado pasado. Mira tu montón de ropa sucia. ¿Cómo puedes saber dónde está tu dinero? En realidad hay algún orden en ese montón de ropa sucia. Cada vez que agregas ropa al montón, la pones encima, como la ropa que te pusiste anoche. La ropa del sábado pasado está debajo. Allí está tu dinero.

Así como hay un orden en un montón de ropa, también hay un orden en una formación rocosa. En la formación rocosa de la **Figura 9,** las rocas más antiguas están en la capa inferior y las más jóvenes en la capa superior.

Quizá tienes hermanos y hermanas. Si es así, podrías describir tu edad diciendo: "Soy mayor que mi hermana pero más joven que mi hermano". Así, comparas tu edad con la de otras personas de tu familia. Los geólogos, es decir, los científicos que estudian la Tierra y las rocas, han desarrollado una serie de principios para comparar las edades de las capas de roca. Con estos principios organizan las capas de acuerdo con su edad relativa. La **edad relativa** es la edad de las rocas y de los rasgos geológicos comparada con otras rocas cercanas y sus rasgos.

Verificación de concepto clave ¿Cómo definirías tu edad relativa?

Figura 9 Así como hay un orden en un montón de ropa, también hay un orden en esta formación rocosa.

Principios de la datación relativa

Figura 10 Los principios geológicos ayudan a los científicos a determinar el orden relativo de las capas de roca.

Verificación visual ¿Qué capa de roca es la más antigua?

Superposición
Las rocas más antiguas están en el fondo de una secuencia ininterrumpida de rocas sedimentarias.

Horizontalidad original
Las capas de roca se pueden inclinar, pero primero se depositaron en sentido horizontal.

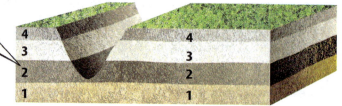

Continuidad lateral
Las capas se depositan en capas continuas en todas las direcciones hasta que se adelgazan o golpean una barrera. Un río podría atravesar las capas, pero el orden de estas no cambia.

Haz un boletín con cinco solapas y rotúlalo como se muestra. Úsalo para organizar información sobre los principios de la datación relativa.

Superposición

Tu montón de ropa sucia demuestra el primer principio de la datación relativa: la superposición. *La* **superposición** *es el principio que establece que en las capas de roca ininterrumpidas, las rocas más viejas se encuentran en la parte inferior.* A menos que alguna fuerza altere las capas después de que se depositan, cada capa de roca es más joven que la capa que está debajo, como muestra la **Figura 10**.

Horizontalidad original

Un ejemplo del segundo principio de la datación relativa, la horizontalidad original, también se ve en la **Figura 10**. Según este principio, la mayoría de los materiales formadores de rocas se depositan en capas horizontales. A veces las capas de roca se deforman o alteran después de que se forman; por ejemplo, se inclinan o pliegan. Aunque pueden estar inclinadas, todas las capas originalmente se depositaron en sentido horizontal.

Verificación de la lectura ¿Cómo podrían alterarse las capas de roca?

Continuidad lateral

Otro principio de la datación relativa es que los sedimentos se depositan en capas grandes y continuas en todas las direcciones **laterales**. Los mantos, o capas, continúan hasta que se adelgazan o encuentran una barrera. Este principio, llamado principio de continuidad lateral, se ilustra en la imagen inferior de la **Figura 10**. Un río podría erosionar las capas, pero su ubicación no cambia.

ORIGEN DE LAS PALABRAS
lateral
del latín *lateralis*, que significa "relativo al lado"

 338 Capítulo 10
EXPLICAR

1. Los sedimentos se depositan en capas. Con el tiempo, se convierten en capas de roca.

2. El magma penetra las capas de roca y forma un dique. El dique contiene inclusiones de las capas de roca. Las inclusiones son más antiguas que el dique.

3. Finalmente, una falla atraviesa las capas de roca y el dique. El dique es más antiguo que la falla, pero más joven que las capas de roca.

Figura 11 Los diques y las fallas ayudan a los científicos a determinar el orden en el cual se depositaron las capas de roca.

Inclusiones

Ocasionalmente, cuando las rocas se forman, contienen pedazos de otras rocas. Esto puede suceder cuando parte de una roca existente se rompe y cae en sedimento blando o en el magma que fluye. Cuando el sedimento o el magma se vuelven roca, el pedazo roto se vuelve parte de ella. *Un pedazo de una roca antigua que se convierte en parte de una roca nueva es una* inclusión. De acuerdo con el principio de inclusiones, si una roca contiene pedazos de otra, la roca que contiene los pedazos es más joven que los pedazos. La intrusión vertical de la **Figura 11,** llamada dique, es más joven que los pedazos de roca que contiene.

Relaciones transversales

A veces, las fuerzas dentro de la Tierra causan que las formaciones de roca se rompan, o fracturen. Cuando las rocas se mueven a lo largo de una línea de fractura, la fractura se llama falla. Las fallas y los diques atraviesan la roca existente. De acuerdo con el principio de relaciones transversales, si un rasgo geológico atraviesa otro rasgo, el rasgo que él atraviesa es más antiguo, como muestra la **Figura 11.** Este principio se ilustra en la fotografía al comienzo de la lección. La capa de roca negra se formó a medida que el magma atravesó las capas de roca rojas pre-existentes y se cristalizó.

Verificación de concepto clave
¿Qué principios geológicos se usan en la datación relativa?

MiniLab — 20 minutos

¿Puedes hacer un modelo de capas de roca?

¿Puede un compañero determinar el orden de tu modelo tridimensional de capas de roca?

1. Lee y completa un formulario de seguridad en el laboratorio.

2. Recorta una **plantilla de un cubo** como te indique el profesor.

3. Con **lápices de colores** dibuja a los lados y arriba una formación rocosa que contenga 4-5 capas. Agrega fallas, diques, inclusiones y otras alteraciones.

4. **Pega** tu cubo para hacer un modelo tridimensional.

5. Intercambia modelos con otro estudiante y determina el orden de las capas.

Analizar y concluir

Concepto clave Resume cómo las posiciones de las capas de roca se pueden usar para determinar la edad relativa de las rocas.

Lección 2
EXPLICAR

Discontinuidades

Después de que las rocas se forman, algunas veces se elevan y quedan expuestas en la superficie de la Tierra, donde el viento y la lluvia empiezan a meteorizarlas y erosionarlas. Estas zonas erosionadas representan una interrupción en el registro geológico.

A menudo, las capas de roca nuevas se depositan encima de las antiguas y erosionadas. Cuando esto sucede, se presenta *una* **discontinuidad**, *superficie donde la roca se ha erosionado, produciendo una ruptura, o interrupción, en la sedimentación en el registro geológico.*

Una discontinuidad no es una brecha hueca en la roca. Es una superficie sobre una capa de rocas erosionadas donde se han depositado rocas más jóvenes. Sin embargo, una discontinuidad representa una interrupción en el tiempo de cientos, millones o aun miles de millones de años. En la **Tabla 1** se muestran los tres tipos principales de discontinuidades.

 Verificación de concepto clave ¿De qué manera una discontinuidad representa una interrupción en el tiempo?

Correlación

Has leído que las capas de roca contienen indicios sobre el pasado de la Tierra. Los geólogos usan estos indicios para construir un registro de la historia geológica de la Tierra. Muchas veces el registro geológico está incompleto, como sucede cuando hay una discontinuidad. Los geólogos completan las interrupciones en el registro geológico comparando capas de roca o fósiles de lugares apartados. *La* **correlación** *consiste en comparar las rocas y los fósiles de lugares apartados.*

Comparación de capas de roca

Otra palabra para correlación es *conexión*. A veces, es posible conectar capas de roca con solo caminar por una formación rocosa en busca de semejanzas. Otras veces, el suelo puede cubrir las rocas, o estas pueden erosionarse. En estos casos, los geólogos correlacionan las rocas comparando capas de roca expuestas en diferentes lugares. Mediante la correlación, los geólogos han establecido un registro histórico para parte del sudoeste de Estados Unidos, como muestra la **Figura 12.**

Tabla 1 Tipos de discontinuidades

Disconformidad
Las capas de roca sedimentarias más jóvenes se depositan encima de las capas sedimentarias horizontales más antiguas que se han erosionado.

Discontinuidad angular
Las capas de roca sedimentarias se depositan encima de las capas de roca sedimentarias inclinadas o plegadas que se han erosionado.

Inconformidad
Las capas de roca sedimentarias más jóvenes se depositan sobre las capas de roca ígnea o metamórfica más antiguas que se han erosionado.

Correlación

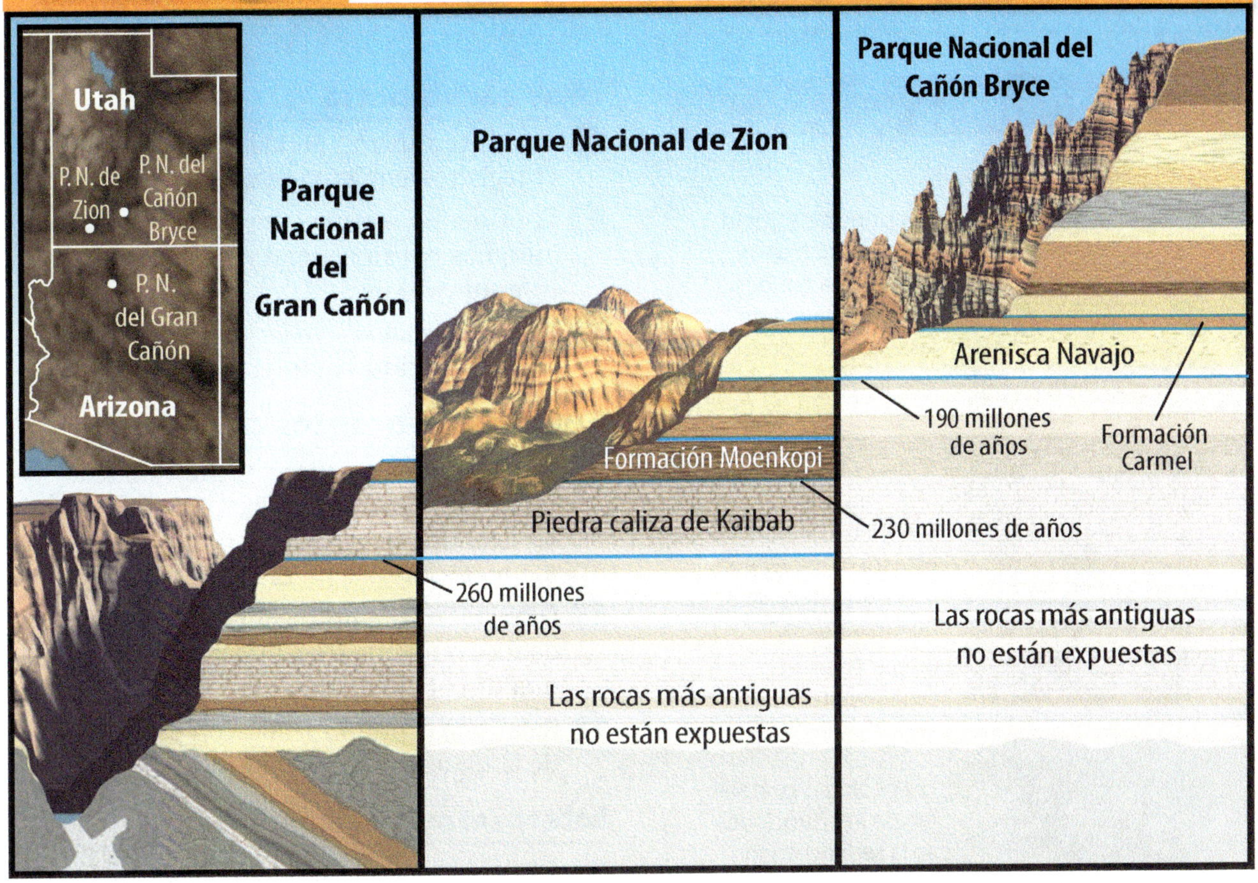

[Figura: Correlación de capas de roca entre el Parque Nacional del Gran Cañón, Parque Nacional de Zion y Parque Nacional del Cañón Bryce, en Utah y Arizona]

- **Parque Nacional del Gran Cañón**: 260 millones de años; Las rocas más antiguas no están expuestas.
- **Parque Nacional de Zion**: Formación Moenkopi; Piedra caliza de Kaibab; Las rocas más antiguas no están expuestas.
- **Parque Nacional del Cañón Bryce**: Arenisca Navajo; 190 millones de años; Formación Carmel; 230 millones de años; Las rocas más antiguas no están expuestas.

Fósiles índice

Las formaciones rocosas de la **Figura 12** se correlacionan con base en sus semejanzas en el tipo de roca, su estructura y la evidencia fósil. Existen a cientos de kilómetros unos de otros. Si los científicos desean conocer las edades relativas de formaciones rocosas que están muy alejadas o en continentes diferentes, a menudo usan los fósiles. Si dos o más formaciones rocosas contienen fósiles de la misma edad aproximada, los científicos pueden inferir que las formaciones también tienen la misma edad aproximada.

No todos los fósiles sirven para determinar la edad relativa de las capas de roca. Los fósiles de especies que vivieron en la Tierra durante cientos de millones de años no sirven, ya que representan periodos demasiado largos. Los fósiles más útiles representan especies, como algunos trilobites, que existieron solo durante un corto tiempo en diferentes zonas de la Tierra. Estos fósiles se llaman **fósiles índice**, *representan especies que existieron en la Tierra durante un periodo de tiempo corto, eran abundantes y habitaron varios lugares.* Cuando un fósil índice se encuentra en las capas de roca de diferentes lugares, los geólogos pueden inferir que las capas tienen una edad similar.

Verificación de concepto clave ¿De qué manera los fósiles índice son útiles en la datación relativa?

Figura 12 Las capas de roca expuestas de tres parques nacionales se han correlacionado para elaborar un registro histórico.

Verificación visual
¿Qué principios geológicos se deben asumir para correlacionar estas capas?

Personal Tutor

Lección 2
341
EXPLICAR

Repaso de la Lección 2

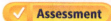 Assessment   Online Quiz

Resumen visual

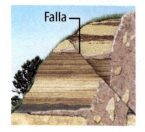

Los principios geológicos ayudan a los geólogos a conocer la edad relativa de las capas de roca.

El registro geológico está incompleto porque parte de él se ha erosionado.

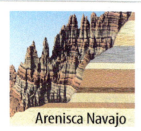

Los geólogos completan las interrupciones en la sedimentación en el registro geológico correlacionando las capas de roca.

FOLDABLES

Usa tu modelo de papel para repasar la lección. Guarda tu modelo para el proyecto de final de capítulo.

¿Qué opinas AHORA?

Al inicio de este capítulo leíste las siguientes afirmaciones.

3. Las rocas más antiguas siempre están ubicadas debajo de las rocas más jóvenes.

4. Edad relativa significa que los científicos están relativamente seguros de la edad.

¿Sigues estando de acuerdo o en desacuerdo con las afirmaciones? Reescribe las afirmaciones falsas para hacerlas verdaderas.

Usar vocabulario

1 Una interrupción en la sedimentación en el registro geológico es una _____.

2 El principio según el cual las rocas más antiguas por lo general están en la parte inferior es el de _____.

3 **Usa los términos** *correlación* y *fósil índice* en una oración completa.

Entender conceptos clave

4 ¿Cuál de las siguientes opciones puede servir en la correlación?
   A. ámbar   C. trilobite
   B. inclusión   D. discontinuidad

5 **Dibuja** y rotula una secuencia de capas de roca que muestre cómo podría formarse una discontinuidad.

6 **Relaciona** el uniformismo con los principios de la datación relativa.

Interpretar gráficas

Usa el siguiente diagrama para resolver la pregunta 7.

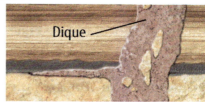

7 **Decide** ¿Qué es más antiguo: las capas de roca o el dique? Explica qué principio geológico usaste para llegar a tu respuesta.

8 **Resume** Copia y llena el siguiente organizador gráfico para identificar los cinco principios geológicos usados en la datación relativa.

Pensamiento crítico

9 **Evalúa** por qué los fósiles pueden ayudar más que los tipos de roca para correlacionar las capas de roca de dos continentes.

10 **Debate** si piensas que los humanos podrían ser usados como fósiles índice en el futuro.

Investigación Práctica de destrezas: Interpretar ilustraciones científicas

30 minutos

Materiales

lápiz

lápices de colores

borrador suave y grande

regla

¿Puedes correlacionar formaciones rocosas?

La mayoría de las rocas han estado enterradas durante miles, millones y hasta miles de millones de años. Ocasionalmente, las capas de roca quedan expuestas en la superficie de la Tierra. Para correlacionar las capas de roca expuestas en diferentes lugares, a veces es necesario **interpretar ilustraciones científicas** de las capas.

Aprende

Los dibujos y las fotografías pueden facilitar la comprensión de datos científicos complejos. Usa los siguientes dibujos para representar formaciones rocosas. Cuando correlaciones las capas, usa la leyenda para **interpretar las ilustraciones.**

Intenta

1. Copia lo mejor que puedas los dibujos de las siguientes cuatro columnas de roca en tu diario de ciencias. *No escribas en el libro.*

2. Colorea tus dibujos de manera que cada capa de roca tenga un color en cada una de las cuatro columnas de roca. Usa la leyenda para determinar qué tipos de roca contienen las capas.

3. Estudia detenidamente tus dibujos. Trata de determinar cuáles columnas de roca se correlacionan mejor.

Aplica

4. ¿Qué columnas de roca se correlacionan mejor? ¿Qué principio de datación relativa usaste para correlacionar las capas de roca?

5. ¿Qué capa de roca es la más antigua en la columna C? ¿La más joven? ¿Qué principio geológico usaste para determinar esto?

6. Identifica el tipo de discontinuidad que existe en la columna de rocas B.

7. Formula una hipótesis sobre cómo la capa ígnea de la columna de rocas A se pudo haber formado.

8. **Concepto clave** ¿Cómo puedes usar los tipos de roca para correlacionar las capas de roca? ¿Qué otro tipo de evidencia podrías usar para determinar la edad relativa de las capas de roca?

Leyenda

 Roca ígnea
 Piedra caliza
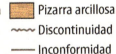 Pizarra arcillosa
Arenisca
Carbón
~~~ Discontinuidad
— Inconformidad

 A

 B

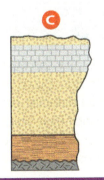 C

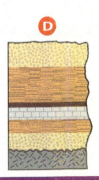 D

Lección 2 EXTENDER

Lección 3

Datación absoluta

Guía de lectura

Conceptos clave 🗝
PREGUNTAS IMPORTANTES

- ¿Qué significa edad absoluta?
- ¿Cómo se puede usar la desintegración radiactiva para datar rocas?

Vocabulario
edad absoluta pág. 345
isótopo pág. 346
desintegración radiactiva pág. 346
vida media pág. 347

g Multilingual eGlossary

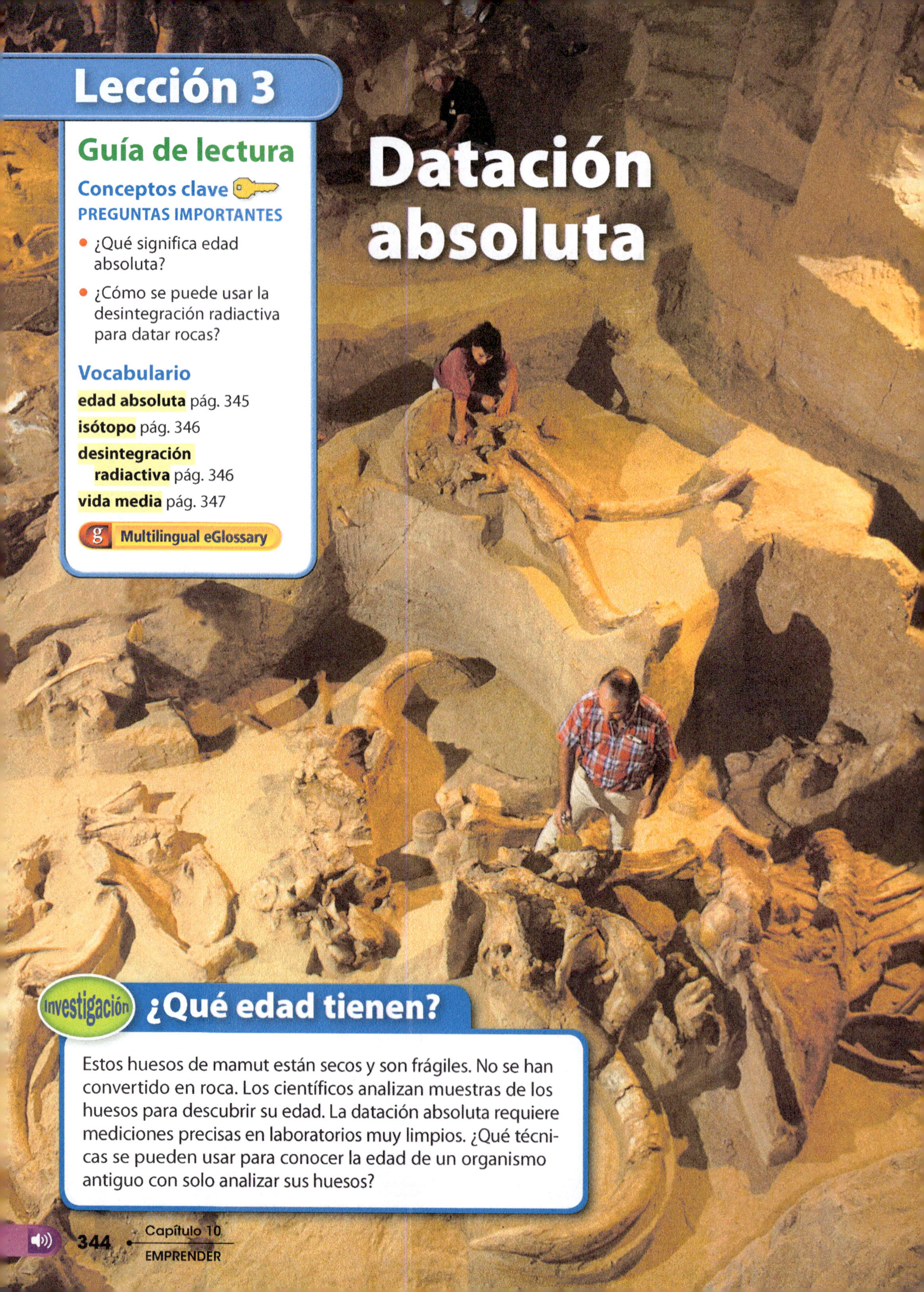

Investigación ¿Qué edad tienen?

Estos huesos de mamut están secos y son frágiles. No se han convertido en roca. Los científicos analizan muestras de los huesos para descubrir su edad. La datación absoluta requiere mediciones precisas en laboratorios muy limpios. ¿Qué técnicas se pueden usar para conocer la edad de un organismo antiguo con solo analizar sus huesos?

Laboratorio de inicio

10 minutos

¿Cómo puedes describir tu edad?

Si tuvieras que describir tu edad relativa comparada con la de tus compañeros, ¿cómo lo harías? ¿En qué piensas que se diferencia tu edad real, o absoluta, de tu edad relativa?

1. Un estudiante escribirá su fecha de nacimiento en una **tarjeta**. El estudiante sostendrá la tarjeta mientras los demás van pasando en fila a mirarla.
2. Formen dos grupos dependiendo de si su fecha de nacimiento es antes o después de la fecha que está en la tarjeta.
3. Sin irte de tu grupo, escribe tu fecha de nacimiento en una tarjeta. En silencio, formen una fila siguiendo el orden de sus fechas de nacimiento.

Piensa

1. Cuando se organizaron en dos grupos, ¿qué supieron acerca de la edad de todos? Cuando hicieron fila, ¿qué supieron sobre la edad de los demás? ¿Cuál es tu edad relativa? ¿Y tu edad absoluta?
2. Piensa en una situación en la cual sería importante conocer tu edad absoluta.
3. **Concepto clave** ¿Por qué piensas que los científicos desearían conocer la edad absoluta de una roca?

Edad absoluta de las rocas

En la Lección 2 aprendiste que tienes una edad relativa. Podrías ser mayor que tu hermana y menor que tu hermano, o ser el menor de tu familia. También puedes describir tu edad en años, diciendo: "Tengo 13 años". Esta no es una edad relativa. Es tu edad en números: tu edad numérica.

De manera semejante, los científicos pueden describir la edad de algunos tipos de roca en forma numérica. Los científicos usan el término <mark>edad absoluta</mark> *para indicar la edad numérica, en años, de una roca o de un objeto*. Midiendo la edad absoluta de las rocas, los geólogos han desarrollado registros históricos exactos de muchas formaciones geológicas.

 Verificación de concepto clave ¿En qué se diferencia la edad absoluta de la edad relativa?

Los científicos han podido determinar la edad absoluta de las rocas y otros objetos solo desde comienzos del siglo XX, cuando se descubrió la radiactividad. La radiactividad es la liberación de energía desde átomos inestables. La imagen de la **Figura 13** se obtuvo usando rayos X. ¿Cómo se puede usar la radiactividad para datar las rocas? Con el fin de responder esta pregunta, necesitas conocer la estructura interna de los átomos que componen los elementos.

Figura 13 La liberación de energía radiactiva se puede usar para obtener una radiografía.

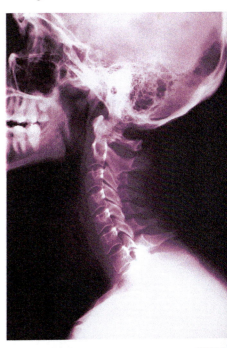

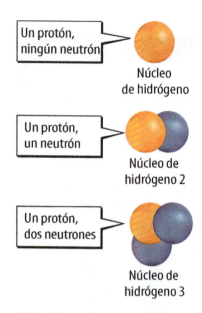

Figura 14 Todas las formas de hidrógeno contienen solo un protón sin importar el número de neutrones.

ORIGEN DE LAS PALABRAS

isótopo
del griego *isos*, que significa "igual"; y *topos*, que significa "lugar"

Átomos

Probablemente estás familiarizado con la tabla periódica de los elementos, que está en el interior de la contracubierta de este libro. Todos los elementos se componen de átomos. Un átomo es la parte más pequeña de un elemento que tiene todas las propiedades del elemento. Cada átomo contiene partículas más pequeñas llamadas protones, neutrones y electrones. Los protones y los neutrones se hallan en el núcleo del átomo. Los electrones rodean el núcleo.

Isótopos

Todos los átomos de un elemento dado tienen el mismo número de protones; por ejemplo, todos los átomos de hidrógeno tienen un protón. Pero los átomos de un elemento pueden tener diferente número de neutrones. Los tres átomos de la **Figura 14** son átomos de hidrógeno. Todos tienen el mismo número de protones: uno. Sin embargo, uno de los átomos de hidrógeno no tiene neutrones, el otro tiene uno y el otro tiene dos. Las tres formas diferentes de átomos de hidrógeno se llaman **isótopos**. *Los* **isótopos** *son átomos del mismo elemento que tienen diferente número de neutrones.*

 Verificación de la lectura ¿En qué se diferencian los isótopos de un elemento?

Desintegración radiactiva

La mayoría de los isótopos son estables. Los isótopos estables no cambian en condiciones normales. No obstante, algunos isótopos son inestables. Estos se conocen como isótopos radiactivos y se desintegran, o cambian, con el tiempo. Al desintegrarse, liberan energía y forman átomos nuevos y estables. *La* **desintegración radiactiva** *es el proceso mediante el cual un elemento inestable cambia naturalmente en otro elemento que es estable.* El isótopo inestable que se desintegra se llama isótopo padre. El nuevo elemento que se forma se llama isótopo hijo. La **Figura 15** ilustra un ejemplo de desintegración radiactiva. Los átomos de un isótopo inestable de hidrógeno (padre) se desintegran y se transforman en átomos de un isótopo estable de helio (hijo).

Desintegración radiactiva

Figura 15 Un isótopo padre de hidrógeno inestable produce el isótopo hijo de helio estable.

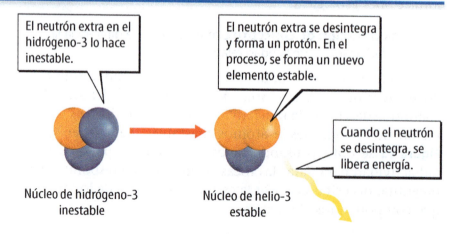

Vida media de desintegración radiactiva 🔑

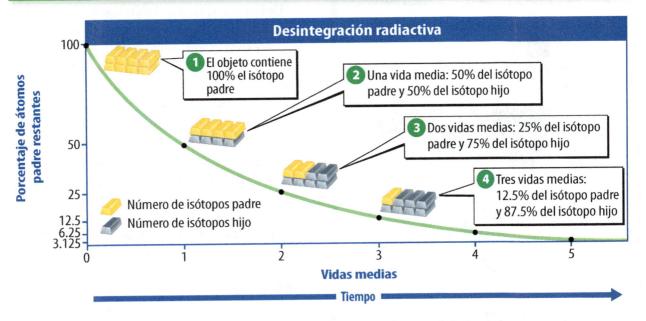

Figura 16 La vida media es el tiempo requerido para que la mitad de los isótopos padre se conviertan en isótopos hijo.

✅ **Verificación visual** ¿Qué porcentaje de isótopos padre e isótopos hijo habrá después de cuatro vidas medias?

Vida media

La velocidad de desintegración de los isótopos padre en isótopos hijo de elementos radiactivos diferentes es distinta. No obstante, la velocidad de desintegración es constante para un isótopo dado. Esta velocidad se mide en unidades de tiempo llamadas vidas medias. *La* **vida media** *de un isótopo es el tiempo requerido para que la mitad de los isótopos padre se desintegre en isótopos hijo.* Las vidas medias de los isótopos radiactivos van desde pocos microsegundos hasta miles de millones de años.

✅ **Verificación de la lectura** ¿Qué es la vida media?

La gráfica de la **Figura 16** muestra cómo se mide la vida media. Con el paso del tiempo, cada vez más isótopos padre inestables se desintegran en isótopos hijo estables. Esto significa que el ratio de isótopos padre a isótopos hijo siempre está cambiando. Cuando la mitad de los isótopos padre se han desintegrado en isótopos hijo, el isótopo ha alcanzado una vida media. En este punto, el 50 por ciento de los isótopos son padres y el 50% de los isótopos son hijos. Después de dos vidas medias, la mitad de los isótopos padre restantes se ha desintegrado, de manera que solo queda una cuarta parte de los isótopos padre que había al comienzo. En este punto, el 25 por ciento de los isótopos son padres y el 75 por ciento de los isótopos son hijos. Después de tres vidas medias, de nuevo la mitad de los isótopos padre restantes se ha desintegrado en isótopos hijo. Este proceso continúa hasta que casi todos los isótopos padre se desintegran en isótopos hijo.

FOLDABLES

Haz un boletín con dos solapas con una hoja de papel. Úsalo para comparar cómo se determina la edad absoluta de materiales orgánicos y rocas.

Lección 3
EXPLICAR

MiniLab   10 minutos

¿Cuál es la vida media de un popote?

Puedes hacer un modelo de vida media con un popote.

1. Lee y completa un formulario de seguridad en el laboratorio.
2. En una hoja de **papel cuadriculado,** dibuja un eje *x* y un eje *y*. Rotula el eje *x* como *Número de vidas medias,* de 0 a 4 en intervalos iguales. Deja el eje *y* en blanco.
3. Con una **regla métrica** mide un **popote.** Marca su altura en el eje *y*, como se muestra en la fotografía. Con unas **tijeras** corta el popote en dos y desecha la mitad. Marca la altura de la mitad restante como la primera vida media.
4. Repite el paso anterior cuatro veces; cada vez corta el popote por la mitad y agrega una medida al eje *y* de tu gráfica.

Analizar y concluir

1. Compara tu gráfica con la gráfica de la **Figura 16.** ¿En qué se parecen? ¿En qué se diferencian?
2. **Concepto clave** Explica de qué manera tu popote, cada vez más pequeño, representa la desintegración de un elemento radiactivo.

Edades radiométricas

Debido a que los isótopos radiactivos se desintegran a una velocidad constante, se pueden usar como relojes para medir la edad del material que los contiene. En este proceso, llamado datación radiométrica, los científicos miden la cantidad de isótopos padre e isótopos hijo en una muestra del material que desean datar. A partir de este ratio, pueden determinar la edad del material. Los científicos realizan estas medidas de alta precisión en laboratorios.

 Verificación de la lectura ¿Qué se mide en la datación radiométrica?

Datación con radiocarbono

Un importante isótopo radiactivo usado para la datación es un isótopo de carbono llamado radiocarbono. Este también se conoce como carbono-14, o C-14, porque tiene 14 partículas en el núcleo: seis protones y ocho neutrones. El radiocarbono se forma en la atmósfera superior de la Tierra, donde se mezcla con un isótopo estable de carbono llamado carbono-12, o C-12. El ratio de C-14 a C-12 en la atmósfera es constante.

Todos los seres vivos usan el carbono en la formación y reparación de los tejidos. Mientras el organismo vive, el ratio de C-14 a C-12 en sus tejidos es idéntico al ratio en la atmósfera. No obstante, cuando el organismo muere, deja de tomar C-14. El C-14 presente en el organismo empieza a desintegrarse en nitrógeno-14 (N-14). A medida que el C-14 del organismo muerto se desintegra, el ratio de C-14 a C-12 cambia. Los científicos miden el ratio de C-14 a C-12 en los restos del organismo muerto para determinar cuánto tiempo ha pasado desde que el organismo murió.

La vida media del carbono-14 es 5,730 años. Esto significa que la datación con radiocarbono ayuda a medir la edad de los restos de organismos que murieron hasta hace casi 60,000 años. En los restos más antiguos no queda suficiente C-14 para obtener una medida exacta; gran parte de él se ha desintegrado en N-14.

Datación radiométrica

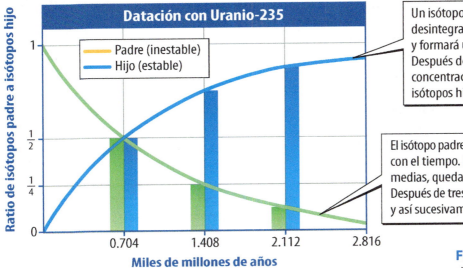

Figura 17 Los científicos determinan la edad absoluta de una roca ígnea midiendo el ratio de isótopos de uranio-235 (padre) a isótopos de plomo-207 (hijo) en los minerales de la roca.

Verificación visual
¿Qué edad tiene un mineral que contiene 25 por ciento de U-235?

Animation

Datación de rocas

La datación de radiocarbono es útil solo en la datación de material orgánico, es decir, material de organismos extintos. Este material incluye huesos, madera, pergamino y carbón vegetal. La mayoría de las rocas no contienen material orgánico. Incluso, la mayoría de los fósiles ya no son orgánicos. En la mayor parte de ellos, el tejido vivo ha sido reemplazado por **minerales** formadores de roca. Para datar las rocas, los geólogos usan diferentes tipos de isótopos radiactivos.

Datación de roca ígnea Uno de los isótopos más comunes usados en la datación radiométrica es el uranio-235, o U-235. A menudo, el U-235 queda atrapado en los minerales de las rocas ígneas que se cristalizan a partir de magma caliente fundido. Tan pronto el U-235 queda atrapado en un mineral, empieza a desintegrarse en plomo-207, o Pb-207, como muestra la **Figura 17.** Los científicos miden el ratio de U-235 a Pb-207 en un mineral para determinar cuánto tiempo ha pasado desde que se formó el mineral. Esto proporciona la edad de la roca que contiene el mineral.

REPASO DE VOCABULARIO
mineral
sólido inorgánico de origen natural, con una composición química definida y una disposición ordenada de los átomos

Datación de roca sedimentaria Para que se pueda datar una roca por medios radiométricos, esta debe contener U-235 u otros isótopos radiactivos. Los granos de muchas rocas sedimentarias provienen de una variedad de rocas meteorizadas de distintos lugares. Los isótopos radiactivos dentro de estos granos por lo general registran la edad de los granos, no el momento en que se depositó el sedimento. Por esta razón, las rocas sedimentarias no son tan fáciles de datar por datación radiométrica como las rocas ígneas.

Verificación de concepto clave ¿Por qué los isótopos radiactivos no son útiles para la datación de rocas sedimentarias?

Lección 3
EXPLICAR

Tabla 2 Isótopos radiactivos usados en la datación de rocas

Isótopo padre	Vida media	Producto hijo
Uranio-235	704 millones de años	plomo-207
Potasio-40	1,250 millones de años	argón-206
Uranio-238	4,500 millones de años	plomo-206
Torio-232	14,000 millones de años	plomo-208
Rubidio-87	48,800 millones de años	estroncio-87

Tabla 2 Los isótopos radiactivos útiles para la datación de rocas tienen vidas medias prolongadas.

Destrezas matemáticas

Usar cifras significativas

La respuesta a un problema que implica mediciones no puede ser más precisa que la medición con el menor número de cifras significativas. Por ejemplo, si empiezas con 36 gramos (2 cifras significativas) de U-235, ¿cuánto U-235 quedará después de 2 vidas medias?

1. Después de la primera vida media quedan $\frac{36\ g}{2} = 18$ g de U-235.
2. Después de la segunda vida media quedan $\frac{18\ g}{2} = 9.0$ g de U-235.

Agrega el cero para conservar dos cifras significativas.

Practicar

La vida media del rubidio-87 (Rb-87) es 48,800 millones de años. ¿Cuánto duran tres vidas medias de Rb-87?

- Math Practice
- Personal Tutor

Diferentes tipos de isótopos La vida media del uranio-235 es 704 millones de años. Esto lo hace útil para datar rocas muy antiguas. La **Tabla 2** enumera cinco de los isótopos radiactivos más útiles para la datación de rocas antiguas. Todos tienen vidas medias prolongadas. Los isótopos radiactivos con vidas medias cortas no sirven para datar rocas antiguas porque no contienen suficiente isótopo padre para medir. Los geólogos suelen usar una combinación de isótopos radiactivos para medir la edad de las rocas. Esto ayuda a que las mediciones sean más exactas.

 Verificación de concepto clave ¿Por qué los isótopos radiactivos con una vida media prolongada son útiles en la datación de rocas muy antiguas?

La edad de la Tierra

La formación rocosa más antigua conocida que han datado los geólogos con medios radiométricos se halla en Canadá. Se estima que tiene entre 4,030 y 4,280 millones de años. Sin embargo, en rocas ígneas de Australia se han datado cristales individuales de zircón de 4,400 millones de años.

Si hay rocas y minerales de más de 4,000 millones de años, los científicos saben que la Tierra debe tener al menos esa edad. La datación radiométrica de rocas de la Luna y meteoritos indican que la Tierra tiene 4,540 millones de años. Los científicos aceptan esta edad porque la evidencia sugiere que la Tierra, la Luna y los meteoritos se formaron aproximadamente durante el mismo tiempo.

La datación radiométrica, el orden relativo de las capas de roca y los fósiles ayudan a los científicos a entender la larga historia de la Tierra. Entender la historia de la Tierra les permite a los científicos entender los cambios que ocurren en ella hoy, así como los que probablemente ocurrirán en el futuro.

Repaso de la Lección 3

Assessment — Online Quiz

Resumen visual

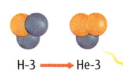

Cuando los átomos inestables de isótopos radiactivos se desintegran, forman isótopos nuevos y estables.

Debido a que los isótopos radiactivos se desintegran a velocidades constantes, se pueden usar para determinar edades absolutas.

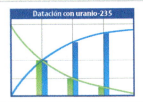

Los isótopos con vidas medias prolongadas son los más útiles para la datación de rocas antiguas.

FOLDABLES

Usa tu modelo de papel para repasar la lección. Guarda tu modelo para el proyecto de final de capítulo.

¿Qué opinas AHORA?

Al inicio de este capítulo leíste las siguientes afirmaciones.

5. Edad absoluta significa que los científicos están seguros de la edad.

6. Los científicos usan la desintegración radiactiva para determinar la edad de algunas rocas.

¿Sigues estando de acuerdo o en desacuerdo con las afirmaciones? Reescribe las afirmaciones falsas para hacerlas verdaderas.

Usar vocabulario

1. **Compara** edad absoluta y edad relativa.

2. La velocidad de desintegración radiactiva se expresa como la _____ de un isótopo.

3. **Usa los términos** *átomo* e *isótopo* en una oración completa.

Entender conceptos clave

4. ¿Cuál de los siguientes objetos podrías datar con carbono-14?
   A. un diente de tiburón fosilizado
   B. la punta de una flecha tallada en roca
   C. un árbol petrificado
   D. carbón vegetal de una hoguera antigua

5. **Explica** por qué los isótopos radiactivos son más útiles para datar rocas ígneas que para datar rocas sedimentarias.

6. **Diferencia** entre isótopos padre e isótopos hijo.

Interpretar gráficas

7. **Identifica** Copia y llena el siguiente organizador gráfico para identificar las tres partes de un átomo.

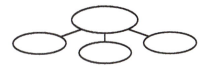

Pensamiento crítico

8. **Evalúa** la importancia de los isótopos radiactivos para determinar la edad de la Tierra.

Destrezas matemáticas — Math Practice

9. La vida media del potasio-40 (K-40) es 1,250 millones de años. Si empiezas con 130 g de K-40, ¿cuánto queda después de 2,500 millones de años? Usa el número correcto de cifras significativas en tu respuesta.

Lección 3 • **351**
EVALUAR

Laboratorio

Correlaciona rocas usando fósiles índice

40 minutos

Imagina que eres un geólogo y te han pedido correlacionar las siguientes columnas de roca para determinar la edad relativa de las capas. Recuerda que los geólogos pueden correlacionar las capas de roca de diferentes maneras. En este laboratorio, usa los fósiles índice para correlacionar y datar las capas.

Preguntar

¿Cómo se pueden usar los fósiles índice para determinar la edad relativa de las rocas de la Tierra?

Procedimiento

1. Examina detenidamente las tres columnas de roca de esta página. Cada capa de roca se puede identificar con una letra y un número. Por ejemplo, la segunda capa hacia abajo en la columna A es la capa A-2.

2. En tu diario de ciencias, correlaciona las capas usando solo los fósiles, no los tipos de roca. Antes de empezar, mira la leyenda de los fósiles de la siguiente página, que muestra los intervalos de tiempo durante los cuales cada organismo o grupo de organismos vivió en la Tierra. Consulta la leyenda mientras haces la correlación.

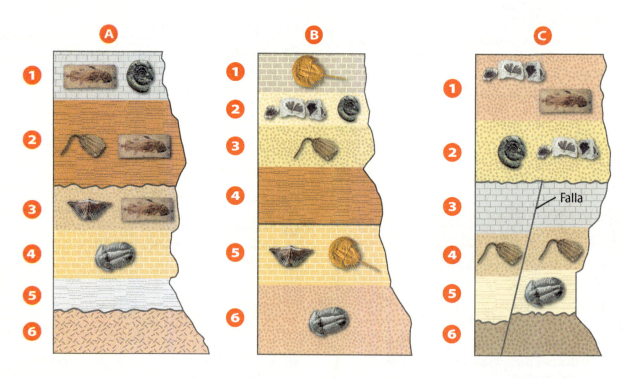

352 Capítulo 10
EXTENDER

Analizar y concluir

3 Diferencia ¿Cuáles fósiles de la leyenda parecen ser fósiles índice? Explica tu elección.

4 Compara Correlaciona la capa A-2 con una capa en cada una de las otras dos columnas. ¿Aproximadamente qué edad tienen estas capas? ¿Cómo lo sabes?

5 Infiere ¿Cuál es la edad aproximada de la capa B-4? *Pista: Se halla entre dos fósiles índice.*

6 Infiere ¿Qué edad tiene la falla de la columna C?

7 Compara y contrasta ¿Qué diferencia hay entre correlacionar rocas con fósiles y correlacionar rocas usando tipos de roca?

8 La gran idea ¿Cómo se pueden usar los fósiles para determinar la edad relativa de las rocas?

Sugerencias para el laboratorio

☑ Quizá desees copiar las capas de roca en tu diario de ciencias y correlacionarlas dibujando líneas que conecten las capas.

Comunicar resultados

Escoge a un compañero. Uno de ustedes es un reportero y el otro un geólogo. Realicen una entrevista sobre los tipos de fósiles más usados para datar las rocas.

 **Ir más allá**

Escoge una de las tres formaciones rocosas que correlacionaste. Con base en los resultados, da un intervalo de fechas para cada una de las capas en ella.

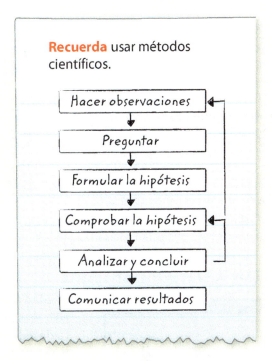

Recuerda usar métodos científicos.

Hacer observaciones → Preguntar → Formular la hipótesis → Comprobar la hipótesis → Analizar y concluir → Comunicar resultados

Lección 3 EXTENDER

Guía de estudio del Capítulo 10

 WebQuest

 La evidencia de los fósiles, las capas de roca y la radiactividad ayudan a los científicos a entender la historia de la Tierra y a determinar la edad de las rocas de la Tierra.

Resumen de conceptos clave

Vocabulario

Lección 1: Fósiles

- El principio según el cual los procesos de la Tierra que ocurren en la actualidad se parecen a aquellos que ocurrieron en el pasado se llama **uniformismo**.
- Los organismos muertos tienen mayores probabilidades de convertirse en **fósiles** si tienen partes duras y se entierran rápidamente después de que mueren.
- Los fósiles incluyen **películas de carbono**, **moldes**, **contramoldes** y **trazas fósiles**.
- Los **paleontólogos** usan indicios de los fósiles para aprender sobre la vida antigua y los ambientes sedimentarios antiguos en los que vivieron los organismos.

fósil pág. 327
catastrofismo pág. 327
uniformismo pág. 328
película de carbono pág. 330
molde pág. 331
contramolde pág. 331
traza fósil pág. 331
paleontólogo pág. 332

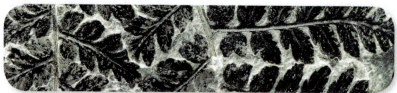

Lección 2: Datación relativa

- La **edad relativa** de las capas de roca se puede determinar usando principios geológicos, como el de **superposición** y el de **inclusión**.
- Las **discontinuidades** representan interrupciones en el tiempo en el registro geológico.
- Debido a que el registro geológico está incompleto, los geólogos usan la **correlación** para comparar las capas de roca.
- Los **fósiles índice** son especialmente útiles para correlacionar las capas de roca que están apartadas geográficamente.

edad relativa pág. 337
superposición pág. 338
inclusión pág. 339
discontinuidad pág. 340
correlación pág. 340
fósil índice pág. 341

Lección 3: Datación absoluta

- La **edad absoluta** es la edad en años de una roca o de un objeto.
- La **desintegración radiactiva** de **isótopos** inestables ocurre a una velocidad constante, que se mide como una **vida media**.
- Para datar una roca o un objeto, los científicos miden los ratios de sus isótopos padre a hijo.

edad absoluta pág. 345
isótopo pág. 346
desintegración radiactiva pág. 346
vida media pág. 347

Guía de estudio

Review
- Personal Tutor
- Vocabulary eGames
- Vocabulary eFlashcards

FOLDABLES Proyecto del capítulo

Organiza tus modelos de papel como se muestra, para hacer un proyecto de capítulo. Usa el proyecto para repasar lo que aprendiste en este capítulo.

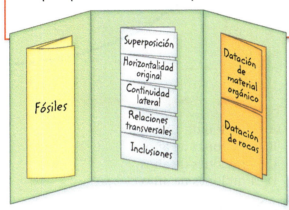

Usar vocabulario

1. Un antiguo rastro de un dinosaurio es un(a) _____.

2. _____ usa el principio de _____ para reconstruir ambientes sedimentarios antiguos.

3. El principio de _____ establece que las capas más antiguas por lo general están en la parte inferior.

4. En _____, los geólogos usan _____ para comparar capas de roca de continentes separados.

5. Un(a) _____ es una superficie erosionada.

6. El proceso de _____ se puede usar como un reloj para determinar _____ de una roca.

7. Un _____ de uranio-235 se desintegra con una _____ constante de 704 millones de años.

Relacionar vocabulario y conceptos clave

 **Interactive Concept Map**

Copia este mapa conceptual y luego usa términos de vocabulario de la página anterior para completarlo.

Debido al principio de

8. _____

los científicos pueden datar rocas y otros objetos. Hay dos maneras de hacerlo:

9. _____ que se basa en principios geológicos como

10. _____ y **11.** _____

Sin embargo, el registro geológico de la Tierra está incompleto. Un ejemplo es una

12. _____

Por lo tanto, los científicos también comparan las capas de roca mediante

13. _____

Para ayudarse a hacerlo, usan algunos tipos de fósiles llamados

14. _____

15. _____ que se basa en

16. _____ de

17. _____ en rocas ígneas. Esto sucede a velocidades constantes y se mide como

18. _____

Repaso del Capítulo 10

Entender conceptos clave

1. ¿Cuál de las siguientes ideas explica la historia de la Tierra examinando sus condiciones actuales?
   A. datación absoluta
   B. catastrofismo
   C. datación relativa
   D. uniformismo

2. ¿Cuál de las siguientes partes de un dinosaurio es menos probable que se fosilice?
   A. hueso
   B. cerebro
   C. cuerno
   D. diente

3. ¿Cuál de las siguientes características hace que una especie sea un buen fósil índice?
   A. vivió mucho tiempo y fue abundante
   B. vivió mucho tiempo y fue escaso
   C. vivió poco tiempo y fue escaso
   D. vivió poco tiempo y fue abundante

4. En el siguiente dibujo, ¿cuál es el orden de las capas de roca de la más antigua a la más joven?

   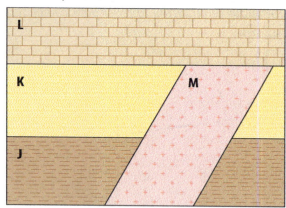

   A. J, K, L, M
   B. J, K, M, L
   C. L, K, J, M
   D. M, J, K, L

5. ¿Qué buscan los geólogos para correlacionar rocas de diferentes lugares?
   A. diferentes tipos de roca y fósiles parecidos
   B. muchos tipos de roca y muchos fósiles
   C. tipos de roca parecidos y ausencia de fósiles
   D. tipos de roca parecidos y fósiles parecidos

6. ¿Cuál es la vida media en la siguiente gráfica?

   A. 1 millón de años
   B. 2 millones de años
   C. 3 millones de años
   D. 4 millones de años

7. ¿Qué son los isótopos?
   A. átomos del mismo elemento con diferente número de electrones pero el mismo número de protones
   B. átomos del mismo elemento con diferente número de electrones pero el mismo número de neutrones
   C. átomos del mismo elemento con diferente número de neutrones pero el mismo número de protones
   D. átomos del mismo elemento con el mismo número de neutrones y protones.

8. ¿Qué miden los científicos para determinar la edad absoluta de una roca?
   A. cantidad de radiactividad
   B. número de átomos de uranio
   C. ratio de neutrones a electrones
   D. ratio de isótopos padre a hijo

9. ¿Por qué la datación radiométrica es menos útil para datar rocas sedimentarias que rocas ígneas?
   A. Las rocas sedimentarias están más erosionadas.
   B. Las rocas sedimentarias contienen fósiles.
   C. Las rocas sedimentarias contienen granos formados a partir de otras rocas.
   D. Las rocas sedimentarias contienen granos de menos de 60,000 años.

Repaso del capítulo

Assessment — Online Test Practice

Pensamiento crítico

10 Da un ejemplo de superposición en tu vida.

11 Sugiere una manera en que un humano antiguo se pudo conservar como fósil.

12 Explica por qué los científicos usan una combinación de ideas de uniformismo y catastrofismo para entender la Tierra.

13 Razona Estás estudiando una formación rocosa que incluye capas de roca sedimentarias plegadas cortadas por fallas y diques. Describe los principios geológicos que usarías para determinar el orden relativo de las capas.

14 Construye una gráfica que muestre la desintegración radiactiva de un isótopo inestable con una vida media de 250 años. Rotula tres vidas medias.

15 Evalúa Las capas de ceniza del siguiente dibujo se han datado como se muestra. ¿Qué conclusiones puedes sacar sobre las edades de las capas A, B y C?

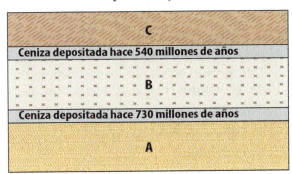

Escritura en Ciencias

16 Escribe un párrafo de al menos cinco oraciones, que explique por qué la datación absoluta ha sido más útil que la datación relativa para determinar la edad de la Tierra. Incluye una idea principal, detalles y una oración de conclusión.

REPASO LA GRAN IDEA

17 ¿Qué evidencia usan los científicos para determinar la edad de las rocas?

18 La siguiente fotografía muestra muchas capas de roca del Gran Cañón. Explica cómo el desarrollo del principio de uniformismo pudo haber cambiado ideas anteriores sobre la edad del Gran Cañón y cómo se formó.

Destrezas matemáticas — Math Practice

Usar cifras significativas

19 Si empiezas con 68 g de un isótopo, ¿cuántos gramos del isótopo original quedarán después de cuatro vidas medias?

20 La vida media del radón-222 (Rn-222) es 3.823 días.
   a. ¿Cuánto durarían tres vidas medias?
   b. ¿Qué porcentaje de la muestra original quedaría después de tres vidas medias?

21 La vida media del Rn-222 es 3.823 días. ¿Cuál era la masa original de una muestra de ese isótopo si después de 7.646 días quedan 0.0500 g?

Práctica para la prueba estandarizada

Anota tus respuestas en la hoja de respuestas que te entregó el profesor o en una hoja de papel.

Selección múltiple

1. ¿Cuál de las siguientes es una copia de un organismo muerto que se forma cuando su impresión se llena con depósitos minerales o sedimentos?

   A película de carbono
   B contramolde
   C molde
   D traza fósil

Usa el siguiente diagrama para responder la pregunta 2.

2. En el anterior diagrama, ¿qué capa de roca generalmente es la más joven?

   A 1
   B 2
   C 3
   D 4

3. ¿Cuál de las siguientes características de las rocas mide la desintegración radiactiva?

   A edad absoluta
   B continuidad lateral
   C edad relativa
   D discontinuidad

4. ¿Qué evento aumenta la posibilidad de que un organismo muerto se fosilice?

   A rápida desintegración de los huesos
   B presencia de pocas partes del cuerpo duras
   C rápido entierro después de la muerte
   D grandes cantidades de piel

Usa el siguiente diagrama para responder la pregunta 5.

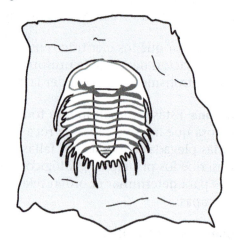

5. ¿Cuál de estos antiguos organismos fosilizados se representa en el anterior diagrama?

   A almeja
   B mamut
   C mastodonte
   D trilobite

6. ¿Cuál de las siguientes ideas explica la mayoría de los rasgos geológicos de la Tierra como resultado de cortos periodos de terremotos, volcanes e impactos de meteoritos?

   A catastrofismo
   B evolución
   C supernaturalismo
   D uniformismo

7. ¿Cuál de estos tipos de fósil ayuda a los geólogos a inferir que las capas de roca de diferentes lugares geográficos tienen una edad similar?

   A película de carbono
   B fósil índice
   C restos conservados
   D traza fósil

Práctica para la prueba estandarizada

Assessment
Online Standardized Test Practice

8 ¿Cuál de las siguientes gráficas circulares muestra el ratio de átomos padre a átomos hijo después de cuatro vidas medias?

A

B

C

D

Respuesta elaborada

Usa el siguiente diagrama para responder las preguntas 9 y 10.

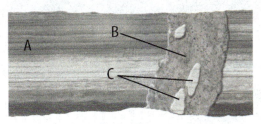

9 ¿Son las capas de roca sedimentaria (A) más antiguas o más jóvenes que el dique (B)? ¿Cómo lo sabes?

10 ¿Es el dique (B) más antiguo o más joven que las inclusiones (C)? ¿Cómo lo sabes?

Usa el siguiente diagrama para responder la pregunta 11.

Roca sedimentaria más joven

Roca sedimentaria más antigua

11 Identifica el tipo de discontinuidad que existe en el anterior diagrama. Formula una hipótesis de cómo pudo suceder.

12 ¿Qué es el C-14? ¿Qué función tiene en la datación con radiocarbono? ¿Por qué el tiempo limita la efectividad de la datación con radiocarbono como instrumento para medir la edad?

¿NECESITAS AYUDA ADICIONAL?												
Si no pudiste responder la pregunta…	1	2	3	4	5	6	7	8	9	10	11	12
Pasa a la Lección…	1	2	3	1	1	1	2	3	2	2	2	3

Capítulo 11

Tiempo geológico

 ¿Qué han aprendido los científicos sobre el pasado de la Tierra mediante el estudio de las rocas y los fósiles?

Investigación ¿Qué les sucedió a los dinosaurios?

Este *Triceratops* vivió hace millones de años. Otros cientos de dinosaurios vivieron al mismo tiempo. Algunos eran grandes como una casa; otros eran pequeños como pollos. Los científicos aprenden sobre los dinosaurios mediante el estudio de sus fósiles. Al igual que muchos organismos que han habitado la Tierra, los dinosaurios desaparecieron de repente. ¿Por qué desaparecieron los dinosaurios?

- ¿Cómo ha cambiado la Tierra durante el tiempo geológico?
- ¿Cómo los eventos geológicos afectan la vida en la Tierra?
- ¿Qué han aprendido los científicos sobre el pasado de la Tierra mediante el estudio de las rocas y los fósiles?

Prepárate para leer

¿Qué opinas?

Antes de leer, piensa si estás de acuerdo o no con las siguientes afirmaciones. A medida que leas el capítulo, decide si cambias de opinión sobre alguna de ellas.

1. Todas las eras geológicas tienen la misma duración.
2. El impacto de los meteoritos causa todos los eventos de extinción.
3. América del Norte estuvo una vez en el ecuador.
4. Todos los continentes de la Tierra formaban parte de un supercontinente enorme hace 250 millones de años.
5. Todos los grandes vertebrados del Mesozoico eran dinosaurios.
6. Los dinosaurios desaparecieron en una gran extinción masiva.
7. Los mamíferos evolucionaron después de que los dinosaurios se extinguieron.
8. Hace 10,000 años el hielo cubría casi una tercera parte de la superficie de la Tierra.

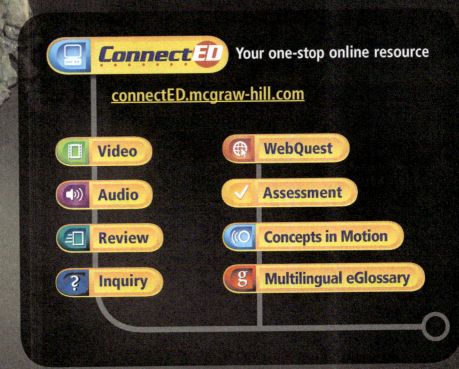

Lección 1

Guía de lectura

Conceptos clave 🗝
PREGUNTAS IMPORTANTES

- ¿Cómo se desarrolló la escala de tiempo geológico?
- ¿Cuáles son algunas causas de las extinciones masivas?
- ¿Cómo el cambio en el medioambiente afecta la evolución?

Vocabulario

eón pág. 363
era pág. 363
periodo pág. 363
época pág. 363
extinción masiva pág. 365
puente intercontinental pág. 366
aislamiento geográfico pág. 366

 Multilingual eGlossary

 Video

- BrainPOP®
- Science Video

Historia geológica y la evolución de la vida

Investigación ¿Qué sucedió aquí?

Un meteorito de 50 m de diámetro chocó contra la Tierra hace 50,000 años. La fuerza del impacto creó este cráter en Arizona y arrojó enormes cantidades de polvo y desechos a la atmósfera. Los científicos formulan la hipótesis de que un meteorito 200 veces más grande, del tamaño de una ciudad pequeña, chocó contra la Tierra hace 65 millones de años. ¿Cómo pudo esto haber afectado la vida en la Tierra?

Laboratorio de inicio 20 minutos

¿Puedes hacer una línea cronológica de tu vida?

¿Cómo organizarías una línea cronológica de tu vida? Podrías incluir sucesos habituales, como tus cumpleaños. Pero también podrías incluir eventos especiales, como un *camping* un fin de semana o unas vacaciones de verano.

1. Lee y completa un formulario de seguridad en el laboratorio.
2. Con unas **tijeras,** corta por la mitad dos hojas de **papel milimetrado.** Pégalas con **cinta adhesiva** para formar una hoja larga. Escribe los años de tu vida en secuencia horizontal, y márcalos a intervalos regulares.
3. Elige hasta 12 eventos o periodos de tu vida importantes. Marca esos eventos en tu línea cronológica.

Piensa
1. ¿Los eventos de tu línea cronológica aparecen a intervalos regulares?
2. **Concepto clave** ¿En qué piensas que se parece la escala de tiempo geológico a la línea cronológica de tu vida?

Desarrollo de una línea cronológica geológica

Piensa en lo que hiciste durante el último año. Quizá fuiste de vacaciones en verano, o visitaste a tus parientes en otoño. Puedes usar diferentes unidades de tiempo, semanas, meses o años, para organizar los eventos de tu vida. Los geólogos organizan el pasado de la Tierra de un modo semejante. Desarrollaron una línea cronológica del pasado de la Tierra, llamada la escala de tiempo geológico. La **Figura 1,** muestra que las unidades de tiempo en la escala de tiempo geológico son de miles y millones de años, mucho más largas que las unidades que usas para organizar los eventos de tu vida.

Unidades en la escala de tiempo geológico

Los **eones** *son las unidades más largas del tiempo geológico.* El actual eón de la Tierra, el Fanero-zoico, empezó hace 542 millones de años. *Los eones se subdividen en unidades de tiempo más pequeñas llamadas* **eras.** *Las eras se subdividen en* **periodos.** *Los periodos se subdividen en* **épocas.** En la línea cronológica de la **Figura 1** no se muestran las épocas. Observa que las unidades de tiempo no son iguales. Por ejemplo, la era Paleozoica es más larga que la Mesozoica y la Cenozoica juntas.

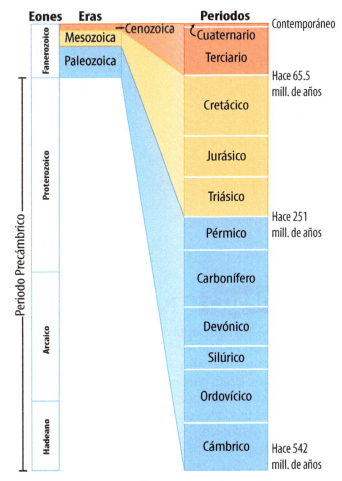

Figura 1 En la escala de tiempo geológico, los 4,600 millones de años de historia de la Tierra se dividen en unidades de tiempo de diferente duración.

Fósiles en las capas de roca

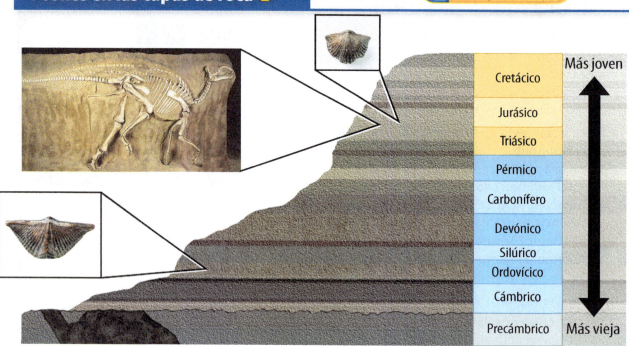

Figura 2 Tanto las rocas más viejas como las más jóvenes contienen fósiles de formas de vida pequeñas y relativamente sencillas. Solo las rocas más jóvenes contienen fósiles más grandes y complejos.

USO CIENTÍFICO Y USO COMÚN

escala

Uso científico conjunto de marcas o puntos a intervalos conocidos

Uso común sucesión ordenada de valores distintos de una misma cualidad

FOLDABLES

Con una hoja de papel en sentido vertical haz un boletín con cuatro secciones. Úsalo para organizar información sobre las unidades de tiempo geológico.

La escala de tiempo y los fósiles

Hace cientos de años, cuando los geólogos empezaron a desarrollar la **escala** de tiempo geológico, eligieron los límites de tiempo con base en lo que observaban en las capas de roca de la Tierra. Diferentes capas contenían distintos fósiles; por ejemplo, las rocas más viejas solo contenían fósiles de formas de vida pequeñas y relativamente sencillas. Las rocas más jóvenes contenían estos fósiles al igual que fósiles de otros organismos más complejos, por ejemplo los dinosaurios, como se ilustra en la **Figura 2**.

Principales divisiones en la escala de tiempo geológico

Cuando estudiaban los fósiles en las capas de roca, los geólogos a menudo veían cambios abruptos en los tipos de fósiles dentro de las capas. A veces, los fósiles de una capa no aparecían en las capas de roca que estaban sobre aquella. Parecía como si los organismos que vivieron durante ese periodo de repente hubieran desaparecido. Los geólogos usaron estos cambios repentinos en el registro fósil para marcar divisiones en el tiempo geológico. Como los cambios no ocurrían a intervalos regulares, los límites entre las unidades de tiempo en la escala de tiempo geológico son irregulares. Esto significa que las unidades de tiempo tienen diferente duración.

La escala de tiempo es un trabajo en progreso. Los científicos debaten la ubicación de los límites a medida que hacen nuevos descubrimientos.

 Verificación de concepto clave ¿Por qué los fósiles son importantes en el desarrollo de la escala de tiempo geológico?

Respuestas al cambio

Los cambios repentinos en el registro fósil representan épocas en las cuales grandes poblaciones de organismos murieron o se extinguieron. *Una **extinción masiva** es la extinción de muchas especies de la Tierra durante un periodo de tiempo corto.* Como se muestra en la **Figura 3,** ha habido varias extinciones masivas en la historia de la Tierra.

Cambios climáticos

¿Qué podría causar una extinción masiva? Todos los organismos dependen del medioambiente para sobrevivir. Si el ambiente cambia rápidamente y las especies no se adaptan al cambio, mueren.

Muchas cosas pueden causar un cambio climático. Por ejemplo, el gas y el polvo de los volcanes pueden bloquear la luz solar y reducir las temperaturas. Como leíste en la primera página de esta lección, los resultados del impacto de un meteorito contra la Tierra bloquearían la luz solar y cambiaría el clima.

Los científicos formulan la hipótesis de que el impacto de un meteorito pudo haber causado la extinción masiva que ocurrió cuando los dinosaurios se **extinguieron.** La evidencia de este impacto se halla en una capa de barro que contiene el elemento iridio en rocas de todo el mundo. El iridio es escaso en las rocas de la Tierra, pero común en los meteoritos. En las rocas que están sobre la capa de iridio no se han encontrado fósiles de dinosaurios. En la **Figura 4** se muestra una roca que contiene esta capa.

 Verificación de concepto clave Describe un posible evento que pudo causar una extinción masiva.

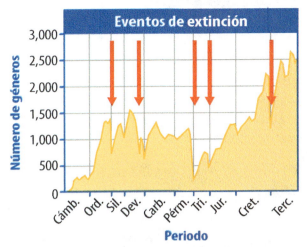

Figura 3 Ha habido cinco extinciones masivas principales en la historia de la Tierra. En cada una, el número de géneros, o grupos de especies, disminuyó considerablemente.

Verificación visual
¿Cuándo ocurrió la mayor extinción masiva en la Tierra?

ORIGEN DE LAS PALABRAS
extinguir
del latín *exstinguere*, que significa "acabar" o "poner fin a algo"

Figura 4 Una capa de barro enriquecida en iridio en las rocas de la Tierra es evidencia de que un gran meteorito chocó contra la Tierra hace 65 millones de años. El impacto de un meteorito puede contribuir a una extinción masiva.

Lección 1
EXPLICAR

MiniLab
10 minutos

¿Cómo el aislamiento geográfico afecta la evolución?

¿Alguna vez has jugado al teléfono roto? ¿En qué se parece este juego a lo que sucede cuando se separan poblaciones de organismos?

1. Forma dos grupos.
2. Una persona de cada grupo debe susurrar una oración, escogida por el profesor, en el oído de un compañero. Cada persona a su vez susurrará la oración a la persona del lado hasta que la oración regrese a la primera persona.

Analizar y concluir

1. **Observa** ¿Cambió la oración? ¿Cambió de la misma manera en cada grupo?
2. **Concepto clave** ¿En qué se parece esta actividad a los organismos que están aislados geográficamente?

Geografía y evolución

Cuando los medioambientes cambian, algunas especies de organismos son incapaces de adaptarse. Estas se extinguen. Sin embargo, otras especies se adaptan a los cambios en el ambiente. La evolución es el cambio en las especies con el paso del tiempo, a medida que estas se adaptan a sus ambientes. Los cambios catastróficos repentinos en el ambiente pueden afectar la evolución. Lo mismo ocurre con el movimiento lento de las placas tectónicas de la Tierra.

Puentes intercontinentales Cuando los continentes chocan o cuando el nivel del mar baja, las placas continentales pueden unirse. *Un* **puente intercontinental** *une dos continentes que anteriormente estaban separados.* Con el tiempo, los organismos cruzan los puentes intercontinentales y evolucionan a medida que se adaptan a nuevos medioambientes.

Aislamiento geográfico El movimiento de placas tectónicas u otros eventos geológicos lentos pueden causar la separación de áreas geográficas. Cuando esto ocurre, poblaciones de organismos pueden quedar aisladas. *El* **aislamiento geográfico** *es la separación de una población de organismos del resto de su especie debido a alguna barrera física, como una cordillera o un océano.* Las poblaciones de especies separadas evolucionan de diferente manera cuando se adaptan a medioambientes distintos. Aun ligeras diferencias en los ambientes pueden afectar la evolución, como se muestra en la **Figura 5.**

 Verificación de concepto clave ¿Cómo el aislamiento geográfico puede afectar la evolución?

Aislamiento geográfico

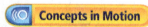

Figura 5 Una población de ardillas se separó gradualmente a medida que el Gran Cañón se desarrollaba. Cada grupo se adaptó a un medioambiente ligeramente diferente y evolucionó de distinta forma.

Ardilla de Kaibab

Ardilla de Abert

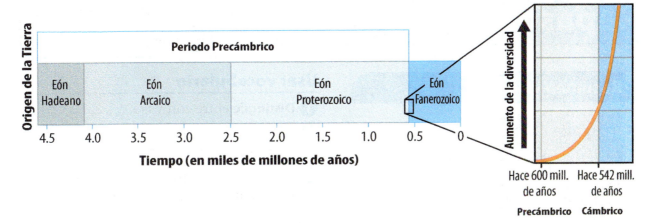

Periodo Precámbrico

La vida ha estado evolucionando en la Tierra durante miles de millones de años. La evidencia fósil más antigua de vida en la Tierra está en rocas que tienen casi 3,500 millones de años. Estas antiguas formas de vida eran organismos unicelulares sencillos, parecidos a las actuales bacterias. Los fósiles más antiguos de organismos pluricelulares tienen aproximadamente 600 millones de años. Estos fósiles son escasos y los primeros geólogos no los conocían; por esa razón, formularon la hipótesis de que la vida pluricelular apareció por primera vez durante el periodo Cámbrico, al comienzo del eón Fanerozoico, hace 542 millones de años. El periodo anterior al Cámbrico se denominó Precámbrico. Los científicos han determinado que el periodo Precámbrico abarca casi el 90 por ciento de la historia de la Tierra, como se muestra en la **Figura 6**.

Vida en el Precámbrico

Los fósiles, poco comunes, de formas de vida pluricelulares en las rocas precámbricas pertenecen a organismos de cuerpos blandos, diferentes de los organismos actuales de la Tierra. En la **Figura 7** se muestra un dibujo de cómo podrían haberse visto. Muchas de estas especies se extinguieron al final del Precámbrico.

Explosión cámbrica

La vida en el Precámbrico condujo a la súbita aparición de nuevas formas de vida pluricelulares en el periodo Cámbrico. Esta repentina aparición de formas de vida nuevas y complejas, que se indica en la **Figura 6,** se conoce como la explosión cámbrica. Algunas formas de vida del Cámbrico, como los trilobites, fueron las primeras que tuvieron partes del cuerpo duras. Debido a esto, los trilobites se conservaron más fácilmente. La mayor evidencia de trilobites se halla en el registro fósil. Los científicos formulan la hipótesis de que algunos de estos fósiles son antepasados lejanos de organismos actuales.

 Verificación de la lectura ¿Qué es la explosión cámbrica?

Figura 6 El periodo Precámbrico abarca casi el 90 por ciento de la historia de la Tierra. Una explosión de formas de vida apareció al comienzo del eón Fanerozoico, durante el periodo Cámbrico.

Figura 7 Las formas de vida del Precámbrico vivieron hace 600 millones de años en el fondo del mar.

Repaso de la Lección 1

Assessment — Online Quiz
Inquiry — Virtual Lab

Resumen visual

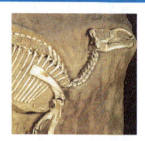

La historia de la Tierra está organizada en eones, eras, periodos y épocas.

El cambio climático causado por los resultados del impacto de un meteorito pudo contribuir a una extinción masiva.

Los cambios lentos en la geografía afectan la evolución.

FOLDABLES

Usa tu modelo de papel para repasar la lección. Guarda tu modelo para el proyecto de final de capítulo.

¿Qué opinas AHORA?

Al inicio de este capítulo leíste las siguientes afirmaciones.

1. Todas las eras geológicas tienen la misma duración.
2. El impacto de los meteoritos causa todos los eventos de extinción.

¿Sigues estando de acuerdo o en desacuerdo con las afirmaciones? Reescribe las afirmaciones falsas para hacerlas verdaderas.

Usar vocabulario

1. **Distingue** entre eón y era.

2. Un(a) _____ puede formarse cuando los continentes se acercan.

3. Un(a) _____ puede ocurrir si un medioambiente cambia de repente.

Entender conceptos clave

4. ¿Cuál de los siguientes factores pudo contribuir a una extinción masiva?
   A. un terremoto
   B. un verano caliente
   C. un huracán
   D. una erupción volcánica

5. **Explica** cómo el aislamiento geográfico puede afectar la evolución.

6. **Distingue** entre un calendario y la escala de tiempo geológico.

Interpretar gráficas

7. **Explica** lo que representa la siguiente gráfica. ¿Qué sucedió en este momento del pasado de la Tierra?

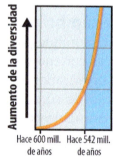

8. **Organizar información** Copia y llena el siguiente organizador gráfico para mostrar las unidades de la escala de tiempo geológico de la más larga a la más corta.

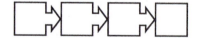

Pensamiento crítico

9. **Sugiere** cómo los humanos podríamos contribuir a una extinción masiva.

10. **Plantea** por qué las rocas del Precámbrico contienen pocos fósiles.

Práctica de destrezas — Interpretar datos 30 minutos

¿Cómo ha cambiado la vida con el paso del tiempo?

La evidencia fósil indica que ha habido muchas fluctuaciones en los tipos, o diversidad, de organismos que han vivido en la Tierra durante el tiempo geológico.

Aprende

Las gráficas lineales comparan dos variables y muestran cómo una variable cambia en respuesta a otra. Estas gráficas son particularmente útiles para presentar datos que cambian con el paso del tiempo. La primera de las siguientes gráficas lineales muestra cómo la diversidad de géneros ha cambiado con el paso del tiempo. La segunda gráfica muestra cómo han cambiado con el paso del tiempo las tasas de extinción, expresadas como porcentajes de los géneros. **Interpreta datos** en estas gráficas para aprender cómo se relacionan entre sí.

Intenta

1. Estudia con cuidado cada gráfica. Nota que el tiempo, la variable independiente, está trazada sobre el eje *x* en cada gráfica. La variable dependiente (esto es, la diversidad, o número de géneros, en una gráfica y la tasa de extinción en la otra) está trazada sobre el eje *y*.

2. Usa las gráficas para responder las preguntas 3 a 7.

Aplica

3. De acuerdo con la gráfica de la izquierda, ¿en qué momento del pasado de la Tierra la diversidad fue la más baja? ¿En qué momento fue la más alta?

4. ¿Qué porcentaje aproximado de los géneros se extinguió hace 250 millones de años?

5. ¿Aproximadamente cuándo ocurrió cada una de las principales extinciones masivas de la Tierra?

6. ¿Cuál es la relación entre diversidad y tasa de extinción?

7. **Concepto clave** ¿Cómo las extinciones masivas han ayudado a los científicos a desarrollar la escala de tiempo geológico?

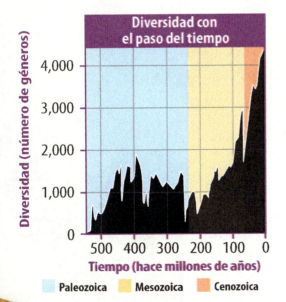

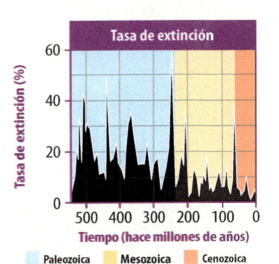

Lección 1 **369**
EXTENDER

Lección 2

La era Paleozoica

Guía de lectura

Conceptos clave 🔑

PREGUNTAS IMPORTANTES

- ¿Qué eventos geológicos importantes sucedieron durante la era Paleozoica?
- ¿Qué revela la evidencia fósil sobre la era Paleozoica?

Vocabulario

era Paleozoica pág. 371
era Mesozoica pág. 371
era Cenozoica pág. 371
mar interior pág. 372
pantano de carbón pág. 374
supercontinente pág. 375

Multilingual eGlossary

Investigación ¿Qué animal era este?

Imagina que vas a nadar y te encuentras con este monstruo paleozoico. El *Dunkleosteus* fue uno de los más grandes y feroces peces jamás vistos. Su cabeza estaba cubierta con una armadura ósea de 5 cm de espesor; aun sus ojos tenían esta armadura. Tenía cuchillas afiladas a manera de dientes, que mordían con una fuerza parecida a la de los caimanes actuales.

Laboratorio de inicio

20 minutos

¿Qué puedes aprender sobre tus antepasados?

Los científicos usan los fósiles y las rocas para aprender sobre la historia de la Tierra. ¿Qué podrías usar para investigar tu pasado?

1. Escribe tantos hechos como puedas acerca de uno de tus abuelos, otros miembros adultos de la familia o amigos.
2. ¿Qué elementos tienes que puedan ayudarte, por ejemplo fotografías?

Piensa

1. Si desearas aprender sobre uno de tus tatara-tatara-tatarabuelos, ¿qué indicios piensas que podrías hallar?
2. ¿De qué manera conocer sobre las generaciones pasadas de tu familia te resulta útil hoy?
3. 🗝 **Concepto clave** ¿En qué sentido piensas que aprender sobre los parientes lejanos es como estudiar el pasado de la Tierra?

Paleozoico inferior

En muchas familias viven juntas tres generaciones: abuelos, padres e hijos. Puedes llamarlas: generación antigua, generación media y generación joven. Estas generaciones se asemejan a las tres eras del eón Fanerozoico. La **era Paleozoica** es la era más antigua del eón Fanerozoico. La **era Mesozoica** es la era media del eón Fanerozoico y la **era Cenozoica** es la era más joven del eón Fanerozoico.

La **Figura 8,** muestra que la era Paleozoica duró más de la mitad del eón Fanerozoico. Por ser tan larga, a menudo se divide en tres partes: inferior, media y superior. Los periodos Cámbrico y Ordovícico conforman el Paleozoico inferior.

La edad de los invertebrados

Los organismos de la explosión cámbrica eran invertebrados que solo vivían en los océanos. Los invertebrados son animales sin columna vertebral. Durante el Paleozoico inferior vivieron en los océanos tantas clases de invertebrados que esta con frecuencia es llamada la edad de los invertebrados.

Origen de las palabras

Paleozoico
del griego *palai*, que significa "antiguo"; y del griego *zoe*, que significa "vida"

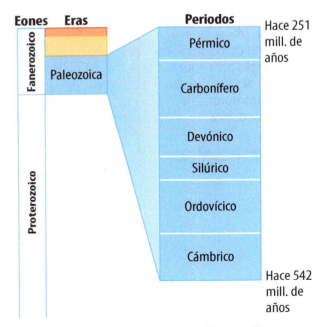

Figura 8 La era Paleozoica duró 291 millones de años. Se divide en seis periodos.

Lección 2
EXPLORAR
371

Era Paleozoica 🔑

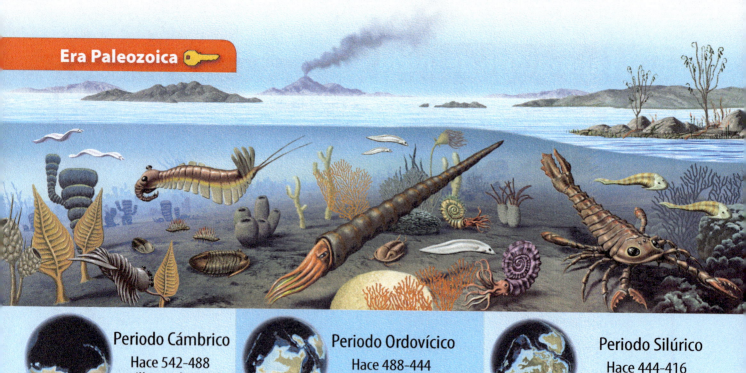

Periodo Cámbrico
Hace 542-488 millones de años

Periodo Ordovícico
Hace 488-444 millones de años

Periodo Silúrico
Hace 444-416 millones de años

Figura 9 Los continentes de la Tierra y las formas de vida cambiaron drásticamente durante la era Paleozoica.

✅ **Verificación visual** ¿En qué periodo apareció por primera vez la vida en la tierra?

Geología del Paleozoico inferior

Si hubieras podido visitar la Tierra durante el Paleozoico inferior, te habría parecido desconocida. La **Figura 9,** muestra que no había vida sobre la tierra. Toda la vida estaba en los océanos. Las formas y ubicaciones de los continentes de la Tierra también te habrían parecido desconocidas, como se muestra en la **Figura 10.** Observa que la placa continental que se convertiría en América del Norte estaba en el ecuador.

El clima de la Tierra era caliente durante el Paleozoico inferior. Los mares crecieron e inundaron los continentes y formaron muchos mares interiores poco profundos. *Un* **mar interior** *es una masa de agua formada cuando el agua del océano inunda los continentes.* Un mar interior cubrió gran parte de América del Norte.

✅ **Verificación de la lectura** ¿Cómo se forman los mares interiores?

FOLDABLES
Haz un boletín horizontal con tres solapas y rotúlalo como se muestra. Úsalo para anotar información sobre los cambios durante la era Paleozoica.

Paleozoico inferior | Paleozoico medio | Paleozoico superior

Figura 10 Durante el Paleozoico inferior, América del Norte se hallaba sobre el ecuador.

Periodo Devónico
Hace 416-359 millones de años

Periodo Carbonífero
Hace 359-299 millones de años

Periodo Pérmico
Hace 299-251 millones de años

Paleozoico medio

El Paleozoico inferior terminó con una extinción masiva, pero muchos invertebrados sobrevivieron. Nuevas formas de vida habitaron en enormes arrecifes de coral a lo largo de los bordes de los continentes. Pronto evolucionaron animales con columna vertebral, llamados vertebrados.

La edad de los peces

Algunos de los primeros vertebrados eran peces. Tantos tipos de peces vivieron durante los periodos Silúrico y Devónico, que el Paleozoico medio a menudo es llamado la edad de los peces. Algunos peces, como el *Dunkleosteus* de la fotografía al comienzo de esta lección, estaban fuertemente acorazados. La **Figura 11** también muestra cuál sería el aspecto del *Dunkleosteus*. En la tierra, evolucionaron las cucarachas, las libélulas y otros insectos. Aparecieron las primeras plantas; eran pequeñas y vivían en el agua.

Geología del Paleozoico medio

Las rocas del Paleozoico medio contienen evidencia de choques importantes entre los continentes en movimiento. Estos choques crearon las cordilleras. Cuando varias placas continentales chocaron con la costa este de América del Norte, empezaron a formarse los montes Apalaches. Hacia el final de la era Paleozoica, los Apalaches probablemente tenían la altura que hoy tienen los Himalayas.

 Verificación de concepto clave ¿Cómo se formaron los montes Apalaches?

Figura 11 El *Dunkleosteus* fue un predador del Devónico superior.

Paleozoico superior

Al igual que el Paleozoico inferior, el Paleozoico medio terminó con una extinción masiva. Muchos invertebrados marinos y algunos animales terrestres desaparecieron.

La edad de los anfibios

En el Paleozoico superior, algunos organismos parecidos a peces pasaron parte de su vida sobre la tierra. El *Tiktaalik* era un organismo que tenía pulmones y podía respirar. Fue uno de los primeros anfibios. Los anfibios fueron tan comunes en el Paleozoico superior que este periodo se conoce como la edad de los anfibios.

Las antiguas especies de anfibios se adaptaron de varias maneras a la tierra. Como ya leíste, tenían pulmones y podían respirar. Su piel era gruesa, lo que hacía más lenta la pérdida de humedad. Sus extremidades fuertes les permitían moverse por la tierra. Sin embargo, todos los anfibios, aun los que viven hoy en día, deben regresar al agua para aparearse y depositar sus huevos.

Las especies de reptiles evolucionaron hacia el final de la era Paleozoica. Los reptiles fueron los primeros animales que no necesitaron agua para reproducirse. Los huevos de los reptiles tienen cáscaras resistentes y curtidas, que evitan que se resequen.

 Verificación de concepto clave ¿Cómo diferentes especies se adaptaron a la tierra?

Pantanos de carbón

Durante el Paleozoico superior, densos bosques tropicales crecieron en pantanos a lo largo de mares interiores poco profundos. Al morir los árboles y otras plantas, se hundían en los pantanos, como se ilustra en la **Figura 12**. *Un* **pantano de carbón** *es un medioambiente pobre en oxígeno donde, con el paso del tiempo, el material vegetal se transforma en carbón*. Los pantanos de carbón de los periodos Carbonífero y Pérmico con el tiempo se convirtieron en las principales fuentes de carbón que usamos en la actualidad.

Figura 12 Las plantas enterradas en los antiguos pantanos de carbón se convirtieron en carbón.

Formación de Pangea

La evidencia geológica indica que durante el Paleozoico superior ocurrieron muchos choques continentales. A medida que los continentes se acercaban, se formaron nuevas cordilleras. Hacia el final de la era Paleozoica, los continentes de la Tierra habían formado un supercontinente gigante: Pangea. *Un* **supercontinente** *es una antigua placa continental que se dividió en los continentes actuales.* Pangea se formó cerca del ecuador terrestre, como se muestra en la **Figura 13.** A medida que Pangea se formaba, los pantanos de carbón se secaron y el clima de la Tierra se hizo más frío y seco.

La extinción masiva del Pérmico

La mayor extinción masiva en la historia de la Tierra ocurrió al final de la era Paleozoica. La evidencia fósil indica que el 95 por ciento de las formas de vida marina y el 70 por ciento de toda la vida sobre la tierra se extinguieron. Este evento se llama extinción masiva del Pérmico.

 Verificación de concepto clave ¿Qué revela la evidencia fósil sobre el final de la era Paleozoica?

Los científicos debaten qué causó esta extinción masiva. La formación de Pangea probablemente redujo la cantidad de espacio donde los organismos marinos podían vivir. Esto pudo haber contribuido a cambios en las corrientes oceánicas, que hicieron más seco el centro de Pangea. Pero Pangea se formó durante millones de años. La extinción ocurrió de manera más repentina.

Algunos científicos formulan la hipótesis de que un gran impacto de un meteorito causó un drástico cambio climático. Otros sugieren que las grandes erupciones volcánicas cambiaron el clima global. Tanto el impacto de un meteorito como las erupciones a gran escala pudieron arrojar a la atmósfera ceniza y rocas que bloquearon la luz solar, redujeron las temperaturas y causaron un colapso de las redes alimentarias.

Sin importar la causa, la Tierra tuvo menos especies después de la extinción masiva del Pérmico. Solo sobrevivieron las especies que pudieron adaptarse a los cambios.

Figura 13 El supercontinente Pangea se formó al final de la era Paleozoica.

MiniLab   20 minutos

¿Qué pasaría si se formara un supercontinente?

Muchos organismos viven a lo largo de las costas continentales. ¿Qué les sucede a las costas cuando los continentes se unen y forman un supercontinente?

1. Lee y completa un formulario de seguridad en el laboratorio.
2. Moldea una barra de **arcilla de modelar** hasta obtener una forma parecida a un panqueque. Haz otras tres figuras iguales usando una barra de arcilla idéntica. Haz que las cuatro figuras tengan el mismo espesor.
3. Con una **cinta métrica flexible,** mide el perímetro de cada figura.

Analizar y concluir

1. **Compara** ¿Es el perímetro de la figura más grande mayor o menor que la suma de los perímetros de las tres figuras más pequeñas?
2. **Concepto clave** ¿Cómo pudo la formación de Pangea afectar la vida sobre la Tierra?

Repaso de la Lección 2

 Assessment Online Quiz

Resumen visual

Durante la era Paleozoica la vida se desplazó lentamente a la tierra, a medida que los anfibios y reptiles evolucionaron.

En el Paleozoico superior se formaron enormes pantanos de carbón a lo largo de los mares interiores.

Al final de la era Paleozoica, una extinción masiva coincidió con las etapas finales de formación de Pangea.

FOLDABLES

Usa tu modelo de papel para repasar la lección. Guarda tu modelo para el proyecto de final de capítulo.

¿Qué opinas AHORA?

Al inicio de este capítulo leíste las siguientes afirmaciones.

3. América del Norte estuvo una vez en el ecuador.

4. Todos los continentes de la Tierra formaban parte de un supercontinente enorme hace 250 millones de años.

¿Sigues estando de acuerdo o en desacuerdo con las afirmaciones? Reescribe las afirmaciones falsas para hacerlas verdaderas.

Usar vocabulario

1. **Distingue** entre la era Paleozoica y la Mesozoica.

2. Cuando el agua del océano cubre parte de un continente, se forma un(a) _____.

3. **Usa el término** *supercontinente* en una oración completa.

Entender conceptos clave

4. ¿Cuál de las siguientes afirmaciones sobre América del Norte durante el Paleozoico inferior es verdadera?
   A. Tenía muchos glaciares.
   B. Estaba en el ecuador.
   C. Formaba parte de un supercontinente.
   D. Estaba poblada por reptiles.

5. **Compara** los antiguos anfibios y reptiles, y explica cómo cada grupo se adaptó a vivir en la tierra.

6. **Dibuja** una historieta que muestre cómo se formaron los montes Apalaches.

Interpretar gráficas

7. **Organiza** La siguiente es una línea cronológica de la era Paleozoica. Cópiala y llena los periodos faltantes.

Paleozoico				
	Ordovícico	Silúrico	Devónico	Carbonífero

8. **Ordena** Copia y llena el siguiente organizador gráfico. Empieza con el periodo Precámbrico; luego enumera las eras en orden.

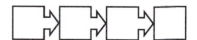

Pensamiento crítico

9. **Considera** ¿Qué pasaría si el 100 por ciento de los organismos se hubiera extinguido al final de la era Paleozoica?

10. **Evalúa** los posibles efectos del cambio climático en los organismos actuales.

Práctica de destrezas Interpretar datos 30 minutos

¿Cuándo se formó el carbón?

El carbón es material vegetal fosilizado. Cuando las plantas de los pantanos mueren, se cubren de agua con poco oxígeno y se convierten en turba (combustible fósil vegetal). Con el paso del tiempo, las altas temperaturas y la presión de los sedimentos transforman el combustible fósil vegetal en carbón. ¿Cuándo vivieron las plantas que formaron el carbón que usamos hoy?

Aprende

Una gráfica de barras presenta el mismo tipo de información que una gráfica lineal. Sin embargo, en vez de puntos de datos y una línea que los una, la gráfica de barras usa barras rectangulares para mostrar en qué se parecen los valores. **Interpreta los datos** que están a continuación para aprender cuándo se formó la mayor parte del carbón.

Intenta

1. Estudia cuidadosamente la gráfica de barras. Observa que el tiempo se traza sobre el eje *x* (como periodos geológicos), y que los depósitos de carbón (como toneladas acumuladas por año) se trazan sobre el eje *y*.

2. Usa la gráfica y lo que sabes acerca de la formación del carbón para responder las siguientes preguntas.

Aplica

3. ¿Cuáles depósitos de carbón son los más antiguos? ¿Cuáles son los más jóvenes?

4. ¿Durante cuál periodo geológico se formó la mayor parte del carbón?

5. ¿Aproximadamente cuánto carbón se acumuló durante la era Paleozoica? ¿Durante la era Mesozoica?

6. ¿Por qué no hay datos en la gráfica para los periodos Cámbrico, Ordovícico y Silúrico del tiempo geológico?

7. **Concepto clave** ¿Qué revela la evidencia fósil sobre la era Paleozoica?

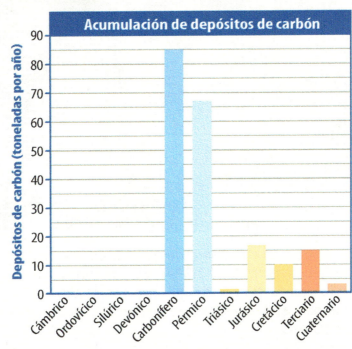

Lección 2
EXTENDER

Lección 3

Guía de lectura

Conceptos clave
PREGUNTAS IMPORTANTES

- ¿Qué eventos geológicos importantes sucedieron durante la era Mesozoica?
- ¿Qué revela la evidencia fósil sobre la era Mesozoica?

Vocabulario
dinosaurio pág. 382
plesiosaurio pág. 383
pterosaurio pág. 383

Multilingual eGlossary

La era Mesozoica

Investigación ¿Trueno Mesozoico?

¿Puedes imaginar los sonidos que hacía este dinosaurio? El *Corythosaurus* tenía una cresta ósea alta encima de su cráneo. Largos conductos nasales se extendían hasta la cresta. Los científicos piensan que estos conductos nasales amplificaban sonidos que podían usar para comunicarse a largas distancias.

Laboratorio de inicio

20 minutos

¿Qué diversidad de dinosaurios existió?
¿Cuántos dinosaurios diferentes existieron?

1. Lee y completa un formulario de seguridad en el laboratorio.
2. Tu profesor te dará una **tarjeta** con el nombre de una especie de dinosaurio, las dimensiones del dinosaurio y la época en que vivió.
3. Haz un dibujo de cómo imaginas que era este dinosaurio. Antes de empezar, decide con tus compañeros qué escala común deberían usar.
4. Pega con **cinta adhesiva** tu dibujo a la línea cronológica de la era Mesozoica que tu maestro te entregará.

Piensa
1. ¿Cuál fue el dinosaurio más grande? ¿El más pequeño? ¿Puedes ver algunas tendencias en el tamaño de esta línea cronológica?
2. ¿Todos los dinosaurios vivieron al mismo tiempo?
3. **Concepto clave** Los dinosaurios fueron numerosos y variados. ¿Piensas que algunos de ellos podían nadar o volar?

Geología de la era Mesozoica

Cuando las personas piensan en cómo era la Tierra hace millones de años, a menudo se imaginan una escena con dinosaurios, como el *Corythosaurus* de la página anterior. Los dinosaurios vivieron durante la era Mesozoica, que duró desde hace 251 millones de años hasta hace 65.5 millones de años. La **Figura 14**, muestra que esta era se divide en tres periodos: el Triásico, el Jurásico y el Cretácico.

División de Pangea

Recuerda que el supercontinente Pangea se formó al final de la era Paleozoica. La división de Pangea fue el evento geológico dominante de la era Mesozoica. Pangea empezó a separarse en el Triásico superior. Con el tiempo, Pangea se dividió en dos placas continentales: Gondwana y Laurasia. Gondwana era el continente del sur. Incluía los futuros continentes de África, Antártida, Australia y América del Sur. Laurasia, el continente del norte, incluía los futuros continentes de América del Norte, Europa y Asia.

FOLDABLES

Con una hoja de papel en sentido vertical haz un boletín tríptico. Rotúlalo como se muestra y úsalo para anotar información sobre los cambios durante la era Mesozoica.

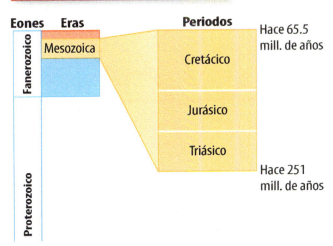

Figura 14 La era Mesozoica fue la era media del eón Fanerozoico. Duró 185.5 millones de años.

Lección 3
EXPLORAR

Era Mesozoica

Periodo Triásico
Hace 251.0–201.6 millones de años

Figura 15 Los dinosaurios dominaron la era Mesozoica, pero durante este periodo de la historia de la Tierra también vivieron muchas otras especies.

Regreso de los mares poco profundos

El tipo de especies representadas en la **Figura 15** se adaptó a un medioambiente de exuberantes bosques tropicales y aguas oceánicas calientes. Esto obedece a que el clima de la era Mesozoica era más caliente que el de la Paleozoica. Era tan caliente que, durante la mayor parte, no hubo casquetes glaciares, ni siquiera en los polos. Ante la falta de glaciares, los océanos tenían más agua. Parte de ella fluyó en los continentes cuando Pangea se dividió. Esto creó estrechos canales que crecieron a medida que los continentes se separaban. Con el tiempo, los canales se volvieron océanos. El océano Atlántico empezó a formarse en ese momento.

Verificación de concepto clave ¿Cuándo empezó a formarse el océano Atlántico?

La **Figura 16** muestra que el nivel del mar subió durante la mayor parte de la era Mesozoica. Hacia el final de la era, el nivel de mar era tan alto que los mares interiores cubrían gran parte de los continentes. Esto creó los medioambientes para la evolución de nuevos organismos.

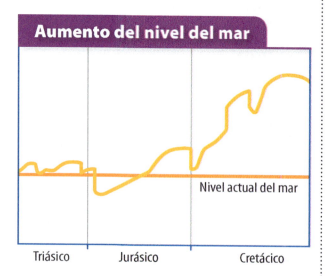

Figura 16 El nivel del mar aumentó durante la era Mesozoica.

Verificación visual ¿En qué periodo el nivel del mar fue el más alto?

Periodo Jurásico
Hace 201.6-145.5
millones de años

Periodo Cretácico
Hace 145.5-65.5 millones de años

América del Norte en la era Mesozoica

A lo largo de la costa este de América del Norte y del Golfo de México, el nivel del mar subió y se retiró durante millones de años. Mientras esto sucedía, el agua del mar se **evaporó**, y dejó tras de sí enormes depósitos de sal. Algunos de ellos hoy son fuentes de sal; otros, posteriormente se volvieron trampas de sal para el petróleo. En la actualidad, las trampas de sal en el Golfo de México son una importante fuente de petróleo.

Durante la era Mesozoica, el continente de América del Norte se movió de manera lenta y directa hacia el oeste. Su borde oeste chocó con varias placas continentales pequeñas que se movían sobre una antigua placa oceánica. Cuando esta placa se deslizó bajo el continente de América del Norte, la corteza se plegó tierra adentro, empujando lentamente hacia arriba las montañas Rocosas, que se muestran en el mapa de la **Figura 17.** En el sudoeste seco, la arena llevada por el viento formó enormes dunas. En la mitad del continente, se formó un mar interior caliente.

 Verificación de concepto clave ¿Cómo se formaron las montañas Rocosas?

> **REPASO DE VOCABULARIO**
> **evaporarse**
> pasar de estado líquido a gaseoso

Figura 17 Las montañas Rocosas empezaron a formarse durante la era Mesozoica. Hacia el final de la era, un mar interior cubría la mayor parte del centro de América del Norte.

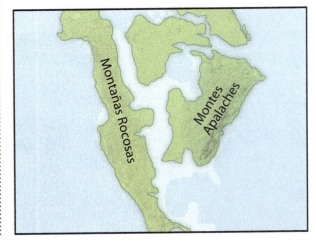

Lección 3
EXPLICAR

Investigación MiniLab 20 minutos

¿Puedes correr como un reptil?

A diferencia de las extremidades de los cocodrilos y otros reptiles contemporáneos, las extremidades de los dinosaurios estaban directamente bajo su cuerpo. ¿Qué significaba esto?

1. Escoge un compañero. Uno de ustedes, el dinosaurio, correrá a gatas con los brazos rectos directamente debajo de los hombros. El otro, el cocodrilo, correrá con los brazos doblados y ubicados por fuera del cuerpo.

2. Jueguen una carrera. Luego, intercambien las posiciones.

Analizar y concluir

1. **Compara** ¿Quién se pudo mover más rápido: el dinosaurio o el cocodrilo?

2. **Infiere** ¿Qué postura piensas que podría soportar más peso?

3. **Concepto clave** ¿Cómo pudo la postura haber permitido que los dinosaurios fueran tan poderosos? ¿Cómo pudo haberles ayudado a ser tan grandes?

Figura 18 Los fósiles aportan evidencia de que la estructura de la cadera de los dinosaurios les permitía caminar erguidos.

Vida en la era Mesozoica

Las especies de organismos que sobrevivieron a la extinción masiva del Pérmico vivían en un mundo con pocas especies. Se abrieron grandes cantidades de espacio vacío para que habitaran estos organismos. Empezaron a aparecer nuevos tipos de coníferas, como los pinos y las cicádeas. Hacia el final de la era, evolucionaron las primeras plantas con flores. Los dinosaurios eran los vertebrados dominantes sobre la tierra y existían cientos de especies de muchos tamaños.

Dinosaurios

Aunque los dinosaurios han sido considerados reptiles durante largo tiempo, los científicos hoy debaten activamente la clasificación de los dinosaurios. Estos comparten un antepasado común con los reptiles actuales, como los cocodrilos. Sin embargo, los dinosaurios se diferencian de los reptiles actuales por la estructura de la cadera, como se muestra en la **Figura 18**. *Los* **dinosaurios** *fueron vertebrados dominantes en la tierra durante el Mesozoico, que caminaban con las extremidades ubicadas justo debajo de las caderas.* Esto significa que muchos caminaban erguidos. En cambio, las extremidades de un cocodrilo sobresalen a los lados del cuerpo, y el animal parece arrastrarse por el suelo.

Los científicos suponen que algunos dinosaurios están más relacionados con las aves actuales que con los reptiles de hoy. Se han hallado fósiles de dinosaurios con evidencia de estructuras externas emplumadas. Por ejemplo, el *Archaeopteryx*, una pequeña ave del tamaño de una paloma, tenía alas y plumas, pero también garras y dientes. Muchos científicos sugieren que este fue un antepasado de las aves.

Postura de los dinosaurios

Posición erguida

Posición semiarrellanada

Posición semiarrellanada

Posición erguida

Otros vertebrados del Mesozoico

Otros vertebrados del Mesozoico

Los dinosaurios dominaban la tierra, pero los fósiles indican que otros grandes vertebrados nadaban en los mares y volaban por el aire, como se muestra en la **Figura 19**. *Los* **plesiosaurios** *eran reptiles marinos del Mesozoico de cabeza pequeña, cuello largo y aletas.* Durante gran parte del Mesozoico, estos reptiles dominaron los océanos. Algunos medían hasta 14 m.

Otros reptiles del Mesozoico podían volar. *Los* **pterosaurios** *eran reptiles voladores del Mesozoico de alas grandes, parecidas a las del murciélago.* Uno de los pterosaurios más grandes, el *Quetzalcoatlus*, tenía una envergadura de casi 12 m. Aunque podían volar, los pterosaurios no eran aves. Como ya viste, las aves se relacionan más estrechamente con los dinosaurios.

 Verificación de concepto clave ¿Cómo puedes distinguir los fósiles de plesiosaurios y pterosaurios de los fósiles de dinosaurios?

Aparición de los mamíferos

Aunque los dinosaurios y reptiles dominaron la era Mesozoica, durante este periodo también vivió otro tipo de animales: los mamíferos. Estos evolucionaron al comienzo del Mesozoico y mantuvieron su tamaño pequeño durante toda la era. Pocos eran más grandes que los felinos actuales.

Extinción del Cretácico

La era Mesozoica terminó hace 65.5 millones de años con un evento de extinción masiva llamado extinción del Cretácico. En la Lección 1 leíste que los científicos sugieren que el impacto de un gran meteorito contribuyó a esta extinción. Este choque pudo haber producido suficiente polvo como para bloquear la luz solar durante largo tiempo. Existen evidencias de que al tiempo también ocurrieron erupciones volcánicas, que pudieron haber arrojado más polvo a la atmósfera. Sin luz, las plantas murieron. Sin plantas, los animales murieron. Las especies de dinosaurios y otros grandes vertebrados del Mesozoico no pudieron adaptarse a estos cambios, por eso se extinguieron.

Figura 19 No todos los grandes vertebrados del Mesozoico eran dinosaurios.

Verificación visual
¿En qué se parecen las extremidades de estos reptiles a las de los dinosaurios?

ORIGEN DE LAS PALABRAS

pterosaurio
del griego *pteron*, que significa "ala"; y *sauros*, que significa "lagarto"

Repaso de la Lección 3

Assessment — Online Quiz

Resumen visual

Cuando Pangea se dividió, los continentes empezaron a moverse a sus posiciones actuales.

El clima del Mesozoico era caliente y el nivel del mar era alto.

Los dinosaurios no fueron los únicos vertebrados grandes que vivieron durante la era Mesozoica.

FOLDABLES

Usa tu modelo de papel para repasar la lección. Guarda tu modelo para el proyecto de final de capítulo.

¿Qué opinas AHORA?

Al inicio de este capítulo leíste las siguientes afirmaciones.

5. Todos los grandes vertebrados del Mesozoico eran dinosaurios.

6. Los dinosaurios desaparecieron en una gran extinción masiva.

¿Sigues estando de acuerdo o en desacuerdo con las afirmaciones? Reescribe las afirmaciones falsas para hacerlas verdaderas.

Usar vocabulario

1 El _____ fue un reptil marino del Mesozoico.

2 El _____ fue un reptil volador del Mesozoico.

Entender conceptos clave

3 ¿Cuál de estos eventos importantes sucedió durante la era Mesozoica?
   A. Evolucionaron los humanos.
   B. La vida se trasladó a la tierra.
   C. Se formaron los montes Apalaches.
   D. Se formó el océano Atlántico.

4 **Compara** el tamaño de los reptiles y los mamíferos durante la era Mesozoica.

5 **Explica** cómo se formaron las montañas Rocosas.

Interpretar gráficas

6 **Identifica** ¿Qué tipo de vertebrado representan las siguientes figuras esqueléticas?

7 **Ordena** Copia y llena el siguiente organizador gráfico para ordenar los periodos de la era Mesozoica.

Pensamiento crítico

8 **Infiere** en qué se diferenciaría la Tierra si no hubiera habido una extinción al final de la era Mesozoica.

9 **Plantea** cómo la división de Pangea pudo haber afectado la evolución.

Desentierran una sorpresa

PROFESIONES CIENTÍFICAS

Descubrimiento de un fósil en China revela algunos indicios inesperados sobre los primeros mamíferos.

La era Mesozoica, hace 251 a 65.5 millones de años, fue la edad de los dinosaurios. Muchas especies de dinosaurios recorrían la Tierra, desde el feroz *Tyrannosaurus* hasta el *Brachiosaurus*, gigante y de cuello largo. ¿Qué otros animales vivieron entre los dinosaurios? Durante años, los paleontólogos supusieron que los únicos mamíferos que vivieron en ese periodo no eran más grandes que un ratón. No estaban a la altura de los dinosaurios.

Los recientes descubrimientos fósiles revelaron nueva información acerca de estos primeros mamíferos. Jin Meng es paleontólogo del Museo Estadounidense de Historia Natural en Nueva York. En el norte de China, Meng y otros paleontólogos hallaron fósiles de animales que probablemente murieron en erupciones volcánicas hace 130 millones de años. Entre estos fósiles se hallaban los restos de un mamífero de más de 1 pie de largo, casi el tamaño de un perro pequeño. A la derecha se muestra una representación del mamífero *Repenomamus robustus*.

▲ Los paleontólogos que estudiaban el fósil de un *Repenomamus robustus* hallaron diminutos huesos de *Psittacosaurus* en su estómago.

Este fósil reveló una sorpresa aún mayor. Al examinarlo al microscopio en el laboratorio, los científicos descubrieron pequeños huesos en la caja torácica del fósil, donde había estado el estómago. Los huesos eran los diminutos dientes, extremidades y dedos de un joven dinosaurio fitófago. ¡El último alimento del mamífero había sido un joven dinosaurio!

Este fue un descubrimiento emocionante. Meng y su equipo se dieron cuenta de que los primeros mamíferos eran más grandes de lo que se pensaba, y además eran carnívoros. Esos diminutos huesos demostraron ser un enorme hallazgo. Ahora los paleontólogos tienen una visión distinta de cómo interactuaban los animales durante la edad de los dinosaurios.

Esta es una representación de un joven *Psittacosaurus* de apenas 12 cm de largo. ▶

Te toca a ti

DIAGRAMA Con un grupo, investiga las plantas y los animales que vivieron en el mismo medioambiente que el *Repenomamus*. Haz un dibujo que muestre las relaciones entre los organismos. Compara tu dibujo con el de otros grupos.

Lección 3 EXTENDER

Lección 4

La era Cenozoica

Guía de lectura

Conceptos clave 🔑
PREGUNTAS IMPORTANTES

- ¿Qué eventos geológicos importantes sucedieron durante la era Cenozoica?
- ¿Qué revela la evidencia fósil sobre la era Cenozoica?

Vocabulario
época del Holoceno pág. 387
época del Pleistoceno pág. 389
edad del hielo pág. 389
surco glaciar pág. 389
megamamífero pág. 390

g Multilingual eGlossary

Investigación ¿Está vivo este animal?

No. Es una estatua en un estanque de Los Ángeles, California, que ha estado expulsando alquitrán durante miles de años. Muestra cómo un mamut pudo haber quedado atrapado en un foso de alquitrán. Los mamuts vivieron al mismo tiempo que los primeros humanos. ¿Cómo piensas que sería vivir junto a estos animales?

Laboratorio de inicio

10 minutos

¿Qué evidencias tienes de que fuiste al preescolar?

Las rocas y los fósiles aportan evidencias sobre el pasado de la Tierra. Cuanto más reciente es la era, más evidencia existe. ¿Se puede decir lo mismo de ti?

1. Haz una lista de los elementos que tienes, por ejemplo un diploma, y que podrían aportar evidencias de lo que hiciste y aprendiste en el preescolar.

2. Haz otra lista de elementos que podrían aportar evidencias de tu experiencia escolar durante el año anterior.

Piensa

1. ¿Cuál lista es más larga? ¿Por qué?
2. **Concepto clave** ¿Cómo piensas que los elementos de tus listas se parecen a las evidencias de la primera y la última era del eón Fanerozoico?

Geología de la era Cenozoica

¿Alguna vez has sentido una tormenta fuerte? ¿Cómo se veía tu vecindario después de la tormenta? Montones de nieve, torrente de agua, o árboles caídos quizá hayan hecho que tu vecindario se viera diferente. Así mismo, los paisajes y organismos de las eras Paleozoica y Mesozoica podrían parecerte desconocidos. Aunque durante la era Cenozoica vivieron algunos animales poco comunes, esta era es más familiar. Las personas saben más sobre la era Cenozoica que de otras eras porque nosotros vivimos en la era Cenozoica. Sus fósiles y su registro en las rocas están mejor conservados.

Como se muestra en la **Figura 20,** la era Cenozoica comprende el periodo desde finales del Cretácico, hace 65.5 millones de años, hasta el presente. Los geólogos la dividen en dos periodos: el Terciario y el Cuaternario. Estos periodos a la vez se subdividen en épocas. *La más reciente, la* **época del Holoceno**, *empezó hace 10,000 años.* Tú vives en el Holoceno.

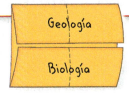

FOLDABLES

Con una hoja de papel en sentido vertical haz un boletín tríptico. Rotúlalo como se muestra y úsalo para anotar información sobre cambios durante la era Cenozoica.

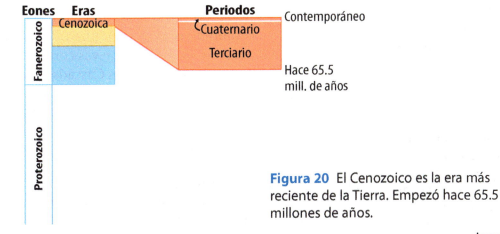

Figura 20 El Cenozoico es la era más reciente de la Tierra. Empezó hace 65.5 millones de años.

Era Cenozoica

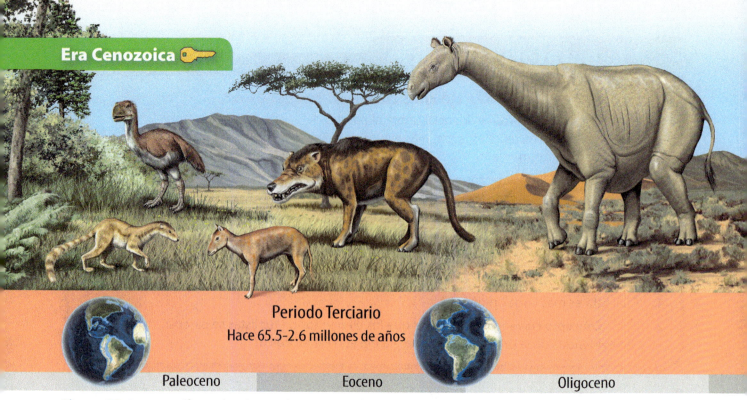

Periodo Terciario
Hace 65.5-2.6 millones de años

Paleoceno   Eoceno   Oligoceno

Figura 21 Los mamíferos dominaron los paisajes de la era Cenozoica.

Origen de las palabras

Cenozoico
del griego *kainos*, que significa "nuevo"; y *zoic*, que significa "vida"

Destrezas matemáticas

Usar porcentajes

La era Cenozoica empezó hace 65.5 millones de años. ¿Qué porcentaje de la era Cenozoica abarca el periodo Cuaternario, que empezó hace 2.6 millones de años? Para calcular el porcentaje de una parte con respecto al todo, sigue estos pasos:

a. Expresa el problema como fracción.

$$\frac{\text{Hace 2.6 mill. de años}}{\text{Hace 65.5 mill. de años}}$$

b. Convierte la fracción en un decimal. Hace 2.6 mill. de años dividido entre hace 65.5 mill. de años = 0.040

c. Multiplica por 100 y agrega %.
$0.040 \times 100 = 4.0\%$

Practicar

¿Qué porcentaje de la era Cenozoica representa el periodo Terciario, que duró desde hace 65.5 millones de años hasta hace 2.6 millones años? [Pista: Resta para hallar la extensión del periodo Terciario.]

Formación de las montañas en el Cenozoico

Como se muestra en los globos terráqueos de la **Figura 21,** los continentes de la Tierra siguieron separándose durante la era Cenozoica, y el océano Atlántico siguió ampliándose. A medida que los continentes se movían, algunas placas continentales chocaron. Al inicio del periodo Terciario, India chocó contra Asia. Este choque empezó a empujar hacia arriba los Himalayas, las montañas más altas de la Tierra en la actualidad. Más o menos por la misma época, África empezó a meterse en Europa, y se formaron los Alpes. Estas montañas siguen haciéndose más altas.

En América del Norte, la costa oeste siguió presionando el fondo oceánico cercano a ella, y las montañas Rocosas siguieron creciendo. Empezaron a formarse nuevas cordilleras a lo largo de la costa oeste: las Cascadas y la Sierra Nevada. En la costa este, hubo poca actividad tectónica. Los montes Apalaches, que se formaron durante la era Paleozoica, siguen erosionándose en la actualidad.

Verificación de la lectura ¿Por qué los montes Apalaches son relativamente pequeños hoy?

Edad del hielo del Pleistoceno

Al igual que la era Mesozoica, la parte inicial de la era Cenozoica fue caliente. En la mitad del periodo Terciario, el clima empezó a enfriarse. Hacia el Plioceno, el hielo cubría los polos así como las cimas de muchas montañas. La siguiente época, el Pleistoceno, fue aún más fría.

La **época del pleistoceno** *fue la primera época del periodo Cuaternario.* Durante este tiempo, los glaciares avanzaron y se retiraron muchas veces. Cubrieron hasta el 30 por ciento de la superficie de la Tierra. *La* **edad del hielo** *periodo en que los glaciares cubren una gran porción de la superficie de la Tierra.* A veces, las rocas transportadas por los glaciares crearon acanaladuras o surcos, como se muestra en la **Figura 22**. *Los* **surcos glaciares** *son surcos formados por las rocas transportadas en los glaciares.*

Los glaciares contenían enormes cantidades de agua originada en los océanos. Con tanta agua en los glaciares, el nivel del mar bajó. Cuando el nivel del mar bajó, los mares interiores se secaron y dejaron al descubierto la tierra seca. Cuando el nivel del mar llegó al mínimo, la península de Florida era dos veces más ancha que en la actualidad.

Edad del hielo del Pleistoceno

Figura 22 Los surcos glaciares en Ohio son evidencia de que los glaciares se extendieron hasta bien adentro de América del Norte durante la edad del hielo del Pleistoceno.

✓ **Verificación visual** ¿Qué porcentaje aproximado de Estados Unidos estaba cubierto de hielo?

Lección 4
EXPLICAR

Figura 23 Estos megamamíferos vivieron en diferentes momentos durante la era Cenozoica. Todos están extintos en la actualidad. El humano se incluye a manera de referencia.

Vida en el Cenozoico: la edad de los mamíferos

La extinción masiva al final de la era Mesozoica implicó que hubiera más espacio para las especies que sobrevivieron. Las plantas con flores, incluidos los pastos, evolucionaron y empezaron a dominar la tierra. Estas plantas proporcionaron nuevas fuentes alimentarias. Esto permitió la evolución de muchos tipos de especies animales, incluidos los mamíferos. Los mamíferos fueron tan poderosos que la era Cenozoica a veces también es llamada la edad de los mamíferos.

Megamamíferos

Recuerda que los mamíferos eran pequeños en la era Mesozoica. Durante la era Cenozoica aparecieron muchos tipos nuevos de mamíferos. Algunos eran muy grandes, como los de la **Figura 23**. *Los grandes mamíferos de la era Cenozoica son llamados* **megamamíferos**. Algunos de los más grandes vivieron durante el Oligoceno y el Mioceno, desde hace 34 millones de años hasta hace 5 millones de años. Otros, como los mamuts peludos, los perezosos gigantes, y los felinos dientes de sable vivieron durante el clima frío del Plioceno y el Pleistoceno, desde hace 5 millones de años hasta hace 10,000 años. Se han descubierto muchos fósiles de estos animales. El cráneo del felino dientes de sable de la **Figura 24** fue descubierto en los fosos de alquitrán de Los Ángeles, que se observa en la fotografía al comienzo de esta lección. También han sido descubiertos algunos cuerpos momificados de mamut, conservados durante miles de años en el hielo glaciar.

Figura 24 El felino dientes de sable fue un feroz predador del Pleistoceno.

 Verificación de concepto clave ¿Cómo saben los científicos que los megamamíferos vivieron durante la era Cenozoica?

Continentes aislados y puentes intercontinentales

Los mamíferos de la **Figura 23** vivieron en América del Norte, América del Sur, Europa y Asia. En Australia evolucionaron diferentes especies de mamíferos, debido principalmente al movimiento de las placas tectónicas de la Tierra. Ya leíste que los puentes intercontinentales pueden unir continentes que una vez estuvieron separados. También leíste que cuando los continentes están separados, las especies que una vez vivieron juntas pueden quedar aisladas geográficamente.

La mayoría de los mamíferos que viven hoy en Australia son marsupiales. Estos mamíferos, como los canguros, cargan sus crías en sacos. Algunos científicos sugieren que los marsupiales no evolucionaron en Australia. En cambio, formulan la **hipótesis** de que los antepasados de los marsupiales migraron a Australia desde América del Sur cuando este continente y Australia estaban unidos a la Antártida por puentes intercontinentales, como se muestra en la **Figura 25.** Después de que los marsupiales ancestrales llegaron a Australia, esta se alejó de la Antártida, y el agua cubrió los puentes intercontinentales entre América del Sur, Antártida y Australia. Con el paso del tiempo, los marsupiales ancestrales evolucionaron en los tipos de marsupiales que habitan hoy en Australia.

> **VOCABULARIO ACADÉMICO**
> **hipótesis**
> *(sustantivo)* Posible explicación acerca de una observación que se puede comprobar mediante una investigación científica

 Verificación de la lectura ¿Qué eventos geológicos importantes afectaron la evolución de los marsupiales en Australia?

Puentes intercontinentales

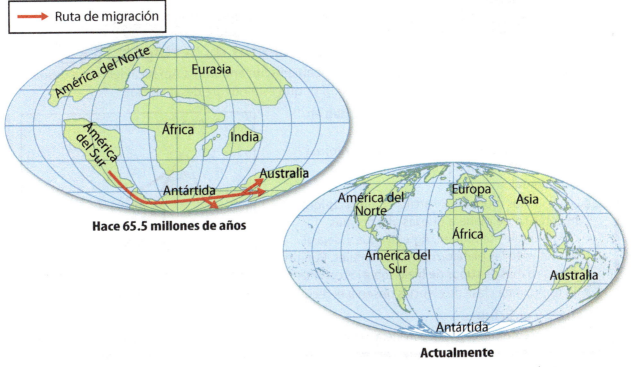

Figura 25 Al comienzo de la era Cenozoica, Australia estaba unida a América del Sur a través de la Antártida, que entonces era caliente. Esto proporcionó una ruta para la migración de los animales.

Surgen los humanos

Los restos fósiles más antiguos de los antepasados humanos fueron hallados en África, donde los científicos piensan que el ser humano evolucionó por primera vez. Estos fósiles tienen casi 6 millones de años. En la **Figura 26** se muestra el esqueleto de un antepasado humano de 3.2 millones de años.

Los humanos contemporáneos, llamados *Homo sapiens*, solo evolucionaron desde el Pleistoceno. El *Homo sapiens* primitivo migró a Europa, Asia y, con el tiempo, América del Norte. Los primeros humanos probablemente migraron a América del Norte desde Asia usando un puente intercontinental que unía los continentes durante la edad del hielo del Pleistoceno. Hoy el agua cubre este puente.

Extinciones del Pleistoceno

El clima cambió hacia el final del Pleistoceno, hace 10,000 años. El Holoceno fue más caliente y seco. Los bosques reemplazaron los pastos. Los megamamíferos que vivieron durante el Pleistoceno se extinguieron. Algunos científicos sugieren que las especies de megamamíferos no pudieron adaptarse tan rápido como para sobrevivir los cambios en el ambiente.

🔑 **Verificación de concepto clave** ¿Cómo cambió el clima al final del Pleistoceno?

Cambios futuros

Existen evidencias de que la Tierra actual está atravesando por un cambio climático de calentamiento global. Para muchos científicos, los humanos han contribuido a este cambio debido al uso de carbón, petróleo y otros combustibles fósiles durante los últimos siglos.

Figura 26 *Lucy* es el nombre que los científicos le dieron a este antepasado de los humanos de 3.2 millones de años.

Investigación MiniLab

20 minutos

¿Qué le sucedió al puente intercontinental de Bering?

Los animales y los humanos del Pleistoceno probablemente entraron a América del Norte desde Asia por el puente intercontinental de Bering. ¿Por qué este puente desapareció?

1. Lee y completa un formulario de seguridad en el laboratorio.
2. Con dos pedazos de **arcilla de moldear** forma continentes, cada uno con una plataforma continental.
3. Deposita los modelos de arcilla en un **recipiente hermético** de manera que las plataformas continentales se toquen. Agrega agua y deja al descubierto las plataformas continentales. Pon una docena o más de **cubos de hielo** sobre los continentes.
4. En tu próxima clase de ciencias observa el recipiente y anota tus observaciones.

Analizar y concluir

🔑 **Concepto clave** ¿De qué manera tu modelo representa lo que sucedió al final del Pleistoceno?

Repaso de la Lección 4

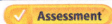 Assessment Online Quiz

Resumen visual

Los megamamíferos que vivieron durante la mayor parte de la era Cenozoica se extinguieron.

Los glaciares se extendieron hasta bien adentro de América del Norte durante la edad del hielo del Pleistoceno.

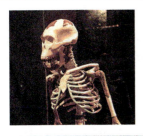
Lucy es un antepasado de los humanos, de 3.2 millones de años.

FOLDABLES

Usa tu modelo de papel para repasar la lección. Guarda tu modelo para el proyecto de final de capítulo.

¿Qué opinas AHORA?

Al inicio de este capítulo leíste las siguientes afirmaciones.

7. Los mamíferos evolucionaron después de que los dinosaurios se extinguieron.

8. Hace 10,000 años el hielo cubría casi una tercera parte de la superficie de la Tierra.

¿Sigues estando de acuerdo o en desacuerdo con las afirmaciones? Reescribe las afirmaciones falsas para hacerlas verdaderas.

Usar vocabulario

1. Las acanaladuras o surcos formados por los mantos de hielo son _____.

2. Vives en el _____.

Entender conceptos clave

3. ¿Qué organismo vivió durante la era Cenozoica?
   A. *Brachiosaurus*   C. felinos dientes de sable
   B. *Dunkleosteus*   D. trilobites

4. **Clasifica** ¿Cuáles de estos términos se asocian con la era Cenozoica: *Homo sapiens*, mamut, dinosaurio o pasto?

Interpretar gráficas

5. **Determina** El siguiente mapa muestra las costas del sudeste de Estados Unidos en tres momentos durante la era Cenozoica. ¿Cuál opción representa la costa a la altura de la edad del hielo del Pleistoceno?

Opción A
Opción B
Opción C

6. **Resume** Copia y llena el siguiente organizador gráfico para enumerar los mamíferos vivos que hoy podrían considerarse megamamíferos.

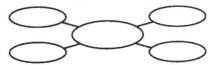

Pensamiento crítico

7. **Sugiere** lo que podría ocurrir si el continente australiano chocara con Asia.

Destrezas matemáticas Review — Math Practice

8. La era Cenozoica empezó hace 65.5 millones de años. El Oligoceno y el Mioceno se extendieron desde hace 34 millones de años hasta hace 5 millones de años. ¿Qué porcentaje de la era Cenozoica representan el Oligoceno y el Mioceno?

Laboratorio

90 minutos

Materiales

vara métrica

cinta métrica

cartulina

marcadores de colores

papel de colores

cuerda

mapas

Cómo hacer un modelo del tiempo geológico

La evidencia sugiere que la Tierra se formó hace aproximadamente 4,600 millones de años. Pero, ¿cuántos son 4,600,000,000 de años? Es difícil entender periodos que se extienden tanto en el pasado, a menos que puedas relacionarlos con tu propia experiencia. En esta actividad, desarrollarás una metáfora del tiempo geológico usando una escala con la que estás familiarizado. Luego, crearás un modelo para presentarlo a tu clase.

Preguntar

¿Cómo puedes hacer un modelo del tiempo geológico usando una escala con la que estás familiarizado?

Procedimiento

1. Piensa en algo con lo que estés familiarizado y que pueda representar un periodo prolongado. Por ejemplo, podrías escoger la longitud de un campo de fútbol americano o la distancia en el mapa entre dos ciudades del país: una en la costa este y otra en la costa oeste.

2. Haz un modelo de tu metáfora usando una escala métrica. En tu modelo, muestra los eventos enumerados en la tabla de la siguiente página. Usa la siguiente ecuación para generar fechas fieles a la realidad en tu modelo.

$$\frac{\text{Edad conocida del evento del pasado (años antes del presente)}}{\text{Edad conocida de la Tierra (años antes del presente)}} = \frac{\text{ubicación de la unidad en la escala de tiempo } X}{\text{Máxima distancia o extensión de la metáfora}}$$

Ejemplo: Para hallar dónde ubicar en tu modelo "primeros peces", si usaste una vara métrica (100 cm), expresa tu ecuación así:

$$\frac{500{,}000{,}000 \text{ años}}{4{,}600{,}000{,}000 \text{ años}} = \frac{X \text{ (ubicación en la vara métrica)}}{100 \text{ cm}}$$

3. En tu diario de ciencias, lleva un registro de todas las ecuaciones matemáticas que usaste. Puedes emplear una calculadora, pero muestra todas las ecuaciones.

Analizar y concluir

4 Calcula ¿Qué porcentaje del tiempo geológico han ocupado los humanos contemporáneos? Expresa tu ecuación así:

$$\frac{100{,}000}{4{,}600{,}000{,}000} \times 100 = \text{\% de tiempo que ocupa el } H.\ sapiens$$

5 Calcula ¿Dónde termina el Precámbrico en tu modelo? Calcula cuánto de tu tiempo geológico se ubica en el Precámbrico.

6 Evalúa ¿Qué otros eventos importantes en la historia de la Tierra, aparte de los enumerados en la tabla, puedes incluir en tu modelo?

7 Haz un juicio de cómo se relaciona la siguiente oración con tu vida: "El tiempo es relativo".

8 La gran idea Los eventos de la Tierra incluidos en tu modelo se basan principalmente en la evidencia fósil. ¿Cómo te ayudan los fósiles a entender la historia de la Tierra? ¿Cómo te ayudan para desarrollar la escala de tiempo geológico?

Algunas fechas aproximadas importantes en la historia de la Tierra:

Hace mill. de años	Evento
4,600	Origen de la Tierra
3,500	Evidencia de vida más antigua
500	Primeros peces
375	Aparece el *Tiktaalik*
320	Primeros reptiles
250	Extinción del Pérmico
220	Aparecen los mamíferos y los dinosaurios
155	Aparece el *Archaeopteryx*
145	Se forma el océano Atlántico
65	Extinción del Cretácico
6	Aparecen los antepasados de los humanos
2	Empieza la edad del hielo del Pleistoceno
0.1	Aparece el *Homo sapiens*
0.00052	Colón llega al Nuevo Mundo
??	El día que naciste

Comunicar resultados

Presenta tu modelo a la clase. Explica por qué escogiste ese modelo, y demuestra cómo calculaste la escala que usaste.

 **Ir más allá**

Imagina que te pidieran enseñarle a un grupo de estudiantes de preescolar la edad de la Tierra. ¿Cómo lo harías? ¿Qué metáfora usarías? ¿Por qué?

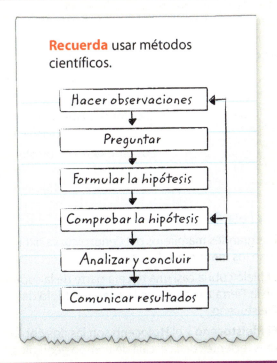

Recuerda usar métodos científicos.

- Hacer observaciones
- Preguntar
- Formular la hipótesis
- Comprobar la hipótesis
- Analizar y concluir
- Comunicar resultados

Guía de estudio del Capítulo 11

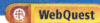

LA GRAN IDEA Los cambios geológicos que han ocurrido durante los miles de millones de años de historia de la Tierra han afectado poderosamente la evolución de la vida.

Resumen de conceptos clave

Lección 1: Historia geológica y la evolución de la vida

Eventos de extinción

- Los geólogos organizan la historia de la Tierra en **eones**, **eras**, **periodos** y **épocas**.
- La vida evoluciona con el paso del tiempo a medida que los continentes de la Tierra se mueven; esto forma **puentes intercontinentales** y causa el **aislamiento geográfico**.
- Las **extinciones masivas** ocurren si muchas especies de organismos no se pueden adaptar a los cambios repentinos del medioambiente.

Vocabulario

eón pág. 363
era pág. 363
periodo pág. 363
época pág. 363
extinción masiva pág. 365
puente intercontinental pág. 366
aislamiento geográfico pág. 366

Lección 2: La era Paleozoica

- La vida se diversificó durante la **era Paleozoica** a medida que los organismos se desplazaron del agua a la tierra.
- Los **pantanos de carbón** se formaron a lo largo de los **mares interiores**. Posteriormente, la tierra se hizo más seca y se formó el **supercontinente** Pangea.
- La extinción masiva más grande en la historia de la Tierra ocurrió al final del periodo Pérmico.

era Paleozoica pág. 371
era Mesozoica pág. 371
era Cenozoica pág. 371
mar interior pág. 372
pantano de carbón pág. 374
supercontinente pág. 375

Lección 3: La era Mesozoica

- El nivel del mar aumentó a medida que el clima se calentó.
- El océano Atlántico y las montañas Rocosas empezaron a formarse cuando Pangea se dividió.
- Los **dinosaurios**, los **plesiosaurios** y los **pterosaurios**, y otros grandes vertebrados del Mesozoico se extinguieron al final de la era.

dinosaurio pág. 382
plesiosaurio pág. 383
pterosaurio pág. 383

Lección 4: La era Cenozoica

- Los grandes mamíferos del Cenozoico, ya extintos, eran los **megamamíferos**.
- El hielo cubría casi una tercera parte de la superficie de la Tierra a la altura de la **edad del hielo** del Pleistoceno.
- El **Pleistoceno** y el **Holoceno** son las dos épocas más recientes de la escala de tiempo geológico.

época del Holoceno pág. 387
época del Pleistoceno pág. 389
edad del hielo pág. 389
surco glaciar pág. 389
megamamífero pág. 390

Guía de estudio

Review
- Personal Tutor
- Vocabulary eGames
- Vocabulary eFlashcards

FOLDABLES Proyecto del capítulo

Organiza tus modelos de papel como se muestra, para hacer un proyecto de capítulo. Usa el proyecto para repasar lo que aprendiste en este capítulo.

Usar vocabulario

1. La unidad de tiempo más larga en la escala de tiempo geológico es el _____.

2. Las eras se subdividen en _____.

3. Muchos límites en la escala de tiempo geológico están marcados por la ocurrencia de _____.

4. Cuando los glaciares se derritieron, en el interior de los continentes se formaron _____ poco profundos.

5. La _____ fue la primera era del eón Fanerozoico.

6. Un _____ se puede formar cuando las plantas son enterradas en un medioambiente pobre en oxígeno.

7. Entre los reptiles marinos del Mesozoico se encontraban _____.

8. Los humanos contemporáneos evolucionaron durante el _____.

Relacionar vocabulario y conceptos clave    Interactive Concept Map

Copia este mapa conceptual y luego usa términos de vocabulario de la página anterior y otros términos del capítulo para completarlo.

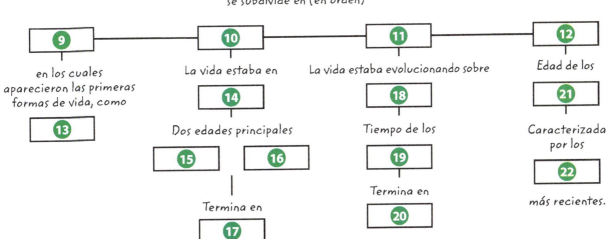

Repaso del Capítulo 11

Entender conceptos clave

1 El siguiente fósil trilobite representa un organismo que vivió durante el periodo Cámbrico.

¿Qué distinguía a este organismo de organismos que vivieron antes de él?
A. Tenía partes duras.
B. Vivía en la tierra.
C. Era un reptil.
D. Era pluricelular.

2 ¿En qué se basan las principales divisiones de la escala de tiempo geológico?
A. cambios en el registro fósil cada mil millones de años
B. cambios en el registro fósil cada millón de años
C. cambios graduales en el registro fósil
D. cambios repentinos en el registro fósil

3 ¿Cuál NO es una causa de un evento de extinción masiva?
A. un choque con un meteorito
B. un huracán severo
C. la actividad tectónica
D. la actividad volcánica

4 ¿Cuál es el orden correcto de las eras, de la más vieja a la más joven?
A. Cenozoico, Mesozoico, Paleozoico
B. Mesozoico, Cenozoico, Paleozoico
C. Paleozoico, Cenozoico, Mesozoico
D. Paleozoico, Mesozoico, Cenozoico

5 ¿Cuáles fueron los primeros organismos que habitaron los medioambientes terrestres?
A. los anfibios
B. las plantas
C. los reptiles
D. los trilobites

6 ¿Qué evento(s) formó los montes Apalaches?
A. la división de Pangea
B. los choques de continentes
C. la inundación del continente
D. una abertura del océano Atlántico

7 ¿Qué especie NO está asociada con la era Mesozoica?
A. *Archaeopteryx*
B. plesiosaurios
C. pterosaurios
D. *Tiktaalik*

8 ¿Cuál de las siguientes afirmaciones sobre el comienzo de la era Cenozoica es verdadera?
A. Los mamíferos y los dinosaurios vivían juntos.
B. Los mamíferos evolucionaron primero.
C. Los dinosaurios habían matado a todos los mamíferos.
D. Los dinosaurios estaban extintos.

9 ¿Qué es poco realista en la ilustración de esta estampilla?

A. Los dinosaurios no eran tan grandes.
B. Los dinosaurios no tenían el cuello largo.
C. Los humanos no vivían con los dinosaurios.
D. Los humanos primitivos no usaban herramientas de piedra.

Repaso del capítulo

Assessment
Online Test Practice

Pensamiento crítico

10 **Formula una hipótesis** sobre cómo un cambio importante en el clima global podría llevar a una extinción masiva.

11 **Evalúa** cómo la extinción masiva del Pérmico y el Triásico afectó la evolución de la vida.

12 **Predice** cómo sería el clima de la Tierra si el nivel del mar fuera muy bajo.

13 **Diferencia** entre anfibios y reptiles. ¿Qué característica les permitió a los reptiles, pero no a los anfibios, ser poderosos en la tierra?

14 **Formula una hipótesis** sobre cómo la estructura ósea de las extremidades de los dinosaurios pudieron haber contribuido al poderío de los dinosaurios durante la era Mesozoica.

15 **Debate** Algunos científicos argumentan que los humanos han cambiado tanto la Tierra que debería agregarse una nueva época a la escala de tiempo geológico: el Antropoceno. Explica si piensas que esta es una buena idea. Si es así, ¿cuándo debería empezar?

16 **Interpretar gráficas** ¿Qué está mal en la siguiente línea de tiempo geológico?

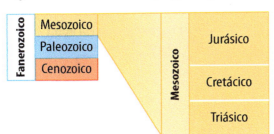

Escritura en Ciencias

17 **Decide** qué periodo de la historia de la Tierra te gustaría visitar si pudieras viajar al pasado. Escribe una carta a un amigo acerca de tu visita, en la que describas el clima, los organismos y las posiciones de los continentes de la Tierra en el momento de tu visita. Incluye una idea principal, detalles y ejemplos de apoyo, y una oración de conclusión.

REPASO LA GRAN IDEA

18 ¿Qué han aprendido los científicos sobre el pasado de la Tierra mediante el estudio de las rocas y los fósiles? ¿De qué manera los eventos geológicos afectan la evolución de las formas de vida de la Tierra? Da ejemplos.

19 La siguiente fotografía muestra un dinosaurio extinto. ¿Qué cambios en la Tierra pueden causar que los organismos se extingan?

Destrezas matemáticas

Math Practice

Usar porcentajes

Usa la tabla para responder las preguntas.

Era	Periodo	Época	Escala de tiempo
Cenozoica	Cuaternario	Holoceno	Hace 10,000 años
		Pleistoceno	Hace 1.8 mill. de años
	Terciario	Plioceno	Hace 5.3 mill. de años
		Mioceno	Hace 23.8 mill. de años
		Oligoceno	Hace 33.7 mill. de años
		Eoceno	Hace 54.8 mill. de años
		Paleoceno	Hace 65.5 mill. de años

20 ¿Qué porcentaje del periodo Cuaternario representa el Holoceno?

21 ¿Qué porcentaje del periodo Terciario representa el Plioceno?

Repaso del Capítulo 11 • **399**

Práctica para la prueba estandarizada

Anota tus respuestas en la hoja de respuestas que te entregó el profesor o en una hoja de papel.

Selección múltiple

Usa la siguiente figura para responder la pregunta 1.

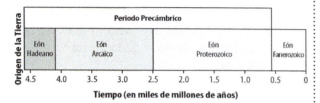

1. ¿Aproximadamente cuánto duró el periodo Precámbrico?
   A 0.5 mil millones de años
   B 3,500 millones de años
   C 4,000 millones de años
   D 4,250 millones de años

2. ¿Cuál es la unidad de tiempo geológico más pequeña?
   A eón
   B época
   C era
   D periodo

3. ¿Cuál de las siguientes se conoce como la edad de los invertebrados?
   A Cenozoico inferior
   B Paleozoico inferior
   C Mesozoico superior
   D Precámbrico superior

4. ¿Qué hizo a los dinosaurios diferentes de los reptiles contemporáneos?
   A la forma de la cabeza
   B la estructura de la cadera
   C la alineación de la mandíbula
   D la longitud de la cola

5. ¿Cuál es la edad aproximada de los fósiles más antiguos de los antepasados humanos primitivos?
   A 10,000 años
   B 6 millones de años
   C 65 millones de años
   D 1,500 millones de años

6. ¿Cuál de las siguientes opciones NO es una adaptación que les permitió a los anfibios vivir sobre la tierra?
   A la capacidad para respirar oxígeno
   B la capacidad de depositar sus huevos en la tierra
   C extremidades fuertes
   D piel gruesa

7. ¿Cuál de los siguientes es considerado un megamamífero?
   A *Archaeopteryx*
   B plesiosaurio
   C *Tiktaalik*
   D mamut peludo

Usa la siguiente figura para responder la pregunta 8.

América del Norte durante la edad del hielo del Pleistoceno

8. La figura anterior es un mapa de la cobertura de los glaciares en América del Norte. ¿Qué sección de Estados Unidos es más probable que haya tenido el mayor número de surcos glaciares?
   A el nordeste
   B el noroeste
   C el sudeste
   D el sudoeste

Práctica para la prueba estandarizada

Usa la siguiente gráfica para responder la pregunta 9.

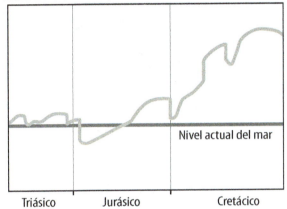

Respuesta elaborada

Usa la siguiente gráfica para responder las preguntas 12 y 13.

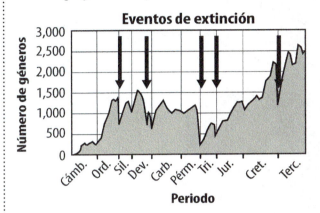

9 De acuerdo con la gráfica anterior, ¿cuándo pudieron los mares interiores haber cubierto gran parte de los continentes de la Tierra?

- **A** en el Cretácico inferior
- **B** en el Jurásico inferior
- **C** en el Triásico medio
- **D** en el Cretácico superior

10 ¿Qué NO ocurrió en la era Paleozoica?

- **A** la aparición de los mamíferos
- **B** el desarrollo de los pantanos de carbón
- **C** la evolución de los invertebrados
- **D** la formación de Pangea

11 ¿Qué usan los geólogos para marcar divisiones en el tiempo geológico?

- **A** cambios abruptos en el registro fósil
- **B** episodios frecuentes de cambio climático
- **C** movimientos de las placas tectónicas de la Tierra
- **D** tasas de desintegración de minerales radiactivos

12 En la gráfica anterior, ¿qué eventos marcan las flechas? ¿Qué sucede durante estos eventos?

13 ¿Qué evento parece haber tenido el mayor impacto? Explica tu respuesta de acuerdo con la gráfica.

14 ¿Cuáles son dos posibles razones por las cuales grandes poblaciones de organismos murieron?

15 ¿Qué relación existe entre la evolución de los marsupiales y el movimiento de las placas tectónicas de la Tierra?

16 ¿Por qué durante la era Mesozoica florecieron organismos acuáticos nuevos y ya existentes? Usa los términos *glaciares*, *Pangea* y *nivel del mar* en tu explicación.

17 ¿Qué vínculo hay entre el iridio y la extinción masiva de los dinosaurios?

¿NECESITAS AYUDA ADICIONAL?																	
Si no pudiste responder la pregunta…	1	2	3	4	5	6	7	8	9	10	11	12	13	14	15	16	17
Pasa a la Lección…	1	1	2	3	4	2	4	4	3	2	1	1	1	1-3	4	3	1

Unidad 3

Tiempo atmosférico y clima

¡Me encanta que nos sintonicen, amigos! ¡Hay un huracán en camino y pensamos tomarle algunas fotos!

¡Miren esas olas!

¡Guau!

¡Está llegando la lluvia! ¡Definitivamente, una característica típica de los huracanes!

1441 El príncipe Munjong de Corea inventó el primer indicador de lluvia para recolectar y medir la cantidad de precipitación líquida en un periodo de tiempo.

1450 Leone Battista Alberti desarrolló el primer anemómetro, un instrumento para medir la velocidad del viento.

1643 El físico italiano Evangelista Torricelli inventó el barómetro para medir la presión atmosférica. Este instrumento mejoró la meteorología, la cual se apoyaba en simples observaciones del cielo.

1714 El físico alemán Daniel Fahrenheit desarrolló el termómetro de mercurio, lo cual hizo posible medir la temperatura.

1752 El astrónomo suizo Andrés Celsius propuso una escala de temperatura centígrada, donde 0° es el punto de congelación del agua y 100° es su punto de ebullición.

1806 Francis Beaufort creó el sistema para nombrar la velocidad del viento y acertadamente lo llamó escala de la fuerza del viento de Beaufort. Esta se usa principalmente para clasificar las condiciones del mar.

1960 Se lanzó al espacio TIROS 1, el primer satélite meteorológico equipado con una cámara de televisión.

1964 El Laboratorio Nacional de Tormentas Severas de EE.UU. comenzó a experimentar el uso del radar Doppler para monitorear el tiempo atmosférico.

2006 Solo en Estados Unidos, los meteorólogos ocupan 8,800 puestos de trabajo. Estos científicos trabajan en agencias privadas y gubernamentales, en servicios de investigación, en estaciones de radio y televisión, y en educación.

Inquiry
Visita ConnectED para desarrollar la actividad STEM de esta unidad.

Unidad 3

Naturaleza de la CIENCIA

Modelos

En 2004 más de 200,000 personas murieron cuando un tsunami se desplazó por el océano Índico, como se muestra en la **Figura 1**. ¿Cómo los científicos pueden predecir futuros tsunamis para ayudar a salvar vidas? Los investigadores alrededor del mundo han desarrollado diferentes modelos para estudiar las olas de los tsunamis y sus efectos. Un **modelo** es una representación de un objeto, un proceso, un evento o un sistema que es similar al objeto físico o la idea que se está explicando. Los científicos usan modelos para estudiar algo que es muy grande o muy pequeño, que ocurre muy rápido o muy despacio, o que es muy peligroso o muy costoso para estudiarlo directamente.

Los modelos de tsunamis ayudan a predecir cómo futuros tsunamis podrían impactar la tierra. La información obtenida de estos modelos puede ayudar a salvar ecosistemas, edificaciones y vidas.

Tipos de modelos

Modelos matemáticos y simulaciones por computadora

Un modelo matemático representa un evento, un proceso o un sistema mediante ecuaciones. Un modelo matemático puede ser una ecuación, por ejemplo: velocidad = distancia/tiempo. O puede ser varios cientos de ecuaciones, como las usadas para calcular los efectos de un tsunami.

Una simulación por computadora es un modelo que combina muchos modelos matemáticos y permite fácilmente cambiar las variables. Las simulaciones suelen mostrar un cambio en el tiempo o una secuencia de eventos. Los programas de computadora que incluyen animaciones y gráficas se usan para presentar visualmente los modelos matemáticos.

Los investigadores de la Universidad A&M de Texas simularon un tsunami usando muchos modelos matemáticos de Seaside, Oregón, como se muestra en la **Figura 2**. Las simulaciones en las que se usan ecuaciones para representar la fuerza de las olas que golpean las edificaciones se presentan en una pantalla. Los investigadores cambian las variables, como tamaño, fuerza o forma de las olas, para determinar cómo un tsunami podría afectar Seaside.

▲ **Figura 1** Una ola enorme se acerca a la playa en el tsunami del océano Índico en 2004.

Figura 2 Esta serie de imágenes son de un modelo de simulación animado de un tsunami que se acerca a Seaside, Oregón. ▼

 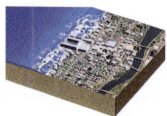 

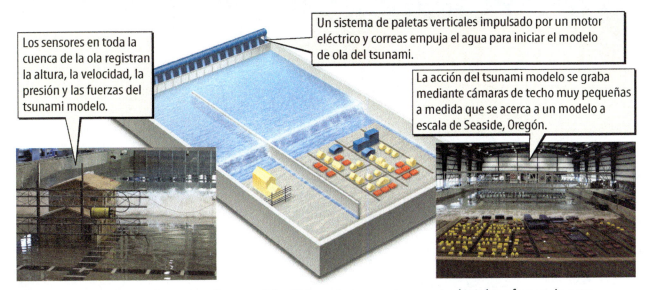

Figura 3 Los investigadores estudian modelos físicos de tsunamis para predecir los efectos de este.

Modelos físicos

Un modelo físico es un modelo que puedes ver y tocar. Este muestra cómo se relacionan las partes entre sí, cómo se construye algo o cómo trabajan objetos complejos. Los científicos de la Universidad Estatal de Oregón construyeron modelos físicos a escala de Seaside, Oregón, como se muestra en la **Figura 3.** Ellos pusieron el modelo en el extremo de un tanque de olas grande. Sensores en el tanque y en las edificaciones del modelo miden y registran las velocidades, las fuerzas y la turbulencia creadas por un modelo de ola de tsunami. Los científicos usan estas mediciones para predecir los efectos de un tsunami en una ciudad costera y para hacer recomendaciones para salvar vidas y evitar daños.

Modelos conceptuales

Los modelos conceptuales son imágenes que representan un proceso o relaciones entre ideas. El siguiente modelo conceptual muestra que Estados Unidos tiene un plan de tres partes para minimizar los efectos de los tsunamis. La evaluación de peligro implica la identificación de áreas en alto riesgo de tsunamis. La respuesta consiste en educación y seguridad pública. La alerta consiste en un sistema de sensores que detectan la aproximación de un tsunami.

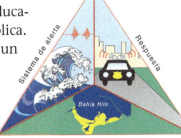

Investigación MiniLab

30 minutos

¿Cómo puedes hacer un modelo de un tsunami?

¿Qué comportamientos de un tsunami puedes observar en tu propio modelo de tanque de olas?

1. Lee y completa un formulario de seguridad en el laboratorio.
2. Vierte **arena** en un **molde de vidrio,** formando una inclinación de un extremo a otro del molde. Llénalo con agua. Pon un **corcho** en el centro del molde. Dibuja tu montaje en tu diario de ciencias.
3. Usa una **clavija** para producir una ola en el extremo del molde. Anota tus observaciones.
4. Pon muchos **objetos comunes** en el extremo pando del molde. Anota tus observaciones de los comportamientos del corcho y de los diferentes objetos cuando produzcas una ola.

Analizar y concluir

1. **Describe** ¿Qué representan las diferentes partes de tu modelo físico?
2. **Explica** ¿Cuáles son algunas limitaciones de tu modelo físico?

Capítulo 12

Atmósfera de la Tierra

 ¿Cómo la atmósfera terrestre afecta la vida en la Tierra?

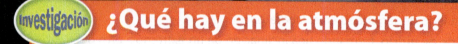 ¿Qué hay en la atmósfera?

La atmósfera terrestre está compuesta por gases y cantidades pequeñas de partículas líquidas y sólidas. La atmósfera terrestre rodea y preserva la vida.

- ¿Qué tipo de partículas componen las nubes de la atmósfera?
- ¿Cómo cambian las condiciones atmosféricas a medida que aumenta la altitud sobre el nivel del mar?
- ¿Cómo la atmósfera terrestre afecta la vida en la Tierra?

Prepárate para leer

¿Qué opinas?

Antes de leer, piensa si estás de acuerdo o no con las siguientes afirmaciones. A medida que leas el capítulo, decide si cambias de opinión sobre alguna de ellas.

1. El aire es un espacio vacío.
2. La atmósfera terrestre es importante para los seres vivos.
3. Toda la energía del Sol llega a la superficie de la Tierra.
4. La Tierra emite energía hacia la atmósfera.
5. El calentamiento desigual en diferentes partes de la atmósfera crea patrones de circulación de aire.
6. El aire caliente baja y el aire frío sube.
7. Si no vivieran seres humanos en la Tierra, no habría contaminación del aire.
8. Los niveles de contaminación del aire no se miden ni se monitorean.

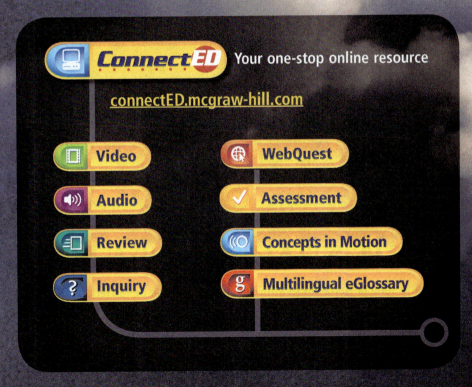

Lección 1

Guía de lectura

Conceptos clave 🗝
PREGUNTAS IMPORTANTES

- ¿Cómo se formó la atmósfera terrestre?
- ¿De qué está formada la atmósfera terrestre?
- ¿Cuáles son las capas de la atmósfera?
- ¿En qué cambian la presión atmosférica y la temperatura a medida que aumenta la altitud?

Vocabulario

atmósfera pág. 409
vapor de agua pág. 410
troposfera pág. 412
estratosfera pág. 412
capa de ozono pág. 412
ionosfera pág. 413

g Multilingual eGlossary

Descripción de la atmósfera de la Tierra

Investigación ¿Por qué es importante la atmósfera?

¿Cómo sería la Tierra sin su atmósfera? La superficie de la Tierra estaría saturada de cráteres ocasionados por el impacto de meteoritos. La Tierra experimentaría cambios bruscos entre la temperatura diurna y la nocturna. ¿Cómo los cambios de la atmósfera afectarían la vida? ¿Qué efecto tendrían los cambios de la atmósfera sobre el tiempo atmosférico y el clima?

Laboratorio de inicio

20 minutos

¿Dónde aplica presión el aire?

Con la excepción de Mercurio, la mayoría de los planetas del sistema solar tiene algún tipo de atmósfera. Sin embargo, la atmósfera de la Tierra suministra lo que la atmósfera de otros planetas no puede: oxígeno y agua. El oxígeno, el vapor de agua y otros gases componen la mezcla gaseosa de la atmósfera llamada aire. En esta actividad, explorarás el efecto del aire sobre los objetos de la superficie terrestre.

1. Lee y completa un formulario de seguridad en el laboratorio.
2. Agrega **agua** a un **vaso** hasta dos tercios de su capacidad.
3. Coloca una **tarjeta** grande sobre la boca del vaso, de manera que quede totalmente tapada.
4. Sostén el vaso sobre una cubeta o un tazón grande.
5. Pon una mano en la tarjeta para mantenerla en su lugar a medida que volteas rápidamente el vaso boca abajo. Retira la mano.

Piensa

1. ¿Qué ocurrió cuando volteaste el vaso boca abajo?
2. ¿Qué función desempeñó el aire en tu observación?
3. 🔑 **Concepto clave** ¿Cómo piensas que se diferenciarían estos resultados si repitieras la actividad en el vacío?

Importancia de la atmósfera terrestre

La fotografía de la página anterior muestra la atmósfera terrestre vista desde el espacio. ¿Cómo la describirías? *La* <mark>atmósfera</mark> *es una capa delgada de gases que rodean la Tierra.* La atmósfera terrestre tiene cientos de kilómetros de altitud. Sin embargo, comparada con el tamaño de la Tierra, tiene cerca del mismo grosor relativo que la cáscara de una manzana con la manzana.

La atmósfera contiene el oxígeno, el dióxido de carbono y el agua necesarios para la vida en la Tierra. Además, la atmósfera terrestre actúa como el aislamiento térmico de una casa; ayuda a mantener las temperaturas en la Tierra dentro de un rango que permite a los seres vivos sobrevivir. Sin ella, las temperaturas diurnas serían extremadamente altas y las temperaturas nocturnas serían extremadamente bajas.

La atmósfera ayuda a proteger a los seres vivos de algunos rayos solares dañinos. También ayuda a proteger la Tierra del impacto de meteoritos. La mayoría de los meteoritos que caen hacia la Tierra se quema antes de llegar a la superficie terrestre. La fricción con la atmósfera los hace arder. Solo los meteoritos muy grandes golpean la Tierra.

✅ **Verificación de la lectura** ¿Por qué la atmósfera terrestre es importante para la vida en la Tierra?

> **ORIGEN DE LAS PALABRAS**
> **atmósfera**
> del griego *atmos*, que significa "vapor"; y del latín *sphaera*, que significa "esfera"

Orígenes de la atmósfera terrestre

La mayoría de científicos está de acuerdo en que cuando se formó la Tierra, esta era una bola de roca fundida. A medida que la Tierra se enfrió lentamente, su superficie externa se endureció. Volcanes en erupción emitieron gases hirvientes desde el interior de la Tierra. Estos gases rodearon la Tierra y formaron su atmósfera.

Se piensa que la atmósfera terrestre primitiva era vapor de agua con un poco de dióxido de carbono (CO_2) y nitrógeno. *El **vapor de agua** es agua en su forma gaseosa.* Esta atmósfera primitiva no tenía suficiente oxígeno para mantener la vida tal como la conocemos. A medida que la Tierra y su atmósfera se enfriaron, el vapor de agua se condensó como **líquido.** Cayó lluvia que luego se evaporó de la superficie terrestre repetidamente durante miles de años. Finalmente, el agua se acumuló sobre la superficie terrestre y se formaron los océanos. La mayor parte del CO_2 original que estaba disuelto en la lluvia se encuentra en las rocas del suelo oceánico. La atmósfera actual tiene más nitrógeno que CO_2.

Los primeros organismos terrestres pudieron realizar la fotosíntesis, lo cual cambió la atmósfera. Recuerda que en la fotosíntesis se usa energía lumínica para producir azúcar y oxígeno a partir del dióxido de carbono y del agua. Los organismos extrajeron CO_2 de la atmósfera y liberaron oxígeno en ella. Finalmente, los niveles de CO_2 y oxígeno ayudaron al desarrollo de otros organismos.

Verificación de concepto clave ¿Cómo se formó la atmósfera actual de la Tierra?

REPASO DE VOCABULARIO
líquido
materia con volumen definido y forma no definida que puede fluir de un lugar a otro

---

Investigación MiniLab

20 minutos

¿Por qué los muebles se llenan de polvo?

¿Has notado alguna vez que los muebles se llenan de polvo? La atmósfera es una fuente de partículas de residuos y polvo. ¿En qué parte de tu salón encuentras polvo?

1. Lee y completa un formulario de seguridad en el laboratorio.
2. Escoge un lugar de tu salón para tomar una muestra de polvo.
3. Con una **bayeta,** recoge el polvo de un área de 50 cm².
4. Examina la bayeta con una **lupa.** Observa las partículas de polvo. Algunas serán tan pequeñas que solo harán lucir gris la bayeta.
5. Anota tus observaciones en tu diario de ciencias.
6. Compara tus resultados con los de tus compañeros de clase.

Analizar y concluir

1. **Analiza** cómo la zona que rodea el lugar de muestreo podría haber influido en la cantidad de polvo que observaste en la bayeta.

2. **Infiere** cuál es la fuente de polvo.
3. **Concepto clave** Predice lo que podría contener la atmósfera terrestre, además de gases y gotitas de agua.

Figura 1 El oxígeno y el nitrógeno componen la mayor parte de la atmósfera, mientras que el resto de los gases solo aportan el 1 por ciento. ▼

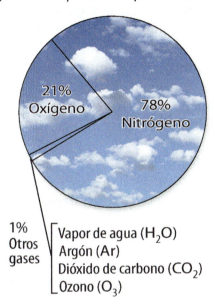

Verificación visual ¿Qué porcentaje de la atmósfera está compuesto por oxígeno y nitrógeno?

▲ **Figura 2** Una manera como las partículas sólidas entran en la atmósfera es por medio de las erupciones volcánicas.

Composición de la atmósfera

La atmósfera actual está formada en su mayor parte por gases invisibles, como el nitrógeno, el oxígeno y el dióxido de carbono. También contiene algunas partículas sólidas y líquidas, como ceniza de erupciones volcánicas y gotitas de agua.

Gases en la atmósfera

Estudia la **Figura 1**. ¿Cuál es el gas más abundante en la atmósfera? El nitrógeno forma casi el 78 por ciento de la atmósfera terrestre. Alrededor del 21 por ciento de la atmósfera terrestre es oxígeno. Otros gases, como el argón, el dióxido de carbono y el vapor de agua, conforman el 1 por ciento restante.

Las cantidades de vapor de agua, dióxido de carbono y ozono varían. La concentración de vapor de agua en la atmósfera oscila entre 0 y 4 por ciento. El dióxido de carbono es el 0.038 por ciento de la atmósfera. A gran altura se encuentra una cantidad pequeña de ozono. También hay ozono cerca de la superficie terrestre, en las áreas urbanas.

Sólidos y líquidos en la atmósfera

En la atmósfera también hay diminutas partículas sólidas. Muchas de estas, como el polen, el polvo y la sal, entran en la atmósfera mediante procesos naturales. La **Figura 2** muestra otra fuente natural de partículas atmosféricas: la ceniza de erupciones volcánicas. Algunas partículas sólidas entran a la atmósfera debido a actividades humanas, como la conducción de vehículos que expulsan hollín.

Las partículas líquidas más comunes en la atmósfera son las gotitas de agua. Aunque son de tamaño microscópico, se hacen visibles cuando forman nubes. Otros líquidos atmosféricos incluyen ácidos que se producen cuando los volcanes hacen erupción y se queman combustibles fósiles. El dióxido de azufre y el óxido de nitrógeno se combinan con el vapor de agua en el aire y forman los ácidos.

Verificación de concepto clave ¿De qué se compone la atmósfera terrestre?

Lección 1
EXPLICAR

Capas de la atmósfera

Concepts in Motion Animation

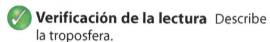

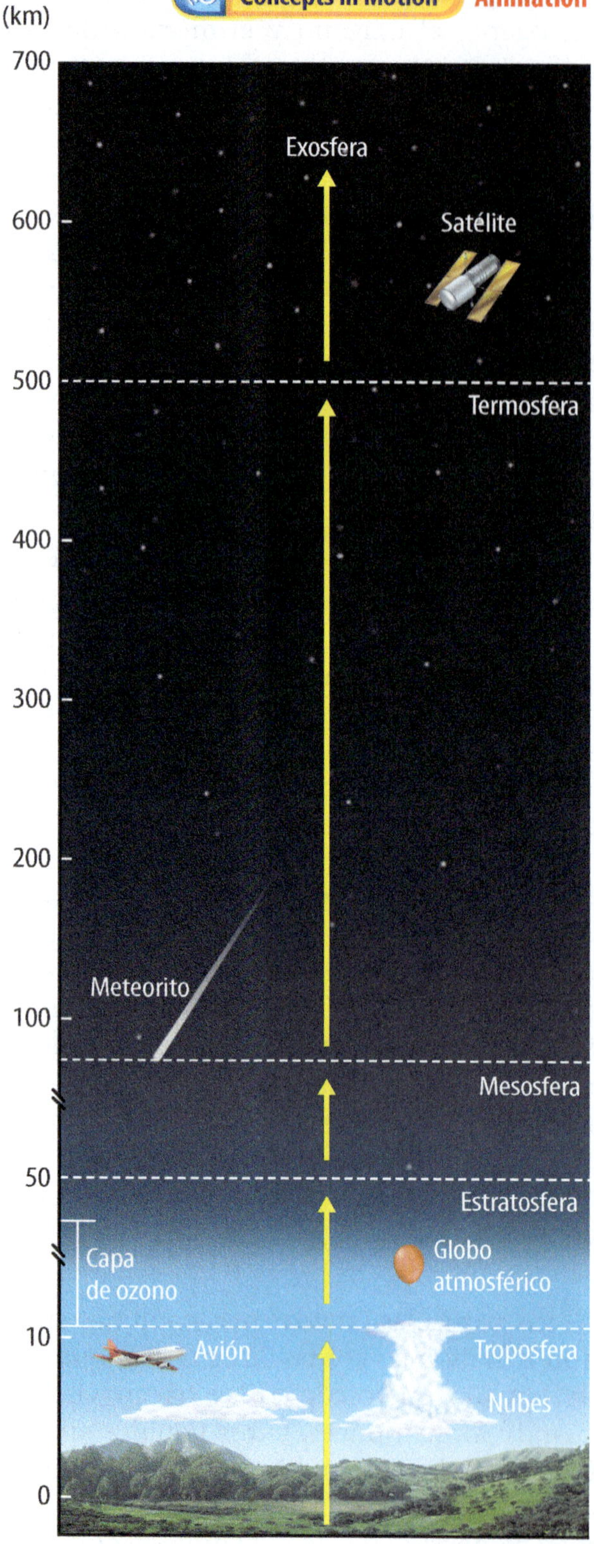

Figura 3 Los científicos dividen la atmósfera terrestre en capas.

Verificación visual ¿En cuál capa de la atmósfera vuelan los aviones?

Capas de la atmósfera

La atmósfera tiene varias capas diferentes, como se muestra en la **Figura 3.** Cada capa tiene propiedades únicas, como la composición de los gases y la forma en que la temperatura cambia con la altitud. Observa que la escala de 0 a 100 km de la **Figura 3** no es igual a la escala de 100 a 700 km. Esto es para que todas las capas quepan en una sola imagen.

La troposfera

La capa atmosférica más cercana a la superficie de la Tierra es la **troposfera**. La mayoría de la gente pasa toda su vida en la troposfera. Esta se extiende desde la superficie terrestre a altitudes entre 8 y 15 km. Su nombre proviene de la palabra griega *tropos*, que significa "cambio". La temperatura en la troposfera disminuye a medida que te alejas de la Tierra. La parte más cálida está cerca de la superficie terrestre. Esto se debe a que la mayor parte de la luz solar atraviesa la atmósfera y calienta la superficie de la Tierra. El calor que se irradia a la troposfera causa el tiempo atmosférico.

Verificación de la lectura Describe la troposfera.

La estratosfera

La capa atmosférica ubicada directamente sobre la troposfera es la **estratosfera**. La estratosfera se extiende desde cerca de 15 a 50 km sobre la superficie terrestre. La mitad inferior de la estratosfera contiene la mayor cantidad de gas ozono. *El área de la estratosfera con una alta concentración de ozono se denomina* **capa de ozono**. La presencia de la capa de ozono hace que aumente la temperatura de la estratosfera con el aumento de la altitud.

La molécula de ozono (O_3) difiere de la de oxígeno (O_2). El ozono tiene tres átomos de oxígeno en lugar de dos. Esta diferencia es importante, porque el ozono absorbe los rayos ultravioleta del sol más efectivamente que el oxígeno. El ozono protege la Tierra de los rayos ultravioleta que pueden matar plantas, animales y otros organismos, y causar cáncer de piel a los seres humanos.

La mesosfera y la termosfera

Como se muestra en la **Figura 3,** la mesosfera se extiende desde la estratosfera hasta cerca de 85 km por encima de la Tierra. La termosfera se extiende desde la mesosfera a más de 500 km por encima de la Tierra. Juntas, estas capas son mucho más anchas que la troposfera y la estratosfera, y aun así solo el 1 por ciento de las moléculas de gas de la atmósfera se encuentra en la mesosfera y la termosfera. La mayoría de los meteoritos se quema en estas capas en lugar de golpear la Tierra.

Ionosfera La <mark>ionosfera</mark> *es una región entre la mesosfera y la termosfera que contiene iones.* Entre 60 y 500 km por encima de la superficie terrestre, los iones de la ionosfera reflejan ondas de radio AM que se transmiten a nivel del suelo. Después del atardecer, cuando los iones se recombinan, esta reflección aumenta. La **Figura 4** muestra cómo las ondas de radio AM viajan largas distancias, especialmente de noche, al rebotar desde la Tierra y la ionosfera.

FOLDABLES

Haz un boletín vertical con cuatro solapas que tengan los títulos mostrados. Úsalo para anotar las semejanzas y diferencias entre estas cuatro capas de la atmósfera. Dobla la mitad superior contra la parte inferior y rotula el exterior como *Capas de la atmósfera*.

Las ondas de radio y la ionosfera

Figura 4 Las ondas de radio pueden viajar largas distancias en la atmósfera.

Auroras La ionosfera es donde ocurren los despliegues deslumbrantes de luces de colores llamados auroras, como se muestra en la **Figura 5.** Las auroras son más frecuentes en primavera y otoño, pero se ven mejor cuando el cielo de invierno está oscuro. Las auroras se presentan cuando los iones del Sol golpean moléculas de aire, haciéndolas emitir luces de colores intensos. Las personas que viven en latitudes altas, cerca de los polos Norte o Sur, tienen más probabilidad de ver las auroras.

La exosfera

La exosfera es la capa atmosférica más alejada de la superficie de la Tierra. Aquí, la presión y densidad son tan bajas que es raro que se estrellen moléculas individuales de gas. Las moléculas se mueven a velocidades sorprendentemente rápidas después de absorber la radiación solar. Como la atmósfera no tiene un límite definido, las moléculas que hacen parte de ella pueden escapar de la fuerza de la gravedad y viajar hacia el espacio.

Verificación de concepto clave ¿Cuáles son las capas de la atmósfera?

▲ **Figura 5** Las auroras ocurren en la ionosfera.

Lección 1
EXPLICAR

Figura 6 Las moléculas del aire están más cerca unas de otras cerca de la superficie de la Tierra que a altitudes elevadas. ▼

Presión atmosférica y altitud

La gravedad es la fuerza que atrae todos los objetos hacia la Tierra. Cuando te paras sobre una balanza, lees tu peso. Esto es porque la gravedad te atrae hacia la Tierra. La gravedad también atrae la atmósfera hacia la Tierra. La presión que ejerce una columna de aire sobre cualquier cosa debajo de ella se denomina presión atmosférica. La fuerza de gravedad ejercida sobre el aire aumenta la densidad del aire. A mayor altitud menor densidad tiene el aire. La **Figura 6** muestra que la presión atmosférica es mayor cerca de la superficie terrestre porque las moléculas de aire están más cerca unas de otras. Este aire denso ejerce más fuerza que el aire menos denso cerca de la parte más alta de la atmósfera. Los escaladores de montañas llevan algunas veces tanques de oxígeno en altitudes elevadas porque allí el aire tiene menos moléculas de oxígeno.

 Verificación de la lectura ¿Cómo la presión atmosférica cambia a medida que aumenta la altitud?

Temperatura y altitud

La **Figura 7** muestra cómo cambia la temperatura con respecto a la altitud en las diferentes capas de la atmósfera. Si has caminado alguna vez por las montañas, has experimentado que la temperatura desciende a medida que caminas por elevaciones más altas. En la troposfera, la temperatura disminuye a medida que la altitud aumenta. Observa que en la estratosfera sucede el efecto contrario. A medida que la altitud aumenta, la temperatura aumenta. Esto se debe a la concentración alta de ozono en la estratosfera. El ozono absorbe energía de la luz solar, lo cual aumenta la temperatura en la estratosfera.

En la mesosfera, a medida que aumenta la altitud, la temperatura vuelve a disminuir. En la termosfera y la exosfera, la temperatura aumenta a medida que la altitud aumenta. Estas capas reciben grandes cantidades de energía solar. Esta energía se extiende por un pequeño número de partículas y crea altas temperaturas.

Figura 7 Entre las capas de la atmósfera ocurren diferencias de temperatura. ▼

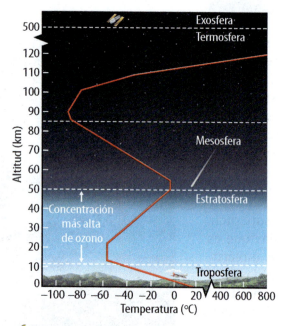

 Verificación visual ¿Cuál patrón de temperatura es más probable en la troposfera?

 Verificación de concepto clave ¿Cómo la temperatura cambia a medida que aumenta la altitud?

Repaso de la Lección 1

✓ Assessment — Online Quiz
? Inquiry — Virtual Lab

Resumen visual

La atmósfera de la Tierra está compuesta por gases que hacen posible la vida.

Las capas de la atmósfera son la troposfera, la estratosfera, la mesosfera, la termosfera y la exosfera.

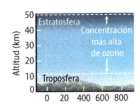

La capa de ozono es el área de la estratosfera que tiene una alta concentración de ozono.

FOLDABLES

Usa tu modelo de papel para repasar la lección. Guarda tu modelo para el proyecto de final de capítulo.

¿Qué opinas AHORA?

Al inicio de este capítulo leíste las siguientes afirmaciones.

1. El aire es un espacio vacío.
2. La atmósfera terrestre es importante para los seres vivos.

¿Sigues estando de acuerdo o en desacuerdo con las afirmaciones? Reescribe las afirmaciones falsas para hacerlas verdaderas.

Usar vocabulario

1. La _____ es una capa delgada de gases que rodea la Tierra.

2. El área de la estratosfera que ayuda a proteger la superficie terrestre de los rayos ultravioleta dañinos es la _____.

3. **Define** Con tus propias palabras define *vapor de agua*.

Entender conceptos clave

4. ¿Cuál capa de la atmósfera está más cerca de la superficie terrestre?
   A. mesosfera   C. termosfera
   B. estratosfera D. troposfera

5. **Identifica** las dos capas atmosféricas en las que la temperatura disminuye a medida que la altitud aumenta.

Interpretar gráficas

6. **Contrasta** Copia y llena el siguiente organizador gráfico para contrastar la composición gaseosa de la atmósfera primitiva con la de la atmósfera actual.

Atmósfera	Gases
Primitiva	
Actual	

7. **Determina** la relación entre la presión atmosférica y el agua del vaso en la siguiente fotografía.

Pensamiento crítico

8. **Explica** tres formas como la atmósfera es importante para los seres vivos.

PROFESIONES CIENTÍFICAS
Una grieta en el escudo de la Tierra

Los científicos descubren un enorme hueco en la capa de ozono que protege la Tierra.

La capa de ozono es como el bloqueador solar que protege la Tierra de los rayos ultravioleta del sol. Pero no toda la Tierra está protegida. Cada primavera desde 1985, los científicos han seguido la evolución de un hueco enorme en la capa de ozono sobre la Antártida.

Este sorprendente descubrimiento fue el resultado de años de investigación de la Tierra y el espacio. Las primeras mediciones de los niveles del ozono polar se iniciaron en la década de 1950, cuando un equipo de científicos británicos empezó la exploración con globos atmosféricos en la Antártida. En la década de 1970, la NASA empezó a usar satélites para medir la capa de ozono desde el espacio. Luego, en 1985, el estudio detallado de los registros del equipo británico indicó un descenso pronunciado en los niveles de ozono en la Antártida durante la primavera. Los niveles fueron tan bajos, que los científicos revisaron y volvieron a revisar sus instrumentos antes de reportar sus descubrimientos. Científicos de la NASA rápidamente confirmaron el descubrimiento: un hueco enorme en la capa de ozono sobre todo el continente antártico. Ellos reportaron que el hueco pudo haberse originado en 1976.

Los compuestos de fabricación humana encontrados principalmente en químicos denominados clorofluorocarbonos, o CFC, están destruyendo la capa de ozono. Durante los inviernos fríos, las moléculas que se liberan de estos compuestos se transforman en compuestos nuevos mediante reacciones químicas en los cristales de hielo que se forman en la capa de ozono sobre la Antártida. Durante la primavera, el calor del sol descompone los compuestos nuevos y libera cloro y bromo. Estos químicos rompen las moléculas de ozono, lo que provoca la lenta destrucción de la capa de ozono.

En 1987, se prohibieron los CFC en muchos países del mundo. Desde entonces, la pérdida de ozono ha disminuido y posiblemente se ha revertido, pero el restablecimiento completo tomará mucho tiempo. Una razón es que los CFC permanecen en la atmósfera por más de 40 años. Aun así, los científicos predicen que finalmente el hueco de la capa de ozono acabará cerrándose.

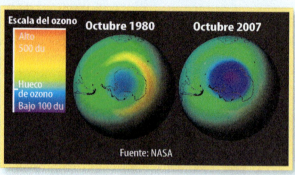

▲ Se ha desarrollado un hueco en la capa de ozono sobre la Antártida.

El calentamiento global y el ozono

Drew Shindell es un científico de la NASA que investiga la conexión entre la capa de ozono de la estratosfera y la acumulación de gases invernadero en la atmósfera. Sorprendentemente, mientras estos gases calientan la troposfera, hacen que las temperaturas de la estratosfera desciendan. A medida que la estratosfera se enfría sobre la Antártida, se forman más nubes con cristales de hielo, proceso clave en la destrucción del ozono. Aunque el aumento de gases invernadero en la atmósfera hace lenta la recuperación, Shindell piensa que al final la capa de ozono se recuperará sola.

Te toca a ti

NOTICIERO Trabaja con un compañero para desarrollar tres preguntas acerca de la capa de ozono. Investiga para encontrar las respuestas. Representa el papel de un reportero y de un científico. Presenta tus resultados a la clase a manera de noticiero.

Lección 2

Guía de lectura

Conceptos clave 🔑
PREGUNTAS IMPORTANTES

- ¿Cómo se transfiere la energía solar a la Tierra y a la atmósfera?
- ¿Cómo se crean los patrones de circulación del aire en la atmósfera?

Vocabulario
radiación pág. 418
conducción pág. 421
convección pág. 421
estabilidad pág. 422
inversión de temperatura pág. 423

g Multilingual eGlossary

Transferencia de energía en la atmósfera

Investigación ¿Qué hay allí en realidad?

Los espejismos se forman cuando la luz atraviesa capas de aire que tienen temperaturas diferentes. ¿Cómo crea la energía las reflexiones? ¿Qué otros efectos tiene la energía en la atmósfera?

Laboratorio de inicio

15 minutos

¿Qué le ocurre al aire a medida que se calienta?

La energía lumínica del sol se convierte en energía térmica en la Tierra. La energía térmica impulsa los sistemas de tiempo atmosférico que inciden en tu vida diaria.

1. Lee y completa un formulario de seguridad en el laboratorio.
2. Enciende una **lámpara** de foco incandescente.
3. Pon las manos bajo la luz, cerca del foco. ¿Qué sientes?
4. Cubre las manos con **polvo.**
5. Pon las manos debajo del foco y aplaude una vez.
6. Observa lo que le ocurre a las partículas.

Piensa

1. ¿Cómo pasó la energía en el paso 3 del foco a tus manos?
2. ¿Cómo se movieron las partículas cuando aplaudiste?
3. **Concepto clave** ¿De qué manera el movimiento de las partículas te demostró cómo se movía el aire?

VOCABULARIO ACADÉMICO

proceso
(sustantivo) una serie ordenada de acciones

Energía solar

La energía solar viaja 148 millones de km a la Tierra en solo 8 minutos. ¿Cómo llega a la Tierra? Lo hace mediante el **proceso** de radiación. *La **radiación** es la transferencia de energía por ondas electromagnéticas.* El 99 por ciento de la energía radiante del sol consiste en luz visible, luz ultravioleta y radiación infrarroja.

Luz visible

La mayor parte de la radiación solar es luz visible. Recuerda que la luz visible es la luz que puedes ver. La atmósfera es como una ventana para la luz visible, pues le permite pasar. En la superficie de la Tierra, esta se convierte en energía térmica, denominada comúnmente calor.

Longitudes de onda casi visibles

Las longitudes de onda de la luz ultravioleta (UV) y la radiación infrarroja (IR) están fuera del rango de la visión humana. La luz UV tiene longitudes de onda cortas y puede romper enlaces químicos. La exposición excesiva a la luz UV quema la piel de los seres humanos y puede causar cáncer de piel. La radiación infrarroja (IR) tiene longitudes de onda más largas que la luz visible. Puedes sentir la IR como energía térmica o calor. A medida que la Tierra absorbe la energía del sol, esta también se irradia como IR de la Tierra a la atmósfera.

✓ **Verificación de la lectura** Compara la luz visible con la luz ultravioleta.

Energía en la Tierra

A medida que la energía solar pasa por la atmósfera, gases y partículas absorben una parte y la otra se refleja hacia el espacio. Como resultado, no toda la energía que viene del Sol llega a la superficie terrestre.

Absorción

Estudia la **Figura 8.** Los gases y las partículas de la atmósfera absorben cerca del 20 por ciento de la radiación solar entrante. El oxígeno, el ozono y el vapor de agua absorben la radiación ultravioleta entrante. El agua y el dióxido de carbono de la troposfera absorben parte de la radiación infrarroja del sol. La atmósfera terrestre no absorbe la luz visible. Esta debe convertirse en radiación infrarroja antes de que pueda absorberse.

Reflexión

Las superficies brillantes, especialmente las nubes, **reflejan** la radiación entrante. Estudia la **Figura 8** de nuevo. Las nubes y otras partículas en el aire reflejan cerca del 25 por ciento de la radiación solar. Algo de radiación viaja hacia la superficie terrestre, y luego la tierra y las superficies del mar la reflejan. Las superficies cubiertas de rocas, nieve o hielo son especialmente reflectivas. Como se muestra en la **Figura 8,** esto representa cerca del 5 por ciento de la radiación entrante. En general, el 30 por ciento de la radiación entrante se refleja al espacio. Esto significa que, junto con el 20 por ciento de la radiación entrante que absorbe la atmósfera, la Tierra solo recibe y absorbe alrededor del 50 por ciento de la radiación solar entrante.

USO CIENTÍFICO Y USO COMÚN

reflejar

Uso científico devolver luz, calor, sonido, etc., después de que choca con una superficie

Uso común manifestar o hacer patente algo

Figura 8 Parte de la energía del sol se refleja o se absorbe a medida que pasa por la atmósfera.

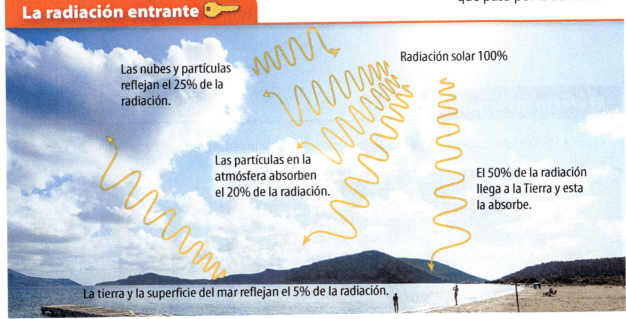

La radiación entrante

Las nubes y partículas reflejan el 25% de la radiación.

Radiación solar 100%

Las partículas en la atmósfera absorben el 20% de la radiación.

El 50% de la radiación llega a la Tierra y esta la absorbe.

La tierra y la superficie del mar reflejan el 5% de la radiación.

Verificación visual ¿Qué porcentaje de la radiación entrante absorben los gases y las partículas de la atmósfera?

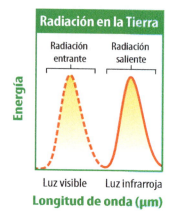

▲ **Figura 9** La cantidad de energía solar que absorben la Tierra y su atmósfera es igual a la cantidad de energía que la Tierra irradia hacia el espacio.

Equilibrio de la radiación

La radiación solar calienta la Tierra. Entonces, ¿por qué la Tierra no se vuelve cada vez más caliente ya que sigue recibiendo radiación del sol? Hay un equilibrio entre la cantidad de radiación entrante proveniente del Sol y de radiación saliente reflejada por la Tierra.

El suelo, el agua, las plantas y otros organismos absorben la radiación solar que llega a la superficie terrestre. La radiación que absorbe la Tierra se irradia nuevamente, o rebota, hacia la atmósfera exterior. La mayor parte de la energía que irradia la Tierra es radiación infrarroja, la cual calienta la atmósfera. La **Figura 9** muestra que la cantidad de radiación que la Tierra recibe del Sol es igual a la cantidad que la Tierra irradia hacia la atmósfera exterior. La Tierra absorbe la energía solar y luego la irradia hasta alcanzar un equilibrio.

El efecto invernadero

Como se muestra en la **Figura 10,** el vidrio de un invernadero permite el paso de la luz, que se convierte en energía infrarroja. El vidrio evita que la IR se escape y por ello calienta el invernadero. Algunos de los gases de la atmósfera, llamados gases invernadero, actúan como el vidrio del invernadero. Ellos permiten el paso de la luz solar, pero evitan que se escape parte de la energía IR. Los gases invernadero en la atmósfera terrestre atrapan la IR y la dirigen de nuevo a la superficie terrestre. Esto ocasiona una acumulación adicional de energía térmica en la superficie de la Tierra. Los gases que mejor atrapan la IR son el vapor de agua (H_2O), el dióxido de carbono (CO_2) y el metano (CH_4).

 Verificación de la lectura Describe el efecto invernadero.

El efecto invernadero

Figura 10 Los gases invernadero redirigen hacia la superficie terrestre parte de la radiación saliente.

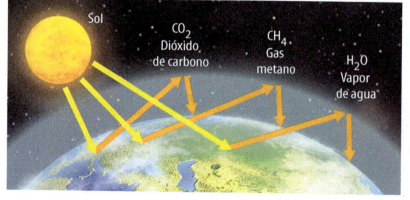

Transferencia de energía térmica

Recuerda que hay tres tipos de transferencia de energía térmica: la radiación, la conducción y la convección. Los tres ocurren en la atmósfera. Recuerda que la radiación es el proceso que transfiere energía solar a la Tierra.

Conducción

La energía térmica siempre se mueve desde un objeto con temperatura más alta hacia un objeto con temperatura más baja. *La **conducción** es la transferencia de energía térmica debido a colisiones entre partículas de materia.* Las partículas deben estar lo suficientemente cerca como para tocarse y transferir energía por conducción. Si tocaras la olla con agua caliente de la **Figura 11,** se transferiría energía de la olla a tu mano. La conducción ocurre donde la atmósfera toca la Tierra.

Convección

A medida que las moléculas de aire cercano a la superficie terrestre se calientan por conducción, se separan y el aire se hace menos denso. El aire menos denso se eleva y transfiere energía térmica a las altitudes más altas. *La transferencia de energía térmica por el movimiento de partículas dentro de la materia se denomina **convección**.* En la **Figura 11** puede verse la convección en el agua hirviendo que circula y el vapor que se eleva.

Calor latente

Más del 70 por ciento de la superficie terrestre está cubierta por una sustancia extremadamente única: ¡agua! El agua es la única sustancia que puede existir como sólido, líquido y gas en los rangos de temperatura de la Tierra. Recuerda que el calor latente se intercambia cuando el agua cambia de una fase a otra, como se muestra en la **Figura 12.** La energía de calor latente se transfiere de la superficie terrestre a la atmósfera.

 Verificación de concepto clave ¿Cómo se transfiere energía desde el Sol a la Tierra y la atmósfera?

▲ **Figura 11** La energía se transfiere por conducción, convección y radiación.

Review — **Personal Tutor**

Origen de las palabras

conducción
del latín *conducere*, que significa "reunir"

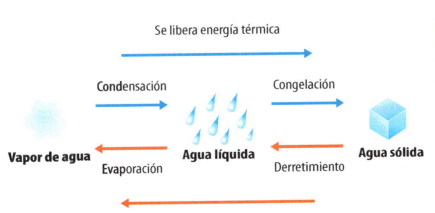

Figura 12 El agua libera o absorbe energía térmica durante los cambios de fase.

Lección 2 **EXPLICAR** 421

Foldables

Dobla una hoja de papel para hacer una tabla de cuatro columnas y cuatro hileras, y rotúlala como se muestra. Úsala para anotar información sobre la transferencia de energía térmica.

Aire en circulación 🔑

Figura 13 El aire caliente que se eleva se reemplaza por aire más frío y más denso que desciende a su lado.

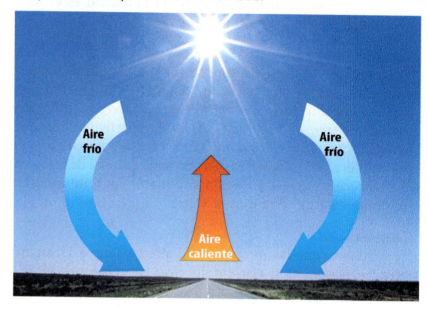

Figura 14 Las nubes lenticulares o con forma de lente, se forman cuando el aire se eleva dentro de una onda de montaña. ▼

Onda de montaña

Aire en circulación

Has leído que en la atmósfera el aire se transfiere por convección. En un día caliente, el aire que se ha calentado se vuelve menos denso. Esto crea una diferencia de presión. El aire más denso y frío empuja el aire caliente, desplazándolo. El aire más denso reemplaza al aire caliente, como se muestra en la **Figura 13**. El aire caliente es empujado hacia arriba con frecuencia. El aire más caliente en ascenso siempre está acompañado por aire más frío que desciende.

El aire se mueve constantemente. Por ejemplo, el aire que fluye hacia una cordillera se eleva y fluye sobre ella. Después de alcanzar la cima, el aire desciende. Este movimiento ascendente y descendente pone en acción un fenómeno atmosférico denominado onda de montaña. El aire ascendente crea nubes lenticulares, como se ve en la **Figura 14**. El aire en circulación afecta el tiempo atmosférico y el clima alrededor del mundo.

🔑 **Verificación de concepto clave** ¿Cómo se crean los patrones de circulación del aire dentro de la atmósfera?

Estabilidad

Cuando te paras frente al viento, tu cuerpo fuerza parte del aire a moverse por encima de ti. Lo mismo ocurre con las colinas y los edificios. La conducción y la convección también hacen que el aire se mueva hacia arriba. La **estabilidad** describe si los movimientos del aire circulante serán fuertes o débiles. Cuando el aire es inestable los movimientos circulantes son fuertes. Durante condiciones estables los movimientos circulantes son débiles.

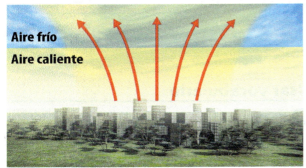
Condiciones normales

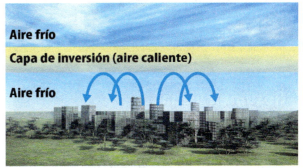
Inversión de temperatura

Aire inestable y turbonadas Con frecuencia, las condiciones inestables se presentan en las tardes calientes y soleadas. Durante condiciones inestables el aire a nivel del suelo es mucho más caliente que el aire a mayor altitud. A medida que el aire caliente asciende rápidamente en la atmósfera, se enfría y forma nubes grandes y altas. El calor latente, que se liberó cuando el vapor de agua cambió de forma gaseosa a líquida, se suma a la inestabilidad y se produce una turbonada.

✓ **Verificación de la lectura** Relaciona el aire inestable con la formación de turbonadas.

Aire estable e inversiones de temperatura Algunas veces, el aire a nivel del suelo tiene casi la misma temperatura que el aire a mayor altitud. Durante estas condiciones, el aire es estable y los movimientos circulantes son débiles. Bajo estas condiciones puede ocurrir una inversión de temperatura. *Una* **inversión de temperatura** *ocurre en la troposfera cuando la temperatura aumenta a medida que aumenta la altitud.* Durante una inversión de temperatura una capa de aire más frío queda atrapada debajo de una capa de aire más caliente, como se muestra en la **Figura 15**. Las inversiones de temperatura impiden que el aire se mezcle y pueden atrapar sustancias contaminantes en el aire cercano a la superficie terrestre.

Figura 15 La inversión de temperatura ocurre cuando el aire más frío queda atrapado debajo del aire más caliente.

✓ **Verificación visual**
¿En qué difieren las condiciones durante una inversión de temperatura de las condiciones normales?

Investigación MiniLab
20 minutos

¿Puedes identificar una inversión de temperatura?
Has leído que una inversión de temperatura es un cambio en las condiciones normales de la troposfera. ¿Cómo se ven los datos de una inversión de temperatura en una gráfica?

Analizar y concluir

1. **Describe** la información que muestra la gráfica. ¿En qué se diferencian las líneas?

2. **Analiza** ¿Cuál línea de la gráfica representa condiciones normales en la troposfera? ¿Cuál representa una inversión de temperatura? Explica tus respuestas en tu diario de ciencias.

3. 🔑 **Concepto clave** Según la gráfica, ¿qué patrón tiene una inversión de temperatura?

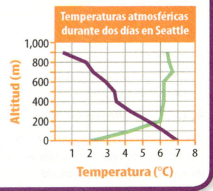

Lección 2
EXPLICAR

Repaso de la Lección 2

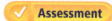 Assessment   Online Quiz

Resumen visual

No toda la radiación solar llega a la superficie terrestre.

La transferencia de la energía térmica en la atmósfera ocurre por radiación, conducción y convección.

Inversión de temperatura

Las inversiones de temperatura impiden que el aire se mezcle y pueden atrapar sustancias contaminantes en el aire cercano a la superficie terrestre.

FOLDABLES

Usa tu modelo de papel para repasar la lección. Guarda tu modelo para el proyecto de final de capítulo.

¿Qué opinas AHORA?

Al inicio de este capítulo leíste las siguientes afirmaciones.

3. Toda la energía del Sol llega a la superficie de la Tierra.

4. La Tierra emite energía hacia la atmósfera.

¿Sigues estando de acuerdo o en desacuerdo con las afirmaciones? Reescribe las afirmaciones falsas para hacerlas verdaderas.

Usar vocabulario

1. La propiedad de la atmósfera que describe si los movimientos circulantes del aire serán fuertes o débiles es _____.

2. **Define** *conducción* con tus propias palabras.

3. _____ es la transferencia de energía térmica por el movimiento de partículas dentro de la materia.

Entender conceptos clave

4. ¿Cuál afirmación es verdadera?
   A. La atmósfera terrestre bloquea completamente la energía solar.
   B. La energía solar atraviesa la atmósfera sin calentarla de manera significativa.
   C. Los gases invernadero absorben la energía IR del sol.
   D. La energía solar se encuentra básicamente en el rango UV.

5. **Distingue** entre conducción y convección.

Interpretar gráficas

6. **Explica** cómo los gases invernadero afectan las temperaturas en la Tierra.

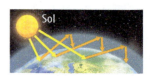

7. **Ordena** Copia y llena el siguiente organizador gráfico para describir cómo la atmósfera terrestre absorbe la energía solar.

Pensamiento crítico

8. **Sugiere** una manera de mantener fresco un automóvil estacionado al aire libre en un día soleado.

9. **Relaciona** las inversiones de temperatura con la estabilidad del aire.

Investigación: Práctica de destrezas — Comparar y contrastar 30 minutos

Materiales

vela

vara de metal

vara de vidrio

espiga de madera

vaso graduado de 500 ml

hielo

tazones (2)

lámpara

molde de vidrio para pastel

colorante para alimentos

vaso graduado de 250 ml

Seguridad

¿Puedes crear conducción, convección y radiación?

Después de que la radiación solar llega a la Tierra, las moléculas más cercanas a la Tierra transfieren energía térmica de una molécula a otra por conducción. El aire recién calentado se vuelve menos denso y se mueve mediante el proceso de convección.

Aprende

Cuando **comparas y contrastas** dos o más cosas, buscas semejanzas y diferencias entre ellas. Cuando **comparas** dos cosas, buscas las semejanzas, o en qué se parecen. Cuando las **contrastas,** buscas las diferencias entre sí.

Intenta

1. Lee y completa un formulario de seguridad en el laboratorio.
2. Pon algunas gotas de cera derretida de vela en un extremo de una vara de metal, de vidrio y de una espiga de madera.
3. Coloca un vaso graduado de 500 ml sobre la mesa del laboratorio. Pide a tu profesor que agregue 350 ml de agua muy caliente. Introduce en el agua los extremos de las varas sin cera. Pon el montaje a un lado.

4. Introduce un cubo de hielo en cada uno de los tazones pequeños rotulados como A y B.
5. Coloca el tazón A debajo de la lámpara con un foco de 60 ó 75 watts. Ubica la fuente de luz 10 cm por encima del tazón. Enciende la lámpara. Pon el tazón B a un lado.
6. Llena el molde para pastel con agua a temperatura ambiente a una altura de 2 cm. Agrega 2 ó 3 gotas de colorante rojo a un vaso graduado de 250 ml con agua muy caliente. Agrega 2 ó 3 gotas de colorante azul a un vaso graduado de 250 ml con agua muy fría y cubos de hielo. Con cuidado, vierte el agua caliente en un extremo del molde. Lentamente, vierte el agua muy fría en el mismo extremo del molde. Observa lo que ocurre desde un lado del molde. Anota tus observaciones en tu diario de ciencias.
7. Observa la cera de vela en las varas que están en agua caliente y los cubos de hielo de los tazones.

Aplica

8. ¿Qué le ocurrió a la cera de vela? Identifica el tipo de transferencia de energía.
9. ¿Cuál cubo de hielo se derritió más en los tazones? Identifica el tipo de transferencia de energía que derritió el hielo.
10. Compara y contrasta cómo el agua caliente y el agua fría se comportaron en el molde. Identifica el tipo de transferencia de energía.
11. 🔑 **Concepto clave** Explica cómo cada parte del laboratorio representa la radiación, la conducción y la convección.

Lección 3

Corrientes de aire

Guía de lectura

Conceptos clave 🔑
PREGUNTAS IMPORTANTES

- ¿Cómo el calentamiento desigual de la superficie terrestre ocasiona el movimiento del aire?
- ¿Cómo la rotación de la Tierra afecta las corrientes de aire?
- ¿Cuáles son los principales cinturones eólicos de la Tierra?

Vocabulario

viento pág. 427
vientos alisios pág. 429
vientos del oeste pág. 429
vientos polares del este pág. 429
vientos de chorro pág. 429
brisa marina pág. 430
brisa terrestre pág. 430

 Multilingual eGlossary

 Video

What's Science Got to do With It?

Investigación ¿Cómo el aire impulsa estas paletas?

Si alguna vez has montado bicicleta con un viento fuerte, sabes que el movimiento del aire puede ser una fuerza poderosa. Algunas regiones del mundo tienen más viento que otras. ¿Qué causa esas diferencias? ¿Cómo se forma el viento?

Laboratorio de inicio

15 minutos

¿Por qué se mueve el aire?

Los marineros de antaño confiaban en el viento para mover sus barcos alrededor del mundo. Actualmente, el viento se usa como una fuente de energía renovable. En la siguiente actividad explorarás qué hace que el aire se mueva.

1. Lee y completa un formulario de seguridad en el laboratorio.
2. Infla un **globo.** No lo anudes. Mantén cerrado el cuello del globo.
3. Describe cómo sientes el globo inflado.
4. Abre el cuello del globo sin permitir que se escape. Anota tus observaciones en tu diario de ciencias.

Piensa

1. ¿Qué hizo que la superficie del globo se sintiera de esa manera cuando el cuello estaba cerrado?
2. ¿Qué hizo que el aire saliera del globo cuando se abrió el cuello?
3. **Concepto clave** ¿Por qué el aire exterior no entró en el globo cuando se abrió el cuello?

Vientos globales

Hay enormes cinturones de viento que dan vueltas alrededor del globo. La energía que causa este movimiento masivo de aire se origina en el Sol. Sin embargo, los patrones de viento pueden ser globales o locales.

Calentamiento desigual de la superficie terrestre

La energía solar calienta la Tierra. Sin embargo, no llega la misma cantidad de energía a toda la superficie terrestre. La cantidad de energía que recibe un lugar depende en gran medida del ángulo del Sol. Por ejemplo, la energía solar al amanecer y al atardecer no es muy intensa. Pero la Tierra se calienta rápidamente cuando el Sol está alto en el cielo.

En latitudes cercanas al ecuador, en el área conocida como el trópico, los rayos solares llegan a la superficie terrestre formando un ángulo grande, de casi 90° durante todo el año. Como resultado, en los trópicos hay más luz solar por unidad de superficie. Esto significa que la tierra, el agua y el aire en el ecuador siempre están calientes.

En latitudes cercanas al polo Norte y al polo Sur los rayos solares llegan a la superficie terrestre formando un ángulo pequeño. Allí, la luz solar se dispersa sobre una superficie más grande que en el trópico. Como resultado, los polos reciben muy poca energía por unidad de superficie y son más fríos.

Recuerda que las diferencias en densidad hacen que el aire caliente se eleve. El aire caliente ejerce menos presión sobre la Tierra que el aire más frío. Dado que los trópicos son cálidos, la presión atmosférica es generalmente baja. Sobre zonas más frías, como el polo Norte y el polo Sur, la presión atmosférica es generalmente alta. *El* **viento** *es el movimiento del aire desde áreas de alta presión hasta áreas de baja presión.* El cinturón de vientos globales influye tanto en el clima como en el tiempo atmosférico de la Tierra.

Verificación de concepto clave ¿Cómo el calentamiento desigual de la superficie terrestre ocasiona el movimiento del aire?

Lección 3
EXPLORAR

Cinturones de viento global

Figura 16 Tres celdas en cada hemisferio mueven aire a través de la atmósfera.

Verificación visual ¿En cuál cinturón de viento vives?

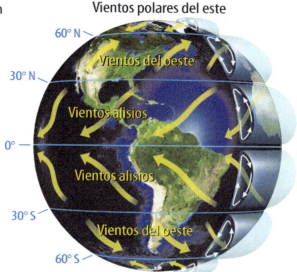

Cinturones de viento global

La **Figura 16** muestra el modelo de circulación de tres celdas en la atmósfera terrestre. En el hemisferio norte, el aire caliente de la celda más cercana al ecuador se mueve hacia la parte superior de la troposfera. Allí, el aire se mueve hacia el norte hasta que se enfría y desciende a la superficie terrestre cerca de los 30° de latitud. La mayor parte del aire en esta celda de convección regresa luego a la superficie terrestre cerca del ecuador.

La celda en las latitudes septentrionales más altas también es una celda de convección. El aire del polo Norte se mueve hacia el ecuador a lo largo de la superficie terrestre. El aire más frío empuja hacia arriba el aire caliente cerca de los 60° de latitud. El aire más caliente se mueve entonces hacia el norte y repite el ciclo. La celda ubicada entre los 30° y los 60° de latitud no es una celda de convección. Su movimiento está impulsado por las otras dos celdas, en un movimiento similar al de un lápiz que ruedas entre las manos. Existen tres celdas similares en el hemisferio sur. Estas celdas ayudan a generar los cinturones de viento global.

El efecto Coriolis

¿Qué ocurre cuando lanzas una bola a alguien ubicado frente a ti que está en un carrusel? Pareciera que la bola se curva, porque la persona que la atrapa se movió. De manera similar, la rotación de la Tierra hace que el aire y el agua en movimiento parezcan moverse hacia la derecha en el hemisferio norte y hacia la izquierda en el hemisferio sur. Esto se conoce como el efecto Coriolis. El contraste entre las presiones alta y baja y el efecto Coriolis crean un patrón de vientos característico, denominado vientos prevalecientes.

Verificación de concepto clave ¿Cómo la rotación de la Tierra afecta las corrientes de aire?

FOLDABLES

Haz un tríptico. Como se ilustra, dibuja la Tierra y las tres celdas de cada hemisferio en la parte interna del tríptico. Describe cada celda y explica la circulación de la atmósfera terrestre. En el exterior, rotula los cinturones de viento global.

Vientos prevalecientes

Las tres celdas globales de cada hemisferio crean vientos del norte y sur. Cuando el efecto Coriolis actúa sobre el viento, ellos soplan hacia el este o el oeste y crean vientos relativamente estables y predecibles. Ubica los vientos alisios en la **Figura 16.** Los **vientos alisios** son vientos constantes que soplan del este al oeste entre 30° N de latitud y 30° S de latitud.

A una latitud de cerca de 30° N y 30° S el aire se enfría y desciende. Esto crea áreas de alta presión y ligeros vientos calmos en el ecuador, llamadosde capa caída. Los botes de vela sin motor pueden quedarse varados en las calmas ecuatoriales.

Los **vientos del oeste** prevalecientes son vientos constantes que soplan de oeste a este entre latitudes 30° N y 60° N, y 30° S y 60° S. Esta región también se muestra en la **Figura 16.** Los **vientos polares del este** son vientos fríos que soplan del este al oeste en el polo Norte y el polo Sur.

 Verificación de concepto clave ¿Cuáles son los principales cinturones de viento de la Tierra?

Vientos de chorro

Cerca de la parte superior de la troposfera hay una banda angosta de vientos fuertes llamada **vientos de chorro**. Como se muestra en la **Figura 17,** los vientos de chorro fluyen alrededor de la Tierra de oeste a este, a menudo formando arcos grandes al norte o al sur. Estos vientos influyen en el tiempo atmosférico al mover aire frío desde los polos hacia el trópico y aire caliente desde el trópico hacia los polos; alcanzan velocidades de hasta 300 km/h y son más impredecibles que los prevalecientes.

Figura 17 Los vientos de chorro son bandas delgadas de vientos muy rápidos. Las nubes que se ven aquí se han condensado dentro de un viento de chorro más frío.

Investigación MiniLab

20 minutos

¿Puedes modelar el efecto Coriolis?

La rotación de la Tierra causa el efecto Coriolis. Este afecta el movimiento del agua y el aire en la Tierra.

1. Lee y completa un formulario de seguridad en el laboratorio.
2. Dibuja el punto A en el centro de una **lámina de foamy.** Dibuja el punto B a lo largo del extremo exterior de la lámina.
3. Haz rodar una **bola de ping-pong** desde el punto A hasta el punto B. Anota tus observaciones en tu diario de ciencias.
4. Coloca la lámina de foamy en el centro de un **plato giratorio.** Pide a tu compañero que haga girar la lámina de foamy a velocidad media. Haz rodar la bola a lo largo de la misma trayectoria. Anota tus observaciones.

Analizar y concluir

1. **Contrasta** la trayectoria de la bola cuando la lámina de foamy estaba quieta y cuando estaba girando.
2. **Concepto clave** ¿Cómo viaja el aire que se mueve desde el polo Norte hacia el ecuador debido a la rotación de la Tierra?

Lección 3
EXPLICAR

Vientos locales

Acabas de leer que los vientos globales ocurren debido a las diferencias de presión alrededor del globo. De la misma manera, los vientos locales ocurren siempre que la presión atmosférica varía de un lugar a otro.

Brisas marinas y terrestres

Probablemente, cualquiera que haya pasado un tiempo cerca de un lago o una playa ha experimentado la conexión que hay entre la temperatura, la presión atmosférica y el viento. *La* **brisa marina** *es el viento que sopla del mar hacia la tierra debido a diferencias en la temperatura local y la presión.* La **Figura 18** muestra cómo se forman las brisas marinas. En días soleados, la tierra se calienta más rápidamente que el agua. El aire que está sobre la tierra se calienta por conducción y se eleva, creando un área de baja presión. El aire que está sobre el agua desciende, lo que crea un área de alta presión, porque es más frío. Las diferencias de presión sobre la tierra caliente y el agua más fría causan un viento fresco que sopla desde el mar hacia la tierra.

La **brisa terrestre** *es el viento que sopla desde la tierra hacia el mar debido a diferencias locales de temperatura y presión.* La **Figura 18** muestra cómo se forman las brisas terrestres. En la noche, la tierra se enfría más rápidamente que el agua; entonces, el aire que está encima de la tierra se enfría más rápidamente que el aire que está encima del agua. Como resultado, se forma un área de baja presión sobre el agua más caliente. Una brisa terrestre sopla, entonces, desde la tierra hacia el agua.

 Verificación de la lectura Compara y contrasta las brisas marinas con las brisas terrestres.

Figura 18 Las brisas marinas y las brisas terrestres se crean como parte de una corriente de convección grande y reversible.

Vientos locales

Brisa marina

Agua fría — Durante el día, el aire fresco del océano se mueve hacia la presión baja sobre la tierra.

Tierra caliente — El aire que se calentó sobre la tierra crea un área de baja presión.

Brisa terrestre

Agua caliente — El aire que el océano calentó crea un área de baja presión.

Tierra fría — En la noche, el aire fresco de la tierra se mueve hacia la baja presión sobre el océano.

Verificación visual Ordena los pasos que participan en la formación de la brisa terrestre.

Repaso de la Lección 3

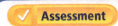 Assessment Online Quiz

Resumen visual

El viento se produce por diferencias de presiones entre un lugar y otro.

Los vientos prevalecientes en los cinturones de viento global son los vientos alisios, los vientos del oeste y los vientos polares del este.

Las brisas marinas y las brisas terrestres son ejemplos de vientos locales.

FOLDABLES

Usa tu modelo de papel para repasar la lección. Guarda tu modelo para el proyecto de final de capítulo.

¿Qué opinas AHORA?

Al inicio de este capítulo leíste las siguientes afirmaciones.

5. El calentamiento desigual en diferentes partes de la atmósfera crea patrones de circulación de aire.

6. El aire caliente baja y el aire frío sube.

¿Sigues estando de acuerdo o en desacuerdo con las afirmaciones? Reescribe las afirmaciones falsas para hacerlas verdaderas.

Usar vocabulario

1. El movimiento del aire de áreas de alta presión a áreas de baja presión es _____.

2. Un(a) _____ es el viento que sopla del mar hacia la tierra debido a diferencias locales de temperatura y presión.

3. **Distingue** entre vientos del oeste y vientos alisios.

Entender conceptos clave

4. ¿Cuál NO afecta los cinturones de viento global?
   A. presión atmosférica
   B. brisas terrestres
   C. el efecto Coriolis
   D. el Sol

5. **Relaciona** el movimiento de rotación de la Tierra con el efecto Coriolis.

Interpretar gráficas

Usa la siguiente imagen para responder la pregunta 6.

6. **Explica** la brisa terrestre.

7. **Organiza** Copia y llena el siguiente organizador gráfico para resumir los cinturones de viento global.

Cinturón de viento	Descripción
Vientos alisios	
Vientos del oeste	
Vientos polares del este	

Pensamiento crítico

8. **Infiere** lo que podría ocurrir sin el efecto Coriolis.

9. **Explica** por qué con frecuencia la dirección del viento en Hawai es la misma que en Groenlandia.

Lección 3 • 431
EVALUAR

investigación Práctica de destrezas | Modelar
30 minutos

¿Puedes hacer un modelo de los patrones de viento global?

En cada hemisferio el aire circula en patrones específicos. Recuerda que los científicos usan el modelo de las tres celdas para describir estas celdas de circulación. La circulación general de la atmósfera produce cinturones de vientos prevalecientes alrededor del mundo. En esta actividad, harás un **modelo** de las principales celdas de circulación de la atmósfera terrestre.

Materiales

cintas

globo terráqueo

marcador permanente

tijeras

cinta adhesiva transparente

Seguridad

Aprende

Elaborar un **modelo** te ayuda a visualizar cómo funciona un proceso. Los científicos usan modelos para representar procesos que pueden ser difíciles de ver en tiempo real. Algunas veces un modelo representa algo demasiado pequeño para verlo a simple vista, como el modelo de un átomo. Otros modelos, como el del sistema solar, representan algo que es demasiado grande para ver desde un lugar.

Intenta

1. Lee y completa un formulario de seguridad en el laboratorio.

2. Toma como referencia la Figura 16 para elaborar tu modelo.

3. Escoge cinta de un color para las celdas de circulación. Haz cada cinta lo suficientemente larga para cubrir el límite de latitud de cada celda de circulación. Dibuja flechas en cada cinta para mostrar la dirección en que fluye el aire dentro de esa celda. Haz una vuelta para cada celda del hemisferio norte y otra para cada celda del hemisferio sur. Pega tus "celdas" al globo terráqueo.

4. Escoge cintas de diferentes colores para hacer en cada hemisferio un modelo de cada uno de los siguientes cinturones de viento: vientos alisios, vientos del oeste y vientos polares del este. Dibuja flechas en cada cinta para mostrar la dirección en que sopla el viento. Pega las cintas al globo.

5. Crea una clave de color para identificar cada celda y su correspondiente tipo de viento.

Aplica

6. Explica cómo tu modelo representa el modelo de tres celdas que usan los científicos. ¿En qué se diferencia tu modelo del movimiento real del aire en la atmósfera?

7. Explica por qué no puedes representar de manera precisa los vientos globales con este modelo.

8. **Concepto clave** Explica cómo la latitud afecta los vientos globales.

Lección 4

Guía de lectura

Conceptos clave
PREGUNTAS IMPORTANTES

- ¿Cómo los seres humanos afectan la calidad del aire?
- ¿Por qué los seres humanos monitorean los estándares de calidad del aire?

Vocabulario
polución del aire pág. 434
precipitación ácida pág. 435
esmog fotoquímico pág. 435
partículas en suspensión pág. 436

 Multilingual eGlossary

 Video BrainPOP®

Calidad del aire

Investigación ¿Cómo ocurrió esto?

Durante una inversión de temperatura, la contaminación del aire puede quedar atrapada cerca de la superficie terrestre. Esto es especialmente común en ciudades ubicadas en valles y rodeadas por montañas. ¿Cómo es la calidad del aire en un día como este? ¿De dónde viene la contaminación?

Investigación Laboratorio de inicio

20 minutos

¿Cómo se forma la lluvia ácida?

Vehículos, fábricas y plantas de energía liberan químicos a la atmósfera. Cuando estos químicos se combinan con vapor de agua pueden formar lluvia ácida.

1. Lee y completa un formulario de seguridad en el laboratorio.
2. Llena hasta la mitad un **vaso de plástico** con **agua destilada**.
3. Moja una tira de **papel indicador de pH** en el agua. Usa la **tabla de color de pH** para determinar el pH del agua destilada. Anota el pH en tu diario de ciencias.
4. Usa un **gotero** para agregar **jugo de limón** al agua hasta que el pH iguale al pH de la lluvia ácida. Revuelve y mide el pH cada vez que agregues 5 gotas de jugo de limón a la mezcla.

Piensa

1. Un ácido fuerte tiene un pH entre 0 y 2. ¿En qué se parece el pH del jugo de limón al pH de otras sustancias? ¿La lluvia ácida es un ácido fuerte?
2. **Concepto clave** ¿Por qué los científicos monitorean el pH de la lluvia?

Sustancias	pH
Ácido clorhídrico	0.0
Jugo de limón	2.3
Vinagre	2.9
Jugo de tomate	4.1
Café (negro)	5.0
Lluvia ácida	5.6
Agua lluvia	6.5
Leche	6.6
Agua destilada	7.0
Sangre	7.4
Solución de bicarbonato	8.4
Pasta de dientes	9.9
Amoniaco para el hogar	11.9
Hidróxido de sodio	14.0

Figura 19 Un ejemplo de polución de fuente puntual es la columna de humo de una fábrica.

Fuentes de polución del aire

La contaminación del aire por sustancias dañinas como gases y humo se denomina **polución del aire**. La polución del aire es dañina para los seres humanos y otros seres vivos. Años de exposición al aire contaminado pueden debilitar el sistema inmune. Enfermedades respiratorias como el asma pueden ser causadas por la polución del aire.

La polución del aire proviene de muchas fuentes. La polución de fuente puntual es polución que proviene de una fuente que puede identificarse. Ejemplos de fuentes puntuales son las columnas de humo de fábricas grandes, como la que se muestra en la **Figura 19**, y plantas generadoras de energía que queman combustibles fósiles. Ellas liberan al aire toneladas de gases y partículas contaminantes cada día. Un ejemplo de fuente puntual natural de polución es un volcán en erupción.

La fuente no puntual de polución es la que proviene de un área extensa. Un ejemplo de polución de una fuente no puntual es la polución del aire en una ciudad grande. Esta se considera como fuente no puntual de polución, porque no puede seguirse el rastro hacia una fuente determinada. Algunas bacterias que se encuentran en pantanos y marismas son ejemplos de fuentes naturales de polución de fuente no puntual.

 Verificación de concepto clave Compara la polución de fuente puntual y la de fuente no puntual.

Causas y efectos de la polución del aire

Los efectos dañinos de la polución del aire no se limitan a la salud humana. Algunos contaminantes como el ozono a nivel del suelo, pueden dañar las plantas. La polución del aire puede causar daños graves a las estructuras hechas por los seres humanos. La contaminación del dióxido de azufre puede descolorar la piedra, corroer el metal y dañar la pintura de los automóviles.

Precipitación ácida

Cuando el dióxido de azufre y los óxidos de nitrógeno se combinan con humedad en la atmósfera y forman una precipitación que tiene un pH más bajo que el del agua de la lluvia normal, se denomina **precipitación ácida**. La precipitación ácida incluye la lluvia, la nieve y la niebla ácidas. Esta afecta la química del agua en lagos y ríos, lo que puede dañar los organismos que viven en el agua. La precipitación ácida daña edificaciones y otras estructuras construidas en piedra. Fuentes naturales de dióxido de azufre son los volcanes y las marismas. Sin embargo, las fuentes más comunes de dióxido de azufre y óxidos de nitrógeno son los gases de escape de los automóviles y las fábricas y el humo de las plantas generadoras de energía.

Esmog

El **esmog fotoquímico** *es la polución del aire que se forma de la interacción entre los químicos en el aire y la luz solar.* Se forma esmog cuando el dióxido de nitrógeno, liberado en los gases de escape de los vehículos de gasolina, reacciona con la luz solar. Una serie de reacciones químicas produce ozono y otros compuestos que forman esmog. Recuerda que en la estratosfera, el ozono ayuda a proteger a los organismos de los rayos dañinos del sol. Sin embargo, el ozono del nivel del suelo puede dañar los tejidos de las plantas y los animales. El ozono a nivel del suelo es el principal componente del esmog. El esmog en áreas urbanas reduce la visibilidad y dificulta respirar. La **Figura 20** muestra la ciudad de Nueva York en un día despejado y en un día con esmog.

 Verificación de concepto clave ¿Cómo los seres humanos afectan la calidad del aire?

FOLDABLES

Haz un boletín horizontal con tres solapas y rotúlalo como se muestra. Úsalo para organizar tus notas sobre la formación de la polución del aire y sus efectos. Dobla los tercios derecho e izquierdo sobre el centro y rotula el exterior *Tipos de polución del aire*.

Figura 20 El esmog se puede ver como una neblina o tinte marrón en la atmósfera.

Polución por partículas en suspensión

Aunque no puedes verlas, hay más de 10,000 partículas sólidas o líquidas en cada centímetro cúbico de aire. Un centímetro cúbico es casi del tamaño de un cubo de azúcar. Este tipo de polución se denomina partículas en suspensión. **Partículas en suspensión** *es una mezcla de polvo, ácidos y otros químicos que pueden ser dañinos para la salud humana.* Las partículas más pequeñas son las más dañinas. Estas pueden inhalarse, entrar a los pulmones y causar asma, bronquitis, e incluso, llevar a un ataque cardiaco. Los niños y adultos mayores tienen más probabilidad de experimentar problemas de salud debido a ellas.

Las partículas en suspensión absorben y dispersan la luz. Esto puede crear bruma. Las partículas de bruma dispersan la luz, hacen las cosas borrosas y reducen la visibilidad.

Movimiento de la polución del aire

El viento puede influir en los efectos de la polución del aire. Debido a que el aire transporta la polución, algunos patrones de viento causan más problemas que otros. Los vientos débiles o la falta de viento evitan que la polución se mezcle con el aire circundante. Durante condiciones de viento débil los niveles de polución pueden volverse peligrosos.

Por ejemplo, las condiciones en que se forman las inversiones de temperatura son vientos débiles, cielos despejados y noches invernales más largas. A medida que la tierra se enfría en la noche, el aire encima de ella también se enfría. Sin embargo, los vientos calmados impiden que el aire fresco se mezcle con el aire caliente que está encima. La **Figura 21** muestra cómo las ciudades ubicadas en valles experimentan una inversión de temperatura. El aire fresco, junto con la polución que contiene, queda atrapado en los valles. Más aire fresco desciende por las laderas de la montaña, lo cual impide aún más la mezcla de las capas. En la foto de inicio de la lección, la polución quedó atrapada debido a una inversión de temperatura.

> **ORIGEN DE LAS PALABRAS**
>
> **partícula**
> del latín *particula*, que significa "parte pequeña"

Figura 21 En la noche, el aire fresco desciende por las laderas de la montaña y deja atrapada la polución en el valle.

Inversión de temperatura

① La tierra se enfría rápidamente en la noche. El aire cerca del suelo se enfría, mientras el aire que está muy por encima de la superficie permanece caliente. Los vientos calmados evitan que las dos capas se mezclen.

② El aire fresco desciende por las laderas de la montaña, lo cual previene la mezcla entre las capas de aire.

③ La polución del aire está atrapada cerca de la superficie de la Tierra.

Verificación visual ¿Cómo una inversión de temperatura atrapa la polución del aire?

Mantenimiento de la calidad del aire

La preservación de la calidad de la atmósfera terrestre requiere la cooperación de funcionarios del gobierno, de los científicos y del público. La Ley de Aire Limpio es un ejemplo de cómo el gobierno puede ayudar a combatir la polución. Desde que se convirtió en ley en 1970, se han tomado medidas para reducir las emisiones de los automóviles. Los niveles de contaminantes han disminuido significativamente en EE.UU. Sin embargo, aún existen problemas serios. La cantidad de ozono a nivel del suelo todavía es demasiado alta en muchas ciudades grandes, y la precipitación ácida también continúa dañando organismos en lagos, riachuelos y bosques.

Estándares de calidad del aire

La Ley de Aire Limpio le da al gobierno de EE.UU. el poder de establecer estándares de calidad para el aire. Los estándares protegen a los seres humanos, animales, plantas y edificaciones de los efectos dañinos de la polución del aire. A todos los estados se les exige asegurarse de que contaminantes como monóxido de carbono, óxidos de nitrógeno, partículas en suspensión, ozono y dióxido de azufre no excedan los niveles dañinos.

 Verificación de la lectura ¿Qué es la Ley de Aire Limpio?

Monitorización de la polución del aire

Cientos de instrumentos en las principales ciudades de EE.UU. monitorean los niveles de polución. Si estos son muy altos, las autoridades pueden aconsejar a la gente reducir las actividades al aire libre.

 MiniLab 15 minutos

¿Estar al aire libre puede ser dañino para tu salud?

¿Te verás afectado si juegas tenis un par de horas, montas bicicleta con tus amigos o incluso, te recuestas en la playa? Aun si no has tenido problemas de salud relacionados con tu sistema respiratorio, debes ser consciente de la calidad del aire del lugar en donde vas a desarrollar alguna actividad.

Analizar y concluir

1. ¿Qué valores del ICA indican que la calidad del aire es buena?
2. ¿En qué valor no es saludable la calidad del aire para cualquiera que pueda tener alergias y desórdenes respiratorios?
3. ¿Cuáles valores serían considerados como alerta de condiciones de emergencia?
4. 🔑 **Concepto clave** La calidad del aire en áreas diferentes varía a lo largo del día. Explica cómo puedes usar el ICA para saber cuándo debes limitar tus actividades al aire libre.

Valores del índice de calidad del aire (ICA)	Niveles de preocupación para la salud
0 a 50	Bueno
51 a 100	Moderado
101 a 150	No saludable para grupos sensibles
151 a 200	No saludable
201 a 300	Muy poco saludable
301 a 500	Peligroso

Lección 4
EXPLICAR

Tendencias en la calidad del aire

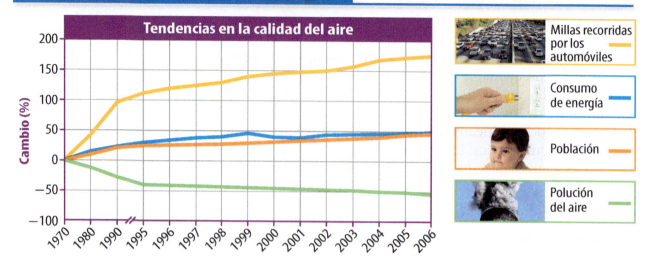

Figura 22 Las emisiones de polución han disminuido, aunque la población esté aumentando.

Destrezas matemáticas

Usar gráficas
La gráfica anterior muestra el porcentaje de cambio de cuatro factores contaminantes entre 1970 y 2006. Todos los valores se basan en la cantidad de 0 por ciento en 1970. Por ejemplo, de 1970 a 1990, la cantidad de millas recorridas por vehículos aumentó en 100 por ciento, o se duplicaron las millas recorridas. Usa la gráfica para inferir cuáles factores pueden estar relacionados.

Practicar
1. ¿En qué porcentaje cambió la población entre 1970 y 2006?
2. ¿Qué otro factor cambió en aproximadamente el mismo valor durante ese periodo?

Review
- Math Practice
- Personal Tutor

Tendencias en la calidad del aire

En las últimas décadas, la calidad del aire en EE.UU. ha mejorado, como lo demuestra la **Figura 22.** Aunque algunos procesos contaminantes han aumentado, como el uso de combustibles fósiles y de automóviles, los niveles de algunos contaminantes del aire han disminuido. Entre ellos están el plomo y el monóxido de carbono. Los niveles de dióxido de azufre, de óxido de nitrógeno y de partículas en suspensión también han disminuido.

Sin embargo, la tendencia del ozono troposférico no ha disminuido mucho en comparación a otros contaminantes. ¿Por qué? Recuerda que de las reacciones químicas en las emisiones de automóviles se puede crear ozono. El aumento en la cantidad de ozono troposférico se debe al aumento en el número de millas recorridas por los vehículos.

 Verificación de concepto clave ¿Por qué los seres humanos monitorean los estándares de calidad del aire?

Polución del aire bajo techo

No toda la polución del aire está al aire libre. ¡El aire dentro de los hogares y las edificaciones puede estar 50 veces más contaminado! La calidad del aire bajo techo puede afectar la salud de los seres humanos mucho más que la calidad del aire afuera.

La polución del aire bajo techo proviene de contaminantes como el humo del tabaco, productos de limpieza, pesticidas y chimeneas. El tapizado y relleno de los muebles, los tapetes y la espuma aislante también generan contaminantes. El radón, gas inodoro que sueltan algunas tierras y rocas, se filtra por grietas en los cimientos de edificaciones y algunas veces se acumula en niveles peligrosos dentro de los hogares. Los efectos dañinos del radón provienen de respirar sus partículas.

438 Capítulo 12
EXPLICAR

Repaso de la Lección 4

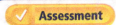

Resumen visual

La polución del aire proviene de fuentes puntuales como fábricas y de fuentes no puntuales como automóviles.

El esmog fotoquímico contiene ozono, que puede dañar tejidos de plantas y animales.

FOLDABLES

Usa tu modelo de papel para repasar la lección. Guarda tu modelo para el proyecto de final de capítulo.

¿Qué opinas AHORA?

Al inicio de este capítulo leíste las siguientes afirmaciones.

7. Si no vivieran seres humanos en la Tierra, no habría contaminación del aire.

8. Los niveles de contaminación del aire no se miden ni se monitorean.

¿Sigues estando de acuerdo o en desacuerdo con las afirmaciones? Reescribe las afirmaciones falsas para hacerlas verdaderas.

Usar vocabulario

1. **Define** *precipitación ácida* con tus propias palabras.

2. _____ se forma cuando reacciones químicas combinan la polución con la luz solar.

3. La contaminación del aire por sustancias dañinas, como gases y humo es _____.

Entender conceptos clave

4. ¿Qué NO es cierto sobre el esmog?
   A. Contiene óxido de nitrógeno.
   B. Contiene ozono.
   C. Reduce la visibilidad.
   D. Es producido solo por automóviles.

5. **Describe** dos maneras cómo los humanos agregan polución a la atmósfera.

6. **Evalúa** si es más probable encontrar niveles altos de esmog en las áreas rurales o en las urbanas.

7. **Identifica** y describe la ley que se creó para reducir la polución del aire.

Interpretar gráficas

8. **Compara y contrasta** Copia y llena el siguiente organizador gráfico para comparar y contrastar detalles del esmog y la precipitación ácida.

	Semejanzas	Diferencias
Esmog		
Precipitación ácida		

Pensamiento crítico

9. **Describe** cómo la pavimentación de un terreno sobre césped afecta la conducción y la convección.

10. Con base en la gráfica de la página anterior, ¿cuál fue el porcentaje total de cambio en la polución del aire entre 1970 y 2006?

Lección 4
439
EVALUAR

Laboratorio

40 minutos

Materiales

termómetro

arena

vaso graduado de 500 ml

lámpara

cronómetro

toallas de papel

cuchara

tierra para macetas

arcilla

Seguridad

Absorción de energía radiante

Básicamente, el Sol es la fuente de energía de la Tierra. La energía solar se mueve a través de la atmósfera, y diferentes superficies en la Tierra la absorben y la reflejan. Las superficies claras reflejan energía y las superficies oscuras la absorben. Tanto las superficies terrestres como las marinas absorben energía solar y el aire que está en contacto con estas superficies se calienta por conducción.

Preguntar

¿Cuáles superficies de la Tierra absorben más energía solar?

Hacer observaciones

1. Lee y completa un formulario de seguridad en el laboratorio.
2. Haz una tabla de datos en tu diario de ciencias para anotar tus observaciones sobre la transferencia de energía. Incluye columnas para Tipo de superficie, Temperatura antes de calentar y Temperatura después de calentar.
3. Llena con arena hasta la mitad un vaso graduado de 500 ml. Coloca un termómetro en la arena y con cuidado agrega suficiente arena como para cubrir el bulbo del termómetro: casi 2 cm de profundidad. Mantén el bulbo bajo la arena durante 1 minuto. Anota la temperatura en la tabla de datos.
4. Pon el vaso graduado debajo de la fuente de luz. Anota la temperatura después de 10 minutos.
5. Repite los pasos 3 y 4 usando tierra y agua.

Formular la hipótesis

6. Usa los datos de tu tabla para formular una hipótesis que plantee cuáles superficies de la Tierra, como bosques, campos de trigo, lagos, montañas con nevados y desiertos, absorberán la mayor parte de la energía radiante.

Comprobar la hipótesis

7 A partir de tu hipótesis, decide qué materiales se pueden usar para imitar las superficies de la Tierra.

8 Repite el experimento con materiales que apruebe tu profesor, para comprobar tu hipótesis.

9 Examina tus datos. ¿Se confirmó tu hipótesis? ¿Por qué?

Analizar y concluir

10 Infiere qué tipos de áreas en la Tierra absorben la mayor parte de la energía solar.

11 Piensa críticamente Cuando áreas de la Tierra cambian de manera que son más aptas para absorber o reflejar energía solar, ¿cómo afectan estos cambios la conducción y la convección en la atmósfera?

12 La gran idea Explica cómo recibir la energía térmica del Sol y reflejarla desde la superficie de la Tierra se relaciona con la función de la atmósfera de mantener las condiciones apropiadas para la vida.

Sugerencias para el laboratorio

☑ Si es posible, usa hojas, pajilla, hielo raspado y otros materiales naturales para comprobar tu hipótesis.

Comunicar resultados

Muestra los datos de tus observaciones iniciales para comparar tus conclusiones con las de tus compañeros de clase. Explica a tus compañeros tu hipótesis, los resultados de tu experimento y las conclusiones.

Investigación Ir más allá

¿Qué agregarías a esta investigación para demostrar cómo el cubrimiento de las nubes cambia la cantidad de radiación que llega a las superficies de la Tierra? Diseña un estudio que pueda probar el efecto del cubrimiento de las nubes en la radiación que atraviesa la atmósfera de la Tierra. ¿Cómo demostrarías que las nubes también reflejan la energía radiante que proviene del Sol?

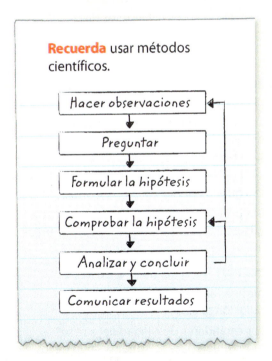

Guía de estudio del Capítulo 12

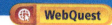 WebQuest

LA GRAN IDEA

Los gases en la atmósfera terrestre, algunos de los cuales son necesarios para que los organismos sobrevivan, afectan la temperatura terrestre y la transferencia de energía térmica a la atmósfera.

Resumen de conceptos clave 🔑 | Vocabulario

Lección 1: Descripción de la atmósfera de la Tierra

- La **atmósfera** se formó a medida que la Tierra se enfrió y ocurrieron procesos químicos y biológicos.
- La atmósfera terrestre está compuesta por nitrógeno, oxígeno y una cantidad pequeña de otros gases como CO_2 y **vapor de agua**.
- Las capas atmosféricas son la **troposfera**, la **estratosfera**, la mesosfera, la termosfera y la exosfera.
- La presión atmosférica disminuye a medida que aumenta la altitud. La temperatura aumenta o disminuye a medida que aumenta la altitud, según la capa de la atmósfera.

atmósfera pág. 409
vapor de agua pág. 410
troposfera pág. 412
estratosfera pág. 412
capa de ozono pág. 412
ionosfera pág. 413

Lección 2: Transferencia de energía en la atmósfera

- La energía solar se transfiere a la superficie terrestre y la atmósfera por **radiación**, **conducción**, **convección** y calor latente.
- Los patrones de circulación del aire se crean por corrientes de convección.

radiación pág. 418
conducción pág. 421
convección pág. 421
estabilidad pág. 422
inversión de temperatura pág. 423

Lección 3: Corrientes de aire

- El calentamiento desigual de la superficie de la Tierra crea diferencias de presión. El **viento** es el movimiento del aire desde áreas de alta presión hacia áreas de baja presión.
- Las corrientes de aire se curvan hacia la derecha o hacia la izquierda debido al efecto Coriolis.
- Los principales cinturones de viento de la Tierra son los **vientos alisios**, los **vientos del oeste** y los **vientos polares del este**.

viento pág. 427
vientos alisios pág. 429
vientos del oeste pág. 429
vientos polares del este pág. 429
vientos de chorro pág. 429
brisa marina pág. 430
brisa terrestre pág. 430

Lección 4: Calidad del aire

- Algunas actividades humanas liberan polución al aire.
- Los estándares de calidad del aire se monitorean para asegurar la salud de los organismos y determinar si los esfuerzos contra la contaminación han sido exitosos.

polución del aire pág. 434
precipitación ácida pág. 435
esmog fotoquímico pág. 435
partículas en suspensión pág. 436

Guía de estudio

Review
- Personal Tutor
- Vocabulary eGames
- Vocabulary eFlashcards

FOLDABLES Proyecto del capítulo

Organiza tus modelos de papel como se muestra, para hacer un proyecto de capítulo. Usa el proyecto para repasar lo que aprendiste en este capítulo.

Usar vocabulario

1. Las ondas de radio viajan distancias largas al rebotar en partículas cargadas eléctricamente en la _____.

2. La energía térmica del sol se transfiere a la Tierra a través del espacio por _____.

3. Las corrientes ascendentes de aire caliente transfieren energía de la Tierra a la atmósfera mediante _____.

4. Una banda angosta de vientos ubicada cerca de la parte superior de la troposfera es un(a) _____.

5. Los _____ son vientos constantes que soplan del este al oeste entre 30° de latitud N y 30° de latitud S.

6. En las zonas urbanas grandes se forma _____ cuando contaminantes en el aire interactúan con la luz solar.

7. La mezcla de polvo, ácidos y otros químicos que puede ser peligrosa para la salud humana se denomina _____.

Relacionar vocabulario y conceptos clave

Concepts in Motion — Interactive Concept Map

Copia este mapa conceptual y luego usa términos de vocabulario de la página anterior para completarlo.

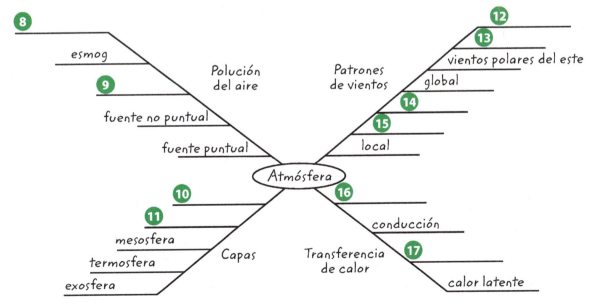

Repaso del Capítulo 12

Entender conceptos clave

1. La presión atmosférica es mayor en la
   A. base de una montaña.
   B. cima de una montaña.
   C. estratosfera.
   D. ionosfera.

2. ¿En cuál capa de la atmósfera se encuentra la capa de ozono?
   A. troposfera
   B. estratosfera
   C. mesosfera
   D. termosfera

Usa la siguiente imagen para responder la pregunta 3.

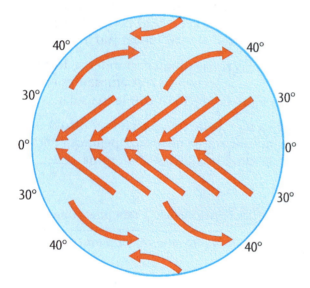

3. Este diagrama representa _____ de la atmósfera.
   A. las masas de aire
   B. los cinturones de viento global
   C. las inversiones
   D. el movimiento de partículas

4. La energía solar
   A. se absorbe completamente por la atmósfera.
   B. se refleja completamente por la atmósfera.
   C. está en forma de calor latente.
   D. se transfiere a la atmósfera después del calentamiento de la Tierra.

5. ¿Qué tipo de energía se emite desde la Tierra hacia la atmósfera?
   A. radiación ultravioleta
   B. radiación visible
   C. radiación infrarroja
   D. aurora boreal

6. ¿Cuál es una banda angosta de vientos altos ubicada cerca de la parte superior de la troposfera?
   A. vientos polares del este
   B. vientos de chorro
   C. brisa marina
   D. vientos alisios

7. ¿Cuál ayuda a proteger personas, animales, plantas y edificaciones de los efectos dañinos de la polución del aire?
   A. contaminantes primarios
   B. contaminantes secundarios
   C. capa de ozono
   D. estándares de calidad del aire

Usa la siguiente fotografía para responder la pregunta 8.

8. Esta fotografía muestra una fuente potencial de
   A. radiación ultravioleta.
   B. polución de aire bajo techo.
   C. radón.
   D. esmog.

Repaso del capítulo

Assessment
Online Test Practice

Pensamiento crítico

9 **Predice** cómo los niveles atmosféricos de dióxido de carbono cambiarían si se siembran más árboles en la Tierra. Explica tu predicción.

10 **Compara** la radiación visible con la infrarroja.

11 **Evalúa** si tu casa se calienta por conducción o convección.

12 **Ordena** los pasos que explican cómo el calentamiento desigual de la superficie terrestre lleva a la formación del viento.

13 **Evalúa** si una brisa marina puede ocurrir en la noche.

14 **Interpreta gráficas** ¿Cuáles son las tres fuentes principales de partículas en suspensión en la atmósfera? ¿Qué puedes hacer para reducir las partículas en suspensión de cualquiera de las fuentes que se muestran aquí?

REPASO LA GRAN IDEA

17 Repasa el título de cada lección del capítulo. Enumera todas las características y los componentes de la troposfera y la estratosfera que afecten la vida en la Tierra. Describe cómo cada una afecta la vida.

18 **Debate** cómo se transfiere energía desde el Sol a través de la atmósfera terrestre.

15 **Diagrama** cómo se forma la precipitación ácida. Incluye posibles fuentes de dióxido de azufre y óxido de nitrógeno y organismos que la precipitación ácida puede afectar.

Escritura en Ciencias

16 **Escribe** un párrafo en el que expliques si sería posible contaminar de manera permanente la atmósfera con partículas en suspensión.

Destrezas matemáticas
Review — Math Practice

Usar gráficas

19 ¿Cuál fue el porcentaje de cambio en el uso de energía entre 1996 y 1999?

20 ¿Qué le ocurrió al uso de energía entre 1999 y 2000?

21 ¿Cuál fue el porcentaje total de cambio entre las millas que recorrieron los vehículos y la polución del aire entre 1970 y 2000?

Práctica para la prueba estandarizada

Anota tus respuestas en la hoja de respuestas que te entregó el profesor o en una hoja de papel.

Selección múltiple

1 ¿Qué causa el fenómeno conocido como onda de montaña?

   A desequilibrio en la radiación
   B aire en ascenso y aire en descenso
   C inversión de temperatura
   D el efecto invernadero

Usa el siguiente diagrama para responder la pregunta 2.

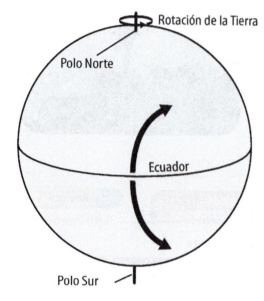

2 ¿Qué fenómeno ilustra el diagrama anterior?

   A equilibrio en la radiación
   B inversión de temperatura
   C el efecto Coriolis
   D el efecto invernadero

3 ¿Cuáles son los gases que los científicos llaman gases de efecto invernadero?

   A dióxido de carbono, hidrógeno, nitrógeno
   B dióxido de carbono, gas metano, vapor de agua
   C monóxido de carbono, oxígeno, argón
   D monóxido de carbono, ozono, radón

4 ¿En cuál dirección parece girar el aire en movimiento en el hemisferio norte?

   A hacia abajo
   B hacia arriba
   C hacia la derecha
   D hacia la izquierda

Usa el siguiente diagrama para responder la pregunta 5.

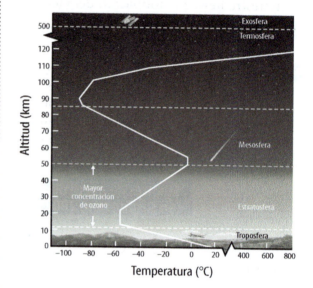

5 ¿Cuál capa de la atmósfera tiene el rango más amplio de temperatura?

   A mesosfera
   B estratosfera
   C termosfera
   D troposfera

6 ¿Cuál fue el componente principal de la atmósfera terrestre original?

   A dióxido de carbono
   B nitrógeno
   C oxígeno
   D vapor de agua

Práctica para la prueba estandarizada

7 ¿Cuál es la causa principal del patrón global de vientos en la Tierra?

   A fusión de los casquetes glaciares

   B calentamiento desigual

   C cambio de tiempo atmosférico

   D rompimiento de ondas

Usa el siguiente diagrama para responder la pregunta 8.

Métodos de transferencia de energía

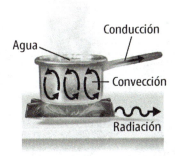

8 En el diagrama anterior, ¿cuál transfiere energía térmica de la misma manera como la energía solar se transfiere a la Tierra?

   A el agua hirviendo

   B la llama de la hornilla

   C la manija caliente

   D el vapor que se eleva

9 ¿Cuál sustancia en el aire de las ciudades de EE.UU. ha disminuido menos desde que se inició la Ley de Aire Limpio?

   A monóxido de carbono

   B ozono troposférico

   C partículas en suspensión

   D dióxido de azufre

Respuesta elaborada

Usa la siguiente tabla para responder las preguntas 10 y 11.

Capa	Hecho significativo

10 En la tabla anterior, enumera en orden las capas de la atmósfera terrestre desde la más baja hasta la más alta. Escribe un hecho significativo acerca de cada capa.

11 Explica cómo las primeras cuatro capas atmosféricas son importantes para la vida en la Tierra.

Usa la siguiente tabla para responder la pregunta 12.

Transferencia de calor	Explicación
Conducción	
Convección	
Calor latente	
Radiación	

12 Completa la tabla para explicar cómo se transfiere la energía calórica desde el Sol hacia la Tierra y su atmósfera.

13 ¿Qué son inversiones de temperatura? ¿Cómo se forman? ¿Cuál es la relación entre las inversiones de temperatura y la polución del aire?

¿NECESITAS AYUDA ADICIONAL?													
Si no pudiste responder la pregunta...	1	2	3	4	5	6	7	8	9	10	11	12	13
Pasa a la Lección...	2	3	2	3	1	1	3	2	4	1	1	2	2,4

Capítulo 13

Tiempo atmosférico

LA GRAN IDEA ¿Cómo los científicos describen y predicen el tiempo atmosférico?

Investigación ¿Una nevada récord?

Búfalo, Nueva York, es famosa por sus tormentas de nieve. Allí caen en promedio 3 m de nieve cada año. Otras regiones del mundo reciben tan solo unos pocos centímetros de nieve al año. En otras partes ni siquiera nieva.

- ¿Por qué algunas regiones reciben menos nieve que otras?
- ¿Cómo los científicos describen y predicen el tiempo atmosférico?

Prepárate para leer

¿Qué opinas?

Antes de leer, piensa si estás de acuerdo o no con las siguientes afirmaciones. A medida que leas el capítulo, decide si cambias de opinión sobre alguna de ellas.

1. El tiempo atmosférico es el valor promedio a largo plazo de los patrones atmosféricos de una región.

2. Todas las nubes están a la misma altitud en la atmósfera.

3. La precipitación ocurre con frecuencia en los límites de masas de aire grandes.

4. No hay precauciones de seguridad para el tiempo atmosférico severo, como los tornados y los huracanes.

5. Las variables del tiempo atmosférico se miden a diario en lugares alrededor del mundo.

6. Las predicciones modernas del tiempo atmosférico se hacen con computadoras.

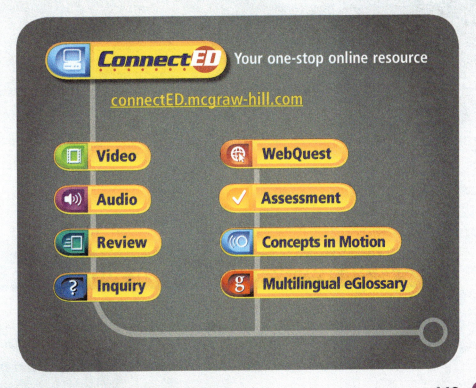

Lección 1

Descripción del tiempo atmosférico

Guía de lectura

Conceptos clave
PREGUNTAS IMPORTANTES

- ¿Qué es tiempo atmosférico?
- ¿Qué variables se usan para describir el tiempo atmosférico?
- ¿Cómo se relaciona el tiempo atmosférico con el ciclo del agua?

Vocabulario

tiempo atmosférico pág. 451
presión atmosférica pág. 452
humedad pág. 452
humedad relativa pág. 453
punto de rocío pág. 453
precipitación pág. 455
ciclo del agua pág. 455

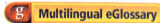 Multilingual eGlossary

Video

- BrainPOP®
- Science Video

Investigación ¿Por qué las nubes son diferentes?

Si observas la fotografía con atención, verás que hay diferentes tipos de nubes en el cielo. ¿Cómo se forman las nubes? Si todas las nubes están formadas por gotitas de agua y cristales de hielo, ¿por qué se ven diferentes? ¿Las nubes son el tiempo atmosférico?

Laboratorio de inicio

15 minutos

¿Puedes formar nubes en una bolsa plástica?

Cuando el vapor de agua en la atmósfera se enfría, se condensa. Las gotas de agua resultantes forman las nubes.

1. Lee y completa un formulario de seguridad en el laboratorio.
2. Llena hasta la mitad un **vaso graduado de 500 ml** con **hielo** y **agua fría.**
3. Vierte 125 ml de **agua caliente** en una **bolsa de plástico con cierre** y ciérrala.
4. Con cuidado introduce la bolsa dentro del agua helada. Anota tus observaciones en tu diario de ciencias.

Piensa
1. ¿Qué observas cuando el agua caliente de la bolsa se pone en el vaso graduado?
2. ¿Qué explicación das a lo que sucedió?
3. **Concepto clave** ¿Qué ejemplos del mundo natural son el resultado de este mismo proceso?

¿Qué es el tiempo atmosférico?

Todos hablan sobre el tiempo atmosférico. "Bonito día, ¿cierto?", "¿Cómo estuvo el tiempo atmosférico durante tus vacaciones?". Hablar del tiempo atmosférico es tan común que incluso usamos términos del tiempo atmosférico para describir temas sin relación. "Estoy en el ojo de un huracán", o "tengo una lluvia de tareas".

El **tiempo atmosférico** *son las condiciones atmosféricas, junto con cambios a corto plazo, de un lugar determinado a una hora determinada.* Si alguna vez has quedado atrapado en un temporal de lluvias en un día que comenzó soleado, sabes que el tiempo atmosférico puede cambiar rápidamente. Algunas veces cambia en tan solo unas pocas horas. Pero otras veces, tu región puede experimentar varios días soleados seguidos.

Variables del tiempo atmosférico

Quizá lo primero que se te viene a la cabeza cuando piensas en el tiempo atmosférico son la temperatura y la lluvia. Cuando vas a vestirte por la mañana, necesitas saber qué temperatura hará a lo largo del día como una ayuda para decidir como vestirte. Si está lloviendo, es posible que canceles tu picnic.

La temperatura y la precipitación son dos de las **variables** que se usan para describir el tiempo atmosférico. Los meteorólogos, científicos que estudian y predicen el tiempo atmosférico, usan varias variables específicas para describir una diversidad de condiciones atmosféricas. Por ejemplo, la temperatura del aire, la presión atmosférica, la velocidad y la dirección del viento, la humedad, la cobertura de nubes y la precipitación.

Verificación de concepto clave ¿Qué es el tiempo atmosférico?

REPASO DE VOCABULARIO
variable
una cantidad que puede variar

Lección 1
EXPLORAR

REPASO DE VOCABULARIO

energía cinética la energía que un objeto tiene debido a su movimiento

La temperatura del aire

La medida del promedio de la **energía cinética** de las moléculas del aire es la temperatura del aire. Cuando la temperatura es alta, las moléculas tienen energía cinética alta. Por tanto, las moléculas del aire cálido se mueven más rápido que las del aire frío. Las temperaturas del aire varían con el momento del día, la estación, la ubicación y la altitud.

La presión atmosférica

La fuerza que una columna de aire ejerce sobre el aire o sobre una superficie debajo de esta se llama **presión atmosférica**. Estudia la **Figura 1**. ¿Es la presión atmosférica en la superficie terrestre mayor o menor que la presión atmosférica en la parte superior de la atmósfera? La presión atmosférica disminuye a medida que la altitud aumenta. Por tanto, la presión atmosférica es mayor a altitudes bajas que a altitudes altas.

Puedes haber escuchado el término *presión barométrica* durante una predicción del tiempo atmosférico. La presión barométrica se refiere a la presión atmosférica. Esta se mide con un instrumento llamado barómetro, que se muestra en la **Figura 2**. La presión atmosférica se mide, por lo general, en milibares (*mbar*). Conocer la presión barométrica de diferentes regiones ayuda a los meteorólogos a predecir el tiempo atmosférico.

 Verificación de la lectura ¿Qué instrumento mide la presión atmosférica?

El viento

A medida que el aire se mueve de zonas de alta presión a zonas de baja presión, crea viento. La dirección del viento es la dirección desde la que fluye el viento. Por ejemplo, los vientos del oeste fluyen de oeste a este. Los meteorólogos miden la velocidad del viento con un instrumento llamado anemómetro. La **Figura 2** también muestra un anemómetro.

La humedad

La cantidad de vapor de agua en el aire se llama **humedad**. Esta puede medirse en gramos de agua por metro cúbico de aire (g/m^3). Cuando la humedad es alta, hay más vapor de agua en el aire. En un día con humedad alta, tu piel se siente pegajosa y el sudor no se evapora de ella tan rápido.

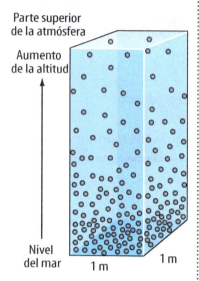

Figura 1 El aumento de la presión atmosférica proviene de tener más moléculas sobre la superficie.

Verificación visual ¿Qué le ocurre a la presión atmosférica a medida que disminuye la altitud?

Figura 2 Para medir las variables del tiempo atmosférico, se usan barómetros, izquierda, y anemómetros, derecha.

La humedad relativa

Piensa en cómo una esponja puede absorber agua. En cierto punto, se llena y no puede absorber más agua. De igual manera, el aire solo puede contener cierta cantidad de vapor de agua. Cuando el aire está saturado, contiene tanto vapor de agua como le es posible. La temperatura determina la cantidad máxima de vapor de agua que el aire puede contener. El aire cálido puede contener más vapor de agua que el aire frío. *La cantidad de vapor de agua presente en el aire comparada con la cantidad máxima de vapor de agua que el aire podría contener a esa temperatura se llama* **humedad relativa**.

La humedad relativa se mide con un instrumento llamado psicrómetro y se da como un porcentaje. Por ejemplo, el aire con una humedad relativa de 100 por ciento no puede sostener más humedad y se formará rocío o lluvia. Si tiene solo la mitad de lo que puede contener, tiene una humedad relativa del 50 por ciento.

 Verificación de la lectura Compara y contrasta humedad y humedad relativa.

El punto de rocío

Cuando una esponja se satura con agua, esta empieza a gotear. De igual manera, cuando el aire se satura con vapor de agua, este se condensa y forma gotitas de agua. Cuando el aire que está cerca del suelo se satura, el vapor de agua se condensa en líquido. Si la temperatura está por encima de 0 °C, se forma rocío. Si la temperatura está por debajo de 0 °C, se forman cristales de hielo o escarcha. Las nubes se forman arriba en la atmósfera. La gráfica de la **Figura 3** muestra la cantidad total de vapor de agua que el aire puede contener a diferentes temperaturas.

Cuando la temperatura disminuye, el aire puede sostener menos humedad. Como leíste, el aire se satura y se forma rocío. *El* **punto de rocío** *es la temperatura a la cual el aire está completamente saturado debido a la disminución en las temperaturas, aunque mantiene constante la cantidad de humedad.*

MiniLab — Investigación — 20 minutos

¿Cuándo se formará rocío?

La humedad relativa en un día de verano es del 80 por ciento. La temperatura es de 35 °C. ¿Se alcanzará el punto de rocío si la temperatura baja a 25 °C al final de la tarde? Usa la **Figura 3** para calcular la cantidad de vapor de agua necesaria para la saturación a cada temperatura.

1. Calcula la cantidad de vapor de agua que tiene el aire que está a 35 °C y tiene una humedad relativa del 80 por ciento. (Pista: multiplica la cantidad de vapor de agua que puede contener el aire a 35 °C por el porcentaje de humedad relativa).

2. A 25 °C el aire puede sostener 2.2 g/cm³ de vapor de agua. Si tu respuesta del punto 1 es menor que 2.2 g/cm³, no se alcanzó el punto de rocío y no se formará rocío. Si el número es mayor, se formará rocío.

Analizar y concluir

Concepto clave Después de que el sol sale por la mañana, la temperatura del aire aumenta. ¿Cómo la humedad relativa cambia después de la salida del sol? ¿Qué representa la línea?

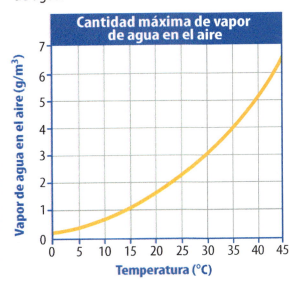

Figura 3 A medida que la temperatura del aire aumenta, este puede sostener más vapor de agua.

Figura 4 Las nubes tienen formas diferentes y pueden encontrarse a diversas altitudes.

Nubes estratos
- planas, blancas y en capas
- altitud de hasta 2,000 m

Nubes cúmulos
- esponjosas, amontonadas o apiladas
- de 2,000 a 6,000 m de altitud

Nubes cirros
- tenues
- por encima de 6,000 m

ORIGEN DE LAS PALABRAS

precipitación
del latín *praecipitationem*, que significa "el acto o el hecho de caer precipitadamente"

FOLDABLES

Haz un boletín horizontal con dos solapas y rotúlalo como se muestra. Úsalo para reunir información sobre las nubes y la niebla. Encuentra similitudes y diferencias.

Nubes   Niebla

Las nubes y la niebla

Cuando exhalas afuera en un día frío de invierno, puedes ver que el vapor de agua de tu aliento se condensa y forma una nube frente a tu cara. Esto ocurre también cuando el aire cálido que contiene vapor de agua se enfría a medida que asciende en la atmósfera. Cuando el aire que se está enfriando alcanza su punto de rocío, el vapor de agua se condensa en partículas pequeñas en el aire y forma gotitas. Rodeadas por miles de otras gotitas, estas gotitas bloquean y reflejan la luz. Esto las hace visibles en forma de nubes.

Las nubes son gotitas de agua o cristales de hielo suspendidos en la atmósfera. Las nubes pueden tener formas diferentes y estar presentes a diversas altitudes dentro de la atmósfera. En la **Figura 4** se muestran diferentes tipos de nubes. Debido a que observamos que las nubes se mueven, reconocemos que el agua y la energía térmica se transportan de un lugar a otro. Recuerda que las nubes también son importantes, pues reflejan parte de la radiación solar que llega.

Una nube que se forma cerca de la superficie terrestre se llama niebla. La niebla es una suspensión de gotitas de agua o de cristales de hielo cerca de la superficie terrestre. La niebla reduce la visibilidad, la cual es la distancia que una persona puede ver en la atmósfera.

 Verificación de la lectura ¿Qué es la niebla?

La precipitación

Las gotitas de las nubes se forman alrededor de pequeñas partículas sólidas en la atmósfera como polvo, sal o humo. La precipitación ocurre cuando las gotitas se unen y crecen tanto como para caer a la Tierra. *La **precipitación** es agua, en forma líquida o sólida, que cae de la atmósfera.* La **Figura 5** muestra ejemplos de precipitación: lluvia, nieve, aguanieve y granizo.

La lluvia es precipitación que llega a la superficie terrestre como gotitas de agua. La nieve es precipitación que llega a la Tierra como cristales de agua congelados y sólidos. El aguanieve puede originarse como nieve. La nieve se derrite mientras cae por una capa de aire cálido y se congela de nuevo al pasar por una capa inferior de aire helado. Otras veces es lluvia congelada. El granizo llega a la superficie terrestre como bolitas grandes de hielo. Comienza como un trozo pequeño de hielo que sube y baja repetidamente en una corriente ascendente dentro de una nube. En cada ascenso se le agrega una capa de hielo. Cuando se vuelve muy pesado, cae a la Tierra.

 Verificación de concepto clave ¿Qué variables se usan para describir el tiempo atmosférico?

El ciclo del agua

La precipitación es un proceso importante en el ciclo del agua. Evaporación y condensación también son cambios de fase importantes dentro de este. *El **ciclo del agua** es una serie de procesos naturales por los cuales el agua se mueve continuamente entre los océanos, la tierra y la atmósfera.* La **Figura 6** muestra que la mayor parte de vapor de agua entra en la atmósfera cuando el agua en la superficie de los océanos se calienta y se evapora. El vapor de agua se enfría mientras se eleva en la atmósfera y se condensa de nuevo en un líquido. Finalmente, las gotitas de agua sólida y líquida forman nubes que producen precipitación, la cual cae a la superficie y después se evapora, continuando el ciclo del agua.

 Verificación de concepto clave ¿Cómo se relacionan el tiempo atmosférico y el ciclo del agua?

Tipos de precipitación

Lluvia

Nieve

Aguanieve

Granizo

▲ **Figura 5** La lluvia, la nieve, el aguanieve y el granizo son formas de precipitación.

 **Verificación visual** ¿Cuál es la diferencia entre nieve y aguanieve?

El ciclo del agua

Figura 6 La energía solar promueve el ciclo del agua, que es el movimiento continuo de agua entre el océano, la tierra y la atmósfera.

Lección 1
EXPLICAR

Repaso de la Lección 1

Assessment — Online Quiz

Resumen visual

El tiempo atmosférico son las condiciones atmosféricas, junto con los cambios a corto plazo, de un lugar determinado a una hora determinada.

Las variables del tiempo atmosférico incluyen la temperatura del aire, la presión atmosférica, el viento, la humedad y la humedad relativa.

Las formas de precipitación incluyen la lluvia, la nieve, el aguanieve y el granizo.

FOLDABLES

Usa tu modelo de papel para repasar la lección. Guarda tu modelo para el proyecto de final de capítulo.

¿Qué opinas AHORA?

Al inicio de este capítulo leíste las siguientes afirmaciones.

1. El tiempo atmosférico es el valor promedio a largo plazo de los patrones atmosféricos de una región.
2. Todas las nubes están a la misma altitud en la atmósfera.

¿Sigues estando de acuerdo o en desacuerdo con las afirmaciones? Reescribe las afirmaciones falsas para hacerlas verdaderas.

Usar vocabulario

1. **Define** *humedad* con tus propias palabras.
2. **Usa el término** *precipitación* en una oración.
3. _____ es la presión que ejerce una columna de aire sobre la superficie que está debajo de esta.

Entender conceptos clave

4. ¿Cuál NO es una variable estándar del tiempo atmosférico?
   A. presión atmosférica
   B. fase de la luna
   C. temperatura
   D. velocidad del viento

5. **Identifica** y describe las diferentes variables que caracterizan al tiempo atmosférico.

6. **Relaciona** la humedad con la formación de nubes.

7. **Describe** cómo se relacionan los procesos del ciclo del agua con el tiempo atmosférico.

Interpretar gráficas

8. **Identifica** ¿Qué tipo de precipitación se muestra en el siguiente diagrama? ¿Cómo se forma la precipitación?

Pensamiento crítico

9. **Analiza** ¿Por qué tus oídos se taparían y se destaparían al subir una montaña alta?

10. **Diferencia** entre formación de nubes, formación de niebla y punto de rocío.

Ciencia y Sociedad

La inundación causó un daño generalizado en Nueva Orleans, una ciudad ubicada por debajo del nivel del mar. La ola ciclónica rompió los diques que protegían la ciudad.

¿Hay relación entre los huracanes y el calentamiento global?

Los científicos piensan que los huracanes pueden estarse haciendo más grandes y ocurriendo con mayor frecuencia.

Las aguas cálidas del golfo de México impulsaron el huracán Katrina a medida que giraba velozmente hacia Luisiana.

En agosto 29 de 2005, el huracán Katrina rugió a lo largo de Nueva Orleans, Luisiana. La tormenta destruyó viviendas, rompió diques e inundó casi toda la parte baja de la ciudad. Luego de ocurrido el desastre, muchos se preguntaron si el calentamiento global fue el responsable. Si los océanos cálidos son el combustible para los huracanes, ¿el aumento de las temperaturas podría ocasionar huracanes más fuertes o con mayor frecuencia?

Los meteorólogos analizan de varias maneras esta pregunta. Examinan la actividad previa de huracanes, la temperatura de la superficie del océano y otros datos climáticos. Comparan estos diferentes tipos de datos en busca de patrones. Con base en las leyes de la física, ponen los datos del clima y de los huracanes en ecuaciones. Una computadora resuelve estas ecuaciones y genera modelos. Los científicos analizan los modelos para ver si existe alguna conexión entre la actividad de los huracanes y las diferentes variables climáticas.

¿Qué han aprendido los científicos? Hasta ahora, no han encontrado un vínculo entre el calentamiento de los océanos y la frecuencia de los huracanes. Sin embargo, sí encontraron una conexión entre el calentamiento de los océanos y la fuerza de los huracanes. Los modelos sugieren que el aumento en la temperatura del océano puede crear huracanes más destructivos, con vientos más fuertes y con mayor pluviosidad.

Pero el calentamiento global no es la única causa del calentamiento de los océanos. A medida que el océano circula, entra en ciclos de calentamiento y enfriamiento. Los datos muestran que el océano Atlántico ha estado en una fase de calentamiento durante las décadas pasadas.

Se trate del calentamiento global o de ciclos naturales, se espera que la temperatura de los océanos suba más en años venideros. Mientras el aumento de la temperatura de los océanos no produce más huracanes, la investigación del clima muestra que puede producir huracanes más potentes. Tal vez la pregunta adecuada no es qué causó el huracán Katrina, sino cómo podemos prepararnos para enfrentar en el futuro huracanes de la misma fuerza o fuerza más destructiva.

Te toca a ti

DIAGRAMA Investiga con un compañero, crea una novela gráfica, que muestre paso a paso la formación de un huracán. Rotula tus ilustraciones. Muestra tu novela gráfica a tus compañeros de clase.

Lección 2

Guía de lectura

Conceptos clave 🗝
PREGUNTAS IMPORTANTES

- ¿Cuáles son dos tipos de sistemas de presión?
- ¿Qué impulsa los patrones del tiempo atmosférico?
- ¿Por qué es útil entender los patrones del tiempo atmosférico?
- ¿Cuáles son algunos ejemplos de tiempo atmosférico severo?

Vocabulario

sistema de alta presión pág. 459
sistema de baja presión pág. 459
masa de aire pág. 460
frente pág. 462
tornado pág. 465
huracán pág. 466
ventisca pág. 467

 Multilingual eGlossary

 Video
What's Science Got to do With It?

Patrones del tiempo atmosférico

Investigación ¿Qué ocasionó esta inundación?

Olas enormes y lluvias del huracán Katrina causaron la inundación en Nueva Orleans, Luisiana. ¿Por qué las inundaciones y otros tipos de tiempo atmosférico son peligrosos? ¿Cómo se forma el tiempo atmosférico severo?

Capítulo 13
EMPRENDER

Laboratorio de inicio

10 minutos

¿Cómo la temperatura puede afectar la presión?

Las moléculas de aire que tienen baja energía pueden encontrarse muy cerca unas de otras. A medida que se agrega energía a las moléculas, empiezan a moverse y a golpearse unas contra otras.

1. Lee y completa un formulario de seguridad en el laboratorio.
2. Cierra una **bolsa de plástico con cierre,** pero deja una abertura pequeña. Inserta una **pajilla** a través de la abertura y sopla aire en la bolsa hasta que quede tan firme como sea posible. Retira la pajilla y rápidamente cierra la bolsa.
3. Sumerge la bolsa en un **recipiente** de **agua helada** y sostenlo en ella durante 2 minutos. Anota tus observaciones en tu diario de ciencias.
4. Retira la bolsa del agua helada y sumérgela en **agua caliente** durante 2 minutos. Anota tus observaciones.

Piensa
1. ¿Qué te dicen los resultados acerca del movimiento de las moléculas de aire en el aire frío y en el aire caliente?
2. **Concepto clave** ¿Qué propiedad del aire se demostró en esta actividad?

Los sistemas de presión

El tiempo atmosférico se asocia con frecuencia con los sistemas de presión. Recuerda que la presión atmosférica es el peso de las moléculas en una gran masa de aire. Las moléculas del aire frío están más cerca unas de otras que las moléculas del aire cálido. El aire frío tiene mayor presión que el aire cálido.

Un **sistema de alta presión**, que se muestra en la **Figura 7,** *es un gran cuerpo de aire circulante con presión alta en el centro y presión más baja fuera del sistema*. Debido a que el aire denso desciende, se aleja del centro hacia zonas de baja presión. Los sistemas de alta presión traen cielos soleados y buen tiempo atmosférico.

Un **sistema de baja presión**, que también se muestra en la **Figura 7,** *es un gran cuerpo de aire circulante con presión baja en su centro y presión más alta fuera del sistema*. Esto causa que el aire en el interior del sistema de baja presión se eleve. El aire en ascenso se enfría y el vapor de agua se condensa, lo que origina nubes y en algunos casos precipitación: lluvia o nieve.

Verificación de concepto clave Compara y contrasta dos tipos de sistemas de presión.

Figura 7 El aire que se mueve desde áreas de alta presión hacia áreas de baja presión se llama viento.

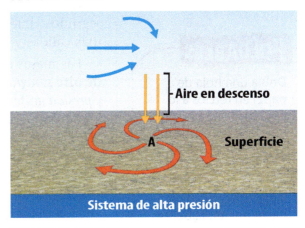

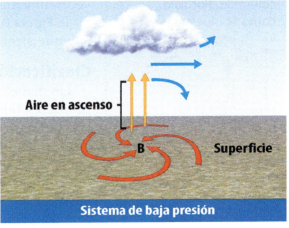

Lección 2
EXPLORAR

Masas de aire 🔑

Figura 8 Cinco masas principales de aire afectan el clima a lo largo de América del Norte.

Verificación visual
¿De dónde proviene el aire polar continental?

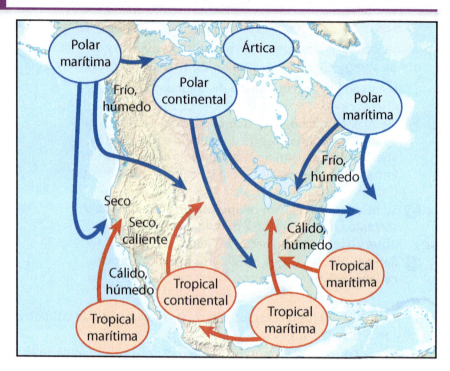

Las masas de aire

¿Has notado que algunas veces el tiempo atmosférico permanece igual durante varios días seguidos? Por ejemplo, durante el invierno en el norte de Estados Unidos, las temperaturas extremadamente frías con frecuencia duran de tres a cuatro días seguidos. Luego, pueden seguir varios días con temperaturas más cálidas y lluvias de nieve.

Las masas de aire son responsables de este patrón. *Las* **masas de aire** *son grandes cuerpos de aire que tienen temperatura, humedad y presión uniformes.* Una masa de aire se forma cuando un sistema grande de alta presión permanece sobre una región por varios días. A medida que el sistema de alta presión entra en contacto con la Tierra, el aire del sistema toma la temperatura y la humedad características de la superficie que está debajo de este.

Al igual que los sistemas de alta y baja presión, las masas de aire pueden extenderse sobre miles de kilómetros o más. Algunas veces, una masa de aire cubre la mayor parte de Estados Unidos. En la **Figura 8** se muestran ejemplos de las principales masas de aire que afectan el tiempo atmosférico en Estados Unidos.

Clasificación de las masas de aire

Las masas de aire se clasifican según sus características de temperatura y humedad. Las que se forman sobre la tierra se llaman masas de aire continental, mientras que las que lo hacen sobre el agua se denominan masas marítimas. Las masas de aire cálido que se forman en las regiones ecuatoriales se llaman tropicales. Aquellas que se forman en regiones frías se llaman polares. Las masas de aire que están cerca de los polos, sobre las regiones más frías del planeta, se llaman masas de aire árticas y antárticas.

FOLDABLES

Dobla una hoja de papel en tercios a lo largo del eje más largo. Rotula el exterior como *Masas de aire*. Haz otro doblez de casi 2 pulgadas desde el extremo largo del papel para hacer una tabla de tres columnas. Rotúlalo como se muestra.

Masa de aire ártica Sobre Siberia y el Ártico se forman las masas de aire árticas. Estas contienen aire extremadamente frío y seco. Durante el invierno, una masa de aire ártica puede hacer descender las temperaturas hasta –40 °C.

Masa de aire polar continental Debido a que la tierra no puede transferir tanta humedad al aire como los océanos, las masas de aire que se forman sobre la tierra son más secas que las que se forman sobre los océanos. Las masas de aire continental se mueven rápido y traen temperaturas frías en invierno y tiempo atmosférico fresco en verano. Encuentra las masas de aire polar continental sobre Canadá en la **Figura 8.**

Masa de aire polar marítima Se forman sobre el Atlántico norte y el océano Pacífico. Estas son frías y húmedas. Con frecuencia ocasionan tiempo atmosférico con nubes y lluvias.

Masa de aire tropical continental Dado que se forman en los trópicos sobre tierra desértica y seca, las masas de aire tropical continental son calientes y secas. Estas traen cielos despejados y altas temperaturas. Generalmente, las masas de aire tropical continental se forman solo durante el verano.

Masa de aire tropical marítima Como se muestra en la **Figura 8,** las masas de aire tropical marítimas se forman sobre el oeste del océano Atlántico, el golfo de México y el este del océano Pacífico. Estas masas de aire húmedo traen aire caliente y húmedo al sudeste de Estados Unidos durante el verano. En invierno, pueden ocasionar nevadas muy fuertes.

Las masas de aire pueden cambiar a medida que se mueven sobre la tierra y el océano. El aire húmedo y cálido puede desplazarse sobre la tierra y volverse fresco y seco. El aire frío y seco puede moverse sobre el agua y volverse húmedo y cálido.

 Verificación de concepto clave ¿Qué impulsa los patrones del tiempo atmosférico?

Destrezas matemáticas

Conversiones

Para convertir unidades Fahrenheit (°F) a unidades Celsius (°C) usa esta ecuación: $°C = \frac{(°F - 32)}{1.8}$

Convierte **76 °F** a **°C**

1. Resuelve siempre la operación entre paréntesis primero.

   (**76 °F** − 32 = **44 °F**)

2. Divide la respuesta del Paso 1 entre 1.8.

   $\frac{44 \, °F}{1.8} = 24 \, °C$

Para convertir °C a °F, sigue los mismos pasos usando la siguiente ecuación:

°F = (**°C** × 1.8) + 32

Practicar
1. Convierte 86 °F a °C.
2. Convierte 37 °C a °F.

Review
- **Math Practice**
- **Personal Tutor**

MiniLab — Investigación

20 minutos

¿Cómo puedes observar la presión atmosférica?

Aunque el aire parece muy liviano, las moléculas de aire ejercen presión. Puedes observar la acción de la presión atmosférica en esta actividad.

1. Lee y completa un formulario de seguridad en el laboratorio.
2. Tapa con fuerza una **botella de plástico vacía.**
3. Coloca la botella en un **balde con hielo** durante 10 minutos. Anota tus observaciones en tu diario de ciencias.

Analizar y concluir
1. **Interpreta** cómo la presión atmosférica afectó la botella.
2. **Concepto clave** Debate cómo al cambiar la presión atmosférica en la atmósfera terrestre se afectan otros aspectos sobre la Tierra, como el tiempo atmosférico.

Frentes

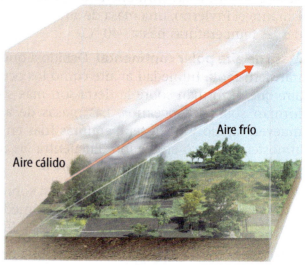

Frío   **Cálido**

Figura 9 Ciertos tipos de frentes se asocian con tiempos atmosféricos específicos.

Verificación visual Describe la diferencia entre un frente frío y un frente cálido.

USO CIENTÍFICO Y USO COMÚN
frente
Uso científico un límite entre dos masas de aire
Uso común la parte delantera o la superficie de algo

Los frentes

En 1918, el meteorólogo noruego Jacob Bjerknes y sus colaboradores trabajaban en el desarrollo de un método nuevo para pronosticar el tiempo atmosférico. Bjerknes observó que los específicos tipos de tiempo atmosférico ocurren en los límites de diferentes tipos de masas de aire. Debido a que había recibido entrenamiento en el ejército, Bjerknes usó un término militar para describir este límite: frente.

Un frente militar es el límite entre las fuerzas opositoras en una batalla. *Un **frente** de tiempo atmosférico es el límite entre dos masas de aire*. Con frecuencia, ocurren cambios drásticos en los frentes. A medida que el viento se lleva una masa de aire del lugar donde se formó, en algún momento esta masa interactuará con otra masa. Los cambios en temperatura, humedad, nubes, viento y precipitación son comunes en los frentes.

Los frentes fríos

Cuando una masa de aire más frío se mueve hacia una masa de aire más cálido, se forma un frente frío, como el que se muestra en la **Figura 9**. El aire frío, que es más denso que el aire cálido, empuja por debajo de la masa de aire cálido. Este se eleva y se enfría. El vapor de agua del aire se condensa y se forman nubes. Lluvias y turbonadas se forman con frecuencia a lo largo de los frentes fríos. Cuando pasa un frente frío, es común que las temperaturas desciendan hasta en 10 °C. El viento se agita y cambia de dirección. En muchos casos, los frentes fríos originan tormentas severas.

Verificación de la lectura ¿Qué tipos de tiempo atmosférico se asocian con los frentes fríos?

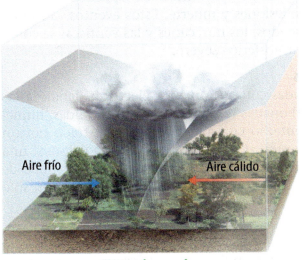
Estacionario

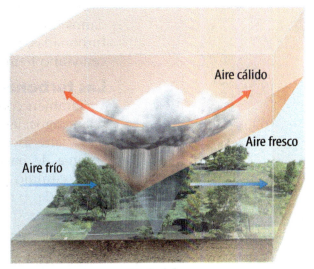
Ocluido

Los frentes cálidos

Como se muestra en la **Figura 9,** un frente cálido se forma cuando el aire más cálido y menos denso se mueve hacia el aire denso y más frío. El aire cálido se eleva a medida que se desliza sobre la masa de aire frío. Cuando el vapor de agua del aire cálido se condensa, crea una amplia cobertura de nubes. Con frecuencia, estas nubes traen lluvia constante o nieve durante varias horas o incluso días. Un frente cálido no solo trae temperaturas más cálidas, sino que también hace que el viento cambie de dirección.

Tanto el frente frío como el frente cálido se forman en el borde de una masa de aire que se aproxima. Debido a que las masas de aire son grandes, el movimiento de los frentes se usa para hacer predicciones del tiempo atmosférico. Cuando un frente frío pasa por tu región, las temperaturas permanecerán bajas durante los siguientes días. Cuando llega un frente cálido, el tiempo atmosférico se volverá más cálido y más húmedo.

Los frentes estacionarios y ocluidos

Algunas veces un frente que se aproxima se estancará durante varios días con aire cálido en un lado y aire frío en el otro lado. Cuando el límite entre dos masas de aire se estanca, el frente se llama frente estacionario. Estudia el frente estacionario que se muestra en la **Figura 9.** A lo largo de los frentes estacionarios se encuentran cielos nublados y lluvias ligeras.

Los frentes fríos se mueven más rápido que los frentes cálidos. Cuando un frente frío que se mueve rápido alcanza a un frente cálido que se mueve lento, se forma un frente ocluido, o bloqueado. Los frentes ocluidos, que se muestran en la **Figura 9,** generalmente traen precipitación.

 Verificación de concepto clave ¿Por qué es útil entender los patrones del tiempo atmosférico asociados con los frentes?

El tiempo atmosférico severo

Algunos eventos del tiempo atmosférico pueden ocasionar daños importantes, lesiones y muerte. Estos eventos, como las turbonadas, los tornados, los huracanes y las ventiscas se conocen como tiempo atmosférico severo.

Las turbonadas

También conocidas como tormentas eléctricas debido a los relámpagos, las turbonadas tienen temperaturas cálidas, humedad y aire ascendente, lo cual puede ser suministrado por un sistema de baja presión. Cuando hay estas condiciones, una nube cúmulo puede crecer hasta convertirse en una nube de turbonada, o nube cumulonimbus, de 10 km de altura en solo 30 minutos.

Una turbonada típica tiene un ciclo de vida de tres estadios, que se muestran en la **Figura 10.** El estadio de cúmulos está **dominado** por la formación de nubes y corrientes ascendentes. Estas son corrientes de aire que se mueven en sentido vertical alejándose del suelo. Después de que se forma la nube cúmulo, empiezan a aparecer las corrientes descendentes. Estas son corrientes de aire que se mueven en sentido vertical hacia el suelo. En el estadio maduro, dominan la región vientos fuertes, lluvia y relámpagos. Al cabo de 30 minutos de haber alcanzado el estadio de madurez, la turbonada empieza a desaparecer, o a disiparse. En el estadio de disipación se detienen las corrientes ascendentes, los vientos pierden fuerza, cesan los relámpagos y la precipitación se debilita.

Las corrientes ascendentes y descendentes fuertes dentro de una turbonada hacen que millones de diminutos cristales de hielo se eleven y caigan, estrellándose unos contra otros. Esto crea partículas cargadas positiva y negativamente en la nube. La diferencia de cargas de las partículas entre la nube y las cargas de las partículas en el suelo crea electricidad. Esto se ve como un rayo. Los rayos pueden moverse de una nube a otra, de la nube al suelo o del suelo a la nube. Estos pueden calentar el aire cercano a más de 27,000 °C. Las moléculas cercanas al rayo se expanden rápidamente y luego se contraen, creando el sonido identificado como trueno.

VOCABULARIO ACADÉMICO
dominar
(verbo) ejercer una influencia rectora

Figura 10 Las turbonadas tienen estadios diferentes que se caracterizan por la dirección en la cual se mueve el aire.

Turbonadas

Estadio de cúmulos

Estadio maduro

Estadio de disipación

✓ **Verificación visual** Describe lo que sucede durante cada estadio de una turbonada.

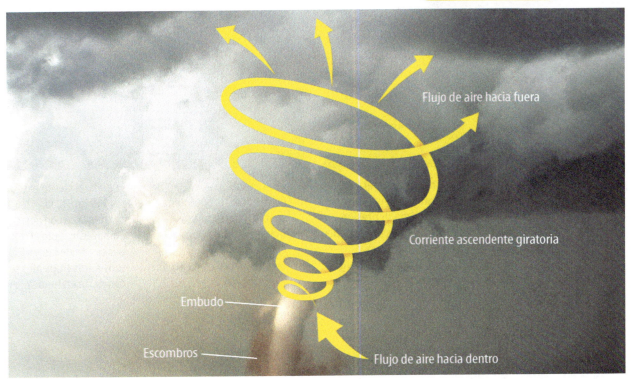

Figura 11 Una nube en forma de embudo se origina cuando empiezan a rotar las corrientes ascendentes dentro de una turbonada.

Los tornados

Quizá has visto fotografías de los daños que causa un tornado. *Un* tornado *es una columna de aire violenta y giratoria en contacto con el suelo.* La mayoría de los tornados tiene un diámetro de cientos de metros. Los tornados más grandes exceden los 1,500 m de diámetro. Los vientos intensos y giratorios pueden alcanzar dentro de los tornados una velocidad mayor de 400 km/h. Estos son suficientemente fuertes para levantar en el aire carros, árboles e incluso casas. En general, los tornados duran algunos minutos. Sin embargo, tornados más destructivos pueden durar varias horas.

Formación de tornados Cuando las corrientes ascendentes de las turbonadas empiezan a girar, como se ve en la **Figura 11,** se forman los tornados. Los vientos giratorios descienden en espiral desde la base de la turbonada, creando una nube en forma de embudo. Cuando el embudo llega al suelo, se convierte en tornado. Aunque el aire que gira es invisible, puedes ver con facilidad los escombros que el tornado levanta.

✓ **Verificación de la lectura** ¿Cómo se forman los tornados?

El callejón de los tornados En Estados Unidos ocurren más tornados que en cualquier otro lugar de la Tierra. El centro de Estados Unidos, desde Nebraska hasta Texas, experimenta la mayor cantidad de tornados. Esta región se conoce como el callejón de los tornados. Allí, el aire frío que sopla con dirección sur desde Canadá, choca con frecuencia con el aire cálido y húmedo que se mueve en dirección norte desde el golfo de México. Estas condiciones son ideales para turbonadas severas y tornados.

Clasificación de los tornados El Dr. Ted Fujita diseñó un método para clasificar los tornados con base en el daño que provocan. En la escala de intensidad modificada de Fujita, los tornados F0 causan daño ligero, rompen ramas de árboles y vallas publicitarias. Los tornados F1 a F4 causan daño moderado a devastador, como rasgar el techo de las casas, descarrilar trenes y lanzar vehículos al aire. Los F5 causan daño extensivo, como demoler edificaciones de concreto y acero y arrancar la corteza de los árboles.

Formación de huracanes

Figura 12 Los huracanes están compuestos por bandas alternadas de precipitación fuerte y aire en descenso.

Formación de huracanes

1 A medida que el aire cálido y húmedo se eleva en la atmósfera, este aire se enfría, el vapor de agua se condensa y se forman nubes. A medida que más aire se eleva, se crea una zona de baja presión sobre el océano.

2 A medida que el aire continúa elevándose, se forma una depresión tropical. Las depresiones tropicales crean turbonadas con vientos de entre 37 a 62 km/h.

3 El aire continúa elevándose, rotando en sentido contrario a las manecillas del reloj. La tormenta se convierte en una tormenta tropical con vientos superiores a 63 km/h. Se producen turbonadas fuertes.

4 Cuando el viento excede los 119 km/h, la tormenta se convierte en huracán. Solo el uno por ciento de las tormentas tropicales se convierte en huracanes.

En el interior de un huracán

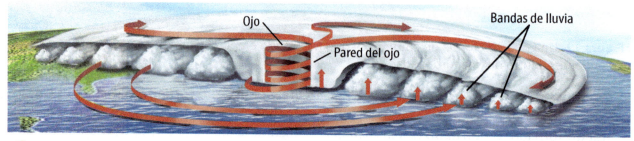

Verificación visual ¿Cómo se forman los huracanes?

Origen de las palabras

huracán
del español *huracán*, que significa "tempestad"

Los huracanes

Una tormenta tropical intensa con vientos que exceden los 119 km/h es un **huracán**. Los huracanes son las tormentas más destructivas en la Tierra. Al igual que los tornados, los huracanes tienen forma circular con vientos giratorios intensos. Sin embargo, los huracanes no se forman sobre la tierra. Estos se forman típicamente hacia final del verano y sobre las aguas cálidas del océano tropical. La **Figura 12** muestra los pasos de la formación de un huracán. Un huracán característico tiene 480 km de un lado a otro, más de 150 mil veces el tamaño de un tornado. En el centro del huracán está el ojo, una zona de cielo despejado y vientos ligeros.

Los daños de los huracanes ocurren como resultado de los vientos fuertes y la inundación. Mientras se encuentran sobre el mar, los huracanes pueden crear olas altas que inundan las zonas costeras. A medida que un huracán cruza la línea costera, o toca la tierra, se intensifican las lluvias fuertes y la inundación puede devastar regiones enteras. Una vez que se mueve sobre la tierra o sobre agua más fría, pierde su energía y se disipa.

En otras partes del mundo, estas tormentas tropicales intensas tienen otros nombres. En Asia, el mismo tipo de tormenta se llama tifón. En Australia, se llama ciclón tropical.

Las tormentas invernales

No todo el tiempo atmosférico severo ocurre cuando la temperatura es cálida. El tiempo atmosférico invernal también puede ser severo. La nieve y el hielo pueden hacer difícil y peligroso conducir. Cuando las temperaturas están cercanas al punto de congelación (0 °C), la lluvia se puede congelar cuando llega al suelo. Las tormentas de hielo cubren el suelo, los árboles y las edificaciones con una capa de hielo, como se muestra en la **Figura 13.**

Lluvia congelada

Figura 13 El peso del hielo de la lluvia congelada puede hacer que los árboles, las líneas de energía eléctrica y otras estructuras se rompan.

Una **ventisca** *es una tormenta violenta de invierno caracterizada por temperaturas heladas, vientos fuertes y nieve que sopla.* Durante una ventisca, la nieve que sopla reduce la visibilidad a pocos metros o incluso menos. Si estás afuera durante una ventisca, los vientos fuertes y las temperaturas muy frías pueden enfriar muy rápidamente la piel expuesta. La sensación térmica, el efecto combinado de la temperatura fría y el viento sobre la piel expuesta, pueden causar congelación e hipotermia.

 Verificación de concepto clave ¿Cuáles son ejemplos de tiempo atmosférico severo?

Seguridad durante el tiempo atmosférico severo

Para ayudar a mantener a las personas a salvo, el Servicio Meteorológico Nacional de EE.UU. emite alertas y alarmas durante los eventos de tiempo atmosférico severo. Una alerta significa que hay posibilidad de tiempo atmosférico severo. Una alarma significa que está ocurriendo un tiempo atmosférico severo. Prestar atención a las alertas y las alarmas es importante y puede salvar tu vida.

También es importante saber cómo protegerse durante el tiempo atmosférico peligroso. Durante las turbonadas, debes permanecer adentro y si es posible, alejarte de objetos metálicos y cables eléctricos. Si estás afuera, mantente lejos del agua, de lugares elevados y de árboles aislados. Vestirse de manera adecuada es importante en todo tipo de tiempo atmosférico. Cuando la sensación térmica te indique que la temperatura está por debajo de −20 °C, deberás vestirte en capas, mantener tu cabeza y tus dedos cubiertos y limitar el tiempo al aire libre.

Repaso de la Lección 2

Assessment — Online Quiz

Resumen visual

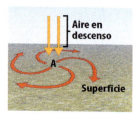

Los sistemas de baja y alta presión y las masas de aire influencian el tiempo atmosférico.

El tiempo atmosférico cambia, con frecuencia, a medida que un frente pasa a través de una región.

El Servicio Meteorológico Nacional emite alarmas acerca del tiempo atmosférico severo como turbonadas, tornados, huracanes y ventiscas.

FOLDABLES

Usa tu modelo de papel para repasar la lección. Guarda tu modelo para el proyecto de final de capítulo.

¿Qué opinas AHORA?

Al inicio de este capítulo leíste las siguientes afirmaciones.

3. La precipitación ocurre con frecuencia en los límites de masas de aire grandes.
4. No hay precauciones de seguridad para el tiempo atmosférico severo, como los tornados y los huracanes.

¿Sigues estando de acuerdo o en desacuerdo con las afirmaciones? Reescribe las afirmaciones falsas para hacerlas verdaderas.

Usar vocabulario

1. **Distingue** entre una masa de aire y un frente.
2. **Define** *sistema de baja presión* con tus propias palabras.
3. **Usa el término** *sistema de alta presión* en una oración.

Entender conceptos clave

4. ¿Cuál masa de aire es húmeda y cálida?
    A. polar continental
    B. tropical continental
    C. polar marítima
    D. tropical marítima
5. **Da un ejemplo** de tiempo atmosférico de frente frío.
6. **Compara y contrasta** huracanes y tornados.
7. **Explica** cómo se forman las turbonadas.

Interpretar gráficas

8. **Compara y contrasta** Copia y llena el siguiente organizador gráfico para comparar y contrastar los sistemas de alta y baja presión.

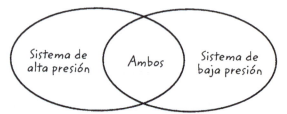

Pensamiento crítico

9. **Sugiere** una razón que explique que los sistemas de baja presión son nublados y lluviosos o nevados.
10. **Diseña** un folleto que contenga sugerencias sobre cómo permanecer a salvo durante los diferentes tipos de tiempo atmosférico severo.

Destrezas matemáticas — Review — Math Practice

11. Convierte 212 °F a °C.
12. Convierte 20 °C a °F.

Investigación: Práctica de destrezas
Reconocer causa y efecto — 30 minutos

¿Por qué cambia el tiempo atmosférico?

Un día hace sol, al siguiente día llueve a torrentes. Si solo miras un lugar, es difícil ver los patrones que causan el cambio en el tiempo atmosférico. Sin embargo, cuando observas a gran escala, los patrones se hacen evidentes.

Aprende

Reconocer causa y efecto es una parte importante de la ciencia y de llevar a cabo experimentos. Los científicos buscan relaciones de causa y efecto entre variables. Los mapas que aparecen a continuación muestran los movimientos de los frentes y los sistemas de presión en un periodo de dos días. ¿Qué efecto tendrán estos sistemas sobre el tiempo atmosférico a su paso por Estados Unidos?

Intenta

1. Examina los siguientes mapas meteorológicos. Las líneas delgadas negras en cada mapa representan regiones donde la presión barométrica es la misma. La presión se indica con el número sobre la línea. El centro de un sistema de baja o alta presión se indica con la palabra BAJA o ALTA. Identifica la ubicación de los sistemas de baja y alta presión en cada mapa. Usa la leyenda en la parte inferior de los mapas para identificar la ubicación de los frentes cálidos y los frentes fríos.

2. Encuentra en el mapa las posiciones A, B, C y el lugar donde vives. Para cada posición, describe cómo cambian de ubicación los sistemas durante los dos días.

3. ¿Cuál es la causa de y el efecto sobre la precipitación y la temperatura en cada posición?

Aplica

4. El sistema de baja presión generó varios tornados. ¿Cuál posición estuvo más cerca de los tornados? Explica.

5. Los patrones del tiempo atmosférico generalmente se mueven desde el oeste hacia el este. Predice el tiempo atmosférico en el tercer día para cada posición.

6. Un día está despejado y soleado, pero notas que la presión es menor que el día anterior. ¿Qué tiempo atmosférico puede estar aproximándose? ¿Por qué?

7. 🔑 **Concepto clave** ¿De qué manera entender los patrones del tiempo atmosférico ayuda a predecirlo con mayor precisión?

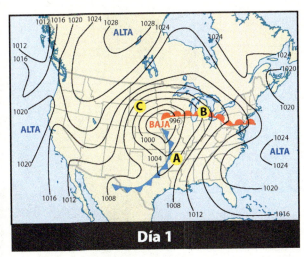
Día 1

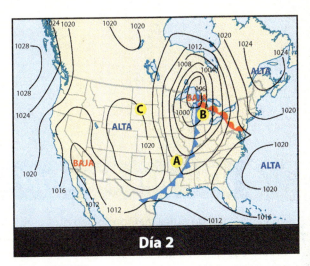
Día 2

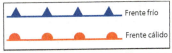
Frente frío
Frente cálido

Lección 3

Guía de lectura

Conceptos clave 🗝
PREGUNTAS IMPORTANTES

- ¿Qué instrumentos se usan para medir las variables del tiempo atmosférico?
- ¿Cómo se usan los modelos de computadora para predecir el tiempo atmosférico?

Vocabulario
reporte de superficie pág. 471
reporte del aire superior pág. 471
radar Doppler pág. 472
isobara pág. 473
modelo de computadora pág. 474

g **Multilingual eGlossary**

Pronósticos del tiempo atmosférico

Investigación ¿Qué hay adentro?

En la estación de radar meteorológico que se muestra aquí, se reúne información sobre las variables del tiempo atmosférico. Los datos, como la cantidad de lluvia que cae en un sistema de tiempo atmosférico, ayudan a los meteorólogos a hacer predicciones acertadas sobre el tiempo atmosférico severo. ¿Qué otros instrumentos usan los meteorólogos para predecir el tiempo atmosférico? ¿Cómo reúnen y usan los datos?

Laboratorio de inicio

10 minutos

¿Entiendes el reporte del tiempo atmosférico?

En los reportes del tiempo atmosférico se emplean números y determinados términos de vocabulario para ayudarte a entender las condiciones del tiempo atmosférico en un lugar dado, durante un periodo de tiempo dado. Escucha el reporte del tiempo atmosférico de tu localidad. ¿Puedes grabar la información suministrada?

1. En tu diario de ciencias, haz un listado de los datos que esperarías escuchar en un reporte del tiempo atmosférico.
2. Escucha con atención una **grabación del reporte del tiempo atmosférico** y anota los números y las medidas que escuchas al lado de los datos en tu listado.
3. Escucha por segunda vez y ajusta tus notas originales, agrega más datos si es necesario.
4. Escucha por tercera vez, luego muestra el reporte del tiempo atmosférico tal como lo escuchaste.

Piensa

1. ¿Qué mediciones fueron difíciles de aplicar para entender el reporte del tiempo atmosférico?
2. ¿Por qué se necesitan tantos tipos diferentes de datos para dar un reporte completo del tiempo atmosférico?
3. Enumera los instrumentos que podrían usarse para reunir cada tipo de dato.
4. **Concepto clave** ¿De dónde obtienen los meteorólogos los datos que usan para predecir el tiempo atmosférico?

Medición del tiempo atmosférico

Ser un meteorólogo es algo muy parecido a ser un médico. Con instrumentos especializados y observaciones visuales, lo médicos determinan primero la condición de tu cuerpo. Luego, el médico combina estas mediciones con su conocimiento de la ciencia médica. El resultado es una predicción de tu futura salud, como "te sentirás mejor en algunos días si descansas y tomas mucho líquido".

De manera similar, los meteorólogos, científicos que estudian el tiempo atmosférico, usan instrumentos especializados para medir las condiciones de la atmósfera, como leíste en la Lección 1. Estos incluyen termómetros para medir la temperatura, barómetros para medir la presión atmosférica, psicrómetros parta medir la humedad relativa y anemómetros para medir la velocidad del viento.

Reportes de superficie y del aire superior

Un **reporte de superficie** *describe un conjunto de mediciones del tiempo atmosférico realizadas en la superficie de la Tierra.* Las variables del tiempo atmosférico se miden en una estación meteorológica: una colección de instrumentos que reportan temperatura, presión atmosférica, humedad, precipitación y dirección y velocidad del viento. Con frecuencia, observadores humanos miden la cantidad de nubes y la visibilidad.

Un **reporte del aire superior** *describe las condiciones del viento, de la temperatura y de la humedad por encima de la superficie de la Tierra.* Estas condiciones atmosféricas se miden con una radiosonda, un conjunto de instrumentos del tiempo atmosférico que transporta un globo atmosférico a muchos kilómetros por encima del suelo. Los reportes de la radiosonda se hacen dos veces al día simultáneamente en cientos de lugares alrededor del mundo.

Imágenes de satélite y de radar

Las imágenes que toman los satélites que orbitan a cerca de 35,000 km sobre la superficie terrestre suministran información sobre las condiciones del tiempo atmosférico en la Tierra. Una imagen de luz visible, como la de la **Figura 14**, muestra nubes blancas sobre la Tierra. La imagen infrarroja, también en la **Figura 14**, muestra energía infrarroja en color simulado. La energía infrarroja proviene de la Tierra y se almacena en la atmósfera como calor latente. Monitorear la energía infrarroja suministra información sobre la altitud de las nubes y la temperatura atmosférica.

Figura 14 Los meteorólogos usan imágenes de satélite de luz visible e infrarroja para identificar frentes y masas de aire.

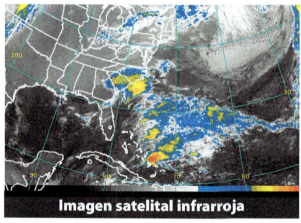

Imagen satelital de luz visible   **Imagen satelital infrarroja**

Verificación visual ¿En qué se diferencia una imagen de satélite de luz visible de una imagen de satélite infrarroja?

El radar mide la precipitación cuando las ondas de radio rebotan desde las gotas de lluvia y los copos de nieve. *El* **radar Doppler** *es un tipo de radar especializado que detecta tanto la precipitación como el movimiento de partículas pequeñas, que se puede usar para determinar la velocidad aproximada del viento.* Como el movimiento de la precipitación es causado por el viento, el radar Doppler puede usarse para calcular la velocidad del viento. Esto puede ser especialmente importante durante tiempo atmosférico severo, como tornados y turbonadas.

Verificación de concepto clave Identifica las variables del tiempo atmosférico que miden las radiosondas, los satélites infrarrojos y el radar Doppler.

Los mapas del tiempo atmosférico

Cada día, alrededor del mundo, se hacen miles de reportes de superficie, reportes del aire superior y observaciones de satélite y de radar. Los meteorólogos han desarrollado herramientas que los ayudan a simplificar y entender esta enorme cantidad de datos sobre el tiempo atmosférico.

FOLDABLES

Haz un boletín horizontal con dos solapas y rotúlalas como se muestra. Úsalo para reunir información sobre imágenes satelitales y de radar. Compara y contrasta estas herramientas de información.

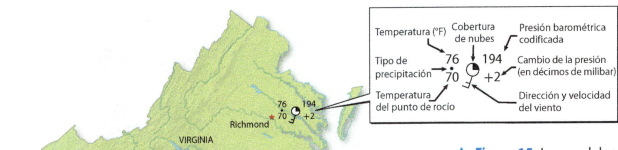

El modelo de estación meteorológica

Como se muestra en la **Figura 15,** el diagrama del modelo de estación meteorológica muestra datos de muchas mediciones meteorológicas diferentes para una ubicación en particular. Este usa números y símbolos para mostrar los datos y las observaciones de los reportes de superficie y del aire superior.

Construcción de mapas de presión y temperatura

Además de los modelos de estación meteorológica, los mapas meteorológicos también tienen otros símbolos. Por ejemplo, *las isobaras son líneas que conectan todos los lugares en un mapa donde la presión tiene el mismo valor.* Ubica una isobara en el mapa de la **Figura 16.** Las isobaras muestran la ubicación de los sistemas de alta y baja presión y brindan información sobre la velocidad del viento. Los vientos son fuertes cuando las isobaras están muy cerca unas de otras. Los vientos son débiles cuando las isobaras se encuentran alejadas.

De manera similar, las isotermas (no aparecen) son líneas que conectan lugares que tienen la misma temperatura. Las isotermas muestran cuáles regiones son cálidas y cuáles son frías. Los frentes se representan como líneas con símbolos sobre estas, como se indica en la **Figura 16.**

Verificación de la lectura Compara isobaras con isotermas.

▲ **Figura 15** Los modelos de estación meteorológica contienen información acerca de las variables del tiempo atmosférico.

ORIGEN DE LAS PALABRAS
isobara
del griego *isos,* que significa "igual"; y *baros,* que significa "pesado"

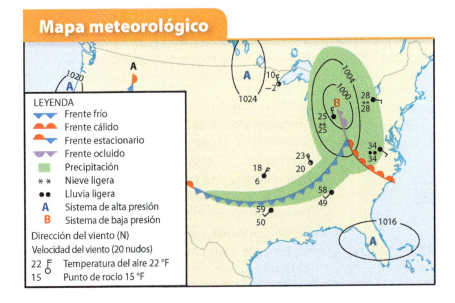

Mapa meteorológico

Figura 16 Los mapas meteorológicos contienen símbolos que suministran información sobre el tiempo atmosférico.

Verificación visual
¿Cuáles símbolos representan los sistemas de alta y de baja presión?

Animation

Lección 3
EXPLICAR

Figura 17 Los meteorólogos analizan datos de diferentes fuentes, como radares y modelos de computadora, con el fin de preparar predicciones del tiempo atmosférico.

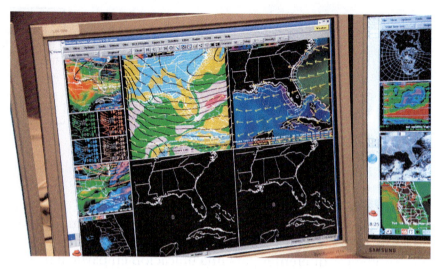

La predicción del tiempo atmosférico

Los pronósticos modernos del tiempo atmosférico se hacen con ayuda de modelos de computadora, como las que se muestran en la **Figura 17.** *Los* **modelos de computadora** *son programas de computadora que resuelven un conjunto de fórmulas matemáticas complejas.* Las fórmulas predicen qué temperaturas y vientos pueden ocurrir, cuándo y dónde lloverá y nevará, y qué tipos de nubes se formarán.

Las oficinas meteorológicas gubernamentales usan computadoras y la Internet para intercambiar continuamente durante el día mediciones del tiempo atmosférico. Se dibujan mapas meteorológicos y se hacen predicciones usando modelos de computadora. Luego, los mapas y las predicciones se ponen a disposición del público a través de la televisión, la radio, los periódicos y la Internet.

 Verificación de concepto clave ¿Cómo se usan las computadoras para predecir el tiempo atmosférico?

Investigación MiniLab

20 minutos

¿Cómo se representa el tiempo atmosférico en un mapa?

Los meteorólogos usan, con frecuencia, los modelos de estación meteorológica para registrar cómo son las condiciones del tiempo atmosférico en una ubicación en particular. Un modelo de estación meteorológica es un diagrama que contiene símbolos y números que muestran muchas mediciones diferentes del tiempo atmosférico.

Usa la **leyenda del modelo de estación meteorológica** que te entrega tu profesor, para interpretar los siguientes datos de cada modelo.

Analizar y concluir

1. **Compara y contrasta** las condiciones del tiempo atmosférico en cada modelo.
2. **Explica** por qué los meteorólogos podrían usar modelos de estación meteorológica en lugar de reportar la información del tiempo atmosférico de otra manera.
3. **Concepto clave** Comenta cuáles variables se usan para describir el tiempo atmosférico.

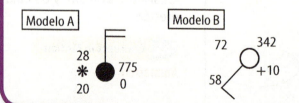

474 Capítulo 13
EXPLICAR

Repaso de la Lección 3

Assessment — Online Quiz
Inquiry — Virtual Lab

Resumen visual

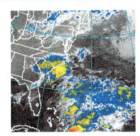

Las variables del tiempo atmosférico se miden con estaciones meteorológicas, radiosondas, satélites y radares Doppler.

Los mapas meteorológicos contienen información en forma de modelos de estación meteorológica, isobaras e isotermas y símbolos para los frentes y los sistemas de presión.

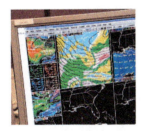

Los meteorólogos usan modelos de computadora para ayudar a predecir el tiempo atmosférico.

FOLDABLES

Usa tu modelo de papel para repasar la lección. Guarda tu modelo para el proyecto de final de capítulo.

¿Qué opinas AHORA?

Al inicio de este capítulo leíste las siguientes afirmaciones.

5. Las variables del tiempo atmosférico se miden a diario en lugares alrededor del mundo.

6. Las predicciones modernas del tiempo atmosférico se hacen con computadoras.

¿Sigues estando de acuerdo o en desacuerdo con las afirmaciones? Reescribe las afirmaciones falsas para hacerlas verdaderas.

Usar vocabulario

1. **Define** *modelo de computadora* con tus propias palabras.

2. Una línea que conecta lugares que tienen la misma presión se llama un(a) _____.

3. **Usa el término** *reporte de superficie* en una oración.

Entender conceptos clave

4. ¿Cuál diagrama muestra mediciones de superficie del tiempo atmosférico?
   A. una imagen satelital infrarroja
   B. una imagen aérea
   C. un modelo de estación meteorológica
   D. una imagen satelital de luz visible

5. **Enumera** dos maneras de medir las condiciones atmosféricas del aire superior.

6. **Describe** cómo las computadoras se usan en la predicción del tiempo atmosférico.

7. **Distingue** entre isobaras e isotermas.

Interpretar gráficas

8. **Identifica** Copia y llena el siguiente organizador gráfico para identificar los componentes de un mapa de superficie.

Símbolo	Significado
(frente ocluido)	
A	

Pensamiento crítico

9. **Sugiere** maneras de predecir el tiempo atmosférico sin usar computadoras.

10. **Explica** por qué las isobaras y las isotermas facilitan entender un mapa meteorológico.

Lección 3
EVALUAR
475

Investigación Laboratorio

40 minutos

¿Puedes predecir el tiempo atmosférico?

Materiales

papel milimetrado

mapas locales del tiempo atmosférico

termómetro de exterior

barómetro

Los pronósticos del tiempo atmosférico son importantes, no solo para que te vistas adecuadamente cuando sales de casa, sino también para ayudar a los agricultores a saber cuándo plantar y cultivar, para ayudar a las ciudades a saber cuándo llamar a las máquinas quitanieve y ayudar a los funcionarios a saber cuándo y dónde evacuar con anticipación ante un tiempo atmosférico severo.

Preguntar

¿Puedes predecir el tiempo atmosférico severo?

Observar

1. Lee y completa un formulario de seguridad en el laboratorio.
2. Recolecta datos del tiempo atmosférico durante todos los días durante una semana. Debes anotar la temperatura y la presión en números, pero la precipitación, las condiciones del viento y de cobertura de la nubosidad se pueden describir en palabras. Haz tus observaciones cada día a la misma hora.

3. Grafica, en la misma hoja de papel, la temperatura en grados y la presión atmosférica en milibares, como se muestra en la página siguiente. Debajo de cada gráfica, para cada día pon notas que describan la precipitación, las condiciones del viento y la cobertura de la nubosidad.

③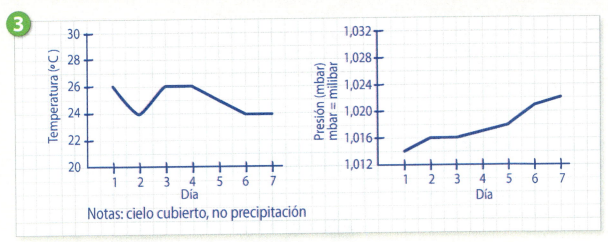

Notas: cielo cubierto, no precipitación

Formular la hipótesis

④ Analiza tus datos y tus mapas atmosféricos. Busca factores que parezcan estar relacionados. Por ejemplo, tus datos podrían sugerir que cuando la presión disminuye, aparecen nubes.

⑤ Encuentra tres conjuntos de pares de datos que parezcan estar relacionados. Formula tres hipótesis, una para cada conjunto de datos.

Comprobar la hipótesis

⑥ Observa los datos del último día. Con base en tus hipótesis, predice el tiempo atmosférico para el día siguiente.

⑦ Recolecta datos del tiempo atmosférico del día siguiente y evalúa tus predicciones.

⑧ Repite los pasos 6 y 7 por, al menos, dos días más.

Analizar y concluir

⑨ **Analiza** Compara tus hipótesis con los resultados de tus predicciones. ¿Cuán exitoso fuiste? ¿Qué información adicional habría podido mejorar tus predicciones?

⑩ **La gran idea** Los científicos tienen herramientas más complejas y sofisticadas con las que se ayudan a predecir el tiempo atmosférico, pero con herramientas sencillas tú puedes hacer una aproximación. Escribe un resumen de un párrafo de los datos que recolectaste y de cómo los interpretaste para predecir el tiempo atmosférico.

Comunicar resultados

Para cada hipótesis que planteaste, haz un cartel pequeño que muestre la hipótesis, presente una gráfica que la respalde y el resultado de tus predicciones. Escribe una oración de conclusión acerca de la confiabilidad de tus hipótesis. Muestra tus resultados a tus compañeros de clase.

 **Ir más allá**

Indaga sobre otros tipos de datos que podrías recolectar y la manera como ellos te podrían ayudar a hacer una predicción. Úsalos durante una semana para ver si tu habilidad para hacer predicciones mejora.

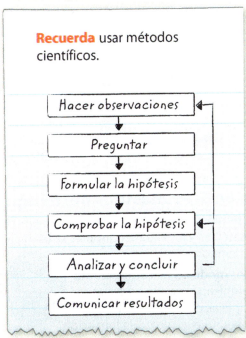

Recuerda usar métodos científicos.

Guía de estudio del Capítulo 13

Los científicos usan variables atmosféricas para describir el tiempo atmosférico y estudiar los sistemas atmosféricos. Los científicos usan computadoras para predecir el tiempo atmosférico.

Resumen de conceptos clave

Lección 1: Descripción del tiempo atmosférico

- El **tiempo atmosférico** son las condiciones atmosféricas, junto con cambios a corto plazo, de un lugar determinado a una hora determinada.
- Las variables que se usan para describir el tiempo atmosférico son temperatura del aire, **presión atmosférica**, viento, **humedad** y **humedad relativa.**
- Los procesos del ciclo del agua: la evaporación, la condensación y la **precipitación**, participan en la formación de diferentes tipos de tiempo atmosférico.

Vocabulario

tiempo atmosférico pág. 451
presión atmosférica pág. 452
humedad pág. 452
humedad relativa pág. 453
punto de rocío pág. 453
precipitación pág. 455
ciclo del agua pág. 455

Lección 2: Patrones del tiempo atmosférico

- Los **sistemas de baja presión** y los **sistemas de alta presión** son dos sistemas que influencian el tiempo atmosférico.
- Los patrones del tiempo atmosférico están impulsados por el movimiento de las **masas de aire.**
- Entender los patrones del tiempo atmosférico ayuda a hacer predicciones más precisas del tiempo atmosférico.
- El tiempo atmosférico severo incluye turbonadas, **tornados**, **huracanes** y **ventiscas.**

sistema de alta presión pág. 459
sistema de baja presión pág. 459
masa de aire pág. 460
frente pág. 462
tornado pág. 465
huracán pág. 466
ventisca pág. 467

Lección 3: Pronósticos del tiempo atmosférico

- Los termómetros, los barómetros, los anemómetros, las radiosondas, los satélites y los **radares Doppler** se usan para medir las variables del tiempo atmosférico.
- En los **modelos de computadora** se emplean fórmulas matemáticas complejas para predecir la temperatura, el viento, la formación de nubes y la precipitación.

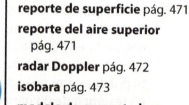

reporte de superficie pág. 471
reporte del aire superior pág. 471
radar Doppler pág. 472
isobara pág. 473
modelo de computadora pág. 474

Guía de estudio

Review
- Personal Tutor
- Vocabulary eGames
- Vocabulary eFlashcards

FOLDABLES Proyecto del capítulo

Organiza tus modelos de papel como se muestra, para hacer un proyecto de capítulo. Usa el proyecto para repasar lo que aprendiste en este capítulo.

Usar vocabulario

1. La presión que ejerce una columna de aire sobre una región se llama _____.

2. La cantidad de vapor de agua en el aire se llama _____.

3. El proceso natural en el cual el agua se mueve constantemente entre los océanos, la tierra y la atmósfera se llama _____.

4. Un(a) _____ es un límite entre dos masas de aire.

5. En el centro de un(a) _____, el aire asciende y forma nubes y precipitación.

6. Una _____ polar continental trae temperaturas frías durante el invierno.

7. Cuando la misma _____ pasa por dos lugares en un mapa meteorológico, ambos lugares tienen la misma presión.

8. La humedad en el aire comparada con la cantidad que el aire puede contener es la _____.

Relacionar vocabulario y conceptos clave

Concepts in Motion — Interactive Concept Map

Copia este mapa conceptual y luego usa términos de vocabulario de la página anterior para completarlo.

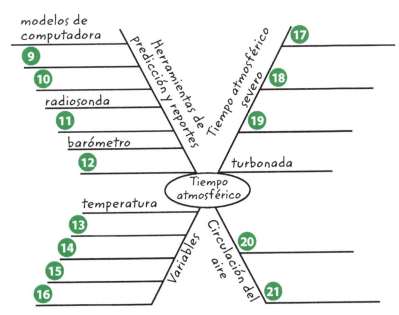

Repaso del Capítulo 13

Entender conceptos clave

1. Las nubes se forman cuando el agua cambia de
   A. gas a líquido.
   B. líquido a gas.
   C. sólido a gas.
   D. sólido a líquido.

2. ¿Cuál tipo de precipitación llega a la superficie terrestre como bolitas grandes de hielo?
   A. granizo
   B. lluvia
   C. aguanieve
   D. nieve

3. ¿Cuál de las siguientes situaciones de aire descendente trae, por lo general, buen tiempo?
   A. masa de aire
   B. frente frío
   C. sistema de alta presión
   D. sistema de baja presión

4. ¿Cuál masa de aire contiene aire frío y seco?
   A. polar continental
   B. tropical continental
   C. tropical marítima
   D. polar marítima

5. Estudia el siguiente frente.

   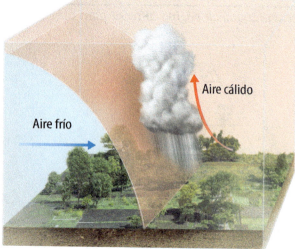

   ¿Cómo se forma este tipo de frente?
   A. Un frente frío supera a un frente cálido.
   B. Aire frío se mueve hacia aire más cálido.
   C. El límite entre dos frentes se estanca.
   D. Aire cálido se mueve hacia aire más frío.

6. ¿Cuál es una tormenta tropical intensa con vientos superiores a 119 km/h?
   A. ventisca
   B. huracán
   C. turbonada
   D. tornado

7. ¿Cuál contiene mediciones de temperatura, presión atmosférica, humedad, precipitación y velocidad y dirección del viento?
   A. una imagen de radar
   B. una imagen de satélite
   C. un reporte de superficie
   D. una estación meteorológica

8. ¿Qué mide un radar Doppler?
   A. la presión atmosférica
   B. la temperatura del aire
   C. la velocidad a la cual cambia la presión atmosférica
   D. la velocidad a la cual se desplaza la precipitación

9. Estudia el siguiente modelo de estación meteorológica.

   ¿Cuál es la temperatura según el modelo de estación meteorológica?
   A. 3 °F
   B. 55 °F
   C. 81 °F
   D. 138 °F

10. ¿Cuál describe las nubes cirros?
    A. planas, blancas y en capas
    B. esponjosas, a altitud media
    C. amontonadas o apiladas
    D. tenues, a grandes altitudes

11. ¿Cuál instrumento mide la velocidad del viento?
    A. anemómetro
    B. barómetro
    C. psicrómetro
    D. termómetro

Repaso del capítulo

Assessment
Online Test Practice

Pensamiento crítico

12 Predice Supón que estás en un barco cerca del ecuador en el océano Atlántico. Notas que la presión barométrica está descendiendo. Predice qué tipo de tiempo atmosférico podrías experimentar.

13 Compara una masa de aire polar continental con una masa de aire tropical marítima.

14 Evalúa por qué las nubes, generalmente, se forman en el centro de un sistema de baja presión.

15 Predice cómo cambiarían las masas de aire marítimo si los océanos se congelan.

16 Compara dos tipos de tiempo atmosférico severo.

17 Interpreta gráficas Identifica el frente en el siguiente mapa meteorológico. Predice el tiempo atmosférico para áreas a lo largo del frente.

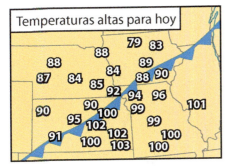

18 Evalúa la validez del pronóstico del tiempo atmosférico: "El tiempo atmosférico para mañana será similar al tiempo atmosférico de hoy".

19 Compara y contrasta los reportes meteorológicos de superficie con los reportes del aire superior. ¿Por qué es importante para los meteorólogos monitorear las variables del tiempo atmosférico muy arriba de la superficie terrestre?

Escritura en Ciencias

20 Escribe un párrafo sobre las formas en que las computadoras han mejorado los pronósticos del tiempo atmosférico. Asegúrate de incluir una oración de introducción y una oración de conclusión en tu párrafo.

REPASO LA GRAN IDEA

21 Identifica los instrumentos que se usan para medir las variables del tiempo atmosférico.

22 ¿Cómo usan las variables del tiempo atmosférico los científicos para describir y predecir el tiempo atmosférico?

23 Describe los factores que influencian el tiempo atmosférico.

24 Usa los factores que enumeraste en la pregunta 23, para describir cómo una masa de aire polar continental puede cambiar a masa de aire polar marítima.

Destrezas matemáticas — Review Math Practice

Usar conversiones

25 Convierte de Fahrenheit a Celsius.
  a. Convierte 0 °F a °C.
  b. Convierte 104 °F a °C.

26 Convierte de Celsius a Fahrenheit.
  a. Convierte 0 °C a °F.
  b. Convierte −40 °C a °F.

27 La escala de medición de temperatura Kelvin comienza en cero y tiene el mismo tamaño de unidad que los grados Celsius. Cero grados Celsius equivalen a 273 kelvin.

Convierte 295 K a Fahrenheit.

Práctica para la prueba estandarizada

Anota tus respuestas en la hoja de respuestas que te entregó el profesor o en una hoja de papel.

Selección múltiple

1 ¿Cuál mide la energía cinética promedio de las moléculas del aire?

  A humedad
  B presión
  C rapidez
  D temperatura

Usa el siguiente diagrama para responder la pregunta 2.

2 ¿Cuál sistema de tiempo atmosférico ilustra el diagrama anterior?

  A presión alta
  B huracán
  C presión baja
  D tornado

3 ¿Qué hace que el tiempo atmosférico permanezca constante por varios días consecutivos?

  A frente de aire
  B masa de aire
  C polución del aire
  D resistencia del aire

4 ¿Cuál enumera en orden los estadios de una turbonada?

  A cúmulos, disipación, madurez
  B cúmulos, madurez, disipación
  C disipación, cúmulos, madurez
  D disipación, madurez, cúmulos

5 ¿Qué hace que al aire llegue a su punto de rocío?

  A corrientes de aire que disminuyen
  B humedad que disminuye
  C presión atmosférica en descenso
  D temperaturas en descenso

6 ¿Cuál mide la presión atmosférica?

  A anemómetro
  B barómetro
  C psicrómetro
  D termómetro

Usa el siguiente diagrama para responder la pregunta 7.

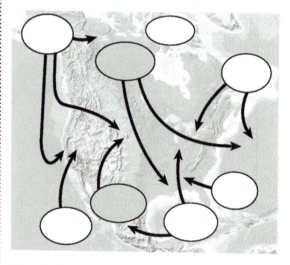

7 ¿Qué tipo de masas de aire representan los óvalos sombreados en el diagrama?

  A antártica
  B ártica
  C continental
  D marítima

8 ¿Cuál expresa MEJOR la saturación de la humedad?

  A presión barométrica
  B humedad relativa
  C frente de tiempo atmosférico
  D dirección del viento

Práctica para la prueba estandarizada

Usa el siguiente diagrama para responder la pregunta 9.

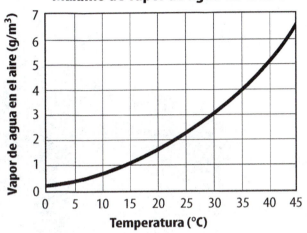

9 ¿Qué le ocurre al contenido máximo de humedad cuando la temperatura del aire aumenta de 15 °C a 30 °C?

A aumenta de 1 a 2 g/m^3

B aumenta de 1 a 3 g/m^3

C aumenta de 2 a 3 g/m^3

D aumenta de 2 a 4 g/m^3

10 Cuando las isobaras están cerca una de otra en un mapa meteorológico,

A el cubrimiento de nubes es extenso.

B las temperaturas son altas.

C prevalecen los frentes cálidos.

D los vientos son fuertes.

11 ¿Cuál suministra energía para el ciclo del agua?

A corrientes de aire

B núcleo de la Tierra

C corrientes oceánicas

D el Sol

Respuesta elaborada

Usa la siguiente tabla para responder la pregunta 12.

Variable atmosférica	Medida

12 En la tabla anterior, enumera las variables atmosféricas que los científicos usan para describir el tiempo atmosférico. Luego, describe la unidad de medida para cada variable.

Usa el siguiente diagrama para responder las preguntas 13 y 14.

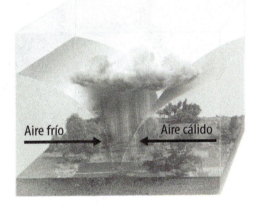

13 ¿Qué representa el diagrama anterior?

14 Describe las condiciones del tiempo atmosférico asociadas con el diagrama.

15 ¿Cómo se forman los frentes de tiempo atmosférico?

¿NECESITAS AYUDA ADICIONAL?															
Si no pudiste responder la pregunta...	1	2	3	4	5	6	7	8	9	10	11	12	13	14	15
Pasa a la Lección...	1	2	2	2	1	1,3	2	1	1	3	1	1	2	2	2

Capítulo 14

Clima

 ¿Qué es el clima y cómo afecta la vida en la Tierra?

Investigación ¿Qué le ocurrió a este árbol?

El clima difiere de un área de la Tierra a otra. Algunas áreas tienen poca lluvia y temperaturas altas. Otras tienen temperaturas bajas y mucha nieve. En donde crece este árbol, en Humphrey Head Point en Inglaterra, hay viento constante.

- ¿Cuáles son las características de los diferentes climas?
- ¿Qué factores afectan el clima de una región?
- ¿Qué es clima y cómo afecta la vida en la Tierra?

Prepárate para leer

¿Qué opinas?

Antes de leer, piensa si estás de acuerdo o no con las siguientes afirmaciones. A medida que leas el capítulo, decide si cambias de opinión sobre algunas de ellas.

1. Los lugares en el centro de los continentes grandes tienen, por lo general, el mismo clima que los lugares a lo largo de la costa.
2. La latitud no afecta el clima.
3. El clima actual de la Tierra es el mismo que en el pasado.
4. El cambio climático ocurre en ciclos cortos.
5. Las actividades humanas pueden afectar el clima.
6. Tú puedes ayudar a reducir la cantidad de gases invernadero que se liberan en la atmósfera.

ConnectED — Your one-stop online resource

connectED.mcgraw-hill.com

- Video
- WebQuest
- Audio
- Assessment
- Review
- Concepts in Motion
- Inquiry
- Multilingual eGlossary

Lección 1

Climas de la Tierra

Guía de lectura

Conceptos clave
PREGUNTAS IMPORTANTES
- ¿Qué es el clima?
- ¿Por qué un clima es diferente de otro?
- ¿Cómo se clasifican los climas?

Vocabulario
clima pág. 487
sombra de lluvia pág. 489
calor específico pág. 489
microclima pág. 491

Multilingual eGlossary

Investigación ¿Qué hace desierto a un desierto?

¿Qué tanta precipitación reciben los desiertos? ¿Son los desiertos siempre calientes? ¿Qué tipos de plantas crecen en los desiertos? Los científicos buscan las respuestas a estas preguntas para determinar si un área es un desierto.

486 Capítulo 14
EMPRENDER

Laboratorio de inicio

20 minutos

¿Cómo se comparan los climas?

El clima describe los patrones de largo plazo del tiempo atmosférico para una región. La temperatura y la precipitación son dos factores que ayudan a determinar el clima.

1. Lee y completa un formulario de seguridad en el laboratorio.
2. Escoge un lugar en un **globo terráqueo**.
3. Investiga cuáles son las temperaturas promedio mensuales y los niveles de precipitación para este lugar.
4. Anota tus datos en un cuadro como este en tu diario de ciencias.

Piensa

1. Describe el clima del lugar que escogiste en términos de temperatura y precipitación.
2. Compara tus datos con Omsk, en Rusia. ¿En qué se diferencian los climas?
3. 🗝 **Concepto clave** Las montañas, los océanos y las latitudes afectan el clima. ¿Alguno de estos factores explica las diferencias que observaste? Explica.

Omsk, Rusia
73.5° E, 55° N

Mes	Temperatura mensual promedio	Nivel de precipitación mensual promedio
Enero	−14 °C	13 mm
Febrero	−12 °C	9 mm
Marzo	−5 °C	9 mm
Abril	8 °C	18 mm
Mayo	18 °C	31 mm
Junio	24 °C	52 mm
Julio	25 °C	61 mm
Agosto	22 °C	50 mm
Septiembre	17 °C	32 mm
Octubre	7 °C	26 mm
Noviembre	−4 °C	19 mm
Diciembre	−12 °C	15 mm

¿Qué es el clima?

Probablemente sabes que el término *tiempo atmosférico* describe las condiciones atmosféricas y los cambios a corto plazo de determinado lugar en cierto momento. El tiempo atmosférico cambia día a día en muchos lugares de la Tierra. Otros lugares de la Tierra tienen tiempo atmosférico más constante. Por ejemplo, en la Antártida las temperaturas rara vez están por encima de 0 °C, incluso en el verano. Las regiones en el Sahara africano, que se muestra en la fotografía de la página anterior, tienen temperaturas por encima de 20 °C todo el año.

Clima *es el promedio a largo plazo de las condiciones del tiempo atmosférico de una región en particular.* El clima de una región depende de la temperatura y de la precipitación promedio, así como del cambio de estas variables a lo largo del año.

¿Qué afecta el clima?

Varios factores determinan el clima de una región. La latitud de una región afecta el clima. Por ejemplo, las áreas cercanas al ecuador tienen los climas más cálidos. Grandes cuerpos de agua, como lagos y océanos, también influencian el clima de una región. A lo largo de las costas, el tiempo atmosférico es más constante durante el año. Los veranos calientes y los inviernos fríos ocurren típicamente en el centro de los continentes. La altitud de una zona afecta el clima. Las zonas montañosas son con frecuencia lluviosas o con nieve. Las edificaciones y el concreto, que conservan la energía solar, hacen que las temperaturas sean más altas en las zonas urbanas. Esto crea un clima especial en un área pequeña.

🗝 **Verificación de concepto clave**
¿Qué es el clima?

Figura 1 Las latitudes cercanas a los polos reciben menos energía solar y tienen temperaturas promedio más bajas.

La latitud

Recuerda que, desde el ecuador la latitud aumenta de 0° a 90° a medida que te desplazas hacia el polo Norte o el polo Sur. La cantidad de energía solar por unidad de área de superficie de la Tierra depende de la latitud. La **Figura 1** muestra que las regiones cerca del ecuador reciben más energía solar por unidad de área de superficie anualmente que las regiones ubicadas más lejos hacia el norte o hacia el sur. Esto se debe principalmente al hecho de que la superficie curva de la Tierra hace que el ángulo de incidencia de los rayos solares se extienda sobre un área más grande. Los lugares cercanos al ecuador también tienden a tener climas más calientes que los de las latitudes altas. Las regiones polares son más frías porque reciben anualmente menos energía solar por unidad de área de superficie. En las latitudes medias, entre los 30° y los 60°, los veranos son generalmente calientes y los inviernos son usualmente fríos.

La altitud

La altitud también influencia el clima. Recuerda que la temperatura desciende a medida que la altitud aumenta en la troposfera. Así, a medida que subes por una montaña puedes experimentar el mismo clima frío y con nieve que hay cerca de los polos. La **Figura 2** muestra la diferencia entre las temperaturas promedio de dos ciudades en Colorado a diferentes altitudes.

Altitud y clima

Figura 2 A medida que la altitud aumenta, la temperatura disminuye.

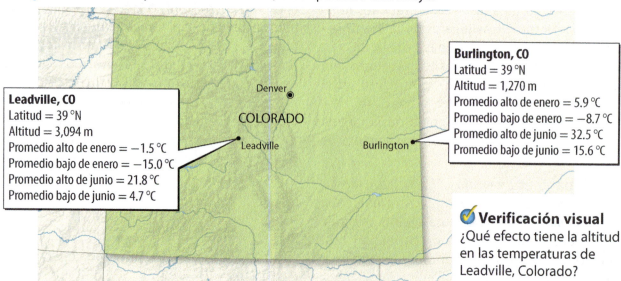

Leadville, CO
Latitud = 39 °N
Altitud = 3,094 m
Promedio alto de enero = −1.5 °C
Promedio bajo de enero = −15.0 °C
Promedio alto de junio = 21.8 °C
Promedio bajo de junio = 4.7 °C

Burlington, CO
Latitud = 39 °N
Altitud = 1,270 m
Promedio alto de enero = 5.9 °C
Promedio bajo de enero = −8.7 °C
Promedio alto de junio = 32.5 °C
Promedio bajo de junio = 15.6 °C

Verificación visual
¿Qué efecto tiene la altitud en las temperaturas de Leadville, Colorado?

Sombra de lluvia 🔑

1. Los vientos prevalecientes transportan aire cálido y húmedo sobre la superficie terrestre.

2. A medida que el aire se acerca a las montañas, se eleva y enfría. El vapor de agua del aire se condensa. Cae precipitación como lluvia o nieve en la ladera de barlovento de las montañas.

3. Ahora el aire seco pasa sobre las montañas y a medida que desciende se calienta.

4. El tiempo atmosférico es seco en la ladera de sotavento de las montañas.

Sombra de lluvia

Las montañas influencian el clima porque son barreras para los vientos prevalecientes. Esto conduce a patrones únicos de **precipitación** llamados sombras de lluvia. *Una región de baja precipitación en la ladera de sotavento de una montaña se llama* <mark>sombra de lluvia</mark>, como se muestra en la **Figura 3**. La diferencia en la cantidad de precipitación a cada lado de una cordillera influencia el crecimiento de los tipos de vegetación. La vegetación crece en cantidades abundantes en el lado de la montaña que está expuesto a la precipitación. La cantidad de vegetación de la ladera de sotavento es poco abundante debido al tiempo atmosférico seco.

Cuerpos grandes de agua

En un día soleado en la playa, ¿por qué la arena se siente más caliente que el agua? Porque el agua tiene un calor específico alto. *El* <mark>calor específico</mark> *es la cantidad de energía térmica (julios) requerida para subir la temperatura de 1 kg de materia en 1 °C*. El calor específico del agua es cerca de seis veces más elevado que el calor específico de la arena. Esto significa que el agua del océano tendría que absorber seis veces más energía térmica para estar a la misma temperatura de la arena.

El calor específico alto del agua hace que los climas a lo largo de las costas permanezcan más constantes que aquellos en el centro de un continente. Por ejemplo, la costa oeste de Estados Unidos tiene temperaturas moderadas durante todo el año.

Las corrientes oceánicas también modifican el clima. La corriente del Golfo es una corriente cálida que fluye hacia el norte a lo largo de la costa este de América del Norte. Esta lleva temperaturas cálidas a partes de la costa este de Estados Unidos y partes de Europa.

✅ **Verificación de la lectura** ¿De qué manera los cuerpos grandes de agua influencian el clima?

Figura 3 La sombra de lluvia se forma en la ladera de sotavento de las montañas.

✅ **Verificación visual**
¿Por qué la sombra de lluvia no se forma en la ladera de barlovento de las montañas?

REPASO DE VOCABULARIO
precipitación
agua, en forma líquida o sólida, que cae desde la atmósfera

Lección 1
EXPLICAR

Los climas del mundo

Figura 4 El mapa muestra una versión modificada del sistema de clasificación climática de Köppen.

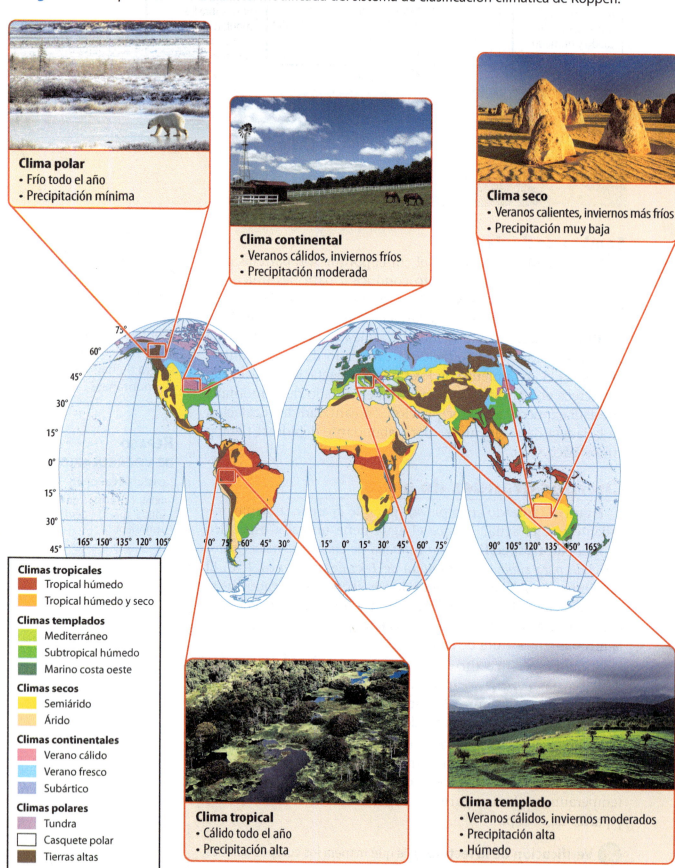

Clasificación de los climas

¿Cuál es el clima de cualquier región en particular de la Tierra? Esta puede ser una pregunta difícil de responder porque muchos factores afectan el clima. En 1918, el científico alemán Vladimir Köppen desarrolló un sistema para clasificar la gran cantidad de climas del mundo. Köppen clasificó el clima de una región mediante el estudio de su temperatura, precipitación y vegetación nativa. La vegetación nativa está con frecuencia limitada por las condiciones particulares del clima. Por ejemplo, no esperarías encontrar un cactus del desierto caliente creciendo en el frío y nevado Ártico. Köppen identificó cinco tipos de clima. En la **Figura 4** se muestra una versión modificada del sistema de clasificación de Köppen.

 Verificación de concepto clave ¿Cómo se clasifican los climas?

Los microclimas

Las carreteras y edificaciones de las ciudades tienen más concreto que las zonas rurales que las rodean. El concreto absorbe radiación solar, lo que ocasiona temperaturas más cálidas que en el campo. El resultado es un microclima común llamado la isla urbana de calor, como se muestra en la **Figura 5.** *Un* **microclima** *es un clima localizado que es diferente del clima de la región más extensa que lo rodea.* Otros ejemplos de microclima incluyen los bosques, con frecuencia más frescos y con menos viento que el campo que los rodea, y las cumbres de las colinas, que tienen más viento que la tierra baja circundante.

 Verificación de concepto clave ¿Por qué un clima es diferente de otro?

FOLDABLES

Usa tres hojas de cuaderno para hacer un boletín en capas. Rotúlalo como se muestra. Úsalo para organizar tus notas sobre los factores que determinan el clima de una región.

ORIGEN DE LAS PALABRAS

microclima
del griego *mikros*, que significa "pequeño"; y *klima*, que significa "región, zona"

Microclima

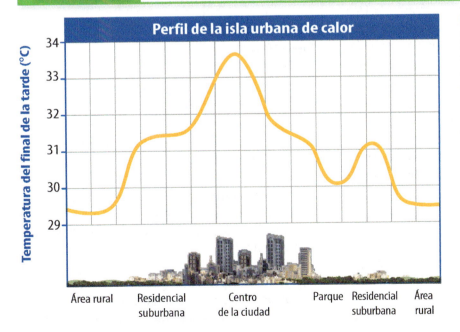

Figura 5 Con frecuencia, la temperatura es más cálida en las áreas urbanas en comparación con las temperaturas del campo que las rodea.

Verificación visual
¿Cuál es la diferencia de temperatura entre el centro de la ciudad y las áreas rurales?

Cómo el clima afecta a los seres vivos

Los organismos tienen adaptaciones para los climas en donde viven. Por ejemplo, los osos polares tienen pelaje grueso y una capa de grasa que los ayuda a mantenerse calientes en el Ártico. Muchos animales que viven en los desiertos, como los camellos de la **Figura 6,** tienen adaptaciones para sobrevivir en condiciones calientes y secas. Algunas plantas del desierto tienen sistemas radicales extensos y superficiales que absorben agua de lluvia. Los árboles caducifolios, que se encuentran en climas continentales, pierden sus hojas durante el invierno, lo que reduce la pérdida de agua cuando el suelo se congela.

El clima también influencia a los seres humanos de varias maneras. La precipitación y la temperatura promedio de una región ayudan a determinar el tipo de plantas que ellos cultivan. Miles de naranjos crecen en Florida, donde el clima es moderado. El clima continental de Wisconsin es ideal para cultivar arándanos.

El clima también influencia el diseño de las edificaciones humanas. En climas polares, el suelo está congelado todo el año, una condición llamada permafrost. En estos climas, se construyen casas y otras edificaciones sobre pilotes. Esto se hace con el fin de que la energía térmica de la edificación no derrita el permafrost.

Verificación de la lectura ¿Cómo se han adaptado los organismos a los diferentes climas?

Figura 6 Los camellos están adaptados a climas secos y pueden sobrevivir hasta tres semanas sin beber agua.

Investigación MiniLab

40 minutos

¿En dónde se encuentran los microclimas?

Los microclimas difieren de los climas de las regiones más grandes a su alrededor. En este laboratorio, identificarás un microclima.

1. Lee y completa un formulario de seguridad en el laboratorio.
2. Selecciona dos zonas cerca a tu escuela. Una zona deberá ser un lugar abierto. La otra deberá estar cerca del edificio de la escuela.
3. En tu diario de ciencias haz una tabla de datos como la de la derecha.
4. Mide y anota los datos de la primera zona. Encuentra la dirección del viento usando una **manga de viento,** la temperatura con un **termómetro** y la humedad relativa con un **psicrómetro** y una **tabla de humedad relativa**.
5. Repite el paso 4 en la segunda zona.

	Acera	Campos de fútbol
Temperatura		
Dirección del viento		
Humedad relativa		

Analizar y concluir

1. **Grafica datos** Haz una gráfica de barras que muestre la temperatura y la humedad relativa en ambos lugares.
2. **Usa** los datos de tu tabla para comparar la dirección del viento.
3. **Interpreta datos** ¿En qué se diferencian las condiciones atmosféricas en los dos lugares? ¿Cuál podría ser la razón de estas diferencias?
4. **Concepto clave** ¿Cómo decidirías cuál lugar es un microclima? Explica.

Repaso de la Lección 1

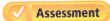 Assessment   Online Quiz

Resumen visual

El clima está influenciado por varios factores como la latitud, la altitud y la ubicación de una región con respecto a una masa grande de agua o montañas.

La sombra de lluvia ocurre en la ladera de sotavento de las montañas.

Los microclimas ocurren en áreas urbanas, bosques y cimas de colinas.

FOLDABLES

Usa tu modelo de papel para repasar la lección. Guarda tu modelo para el proyecto de final de capítulo.

¿Qué opinas AHORA?

Al inicio de este capítulo leíste las siguientes afirmaciones.

1. Los lugares en el centro de los continentes grandes tienen, por lo general, el mismo clima que los lugares a lo largo de la costa.
2. La latitud no afecta el clima.

¿Sigues estando de acuerdo o en desacuerdo con las afirmaciones? Reescribe las afirmaciones falsas para hacerlas verdaderas.

Usar vocabulario

1. La cantidad de energía térmica que se necesita para elevar la temperatura de 1 kg de un material en 1 °C se llama _____.

2. **Distingue** entre clima y microclima.

3. **Usa el término** *sombra de lluvia* en una oración.

Entender conceptos clave

4. ¿Cómo se clasifican los climas?
   A. por corrientes oceánicas cálidas y frías
   B. por latitud y longitud
   C. por mediciones de temperatura y humedad
   D. por temperatura, precipitación y vegetación

5. **Describe** el clima de una isla en el océano Pacífico tropical.

6. **Compara** los climas de cada lado de una cordillera grande.

7. **Distingue** entre tiempo atmosférico y clima.

Interpretar gráficas

8. **Resume** Copia y llena el siguiente organizador gráfico para resumir información acerca de los diferentes tipos de clima alrededor del mundo.

Tipo de clima	Descripción
Tropical	
Seco	
Templado	
Continental	
Polar	

Pensamiento crítico

9. **Distingue** entre los climas de un lugar costero y un lugar en el centro de un continente grande.

10. **Infiere** cómo podrías esquiar en la nieve en la isla de Hawai.

Lección 1 EVALUAR 493

Investigación Práctica de destrezas — Inferir — 40 minutos

Materiales

tazón

película de poliéster

cinta adhesiva trasparente

cronómetro

fuente de luz

termómetro

Seguridad

¿La reflección de los rayos del sol puede cambiar el clima?

Albedo es el término que se usa para referirse al porcentaje de energía solar que se refleja hacia el espacio. Las nubes, por ejemplo, reflejan cerca del 50 por ciento de la energía solar que reciben, mientras que las superficies oscuras de la Tierra pueden reflejar solo el 5 por ciento. La nieve tiene un albedo muy alto y refleja del 75 al 90 por ciento de la energía solar que recibe. Las diferencias en la cantidad de energía solar que se refleja hacia la atmósfera desde diversas regiones de la Tierra causa distinciones en el clima. Además, los cambios en el albedo pueden afectar el clima de una región.

Aprende

Cuando no es posible hacer una observación directamente, se puede hacer una simulación que permita sacar conclusiones razonables. Esta estrategia se conoce como **inferencia**. Simular ocurrencias naturales a escala pequeña puede suministrar observaciones indirectas, de manera que puedan inferirse resultados reales.

Intenta

1. Lee y completa un formulario de seguridad en el laboratorio.
2. Haz una tabla de datos para anotar temperaturas en tu diario de ciencias.
3. Cubre el fondo de un tazón con una hoja de película de poliéster. Pon un termómetro sobre la hoja. Anota la temperatura del fondo del tazón.
4. Coloca el tazón debajo de la fuente de luz y fija el cronómetro en 5 minutos. Luego de 5 minutos, anota la temperatura. Retira el termómetro y permite que regrese a su temperatura original. Repite dos veces más.
5. Repite el experimento, pero esta vez pega la hoja de poliéster sobre la boca del tazón y el termómetro.

Aplica

6. **Analiza** los datos que reuniste. ¿Qué diferencia encontraste cuando la película de poliéster cubrió el tazón?
7. **Concluye** ¿Qué puedes concluir sobre los rayos del sol que alcanzaron el fondo del tazón cuando estaba cubierto con la película de poliéster?
8. **Infiere** qué le ocurre a los rayos del sol cuando llegan a las nubes en la atmósfera. Explica.
9. **Describe** cómo el albedo alto de la nieve y del hielo en las regiones polares contribuye al clima de ese lugar.
10. 🔑 **Concepto clave** Si una región de la Tierra se cubriera la mayor parte del tiempo con esmog o nubes, ¿cambiaría el clima de esa región? Explica tu respuesta.

Lección 2

Ciclos del clima

Guía de lectura

Conceptos clave 🔑
PREGUNTAS IMPORTANTES

- ¿Cómo ha variado el clima con el paso del tiempo?
- ¿Qué causa las estaciones?
- ¿Cómo el océano afecta el clima?

Vocabulario

edad del hielo pág. 496
interglaciar pág. 496
El Niño/Oscilación meridional pág. 500
monzón pág. 501
sequía pág. 501

g Multilingual eGlossary

Investigación ¿Cómo se formó este lago?

Un glaciar que se derritió formó este lago. ¿Hace cuánto sucedió? ¿Qué tipo de cambio climático ocurrió para que el glaciar se derritiera? ¿Ocurrirá de nuevo?

Investigación: Laboratorio de inicio

20 minutos

¿Cómo el eje inclinado de la Tierra afecta el clima?

El eje de la Tierra está inclinado a un ángulo de 23.5°. Esta inclinación influencia el clima al afectar la cantidad de luz solar que llega a la superficie terrestre.

1. Lee y completa un formulario de seguridad en el laboratorio.
2. Sostén una **linterna de bolsillo** a cerca de 25 cm por encima de una hoja de papel a un ángulo de 90°. Usa un **transportador** para verificar el ángulo.
3. Apaga las luces del techo y enciende la linterna. Tu compañero deberá trazar el círculo de luz que proyecta la linterna sobre el papel.
4. Repite los pasos 2 y 3, pero esta vez sostén la linterna a un ángulo de 23.5° de la perpendicular.

Piensa

1. ¿Cómo cambiaron los círculos de luz durante cada prueba?
2. ¿Cuál prueba representó la inclinación del eje de la Tierra?
3. **Concepto clave** ¿De qué manera los cambios en la inclinación del eje de la Tierra pueden afectar el clima? Explica.

Figura 7 Los científicos estudian las diferentes capas en un núcleo de hielo para aprender más acerca de los cambios climáticos del pasado.

Ciclos de largo plazo

El tiempo atmosférico y el clima tienen ciclos. En la mayor parte de la Tierra, la temperatura aumenta en el día y disminuye en la noche. Cada año, el aire es cálido en verano y más frío en invierno. Verás muchos de estos ciclos a lo largo de la vida. Pero el clima cambia en ciclos que duran mucho más que un ciclo de vida.

Mucho de lo que sabemos de los climas del pasado proviene de registros naturales. Los científicos estudian núcleos de hielo, como el de la **Figura 7,** que se obtienen al perforar las capas de hielo en glaciares y mantos de hielo. Polen fosilizado, sedimentos oceánicos y anillos de crecimiento de los árboles también se usan para obtener información acerca de los cambios climáticos del pasado. La información sirve para comparar los climas actuales con los que había hace miles de años.

Verificación de la lectura ¿Cómo encuentran información los científicos acerca de los climas terrestres del pasado?

Edades del hielo e interglaciares

La Tierra ha experimentado muchos cambios atmosféricos y climáticos importantes en su historia. *Las* **edades del hielo** *son periodos fríos que duran de cientos a millones de años cuando los glaciares cubren gran parte de la Tierra.* Los glaciares y los mantos de hielo avanzan durante periodos fríos y retroceden durante los **interglaciares**: *periodos cálidos que ocurren entre las edades del hielo.*

Principales edades del hielo y periodos cálidos

La edad del hielo más reciente comenzó hace casi 2 millones de años. Los mantos de hielo alcanzaron el tamaño máximo hace casi 20,000 años. En esa época alrededor de la mitad del hemisferio norte estaba cubierto de hielo. Hace casi 10,000 años, la Tierra entró en el periodo interglaciar actual, llamado la época del Holoceno.

Las temperaturas de la Tierra han fluctuado durante el Holoceno. Por ejemplo, el periodo entre 950 y 1100 fue uno de los más cálidos de Europa. La Pequeña Edad del Hielo, que duró desde 1250 hasta casi 1850, fue un periodo de temperaturas extremadamente frías.

ORIGEN DE LAS PALABRAS
interglaciar
del latín *inter–*, que significa "entre"; y *glacialis*, que significa "helado, congelado"

 Verificación de concepto clave ¿Cómo ha variado el clima con el paso del tiempo?

Causas de los ciclos climáticos de largo plazo

A medida que cambia la cantidad de energía solar que llega a la Tierra, el clima terrestre también cambia. Un factor que afecta la cantidad de energía que recibe la Tierra es la forma de su órbita, la cual parece variar entre elíptica y circular en el curso de casi 100,000 años. Como se muestra en la **Figura 8,** cuando la órbita de la Tierra es más circular, la distancia promedio con respecto al Sol es mayor. Esto origina temperaturas por debajo del promedio en la Tierra.

Otro factor que los científicos suponen que influye en el cambio climático terrestre son los cambios en la inclinación del eje de la Tierra, la cual cambia en ciclos de 41,000 años. Estos cambios en el ángulo de inclinación de la Tierra afectan el rango de temperaturas a lo largo de año. Por ejemplo, una disminución en el ángulo de inclinación de la Tierra, como se muestra en la **Figura 8,** puede originar una disminución en las diferencias de temperatura entre el verano y el invierno. Los ciclos climáticos de largo plazo también están influenciados por el lento movimiento de los continentes de la Tierra, así como por los cambios en la circulación oceánica.

Figura 8 Esta imagen ampliada muestra cómo la forma de la órbita terrestre varía entre elíptica y circular. El ángulo de la inclinación varía de 22° a 24.5° cerca de cada 41,000 años. La inclinación actual de la Tierra es 23.5°.

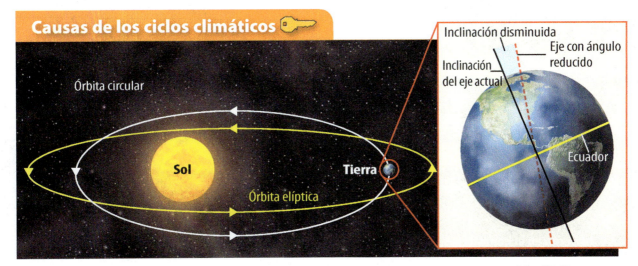

Causas de los ciclos climáticos

Ciclos de corto plazo

Además de los ciclos de largo plazo, el clima también cambia en ciclos de corto plazo. Los cambios estacionales y los cambios que se originan de la interacción entre el océano y la atmósfera son algunos ejemplos de cambios climáticos de corto plazo.

Las estaciones

Los cambios en la cantidad de energía solar que reciben las diferentes latitudes durante los diversos momentos del año dan origen a las estaciones. Los cambios estacionales incluyen cambios regulares en la temperatura y el número de horas por día y noche.

Recuerda de la Lección 1 que la cantidad de energía solar por unidad de superficie terrestre se relaciona con la latitud. Otro factor que afecta la cantidad de energía solar que recibe una región es la inclinación del eje de la Tierra. La **Figura 9** muestra que cuando el hemisferio norte está inclinado hacia el Sol, hay más horas de luz que horas de oscuridad y las temperaturas son más cálidas. El hemisferio norte recibe más energía solar directa y es verano. Al mismo tiempo, el hemisferio sur recibe menos energía solar y allí es invierno.

La **Figura 9** muestra que ocurre lo contrario cuando, seis meses después, el hemisferio norte se inclina en sentido contrario al Sol. Hay menos horas de luz que de oscuridad y las temperaturas son más frías. Al hemisferio norte llega energía solar indirecta, lo que origina el invierno. El hemisferio sur recibe más energía solar directa y está en verano.

Verificación de concepto clave ¿Qué provoca las estaciones?

FOLDABLES

Haz un boletín horizontal con tres solapas y rotúlalo como se muestra. Úsalo para organizar información sobre los ciclos climáticos de corto plazo. Dobla el boletín en tercios y rotula el exterior como *Ciclos climáticos de corto plazo*.

Figura 9 Los rayos de energía solar que llegan a cierta región de la superficie terrestre son más intensos cuando la Tierra está inclinada hacia el Sol.

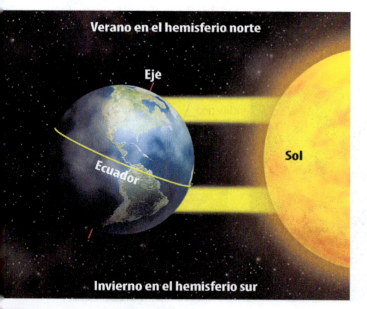
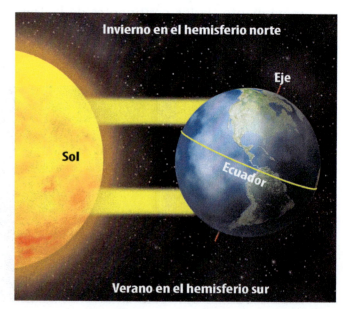

Estaciones en el hemisferio norte

Figura 10 Las estaciones cambian a medida que la Tierra completa su revolución anual alrededor del Sol.

Verificación visual ¿Por qué la cantidad de luz solar que llega al polo Norte cambia de verano a invierno?

Solsticios y equinoccios

La Tierra gira alrededor del Sol una vez cada 365 días. Durante la **revolución** de la Tierra hay cuatro días que marcan el inicio de cada estación. Estos días son el solsticio de verano, el equinoccio de otoño, el solsticio de invierno y el equinoccio de primavera.

Como se muestra en la **Figura 10,** los solsticios marcan el inicio del verano y el invierno. En el hemisferio norte, el solsticio de verano ocurre el 21 ó 22 de junio. Ese día, el hemisferio norte está inclinado hacia el Sol. En el hemisferio sur, ese día marca el inicio del invierno. El solsticio de invierno se inicia el 21 ó 22 de diciembre en el hemisferio norte. Ese día, la inclinación del hemisferio norte está alejada del Sol. En el hemisferio sur, ese día marca el inicio del verano.

Los equinoccios, también mostrados en la **Figura 10,** son días en que la Tierra está ubicada de manera que ni el hemisferio norte ni el sur están inclinados hacia el Sol o alejados de él. Los equinoccios marcan el inicio de la primavera y del otoño. En los días de equinoccio el número de horas de luz diurna casi iguala al número de horas de oscuridad en todas partes de la Tierra. En el hemisferio norte, el equinoccio de primavera ocurre en marzo 21 ó 22. Ese día marca el inicio del otoño en el hemisferio sur. En septiembre 22 ó 23, comienza el otoño en el hemisferio norte y la primavera en el hemisferio sur.

Verificación de la lectura Compara y contrasta los solsticios y los equinoccios.

USO CIENTÍFICO Y USO COMÚN

revolución

Uso científico la acción por la cual un cuerpo celeste gira en una órbita o curso elíptico

Uso común un cambio repentino y radical o completo

El Niño

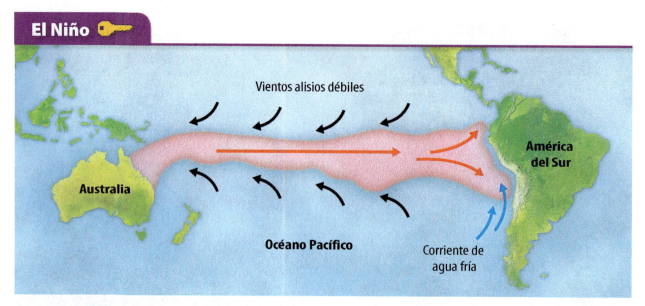

Figura 11 Durante El Niño, los vientos alisios se debilitan y las corrientes de agua cálida se dirigen hacia América del Sur.

Verificación visual
¿Dónde está el agua cálida en condiciones normales?

VOCABULARIO ACADÉMICO
fenómeno
(sustantivo) un hecho o evento observable

El Niño y la Oscilación meridional

Cerca del ecuador, los vientos alisios soplan de este a oeste. Estos vientos constantes alejan el agua cálida superficial del océano Pacífico de la costa oeste de América del Sur. Esto le permite al agua fría ascender desde las profundidades, un proceso llamado surgencia. El aire que está encima del agua fría que surge, se enfría y desciende, creando un área de alta presión. En el otro lado del océano Pacífico, el aire se eleva sobre las aguas ecuatoriales cálidas, creando un área de baja presión. Esta diferencia entre las presiones atmosféricas a lo largo del océano Pacífico ayuda a mantener en flujo los vientos alisios.

Como lo muestra la **Figura 11,** algunas veces los vientos alisios se debilitan e invierten el patrón normal de presiones altas y bajas a lo largo del océano Pacífico. El agua cálida se dirige hacia América del Sur, lo cual impide la surgencia de agua fría. Este **fenómeno,** llamado El Niño, muestra la conexión entre la atmósfera y el océano. Durante El Niño, la costa oeste de América del Sur, que normalmente es seca y fresca, se calienta y recibe mucha precipitación. Los cambios climáticos pueden verse alrededor del mundo. Ocurren sequías en áreas que normalmente son húmedas y aumenta el número de tormentas violentas en California y el sur de Estados Unidos.

Verificación de la lectura ¿En qué difieren las condiciones normales en el océano Pacífico de las condiciones durante el fenómeno de El Niño?

La combinación de los ciclos atmosféricos y oceánicos que produce el debilitamiento de los vientos alisios en el océano Pacífico se llama **El Niño/Oscilación meridional**, o ENSO (por sus siglas en inglés). Un ciclo completo de ENSO ocurre cada 3 a 8 años. La Oscilación del Atlántico Norte (OAN) es otro ciclo que puede cambiar el clima por décadas a la vez. La OAN afecta la fuerza de las tormentas a lo largo de América del Norte y Europa, pues altera la posición de los vientos de chorro.

Los monzones

Otro ciclo climático que interviene en la atmósfera y en el océano es el monzón. *Un* **monzón** *es un patrón de circulación del viento que cambia de dirección con las estaciones.* La diferencia de temperatura entre el océano y la tierra provoca vientos, como se muestra en la **Figura 12.** En verano, el aire cálido encima de la tierra se eleva y crea baja presión. El aire más frío y pesado desciende sobre el agua y crea alta presión. El viento sopla desde el agua hacia la tierra llevando lluvias fuertes. En invierno, el patrón se invierte y los vientos soplan desde la tierra hacia el agua.

El monzón más grande del mundo se da en Asia. Cherrapunji, en la India, es uno de los lugares más húmedos, pues recibe un promedio de 10 m de lluvias monzónicas al año. La precipitación es aún mayor durante los eventos de El Niño. Un monzón más débil ocurre en el sur de Arizona, donde el tiempo es seco durante la primavera e inicio del verano, con turbonadas más frecuentes entre julio y septiembre.

 Verificación de concepto clave ¿Cómo afecta el océano al clima?

Figura 12 Los vientos monzónicos se invierten con el cambio de estaciones.

Sequías, olas de calor y olas de frío

Una **sequía** *es un periodo con bajo promedio de precipitación.* Una sequía puede ocasionar daño de cosechas y escasez de agua.

Con frecuencia, las sequías están acompañadas de olas de calor: periodos de temperatura inusualmente alta. Ambos eventos ocurren cuando masas grandes de aire caliente permanecen en un lugar durante semanas o meses. Las olas de frío son periodos largos de temperatura inusualmente fría. Estos eventos ocurren cuando una masa grande de aire polar continental permanece sobre un área por días o semanas. Estos tipos de tiempo severo pueden ser el resultado de cambios climáticos o simplemente los valores extremos del promedio del tiempo atmosférico de un clima.

MiniLab — 20 minutos

¿Cómo varían los climas?

A diferencia de El Niño, La Niña se asocia con temperaturas oceánicas frías en el océano Pacífico.

1. Como muestra el mapa, las temperaturas promedio cambian durante un invierno de La Niña.
2. La escala de color muestra el rango de variación de la temperatura a partir de la temperatura normal.
3. Selecciona un lugar en el mapa. ¿Cuánto se alejaron las temperaturas del promedio durante La Niña?

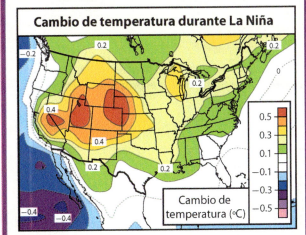

Analizar y concluir

1. **Reconoce causa y efecto** ¿Afectó La Niña el clima de la región que escogiste?
2. **Concepto clave** Describe cualquier patrón que veas. ¿Cómo La Niña afectó el clima en la región que escogiste? Usa los datos del mapa para respaldar tu respuesta.

Lección 2
EXPLICAR

Repaso de la Lección 2

 Assessment   Online Quiz

Resumen visual

Los científicos aprenden sobre el clima del pasado al estudiar los registros naturales del clima como núcleos de hielo, polen fosilizado y el crecimiento de los anillos de los árboles.

Los cambios climáticos de largo plazo, como las edades del hielo y los interglaciares, pueden originarse por cambios en la forma de la órbita de la Tierra y en la inclinación de su eje.

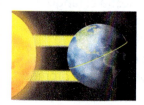

Algunos cambios climáticos de corto plazo incluyen las estaciones, El Niño/Oscilación meridional y los monzones.

FOLDABLES

Usa tu modelo de papel para repasar la lección. Guarda tu modelo para el proyecto de final de capítulo.

¿Qué opinas AHORA?

Al inicio de este capítulo leíste las siguientes afirmaciones.

3. El clima actual de la Tierra es el mismo que en el pasado.

4. El cambio climático ocurre en ciclos cortos.

¿Sigues estando de acuerdo o en desacuerdo con las afirmaciones? Reescribe las afirmaciones falsas para hacerlas verdaderas.

Usar vocabulario

1. **Distingue** entre edad del hielo e interglaciar.
2. Un(a) _____ es un periodo de temperaturas inusualmente altas.
3. **Define** *sequía* con tus propias palabras.

Entender conceptos clave

4. ¿Qué ocurre durante El Niño/Oscilación meridional?
   A. Ocurre un cambio climático interglaciar.
   B. Se invierte el patrón de presión del Pacífico.
   C. Cambia la inclinación del eje de la Tierra.
   D. Los vientos alisios dejan de soplar.

5. **Identifica** las causas del cambio climático de largo plazo.

6. **Describe** cómo la surgencia puede afectar el clima.

Interpretar gráficas

7. **Ordena** Copia y llena el siguiente organizador gráfico para describir la secuencia de eventos durante El Niño/Oscilación meridional.

Pensamiento crítico

8. **Evalúa** la posibilidad de que la Tierra entre próximamente en otra edad del hielo.

9. **Evalúa** la relación entre olas de calor y sequía.

10. **Identifica** y explica el ciclo climático que se muestra a continuación. Ilustra cómo cambian las condiciones durante el verano.

Congelado en el tiempo

PROFESIONES CIENTÍFICAS

AMERICAN MUSEUM OF NATURAL HISTORY

En búsqueda de claves que develen los climas del pasado, Lonnie Thompson se embarca en una carrera contra reloj para tomar muestras de hielo antiguo de los glaciares que se están derritiendo.

El clima de la Tierra está cambiando. Para entender por qué, los científicos investigan cómo han cambiado los climas a lo largo de la historia de la Tierra en el hielo antiguo que contiene claves de los climas del pasado. Los científicos reunían estas muestras de hielo solo de los glaciares del polo Norte y del polo Sur. Luego, en la década de 1970, el geólogo Lonnie Thompson empezó a tomar muestras de hielo de un lugar nuevo: los trópicos.

Thompson, un geólogo de la Universidad Estatal de Ohio, y su equipo escalan los glaciares de la cima de las montañas en las regiones tropicales. En la capa de hielo del Quelccaya, en Perú, toman muestras de los núcleos de hielo: columnas de capas de hielo que se han formado durante cientos de miles de años. Cada capa es una cápsula del clima del pasado que contiene polvo, químicos y gas que quedaron atrapados en el hielo y la nieve durante ese periodo.

Para tomar muestras de los núcleos de hielo, los científicos perforan cientos de pies en el hielo. Cuanto más profundo perforen, más lejos en el tiempo llegan. ¡Un núcleo tiene casi 12,000 años de edad!

Recolectar núcleos de hielo no es fácil. Los investigadores transportan equipo pesado hacia arriba por las laderas rocosas en condiciones como tormentas de viento helado, aire con bajos niveles de oxígeno y amenaza de avalanchas. Su desafío más importante es el calentamiento climático. La capa de hielo del Quelccaya se está derritiendo. Se ha encogido un 30 por ciento desde la primera visita de Thompson en 1974. Recolectar núcleos de hielo antes de que el hielo desaparezca es una carrera contra el tiempo. Sin hielo, los secretos guardados sobre el cambio climático también se irán.

◀ Thompson ha dirigido expediciones a 15 países y a la Antártida.

Secretos en el hielo

En el laboratorio, Thompson y su equipo analizan los núcleos de hielo para determinar:

- **Edad del hielo:** cada año, la acumulación de nieve forma una nueva capa. Las capas ayudan a los científicos a datar el hielo y los eventos climáticos específicos.

- **Precipitación:** el grosor y la composición de cada capa ayuda a los científicos a determinar la cantidad de nieve que cayó ese año.

- **Atmósfera:** a medida que la nieve se convierte en hielo, atrapa burbujas de aire. Esto suministra muestras de la atmósfera terrestre. Los científicos pueden medir los gases traza de los climas pasados.

- **Eventos climáticos:** la concentración de partículas de polvo ayuda a los científicos a determinar los periodos de aumento de viento, actividad volcánica, tormentas de polvo e incendios.

Miles de muestras de núcleos de hielo se almacenan en ultracongelación en el laboratorio de Thompson. Un núcleo de la Antártida tiene más de 700,000 años, que es mucho antes de la existencia de los humanos. ▶

ESCRIBE UNA INTRODUCCIÓN Imagina que Lonnie Thompson va a dar una charla en tu escuela. Te eligieron para presentarlo a la audiencia. Escribe una introducción en la que destaques su trabajo y sus logros.

Lección 3

Guía de lectura

Conceptos clave
PREGUNTAS IMPORTANTES

- ¿De qué manera las actividades humanas pueden afectar el clima?
- ¿Cómo se hacen las predicciones para el cambio climático futuro?

Vocabulario

calentamiento global pág. 506

gas invernadero pág. 506

deforestación pág. 507

modelo de clima global pág. 509

 Multilingual eGlossary

 Video BrainPOP®

Cambio climático reciente

Investigación Tuvalu, ¿flotará o se hundirá?

Esta pequeña isla yace en medio del océano Pacífico. ¿Qué puede ocurrirle a esta isla si el nivel del mar se eleva? ¿Qué tipo de cambio climático puede ocasionar que el nivel del mar se eleve?

Laboratorio de inicio

Investigación — 20 minutos

¿Qué cambia el clima?

Eventos naturales como las erupciones volcánicas arrojan polvo y gas a la atmósfera. Estos eventos pueden causar cambio climático.

1. Lee y completa un formulario de seguridad en el laboratorio.
2. Coloca un **termómetro** sobre una hoja de **papel**.
3. Sostén una **linterna** a 10 cm por encima del papel. Dirige la luz al bulbo del termómetro durante 5 minutos. Observa la intensidad de la luz. Anota la temperatura en tu diario de ciencias.
4. Con una **banda elástica** asegura 3 a 4 capas de **estopilla** o **gasa** sobre el extremo del foco de la linterna. Repite el paso 3.

Piensa

1. Describe el efecto de la estopilla en la linterna en términos de brillo y temperatura.
2. **Concepto clave** ¿Una erupción volcánica hará que las temperaturas aumenten o disminuyan? Explica.

Cambio climático regional y global

Las temperaturas promedio en la Tierra han aumentado en los últimos 100 años. Como lo muestra la gráfica de la **Figura 13**, el calentamiento no ha sido constante. Desde el punto de vista global, las temperaturas promedio fueron bastante estables desde 1880 hasta 1900. De 1900 a 1945 aumentaron en 0.5 °C. A continuación siguió un periodo de enfriamiento, que terminó en 1975. Desde entonces, las temperaturas promedio han aumentado de manera constante. El mayor calentamiento ha ocurrido en el hemisferio norte. Sin embargo, las temperaturas han permanecido estables en algunas regiones del hemisferio sur. Partes de la Antártida se han enfriado.

Verificación de la lectura ¿Cómo han cambiado las temperaturas en los últimos 100 años?

FOLDABLES

Haz un boletín de tres secciones con una hoja de papel. Rotúlalo como se muestra. Úsalo para organizar tus notas sobre el cambio climático y sus posibles causas.

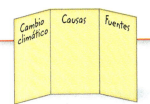

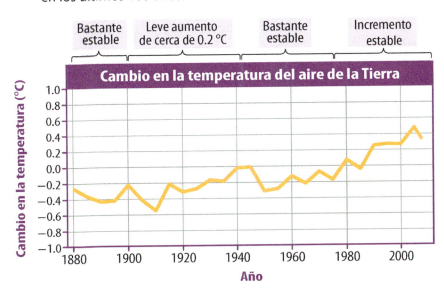

Figura 13 El cambio de temperatura no ha sido constante en los últimos 100 años.

Verificación visual ¿Qué periodo de 20 años ha visto el mayor cambio?

Lección 3 EXPLORAR

Impacto humano en el cambio climático

El incremento de la temperatura promedio de la superficie de la Tierra durante los pasados 100 años se denomina **calentamiento global**. Los científicos han estudiado este cambio y sus causas posibles. En 2007, el Panel Intergubernamental para el Cambio Climático (IPCC, por sus siglas en inglés), una organización internacional creada para estudiar el calentamiento global, concluyó que la mayor parte del incremento de la temperatura se debe a actividades humanas. Estas actividades incluyen la liberación de cantidades cada vez mayores de gases invernadero a la atmósfera mediante la quema de combustibles fósiles y la tala y quema, a gran escala, de bosques. Aunque muchos científicos concuerdan con el IPCC, algunos proponen que el calentamiento global se debe a ciclos climáticos naturales.

Gases invernadero

Los gases en la atmósfera que absorben la radiación infrarroja que sale de la Tierra son los **gases invernadero**. Estos ayudan a mantener las temperaturas de la Tierra lo suficientemente cálidas para que los seres vivos sobrevivan. Recuerda que este fenómeno se llama efecto invernadero. Sin gases invernadero, la temperatura promedio de la Tierra sería mucho más fría, de cerca de −18 °C. El dióxido de carbono (CO_2), el metano y el vapor de agua son gases invernadero.

Estudia la gráfica de la **Figura 14.** ¿Qué ha ocurrido con los niveles de CO_2 de la atmósfera en los últimos 120 años? Estos niveles han aumentado. Niveles más altos de gases invernadero crean un mayor efecto invernadero. La mayoría de científicos sugiere que el calentamiento global se debe al aumento del efecto invernadero. ¿Cuáles son algunas fuentes de exceso de CO_2?

 Verificación de la lectura ¿Cómo los gases invernadero afectan las temperaturas de la Tierra?

> **Origen de las palabras**
>
> **deforestación**
> del latín *de−*, que significa "desde abajo, con respecto a"; y *forestum silvam*, que significa "los bosques exteriores"

Cambio climático 🗝

Figura 14 En el pasado reciente, las temperaturas promedio globales y la concentración de dióxido de carbono en la atmósfera han aumentado.

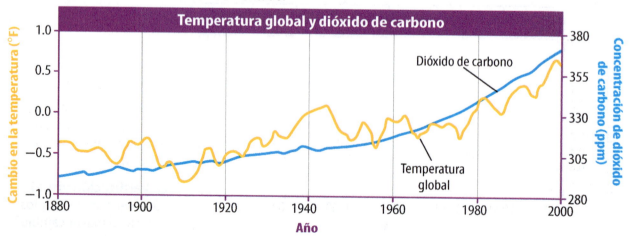

Fuentes de origen humano El dióxido de carbono entra en la atmósfera cuando los combustibles fósiles como el carbón, el petróleo y el gas natural hacen combustión. Esta combustión libera energía que suministra electricidad, calienta casas y edificios e impulsa automóviles.

La **deforestación** *es la tala o quema de bosques a gran escala.* Los bosques se talan con fines agrícolas y de desarrollo. La deforestación, mostrada en la **Figura 15,** afecta el clima global pues incrementa el dióxido de carbono de la atmósfera de dos maneras. Los árboles vivos remueven dióxido de carbono del aire durante la fotosíntesis. Sin embargo, los árboles talados no. Algunas veces, los árboles cortados se queman para despejar el campo, lo cual agrega dióxido de carbono a la atmósfera. Según la Organización de las Naciones Unidas para la Agricultura y la Alimentación, la deforestación contribuye hasta con el 25 por ciento del dióxido de carbono liberado mediante actividades humanas.

Fuentes naturales El dióxido de carbono se presenta de manera natural en la atmósfera. Sus fuentes son las erupciones volcánicas y los incendios forestales. La respiración celular de los organismos contribuye con CO_2 adicional.

Los aerosoles

Además de los gases invernadero, la quema de combustibles fósiles también libera en la atmósfera aerosoles, partículas diminutas sólidas o líquidas. La mayoría de los aerosoles refleja la luz solar de regreso al espacio. Esto evita que parte de la energía solar llegue a la Tierra, lo que potencialmente enfría el clima con el paso del tiempo.

Los aerosoles también enfrían el clima de otra manera. Cuando se forman nubes en regiones con grandes cantidades de aerosoles, las gotitas de las nubes son más pequeñas. Las nubes con gotitas más pequeñas, como se muestra en la **Figura 16,** reflejan más luz solar que las nubes con gotitas más grandes. Al evitar que la luz solar llegue a la superficie de la Tierra, las nubes con gotitas pequeñas enfrían el clima.

🔑 **Verificación de concepto clave** ¿Cómo afectan el clima las actividades humanas?

▲ **Figura 15** Cuando se talan los bosques, los árboles no pueden usar el dióxido de carbono de la atmósfera. Además, la madera que se deja se pudre y libera más dióxido de carbono en la atmósfera.

Figura 16 Las nubes formadas por gotitas pequeñas reflejan más luz solar que las nubes formadas por gotitas más grandes. ▼

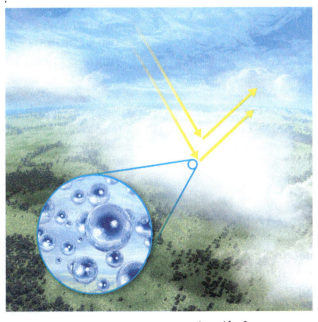

> **Destrezas matemáticas**
>
> **Usar porcentajes**
> Si la población de la Tierra aumenta de 6,000 millones a 9,000 millones, ¿qué porcentaje es este incremento?
>
> 1. Resta el valor inicial del valor final:
>
>   9,000 millones − 6,000 millones = 3,000 millones
>
> 2. Divide la diferencia entre el valor inicial:
>
> $\dfrac{3,000 \text{ millones}}{6,000 \text{ millones}} = 0.50$
>
> 3. Multiplica por 100 y agrega un signo de %:
> $0.50 \times 100 = 50\%$
>
> **Practicar**
> Si la temperatura promedio del clima cambia de 18.2 °C a 18.6 °C, ¿cuál es el porcentaje de incremento?
>
> **Review**
> - Math Practice
> - Personal Tutor

Clima y sociedad

Un clima cambiante puede presentar serios problemas a la sociedad. Las olas de calor y las sequías pueden causar escasez de alimento y agua. La lluvia excesiva puede causar inundaciones y deslizamientos de lodo. Sin embargo, el cambio climático también puede beneficiar a la sociedad. Las temperaturas más cálidas pueden significar temporadas de cultivo más largas. Los agricultores pueden cultivar en lugares que antes eran muy fríos. Los gobiernos en todo el mundo están respondiendo a los problemas y las oportunidades creados por el cambio climático.

Impacto medioambiental del cambio climático

Las temperaturas más cálidas causan mayor evaporación de agua de la superficie oceánica. Este aumento de vapor de agua en la atmósfera ha ocasionado lluvias intensas y tormentas frecuentes en partes de América del Norte. De otro lado, la precipitación ha disminuido en algunas partes de África meridional, el Mediterráneo y Asia meridional.

Las temperaturas en ascenso pueden afectar el medioambiente de muchas maneras. Si se derriten los glaciares y las capas de hielo polar, aumenta el nivel del mar. Los ecosistemas pueden alterarse si se inundan las zonas costeras. La inundación costera es una preocupación grave para los mil millones de personas que viven en las zonas bajas de la Tierra.

Los eventos extremos de tiempo atmosférico también se están haciendo más frecuentes. ¿Qué efecto tendrán las olas de calor, las sequías y la lluvia intensa sobre las enfermedades infecciosas, los animales y las plantas existentes y los otros sistemas de la naturaleza? ¿Funcionarán de manera similar los niveles elevados de CO_2?

El deshielo anual del suelo congelado ocasionó el hundimiento lento de la casa de la **Figura 17,** ya que el suelo se volvió blando y lodoso. Las temperaturas elevadas de manera permanente provocarían eventos similares en todo el mundo. Este y otros cambios en los ecosistemas pueden afectar los patrones de migración de insectos, aves, peces y mamíferos.

Figura 17 Las edificaciones en el Ártico que se construyeron sobre suelo congelado sufren daños por el constante congelamiento y deshielo del suelo.

Predicción del cambio climático

Los pronósticos del tiempo atmosférico ayudan a las personas a decidir cómo vestirse y qué hacer cada día. De manera similar, el pronóstico del clima ayuda a los gobiernos a decidir cómo responder a los cambios climáticos futuros.

Un **modelo de clima global**, *o MCG, es un conjunto de ecuaciones complejas que se usan para predecir climas futuros.* Aunque los MCG son similares a los modelos que se usan para predecir el tiempo atmosférico, los MCG hacen predicciones globales de largo plazo, mientras que los pronósticos del tiempo atmosférico son de corto plazo y solo pueden predecir a nivel regional. Los MCG combinan las matemáticas con la física para predecir la temperatura, la cantidad de precipitación, la velocidad del viento y otras características del clima. Supercomputadoras potentes resuelven ecuaciones matemáticas y los resultados se muestran como mapas. Los MCG incluyen en sus cálculos los efectos de los gases invernadero y de los océanos. Con el fin de probar los modelos de clima, pueden usarse y se han usado registros antiguos de cambio climático.

✓ **Verificación de la lectura** ¿Qué es un MCG?

Una desventaja de los MCG es que las predicciones no pueden compararse de inmediato con los datos reales. Un modelo de pronóstico del tiempo atmosférico puede analizarse comparando las predicciones con las mediciones meteorológicas del día siguiente. Los MCG predicen las condiciones climáticas para varias décadas futuras. Por esta razón, es difícil evaluar la precisión de los modelos de clima.

La mayoría de los MCG predicen más calentamiento global como resultado de la emisión de gases invernadero. Para el año 2100, se espera que las temperaturas se eleven entre 1 °C y 4 °C y que el hielo de verano del océano Ártico desaparezca. Se predice que las regiones polares se calentarán más que los trópicos y que el aumento del calentamiento global y del nivel del mar continuará por varios siglos.

🔑 **Verificación de concepto clave** ¿Cómo se hacen las predicciones del clima futuro?

Investigación MiniLab 30 minutos

¿Cuánto CO_2 emiten los vehículos?

Mucho del dióxido de carbono de origen doméstico que se emite hacia la atmósfera proviene de los vehículos impulsados por gasolina. Diferentes vehículos emiten cantidades distintas de CO_2.

1. Para calcular la cantidad de CO_2 que emite un vehículo, debes saber cuántas millas recorre por galón de gasolina. Esta información se muestra en el siguiente cuadro.

2. Supón que cada vehículo recorre alrededor de 15,000 millas al año. Calcula cuántos galones consume cada vehículo al año. Anota tus datos en tu diario de ciencias en un cuadro como el siguiente.

3. Un galón de gasolina emite cerca de 20 lb de CO_2. Calcula y anota cuántas libras de CO_2 emite cada vehículo al año.

	MPG estimadas	Galones de gasolina usados anualmente	Cantidad de CO_2 emitido anualmente (lb)
Vehículo utilitario	15		
Híbrido	45		
Vehículo compacto	25		

Analizar y concluir

1. **Compara y contrasta** la cantidad de CO_2 que emite cada vehículo.

2. 🔑 **Concepto clave** Escribe una carta a una persona que está planeando comprar un vehículo. Explícale cuál vehículo causará el menor impacto en el calentamiento global y por qué.

▲ **Figura 18** Se predice que hacia el año 2050 la población humana de la Tierra aumentará a más de 9,000 millones.

Población humana

En el año 2000, más de 6,000 millones de personas habitaban la Tierra. Como se muestra en la **Figura 18,** se espera que para 2050 la población de la Tierra aumente a 9,000 millones. ¿Qué efectos sobre la atmósfera terrestre tendrá un incremento del 50 por ciento en la población?

Se predice que para el año 2030, dos de cada tres personas sobre la Tierra vivirán en áreas urbanas. Muchas de estas zonas estarán en países en desarrollo en África y Asia. Grandes extensiones de bosques se están talando para dar lugar a las ciudades en expansión. Cantidades significativas de gases invernadero y otros contaminantes del aire se agregarán a la atmósfera.

 Verificación de la lectura ¿Cómo el incremento de la población humana afecta el cambio climático?

Formas de reducir los gases invernadero

La gente tiene muchas opciones para reducir los niveles de polución y de gases invernadero. Una manera es desarrollar fuentes alternativas de energía que no liberen dióxido de carbono en la atmósfera, como la energía solar o la energía eólica. Las emisiones de los automóviles pueden reducirse hasta en un 35 por ciento si se usan vehículos híbridos. Los vehículos híbridos se impulsan con motor eléctrico parte del tiempo, lo cual reduce el consumo de combustible.

Las emisiones pueden reducirse aún más si se construye de manera ecológica. La construcción ecológica es la práctica de crear edificaciones de consumo eficiente de energía, como las que se muestran en la **Figura 19.** Las personas también pueden ayudar a remover dióxido de carbono de la atmósfera al sembrar árboles en zonas deforestadas.

Tú también puedes ayudar a controlar los gases invernadero y la polución si ahorras combustible y reciclas. Apagar las luces y los equipos electrónicos cuando no los estás usando reduce la cantidad de electricidad que utilizas. Reciclar metal, papel, plástico y vidrio reduce la cantidad de combustible necesario para fabricar estos materiales.

Figura 19 La energía solar, la iluminación natural y el reciclaje del agua son algunas tecnologías que se usan en las edificaciones ecológicas. ▶

Repaso de la Lección 3

Resumen visual

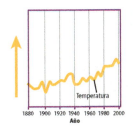

Muchos científicos sugieren que el calentamiento global se debe al aumento de los niveles de gases invernadero en la atmósfera.

Actividades humanas como la deforestación y la quema de combustibles fósiles, pueden contribuir al calentamiento global.

Algunas formas de reducir la emisión de gases invernadero son el uso de energía solar y energía eólica y la construcción de edificaciones de consumo eficiente de energía.

FOLDABLES

Usa tu modelo de papel para repasar la lección. Guarda tu modelo para el proyecto de final de capítulo.

¿Qué opinas AHORA?

Al inicio de este capítulo leíste las siguientes afirmaciones.

5. Las actividades humanas pueden afectar el clima.

6. Tú puedes ayudar a reducir la cantidad de gases invernadero que se liberan en la atmósfera.

¿Sigues estando de acuerdo o en desacuerdo con las afirmaciones? Reescribe las afirmaciones falsas para hacerlas verdaderas.

Usar vocabulario

1. **Define** *calentamiento global* con tus propias palabras.

2. El conjunto de ecuaciones complejas que se usa para predecir climas futuros se llama _____.

3. **Usa el término** *deforestación* en una oración.

Entender conceptos clave

4. ¿Cuál actividad humana puede tener un efecto enfriador en el clima?
   A. emisión de aerosoles
   B. modelos de clima globales
   C. emisión de gases invernadero
   D. zonas grandes de deforestación

5. **Describe** cómo las actividades humanas pueden afectar el clima.

6. **Identifica** las ventajas y desventajas de los modelos de clima globales.

7. **Describe** dos maneras en que la deforestación contribuye con el efecto invernadero.

Interpretar gráficas

8. **Determina causa y efecto** Dibuja un organizador gráfico como el siguiente para identificar dos maneras en que la quema de combustibles fósiles afecta el clima.

Pensamiento crítico

9. **Sugiere** formas en las que puedes reducir la emisión de gases invernadero.

10. **Evalúa** los efectos del calentamiento global en la región donde vives.

Destrezas matemáticas — Math Practice

11. Un televisor LCD de 32 pulgadas consume cerca de 125 W de electricidad. Si el tamaño de la pantalla se aumenta a 40 pulgadas, el TV consume 200 W. ¿Cuál es el porcentaje de reducción de electricidad para el TV de 32 pulgadas?

Investigación Laboratorio

80 minutos

Materiales

envoltura de plástico

2 frascos con tapa

arena

termómetro

lámpara de escritorio

cronómetro

banda elástica

Seguridad

¡El efecto invernadero es un gas!

La supervivencia de los seres humanos en la Tierra depende del efecto invernadero. ¿Cómo puedes modelar el efecto invernadero de manera que te ayude a entender cómo mantiene en equilibrio la temperatura de la Tierra?

Preguntar

¿En qué se parecen o diferencian la temperatura de un invernadero y la de un sistema abierto cuando se exponen a la energía solar?

Hacer observaciones

1. Lee y completa un formulario de seguridad en el laboratorio.
2. Decide qué tipo de recipiente piensas que será un buen modelo de un invernadero. Haz dos modelos idénticos.
3. Coloca cantidades iguales de arena en el fondo de cada invernadero.
4. Pon un termómetro en cada invernadero en una posición tal que puedas leer la temperatura. Asegúralo a la pared del recipiente de manera que no midas la temperatura de la arena.
5. Deja un recipiente abierto y cierra el otro.
6. Ubica los invernaderos debajo de una fuente de luz: el sol o la lámpara. Pon la fuente de luz a la misma distancia y al mismo ángulo de cada invernadero.
7. Lee la temperatura de inicio y luego cada 5 a 10 minutos, para tener al menos tres lecturas. Anota las temperaturas en tu diario de ciencias y organízalas en una tabla como la que se muestra en la página siguiente.

Formular la hipótesis

8. Piensa en algunos ajustes que podrías hacer a tus invernaderos para modelar otros componentes del efecto invernadero. Por ejemplo, cubiertas translúcidas o blancas podrían representar materiales que reflejarían más luz y energía térmica.
9. Con base en tus observaciones, formula una hipótesis acerca de qué materiales serían más adecuados para modelar el efecto invernadero.

Temperatura (°C)			
	Lectura 1	Lectura 2	Lectura 3
Invernadero 1			
Invernadero 2			

Comprobar la hipótesis

10 Coloca los dos modelos de invernadero de la misma manera, según la hipótesis que estás comprobando. Determina cuántas pruebas son suficientes para obtener una conclusión válida. Grafica los datos para obtener una imagen visual para tu comparación.

Analizar y concluir

11 ¿Escapó energía térmica de cada modelo? ¿En qué se parece esto a la energía solar que llega a la Tierra y se irradia de regreso hacia la atmósfera?

12 Si los gases invernadero atrapan energía térmica y mantienen la temperatura de la Tierra lo suficientemente cálida, ¿qué ocurriría si no estuvieran en la atmósfera?

13 Si a la atmósfera entra demasiado de un gas invernadero, como CO_2, ¿se elevaría la temperatura?

14 **La gran idea** Si pudieras agregar vapor de agua o CO_2 a tus modelos de invernadero de forma que crearas un desequilibrio de gases invernadero, ¿afectaría esto la temperatura de cada sistema? Aplica esto a los gases invernadero de la Tierra.

Comunicar resultados

Analiza tus resultados con tu grupo y organiza tus datos. Muestra a tus compañeros de clase tus gráficas, modelos y conclusiones. Explica por qué escogiste determinados materiales y cómo estos se relacionaron directamente con tu hipótesis.

Ir más allá

Ahora que entiendes la importancia de la función del efecto invernadero, investiga qué ocurre cuando cambia el equilibrio de los gases invernadero. Esto puede originar calentamiento global, lo cual puede causar un impacto muy negativo en la Tierra y en la atmósfera. Diseña un experimento que muestre cómo ocurre el calentamiento global.

Sugerencias para el laboratorio

☑ Concéntrate en un concepto al diseñar la práctica de laboratorio, de manera que no te confundas con las complejidades de los materiales y los datos.

☑ No agregues nubes a tu modelo de invernadero. Las nubes son agua condensada; el vapor de agua es un gas.

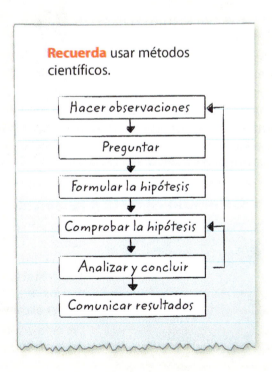

Recuerda usar métodos científicos.

Hacer observaciones → Preguntar → Formular la hipótesis → Comprobar la hipótesis → Analizar y concluir → Comunicar resultados

Lección 3 **EXTENDER**

Guía de estudio del Capítulo 14

 El clima es el promedio de largo plazo de las condiciones del tiempo atmosférico que ocurren en una región. Los seres vivos tienen adaptaciones al clima en el que viven.

Resumen de conceptos clave	Vocabulario
Lección 1: Climas de la Tierra  • El **clima** es el promedio de largo plazo de las condiciones del tiempo atmosférico que ocurren en una región particular. • El clima se afecta por factores como la latitud, la altitud, la **sombra de lluvia** en las laderas de sotavento de las montañas, la vegetación y el **calor específico** del agua. • El clima se clasifica con base en la precipitación, la temperatura y la vegetación nativa.	clima pág. 487 sombra de lluvia pág. 489 calor específico pág. 489 microclima pág. 491
Lección 2: Ciclos del clima • En los últimos 4,600 millones de años, el clima de la Tierra ha variado entre **edades del hielo** y periodos cálidos. Los **interglaciares** marcaron periodos cálidos en la Tierra entre las edades del hielo. • El eje de la Tierra está inclinado. Esto causa las estaciones a medida que la Tierra gira alrededor del Sol. • **El Niño/Oscilación meridional** y los **monzones** son dos patrones climáticos que se originan por las interacciones entre los océanos y la atmósfera. 	edad del hielo pág. 496 interglaciar pág. 496 El Niño/Oscilación meridional pág. 500 monzón pág. 501 sequía pág. 501
Lección 3: Cambio climático reciente  • La emisión de dióxido de carbono y aerosoles a la atmósfera mediante la quema de combustibles fósiles y la **deforestación** son dos formas en que los seres humanos pueden afectar el cambio climático. • Las predicciones sobre el cambio del clima futuro se hacen con computadoras y **modelos de clima globales.**	calentamiento global pág. 506 gas invernadero pág. 506 deforestación pág. 507 modelo de clima global pág. 509

Guía de estudio

- Personal Tutor
- Vocabulary eGames
- Vocabulary eFlashcards

Usar vocabulario

① Un(a) _____ es un área de baja pluviosidad en la ladera de sotavento de una montaña.

② Los bosques tienen, con frecuencia, su propio _____, con temperaturas más frescas que el campo que los rodea.

③ El bajo _____ de la tierra hace que esta se caliente más rápido que el agua.

④ Un patrón de circulación de viento que cambia de dirección con las estaciones es un _____.

⑤ La surgencia, los vientos alisios y los patrones de presión atmosférica a lo largo del océano Pacífico cambian durante _____.

⑥ El _____ actual de la Tierra se llama época del Holoceno.

⑦ Un(a) _____ como el dióxido de carbono absorbe la radiación infrarroja de la Tierra y calienta la atmósfera.

⑧ Se añade CO_2 adicional a la atmósfera cuando ocurre _____ de grandes extensiones de tierra.

FOLDABLES Proyecto del capítulo

Organiza tus modelos de papel como se muestra, para hacer un proyecto de capítulo. Usa el proyecto para repasar lo que aprendiste en este capítulo.

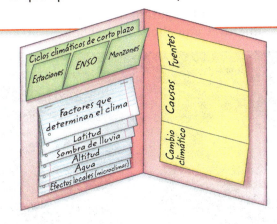

Relacionar vocabulario y conceptos clave

 Interactive Concept Map

Copia este mapa conceptual y luego usa términos de vocabulario de la página anterior y de este capítulo para completarlo.

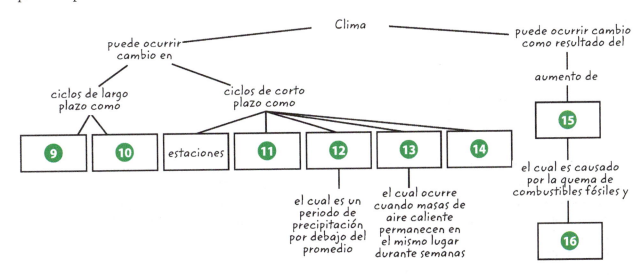

Repaso del Capítulo 14

Entender conceptos clave

1 El calor específico del agua es _____ que el calor específico de la tierra.
A. mayor
B. menor
C. menos eficiente
D. más eficiente

2 La siguiente gráfica muestra la temperatura y la precipitación mensual promedio de un área durante un año.

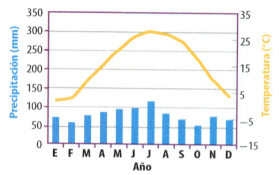

¿Cuál es la ubicación más probable del área?
A. en el centro de un continente grande
B. en medio del océano
C. cerca del polo Norte
D. en la costa de un continente grande

3 ¿Cuáles son los periodos cálidos durante las edades del hielo?
A. ENSO
B. interglaciares
C. monzones
D. oscilaciones del Pacífico

4 Los ciclos climáticos de largo plazo son causados por todos los siguientes EXCEPTO
A. cambios en la circulación del océano.
B. revolución de la Tierra alrededor del Sol.
C. movimiento lento de los continentes.
D. variaciones en la forma de la órbita de la Tierra.

5 ¿Qué factor que afecta el clima crea la sombra de lluvia?
A. una masa grande de agua
B. edificaciones y concreto
C. latitud
D. montañas

6 ¿Durante qué evento se debilitan los vientos alisios y se invierte el patrón usual de presión a lo largo del océano Pacífico?
A. sequía
B. evento de El Niño/Oscilación meridional
C. evento de Oscilación del Atlántico Norte
D. erupción volcánica

7 La siguiente figura muestra la Tierra mientras gira alrededor del Sol.

¿Cuál estación ocurre en julio en el hemisferio sur?
A. otoño
B. primavera
C. verano
D. invierno

8 ¿Cuál no es un gas invernadero?
A. dióxido de carbono
B. metano
C. oxígeno
D. vapor de agua

9 ¿Cuál enfría el clima al evitar que la luz del sol llegue a la superficie terrestre?
A. aerosoles
B. gases invernadero
C. lagos
D. moléculas de vapor de agua

10 ¿Qué acción puede reducir la emisión de gases invernadero?
A. construir casas sobre el permafrost
B. quemar combustibles fósiles
C. talar bosques
D. conducir un vehículo híbrido

Repaso del capítulo

Assessment
Online Test Practice

Pensamiento crítico

11 **Formula una hipótesis** acerca de cómo cambiaría el clima de tu ciudad si América del Norte y Asia se encontraran y formaran un continente enorme.

12 **Interpreta gráficas** Identifica el factor que afecta el clima, como se muestra en esta gráfica. ¿Cómo afecta este factor al clima?

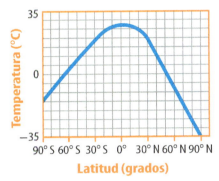

13 **Diagrama** Dibuja un diagrama que explique los cambios que ocurren durante un evento de El Niño/Oscilación meridional.

14 **Evalúa** cuál podría causar más problemas en tu ciudad o pueblo: una sequía, una ola de calor o una ola de frío. Explica.

15 **Recomienda** una modificación en tu forma de vida si el clima de tu ciudad fuera a cambiar.

16 **Expresa** tu opinión acerca de la causa del calentamiento global. Usa hechos para respaldar tu opinión.

17 **Predice** los efectos del aumento de la población sobre el clima en el lugar donde vives.

18 **Compara** cómo la humedad afecta los climas a cada lado de una cordillera.

Escritura en Ciencias

19 **Escribe** un párrafo corto que describa un microclima cerca de tu escuela o tu casa. ¿Qué causa el microclima?

REPASO LA GRAN IDEA

20 ¿Qué es el clima? Explica los factores que afectan el clima y da tres ejemplos de diferentes tipos de clima.

21 Explica cómo el clima afecta la vida en la Tierra.

Destrezas matemáticas

Review Math Practice

Usar porcentajes

22 Fred cambia un vehículo utilitario que consume 800 galones de gasolina al año por un vehículo compacto que consume 450 galones.

    a. ¿En qué porcentaje redujo Fred el consumo de gasolina?

    b. Si cada galón de gasolina emite 20 libras de CO_2, ¿en qué porcentaje redujo Fred la emisión de CO_2?

23 De los 186,000 millones de toneladas de CO_2 que entran en la atmósfera de la Tierra cada año de todas las fuentes, 6,000 millones provienen de actividades humanas. Si los seres humanos redujeran a la mitad su producción de CO_2, ¿qué porcentaje de disminución representaría del total de CO_2 que entra a la atmósfera?

Repaso del Capítulo 14 • 517

Práctica para la prueba estandarizada

Anota tus respuestas en la hoja de respuestas que te entregó el profesor o en una hoja de papel.

Selección múltiple

1 ¿Cuál es el inconveniente del modelo de clima global?

   A Su exactitud es casi imposible de evaluar.
   B Sus cálculos se limitan a regiones específicas.
   C Sus predicciones son solo a corto plazo.
   D Sus resultados son difíciles de interpretar.

Usa el siguiente diagrama para responder la pregunta 2.

2 ¿Qué tipo de clima esperarías encontrar en la posición 4?

   A templado
   B continental
   C tropical
   D seco

3 La diferencia en la temperatura del aire entre una ciudad y la zona rural circundante es un ejemplo de

   A inversión.
   B microclima.
   C variación estacional.
   D sistema de tiempo atmosférico.

4 ¿Cuál NO ayuda a explicar las diferencias climáticas?

   A altitud
   B latitud
   C océanos
   D organismos

5 ¿Cuál es la causa fundamental de los cambios estacionales en la Tierra?

   A la distancia de la Tierra al Sol
   B las corrientes de los océanos de la Tierra
   C los vientos prevalecientes de la Tierra
   D la inclinación de la Tierra sobre su propio eje

Usa el siguiente diagrama para responder la pregunta 6.

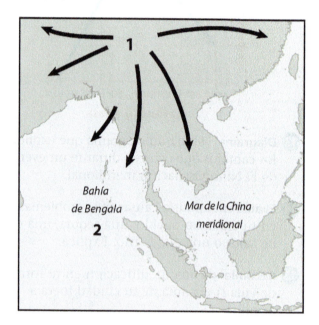

6 En el diagrama anterior del monzón de invierno en Asia, ¿qué representa el número 1?

   A alta presión
   B aumento de precipitación
   C bajas temperaturas
   D velocidad del viento

7 Clima es el promedio _____ de las condiciones del tiempo atmosférico que ocurren en una región particular. ¿Qué completa la definición de *clima*?

   A global
   B de largo plazo
   C de latitud media
   D estacional

Práctica para la prueba estandarizada

Usa el siguiente diagrama para responder la pregunta 8.

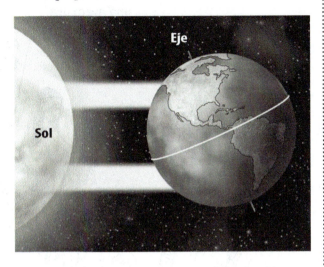

8 En el diagrama anterior, ¿cuál estación está experimentando América del Norte?

　A　otoño
　B　primavera
　C　verano
　D　invierno

9 ¿Qué clima tiene típicamente veranos calientes, inviernos fríos y precipitación moderada?

　A　continental
　B　seco
　C　polar
　D　tropical

10 ¿Qué caracteriza a los interglaciares?

　A　terremotos
　B　monzones
　C　precipitación
　D　calor

Respuesta elaborada

Usa el siguiente diagrama para responder la pregunta 11.

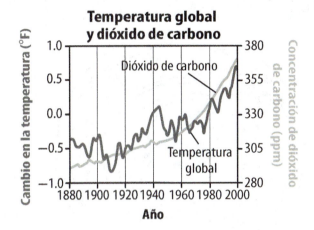

11 Compara las líneas en la gráfica anterior. ¿Qué sugiere la gráfica acerca de la relación entre la temperatura global y el dióxido de carbono atmosférico?

Usa la siguiente tabla para responder las preguntas 12 y 13.

Fuentes humanas	Fuentes naturales

12 Enumera dos fuentes humanas y tres naturales de dióxido de carbono. ¿De qué manera las actividades humanas mencionadas aumentan los niveles de dióxido de carbono en la atmósfera?

13 ¿Qué actividad humana mencionada en la tabla también produce aerosoles? ¿Cuáles son dos maneras como los aerosoles enfrían la Tierra?

¿NECESITAS AYUDA ADICIONAL?													
Si no pudiste responder la pregunta…	1	2	3	4	5	6	7	8	9	10	11	12	13
Pasa a la Lección…	3	1	1	1	2	2	1	2	1	2	3	3	3

Unidad 4
AGUA Y OTROS RECURSOS

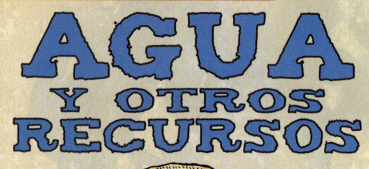

Con mi familia, cada día es una aventura.

Mamá ayuda a papá a prepararse para la inmersión.

Tony juega con sus nuevos amigos.

| 4000 a.c. | 1500 | 1700 | 1800 |

3500 a. c.
Los egipcios desarrollaron y construyeron veleros, para usar, con más probabilidad, al este del Mediterráneo, cerca de la desembocadura del río Nilo.

1519–1522
La tripulación de Fernando de Magallanes intentó dar la vuelta al mundo en barco; un barco lo logró.

1768–1780
James Cook exploró la parte sur de los océanos en busca de la Antártida. Fue el primero en usar un cronómetro, un reloj de precisión, para determinar la longitud.

1831–1836
Charles Darwin viajó a bordo del H.M.S. *Beagle* hacia las islas Galápagos. Su investigación allí lo condujo a desarrollar el concepto de la selección natural.

1872–1876
El H.M.S. *Challenger* viajó alrededor del mundo recolectando muestras de sedimento, agua, medidas de la profundidad y especímenes biológicos.

Estoy midiendo la salinidad de la muestra de agua de mar. ¡Terry! ¿Qué estás haciendo?

¡ZAS!

Limpieza de derrame de petróleo

Me encanta estar acá. Quisiera estar en el océano para siempre. Cuando crezca voy a ser biólogo marino, igual que mis padres.

1900 — 1950 — 2000

1925–1927 Un barco alemán, *The Meteor*, navegó el Atlántico haciendo mediciones con un sonar. Durante esta expedición se descubrió la dorsal meso-atlántica.

1947 Datos satelitales llevaron a la elaboración de mapas geográficos del fondo oceánico desde el espacio.

1958 El submarino nuclear *Nautilus* hizo el primer viaje submarino hacia el polo Norte.

1960 El sumergible de largo alcance *Trieste* llegó a una profundidad de 10,915 m en el abismo Challenger en la fosa de las Marianas. Se cree que este lugar es la parte más profunda de los océanos en la Tierra.

Inquiry

Visita ConnectED para desarrollar la actividad **STEM** de esta unidad.

Unidad 4 • 521

Unidad 4
Naturaleza de la CIENCIA

Cuadros, tablas y gráficas

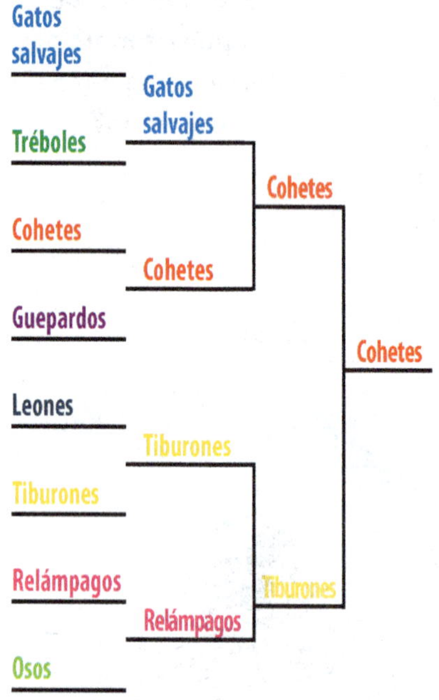

Imagina que quedan 3 segundos en el juego semifinal del torneo de tu deporte favorito. ¡El tiempo se acaba y suena el silbato! ¡Gritas entusiasmado a medida que tu equipo llega a la final! Tomas un cuadro de corchetes que hiciste y anotas otro triunfo.

Un cuadro de corchetes organiza y muestra los equipos ganadores y perdedores en un torneo, como se muestra en la **Figura 1**. Un cuadro de corchetes, al igual que los mapas, las tablas y las gráficas son un tipo de cuadro. Un **cuadro** es un despliegue visual que muestra información organizada. Los cuadros te ayudan a organizar datos, a identificar patrones, tendencias o errores en tus datos y a comunicar datos a otras personas.

¿Qué son las tablas?

Supón que participas como voluntario en un programa de limpieza en la playa de la localidad. Los organizadores necesitan saber los tipos de desechos que se encuentran en diferentes épocas del año. Cada mes, tú recolectas desechos, los separas en categorías y pesas cada categoría de desechos. Anotas tus datos en una tabla. Una **tabla** es un tipo de cuadro en el que se organizan datos relacionados en columnas e hileras. Generalmente, se ponen encabezados en la parte superior de cada columna o al comienzo de cada hilera para ayudar a organizar los datos, como se muestra en la **Tabla 1**.

¿Qué son las gráficas?

Una tabla contiene datos, pero no muestra claramente las relaciones entre ellos. Sin embargo, mostrar los datos a manera de gráfica sí muestra claramente estas relaciones. Una **gráfica** es un tipo de cuadro que muestra las relaciones entre variables. Los organizadores del programa de limpieza pueden elaborar tipos diferentes de gráficos a partir de la información de tu tabla como ayuda para facilitar el análisis de los datos.

▲ **Figura 1** Un cuadro de corchetes es un tipo de cuadro que te permite ver fácilmente qué equipo ha ganado la mayoría de juegos en un torneo.

Tabla 1 En esta tabla se organizan datos de los desechos recolectados en hileras y columnas, de manera que las mediciones se pueden anotar, comparar y usar con facilidad. ▼

Tabla 1 Tipos y cantidades de desechos

Tipos de desechos	Ene	Mar	May	Jul	Sept	Nov	Total para el año
Plástico	3.0	3.5	3.8	4.0	3.7	3.0	21.0
Poliestireno	0.5	1.3	3.2	4.0	2.5	1.2	12.7
Vidrio	0.8	1.2	1.5	2.0	1.5	1.0	8.0
Goma	1.1	1.0	1.3	1.5	1.2	1.3	7.4
Metal	1.0	1.0	1.1	1.4	1.1	1.0	6.6
Papel	1.3	1.1	1.5	1.5	0.8	0.3	6.5
Total para el mes	9.4	10.6	13.1	15.1	12.1	9.5	69.8

Gráficas circulares

Si los organizadores de la limpieza quieren saber cuál es el tipo más común de desechos, probablemente usarán una gráfica circular. Una gráfica circular muestra el porcentaje del total que representa cada categoría. Esta gráfica circular muestra que el plástico conforma el porcentaje más grande de desechos. Entonces los organizadores de la limpieza pueden poner en la playa recipientes para recolectar plástico para reciclar, de manera que las personas puedan reciclar su basura plástica.

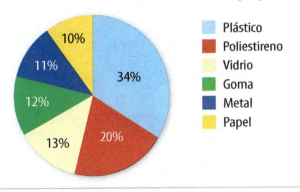

Gráfica lineales

Supón que los organizadores de la limpieza quieren saber cómo cambia la cantidad total de desechos en la playa a lo largo del año. Ellos, probablemente, usarán una gráfica lineal. Esta gráfica lineal muestra que los voluntarios recogieron más desechos durante el verano que en el invierno. Entonces, los organizadores de la limpieza pueden establecer un servicio público de anuncios en las estaciones de radio, que les recuerde a los visitantes de la playa botar su basura en los recipientes para basuras y en los recipientes para reciclar mientras están en la playa.

Gráficas de barras

Los voluntarios recogieron la mayor cantidad de desechos en julio. Los organizadores de la limpieza quieren saber cuánto de cada tipo de desechos recogieron los voluntarios en julio. Las gráficas de barras son útiles para comparar categorías diferentes de medidas. Esta gráfica de barras muestra que en julio se recogieron 4 kg de plástico y poliestireno. Entonces, los organizadores de la limpieza pueden sugerir que los expendios de la concesión de la playa usen recipientes reciclables más pequeños para alimentos.

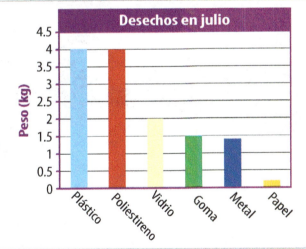

Investigación MiniLab

25 minutos

¿Cómo las gráficas pueden mantener limpia la playa?

Supón que trabajas con los organizadores de la limpieza. ¿Qué información necesitarías para hacer recomendaciones para que la playa se mantenga limpia?

1. Con base en el tipo de información de la **Tabla 1**, escribe una pregunta nueva acerca de los desechos de la playa.
2. Haz una gráfica que te permita responder tu pregunta.

Analizar y concluir

1. **Distingue** ¿Cómo decidiste qué tipo de gráfica elaborar?
2. **Explica** ¿De qué manera usaste la gráfica para responder tu pregunta?
3. **Modifica** ¿Qué recomendaciones puedes hacer con base en el análisis de tu gráfica?

Cuadros, tablas y gráficas • **523**

Capítulo 15

Agua de la Tierra

LA GRAN IDEA ¿Cuál es la función del agua en la Tierra?

Investigación ¿Por qué están allí?

Los animales que viven en las praderas áridas de África viajan grandes distancias para encontrar agua. Todos los seres vivos necesitan agua para sobrevivir.

- ¿Por qué el agua es tan importante para los animales?
- ¿Cómo llegó el agua allí?
- ¿Cuál es la función del agua en la Tierra?

Prepárate para leer

¿Qué opinas?

Antes de leer, piensa si estás de acuerdo o no con las siguientes afirmaciones. A medida que leas el capítulo, decide si cambias de opinión sobre alguna de ellas.

1. Un líquido se transforma en gas solo cuando este alcanza su punto de ebullición.
2. Las nubes están formadas por diminutas gotas de agua.
3. Las moléculas de agua pueden atraer a otras moléculas.
4. El hielo tiene mayor densidad que el agua.
5. Las fábricas son responsables de casi toda la polución del agua.
6. Los cambios en los tipos de organismos que viven en el agua pueden ser un signo de cambios en la calidad del agua.

ConnectED Your one-stop online resource

connectED.mcgraw-hill.com

- Video
- WebQuest
- Audio
- Assessment
- Review
- Concepts in Motion
- Inquiry
- Multilingual eGlossary

Lección 1

El planeta de agua

Guía de lectura

Conceptos clave 🔑
PREGUNTAS IMPORTANTES

- ¿Por qué el agua es importante para la vida?
- ¿Cómo el agua se distribuye en la Tierra?
- ¿Cómo el agua circula en la Tierra?

Vocabulario

calor específico pág. 529
hidrosfera pág. 530
evaporación pág. 531
condensación pág. 531
ciclo del agua pág. 532
transpiración pág. 533

g Multilingual eGlossary
Video **BrainPOP®**

Investigación ¿Un hogar acuático?

El agua es el hogar de estos peces. Al igual que todos los seres vivos en la Tierra, los peces necesitan agua para sobrevivir, pero además dependen del agua para tener un hábitat. ¿De dónde viene toda esta agua?

526 Capítulo 15
EMPRENDER

Laboratorio de inicio

20 minutos

¿Cuál se calienta más rápido?

El agua y la tierra se calientan y se enfrían a velocidades diferentes. Esta diferencia en el calentamiento y el enfriamiento influye al clima.

1. Lee y completa un formulario de seguridad en el laboratorio.

2. Coloca dos **moldes circulares para hornear** sobre una superficie plana. Llena uno con **agua** y el otro con **tierra.**

3. Mide la temperatura de ambos materiales con **termómetros.** Anota tus mediciones en tu diario de ciencias.

4. Coloca una **lámpara** sobre los moldes. Enciende la lámpara y mide la temperatura del agua y de la tierra cada 5 minutos durante 15 minutos.

Piensa

1. Compara las velocidades a las cuales se calentaron los dos materiales.

2. **Concepto clave** Imagina que durante el verano vas al océano. ¿Esperarías que el clima cerca del océano sea más caliente o más frío que el clima del interior del continente? ¿Por qué?

¿Por qué el agua es importante para la vida?

Probablemente has leído titulares de noticias como "La NASA busca agua en Marte" o "¡Se encontró agua en la luna de Saturno!" ¿Te has preguntado por qué los científicos están siempre buscando agua en otras regiones de nuestro sistema solar? El agua es necesaria para la vida. Los científicos buscan agua en otras regiones del sistema solar como un primer paso para encontrar vida en esas zonas.

El agua es extremadamente importante en la Tierra por otras razones. El clima de la Tierra está influenciado por las corrientes oceánicas que transportan energía térmica, comúnmente llamada calor, alrededor de la Tierra. Además, grandes masas de agua afectan los patrones del tiempo atmosférico local. Muchos organismos, como la medusa de la **Figura 1,** tienen hábitats acuáticos. Las personas también usan el agua para transportar mercancía y para recreación.

Funciones biológicas

El agua es necesaria para los procesos vitales de todos los organismos vivos, desde una bacteria unicelular hasta una ballena azul. ¿Sabías que el cuerpo de una medusa es casi el 95 por ciento agua? También, casi el 60 por ciento de la masa del cuerpo humano está formada por agua. Incluso las semillas de las plantas que parecen secas tienen una pequeña cantidad de agua en su interior.

Figura 1 El agua es el hábitat de esta medusa, pero todos los organismos de la Tierra dependen del agua para sobrevivir.

Transporte Una de las funciones principales del agua en un organismo es transportar materiales. El agua transporta nutrientes, como proteínas, a las células e incluso dentro de las células. Esta también saca los desechos de las células.

Fotosíntesis El agua es esencial para que ocurran las reacciones químicas en los seres vivos, como la fotosíntesis. Recuerda que durante la fotosíntesis, el dióxido de carbono y el agua, en presencia de la luz reaccionan y producen azúcar y oxígeno. La fotosíntesis ocurre en las plantas, las algas y algunas bacterias. Los organismos que llevan a cabo la fotosíntesis son el comienzo de casi toda cadena alimentaria.

Regulación de la temperatura corporal El agua es un factor importante en prevenir que la temperatura de un organismo suba o baje demasiado. En los seres humanos, a medida que el agua de la piel, o sudor, cambia a gas, se transfiere energía térmica al aire circundante. Esto ayuda a enfriar el cuerpo.

El calentamiento de la Tierra

Una razón por la que existe vida en la Tierra es que la atmósfera terrestre atrapa energía térmica del sol. Este proceso se llama efecto invernadero. Parte de la energía solar que llega a la superficie terrestre es absorbida y luego emitida hacia el espacio. Los gases de la atmósfera terrestre, como el vapor de agua (H_2O), el metano (CH_4) y el dióxido de carbono (CO_2), absorben parte de esta energía y la emiten hacia la Tierra, como se muestra en la **Figura 2.**

De todos los gases invernadero de la atmósfera, la concentración de vapor de agua es la mayor. Sin el efecto invernadero, la temperatura promedio de la superficie terrestre sería de casi −18 °C. Toda el agua de la Tierra sería hielo y ningún organismo podría sobrevivir a esa temperatura.

Verificación de la lectura Explica cómo el agua ayuda a calentar la Tierra.

El efecto invernadero

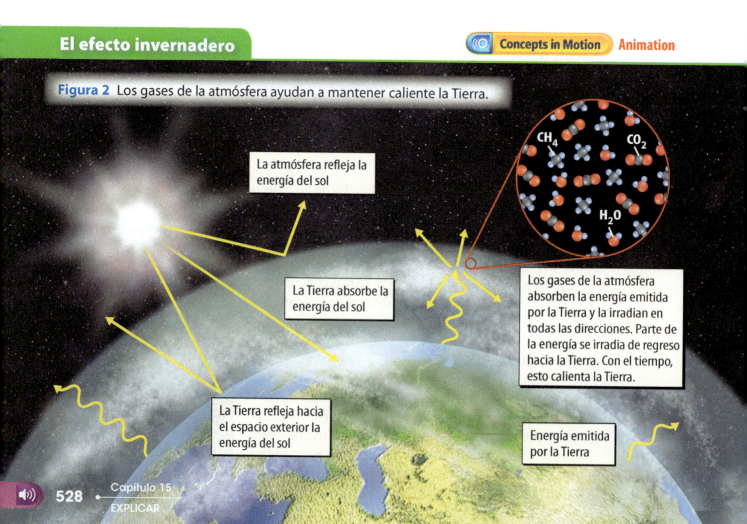

Figura 2 Los gases de la atmósfera ayudan a mantener caliente la Tierra.

Mantenimiento estable de la temperatura de la Tierra

Piensa en lo que ocurre en la playa en un día caliente. Si caminas descalzo por la arena, te puedes quemar las plantas de los pies. Pero cuando llegas al agua, esta está agradablemente fresca. ¿Por qué el agua tiene menor temperatura que la arena?

El agua tiene un calor específico alto. *El* **calor específico** *es la cantidad de energía térmica requerida para subir la temperatura de 1 kg de materia a 1 °C.* El calor específico del agua es casi seis veces mayor que el de la arena. Esto significa que el agua tendría que absorber seis veces más energía térmica para tener la misma temperatura que la arena.

El calor específico alto del agua es importante para la vida en la Tierra por varias razones. El vapor de agua del aire ayuda a controlar la velocidad a la cual cambia la temperatura del aire. La temperatura del vapor de agua cambia lentamente. Como resultado, el cambio de temperatura de una estación a la siguiente es gradual. Grandes masas de agua, como los océanos, también se calientan y se enfrían lentamente. Esto da una temperatura más estable a los organismos acuáticos y afecta el clima en las zonas costeras. Los patrones de tiempo atmosférico local de las regiones en el interior del continente y cerca de lagos grandes también se ven afectados. En la **Tabla 1** se dan ejemplos resumidos de cómo el agua es importante para la vida.

 Verificación de concepto clave ¿Por qué el agua es importante para la vida?

Destrezas matemáticas

Usar ecuaciones

Para calcular la energía necesaria para cambiar la temperatura de un objeto, usa la siguiente ecuación:

Energía = **calor específico** × **masa** × **cambio de la temperatura** o,

J = **J/kg · °C** × **kg** × **°C**

Para resolver esta ecuación necesitas el calor específico del objeto. Por ejemplo, ¿cuánta energía elevará la temperatura de **2 kg** de hierro desde **20 °C** hasta **30 °C**? El calor específico del hierro es **460 kg · °C**.

J = **460 kg · °C** × **2 kg** × **10 °C**

La cantidad de energía es 9,200 J.

Practicar

Si el calor específico del aluminio es 900 J/kg · °C, ¿cuánta energía se necesita para elevar la temperatura de 3 kg de muestra desde 35 °C hasta 45 °C?

- **Math Practice**
- **Personal Tutor**

Tabla 1 Importancia del agua para la vida en la Tierra Interactive Table

Importancia para la vida	Ejemplos	
Funciones biológicas	• transporte de nutrientes y desechos hacia y desde las células • fotosíntesis • regulación de la temperatura corporal	
Mantiene caliente la Tierra	• efecto invernadero • regulación de la temperatura del aire	
Estabiliza la temperatura de la Tierra	• cambio gradual de la temperatura de una estación a la siguiente • calor específico alto que hace que masas grandes de agua se calienten y se enfríen lentamente • temperatura estable para los organismos acuáticos	

Distribución del agua en la hidrosfera de la Tierra

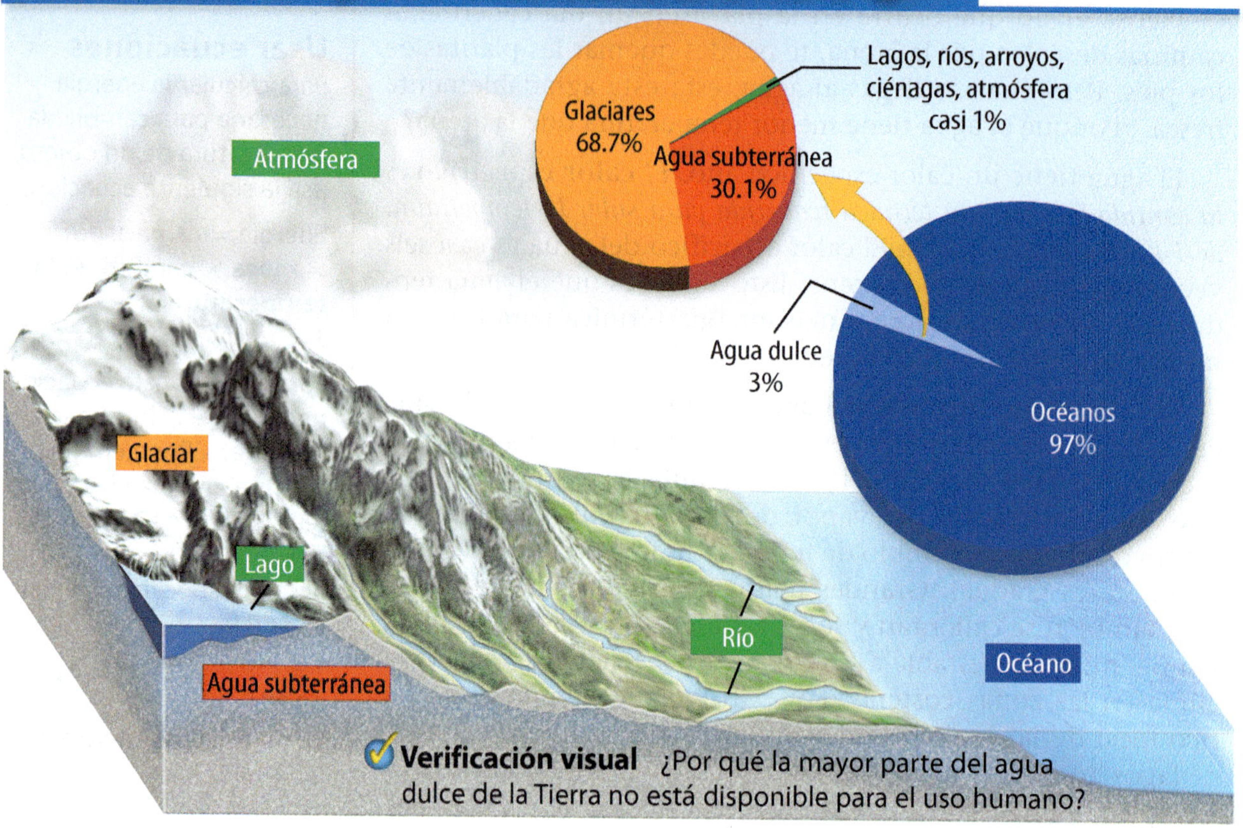

Verificación visual ¿Por qué la mayor parte del agua dulce de la Tierra no está disponible para el uso humano?

Figura 3 Casi el 3 por ciento del agua de la Tierra es agua dulce. Solo casi el 0.001 por ciento del agua de la Tierra está en la atmósfera.

El agua de la Tierra

Acabas de leer varias razones por las cuales el agua es importante para la vida. Tú también usas agua para bañarte a diario, cocinar y beber. Casi el 70 por ciento de la superficie terrestre está cubierta por agua. ¿Cómo está distribuida?

Distribución del agua de la Tierra

Observa que en la **Figura 3** la mayor parte del agua está en los océanos. Solo casi el 3 por ciento es agua dulce. Esta se encuentra en la superficie terrestre, en el subsuelo o en los casquetes glaciares y en los glaciares. Solo casi el 1 por ciento de toda el agua de la Tierra está en los lagos, los ríos, las ciénagas y la atmósfera.

Verificación de concepto clave ¿Cómo se distribuye el agua en la Tierra?

Estructura de la hidrosfera

La **hidrosfera** es toda el agua que hay sobre y bajo la superficie terrestre y en la atmósfera. En la **Figura 3** se muestran los componentes de la hidrosfera. Hay agua en los océanos, los lagos, los ríos, los arroyos y el subsuelo. El agua que está bajo la superficie terrestre se llama agua subterránea. El vapor de agua, o agua en estado gaseoso, está en la atmósfera. Las nubes son un conjunto de gotitas diminutas de agua o de cristales de hielo. El hielo, o agua en estado sólido, está en los glaciares y en los casquetes glaciares. El agua congelada de la Tierra se conoce comúnmente como criosfera.

ORIGEN DE LAS PALABRAS

hidrosfera
hydro–
del griego *hydor*, que significa "agua"
–sphere
del griego *spharia*, que significa "bola"

El agua cambia de estado

La única sustancia que existe en la naturaleza en tres estados, sólido, líquido y gaseoso, dentro del rango de temperatura de la Tierra es el agua. Esta puede cambiar de estado fácilmente en la hidrosfera. Por ejemplo, en la primavera, la nieve y el hielo, ambos agua sólida, se derriten y pasan a agua líquida. Cuando se agrega suficiente energía térmica, el agua líquida cambia a gas y entra en la atmósfera. Cuando el agua cambia de un estado a otro, se libera o se absorbe energía térmica. La energía térmica siempre se mueve de un objeto con mayor temperatura a uno con menor temperatura.

Entre sólido y líquido

Cuando se le agrega energía térmica al hielo, las moléculas de agua ganan energía. Si se agrega suficiente energía térmica, el hielo alcanzará su punto de fusión y cambiará a líquido. Lo opuesto ocurre si el agua líquida libera energía térmica. Las moléculas de agua empiezan a perder energía. Si estas pierden suficiente energía, el líquido alcanza su punto de congelación y se forma hielo.

Entre líquido y gas

A medida que se agrega energía térmica al agua líquida, las moléculas ganan energía y alcanzan finalmente el punto de ebullición. En este punto, el agua cambia a gas, o vapor de agua. Las moléculas de la superficie del agua necesitan menos energía para liberarse de las moléculas que las rodean, como se muestra en la **Figura 4**. Por consiguiente, el agua de la superficie puede cambiar a gas a menor temperatura que la del punto de ebullición y se evapora. *La **evaporación** es el proceso por el cual un líquido cambia a gas en la superficie de dicho líquido.* Cuando las moléculas de vapor de agua pierden energía térmica, ocurre la condensación. *La **condensación** es el proceso por el cual un gas cambia a líquido.*

✅ **Verificación de la lectura** ¿Por qué la evaporación de agua puede ocurrir por debajo del punto de ebullición del agua?

 **MiniLab** 20 minutos

¿Qué le ocurre a la temperatura durante un cambio de estado?

1. Lee y completa un formulario de seguridad en el laboratorio.
2. Llena un **vaso graduado** de 500 ml con **hielo molido.**
3. Coloca el vaso graduado sobre una **placa calentadora**, cerca del **soporte**. Coloca el **termómetro** en el vaso graduado, casi a 2.5 cm del fondo. Usa la **abrazadera** del soporte para sostener el termómetro en su lugar.
4. En tu diario de ciencias, anota la temperatura del hielo. Coloca la placa calentadora en medio-alto.
5. Anota la temperatura cada minuto hasta 3 minutos después de que el agua empiece a hervir.

Analizar y concluir

1. **Identifica** ¿Cuándo ocurrió un cambio de estado?
2. **Describe** ¿Cómo la temperatura del agua cambió a medida que su estado cambió?
3. 🔑 **Concepto clave** ¿Por qué el rango de temperatura entre los estados del agua es importante para la vida en la Tierra?

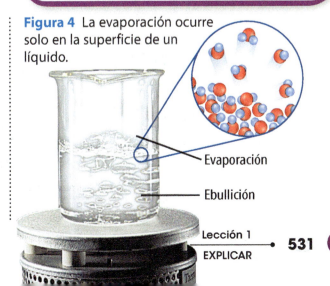

Figura 4 La evaporación ocurre solo en la superficie de un líquido.

— Evaporación
— Ebullición

Lección 1 EXPLICAR

FOLDABLES

Dobla una hoja de papel para hacer un boletín con tres secciones. Anota información sobre las tres etapas principales del ciclo del agua.

- Evaporación
- Condensación
- Precipitación

Figura 5 El agua cambia de un estado a otro a medida que circula por toda la hidrosfera de la Tierra.

El ciclo del agua

La serie de procesos naturales por los cuales el agua se mueve continuamente en toda la hidrosfera se llama **ciclo del agua**. A medida que el agua se mueve a través del ciclo del agua, cambia continuamente de estado.

¿Qué impulsa el ciclo del agua?

Dos factores principales impulsan el ciclo del agua: el Sol y la gravedad. La energía proveniente del Sol hace que el agua de la superficie de la Tierra se evapore. Luego, el agua regresa al suelo como precipitación. Sobre la superficie terrestre, la gravedad hace que el agua se mueva de zonas más elevadas a zonas menos elevadas. Finalmente, el agua regresa a los océanos y a otras zonas de almacenamiento en la hidrosfera, y el ciclo continúa.

✅ **Verificación de la lectura** ¿Cuáles son dos factores importantes que impulsan el ciclo del agua?

Evaporación

El agua de la superficie terrestre se evapora porque la energía proveniente del Sol rompe los enlaces entre las moléculas de agua. El agua líquida cambia a vapor de agua y entra en la atmósfera. La **Figura 5** muestra que la evaporación ocurre en toda la hidrosfera.

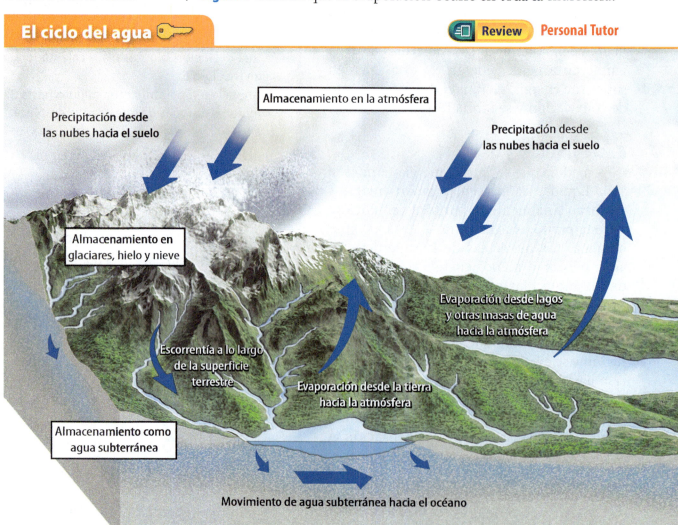

El ciclo del agua

Transpiración *La evaporación del agua proveniente de las plantas se llama* **transpiración**. Las plantas absorben el agua en su mayor parte del suelo. Cuando la planta tiene un suministro abundante de agua o la temperatura del aire aumenta, las plantas transpiran: liberan vapor de agua a la atmósfera. Esto ocurre, por lo general, a través de las hojas.

Condensación y precipitación

A medida que el vapor de agua proveniente de la transpiración y de la evaporación se eleva en la atmósfera, se enfría y se condensa en líquido. El vapor de agua se condensa alrededor de partículas de polvo que hay en la atmósfera y se forman gotitas. Las gotitas se unen, forman nubes y finalmente caen al suelo como lluvia. Si la temperatura es lo suficientemente baja, las gotitas de agua se congelarán en la atmósfera y llegarán a la superficie de la Tierra como otras formas de precipitación: nieve, aguanieve o granizo.

Escorrentía y almacenamiento

¿Qué le ocurre a la precipitación en la **Figura 5** cuando llega a la superficie de la Tierra? La gravedad actúa sobre la precipitación. Esta hace que el agua de la superficie de la Tierra fluya cuesta abajo. El agua de la precipitación que fluye por la superficie terrestre se llama escorrentía. Esta entra en arroyos y ríos, y finalmente llega a los lagos u océanos. Parte de la precipitación se filtra en el suelo y se vuelve agua subterránea.

Aunque el agua se mueve constantemente en el ciclo del agua, la mayor parte permanece en ciertas zonas de almacenamiento durante periodos de tiempo relativamente largos. Las zonas de almacenamiento del ciclo del agua se llaman embalses. Estos pueden ser lagos, océanos, agua subterránea, glaciares y casquetes glaciares.

 Verificación de concepto clave Explica los pasos a medida que el agua circula por la hidrosfera terrestre.

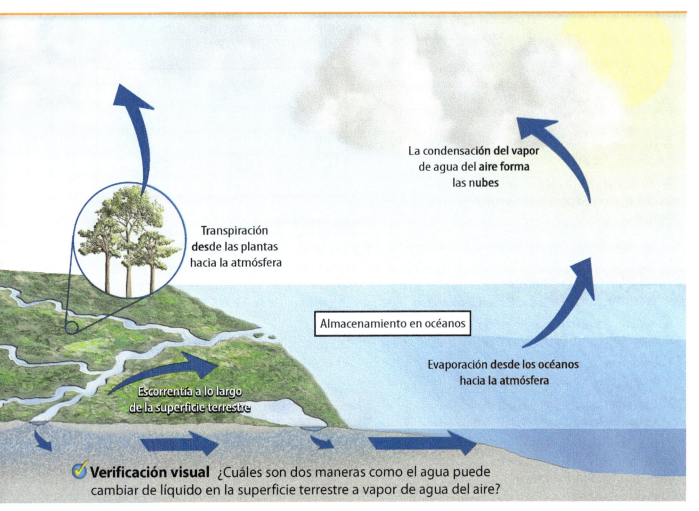

Verificación visual ¿Cuáles son dos maneras como el agua puede cambiar de líquido en la superficie terrestre a vapor de agua del aire?

Repaso de la Lección 1

 Assessment Online Quiz

Resumen visual

Todos los organismos de la Tierra dependen del agua para sobrevivir. El agua es el hábitat de muchos organismos.

El calor específico alto del agua hace que las grandes masas de agua se demoren mucho tiempo en calentarse y en enfriarse.

El ciclo del agua es un proceso natural en el cual el agua se mueve constantemente por toda la hidrosfera.

FOLDABLES

Usa tu modelo de papel para repasar la lección. Guarda tu modelo para el proyecto de final de capítulo.

¿Qué opinas AHORA?

Al inicio de este capítulo leíste las siguientes afirmaciones.

1. Un líquido se transforma en gas solo cuando este alcanza su punto de ebullición.
2. Las nubes están formadas por diminutas gotas de agua.

¿Sigues estando de acuerdo o en desacuerdo con las afirmaciones? Reescribe las afirmaciones falsas para hacerlas verdaderas.

Usar vocabulario

1. **Distingue** entre evaporación y transpiración.
2. **Usa el término** *hidrosfera* en una oración completa.
3. **Define** *condensación* con tus propias palabras.

Entender conceptos clave

4. ¿En dónde se encuentra la mayor parte del agua en la Tierra?
   A. glaciares   C. océanos
   B. agua subterránea   D. ríos

5. **Analiza** ¿Cuáles son tres razones por las cuales el agua es importante para la vida en la Tierra?

6. **Nombra** los dos factores principales que impulsan el ciclo del agua.

Interpretar gráficas

7. **Identifica** el proceso que ocurre en cada parte numerada del siguiente ciclo del agua.

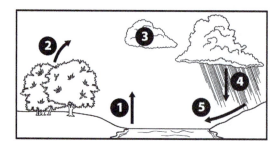

Pensamiento crítico

8. **Imagina** que la cantidad de vapor de agua de la atmósfera aumentó. ¿Cómo afectaría esto las temperaturas de la superficie de la Tierra? ¿Por qué?

9. **Evalúa** En un día caliente, el agua de una piscina es mucho más fría que el cemento alrededor de esta. Explica.

Destrezas matemáticas  Review — Math Practice —

10. ¿Aproximadamente cuánta energía se necesita para aumentar la temperatura de 5 kg de arena desde 18 °C hasta 32 °C, si el calor específico de la arena es 190 J/kg • °C?

Océanos de nuevo en aumento

AMERICAN MUSEUM OF NATURAL HISTORY

PROFESIONES CIENTÍFICAS

Con un ojo en el futuro, un geólogo examina conexiones pasadas entre niveles del mar más altos y mantos de hielo que se derriten.

Muy arriba en el Ártico está la isla más grande del mundo, una isla cubierta de hielo, llamada Groenlandia. Un vasto manto de hielo cubre gran parte de Groenlandia. Los cambios en el clima de la Tierra pueden tener un gran efecto sobre este manto de hielo. A medida que las temperaturas globales promedio aumentan, el manto de Groenlandia se está derritiendo lentamente a lo largo de su costa. Si esto continúa, puede tener un gran impacto en los niveles del mar alrededor del mundo.

Los enormes glaciares de Groenlandia se arrastran pulgada tras pulgada hacia el océano. Cuando llegan a la costa, enormes trozos de hielo se desprenden y se estrellan contra el océano. A medida que el clima se calienta, la velocidad de los glaciares aumenta, y se añade más y más hielo a las aguas polares. A medida que entra más hielo al océano, el nivel del mar asciende. Los científicos estiman que si los mantos de hielo de Groenlandia se derriten, los niveles del mar podrían elevarse 7 m, o 23 pies. Esa es agua suficiente como para inundar las costas de toda la Tierra, incluso aquellas que albergan algunas de las ciudades más grandes del mundo. ¡Imagina la Ciudad de Nueva York bajo el agua! Las inundaciones en aumento también amenazan los hábitats costeros. Los animales, así como las personas se verían forzados a ir tierra adentro. Los peores efectos se presentarían en los deltas: zonas de tierras bajas en donde los ríos fluyen dentro de grandes masas de agua.

¿Es esto posible? Los científicos, como Daniel Muhs, saben que esto es posible porque ha pasado antes. Muhs es un geólogo que trabaja con el Servicio Geológico de Estados Unidos. Él investiga rocas en busca de indicios sobre el pasado de la Tierra. Encontró un indicio importante en una pared de piedra caliza en los Cayos de la Florida. Hoy, esta pared se encuentra varios metros sobre el nivel del mar y está llena de coral fosilizado. Muhs determinó que el arrecife de coral creció allí hace casi 125,000 años durante un periodo caliente, cuando gran parte del manto de hielo de Groenlandia se derritió. Muhs estima que los niveles del mar estuvieron entre 6 m y 8 m más altos hace 125,000 años que hoy en día. Este es el mismo aumento del nivel del mar que otros científicos predicen que ocurrirá si el manto de hielo de Groenlandia se derritiera de nuevo.

▲ Este mapa muestra zonas costeras que se inundarían si los niveles del mar ascendieran 6 m, tal como lo predicen los científicos.

El coral vive y crece bajo el agua. Muhs muestra en dónde estaba el nivel del mar en el pasado en esta ubicación en Florida. Al medir la altura de los fósiles de coral, él estima que en el pasado el océano estuvo varios metros por encima de lo que está en la actualidad. ▼

▲ Un trozo de hielo del glaciar Russell en Groenlandia se desprende y cae estruendosamente en el océano. El agua dulce del glaciar deja de estar disponible como fuente de agua dulce cuando se mezcla con el agua del mar. Si esto continúa, la cantidad total de agua dulce de la Tierra disminuirá.

Te toca a ti

INVESTIGA Haz una lluvia de ideas sobre las maneras como la sociedad puede responder a los niveles del mar en aumento. Luego, investiga sobre cómo los altos niveles del mar impactan las ciudades y las costas alrededor del mundo. Compara tus ideas con soluciones de la vida real y coméntalas con tus compañeros de clase.

Lección 1 EXTENDER

Lección 2

Las propiedades del agua

Guía de lectura

Conceptos clave 🗝
PREGUNTAS IMPORTANTES

- ¿Qué hace al agua un compuesto único?
- ¿Cómo la estructura del agua determina sus propiedades excepcionales?
- ¿Cómo la densidad del agua es importante para la vida en la Tierra?

Vocabulario

polaridad pág. 538
cohesión pág. 539
adhesión pág. 539

Multilingual eGlossary

Investigación **¿Se congelarán?**

Se formó una gruesa capa de hielo sobre el agua donde estos pingüinos nadan y cazan. ¿Se congelará el resto del agua? ¿Cómo las plantas y los animales que viven en los océanos y lagos sobreviven al invierno?

Laboratorio de inicio

10 minutos

¿Cuántas gotas caben en un centavo?

La estructura de la molécula de agua le da al agua muchas propiedades excepcionales. En este laboratorio, explorarás una propiedad del agua: la fuerte atracción entre moléculas de agua individuales.

1. Lee y completa un formulario de seguridad en el laboratorio.
2. Coloca dos **centavos** sobre una **toalla de papel**.
3. Con un **gotero** pon una gota de **agua** a la vez sobre un centavo. Después de 6 gotas, observa de cerca el agua sobre el centavo. Intenta agregar más gotas, si es posible.
4. Con un **gotero** limpio pon una gota de **alcohol antiséptico** a la vez en otro centavo. Después de 6 gotas, observa de cerca el alcohol sobre el centavo. Intenta agregar más gotas.

Piensa

1. **Explica** lo que le ocurrió al agua cada vez que agregaste una gota. ¿Qué ocurrió cuando agregaste la última gota?
2. **Describe** la diferencia en las formas del agua y del alcohol sobre los centavos.
3. **Concepto clave** Los líquidos forman gotas debido a la atracción entre sus partículas. Con base en esto, infiere qué sustancia tiene una atracción más fuerte entre sus partículas.

Agua: Un compuesto único

En la Lección 1 leíste que el agua es la única sustancia que existe en la naturaleza como sólido, líquido y gas. También leíste que el agua tiene calor específico alto. Es probable que hayas visto otras cosas que son el resultado de las propiedades del agua. Por ejemplo, es factible que hayas notado que el agua forma gotas si salpicas un poco sobre una superficie, como se muestra en la **Figura 6.** Quizá también has visto hielo flotando en un vaso de agua o té. ¿Alguna vez disolviste sal en agua? ¿Has visto un insecto caminando sobre la superficie del agua?

El agua tiene propiedades inusuales debido a sus moléculas. Las propiedades del agua no se pueden explicar sin saber cómo se forma la molécula de agua. Entender cómo interactúan las moléculas de agua entre sí y con otros materiales también ayuda a explicar las propiedades inusuales del agua.

Verificación de concepto clave ¿Qué hace al agua un compuesto único?

Figura 6 El agua forma gotas debido a poderosas fuerzas entre sus moléculas.

Figura 7
La polaridad de las moléculas de agua es una de las razones por las cuales el agua es tan importante para la vida en la Tierra ▶

Review
Personal Tutor

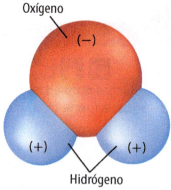

La molécula de agua es polar porque en cada extremo tiene una ligera carga.

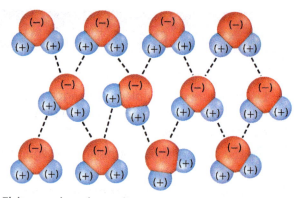

El átomo de oxígeno ligeramente negativo de una molécula de agua atrae al átomo de hidrógeno ligeramente positivo de otra molécula de agua. Esta fuerza mantiene unidas a las moléculas.

USO CIENTÍFICO Y USO COMÚN

polar
Uso científico que tiene extremos opuestos, los cuales tienen cargas opuestas

Uso común relacionado con el polo Norte y el polo Sur de la Tierra

Una molécula polar

La molécula de agua está formada por un átomo de oxígeno y dos de hidrógeno. Observa la **Figura 7**. ¿Qué notas sobre las cargas de los átomos? El átomo de oxígeno tiene una carga ligeramente negativa. Los átomos de hidrógeno tienen cargas ligeramente positivas. La carga completa de la molécula de agua es neutra. *La* **polaridad** *es la condición en la cual los extremos opuestos de una molécula tienen cargas ligeramente opuestas, pero la carga completa de la molécula es neutra.* El agua es una molécula **polar** porque el átomo de oxígeno y los átomos de hidrógeno tienen cargas ligeramente opuestas.

Debido a su polaridad, las moléculas de agua pueden atraer a otras moléculas de agua. En la **Figura 7,** un átomo de oxígeno ligeramente negativo de una molécula de agua atrae a un átomo de hidrógeno ligeramente positivo de otra molécula de agua. Varias de las propiedades excepcionales del agua se deben a su polaridad. Una de estas propiedades es la capacidad del agua de disolver muchas sustancias diferentes.

✓ **Verificación de la lectura** Describe la polaridad de la molécula de agua.

El agua como solvente

El agua se denomina, algunas veces, el solvente universal porque muchas sustancias se pueden disolver en ella. Cuando la sal de mesa, o cloruro de sodio, se coloca en agua, se disuelve con facilidad. Pero, ¿cómo?

Analiza la **Figura 8.** Observa que el ion sodio (Na^+) de la sal cargado positivamente es atraído al átomo de oxígeno de la molécula de agua cargado negativamente. El ion cloro (Cl^-) de la sal cargado negativamente es atraído al átomo de hidrógeno de la molécula de agua cargado positivamente. Estas atracciones hacen que los iones sodio y cloro se separen en el agua, o se disuelvan. Muchas sustancias que son importantes para los procesos vitales se disuelven en agua dentro de las células, la sangre y los tejidos vegetales.

▲ **Figura 8** Los compuestos iónicos, como la sal de mesa (NaCl), pueden disolverse fácilmente en el agua debido a que el agua es polar.

Cohesión y adhesión

¿Cómo el insecto acuático de la **Figura 9** puede caminar sobre la superficie del agua? Has leído que las moléculas de agua se atraen entre sí debido a su polaridad. Esta atracción se llama cohesión. *La* **cohesión** *es la atracción entre moléculas que son parecidas.* Algunos insectos pueden caminar sobre la superficie del agua debido a que la atracción entre las moléculas de agua es más fuerte que la atracción que ejerce la gravedad sobre el insecto. La capacidad de poner más gotas de agua que de alcohol sobre la moneda en el laboratorio de inicio, también demuestra la cohesión.

La **adhesión** *es la atracción entre moléculas que son diferentes.* Es posible que conozcas un ejemplo de adhesión: la formación de una superficie curva, llamada menisco, sobre un líquido en una probeta graduada, como en la **Figura 9.** Observa que las moléculas de agua que están en contacto con los lados de la probeta se pegan al vidrio, haciendo que la superficie del agua se curve.

El agua se mueve desde las raíces de las plantas hacia sus hojas como resultado de la cohesión y la adhesión. A medida que una molécula de agua se evapora desde la superficie de una hoja, hala otra molécula de agua que toma su lugar. Las moléculas de agua se pegan a las células dentro de la planta. Esto evita que la gravedad empuje el agua hacia las raíces.

 Verificación de concepto clave Nombra algunas maneras como la estructura del agua determina sus propiedades excepcionales.

> **ORIGEN DE LAS PALABRAS**
> **cohesión**
> del latín *cohaerere*, que significa "mantenerse juntos"

> **FOLDABLES**
> Dobla una hoja de papel para formar un mapa conceptual con dos solapas. Rotúlalo como se muestra. Usa tu boletín para resumir información sobre el agua y sus propiedades.
>
> Propiedades del agua
> Cohesión | Adhesión

Cohesión y adhesión

Figura 9 La cohesión es responsable de que las moléculas de agua se mantengan unidas. La adhesión es responsable de que las moléculas de agua se peguen a otras superficies.

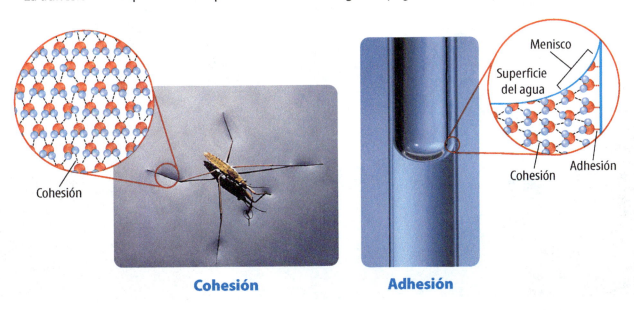

Cohesión | Adhesión

Lección 2
EXPLICAR

Densidad

¿Te has preguntado alguna vez por qué los cubos de hielo flotan en un vaso de agua? El agua que se congela en un lago también flota. Incluso, los icebergs inmensos, como el de la **Figura 10** flotan en el océano. El hielo flota en el agua líquida debido a una propiedad importante: la **densidad.**

La densidad de un material aumenta cuando las partículas en el material se juntan. Cuando la mayoría de los líquidos se congelan, sus partículas se juntan. El sólido que se forma es más denso que el líquido. Por ejemplo, recuerda que la lava es roca derretida, o líquida. A medida que la lava se enfría, sus partículas se juntan. Por consiguiente, la roca que se forma a partir de la lava es más densa que la lava. La roca se hundirá si se coloca en la lava.

La densidad inusual del agua

Si los líquidos tienden a volverse más densos a medida que se congelan, ¿por qué el hielo flota en el agua? Así como cualquier otro líquido, el agua se enfría, las moléculas pierden energía y se organizan de manera más compacta. Sin embargo, cuando el agua se enfría a 4 °C, las moléculas empiezan a alejarse. Las fuerzas intermoleculares hacen que las moléculas se separen y se **establezcan** en forma de hexaedro. Cuando las moléculas de agua se congelan, queda un espacio entre ellas. Un cubo de hielo tiene menos moléculas de agua que el mismo volumen de agua. Por consiguiente, el hielo es menos denso que el agua, como se muestra en la **Figura 10.**

Verificación de la lectura ¿Por qué es inusual que flote el hielo?

Repaso de vocabulario
densidad
masa por unidad de volumen de un material

Vocabulario académico
establecer
(verbo) ordenar

Figura 10 El agua es más densa que el hielo porque en el agua las moléculas están organizadas de manera más compacta que en el hielo.

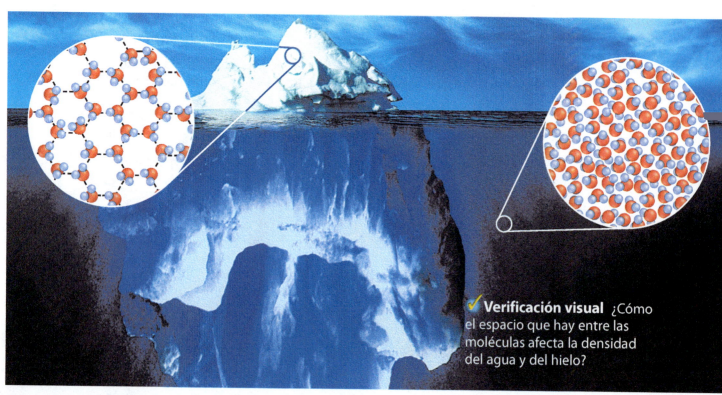

Verificación visual ¿Cómo el espacio que hay entre las moléculas afecta la densidad del agua y del hielo?

Figura 11 La densidad del agua líquida es mayor que la del hielo. La densidad del agua dulce líquida es mayor a una temperatura de 4 °C.

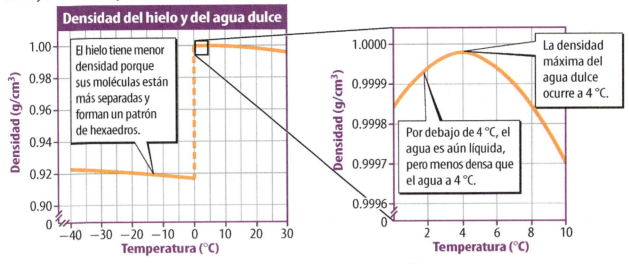

Densidad y temperatura

Para entender más sobre la densidad inusual del agua, analiza las gráficas de la **Figura 11**. Ambas ilustran cómo la densidad cambia a medida que la temperatura cambia. La gráfica de la izquierda muestra la densidad del agua y del hielo. La gráfica de la derecha es una vista ampliada del cambio de la densidad del agua.

La densidad del hielo Puedes comparar la densidad del hielo y del agua en la gráfica de la izquierda. La densidad del hielo es mucho menor que la del agua. Recuerda que las moléculas del hielo están más separadas que las del agua. Esto explica por qué el hielo flota.

La densidad del agua En la gráfica de la derecha solo está representada la densidad del agua. Esta gráfica muestra que el agua es más densa a 4 °C. Recuerda que el punto de congelación del agua es 0 °C. Esto significa que el agua entre 0 °C y 4 °C es líquida, pero menos densa que el agua a 4 °C. Como leerás en la página siguiente, la densidad del agua es importante para la sobrevivencia de la vida en el agua.

 Verificación de la lectura ¿En qué difiere la densidad del agua a 0 °C de la densidad del agua líquida a 4 °C?

Investigación MiniLab   20 minutos

¿Todas las sustancias son menos densas en su estado sólido?

¿El aceite de oliva es menos denso en estado sólido?

1. Lee y completa un formulario de seguridad en el laboratorio.
2. Vierte 20 ml de **aceite de oliva líquido** en una **probeta graduada** de 50 ml.
3. Formula una hipótesis sobre si el aceite de oliva es más denso como sólido o como líquido.
4. Deja caer un trozo de **aceite de oliva sólido** en el aceite de oliva líquido. En tu diario de ciencias anota lo que ocurre.

Analizar y concluir

1. **Analiza** ¿El aceite de oliva líquido es más denso que el sólido? ¿Cómo lo sabes?
2. **Concepto clave** ¿En qué difieren las densidades del aceite de oliva sólido y líquido de las del agua sólida y líquida?

Figura 12 🗝 Los peces y otros organismos de un lago pueden sobrevivir en el invierno porque el agua permanece líquida debajo de una capa de hielo.

① Cuando la superficie del agua se enfría a 4 °C y se hunde, agua más caliente y menos densa asciende. Este proceso continúa hasta que toda el agua está a 4 °C y tienen la misma densidad.

Aire: –5 °C
Superficie: 4 °C
Fondo: mayor a 4 °C

② El aire enfría el agua de la superficie bajo 4 °C. El agua más fría permanece en la superficie porque es menos densa que el agua a 4 °C que está debajo.

Aire: –5 °C
Superficie: menos de 4 °C
Fondo: 4 °C

③ Se forma hielo a 0 °C y permanece en la superficie porque es menos denso que el agua líquida. El hielo aísla el agua que está debajo.

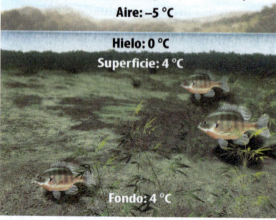

Aire: –5 °C
Hielo: 0 °C
Superficie: 4 °C
Fondo: 4 °C

✅ **Verificación visual** ¿Cuál es la temperatura del agua que está bajo el hielo?

La importancia de la densidad del agua

Acabas de leer acerca de dos características importantes de la densidad del agua:

- La densidad del hielo es menor que la densidad del agua.
- La densidad del agua dulce es mayor a 4 °C.

Imagina un lago en invierno, como se muestra en la **Figura 12**. ¿Por qué la densidad del hielo y del agua son importantes para la supervivencia de los organismos en la Tierra?

① En invierno, el aire frío que está sobre el lago enfría la superficie del agua. Cuando el agua de la superficie se enfría a 4 °C, alcanza su densidad máxima y es más densa que el agua que está debajo de ella. Como resultado, el agua de la superficie se hunde mientras empuja el agua más caliente hacia la superficie. Cuando el agua más caliente llega a la superficie, el aire la enfría a 4 °C. De nuevo, el agua se vuelve más densa y se hunde.

② Finalmente, toda el agua del lago se enfría a 4 °C y tiene la misma densidad. Sin embargo, el aire que está por encima del agua continúa enfriando el agua de la superficie. La temperatura del agua de la superficie desciende por debajo de 4 °C y la densidad empieza a disminuir. El agua de la superficie más fría es menos densa que el agua a 4 °C que está debajo de ella y se mantiene en la parte superior. Toda el agua que está bajo la superficie permanece a 4 °C y a densidad máxima.

③ Cuando el agua de la superficie del lago se enfría a 0 °C, se vuelve hielo. La densidad del hielo disminuye aún más y empieza a flotar. El hielo de la superficie aísla el agua que está por debajo de él. Los organismos acuáticos pueden sobrevivir durante los meses fríos de invierno porque debajo del hielo, el agua permanece líquida a 4 °C. Si el agua se congelara desde el fondo del lago hasta la superficie, los organismos que habitan en el lago se congelarían junto con el agua.

🗝 **Verificación de concepto clave** ¿Cómo la densidad del agua es importante para la vida en la Tierra?

Repaso de la Lección 2

Assessment — Online Quiz

Resumen visual

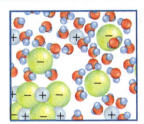

El agua puede disolver muchas sustancias porque es una molécula polar.

La cohesión es una propiedad importante de las moléculas del agua. Las moléculas que están en la superficie del agua tienen suficiente cohesión para que algunos insectos puedan caminar sobre su superficie.

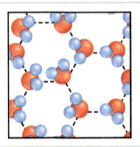

El hielo es menos denso que el agua porque cuando esta se congela las moléculas se separan y forman un patrón de hexaedros.

FOLDABLES

Usa tu modelo de papel para repasar la lección. Guarda tu modelo para el proyecto de final de capítulo.

¿Qué opinas AHORA?

Al inicio de este capítulo leíste las siguientes afirmaciones.

3. Las moléculas de agua pueden atraer a otras moléculas.

4. El hielo tiene mayor densidad que el agua.

¿Sigues estando de acuerdo o en desacuerdo con las afirmaciones? Reescribe las afirmaciones falsas para hacerlas verdaderas.

Usar vocabulario

1 La propiedad en la que los extremos opuestos de una molécula están ligeramente cargados es _____.

2 Distingue entre adhesión y cohesión.

Entender conceptos clave

3 ¿Cuál tiene la mayor densidad?
- A. agua a 0 °C
- B. agua a 4 °C
- C. agua a 6 °C
- D. agua a 8 °C

4 Relaciona la estructura de las moléculas de agua con las propiedades excepcionales del agua.

5 Describe cómo la densidad inusual del agua es importante para los organismos de un lago durante el invierno.

Interpretar gráficas

6 Organizar información Copia y llena el siguiente organizador gráfico para describir ejemplos de adhesión y cohesión.

Adhesión	
Cohesión	

7 Analiza Usa la siguiente gráfica para describir cómo la densidad del agua cambia si la temperatura del agua aumenta entre 0 °C y 4 °C; hasta 4 °C; entre 4 °C y 10 °C.

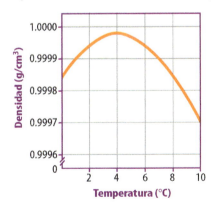

Pensamiento crítico

8 Redacta Chris puso dos cubos de hielo en agua. Escribe una afirmación que describa por qué un cubo se hundió y el otro flotó. Usa el término *densidad* en tu respuesta.

Lección 2 — 543
EVALUAR

Investigación: Práctica de destrezas — Causa y efecto

15 minutos

Materiales

arcilla de modelar (de dos colores)

24 palillos de dientes

Seguridad

¿Por qué el agua líquida es más densa que el hielo?

El hielo que flota sobre un lago en invierno es importante para la supervivencia de los organismos del lago. El hielo flota porque su densidad es menor que la del agua. ¿Cuál es la causa de esta diferencia de densidad? ¿Qué efecto tiene la estructura del agua sobre su densidad?

Aprende

Una parte importante de la ciencia es estar en capacidad de entender las relaciones de **causa y efecto** con base en las observaciones. Causa y efecto es el concepto que indica que un evento producirá cierta respuesta. Usarás modelos para observar la relación de causa y efecto entre la estructura del agua y su densidad.

Intenta

1. Lee y completa un formulario de seguridad en el laboratorio.

2. Haz 12 moléculas de agua con palillos de dientes y arcilla de modelar. Un color de arcilla representa átomos de oxígeno. El otro color, átomos de hidrógeno.

3. Las moléculas que forman el agua están libres y se mueven desorganizadamente. Usa seis de tus modelos para mostrar las moléculas de agua organizadas muy cerca unas de otras.

4. Recuerda que las moléculas de agua son polares. El átomo de oxígeno de una molécula es atraído a un átomo de hidrógeno de otra molécula. Sin embargo, los átomos que son similares se repelen. A medida que el agua se congela, estas fuerzas hacen que las moléculas de agua formen un patrón de hexaedros. Usa los restantes seis modelos para formar uno de estos hexaedros, como se muestra abajo.

Aplica

5. **Identifica** ¿Cuál tiene más espacio vacío entre las moléculas, el modelo de agua líquida o el modelo de hielo? ¿Qué ocasiona este espacio vacío?

6. **Concepto clave** Con base en tus observaciones, ¿qué efecto tiene la estructura de las moléculas de agua en la densidad del agua líquida y la del hielo?

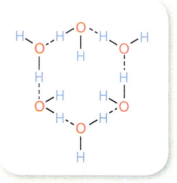

Lección 3

Calidad del agua

Guía de lectura

Conceptos clave
PREGUNTAS IMPORTANTES

- ¿Por qué la calidad del agua es importante?
- ¿Cómo se analiza y monitorea la calidad del agua?

Vocabulario

calidad del agua pág. 546
polución de fuente puntual pág. 547
polución de fuente no puntual pág. 547
nitrato pág. 549
turbidez pág. 549
bioindicador pág. 550
teledetección pág. 550

g Multilingual eGlossary

Investigación ¿Agua limpia?

El agua de la laguna en este glaciar se ve lo suficientemente limpia como para beber, pero ¿está limpia? ¿Puedes saber si el agua está limpia solo con verla? ¿De qué manera las actividades humanas afectan la calidad del agua?

Laboratorio de inicio

10 minutos

¿Cómo puedes analizar la turbidez del agua?

Todos los lagos y las lagunas contienen sedimento, y demasiado sedimento es una manera de enturbiar el agua. El agua turbia puede ser, en ocasiones, un problema para los organismos que viven en los lagos y en las lagunas.

1. Lee y completa un formulario de seguridad en el laboratorio.
2. Amarra un **tornillo** al extremo de una **cuerda**. Introduce el tornillo en un **balde** con **agua**. Anota tus observaciones en tu diario de ciencias.
3. Agrega **tierra** al agua hasta que esté turbia. Revuelve el sedimento con una **cuchara de madera de mango largo**.
4. Introduce el tornillo hasta la misma profundidad del paso 2. Anota tus observaciones.

Piensa

1. ¿Cómo cambiaron tus observaciones del tornillo cuando agregaste tierra al agua?
2. 🔑 **Concepto clave** ¿Cómo los científicos podrían usar un método similar para estudiar la turbidez a diferentes profundidades de un lago o una laguna?

El efecto humano en la calidad del agua

Imagina que vas a la playa, deseoso de nadar y jugar en las olas. Cuando llegas, encuentras un cartel que te previene, como el de la **Figura 13**. ¿Qué te indica el cartel sobre la calidad del agua y de la salud de los organismos que viven en ella?

La **calidad del agua** *es el estado químico, biológico y físico de una masa de agua*. También describe las características del agua, como la cantidad de oxígeno y de nutrientes presentes en esta, el tipo y la cantidad de organismos que viven en ella y la cantidad de sedimento que hay en el agua. Todas estas características son importantes para la salud de los organismos acuáticos.

Muchos procesos naturales, como los cambios estacionales de temperatura y la meteorización de las rocas y del suelo, afectan la calidad del agua. Las actividades humanas también pueden afectar la calidad del agua. La polución proveniente de las fábricas y los automóviles llega a los ríos, lagos, humedales y océanos. La deforestación, que elimina grandes cantidades de árboles, puede llevar a aumentar la erosión del suelo. Además, cuando llueve, la escorrentía transporta tierra y otros materiales a los arroyos y ríos, cambiando la calidad del agua.

✅ **Verificación de la lectura** ¿Cuáles son algunas actividades humanas que afectan la calidad del agua?

Figura 13 Este cartel previene sobre la calidad del agua de la Tierra.

◀ **Figura 14** La polución del agua que se muestra aquí es una polución de fuente puntual porque su fuente es conocida.

Verificación visual ¿Puedes identificar el origen de la polución en esta fotografía?

Polución de fuente puntual

¿Cómo se clasifican las fuentes de polución? El agua de desecho que sale de esta tubería en la **Figura 14** es un ejemplo de polución de fuente puntual. *La* **polución de fuente puntual** *es polución que puede rastrearse hasta un lugar,* como una tubería de desagüe o una chimenea industrial.

La polución de la **Figura 14** proviene de una fábrica: el origen común de polución de fuente puntual. Otro origen son las plantas de tratamiento de aguas negras. En muchos sistemas de alcantarillado viejos, el agua de la precipitación se mezcla con el agua de desecho antes de ser tratada. Durante las tormentas de lluvias fuertes, la planta de tratamiento de aguas negras no puede procesar el exceso de agua. Entonces, se libera el agua lluvia junto con el agua no tratada directamente a las masas de agua cercanas.

Polución de fuente no puntual

La polución que no se puede rastrear hasta un lugar es la **polución de fuente no puntual**. Por ejemplo, la escorrentía de grandes zonas, como jardines, caminos y áreas urbanas. Como se muestra en la **Figura 15,** la escorrentía puede fluir a ríos o arroyos. Finalmente, llega a zonas de almacenamiento de agua, como humedales, agua subterránea o el océano. La escorrentía puede contener tanto polución natural como polución causada por los humanos, como sedimento, fertilizantes y petróleo.

Así como la polución de fuente puntual, la de fuente no puntual puede bajar la calidad del agua. Puede llevar a cambios en el agua, los cuales pueden dañar a los organismos acuáticos. Ciertos tipos de peces pueden ser peligrosos para el consumo humano porque tienen niveles altos de toxinas en sus tejidos. La polución de fuente no puntual también puede afectar el agua potable.

Verificación de concepto clave ¿Por qué la calidad del agua es importante?

FOLDABLES

Haz un boletín de dos hojas con una hoja de papel. Usa tu boletín para organizar tus notas sobre el efecto que tienen diferentes tipos de polución en la calidad del agua.

Figura 15 Gran parte de la polución del agua proviene de polución de fuentes no puntuales. ▼

Lección 3
EXPLICAR
547

Figura 16 El aireador de este acuario libera burbujas que ayudan a mantener el agua en movimiento por todo el tanque. Esto le permite al oxígeno del aire disolverse continuamente en el agua en su superficie.

Análisis de la calidad del agua

Los científicos examinan la calidad del agua realizando varias pruebas. Estas incluyen medir los niveles de gases disueltos, la temperatura, la acidez y la turbidez. Estudiar la cantidad o la salud de ciertos organismos acuáticos es otra manera como los científicos miden la calidad del agua. También las fotografías aéreas o espaciales pueden ayudarles a comparar la calidad del agua con el paso del tiempo.

El oxígeno disuelto

¿Por qué los peces respiran bajo el agua pero las personas no? Al igual que el aire que respiras, el agua de los océanos y de los lagos contiene oxígeno. Parte de este oxígeno está disuelto en el agua. Los peces, como el de la **Figura 16,** tienen branquias con las que toman el oxígeno que necesitan para sobrevivir.

El nivel de oxígeno disuelto afecta la calidad del agua. Si el nivel de oxígeno de un lago o de un arroyo se vuelve muy bajo, los peces podrían no sobrevivir. Diferentes factores pueden afectar los niveles de oxígeno. Por ejemplo, el vertimiento de ciertos químicos al agua puede ocasionar el crecimiento excesivo de algas. Cuando las algas mueren, el proceso de descomposición consume grandes cantidades de oxígeno. El nivel de oxígeno en el agua puede descender tanto que los peces mueren.

La temperatura del agua

Muchos organismos acuáticos también son sensibles a los cambios de la temperatura del agua. La pérdida de color o blanqueamiento de los corales se debe al estrés en el medioambiente, como el aumento de la temperatura del agua o la exposición a la radiación ultravioleta. Este es un evento que conduce a la muerte de grandes extensiones de arrecifes de coral, que casi siempre es desencadenado por un aumento de la temperatura del agua de tan solo 2 °C. A medida que la temperatura del agua aumenta, disminuye la cantidad de oxígeno que el agua puede disolver. Esto significa que a medida que la temperatura del agua aumenta, hay menos oxígeno en el agua, lo cual puede ser dañino para los animales acuáticos.

Verificación de la lectura ¿Cómo enfriar el agua afectaría el nivel de oxígeno disuelto?

MiniLab — Investigación — 20 minutos

¿De qué manera los niveles de oxígeno afectan la vida marina?

La siguiente tabla contiene los promedios de los niveles de oxígeno disuelto de la bahía de Chesapeake, mes de por medio desde 1985 hasta 2002.

En **papel milimetrado,** haz una gráfica lineal con los datos de la tabla.

Mes	Oxígeno disuelto
Enero	10.0 mg/l
Marzo	10.0 mg/l
Mayo	5.0 mg/l
Julio	1.5 mg/l
Septiembre	3.0 mg/l
Noviembre	7.0 mg/l

Analizar y concluir

1. **Describe** el patrón de los niveles de oxígeno disuelto durante todo el año.
2. **Concepto clave** Los cangrejos azules necesitan al menos 3 mg/l de oxígeno disuelto para sobrevivir. Infiere durante qué mes(es) los niveles de oxígeno disuelto pueden afectar la población de cangrejos azules de la bahía.

Los nitratos

Compuestos que contienen el ion nitrato pueden ser dañinos para el medioambiente. *Un **nitrato** es un compuesto nitrogenado que se usa con frecuencia en los fertilizantes.* La escorrentía proveniente de los fertilizantes que se usan en jardines y granjas contribuye a las concentraciones altas de nitratos que se encuentran en el agua. Esto puede ocasionar un florecimiento de algas, en el cual su población aumenta a alta velocidad, como se muestra en la **Figura 17.** Las algas que crecen sobre la superficie del agua pueden bloquear la luz que necesitan las plantas que crecen a mayor profundidad, ocasionando que mueran. Las algas también pueden morir. Cuando las algas mueren, los niveles de oxígeno del agua pueden disminuir, lo cual origina un ecosistema insalubre.

 Verificación de la lectura ¿Qué es un florecimiento de algas?

La acidez

Cuando los científicos trabajan en el laboratorio con sustancias que son ácidos o bases fuertes, deben ser extremadamente cuidadosos. Estas sustancias pueden ser dañinas. Los ácidos y las bases fuertes también pueden ser dañinos para los animales y las plantas que viven en el agua. Los cambios a largo plazo de la acidez del agua pueden afectar todo el ecosistema. Algunos peces pueden ser incapaces de sobrevivir. Incluso si algunos organismos sobreviven en el agua ácida, sus fuentes de alimento puede que no lo hagan.

La turbidez

*Una medida de la turbiedad del agua debido a sedimentos, microorganismos o contaminantes es la **turbidez**.* A medida que aumenta la cantidad de materia orgánica en suspensión, aumenta la turbidez del agua. Además, la distancia a la que la luz puede penetrar en el agua disminuye. La turbidez afecta los organismos que necesitan luz para llevar a cabo la fotosíntesis. La turbidez alta también puede afectar a los organismos filtradores. Las estructuras filtradoras de estos organismos se pueden tapar con sedimento. Los organismos pueden morir de hambre. La turbidez se mide con un aparato llamado el disco de Secchi, que se muestra en la **Figura 18.**

▲ **Figura 17** Los nitratos provenientes de los fertilizantes de las granjas fluyen en este arroyo y ocasionan un florecimiento de algas.

ORIGEN DE LAS PALABRAS
turbidez
del latín *turbidus*, que significa "mezclado, alterado"

Figura 18 El disco de Secchi se usa para medir la turbidez. Mientras el disco sea visible a mayor profundidad, será menor la turbidez del agua. ▼

Medición de la turbidez

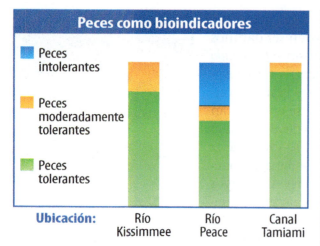

▲ **Figura 19** La presencia de peces intolerantes indica que el río Peace tiene agua de buena calidad.

Verificación visual ¿Qué zona del agua tiene con más probabilidad la peor calidad de agua?

Figura 20 La fotografía superior muestra la bahía de Pamlico antes del huracán Floyd. La fotografía inferior muestra el sedimento depositado por la escorrentía en la bahía de Pamlico después de las lluvias torrenciales del huracán. ▼

Los bioindicadores

Un organismo que es sensible a las condiciones medioambientales y es uno de los primeros en responder a los cambios es un **bioindicador**. Estos alertan a los científicos de cambios en los niveles de oxígeno, nutrientes o contaminantes en el agua. Por ejemplo, la presencia de moscas de las piedras, insectos pequeños que viven en el fondo de los arroyos, indican buena calidad de agua. Las moscas de las piedras no pueden sobrevivir cuando los niveles de oxígeno en el agua son bajos.

Organismos grandes como los peces, también se pueden usar como bioindicadores. En la **Figura 19** se muestra el número de especies de peces en diferentes lugares en Florida. Las diferentes especies se clasifican como tolerantes, moderadamente tolerantes o intolerantes a los contaminantes. Cuando las especies intolerantes a la polución no están en el agua, esto indica mala calidad del agua.

Teledetección

La recolección de datos remotos se llama **teledetección**. Los datos de la teledetección se pueden recolectar mediante fotografías aéreas o satelitales. Los científicos usan estos datos para monitorear cambios en el almacenamiento del agua terrestre, como la fusión de los glaciares. Las imágenes satelitales se pueden usar para comparar el agua de la misma zona con el paso del tiempo.

Los datos recolectados mediante teledetección se pueden usar para inferir sobre la calidad del agua. Observa en la **Figura 20** que el agua de la bahía de Pamlico se llenó con sedimento después del paso del huracán Floyd en 1999. La lluvia fuerte del huracán ocasionó la escorrentía de grandes cantidades de agua desde la tierra. Los nutrientes contenidos en la escorrentía causaron el crecimiento excesivo de las algas. Cuando las algas murieron, los niveles de oxígeno disminuyeron. Como consecuencia, los niveles de poblaciones de cangrejos azules, ostras y almejas también disminuyeron.

 Verificación de concepto clave Nombra varias maneras de analizar y monitorear la calidad del agua.

Repaso de la Lección 3

Resumen visual

La calidad del agua es el estado químico, biológico y físico de una masa de agua. Las fuentes de polución no siempre son obvias.

Diversos factores pueden causar un nivel bajo de oxígeno disuelto en el agua. Esto puede dañar los organismos acuáticos.

La alta turbidez es otro factor que puede dañar los organismos acuáticos. Los científicos miden la turbidez con el disco de Secchi.

FOLDABLES

Usa tu modelo de papel para repasar la lección. Guarda tu modelo para el proyecto de final de capítulo.

¿Qué opinas AHORA?

Al inicio de este capítulo leíste las siguientes afirmaciones.

5. Las fábricas son responsables de casi toda la polución del agua.

6. Los cambios en los tipos de organismos que viven en el agua pueden ser un signo de cambios en la calidad del agua.

¿Sigues estando de acuerdo o en desacuerdo con las afirmaciones? Reescribe las afirmaciones falsas para hacerlas verdaderas.

Usar vocabulario

1. La medida de la turbidez del agua se llama _____.

2. **Usa el término** *bioindicador* en una oración completa.

3. **Define** los términos *polución de fuente puntual* y *polución de fuente no puntual* con tus propias palabras.

Entender conceptos clave

4. ¿Cómo cambia el agua a medida que aumenta su temperatura?
   A. La acidez disminuye.
   B. La acidez aumenta.
   C. El nivel de oxígeno disminuye.
   D. El nivel de oxígeno aumenta.

5. **Explica** cómo un cambio en la acidez del agua puede afectar a los organismos que habitan en un lago.

6. **Decide** Un científico está monitoreando la calidad del agua de dos lagos. Un lago contiene un nivel alto de peces intolerantes. El otro lago contiene un nivel bajo de peces intolerantes. ¿Qué lago tiene más probabilidad de tener mejor calidad de agua? ¿Por qué?

Interpretar gráficas

7. **Ordena** Dibuja un organizador gráfico como el siguiente para escribir la secuencia de cómo el crecimiento excesivo de algas en un lago puede matar a los peces.

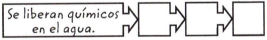

Pensamiento crítico

8. **Predice** Recientemente, un río sufrió un florecimiento de algas. No hay moscas de las piedras en el río. ¿Qué podría encontrar un científico sobre el nivel de nitratos, el nivel de oxígeno o la turbidez del agua?

9. **Recomienda** Un científico en Nueva York quiere estudiar los cambios en el tamaño de los glaciares en la Antártida durante los próximos diez años. ¿Qué tipo de teledetección podría usar?

Investigación Laboratorio

45 minutos

Materiales

colorante para alimentos

placa calentadora

vasos graduados de 250 ml (3)

hielo

varillas para revolver (2)

goteros (2)

guante resistente al calor

Seguridad

La temperatura y la densidad del agua

Si el agua fuera como la mayoría de las sustancias, el hielo se hundiría en el agua líquida y los organismos acuáticos morirían a medida que los lagos y las lagunas se congelaran por completo en el invierno. Pero las propiedades del agua son diferentes de las de la mayoría de las sustancias, y esas propiedades son importantes para la vida en la Tierra. En este laboratorio, investigarás la relación entre la temperatura y la densidad del agua. Si un material flota dentro de otro, el material que flota tiene menor densidad.

Preguntar

¿Qué efecto tiene la temperatura en la densidad del agua?

Procedimiento

1. Lee y completa un formulario de seguridad en el laboratorio.
2. Copia la tabla de datos en tu diario de ciencias.
3. En un vaso graduado disuelve 3 gotas de colorante para alimentos azul en 150 ml de agua. Revuelve hielo hasta que el agua esté fría.

4. Con base en tus observaciones, concluye cuál tiene menor densidad: el hielo o el agua fría. Anota tus observaciones y tu conclusión en tu tabla de datos.
5. En un vaso graduado disuelve 3 gotas de colorante para alimentos rojo en 150 ml de agua. Calienta el agua sobre una placa calentadora hasta que esté caliente, pero no hirviendo.
6. Coloca una cantidad pequeña de hielo en el agua caliente. Observa si el hielo flota. Concluye cuál tiene menor densidad: el hielo o el agua caliente. Anota tus observaciones y tu conclusión.

¿Qué se compara?	Observaciones	Conclusiones
Hielo y agua fría		
Hielo y agua caliente		
Agua fría		
Agua a temperatura ambiente		
Agua caliente		

Capítulo 15 EXTENDER

Formular la hipótesis

7 Piensa en lo que has observado sobre la relación de temperatura y densidad del agua. Formula una hipótesis sobre las diferencias de la densidad del agua fría, el agua a temperatura ambiente y el agua caliente.

Comprobar la hipótesis

8 Diseña una investigación para probar tu hipótesis sobre la relación de temperatura y densidad del agua.

⚠️ *Usa un guante resistente al calor para manipular el vaso graduado caliente y la varilla para revolver.*

9 Pon 150 ml de agua a temperatura ambiente en el vaso graduado.

10 Con cuidado agrega varias gotas de agua caliente teñida de rojo al agua a temperatura ambiente. Luego, agrega varias gotas de agua fría teñida de azul al agua a temperatura ambiente. Anota tus observaciones en la tabla de datos.

Sugerencias para el laboratorio

☑ Usa un gotero para poner cantidades pequeñas de agua a cierta temperatura en agua a otra temperatura.

☑ Asegúrate de que el agua del vaso graduado esté lo más quieta posible antes de poner en ella agua a otra temperatura.

Analizar y concluir

11 Enumera los siguientes de menos denso a más denso: hielo, agua fría, agua a temperatura ambiente, agua caliente.

12 Concluye Escribe un informe en el que describas cómo las diferencias en la temperatura ocasionan diferencias en la densidad del agua.

13 La gran idea Explica el efecto de la temperatura y de la densidad del agua en los organismos acuáticos.

Comunicar resultados

Crea un cartel que explique cómo la temperatura del agua se relaciona con su densidad. Incluye dibujos a color para ilustrar tus observaciones.

 **Ir más allá**

La densidad del agua depende de su temperatura. Sin embargo, las diferencias de salinidad del agua marina pueden ocasionar diferencias en la densidad. Diseña un experimento que pruebe este efecto.

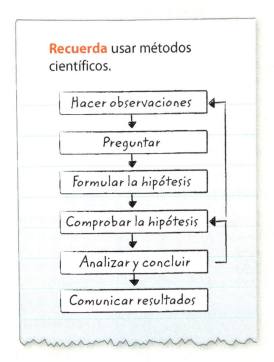

Guía de estudio del Capítulo 15

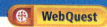 WebQuest

 El agua circula por toda la hidrosfera de la Tierra y es necesaria para la supervivencia de todos los seres vivos.

Resumen de conceptos clave

Vocabulario

Lección 1: El planeta de agua

- Todos los organismos de la Tierra dependen del agua. El agua regula la temperatura de la Tierra.
- El agua provee una temperatura estable para los organismos acuáticos debido a su alto **calor específico**.
- El agua está en la **hidrosfera**: sobre y debajo de la superficie de la Tierra y en la atmósfera.
- El agua se mueve a través del **ciclo del agua** por **evaporación**, **transpiración**, **condensación**, precipitación y escorrentía.

calor específico pág. 529
hidrosfera pág. 530
evaporación pág. 531
condensación pág. 531
ciclo del agua pág. 532
transpiración pág. 533

Lección 2: Las propiedades del agua

- El agua es la única sustancia que existe naturalmente en la Tierra como sólido, líquido y gas.
- Debido a su **polaridad**, el agua disuelve muchas sustancias.
- Juntas, la **cohesión** y **adhesión** le permiten al agua transportar nutrientes y desechos dentro de las plantas.
- Dado que la **densidad** del hielo es menor que la del agua, el hielo flota y aísla el agua que está debajo. Esto les permite a los organismos acuáticos sobrevivir durante el invierno.

Aire: −5 °C
Hielo: 0 °C
Superficie: 4 °C
Fondo: 4 °C

polaridad pág. 538
cohesión pág. 539
adhesión pág. 539

Lección 3: Calidad del agua

- La **calidad del agua** afecta la salud de los seres humanos y de los organismos acuáticos. La calidad del agua puede dañarse mediante la **polución de fuente puntual** o por la **polución de fuente no puntual**.
- La calidad del agua puede analizarse monitoreando los niveles de oxígeno disuelto, la temperatura, los **nitratos**, la acidez, la **turbidez**, y los **bioindicadores**. La **teledetección** es un método de monitoreo.

calidad del agua pág. 546
polución de fuente puntual pág. 547
polución de fuente no puntual pág. 547
nitrato pág. 549
turbidez pág. 549
bioindicador pág. 550
teledetección pág. 550

Guía de estudio

Review
- Personal Tutor
- Vocabulary eGames
- Vocabulary eFlashcards

Proyecto del capítulo

Organiza tus modelos de papel como se muestra, para hacer un proyecto de capítulo. Usa el proyecto para repasar lo que aprendiste en este capítulo.

Usar vocabulario

1. El agua se mueve en la _____ de la Tierra mediante un proceso llamado el ciclo del agua.
2. El proceso por el cual el agua cambia a gas en su superficie es _____.
3. Las cargas ligeramente opuestas en los extremos opuestos de las moléculas de agua ocasionan la _____ del agua.
4. La atracción entre moléculas que son parecidas se llama _____.
5. El estado químico, biológico y físico de una masa de agua es la _____.
6. Un organismo que es sensible a sus condiciones medioambientales y es uno de los primeros en responder a los cambios es un(a) _____.

Relacionar vocabulario y conceptos clave  Interactive Concept Map

Copia este mapa conceptual y luego usa términos de vocabulario de la página anterior para completarlo.

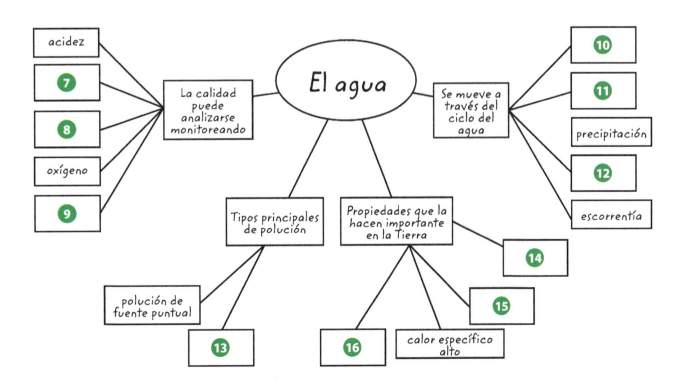

Repaso del Capítulo 15

Entender conceptos clave

1. ¿La atmósfera tiene la mayor concentración de qué gas invernadero?
   A. dióxido de carbono
   B. monóxido de carbono
   C. metano
   D. vapor de agua

2. ¿Qué factores principales impulsan el ciclo del agua?
   A. gravedad y precipitación
   B. gravedad y energía solar
   C. precipitación y evaporación
   D. energía solar y evaporación

3. El siguiente diagrama muestra la distribución del agua dulce en la Tierra.

   Agua dulce de la Tierra

   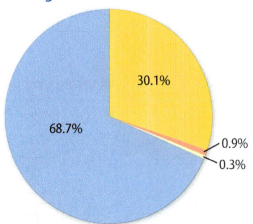

   Según la gráfica y lo que has leído en este capítulo, ¿cuánta agua dulce de la Tierra está en lugares que no sean glaciares, icebergs y agua subterránea?
   A. 0.3%
   B. 1.2%
   C. 68.7%
   D. 98.8%

4. ¿Cuál es el punto de congelación del agua?
   A. –2 °C
   B. 0 °C
   C. 4 °C
   D. 10 °C

5. ¿Qué describe MEJOR el siguiente diagrama?

   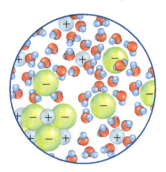

   A. Los iones sodio y cloruro se están adhiriendo unos a otros.
   B. Los iones sodio y cloruro están hundiéndose en el agua.
   C. El cloruro de sodio se está disolviendo en el agua.
   D. El cloruro de sodio está flotando en el agua.

6. ¿Qué propiedad del agua es más responsable de que un insecto sea capaz de caminar sobre la superficie de un estanque?
   A. adhesión
   B. cohesión
   C. densidad
   D. transpiración

7. ¿Qué ocasiona un florecimiento de algas?
   A. un nivel de acidez muy alto
   B. un nivel de turbidez muy bajo
   C. demasiados nitratos en el agua
   D. demasiado oxígeno en el agua

8. ¿Cuál es una polución de fuente no puntual?
   A. escape de una planta de tratamiento de aguas negras
   B. un derrame de petróleo de un buque cisterna
   C. escorrentía de una zona urbana
   D. agua caliente de la tubería de desagüe de una fábrica

9. ¿Cuál de los siguientes se puede usar para medir el nivel de turbidez del agua?
   A. matraz erlenmeyer
   B. microscopio
   C. disco de Secchi
   D. teledetección

Repaso del capítulo

Assessment
Online Test Practice

Pensamiento crítico

10 **Explica** cómo el calor específico alto del agua es importante para los seres vivos en la Tierra.

11 **Imagina** ¿Cómo cambiaría la vida en la Tierra si el agua no existiera de manera natural en los tres estados y en ese rango de temperatura en la Tierra?

12 **Diseña** una demostración en la que compares un efecto del calor específico alto del agua con otras sustancias, como la tierra o el asfalto.

13 **Causa y efecto** Copia y llena el siguiente organizador gráfico para enumerar una causa y varios efectos de la capacidad del agua de disolver muchas sustancias.

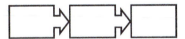

14 **Evaluar** El detergente rompe los enlaces entre las moléculas de agua. Esto ayuda a retirar la grasa y otras manchas de aceite de la ropa en la máquina de lavar. Sin embargo, el detergente puede entrar en los ríos y los lagos en el agua de desecho y en la escorrentía. ¿Cómo esto puede afectar a los organismos que viven en esos hábitats?

15 **Construye** un diagrama de flujo que explique cómo la deforestación de una zona puede afectar la calidad del agua de un río cercano.

16 **Ilustra** por qué el agua es una molécula polar.

17 **Da un ejemplo** de cómo los científicos usan bioindicadores para monitorear la calidad del agua.

Escritura en Ciencias

18 **Diseña** un folleto de cuatro páginas en el cual describas e ilustres diferentes maneras como las actividades humanas afectan la calidad del agua. Asegúrate de incluir cómo las actividades humanas benefician y dañan la calidad del agua.

REPASO LA GRAN IDEA

19 ¿Qué función desempeña el agua en la regulación de la temperatura de la Tierra?

20 La siguiente fotografía muestra animales que viven en las praderas áridas de África. ¿Por qué el agua es tan importante para los animales?

Destrezas matemáticas

Review Math Practice

Usar ecuaciones

Sustancia	Calor específico (J/kg · °C)
Agua (H_2O)	4186
Plástico duro	400
Cobre (Cu)	90

21 Un kilogramo de agua, plástico y cobre a temperatura ambiente reciben la misma cantidad de energía solar durante 10 minutos. ¿Qué material tendrá el menor aumento de temperatura? Explica.

22 ¿Cuánta energía se necesita para calentar 8.0 kg de cobre desde 120 °C hasta 145 °C?

23 Dos kilogramos de una sustancia necesitan 20,000 J de energía para calentarse desde 200 °C hasta 300 °C. ¿Cuál es el calor específico de la sustancia? Usa esta forma de la ecuación:

$$\text{Calor específico} = \frac{\text{energía}}{(\text{masa} \times \text{cambio de temperatura})}$$

Práctica para la prueba estandarizada

Anota tus respuestas en la hoja de respuestas que te entregó el profesor o en una hoja de papel.

Selección múltiple

1 ¿Cuál es una polución de fuente puntual?

  A lluvia ácida

  B tubería de desagüe rota

  C escorrentía

  D roca meteorizada

Usa el siguiente diagrama para responder las preguntas 2 y 3.

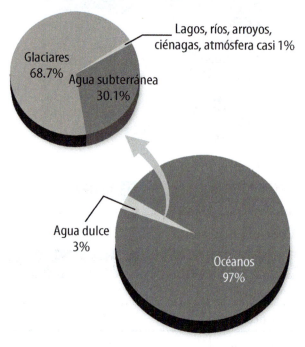

2 Según las gráficas, ¿aproximadamente cuánta agua de la Tierra hay en los glaciares?

  A 2 por ciento

  B 3 por ciento

  C 30 por ciento

  D 68 por ciento

3 ¿Cuál es el ratio de agua dulce a agua salada en la Tierra?

  A 3:97

  B 3:100

  C 97:3

  D 97:100

4 ¿Qué propiedad de las moléculas de hielo permite que el hielo flote en el agua?

  A Están más alejadas que las moléculas de agua.

  B Son mucho más grandes que las moléculas de agua.

  C Contienen más átomos de oxígeno que las moléculas de agua.

  D Se mueven más rápido que las moléculas de agua.

Usa el siguiente diagrama para responder la pregunta 5.

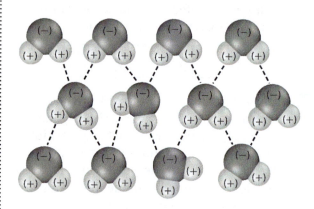

5 ¿Qué propiedad de las moléculas de agua ilustra el diagrama?

  A consistencia

  B formación de capas

  C neutralidad

  D polaridad

6 ¿Cuál es el estado físico, químico y biológico de una masa de agua?

  A su densidad

  B su calidad

  C su calor específico

  D su volumen

Práctica para la prueba estandarizada

Usa el siguiente diagrama para responder la pregunta 7.

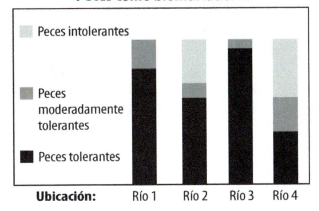

7 En la gráfica anterior, ¿cuál tiene mejor calidad de agua?

　A　río 1
　B　río 2
　C　río 3
　D　río 4

8 Cuando un lago se congela en el invierno, ¿qué ocurre debajo de la capa de hielo?

　A　Los organismos se congelan a 4 °C.
　B　El agua del fondo se convierte en hielo.
　C　Agua caliente se hunde hacia el fondo.
　D　El agua permanece líquida a 4 °C.

9 ¿Qué opción explica por qué el agua en un cilindro forma un menisco en la superficie?

　A　adhesión
　B　densidad
　C　calor específico
　D　turbidez

Respuesta elaborada

Usa la siguiente tabla para responder la pregunta 10.

Etapa	Descripción
Condensación	
Evaporación	
Precipitación	
Escorrentía	
Almacenamiento	

10 En la tabla anterior, describe cada etapa del ciclo del agua y en dónde ocurre.

Usa la siguiente tabla para responder las preguntas 11 y 12.

Factor	Efecto
Acidez	
Oxígeno disuelto	
Nitratos	
Temperatura	
Turbidez	

11 Explica el efecto que tiene cada factor de la tabla anterior en la calidad del agua.

12 ¿Cómo la actividad humana contribuye con los efectos que tienen estos factores en la calidad del agua? Da dos ejemplos.

¿NECESITAS AYUDA ADICIONAL?											
Si no pudiste responder la pregunta...	1	2	3	4	5	6	7	8	9	10	11	12
Pasa a la Lección...	3	1	1	2	2	3	3	2	2	1	3	3

Capítulo 16

Océanos

 ¿Cuáles son las características de los océanos, y por qué estos son importantes?

Investigación ¿Qué hace que las olas sean tan poderosas?

¿Alguna vez has sentido el poder de una ola oceánica? Los océanos son grandes y poderosos y pueden ser peligrosos. También son importantes. Los océanos contienen recursos valiosos y afectan el clima y el tiempo atmosférico de la Tierra.

- ¿Qué causa las olas y corrientes oceánicas? ¿Cómo los océanos afectan el tiempo atmosférico y el clima? ¿Cómo están amenazados los océanos?
- ¿Cuáles son las características de los océanos y por qué estos son importantes?

Prepárate para leer

¿Qué opinas?

Antes de leer, piensa si estás de acuerdo o no con las siguientes afirmaciones. A medida que leas el capítulo, decide si cambias de opinión sobre alguna de ellas.

1. Los océanos se formaron hace alrededor de 4,000 millones de años.
2. El fondo oceánico es plano.
3. Las olas llevan partículas de agua de un lugar a otro.
4. El viento causa mareas.
5. Las corrientes oceánicas ocurren en la superficie y bajo la superficie.
6. Las corrientes oceánicas afectan el clima y el tiempo atmosférico.
7. Gran parte de la polución de los océanos se origina en tierra.
8. El cambio climático global no afecta a los organismos marinos.

ConnectED Your one-stop online resource

connectED.mcgraw-hill.com

- Video
- WebQuest
- Audio
- Assessment
- Review
- Concepts in Motion
- Inquiry
- Multilingual eGlossary

Lección 1

Guía de lectura

Conceptos clave 🔑
PREGUNTAS IMPORTANTES

- ¿Por qué los océanos son salados?
- ¿Qué aspecto tiene el fondo oceánico?
- ¿Cómo la temperatura, la salinidad y la densidad afectan la estructura del océano?

Vocabulario

salinidad pág. 565
agua de mar pág. 565
salobre pág. 565
plano abisal pág. 566

g Multilingual eGlossary
▶ Video   BrainPOP®

Composición y estructura de los océanos de la Tierra

Investigación ¿Qué hay allá abajo?

Las condiciones cambian con la profundidad del océano. Los científicos estudian las distintas capas del océano por medio del buceo en sumergibles: pequeños submarinos capaces de soportar una presión extrema a grandes profundidades. ¿Cómo cambia el océano con la profundidad?

Capítulo 16
EMPRENDER

Laboratorio de inicio

15 minutos

¿Cómo se relacionan la sal y la densidad?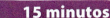

Las masas de agua forman capas con base en las diferencias de densidad. ¿Cómo la sal afecta la densidad?

1. Lee y completa un formulario de seguridad en el laboratorio.
2. Llena un **vaso** hasta la mitad con **agua.**
3. Coloca con cuidado un **huevo cocido** en el agua. Observa qué ocurre. Retira el huevo.
4. Agrega 5 a 10 cucharadas de **sal** y revuelve hasta que toda la sal esté disuelta.
5. Coloca un **cucharón** o una **cuchara** dentro del vaso y lentamente vierte agua corriente sobre este hasta llenar tres cuartas partes del vaso. Con cuidado retira el cucharón o la cuchara. Ten cuidado de no alterar la capa de agua salada.
6. Suavemente, coloca el huevo en el vaso y observa.

Piensa
1. Explica todas las diferencias que observaste.
2. **Concepto clave** ¿Piensas que es más fácil flotar en el océano o en un lago de agua dulce?

Océanos de la Tierra

Además de recibir el nombre de planeta de agua, ¿sabías que algunas veces la Tierra también se conoce como planeta azul? Si has visto una fotografía de la Tierra tomada desde el espacio, como la de la **Figura 1,** sabes que esta se ve en su mayor parte azul. La Tierra se ve azul porque el agua cubre el 70 por ciento de su superficie. Gran parte del agua de la Tierra, el 97 por ciento, es agua salada de los océanos.

Los océanos de la Tierra están todos conectados. Sin embargo, los científicos separan los océanos en cinco masas principales:

- El Pacífico es el océano más grande y profundo. Es más grande que toda el área de la Tierra combinada.
- El tamaño del océano Atlántico es la mitad del Pacífico. Ocupa casi el 20 por ciento de la superficie de la Tierra.
- El océano Índico está entre África, India y las islas Indonesias. Es el tercer océano más grande.
- El océano Austral rodea la Antártida. Es el cuarto océano más grande de la Tierra. El hielo cubre parte de su superficie todo el año.
- El océano Ártico está cerca del polo Norte. Es el más pequeño y menos profundo. El hielo cubre parte de su superficie todo el año.

En esta lección, leerás sobre la formación de los océanos, sus características físicas y químicas, y la importancia de los recursos naturales marinos.

Figura 1 La Tierra se ve azul desde el espacio porque su agua refleja longitudes de ondas de luz azules.

Lección 1
EXPLORAR

Figura 2 Hoy en día, las erupciones volcánicas agregan vapor de agua a la atmósfera, al igual que hace mil millones de años.

Figura 3 El agua de la Tierra se evapora continuamente del océano y regresa al océano a través del ciclo del agua.

Formación de los océanos

La evidencia indica que los océanos de la Tierra empezaron a formarse hace unos 4,200 millones de años. Esto es solo unas cuantas centenas de millones de años después de la formación de la Tierra. La Tierra era muy caliente y activa cuando era joven. Muchos volcanes cubrían su superficie. Así como el volcán de la **Figura 2,** estos antiguos volcanes arrojaban enormes cantidades de gas. Gran parte del gas estaba formado por vapor de agua, con pequeñas cantidades de dióxido de carbono y otros gases. Con el tiempo, estos gases formaron la primera atmósfera de la Tierra.

Condensación A medida que el agua se mueve a través del ciclo del agua, como se ilustra en la **Figura 3,** el vapor de agua en la atmósfera se enfría y se condensa en un líquido. Gotitas diminutas de líquido se combinan y forman nubes. Tan pronto como la Tierra se enfrió, el vapor de agua en su atmósfera se condensó y se precipitó. Llovió durante decenas de miles de años, recogiéndose en la superficie de la Tierra en cuencas bajas. Finalmente, esas cuencas se convirtieron en los océanos.

Asteroides y cometas La evidencia sugiere una segunda fuente de agua para los océanos de la Tierra. En la época en que se formaron los océanos, muchos cometas y asteroides helados chocaron con la Tierra. El hielo derretido de estos objetos se agregó al agua, llenando las cuencas oceánicas de la Tierra.

 Verificación de la lectura ¿Cuáles son las fuentes de los océanos de la Tierra?

Cambios tectónicos Los océanos de la Tierra cambian con el tiempo. Cuando se mueven las placas tectónicas, se forman nuevos océanos y desaparecen los antiguos. Sin embargo, el volumen del agua de los océanos ha permanecido constante desde que se formaron los primeros océanos.

Composición del agua de mar

La lluvia que cayó sobre la superficie Tierra hace miles de millones de años bañó las rocas y disolvió los minerales. Estos contenían sustancias que formaron sales. Los ríos y arroyos llevaron esas sustancias a las cuencas oceánicas. Algunas sustancias también provenían de gases liberados por volcanes submarinos. Juntas, estas sustancias volvieron salada el agua, como se muestra en la **Figura 4**.

 Verificación de concepto clave
¿Por qué es salada el agua de mar?

La **salinidad** *es una medida de la masa de sólidos disueltos en una masa de agua.* La salinidad por lo general se expresa en partes por mil (ppt, por sus siglas en inglés). Por ejemplo, el **agua de mar** *es agua de mar u océano que tiene una salinidad promedio de 35 ppt.* Esto significa que si midieras 1,000 g de agua de mar, 35 g serían sales y 965 g serían agua pura.

La salinidad del agua de mar cambia en las zonas donde los ríos desembocan en el océano, como sucede en un estuario. Allí, el agua de mar se convierte en agua salobre. *El agua* **salobre** *es agua dulce mezclada con agua de mar.* La salinidad del agua salobre con frecuencia está entre 1 y 17 ppt.

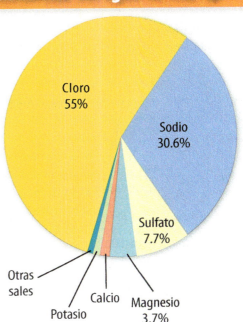

Figura 4 Cinco elementos y un compuesto constituyen el 99 por ciento de las sustancias disueltas en el agua de mar. La evidencia sugiere que las proporciones que se muestran en esta gráfica circular han sido constantes durante millones de años.

✓ **Verificación visual** ¿Qué porcentaje del sodio completa las sustancias disueltas en el agua de mar?

Investigación MiniLab   20 minutos

¿Cómo la salinidad afecta la densidad del agua?

El agua salada es más densa que el agua dulce. ¿Cuánta sal necesitas agregar al agua dulce para que sea suficientemente densa para que flote un huevo?

1. Lee y completa un formulario de seguridad en el laboratorio.
2. Llena una **jarra** con 1,000 ml de **agua**. Agrega con cuidado un **huevo cocido** al agua. Observa la posición del huevo.
3. Usa una **varilla para** revolver 20 g de **sal** en el agua. Nuevamente observa la posición del huevo.
4. Agrega sal en incrementos de 10 g. Después de cada adición, revuelve la sal en el agua y observa el huevo. Sigue agregando sal en incrementos de 10 g hasta que el huevo flote.

Analizar y concluir

1. **Calcula** la salinidad del agua en la cual el huevo flotó.
2. **Concepto clave** ¿Cómo la salinidad afecta la densidad del agua?

Topografía del fondo oceánico

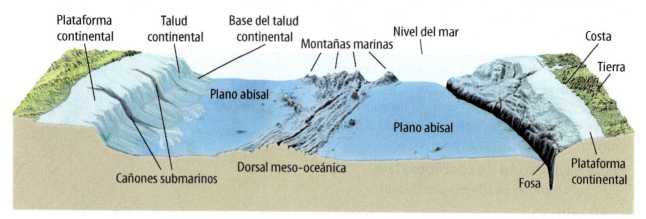

Figura 5 El fondo oceánico tiene la forma de una cuenca. Algunas características de las cuencas oceánicas son las plataformas continentales, los taludes continentales, las bases de los taludes continentales, los planos abisales, las dorsales meso-oceánicas, las montañas marinas y las fosas.

Verificación visual ¿En dónde se creó el nuevo fondo oceánico?

ORIGEN DE LAS PALABRAS

abisal
del griego *abyssos*, que significa "muy profundo"

FOLDABLES
Haz un boletín con solapas superiores usando cuatro medias hojas de papel. Úsalo para ilustrar y organizar información sobre el fondo oceánico.

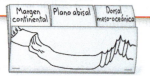

El fondo oceánico

¿Cómo piensas que se ve el fondo del océano? Te sorprendería saber que el fondo oceánico tiene características similares a las de la tierra, como llanuras, mesetas, cañones y montañas.

Márgenes continentales

La parte de una cuenca oceánica junto al continente se llama margen continental. Este se extiende desde la costa de un continente hasta las profundidades del océano. Está dividido en tres regiones, que se ilustran en la **Figura 5**. La plataforma continental es la parte menos profunda de un continente y la más cercana a la costa. El talud continental es la pendiente empinada que se extiende desde la plataforma continental hasta las profundidades del océano. La base del talud continental es la base de la pendiente y es donde se acumulan los sedimentos que caen del talud continental.

Planos abisales

Examina nuevamente la **Figura 5**. Observa los planos abisales. *Los* **planos abisales** *son zonas extensas y planas del fondo oceánico que se extienden por las partes más profundas de las cuencas oceánicas.* Gruesas capas de sedimento cubren los planos abisales. En algunas zonas, los volcanes submarinos surgen de los planos abisales y forman islas que se extienden sobre la superficie del océano.

Dorsales meso-oceánicas

En lugares del fondo oceánico donde las placas tectónicas se separan, se forman las montañas volcánicas llamadas dorsales meso-oceánicas. Estas forman una cordillera continua que se extiende a través de todas las cuencas oceánicas de la Tierra. Es la cordillera más alta y larga de la Tierra, mide más de 65,000 km de largo. A medida que las placas se separan lentamente en las dorsales meso-oceánicas, expulsan lava que después se enfría formando un nuevo fondo oceánico.

Fosas oceánicas

Los océanos de la Tierra tienen una profundidad promedio de casi 4,000 m. Sin embargo, en las zonas donde una placa tectónica oceánica choca con una placa continental, se forma un cañón profundo, o fosa, a lo largo del borde del plano abisal. Las fosas, como la que se muestra en la **Figura 5,** son las partes más profundas del océano. La fosa Mariana, en el oeste del océano Pacífico, tiene más de 11,000 m de profundidad. El fondo de la fosa Mariana se extiende más allá bajo el nivel del mar de lo que el monte Everest se eleva sobre el nivel del mar.

 Verificación de concepto clave Describe algunas características del fondo oceánico.

Tecnología de las profundidades del océano

Actualmente, los científicos usan sumergibles y otras tecnologías para explorar el fondo oceánico. Un sumergible es una nave submarina que puede soportar presión extrema en grandes profundidades. Un famoso sumergible, el DSV *Alvin*, marcó un récord de profundidad oceánica al bajar al fondo de la fosa Mariana.

Es probable que en el futuro, vehículos manejados por control remoto (ROV, por sus siglas en inglés) se usen más frecuentemente. Estos sumergibles de mando a distancia pueden operarse desde un centro de control en un barco. Los operadores pueden ver videoimágenes enviadas desde los ROV y pueden controlar sus hélices y brazos **manipuladores.** Los ROV son más seguros, económicos y generalmente pueden suministrar más datos de investigación que los sumergibles tripulados.

Recursos del fondo oceánico

El fondo oceánico contiene valiosos recursos. La **Tabla 1** ilustra algunos de los recursos que hay en o debajo del fondo oceánico. Hay dos categorías principales de recursos: recursos de energía y minerales. Los recursos de energía, como petróleo, gas natural e hidratos de metano, están debajo del fondo oceánico en los márgenes continentales. La mayoría de los depósitos minerales, como los nódulos de manganeso que se muestran en la **Tabla 1,** están en los planos abisales. Algunos minerales, incluyendo el oro y el cinc, se han descubierto también en las dorsales meso-oceánicas.

Tabla 1 Recursos del fondo oceánico

Petróleo y gas natural Estos depósitos están debajo del fondo oceánico en los márgenes continentales. Muchas plataformas para la extracción de petróleo se han construido en el Golfo de México.

Hidratos de metano Los depósitos de gas metano en sedimentos de las profundidades del mar se llaman hidratos de metano. Son una fuente potencial, pero no hecho realidad aún, de energía similar a los combustibles fósiles.

Depósitos minerales Los minerales del fondo oceánico incluyen nódulos de manganeso. Estos nódulos se forman cuando se precipitan metales del agua de mar. Son potencialmente valiosos, pero no existe extracción a gran escala.

Tabla 1 Los recursos encontrados en o debajo del fondo oceánico incluyen petróleo, hidratos de metano y nódulos de manganeso.

VOCABULARIO ACADÉMICO

manipular
(verbo) operar con las manos o por medios mecánicos en forma experta

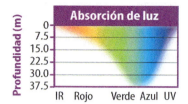

Figura 6 Las longitudes de onda de la luz azul y verde alcanzan más profundidad en el océano que las de luz roja, anaranjada y amarilla.

REPASO DE VOCABULARIO
fotosíntesis
proceso químico en el cual la energía lumínica, el agua y el dióxido de carbono se convierten en glucosa

Figura 7 La zona superficial comienza en la superficie del océano y alcanza una profundidad de casi 200 m. La zona media empieza debajo de la zona superficial y alcanza una profundidad de casi 1,000 m. La zona profunda está debajo de la zona media.

Zonas de los océanos

Los científicos dividen los océanos en distintas regiones, o zonas, con base en características físicas. Estas características incluyen cantidad de luz solar, temperatura, salinidad y densidad.

Cantidad de luz solar

Si alguna vez has nadado en un lago o en un océano, probablemente has observado que a medida que el agua es más profunda, es más oscura. La luz solar penetra debajo de la superficie del océano. Sin embargo, a medida que la profundidad aumenta, las longitudes de onda de luz no se absorben por igual. Debido a esto, algunos colores penetran más profundamente que otros, como se ilustra en la gráfica de la **Figura 6.**

Zona superficial La zona del agua de mar menos profunda que recibe la mayor cantidad de luz solar es la superficial. Esta zona está ubicada arriba de la línea discontinua de la **Figura 7**. La mayoría de los organismos que llevan a cabo la **fotosíntesis** viven aquí.

Zona media Cuando la luz solar llega a la zona media, o zona crepuscular, gran parte de las longitudes de onda de luz ya se han absorbido. Esta zona recibe solo una débil luz azul verdosa. La zona entre las dos líneas discontinuas en la **Figura 7** representa la zona media.

Zona profunda Las plantas no crecen en la zona profunda, o zona oscura, donde no hay luz. La mayoría de los animales de aguas profundas, como el calamar que se muestra en la **Figura 7,** producen su propia luz en un proceso químico llamado bioluminiscencia.

Verificación de la lectura ¿Por qué las plantas no crecen en la zona profunda?

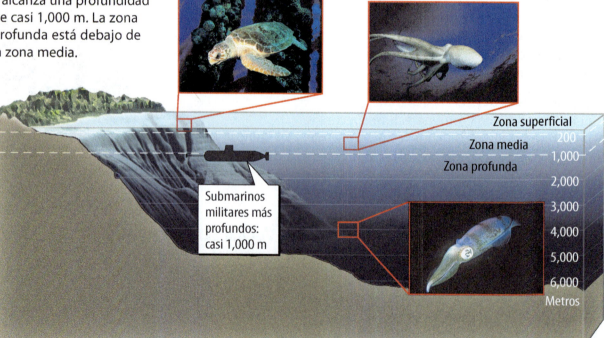

568 Capítulo 16
EXPLICAR

Capas oceánicas

Así como los océanos tienen zonas de luz, también tienen zonas de temperatura, salinidad y densidad. Observa en la **Figura 8** que la temperatura, la salinidad y la densidad varían con la profundidad. Algunas veces estas características pueden cambiar abruptamente dentro de un cambio relativamente corto de profundidad. Los cambios abruptos en estas características pueden crear capas especiales de agua de mar.

 Verificación de concepto clave ¿Por qué el agua de mar forma capas?

Figura 8 La temperatura, la salinidad y la densidad varían en los 1,000 m superiores de los océanos de la Tierra.

Verificación visual
¿A qué profundidad toda el agua del océano tiene aproximadamente la misma temperatura?

Cambios de temperatura, salinidad y densidad

Cambios de temperatura Como se muestra en la gráfica a la derecha, la temperatura cambia abruptamente entre 250 m y 900 m en las regiones templadas y tropicales (línea sólida). A medida que la profundidad aumenta, el agua en esas regiones se enfría rápidamente. Esto es porque hay menos luz solar para calentar el agua a medida que la profundidad aumenta.

En cambio, la temperatura del agua polar (línea punteada) permanece muy constante. Esto es porque la intensidad de la luz solar en los polos de la Tierra es más débil que la de las regiones templadas y tropicales. El agua polar en todas las profundidades es fría.

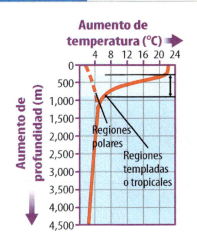

Cambios de salinidad Los 500 m superiores de agua caliente en las regiones templadas y tropicales es más salada que el agua polar. El agua caliente se evapora más rápido que el agua fría. Cuando el agua se evapora, queda la sal, y esto aumenta la salinidad en la superficie.

En las regiones polares, el agua dulce de los glaciares derretidos reduce la salinidad en la superficie. Sin embargo, cuando se forma el hielo, queda la sal en el agua. El resto de agua fría y salada se vuelve más densa y se hunde en una capa más profunda.

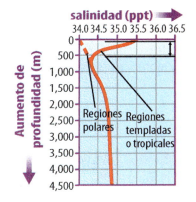

Cambios de densidad La densidad del agua de mar está relacionada con la temperatura y la salinidad. El agua fría es más densa que el agua caliente. El agua salada es más densa que el agua dulce. Debido a las diferencias de densidad, el agua del océano tiene capas. Las capas más densas están en el fondo, y las capas menos densas están encima.

Observa en la gráfica a la derecha que la densidad del agua en las regiones polares permanece muy constante. Ten esto presente cuando leas sobre la densidad de las corrientes en la Lección 3.

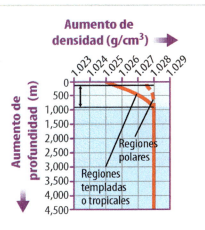

Repaso de la Lección 1

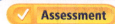

Resumen visual

La condensación del vapor de agua de las erupciones volcánicas formaron los océanos de la Tierra.

El fondo oceánico tiene características topográficas como montañas, llanuras y fosas.

La luz solar, la temperatura, la salinidad y la densidad del agua de mar cambian con la profundidad.

FOLDABLES

Usa tu modelo de papel para repasar la lección. Guarda tu modelo para el proyecto de final de capítulo.

¿Qué opinas AHORA?

Al inicio de este capítulo leíste las siguientes afirmaciones.

1. Los océanos se formaron hace alrededor de 4,000 millones de años.
2. El fondo oceánico es plano.

¿Sigues estando de acuerdo o en desacuerdo con las afirmaciones? Reescribe las afirmaciones falsas para hacerlas verdaderas.

Usar vocabulario

1. **Compara** el agua salobre con el agua de mar.
2. **Usa el término** *salinidad* en una oración completa.

Entender conceptos clave

3. ¿Qué recurso de los océanos se usa como fuente de energía?
   - A. manganeso
   - B. gas natural
   - C. sal
   - D. arena
4. **Explica** por qué los océanos son salados.
5. **Describe** como el agua de mar forma capas.

Interpretar gráficas

6. **Organiza información** Copia y llena el siguiente organizador gráfico para identificar tres zonas del océano con base en la cantidad de luz que llega a cada zona.

7. **Identifica** qué letras en la siguiente figura representan la plataforma continental, el talud continental y la base del talud continental. ¿En qué se diferencian estas zonas?

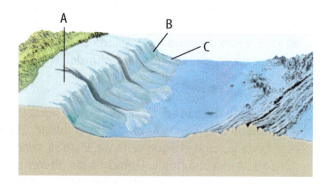

Pensamiento crítico

8. **Diseña** Imagina que has sido contratado para extraer nódulos de manganeso del fondo del océano Pacífico. Identifica los problemas que podrías tener, y diseña el equipo que te permitiría llevar los nódulos a la superficie.

Exploración de los respiradores de aguas profundas

PROFESIONES CIENTÍFICAS

Conoce a Susan Humphris, una científica que investiga cómo los respiradores de aguas profundas afectan la química de los océanos.

A más de una milla bajo la superficie del océano hay un mundo extraordinario. Oscuro como la noche, casi congelador y bajo una presión agobiante, esta parte del fondo oceánico es uno de los lugares menos explorados de la Tierra. De modo sorprendente, comunidades de organismos inusuales, como los gusanos de tubo y las almejas gigantes, prosperan aquí cerca de las aguas termales submarinas llamadas respiraderos de aguas profundas. Estas criaturas obtienen su energía de los químicos en lugar de la luz solar.

Susan Humphris, científica de la Institución Oceanográfica de Woods Hole, estudia este medioambiente único. Como geoquímica marina, investiga la composición química de las rocas y el agua de mar alrededor de los respiraderos de aguas profundas. Cuando el agua de mar helada se encuentra con las rocas volcánicas calientes en las profundidades del fondo oceánico, experimenta reacciones químicas. Humphris investiga cómo esas reacciones cambian la composición de las rocas volcánicas, el agua de mar y el océano en su totalidad.

Para observar los respiraderos de aguas profundas y recoger muestras de rocas, Susan usa vehículos especializados que pueden viajar hasta el fondo oceánico. Algunos vehículos se manejan por control remoto y los operan las personas desde un barco. Pero en un vehículo llamado *Alvin*, Humphris puede viajar al fondo del océano y explorar ella misma los respiraderos de aguas profundas.

De regreso en el laboratorio, Humphris analiza la composición de sus muestras de roca volcánica. Al compararlas con otras rocas volcánicas, puede determinar cuáles elementos se intercambiaron durante las reacciones químicas entre las rocas y el agua de mar. Humphris y otros científicos han determinado que los respiraderos de aguas profundas han afectado toda el agua de mar de los océanos del mundo.

Respiraderos de aguas profundas

Los respiraderos de aguas profundas forman cerca de las dorsales meso-oceánicas, largas cadenas de volcanes submarinos que rodean la Tierra. Cuando el agua de mar helada penetra en las grietas profundas de la corteza de la Tierra, esta se sobrecalienta a medida que entra en contacto con la roca volcánica caliente. Esto hace que el agua brote a borbotones hacia arriba desde el fondo oceánico en forma de respiradero. Todo el océano circula a través de los respiraderos de aguas profundas cada millón a 10 millones de años.

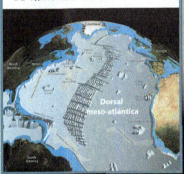

Te toca a ti

ENTRADA EN EL DIARIO Imagina que estás piloteando el *Alvin*. Escribe una entrada en el diario sobre tu expedición a un respiradero de aguas profundas. Incluye descripciones y dibujos de lo que ves mientras viajas al oscuro fondo oceánico.

Lección 2

Olas y mareas oceánicas

Guía de lectura

Conceptos clave 🔑
PREGUNTAS IMPORTANTES

- ¿Qué causa las olas oceánicas?
- ¿Qué causa las mareas?

Vocabulario
tsunami pág. 575
nivel del mar pág. 576
marea pág. 576
amplitud de la marea pág. 576
marea viva pág. 577
marea muerta pág. 577

 Multilingual eGlossary

 Video   BrainPOP®

Investigación ¿Practica surf bajo una ola?

¿Este surfista está confundido? ¿Por qué está bajo la ola? ¿Qué piensas que le sucede a la energía de una ola bajo la superficie?

572 Capítulo 16
EMPRENDER

Laboratorio de inicio 10 minutos

¿Cómo se mide el nivel del mar?
La superficie del océano cambia constantemente como resultado de las olas, las mareas y las corrientes. En cuestión de segundos, una ola puede hacer que la superficie del océano se eleve y baje varios metros. En cuestión de horas, una marea puede también subir o bajar el nivel del mar varios metros.

1. Lee y completa un formulario de seguridad en el laboratorio.
2. Llena un **recipiente transparente** hasta la mitad con **agua.**
3. Mece lenta y constantemente el recipiente hacia atrás y hacia delante para producir olas.
4. Mientras meces suavemente el recipiente, otro estudiante deberá mirar a través del costado del recipiente y marcar los picos y valles de las olas con un **lápiz de cera.**
5. Con una **regla,** mide la diferencia entre las dos marcas. El punto medio de esta medida es equivalente al nivel del mar.

Piensa

1. ¿Cómo piensas que cambia el nivel del mar cuando cambia la velocidad del viento?
2. **Concepto clave** ¿Cómo piensas que los oceanógrafos determinan el nivel del mar?

Partes de una ola

¿Alguna vez te has visto atrapado por el choque de una ola? Posiblemente fue difícil recuperar tu aliento. Incluso si buceas debajo de una ola, aún puedes sentir algo de la energía de la ola. El surfista de la página anterior está buceando, escabulléndose bajo una ola para evitar toda la fuerza de esta.

Hay diferentes clases y tamaños de olas en los océanos, pero todas las olas tienen las mismas partes básicas. Como se muestra en la **Figura 9,** la cresta es la parte más alta de una ola y el seno es su parte más baja. La altura de una ola es la distancia vertical entre la cresta y el seno. La longitud de onda es la distancia horizontal de cresta a cresta o de seno a seno.

 Verificación de la lectura ¿Cómo se mide la longitud de onda?

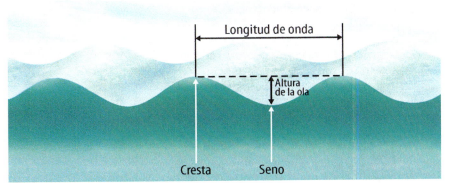

Figura 9 Las olas marinas tienen crestas y senos.

Dirección del movimiento ondulatorio →

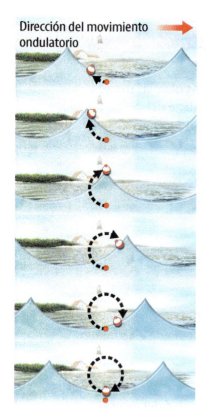

Figura 10 Al igual que una boya para pesca, una partícula de agua se mueve en un círculo cuando una ola pasa.

Olas superficiales

El viento hace que las olas ondulen sobre una playa. Con frecuencia se les llama olas superficiales. La fricción del viento arrastra sobre la superficie del agua, lo cual forma olas. Las olas pequeñas finalmente se convierten en olas grandes.

 Verificación de concepto clave ¿Qué causa las olas oceánicas superficiales?

Las olas superficiales oscilan en tamaño desde olas diminutas hasta enormes olas que miden varios metros de altura. Tres factores afectan el tamaño de las olas superficiales: la velocidad del viento, el tiempo y la distancia. Entre más rápido, más tiempo y más lejos sople el viento, más grandes son las olas resultantes. Por ejemplo, algunas de las olas más grandes impulsadas por el viento se forman en el océano Austral. Experimenta rápidos y continuos vientos que soplan hasta la Antártida.

Movimiento ondulatorio

Si observas una ola cuando baña la playa, podrías pensar que una ola lleva agua de un lugar a otro. Sin embargo, el movimiento de una partícula de agua en una ola es circular. Después de que una ola pasa, la partícula de agua regresa prácticamente a su posición original, como se muestra en la **Figura 10**.

El movimiento circular de las partículas de agua se extiende debajo de la superficie. Sin embargo, a medida que la profundidad aumenta, el movimiento circular disminuye. A una determinada profundidad, llamada base de la ola, el movimiento ondulatorio se detiene. Esta profundidad es igual a la distancia de una mitad de la longitud de onda de la ola que está sobre ella, como se ilustra en la **Figura 11**.

Movimiento ondulatorio en la profundidad

Figura 11 El movimiento circular de las partículas de agua va disminuyendo con la profundidad.

Verificación visual Si la longitud de onda de una ola superficial es de 40 m, ¿a qué profundidad tendría que ir un buzo antes de dejar de sentir el movimiento ondulatorio?

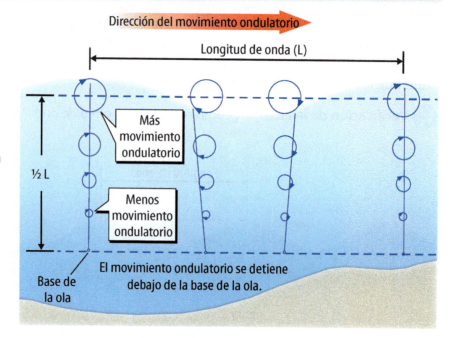

574 Capítulo 16
EXPLICAR

Cuando las olas superficiales llegan a la playa

A medida que una ola llega a aguas menos profundas, cambia de forma y tamaño. El cambio comienza cuando la base de la ola entra en contacto con la pendiente del fondo oceánico, como se muestra en la **Figura 12**. A medida que la base de la ola se arrastra sobre el fondo oceánico, la velocidad de la ola disminuye. Al mismo tiempo, la longitud de onda se acorta y la altura aumenta. Cuando la ola llega a cierta altura, su base ya no puede soportar la cresta y la ola colapsa o se rompe. Este tipo de ola se llama rompeolas. Después de que una ola se rompe, el agua llega en oleadas a la playa.

Haz un boletín tríptico y úsalo para organizar tus notas sobre olas superficiales y mareas.

Rompeolas

Figura 12 Una ola cambia de forma cuando su base entra en contacto con el fondo oceánico.

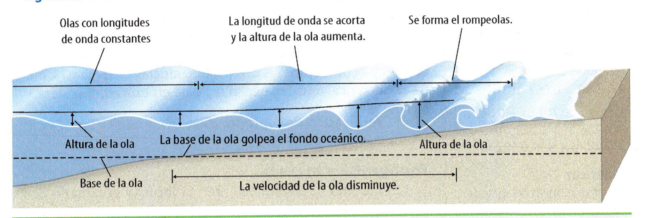

Tsunamis

Quizá has oído hablar de otro tipo de ola oceánica llamada tsunami. *Un* **tsunami** *es una ola que se forma cuando una alteración en el océano mueve repentinamente una gran cantidad de agua.* Puede causarlo un terremoto o un deslizamiento de tierra submarino, una erupción volcánica, o incluso una masa de hielo que se desprenda de un glaciar.

 Verificación de concepto clave ¿Qué puede causar un tsunami?

Lejos de la playa, un tsunami tiene una corta altura de ola, con frecuencia de menos de 30 cm de altura. Sin embargo, la longitud de onda puede tener cientos de kilómetros de largo. A medida que un tsunami se acerca a la playa, reduce su velocidad y es más alto. Muchos tsunamis crecen solo unos pocos metros de altura a medida que llegan a la playa, pero algunos pueden elevarse tanto como a 30 m de altura.

A diferencia de una ola común impulsada por el viento, el agua de un tsunami simplemente sigue llegando. Como resultado, los tsunamis pueden causar mucho daño. En 2004, una serie de tsunamis causados por un terremoto submarino en el océano Índico mató a más de 225,000 personas en 11 países y destruyó pueblos enteros.

ORIGEN DE LAS PALABRAS

tsunami
del japonés *tsu*, que significa "puerto"; y *nami*, que significa "ola"

Destrezas matemáticas

Usar estadísticas

Encuentra la **media** al agregar los números en un conjunto de datos y dividir entre el número de elementos del conjunto. La **amplitud** es la diferencia entre los números más grandes y los más pequeños en un conjunto de datos.

Ejemplo: En un lapso de 48 horas, las mareas altas se midieron en 0.701 m, 0.649 m, 0.716 m y 0.661 m sobre el nivel del mar. ¿Cuáles son la amplitud y la media de las mareas altas?

Amplitud = 0.716 m − 0.649 m = 0.067 m

Media = (0.701 m + 0.649 m + 0.716 m + 0.661 m) ÷ 4 = 2.73 m ÷ 4 = 0.682 m

Practicar
Durante el mismo lapso de 48 horas, las mareas bajas se midieron en 0.018 m, 0.103 m, 0.048 m y 0.091 m bajo el nivel del mar.

a. ¿Cuál es la amplitud de las mareas bajas?

b. ¿Cuál es la media de las mareas bajas?

Review
- Math Practice
- Personal Tutor

Mareas

Cuando los científicos miden el nivel del mar, consideran los cambios de la superficie del océano causados por las olas. *El* **nivel del mar** *es el nivel promedio de la superficie del océano en algún momento dado.* Los científicos que miden el nivel del mar también consideran los cambios de la superficie del océano causados por las mareas. *Las* **mareas** *son los ascensos y descensos periódicos de la superficie del océano, causados por la fuerza gravitatoria entre la Tierra y la Luna, y entre la Tierra y el Sol.*

La Luna y las mareas

La fuerza gravitatoria que causa las mareas más grandes está entre la Tierra y la Luna. La atracción entre ellas produce dos protuberancias sobre las superficies del océano, una protuberancia en el lado de la Tierra frente a la Luna y otra protuberancia en el lado de la Tierra de espaldas a la Luna. Las protuberancias representan mareas altas. La marea alta es el nivel más alto de la superficie de un océano. La marea baja es el nivel más bajo de un océano y ocurre entre las dos protuberancias. La **Figura 13** muestra la diferencia entre marea alta y baja en una zona costera.

 Verificación de concepto clave ¿Qué causa las mareas más grandes?

Topografía y mareas

Los litorales de los continentes, la forma y el tamaño de las cuencas oceánicas y la profundidad de los océanos afectan las mareas. La costa Atlántica experimenta dos mareas alternantes alta y baja casi diariamente. Por el contrario, el Golfo de México experimenta una marea alta y una marea baja cada día.

El tamaño de las mareas también varía en distintas zonas de la superficie de la Tierra. En algunas zonas, la diferencia entre marea baja y marea alta es tan pequeña como 1 m. En otras zonas, la diferencia es tan grande como 15 m. Como se muestra en la **Figura 13**, *la diferencia en el nivel de agua entre una marea alta y una marea baja es la* **amplitud de la marea**.

Figura 13 Las mareas cambian el nivel de la superficie del océano.

576 • Capítulo 16
EXPLICAR

Fuerzas de la marea

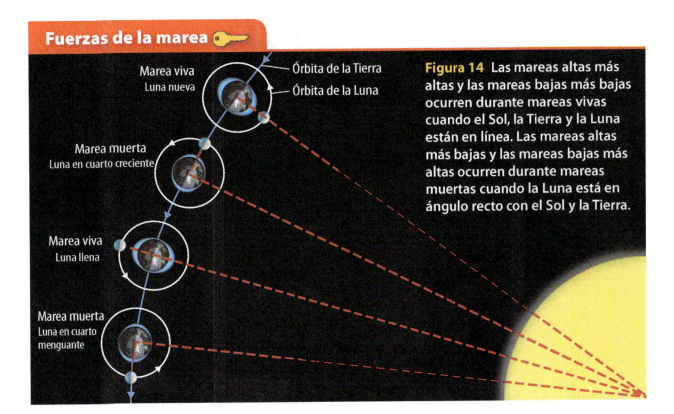

Figura 14 Las mareas altas más altas y las mareas bajas más bajas ocurren durante mareas vivas cuando el Sol, la Tierra y la Luna están en línea. Las mareas altas más bajas y las mareas bajas más altas ocurren durante mareas muertas cuando la Luna está en ángulo recto con el Sol y la Tierra.

Mareas vivas

Las amplitudes de las mareas no son constantes. Varían de acuerdo con la posición del Sol y la Luna con respecto a la Tierra. Observa en la **Figura 14** que cuando la Tierra, la Luna y el Sol están alineados, hay Luna nueva o llena. La atracción gravitatoria en los océanos es más fuerte cuando las dos fuerzas actúan conjuntamente. Como resultado, la amplitud de la marea es más grande de lo normal. Las mareas altas son más altas y las mareas bajas son más bajas. *Una* **marea viva** *tiene la amplitud de la marea más grande y ocurre cuando la Tierra, la Luna y el Sol forman una línea recta.*

Mareas muertas

Mira la **Figura 14** otra vez. Durante la luna en cuarto creciente y la luna en cuarto menguante, la Luna está en ángulo recto con la Tierra y el Sol. Las fuerzas gravitatorias entre la Tierra y la Luna y entre la Tierra y el Sol actúan en contra unas de otras. Esto significa que las mareas altas son más bajas de lo normal, mientras que las mareas bajas son más altas de lo normal. *Una* **marea muerta** *tiene la amplitud de la marea más baja y ocurre cuando la Tierra, la Luna y el Sol forman un ángulo recto.*

✓ **Verificación de la lectura** ¿Qué es una marea muerta?

MiniLab Investigación 20 minutos

¿Puedes analizar los datos de la marea?

Analizar y concluir

1. **Determina** cuántas mareas altas y mareas bajas hay en un lapso de 24 horas.
2. **Compara** ¿Es la altura de las mareas altas la misma dentro de un lapso de 24 horas? ¿Y la altura de las mareas bajas?
3. **Calcula** la amplitud de la marea entre las 12 a.m. y las 6 a.m. el día 1.
4. 🗝 **Concepto clave** Imagina que los datos representan mareas vivas. ¿En qué serían diferentes los datos sobre la marea recogidos durante una marea muerta?

Repaso de la Lección 2

Assessment — Online Quiz
Inquiry — Virtual Lab

Resumen visual

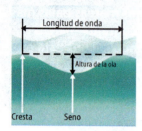

Todas las olas tienen las mismas características básicas.

La longitud de onda se acorta y la altura de la ola aumenta a medida que una ola se acerca a la costa.

La amplitud de las mareas varía de un lugar a otro y la diferencia puede ser hasta de 15 m.

FOLDABLES

Usa tu modelo de papel para repasar la lección. Guarda tu modelo para el proyecto de final de capítulo.

¿Qué opinas AHORA?

Al inicio de este capítulo leíste las siguientes afirmaciones.

3. Las olas llevan partículas de agua de un lugar a otro.

4. El viento causa mareas.

¿Sigues estando de acuerdo o en desacuerdo con las afirmaciones? Reescribe las afirmaciones falsas para hacerlas verdaderas.

Usar vocabulario

1 **Usa el término** *tsunami* en una oración completa.

2 **Define** *marea* con tus propias palabras.

Entender conceptos clave

3 **Explica** cómo la Luna causa mareas.

4 **Compara y contrasta** las causas de las olas superficiales y los tsunamis.

Interpretar gráficas

5 **Organiza información** Copia y llena el siguiente organizador gráfico para describir las mareas vivas y las mareas muertas.

	Posiciones de la Tierra, la Luna y el Sol
Mareas vivas	
Mareas muertas	

6 **Explica** cómo la siguiente figura representa el movimiento del agua en una ola.

Dirección del movimiento ondulatorio

Pensamiento crítico

7 **Diseña** un experimento para medir la amplitud de la marea promedio en una zona costera durante un mes.

Destrezas matemáticas Review — Math Practice

8 En un determinado lugar, las mareas altas en un día miden 8.30 m y 8.00 m. Las mareas bajas miden 0.500 m y 0.220 m.
   A. ¿Cuál es la amplitud de las mareas?
   B. ¿Cuál es la media de la marea baja?

Investigación · Práctica de destrezas · Analizar datos — 20 minutos

Mareas altas en la bahía de Fundy

Las mareas en la bahía de Fundy en el este de Canadá tienen las amplitudes de marea más grandes de todas las mareas de la Tierra. Cuando una marea entra a la bahía de Fundy, se canaliza hacia un espacio cada vez más estrecho. La topografía de la tierra afecta directamente a la amplitud de la marea.

Las líneas en el siguiente mapa de la bahía de Fundy son semejantes a las curvas de nivel en un mapa topográfico. Los datos sobre la altura de la marea se han recolectado a lo largo de cada línea y luego promediado para determinar la altura media de la marea más alta en ese lugar a través del ancho de la bahía.

Aprende

Analiza los datos del mapa para hacer una gráfica que muestre el cambio de altura de las mareas desde la desembocadura de la bahía hasta la ciudad de Truro.

Intenta

1. Haz en tu diario de ciencias una tabla de datos con tres columnas. Rotula las columnas: Marea alta (m), Distancia desde la desembocadura de la bahía (cm) y Distancia desde la desembocadura de la bahía (m).

2. Usa la escala del siguiente mapa de la bahía de Fundy y una regla métrica para determinar la distancia a la que está cada marea alta desde la desembocadura de la bahía. Convierte los centímetros de la regla a metros en el mapa. Anota tu información en tu tabla de datos.

3. Usando tus datos, haz una gráfica de la distancia desde la desembocadura de la bahía a lo largo del eje *x* (en m), y la altura de la marea a lo largo del eje *y*. Asigna un título a tu gráfica.

Aplica

4. **Describe** cómo las mareas más altas cambiaron con la distancia.

5. **Infiere** cómo las mareas de la bahía de Fundy podrían cambiar cuando la Tierra, la Luna y el Sol están en línea recta. ¿Cómo podrían cambiar las mareas cuando la Tierra, la Luna y el Sol están en ángulo?

6. 🔑 **Concepto clave** Identifica los factores que afectan las mareas en la bahía de Fundy.

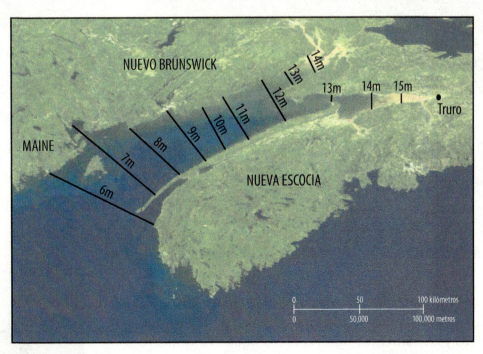

Lección 2 EXTENDER

Lección 3

Corrientes oceánicas

Guía de lectura

Conceptos clave

PREGUNTAS IMPORTANTES

- ¿Cuáles son los principales tipos de corrientes oceánicas?
- ¿Cómo las corrientes oceánicas afectan el tiempo atmosférico y el clima?

Vocabulario

corriente oceánica pág. 581
giro pág. 582
efecto Coriolis pág. 582
surgencia pág. 583

g Multilingual eGlossary

Video BrainPOP®

Investigación ¿Nubes en una misión?

¿Puedes encontrar la corriente de Florida en esta foto satelital? La curva de las nubes te la indica. A medida que las nubes se mueven entre Florida y Cuba, siguen la misma ruta que la corriente. ¿Por qué piensas que las nubes y las corrientes algunas veces siguen la misma ruta?

Laboratorio de inicio

10 minutos

¿Cómo el viento mueve el agua?

Si echas una bola de goma en las olas de la costa del océano, la bola podría girar y girar en las olas. ¿Qué sucedería si echaras la bola más adentro en el océano?

1. Lee y completa un formulario de seguridad en el laboratorio.
2. Llena un **recipiente** hasta la mitad con agua.
3. Coloca un **ventilador** de manera que pueda soplar sobre la superficie del agua.
4. Pon dos gotas de **colorante para alimentos** en la superficie del agua más cerca del ventilador. Enciende el ventilador en bajo para producir olas.
5. Observa qué le ocurre al colorante para alimentos.

Piensa
1. Explica el movimiento del colorante para alimentos en tu diario de ciencias.
2. ¿Qué tipos de objetos piensas que el viento puede mover en el océano?
3. **Concepto clave** Si estuvieras en un barco a 3 km de la costa y echaras una bola de goma en el agua, ¿qué piensas que pasaría?

Principales corrientes oceánicas

En 1990 durante una tormenta, 40,000 pares de zapatos cayeron de un barco de carga en la mitad del océano Pacífico. Meses más tarde, unos raqueros comenzaron a encontrar los zapatos en las costas de Oregón y Washington. ¿Cómo llegaron los zapatos allí? Una corriente oceánica los llevó. *Una* **corriente oceánica** *es una gran cantidad de agua que fluye en una cierta dirección.*

Corrientes superficiales

Recuerda que el viento transmite energía al agua y forma olas. El viento también transmite energía al agua y forma corrientes. La fricción que genera el viento en el agua puede mover el agua. Cuando el viento sopla sobre el agua, arrastra partículas de aire en movimiento sobre la superficie que hacen que el agua se mueva, así como arrastran a la windsurfista de la **Figura 15.** Las corrientes impulsadas por el viento se llaman corrientes superficiales.

Figura 15 Así como el viento arrastra a esta windsurfista a través de la superficie del océano, el viento también arrastra la capa superior de agua a través de la superficie del océano.

Las corrientes superficiales llevan agua caliente y fría horizontalmente a través de la superficie del océano. Se extienden a casi 400 m bajo la superficie y pueden moverse tan rápido como 100 km/día. Los principales cinturones de viento de la Tierra, llamados vientos reinantes, influyen en la formación de corrientes oceánicas y en la dirección en que se mueven. Por ejemplo, los vientos alisios que soplan desde África mueven agua caliente y ecuatorial hacia América del Norte y América del Sur.

Verificación de concepto clave ¿Cómo se forman las corrientes superficiales?

Lección 3
EXPLORAR

Principales giros oceánicos

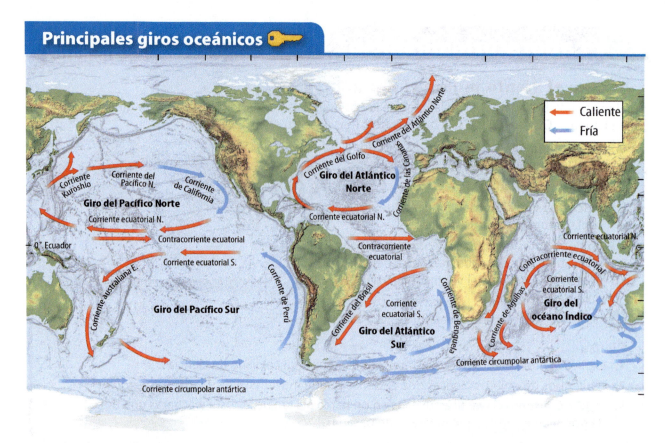

▲ **Figura 16** Los giros se forman en la superficie de los océanos de la Tierra.

ORIGEN DE LAS PALABRAS

giro
del latín *gyrus*, que significa "círculo"

Figura 17 El efecto Coriolis hace que los líquidos se muevan en el sentido de las manecillas del reloj en el hemisferio norte y en sentido contrario en el hemisferio sur. ▼

Giros Los océanos de la Tierra contienen grandes sistemas en arco de las corrientes superficiales, llamados giros. *Un* **giro** *es un sistema circular de corrientes.* La **Figura 16,** muestra que las corrientes dentro de cada giro se mueven en la misma dirección. Sin embargo, si miras de cerca puedes ver que la dirección del movimiento de la corriente en un giro es distinta en cada hemisferio. Los giros en el hemisferio norte circulan en el sentido de las manecillas del reloj. Los giros en el hemisferio sur circulan en el sentido contrario al de las manecillas del reloj.

Efecto Coriolis ¿Por qué los giros se mueven en distintas direcciones? Las direcciones difieren debido al efecto Coriolis. *El* **efecto Coriolis** *es el movimiento del viento y del agua a la derecha o a la izquierda causado por la rotación de la Tierra.* Como se muestra en la **Figura 17,** el efecto Coriolis hace que fluidos tales como el aire y el agua circulen hacia la derecha en el hemisferio norte, en el sentido de las manecillas del reloj. En el hemisferio sur, el efecto Coriolis hace que los fluidos circulen hacia la izquierda, en el sentido contrario al de las manecillas del reloj.

✓ **Verificación de la lectura** ¿Qué es el efecto Coriolis?

Topografía Las formas de los continentes y otras placas continentales afectan la dirección y velocidad de las corrientes. Por ejemplo, los giros forman pequeños o grandes arcos y se mueven a distintas velocidades dependiendo de las placas continentales con las que entran en contacto. La corriente de Florida, que se muestra en la fotografía al inicio de esta lección, se reduce y su velocidad aumenta cuando pasa por los estrechos de Florida.

Surgencia

Las corrientes superficiales mueven el agua en sentido horizontal a través de la superficie del océano. No todas las corrientes se mueven en sentido horizontal. Algunas corrientes mueven el agua en sentido vertical. **Surgencia** *es el movimiento vertical del agua hacia la superficie del océano.* La surgencia ocurre cuando el viento sopla a través de la superficie del océano y arrastra el agua lejos de una zona. El agua más profunda y fría se impulsa hacia la superficie. A menudo, la surgencia ocurre a lo largo de la costa. La **Figura 18** ilustra cómo ocurre la surgencia a lo largo de la costa de América del Sur.

La surgencia trae agua fría y rica en nutrientes de las profundidades del océano a la superficie. Esta agua mantiene grandes poblaciones de algas, peces y otros organismos oceánicos.

Verificación de concepto clave ¿Cómo ocurre la surgencia?

Corrientes de densidad

Otro tipo de corriente vertical es la corriente de densidad. Estas corrientes mueven el agua hacia abajo; llevan agua de la superficie a las partes más profundas del océano. Las corrientes de densidad no las causa el viento, sino los cambios de densidad.

Como leíste en la Lección 1, el agua fría es más densa que el agua caliente, y el agua salada es más densa que el agua dulce. A medida que una corriente superficial se mueve hacia una zona polar, el agua se enfría. Cuando el agua de mar se congela, la sal queda en el agua que la rodea. Finalmente, el agua fría y salada se vuelve tan densa que se hunde, como muestra la **Figura 19.** La surgencia más tarde trae la corriente nuevamente a la superficie. Las corrientes de densidad son importantes componentes de la circulación oceánica. Circulan energía térmica, nutrientes y gases.

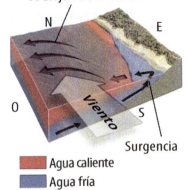

▲ **Figura 18** La surgencia que sale de la costa de América del Sur hace que el agua fría y profunda reemplace el agua más caliente en la superficie.

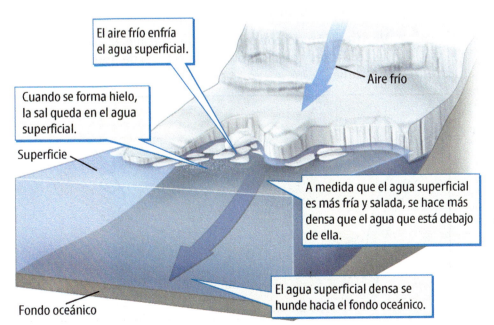

◀ **Figura 19** El agua fría y salada se hunde y produce una corriente de densidad.

Figura 20 Las temperaturas más altas se muestran en rojo y amarillo. Las temperaturas más bajas se muestran en verde y azul. ▶

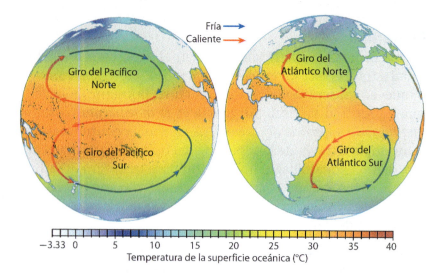

Impactos en el tiempo atmosférico y el clima

La energía solar genera convección en los océanos, lo cual produce corrientes de agua caliente y de agua fría en los giros de la **Figura 20.** Estos dos tipos de corrientes superficiales afectan el tiempo atmosférico y el clima en distintas formas. Las regiones cercanas a las corrientes de agua caliente son más calientes y más húmedas que las cercanas a las corrientes de agua fría. Veamos ejemplos.

Corrientes superficiales que afectan a Estados Unidos

Varias corrientes de agua caliente afectan las zonas costeras del sudeste de Estados Unidos. Ejemplo, la corriente del Golfo de la **Figura 21,** transmite mucha energía térmica y humedad al aire a su alrededor. Como resultado, las noches de verano son calientes y húmedas. La lluvia nocturna es común en estas zonas.

La corriente fría de California, que también se ve en la **Figura 21,** afecta las zonas costeras del sudoeste de Estados Unidos. Una noche de verano en la costa de California es más fresca y más seca que una noche de verano en Florida. ¿Por qué? Esta corriente de agua fría libera menos energía térmica y humedad al aire.

🔑 **Verificación de concepto clave** Da un ejemplo de cómo las corrientes oceánicas pueden afectar el tiempo atmosférico y el clima.

FOLDABLES

Haz un boletín tríptico. Úsalo para anotar la ubicación de las principales corrientes de agua caliente y de agua fría, y para resumir cómo afectan el tiempo atmosférico y el clima.

Figura 21 La corriente del Golfo es una corriente de agua caliente. La corriente de California es una corriente de agua fría.

 Verificación visual Formula una hipótesis de por qué los huracanes podrían ser más comunes en el este que en el oeste de EE.UU. ▶

Banda transportadora global

Figura 22 Una banda transportadora global de corrientes superficiales y corrientes de densidad distribuyen energía térmica sobre la Tierra.

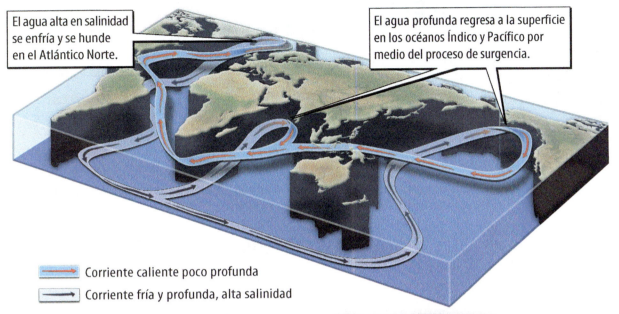

El agua alta en salinidad se enfría y se hunde en el Atlántico Norte.

El agua profunda regresa a la superficie en los océanos Índico y Pacífico por medio del proceso de surgencia.

→ Corriente caliente poco profunda
→ Corriente fría y profunda, alta salinidad

La gran banda transportadora oceánica

Además de los giros, existe otro gran sistema de corrientes oceánicas que afecta el tiempo atmosférico y el clima. Este sistema de corrientes se llama la gran banda transportadora oceánica, ilustrada en la **Figura 22**. Los científicos usan este modelo para explicar cómo las corrientes oceánicas circulan la energía térmica alrededor de la Tierra.

En este modelo, las corrientes de densidad en el océano Atlántico Norte y en el océano Sur "activan" la banda transportadora. El agua en esas regiones es tan fría y densa que se hunde hacia el fondo del océano y viaja a lo largo de este. Las surgencias en el océano Pacífico y en el Índico con el tiempo traen esta agua profunda y fría a la superficie donde se calienta con el sol.

A medida que el agua caliente y superficial viaja del ecuador a los polos, libera energía térmica a la atmósfera, la cual calienta la región circundante. Entonces, el agua fría se hunde hasta que surge en un lugar distinto y el ciclo se repite. Los científicos calculan que se necesitan casi 1,000 años para completar un ciclo.

Verificación de concepto clave ¿Cómo la gran banda transportadora oceánica afecta el clima?

MiniLab 15 minutos

¿Cómo la temperatura afecta las corrientes oceánicas?

1. Lee y completa un formulario de seguridad en el laboratorio.
2. Llena un **vaso de poliestireno** con **agua caliente** y un vaso con **agua helada.**
3. Coloca **un plato de vidrio** sobre los vasos. Usa otros dos vasos para balancear, como se muestra. Llena el plato hasta la mitad con **agua a temperatura ambiente.**
4. Pon dos gotas de **colorante para alimentos** en el plato, uno sobre cada vaso lleno de agua. Usa un color para el agua fría y otro para el agua caliente. Observa durante 10 minutos.

Analizar y concluir

1. **Haz** un diagrama con tus observaciones en tu diario de ciencias. Rotula las zonas calientes y las zonas frías en tu diagrama.
2. **Concepto clave Explica** cómo tus observaciones del agua de colores se parece a las corrientes oceánicas.

Repaso de la Lección 3

Assessment Online Quiz

Resumen visual

Un giro es un sistema circular de las corrientes superficiales.

Las corrientes de densidad llevan agua fría de la superficie oceánica a las partes más profundas del océano.

Un sistema de corrientes superficiales y corrientes de densidad distribuye la energía térmica alrededor de la Tierra.

FOLDABLES

Usa tu modelo de papel para repasar la lección. Guarda tu modelo para el proyecto de final de capítulo.

¿Qué opinas AHORA?

Al inicio de este capítulo leíste las siguientes afirmaciones.

5. Las corrientes oceánicas ocurren en la superficie y bajo la superficie.

6. Las corrientes oceánicas afectan el clima y el tiempo atmosférico.

¿Sigues estando de acuerdo o en desacuerdo con las afirmaciones? Reescribe las afirmaciones falsas para hacerlas verdaderas.

Usar vocabulario

1. Usa el término *efecto Coriolis* en una oración completa.

2. Un(a) _____ mueve el agua verticalmente.

Entender conceptos clave

3. ¿Qué causa una corriente superficial?
   A. órbita de la Tierra   C. temperatura
   B. rotación de la Tierra   D. viento

4. **Explica** cómo la energía que se transmite entre las corrientes y la atmósfera afecta el clima.

5. **Ilustra** cómo la surgencia ocurre lejos de la costa de California cuando el viento sopla de norte a sur.

Interpretar gráficas

6. **Explica** cómo las corrientes superficiales de la siguiente figura afectan las costas oeste y este de Estados Unidos.

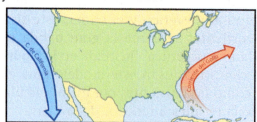

7. **Compara y contrasta** Copia y llena el siguiente organizador gráfico para comparar y contrastar las corrientes superficiales y las corrientes de densidad.

	Semejanzas	Diferencias
Corrientes superficiales		
Corrientes de densidad		

Pensamiento crítico

8. **Diseña** un experimento para mostrar cómo las olas y las corrientes mueven el agua en distintas formas.

9. **Infiere** por qué los principales caladeros están a lo largo de las costas.

Investigación · Práctica de destrezas · Interpretar datos 30 minutos

¿Cómo los oceanógrafos estudian las corrientes oceánicas?

Materiales

mapamundi

Los derrames de carga pueden ayudar a los oceanógrafos a estudiar las corrientes oceánicas. Las posiciones de longitud y latitud de los productos de los derrames que llegan a la costa tienen pistas acerca de la dirección y velocidad de las corrientes. Interpreta los siguientes datos para saber qué sucedió con una carga de juguetes de caucho para el baño que se perdió en enero de 1992, en una tormenta en el Pacífico Norte.

Aprende

¿Puedes entender los datos de la tabla que se muestra a la derecha? Necesitas **interpretar los datos** antes de poder sacar conclusiones sobre ellos. Interpreta las posiciones de longitud y latitud de los juguetes que llegaron a la costa, marcándolos en un mapa.

Fecha	Latitud	Longitud
Enero 1992	45°N	178°E
Marzo 1992	44°N	165°O
Julio 1992	49°N	155°O
Octubre 1992	52°N	135°O
Enero 1993	59°N	149°O
Marzo 1993	56°N	157°O
Julio 1993	57°N	170°O
Octubre 1993	59°N	180°E
Enero 1994	56°N	166°E
Marzo 1994	45°N	155°E
Julio 1994	47°N	172°E
Octubre 1994	50°N	165°O
Enero 1995	47°N	140°O
Octubre 2000	46°N	50°O
Diciembre 2003	57°N	07°O

Intenta

1. Marca las posiciones de longitud y latitud en un mapamundi. Los demás datos representan los lugares donde se encontraron sueltos los juguetes para el baño. El primer punto de datos representa el lugar donde ocurrió el derrame de carga. Rotula cada punto con una fecha.

2. Conecta los puntos en orden de tiempo. Las corrientes oceánicas no siguen líneas rectas, así que usa líneas curvas. Los juguetes no podrían flotar en tierra, por tanto todas las líneas que dibujes deberán ser a través del agua.

3. Compara la ruta de los juguetes con un mapamundi de las corrientes y los giros oceánicos.

Aplica

4. **Describe** cómo estos datos podrían ayudar a los oceanógrafos a trazar las corrientes oceánicas.

5. **Formula una hipótesis** sobre cómo los juguetes llegaron al océano Atlántico.

6. 🗝 **Concepto clave** ¿Qué tipos de corrientes oceánicas llevan desechos de carga alrededor del mundo?

Lección 3
EXTENDER

Lección 4

Guía de lectura

Conceptos clave
PREGUNTAS IMPORTANTES

- ¿Cómo la polución afecta los organismos marinos?
- ¿Cómo el cambio climático global afecta los ecosistemas marinos?
- ¿Por qué es importante mantener los océanos saludables?

Vocabulario
marino pág. 590
floración de algas nociva pág. 591
blanqueamiento del coral pág. 592

 Multilingual eGlossary

 Video
What's Science Got to do With It?

Impactos ambientales en los océanos

Investigación ¿Océano anaranjado?

El color anaranjado-rojizo del agua en esta fotografía proviene de las algas. Las algas han formado un enorme manto, llamado floración de algas, sobre la superficie del océano. Las floraciones de algas pueden ser hermosas, pero algunas dañan los ecosistemas oceánicos.

Investigación: Laboratorio de inicio

15 minutos

¿Qué le ocurre a los desechos en los océanos?

Imagina que estás en un barco a cientos de kilómetros de la costa. Miras hacia abajo en el agua y ves una tortuga de mar enredada en plástico. ¿Cómo sucedió esto?

1. Lee y completa un formulario de seguridad en el laboratorio.
2. Llena un **tazón** grande hasta la mitad con **agua**.
3. Echa en el agua los **objetos** que te entregó tu profesor.
4. Suavemente haz girar el agua en el tazón hasta que se mueva a una velocidad constante. Trata de no crear un remolino.

Piensa

1. ¿Qué le sucedió a los objetos que echaste dentro del tazón?
2. ¿Qué piensas que le ocurre a los desechos que se botan en el océano?
3. **Concepto clave** ¿Qué piensas que puedes hacer para evitar la polución oceánica?

Polución oceánica

¿Alguna vez has visto una fotografía de un ave zancuda o una foca cubiertas de petróleo? Los derrames de los tanques de petróleo dañan la vida silvestre y el océano. Cualquier daño a la salud física, química o biológica del ecosistema oceánico es polución oceánica. Algunas veces la polución oceánica viene de una fuente natural, como una erupción volcánica. Más frecuentemente, las actividades humanas causan la polución oceánica.

Fuentes de polución oceánica

Al igual que ocurre con la polución en tierra, la polución oceánica proviene de fuentes tanto puntuales como no puntuales. La polución de fuente puntual se puede rastrear hasta una fuente específica, como un tubo de desagüe o un derrame de petróleo. La polución de fuente no puntual no se puede rastrear hasta una fuente específica, como la escorrentía de aguas negras de la tierra.

La **Figura 23** muestra la proporción de las distintas fuentes de polución oceánica causada por los seres humanos. Observa que solo el 13 por ciento de esta polución viene del transporte marítimo o las actividades mineras de ultramar. El resto viene de tierra. La polución con base en tierra incluye basura, compuestos químicos peligrosos y fertilizantes. La polución aerotransportada que se origina en tierra, como las emisiones de plantas de energía o automóviles, también está incluida en esta categoría. Por tanto, es basura que se arroja directamente en los océanos.

Fuentes de polución oceánica

- Escorrentía de la tierra 44%
- Contaminantes aerotransportados que se originan en tierra 33%
- Derrames de transportes marítimos 12%
- Minería de ultramar y perforaciones para recursos 1%
- Basura que se arroja directamente en el océano 10%

Figura 23 Gran parte de la polución oceánica causada por los seres humanos se origina en tierra.

Lección 4 EXPLORAR

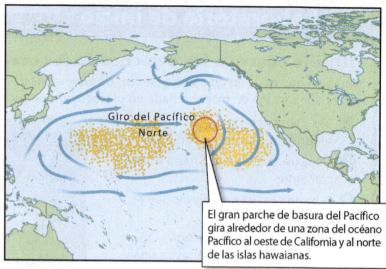

El gran parche de basura del Pacífico gira alrededor de una zona del océano Pacífico al oeste de California y al norte de las islas hawaianas.

▲ **Figura 24** El giro del Pacífico Norte atrapa basura en las zonas anaranjadas en el mapa. Se piensa que el *gran parche de basura del Pacífico* en esta zona es el doble del tamaño de Texas.

Efectos de la polución oceánica

La polución oceánica tiene efectos inmediatos y efectos a largo plazo en los ecosistemas **marinos.** Marino *se refiere a todo lo relacionado con los océanos.* Los desechos químicos pueden ser tóxicos para los organismos marinos. Los peces y otros organismos absorben el veneno y lo pasan a la cadena alimentaria. Un gran derrame de petróleo puede dañar la vida marina. Igualmente pueden hacerlo los residuos sólidos, el exceso de sedimentos y de nutrientes.

Origen de las palabras

marino
del latín *marinus*, que significa "del mar"

Residuos sólidos La basura, incluido botellas y bolsas plásticas, envases de vidrio y de poliestireno, causan problemas a los organismos marinos. Muchas aves, peces y otros animales se enredan en el plástico o lo confunden con alimento. El plástico se rompe en pequeñas piezas pero no se descompone fácilmente. Partes de él quedan atrapadas en las corrientes circulares de los giros. El giro del Pacífico Norte ha recogido tanto plástico y otros desechos, que algunos han llamado a una parte de él "el gran parche de basura del Pacífico". En la **Figura 24** se observa una muestra de agua contaminada de ese parche y un mapa que indica su ubicación.

Figura 25 Esta imagen satelital muestra sedimentos de tierra de color anaranjado arrastrados al océano. ▼

Exceso de sedimentos Grandes cantidades de sedimentos de tierra se arrastran a los océanos, como se muestra en la **Figura 25.** La erosión con frecuencia ocurre en pendientes costeras empinadas después de fuertes lluvias. Parte de esta erosión es natural, pero parte la causan los humanos, quienes talan árboles cerca de las riberas y costas oceánicas. Sin las raíces de los árboles y demás vegetación que retenga los sedimentos en su lugar, estos se erosionan más fácilmente. El exceso de sedimentos puede obstruir las estructuras de filtrado de los animales marinos filtradores, tales como almejas y esponjas. El exceso de sedimentos puede también evitar que la luz llegue a su profundidad normal. Los organismos que usan luz para la fotosíntesis mueren.

Verificación de concepto clave ¿Cómo puede el exceso de sedimentos en los océanos afectar a los organismos marinos?

◀ **Figura 26** Una floración de algas de la bioluminiscencia *Pyrodinium bahamense*, que se muestra en la fotografía inserta, brilla intensamente cuando este barco pasa por ella.

Aumento: no disponible

Exceso de nutrientes Las algas necesitan nutrientes como nitrógeno y fósforo para sobrevivir y crecer. Sin embargo, demasiados nutrientes pueden causar una explosión en las poblaciones de algas. Una **floración** de algas ocurre cuando las algas crecen y se reproducen en grandes cantidades. La fotografía al inicio de esta lección muestra cómo una floración de algas puede hacer que el agua se vuelva anaranjada. Las floraciones de algas también pueden causar que el agua se vea roja, verde, marrón, o incluso que brille en la noche, como se muestra en la **Figura 26.**

Los nitratos y fosfatos pueden ser abundantes en las escorrentías agrícolas, así como en zonas costeras de surgencia. Muchos científicos sospechan que una importante fuente de exceso de nitratos y fosfatos es de fertilizantes con base en tierra, los cuales se arrastran hasta el océano.

 Verificación de la lectura ¿De dónde provienen muchos nitratos?

Muchas floraciones de algas son inofensivas, pero otras pueden descomponer los ecosistemas marinos y dañar a los organismos. *Una* **floración de algas nociva** *es un crecimiento explosivo de algas dañinas para los organismos.* Las floraciones de algas nocivas se han vuelto más comunes en décadas recientes.

¿Por qué son nocivas las floraciones de algas? Las algas en algunas floraciones de algas producen sustancias tóxicas que pueden matar a los organismos que las comen. Otras floraciones de algas son tan grandes que consumen el oxígeno (O_2) que hay en el agua. Esto puede ocurrir cuando grandes cantidades de algas mueren y se descomponen. La descomposición requiere O_2. Cuando muchas algas se descomponen al mismo tiempo, los niveles de O_2 del agua bajan. Los peces y otros organismos marinos no pueden obtener suficiente O_2 para sobrevivir. La **Figura 27** muestra una matanza de peces como resultado de una floración de algas nociva.

 Verificación de concepto clave ¿Cómo puede el exceso de nutrientes en el agua de mar dañar a los peces?

USO CIENTÍFICO Y USO COMÚN

floración

Uso científico gran crecimiento de algas

Uso común una flor

Figura 27 El exceso de nitratos que se arrastran al océano puede causar floraciones de algas nocivas, las cuales matan a los peces. ▼

Figura 28 🔑 Los corales contienen algas de colores, las cuales proveen alimento para el coral. Sin algas, los corales mueren y se ven descoloridos.

Los océanos y el cambio climático global

Los residuos sólidos, el exceso de sedimentos y las floraciones de algas pueden causar daño inmediato a los ecosistemas oceánicos. Otras amenazas para los océanos se relacionan con los cambios a largo plazo en el clima de la Tierra. Los datos climatológicos indican que la temperatura promedio de la superficie de la Tierra ha aumentado en el último siglo. La cantidad de dióxido de carbono (CO_2) de la atmósfera de la Tierra también ha aumentado.

Efectos del aumento de temperatura

El aumento de temperatura de la superficie de la Tierra ha afectado a los océanos de muchas maneras.

Blanqueamiento del coral Algunos organismos marinos como el coral, son muy sensibles a los cambios de temperatura. Un aumento de temperatura tan pequeño como de 1 °C puede causar la muerte del coral, como se muestra en la **Figura 28**. **Blanqueamiento del coral** *es la pérdida de color de los corales que ocurre cuando los corales estresados expulsan las algas que viven en ellos*. El blanqueamiento del coral daña los corales de todo el mundo, como se muestra en la **Figura 29**. Los arrecifes de coral proporcionan hábitat para los peces y muchos otros organismos.

🔑 **Verificación de concepto clave** ¿Cómo la temperatura del agua afecta a los corales?

Nivel del mar A medida que la Tierra se calienta, sus glaciares y mantos de hielo se derriten. Esto agrega agua a los océanos y aumenta el nivel del mar. El elevado nivel del mar amenaza las comunidades costeras y los hábitats marinos.

O_2 disuelto La temperatura del agua de mar afecta la cantidad de O_2 disuelto en ella. Entre más caliente esté el agua, contiene menos O_2. Los organismos marinos necesitan O_2 para sobrevivir. Cuando el agua se calienta, hay menos O_2 disponible y los organismos pueden morir.

Blanqueamiento del coral 🔑

Figura 29 El blanqueamiento del coral ocurre en muchos lugares alrededor del mundo.

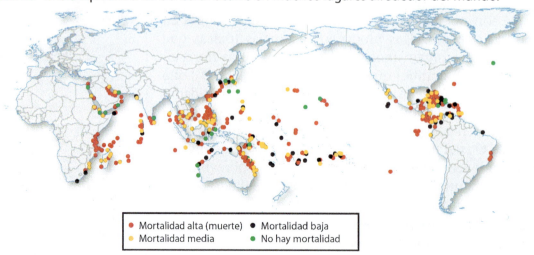

• Mortalidad alta (muerte)   • Mortalidad baja
• Mortalidad media   • No hay mortalidad

◀ **Figura 30** El CO_2 y el O_2 se intercambian en la superficie del océano. Las olas y las corrientes mezclan los gases en el agua más profunda.

Efectos de aumento de dióxido de carbono

Como se ilustra en la **Figura 30,** los gases de O_2 y CO_2 se mueven libremente entre la atmósfera y el agua de mar. Cuando la cantidad de CO_2 aumenta en la atmósfera, la cantidad de CO_2 disuelto en el agua de mar también aumenta. Esto se debe al intercambio de gas en la superficie del océano. Estos gases se disuelven en el agua de mar. La acción ondulatoria ayuda a mezclar estos gases más profundamente bajo la superficie del agua.

CO_2 y el pH Cuando el CO_2 se mezcla con el agua de mar, se forma un ácido débil llamado ácido carbónico. Este baja el pH del agua, haciéndola levemente ácida. Datos de estudios recientes muestran que la acidez del agua de mar ha aumentado en los últimos 300 años. Los científicos predicen que para el año 2100, los océanos se habrán vuelto aún más ácidos, como se ilustra en la **Figura 31.**

 Verificación de lectura ¿Por qué los océanos se están volviendo más ácidos?

FOLDABLES

Haz una tabla de tres columnas y tres hileras. Rotúlala como se muestra. Úsala para organizar información sobre los gases comunes que se encuentran en el agua de mar.

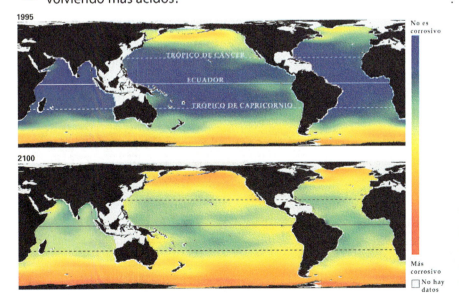

◀ **Figura 31** Los científicos predicen que los océanos en el futuro serán mucho más ácidos de lo que son hoy en día.

Lección 4 • **EXPLICAR**

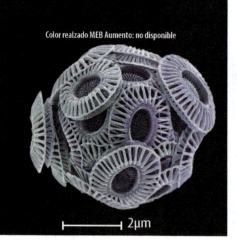

Figura 32 Este diminuto organismo está rodeado por placas de carbonato de calcio.

Acidez y vida marina Muchos organismos marinos crean conchas y esqueletos con el calcio que absorben del agua de mar. Los caracoles absorben el calcio y forman conchas. Los corales absorben el calcio y construyen arrecifes. Algunas algas, como la que se muestra en la **Figura 32**, forman placas protectoras de calcio. A medida que el agua de mar se vuelve más ácida, es más difícil para estos organismos absorber el calcio. El aumento de acidez puede hacer que las conchas y los esqueletos se debiliten o se disuelvan. Con el paso del tiempo, esto podría afectar las redes alimentarias. Por ejemplo, si las algas no pudieran formar placas protectoras, morirían. Las algas forman la base de las cadenas alimentarias de muchos ecosistemas marinos.

Mantener los océanos saludables

Los océanos afectan la Tierra en muchas formas. Como parte del ciclo del agua, distribuyen humedad. Las corrientes oceánicas distribuyen energía térmica. Los océanos proporcionan hábitat a las algas y otros organismos marinos. Las algas marinas liberan durante la fotosíntesis tanto como el 50 por ciento del O_2 de la atmósfera de la Tierra. Los océanos también proveen recursos minerales y de energía. Son una importante fuente de alimento e insumo para los seres humanos. Mantener los océanos saludables es importante para el bienestar de los seres humanos y de otros organismos sobre la Tierra.

 Verificación de concepto clave ¿Por qué es importante mantener los océanos saludables?

Investigación MiniLab

20 minutos

¿Cómo el pH del agua de mar afecta a los organismos marinos?

¿Cómo la creciente acidez afecta las conchas que contienen calcio?

1. Lee y completa un formulario de seguridad en el laboratorio.
2. Copia la siguiente tabla en tu diario de ciencias.
3. Examina un pedazo de **cáscara de huevo marrón** y describe sus propiedades.
4. Coloca la cáscara de huevo en un **vaso plástico**.
5. Llena el vaso hasta la mitad con **vinagre blanco**.
6. Pasados 15 minutos, usa **pinzas** para retirar la cáscara de huevo. Describe sus propiedades en tu diario de ciencias.

Analizar y concluir

1. **Describe** cómo la cáscara de huevo cambió.
2. **Concepto clave** ¿Cómo podrían los efectos a largo plazo del aumento de CO_2 en el agua de mar afectar las conchas y esqueletos de los organismos marinos que contienen calcio?

Conchas que contienen calcio		
Propiedad	Descripción antes del tratamiento	Descripción después del tratamiento
Dureza		
Grosor		
Aspecto		

Repaso de la Lección 4

Resumen visual

Una floración de algas nociva puede matar a los peces.

El aumento de la temperatura oceánica hace que los corales pierdan el color.

El cambio climático global afecta la composición química del océano.

FOLDABLES

Usa tu modelo de papel para repasar la lección. Guarda tu modelo para el proyecto de final de capítulo.

¿Qué opinas AHORA?

Al inicio de este capítulo leíste las siguientes afirmaciones.

7. Gran parte de la polución de los océanos se origina en tierra.

8. El cambio climático global no afecta a los organismos marinos.

¿Sigues estando de acuerdo o en desacuerdo con las afirmaciones? Reescribe las afirmaciones falsas para hacerlas verdaderas.

Usar vocabulario

1. **Define** *floración de algas nociva* con tus propias palabras.

2. **Usa el término** *marino* en una oración completa.

Entender conceptos clave

3. ¿Cómo puede un aumento de CO_2 en la atmósfera afectar el agua del mar?
   A. los niveles de O_2 se elevan
   B. los niveles de O_2 bajan
   C. el pH se eleva
   D. el pH baja

4. **Identifica** cómo el exceso de sedimentos afecta a los animales filtradores.

5. **Construye** un diagrama de flujo que muestre los pasos que llevan a una floración de algas a matar los peces.

Interpretar gráficas

6. **Determina causa y efecto** Copia y llena el siguiente organizador gráfico para enumerar las causas y los efectos de una disminución de pH en el agua de mar.

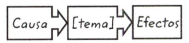

7. **Explica** cómo las condiciones ambientales pueden afectar el intercambio de gases que se muestra en la siguiente figura.

Pensamiento crítico

8. **Diseña un experimento** para comprobar la hipótesis de que el blanqueamiento del coral lo causa un aumento en la temperatura del agua.

9. **Predice** el efecto que el aumento de dióxido de carbono en la atmósfera podría tener en las redes alimentarias del océano.

Investigación Laboratorio

45 minutos

Predicción de avistamientos de ballenas con base en la surgencia

Materiales

lápices de colores

Eres un guía en una excursión para avistar ballenas azules, la cual sale de Monterrey, CA. Has leído que la surgencia es el movimiento vertical del agua fría rica en nutrientes desde las profundidades del océano hasta la superficie. Sabes que la surgencia fertiliza la superficie del océano y crea alimentación para los peces y las ballenas que comen plancton. Usa los datos oceanográficos de los satélites y muelles para planear una excursión a fin de ver mejor las ballenas azules.

Preguntar

¿Dónde y cuándo puedes avistar mejor las ballenas azules cerca de Monterrey, CA?

Hacer observaciones

1. Analiza un mapa de las temperaturas de la superficie del mar (TSM) en la bahía de Monterrey.

2. Convierte tu mapa en un mapa topográfico de color. Primero, construye una leyenda usando colores. Asigna lápices de color más cálido a las temperaturas más calientes y lápices de color más frío a las temperaturas más frías. Luego, delinea con lápiz las zonas que tienen la misma temperatura. Finalmente, colorea las secciones del mapa de acuerdo con tu leyenda.

3. Estudia tu mapa y anota la posición de la surgencia en tu diario de ciencias.

4. Examina los datos de anclaje que se muestran a la derecha. Traza la temperatura de la superficie del mar, la velocidad del viento y el día en la misma gráfica. Asegúrate de rotular los dos ejes verticales para reflejar las distintas medidas.

Datos de la dirección y velocidad del viento			
Fecha	TSM (°C)	Dirección del viento	Velocidad del viento (m/s)
23 de mayo	10	N	3
25 de mayo	10	N	8
27 de mayo	9	N	10
29 de mayo	9	N	8
31 de mayo	9	N	4
2 de junio	10	S	−1
4 de junio	12	S	−4
6 de junio	13	S	−3
8 de junio	12	N	7
10 de junio	11	N	5
12 de junio	10	N	8
14 de junio	10	N	7
16 de junio	10	N	7
18 de junio	9	N	9
20 de junio	9	N	11
22 de junio	11	N	4
24 de junio	12	S	−4
26 de junio	13	S	−6
28 de junio	13	-	0
30 de junio	14	S	−1
2 de julio	13	N	6
4 de julio	11	N	9
6 de julio	9	N	10
8 de julio	9	N	10

596 Capítulo 16
EXTENDER

5. Analiza tu gráfica y determina en qué condiciones de viento ocurre la surgencia.

Formular la hipótesis

6. Usa tus observaciones de la surgencia para formular una hipótesis que dé el lugar (latitud y longitud) y las condiciones del viento donde podrías avistar mejor ballenas azules si sales en una excursión desde Monterrey, CA.

Comprobar la hipótesis

7. Usa un mapa que muestre avistamientos de ballenas azules en la bahía de Monterrey para comparar tu hipótesis con los lugares reales donde las ballenas azules se han avistado frecuentemente. Si tu hipótesis no fue sustentada, repite los pasos 2 y 3.

8. Compara con otro estudiante de tu clase tu predicción de las condiciones del viento en las que podrías avistar mejor ballenas azules. Si no concuerdan, repite los pasos 5 y 6.

Analizar y concluir

9. **Describe** el lugar y la forma de la surgencia en la bahía de Monterrey.

10. **Analiza** en qué dirección soplaba el viento cuando el satélite tomó la medida de la temperatura de la superficie del mar. Explica por qué esto es importante para tu hipótesis.

11. **Diseña** un organizador gráfico para mostrar los efectos de las corrientes, las temperaturas de la superficie del mar y la dirección del viento en las zonas de alimentación de las ballenas.

12. **La gran idea** Explica cómo las corrientes afectan la vida marina en la bahía de Monterrey.

Comunicar resultados

Diseña un folleto para una compañía avistadora de ballenas con base en Monterrey, CA. Describe la tecnología y oceanografía que usarías para asegurar que tus clientes avisten las ballenas azules.

Investigación: Ir más allá

Durante la Gran Depresión, la bahía de Monterrey fue una de las pesquerías de sardina más grandes del mundo. John Steinbeck escribió sobre la época en su libro *Cannery Row*. Investiga qué ocurrió a las pesquerías de sardina de la bahía de Monterrey durante el siglo XIX. Escribe un informe noticioso sobre un momento en la historia, explicando los factores ambientales que impactaron el crecimiento y declive de la pesquería.

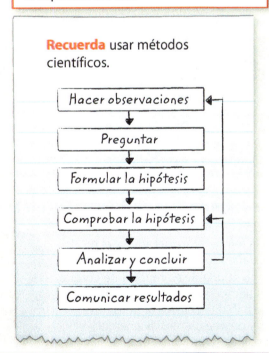

Sugerencias para el laboratorio

☑ Cuando traces tus datos, asegúrate de usar el eje vertical que concuerda con los datos que estás trazando.

☑ Traza una línea para conectar los puntos de la gráfica.

☑ Usa dos colores distintos para la velocidad del viento y la temperatura de la superficie del mar.

Recuerda usar métodos científicos.

- Hacer observaciones
- Preguntar
- Formular la hipótesis
- Comprobar la hipótesis
- Analizar y concluir
- Comunicar resultados

Lección 4
EXTENDER

Guía de estudio del Capítulo 16

 Los océanos afectan el clima y el tiempo atmosférico de la Tierra. Proveen recursos y hábitats. Pero los océanos están amenazados por la polución y el cambio climático global.

Resumen de conceptos clave 🔑 | Vocabulario

Lección 1: Composición y estructura de los océanos de la Tierra

- La sal de los océanos proviene principalmente de la erosión de rocas y tierra.
- El fondo oceánico tiene montañas, fosas profundas y llanuras planas.
- Los océanos tienen zonas con base en luz, temperatura, salinidad y densidad.

salinidad pág. 565
agua de mar pág. 565
salobre pág. 565
plano abisal pág. 566

Lección 2: Olas y mareas oceánicas

- El movimiento de las partículas de agua de una ola es circular.
- El viento produce la mayoría de las olas oceánicas, pero las alteraciones submarinas causan la mayoría de los **tsunamis.**
- La atracción gravitatoria entre la Tierra y la Luna, y entre la Tierra y el Sol causa las **mareas.**

tsunami pág. 575
nivel del mar pág. 576
marea pág. 576
amplitud de la marea pág. 576
marea viva pág. 577
marea muerta pág. 577

Lección 3: Corrientes oceánicas

- Las corrientes superficiales, la **surgencia,** y las corrientes de densidad son las principales **corrientes oceánicas.**
- Las corrientes oceánicas afectan el clima y el tiempo atmosférico al distribuir la energía térmica y la humedad alrededor de la Tierra.

corriente oceánica pág. 581
giro pág. 582
efecto Coriolis pág. 582
surgencia pág. 583

Lección 4: Impactos ambientales en los océanos

- La polución oceánica y el cambio climático afectan la temperatura del agua y el pH del océano, dañando los organismos **marinos.**
- Un océano saludable es importante porque afecta el tiempo atmosférico y el clima, contiene hábitats para los organismos marinos y provee fuentes de energía y alimento a los seres humanos.

marino pág. 590
floración de algas nociva pág. 591
blanqueamiento del coral pág. 592

Guía de estudio

Review
- Personal Tutor
- Vocabulary eGames
- Vocabulary eFlashcards

FOLDABLES Proyecto del capítulo

Organiza tus modelos de papel como se muestra, para hacer un proyecto de capítulo. Usa el proyecto para repasar lo que aprendiste en este capítulo.

Usar vocabulario

1. El agua que tiene menos salinidad que la promedio es _____.

2. Los científicos usan el término _____ para describir la cantidad de sal en el agua.

3. La altura promedio de la superficie del océano es _____.

4. Un(a) _____ ocurre cuando la Tierra, la Luna y el Sol están en línea recta.

5. Un(a) _____ es una gran cantidad de agua que fluye en una cierta dirección.

6. Un(a) _____ lleva agua caliente y fría en un sistema circular.

7. Un(a) _____ es un movimiento vertical del agua hacia la superficie.

8. Un(a) _____ puede ocurrir cuando el aumento de nutrientes causa un crecimiento explosivo de algas.

Relacionar vocabulario y conceptos clave

 **Interactive Concept Map**

Copia este mapa conceptual y luego usa términos de vocabulario de la página anterior para completarlo.

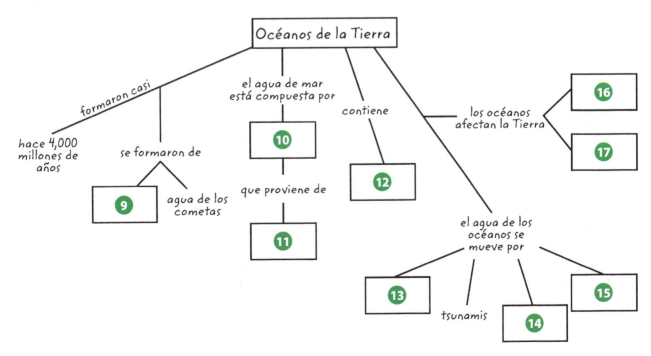

Guía de estudio del Capítulo 16 • 599

Repaso del Capítulo 16

Entender conceptos clave

1 Con base en la siguiente gráfica circular, ¿qué elemento es el más común en el agua de mar?

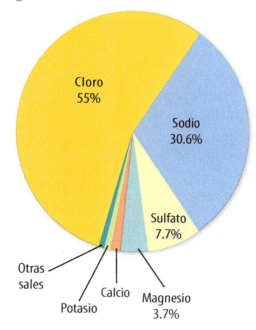

A. calcio
B. cloro
C. sodio
D. azufre

2 ¿Qué recurso está en los planos abisales?
A. gravilla
B. nódulos de manganeso
C. hidratos de metano
D. gas natural

3 ¿Cuál NO es causa de los tsunamis?
A. terremoto
B. huracán
C. deslizamiento de tierra
D. erupción volcánica

4 ¿Cuál describe mejor el movimiento del agua en una ola?
A. circular
B. horizontal
C. espiral
D. vertical

5 ¿Dónde una corriente oceánica se vuelve más densa?
A. en las regiones polares
B. en las regiones templadas
C. cerca de los continentes
D. cerca del ecuador

6 ¿Qué mueve el agua horizontalmente?
A. corriente de densidad
B. corriente superficial
C. corriente de temperatura
D. surgencia

7 ¿Qué representa C en la siguiente figura?
A. marea alta
B. marea baja
C. nivel del mar
D. amplitud de la marea

8 ¿Cuál es un posible efecto del aumento de dióxido de carbono en los océanos?
A. Las algas crecen en cantidades excesivas.
B. Los corales no pueden formar arrecifes.
C. Las mareas altas ocurren con mayor frecuencia.
D. La sedimentación del océano aumenta.

9 ¿Cuál NO es una consecuencia del aumento de la temperatura del océano?
A. blanqueamiento del coral
B. deshielo de glaciares
C. aumento del nivel del mar
D. conchas que se disuelven

Repaso del capítulo

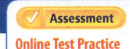

Pensamiento crítico

10 Resume las fuentes de sal del agua de mar.

11 Compara la topografía del fondo oceánico con la topografía de la tierra.

12 Ilustra qué le ocurre a las partículas de agua cuando una ola pasa.

13 Explica cómo una corriente de densidad podría formarse en el océano Ártico.

14 Diseña un modelo que muestre cómo se forman las corrientes superficiales.

15 Relata ¿Cómo puede la tala de árboles en la tierra afectar la vida en el océano?

16 Evalúa los efectos a largo plazo de una floración de algas nociva en un ecosistema marino.

17 Formula una hipótesis La siguiente figura muestra que las principales corrientes de agua caliente de la Tierra están en los límites del oeste de los océanos. Las principales corrientes de agua fría están en los límites del este de los océanos. ¿Por qué estas principales corrientes están en lugares distintos?

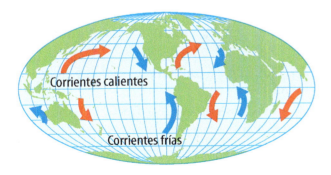

Escritura en Ciencias

18 Redacta una carta al editor de un periódico o una revista con ideas sobre cómo reducir el impacto de los seres humanos en los océanos. Incluye una idea principal, detalles de soporte, ejemplos y una oración de conclusión.

REPASO LA GRAN IDEA

19 ¿Por qué los océanos son importantes? ¿En qué forma están amenazados?

20 ¿Cómo se impulsan las olas? ¿En qué se diferencian el movimiento de las olas y las corrientes?

Destrezas matemáticas

Usar estadísticas

Hora (Día 1)	Altura (m)	Hora (Día 2)	Altura (m)
00:44	13.1	01:33	13.0
07:13	0.8	08:02	0.9
13:04	13.6	13:54	13.5
19:42	0.3	20:32	0.4

La anterior tabla muestra las mareas altas y bajas durante un lapso de 48 horas en la bahía de Fundy. Usa la tabla para responder las preguntas.

21 ¿Cuál es la amplitud de las mareas durante el lapso de 48 horas?

22 ¿Cuál es la media de las mareas durante el lapso de 48 horas?

23 ¿Cuál es la amplitud de las cuatro mareas altas durante el lapso de 48 horas?

24 ¿Cuál es la media de las cuatro mareas bajas?

Práctica para la prueba estandarizada

Anota tus respuestas en la hoja de respuestas que te entregó el profesor o en una hoja de papel.

Selección múltiple

1. ¿Cuál es el resultado del aumento de acidez del agua de mar?
   - A Las poblaciones de algas aumentan enormemente.
   - B Los corales expulsan las algas que viven en ellos.
   - C Hay menos oxígeno disponible para los organismos marinos.
   - D Las conchas y los esqueletos de los organismos marinos se debilitan.

2. ¿Qué NO contribuyó a la formación de los primeros océanos de la Tierra?
   - A asteroides
   - B condensación
   - C cometas
   - D glaciares

3. ¿Qué porcentaje del agua de la Tierra es agua salada?
   - A 3%
   - B 55%
   - C 70%
   - D 97%

Usa el siguiente diagrama para responder la pregunta 4.

4. ¿Qué característica del fondo oceánico indica la flecha en el anterior diagrama?
   - A plano abisal
   - B talud continental
   - C fosa oceánica
   - D cañón submarino

Usa el siguiente diagrama para responder la pregunta 5.

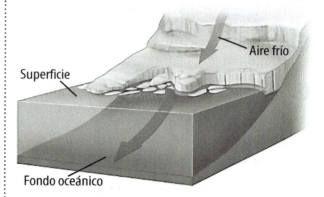

5. ¿Qué se forma por el proceso que se muestra en el anterior diagrama?
   - A giros
   - B tsunami
   - C corriente de densidad
   - D olas superficiales

6. ¿Qué opción resulta de la surgencia en los océanos?
   - A El agua ácida disuelve las conchas.
   - B El agua fría y densa se hunde.
   - C Los organismos marinos mueren.
   - D El agua superficial obtiene nutrientes.

7. ¿Qué opción causa mareas vivas y mareas muertas?
   - A las posiciones de la Tierra, la Luna y el Sol
   - B la rotación de la Tierra sobre su eje
   - C la forma del margen continental
   - D el tamaño y la forma de las cuencas oceánicas

8. A medida que la temperatura del agua de mar sube, el agua contiene
   - A menos minerales disueltos.
   - B menos oxígeno.
   - C más coral.
   - D más nutrientes.

Práctica para la prueba estandarizada

Usa el siguiente diagrama para responder la pregunta 9.

9 El círculo en el diagrama anterior indica una región afectada por
   A blanqueamiento del coral.
   B tsunamis frecuentes.
   C exceso de nitratos y fosfatos.
   D polución de residuos sólidos.

10 La escorrentía de fertilizante de las zonas agrícolas en el agua de mar puede causar un exceso de
   A ácido.
   B dióxido de carbono.
   C nutrientes.
   D sales.

Respuesta elaborada

Usa el siguiente diagrama para responder las preguntas 11 a 13.

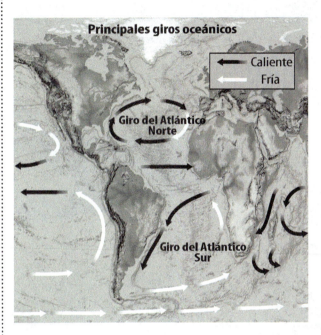

11 ¿Qué tipo de corriente está marcada con flechas en el mapa? ¿Cómo se forman estas corrientes? ¿Qué hacen?

12 ¿Por qué estas corrientes se mueven en direcciones opuestas alrededor de los giros del Atlántico Norte y del Atlántico Sur?

13 ¿Cómo estas corrientes afectan los climas de los continentes circundantes?

14 ¿Cuáles son dos formas en las que las algas benefician a otros organismos?

15 ¿Por qué los océanos saludables son importantes para TODA la vida en la Tierra?

¿NECESITAS AYUDA ADICIONAL?															
Si no pudiste responder la pregunta...	1	2	3	4	5	6	7	8	9	10	11	12	13	14	15
Pasa a la lección...	4	1	1	1	3	3	2	4	4	4	3	3	3	4	4

Capítulo 17

Agua dulce

 ¿Dónde está el agua dulce de la Tierra?

Investigación ¿Por qué los árboles crecen acá?

Observa el número de árboles que crecen a lo largo del río Mississippi. Este ecosistema fluvial es verde y exuberante. Los ríos son una fuente de agua dulce para muchas plantas y animales. El agua dulce ayuda a que la vida se preserve en la Tierra.

- ¿Qué es el agua dulce?
- ¿Cómo los humanos han influido en el agua dulce de la Tierra?
- ¿Dónde se encuentra la mayor parte del agua dulce de la Tierra?

Prepárate para leer

¿Qué opinas?

Antes de leer, piensa si estás de acuerdo o no con las siguientes afirmaciones. A medida que leas el capítulo, decide si cambias de opinión sobre alguna de ellas.

1. El agua dulce en la Tierra solo se encuentra como agua líquida.
2. Hasta el 80 por ciento de la luz solar que llega a la nieve o el hielo se refleja de regreso al espacio.
3. La cantidad de oxígeno y nutrientes del agua no afecta a los organismos que viven en lagos o corrientes de agua.
4. Los glaciares pueden formar cuencas lacustres.
5. Las personas usan el agua subterránea como fuente de agua.
6. Los humedales pueden filtrar naturalmente los contaminantes del agua subterránea.

ConnectED Your one-stop online resource

connectED.mcgraw-hill.com

- Video
- WebQuest
- Audio
- Assessment
- Review
- Concepts in Motion
- Inquiry
- Multilingual eGlossary

Lección 1

Guía de lectura

Conceptos clave 🔑
PREGUNTAS IMPORTANTES

- ¿Cómo los glaciares afectan el nivel del mar?
- ¿Cómo las cubiertas de hielo y nieve afectan el clima?
- ¿Cómo las actividades humanas afectan los glaciares?

Vocabulario
agua dulce pág. 607
glaciar alpino pág. 608
manto de hielo pág. 609
hielo marino pág. 611
núcleo de hielo pág. 612

g Multilingual eGlossary

Glaciares y mantos de hielo polar

Investigación ¿Por qué el hielo se está derritiendo?

Observa el agua que mana del borde del iceberg. ¿Por qué este hielo se está derritiendo tan rápido? ¿Adónde va toda el agua? El hielo se derrite cuando la temperatura aumenta. Cuando el hielo se derrite, el agua derretida con el tiempo llega a los océanos, donde puede causar un aumento del nivel del mar.

Laboratorio de inicio

10 minutos

¿Dónde está toda el agua de la Tierra?

La Tierra a menudo es llamada "el planeta azul". Esto se debe a que casi el 70 por ciento de la superficie de la Tierra está cubierta de agua almacenada en los océanos. ¿Dónde está el resto del agua de la Tierra?

1. Lee y completa un formulario de seguridad en el laboratorio.
2. Vierte 970 ml de agua en un **recipiente de 1 l.** Luego, agrega una gota de **colorante para alimentos rojo.** Este recipiente representa toda el agua salada de la Tierra.
3. Agrega 20.7 ml de agua a un **vaso plástico transparente** usando una **probeta graduada.** Luego, añade una gota de **colorante para alimentos azul** para representar toda el agua dulce almacenada en los glaciares.
4. Agrega 9.0 ml de agua a un **vaso plástico transparente** y luego añade una gota de **colorante para alimentos verde.** Este representa toda el agua dulce almacenada como agua subterránea.
5. Por último, agrega una gota (unos 0.3 ml) de **colorante para alimentos amarillo** a un vaso plástico transparente. Este representa toda el agua dulce de los lagos, los ríos, los humedales, la atmósfera y otras fuentes de la Tierra.

Piensa

1. ¿Dónde está el agua de la Tierra y en qué formas existe?
2. **Concepto clave** ¿Puedes pensar en otro lugar de la Tierra donde podrías encontrar agua?

¿Qué es el agua dulce?

Las imágenes satelitales de la Tierra muestran más agua que terreno seco. La mayor parte del agua que cubre la Tierra es agua salada. Solo alrededor del 3 por ciento es **agua dulce**, es decir, *agua que contiene menos de 0.2 por ciento de sal disuelta*. La vida, como la conocemos, no puede continuar sin el agua dulce.

El agua circula en la Tierra. El agua se mueve de la superficie de la Tierra a la atmósfera mediante la evaporación. Luego el agua se condensa y cae de nuevo a la superficie como precipitación: lluvia, nieve, aguanieve o granizo. Solo el agua dulce entra a la atmósfera de la Tierra y regresa a la superficie.

Más de dos terceras partes del agua dulce de la Tierra está congelada, como se ilustra en la **Figura 1.** El resto es agua líquida, y la mayor parte está almacenada en forma subterránea. Menos del 1 por ciento del agua dulce líquida de la Tierra se halla en corrientes y lagos.

✓ **Verificación de la lectura** ¿Dónde está el agua dulce de la Tierra?

Agua dulce en la Tierra

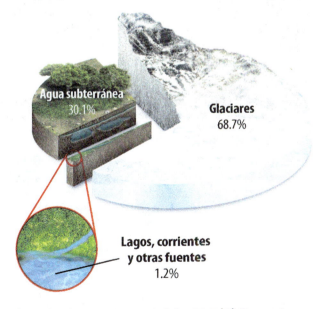

Figura 1 La mayor parte del agua dulce de la Tierra está congelada en glaciares.

REPASO DE VOCABULARIO

glaciar
gran masa de hielo y nieve que se mueve lentamente

ORIGEN DE LAS PALABRAS

alpino
del latín *alpīnus*, que significa "montaña", sistema montañoso de Europa

Glaciares y mantos de hielo

Los **glaciares** son grandes masas de hielo que se forman en la tierra y se deslizan. Los glaciares cubren casi el 10 por ciento de la superficie de la Tierra. Están cerca del polo Norte y del polo Sur y en la cima de las montañas, como se ve en la **Figura 2**.

¿Cómo se forman los glaciares? Imagina lo que sucede cuando la nieve cae, pero no se derrite. Año tras año, se amontonan capas de nieve. El peso y la presión de la nieve que se encuentra encima comprimen la nieve que está en la parte de abajo y la convierten en hielo. Con el tiempo, la masa de hielo y nieve se vuelve tan pesada que la gravedad empieza a arrastrarla lentamente cuesta abajo. En la mayoría de los glaciares este proceso tarda unos cien años.

Glaciares alpinos

Un glaciar que se forma en las montañas es un **glaciar alpino**. Los glaciares alpinos se encuentran en todos los continentes, con excepción de Australia. Fluyen cuesta abajo como ríos de hielo que se deslizan lentamente. Cuando un glaciar alpino fluye cuesta abajo, con el tiempo llega a una elevación en la cual las temperaturas son suficientemente altas como para derretir el hielo. El hielo derretido se llama agua de fusión glaciar.

Figura 2 Más del 97 por ciento del hielo glaciar de la Tierra se almacena en mantos de hielo que cubren la Antártida y Groenlandia. Menos del 3 por ciento se almacena en glaciares alpinos.

Mantos de hielo

Un glaciar que se extiende sobre la tierra en todas las direcciones se denomina **manto de hielo**. Estos también se conocen como glaciares continentales. Cubren grandes áreas de terreno (más de 50,000 km²) y almacenan enormes cantidades de agua dulce. Los únicos dos mantos de hielo que existen hoy en la Tierra se hallan en la Antártida y en Groenlandia.

Algunas partes de los mantos de hielo de la Antártida y de Groenlandia se extienden hasta el océano. Cuando un glaciar desemboca en el océano, se forma una plataforma de hielo. Las plataformas de hielo se hallan en las costas de Alaska, Canadá, Groenlandia y la Antártida. Los icebergs son bloques de hielo que se separan de las plataformas de hielo y flotan en el océano.

Manto de hielo antártico El manto de hielo más grande de la Tierra es el antártico. El manto de hielo cubre la mayor parte de la Antártida y su superficie tiene un área mayor que la de la porción continental de Estados Unidos. Los científicos subdividen el manto de hielo en dos áreas, el manto de hielo antártico del oeste y el manto de hielo antártico del este, como se ilustra en la **Figura 3**. El espesor promedio del manto de hielo antártico es casi 2.4 km. En algunos lugares, el hielo puede tener hasta 5 km, o 3 millas, de espesor.

Manto de hielo de Groenlandia El segundo manto de hielo más grande de la Tierra cubre la mayor parte de Groenlandia. Su espesor promedio es de alrededor de 2.3 km. El área total del manto de hielo es casi 1.8 millones de km².

 Verificación de la lectura ¿Cuáles son los dos tipos de glaciares?

Destrezas matemáticas

Volumen

¿Cuánta agua dulce está almacenada como hielo en el manto de hielo antártico?

El área (*A*) del manto de hielo antártico es **14 millones de km²**. Calcula el volumen (*V*) del hielo multiplicando el área por el espesor o la altura (*h*).

$$V = A \times h$$

Por ejemplo, el espesor promedio del manto de hielo antártico es **2.4 km**.

$$V = 14{,}000{,}000 \text{ km}^2 \times 2.4 \text{ km, ó } 33{,}600{,}000 \text{ km}^3.$$

Practicar

Estados Unidos tiene un área total aproximada de 10 millones de km². ¿Cuál sería el volumen de un manto de hielo que cubriera Estados Unidos hasta una profundidad de 2.2 km?

- Review
- Math Practice
- Personal Tutor

Manto de hielo antártico

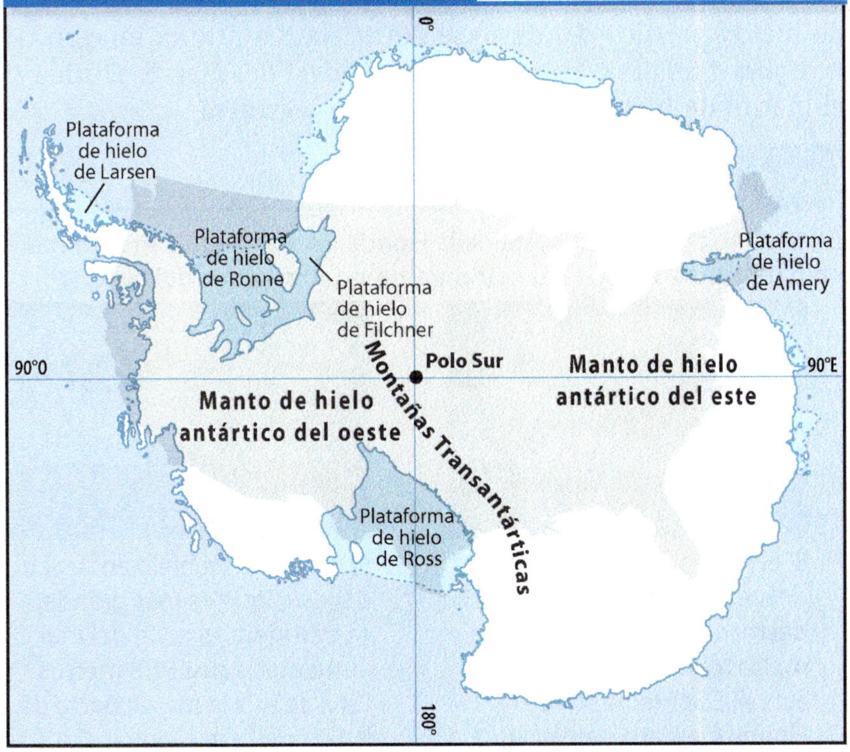

Figura 3 La Antártida tiene un área aproximada de 14 millones de km², es decir, mucho más que el área de Estados Unidos, de casi 10 millones de km². Las plataformas de hielo se prolongan hasta el océano desde varios lugares a lo largo de la costa Antártica.

FOLDABLES

Con una hoja de cuaderno haz un boletín con dos solapas. Úsalo para organizar tus notas sobre las principales formas de agua congelada de la Tierra.

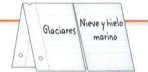

¿Cuánta agua dulce hay en los glaciares?

Los glaciares pueden permanecer congelados durante miles de años. Durante algunos periodos de la historia de la Tierra, el clima fue más frío de lo que es hoy; entonces se formaron muchos glaciares. Los periodos más fríos se llaman edades del hielo, es decir, periodos largos de tiempo en los que grandes áreas de terreno están cubiertas por glaciares. La última edad del hielo terminó hace casi 10,000 años.

Cambios anteriores en el nivel del mar Aun si nunca has ido a ninguna costa, probablemente sabes que el nivel del mar es el nivel promedio de la superficie de los océanos de la Tierra. Durante la historia de la Tierra han ocurrido cambios en el nivel del mar. Este aumenta o disminuye a medida que los cambios climáticos causan la fusión o formación de glaciares.

Como se ilustra en la primera imagen de la **Figura 4,** el nivel del mar durante la última edad del hielo fue mucho más bajo de lo que es hoy. Esto se debe a la enorme cantidad de agua congelada de la Tierra en extensos mantos de hielo. Cuando estos mantos de hielo se derritieron al final de la edad del hielo, el agua de fusión desembocó en el océano y aumentó el nivel del mar.

 Verificación de concepto clave ¿Cómo los glaciares afectan el nivel del mar?

Fusión de los glaciares Los científicos estiman que si todos los glaciares de la Tierra se derritieran, el nivel del mar aumentaría casi 70 metros. Algunas zonas bajas como la península de la Florida y una gran porción de Luisiana quedarían bajo el agua.

¿Cuánta agua hay congelada en los mantos de hielo antárticos? La imagen central de la **Figura 4** ilustra cómo cambiaría el nivel del mar alrededor de la península de Florida si el manto de hielo antártico del oeste se derritiera. La última imagen de la **Figura 4** ilustra cómo cambiaría el nivel del mar de Florida si el manto de hielo antártico del este se derritiera.

Cambios en el nivel del mar

Figura 4 Estos mapas muestran el contorno actual de la costa de la Florida. La zona verde en la primera ilustración muestra cuánto territorio había sobre el nivel del mar durante la última edad del hielo.

Hace 20,000 años, durante la última edad del hielo, el nivel del mar era casi 120 metros más bajo de lo que es hoy.

Si el manto de hielo antártico del oeste se derritiera, el nivel del mar aumentaría casi 5 metros sobre el nivel del mar actual. El extremo sur de la Florida quedaría bajo el agua.

Si el manto de hielo antártico del este, que es más grande, se derritiera, el nivel del mar aumentaría casi 51.8 metros. Esto dejaría la mayor parte de la Florida bajo el agua.

Figura 5 Hasta el 80 por ciento de la luz solar que golpea la nieve o el hielo marino se refleja al espacio.

Cubierta de hielo marino y nieve

La nieve y el hielo marino también son formas congeladas de agua dulce. *El **hielo marino** es el hielo que se forma cuando el agua de mar se congela.* Cuando el agua de mar se congela, deja sal en el océano. Gran parte del océano Ártico está cubierta de hielo marino.

Diferente de los glaciares, el hielo marino no aumenta el nivel del mar añadiendo agua al océano. Imagina un cubo de hielo flotando en un vaso. La cantidad de agua congelada en el cubo de hielo es igual a la cantidad que desplaza en el vaso. Cuando el cubo de hielo se derrite, el nivel de agua se mantiene. Así mismo, cuando el hielo marino se derrite, el nivel del mar se mantiene.

En cambio, la nieve y el hielo marino que se derriten afectan el clima. La nieve o el hielo reflejan más energía solar que la tierra o el agua. En la **Figura 5,** mucha de la luz solar que llega a la nieve o el hielo se refleja al espacio. La reflexión ayuda a mantener bajas las temperaturas superficial y aérea.

Los científicos han documentado una tendencia decreciente en la cantidad de la cubierta de nieve. Cuando la nieve se derrite, la superficie de la Tierra absorbe más energía solar y calienta el aire que está sobre ella. Cuando las grandes zonas de la superficie terrestre se ven afectadas durante periodos prolongados, el clima cambia. Los científicos suponen que esta disminución en la cubierta de nieve se relaciona con un aumento en la temperatura global.

Verificación de concepto clave ¿Cómo el hielo marino y la nieve afectan el clima?

 **MiniLab** 10 minutos

¿El color del suelo afecta la temperatura?

¿Alguna vez has estado fuera en un día soleado después de una nevada? ¿Tuviste que entrecerrar los ojos debido al brillo reflejado desde la nieve? Después de que la nieve se derrite no es necesario que entrecierres tanto los ojos al salir. ¿Por qué?

1. Lee y completa un formulario de seguridad en el laboratorio.
2. Extiende sobre la mesa de laboratorio una hoja de **papel negro** y una hoja de **papel blanco** juntas.
3. Coloca un **termómetro** encima de cada hoja. Asegúrate de que el bulbo de los termómetros quede hacia la parte superior de la hoja.
4. Diseña una tabla de datos para anotar la temperatura de cada termómetro, una vez por minuto durante 5 minutos.
5. Anota la temperatura de cada hoja.
6. Coloca una **lámpara de escritorio** 20 cm por encima de los termómetros. La lámpara debe estar equidistante de ambos bulbos. Enciéndela.
7. Anota la temperatura de cada termómetro cada minuto durante 5 minutos.

Analizar y concluir

1. **Grafica** tus datos de temperatura. Usa lápices de dos colores para diferenciar los resultados. Rotula cada eje y dale un título a la gráfica.
2. **Explica** por qué las lecturas de la temperatura fueron diferentes.
3. **Concepto clave** En el pasado, un manto de hielo continental cubría gran parte de América del Norte. Formula una hipótesis de cómo la fusión del manto de hielo afectó la temperatura de América del Norte.

Figura 6 🔑 Esta gráfica muestra cambios en la temperatura superficial global y el CO_2 en la atmósfera durante los últimos 400,000 años. El aumento más considerable en los niveles de CO_2, que se indican con la línea roja, comenzó hace casi 150 años, cuando las personas empezaron a quemar combustibles fósiles. ▶

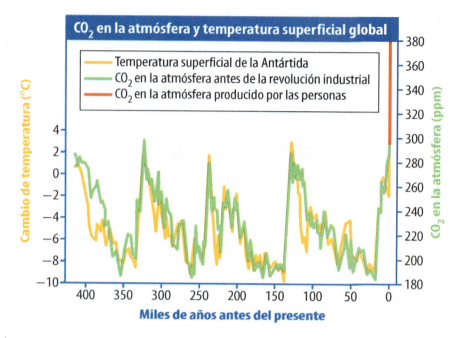

Figura 7 Burbujas de gas encerradas en núcleos de hielo antártico brindan evidencia del contenido de CO_2 en la atmósfera durante distintos periodos de la historia de la Tierra. ▼

Impacto humano en los glaciares

Los estudios científicos indican que los glaciares de la Tierra se están derritiendo. El hielo marino que cubre el océano Ártico también se está derritiendo. ¿Por qué? La Tierra se está calentando. Los datos recolectados por científicos que estudian el clima de la Tierra muestran que la temperatura superficial promedio ha aumentado alrededor de 0.5 °C desde comienzos del siglo XX.

Evidencia del cambio climático

En la **Figura 6,** la línea anaranjada representa la temperatura superficial promedio de la Tierra durante los últimos 400,000 años. Observa que la temperatura de la Tierra fluctuó durante ese lapso. En los periodos fríos, se formaron los glaciares y el nivel del mar disminuyó. En los periodos calientes, se derritieron los glaciares y el nivel del mar aumentó.

La línea verde en la **Figura 6** representa la cantidad de dióxido de carbono (CO_2) en la atmósfera de la Tierra. Observa la comparación entre la temperatura de la Tierra y la cantidad de CO_2 en la atmósfera. A medida que la cantidad de CO_2 aumentaba, también lo hacía la temperatura de la Tierra. Los datos de esta gráfica proceden de **núcleos de hielo**, *columnas largas de hielo tomado de glaciares* como el de la **Figura 7.**

En la **Figura 6,** observa el brusco aumento en el nivel de CO_2 que muestra la línea roja. Las actividades humanas, como la quema de combustibles fósiles, liberan CO_2 en la atmósfera; su aumento ha sido considerable desde el siglo XIX. Los científicos plantean que este aumento en el CO_2 ha contribuido al reciente incremento de la temperatura global. Muchos científicos también suponen que debido al aumento en la temperatura, muchos glaciares de la Tierra se están derritiendo.

🔑 **Verificación de concepto clave** ¿Cómo las actividades humanas afectan los glaciares?

Fusión de glaciares

A medida que la temperatura superficial promedio de la Tierra aumenta, los glaciares y mantos de hielo se derriten; más agua desemboca en los océanos y el nivel del mar aumenta. La **Figura 8** muestra cuánta fusión hubo en un glaciar alpino en un periodo de 63 años. Así como la fusión de los mantos de hielo, la fusión de los glaciares alpinos contribuye al aumento en el nivel del mar.

Fusión de hielo marino

El océano Ártico ha estado cubierto de hielo marino desde el comienzo de la última edad del hielo, hace 125,000 años. Sin embargo, el hielo marino ártico se está derritiendo. La **Figura 9** ilustra cuánto hielo marino se derritió en el océano Ártico entre 1979 y 2005. También muestra cuánto hielo marino ártico se podría perder en las próximas décadas. En septiembre de 2007, el hielo marino del polo Norte estuvo rodeado de agua sin hielo por primera vez en la historia humana conocida. ¿Puede la fusión de nieve o hielo causar que el hielo marino se derrita?

Circuito de retroalimentación positiva

Entre la fusión de nieve y el aumento de la temperatura existe una relación cíclica: cuando una aumenta también lo hace la otra. Los científicos llaman a esta relación circuito de retroalimentación positiva. Ejemplo, cuando la nieve o el hielo se derriten, aumenta la cantidad de energía absorbida del sol. Cuando sucede esto, la temperatura global sube, causando que más nieve o hielo se derritan. Este ciclo se llama circuito de retroalimentación positiva: un aumento en una variable causa un aumento en otra variable.

Figura 8 Gran parte del glaciar Muir en Alaska se ha derretido desde 1941.

✓ **Verificación visual**
¿Qué cambios se aprecian en la fotografía de 2004?

Hielo marino en el polo Norte

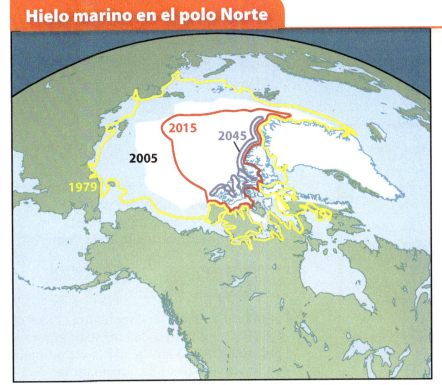

Figura 9 La porción blanca de esta imagen computarizada muestra el tamaño del casquete polar del océano Ártico en 2005. El contorno amarillo muestra los bordes del casquete polar en 1979. Los contornos rojo y morado muestran dónde se encontrarán los bordes del casquete polar en el futuro, de acuerdo con las predicciones de los científicos.

Lección 1
EXPLICAR

Repaso de la Lección 1

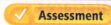

Resumen visual

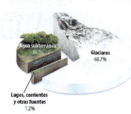

La mayor parte del agua dulce de la Tierra está congelada en mantos de hielo y glaciares alpinos.

La formación de glaciares puede causar que el nivel del mar disminuya. La fusión de los glaciares puede causar que el nivel del mar aumente.

Las actividades humanas se asocian con la reciente fusión del hielo glaciar y del hielo marino ártico.

FOLDABLES

Usa tu modelo de papel para repasar la lección. Guarda tu modelo para el proyecto de final de capítulo.

¿Qué opinas AHORA?

Al inicio de este capítulo leíste las siguientes afirmaciones.

1. El agua dulce en la Tierra solo se encuentra como agua líquida.

2. Hasta el 80 por ciento de la luz solar que llega la nieve o el hielo se refleja de regreso al espacio.

¿Sigues estando de acuerdo o en desacuerdo con las afirmaciones? Reescribe las afirmaciones falsas para hacerlas verdaderas.

Usar vocabulario

1. **Distingue** entre los términos *manto de hielo* y *glaciar alpino*.

2. **Usa el término** *agua dulce* en una oración completa.

3. **Define** *glaciar* con tus propias palabras.

Entender conceptos clave

4. **Compara y contrasta** el hielo en la Antártida y en el océano Ártico.

5. ¿Dónde se encuentra la mayor parte del agua dulce de la Tierra?
   A. glaciares
   B. agua subterránea
   C. lagos
   D. océanos

6. **Contrasta** el nivel del mar durante la última edad del hielo con el nivel del mar en la actualidad.

Interpretar gráficas

7. **Analiza** La siguiente gráfica ilustra cómo el contenido de CO_2 en la atmósfera de la Tierra ha cambiado desde 1850. ¿Cómo se relacionan estos datos con los cambios en la temperatura de la Tierra?

Pensamiento crítico

8. **Justifica** Usa hechos para sustentar esta afirmación: "El agua dulce no está repartida uniformemente en la Tierra".

Destrezas matemáticas Math Practice

9. El manto de hielo de Groenlandia tiene un área de 1.8 millones de km^2 y un espesor promedio de 2.3 km. ¿Cuál es el volumen del manto de hielo de Groenlandia?

614 • Capítulo 17
EVALUAR

CIENCIA Y SOCIEDAD

La vida en la cima del mundo

AMERICAN MUSEUM OF NATURAL HISTORY

Las temperaturas promedio de la Tierra están aumentando, el hielo marino se está derritiendo y alterando ecosistemas completos: esto podría amenazar la supervivencia de los osos polares.

La vida no es fácil cuando se vive en la cima del mundo, en la vasta región glaciar conocida como el Ártico. Hace tanto frío que el hielo cubre parte del océano Ártico todo el año. Sin embargo, varias especies prosperan en este clima polar. De hecho, muchos ecosistemas dependen del hielo del Ártico para sobrevivir.

No obstante, con el aumento de las temperaturas promedio de la Tierra, el hielo del Ártico se está derritiendo, aun el hielo marino, es decir el que se forma en los océanos. El hielo marino sigue un ciclo natural en el Ártico. Se extiende por el océano Ártico en invierno, y en el verano su área se reduce. Pero con las temperaturas en aumento, el hielo marino se forma más tarde y se derrite más temprano cada año. Durante las últimas décadas, la cantidad de hielo del Ártico ha disminuido de manera considerable.

Esta desaparición del hielo amenaza al principal predador del Ártico: el oso polar. Los osos polares viajan por el hielo marino para cazar focas. A medida que el hielo marino se rompe y se derrite, los osos polares deben nadar distancias más largas para hallar su presa. Además, la congelación tardía y la fusión temprana del hielo marino significan temporadas de caza más cortas para ellos. Los osos polares han sido clasificados como especie en peligro porque su población está disminuyendo. Si el calentamiento continúa, podrían extinguirse.

El futuro de la vida en el Ártico es incierto. Los científicos continúan monitoreando los datos climáticos para entender el impacto del aumento de las temperaturas promedio en los ecosistemas árticos. Sin embargo, si el clima de la Tierra sigue calentándose, la vida en el Ártico quizá nunca vuelva a ser la misma.

Los científicos usan las imágenes satelitales para monitorear la cantidad de hielo marino ártico. Estas imágenes de 1979 (arriba) y 2007 (abajo) muestran que el hielo marino en verano cubre aproximadamente la mitad de lo que cubría hace 30 años. ▼

◀ Los osos polares son nadadores y cazan tanto en el hielo marino como en la tierra. Durante el invierno, se les desarrolla una capa de grasa que les ayuda a sobrevivir el resto del año.

Te toca a ti

INVESTIGA Aprende cómo la cada vez más reducida población de osos polares podría afectar a otras especies del Ártico. Diseña un diagrama de causa y efecto, con una afirmación si-entonces que describa los efectos de la disminución de la población de osos polares en otras especies silvestres del Ártico.

Lección 1
EXTENDER

Lección 2

Guía de lectura

Conceptos clave
PREGUNTAS IMPORTANTES

- ¿Qué son las corrientes de agua y los lagos?
- ¿Qué es una cuenca hidrográfica?
- ¿Cómo las actividades humanas afectan las corrientes de agua y los lagos?

Vocabulario
escorrentía pág. 617
corriente de agua pág. 618
cuenca hidrográfica pág. 619
estuario pág. 619
lago pág. 620

Multilingual eGlossary

Video
What's Science Got to do With It?

Corrientes de agua y lagos

Investigación ¿Qué es esta estructura?

Esta enorme estructura de concreto es la represa Hoover, en Nevada. La represa se construyó para controlar el caudal del río Colorado. Observa el gran embalse, el lago Mead, detrás de la represa. El agua dulce del lago Mead se usa para propósitos recreativos, como agua potable, para irrigación y para la generación de energía hidroeléctrica. Las represas también pueden tener efectos negativos en el medioambiente y el ecosistema que rodean un río.

Laboratorio de inicio

10 minutos

¿Cómo puedes medir la salud de una corriente de agua?

La calidad del agua en una corriente de agua afecta a los organismos que viven en ella. Los macroinvertebrados son animales diminutos sin columna vertebral. Su presencia permite determinar la salud de una corriente de agua. Por ejemplo, el escarabajo Elmidae solo habita en corrientes de agua con un alto nivel de oxígeno disuelto, donde la corriente es saludable. Usa los siguientes datos para medir la salud de una corriente de agua cercana a un nuevo proyecto de vivienda.

1. Lee y completa un formulario de seguridad en el laboratorio.
2. Usa **papel cuadriculado** y **lápices de colores** para construir una gráfica usando los datos de la tabla.
3. Traza la temperatura del agua, el oxígeno disuelto y la densidad de población de cada año.

Año	Temp. del agua (°C)	Concentración de oxígeno disuelto (ppm)	Escarabajo Elmidae (adultos/ roca)
1998	10.4	11.5	9.8
2000	11	10.5	9.3
2002	12.7	8	7.9
2004	13.3	7.5	6.2
2006	14.1	6.5	4.4
2008	15.2	5.5	2.6

Piensa

1. ¿Qué le sucede a la corriente de agua?
2. Haz una predicción sobre el número de escarabajos Elmidae adultos por roca en 2015.
3. **Concepto clave** Además de la reducción del nivel de oxígeno, ¿qué más puede afectar a la población de escarabajos Elmidae en esta corriente de agua?

Escorrentía

Si alguna vez has estado al aire libre durante una lluvia fuerte, quizá hayas observado capas de agua que corren rápidamente hacia abajo sobre el pavimento o el suelo. El agua puede seguir muchos trayectos diferentes durante un temporal. Una parte del agua penetra en el suelo y otra parte se acumula en charcos que se evaporan.

El agua que fluye sobre la superficie de la Tierra se llama **escorrentía**. Proviene de la lluvia, la nieve o el hielo derretidos o cualquier otra fuente de agua que no penetre en el suelo o se evapore. La escorrentía es parte del ciclo del agua. Debido a la gravedad, la escorrentía fluye cuesta abajo, desde los terrenos más altos hasta los más bajos. La escorrentía por lo general empieza como una capa delgada, o capa, de agua que fluye sobre el suelo, como la que se muestra en la **Figura 10.**

Figura 10 La escorrentía a menudo empieza como capas de agua que corren cuesta abajo.

Verificación de la lectura ¿Qué es escorrentía?

Corrientes de agua

Una **corriente de agua** *es una masa de agua que fluye dentro de un canal*, como se muestra en la **Figura 11**. Los científicos usan el término *corriente de agua* para referirse a cualquier canal de agua que fluye naturalmente. Por ejemplo, un río es una gran corriente de agua. Un arroyo es una corriente pequeña. Un riachuelo es más grande que un arroyo, pero más pequeño que un río.

▲ Figura 11
Las corrientes de agua se forman cuando la escorrentía erosiona canales que llevan agua y sedimentos cuesta abajo.

 Verificación de concepto clave ¿Qué es una corriente de agua?

Todas las corrientes de agua se forman a partir de procesos similares. A medida que el agua fluye cuesta abajo, lleva consigo rocas y tierra, que forman pequeños canales llamados surcos. Cada vez que llueve, se erosiona más roca y tierra del surco. Con el tiempo, el surco crece y forma un canal de agua más grande y permanente. Las corrientes pequeñas pueden combinarse y formar una corriente más grande. Las corrientes grandes con el tiempo se pueden convertir en ríos que desembocan en un lago o un océano.

Lagunas y rápidos

Si alguna vez has visto una pequeña corriente de agua, quizá hayas observado las diferencias en la manera como el agua fluye. Algunas veces, el agua se ve tranquila, otras veces es turbulenta o picada, como se muestra en la **Figura 12**. El agua es lenta, continua y tranquila en lugares donde el canal de la corriente es plano. Las lagunas con frecuencia se forman en depresiones o puntos bajos dentro de un canal de una corriente. Donde el canal de la corriente es áspero o la pendiente es empinada, el agua se agita y salpica. Un rápido es una parte poco profunda de una corriente de agua que fluye sobre terreno disparejo. Los rápidos ayudan a mezclar el agua a medida que esta salpica y forma remolinos sobre zonas ásperas. Esta acción aumenta el contenido de oxígeno del agua y hace que la corriente de agua sea más sana.

Figura 12 El oxígeno del aire se mezcla en el agua a medida que pasa sobre los rápidos. El agua de los rápidos ayuda a oxigenar las lagunas corriente abajo. ▼

Cuenca hidrográfica 🔑

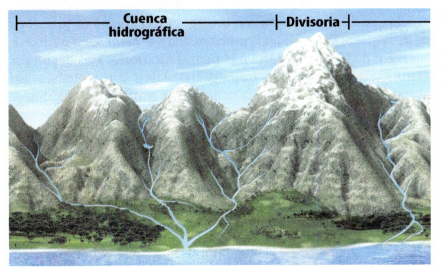

Figura 13 Esta cuenca hidrográfica incluye varias corrientes de agua que desembocan en un río, el cual vierte sus aguas en el océano.

Cuencas hidrográficas

Imagina una casa con un techo que sea más alto en el centro que a los lados. La lluvia cae en ambos lados del techo y corre hacia abajo. Sin embargo, la lluvia corre en direcciones opuestas. Lo mismo sucede cuando la lluvia cae a la Tierra. La dirección en la cual fluye la escorrentía depende del lado de la pendiente sobre el cual caiga la lluvia. *Una* **cuenca hidrográfica** *es un área de tierra que drena escorrentía hacia una corriente de agua, lago, océano u otra masa de agua en particular.*

Como en el anterior ejemplo, los límites de una cuenca hidrográfica son los puntos más altos de terreno que la rodean. Estos puntos altos se llaman divisorias. La **Figura 13** muestra ejemplos de cuencas hidrográficas y divisorias.

 Verificación de concepto clave ¿Qué es una cuenca hidrográfica?

De las corrientes de cabecera a los estuarios

Las pequeñas corrientes de agua que se forman cerca de las divisorias se llaman corrientes de cabecera. Las corrientes de agua nacen en las corrientes de cabecera y terminan en la desembocadura de un río. Allí, la escorrentía desagua en un lago, un océano u otra gran masa de agua.

¿Qué sucede cuando un río llega al mar? El agua dulce se mezcla con el agua salada. Muchas cuencas hidrográficas grandes terminan en un **estuario**, *una región costera donde el agua dulce de los ríos y las corrientes se mezclan con el agua salada de los mares u océanos.* Los estuarios contienen agua salobre, es decir, una mezcla de agua dulce y agua salada. Como se muestra en la **Figura 14,** el agua del estuario se hace más salada cuanto más se acerca al océano. Los estuarios son ricos en minerales y nutrientes y brindan hábitats importantes a muchos organismos.

ORIGEN DE LAS PALABRAS

estuario
del latín *aestuarium*, que significa "pantano inundado por la marea"

Figura 14 Los estuarios se forman en lugares donde las corrientes de agua dulce desembocan en un océano, el mar o una bahía.

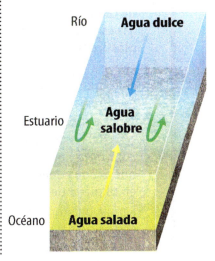

Foldables

Usa una hoja de cuaderno para hacer un boletín con dos solapas. Rotúlalo como se muestra y úsalo para organizar la información sobre las características de las corrientes de agua y los lagos.

USO CIENTÍFICO Y USO COMÚN

cuenca

Uso científico depresión poco profunda rodeada por un terreno que está a mayor altura

Uso común cavidad en la que se halla cada uno de los ojos

Lagos

Cuando la escorrentía desemboca en una cuenca, o depresión en el paisaje, se puede formar un lago. *Un lago es una gran masa de agua que se forma en una cuenca rodeada de tierra.* La mayoría de los lagos de la Tierra están en el hemisferio norte. Más del 60 por ciento se encuentran en Canadá. Los lagos son embalses que almacenan agua. La mayoría de los lagos contienen agua dulce.

Cómo se forman los lagos

La erosión, los deslizamientos de tierra, los movimientos de la corteza terrestre y el colapso de conos volcánicos pueden formar cuencas lacustres. El agua puede entrar en una cuenca lacustre procedente de las precipitaciones, las corrientes, o agua subterránea que sale a la superficie. La mayoría de los lagos tienen una o más corrientes de agua que retiran el agua cuando el lago se desborda. Los lagos también pierden agua por evaporación o cuando el agua penetra en el suelo.

El nivel del agua en un lago no es constante. Si el lago pierde agua debido a la evaporación, su nivel bajará. Ocasionalmente, un lago desaparecerá por completo si la precipitación no vuelve a llenar el agua que se perdió del lago. En cambio, si el lago recibe demasiada lluvia, el agua puede rebasar los bancos del lago y causar una inundación.

Investigación MiniLab

15 minutos

¿Cómo una termoclina afecta la polución en un lago?

Cuando el sol calienta la superficie de un lago frío, se forma una capa de agua caliente en la superficie. El agua fría que está al fondo es más densa y permanece constante. Aguas de diferentes densidades no se mezclan fácilmente. Los contaminantes o nutrientes en una capa quedan atrapados.

1. Lee y completa un formulario de seguridad en el laboratorio.
2. Con un **lápiz** agujerea el fondo de un **vaso de cartón.** Con **cinta adhesiva** pega el vaso a la esquina de una **caja de zapatos plástica transparente.**
3. Llena la caja de zapatos con **agua muy caliente** hasta que el asiento del vaso se sumerja.
4. "Contamina" tu lago vertiendo en el vaso 100-200 ml de **agua helada** teñida con **colorante para alimentos.** Observa hasta que el agua deje de fluir. Haz un bosquejo en tu diario de ciencias de lo que sucede.
5. Simula una tormenta soplando la superficie del agua.

Analizar y concluir

1. **Explica** lo que le sucedió al agua teñida.
2. **Describe** el efecto que tuvo el viento en la capa de agua teñida.
3. **Contrasta** la manera como se formaron las capas en tu modelo de lago con la manera como se forman en un lago real.
4. **Verificación de concepto clave** Formula una hipótesis de cómo la polución causada por la actividad humana podría afectar diferentes zonas en un lago.

Propiedades y estructura

El agua cambia de temperatura más lentamente que la tierra. Esto puede afectar las condiciones del tiempo atmosférico cerca de un lago. Por ejemplo, en un día caliente de verano podría refrescarte una brisa fría que sopla desde el lago.

¿Alguna vez has nadado en un lago y has observado que el agua cambia de temperatura según la profundidad? La luz solar calienta la capa de la superficie y la hace más cálida y menos densa que las capas que están debajo. Cuanto más profundo nades, absorbes menos luz solar. Algunos lagos profundos del norte desarrollan dos capas **distintas** de agua: una capa superior cálida y una capa inferior fría. Las dos capas están separadas por una región de cambio rápido de temperatura llamada termoclina. Esta actúa como barrera y evita que las capas se mezclen.

> **VOCABULARIO ACADÉMICO**
> **distinto**
> *(adjetivo)* diferente; que no es igual

Impacto humano en las corrientes de agua y los lagos

Las personas de todo el mundo dependen de las corrientes de agua y los lagos como fuentes de agua. Las corrientes se represan para crear embalses en los cuales se almacena agua. Debido a las represas, algunos ríos, como el río Colorado, que se muestra al inicio de la lección, están casi secos antes de llegar al océano.

Como se ilustra en la **Figura 16,** las personas pueden afectar la salud de las corrientes de agua y los lagos de muchas maneras. La escorrentía puede llevar consigo fertilizantes, pesticidas, aguas residuales y otros contaminantes nocivos para los organismos que viven en el agua o cerca de ella. Por ejemplo, el exceso de nutrientes de los fertilizantes o las aguas residuales pueden entrar en una corriente de agua y ocasionar un aumento de la población de algas. Cuando las algas mueren, las bacterias las descomponen y usan el oxígeno en el proceso de descomposición. Si las tasas de descomposición son demasiado altas, los niveles de oxígeno en el agua pueden ser tan bajos que los peces y otros animales no pueden sobrevivir.

 Verificación de concepto clave ¿De qué manera las actividades humanas afectan las corrientes de agua y los lagos?

Figura 16 Los contaminantes que desembocan en el agua dulce pueden dañar a los organismos vivos, incluidas las personas que usan el agua para beber, lavar o irrigar.

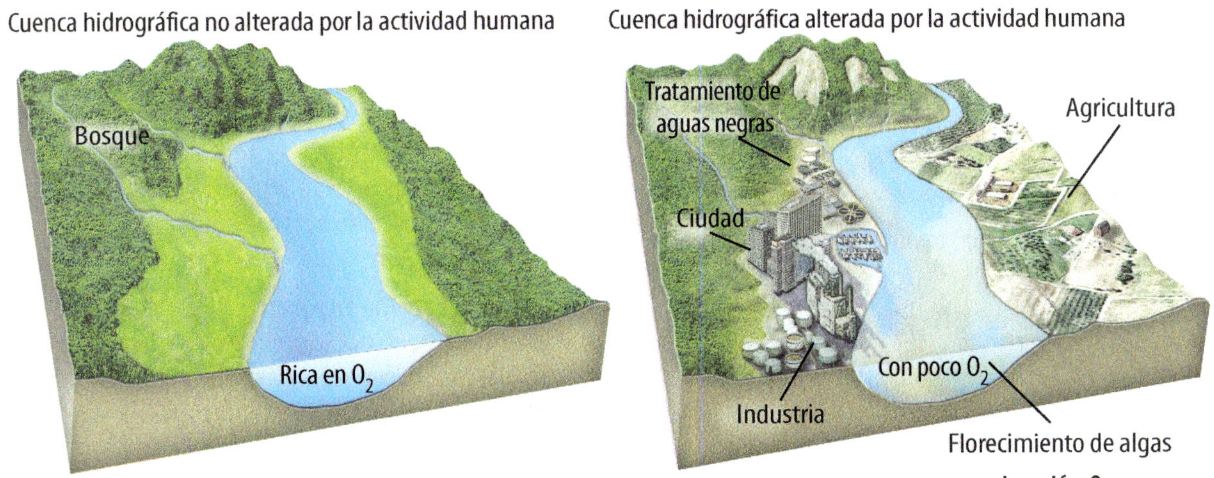

Cuenca hidrográfica no alterada por la actividad humana
- Bosque
- Rica en O_2

Cuenca hidrográfica alterada por la actividad humana
- Tratamiento de aguas negras
- Agricultura
- Ciudad
- Industria
- Con poco O_2
- Florecimiento de algas

Lección 2
EXPLICAR

Repaso de la Lección 2

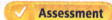 Assessment   Online Quiz

Resumen visual

El agua que fluye sobre la superficie de la Tierra y desemboca en las corrientes de agua y los lagos se llama escorrentía.

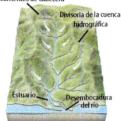
Las cuencas hidrográficas nacen en lugares altos llamados divisorias, donde las corrientes de cabecera fluyen cuesta abajo.

Los humanos pueden tener un impacto negativo sobre la salud de las corrientes de agua y los lagos.

FOLDABLES

Usa tu modelo de papel para repasar la lección. Guarda tu modelo para el proyecto de final de capítulo.

¿Qué opinas AHORA?

Al inicio de este capítulo leíste las siguientes afirmaciones.

3. La cantidad de oxígeno y nutrientes del agua no afecta a los organismos que viven en lagos o corrientes de agua.

4. Los glaciares pueden formar cuencas lacustres.

¿Sigues estando de acuerdo o en desacuerdo con las afirmaciones? Reescribe las afirmaciones falsas para hacerlas verdaderas.

Usar vocabulario

1. **Usa el término** *escorrentía* en una oración completa.

2. **Define** *cuenca hidrográfica* con tus propias palabras.

3. **Distingue** entre un *lago* y una *corriente de agua*.

Entender conceptos clave

4. ¿Cuál es el orden correcto de estas masas de agua de menor a mayor?
    A. riachuelos, ríos, escorrentía, estuarios
    B. estuarios, escorrentía, riachuelos, ríos
    C. ríos, estuarios, escorrentía, riachuelos
    D. escorrentía, riachuelos, ríos, estuarios

5. **Describe** cómo se forman los lagos.

6. **Distingue** entre escorrentía y corrientes de agua.

7. **Explica** cómo las divisorias afectan el flujo del agua.

Interpretar gráficas

8. **Resume** Observa el siguiente diagrama. ¿Cómo se formó esta estructura?

Pensamiento crítico

9. **Sintetiza** Unos nadadores meten la punta del pie en el agua del lago y la sienten caliente. Cuando se sumergen, descubren que el lago es mucho más frío. Explica por qué.

10. **Evalúa** Escribe un párrafo que describa cómo la destrucción de un bosque con el fin de abrir espacio para una fábrica podría afectar a los organismos de una corriente de agua cercana.

Investigación | Práctica de destrezas | Observar | 30 minutos

¿Cómo el agua desemboca en las corrientes de agua y sale de ellas?

Probablemente has visto correr el agua por una corriente o un río. Lo que puedes ver es solo parte de cómo fluye el agua en un río, porque gran parte del flujo del río ocurre en el suelo.

Materiales

simulador de corrientes de agua

arena seca

galón de plástico

cubeta de plástico

toallas de papel

Seguridad

Aprende
La **observación** es una destreza científica básica. Sin las observaciones, los científicos no sabrían qué preguntar o cómo enfocar y desarrollar ideas sobre el comportamiento de la naturaleza.

Intenta

1. Lee y completa un formulario de seguridad en el laboratorio.

2. Llena un simulador de corrientes de agua hasta la mitad con arena. Inclina el simulador y coloca el extremo inferior del tubo de drenaje en una cubeta de plástico para permitir el drenaje.

3. Con la arena moldea dos cordilleras largas con un valle en medio. Vuelve a moldear las cordilleras si es necesario.

4. Haz agujeros pequeños en el fondo de un galón de plástico y llénalo de agua. Empieza a "hacer llover" sobre la arena que está en la parte superior del simulador. Mide el tiempo que tarda el agua en empezar a desembocar en la cubeta de plástico mientras sigues haciendo llover. Continúa hasta que toda la arena se humedezca y el agua fluya de manera constante.

5. Cuando toda la arena esté húmeda, detén la lluvia y cronometra cuánto tiempo tarda el agua en dejar de fluir.

Aplica

6. Cuando iniciaste la lluvia en el simulador de corrientes de agua, ¿adónde fue toda el agua?

7. ¿Qué tuvo que suceder para que el agua empezara a fluir?

8. Una vez que detuviste la lluvia, ¿por qué siguió escurriendo agua del simulador?

9. 🔑 **Concepto clave** ¿De dónde viene el agua que fluye en una corriente de agua?

Lección 3

Guía de lectura

Conceptos clave 🗝
PREGUNTAS IMPORTANTES

- ¿Qué es el agua subterránea?
- ¿Por qué son importantes los humedales?
- ¿Cómo las actividades humanas afectan el agua subterránea y los humedales?

Vocabulario

agua subterránea pág. 625
nivel freático pág. 626
porosidad pág. 626
permeabilidad pág. 626
acuífero pág. 627
humedal pág. 628

 Multilingual eGlossary

 Video BrainPOP®

Agua subterránea y humedales

Investigación ¿De dónde vino esta agua?

¿Por qué están brotando del suelo burbujas de agua? ¿Alguna vez has visto algo así? El agua subterránea, almacenada en rocas bajo la superficie, puede inundar el paisaje después de una tormenta fuerte cuando el suelo está saturado. También puede emerger en zonas bajas.

Capítulo 17
EMPRENDER

Laboratorio de inicio

¿Cómo es de firme la superficie de la Tierra?

Se siente firme, pero ¿solo cuánto es firme la "tierra firme"? Aunque parece mentira, el suelo y las rocas bajo tus pies no son completamente firmes.

1. Lee y completa un formulario de seguridad en el laboratorio.
2. Llena un **frasco** grande con **pelotas de golf.**
3. Sigue las instrucciones de tu profesor.

Piensa

1. ¿En qué momento pensaste que el frasco estaba lleno?
2. ¿Piensas que el tamaño de las partículas del suelo afecta la velocidad a la cual se puede mover el agua en él?
3.  **Concepto clave** ¿El agua fluye más fácilmente a través de sedimentos de igual tamaño o de muchos tamaños diferentes?

Agua subterránea

Parte del agua que cae a la Tierra como precipitación penetra en el suelo. *Por lo general, el agua que está debajo del suelo se llama* **agua subterránea**. El agua se filtra por el suelo y por diminutos poros, o espacios, entre el sedimento y las rocas. Si alguna vez has estado dentro de una cueva y has visto gotear agua por los lados, has visto una filtración de agua subterránea en la roca.

 Verificación de concepto clave ¿Qué es el agua subterránea?

En algunas zonas, el agua subterránea está muy cerca de la superficie y mantiene el suelo húmedo. En otras, en especial en desiertos y otros climas secos, el agua subterránea está cientos de metros bajo la superficie.

El agua subterránea puede permanecer bajo el suelo durante largos periodos: miles o millones de años. Con el tiempo, regresa a la superficie y vuelve a entrar al ciclo del agua. Sin embargo, los humanos interfieren con este proceso, cuando perforan pozos en el suelo o eliminan agua para el uso cotidiano.

Importancia del agua subterránea

El agua que está bajo la superficie de la Tierra es mucho más abundante que el agua dulce de los lagos y corrientes de agua. Recuerda que el agua subterránea es alrededor de una tercera parte del agua dulce de la Tierra. El agua subterránea es una importante fuente para muchas corrientes de agua, lagos y humedales. Algunas plantas absorben agua subterránea por medio de largas raíces que crecen a grandes profundidades.

En muchas partes del mundo las personas dependen del agua subterránea para su suministro. En Estados Unidos, casi el 20 por ciento del agua que las personas consumen a diario proviene de agua subterránea.

Agua subterránea

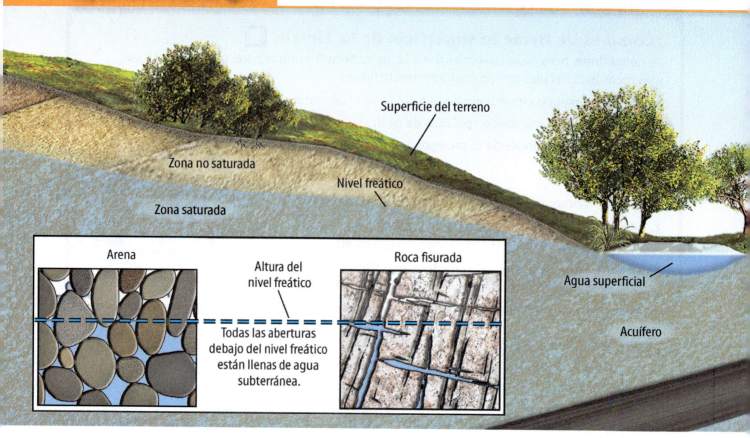

El nivel freático

Como se ilustra en la **Figura 17,** el agua subterránea se filtra por diminutas grietas y poros dentro de las rocas y el sedimento. Cerca de la superficie de la Tierra, los poros contienen una mezcla de aire y agua. Esta región se conoce como zona no saturada porque los poros no están completamente llenos de agua. A mayor profundidad, los poros están completamente llenos de agua. Esta es la zona saturada. *El límite superior de la zona saturada se llama* **nivel freático**.

Verificación de la lectura ¿Qué es el nivel freático?

Porosidad Las rocas varían en la cantidad de agua que pueden almacenar, y la velocidad a la cual fluye el agua por la roca. Algunas rocas pueden almacenar mucha agua pero otras no. *La* **porosidad** *es la medida de la capacidad de una roca para almacenar agua.* La porosidad aumenta con el número de poros en la roca. Cuanto más alta sea la porosidad, más agua puede almacenar una roca.

Permeabilidad *La medida de la capacidad del agua para fluir a través de la roca y el sedimento se llama* **permeabilidad**. Esta capacidad de fluir a través de la roca y el sedimento depende del tamaño de los poros y de las conexiones entre ellos. Aun si el espacio para los poros es abundante en una roca, estos deben formar recorridos conectados para que el agua filtre fácilmente por la roca.

Flujo del agua subterránea

Así como una escorrentía fluye cuesta abajo por la superficie de la Tierra, el agua subterránea desciende bajo la superficie de la Tierra. El agua subterránea fluye de elevaciones más altas a elevaciones más bajas. En las zonas bajas de la superficie de la Tierra, el agua subterránea con el tiempo podría filtrarse desde el suelo y alimentar una corriente, un lago o un humedal, como también se muestra en la **Figura 17.** Así, el agua subterránea puede volverse agua superficial. Del mismo modo, el agua superficial puede filtrarse en el suelo y convertirse en agua subterránea. Así es como el agua subterránea se repone.

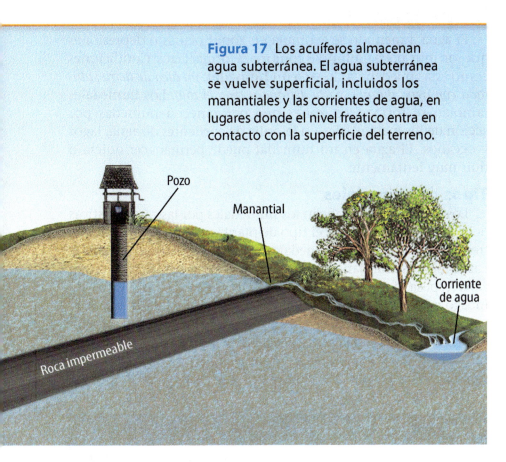

Figura 17 Los acuíferos almacenan agua subterránea. El agua subterránea se vuelve superficial, incluidos los manantiales y las corrientes de agua, en lugares donde el nivel freático entra en contacto con la superficie del terreno.

FOLDABLES

Con una hoja de cuaderno haz un boletín con dos solapas. Úsalo para organizar tus notas sobre agua subterránea, humedales y cómo se relacionan entre sí.

Pozos A menudo las personas traen a la superficie de la Tierra el agua subterránea perforando pozos como el de la **Figura 17**. Por lo general, los pozos se perforan en un **acuífero**, *un área de sedimento permeable o roca que almacena cantidades significativas de agua*. Luego, el agua subterránea desemboca en el pozo del acuífero y se bombea hacia la superficie.

La precipitación ayuda a reemplazar el agua subterránea extraída de los pozos. Durante una sequía se reemplaza menos agua, por lo tanto el nivel del agua en el pozo disminuye. Lo mismo sucede si el agua se extrae del pozo más rápido de lo que se reemplaza. Si el nivel del agua desciende mucho, el pozo se seca.

Manantiales Un manantial se forma donde el nivel freático sube hasta la superficie de la Tierra, como se muestra al inicio de la lección. Algunos manantiales solo brotan hasta la superficie después de una lluvia o una fusión de nieve muy fuertes. Muchos manantiales alimentados por grandes acuíferos fluyen en forma continua.

Impacto humano en el agua subterránea

Si agua superficial contaminada se filtra en el suelo, puede contaminar el agua subterránea que se encuentra bajo ella. Algunos contaminantes son los pesticidas, los fertilizantes, las aguas residuales, los desechos industriales y la sal usada para derretir el hielo en las carreteras. Los contaminantes pueden viajar por el suelo hasta los acuíferos que surten los pozos. La salud de las personas puede verse afectada si beben agua contaminada de un pozo.

El agua en un acuífero ayuda a sostener las rocas y la tierra que están encima de él. En algunas partes del mundo, el agua se está extrayendo de los acuíferos más rápido de lo que puede ser reemplazada. Esto crea un espacio vacío bajo el suelo, que no puede soportar el peso de las rocas y la tierra que están encima. Donde el suelo colapsa debido a la falta de apoyo suficiente se forman sumideros.

Verificación de concepto clave ¿Cómo las actividades humanas afectan el agua subterránea?

Humedales

El agua a menudo se acumula en zonas planas o depresiones que son muy poco profundas como para formar lagos. Condiciones como estas pueden dar lugar a un **humedal**, *un área de tierra saturada con agua durante parte del año o todo el año.* Los humedales también se forman en zonas que permanecen húmedas por acción de los manantiales y a la orilla de corrientes de agua, lagos y océanos. El agua en un humedal puede permanecer quieta o fluir muy lentamente.

Tipos de humedales

Los científicos identifican los humedales por las características del agua y del suelo y por el tipo de plantas que albergan. Existen tres tipos principales de humedales, como se muestra en la **Tabla 1**. Las turberas se forman en climas fríos y húmedos. Producen una capa espesa de turba: restos parcialmente descompuestos de musgo **esfagno.** La turba almacena agua, así que las turberas rara vez se secan. A diferencia de las turberas, los pantanos y las ciénagas se forman en climas más calientes y secos, y no producen turba. La precipitación y la escorrentía suplen los pantanos y las ciénagas. Pueden secarse temporalmente cuando el tiempo se torna caliente y seco.

> **ORIGEN DE LAS PALABRAS**
> **esfagno**
> del griego *sphagnos*, que significa "arbusto espinoso"

Tabla 1 Tipos de humedales

Turberas
- se suplen de la escorrentía; bajo contenido de oxígeno
- suelo ácido y con pocos nutrientes
- plantas dominantes: musgo esfagno (*Sphagnum*), flores silvestres y arándanos

Pantanos
- se suplen de la escorrentía y la precipitación
- el suelo es ligeramente ácido y rico en nutrientes
- plantas dominantes: pastos y arbustos

Ciénagas
- se suplen de la escorrentía y la precipitación
- el suelo es ligeramente ácido y rico en nutrientes
- plantas dominantes: árboles y arbustos

Importancia de los humedales

Los humedales ofrecen un hábitat importante para la fauna y la flora. Ayudan a controlar las inundaciones y la erosión, así como a filtrar los sedimentos y contaminantes del agua.

Hábitat En los humedales vive una amplia variedad de plantas y animales, como se muestra en la **Figura 18.** Los humedales ofrecen abundante alimento y refugio para animales jóvenes y recién salidos del cascarón, como peces, anfibios y aves. Los humedales también son importantes paradas de descanso y fuentes de alimento para los animales migratorios, en especial las aves.

Control de inundaciones Los humedales ayudan a reducir las inundaciones porque almacenan grandes cantidades de agua. Se llenan de agua durante la temporada húmeda y la expulsan lentamente en tiempos de sequía.

Control de la erosión Los humedales costeros ayudan a prevenir la erosión playera. Los humedales pueden reducir la energía producida por la acción de las ondas y marejadas ciclónicas (agua que los vientos producidos por fuertes tormentas arrastran a la orilla).

Filtración Los humedales ayudan a evitar que los sedimentos y contaminantes lleguen a las corrientes de agua, los lagos, el agua subterránea o el océano. Son sistemas naturales de filtración. La escorrentía que entra en un humedal a menudo contiene nitrógeno en exceso proveniente de los fertilizantes o los desechos de origen animal. Las plantas y las bacterias del suelo de los humedales absorben el exceso de nitrógeno. Las plantas y el suelo de los humedales también atrapan los sedimentos y ayudan a eliminar los metales tóxicos y otros contaminantes del agua.

 Verificación de concepto clave ¿Por qué son importantes los humedales?

Figura 18 Los humedales son un hábitat importante para la fauna y la flora, ya que brinda agua, alimento y refugio.

Investigación MiniLab

20 minutos

¿Puedes hacer un modelo de medioambientes de agua dulce?

Las fuentes de agua subterránea y agua superficial son parecidas. Cuando el suelo se satura de agua tras una tormenta, el exceso de agua puede desembocar en lagos o corrientes de agua. Así mismo, el agua subterránea puede subir a la superficie y formar humedales.

1. Lee y completa un formulario de seguridad en el laboratorio.
2. Vierte **arena** en una **caja de zapatos plástica** hasta la mitad. Nivela la superficie de la arena.
3. Observa el lado de la caja mientras viertes suficiente agua, de manera que el nivel del agua, o nivel freático, se nivele con la parte superior de la arena.
4. Retira algo de arena de un extremo de la caja y apila el exceso de arena en el otro extremo para formar una región montañosa. Crea un área entre el hoyo de donde tomaste la arena y el montón donde la arena está en el nivel freático.
5. Observa la caja de zapatos desde el lado. En tu diario de ciencias, dibuja un corte transversal de tu modelo. Incluye el nivel freático en tu corte transversal.
6. Agrega algunas gotas de **colorante para alimentos** a las montañas para representar la polución. Usa un **vaso de cartón** agujereado en el fondo, para hacer un modelo de precipitación dejando gotear agua sobre tu modelo. Observa.

Analizar y concluir

1. **Rotula** el lago, los humedales, las montañas y el nivel freático en tu diagrama e identifica en dónde el nivel freático está sobre la superficie, al mismo nivel o por debajo.
2. **Describe** el rumbo que sigue la "polución".
3. **Concepto clave** ¿De qué manera este laboratorio demuestra el comportamiento del agua subterránea?

Impacto humano en los humedales

Muchos humedales en todo el mundo han sido drenados y llenados con tierra para carreteras, edificios, aeropuertos y otros usos. La desaparición de los humedales también se ha asociado con el aumento en el nivel del mar, la erosión costera y la introducción de especies que no se encuentran naturalmente en los humedales. Los científicos estiman que más de la mitad de los humedales de Estados Unidos han sido destruidos en los últimos 300 años.

La costa de Luisiana ha perdido casi 310 km^2 de humedales desde 1950. La **Figura 19** muestra algunos de los cambios que han sucedido en la costa de Luisiana. La falta de humedales en la costa pudo haber contribuido a la inundación generalizada que ocurrió cuando el huracán Katrina golpeó la zona en 2005.

Verificación de concepto clave
¿Cómo las actividades humanas afectan los humedales?

Figura 19 Grandes porciones de los humedales costeros de Luisiana han sido llenados para construir carreteras y edificios. Los científicos e ingenieros han planteado que se pueden evitar inundaciones en el futuro restaurando algunas zonas de humedales.

Capítulo 17
EXPLICAR

Repaso de la Lección 3

✓ **Assessment** — Online Quiz
? **Inquiry** — Virtual Lab

Resumen visual

El agua subterránea llena poros en el suelo y las rocas en la zona saturada. El nivel freático señala la parte superior de la zona saturada.

Un humedal es un área de terreno saturada de agua durante parte del año o todo el año.

La participación de los seres humanos en la alteración y destrucción de los humedales puede tener efectos devastadores.

FOLDABLES

Usa tu modelo de papel para repasar la lección. Guarda tu modelo para el proyecto de final de capítulo.

¿Qué opinas AHORA?

Al inicio de este capítulo leíste las siguientes afirmaciones.

5. Las personas usan el agua subterránea como fuente de agua.

6. Los humedales pueden filtrar naturalmente los contaminantes del agua subterránea.

¿Sigues estando de acuerdo o en desacuerdo con las afirmaciones? Reescribe las afirmaciones falsas para hacerlas verdaderas.

Usar vocabulario

1. **Distingue** entre *porosidad* y *permeabilidad*.

2. **Usa el término** *agua subterránea* en una oración completa.

3. **Define** *nivel freático* con tus propias palabras.

Entender conceptos clave

4. ¿Dónde está ubicada la zona saturada?
   A. por encima del nivel freático
   B. por debajo del nivel freático
   C. junto al nivel freático
   D. dentro del nivel freático

5. **Explica** cómo el agua subterránea se puede convertir en agua superficial.

6. **Explica** cómo el agua subterránea que se usa como agua potable llega a los hogares.

7. **Enumera** tres razones por las cuales los humedales son importantes para las personas y el medioambiente.

Interpretar gráficas

8. **Organiza información** Copia y llena el siguiente organizador gráfico para describir los diferentes tipos de humedales.

Tipo de humedal	Descripción
Pantano	
Ciénaga	
Turbera	

Pensamiento crítico

9. **Diseña un experimento** para probar si el agua subterránea de un pozo ha sido contaminada por las aguas residuales de una planta de tratamiento de aguas negras cercana.

10. **Explica** Un constructor local desea secar un humedal de tu ciudad y construir allí un centro comercial. Escribe una carta al editor del periódico de tu localidad para explicar los posibles resultados del proyecto.

Lección 3
EVALUAR

Investigación Laboratorio

40 minutos

Materiales

simulador de corrientes de agua

cubeta

arena

colorantes para alimentos

lápiz redondo

toallas de papel

galón de plástico

También necesitas: Artículos surtidos para reducir la polución, como envoltura de plástico, cucharas de plástico, pajillas, gravilla, toallas de papel, alimento granulado para gatos y carbón activado

Seguridad

¿Qué se puede hacer contra la polución?

El agua dulce está por todas partes: corriendo por la superficie de los ríos, almacenada en lagos y bajo la tierra. Cuando la polución que resulta de las actividades humanas entra en el suministro de agua dulce, se esparce rápidamente por lagos, ríos y aguas subterráneas.

Preguntar

¿Cómo la polución que resulta de las actividades humanas afecta el agua dulce de la Tierra?

Procedimiento

1. Lee y completa un formulario de seguridad en el laboratorio.

2. Vierte arena hasta la mitad en tu simulador de corrientes de agua. Inclina el simulador y coloca el tubo de drenaje en la cubeta. Mantén el drenaje limpio durante el laboratorio.

3. Con la arena moldea dos cordilleras largas con un valle en medio. Vuelve a moldear las cordilleras si es necesario.

4. Haz agujeros pequeños en el fondo de un galón de plástico, llénalo de agua y "haz llover" hasta que toda la arena esté húmeda y el río fluya de manera continua.

5. Escoge tres puntos en el lado de una montaña. Pon 10 gotas de colorante para alimentos alrededor de cada punto para representar una fuente de polución.

6. Reinicia la lluvia y observa cómo se esparce la polución. Usa un lápiz para perforar pozos de prueba alrededor de un punto. Introduce una tira de toalla de papel en el pozo y mójala en el agua subterránea para buscar signos de polución. Anota tus observaciones en tu diario de ciencias.

7. Una vez que la corriente se lleve la polución inicial, agrega otros tres puntos contaminados. Anota cuánto tarda en aparecer la polución y cuánto tarda el río en aclararse de nuevo.

Sitio superfondo

 **Ir más allá**

Averigua qué es un sitio superfondo e investiga qué sitios locales tienen esta designación. ¿Qué están haciendo las autoridades locales para ayudar a limpiar el sitio superfondo?

8. Desarrolla un plan para reducir los efectos de la polución. Preséntale tu plan a tu profesor.

9. Una vez que tu profesor apruebe el plan, contamina tres puntos. Ayuda a que la polución penetre con algo de lluvia.

10. Implementa tu plan para reducir la polución en los tres puntos.

11. Reinicia la lluvia. Observa cómo se extiende la polución y cuánto tarda en llegar al río, y cuánto tarda el río en aclararse.

Sugerencias para el laboratorio

☑ Para ayudar a mantener el drenaje limpio, mantén la arena varias pulgadas atrás del drenaje.

☑ Usa diferentes tonos de colorante para alimentos con el fin de identificar las diferencias entre distintos sitios de polución.

Analizar y concluir

12. **La gran idea** En tu simulador de corrientes de agua, identifica algunos de los diferentes lugares de la Tierra donde se encuentra agua dulce, entre otros: lagos, aguas subterráneas, ríos y humedales.

13. **Describe** ¿Cómo la polución se esparció por el sistema fluvial?

14. **Compara y contrasta** ¿En qué se parecen los sitios de control de la polución y los sitios sin control? ¿Tu plan funcionó? ¿Por qué?

Comunicar resultados

Crea una gráfica en la que compares la duración de la polución en la corriente sin medidas para el control de la polución y en la corriente con medidas para el control de la polución. Presenta tus resultados.

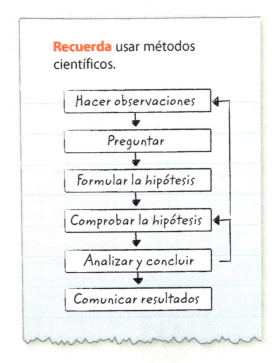

Recuerda usar métodos científicos.

Guía de estudio del Capítulo 17

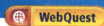

 El agua dulce de la Tierra se almacena en glaciares, agua subterránea, lagos y corrientes de agua.

Resumen de conceptos clave

Lección 1: Glaciares y mantos de hielo polar

- El **agua dulce** contiene menos de 0.2 por ciento de sal. Más de las dos terceras partes del agua dulce de la Tierra están congeladas en el hielo.
- La nieve y el hielo reflejan la luz solar y ayudan a mantener bajas las temperaturas de la superficie y el aire de la Tierra.
- El aumento en la cantidad de dióxido de carbono en la atmósfera eleva las temperaturas y contribuye a que el hielo y la nieve se derritan.

Vocabulario

agua dulce pág. 607
glaciar alpino pág. 608
manto de hielo pág. 609
hielo marino pág. 611
núcleo de hielo pág. 612

Lección 2: Corrientes de agua y lagos

- Una **corriente** es una masa de agua que fluye dentro de un canal. Un **lago** es una gran masa de agua que se forma en una cuenca o en una depresión poco profunda rodeada de tierra. Las corrientes de agua y los lagos conforman menos del 1 por ciento del agua dulce de la Tierra.
- Una **cuenca hidrográfica** es un área de tierra que drena **escorrentía** en una corriente, un lago, un océano u otra masa de agua.
- La escorrentía puede llevar fertilizantes, aguas residuales, pesticidas y otros materiales dañinos a las corrientes de agua y a los lagos.

escorrentía pág. 617
corriente de agua pág. 618
cuenca hidrográfica pág. 619
estuario pág. 619
lago pág. 620

Lección 3: Agua subterránea y humedales

- El agua que está bajo el suelo se llama **agua subterránea**. Casi un tercio del agua dulce de la Tierra es subterránea.

- Los **humedales** ofrecen un valioso hábitat para la fauna y la flora, ayudan a filtrar el sedimento y los contaminantes de la escorrentía, así como a controlar las inundaciones y la erosión.
- La polución que resulta de las actividades humanas puede penetrar en el suelo y contaminar el agua subterránea. Muchos humedales han sido drenados y llenados con tierra con el fin de adecuar terrenos secos para carreteras, edificios y otros usos. Los humedales que son destruidos ya no pueden filtrar la escorrentía que penetra en el agua subterránea.

agua subterránea pág. 625
nivel freático pág. 626
porosidad pág. 626
permeabilidad pág. 626
acuífero pág. 627
humedal pág. 628

Guía de estudio

Review
- Personal Tutor
- Vocabulary eGames
- Vocabulary eFlashcards

FOLDABLES Proyecto del capítulo

Organiza tus modelos de papel como se muestra, para hacer un proyecto de capítulo. Usa el proyecto para repasar lo que aprendiste en este capítulo.

Agua dulce
Glaciares | *Nieve y hielo marino*

Usar vocabulario

1. Solo un 3 por ciento aproximado del agua de la Tierra es _____.

2. El hielo formado en el océano se llama _____.

3. Un(a) _____ es una gran masa de hielo que se desplaza lentamente sobre la tierra.

4. El agua que fluye por la superficie de la Tierra se llama _____.

5. Un(a) _____ es un área de terreno donde toda el agua que está por encima y por debajo del suelo drena hacia el mismo lugar.

6. Un(a) _____ es una masa de agua rodeada de tierra y por lo general contiene agua dulce.

7. _____ es la medida de la capacidad de una roca para almacenar agua.

8. _____ es la capacidad de una roca de permitir que el agua pase por ella.

Relacionar vocabulario y conceptos clave

Concepts in Motion — Interactive Concept Map

Copia este mapa conceptual y luego usa términos de vocabulario de la página anterior para completarlo.

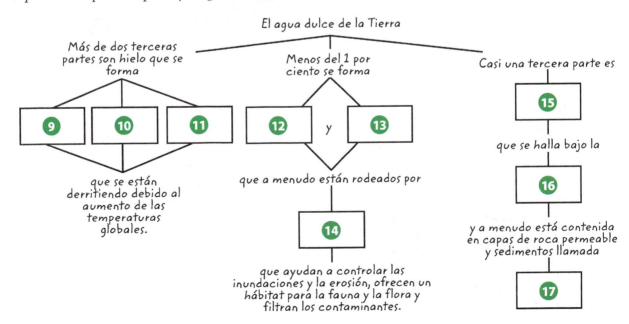

Guía de estudio del Capítulo 17 • 635

Repaso del Capítulo 17

Entender conceptos clave

1. Los glaciares alpinos están en
   A. los mantos de hielo.
   B. las plataformas de hielo.
   C. los valles de montaña.
   D. los océanos.

2. ¿Qué sucede cuando los glaciares se derriten?
   A. Se refleja más energía térmica del sol.
   B. La temperatura global disminuye.
   C. El nivel del mar se eleva.
   D. La cantidad de hielo marino aumenta.

3. ¿En qué lugar del mundo está el área más grande cubierta por mantos de hielo?
   A. la Antártida   B. Asia
   C. Canadá   D. Groenlandia

Usa la siguiente gráfica para responder la pregunta 4.

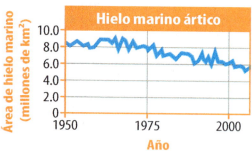

4. ¿Cómo cambió el área del hielo marino en el Ártico entre 1950 y 2000?
   A. se acercó a cero   B. disminuyó
   C. aumentó   D. se mantuvo

5. ¿Qué causa que el agua se mueva desde zonas de mayor elevación hacia zonas de menor elevación?
   A. la erosión   B. la termoclina
   C. la gravedad   D. la mezcla

6. ¿Cuál de las siguientes afirmaciones sobre las cuencas hidrográficas es verdadera?
   A. Todas las cuencas hidrográficas tienen el mismo tamaño.
   B. Las cuencas hidrográficas más grandes pueden descomponerse en cuencas hidrográficas más pequeñas.
   C. Las cuencas hidrográficas no atraviesan las fronteras estatales.
   D. Las cuencas hidrográficas solo contienen agua superficial.

7. ¿Cuál de las siguientes afirmaciones sobre los lagos NO es verdadera?
   A. Los lagos siempre contienen agua dulce.
   B. Las corrientes de agua fluyen hacia dentro y hacia fuera.
   C. Se forman en una cuenca vacía.
   D. La temperatura del agua varía con la profundidad.

8. ¿Cuál de las siguientes NO es una razón por la cual los humedales son importantes?
   A. afectan el clima
   B. controlan la erosión
   C. filtran los contaminantes
   D. ofrecen un hábitat para la fauna y la flora

9. ¿Qué tipo de humedal se muestra en la siguiente fotografía?
   A. turbera
   B. marjal
   C. pantano
   D. ciénaga

10. ¿Cómo se seca un pozo?
    A. El agua subterránea se extrae más lentamente de lo que se reemplaza.
    B. El agua subterránea se extrae más rápidamente de lo que se reemplaza.
    C. El agua subterránea queda atrapada en un acuífero.
    D. El agua subterránea se contamina.

Repaso del capítulo

Assessment
Online Test Practice

Pensamiento crítico

11. **Explica** cómo se forma el hielo marino.

12. **Identifica** y describe dos tipos de glaciares. Toma las siguientes fotografías como ejemplos.

13. **Resume** cómo los glaciares y el hielo marino están cambiando debido a las actividades humanas.

14. **Efecto** ¿Cómo la fusión de los glaciares alpinos afecta a los humanos?

15. **Evalúa** ¿De qué manera los científicos están usando los datos sobre los cambios en las cubiertas de nieve y hielo como evidencia del cambio climático global?

16. **Ilustra** la formación de una corriente de agua.

17. **Diseña un modelo** que muestre cómo se puede formar un lago debido al movimiento de las placas tectónicas.

18. **Infiere** por qué los humedales son buenos hábitats para los animales jóvenes y recién salidos del cascarón, como los peces y los anfibios.

19. **Explica** cómo los humanos afectan los humedales.

20. **Compara y contrasta** un acuífero y un manantial.

21. **Diseña un modelo** que pueda ayudarte a explicar la diferencia entre porosidad y permeabilidad a un grupo de estudiantes de escuela elemental.

Escritura en Ciencias

22. **Escribe** un párrafo de cinco oraciones que describa los cambios en la cantidad de hielo marino en el océano Ártico desde 1979. Asegúrate de incluir una oración de introducción en tu párrafo.

REPASO LA GRAN IDEA

23. ¿Dónde está el agua dulce de la Tierra? Describe su forma general, como hielo o agua líquida. Describe también su ubicación general, por ejemplo, sobre el suelo, bajo el suelo, etc. ¿Aproximadamente qué porcentaje del agua dulce de la Tierra está en estos lugares?

24. ¿Qué tipo de humedal se muestra en la siguiente fotografía?

Destrezas matemáticas — Review — Math Practice

25. En 2008, un bloque de hielo con un área de 570 km² se desprendió de una plataforma de hielo en la Antártida. Suponiendo que el hielo tenía un espesor promedio de 2.4 km, ¿qué volumen de hielo contenía este bloque?

26. El agua se expande cuando se congela. Si un kilómetro cúbico de hielo produce .91 km³ de agua cuando se derrite, ¿qué volumen de agua se produciría si el bloque de hielo se derritiera por completo?

27. El volumen del lago Erie es 484 km³. ¿Qué sugiere esto sobre el efecto que tendría en el océano la fusión de la plataforma de hielo?

28. Hay 63 glaciares en la cordillera Wind River de Wyoming, con un área total de 44.5 km². El espesor promedio de los glaciares es 52.0 metros. ¿Cuál es el espesor promedio en km de los glaciares? (1 km = 1000 m)

Práctica para la prueba estandarizada

Anota tus respuestas en la hoja de respuestas que te entregó el profesor o en una hoja de papel.

Selección múltiple

1 ¿Cuál de las siguientes afirmaciones sobre el agua subterránea es verdadera?

   A Crea poros entre la roca y el sedimento.

   B Con el tiempo regresa a la superficie.

   C Fluye rápidamente hacia arriba en suelo poroso.

   D Se mantiene subterránea muy poco tiempo.

Usa el siguiente diagrama para responder la pregunta 2.

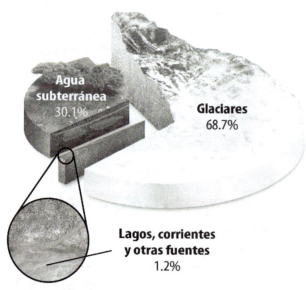

2 ¿Qué porcentaje de agua dulce proviene de los glaciares?

   A 1.2 por ciento

   B 30.1 por ciento

   C 68.7 por ciento

   D 100 por ciento

3 ¿Qué ocurre cuando se presenta escorrentía de fertilizantes agrícolas en las corrientes de agua?

   A florecimiento de algas

   B pérdida del cultivo

   C destrucción del ozono

   D crecimiento de maleza

Usa el siguiente diagrama para responder la pregunta 4.

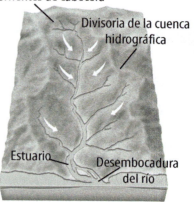

4 ¿Cuál de las siguientes afirmaciones es correcta con base en el anterior diagrama?

   A Las divisorias de cuenca hidrográfica están en la base de las colinas o montañas.

   B El agua de una cuenca hidrográfica fluye cuesta abajo hasta los ríos.

   C El agua en las corrientes se mueve del estuario a las corrientes de cabecera.

   D El agua que está fuera de la cuenca hidrográfica desemboca directamente en el océano.

5 ¿Cómo la reducción de hielo y nieve en la superficie de la Tierra afecta el clima?

   A La tierra y el agua absorben más radiación solar.

   B Los niveles del mar disminuyen porque entra más humedad al aire.

   C El aire se vuelve más seco porque sale más agua a la superficie.

   D Las temperaturas globales se enfrían a medida que se absorbe más calor del sol.

6 ¿En qué se diferencian las turberas de los pantanos y las ciénagas?

   A Las turberas no producen turba.

   B Las turberas rara vez se secan.

   C Las turberas necesitan clima caliente.

   D Las turberas son ricas en nutrientes.

Práctica para la prueba estandarizada

Usa el siguiente diagrama para responder la pregunta 7.

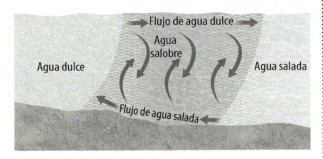

7 ¿Qué se forma de la mezcla de agua dulce y agua salada?

　A estuario
　B lago
　C océano
　D río

8 ¿Qué lista enumera los canales de flujo natural de agua, del más grande al más pequeño?

　A arroyo, riachuelo, río
　B riachuelo, arroyo, río
　C río, arroyo, riachuelo
　D río, riachuelo, arroyo

9 ¿Cuál de las siguientes opciones mide la capacidad del agua de atravesar las rocas y el sedimento?

　A fluidez
　B liquidez
　C permeabilidad
　D porosidad

Respuesta elaborada

Usa el siguiente diagrama para responder las preguntas 10 y 11.

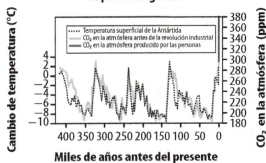

10 Usando la gráfica anterior, describe los cambios en las temperaturas superficiales globales y en los niveles de CO_2 con el paso del tiempo. ¿Qué inferencia lógica se puede hacer sobre el clima con base en esta información?

11 ¿Cuándo empezaron a aumentar drásticamente los niveles de CO_2 de la Tierra? ¿Qué actividad humana contribuyó a este cambio? Haz una predicción sobre las temperaturas superficiales de la Antártida con base en esta tendencia.

Usa la siguiente tabla para responder la pregunta 12.

Beneficio	Explicación
Control de la erosión	
Filtración	
Control de inundaciones	
Hábitat	

12 Explica cómo cada beneficio de la tabla ayuda a la Tierra y a sus habitantes.

¿NECESITAS AYUDA ADICIONAL?												
Si no pudiste responder la pregunta…	1	2	3	4	5	6	7	8	9	10	11	12
Pasa a la Lección…	3	1	2	2	1	3	2	2	3	1	1	3

Capítulo 18

Recursos naturales

LA GRAN IDEA ¿Por qué es importante manejar los recursos naturales sabiamente?

Investigación ¿Qué significan estos colores?

Esta imagen muestra por dónde se escapa la energía térmica del interior de una casa. Las zonas rojas y amarillas representan la mayor pérdida. Las zonas azules representan menos pérdida o ninguna.

- ¿Qué recursos de energía se usan para calentar esta casa?
- ¿Por qué es importante reducir la pérdida de energía térmica de las casas, los autos o los electrodomésticos?
- ¿Por qué es importante manejar los recursos naturales sabiamente?

Prepárate para leer

¿Qué opinas?

Antes de leer, piensa si estás de acuerdo o no con las siguientes afirmaciones. A medida que leas el capítulo, decide si cambias de opinión sobre alguna de ellas.

1. Los recursos de energía no renovables incluyen combustibles fósiles y uranio.
2. La energía que se usa en Estados Unidos es menor que en otros países.
3. Los recursos de energía renovables no contaminan el medioambiente.
4. La combustión de material orgánico puede producir electricidad.
5. Las ciudades cubren la mayor parte del suelo de Estados Unidos.
6. Los minerales se forman durante millones de años.
7. Los seres humanos necesitan oxígeno y agua para sobrevivir.
8. Los seres humanos pueden usar cerca del 10 por ciento del total de agua de la Tierra.

ConnectED Your one-stop online resource

connectED.mcgraw-hill.com

- Video
- WebQuest
- Audio
- Assessment
- Review
- Concepts in Motion
- Inquiry
- Multilingual eGlossary

Lección 1

Guía de lectura

Conceptos clave
PREGUNTAS IMPORTANTES

- ¿Cuáles son las principales fuentes de energía no renovable?
- ¿Cuáles son las ventajas y desventajas de usar recursos de energía no renovables?
- ¿Cómo pueden las personas ayudar a administrar los recursos no renovables sabiamente?

Vocabulario
recurso no renovable pág. 643
recurso renovable pág. 643
energía nuclear pág. 647
restauración pág. 649

Multilingual eGlossary

Recursos de energía

Investigación ¿Qué hay en el oleoducto?

El Sistema de Oleoducto Trans-Alaska transporta petróleo a más de 1,200 km por debajo de la bahía Prudhoe, Alaska, a la ciudad portuaria de Valdez, Alaska. ¿Cómo podría la construcción y operación del oleoducto afectar los hábitats y a los organismos que viven cerca? ¿Cómo obtener y usar combustibles fósiles afecta el medioambiente?

Laboratorio de inicio

20 minutos

¿Cómo usas los recursos de energía?

Hoy en día en Estados Unidos, la energía que se usa para la mayoría de las actividades cotidianas se obtiene fácilmente con solo tocar un interruptor u oprimir un botón. ¿Cómo usas la energía en tus actividades diarias?

1. Diseña una tabla de datos con tres columnas en tu diario de ciencias. Rotula las columnas *Actividad*, *Tipo de energía usada* y *Tiempo*.
2. Anota cada vez que usas energía durante un periodo de 24 horas.
3. Suma el uso de las distintas formas de energía y anótalos en tu diario de ciencias.

Piensa

1. ¿Cuántas veces usaste cada tipo de energía?
2. Compara y contrasta tu uso con el de otros miembros de tu clase.
3. **Concepto clave** ¿Hay casos de uso de energía en los que podrías haber ahorrado energía? Explica cómo lo harías.

Fuentes de energía

Piensa en todas las veces que usas energía en un día. ¿Te sorprende ver cuánto dependes de la energía? La usas para la electricidad, el transporte y otras necesidades. Esa es una razón por la que es importante saber de dónde viene la energía y cuánta hay disponible para uso de los seres humanos.

En la **Tabla 1** se enumeran distintas fuentes de energía. Gran parte de la energía en Estados Unidos proviene de recursos no renovables. Los **recursos no renovables** *son recursos que se usan más rápido de lo que se pueden reemplazar por procesos naturales.* Los combustibles fósiles como el carbón, el petróleo y el uranio, que se usan en reacciones nucleares, son recursos de energía no renovables.

 **Recursos renovables** *son recursos que se pueden reemplazar por procesos naturales en un tiempo relativamente corto.* La energía del sol, llamada también energía solar, es un recurso de energía renovable. Leerás más sobre recursos de energía renovables en la Lección 2.

 Verificación de concepto clave ¿Cuáles son los principales recursos de energía no renovables?

Tabla 1 Los recursos de energía pueden ser no renovables o renovables.

Tabla 1 Recursos de energía	
Recursos de energía no renovables	**Recursos de energía renovables**
combustibles fósiles uranio	solar eólicos hídricos geotérmico biomasa

ORIGEN DE LAS PALABRAS

recurso
del latín *recursus*, que significa "camino de regreso; medio para hacer algo"

Recursos de energía no renovables

Podrías encender una lámpara para leer, prender un calentador para calentarte, o viajar en el autobús a la escuela. En Estados Unidos, la energía para encender lámparas, calentar casas e impulsar los vehículos probablemente viene de recursos de energía no renovables, como los combustibles fósiles.

Combustibles fósiles

El carbón, el aceite, llamado también petróleo, y el gas natural son combustibles fósiles. Estos son no renovables porque se forman durante millones de años; los que se usan actualmente se formaron con los residuos de organismos prehistóricos. Los restos descompuestos de estos organismos estaban enterrados bajo capas de sedimento y cambiaron químicamente por las temperaturas y la presión extremas. El tipo de combustible fósil que se formaba dependía de tres factores:

- el tipo de materia orgánica
- la temperatura y la presión
- el tiempo que la materia orgánica estuvo enterrada

Verificación de la lectura ¿Qué factores determinan qué tipo de combustible fósil se forma?

Carbón La Tierra era muy diferente hace 300 millones de años cuando el carbón que usamos hoy empezó a formarse. Las plantas, como helechos y árboles, crecieron en las ciénagas prehistóricas. Como se muestra en la **Figura 1,** la primera etapa de la formación de carbón ocurrió cuando esas plantas murieron.

Con el tiempo, las bacterias, las temperaturas extremas y la presión actuaron sobre los residuos de las plantas. Al final se formó un material pardusco, llamado turba, que se puede usar como combustible. Sin embargo, la turba contiene humedad y produce mucho humo cuando se quema. Como se muestra en la **Figura 1,** la turba puede convertirse con el tiempo en tipos de carbón cada vez más duros. El carbón más duro, la antracita, contiene la mayor cantidad de carbono por unidad de volumen y quema más eficazmente.

Figura 1 Gran parte del carbón que se usa hoy en día empezó a formarse hace más de 300 millones de años con los residuos de plantas prehistóricas.

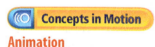
Animation

Formación del carbón

Ciénaga prehistórica
Cuando las plantas en las ciénagas prehistóricas murieron, sus restos se acumularon. Con el tiempo, el sedimento cubrió los restos de las plantas. Se formaron mares interiores donde alguna vez estuvieron las ciénagas.

Mar interior
Las bacterias descompusieron los restos orgánicos, dejando principalmente carbono. Las temperaturas y la presión extremas comprimieron el material y expulsaron gas y humedad. Se formó un material pardusco, llamado turba.

Hoy en día
A medida que las capas adicionales de sedimento cubrieron y compactaron la turba, con el tiempo esta se convirtió en tipos de carbón cada vez más duros.

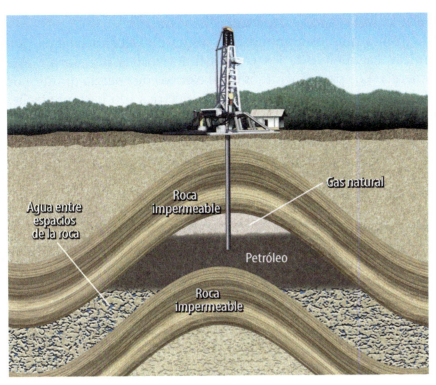

Figura 2 Los yacimientos de petróleo y gas natural con frecuencia están bajo capas de roca impermeable.

Verificación visual
¿Qué evita que el petróleo y el gas natural suban a la superficie?

Petróleo y gas natural Al igual que el carbón, el petróleo y el gas natural que se usan hoy en día, se formaron hace millones de años. El proceso que formó el petróleo y el gas natural es similar al proceso que formó el carbón. Sin embargo, la formación del petróleo y el gas natural incluye diferentes tipos de organismos. Los científicos opinan que el petróleo y el gas natural se formaron de los restos de organismos marinos microscópicos llamados plancton. El plancton murió y cayó al fondo oceánico. Allí, capas de sedimento enterraron sus restos. Las bacterias descompusieron la materia orgánica, y luego la presión y las temperaturas extremas actuaron sobre los sedimentos. Durante este proceso, un petróleo líquido y espeso se formó primero. Si la temperatura y la presión eran suficientemente altas, se formaba el gas natural.

Gran parte del petróleo y el gas natural que usamos en la actualidad se formó donde las fuerzas dentro de la Tierra plegaron e inclinaron gruesas capas de roca. Con frecuencia, cientos de metros de sedimentos y capas de roca cubrían el petróleo y el gas natural. Sin embargo, el petróleo y el gas natural eran menos densos que los sedimentos y las rocas que los rodeaban. Como resultado, el petróleo y el gas natural empezaron a subir a la superficie a través de los poros, o pequeños orificios, en las rocas. Como se muestra en la **Figura 2,** el petróleo y el gas natural con el tiempo alcanzaron capas de roca por las que no podían pasar, o capas de rocas impermeables. Bajo estas rocas impermeables se formaron yacimientos de petróleo y gas natural. El gas natural menos denso se asentó encima del petróleo más denso.

Verificación de la lectura ¿En qué se diferencia la formación del carbón de la del petróleo?

Ventajas de los combustibles fósiles

¿Sabes que los combustibles fósiles almacenan energía química? La quema de los combustibles fósiles transforma esta energía. Los pasos incluidos en el cambio de energía química de los combustibles fósiles en energía eléctrica son bastante fáciles y directos. Este proceso es una ventaja de usar estos recursos no renovables. También, los combustibles fósiles son relativamente económicos y fáciles de transportar. El carbón con frecuencia se transporta en trenes y el petróleo se transporta por oleoductos o grandes barcos llamados buques tanque petroleros.

Desventajas de los combustibles fósiles

A pesar de que los combustibles fósiles suministran energía, hay desventajas en su uso.

Suministro limitado Una desventaja de los combustibles fósiles es que son no renovables. Nadie sabe con certeza cuando acabará su abastecimiento. Los científicos estiman que, con las tasas actuales de consumo, las reservas conocidas de petróleo durarán solo otros 50 años.

Alteración del hábitat Además de ser no renovables, los procesos para obtener combustibles fósiles alteran el medioambiente. El carbón proviene de minas subterráneas o de minas a cielo abierto, como la que se muestra en la **Figura 3.** El petróleo y el gas natural provienen de pozos perforados en la Tierra. Las minas en particular alteran los hábitats. Los bosques se pueden fragmentar o dividir en áreas de árboles que ya no están conectados entre sí. La fragmentación puede afectar negativamente a las aves y a otros organismos que viven en los bosques.

 Verificación de la lectura ¿Cuánto tiempo más está previsto que duren las reservas de petróleo conocidas?

Figura 3 La minería a cielo abierto implica remover capas de roca y suelo para llegar a los depósitos de carbón.

Polución Otra desventaja de los combustibles fósiles como recurso de energía es la polución. Por ejemplo, la escorrentía de las minas de carbón puede contaminar el suelo y el agua. Los derrames de petróleo de los buques tanque petroleros pueden lastimar a los seres vivos, como se muestra en la **Figura 4.**

La polución también ocurre cuando se usan combustibles fósiles. La quema de combustibles fósiles libera químicos en la atmósfera. Estos productos químicos reaccionan en presencia de la luz solar y producen una bruma pardusca. Esa bruma puede causar problemas respiratorios, particularmente en los niños pequeños. Los químicos también pueden reaccionar con el agua en la atmósfera y hacer que la lluvia y la nieve sean más ácidas. La precipitación ácida puede cambiar la química del suelo y el agua y lastimar a los seres vivos.

 Verificación de concepto clave ¿Cuál es una ventaja y una desventaja de usar combustibles fósiles?

Figura 4 Una desventaja de los combustibles fósiles es la polución, la cual puede lastimar a los seres vivos. Esta ave está cubierta de aceite después de un derrame de petróleo.

Energía nuclear

Los átomos son demasiado pequeños para verlos a simple vista. A pesar de ser pequeños, los átomos pueden liberar grandes cantidades de energía. *La energía liberada de reacciones atómicas se llama* **energía nuclear**. Las estrellas liberan energía nuclear por la fusión de átomos. El tipo de energía nuclear que se usa en la Tierra consiste en un proceso distinto.

Investigación **MiniLab** **20 minutos**

¿Cuál es tu reacción?

Cuando los átomos se dividen durante una fisión nuclear, la reacción en cadena libera energía térmica y subproductos. ¿Qué sucede cuando tu clase participa en un simulacro de una reacción nuclear?

1. Lee y completa un formulario de seguridad en el laboratorio.

2. Usa un **marcador** para rotular tres **notas adhesivas.** Rotula una nota *U-235*. Rotula dos notas *Neutrón*. Pega la nota U-235 en tu **delantal.** Sostén las notas Neutrón en una mano y una **Tarjeta de energía térmica** en la otra. Ahora representas un átomo de uranio 235.

3. Cuando te marques con un rótulo de Neutrón de otro estudiante, rotula dos átomos U-235 de otro estudiante con tus rótulos de Neutrón. Echa tu Tarjeta de energía térmica en la **caja de energía.**

4. Observa cómo el resto de los átomos U-235 se dividen e imagina que esto está sucediendo muy rápido a nivel atómico.

Analizar y concluir

1. **Describe** qué ilustró el simulacro sobre fisión nuclear.
2. **Predice** qué pasaría si, en el simulacro, tu salón de clase estuviera lleno de pared a pared con átomos U-235 y la reacción en cadena se saliera de control.
3. 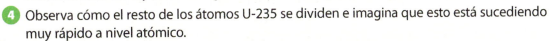 **Concepto clave** Identifica una ventaja y una desventaja de la energía nuclear.

Energía nuclear

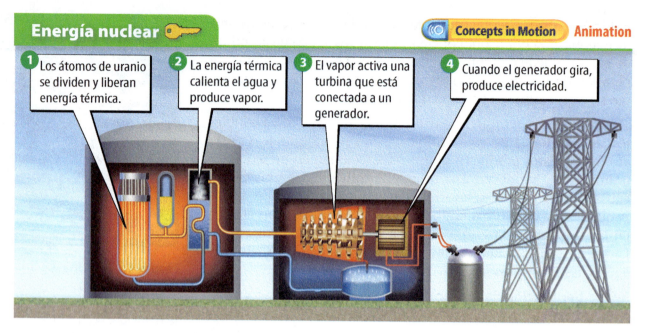

1. Los átomos de uranio se dividen y liberan energía térmica.
2. La energía térmica calienta el agua y produce vapor.
3. El vapor activa una turbina que está conectada a un generador.
4. Cuando el generador gira, produce electricidad.

Figura 5 En una central nuclear, la energía térmica liberada de los átomos divididos de uranio se transforma en energía eléctrica.

Fisión nuclear Las centrales nucleares, como la que se muestra en la **Figura 5,** producen electricidad al usar fisión nuclear. Este proceso divide los átomos. Los átomos de uranio se colocan en barras de combustible. Los neutrones se dirigen hacia las barras y golpean los átomos de uranio. Cada átomo se divide y libera entre dos y tres neutrones y energía térmica. Los neutrones liberados golpean otros átomos, causando una reacción en cadena de átomos divididos. Innumerables átomos se dividen y liberan grandes cantidades de energía térmica. Esta energía calienta el agua y la convierte en vapor. El vapor activa una turbina conectada a un generador, el cual produce electricidad.

 Verificación de la lectura ¿Cuáles son los pasos de una fisión nuclear?

Ventajas y desventajas de la energía nuclear

Una ventaja de usar energía nuclear es que una cantidad relativamente pequeña de uranio produce una gran cantidad de energía. Además, una central nuclear bien administrada no contamina el aire, el suelo ni el agua.

Sin embargo, el uso de energía nuclear tiene desventajas. Las centrales nucleares usan un recurso no renovable como combustible, el uranio. Además, la reacción en cadena del reactor nuclear debe monitorearse con cuidado. Si se sale de control, puede llevar a una liberación de sustancias radiactivas nocivas para el medioambiente.

Los materiales de residuos de las centrales nucleares son altamente radiactivos y peligrosos para los seres vivos. Los materiales de residuos siguen siendo peligrosos durante miles de años. Almacenarlos en forma segura es importante, tanto para el medioambiente como para la salud pública.

 Verificación de la lectura ¿Por qué es importante controlar una reacción en cadena?

Administración de los recursos de energía no renovables

Como se muestra en la **Figura 6**, los combustibles fósiles y la energía nuclear proporcionan alrededor del 93 por ciento de la energía de EE.UU. Debido a que estos recursos finalmente desaparecerán, debemos entender cómo administrarlos y conservarlos. Esto es particularmente importante porque el uso de la energía en Estados Unidos es más alto que en otros países. A pesar de que solo cerca del 4.5 por ciento de la población mundial vive en Estados Unidos, usa más del 22 por ciento de la energía total del mundo.

Soluciones para administrar

El suelo explotado se debe restaurar. La **restauración** *es un proceso por el cual las tierras explotadas se deben recubrir con suelo y replantar con vegetación*. Las leyes también ayudan a asegurar que la minería y la perforación se lleven a cabo en forma ambientalmente segura. En Estados Unidos, la Ley de Aire Limpio limita la cantidad de contaminantes que se pueden liberar en el aire. Además, la Ley de Energía Atómica y la Ley de Política Energética incluyen **regulaciones** que protegen a las personas de las emisiones nucleares.

Lo que tú puedes hacer

¿Has oído hablar de la energía vampiro? La energía vampiro es la energía que se usa en los electrodomésticos y otros equipos electrónicos, como hornos microondas, lavadoras, televisores y computadoras que están conectados 24 horas al día. Incluso apagados consumen energía. Estos electrodomésticos consumen cerca del 5 por ciento de la energía que se usa cada año. Puedes ahorrar energía al desconectar tu reproductor de DVD, impresoras y otros electrodomésticos cuando no están en uso.

También puedes caminar o pasear en bicicleta para ahorrar energía. Y puedes usar recursos de energía renovables, sobre los que leerás en la lección siguiente.

 Verificación de concepto clave ¿Cómo puedes ayudar a administrar los recursos no renovables sabiamente?

Fuentes de energía usadas en EE.UU. en 2007

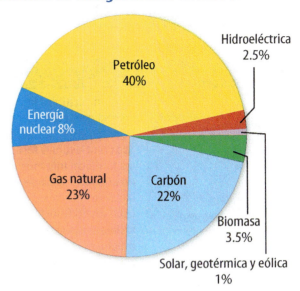

Figura 6 Cerca del 93 por ciento de la energía usada en Estados Unidos viene de recursos no renovables.

Verificación visual ¿Cuál fuente de energía se usa más en Estados Unidos?

VOCABULARIO ACADÉMICO

regulación
(sustantivo) una norma sobre procedimientos, como la seguridad

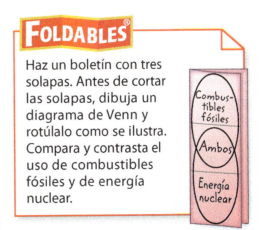

Haz un boletín con tres solapas. Antes de cortar las solapas, dibuja un diagrama de Venn y rotúlalo como se ilustra. Compara y contrasta el uso de combustibles fósiles y de energía nuclear.

Repaso de la Lección 1

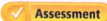

Resumen visual

Los combustibles fósiles incluyen carbón, petróleo y gas natural. Los combustibles fósiles tardaron millones de años en formarse. Los seres humanos usan los combustibles fósiles a una tasa mucho más rápida.

La energía nuclear proviene de la división o fisión de los átomos. Las centrales nucleares se deben controlar por seguridad y los residuos nucleares se deben almacenar correctamente.

Es importante administrar los recursos de energía no renovables sabiamente. Esto incluye la restauración minera, la limitación de contaminantes del aire y el ahorro de energía.

FOLDABLES

Usa tu modelo de papel para repasar la lección. Guarda tu modelo para el proyecto de final de capítulo.

¿Qué opinas AHORA?

Al inicio de este capítulo leíste las siguientes afirmaciones.

1. Los recursos de energía no renovables incluyen combustibles fósiles y uranio.
2. La energía que se usa en Estados Unidos es menor que en otros países.

¿Sigues estando de acuerdo o en desacuerdo con las afirmaciones? Reescribe las afirmaciones falsas para hacerlas verdaderas.

Usar vocabulario

1. La energía producida por reacciones atómicas se llama _____.

2. **Distingue** entre recursos renovables y no renovables.

3. **Usa el término** *restauración* en una oración.

Entender conceptos clave

4. ¿Cuál es la fuente de mayor energía en Estados Unidos?
   A. carbón
   B. petróleo
   C. gas natural
   D. energía nuclear

5. **Resume** las ventajas y desventajas de usar energía nuclear.

6. **Ilustra** Haz un cartel que muestre cómo puedes ahorrar energía.

Interpretar gráficas

7. **Ordena** Dibuja un organizador gráfico como el siguiente para ordenar los eventos de la formación de petróleo.

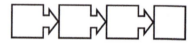

8. **Describe** Usa el siguiente diagrama para describir las conversiones de energía que se llevan a cabo en una central nuclear.

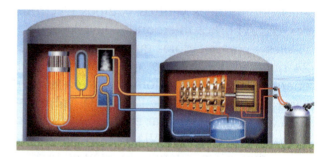

Pensamiento crítico

9. **Supón** que una central nuclear se construirá cerca a tu ciudad. ¿Apoyarías el plan? ¿Por qué?

10. **Considera** ¿Las ventajas de usar combustibles fósiles compensan las desventajas? Explica tu respuesta.

Práctica de destrezas — Evita el sesgo   30 minutos

¿Cómo puedes identificar el sesgo y su fuente?

Siempre que un autor intenta persuadir, o convencer, a los lectores para que compartan una opinión particular, debes leer y evaluar cuidadosamente para evitar el sesgo. El sesgo es una forma de pensar que dice solo un lado de la historia, algunas veces con información inexacta.

Aprende

Algunas veces una investigación científica implica emitir juicios. Cuando juzgas, formas una opinión. Es importante ser honesto y no permitir que cualquier expectativa de los resultados **sesgue** tus juicios.

Intenta

1. Lee el texto que está a la derecha para las fuentes de sesgo como
- afirmaciones no apoyadas con pruebas;
- declaraciones persuasivas;
- el autor desea creer lo que él o ella dicen, bien sea cierto o no.

Aplica

2. Analiza el texto e identifica dos casos de sesgo y la fuente de cada uno. Anota esta información en tu diario de ciencias.

3. Si fueras el moderador en una audiencia de la Agencia de Protección Ambiental (EPA, por sus siglas en inglés) sobre el tema, ¿qué harías para resolver el problema de sesgo?

4. **Concepto clave** Con tus propias palabras, explica cómo formularías un argumento sobre el manejo prudente de los recursos aéreos, evitando el sesgo.

Fábrica arroja polución al aire

Las organizaciones ambientales afirman que una fábrica de combustión de carbón contamina el aire con materia particulada tóxica, lo cual viola las normas de la Agencia de Protección Ambiental (EPA). La materia particulada es una mezcla de partículas sólidas y líquidas en el aire.

Los habitantes de la ciudad recogieron muestras de aire durante un periodo de seis meses. Un análisis de las muestras hecho en un laboratorio independiente reveló un nivel peligrosamente alto de materiales particulados tóxicos. Los niveles tan altos se han citado en revistas médicas como contribuyentes a la enfermedad y la muerte por asma, enfermedades respiratorias y cáncer pulmonar.

La fábrica no ha actualizado su equipo para controlar la polución, argumentando que no puede asumir el costo. En una reunión de la ciudad, el portavoz de la compañía afirmó que el material particulado no es nocivo para la salud humana. El director ambiental del estado, quien anteriormente trabajó en la fábrica, expresó que los empleos que ofrece la fábrica son más importantes para el estado que las inquietudes ambientales.

Lección 2

Guía de lectura

Conceptos clave
PREGUNTAS IMPORTANTES

- ¿Cuáles son las principales fuentes de energía renovable?
- ¿Cuáles son las ventajas y desventajas de usar recursos de energía renovables?
- ¿Qué pueden hacer las personas para promover el uso de recursos de energía renovables?

Vocabulario

energía solar pág. 653
parque eólico pág. 654
energía hidroeléctrica pág. 654
energía geotérmica pág. 655
energía de biomasa pág. 655

Multilingual eGlossary

Recursos de energía renovables

Investigación ¿Qué hacen estos paneles?

Estos paneles solares convierten la energía del sol en energía eléctrica. Esta planta de energía solar, en la Base Nellis de la Fuerza Aérea en Nevada, produce cerca del 25 por ciento de la electricidad que se usa en la base. ¿Cuáles son algunas ventajas de usar energía del sol? ¿Cuáles son algunas desventajas?

Laboratorio de inicio

20 minutos

¿Cómo pueden las fuentes de energía renovable generar energía en tu casa?

Las tecnologías de energía renovable pueden contribuir a reducir nuestra dependencia en los combustibles fósiles.

1. Revisa la siguiente tabla. Muestra cuánta energía, en vatios por hora, se requieren para encender ciertos electrodomésticos.

2. Una bicicleta típica generadora de electricidad genera 200 W/h, un panel solar pequeño genera 150 W/h y una turbina pequeña de aire genera 100 W/h con un viento de 25 km/h. Completa la tabla calculando el tiempo que requeriría cada forma de energía alternativa en generar la electricidad necesaria para hacer funcionar cada electrodoméstico durante 1 hora.

Piensa

1. ¿Qué electrodoméstico necesitó más tiempo de generación de energía de las fuentes de energía alternativa? ¿Por qué?

2. **Concepto clave** ¿Qué asuntos deberías considerar al usar energía solar o eólica para generar electricidad?

Electrodoméstico	Energía necesaria (W/h)	Tiempo en la bicicleta	Tiempo del panel solar	Tiempo de viento a 25 km/h
Televisor	200			
Cargador de teléfono celular	5			
Secador de pelo	1,000			
Computadora portátil	10			
Computadora de escritorio	75			

Recursos de energía renovables

¿Podrías hacer que el Sol dejara de brillar o el viento de soplar? Estas pueden parecer preguntas tontas, pero ayudan a enfatizar un aspecto importante sobre los recursos renovables. Los recursos renovables provienen de procesos naturales que han ocurrido durante miles de millones de años y que seguirán ocurriendo.

Energía solar

La **energía solar** *es la energía proveniente del Sol.* Las células solares, como las de los relojes de pulso y las calculadoras, captan energía lumínica y la transforman en energía eléctrica. Las plantas de energía solar pueden generar electricidad para grandes áreas. Transforman la energía en luz solar, la cual luego hace girar las turbinas conectadas a los generadores.

Algunas personas usan energía solar en sus casas, como se muestra en la **Figura 7.** La energía solar activa usa la tecnología, como los paneles solares, que reúnen y almacenan la energía solar que calienta el agua y las casas. La energía solar pasiva usa elementos de diseño que captan la energía de la luz solar. Por ejemplo, las ventanas en el lado sur de una casa pueden permitir que la luz solar ayude a calentar una habitación.

Figura 7 Las personas pueden usar energía solar para suministrar electricidad a sus hogares.

Energía eólica

¿Alguna vez se te han caído tus papeles de la escuela y se han dispersado por el viento? Si así es, experimentaste energía eólica. Este recurso renovable se ha usado desde la antigüedad para impulsar los barcos y echar a andar los molinos de viento. Actualmente, las turbinas eólicas, como las que se muestran en la **Figura 8,** pueden producir electricidad a gran escala. *Un grupo de turbinas de viento que produce electricidad se llama* **parque eólico**.

✓ **Verificación de la lectura** ¿Cómo es la energía eólica un recurso renovable?

Energía hídrica

Al igual que la energía eólica, el agua corriente se ha usado como fuente de energía desde la antigüedad. Hoy en día, la energía hídrica produce electricidad al usar distintos métodos, tales como la energía hidroeléctrica y la energía de las mareas.

Energía hidroeléctrica *La electricidad producida por agua corriente se llama* **energía hidroeléctrica**. Para producir energía hidroeléctrica, los seres humanos construyen una represa a través de un poderoso río. La **Figura 9** muestra cómo el agua corriente se usa para producir electricidad.

Energía de las mareas Las zonas costeras que tienen grandes diferencias entre mareas altas y bajas, pueden ser una fuente de energía de las mareas. El agua fluye a través de las turbinas cuando llega la marea durante las mareas altas y durante las mareas bajas deja de fluir. El agua que fluye activa las turbinas conectadas a los generadores que producen electricidad.

▲ **Figura 8** 🔑 Los parques eólicos marinos se llaman parques eólicos. Este parque eólico está en Dinamarca.

Figura 9 🔑 En una planta de energía hidroeléctrica, la energía del agua corriente produce electricidad. ▼

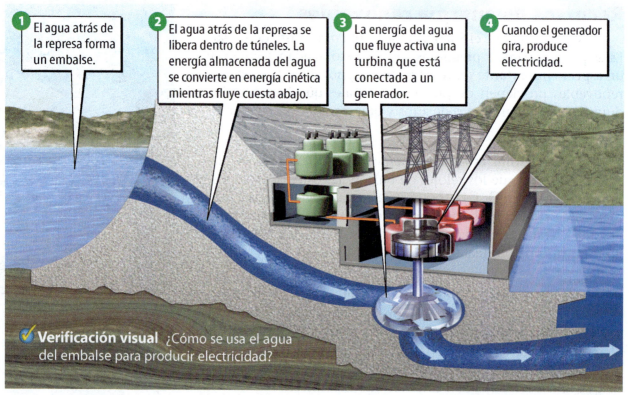

1. El agua atrás de la represa forma un embalse.
2. El agua atrás de la represa se libera dentro de túneles. La energía almacenada del agua se convierte en energía cinética mientras fluye cuesta abajo.
3. La energía del agua que fluye activa una turbina que está conectada a un generador.
4. Cuando el generador gira, produce electricidad.

✓ **Verificación visual** ¿Cómo se usa el agua del embalse para producir electricidad?

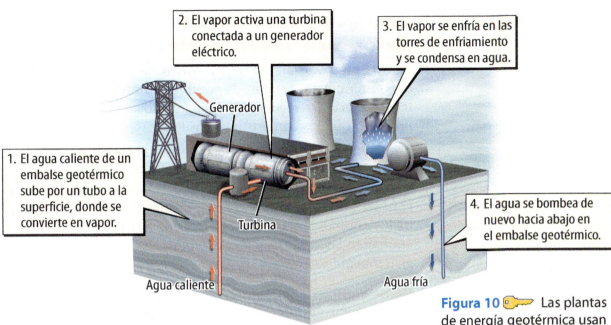

1. El agua caliente de un embalse geotérmico sube por un tubo a la superficie, donde se convierte en vapor.
2. El vapor activa una turbina conectada a un generador eléctrico.
3. El vapor se enfría en las torres de enfriamiento y se condensa en agua.
4. El agua se bombea de nuevo hacia abajo en el embalse geotérmico.

Figura 10 Las plantas de energía geotérmica usan energía térmica del interior de la Tierra y producen electricidad.

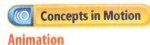

Energía geotérmica

El núcleo de la Tierra es casi tan caliente como la superficie del Sol. Esta energía térmica fluye hacia la superficie de la Tierra. *La energía térmica del interior de la Tierra se llama* **energía geotérmica**. Se puede usar para calentar las casas y para generar electricidad en las plantas de energía, como la que se muestra en la **Figura 10**. La gente perfora pozos para llegar a las rocas calientes y secas o masas de magma. La energía térmica de las rocas calientes o magma calienta el agua que produce vapor. El vapor activa las turbinas conectadas a los generadores que producen electricidad.

Energía de biomasa

Desde que los seres humanos por primera vez encendieron fuegos para calentarse y cocinar, la biomasa ha sido una fuente de energía. *La* **energía de biomasa** *es energía producida por la combustión de materia orgánica, como la madera, las sobras de comida y el alcohol.* La madera es la energía de biomasa más ampliamente usada. Los trozos de madera industrial y los materiales orgánicos, como la hierba cortada y sobras de comida, se queman para generar electricidad a gran escala.

La biomasa también se puede convertir en combustible para vehículos. El etanol se hace con azúcar de plantas, como el maíz y con frecuencia se mezcla con gasolina. El etanol reduce la cantidad de petróleo que se usa para hacer la gasolina. Agregar etanol a la gasolina también reduce la cantidad de monóxido de carbono y otros contaminantes que liberan los vehículos. Otro combustible renovable, el biodiesel, hecho de aceites y grasas vegetales, emite pocos contaminantes y es el combustible renovable que ha prosperado más en Estados Unidos.

 Verificación de concepto clave ¿Cuáles son las principales fuentes de energía renovable?

ORIGEN DE LAS PALABRAS

geotérmico
del griego *ge-*, que significa "Tierra"; y del griego *therme*, que significa "calor"

FOLDABLES

Haz un modelo de papel vertical con cinco solapas. Rotula las solapas como se ilustra. Identifica las ventajas y desventajas de los combustibles alternativos.

Ventajas y desventajas de los recursos renovables

Una gran ventaja de usar recursos de energía renovables es que se renuevan. Estarán disponibles durante millones de años más. Además, los recursos de energía renovables producen menos polución que los combustibles fósiles.

Sin embargo, hay desventajas asociadas con el uso de recursos renovables. Algunos son costosos o se limitan a ciertas zonas. Por ejemplo, las plantas geotérmicas a gran escala se limitan a zonas con actividad tectónica. Recuerda que la actividad tectónica incluye el movimiento de las placas de la Tierra. En la **Tabla 2** se enumeran las ventajas y las desventajas de usar recursos de energía renovables.

 Verificación de concepto clave ¿Cuáles son algunas ventajas y desventajas de usar recursos de energía renovables?

Tabla 2 Gran parte de los recursos de energía renovables produce poca o ninguna polución.

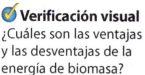 **Verificación visual** ¿Cuáles son las ventajas y las desventajas de la energía de biomasa?

Concepts in Motion — **Interactive Table**

Tabla 2 Recursos renovables: Ventajas y desventajas

Recurso renovable	Ventajas	Desventajas
Energía solar	• no son contaminantes • disponibles en Estados Unidos	• producen menos energía en días nublados • no producen energía en la noche • alto costo de las células solares • se requiere un área de superficie grande para recoger y producir energía a gran escala
Energía eólica	• no son contaminantes • relativamente económicos • disponibles en Estados Unidos	• el uso a gran escala está limitado a zonas con fuertes y constantes vientos • los mejores sitios para parques eólicos están lejos de las zonas urbanas y de las líneas de transmisión • impacto potencial en las poblaciones de aves
Energía hídrica	• no son contaminantes • disponibles en Estados Unidos	• el uso a gran escala está limitado a zonas con ríos caudalosos o grandes diferencias en las mareas • impacto negativo en los ecosistemas acuáticos • la producción de electricidad se ve afectada por largos periodos de poca o ninguna precipitación
Energía geotérmica	• producen poca polución • disponibles en Estados Unidos	• el uso a gran escala está limitado a zonas tectónicamente activas • la alteración del hábitat por la perforación para construir una planta de energía
Energía de biomasa	• reducen la cantidad de material orgánico desechado en los rellenos sanitarios • disponibles en Estados Unidos	• la polución del aire resulta de la combustión de algunas formas de biomasa • menos eficientes en energía que los combustibles fósiles, su transporte es costoso

Administración de recursos de energía renovables

Hoy, la energía renovable atiende solo el 7 por ciento de las necesidades de energía de EE.UU. La **Figura 11** muestra que gran parte de la energía renovable proviene de la biomasa. Las energías solar, eólica y geotérmica atienden solo un pequeño porcentaje de las necesidades de energía de EE.UU. Sin embargo, algunos estados están aprobando leyes que exigen que las compañías de energía del estado produzcan un porcentaje de electricidad usando recursos renovables. La administración de los recursos renovables se centra en promover su uso.

Soluciones para la administración

El gobierno de EE.UU. ha iniciado programas para promover el uso de los recursos renovables. En 2009, miles de millones de dólares se otorgaron a la Oficina de Eficiencia Energética y las Energías Renovables del Departamento de Energía de EE.UU. para la investigación de energía renovable y los programas para reducir el uso de combustibles fósiles.

Lo que tú puedes hacer

Quizá seas demasiado joven para ser dueño de una casa o un carro, pero puedes educar a otros sobre los recursos de energía renovables. Puedes hablar con tu familia sobre formas para usar la energía renovable en casa. Puedes participar en una feria de energía renovable en la escuela. Como consumidor, también puedes hacer una diferencia al comprar productos hechos con recursos de energía renovables.

 Verificación de concepto clave ¿Qué puedes hacer para promover el uso de recursos de energía renovables?

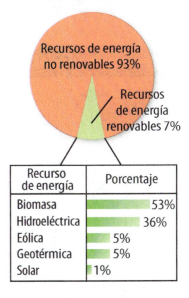

Figura 11 El recurso de energía renovable más utilizado en Estados Unidos es la energía de biomasa.

Investigación MiniLab — 20 minutos

¿Cómo se usan los recursos de energía renovables en tu escuela?

Haz una encuesta sobre el uso de recursos renovables en tu escuela.

1. Prepara preguntas para una entrevista acerca del uso de los recursos de energía renovables en tu escuela. Cada miembro del grupo deberá formular por lo menos dos preguntas.
2. Elige a un miembro del grupo para que entreviste a un empleado de la escuela.
3. Copia la tabla que se muestra a la derecha en tu diario de ciencias y llénala con los datos de la entrevista.

Fuente de energía renovable	Sí/No	¿Dónde se usa?	¿Por qué se usa? o ¿por qué no se usa?
Solar			
Eólica			
Hídrica			
Geotérmica			
Biomasa			

Analizar y concluir

1. **Explica** ¿Qué recursos de energía renovables se están usando y cuáles no? ¿Por qué?
2. **Concepto clave** Elige una razón de "por qué no" y describe cómo se podría abordar una comunicación con los planificadores de la escuela.

Lección 2
EXPLICAR

Repaso de la Lección 2

Assessment — Online Quiz
Inquiry — Virtual Lab

Resumen visual

Los recursos de energía renovables se pueden usar para calentar las casas, producir electricidad e impulsar vehículos.

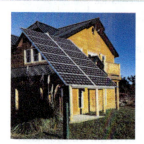

Las ventajas de los recursos de energía renovables incluyen poca o ninguna polución y su disponibilidad.

La administración de los recursos de energía renovables incluye fomentar su uso y seguir investigando más sobre su uso.

FOLDABLES

Usa tu modelo de papel para repasar la lección. Guarda tu modelo para el proyecto de final de capítulo.

¿Qué opinas AHORA?

Al inicio de este capítulo leíste las siguientes afirmaciones.

3. Los recursos de energía renovables no contaminan el medioambiente.

4. La combustión de material orgánico puede producir electricidad.

¿Sigues estando de acuerdo o en desacuerdo con las afirmaciones? Reescribe las afirmaciones falsas para hacerlas verdaderas.

Usar vocabulario

1. **Define** *energía hidroeléctrica* con tus propias palabras.

2. La combustión de madera es un ejemplo de energía _____.

Entender conceptos clave

3. ¿Cuál de estas opciones puede reducir la cantidad de material orgánico desechado en los rellenos sanitarios?
   A. energía de biomasa
   B. energía solar
   C. energía hídrica
   D. energía eólica

4. **Compara y contrasta** la energía solar con la energía eólica.

5. **Determina** Tu familia quiere usar energía renovable para calentar la casa. ¿Qué recurso de energía renovable es apropiado para tu zona? Explica tu respuesta.

Interpretar gráficas

6. **Organiza** Copia y llena el siguiente organizador gráfico. En cada óvalo enumera un tipo de recurso de energía renovable.

7. **Compara** el uso de los recursos renovables y no renovables en la producción de electricidad en Estados Unidos, con base en la siguiente tabla.

Fuentes de generación de electricidad, 2007	
Fuente de energía	Porcentaje
Combustibles fósiles	72.3
Energía nuclear	19.4
Hidroeléctrica	5.8
Solar, eólica, geotérmica, biomasa	2.5

Pensamiento crítico

8. **Diseña** y explica un modelo que muestre cómo un recurso renovable produce energía.

Investigación: Práctica de destrezas — Analizar datos
40 minutos

¿Cómo puedes analizar los datos de consumo de energía como información para ayudar a ahorrar energía?

Como estudiante, no estás tomando grandes decisiones políticas gubernamentales sobre los usos de los recursos. Sin embargo, como individuo, puedes analizar los datos sobre el uso de la energía. Puedes usar tu análisis para determinar algunas acciones personales que se pueden tomar para ahorrar los recursos de energía.

Aprende
Para **analizar los datos** del consumo de combustible, tendrás que buscar patrones en los datos, compararlos y clasificarlos, y determinar causa y efecto.

Intenta
1. Estudia la siguiente gráfica de consumo de combustible. Los datos se tomaron en una casa en la que se usa gas natural como fuente de energía para calentarla.
2. Identifica el lapso de tiempo que cubre la gráfica.
3. Explica qué representa los valores en el eje vertical de la gráfica.
4. Describe el registro de consumo mensual de gas durante un período de 12 meses.
5. Agrupa el consumo mensual de gas en tres niveles. Asigna a cada nivel un título. Anótalos en tu diario de ciencias.

Aplica
6. Clasifica los tres niveles con base en la cantidad de consumo de gas natural.
7. Identifica los tres meses de consumo de gas más altos y los cuatro más bajos. ¿Qué podría explicar los patrones de consumo durante estos meses?
8. Imagina que la casa de la cual vienen los datos se calentaba con un horno eléctrico, en lugar de un horno de gas natural. ¿Qué aspecto esperaría que tuviera una gráfica de consumo de un horno eléctrico?
9. **Concepto clave** Elabora una lista de prácticas de ahorro de calor para las casas.

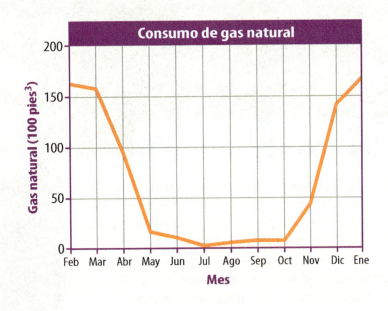

Lección 2
EXTENDER

Lección 3

Recursos de la tierra

Guía de lectura

Conceptos clave 🗝
PREGUNTAS IMPORTANTES

- ¿Por qué la tierra se considera un recurso?
- ¿Cuáles son las ventajas y desventajas de usar la tierra como recurso?
- ¿Cómo pueden las personas ayudar a administrar los recursos de la tierra sabiamente?

Vocabulario
mena pág. 663
deforestación pág. 664

 Multilingual eGlossary

 Video

What's Science Got to do With It?

 ¿Un jardín en el agua?

La Barcaza científica es una granja experimental en la Ciudad de Nueva York, Nueva York. Ahorra espacio y reduce la polución y el uso de combustible fósil al tiempo que siembra cultivos para alimentar a la gente en una zona urbana. ¿Por qué las personas experimentan con formas de cultivar alimentos que tengan menos impacto ambiental? ¿Por qué es importante para los seres humanos usar los recursos de la tierra sabiamente?

Laboratorio de inicio　　　20 minutos

¿Qué recursos de la tierra usas todos los días?

La tierra en la que viven los seres humanos hace parte de la corteza terrestre. Proporciona recursos que permiten a los seres humanos y a otros organismos subsistir.

1. Haz una lista de los artículos que usas en un periodo de 24 horas mientras realizas tus actividades cotidianas.
2. Combina tu lista con las listas de los miembros de tu grupo y decide qué artículos contienen recursos de la tierra. Diseña un organizador gráfico para agrupar los materiales por categorías.
3. Llena el organizador gráfico en **papel para carteles.** Usa un **resaltador** o **marcadores de colores** para mostrar cuáles recursos son renovables y cuáles son no renovables.
4. Fija tu gráfica y compárala con la de otros en tu clase.

Piensa

1. ¿Existen momentos en el día en los que no usas un recurso de la tierra? Da un ejemplo.
2. Describe las principales categorías que usaste para organizar tu lista de recursos.
3. **Concepto clave** ¿Por qué piensas que la tierra se considera un recurso?

La tierra como recurso

Un recurso natural es algo de la Tierra que los seres vivos usan para satisfacer sus necesidades. Las personas usan el suelo para sembrar cultivos y los bosques para recoger madera para hacer muebles, casas y productos de papel. Extraen minerales de la tierra y despejan grandes áreas para hacer caminos y edificios. En cada uno de estos casos, la gente usa la tierra como un recurso natural para satisfacer sus necesidades.

 Verificación del concepto clave ¿Por qué se considera que la tierra es un recurso?

Espacio vital

No importa donde vivas, tú y los demás seres vivos usan la tierra como espacio vital. Este incluye los hábitats naturales, así como también la tierra en la cual se construyen edificios, aceras, estacionamientos y calles. Como se muestra en la **Figura 12,** las ciudades conforman solo un pequeño porcentaje del uso de la tierra en Estados Unidos. Gran parte de la tierra se usa para la agricultura, las praderas y los bosques.

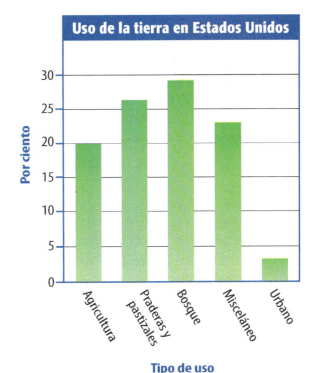

Figura 12 Los bosques y las praderas conforman las categorías más grandes de uso de la tierra en EE.UU.

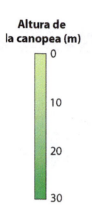

1650 **1992**

Figura 13 Gran parte del bosque este de EE.UU. se ha reemplazado por las ciudades, granjas y otros tipos de desarrollo.

 Verificación visual
Compara la cubierta forestal del este de Estados Unidos en 1650 y 1992.

Bosques y agricultura

Como se muestra en la **Figura 13,** los bosques cubrían gran parte del este de Estados Unidos en 1650. En 1992, los bosques casi habían desaparecido. A pesar de que algunos árboles han vuelto a crecer, no son tan altos y los bosques no son tan complejos como fueron originalmente.

Los bosques se talaron por la misma razón que se talan actualmente: para combustible, productos de papel y productos de madera. Las personas también despejaron la tierra para el desarrollo y la agricultura. Hoy en día, cerca de una quinta parte de la tierra de EE.UU. se usa para sembrar cultivos y casi una cuarta parte se usa para pastoreo de ganado.

Verificación de la lectura ¿Por qué se talan los bosques?

MiniLab

20 minutos

¿Cómo puedes administrar el uso del recurso de la tierra con responsabilidad ambiental?

Heredaste un parcela de 100 acres de tierra boscosa. El testamento de tu pariente decía que debes atender todas tus necesidades mediante el uso o la venta de los recursos de la tierra. Para recibir la herencia, debes crear un plan de uso de la tierra ambientalmente responsable.

1. Copia la tabla en tu diario de ciencias.
2. El testamento de tu pariente decía que debes atender todas tus necesidades mediante el uso o la venta de los recursos de la tierra. Decide cómo usarás la tierra y completa la tabla.
3. Dibuja tu plan de uso de la tierra en **papel milimetrado**.
4. Presenta el plan de uso de la tierra de tu grupo a la clase y explica tu razonamiento.

Uso de la tierra	Por ciento del área total	Razonamiento
Bosque		
Casa y patio		
Jardín		
Mina de minerales		
Otros		

Analizar y concluir
1. **Compara y contrasta** el diseño y razonamiento de tu plan con los planes de otros grupos.
2. **Identifica** información adicional sobre la parcela de tierra que necesitarías para perfeccionar tu plan.
3. 🔑 **Concepto clave** Resume dos prácticas ambientalmente responsables que usaron más de un grupo en su plan.

Recursos minerales

Recuerda que el carbón, un recurso de energía, se extrae de la tierra. Ciertos minerales también se extraen para hacer productos que usas todos los días. Estos minerales con frecuencia se llaman menas. *Las **menas** son depósitos de minerales suficientemente grandes como para ser explotados y obtener ganancias.*

La casa de la **Figura 14** contiene muchos ejemplos de artículos comunes hechos con recursos minerales. Algunos de estos provienen de recursos minerales metálicos. Las menas, como la bauxita y la hematita, son recursos minerales metálicos. Se usan para hacer productos de metal. El aluminio de los automóviles y los refrigeradores proviene de la bauxita. El hierro de clavos y grifos proviene de la hematita. Algunos recursos minerales provienen de recursos minerales no metálicos, como arena, gravilla, yeso y halita. Los recursos minerales no metálicos también se extraen de la tierra. El azufre que se usa en pinturas y caucho, y la fluorita que se usa en pigmentos para pintura son otros ejemplos de recursos minerales no metálicos.

ORIGEN DE LAS PALABRAS

mena
del latín *minera*, que significa "mina"

Figura 14 Muchos productos comunes están hechos con recursos minerales.

✓ Verificación visual
Identifica dos productos hechos con recursos minerales no metálicos.

Recursos minerales

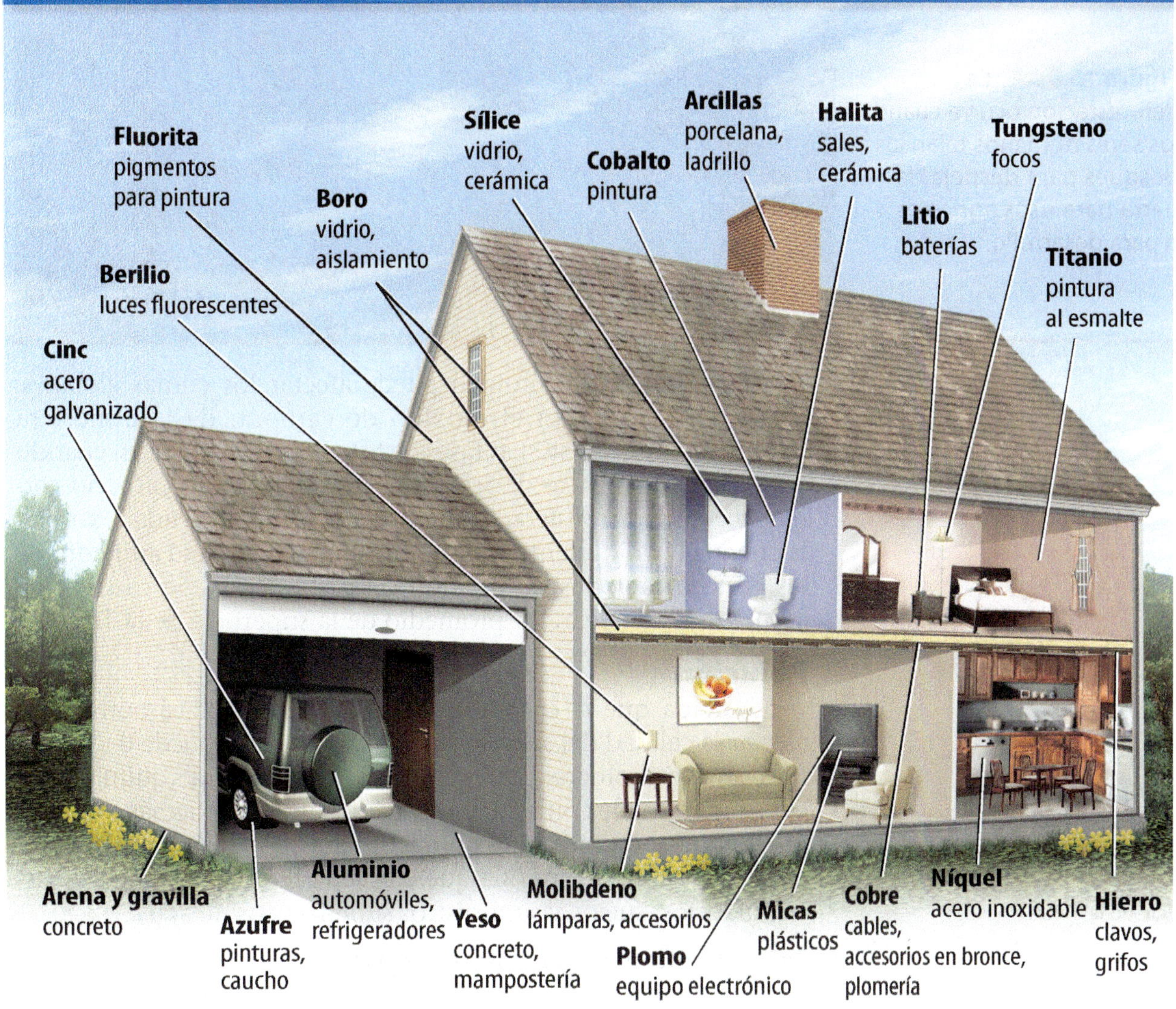

Fluorita pigmentos para pintura
Berilio luces fluorescentes
Cinc acero galvanizado
Boro vidrio, aislamiento
Sílice vidrio, cerámica
Cobalto pintura
Arcillas porcelana, ladrillo
Halita sales, cerámica
Litio baterías
Tungsteno focos
Titanio pintura al esmalte
Arena y gravilla concreto
Azufre pinturas, caucho
Aluminio automóviles, refrigeradores
Yeso concreto, mampostería
Molibdeno lámparas, accesorios
Plomo equipo electrónico
Micas plásticos
Cobre cables, accesorios en bronce, plomería
Níquel acero inoxidable
Hierro clavos, grifos

Lección 3
EXPLICAR

FOLDABLES

Haz un boletín horizontal con dos solapas. Rotula las solapas como se ilustra. Usa el modelo de papel para escribir tus notas sobre los recursos de la tierra renovables y no renovables.

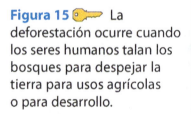

Ventajas y desventajas de usar recursos de la tierra

Los recursos de la tierra como el suelo y los bosques son ampliamente disponibles y de fácil acceso. Además, los cultivos y los árboles son renovables, se pueden volver a sembrar y crecen en un periodo de tiempo relativamente corto. Estas son todas las ventajas de usar los recursos de la tierra.

Sin embargo, algunos recursos de la tierra son no renovables. Puede tomar millones de años para que se formen los minerales. Esta es una desventaja del uso de recursos de la tierra. Otras desventajas incluyen la deforestación y la polución.

Deforestación

Como se ve en la **Figura 15,** los humanos algunas veces talan bosques para despejar la tierra para el pastoreo, la agricultura y otros usos. *La* **deforestación** *es la tala de grandes áreas de bosques para actividades humanas.* Esto conduce a la erosión del suelo y a la pérdida de hábitats de los animales. En las selvas tropicales húmedas, complejos ecosistemas que pueden tardar cientos de años para reemplazarlos, la deforestación es un problema grave.

Figura 15 La deforestación ocurre cuando los seres humanos talan los bosques para despejar la tierra para usos agrícolas o para desarrollo.

La deforestación también puede afectar los climas globales. Los árboles eliminan el dióxido de carbono de la atmósfera durante la fotosíntesis. Las tasas de fotosíntesis se reducen cuando se talan grandes áreas de árboles, y más dióxido de carbono permanece en la atmósfera. El dióxido de carbono ayuda a atrapar la energía térmica dentro de la atmósfera terrestre. El aumento de las concentraciones de dióxido de carbono puede causar que aumente la temperatura promedio de la superficie de la Tierra.

Polución

Recuerda que la **escorrentía** de las minas de carbón puede afectar la calidad del suelo y del agua. Lo mismo puede decirse de las minas de mineral. La escorrentía que contiene químicos de esas minas puede contaminar el suelo y el agua. Además, muchos granjeros usan fertilizantes químicos para abonar sus cultivos para que crezcan. La escorrentía que contiene fertilizantes puede contaminar ríos, suelos y suministros subterráneos de agua.

REPASO DE VOCABULARIO

escorrentía
agua de lluvia que no penetra el suelo y fluye sobre la superficie de la Tierra

Verificación de concepto clave ¿Cuáles son algunas ventajas y desventajas de usar recursos de la tierra?

Administración de los recursos de la tierra

Debido a que algunos usos de la tierra incluyen recursos renovables mientras que otros no, administrar los recursos de la tierra es algo complejo. Por ejemplo, un árbol es renovable, pero los bosques pueden ser no renovables, porque algunos pueden tardar cientos de años para volver a crecer totalmente. Además, la cantidad de tierra es limitada, por tanto hay competencia por el espacio. Aquellos que administran los recursos de la tierra deben equilibrar todos estos asuntos.

Soluciones para administrar

Una forma en que los gobiernos pueden administrar los bosques y otros ecosistemas únicos es **conservándolos.** En la tierra preservada, la tala de árboles y el desarrollo están prohibidos o estrictamente controlados. No se pueden talar grandes áreas de bosques. En cambio, los leñadores talan árboles seleccionados y luego siembran nuevos árboles para reemplazar los que talaron.

La tierra explotada para extraer recursos minerales también se debe conservar. Tanto en terrenos públicos como privados, se debe reponer la tierra explotada de acuerdo con los reglamentos gubernamentales.

La tierra usada para la agricultura y el pastoreo se puede administrar para conservar el suelo y mejorar el rendimiento de los cultivos. Los granjeros pueden dejar tallos del cultivo después de la cosecha para proteger el suelo de la erosión. También pueden usar técnicas de agricultura orgánica que no usan fertilizantes sintéticos.

Lo que tú puedes hacer

Tú puedes ayudar a conservar los recursos de la tierra al reciclar los productos elaborados con recursos de la tierra. Puedes usar los desperdicios del patio y restos vegetales para hacer un rico compost para la jardinería y reducir la necesidad de usar fertilizantes sintéticos. El compost es una mezcla de material orgánico descompuesto, bacterias y otros organismos, y pequeñas cantidades de agua. La **Figura 16** muestra otra forma en la que puedes ayudar a administrar los recursos de la tierra sabiamente.

 Verificación de concepto clave ¿Qué puedes hacer para ayudar a administrar los recursos de la tierra sabiamente?

> **USO CIENTÍFICO Y USO COMÚN**
>
> **conservar**
> *Uso científico* mantener libre de daño, deterioro o destrucción
>
> *Uso común* enlatar, encurtir o guardar algo para su uso futuro

Figura 16
Un huerto comunitario es una forma de ayudar a administrar los recursos de la tierra sabiamente.

Repaso de la Lección 3

Assessment   Online Quiz

Resumen visual

La tierra es un recurso natural que los seres humanos usan para satisfacer sus necesidades.

Las desventajas de usar la tierra como recurso incluyen la deforestación, que lleva a un aumento de la erosión y del dióxido de carbono en la atmósfera.

Las personas pueden ayudar a administrar los recursos de la tierra sabiamente mediante el reciclaje, el compostaje y el cultivo de alimentos en huertos comunitarios.

FOLDABLES

Usa tu modelo de papel para repasar la lección. Guarda tu modelo para el proyecto de final de capítulo.

¿Qué opinas AHORA?

Al inicio de este capítulo leíste las siguientes afirmaciones.

5. Las ciudades cubren la mayor parte del suelo de Estados Unidos.

6. Los minerales se forman durante millones de años.

¿Sigues estando de acuerdo o en desacuerdo con las afirmaciones? Reescribe las afirmaciones falsas para hacerlas verdaderas.

Usar vocabulario

1. Talar los bosques para actividades de los seres humanos se llama _____.

2. **Usa el término** *mena* en una oración.

Entender conceptos clave

3. Una desventaja de usar recursos minerales metálicos es que estos recursos son
   - A. fáciles de extraer.
   - B. económicos.
   - C. no renovables.
   - D. renovables.

4. **Da un ejemplo** de cómo las personas usan la tierra como recurso.

5. **Compara** los métodos usados por los gobiernos y las personas para administrar los recursos de la tierra sabiamente.

Interpretar gráficas

6. **Toma notas** Copia el siguiente organizador gráfico y enumera al menos dos recursos de la tierra que se mencionen en esta lección. Describe cómo el uso de cada uno afecta el medioambiente.

Recurso de la tierra	Cómo el uso afecta el medioambiente

7. **Identifica** si los recursos minerales que se muestran aquí son metálicos o no metálicos.

Cinc — acero galvanizado
Arena y gravilla — concreto
Azufre — pinturas caucho
Aluminio — automóviles refrigeradores

Pensamiento crítico

8. **Diseña** una forma de administrar los recursos de la tierra sabiamente. Usa un método que no se haya comentado en esta lección.

9. **Decide** La tierra es un recurso limitado. Con frecuencia hay presión para desarrollar la tierra conservada. ¿Piensas que esto debería suceder? ¿Por qué?

Una Greensburg más verde

CIENCIA VERDE

Una ciudad asolada por el desastre convierte al mundo en un lugar más verde.

En mayo de 2007, un poderoso tornado asoló la pequeña ciudad de Greensburg en Kansas. El tornado destruyó casi todas las casas, las escuelas y los negocios. Seis meses después, los funcionarios de la ciudad y los residentes decidieron reconstruir Greensburg como un modelo de comunidad verde.

Los residentes de la ciudad prometieron usar menos recursos naturales, para producir energía limpia y renovable, y reutilizar y reciclar los residuos. Como parte de este esfuerzo, cada nueva casa y edificio se diseñaría para obtener eficiencia de energía. Las viviendas también se construirían con materiales que son saludables para la gente que vive y trabaja en ellas.

¿Qué es una ciudad verde modelo? Aquí tienes algunas formas en las que Greensburg ayudará al medioambiente, ahorrará dinero y hará la vida mejor para sus residentes.

▲ Los jardines de lluvia ayudan a mejorar la calidad del agua al filtrar los contaminantes de la escorrentía.

USAR ENERGÍA RENOVABLE

- **Producir energía limpia** con fuentes de energía renovables como la eólica y la luz solar. Las turbinas eólicas captan abundante energía eólica en las llanuras de Kansas.
- **Reducir las emisiones de gas efecto invernadero** con vehículos para la ciudad, eléctricos o híbridos.

AHORRAR EL AGUA

- **Captar la escorrentía y el agua de lluvia** con las características del paisaje como jardines de lluvia, jardines en forma de tazón diseñados para recoger y absorber el exceso de agua de lluvia.
- **Usar** grifos, duchas e inodoros **de poco flujo.**

CREAR UN MEDIOAMBIENTE SALUDABLE

- **Crear parques y espacios verdes** con plantas nativas que necesitan poca agua o cuidado.
- **Crear una "comunidad transitable"** para animar que las personas conduzcan menos y sean más activas, con un centro de la ciudad conectado con los barrios por aceras y senderos.

CONSTRUIR EDIFICIOS VERDES

- **Diseñar cada hogar, escuela y oficina** para usar menos energía y promover una mejor salud.
- **Aprovechar al máximo la luz natural** para iluminar interiores con muchas ventanas, que también se puedan abrir para recibir aire puro.
- **Usar materiales verdes** que no son tóxicos y se cultivan localmente o se hacen con materiales reciclados.

Te toca a ti

RESOLUCIÓN DE PROBLEMAS Con tu grupo, elige uno de los proyectos de Greensburg. Haz un plan que describa cómo se podría implementar en tu comunidad y cuáles serían sus beneficios.

Lección 4

Guía de lectura

Conceptos clave
PREGUNTAS IMPORTANTES

- ¿Por qué es importante administrar los recursos del aire y del agua sabiamente?
- ¿Cómo pueden las personas ayudar a administrar los recursos del aire y del agua sabiamente?

Vocabulario
esmog fotoquímico pág. 670
precipitación ácida pág. 670

 Multilingual eGlossary

 Video   BrainPOP®

Recursos del aire y del agua

Investigación ¿Estos son círculos de cultivos?

No, este paisaje de puntos en Colorado es el resultado del riego circular. Los campos son redondos porque el equipo de riego gira desde el centro del campo y se mueve en círculo para regar los cultivos. El riego de cultivos corresponde al 34 por ciento del agua usada en Estados Unidos.

Laboratorio de inicio　　　**20 minutos**

¿Con qué frecuencia usas agua cada día?

En casi todos los lugares en Estados Unidos, las personas tienen la suerte de contar con un suministro suficiente de agua limpia. Cuando abres el grifo, ¿piensas en el valor del agua como un recurso?

1. Prepara una tabla de dos columnas para recopilar datos sobre el número de veces que usas agua en un día. Rotula la primera columna *Propósito* y la segunda *Veces de uso*.

2. En la columna *Propósito* describe cómo usaste el agua, como *grifo, inodoro, ducha/baño, lavaplatos, lavar ropa, escapes* y otros.

3. En la columna *Veces de uso* anota y cuenta el número total de veces que usaste agua.

4. Calcula el porcentaje de agua que usaste en cada categoría. Construye una gráfica circular que muestre los porcentajes de uso en un día.

Piensa

1. ¿Con qué propósito usaste la mayor cantidad de agua? ¿Y, la menor?

2. **Concepto clave** ¿En qué categoría, o categorías, podrías ahorrar agua? ¿Cómo?

Importancia del aire y el agua

El uso de algunos recursos naturales, como los combustibles fósiles y los minerales, hacen la vida más fácil. Te harían falta si se acabaran, pero aún así sobrevivirías.

El aire y el agua, por otra parte, son recursos sin los cuales no puedes vivir. La mayoría de los seres vivos pueden sobrevivir solo unos pocos minutos sin aire. El oxígeno del aire ayuda a tu cuerpo a proporcionar energía a tus células.

El agua también se necesita para muchas funciones vitales. Como se muestra en la **Figura 17,** el agua es el principal componente de la sangre. El agua ayuda a proteger los tejidos del cuerpo, ayuda a conservar la temperatura corporal, y tiene una función en muchas reacciones químicas, tales como la digestión de los alimentos. Además de beber agua, las personas usan el agua para otros propósitos sobre los que aprenderás más adelante en esta lección, como la agricultura, el transporte y la recreación.

Verificación de la lectura ¿Cuáles son las funciones del agua en el cuerpo humano?

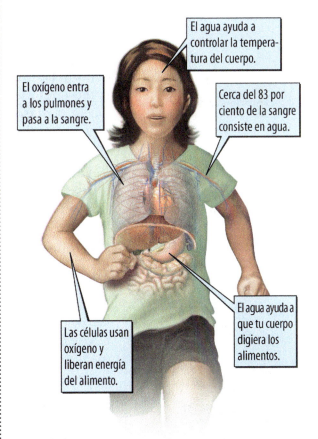

Figura 17 Tu cuerpo necesita oxígeno y agua para llevar a cabo sus funciones de soporte vital.

Figura 18 A veces una capa de aire caliente puede atrapar esmog en el aire más frío cerca de la superficie de la Tierra. El esmog puede cubrir la zona durante días.

 Verificación visual ¿De dónde proviene la polución que forma el esmog?

Review Personal Tutor

FOLDABLES

Haz un boletín horizontal de dos solapas. Rotúlalo como se ilustra. Usa tu modelo de papel para comentar la importancia del aire y del agua.

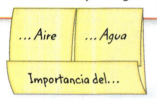

Figura 19 El gas y el polvo que liberan los volcanes en erupción, como el volcán Karymsky en Rusia, pueden contaminar el aire.

Aire

La mayoría de los seres vivos necesitan aire para sobrevivir. Sin embargo, el aire contaminado de la **Figura 18,** puede hacer daño a los humanos y a otros seres vivos. La polución del aire se produce cuando los combustibles fósiles se queman en las casas, los vehículos y las plantas de energía. También la causa los eventos naturales, como erupciones volcánicas e incendios forestales.

 Verificación de la lectura ¿Qué actividades pueden causar polución del aire?

Esmog La quema de combustibles fósiles libera tanto energía como compuestos de nitrógeno. *El* **esmog fotoquímico** *es una niebla pardusca producida cuando los compuestos de nitrógeno y otros contaminantes en el aire reaccionan en presencia de la luz solar.* El esmog puede irritar tu sistema respiratorio. En algunas personas, puede aumentar la posibilidad de ataques de asma. El esmog puede ser particularmente nocivo cuando queda atrapado bajo una capa de aire caliente y permanece en una zona durante varios días, como se ve en la **Figura 18.**

Precipitación ácida Los compuestos de nitrógeno y azufre liberados cuando se queman los combustibles fósiles, pueden reaccionar con el agua en la atmósfera y producir *la* **precipitación ácida**, *es lluvia que tiene un pH inferior a 5.6.* Cuando cae en los lagos, puede dañar a los peces y a otros organismos. También puede contaminar el suelo y terminar con árboles y plantas. La precipitación ácida puede incluso dañar edificios y estatuas hechos de algunos tipos de roca.

Eventos naturales Los incendios forestales y las erupciones volcánicas, como en la **Figura 19,** liberan gases, ceniza y polvo en el aire. El polvo y la ceniza pueden esparcirse por el mundo. Los materiales de los incendios y las erupciones pueden causar problemas de salud como los que causa el esmog.

Agua

Imagina que ahorraste $100, pero solo podías gastar 90 centavos. ¡Podrías estar muy frustrado! Si toda el agua de la Tierra fueran tus $100, el agua dulce que podemos usar es igual a los 90 centavos que puedes gastar. Como se muestra en la **Figura 20,** la mayor parte del agua en la Tierra es salada. Solo el 3 por ciento es agua dulce, y gran parte de esa agua está congelada en los glaciares. Esto deja solo una pequeña parte, el 0.9 por ciento, de la cantidad total de agua de la Tierra para uso de los seres humanos.

Este suministro relativamente pequeño de agua dulce debe satisfacer muchas necesidades. Además de beber agua, las personas la usan para la agricultura, la industria, la producción de electricidad, las actividades domésticas, el transporte y la recreación. Cada uno de estos usos puede afectar la calidad del agua. Por ejemplo, el agua que se usa para regar los campos puede mezclarse con fertilizantes. Esta agua contaminada corre después hacia los ríos y aguas subterráneas, reduciendo la calidad de estos suministros de agua. El agua usada en la industria con frecuencia se calienta a altas temperaturas. El agua caliente puede dañar a los organismos acuáticos cuando regresa al medioambiente.

✅ **Verificación de la lectura** ¿Cómo puede la agricultura afectar la calidad del agua?

Distribución del agua en la Tierra

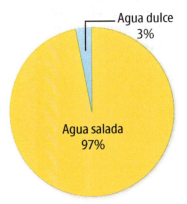

Figura 20 El agua dulce conforma solo el 3 por ciento del agua de la Tierra.

Investigación MiniLab

20 minutos

¿Cuánta agua puede desperdiciar un grifo con fugas?

Estas compitiendo por un empleo de consultor ambiental en tu escuela. Uno de los requisitos del concurso es completar un análisis del desperdicio de agua en los grifos existentes.

1. Lee y completa un formulario de seguridad en el laboratorio.
2. Recoge agua de un **grifo con fugas** en un **vaso graduado.** Mide el tiempo de recolección durante un minuto con un **cronómetro.**
3. Usa una **probeta graduada de 50 ml** para medir la cantidad de agua perdida. Anota en tu diario de ciencias la cantidad de agua, en mililitros por minuto, que se fugó del grifo.
4. Haz una tabla para mostrar la cantidad de agua que se fugaría del grifo en 1 hora, 1 día, 1 semana, 1 mes y 1 año.

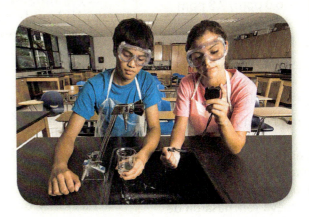

Analizar y concluir

1. **Construye** una gráfica con tus datos. Rotula los ejes y titula tu gráfica. Explica qué ilustra la gráfica.
2. **Describe** cuántos litros de agua se gastarían por la fuga en un periodo de un año. Explica cómo llegaste a esa cifra.
3. 🔑 **Concepto clave** Como consultor ambiental, ¿qué información y recomendaciones harías sobre el desperdicio de agua en la escuela?

Lección 4
EXPLICAR

Figura 21 La cantidad de compuestos de azufre en la atmósfera disminuyó después de la aprobación de la Ley de Aire limpio.

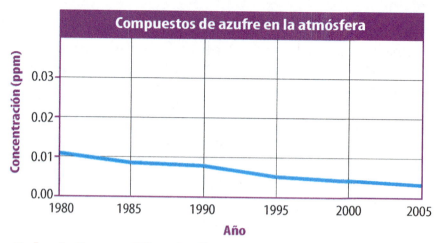

Destrezas matemáticas

Usar porcentajes
El nivel de monóxido de carbono (CO) en el aire de Seattle pasó de 7.8 partes por millón (ppm) en 1990 a 1.8 ppm en 2007. ¿Cuál fue el cambio porcentual en los niveles de CO?

1. Resta el valor inicial del valor final.
   1.8 ppm − 7.8 ppm = −6.0 ppm

2. Divide la diferencia entre el valor inicial.
   −6.0 ppm / 7.8 ppm = −0.769

3. Multiplica por 100 y agrega el signo %.
   −0.769 × 100 = −76.9%.

Se redujo un 76.9%.

Practicar
Entre 1990 y 2000, los niveles de ozono (O_3) en la Ciudad de Nueva York pasaron de 0.098 ppm a 0.086 ppm. ¿Cuál fue el cambio porcentual de los niveles de ozono?

- Math Practice
- Personal Tutor

Administración de los recursos del aire y del agua

Los animales y las plantas no usan recursos naturales para producir electricidad o aumentar los cultivos, pero usan aire y agua. La administración de estos recursos importantes debe considerar tanto las necesidades de los seres humanos como las de otros seres vivos.

Verificación de concepto clave ¿Por qué es importante administrar los recursos del aire y del agua sabiamente?

Soluciones para administrar

La legislación es una forma efectiva de reducir la polución del aire y del agua. Las regulaciones de la Ley de Aire Limpio de EE.UU. aprobadas en 1970, limitan la cantidad de ciertos contaminantes que pueden liberarse en el aire. La gráfica en la **Figura 21** muestra cómo los niveles de compuestos de azufre se han reducido desde que se promulgó la ley.

Leyes similares existen ahora para mantener la calidad del agua. La Ley de Agua Limpia de EE.UU. legisla la reducción de la contaminación del agua. La Ley de Agua Potable Segura legisla la protección de los suministros de agua potable. Al reducir la polución, estas leyes ayudan a asegurar que todos los seres vivos tengan acceso a aire y agua limpios.

Lo que tú puedes hacer

Aprendiste que la reducción del uso de combustibles fósiles y el mejoramiento de la eficiencia de energía pueden reducir los contaminantes del aire. Puedes asegurarte de que en tu casa se ahorre energía al limpiar los filtros del aire acondicionado o calefacción y usar focos ahorradores de luz.

Puedes ayudar a reducir la polución del agua al deshacerte correctamente de las sustancias químicas nocivas para que haya menos polución que corra hacia los ríos y corrientes de agua. Puedes ofrecerte como voluntario para ayudar a limpiar la basura en una corriente de agua local. También puedes ahorrar el agua para que haya suficiente de este recurso para ti y otros seres vivos en el futuro.

Verificación de concepto clave ¿Cómo pueden las personas ayudar a administrar los recursos del aire y del agua sabiamente?

Repaso de la Lección 4

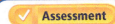 Assessment   Online Quiz

Resumen visual

Las fuentes de polución del aire incluyen la quema de combustibles fósiles en vehículos y plantas de energía, y en eventos naturales como erupciones volcánicas e incendios forestales.

Solo un pequeño porcentaje del agua de la Tierra está disponible para uso de los humanos, quienes usan agua para la agricultura, la industria, la recreación y el aseo.

La administración de los recursos del aire y del agua incluye la aprobación de leyes que regulen las fuentes de polución del aire y del agua. Las personas pueden reducir el uso de la energía y desechar las sustancias químicas correctamente para ayudar a mantener el aire y el agua limpios.

FOLDABLES

Usa tu modelo de papel para repasar la lección. Guarda tu modelo para el proyecto de final de capítulo.

¿Qué opinas AHORA?

Al inicio de este capítulo leíste las siguientes afirmaciones.

7. Los seres humanos necesitan oxígeno y agua para sobrevivir.

8. Los seres humanos pueden usar cerca del 10 por ciento del total de agua de la Tierra.

¿Sigues estando de acuerdo o en desacuerdo con las afirmaciones? Reescribe las afirmaciones falsas para hacerlas verdaderas.

Usar vocabulario

1. **Define** *precipitación ácida* con tus propias palabras.

2. La polución del aire causada por la reacción de los compuestos de nitrógeno y otros contaminantes en presencia de la luz solar es _____.

Entender conceptos clave

3. ¿Aproximadamente, cuánta agua de la Tierra está disponible para uso de los seres humanos?
   A. 0.01 por ciento   C. 3.0 por ciento
   B. 0.90 por ciento   D. 97.0 por ciento

4. **Relata** En términos de salud humana, ¿por qué es importante administrar los recursos del aire sabiamente?

5. **Enumera** las formas en que tu salón de clase podría mejorar su eficiencia de energía.

Interpretar gráficas

6. **Determina causa y efecto** Copia y llena el siguiente organizador gráfico para describir tres efectos de la precipitación ácida.

Pensamiento crítico

7. **Evalúa** Las tres principales categorías de uso doméstico de agua en Estados Unidos son descargar el inodoro, lavar la ropa y ducharse. Evalúa tu uso del agua, y enumera una cosa que podrías hacer para reducir el uso en cada categoría.

Destrezas matemáticas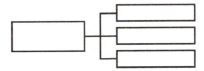

8. Entre 1990 y 2007, la cantidad de dióxido de azufre (SO_2) en el aire de Miami pasó de 0.0073 ppm a 0.0027 ppm. ¿Cuál fue el cambio porcentual de SO_2?

Lección 4 EVALUAR   **673**

Investigación de ahorro de energía y uso de recursos

1-3 periodos de clase

Una organización comunitaria está animando al consejo de educación de tu escuela a participar en el programa "Escuelas verdes". Se ha nominado a tu clase para investigar e informar sobre el estado actual de ahorro de energía y uso de los recursos en la escuela. Los resultados del informe se usarán como información para la presentación. Tu tarea es seleccionar un recurso natural y recopilar datos sobre cómo se usa actualmente en la escuela. Tu grupo entonces recomendará prácticas de administración ambientalmente responsables.

Preguntar
¿Cómo se puede usar un recurso natural más sabiamente en la escuela?

Procedimiento

1. Lee y completa un formulario de seguridad en el laboratorio.
2. Con tu grupo, selecciona uno de estos recursos para investigar su uso en tu escuela: agua, tierra, aire o un recurso de energía.
3. Para el recurso seleccionado, planea cómo investigarás el uso del recurso. ¿Qué preguntas formularás? ¿Cuánto del recurso se usa en la escuela? ¿Se usa eficientemente? ¿Cómo se podría usar más eficientemente, o cómo se podría ahorrar? Pide a tu profesor que apruebe tu plan.
4. Prepara formas para recopilar datos como la siguiente, para anotar los resultados de tu investigación en tu diario de ciencias.
5. Haz tu investigación y anota los datos en las formas.

Tabla de datos de muestra

Recurso: Agua
Áreas de investigación: Pérdida de agua por fugas y sistema de reciclaje

Ubicación	Grifos	Fuentes de agua	Inodoros	Sistema de reciclaje de aguas "grises"
Cuarto de baño	6 buenos 2 dañados 2 con fuga		4 buenos 1 con fuga	no
Pasillo		3 buenos 1 con fuga		no
Aula 101	1 bueno			no
Aula 102	1 bueno			no
Aula 103	1 con fuga			no

6 Revisa y resume los datos. Haz los cálculos necesarios para convertir los valores a uso anual.

7 Haz entrevistas o recopila más datos sobre áreas de investigación para las que necesitas información adicional.

8 Después de analizar tus datos, escribe una propuesta sugiriendo cómo el recurso se puede administrar sabiamente en tu escuela.

9 Compara los elementos que analizaste en tu investigación con los que recomienda una organización ambiental estatal o nacional. ¿Tu investigación incluyó todo?

10 Modifica tu propuesta, si es necesario. Anota tus revisiones en tu diario de ciencias.

Analizar y concluir

11 **Grafica** y explica los resultados del análisis de tus datos.

12 **Predice** un impacto ambiental de las prácticas de administración existentes del recurso que analizaste.

13 **La gran idea** Describe dos recomendaciones que harías al consejo de educación de la escuela sobre cambios en las prácticas de administración del recurso.

Comunicar resultados

Presenta los resultados de tu investigación y tu propuesta a la clase. Usa ayudas visuales apropiadas para ayudarte a probar tus ideas.

 **Ir más allá**

Combina la información e informes de grupos que investigaron otros recursos de la lista en el paso 2, para que todos los cuatro recursos estén representados. Haz un informe final que incluya recomendaciones para el uso eficiente de cada recurso en tu escuela.

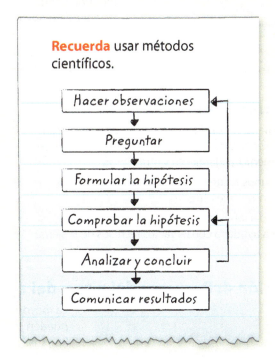

Recuerda usar métodos científicos.

Guía de estudio del Capítulo 18

 La administración sabia de los recursos naturales ayuda a extender el suministro de recursos no renovables, reduce la polución y mejora la calidad del suelo, el aire y el agua.

Resumen de conceptos clave

Lección 1: Recursos de energía

- Los **recursos no renovables** incluyen combustibles fósiles y uranio, que se usa para la **energía nuclear.**
- Los recursos de energía no renovables son ampliamente disponibles y fáciles de convertir en energía. Sin embargo, usar estos recursos puede causar polución y alteración del hábitat. Los asuntos de seguridad son también un problema.
- Las personas pueden ahorrar energía para ayudar a administrar estos recursos.

Vocabulario

recurso no renovable pág. 643
recurso renovable pág. 643
energía nuclear pág. 647
restauración pág. 649

Lección 2: Recursos de energía renovables

- Los recursos de energía renovables incluyen **energía solar,** energía eólica, energía hídrica, **energía geotérmica** y **energía de biomasa.**
- Los recursos renovables causan poca o ninguna polución. Sin embargo, algunos tipos de energía renovable son costosos o están limitados a ciertas zonas.
- Las personas pueden ayudar a educar a otros sobre los recursos renovables.

energía solar pág. 653
parque eólico pág. 654
energía hidroeléctrica pág. 654
energía geotérmica pág. 655
energía de biomasa pág. 655

Lección 3: Recursos de la tierra

- La tierra se considera un recurso porque la usan los seres vivos para satisfacer sus necesidades de alimento, alojamiento y otras cosas.
- Algunos recursos de la tierra son renovables, mientras que otros no.
- Las personas pueden reciclar y elaborar compost para ayudar a conservar los recursos de la tierra.

mena pág. 663
deforestación pág. 664

Lección 4: Recursos del aire y del agua

- La mayoría de los seres vivos no pueden subsistir sin aire y agua limpios.
- Las personas pueden hacer que sus casas y escuelas tengan energía más eficiente.

esmog fotoquímico pág. 670
precipitación ácida pág. 670

Guía de estudio

Assessment
- Personal Tutor
- Vocabulary eGames
- Vocabulary eFlashcards

FOLDABLES Proyecto del capítulo

Organiza tus modelos de papel como se muestra, para hacer un proyecto de capítulo. Usa el proyecto para repasar lo que aprendiste en este capítulo.

Usar vocabulario

1. Distingue entre recursos renovables y no renovables.

2. Reemplaza los términos subrayados con el término correcto del vocabulario: La <u>energía producida por reacciones atómicas</u> se puede usar para generar electricidad.

3. ¿En qué se diferencian la energía de biomasa y la energía geotérmica?

4. La energía del sol es _____.

5. Define el término *mena* con tus propias palabras.

6. Distingue entre esmog fotoquímico y precipitación ácida.

Relacionar vocabulario y conceptos clave 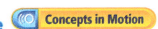 Interactive Concept Map

Copia este mapa conceptual y luego usa términos de vocabulario de la página anterior y otros términos del capítulo para completarlo.

Guía de estudio del Capítulo 18 • **677**

Repaso del Capítulo 18

Entender conceptos clave

1 ¿Qué fuente de energía produce residuos radiactivos?
- A. biomasa
- B. geotérmica
- C. energía hidroeléctrica
- D. energía nuclear

2 La siguiente tabla muestra las fuentes de energía que se usan para producir electricidad en Estados Unidos. ¿Qué puedes inferir de la tabla?

Producción de electricidad	
Fuente de energía	Por ciento
Carbón	48.5
Gas natural	21.6
Energía nuclear	19.4
Energía hidroeléctrica	5.8
Solar, eólica, geotérmica, biomasa	2.5
Petróleo	1.6
Otras	0.6

- A. Cerca del 19.4 por ciento de la electricidad de EE.UU. proviene de fuentes renovables.
- B. La energía hidroeléctrica se usa más ampliamente para electricidad que la energía nuclear.
- C. Más del 90 por ciento de la electricidad de EE.UU. proviene de fuentes no renovables.
- D. El petróleo se usa más ampliamente para electricidad que la energía hidroeléctrica.

3 ¿Qué factor determinaría mejor si una casa es apropiada para la energía solar?
- A. diferencia en la altura de las mareas
- B. fuerza de los vientos diarios
- C. cercanía a zonas tectónicamente activas
- D. número de días soleados por año

4 ¿Qué producto proviene de un recurso mineral metálico?
- A. aluminio
- B. mampostería
- C. gravilla
- D. sal de mesa

5 ¿Cuál es un recurso de la tierra renovable?
- A. bosques
- B. minerales
- C. suelo
- D. árboles

6 ¿Dónde está ubicada la mayor parte del agua de la Tierra?
- A. lagos
- B. océanos
- C. ríos
- D. subterránea

7 ¿Qué evento natural puede resultar en polución del aire?
- A. quema de combustibles fósiles
- B. arrojar basura a una corriente de agua
- C. escorrentías de las granjas
- D. erupción volcánica

8 La siguiente gráfica muestra cómo la cantidad de compuestos de azufre en la atmósfera ha cambiado desde la aprobación de la Ley de Aire limpio. Con base en los datos de la gráfica, ¿qué puedes inferir acerca de la ley?

- A. La ley ha ayudado a reducir los contaminantes en la atmósfera.
- B. La ley ha ayudado a aumentar los contaminantes en la atmósfera.
- C. La ley tiene incentivos para el uso de recursos renovables.
- D. La ley no ha afectado la cantidad de contaminantes en la atmósfera.

Repaso del capítulo

Assessment
Online Test Practice

Pensamiento crítico

9. **Organiza** la lista de fuentes de energía en recursos de energía renovables y no renovables.

• carbón	• energía nuclear
• energía solar	• energía eólica
• petróleo	• gas natural
• energía geotérmica	• energía de las mareas
• energía hidroeléctrica	• biomasa

10. **Crea** una historieta que muestre una reacción en cadena en una central nuclear.

11. **Compara** la energía hidroeléctrica con la energía de las mareas.

12. **Diseña** una forma de usar energía solar pasiva en tu salón de clase.

13. **Distingue** entre energía geotérmica y energía solar.

14. **Considera** ¿Qué factores los gobiernos deben considerar al administrar los recursos de la tierra?

15. **Evalúa** el uso de los bosques como recursos naturales. ¿Pesan más las ventajas que las desventajas? Explica.

16. **Infiere** ¿Cuándo esperarías que se formara más esmog, en días nublados o en días soleados? Explica.

17. **Diseña** una forma para eliminar la sal del agua. Luego evalúa tu plan. ¿Se podría usar para producir agua dulce a gran escala? ¿Por qué?

18. **Formula** una manera de demostrar la importancia de los recursos del aire y del agua a estudiantes más jóvenes.

Escritura en Ciencias

19. **Redacta** una canción sobre la energía vampiro. La letra deberá describir la energía vampiro y explicar cómo se puede reducir.

REPASO LA GRAN IDEA

20. **Selecciona** un recurso natural y explica por qué es importante administrar el recurso sabiamente.

21. **Imagina** que la siguiente casa se calienta con electricidad producida por combustión de carbón. ¿Cuáles zonas de la casa tienen la mayor pérdida de energía térmica? ¿Por qué es importante para esta casa reducir la pérdida de energía térmica?

Destrezas matemáticas

Review — Math Practice

Usar porcentajes

22. Entre 2002 y 2003, el nivel de monóxido de carbono del aire en Denver, Colorado, pasó de 2.9 ppm a 3.3 ppm. ¿Cuál fue el cambio porcentual en CO?

23. Con frecuencia hay una considerable diferencia entre contaminantes en el agua superficial y en el agua subterránea en la misma zona. Por ejemplo, en Portland, Oregón, había 4.6 ppm de sulfatos en el agua subterránea y 0.9 ppm en el agua superficial. ¿Cuál era la diferencia porcentual? (Pista: usa 4.6 ppm como valor inicial).

Práctica para la prueba estandarizada

Anota tus respuestas en la hoja de respuestas que te entregó el profesor o en una hoja de papel.

Selección múltiple

1. ¿Qué actividad NO reduce el uso de combustibles fósiles?

   A ir en bicicleta a la escuela

   B desconectar los reproductores de DVD

   C caminar hasta la tienda

   D regar las plantas con menos frecuencia

Usa la siguiente gráfica para responder las preguntas 2 y 3.

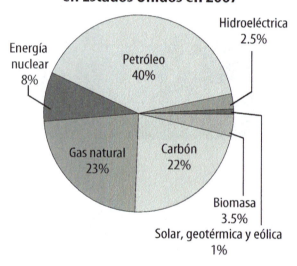

2. ¿Cuál es el recurso de energía renovable más usado en Estados Unidos?

   A biomasa

   B hidroeléctrica

   C gas natural

   D energía nuclear

3. ¿Qué porcentaje de la energía usada en Estados Unidos proviene de la quema de combustibles fósiles?

   A 40 por ciento

   B 45 por ciento

   C 85 por ciento

   D 93 por ciento

4. ¿Qué práctica enfatiza el uso de recursos de energía renovables?

   A comprar equipos electrónicos que funcionan con baterías

   B instalar paneles solares en los edificios

   C reemplazar los aspersores por regaderas

   D enseñar a los demás sobre la energía vampiro

5. ¿Cuál es un recurso de la tierra no renovable?

   A cultivos

   B minerales

   C corrientes de agua

   D árboles

Usa la siguiente figura para responder la pregunta 6.

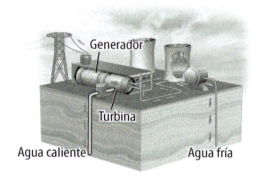

6. ¿Qué recurso de energía alternativa se usa para crear electricidad en la figura?

   A energía solar

   B energía de las mareas

   C energía geotérmica

   D energía hidroeléctrica

7. ¿Qué práctica es un uso sabio de los recursos de la tierra?

   A compostaje

   B ahorrar agua

   C deforestación

   D minería a cielo abierto

Práctica para la prueba estandarizada

Usa la siguiente figura para responder la pregunta 8.

8 ¿Qué tipo de polución del aire está rotulada con la letra *A* en la figura?

  A precipitación ácida

  B escorrentía de fertilizante

  C residuos nucleares

  D esmog fotoquímico

9 Aproximadamente, ¿cuánta agua de la Tierra está en los océanos?

  A 1 por ciento

  B 3 por ciento

  C 75 por ciento

  D 97 por ciento

10 ¿Cuál es una fuente de energía de biomasa?

  A luz solar

  B uranio

  C viento

  D madera

Respuesta elaborada

Usa la siguiente figura para responder las preguntas 11 y 12.

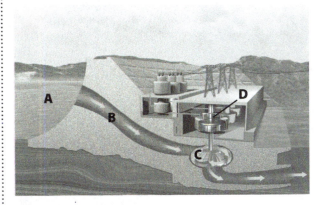

11 ¿Qué recurso activa la turbina que se muestra en la figura? Describe qué ocurre en los pasos A-D para producir electricidad.

12 ¿Cuáles son dos ventajas y dos desventajas de producir electricidad en la forma que se muestra en la figura?

13 Describe un ejemplo de cómo los bosques se usan como recurso. ¿Cuál es una ventaja de usar el recurso en esta forma? ¿Cuál es una desventaja?

14 Di si estás de acuerdo o en desacuerdo con la siguiente afirmación: "Las reservas conocidas de petróleo durarán solo otros 50 años. Por tanto, Estados Unidos debería construir más centrales nucleares para enfrentar la próxima escasez de energía". Apoya tu respuesta con al menos dos ventajas o dos desventajas del uso de energía nuclear.

¿NECESITAS AYUDA ADICIONAL?														
Si no pudiste responder la pregunta…	1	2	3	4	5	6	7	8	9	10	11	12	13	14
Pasa a la lección…	1	2	1	2	3	2	3	4	4	2	2	2	3	1

Capítulo 18: Práctica para la prueba estandarizada

Unidad 5

EXPLORACIÓN DEL UNIVERSO

"SI MIRAN A LA DERECHA, VERÁN A NUESTRO VECINO MÁS CERCANO, LA GALAXIA ANDRÓMEDA..."

"ESTA SE ENCUENTRA A UNA DISTANCIA DE SOLO 2.5 MILLONES DE AÑOS LUZ."

"ENSEGUIDA, TENEMOS UNA ESTRELLA MORIBUNDA QUE SE HA CONVERTIDO EN UNA GIGANTE ROJA."

2000 a.C. — **1600** — **1700** — **1800**

1600 a.C.
Textos babilónicos registraron personas que observaban Venus sin la ayuda de tecnología. Su aparición se registró durante 21 años.

265 a.C.
El astrónomo griego Timócaris hizo la primera observación registrada de Mercurio.

1610
Galileo Galilei observó las cuatro lunas más grandes de Júpiter con su telescopio.

1613
Galileo registró observaciones del planeta Mercurio, pero lo confundió con una estrella.

1655
El astrónomo Christiaan Huygens observó Saturno y descubrió sus anillos. Antes se creía que eran lunas grandes ubicadas a cada lado.

1781
William Herschel descubrió el planeta Urano.

1900		2000
1930 Clyde Tombaugh descubrió Plutón, lo cual lo convirtió en el primer estadounidense en descubrir un planeta.	**1971** *Mariner 9* visitó Marte y se convirtió en el primer objeto de fabricación humana en orbitar un planeta diferente a la Tierra.	**2006** Después de investigación y estudio, la Unión Astronómica Internacional retiró a Plutón de la lista de planetas del sistema solar.

Inquiry

Visita ConnectED para desarrollar la actividad **STEM** de esta unidad.

Unidad 5

Naturaleza de la CIENCIA

Tecnología

Puede sonar extraño, pero algunos de los mayores beneficios del programa espacial son para la vida en la Tierra. Aparatos que van desde computadoras portátiles hasta calcetines eléctricos se apoyan en tecnologías desarrolladas en un principio para la exploración espacial. La **tecnología** es la aplicación práctica de la ciencia en el comercio o la industria. Las tecnologías espaciales han aumentado nuestra comprensión de la Tierra y nuestra capacidad para ubicar y ahorrar recursos.

Problemas, como cuál es la mejor manera de explorar el sistema solar y el espacio exterior, con frecuencia, llevan a los científicos a buscar nuevo conocimiento. Los ingenieros usan el conocimiento científico para desarrollar tecnologías espaciales nuevas. Luego, parte de esa tecnología se modifica para resolver problemas en la Tierra. Por ejemplo, los paneles solares livianos en el exterior de una nave espacial convierten la energía solar en energía eléctrica que impulsa la nave en sus viajes largos. En la actualidad, los consumidores pueden comprar paneles solares flexibles similares pero más pequeños, como se muestran en la **Figura 1.** Estos se pueden usar para hacer funcionar aparatos electrónicos pequeños cuando se viaja. La **Figura 2** muestra cómo otras tecnologías del espacio ayudan a ahorrar los recursos naturales.

Figura 1 Las celdas solares livianas y flexibles que se han desarrollado para las naves espaciales ayudan a ahorrar los recursos de la Tierra.

El satélite *Terra* tomó esta imagen que muestra incendios en California. La imagen les ayudó a los bomberos a visualizar el tamaño y la ubicación de los incendios. Esta también les ayudó a los científicos a estudiar el efecto de los incendios sobre la atmósfera de la Tierra ▼

En algunos equipos portátiles de purificación de agua se emplean tecnologías desarrolladas para suministrar agua potable limpia y segura a los astronautas. Este equipo puede suministrar agua potable limpia y segura a un pueblo entero en una zona remota o suministrar agua potable después de un desastre natural.

Los ingenieros desarrollaron esferas de vidrio del tamaño aproximado de un grano de harina para aislar las tuberías de combustibles superenfriadas de las naves espaciales. Microesferas similares actúan como aislantes cuando se mezclan con pinturas. Esta tecnología puede ayudar a reducir la energía necesaria para calentar y enfriar edificaciones. ▼

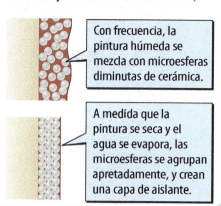

Con frecuencia, la pintura húmeda se mezcla con microesferas diminutas de cerámica.

A medida que la pintura se seca y el agua se evapora, las microesferas se agrupan apretadamente, y crean una capa de aislante.

Figura 2 Algunas tecnologías que se han desarrollado como parte del programa espacial han dado un gran beneficio a la vida en la Tierra.

Figura 3 La imagen satelital de la izquierda es similar a lo que verías con tus ojos desde el espacio. Un sensor satelital que detecta otras longitudes de onda de la luz produjo la imagen a color de la derecha. Esta muestra las ubicaciones de casi una docena de minerales diferentes.

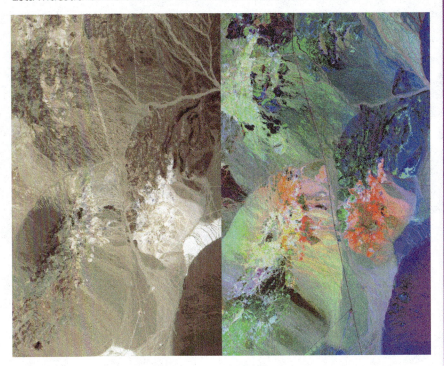

Resolución de problemas y el mejoramiento de capacidades

La ciencia y la tecnología dependen una de la otra. Por ejemplo, las imágenes del espacio han mejorado enormemente nuestra comprensión de la Tierra. La **Figura 3** muestra una imagen satelital de una mina en Nevada. El satélite está equipado con sensores que detectan la luz visible, tal como lo hacen tus ojos. La imagen de la derecha muestra una imagen del mismo lugar tomada con un sensor que detecta longitudes de onda de la luz que tus ojos no pueden ver. Esta imagen suministra información sobre los tipos de minerales que hay en la mina. Cada color de la imagen de la derecha muestra la ubicación de un mineral diferente, lo cual reduce el tiempo que le toma a los geólogos ubicar depósitos de minerales.

Los científicos usan otros tipos de sensores satelitales con propósitos diferentes. Los ingenieros han modificado la tecnología espacial para producir imágenes satelitales del cubrimiento de las nubes sobre la superficie terrestre, como se muestra en la **Figura 4.** Imágenes como esta mejoran el pronóstico global del tiempo atmosférico y ayudan a los científicos a entender los cambios en la atmósfera de la Tierra. Por supuesto, la ciencia puede responder solo algunas de las inquietudes de la sociedad y la tecnología no puede resolver todos los problemas. Pero juntas, pueden mejorar la calidad de vida de todos.

MiniLab
25 minutos

¿De qué manera usarías la tecnología espacial?

Aún no se han descubierto muchos usos de la tecnología espacial. ¿Puedes desarrollar uno?

1. Identifica un problema de ubicación, protección o preservación de recursos que se pueda resolver usando tecnología espacial.

2. Prepara una presentación oral breve en la que expliques tu tecnología.

Analizar y concluir

1. **Describe** ¿Cómo se usa tu tecnología en el espacio?

2. **Explica** ¿Cómo usas la tecnología para resolver un problema en la Tierra?

Figura 4 Esta imagen satelital muestra la reflexión de la luz solar (amarillo), nubes densas (blanco), nubes bajas (amarillo claro), nubes altas (azul), vegetación (verde) y el mar (oscuro).

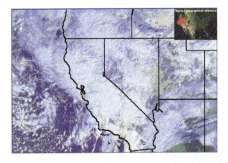

Tecnología

Capítulo 19

Exploración del espacio

 ¿Cómo los seres humanos observan y exploran el espacio?

Investigación ¿Pueden los satélites ver en el espacio?

¡Sí pueden! El satélite que se muestra aquí es un telescopio. Este capta la luz de objetos distantes del espacio. Pero, la mayoría de satélites con los que puedes estar familiarizado apuntan a la Tierra. Ellos proporcionan asistencia para la navegación, monitorean el tiempo atmosférico y rebotan las señales de comunicación de la Tierra y hacia ella.

- ¿Por qué querrían los científicos poner un telescopio en el espacio?
- ¿De qué otras formas los científicos observan y exploran el espacio?
- ¿Cuáles son las metas de algunas misiones espaciales actuales y futuras?

Prepárate para leer

¿Qué opinas?
Antes de leer, piensa si estás de acuerdo o no con las siguientes afirmaciones. A medida que leas el capítulo, decide si cambias de opinión sobre alguna de ellas.

1 Los astrónomos ponen telescopios en el espacio para estar más cerca de las estrellas.

2 Los telescopios solo funcionan con luz visible.

3 Los seres humanos han caminado en la Luna.

4 Algunos aparatos de ortodoncia se desarrollaron usando tecnología espacial.

5 Los seres humanos han aterrizado en Marte.

6 Los científicos han detectado agua en otros cuerpos del sistema solar.

ConnectED Your one-stop online resource

connectED.mcgraw-hill.com

- Video
- WebQuest
- Audio
- Assessment
- Review
- Concepts in Motion
- Inquiry
- Multilingual eGlossary

Lección 1

Guía de lectura

Conceptos clave
PREGUNTAS IMPORTANTES

- ¿Cómo los científicos usan el espectro electromagnético para estudiar el universo?
- ¿Qué tipos de telescopios y tecnología se usan para explorar el espacio?

Vocabulario
espectro electromagnético pág. 690
telescopio refractor pág. 692
telescopio reflector pág. 692
radiotelescopio pág. 693

 Multilingual eGlossary

 Video Science Video

Observación del universo

Investigación ¿Cómo puedes ver esto?

Este es un halo de polvo en expansión en el espacio, iluminado por la luz de la estrella en el centro. Esta foto la tomó un telescopio. ¿Cómo piensas que los telescopios obtienen imágenes tan claras?

Investigación: Laboratorio de inicio

15 minutos

¿Ves lo que yo veo?

Tus ojos tienen lentes. Las gafas, las cámaras, los telescopios y muchas otras herramientas relacionadas con la luz también tienen lentes. Las lentes son materiales transparentes que refractan la luz o hacen que cambie de dirección. Las lentes pueden hacer que los rayos formen imágenes a medida que se unen o se separan.

1. Lee y completa un formulario de seguridad en el laboratorio.
2. Pon cada una de las **lentes** sobre las palabras de esta oración.
3. Mueve lentamente cada lente hacia arriba y hacia abajo sobre las palabras para observar si estas cambian o cómo cambian. Anota tus observaciones en tu diario de ciencias.
4. Sostén cada lente con el brazo estirado y enfoca un objeto alejado algunos metros. Observa cómo se ve el objeto a través de cada lente. Haz dibujos sencillos para ilustrar lo que observas.

Piensa

1. ¿Qué les pasó a las palabras a medida que acercaste y alejaste las lentes de la oración?
2. ¿Cómo se vio el objeto distante a través de cada lente?
3. **Concepto clave** ¿Cómo piensas que se usan las lentes para explorar el espacio?

Observación del cielo

Si miras hacia al cielo en una noche despejada, es posible que veas la Luna, los planetas y las estrellas. Estos objetos no han cambiado mucho desde que por primera vez la gente levantó la mirada hacia el cielo. En el pasado, las personas pasaban mucho tiempo observando el cielo. Contaban historias acerca de las estrellas y las usaban para saber la hora. La mayoría pensaba que la Tierra era el centro del universo.

Los astrónomos saben hoy que la Tierra es parte de un sistema de ocho planetas que dan vueltas alrededor del Sol. A su vez, el Sol es parte de un sistema más grande llamado galaxia de la Vía Láctea, que contiene miles de millones de otras estrellas. La Vía Láctea es una de las miles de millones de otras galaxias del universo. A pesar de lo pequeña que pueda parecer la Tierra en el universo, puede ser única. Los científicos no han encontrado vida en otra parte.

Una ventaja que los astrónomos tienen sobre la gente del pasado es el **telescopio.** Los telescopios les permiten a los astrónomos observar muchas más estrellas de lo que podrían ver solo con los ojos. Estos captan y enfocan la luz de los objetos del espacio. La foto de la página opuesta la tomó un telescopio que orbita la Tierra. Los astrónomos usan muchas clases de telescopios para estudiar la energía lumínica que emiten las estrellas y otros objetos del espacio.

Origen de las palabras

telescopio
del griego *tele*, que significa "lejos", y del griego *skopos*, que significa "ver"

✓ **Verificación de la lectura** ¿Cuál es el propósito de los telescopios?

Lección 1
EXPLORAR

Las ondas electromagnéticas

Las estrellas producen energía que se irradia al espacio y viaja en ondas electromagnéticas. Estas son diferentes de las ondas mecánicas, como las sonoras. Las ondas sonoras pueden transferir energía a través de sólidos, líquidos o gases. Las ondas electromagnéticas pueden transferir energía a través de la materia o del vacío, como el espacio. La energía que transportan se llama energía radiante.

El espectro electromagnético

La gama completa de energía radiante transportada por las ondas electromagnéticas es el **espectro electromagnético**. La **Figura 1** muestra que las ondas del espectro electromagnético son continuas. Estas varían desde los rayos gamma con longitudes de onda corta en un extremo a ondas de radio con longitudes de onda larga en el otro extremo. Las ondas de radio pueden ser miles de kilómetros de longitud. Los rayos gamma pueden ser más pequeños en longitud que el tamaño de un átomo.

Verificación de la lectura ¿Cómo se transporta la energía radiante en el espacio?

Los humanos observan solo una parte pequeña del espectro electromagnético: la parte visible del centro. La luz visible incluye todos los colores que ves. Tú no puedes ver las otras partes del espectro electromagnético, pero las puedes usar. Cuando hablas en un teléfono celular, usas microondas. Cuando cambias el canal de televisión con un dispositivo de control remoto, usas ondas infrarrojas.

La energía radiante y las estrellas

La mayoría de estrellas emiten energía en todas las longitudes de onda. Cuánto de cada longitud de onda que emiten depende de su temperatura. Las estrellas calientes emiten principalmente ondas más cortas con energía más alta, como los rayos X y gamma, y las ondas ultravioleta. Las estrellas frías emiten en su mayoría ondas más largas con energía más baja, como las ondas infrarrojas y de radio. El Sol tiene un rango de temperatura media. Así que emite mucha de su energía como luz visible.

FOLDABLES

Usa siete cuartos de hojas de papel para hacer un diagrama con solapas que ilustre el espectro electromagnético. En la sección del medio de un proyecto de tríptico grande, pega con cinta adhesiva o con pegamento los bordes izquierdos de las solapas, de tal forma que se superpongan para ilustrar los diferentes tamaños de las ondas, de la más larga a la más corta.

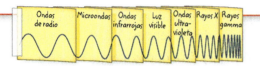

Figura 1 Los objetos emiten radiación en longitudes de onda continuas. La mayor parte de longitudes de onda no son visibles para el ojo humano.

Verificación visual ¿Cuál es la longitud de onda aproximada de las microondas?

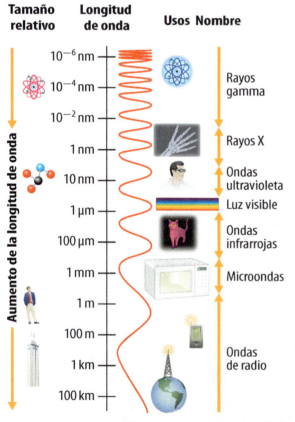

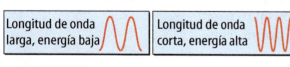

MiniLab
15 minutos

¿Qué es la luz blanca?
La luz solar y la luz de un foco común son ejemplos de luz visible, o blanca. Seguramente piensas que la luz blanca es toda blanca. ¿Lo es?

1. Lee y completa un formulario de seguridad en el laboratorio.
2. En un cuarto oscuro, ilumina un **prisma** con una **linterna** sobre una superficie plana. Ajusta las posiciones del prisma y la linterna hasta que observes el espectro de luz visible completo.
3. Usa **lápices de colores** para dibujar lo que ves en tu diario de ciencias.

Analizar y concluir
1. **Define** ¿Qué es luz blanca?
2. **Compara y contrasta** ¿Cuál componente de la luz blanca tiene la longitud de onda más larga? ¿Cuál tiene la longitud de onda más corta? Explica tus respuestas.
3. **Concepto clave** ¿Cómo encaja la luz visible en el espectro electromagnético?

¿Por qué ves los planetas y las lunas?
Los planetas y las lunas son más fríos que incluso las estrellas más frías. Estos no producen su propia energía y, por tanto, no emiten luz. Sin embargo, puedes ver la Luna y los planetas porque reflejan la luz del Sol.

Luz del pasado
Todas las ondas de luz, desde las ondas de radio hasta los rayos gamma, viajan por el espacio a una velocidad constante de 300,000 km/s. Esta es la velocidad de la luz. La velocidad de la luz puede parecer increíblemente rápida, pero el universo es muy grande. Incluso moviéndose a la velocidad de la luz, algunas ondas de luz pueden tomar millones o miles de millones de años para llegar a la Tierra.

Debido a que la luz toma tiempo para viajar, ves los planetas y las estrellas como eran cuando su luz empezó el viaje hasta la Tierra. La luz toma muy poco tiempo para viajar dentro del sistema solar. La luz reflejada desde la Luna llega a la Tierra en casi 1 segundo. La luz del sol llega a la Tierra en casi 8 minutos y a Júpiter en casi 40 minutos.

La luz de las estrellas es mucho más antigua. Algunas estrellas están tan lejos que su energía radiante puede tomar millones o miles de millones de años para llegar a la Tierra. Por tanto, mediante el estudio de la energía de las estrellas, los astrónomos pueden aprender cómo era el universo hace millones o miles de millones de años.

Verificación de la lectura ¿Por qué mirar las estrellas es como mirar al pasado?

Destrezas matemáticas

Notación científica
Los científicos usan la notación científica para trabajar con números grandes. Expresa la velocidad de la luz en notación científica usando el siguiente proceso.

1. Mueve el punto decimal hasta que solo un dígito diferente de cero quede a la izquierda.
   300,000 → 3.00000
2. Usa el número de lugares que el punto decimal movió (5) como una potencia de diez.
   300,000 km/s = 3.0×10^5 km/s

Practicar
El Sol está a 150,000,000 km de la Tierra. Expresa esta distancia en notación científica.

 Review

- Math Practice
- Personal Tutor

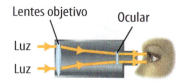

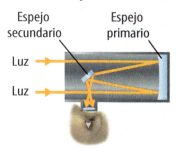

▲ **Figura 2** Los telescopios ópticos captan la luz visible de dos formas diferentes.

Figura 3 Cada espejo primario de los telescopios gemelos *Keck* mide 10 m y consta de 36 espejos pequeños. ▼

Telescopios terrestres

Los telescopios están diseñados para captar un cierto tipo de onda electromagnética. Algunos telescopios detectan la luz visible y otros detectan las ondas de radio y las microondas.

Telescopios ópticos

Hay dos tipos de telescopios ópticos: los telescopios refractores y los telescopios reflectores, que se ilustran en la **Figura 2.**

Telescopios refractores ¿Alguna vez has usado una lupa? Pudiste haber notado que la lente era curva y gruesa en el centro. Esta es una lente convexa. *Un telescopio que usa una lente convexa para enfocar la luz de un objeto distante es un* **telescopio refractor**. Como se muestra en la parte superior de la **Figura 2,** la lente objetivo de un telescopio refractor es la lente más cercana al objeto que se está mirando. La luz pasa por la lente objetivo, que la refracta formando una imagen pequeña y brillante. El ocular es una segunda lente que amplía la imagen.

 Verificación de concepto clave ¿Cuáles ondas electromagnéticas captan los telescopios refractores?

Telescopios reflectores La mayor parte de los telescopios grandes usan espejos curvos, en vez de lentes curvas. *Un telescopio que usa un espejo cóncavo para enfocar la luz de un objeto distante es un* **telescopio reflector**. En la parte inferior de la **Figura 2,** la luz se refleja de un espejo primario a uno secundario. El espejo secundario se inclina para permitir que el observador vea la imagen. Por lo general, los espejos primarios más grandes producen imágenes más claras que los espejos más pequeños. Sin embargo, hay un límite para el tamaño del espejo. Los telescopios reflectores más grandes, como los telescopios *Keck* en Mauna Kea, Hawai, que se muestran en la **Figura 3,** tienen muchos espejos pequeños conectados entre sí. Estos espejos pequeños actúan como un espejo primario grande.

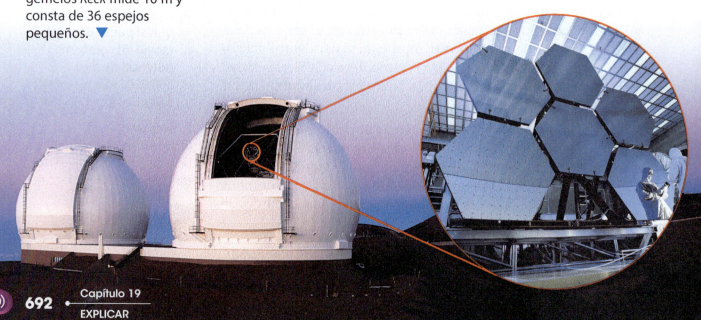

Radiotelescopio 🔑

Radiotelescopios

A diferencia de un telescopio que capta ondas de luz visible, *un* **radiotelescopio** *es un telescopio que capta ondas de radio y algunas microondas por medio de una antena parecida a una antena parabólica de TV*. Debido a que estas ondas tienen longitudes de onda largas y transportan poca energía, las antenas de radio deben ser grandes para captarlas. Por lo general, los radiotelescopios se construyen juntos y se usan como si fueran un solo telescopio. Los telescopios de la **Figura 4** forman parte del Gran Arreglo de Antenas en Nuevo México. Los 27 instrumentos de este arreglo actúan como un solo telescopio de 36 km de diámetro.

 **Verificación de la lectura** ¿Por qué los radiotelescopios se construyen juntos en grandes arreglos de antenas?

Distorsión e interferencia

La humedad en la atmósfera de la Tierra puede absorber y distorsionar las ondas de radio. Por tanto, la mayoría de los radiotelescopios se localizan en desiertos remotos con medioambientes secos. Estos desiertos también tienden a estar muy lejos de las estaciones de radio, que emiten ondas de radio que interfieren con las ondas de radio del espacio.

El vapor de agua y otros gases en la atmósfera de la Tierra también distorsionan la luz visible. Las estrellas parecen titilar porque los gases en la atmósfera se mueven, refractando la luz. Esto hace que la ubicación de la imagen de la estrella cambie ligeramente. A mayor altura, la atmósfera es delgada y produce menos distorsión. Por esto la mayoría de los telescopios ópticos se construyen en montañas. La nueva tecnología llamada óptica adaptativa reduce aun más los efectos de la distorsión atmosférica, como se muestra en la **Figura 5.**

▲ **Figura 4** Con frecuencia, los radiotelescopios se construyen en grandes arreglos de antenas. Las computadoras convierten los datos de radio en imágenes.

Figura 5 La óptica adaptativa afina las imágenes reduciendo la distorsión atmosférica. ▼

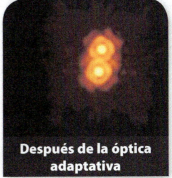

Longitudes de onda del espacio

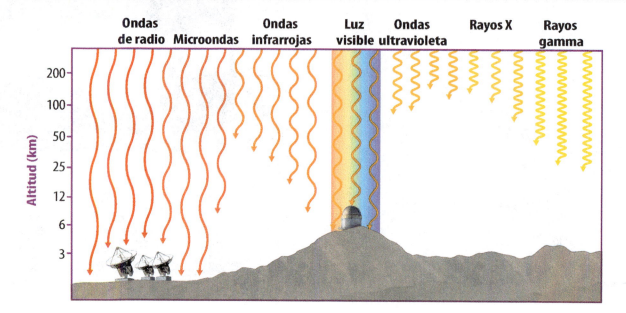

▲ **Figura 6** La mayor parte de las ondas electromagnéticas no penetran la atmósfera de la Tierra. Aunque la atmósfera bloquea la mayor parte de rayos UV, algunos llegan a la superficie de la Tierra.

✓ Verificación visual

¿A qué distancia aproximada sobre la superficie de la Tierra llegan los rayos gamma?

Figura 7 Los astrónomos controlan el *Telescopio Espacial Hubble* desde la Tierra. ▼

Telescopios espaciales

¿Por qué querrían los astrónomos poner un telescopio en el espacio? La razón es la atmósfera de la Tierra. Esta absorbe algunos tipos de radiación electromagnética. La **Figura 6** muestra que la luz visible, las ondas de radio y algunas microondas llegan a la superficie de la Tierra. Pero otros tipos de ondas electromagnéticas no llegan. Los telescopios terrestres pueden captar solo las ondas electromagnéticas que la atmósfera no absorbe. Los telescopios espaciales pueden captar energía en todas las longitudes de onda, incluidas aquellas que la atmósfera de la Tierra absorbería, como la mayor parte de la luz infrarroja y de la luz ultravioleta, y los rayos X.

Verificación de concepto clave ¿Por qué los astrónomos ponen algunos telescopios en el espacio?

Telescopios espaciales ópticos

Los telescopios ópticos captan la luz visible en la superficie de la Tierra, pero estos funcionan mejor en el espacio. La razón, otra vez, es la atmósfera de la Tierra. Como ya leíste, los gases de la atmósfera pueden absorber algunas longitudes de onda. En el espacio, no hay gases atmosféricos. El cielo es oscuro y no hay tiempo atmosférico.

El primer telescopio espacial óptico se lanzó en 1990. El *Telescopio Espacial Hubble,* que se muestra en la **Figura 7,** es un telescopio reflector que orbita la Tierra. Su espejo primario tiene 2.4 m de diámetro. Al principio, las imágenes del *Hubble* eran borrosas debido a un defecto en el espejo. En 1993, los astronautas lo repararon. Desde entonces, el *Hubble* ha enviado rutinariamente a la Tierra imágenes espectaculares de objetos distantes. La foto al principio de esta lección fue tomada por el *Hubble*.

Uso de otras longitudes de onda

El *Telescopio Espacial Hubble* es el único telescopio espacial que capta la luz visible. Docenas de otros telescopios espaciales, operados por muchos países, captan luz ultravioleta, rayos X, rayos gamma y luz infrarroja. Cada tipo de telescopio puede apuntar a la misma región del cielo y producir una imagen diferente. La imagen de la estrella Casiopea A de la **Figura 8** fue hecha con una combinación de datos ópticos y de rayos X e infrarrojos. Los colores representan diferentes tipos de material sobrante de la explosión de una estrella hace muchos años.

Telescopio Espacial Spitzer Las estrellas jóvenes y los planetas que el polvo y el gas esconden no se pueden ver en la luz visible. Sin embargo, las longitudes de onda de la luz infrarroja pueden penetrar el polvo y revelar lo que hay en su interior. La luz infrarroja también se puede usar para observar los objetos muy antiguos y muy fríos como para emitir luz visible. En 2003, se lanzó el *Telescopio Espacial Spitzer* para captar ondas infrarrojas. A diferencia del telescopio *Hubble*, este orbita el Sol.

Verificación de la lectura ¿Qué tipo de energía radiante capta el *Telescopio Espacial Spitzer*?

Telescopio Espacial James Webb Un telescopio más grande, programado para su lanzamiento en 2014, también está diseñado para captar radiación infrarroja mientras orbita el Sol. El *Telescopio Espacial James Webb*, que se ilustra en la **Figura 9**, tendrá un espejo con un área 50 veces más grande que el espejo del *Spitzer* y siete veces más grande que el espejo del *Hubble*. Los astrónomos planean usar el telescopio para detectar galaxias que se formaron al principio de la historia del universo.

▲ **Figura 8** Cada color de esta imagen de Casiopea A se deriva de una longitud de onda diferente: amarilla, visible; rosa/roja, infrarroja; verde y azul, rayos X.

Figura 9 La tecnología avanzada del *Telescopio Espacial James Webb* ayudará a los astrónomos a estudiar el origen del universo. ▼

Telescopio Espacial James Webb

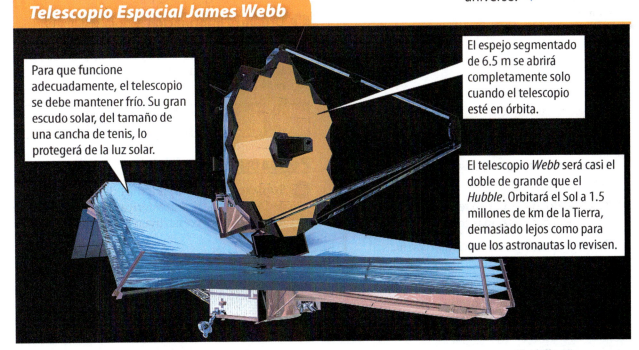

Para que funcione adecuadamente, el telescopio se debe mantener frío. Su gran escudo solar, del tamaño de una cancha de tenis, lo protegerá de la luz solar.

El espejo segmentado de 6.5 m se abrirá completamente solo cuando el telescopio esté en órbita.

El telescopio *Webb* será casi el doble de grande que el *Hubble*. Orbitará el Sol a 1.5 millones de km de la Tierra, demasiado lejos como para que los astronautas lo revisen.

Repaso de la Lección 1

 Assessment   Online Quiz

Resumen visual

Los telescopios reflectores usan espejos para enfocar la luz.

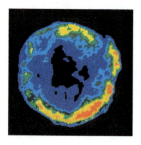
Los telescopios terrestres pueden captar energía de las partes visibles, de radio y de microondas del espectro electromagnético.

Los telescopios espaciales pueden captar longitudes de onda de energía que no pueden penetrar la atmósfera de la Tierra.

FOLDABLES

Usa tu modelo de papel para repasar la lección. Guarda tu modelo para el proyecto de final de capítulo.

¿Qué opinas AHORA?

Al inicio de este capítulo leíste las siguientes afirmaciones.

1. Los astrónomos ponen telescopios en el espacio para estar más cerca de las estrellas.
2. Los telescopios solo funcionan con luz visible.

¿Sigues estando de acuerdo o en desacuerdo con las afirmaciones? Reescribe las afirmaciones falsas para hacerlas verdaderas.

Usar vocabulario

1 **Distingue** entre un telescopio reflector y un telescopio refractor.

2 **Usa el término** *espectro electromagnético* en una oración.

3 **Define** *radiotelescopio* con tus propias palabras.

Entender conceptos clave

4 ¿Cuál emite luz visible?
  A. una luna   C. un satélite
  B. un planeta   D. una estrella

5 **Dibuja** un bosquejo que muestre la diferencia de la longitud de onda de una onda de radio y una onda de luz visible. ¿Cuál transfiere más energía?

6 **Compara** el *Telescopio Espacial Hubble* y el *Telescopio Espacial James Webb*.

Interpretar gráficas

7 **Explica** Las tres imágenes anteriores representan la misma zona del cielo. Explica por qué cada una se ve diferente.

8 **Organiza información** Copia y llena el siguiente organizador gráfico para enumerar las longitudes de onda captadas por los telescopios espaciales, de la más larga a la más corta.

Pensamiento crítico

9 **Sugiere** una razón, además de la reducción de la distorsión atmosférica, por la que los telescopios se construyen en montañas remotas.

Destrezas matemáticas Review — Math Practice —

10 La luz viaja 9,460,000,000,000 km en 1 año. Expresa este número en notación científica.

Práctica de destrezas: Seguir un procedimiento

Investigación · 30 minutos

¿Cómo puedes elaborar un telescopio simple?

¿Alguna vez has mirado el cielo nocturno y te has preguntado qué estabas mirando? Las estrellas y los planetas se ven casi iguales. ¿Cómo los puedes distinguir? En este laboratorio, construirás un telescopio simple que puedes usar para observar objetos distantes.

Materiales

lentes

tubos de cartón

masilla de silicona

lápiz de cera

bandas elásticas

cinta adhesiva protectora

Seguridad

Aprende

En muchos experimentos de ciencias, debes **seguir un procedimiento** para saber qué materiales usar y cómo usarlos. En esta actividad, seguirás un procedimiento para construir un telescopio simple.

Intenta

1. Lee y completa un formulario de seguridad en el laboratorio.

2. Mueve las dos lentes hacia arriba y hacia abajo sobre esta página para determinar cuál lente tiene una distancia focal más corta. Haz un punto pequeño en el borde, con un marcador. Este será el ocular.

3. Haz una cuerda de masilla de silicona de 2 a 3 mm de diámetro y de casi 15 cm de largo. Envuelve la cuerda alrededor del borde de uno de los extremos abiertos del tubo de cartón más pequeño. Retira el exceso de masilla.

4. Empuja con suavidad el ocular en el aro de masilla. Envuelve un pedazo de cinta adhesiva protectora alrededor del borde de la lente para asegurarla firmemente.

5. Repite los pasos 3 y 4 usando el tubo más grande y la lente objetivo.

6. Ubica el tubo más pequeño dentro del tubo más largo de tal forma que el ocular del tubo más pequeño se extienda hacia fuera del tubo más grande.

7. Usa el telescopio para ver objetos distantes. Mueve el tubo más pequeño hacia dentro y hacia fuera para enfocar tu instrumento. Si es posible, mira el cielo nocturno con tu telescopio. ⚠ *Precaución: No uses tu telescopio ni ningún otro instrumento para mirar directamente el Sol.*

8. Anota tus observaciones en tu diario de ciencias.

Aplica

9. **Identifica** ¿Qué tipo de telescopio construiste?

10. 🔑 **Concepto clave** ¿Cómo tu telescopio capta la luz?

Lección 1 · EXTENDER

Lección 2

Comienzos de la exploración del espacio

Guía de lectura

Conceptos clave 🔑
PREGUNTAS IMPORTANTES

- ¿Cómo se usan los cohetes y los satélites artificiales?
- ¿Por qué los científicos envían tanto misiones tripuladas como misiones no tripuladas al espacio?
- ¿De qué formas la gente usa la tecnología espacial para mejorar la vida en la Tierra?

Vocabulario

cohete pág. 699
satélite pág. 700
sonda espacial pág. 701
lunar pág. 701
Proyecto Apolo pág. 702
transbordador espacial pág. 702

g Multilingual eGlossary

Video   Science Video

Investigación ¿Adónde se dirige?

¿Alguna vez has presenciado el lanzamiento de un cohete? Los cohetes producen nubes gigantes de humo, columnas largas de gases de combustión y ruido de trueno. ¿Cómo se usan los cohetes para explorar el espacio? ¿Qué transportan?

Laboratorio de inicio

10 minutos

¿Cómo funcionan los cohetes?

La exploración del espacio sería imposible sin los cohetes. Conviértete en un científico durante algunos minutos y averigua qué envía a los cohetes al espacio.

1. Lee y completa un formulario de seguridad en el laboratorio.
2. Usa **tijeras** para cortar con cuidado un pedazo de cuerda de 5 m.
3. Inserta la cuerda en una **pajilla.** Amarra cada extremo a un objeto fijo. Verifica que la cuerda esté tensa. Desliza la pajilla hasta un extremo de la cuerda.
4. Infla un **globo.** No lo amarres. En vez de eso, tuerce el cuello y asegúralo con unas **pinzas** o un **sujetapapeles.** Pega el globo a la pajilla con **cinta adhesiva.**
5. Retira las pinzas o el sujetapapeles para lanzar tu cohete. Observa cómo se mueve el cohete. Anota tus observaciones en tu diario de ciencias.

Piensa

1. Describe cómo se movió el cohete por la cuerda.
2. ¿Cómo podrías lograr que el cohete volara más lejos o más rápidamente?
3. **Concepto clave** ¿Cómo piensas que se usan los cohetes en la exploración del espacio?

Cohetes

Imagina que estás escuchando una grabación de tu música favorita. Imagina ahora lo diferente que es experimentar la misma música en un concierto en vivo. Esto es como la diferencia que hay entre explorar el espacio a distancia, con un telescopio, e ir en realidad al espacio.

Un gran problema al lanzar un objeto al espacio es vencer la fuerza de gravedad de la Tierra. Y esto se logra con los cohetes. *Un* *es un vehículo pensado para propulsarse a sí mismo mediante la expulsión de gases de combustión por un extremo.* El combustible quemado dentro del cohete acumula presión. La fuerza de los gases de combustión empuja el cohete hacia delante, como se muestra en la **Figura 10.** Los motores de los cohetes no extraen oxígeno del aire a su alrededor para que su combustible haga ignición, como lo hacen los motores de los jets. Los cohetes cargan su propio oxígeno. Como resultado, pueden operar en el espacio donde hay muy poco oxígeno.

Verificación de concepto clave ¿Cómo se usan los cohetes en la exploración del espacio?

Los científicos lanzan cohetes desde la Estación de la Fuerza Aérea de Cabo Cañaveral de Florida o del Centro Espacial Kennedy, que queda cerca. Sin embargo, científicos en diferentes estaciones de investigación en todo el país dirigen las misiones espaciales.

Figura 10 Los gases de combustión que se expulsan por el extremo de un cohete lo impulsan hacia delante.

ORIGEN DE LAS PALABRAS

satélite
del latín *satellitem*, que significa "asistente" o "guardaespaldas"

FOLDABLES

Haz un boletín vertical de dos solapas. Anota debajo de las solapas lo que aprendas sobre las misiones espaciales tripuladas y no tripuladas.

Figura 11 La exploración del espacio empezó con el lanzamiento del primer cohete en 1926.

Verificación visual ¿Cuántos años después del primer cohete EE.UU. lanzó su primer satélite al espacio?

Satélites artificiales

Cualquier objeto pequeño que orbita un objeto más grande diferente de una estrella es un **satélite**. La Luna es un satélite natural de la Tierra. Los satélites artificiales se lanzan por medio de cohetes. Estos orbitan la Tierra u otros cuerpos del espacio y transmiten señales de radio hacia la Tierra.

Los primeros satélites: *Sputnik* y *Explorer*

Muchos creen que el inicio de la era espacial comienza con el *Sputnik 1*, primer satélite artificial enviado a la órbita de la Tierra en 1957 por la antigua Unión Soviética. En 1958, EE.UU. lanza el *Explorer 1*, su primer satélite que orbita la Tierra. Hoy en día, cientos de satélites orbitan la Tierra.

¿Cómo se usan los satélites?

Los militares desarrollaron los primeros satélites para la navegación y recolección de información. Hoy, los que orbitan la Tierra se usan también para transmitir señales de televisión y telefonía, y para monitorear el tiempo atmosférico y el clima. Un grupo de satélites llamados Sistema de Posicionamiento Global (GPS, por sus siglas en inglés) se usa para la navegación en carros, barcos, aviones e incluso para montañismo.

Verificación de concepto clave ¿Cómo se usan los satélites que orbitan la Tierra?

Comienzos de la exploración del sistema solar

En 1958, el Congreso de EE.UU. fundó la Administración Nacional de Aeronáutica y del Espacio (NASA). La NASA supervisa todas las misiones espaciales de EE.UU., incluidos los telescopios espaciales. En la **Figura 11** se muestran los primeros pasos de la exploración espacial de EE.UU.

Comienzos de la exploración del espacio

1926 Primer cohete: El cohete de combustible líquido de Robert Goddard se elevó 12 m en el aire.

1958 Primer satélite de EE.UU.: En el mismo año en que se fundó la NASA, se lanzó el *Explorer 1*. Este orbitó la Tierra 58,000 veces antes de quemarse en la atmósfera de la Tierra en 1970.

1962 Primera sonda planetaria: *Mariner 2* viajó a Venus y recolectó información durante 3 meses. La nave ahora orbita el Sol.

1972 Primera sonda al sistema solar exterior: Después de pasar volando por Júpiter, *Pioneer 10* continúa viajando para algún día salir del sistema solar.

Sondas espaciales 🔑

Figura 12 Los científicos usan sondas espaciales para explorar los planetas y algunas lunas en el sistema solar.

✅ **Verificación visual** ¿Cuál tipo de sonda podría usar un paracaídas?

Sonda orbitadora

Una vez que las sondas orbitadoras llegan a sus destinos, usan cohetes para reducir la velocidad y ser atrapadas por la órbita del planeta. El tiempo que orbitan depende de la provisión de combustible. Esta sonda, *Pioneer*, orbitó Venus.

Sonda de aterrizaje

Estas sondas aterrizan en las superficies. A veces liberan vehículos exploradores. Usan cohetes y paracaídas para reducir la velocidad del descenso. La sonda *Phoenix* analizó la superficie marciana en busca de evidencia de agua.

Sonda de acercamiento

Las sondas de acercamiento no orbitan ni aterrizan. Cuando completan su misión, continúan por el espacio y dejan con el tiempo el sistema solar. El *Voyager 1* exploró Júpiter y Saturno, y pronto dejará el sistema solar.

Sondas espaciales

Algunas naves espaciales tienen tripulaciones humanas, pero la mayoría no. *Una **sonda espacial** es una nave espacial sin tripulación enviada desde la Tierra para explorar objetos en el espacio.* Las sondas espaciales son robots que funcionan automáticamente o por control remoto. Toman fotos y reúnen información. Las sondas son más económicas de construir que las naves espaciales con tripulación y que pueden hacer viajes que serían muy largos o peligrosos para los humanos. Las sondas espaciales no están diseñadas para regresar a la Tierra. Transmiten información a la Tierra vía ondas de radio. La **Figura 12** muestra tres tipos de sondas.

Uso científico y uso común

sonda

Uso científico nave espacial sin tripulación

Uso común tubo o conducto

 Verificación de concepto clave ¿Por qué los científicos envían misiones sin tripulación al espacio?

Sondas lunares y planetarias

Estados Unidos y la antigua Unión Soviética enviaron las primeras sondas a la Luna en 1959. Estas se llaman sondas lunares. *El término **lunar** se refiere a todo lo relacionado con la Luna.* La primera nave espacial en reunir información de otro planeta fue la sonda de acercamiento *Mariner 2*, enviada a Venus en 1962. Desde entonces, se han enviado sondas espaciales a todos los planetas.

Vuelos espaciales tripulados

El envío de seres humanos al espacio fue una meta importante del programa espacial inicial. Sin embargo, a los científicos les preocupaba cómo la radiación y la ingravidez del espacio podrían afectar la salud de las personas. Debido a esto, primero enviaron perros, monos y chimpancés. En 1961, el primer ser humano, un astronauta de la antigua Unión Soviética, se envió a la órbita de la Tierra. Poco después, el primer astronauta estadounidense orbitó la Tierra. Algunos momentos destacados de los comienzos del programa de vuelos espaciales tripulados de EE.UU. se muestran en la **Figura 13.**

El Programa Apolo

En 1961, el Presidente de EE.UU. John F. Kennedy desafió a los estadounidenses a poner una persona en la Luna para finales de la década. El resultado fue el **Proyecto Apolo**, *una serie de misiones espaciales diseñadas para enviar personas a la Luna.* En 1969, Neil Armstrong y Buzz Aldrin, astronautas del *Apollo 11*, fueron las primeras personas en caminar en la Luna.

 Verificación de la lectura ¿Cuál era la meta del Proyecto Apolo?

Sistemas de transporte espacial

Las primeras naves espaciales y los cohetes que las lanzaban solo se usaban una vez. *Los* **transbordadores espaciales** *son naves espaciales reutilizables que transportan personas y materiales hacia y desde el espacio.* Estos regresan a la Tierra y aterrizan de forma parecida a los aviones. La flota de transbordadores espaciales de la NASA empezó a operar en 1981. A medida que los transbordadores envejecían, la NASA empezó a desarrollar un nuevo sistema de transporte, *Orión*, para reemplazarlos.

La *Estación Espacial Internacional*

Aunque Estados Unidos tiene su propio programa espacial, también coopera con programas espaciales de otros países. En 1998, se unieron a otras 15 naciones para empezar a construir la *Estación Espacial Internacional*. Ocupado desde el año 2000, este satélite que orbita la Tierra es un laboratorio de investigación donde astronautas de varios países trabajan y viven.

El espacio es un medioambiente desafiante. Los objetos allí son casi ingrávidos. Por esto, y para evitar que floten, se tienen que asegurar pues hay poca fricción que los detenga.

Vuelos espaciales de EE.UU. tripulados

Figura 13 Cuarenta años después de empezar los vuelos espaciales tripulados, las personas estaban viviendo y trabajando en el espacio.

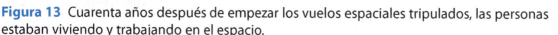

▲ Caminata en la Luna de un tripulante del *Apollo*

◀ Un transbordador espacial montado sobre cohetes

La *Estación Espacial Internacional* orbita la Tierra. ▼

MiniLab **15 minutos**

¿Cómo la falta de fricción del espacio afecta las tareas simples?

Debido a que en el espacio los objetos son casi ingrávidos, hay poca fricción. ¿Qué podría suceder si un astronauta aplicara demasiada fuerza al tratar de mover un objeto?

1. Lee y completa un formulario de seguridad en el laboratorio.
2. Usa **masilla** para pegar un **carrete pequeño de hilo** sobre el hueco de un **CD**.
3. Infla un **globo redondo y grande.** Tuerce el cuello para mantener el aire dentro. Estira el cuello del globo sobre el carrete sin dejar salir el aire.
4. Ubica el CD sobre una superficie lisa. Suelta el cuello y con suavidad golpea el CD con el dedo. Describe tus observaciones en tu diario de ciencias.

Analizar y concluir
1. **Infiere** ¿Por qué el globo nave se movió tan fácilmente?
2. **Saca conclusiones** ¿Sería difícil mover un objeto grande en la *Estación Espacial Internacional*?
3. **Concepto clave** ¿Qué desafíos enfrentan los astronautas en el espacio?

Tecnología espacial

El programa espacial requiere materiales que puedan resistir las temperaturas extremas y las presiones del espacio. Muchos de estos materiales se han aplicado a la vida cotidiana en la Tierra.

Materiales nuevos

Los materiales espaciales deben proteger a las personas de las condiciones extremas. También deben ser flexibles y resistentes. Los materiales desarrollados para los trajes espaciales se utilizan ahora para diseñar trajes de competencia para nadadores, equipo liviano para apagar incendios, calzado para correr y ropa para otros deportes.

Seguridad y salud

La NASA desarrolló un material resistente de fibra para hacer las cuerdas de los paracaídas de las naves espaciales que aterrizan en planetas y lunas. Este material, cinco veces más resistente que el acero, se usa para fabricar llantas radiales.

Aplicaciones médicas

Los miembros artificiales, los termómetros de oído infrarrojos y la cirugía robótica tienen sus raíces en el programa espacial. Igualmente, los aparatos para ortodoncia que se muestran en la **Figura 14.** Estos contienen material de cerámica desarrollado originalmente para reforzar la resistencia al calor de los transbordadores espaciales.

Verificación de concepto clave ¿Cuáles son algunas formas en que la exploración espacial ha mejorado la vida en la Tierra?

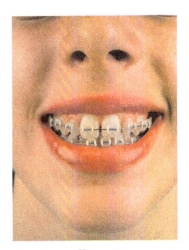

Figura 14 Estos aparatos contienen una cerámica dura y resistente desarrollada originalmente para las naves espaciales.

Repaso de la Lección 2

Resumen visual

Los gases de combustión de la ignición de combustible aceleran un cohete.

Algunas sondas espaciales pueden aterrizar en la superficie de un planeta o de una luna.

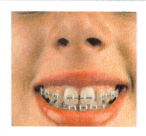

Las tecnologías desarrolladas para el programa espacial se han aplicado a la vida diaria en la Tierra.

FOLDABLES

Usa tu modelo de papel para repasar la lección. Guarda tu modelo para el proyecto de final de capítulo.

¿Qué opinas AHORA?

Al inicio de este capítulo leíste las siguientes afirmaciones.

3. Los seres humanos han caminado en la Luna.

4. Algunos aparatos de ortodoncia se desarrollaron usando tecnología espacial.

¿Sigues estando de acuerdo o en desacuerdo con las afirmaciones? Reescribe las afirmaciones falsas para hacerlas verdaderas.

Usar vocabulario

1. **Define** *transbordador espacial* con tus propias palabras.

2. **Usa el término** *satélite* en una oración.

3. La misión que envió personas a la Luna fue _____.

Entender conceptos clave

4. ¿Para qué se usan los cohetes?
   A. transportar personas
   B. aterrizar satélites
   C. observar planetas
   D. transmitir señales

5. **Explica** por qué se considera que el *Sputnik 1* fue el comienzo de la era espacial.

6. **Compara y contrasta** las misiones espaciales tripuladas y no tripuladas.

Interpretar gráficas

7. **Infiere** ¿En qué se parece el globo de la foto a un cohete?

8. **Organiza información** Copia y llena el siguiente organizador gráfico. Úsalo para ubicar lo siguiente en el orden correcto: *primer ser humano en el espacio, invención de los cohetes, primer ser humano en la Luna, primer satélite artificial*.

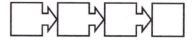

Pensamiento crítico

9. **Predice** en qué sería diferente tu vida si todos los satélites artificiales dejaran de funcionar.

10. **Evalúa** los beneficios y las desventajas de la cooperación internacional en la exploración espacial.

Sube

CÓMO FUNCIONA

¿Podría un ascensor espacial hacer más fáciles los viajes espaciales?

Si quisieras viajar al espacio, lo primero que deberías hacer es vencer la fuerza de gravedad de la Tierra. Hasta ahora, la única forma de hacerlo ha sido mediante el uso de cohetes. Pero los cohetes son costosos. Además, se usan solo una vez y requieren una gran cantidad de combustible. Se necesitan muchos recursos para construir e impulsar un cohete. Pero, ¿qué tal si en cambio pudieras tomar un ascensor al espacio?

Los ascensores espaciales fueron alguna vez ciencia ficción, pero ahora los científicos están considerando la posibilidad seriamente. Con los materiales livianos pero resistentes en desarrollo, los expertos dicen que la construcción de un ascensor espacial podría tomar solo 10 años. Esta imagen muestra cómo podría funcionar.

Por lo general, cuesta más de $100 millones de dólares poner en órbita una nave espacial de 12,000 kg usando un cohete. Algunas personas estiman que un ascensor espacial podría poner la misma nave en órbita por menos de $120,000. Una persona con equipaje, con un peso total de 150 kg, podría usar el ascensor al espacio por menos de $1,500 dólares.

Contrapeso: El extremo hacia el espacio se sujetaría a un asteroide capturado o a un satélite artificial. El asteroide o el satélite estabilizarían el cable y actuarían como contrapeso.

Cable: Hecho de materiales superresistentes pero delgados, el cable sería la primera parte que se construiría del ascensor. Una nave espacial lanzada mediante un cohete transportaría los carretes de cable a órbita. Desde allí, el cable se desenrollaría hasta que un extremo llegara a la superficie de la Tierra.

Estación de anclaje: El extremo del cable hacia la Tierra estaría sujetado aquí. Una plataforma móvil permitiría que los operadores alejaran el cable de los escombros espaciales de la órbita de la Tierra que pudieran colisionar con él. La plataforma sería móvil porque flotaría en el océano.

Escalador: El "carro del ascensor" transportaría humanos y objetos al espacio. Podría ser impulsado por rayos láser proyectados desde la Tierra, que activarían celdas solares con forma de "orejas" por fuera del carro.

Te toca a ti

DEBATE Expresa tu opinión acerca del ascensor espacial y debate con un compañero. ¿Podría llegar a ser realidad el ascensor espacial en un futuro cercano? ¿El ascensor espacial beneficiaría a la gente común? ¿El ascensor espacial debería usarse para turismo espacial?

Lección 2
EXTENDER

Lección 3

Misiones espaciales recientes y futuras

Guía de lectura

Conceptos clave
PREGUNTAS IMPORTANTES

- ¿Cuáles son las metas para la exploración espacial futura?
- ¿Qué condiciones se requieren para la existencia de la vida en la Tierra?
- ¿Cómo puede la exploración espacial contribuir a que los científicos aprendan acerca de la Tierra?

Vocabulario

vida extraterrestre pág. 711
astrobiología pág. 711

 Multilingual eGlossary

 Video

- Science Video
- What's Science Got to do With It?

Investigación ¿La Luna azul?

¡No, es Marte! Esta es una foto en falso color de una zona de Marte donde una sonda espacial futura podría aterrizar. Los científicos piensan que el material aquí parecido a la arcilla podría contener agua y materia orgánica. ¿Podría este material sustentar vida?

Laboratorio de inicio

10 minutos

¿Cómo se usa la gravedad para enviar naves espaciales lejos en el espacio?

Las naves espaciales usan combustible para llegar a donde van. Pero el combustible es costoso y agrega masa a la nave. Algunas viajan a regiones muy distantes con la ayuda de la gravedad de los planetas por los que pasan. Esta es una técnica llamada asistencia gravitatoria. Puedes representarla usando una simple pelota de tenis de mesa.

1. Lee y completa un formulario de seguridad en el laboratorio.
2. Pon en movimiento una **mesa giratoria**.
3. Con suavidad, lanza una **pelota de tenis de mesa** de tal forma que pase apenas rozando por la superficie giratoria. Seguramente necesitarás practicar antes de poder lograr que la pelota se deslice sobre la superficie.
4. Describe o dibuja una imagen de lo que observaste en tu diario de ciencias.

Piensa
1. Usa tus observaciones para describir en qué se parece esta actividad a la asistencia gravitatoria.
2. **Concepto clave** ¿Cómo piensas que la asistencia gravitatoria contribuye a que los científicos aprendan sobre el sistema solar?

Misiones al Sol y a la Luna

¿Cuál es el futuro de la exploración espacial? Los científicos de la NASA y de otras agencias alrededor del mundo han desarrollado en cooperación metas para la exploración espacial futura. Una meta es ampliar los viajes espaciales de seres humanos dentro del sistema solar. El envío de sondas al Sol y a la Luna conduce a esta meta.

Verificación de concepto clave ¿Cuál es una meta de la exploración espacial futura?

Sondas solares

El Sol emite energía de alta radiación y partículas cargadas. Las tormentas del Sol pueden expulsar chorros poderosos de gas y partículas cargadas al espacio, como se muestra en la **Figura 15**. La energía de alta radiación del Sol y las partículas cargadas pueden herir a los astronautas y dañar la nave espacial. Para entender mejor estos riesgos, los científicos estudian la información recolectada por las sondas solares que orbitan el Sol. La sonda solar *Ulysses*, lanzada en 1990, orbitó el Sol y recogió información durante 19 años.

Sondas lunares

La NASA y otras agencias espaciales también planean enviar varias sondas a la Luna. La sonda *Lunar Reconnaissance Orbiter*, lanzada en 2009, recolecta información que ayudará a los científicos a seleccionar la mejor ubicación para una base lunar futura.

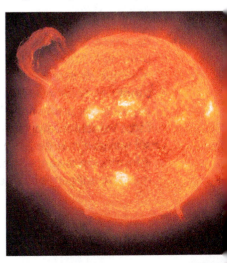

Figura 15 Las tormentas del Sol envían partículas cargadas lejos en el espacio.

FOLDABLES

Con una hoja de papel haz un modelo de papel vertical de tres solapas. Traza un diagrama de Venn en las solapas del frente y úsalo para comparar y contrastar las misiones espaciales a los planetas interiores y exteriores.

Misiones a los planetas interiores

Los planetas interiores son los cuatro planetas rocosos más cercanos al Sol: Mercurio, Venus, Tierra y Marte. Los científicos han enviado muchas sondas a los planetas interiores y están planeadas más. Mediante estas sondas, los científicos pueden aprender cómo se formaron los planetas interiores, qué fuerzas geológicas están activas en ellos y si en alguno podría haber vida. La **Figura 16** describe algunas misiones recientes y actuales a los planetas interiores.

 Verificación de la lectura ¿Qué quieren aprender los científicos sobre los planetas interiores?

Misiones planetarias

Figura 16 El estudio del sistema solar sigue siendo una meta importante de la exploración espacial.

◀ **Messenger** *Messenger* es la primera sonda en visitar Mercurio, el planeta más cercano al Sol, desde que *Mariner 10* sobrevoló el planeta en 1975. Después del lanzamiento en 2004 y de pasar dos veces por Venus, *Messenger* sobrevolará Mercurio varias veces antes de entrar en su órbita en 2011. *Messenger* estudiará la geología y la química de Mercurio. Enviará imágenes e información a la Tierra durante un año terrestre. En su primer paso por Mercurio, en 2008, *Messenger* envió más de 1,000 imágenes en muchas longitudes de onda.

Spirit y Opportunity Muchas sondas se han enviado a Marte desde que la primera sonda de acercamiento llegara en 1964. Una de ellas produjo la foto espectacular que se muestra al principio de esta lección. En 2003, dos vehículos robóticos, *Spirit* y *Opportunity*, empezaron a explorar por primera vez la superficie marciana. Estos vehículos impulsados por la energía del sol viajaron más de 20 km y transmitieron información durante 5 años. Ellos han enviado miles de imágenes a la Tierra. ▶

Misiones a los planetas exteriores y más allá

Los planetas exteriores son los cuatro planetas más alejados de Sol: Júpiter, Saturno, Urano y Neptuno. Plutón fue una vez considerado como un planeta exterior, pero ahora está incluido con otros **planetas enanos** pequeños y helados, que se observan orbitando el Sol fuera de la órbita de Neptuno. Las misiones a los planetas exteriores son largas y difíciles porque están muy lejos de la Tierra. Algunas misiones a los planetas exteriores y más allá se describen en la **Figura16.** La próxima misión importante a los planetas exteriores será una misión internacional a Júpiter y sus cuatro lunas más grandes.

> **REPASO DE VOCABULARIO**
>
> **planeta enano**
> cuerpo redondo que orbita el Sol pero que no es lo suficientemente masivo como para quitar otros objetos de su órbita

✓ **Verificación de la lectura** ¿Por qué las misiones a los planetas exteriores son difíciles?

✓ **Verificación visual** ¿Qué planeta ha sido explorado por vehículos exploradores?

◀ *Cassini* El primer orbitador enviado a Saturno, *Cassini*, se lanzó en 1997 como parte de un esfuerzo internacional que involucró a 19 países. *Cassini* viajó durante 7 años antes de entrar en la órbita de Saturno en 2004. Cuando llegó, envió una sonda más pequeña a la superficie de la luna más grande de Saturno, Titán, como se muestra a la izquierda. Con 6,000 kg *Cassini* es tan grande que ningún cohete fue lo suficientemente potente como para enviarlo directamente a Saturno. Los científicos usaron la gravedad de los planetas más cercanos, Venus, Tierra y Júpiter, para poder impulsar el viaje. La gravedad de cada planeta le dio a la nave impulso hacia Saturno.

New Horizons Una nave espacial mucho más pequeña, *New Horizons*, se dirige hacia Plutón. *New Horizons* también está usando la asistencia gravitatoria para su viaje, con un impulso de Júpiter. Lanzada en 2006, *New Horizons* no llegará a Plutón sino hasta 2015. Dejará el sistema solar en 2029. Sin la asistencia gravitatoria de Júpiter, *New Horizons* tardaría 5 años más para llegar a Plutón. ▶

Figura 17 Esta estructura inflable es candidata para servir como vivienda en la Luna. Por esto, se ha probado en el medioambiente extremo de la Antártida.

VOCABULARIO ACADÉMICO

opción
(sustantivo) algo que se puede escoger

Misiones espaciales tripuladas

¿Piensas que alguna vez habrá ciudades o comunidades construidas fuera de la Tierra? Eso es mirar muy adelante en el futuro. Ninguna persona ha estado más allá de la Luna. Pero el viaje espacial tripulado por humanos aún es una meta de la NASA y otras agencias del mundo. Los primeros destinos para este viaje son la Luna y Marte.

Visita a la Luna

La última vez que un astronauta visitó la Luna fue en 1972, durante la misión final del *Apollo*. La NASA planea enviar astronautas de regreso a la Luna para 2020. Las próximas visitas no serán breves, como en el pasado. La misión es construir una base lunar, donde las personas puedan vivir e investigar en el medioambiente extremo de la Luna. Los científicos están explorando ideas para la vivienda en la Luna. Muchos piensan que la mejor **opción** es una estructura inflable y liviana, como la que se muestra en la **Figura 17**.

 Verificación de concepto clave ¿Cuál es el propósito de la próxima misión a la Luna?

Visita a Marte

Quizá, una visita a Marte no ocurrirá en muchas décadas. Para prepararse, la NASA planea enviar más sondas al planeta. Estas explorarán sitios que podrían tener recursos que puedan sustentar la vida.

 MiniLab **20 minutos**

¿Qué condiciones se requieren para la vida en la Tierra?

Miles de millones de organismos viven en la Tierra. ¿Cuáles son los requisitos para la vida?

1. Observa un **terrario.** En tu diario de ciencias, haz un dibujo de este medioambiente y rotula cada componente como Vivo o No vivo.

2. Observa un **acuario.** Otra vez, haz un dibujo de este medioambiente y rotula cada componente como Vivo o No vivo.

Analizar y concluir

1. **Compara y contrasta** Describe qué necesitan los organismos en los dos medioambientes para sobrevivir.

2. **Saca conclusiones** ¿Todos los componentes vivos tienen las mismas necesidades? Apoya tu respuesta con ejemplos de tus observaciones.

3. **Concepto clave** ¿Qué condiciones se requieren para la vida en la Tierra? ¿Cómo este conocimiento ayuda a los científicos a buscar vida en el espacio?

La búsqueda de vida

Nadie sabe si existe vida más allá de la Tierra, pero durante mucho tiempo las personas han pensado en esta posibilidad. Incluso tiene un nombre. *La vida que se origina fuera de la Tierra es* **vida extraterrestre**.

Condiciones necesarias para la vida

La **astrobiología** *es el estudio de la vida en el universo, incluidas la vida en la Tierra y la posibilidad de vida extraterrestre.* Investigar las condiciones para la vida en la Tierra ayuda a los científicos a predecir dónde podrían encontrar vida en otro lugar del sistema solar. La astrobiología también puede ayudarles a localizar medioambientes en el espacio donde los seres humanos y otra vida terrestre podrían sobrevivir.

La vida existe en un amplio rango de ambientes en la Tierra. Formas de vida sobreviven en fondos oceánicos oscuros, en lo profundo de rocas sólidas y en agua ardiente, como la que se muestra en la fuente termal de la **Figura 18.** Sin importar qué tan extremos sean sus ambientes, todas las formas de vida conocidas en la Tierra necesitan agua líquida, moléculas orgánicas y alguna fuente de energía para sobrevivir. Los científicos piensan que si existe vida en otra parte del espacio, esta tendría los mismos requisitos.

 Verificación de concepto clave ¿Qué se requiere para la vida en la Tierra?

Agua en el sistema solar

La evidencia proveniente de sondas espaciales sugiere que existe vapor de agua o hielo en muchos planetas y lunas del sistema solar. Las fotografías de Marte sugieren que alguna vez existió agua líquida en la superficie marciana y que todavía podría estar presente debajo de la superficie. La NASA planea lanzar el *Mars Science Laboratory* en 2011 para tomar muestras de una variedad de suelos y rocas de Marte. Esta misión investigará la posibilidad de que exista vida en el planeta o de que alguna vez existió.

Algunas de las lunas del sistema solar exterior, como Europa, la luna de Júpiter que se muestra en la **Figura 19,** también podrían tener cantidades grandes de agua líquida debajo de su superficie.

▲ **Figura 18** Bacterias viven en el agua hirviente de esta fuente termal, en el Parque Nacional Yellowstone.

ORIGEN DE LAS PALABRAS

astrobiología
del griego *astron*, que significa "estrella"; del griego *bios*, que significa "vida"; y del griego *logia*, que significa "estudio"

Figura 19 Los parches oscuros en el detalle de la foto podrían representar zonas donde el agua de un océano subterráneo se ha filtrado a la superficie de Europa. ▼

Lección 3
EXPLICAR

▲ **Figura 20** *Kepler* orbita el Sol en busca de un área del cielo que tenga planetas similares a la Tierra.

Entender la Tierra explorando el espacio

El espacio provee fronteras de exploración y descubrimiento al espíritu humano. Explorar el espacio también ayuda a entender el planeta. La información recogida en él ayuda a los científicos a entender cómo el Sol y otros cuerpos del sistema solar influyen en la Tierra, cómo se formó la Tierra y cómo sustenta la vida. La búsqueda de planetas similares a la Tierra fuera del sistema solar ayuda a los científicos a aprender si la Tierra es única en el universo.

Búsqueda de otros planetas

Los astrónomos han detectado más de 300 planetas fuera del sistema solar. La mayoría es mucho más grande que la Tierra y quizá no podría sustentar agua líquida, ni vida. Para buscar planetas similares a la Tierra, la NASA lanzó el telescopio *Kepler* en 2009, que se ilustra en la **Figura 20.** Este enfoca solo una zona del cielo que tiene casi 100,000 estrellas. Sin embargo, aunque podría detectar planetas similares a la Tierra que orbitan otras estrellas, *Kepler* no podrá detectar vida en ningún planeta.

Comprensión de nuestro planeta hogar

No todas las misiones de la NASA son a otros planetas, a otras lunas o para observar las estrellas y galaxias. La NASA y otras agencias espaciales del mundo también lanzan y mantienen satélites que observan la Tierra. Los satélites que orbitan la Tierra proporcionan imágenes a gran escala de su superficie. Estas imágenes ayudan a los científicos a entender el clima y el tiempo atmosférico de la Tierra. La **Figura 21** es una imagen satelital de 2005 que muestra cambios en la temperatura del océano asociados con el huracán Katrina, una de las tormentas más mortales de la historia de EE.UU.

Verificación de concepto clave ¿Cómo la exploración del espacio puede ayudar a los científicos a aprender acerca de la Tierra?

Figura 21 Los satélites que orbitan la Tierra captan información en muchas longitudes de onda. Esta imagen satelital del huracán Katrina se tomó con un sensor de microondas. ▶

Verificación visual
¿Qué partes de los Estados Unidos afectó el huracán Katrina?

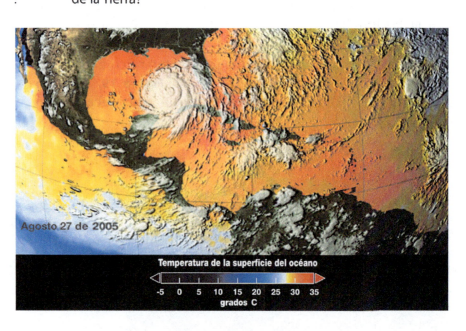

Repaso de la Lección 3

Assessment · Online Quiz

Resumen visual

La nave espacial *New Horizons* llegará a Plutón en 2015.

Los científicos piensan que podría existir agua líquida en la superficie de Marte y de algunas lunas o debajo de ella.

Los satélites que orbitan la Tierra ayudan a los científicos a entender los patrones del tiempo atmosférico y del clima de la Tierra.

FOLDABLES

Usa tu modelo de papel para repasar la lección. Guarda tu modelo para el proyecto de final de capítulo.

¿Qué opinas AHORA?

Al inicio de este capítulo leíste las siguientes afirmaciones.

5. Los seres humanos han aterrizado en Marte.

6. Los científicos han detectado agua en otros cuerpos del sistema solar.

¿Sigues estando de acuerdo o en desacuerdo con las afirmaciones? Reescribe las afirmaciones falsas para hacerlas verdaderas.

Usar vocabulario

1. **Usa el término** *vida extraterrestre* en una oración.

2. El estudio de la vida en el universo es la _____.

Entender conceptos clave

3. ¿Cuál fenómeno le dio a *Cassini* un impulso hacia Saturno?
   - A. flotabilidad
   - B. gravedad
   - C. magnetismo
   - D. viento

4. **Explica** por qué los cuerpos que tienen agua líquida son los mejores candidatos para hacer posible la vida.

5. **Evalúa** los beneficios de una estructura inflable frente a una estructura de concreto en la Luna.

6. **Identifica** algunos de los fenómenos de la Tierra que los satélites artificiales ven mejor.

Interpretar gráficas

7. **Evalúa** La anterior figura representa un diseño posible para una sonda solar nueva que orbitaría cerca del Sol. ¿Para qué propósito podría servir la parte rotulada como *A*?

8. **Organiza información** Copia y llena el siguiente organizador gráfico para enumerar los requisitos para la vida en la Tierra.

Pensamiento crítico

9. **Predice** algunos de los desafíos que las personas podrían enfrentar al vivir en una base lunar.

10. **Debate** si los científicos deberían buscar vida primero en Marte o en Europa.

Investigación Laboratorio

2 periodos de clase

Materiales

papel periódico

materiales creativos para construcción

cinta adhesiva protectora

variedades de recipientes

implementos de oficina

implementos de manualidades

tijeras

Seguridad

Diseña y construye un hábitat en la Luna

Nadie ha visitado la Luna desde 1972. La NASA planea enviar astronautas de regreso a la Luna aproximadamente para 2020. Tú podrías ser uno de los afortunados que serán enviados para encontrar un sitio adecuado para una base lunar. Para tener ventaja, tu tarea es diseñar y construir un modelo de hábitat lunar donde las personas puedan vivir y trabajar durante meses. Puedes usar los materiales que te dé el profesor u otros materiales que él apruebe. Antes de empezar, piensa en algunas de las cosas que las personas necesitarán para sobrevivir en la Luna.

Preguntar

Piensa en lo que los seres humanos necesitan a diario. ¿Cómo puedes diseñar un hábitat lunar que satisfaga las necesidades de las personas en un lugar muy diferente de la Tierra?

Procedimiento

1. Lee y completa un formulario de seguridad en el laboratorio.

2. Piensa en la construcción. Considera la función que cada material podría desempeñar en un hábitat lunar. Los materiales se transportarán de la Tierra a la Luna antes de que la construcción pueda empezar.

3. Dibuja los planos para tu hábitat lunar. Asegúrate de incluir una esclusa de aire, un cuarto pequeño que separe una puerta externa de una puerta interna. Rotula los materiales que usarás y lo que cada uno representa.

4. Copia la siguiente tabla de datos en tu diario de ciencias. Completa la tabla enumerando cada material que planeas usar, su propósito o función y por qué lo escogiste.

Materiales para un hábitat en la Luna		
Material	Función	¿Por qué escogí el material?

Capítulo 19
EXTENDER

Sugerencias para el laboratorio

☑ Antes de empezar, haz una lista de las condiciones de la Luna que son muy diferentes de las de la Tierra.

☑ Si quieres usar materiales que no se incluyen en la lista, pide permiso a tu profesor para hacerlo.

⑤ Construye un hábitat lunar. Cuando termines, verifica si tu hábitat satisface las condiciones de tu pregunta original. Si no las satisface, revisa tu hábitat o haz una nota en tu diario de ciencias acerca de cómo lo mejorarías.

⑥ Además de satisfacer las necesidades de las personas en el espacio, el hábitat debe ser fácil de construir en el medioambiente extremo del espacio. Recuerda que los materiales deben ser fáciles de transportar de la Tierra a la Luna.

⑦ Algunas cosas podrían no salir según lo planeado a medida que construyes tu modelo, o podrías tener ideas nuevas mientras procedes con la construcción. A medida que avanzas, puedes adaptar tu estructura para mejorar el producto final. Anota los cambios que le hagas a tu diseño o a los materiales en tu diario de ciencias.

Analizar y concluir

⑧ **Explica** en detalle por qué escogiste los materiales y el diseño que hiciste.

⑨ **Evalúa** ¿Qué materiales o diseños no funcionaron como esperabas? Explica.

⑩ **Compara y contrasta** ¿Qué diferencias entre el medioambiente lunar y el medioambiente terrestre consideraste en tu diseño?

⑪ **La gran idea** ¿Qué requerimientos se deben satisfacer para que los seres humanos vivan, trabajen y estén saludables en la Luna?

Comunicar resultados

Imagina que tu diseño hace parte de un concurso de la NASA para encontrar el mejor hábitat lunar. Escribe y haz una presentación de 2 a 3 minutos para convencer a la NASA de usar tu modelo para su hábitat lunar.

investigación Ir más allá

Compara tu hábitat lunar con los hábitats de por lo menos otros tres grupos. Comenta cómo podrían combinar sus ideas para construir un hábitat lunar más grande y mejor.

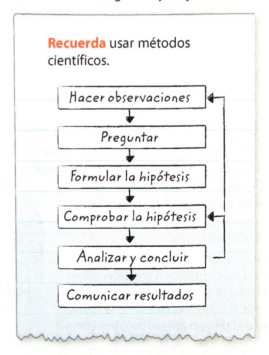

Recuerda usar métodos científicos.

Lección 3
EXTENDER

Guía de estudio del Capítulo 19

LA GRAN IDEA Los seres humanos observan el universo con telescopios ubicados en la Tierra y en el espacio. Ellos exploran el sistema solar con sondas espaciales tripuladas y no tripuladas.

Resumen de conceptos clave	Vocabulario
Lección 1: Observación del universo • Los científicos usan diferentes partes del **espectro electromagnético** para estudiar las estrellas y otros objetos en el espacio y aprender cómo era el universo hace muchos millones de años. • Los telescopios espaciales pueden captar energía radiante que la atmósfera de la Tierra absorbería o refractaría. 	**espectro electromagnético** pág. 690 **telescopio refractor** pág. 692 **telescopio reflector** pág. 692 **radiotelescopio** pág. 693
Lección 2: Comienzos de la exploración del espacio  • Los **cohetes** se usan para vencer la fuerza de gravedad de la Tierra cuando se envían al espacio **satélites, sondas espaciales** y otras naves. • Las misiones no tripuladas pueden hacer viajes que son muy largos o muy peligrosos para los seres humanos. • Materiales y tecnologías del programa espacial se han aplicado a la vida diaria.	**cohete** pág. 699 **satélite** pág. 700 **sonda espacial** pág. 701 **lunar** pág. 701 **Proyecto Apolo** pág. 702 **transbordador espacial** pág. 702
Lección 3: Misiones espaciales recientes y futuras • Una meta del programa espacial es extender los viajes espaciales tripulados dentro del sistema solar y desarrollar bases lunares y marcianas. • Todas las formas de vida conocidas necesitan agua líquida, energía y moléculas orgánicas. • La información recogida en el espacio ayuda a los científicos a entender cómo el Sol influye en la Tierra, cómo se formó la Tierra, si existe vida fuera de la Tierra, y cómo el tiempo atmosférico y el clima afectan la Tierra. 	**vida extraterrestre** pág. 711 **astrobiología** pág. 711

Guía de estudio

Review
- Personal Tutor
- Vocabulary eGames
- Vocabulary eFlashcards

Proyecto del capítulo

Organiza tus modelos de papel como se muestra, para hacer un proyecto de capítulo. Usa el proyecto para repasar lo que aprendiste en este capítulo.

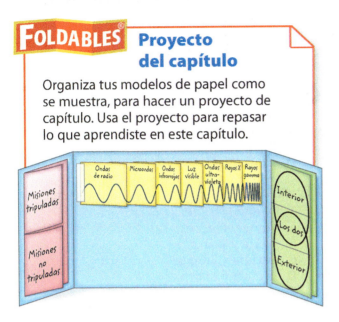

Usar vocabulario

1. Toda la radiación se clasifica por longitudes de onda en el _____.

2. Dos tipos de telescopios que captan luz visible son _____ y _____.

3. La misión espacial que envió los primeros seres humanos a la Luna fue _____.

4. Un ejemplo de sistema de transporte espacial de seres humanos es un(a) _____.

5. Una nave espacial sin tripulación es un(a) _____.

6. La disciplina que investiga la vida en el universo es la _____.

7. El mejor lugar para encontrar _____ es en los cuerpos del sistema solar que contengan agua.

Relacionar vocabulario y conceptos clave

 **Concepts in Motion** — Interactive Concept Map

Copia este mapa conceptual y luego usa términos de vocabulario de la página anterior para completarlo.

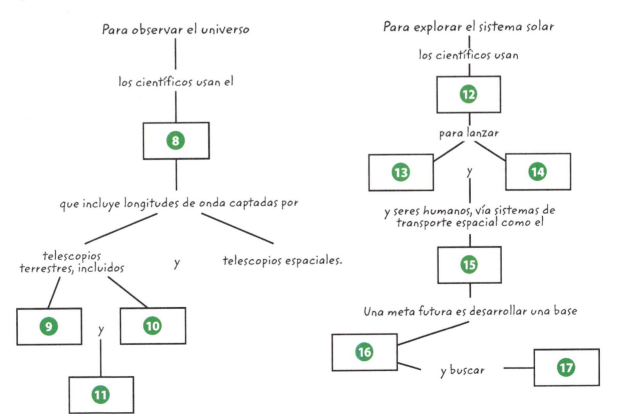

Repaso del Capítulo 19

Entender conceptos clave

1 ¿Cuál tipo de telescopio se muestra en la siguiente figura?

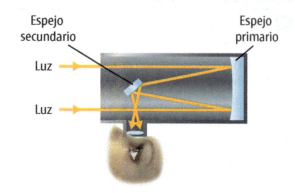

A. telescopio infrarrojo
B. radiotelescopio
C. telescopio reflector
D. telescopio refractor

2 ¿En cuál longitud de onda esperarías que las estrellas más calientes emitieran la mayor parte de su energía?

A. rayos gamma
B. microondas
C. ondas de radio
D. luz visible

3 ¿Qué término describe mejor al *Hubble*?

A. telescopio infrarrojo
B. radiotelescopio
C. telescopio refractor
D. telescopio espacial

4 ¿Qué caracteriza a la misión del *Kepler*?

A. El *Kepler* puede detectar objetos en todas las longitudes de onda.
B. El *Kepler* ha encontrado los objetos más distantes del universo.
C. El *Kepler* se dedica a buscar planetas similares a la Tierra.
D. El *Kepler* es el primer telescopio que orbita el Sol.

5 ¿Dónde está la *Estación Espacial Internacional*?

A. en Marte
B. en la Luna
C. orbitando la Tierra
D. orbitando el Sol

6 ¿Qué misión envió personas a la Luna?

A. Apolo
B. Explorer
C. Galileo
D. Pioneer

7 ¿Cuáles tienen mayor probabilidad de tener agua líquida?

A. Marte y Europa
B. Marte y Venus
C. la Luna y Europa
D. la Luna y Marte

8 Las siguientes imágenes las tomó un vehículo explorador mientras se movía por un cuerpo rocoso del sistema solar interior en 2004. ¿Qué cuerpo es?

A. Europa
B. Marte
C. Titán
D. Venus

9 ¿Cuál NO es un satélite?

A. una sonda de acercamiento
B. una luna
C. una sonda orbitadora
D. un telescopio espacial

Repaso del capítulo

Pensamiento crítico

10 Contrasta las ondas del espectro electromagnético con las ondas de agua en el océano.

11 Diferencia Si quisieras estudiar estrellas nuevas en formación en una nube enorme de polvo, ¿qué longitud de onda usarías? Explica.

12 Deduce ¿Por qué los telescopios ópticos solo funcionan durante la noche, mientras que los radiotelescopios funcionan todo el día y toda la noche?

13 Analiza ¿Por qué es más desafiante enviar sondas espaciales al sistema solar exterior que al sistema solar interior?

14 Crea una lista de requisitos que se deben satisfacer antes de que los seres humanos puedan vivir en la Luna.

15 Escoge un cuerpo del sistema solar que sería un buen lugar para buscar vida. Explica.

16 Interpreta gráficas Copia el siguiente diagrama de las ondas electromagnéticas y rotula las posiciones relativas de las ondas ultravioleta, los rayos X, la luz visible, los rayos gamma y las ondas de radio.

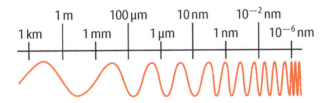

Escritura en Ciencias

17 Escribe un párrafo que compare la colonización de América del Norte y la colonización de la Luna. Incluye una idea principal, detalles de apoyo y una oración de conclusión.

REPASO LA GRAN IDEA

18 ¿De qué formas diferentes los seres humanos observan y exploran el espacio?

19 La siguiente foto muestra el *Telescopio Espacial Hubble* orbitando la Tierra. ¿Cuáles son las ventajas de los telescopios espaciales? ¿Cuáles son las desventajas?

Destrezas matemáticas — Math Practice

Usar notación científica

20 La distancia promedio de Saturno al Sol es 1,430,000,000 km. Expresa esta distancia en notación científica.

21 La estrella más cercana fuera de nuestro sistema solar es Proxima Centauri, que está casi a 39,900,000,000,000 km de la Tierra. ¿Qué distancia es esta en notación científica?

22 El *Telescopio Espacial Hubble* ha tomado fotos de un objeto que está a 1,400,000,000,000,000,000,000 km de la Tierra. Expresa este número en notación científica.

Práctica para la prueba estandarizada

Anota tus respuestas en la hoja de respuestas que te entregó el profesor o en una hoja de papel.

Selección múltiple

1 ¿Cuál NO es un buen lugar para construir un radiotelescopio?

   A un lugar cerca de una estación de radio

   B un lugar remoto

   C un lugar con un área grande despejada

   D un lugar con aire seco

2 ¿Cuál tiene la capacidad de sobrepasar la fuerza de gravedad de la Tierra de manera que se pueda lanzar al espacio?

   A una sonda

   B un cohete

   C un satélite

   D un telescopio

Usa la siguiente figura para responder la pregunta 3.

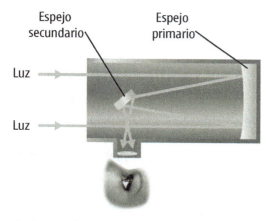

3 ¿Cuál podría incrementar la capacidad de agrupar la luz en el telescopio de la figura anterior?

   A óptica adaptativa

   B un ocular más grande

   C espejos pequeños múltiples

   D lentes más gruesos

4 ¿Cuál opción enumera los recursos mínimos necesarios para que las formas de vida sobrevivan en la Tierra?

   A agua líquida, una fuente de energía y radiación solar

   B agua líquida, radiación solar y moléculas orgánicas

   C moléculas orgánicas, una fuente de energía y agua líquida

   D moléculas orgánicas, una fuente de energía y radiación solar

Usa la siguiente tabla para responder las preguntas 5 y 6.

Planeta	Distancia promedio del Sol (en millones de kilómetros)
Tierra	150
Júpiter	228
Saturno	1,434

5 La luz tarda casi 8.3 min para viajar del Sol a la Tierra y casi 40 min para viajar del Sol a Júpiter. ¿Cuánto tardaría la luz para viajar del Sol a Saturno?

   A 8.5 min

   B 1.3 h

   C 13.5 h

   D 26.3 h

6 ¿Cuál muestra la distancia entre Saturno y el Sol expresada en notación científica?

   A 1.434×10^6 km

   B 1.434×10^8 km

   C 1.434×10^9 km

   D 1.434×10^7 km

Práctica para la prueba estandarizada

7 ¿Cuál es la ventaja de usar la asistencia gravitatoria para una misión a Saturno?

A La nave espacial se puede hacer de un material no magnético.

B La nave espacial puede viajar a la velocidad de la luz.

C La nave espacial necesita menos combustible.

D La nave espacial necesita más peso.

8 ¿Cuál fue el primer satélite que orbitó la Tierra?

A *Apollo 1*

B *Explorer 1*

C *Mariner 1*

D *Sputnik 1*

Usa la siguiente figura para responder la pregunta 9.

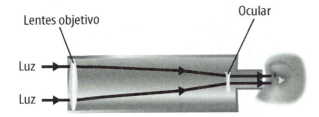

9 ¿Cuál afirmación es verdadera acerca del telescopio anterior?

A La lente ocular y la lente objetivo son lentes cóncavas.

B La luz se curva y pasa a través de la lente objetivo.

C La luz se refleja desde la lente ocular hacia la lente objetivo.

D La lente objetivo se puede hacer con muchas lentes más pequeñas.

Respuesta elaborada

Usa la siguiente figura para responder las preguntas 10 y 11.

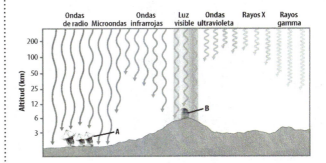

10 Identifica los tipos de telescopios rotulados como A y B en la figura. Explica brevemente qué tipo de energía radiante reúne cada uno y cómo funciona cada telescopio.

11 Usa la información de la figura para explicar por qué las imágenes de rayos X se pueden obtener solo usando telescopios ubicados por encima de la atmósfera terrestre.

12 ¿De qué manera estudiar la energía radiante ayuda a los científicos a aprender acerca del universo?

13 ¿De qué manera las propiedades de los materiales desarrollados para usar en el espacio son útiles en la Tierra? Da ejemplos.

14 ¿De qué manera la información que se recopila en el espacio ayuda a los científicos a aprender acerca de la Tierra?

15 ¿En qué se diferencia el *telescopio Kepler* de otros telescopios que están en el espacio?

¿NECESITAS AYUDA ADICIONAL?															
Si no pudiste responder la pregunta...	1	2	3	4	5	6	7	8	9	10	11	12	13	14	15
Pasa a la Lección...	1	2	1	3	1	1	3	2	1	1	1	1	2	3	3

Capítulo 20

El sistema Sol-Tierra-Luna

¿Qué fenómenos naturales producen los movimientos de la Tierra y la Luna?

Investigación: ¿Por qué el Sol parece mordido?

Mira esta fotografía por intervalos. Los "mordiscos" del Sol ocurrieron durante un eclipse solar. La apariencia del Sol cambió de forma regular y predecible a medida que la sombra de la Luna pasaba sobre una parte de la Tierra.

- ¿Cómo el movimiento de la Luna cambia la apariencia del Sol?
- ¿Qué cambios predecibles causa el movimiento de la Tierra?
- ¿Qué otros fenómenos naturales causan los movimientos de la Tierra y la Luna?

Prepárate para leer

¿Qué opinas?

Antes de leer, piensa si estás de acuerdo o no con las siguientes afirmaciones. A medida que leas el capítulo, decide si cambias de opinión sobre alguna de ellas.

1. El movimiento de la Tierra alrededor del Sol causa los amaneceres y los atardeceres.
2. La Tierra tiene estaciones porque su distancia del Sol cambia a lo largo del año.
3. La Luna fue una vez un planeta que orbitaba el Sol entre la Tierra y Marte.
4. La sombra de la Tierra causa el cambio de apariencia de la Luna.
5. Un eclipse solar sucede cuando la Tierra pasa entre la Luna y el Sol.
6. La fuerza gravitatoria de la Luna y el Sol sobre los océanos de la Tierra causa mareas.

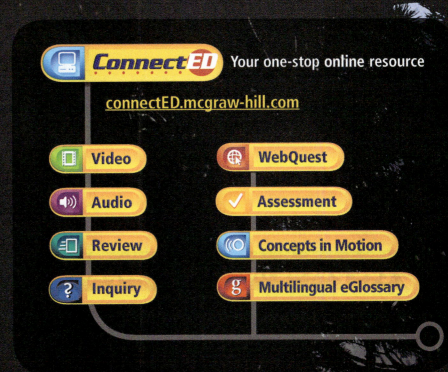

Lección 1

Movimiento de la Tierra

Guía de lectura

Conceptos clave 🗝
PREGUNTAS IMPORTANTES

- ¿Cómo se mueve la Tierra?
- ¿Por qué la Tierra es más caliente en el ecuador y más fría en los polos?
- ¿Por qué las estaciones cambian a medida que la Tierra se mueve alrededor del Sol?

Vocabulario
órbita pág. 726
revolución pág. 726
rotación pág. 727
eje de rotación pág. 727
solsticio pág. 731
equinoccio pág. 731

 Multilingual eGlossary

Investigación ¿Se puede flotar en el espacio?

Desde la *Estación Espacial Internacional*, parece que la Tierra está flotando, pero en realidad está viajando alrededor del Sol a más de 100,000 km/h. ¿Qué fenómenos causa el movimiento de la Tierra?

Laboratorio de inicio

15 minutos

¿La forma de la Tierra afecta las temperaturas en su superficie?

Las temperaturas cerca de los polos de la Tierra son más frías que las temperaturas cerca del ecuador. ¿Qué causa estas diferencias?

1. Lee y completa un formulario de seguridad en el laboratorio.
2. Infla un **globo redondo** y anúdalo para cerrarlo.
3. Con un **marcador,** traza una línea alrededor del globo para representar el ecuador de la Tierra.
4. Con una **regla,** pon una **linterna** a casi 8 cm del globo, de forma que el rayo de luz de la linterna llegue directamente al ecuador.
5. Con el marcador, traza el contorno de la luz proyectada en el globo.
6. Pídele a alguien que levante la linterna verticalmente de 5 a 8 cm sin cambiar la dirección en la que la linterna apunta. No cambies la posición del globo. Traza de nuevo el contorno de la luz proyectada en el globo.

Piensa

1. Compara y contrasta las formas que trazaste en el globo.
2. ¿En qué lugar del globo se dispersa más la luz? Explica tu respuesta.
3. 🔑 **Concepto clave** Usa tu modelo para explicar por qué la Tierra es más caliente cerca del ecuador y más fría cerca de los polos.

La Tierra y el Sol

Si miras afuera el suelo, los árboles y los edificios, no parece que la Tierra se esté moviendo. Pero la Tierra siempre está en movimiento, girando en el espacio y viajando alrededor del Sol. A medida que la Tierra gira, el día cambia a noche y de nuevo a día. Las estaciones cambian a medida que la Tierra viaja alrededor del Sol. El verano cambia a invierno porque el movimiento de la Tierra modifica la forma en que la energía del sol se dispersa sobre la superficie terrestre.

El Sol

El Sol, que se muestra en la **Figura 1,** es la estrella más cercana a la Tierra. Está a casi 150 millones de km de la Tierra. Comparado con ella, el Sol es enorme. Su diámetro es más de 100 veces mayor que el diámetro de la Tierra y su masa es más de 300,000 veces mayor que la masa de la Tierra.

En el interior del Sol, los núcleos de los átomos se combinan liberando cantidades enormes de energía. Este proceso se llama fusión nuclear. El Sol libera tanta energía de la fusión nuclear que la temperatura en su núcleo es de más de 15,000,000 °C. Incluso en la superficie solar, la temperatura es de casi 5,500 °C. Una parte pequeña de la energía del sol llega a la Tierra como energía lumínica y térmica.

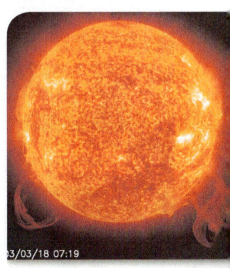

Figura 1 El Sol es una bola gigante de gases calientes que emite luz y energía.

Investigación | MiniLab 10 minutos

¿Qué mantiene a la Tierra en órbita?

¿Por qué la Tierra se mueve alrededor del Sol y no sale volando al espacio?

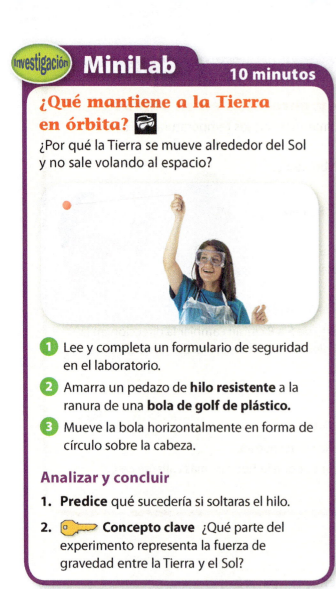

1. Lee y completa un formulario de seguridad en el laboratorio.
2. Amarra un pedazo de **hilo resistente** a la ranura de una **bola de golf de plástico.**
3. Mueve la bola horizontalmente en forma de círculo sobre la cabeza.

Analizar y concluir

1. **Predice** qué sucedería si soltaras el hilo.
2. **Concepto clave** ¿Qué parte del experimento representa la fuerza de gravedad entre la Tierra y el Sol?

Figura 2 La Tierra se mueve en una órbita casi circular. La fuerza de gravedad del Sol sobre la Tierra causa que la Tierra dé vueltas a su alrededor.

Órbita de la Tierra

Como se muestra en la **Figura 2,** la Tierra se mueve alrededor del Sol en una trayectoria casi circular. *La trayectoria que un objeto sigue a medida que se mueve alrededor de otro objeto es una* **órbita**. *El movimiento de un objeto alrededor de otro objeto se llama* **revolución**. La Tierra realiza una revolución completa alrededor del Sol cada 365.24 días.

La fuerza gravitatoria del Sol

¿Por qué la Tierra orbita alrededor del Sol? La respuesta es que la gravedad del Sol atrae a la Tierra. La fuerza de gravedad entre dos objetos depende de sus masas y de la distancia entre ellos. Cuanta más masa tenga cada objeto, o cuanto más cerca estén, más fuerte será la fuerza gravitatoria.

La **Figura 2** ilustra el efecto del Sol en el movimiento de la Tierra. El movimiento de la Tierra alrededor del Sol es parecido al movimiento de un objeto que da vueltas en una cuerda. La cuerda atrae el objeto y lo hace mover en círculo. Si la cuerda se rompe, el objeto sale volando en línea recta. De la misma manera, la fuerza de la gravedad del Sol mantiene a la Tierra girando a su alrededor en una órbita casi circular. Si la gravedad entre la Tierra y el Sol se detuviera de alguna forma, la Tierra saldría volando hacia el espacio en línea recta.

Verificación de concepto clave ¿Qué produce la revolución de la Tierra alrededor del Sol?

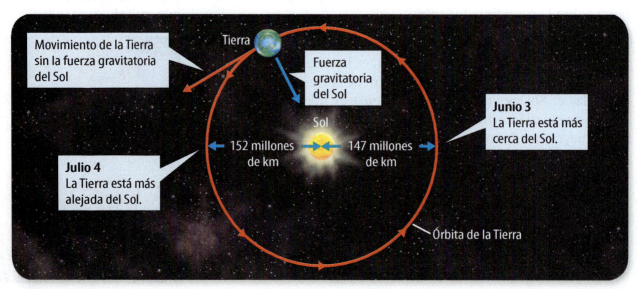

Eje de rotación de la Tierra 🔑

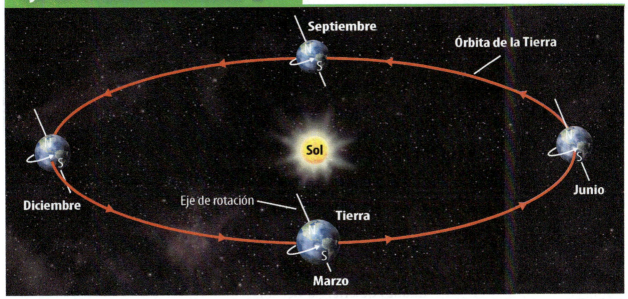

Figura 3 Este diagrama muestra la órbita de la Tierra, que es casi circular, desde un ángulo. La Tierra gira sobre su eje de rotación y da vueltas alrededor del Sol. El eje de rotación de la Tierra siempre apunta en la misma dirección.

✅ **Verificación visual** ¿En qué meses el extremo norte del eje de rotación de la Tierra está alejado del Sol?

Rotación de la Tierra

La Tierra gira a medida que da vueltas alrededor del Sol. *Un movimiento giratorio se llama* **rotación**. Algunos objetos giratorios rotan sobre una barra o eje. La Tierra rota sobre una línea imaginaria a través del centro. *La línea sobre la que un objeto rota es el* **eje de rotación**.

Supón que pudieras mirar hacia abajo en el polo Norte de la Tierra y la vieras rotar. Verías que la Tierra rota sobre su eje de rotación en dirección contraria a las agujas del reloj, de oeste a este. Una rotación completa de la Tierra toma casi 24 horas. Esta rotación ayuda a producir el ciclo terrestre del día y la noche. Es de día en la mitad de la Tierra que mira el Sol y de noche en la mitad alejada de él.

Movimiento aparente del Sol Cada día parece que el Sol se mueve de este a oeste en el cielo. Parece como si el Sol se moviera alrededor de la Tierra. Sin embargo, es la rotación de la Tierra la que causa el movimiento aparente del Sol.

La Tierra rota de oeste a este. Como resultado, el Sol parece moverse de este a oeste en el cielo. Las estrellas y la Luna también parecen moverse de este a oeste en el cielo debido a la rotación de la Tierra de oeste a este.

Para entender mejor esto, imagina que montas en un carrusel. A medida que tú y el carrusel se mueven, parece que las personas en el suelo se mueven en dirección opuesta. De la misma forma, a medida que la Tierra rota de oeste a este, parece que el Sol se mueve de este a oeste.

✅ **Verificación de la lectura** ¿Qué causa el movimiento aparente del Sol en el cielo?

Inclinación del eje de rotación de la Tierra Como se muestra en la **Figura 3,** el eje de rotación de la Tierra está inclinado. Su inclinación siempre está en la misma dirección y en la misma cantidad. Esto significa que durante la mitad de la órbita de la Tierra, el extremo norte del eje de rotación está hacia el Sol. Durante la otra mitad dicho extremo está alejado del Sol.

La superficie está vertical.

La superficie está inclinada.

Cuando la superficie está inclinada, el rayo de luz se dispersa sobre un área mayor.

La línea punteada muestra el área cubierta por el rayo de luz antes de que la superficie se inclinara.

Figura 4 La energía lumínica en una superficie se dispersa más a medida que la superficie se inclina en relación con el rayo de luz.

✓ **Verificación visual** ¿Está la energía lumínica más dispersa en la superficie vertical o en la inclinada?

Temperatura y latitud

A medida que la Tierra orbita el Sol, solamente una mitad de la Tierra mira el Sol a la vez. Un rayo de luz solar transporta energía. Cuanta más luz solar llegue a una parte de la superficie terrestre, más caliente se volverá. Debido a que la superficie terrestre es curva, distintas partes de ella reciben diferentes cantidades de energía del sol.

Energía que recibe una superficie inclinada

Supón que iluminas con un rayo de luz una tarjeta, como se muestra en la **Figura 4.** A medida que inclinas la tarjeta en relación con la dirección del rayo de luz, la luz se dispersa más en su superficie. Como resultado, la energía que el rayo de luz transporta también se dispersa más sobre la superficie de la tarjeta. Un área en la superficie dentro del rayo de luz recibe menos energía cuando la superficie está más inclinada en relación con el rayo de luz.

La inclinación de la superficie curva de la Tierra

En vez de ser plana como una tarjeta, la superficie de la Tierra es curva. En relación con la dirección de un rayo de luz solar, la superficie terrestre se inclina más a medida que te alejas del **ecuador.** Como se muestra en la **Figura 5,** la energía en un rayo de luz solar tiende a dispersarse más cuanto más te alejas del ecuador. Esto significa que las regiones cercanas a los polos reciben menos energía que las regiones cercanas al ecuador. Esto hace la Tierra más fría en los polos y más caliente en el ecuador.

 Verificación de concepto clave ¿Por qué la Tierra es más caliente en el ecuador y más fría en los polos?

VOCABULARIO ACADÉMICO

ecuador
(*sustantivo*) línea imaginaria que divide la Tierra en los hemisferios norte y sur

Figura 5 La energía del sol se dispersa más a medida que te alejas del ecuador.

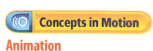
Animation

728 Capítulo 20
EXPLICAR

El extremo norte del eje de rotación está alejado del Sol.

El extremo norte del eje de rotación está hacia el Sol.

Figura 6 El hemisferio norte recibe más luz solar en junio y el hemisferio sur recibe más luz solar en diciembre.

Las estaciones

Podrías pensar que el verano sucede cuando la Tierra está más cerca del Sol y el invierno cuando está más alejada de él. Sin embargo, los cambios de estaciones no dependen de la distancia de la Tierra al Sol. De hecho, ¡la Tierra está más cerca al Sol en enero! En su lugar, es la inclinación del eje de rotación de la Tierra, combinada con el movimiento de la Tierra alrededor del Sol, lo que causa que las estaciones cambien.

Primavera y verano en el hemisferio norte

Durante una mitad de la órbita de la Tierra, el extremo norte del eje de rotación está hacia el Sol. Entonces, el hemisferio norte recibe más energía solar que el hemisferio sur, como se muestra en la **Figura 6.** Las temperaturas aumentan en el hemisferio norte y disminuyen en el hemisferio sur. Los días son más largos en el hemisferio norte y las noches duran más en el hemisferio sur. Esto sucede cuando en el hemisferio norte están en primavera y verano y en el hemisferio sur están en otoño e invierno.

Otoño e invierno en el hemisferio norte

Durante la otra mitad de la órbita de la Tierra, el extremo norte del eje de rotación está alejado del Sol. Entonces, el hemisferio norte recibe menos energía solar que el hemisferio sur, como se muestra en la **Figura 6.** Las temperaturas disminuyen en el hemisferio norte y aumentan en el hemisferio sur. Esto sucede cuando en el hemisferio norte están en otoño e invierno y en el hemisferio sur están en primavera y verano.

Verificación de concepto clave ¿Cómo la inclinación del eje de rotación de la Tierra afecta el tiempo atmosférico?

Destrezas matemáticas

Convertir unidades

Cuando la Tierra está a 147,000,000 km del Sol, ¿a qué distancia en millas está la Tierra del Sol? Para calcular la distancia en millas, multiplica la distancia en km por el factor de conversión.

$$147{,}000{,}000 \text{ km} \times \frac{0.62 \text{ millas}}{1 \text{ km}}$$
$$= 91{,}100{,}000 \text{ millas}$$

Practicar

Cuando la Tierra está a 152,000,000 km del Sol, ¿a qué distancia en millas está la Tierra del Sol?

- Review
- Math Practice
- Personal Tutor

Ciclo estacional de la Tierra

Solsticio de diciembre
El solsticio de diciembre es el 21 ó 22 de diciembre. Ese día:
- el extremo norte del eje de rotación de la Tierra está alejado del Sol;
- en el hemisferio norte, el día es el más corto y la noche es la más larga; empieza el invierno;
- en el hemisferio sur, el día es el más largo y la noche es la más corta; empieza el verano.

Equinoccio de septiembre
El equinoccio de septiembre es el 22 ó 23 de septiembre. Ese día:
- el extremo norte del eje de rotación de la Tierra se inclina hacia la órbita terrestre;
- hay casi 12 horas de luz del día y 12 horas de oscuridad en todas partes de la Tierra;
- el otoño empieza en el hemisferio norte;
- la primavera empieza en el hemisferio sur.

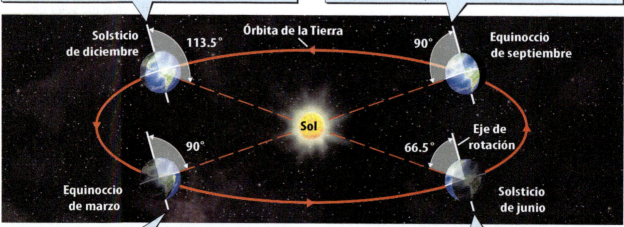

Equinoccio de marzo
El equinoccio de marzo es el 20 ó 21 de marzo. Ese día:
- el extremo norte del eje de rotación de la Tierra se inclina hacia la órbita terrestre;
- hay casi 12 horas de luz del día y 12 horas de oscuridad en todas partes de la Tierra;
- la primavera empieza en el hemisferio norte;
- el otoño empieza en el hemisferio sur.

Solsticio de junio
El solsticio de junio es el 20 ó 21 de junio. Ese día:
- el extremo norte del eje de rotación de la Tierra está hacia el Sol;
- en el hemisferio norte, el día es el más largo y la noche es la más corta; empieza el verano;
- en el hemisferio sur, el día es el más corto y la noche es la más larga; empieza el invierno.

Figura 7 Las estaciones cambian a medida que la Tierra se mueve alrededor del Sol. El movimiento de la Tierra alrededor del Sol causa que el eje de rotación inclinado de la Tierra se incline hacia el Sol o se aleje de él.

Los solsticios, los equinoccios y el ciclo estacional

La **Figura 7** muestra que a medida que la Tierra viaja alrededor del Sol, su eje de rotación siempre apunta en la misma dirección en el espacio. Sin embargo, la cantidad en la que el eje de rotación de la Tierra se acerca o se aleja del Sol cambia. Esto causa que las estaciones cambien en un ciclo anual.

Hay cuatro días cada año en que la dirección del eje de rotación de la Tierra se relaciona especialmente con el Sol. *Un* **solsticio** *es un día en que el eje de rotación de la Tierra está más cerca del Sol o más alejado de él. Un* **equinoccio** *es un día en que el eje de rotación de la Tierra se inclina hacia la órbita de la Tierra, sin acercarse ni alejarse del Sol.*

Del equinoccio de marzo al solsticio de junio Cuando el extremo norte del eje de rotación apunta gradualmente más y más hacia el Sol, el hemisferio norte recibe cada vez más energía solar. Entonces es primavera en este hemisferio.

Del solsticio de junio al equinoccio de septiembre El extremo norte del eje de rotación continúa apuntando hacia el Sol, pero cada vez menos. El hemisferio norte empieza a recibir menos energía solar. Entonces es verano en este hemisferio.

Del equinoccio de septiembre al solsticio de diciembre El extremo norte del eje de rotación apunta ahora más y más lejos del Sol. El hemisferio norte recibe cada vez menos energía solar. Entonces es otoño en este hemisferio.

Del solsticio de diciembre al equinoccio de marzo El extremo norte del eje de rotación continúa apuntando lejos del Sol, pero cada vez menos. El hemisferio norte empieza a recibir más energía solar. Entonces es invierno en este hemisferio.

Cambios en la trayectoria aparente del Sol por el cielo

La **Figura 8** muestra cómo la trayectoria aparente del Sol por el cielo cambia de estación en estación en el hemisferio norte. La trayectoria aparente del Sol por el cielo en el hemisferio norte es más baja en el solsticio de diciembre y más alta en el solsticio de junio.

FOLDABLES

Haz un boletín compaginado con cuatro hojas completas. Rotula las páginas con los nombres de los solsticios y los equinoccios. Usa cada página para organizar información sobre cada estación.

ORIGEN DE LAS PALABRAS

equinoccio
del latín *equinoxium*, que significa "igualdad de noche y día"

Figura 8 A medida que las estaciones cambian, la trayectoria del Sol por el cielo cambia. En el hemisferio norte, la trayectoria del Sol es más baja en el solsticio de diciembre y más alta en el solsticio de junio.

✓ **Verificación visual**
¿Cuándo está más alto el Sol en el cielo en el hemisferio norte?

Repaso de la Lección 1

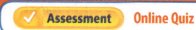 Assessment   Online Quiz

Resumen visual

La fuerza gravitatoria del Sol causa que la Tierra dé vueltas alrededor del Sol en una órbita casi circular.

El eje de rotación de la tierra está inclinado y siempre apunta en la misma dirección en el espacio.

Los equinoccios y los solsticios son días en que la dirección del eje de rotación de la Tierra en relación con el Sol es especial.

FOLDABLES

Usa tu modelo de papel para repasar la lección. Guarda tu modelo para el proyecto de final de capítulo.

¿Qué opinas AHORA?

Al inicio de este capítulo leíste las siguientes afirmaciones.

1. El movimiento de la Tierra alrededor del Sol causa los amaneceres y los atardeceres.

2. La Tierra tiene estaciones porque su distancia del Sol cambia a lo largo del año.

¿Sigues estando de acuerdo o en desacuerdo con las afirmaciones? Reescribe las afirmaciones falsas para hacerlas verdaderas.

Usar vocabulario

1. **Distingue** entre la rotación y la revolución de la Tierra.

2. La trayectoria que la Tierra sigue alrededor del Sol es la _____ de la Tierra.

3. Cuando un(a) _____ ocurre, el hemisferio norte y el hemisferio sur reciben la misma cantidad de luz solar.

Entender conceptos clave

4. ¿Qué causa la inclinación del eje de rotación de la Tierra?
   A. la órbita de la Tierra
   B. las estaciones de la Tierra
   C. la revolución de la Tierra
   D. la rotación de la Tierra

5. **Contrasta** la cantidad de luz solar que un área recibe cerca del ecuador con un área del mismo tamaño cerca del polo Sur.

6. **Contrasta** la fuerza gravitatoria del Sol sobre la Tierra cuando la Tierra está más cerca del Sol y cuando está más alejada de él.

Interpretar gráficas

7. **Resume** Copia y llena la siguiente tabla para las estaciones en el hemisferio norte.

Estación	¿Comienza en solsticio o en equinoccio?	¿Cómo se inclina el eje de rotación?
Verano		
Otoño		
Invierno		
Primavera		

Pensamiento crítico

8. **Defiende** Con frecuencia, al solsticio de diciembre se le llama solsticio de invierno. ¿Piensas que este es un nombre apropiado? Defiende tu respuesta.

Destrezas matemáticas
Math Practice

9. El diámetro del Sol es aproximadamente 1,390,000 km. ¿Cuál es el diámetro del Sol en millas?

Investigación · Práctica de destrezas · Sacar conclusiones 25 minutos

¿Cómo el eje de rotación inclinado de la Tierra afecta las estaciones?

Las estaciones cambian a medida que la Tierra da vueltas alrededor del Sol. ¿Cómo el eje de rotación inclinado de la Tierra cambia la forma en que la luz solar se dispersa sobre diferentes partes de la superficie de la Tierra?

Materiales

bola de poliestireno grande

pincho de madera

vaso de poliestireno

cinta adhesiva protectora

linterna

marcador

Seguridad

Aprende
Usando una linterna como el Sol y una bola de poliestireno como la Tierra, puedes hacer un modelo de cómo la energía solar se dispersa sobre la superficie de la Tierra en diferentes épocas del año. Esto te ayudará a **sacar conclusiones** acerca de las estaciones de la Tierra.

Intenta

1. Lee y completa un formulario de seguridad en el laboratorio.
2. Inserta un pincho de madera por el centro de una bola de poliestireno. Traza una línea en la bola para representar el ecuador de la Tierra. Inserta un extremo del pincho en la base de un vaso de poliestireno boca abajo, de manera que el pincho se incline.
3. Apoya una linterna sobre una pila de libros a casi 0.5 m de la bola. Enciende la linterna y ubica la bola para que el pincho apunte hacia la linterna, representando el solsticio de junio.

4. Dibuja en tu diario de ciencias cómo la superficie de la bola se inclinó en relación con el rayo de luz.
5. Debajo de tu diagrama, plantea si el hemisferio superior (norte) o el inferior (sur) recibe más energía lumínica.
6. Con el pincho siempre apuntando en la misma dirección, mueve la bola alrededor de la linterna. Gira la linterna para mantener la luz en la bola. En las tres posiciones correspondientes a los equinoccios y al otro solsticio, haz dibujos como los del paso 4 y planteamientos como los del paso 5.

Aplica

7. ¿Cómo cambió la inclinación de las superficies en relación con el rayo de luz a medida que la bola se movía alrededor de la linterna?
8. ¿Cómo cambió la cantidad de energía lumínica en cada hemisferio a medida que la bola se movía alrededor de la linterna?
9. 🗝 **Concepto clave** Saca conclusiones acerca de cómo la inclinación de la Tierra afecta las estaciones.

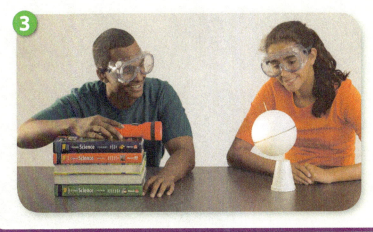

Lección 1 EXTENDER

Lección 2

Guía de lectura

Conceptos clave
PREGUNTAS IMPORTANTES
- ¿Cómo se mueve la Luna alrededor de la Tierra?
- ¿Por qué cambia la apariencia de la Luna?

Vocabulario
mares pág. 736
fase pág. 738
fase creciente pág. 738
fase menguante pág. 738

g Multilingual eGlossary

La Luna de la Tierra

Investigación ¿Dos planetas?

El cuerpo más pequeño es la Luna de la Tierra, no un planeta. Así como la Tierra se mueve alrededor del Sol, la Luna se mueve alrededor de la Tierra. ¿Qué clase de cambios causa el movimiento de la Luna alrededor de la Tierra?

Laboratorio de inicio

15 minutos

¿Por qué parece que la Luna cambia de forma?

El Sol siempre brilla sobre la Tierra y la Luna. Sin embargo, la forma de la Luna parece cambiar de noche a noche y de día a día. ¿Qué puede causar que la apariencia de la Luna cambie?

1. Lee y completa un formulario de seguridad en el laboratorio.
2. Pon una **bola** sobre una superficie nivelada.
3. Ubica una **linterna** de tal forma que el rayo de luz brille completamente en un lado de la bola. Párate detrás de la linterna.
4. Haz un dibujo de la apariencia de la bola en tu diario de ciencias.
5. Párate detrás de la bola, frente a la linterna y repite el paso 4.
6. Párate a la izquierda de la bola y repite el paso 4.

Piensa

1. ¿Qué causó que la apariencia de la bola cambiara?
2. **Concepto clave** ¿Qué piensas que produce el cambio de apariencia de la Luna en el cielo?

Observación de la Luna

Imagina lo que la gente pensaba hace miles de años cuando miraba la Luna. Se pudieron haber preguntado por qué la Luna brilla y por qué parece cambiar de forma. Probablemente se habrían sorprendido al saber que la Luna no emite luz. A diferencia del Sol, la Luna es un objeto sólido que no emite su propia luz. Solo puedes ver la Luna porque la luz del sol se refleja desde la Luna hacia los ojos. Algunos datos acerca de la Luna, como su masa, tamaño y distancia de la Tierra, se muestran en la **Tabla 1**.

FOLDABLES

Usa dos hojas de papel para hacer un boletín compaginado. Úsalo para organizar información sobre el ciclo lunar. Cada página del boletín debe representar una semana del ciclo lunar.

Tabla 1 Datos de la Luna				
Masa	Diámetro	Distancia promedio de la Tierra	Duración de una rotación	Duración de una revolución
1.2% de la masa de la Tierra	27% del diámetro de la Tierra	384,000 km	27.3 días	27.3 días

Figura 9 Probablemente la Luna se formó cuando un objeto enorme colisionó con la Tierra hace 4,500 millones de años. Con el tiempo, el material expulsado de la colisión se agrupó y se convirtió en la Luna.

Concepts in Motion Animation

Un objeto del tamaño de Marte se estrella contra la Tierra semifundida hace 4,500 millones de años.

El impacto expulsa roca vaporizada al espacio. A medida que la roca se enfría, forma un anillo de partículas alrededor de la Tierra.

Las partículas se agrupan gradualmente y forman la Luna.

ORIGEN DE LAS PALABRAS

mares
del latín *mare*, que significa "mar"

Formación de la Luna

La idea más aceptada sobre la formación de la Luna es la hipótesis del gran impacto, que se muestra en la **Figura 9.** Según esta hipótesis, poco tiempo después de que la Tierra se formara hace casi 4,600 millones de años, un objeto de casi el tamaño de Marte colisionó con la Tierra. El impacto expulsó roca vaporizada que formó un anillo alrededor de la Tierra. Con el tiempo, el material en el anillo se enfrió y se agrupó, y formó la Luna.

La superficie de la Luna

La superficie de la Luna se moldeó temprano en su historia. En la **Figura 10,** se muestran ejemplos de los rasgos comunes en la superficie de la Luna.

Cráteres Los cráteres se formaron cuando los objetos del espacio se estrellaron en la Luna. Rayas de color claro, llamadas rayos, se extienden hacia fuera de algunos cráteres.

La mayoría de impactos que formaron los cráteres de la Luna ocurrieron hace más de 3,500 millones de años, mucho antes de que los dinosaurios vivieran en la Tierra. Durante este tiempo, objetos del espacio también bombardearon en exceso la Tierra. Sin embargo, en la Tierra, el viento, el agua y las placas tectónicas borraron los cráteres. La Luna no tiene atmósfera, agua ni placas tectónicas, así que los cráteres que se formaron allí hace miles de millones de años difícilmente han cambiado.

Mares *Las áreas extensas, oscuras y planas en la Luna se llaman* **mares**. Estos mares se formaron después de que la mayoría de impactos en la Luna habían cesado. Se formaron cuando la lava fluyó por la corteza lunar y se solidificó. La lava cubrió muchos cráteres y otros rasgos. Cuando esta lava se solidificó, quedó oscura y plana.

 Verificación de la lectura ¿Cómo se produjeron los mares?

Tierras altas Son de color claro y muy elevadas para que la lava formada por los mares las alcance. Las tierras altas son más antiguas que los mares y están cubiertas con cráteres.

Rasgos de la superficie de la Luna

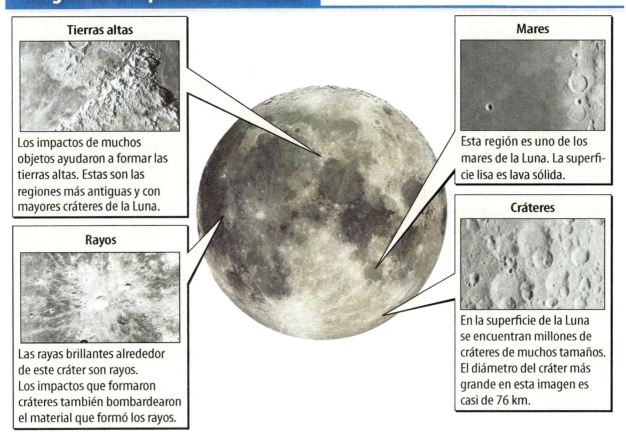

Tierras altas
Los impactos de muchos objetos ayudaron a formar las tierras altas. Estas son las regiones más antiguas y con mayores cráteres de la Luna.

Rayos
Las rayas brillantes alrededor de este cráter son rayos. Los impactos que formaron cráteres también bombardearon el material que formó los rayos.

Mares
Esta región es uno de los mares de la Luna. La superficie lisa es lava sólida.

Cráteres
En la superficie de la Luna se encuentran millones de cráteres de muchos tamaños. El diámetro del cráter más grande en esta imagen es casi de 76 km.

▲ **Figura 10** Los rasgos de la superficie de la Luna incluyen cráteres, rayos, mares y tierras altas.

Movimiento de la Luna

Mientras la Tierra da vueltas alrededor del Sol, la Luna da vueltas alrededor de la Tierra. La fuerza gravitatoria de la Tierra sobre la Luna causa que la Luna se mueva en una órbita alrededor de la Tierra. La Luna hace una revolución alrededor de la Tierra cada 27.3 días.

 Verificación de concepto clave ¿Qué produce la revolución de la Luna alrededor de la Tierra?

La Luna también rota a medida que da vueltas alrededor de la Tierra. Una rotación completa de la Luna también toma 27.3 días. Esto significa que la Luna hace una rotación en la misma cantidad de tiempo que hace una revolución alrededor de la Tierra. La **Figura 11** muestra que, debido a que la Luna hace una rotación por cada revolución de la Tierra, el mismo lado de la Luna siempre mira a la Tierra. Este lado de la Luna se llama la cara visible. El lado de la Luna que no se ve desde la Tierra se llama la cara oculta de la Luna.

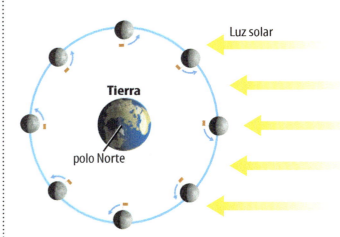

▲ **Figura 11** La Luna rota una vez en su eje y da una vuelta alrededor de la Tierra en la misma cantidad de tiempo. Como resultado, el mismo lado de la Luna siempre mira a la Tierra.

Lección 2
EXPLICAR

MiniLab   10 minutos

¿Cómo puede rotar la Luna si el mismo lado de la Luna está siempre mirando a la Tierra?

La Luna da vueltas alrededor de la Tierra. ¿Rota también la Luna a medida que da vueltas alrededor de la Tierra?

1. Elige un compañero. Una persona representa la Luna y la otra la Tierra.
2. Mientras la Tierra está quieta, la Luna se mueve lentamente alrededor de ella, siempre mirando la misma pared.
3. Luego, la Luna se mueve alrededor de la Tierra, siempre mirando a la Tierra.

Analizar y concluir

1. ¿Qué movimiento hace la Luna mientras rota?
2. Para cada tipo de movimiento, ¿cuántas veces rotó la Luna durante una revolución alrededor de la Tierra?
3. **Concepto clave** ¿Cómo rota en realidad la Luna si el mismo lado de la Luna siempre está mirando a la Tierra?

USO CIENTÍFICO Y USO COMÚN

fase

Uso científico cómo la Luna o un planeta están iluminados, vistos desde la Tierra

Uso común parte de algo o etapa de desarrollo

Fases de la Luna

El Sol siempre brilla en la mitad de la Luna, así como el Sol siempre brilla en la mitad de la Tierra. Sin embargo, a medida que la Luna se mueve alrededor de la Tierra, generalmente solo una parte de la cara visible de la Luna está iluminada. *La parte iluminada de la Luna o de un planeta que se ve desde la Tierra se llama* **fase**. Como se muestra en la **Figura 12**, el movimiento de la Luna alrededor de la Tierra causa que la fase de la Luna cambie. La secuencia de las fases es el ciclo lunar. Un ciclo lunar toma 29.5 días o poco más de cuatro semanas para completarse.

Verificación de concepto clave
¿Qué produce las fases de la Luna?

Fases crecientes

Durante las **fases crecientes**, *más área de la cara visible de la Luna está iluminada cada noche*.

Semana 1: Cuarto creciente Cuando el ciclo lunar comienza, se puede ver una franja de luz en el borde oeste de la Luna. La parte iluminada se vuelve gradualmente más grande. Hacia el final de la primera semana, la Luna está en la fase de cuarto creciente. En esta fase, toda la mitad oeste de la Luna está iluminada.

Semana 2: Luna llena Durante la segunda semana, más y más de la cara visible se ilumina. Cuando la cara visible de la Luna está completamente iluminada, está en la fase de luna llena.

Fases menguantes

Durante las **fases menguantes**, *menos área de la cara visible de la Luna está iluminada cada noche*. Vista desde la Tierra, la parte iluminada está ahora en el lado este de la Luna.

Semana 3: Cuarto menguante Durante esta semana, la parte iluminada de la Luna se vuelve más pequeña, hasta que solo la mitad este de la Luna está iluminada. Esta es la fase de cuarto menguante.

Semana 4: Luna nueva Durante esta semana, cada vez menos de la cara visible de la Luna está iluminada. Cuando la cara visible de la Luna está completamente oscura, está en la fase de luna nueva.

El ciclo lunar 🔑

Concepts in Motion — Animation

Figura 12 A medida que la Luna da vueltas alrededor de la Tierra, la parte de la cara visible de la Luna que está iluminada cambia. La siguiente figura muestra cómo se vería la Luna en diferentes lugares de su órbita.

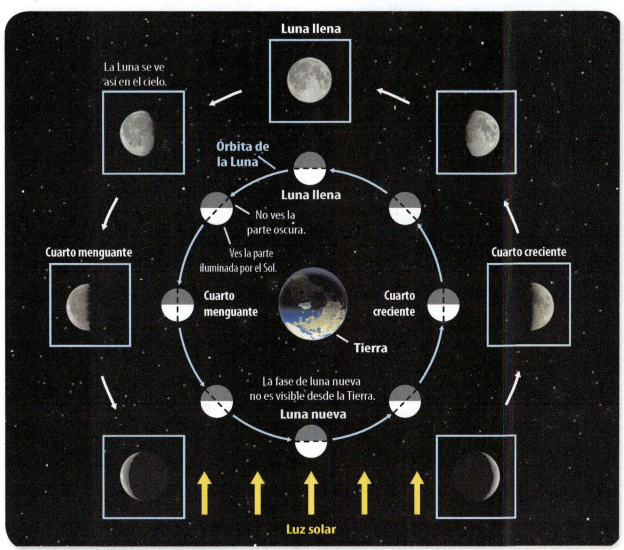

La Luna a medianoche

El movimiento de la Luna alrededor de la Tierra causa que la Luna se eleve, en promedio, casi 50 minutos más tarde cada día. La siguiente figura muestra cómo se ve la Luna a la medianoche durante tres fases del ciclo lunar.

Cuarto creciente — A la medianoche, la luna de cuarto creciente se pone. Se eleva durante el día casi al mediodía.

Luna llena — La luna llena está más alta en el cielo casi a la medianoche. Se eleva al atardecer y se pone al amanecer.

Cuarto menguante — La luna de cuarto menguante se eleva casi a la medianoche, casi seis horas más tarde de lo que se eleva la luna llena.

Lección 2
EXPLICAR

Repaso de la Lección 2

Resumen visual

De acuerdo con la hipótesis del gran impacto, un objeto enorme colisionó con la Tierra hace casi 4,600 millones de años para formar la Luna.

Rasgos como los mares, los cráteres y las tierras altas se formaron en la superficie de la Luna temprano en su historia.

Las fases de la Luna cambian en un patrón regular durante el ciclo lunar.

FOLDABLES

Usa tu modelo de papel para repasar la lección. Guarda tu modelo para el proyecto de final de capítulo.

¿Qué opinas AHORA?

Al inicio de este capítulo leíste las siguientes afirmaciones.

3. La Luna fue una vez un planeta que orbitaba el Sol entre la Tierra y Marte.

4. La sombra de la Tierra causa el cambio de apariencia de la Luna.

¿Sigues estando de acuerdo o en desacuerdo con las afirmaciones? Reescribe las afirmaciones falsas para hacerlas verdaderas.

Usar vocabulario

1. La parte iluminada de la Luna como se ve desde la Tierra es un(a) _____.

2. Para la primera mitad del ciclo lunar, la parte iluminada de la cara visible de la Luna está _____.

3. Para la segunda mitad del ciclo lunar, la parte iluminada de la cara visible de la Luna está _____.

Entender conceptos clave

4. ¿Cuál fase ocurre cuando la Luna está entre el Sol y la Tierra?
   A. cuarto creciente   C. luna nueva
   B. luna llena   D. cuarto menguante

5. **Razona** ¿Por qué la Luna tiene fases?

Interpretar gráficas

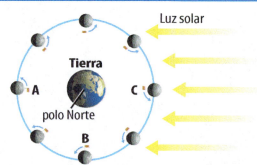

6. **Dibuja** cómo se ve la Luna desde la Tierra cuando está en las posiciones A, B y C en el diagrama anterior.

7. **Organiza información** Copia y llena la siguiente tabla con detalles sobre la superficie lunar.

Cráter	
Rayo	
Mares	
Tierras altas	

Pensamiento crítico

8. **Reflexiona** Imagina que la Luna rota dos veces en la misma cantidad de tiempo en que la Luna orbita la Tierra una vez. ¿Podrías ver la cara oculta de la Luna desde la Tierra?

Regreso a la Luna

Los astronautas se preparan para vivir y trabajar en la Luna y aprender más acerca de nuestro sistema solar.

"Es un paso pequeño para un hombre, pero un salto gigantesco para la humanidad" afirmó Neil Armstrong luego de pisar la Luna en 1969. Cuarenta años después, la NASA se prepara para enviar seres humanos de regreso a la Luna.

De 1961 a 1975, los Estados Unidos emprendieron una serie de misiones espaciales tripuladas por seres humanos que se conocieron como Programa Apolo. La meta del programa era aterrizar seres humanos en la Luna y traerlos seguros de regreso a la Tierra. Seis de la misiones lograron esta meta. El Programa Apolo fue un éxito enorme, pero solo era el comienzo.

La NASA lanzó un programa espacial que tiene una nueva meta: llevar astronautas de regreso a la Luna para que vivan y trabajen. Sin embargo, antes de que eso pase, los científicos necesitan saber más acerca de las condiciones en la Luna y qué materiales hay disponibles allí.

Recolectar información es el primer paso. En 2009, la NASA lanzó el *Lunar Reconnaissance Orbiter* (LRO). El LRO pasará un año orbitando los dos polos de la Luna. Recolectará información detallada que los científicos usarán para hacer mapas de los rasgos y los recursos de la Luna. Estos mapas ayudarán a los científicos a diseñar una base lunar.

Una de las tareas del LRO será buscar agua. Aunque los astronautas pueden llevar agua a la Luna, no pueden llevar suficiente para periodos largos. Hace miles de millones de años, se formaron cráteres profundos en la Luna cuando cometas y asteroides la golpearon. Algunos científicos predicen que estos cráteres profundos contienen agua congelada. El agua ha permanecido congelada porque no se ha expuesto a la luz y calor del sol. Esta misión probará estas predicciones.

La NASA planea tener de nuevo seres humanos en la Luna para 2020. ¡Esto significa que un día tú podrías ayudar a construir y operar una base lunar!

CIENCIA Y SOCIEDAD

PROGRAMA ESPACIAL Apolo

El Programa Espacial Apolo incluyó 17 misiones. Te presentamos aquí algunos hechos clave:

Enero 27 de 1967
Apollo 1 Los tres astronautas murieron en un incendio a bordo durante una simulación de lanzamiento del primer vuelo tripulado a la Luna.

Diciembre 21 a 27 de 1968
Apollo 8 La primera nave espacial con hombres orbita la Luna.

Julio 16 a 24 de 1969
Apollo 11 Los primeros seres humanos, Neil Armstrong y Buzz Aldrin, caminaron en la Luna.

Julio de 1971
Apollo 15 Los astronautas conducen el primer explorador en la Luna.

Diciembre 7 a 19 de 1972
Apollo 17 La primera fase de la exploración humana de la Luna finalizó con esta última misión de aterrizaje lunar.

Te toca a ti

LLUVIA DE IDEAS En grupo, realiza una lluvia de ideas de las diferentes ocupaciones que se necesitarían para operar con éxito una base en la Luna. Comenta las tareas que una persona desempeñaría en cada ocupación.

Lección 2
EXTENDER

Lección 3

Guía de lectura

Conceptos clave 🗝
PREGUNTAS IMPORTANTES

- ¿Qué es un eclipse solar?
- ¿Qué es un eclipse lunar?
- ¿Cómo la Luna y el Sol afectan los océanos de la Tierra?

Vocabulario
umbra pág. 743
penumbra pág. 743
eclipse solar pág. 744
eclipse lunar pág. 746
marea pág. 747

 Multilingual eGlossary

 Video

- BrainPOP®
- Science Video

Eclipses y mareas

Investigación ¿Qué es esta mancha oscura?

Los astronautas tomaron esta foto a bordo de la estación espacial orbital *Mir*. Un eclipse causó la sombra que ves. ¿Sabes qué clase de eclipse?

742 Capítulo 20
EMPRENDER

Laboratorio de inicio

10 minutos

¿Cómo cambian las sombras?

Cuando un objeto bloquea una fuente de luz, puedes ver una sombra. ¿Qué le sucede a la sombra del objeto cuando este se mueve?

1. Lee y completa un formulario de seguridad en el laboratorio.
2. Selecciona un **objeto** de los que tu profesor te suministrará.
3. Ilumina el objeto con una **linterna**, proyectando su sombra en la pared.
4. Mientras mantienes la linterna en la misma posición, acerca el objeto a la pared, alejado de la luz. Luego, acerca el objeto a la luz. Registra tus observaciones en el diario de ciencias.

Piensa

1. Compara y contrasta las sombras formadas en cada situación. ¿Tenían partes oscuras y partes claras? ¿Cambiaron estas partes?
2. **Concepto clave** Imagina que miras la linterna desde atrás del objeto, buscando las partes más oscuras y más claras de la sombra del objeto. ¿Qué parte de la linterna puedes ver desde cada lugar?

Sombras: la umbra y la penumbra

Una sombra se forma cuando un objeto bloquea la luz que otro objeto emite o refleja. Cuando un árbol bloquea la luz del sol, proyecta una sombra. Si quieres pararte en la sombra de un árbol, este debe estar en línea entre el Sol y tú.

Si sales en un día soleado y miras con atención una sombra en el suelo, puedes notar que los bordes de la sombra no son tan oscuros como el resto de la sombra. La luz del sol y otras fuentes amplias proyectan sombras con dos partes distintas, como se muestra en la **Figura 13**. *La* **umbra** *es la parte central más oscura de una sombra donde la luz está totalmente bloqueada.* *La* **penumbra** *es la parte más clara de una sombra donde la luz está bloqueada parcialmente.* Si te pararas en la penumbra de un objeto, podrías ver solo una parte de la fuente de luz. Si te pararas en la umbra de un objeto, no podrías ver nada de la fuente de luz.

ORIGEN DE LAS PALABRAS

penumbra del latín *paene*, que significa "casi", y *umbra*, que significa "oscuridad, sombra"

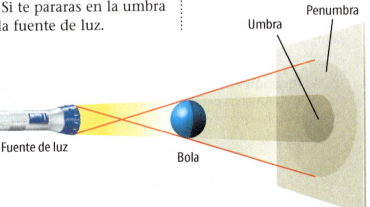

Figura 13 La sombra que una fuente amplia de luz proyecta tiene dos partes: la umbra y la penumbra. La fuente de luz no se puede ver desde la umbra. La fuente de luz se puede ver parcialmente desde la penumbra.

Lección 3 EXPLORAR

Investigación MiniLab 10 minutos

¿Cómo es la sombra de la Luna?
Al igual que toda sombra que proyecta una fuente de luz amplia, la sombra de la Luna tiene dos partes.

1. Lee y completa un formulario de seguridad en el laboratorio.
2. Trabajando con un compañero, usa un **lápiz** para unir dos **bolas de poliestireno.** Una bola debe ser de un cuarto del tamaño de la otra.
3. Mientras una persona sostiene las bolas, la otra se debe parar a 1 m para iluminar las bolas con una **linterna** o una **lámpara de escritorio.** Las bolas y la luz deben estar en línea directa, la más pequeña debe estar más cerca de la luz.
4. Dibuja y describe tus observaciones en el diario de ciencias.

Analizar y concluir

1. **Concepto clave** Explica la relación entre los dos tipos de sombras y los eclipses solares.

Eclipses solares

A medida que el Sol brilla sobre la Luna, esta proyecta una sombra que se extiende hacia el espacio. Algunas veces, la Luna pasa entre la Tierra y el Sol. Esto solo puede suceder durante la fase de luna nueva. Cuando la Tierra, la Luna y el Sol se alinean, la Luna proyecta una sombra sobre la superficie de la Tierra, como se muestra en la **Figura 14.** Puedes ver la sombra de la Luna en la foto al comienzo de esta lección. *Cuando la sombra de la Luna se proyecta sobre la superficie de la Tierra ocurre un* **eclipse solar**.

 Verificación de concepto clave ¿Por qué un eclipse solar solo ocurre durante luna nueva?

A medida que la Tierra rota, la sombra de la Luna se mueve por la superficie de la Tierra, como se muestra en la **Figura 14.** El tipo de eclipse que ves depende de si estás en la trayectoria de la umbra o de la penumbra. Pero si estás fuera de la umbra y de la penumbra, no puedes ver el eclipse solar.

Eclipses solares totales
Solo puedes ver un eclipse solar total si estás en la umbra de la Luna. Durante un eclipse solar total, parece que la Luna cubre el Sol completamente, como se muestra en la **Figura 15,** en la página siguiente. Entonces, el cielo se oscurece lo suficiente para que puedas ver las estrellas. Un eclipse total de Sol no dura más de 7 minutos aproximadamente.

Eclipse solar

Figura 14 Un eclipse solar ocurre solo cuando la Luna se ubica directamente entre la Tierra y el Sol. Entonces, la sombra de la Luna se mueve por la superficie de la Tierra.

Verificación visual ¿Por qué una persona en América del Norte no vería el eclipse solar que se muestra aquí?

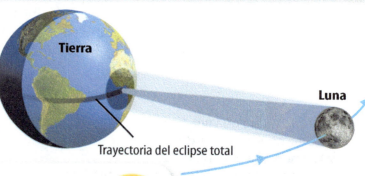

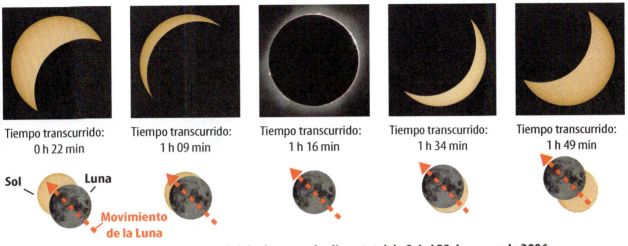

El cambio de apariencia del Sol durante el eclipse total de Sol el 29 de marzo de 2006

Tiempo transcurrido: 0 h 22 min
Tiempo transcurrido: 1 h 09 min
Tiempo transcurrido: 1 h 16 min
Tiempo transcurrido: 1 h 34 min
Tiempo transcurrido: 1 h 49 min

Sol — Luna — Movimiento de la Luna

El movimiento de la Luna en el cielo durante el eclipse total de Sol el 29 de marzo de 2006

Eclipses solares parciales

Aunque solo es posible ver un eclipse solar total desde la umbra de la Luna, puedes ver un eclipse solar parcial desde la penumbra mucho más extensa de la Luna. Las etapas de un eclipse solar parcial son similares a las etapas de un eclipse solar total, excepto por que la Luna nunca cubre completamente el Sol.

¿Por qué los eclipses solares no ocurren cada mes?

Los eclipses solares solo pueden ocurrir durante la luna nueva, cuando la Tierra y el Sol están en los lados opuestos de la Luna. Sin embargo, los eclipses solares no ocurren durante cada fase de luna nueva. La **Figura 16** muestra por qué. La órbita de la Luna está ligeramente inclinada en comparación con la órbita de la Tierra. Como resultado, durante la mayoría de lunas nuevas, la Tierra está por encima o por debajo de la sombra de la Luna. Sin embargo, a veces, la Luna está alineada entre el Sol y la Tierra. Entonces, la sombra de la Luna pasa sobre la Tierra y ocurre un eclipse solar.

Figura 15 Esta secuencia fotográfica muestra cómo cambió la apariencia del Sol durante un eclipse solar total en 2006.

Verificación visual
¿Cuánto tiempo transcurrió desde el inicio hasta el final de esta secuencia?

Figura 16 Un eclipse solar ocurre solo cuando la Luna cruza la órbita de la Tierra y está en línea recta entre la Tierra y el Sol.

La órbita inclinada de la Luna

Concepts in Motion · Animation

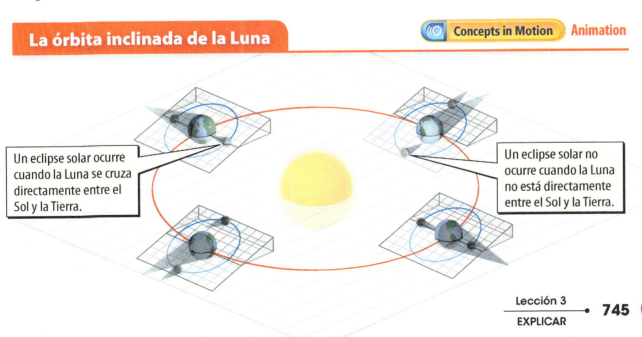

Un eclipse solar ocurre cuando la Luna se cruza directamente entre el Sol y la Tierra.

Un eclipse solar no ocurre cuando la Luna no está directamente entre el Sol y la Tierra.

Lección 3
EXPLICAR

Eclipse lunar 🔑

Figura 17 Un eclipse lunar ocurre cuando la Luna pasa por la sombra de la Tierra.

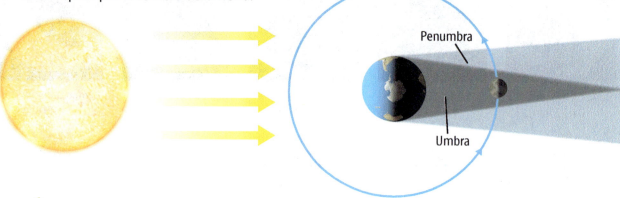

✅ **Verificación visual** ¿Por qué más gente podría ver un eclipse lunar que un eclipse solar?

Eclipses lunares

Al igual que la Luna, la Tierra proyecta una sombra al espacio. A medida que la Luna da vueltas alrededor de la Tierra, pasa algunas veces por la sombra de la Tierra, como se muestra en la **Figura 17**. Un **eclipse lunar** ocurre cuando la Luna pasa por la zona de sombra de la Tierra. Entonces, la Tierra está en línea entre el Sol y la Luna. Esto significa que un eclipse lunar solo puede ocurrir durante la fase de luna llena.

Al igual que la sombra de la Luna, la sombra de la Tierra tiene una umbra y una penumbra. Diferentes tipos de eclipses lunares ocurren dependiendo de por cuál parte de la sombra de la Tierra pase la Luna. A diferencia de los eclipses solares, puedes ver un eclipse lunar desde cualquier lugar en el lado de la Tierra que mira a la Luna.

 Verificación de concepto clave ¿Cuándo puede ocurrir un eclipse lunar?

Eclipses lunares totales

Cuando la Luna completa pasa por la umbra de la Tierra, ocurre un eclipse lunar total. La **Figura 18** en la página siguiente muestra cómo cambia la apariencia de la Luna durante un eclipse lunar total. La apariencia de la Luna cambia a medida que entra gradualmente en la penumbra de la Tierra, luego en su umbra, de nuevo en la penumbra y luego sale por completo de la sombra de la Tierra.

Puedes ver la Luna incluso cuando está completamente dentro de la umbra de la Tierra. Aunque la Tierra bloquea la mayoría de los rayos del sol, la atmósfera terrestre desvía algo de luz solar hacia la umbra de la Tierra. Por esta razón, puedes ver con frecuencia la parte no iluminada de la Luna en una noche clara. Los astrónomos a menudo llaman esto el brillo de la Tierra. Esta luz reflejada tiene un color rojizo que le da a la Luna un tinte rojizo durante un eclipse lunar total.

FOLDABLES

Con una hoja de cuaderno haz un boletín con dos solapas. Rotula las solapas *Eclipse solar* y *Eclipse lunar*. Úsalo para organizar tus notas sobre los eclipses.

Figura 18 Si toda la Luna pasa por la umbra de la Tierra, la Luna gradualmente se oscurece hasta que una sombra oscura la cubre por completo.

✓ **Verificación visual** ¿Cuál sería la diferencia entre un eclipse lunar total y un eclipse solar total?

Eclipses lunares parciales

Cuando solo una parte de la Luna pasa por la umbra de la Tierra, ocurre un eclipse lunar parcial. Las etapas de un eclipse lunar parcial son similares a aquellas de un eclipse lunar total, que se muestra en la **Figura 18,** excepto que la Luna nunca está completamente cubierta por la umbra de la Tierra. La parte de la Luna en la penumbra de la Tierra aparece solo ligeramente más oscura, mientras que la parte de la Luna en la umbra de la Tierra aparece mucho más oscura.

¿Por qué los eclipses lunares no ocurren cada mes?

Los eclipses lunares solo pueden ocurrir durante la fase de luna llena, cuando la Luna y el Sol están en los lados opuestos de la Tierra. Sin embargo, los eclipses lunares no ocurren durante cada luna llena debido a la inclinación de la órbita de la Luna con respecto a la órbita de la Tierra. Durante la mayoría de lunas llenas, la Luna está ligeramente por encima o por debajo de la penumbra de la Tierra.

Mareas

Las posiciones de la Luna y el Sol también afectan los océanos de la Tierra. Si has pasado tiempo cerca de un océano, habrás visto cómo la altura del océano, o nivel del mar, asciende y desciende dos veces cada día. *Una* **marea** *es el ascenso y descenso diario del nivel del mar.* En la **Figura 19** se muestran ejemplos de mareas. La gravedad de la Luna es fundamentalmente la que causa que los océanos de la Tierra asciendan y desciendan dos veces cada día.

Figura 19 En la Bahía Fundy, las mareas altas pueden tener 10 m más de altura que las mareas bajas.

Figura 20 🔑 En esta vista hacia abajo en el polo Norte de la Tierra, la bandera se mueve en un abultamiento de marea a medida que la Tierra rota. Un área costera tiene una marea alta aproximadamente una vez cada 12 horas.

Efecto de la Luna sobre las mareas de la Tierra

La diferencia en la fuerza de gravedad de la Luna en los lados opuestos de la Tierra causa las mareas de la Tierra. La gravedad de la Luna es ligeramente más fuerte en el lado de la Tierra más cercano a la Luna y ligeramente más débil en el lado de la Tierra opuesto a la Luna. Estas diferencias causan abultamientos de mareas en los océanos en los lados opuestos de la Tierra, como se muestra en la **Figura 20.** Las mareas altas ocurren en los abultamientos de mareas y las mareas bajas entre ellas.

Efecto del Sol sobre las mareas de la Tierra

Debido a que el Sol está muy alejado de la Tierra, su efecto sobre las mareas es casi la mitad del efecto de la Luna. La **Figura 21** muestra cómo las posiciones del Sol y de la Luna afectan las mareas de la Tierra.

Mareas vivas Durante las fases de luna llena y luna nueva, ocurren las mareas vivas. Esto es cuando los efectos gravitatorios del Sol y de la Luna se combinan y producen mareas altas más altas y mareas bajas más bajas.

Figura 21 Una marea viva ocurre cuando el Sol, la Tierra y la Luna están alineados. Una marea muerta ocurre cuando el Sol y la Luna forman un ángulo recto con la Tierra.

Mareas muertas Una semana después de una marea viva, ocurre una marea muerta. Entonces, el Sol, la Tierra y la Luna forman un ángulo recto. Cuando esto sucede, el efecto del Sol sobre las mareas reduce el efecto de la Luna. En las mareas muertas, las mareas altas son más bajas y las mareas bajas son más altas.

 Verificación de concepto clave ¿Por qué el efecto del Sol sobre las mareas es menor que el efecto de la Luna?

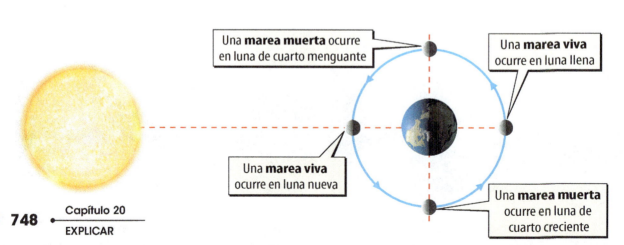

Repaso de la Lección 3

Assessment — Online Quiz

Resumen visual

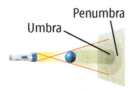

Las sombras de una fuente de luz amplia tienen dos partes distintas.

La sombra de la Luna produce eclipses solares. La sombra de la Tierra produce eclipses lunares.

Las posiciones de la Luna y del Sol en relación con la Tierra causan diferencias gravitatorias que producen mareas.

FOLDABLES

Usa tu modelo de papel para repasar la lección. Guarda tu modelo para el proyecto de final de capítulo.

¿Qué opinas AHORA?

Al inicio de este capítulo leíste las siguientes afirmaciones.

5. Un eclipse solar sucede cuando la Tierra pasa entre la Luna y el Sol.

6. La fuerza gravitatoria de la Luna y el Sol sobre los océanos de la Tierra causa mareas.

¿Sigues estando de acuerdo o en desacuerdo con las afirmaciones? Reescribe las afirmaciones falsas para hacerlas verdaderas.

Usar vocabulario

1. **Distingue** entre umbra y penumbra.
2. **Usa el término** *marea* en una oración.
3. La Luna se vuelve de color rojizo durante un eclipse _____ total.

Entender conceptos clave

4. **Resume** el efecto del Sol sobre las mareas de la Tierra.
5. **Ilustra** la posición del Sol, la Tierra y la Luna durante un eclipse solar y durante un eclipse lunar.
6. **Contrasta** un eclipse lunar total con un eclipse lunar parcial.
7. ¿Cuál opción podría ocurrir durante un eclipse solar total?
   A. luna de cuarto creciente
   B. luna llena
   C. marea muerta
   D. marea viva

Interpretar gráficas

8. **Concluye** ¿Qué tipo de eclipse ilustra la figura anterior?
9. **Categoriza información** Copia y llena el siguiente organizador gráfico para identificar dos cuerpos que afectan las mareas de la Tierra.

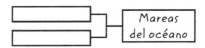

Pensamiento crítico

10. **Redacta** una historia corta acerca de una persona que pasa mucho tiempo viendo un eclipse solar total.
11. **Investiga** las formas de ver con seguridad un eclipse solar total. Resume aquí tus hallazgos.

Lección 3
EVALUAR — 749

Investigación Laboratorio

35 minutos

Las fases de la Luna

Materiales

bola de poliestireno

lápiz

lámpara

taburete

Seguridad

La Luna parece ligeramente diferente cada noche de su ciclo lunar de 29.5 días. La apariencia de la Luna cambia a medida que la Tierra y la Luna se mueven. Dependiendo de dónde esté la Luna en relación con la Tierra y el Sol, los observadores en la Tierra solo ven parte de la luz que la Luna refleja del Sol.

Preguntar
¿Cómo las posiciones del Sol, la Luna y la Tierra causan las fases de la Luna?

Procedimiento

1. Lee y completa un formulario de seguridad en el laboratorio.

2. Sostén una bola de poliestireno que represente la Luna. Haz un mango para la bola insertando un lápiz de casi dos pulgadas dentro de ella. Tu compañero representará a un observador en la Tierra. Pídele que se siente en un taburete y que registre las observaciones durante la actividad.

3. Pon una lámpara en un escritorio o sobre una superficie plana. Retira la pantalla de la lámpara. La lámpara representa el Sol.

4. Enciende la lámpara y apaga las luces de la habitación.
⚠ *No toques el foco ni lo mires directamente después de haber encendido la lámpara.*

5. Ubica el taburete del observador de la Tierra a casi 1 m del Sol. Ubica la Luna de 0.5 a 1 m del observador, de tal manera que el Sol, la Tierra y la Luna estén en línea. El estudiante que sostiene la Luna, lo hace de tal manera que quede completamente iluminada en una mitad. El observador registra la fase y cómo se ve en una tabla de datos.

6. Mueve la Luna en dirección de las agujas del reloj casi un octavo del trayecto de su "órbita" de la Tierra. El observador gira en el taburete para mirar a la Luna y registra la fase.

7. Continúa con la órbita de la Luna hasta que el observador de la Tierra haya registrado todas las fases de la Luna.

8. Regresen a sus posiciones como Luna y observador de la Tierra. Elige una parte en la órbita de la Luna que no representaste. Predice cómo se vería la Luna en esa posición y verifica si tu predicción es correcta.

Analizar y concluir

9. **Explica** Usa tus observaciones para explicar cómo las posiciones del Sol, la Luna y la Tierra producen las diferentes fases de la Luna.

10. **La gran idea** ¿Por qué la mitad de la Luna siempre está iluminada? ¿Por qué generalmente solo ves parte de la mitad iluminada de la Luna?

11. **Saca conclusiones** Con base en tus observaciones, ¿por qué la Luna no es visible desde la Tierra durante la fase de luna nueva?

12. **Resume** ¿Cuáles partes de tu modelo eran fases crecientes? ¿Cuáles partes eran fases menguantes?

13. **Piensa críticamente** ¿Durante qué fases de la Luna pueden ocurrir los eclipses? Explica.

Sugerencias para el laboratorio

- ☑ Asegúrate de que la cabeza del observador no proyecte una sombra sobre la Luna.
- ☑ El estudiante que sostiene la Luna debe sujetar el lápiz de tal manera que él o ella siempre se pare en el lado no iluminado de la Luna.

Comunicar resultados

Haz un cartel de los resultados de tu laboratorio. Ilustra varias posiciones del Sol, la Luna y la Tierra y dibuja la fase de la Luna para cada una. Incluye una afirmación de tu hipótesis en el cartel.

Investigación · Ir más allá

La Luna no es el único objeto en el cielo que tiene fases cuando se ve desde la Tierra. Los planetas Venus y Mercurio también tienen fases. Investiga las fases de estos planetas y haz un calendario que muestre cuándo ocurren las varias fases de Venus y Mercurio.

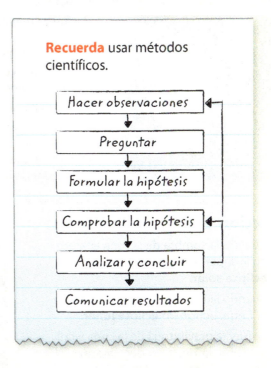

Recuerda usar métodos científicos.

- Hacer observaciones
- Preguntar
- Formular la hipótesis
- Comprobar la hipótesis
- Analizar y concluir
- Comunicar resultados

Guía de estudio del Capítulo 20

LA GRAN IDEA El movimiento de la Tierra alrededor del Sol causa las estaciones. El movimiento de la Luna alrededor de la Tierra causa las fases de la Luna. Los movimientos de la Tierra y de la Luna causan juntos los eclipses y las mareas de los océanos.

Resumen de conceptos clave

Lección 1: Movimiento de la Tierra

- La fuerza gravitatoria del Sol sobre la Tierra causa que la Tierra dé vueltas alrededor del Sol en una **órbita** casi circular.
- Las áreas en la superficie curva de la Tierra se inclinan más con respecto a la dirección de la luz solar cuanto más lejos estés del ecuador. Esto causa que la luz solar se disperse más cerca de los polos, haciendo que la Tierra sea más fría en esa zona y más caliente en el ecuador.
- A medida que la Tierra da vueltas alrededor del Sol, la inclinación del **eje de rotación** produce cambios en la forma en que la luz solar se dispersa sobre la superficie de la Tierra. Estos cambios en la concentración de luz solar causan las estaciones.

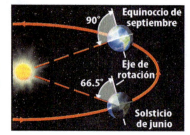

Vocabulario

órbita pág. 726
revolución pág. 726
rotación pág. 727
eje de rotación pág. 727
solsticio pág. 731
equinoccio pág. 731

Lección 2: La Luna de la Tierra

- La fuerza gravitatoria de la Tierra sobre la Luna hace que la Luna dé vueltas alrededor de la Tierra. La Luna rota una vez a medida que hace una órbita completa alrededor de la Tierra.
- La parte iluminada de la Luna que puedes ver desde la Tierra, la **fase** de la Luna, cambia durante el ciclo lunar a medida que ella da vueltas alrededor de la Tierra.

mares pág. 736
fase pág. 738
fase creciente pág. 738
fase menguante pág. 738

Lección 3: Eclipses y mareas

- Cuando la sombra de la Luna aparece en la superficie de la Tierra, ocurre un **eclipse solar.**
- Cuando la Luna entra en la sombra de la Tierra, ocurre un **eclipse lunar.**
- La fuerza gravitatoria de la Luna y del Sol sobre la Tierra produce **mareas,** el ascenso y descenso del nivel del mar que ocurre dos veces cada día.

umbra pág. 743
penumbra pág. 743
eclipse solar pág. 744
eclipse lunar pág. 746
marea pág. 747

Guía de estudio

Review
- Personal Tutor
- Vocabulary eGames
- Vocabulary eFlashcards

FOLDABLES Proyecto del capítulo

Organiza tus modelos de papel como se muestra, para hacer un proyecto de capítulo. Usa el proyecto para repasar lo que aprendiste en este capítulo.

Usar vocabulario

Diferencia los términos en cada uno de los siguientes pares.

1. revolución, órbita
2. rotación, eje de rotación
3. solsticio, equinoccio
4. fases crecientes, fases menguantes
5. umbra, penumbra
6. eclipse solar, eclipse lunar
7. marea, fase

Relacionar vocabulario y conceptos clave 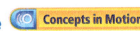 Interactive Concept Map

Copia este mapa conceptual y luego usa términos de vocabulario de la página anterior para completarlo.

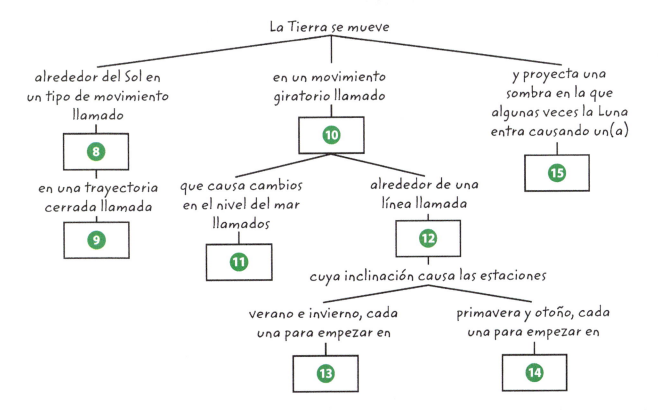

Guía de estudio del Capítulo 20 • **753**

Repaso del Capítulo 20

Entender conceptos clave

1 ¿Cuál propiedad del Sol afecta más la fuerza de la atracción gravitatoria entre el Sol y la Tierra?
   A. masa
   B. radio
   C. forma
   D. temperatura

2 ¿Qué sería diferente si la Tierra rotara de este a oeste pero a la misma velocidad?
   A. la cantidad de energía que llega a la Tierra
   B. los días en que los solsticios ocurren
   C. la dirección del movimiento aparente del Sol por el cielo
   D. el número de horas en un día

3 En la siguiente imagen, ¿cuál estación está experimentando el hemisferio norte?

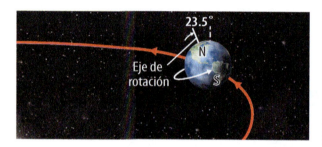

   A. otoño
   B. primavera
   C. verano
   D. invierno

4 ¿Qué explica mejor por qué la Tierra es más fría en los polos que en el ecuador?
   A. La Tierra está más alejada del Sol en los polos que en el ecuador.
   B. La órbita de la Tierra no es un círculo perfecto.
   C. El eje de rotación de la Tierra está inclinado.
   D. La superficie de la Tierra está más inclinada en los polos que en el ecuador.

5 ¿En qué se parecen las revoluciones de la Luna y de la Tierra?
   A. Las dos las produce la gravedad.
   B. Las dos son revoluciones alrededor del Sol.
   C. Las dos órbitas son del mismo tamaño.
   D. Duran lo mismo.

6 ¿Cuál fase lunar ocurre casi una semana después de una luna nueva?
   A. otra luna nueva
   B. luna de cuarto creciente
   C. luna llena
   D. luna de cuarto menguante

7 ¿Por qué el mismo lado de la Luna es siempre visible desde la Tierra?
   A. La Luna no da vueltas alrededor de la Tierra.
   B. La Luna no rota.
   C. La Luna hace exactamente una rotación por cada revolución alrededor de la Tierra.
   D. El eje de rotación de la Luna no está inclinado.

8 ¿Con qué frecuencia aproximada ocurren las mareas vivas?
   A. una vez cada mes
   B. una vez cada año
   C. dos veces cada mes
   D. dos veces cada año

9 Si un área costera tiene una marea alta a las 7:00 a.m., ¿a qué hora aproximadamente ocurrirá la siguiente marea baja?
   A. 11:00 a.m.
   B. 1:00 p.m.
   C. 3:00 p.m.
   D. 7:00 p.m.

10 ¿Qué tipo de eclipse vería una persona parada en el punto X en el siguiente diagrama?

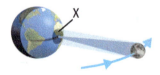

   A. eclipse lunar parcial
   B. eclipse solar parcial
   C. eclipse lunar total
   D. eclipse solar total

Repaso del capítulo

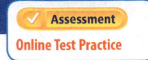

Pensamiento crítico

11 Resume las formas como se mueve la Tierra y cómo cada una afecta la Tierra.

12 Diseña un afiche que ilustre y describa la relación entre la inclinación de la Tierra y las estaciones.

13 Contrasta ¿Por qué puedes ver las fases de la Luna pero no las fases del Sol?

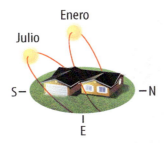

14 Interpreta gráficas La figura anterior muestra la posición del Sol en el cielo al mediodía en enero y julio. ¿La casa está ubicada en el hemisferio norte o en el hemisferio sur? Explica.

15 Ilustra Haz un diagrama de la órbita y las fases de la Luna. Incluye rótulos y explicaciones en el dibujo.

16 Diferencia entre un eclipse solar total y un eclipse solar parcial.

17 Generaliza la razón por la cual los eclipses solar y lunar no ocurren cada mes.

18 Representa Escribe y presenta una obra con varios compañeros que explique las causas y los tipos de mareas.

Escritura en Ciencias

19 Encuesta un grupo de por lo menos diez personas para determinar cuántos conocen la causa de las estaciones de la Tierra. Escribe un resumen de los resultados que incluya idea principal, detalles de apoyo y oración de conclusión.

REPASO LA GRAN IDEA

20 En el polo Sur, el Sol no aparece en el cielo durante seis meses del año. ¿Cuándo ocurre esto? ¿Qué sucede en el polo Norte durante estos meses? Explica por qué los polos de la Tierra reciben tan poca energía solar.

21 Un eclipse solar, que se muestra en la siguiente fotografía por intervalos, es un fenómeno que los movimientos de la Tierra y la Luna producen. ¿Qué otros fenómenos producen los movimientos de la Tierra y la Luna?

Destrezas matemáticas

Convertir unidades

22 Cuando la Luna está a 384,000 km de la Tierra, ¿a qué distancia en millas está la Luna de la Tierra?

23 Si viajas 205 millas en un tren de Washington D.C. a Nueva York, ¿cuántos kilómetros viajas en el tren?

24 La estrella más cercana diferente del Sol está a casi 40 billones de km. ¿A cuántas millas aproximadamente está la estrella más cercana diferente del Sol?

Práctica para la prueba estandarizada

Anota tus respuestas en la hoja de respuestas que te entregó el profesor o en una hoja de papel.

Selección múltiple

1 ¿Cuál es el movimiento de un objeto alrededor de otro objeto en el espacio?

   A eje

   B órbita

   C revolución

   D rotación

Usa el siguiente diagrama para responder la pregunta 2.

Tiempo 1

Tiempo 2

2 ¿Qué sucede entre los tiempos *1* y *2* en el diagrama anterior?

   A Los días se vuelven más y más cortos.

   B La estación cambia de otoño a invierno.

   C La región empieza a alejarse del Sol.

   D La región gradualmente recibe más energía solar.

3 ¿Cuántas veces es más grande el diámetro del Sol que el diámetro de la Tierra?

   A casi 10 veces más grande

   B casi 100 veces más grande

   C casi 1,000 veces más grande

   D casi 10,000 veces más grande

4 ¿Cuál diagrama ilustra la fase de cuarto menguante de la Luna?

   A

   B

   C

   D

5 ¿Cuál opción describe exactamente la posición y orientación de la Tierra durante el verano en el hemisferio norte?

   A La Tierra está en el punto más cercano al Sol.

   B Los hemisferios de la Tierra reciben cantidades iguales de energía solar.

   C El extremo norte del eje rotacional de la Tierra se inclina hacia el Sol.

   D El Sol emite una cantidad mayor de energía lumínica y calorífica.

6 ¿Cuáles son las zonas grandes y oscuras de la luna que la lava enfriada formó?

   A cráteres

   B tierras altas

   C mares

   D rayos

7 Durante un ciclo lunar, la Luna

   A completa la trayectoria de este a oeste por el cielo exactamente una vez.

   B completa la secuencia total de fases.

   C progresa solo de la fase de luna nueva a la fase de luna llena.

   D da dos vueltas alrededor de la Tierra.

Práctica para la prueba estandarizada

Usa el siguiente diagrama para responder la pregunta 8.

8 ¿Qué representa la bandera en el diagrama anterior?

  A marea alta

  B marea baja

  C marea muerta

  D marea viva

9 ¿Durante cuál fase lunar podría ocurrir un eclipse solar?

  A luna de cuarto creciente

  B luna llena

  C luna nueva

  D luna de cuarto menguante

10 ¿A través de qué pasa la Luna completa durante un eclipse lunar parcial?

  A penumbra de la Tierra

  B umbra de la Tierra

  C penumbra de la Luna

  D umbra de la Luna

Respuesta elaborada

Usa el siguiente diagrama para responder las preguntas 11 y 12.

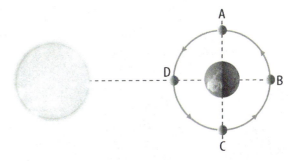

11 ¿Dónde se indican las mareas muertas en el diagrama anterior? ¿Qué ocasiona las mareas muertas? ¿Qué ocurre durante una marea muerta?

12 ¿Dónde se indican las mareas vivas en el diagrama anterior? ¿Qué ocasiona las mareas vivas? ¿Qué ocurre durante una marea viva?

13 ¿Cómo sería de diferente el clima de la Tierra si su eje de rotación no estuviera inclinado?

14 ¿Por qué solo podemos ver un lado de la Luna desde la Tierra? ¿Qué nombre recibe este lado de la Luna?

15 ¿Qué es una fase lunar? ¿En qué se diferencian las fases creciente y menguante?

16 ¿Por qué los eclipses de Sol no ocurren cada mes?

¿NECESITAS AYUDA ADICIONAL?																
Si no pudiste responder la pregunta...	1	2	3	4	5	6	7	8	9	10	11	12	13	14	15	16
Pasa a la Lección...	1	1	1	2	1	2	2	3	3	3	3	3	1	2	2	3

Capítulo 21

El sistema solar

 ¿Qué tipos de objetos hay en el sistema solar?

Investigación ¿Uno, dos o tres planetas?

Esta foto, tomada por la nave espacial *Cassini*, muestra parte de los anillos de Saturno y dos de sus lunas. Saturno es un planeta que orbita el Sol. Las lunas, la diminuta Epimeteo y la más grande Titán, orbitan Saturno. Además de planetas y lunas, en el sistema solar hay muchos otros objetos.

- ¿Cómo describirías un planeta como Saturno?
- ¿Cómo clasifican los astrónomos los objetos que descubren?
- ¿Qué tipos de objetos piensas que constituyen el sistema solar?

Prepárate para leer

¿Qué opinas?

Antes de leer, piensa si estás de acuerdo o no con las siguientes afirmaciones. A medida que leas el capítulo, decide si cambias de opinión sobre alguna de ellas.

1. Los astrónomos miden las distancias entre los objetos del espacio usando unidades astronómicas.
2. La fuerza gravitatoria mantiene los planetas en órbita alrededor del Sol.
3. La Tierra es el único planeta interior que tiene una luna.
4. Venus es el planeta más caliente del sistema solar.
5. Los planetas exteriores también son llamados gigantes gaseosos.
6. Las atmósferas de Saturno y Júpiter son principalmente vapor de agua.
7. Los asteroides y los cometas son principalmente roca y hielo.
8. Un meteoroide es un meteoro que golpea la Tierra.

Lección 1

Guía de lectura

Conceptos clave
PREGUNTAS IMPORTANTES

- ¿En qué se diferencian los planetas interiores de los exteriores?
- ¿Qué es una unidad astronómica y por qué se usa?
- ¿Cuál es la forma de la órbita de un planeta?

Vocabulario
asteroide pág. 763
cometa pág. 763
unidad astronómica pág. 764
periodo de revolución pág. 764
periodo de rotación pág. 764

 Multilingual eGlossary

 Video

- BrainPOP®
- Science Video

La estructura del sistema solar

 ¿Son estas estrellas?

¿Sabías que las estrellas fugaces en realidad no son estrellas? Los rayos brillantes son partículas pequeñas de rocas que se queman a medida que entran en la atmósfera de la Tierra. Estas partículas son parte del sistema solar y con frecuencia se asocian con los cometas.

Laboratorio de inicio

¿Cómo sabes qué unidad de distancia usar?

Puedes usar diferentes unidades para medir la distancia. Por ejemplo, podrías usar los milímetros para medir la longitud de un perno y los kilómetros para medir la distancia entre ciudades. En este laboratorio, investigarás por qué algunas unidades son más fáciles de usar que otras para hacer ciertas mediciones.

10 minutos

1. Lee y completa un formulario de seguridad en el laboratorio.
2. Usa una **regla de centímetros** para medir la longitud de un **lápiz** y el grosor de este **libro**. Anota las distancias en tu diario de ciencias.
3. Usa la regla de centímetros para medir el ancho de tu salón de clase. Luego, mide el ancho del salón con una **cinta métrica**. Anota las distancias en tu diario de ciencias.

Piensa

1. ¿Por qué los metros son más fáciles de usar que los centímetros para medir el salón de clase?
2. **Concepto clave** ¿Por qué piensas que los astrónomos podrían necesitar una unidad mayor que un kilómetro para medir las distancias en el sistema solar?

¿Qué es el sistema solar?

¿Alguna vez has pedido un deseo al ver una estrella? Si lo has hecho, puede que hayas pedido el deseo a un planeta, en vez de a una estrella. Algunas veces, como se muestra en la **Figura 1,** el primer objeto que ves parecido a una estrella en la noche no es una estrella. Es Venus, el planeta más cercano a la Tierra.

Es difícil diferenciar entre planetas y estrellas en el cielo de la noche porque todos parecen luces diminutas. Hace miles de años, los observadores notaron que algunas de estas luces diminutas se movían, pero otras no. Los antiguos griegos llamaron a estos objetos planetas, que significa "vagabundo". Ahora, los astrónomos saben que los planetas no vagan por el cielo, sino que se mueven alrededor del Sol. Este y el grupo de objetos que se mueve a su alrededor constituyen el sistema solar.

Cuando miras el cielo de la noche, algunas de las luces diminutas son parte de nuestro sistema solar. Casi todos los otros puntos de luz son estrellas y están mucho más lejanos que cualquier objeto de nuestro sistema solar. Los astrónomos han descubierto que algunas de esas estrellas también tienen planetas que se mueven alrededor de ellas.

 **Verificación de la lectura** ¿Alrededor de qué objeto se mueven los planetas en el sistema solar?

Figura 1 Cuando miras al cielo de la noche, probablemente ves estrellas y planetas. En la siguiente foto, el planeta Venus es el objeto brillante que se ve arriba de la Luna.

Objetos en el sistema solar

Los observadores de la Antigüedad vieron en el cielo nocturno muchas estrellas, pero solo cinco planetas: Mercurio, Venus, Marte, Júpiter y Saturno. La invención del telescopio en el siglo XVII llevó al descubrimiento de más planetas y muchos otros objetos espaciales.

El Sol

El objeto de mayor tamaño en el sistema solar es el Sol, una **estrella**. Su diámetro es aproximadamente 1.4 millones de km: diez veces el diámetro del planeta más grande, Júpiter. El Sol está formado en su mayor parte por hidrógeno gaseoso. Su masa conforma alrededor del 99 por ciento de la masa total del sistema solar.

Dentro del Sol, un proceso llamado fusión nuclear produce una cantidad enorme de energía. El Sol emite parte de esta energía como luz. A diario la luz del sol brilla sobre todos los planetas. Además, el Sol aplica fuerzas gravitatorias a los objetos del sistema solar. Las fuerzas gravitatorias hacen que los planetas y otros objetos se muevan alrededor, u **orbiten** el Sol.

Objetos que orbitan el Sol

Tipos diferentes de objetos orbitan el Sol. Estos objetos son planetas, planetas enanos, asteroides y cometas. A diferencia del Sol, estos objetos no emiten luz y solo reflejan la luz del sol.

Planetas Los astrónomos clasifican algunos objetos que orbitan el Sol como planetas, como se muestra en la **Figura 2**. Un objeto es un planeta solo si orbita el Sol y tiene casi forma esférica. Además, la masa de un planeta debe ser mayor que la masa total de todos los demás objetos cuyas órbitas están cerca. El sistema solar tiene ocho objetos clasificados como planetas.

 Verificación de la lectura ¿Qué es un planeta?

Uso científico y uso común

estrella

Uso científico objeto en el espacio formado por gases en el cual ocurren reacciones de fusión nuclear que emiten energía

Uso común forma que generalmente tiene cinco o seis puntas alrededor de un centro común

Repaso de vocabulario

órbita/orbitar

(nombre) trayectoria que un objeto sigue a medida que se mueve alrededor de otro objeto
(verbo) moverse alrededor de otro objeto

Figura 2 Las órbitas de los planetas interiores y exteriores se muestran a escala. El Sol y los planetas no están a escala. Los planetas exteriores son mucho más grandes que los planetas interiores.

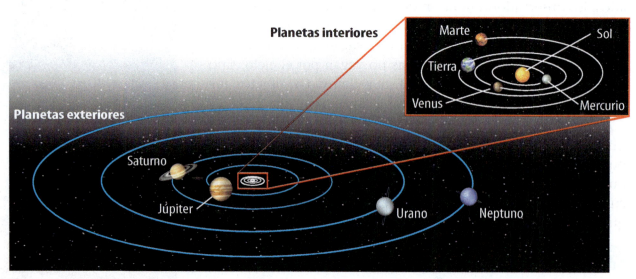

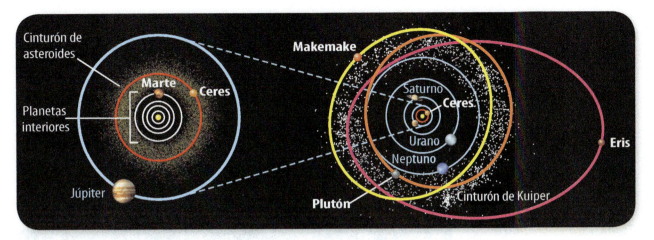

Planetas interiores y planetas exteriores Como se muestra en la **Figura 2,** los cuatro planetas más cercanos al Sol son los planetas interiores: Mercurio, Venus, Tierra y Marte. Estos planetas están formados principalmente por material rocoso sólido. Los cuatro planetas más alejados del Sol son los planetas exteriores: Júpiter, Saturno, Urano y Neptuno. Estos planetas están formados principalmente por hielo y otros gases como hidrógeno y helio. Los planetas exteriores son mucho más grandes que la Tierra y algunas veces se les llama gigantes gaseosos.

 Verificación de concepto clave Describe en qué se diferencian los planetas interiores de los planetas exteriores.

Planetas enanos Los científicos clasifican algunos objetos del sistema solar como planetas enanos. Un planeta enano es un objeto esférico que orbita el Sol. No es una luna de otro planeta y se encuentra en una región del sistema solar en donde hay muchos objetos que orbitan cerca. Pero, a diferencia de un planeta, un planeta enano no tiene más masa que los objetos que orbitan cerca. La **Figura 3** muestra la ubicación de los planetas enanos Ceres, Eris, Plutón y Makemake. Los planetas enanos están formados por roca y hielo y son mucho más pequeños que la Tierra.

Asteroides *Millones de objetos pequeños y rocosos llamados* ==asteroides== *orbitan el Sol en el cinturón de asteroides entre las órbitas de Marte y Júpiter.* El cinturón de asteroides se muestra en la **Figura 3.** Los asteroides varían en tamaño desde menos de un metro hasta varios cientos de kilómetros de longitud. A diferencia de los planetas y los planetas enanos, los asteroides, como el que se muestra en la **Figura 4,** generalmente no son esféricos.

Cometas Es probable que hayas visto una fotografía de un cometa con una cola brillante y larga. *Un* ==cometa== *está compuesto por gas, polvo y hielo y se mueve alrededor del Sol en una órbita ovalada.* Los cometas provienen de las partes exteriores del sistema solar. Podría haber 1 billón de cometas orbitando el Sol. Leerás más acerca de los cometas, los asteroides y los planetas enanos en la Lección 4.

▲ **Figura 3** Ceres, un planeta enano, orbita el Sol como lo hacen los planetas. La órbita de Ceres está en el cinturón de asteroides entre Marte y Júpiter.

Verificación visual
¿Cuál planeta enano está más alejado del Sol?

Concepts in Motion
Animation

ORIGEN DE LAS PALABRAS
asteroide
del griego *asteroeides*, que significa "parecido a una estrella"

Figura 4 El asteroide Gaspra orbita el Sol en el cinturón de asteroides. Su figura irregular tiene casi 19 km de largo y 11 km de ancho. ▼

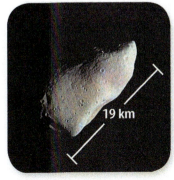

La unidad astronómica

En la Tierra, las distancias se miden con frecuencia en metros (m) o kilómetros (km). Sin embargo, los objetos en el sistema solar están tan lejos que los astrónomos usan una unidad de distancia más grande. *Una **unidad astronómica** (UA) es la distancia promedio de la Tierra al Sol: aproximadamente 150 millones de km.* La **Tabla 1** enumera la distancia promedio de cada planeta con respecto al Sol en km y UA.

 Verificación de concepto clave Define qué es una unidad astronómica y explica por qué se usa.

Tabla 1  Debido a que las distancias de los planetas con respecto al Sol son muy grandes, es más fácil expresarlas usando unidades astronómicas en vez de kilómetros.

Concepts in Motion
Interactive Table

Tabla 1 Distancia promedio de los planetas al Sol		
Planeta	Distancia promedio (km)	Distancia promedio (UA)
Mercurio	57,910,000	0.39
Venus	108,210,000	0.72
Tierra	149,600,000	1.00
Marte	227,920,000	1.52
Júpiter	778,570,000	5.20
Saturno	1,433,530,000	9.58
Urano	2,872,460,000	19.20
Neptuno	4,495,060,000	30.05

El movimiento de los planetas

¿Alguna vez le has dado vueltas a una bola atada a una cuerda por encima de la cabeza? De cierta forma, el movimiento de un planeta alrededor del Sol es como el movimiento de la bola. Como se muestra en la **Figura 5** en la siguiente página, la fuerza gravitatoria del Sol atrae cada planeta hacia él. Esta fuerza es similar a la atracción de la cuerda que mantiene la bola moviéndose en círculo. La fuerza gravitatoria del Sol atrae cada planeta y lo mantiene moviéndose en una trayectoria curva alrededor del Sol.

 Verificación de la lectura ¿Qué causa que los planetas orbiten el Sol?

Revolución y rotación

Los objetos en el sistema solar se mueven de dos formas. Orbitan, o dan vueltas, alrededor del Sol. *El tiempo que tarda un objeto en dar una vuelta alrededor del Sol es su **periodo de revolución**.* El periodo de revolución de la Tierra es un año. Los objetos también giran, o rotan, a medida que orbitan el Sol. *El tiempo que tarda un objeto para completar una rotación es su **periodo de rotación**.* La Tierra tiene un periodo de rotación de un día.

Con una hoja de papel haz un boletín con tres secciones y rotúlalo como se muestra. Úsalo para resumir información sobre los tipos de objetos que conforman el sistema solar.

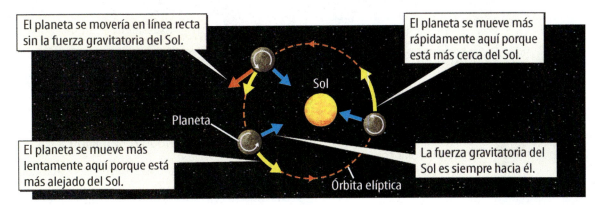

Órbitas y velocidades planetarias

A diferencia de una bola que gira en el extremo de una cuerda, los planetas no se mueven en círculos. En su lugar, la órbita de un planeta es una elipse: un círculo alargado. Dentro de la elipse hay dos puntos especiales, cada uno llamado foco. Estos focos determinan la forma de la elipse. Los focos están a distancias iguales desde el centro de la elipse. Como se muestra en la **Figura 5,** el Sol se encuentra en uno de los focos; el otro foco es un espacio vacío. Como resultado, la distancia entre el planeta y el Sol cambia a medida que el planeta se mueve.

La velocidad del planeta también cambia a medida que orbita el Sol. Entre más cerca esté el planeta del Sol, más rápido se mueve. Esto también significa que los planetas que se encuentran más alejados del Sol tienen periodos de revolución más largos. Por ejemplo, Júpiter está más de cinco veces alejado del Sol que la Tierra. No es de sorprender que Júpiter se demore 12 veces más que la Tierra en dar la vuelta alrededor del Sol.

 Verificación de concepto clave Describe la forma de la órbita de un planeta.

Figura 5 Los planetas y otros objetos en el sistema solar dan vueltas alrededor del Sol porque su fuerza gravitatoria los atrae.

MiniLab

20 minutos

¿Cómo harías un modelo de una órbita elíptica?

En este laboratorio explorarás cómo las ubicaciones de los focos afectan la forma de una elipse.

1. Lee y completa un formulario de seguridad en el laboratorio.
2. Pon una hoja de **papel** en un **tablero de corcho.** Inserta dos **tachuelas** separadas por 8 cm en el centro del papel.
3. Usa **tijeras** para cortar un pedazo de 24 cm de **cuerda.** Anuda los extremos de la cuerda.
4. Pon la cuerda alrededor de las tachuelas. Con un lápiz traza una elipse, como se muestra.
5. Mide el ancho y longitud máximos de la elipse. Anota los datos en tu diario de ciencias.

6. Mueve una de las tachuelas para que queden separadas 5 cm. Repite los pasos 4 y 5.

Analizar

1. **Compara y contrasta** estas dos elipses.
2. **Concepto clave** ¿En qué se parecen las formas de las elipses que trazaste a las órbitas de los planetas interiores y exteriores?

Repaso de la Lección 1

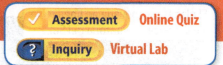

Resumen visual

El sistema solar contiene el Sol, los planetas interiores, los planetas exteriores, los planetas enanos, asteroides y cometas.

Una unidad astronómica (UA) es una unidad de distancia igual a 150 millones de km aproximadamente.

Las velocidades de los planetas cambian a medida que se mueven alrededor del Sol en órbitas elípticas.

FOLDABLES

Usa tu modelo de papel para repasar la lección. Guarda tu modelo para el proyecto de final de capítulo.

¿Qué opinas AHORA?

Al inicio de este capítulo leíste las siguientes afirmaciones.

1. Los astrónomos miden las distancias entre los objetos del espacio usando unidades astronómicas.
2. La fuerza gravitatoria mantiene los planetas en órbita alrededor del Sol.

¿Sigues estando de acuerdo o en desacuerdo con las afirmaciones? Reescribe las afirmaciones falsas para hacerlas verdaderas.

Usar vocabulario

1. **Compara y contrasta** un periodo de revolución y un periodo de rotación.

2. **Define** *planeta enano* con tus propias palabras.

3. **Distingue** entre un asteroide y un cometa.

Entender conceptos clave

4. **Resume** cómo y por qué los planetas orbitan el Sol y cómo y por qué la velocidad de un planeta cambia en órbita.

5. **Infiere** por qué una unidad astronómica no se usa para medir distancias en la Tierra.

6. ¿Cuál característica diferencia un planeta enano de un planeta?
   A. masa
   B. el objeto alrededor del cual gira
   C. forma
   D. tipo de órbita

Interpretar gráficas

7. **Explica** lo que representa cada flecha en el diagrama.

8. **Toma notas** Copia la siguiente tabla. Enumera la información de cada objeto o grupo de objetos en el sistema solar mencionados en la lección. Si es necesario, agrega más líneas.

Objeto	Descripción
Sol	
Planetas	

Pensamiento crítico

9. **Evalúa** ¿En qué sería diferente la velocidad de un planeta si su órbita fuera un círculo en vez de una elipse?

Los meteoros son partes de un cometa o de un asteroide que se calientan hasta que caen a la atmósfera de la Tierra. Los meteoros que golpean la Tierra se llaman meteoritos. ▶

Historia del espacio

PROFESIONES CIENTÍFICAS

AMERICAN MUSEUM OF NATURAL HISTORY

Los meteoritos dan un vistazo al pasado.

Hace casi 4,600 millones de años, no existían la Tierra ni los otros planetas. De hecho, no había sistema solar. En su lugar, un disco enorme de gas y polvo, conocido como nebulosa solar, se arremolinaba alrededor del Sol en formación, como se muestra en la fotografía superior derecha. ¿Cómo se formaron los planetas y otros objetos del sistema solar?

Denton Ebel está buscando la respuesta. Él es geólogo del Museo de Historia Natural en Nueva York. Ebel explora la hipótesis de que luego de millones de años, partículas diminutas en la nebulosa solar se agruparon y formaron los asteroides, los cometas y los planetas que constituyen nuestro sistema solar.

La nebulosa solar contenía partículas diminutas llamadas cóndrulos. Estos se formaron cuando el gas caliente de la nebulosa se condensó y solidificó. Los cóndrulos y otras partículas diminutas colisionaron y luego crecieron por acreción o agrupación. Con el tiempo, este proceso formó asteroides, cometas y planetas. Algunos de los asteroides y cometas no han cambiado mucho en 4 mil millones de años. Los meteoritos condritas son partes de asteroides y cometas que cayeron a la Tierra. Los cóndrulos en el interior de los meteoritos son el material más antiguo de nuestro sistema solar.

Para Ebel, los meteoritos condritas contienen información sobre la formación del sistema solar. ¿Los materiales en el meteorito se formaron a lo largo del sistema solar y luego sucedió la acreción? O, ¿asteroides y cometas se formaron, la acreción sucedió cerca del Sol, viajaron a la deriva hasta donde hoy están y luego entonces se agrandaron por acreción de hielo y polvo? La investigación de Ebel está ayudando a resolver el misterio de cómo se formó nuestro sistema solar.

▲ Denton Ebel sostiene un meteorito que se partió del asteroide Vesta.

Hipótesis de la acreción

De acuerdo con la hipótesis de la acreción, el sistema solar se formó por etapas.

Primero, existió una nebulosa solar. El Sol se formó cuando la gravedad causó que la nebulosa colapsara.

Los planetas interiores rocosos se formaron de partículas por acreción.

Los planetas exteriores gaseosos se formaron por acreción de gas, hielo y polvo condensados.

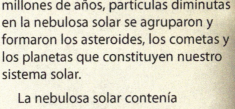

Te toca a ti
LÍNEA CRONOLÓGICA Trabaja en grupos. Aprende más acerca de la historia de la Tierra desde su formación hasta que la vida empezó. Crea una línea cronológica que muestre los eventos principales. Presenta tu línea cronológica a la clase.

Lección 1
EXTENDER
767

Lección 2

Los planetas interiores

Guía de lectura

Conceptos clave 🔑
PREGUNTAS IMPORTANTES

- ¿En qué se parecen los planetas interiores?
- ¿Por qué Venus es más caliente que Mercurio?
- ¿Qué clase de atmósferas tienen los planetas interiores?

Vocabulario
planeta terrestre pág. 769
efecto invernadero pág. 771

 Multilingual eGlossary

 Video
What's Science Got to do With It?

Investigación ¿Dónde es esto?

Este paisaje espectacular es la superficie de Marte, uno de los planetas interiores. Otros planetas interiores tienen superficies rocosas similares. Te podrías sorprender cuando aprendas que hay planetas en el sistema solar que no tienen superficie sólida donde pararse.

768 Capítulo 21
EMPRENDER

Laboratorio de inicio

20 minutos

¿Qué afecta a la temperatura de los planetas interiores?

Mercurio y Venus están más cerca del Sol que la Tierra. ¿Qué determina la temperatura en estos planetas? Averigüémoslo.

1. Lee y completa un formulario de seguridad en el laboratorio.
2. Inserta un **termómetro** en una **botella de plástico transparente de 2 litros.** Pon **arcilla de modelar** alrededor de la tapa para mantener el termómetro en el centro de la botella. Forma un sello hermético con la arcilla.
3. Apoya la botella contra una **caja de zapatos** en dirección hacia la luz solar. Pon un segundo **termómetro** sobre la caja al pie de la botella, de tal forma que los bulbos queden casi a la misma altura. El bulbo del termómetro no debe tocar la caja. Asegúralo en su lugar con **cinta adhesiva.**
4. Lee los termómetros y anota las temperaturas en tu diario de ciencias.
5. Espera 15 minutos y luego lee y anota la temperatura de cada termómetro.

Piensa

1. ¿En qué se pareció la temperatura de los dos termómetros?
2. 🔑 **Concepto clave** ¿Qué piensas que causó la diferencia de temperatura?

Planetas formados por roca

Imagina que caminas al aire libre. ¿Cómo describirías el suelo? Podrías decir que está cubierto de polvo o de hierba. Si vives cerca de un lago o de un océano, podrías decir que es arenoso o húmedo. Pero bajo el suelo, el lago o el océano, hay una capa de roca sólida.

Los planetas interiores, Mercurio, Venus, Tierra y Marte, son los planetas más cercanos al Sol, como se muestra en la **Figura 6.** *La Tierra y otros planetas interiores también se llaman los* **planetas terrestres.** Al igual que la Tierra, los otros planetas interiores también están formados por roca y materiales metálicos y tienen una capa exterior sólida. Sin embargo, los planetas interiores tienen diferentes tamaños, atmósferas y superficies.

Origen de las palabras

terrestre
del latín *terrestris*, que significa "terrenal"

Figura 6 Los planetas interiores son apenas similares en tamaño. La Tierra es casi dos y media veces más grande que Mercurio. Todos los planetas interiores tienen una capa exterior sólida.

PLANETAS INTERIORES 🔑

Mercurio Venus Tierra Marte

✓ **Verificación visual** ¿Cuál es el planeta interior más pequeño?

Figura 7 La sonda espacial *Messenger* voló cerca de Mercurio y fotografió en 2008 la superficie con cráteres del planeta.

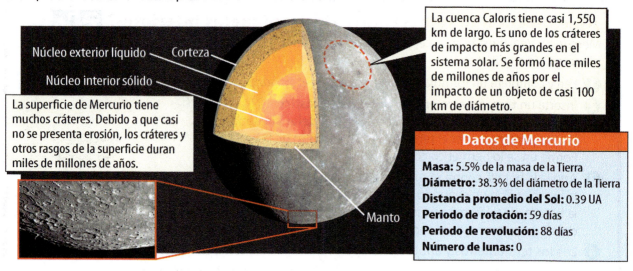

La cuenca Caloris tiene casi 1,550 km de largo. Es uno de los cráteres de impacto más grandes en el sistema solar. Se formó hace miles de millones de años por el impacto de un objeto de casi 100 km de diámetro.

La superficie de Mercurio tiene muchos cráteres. Debido a que casi no se presenta erosión, los cráteres y otros rasgos de la superficie duran miles de millones de años.

Datos de Mercurio

Masa: 5.5% de la masa de la Tierra
Diámetro: 38.3% del diámetro de la Tierra
Distancia promedio del Sol: 0.39 UA
Período de rotación: 59 días
Período de revolución: 88 días
Número de lunas: 0

Mercurio

El planeta más pequeño y más cercano al Sol es Mercurio, que se muestra en la **Figura 7**. Mercurio no tiene atmósfera. Un planeta tiene atmósfera cuando su gravedad es lo suficientemente fuerte para mantener los gases cerca de su superficie. La fuerza de gravedad de un planeta depende de su masa. Debido a que la masa de Mercurio es muy pequeña, su gravedad no es suficientemente fuerte para mantener una atmósfera. Sin ella, no hay viento que mueva la energía de un lugar a otro por la superficie del planeta. Esto da como resultado temperaturas tan altas como 450 °C en el lado de Mercurio que mira al Sol y tan frías como −170 °C en el lado alejado de él.

Superficie de Mercurio

Cráteres de impacto cubren la superficie de Mercurio. También hay llanuras planas de lava solidificada de erupciones de hace mucho tiempo. Además se presentan acantilados largos y altos. Estos se pudieron haber formado cuando el planeta se enfrió rápidamente, causando que la superficie se agrietara y se fracturara. Sin atmósfera, casi no se produce erosión en la superficie. Como resultado, los rasgos que se formaron hace miles de millones de años han cambiado muy poco.

Estructura de Mercurio

Las estructuras de los planetas interiores son similares. Como todos ellos, Mercurio tiene un núcleo formado por hierro y níquel. Alrededor del núcleo hay una capa llamada manto. Está formada principalmente por silicio y oxígeno. La corteza es una capa delgada y rocosa sobre el manto. Su núcleo grande se pudo haber formado por una colisión con un objeto grande durante la formación del planeta.

Verificación de concepto clave ¿En qué se parecen los planetas interiores?

FOLDABLES

Haz un boletín con cuatro secciones. Rotula cada sección con el nombre de un planeta interior. Usa el boletín para organizar tus notas sobre los planetas interiores.

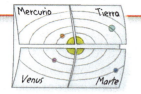

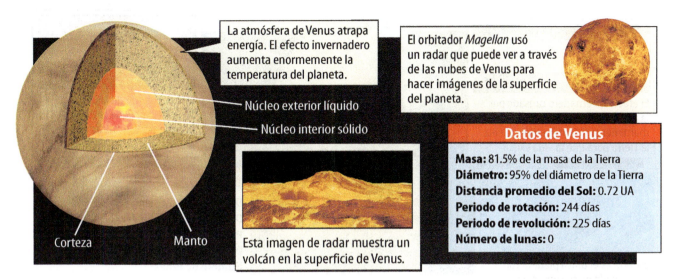

Venus

El segundo planeta desde el Sol es Venus, que se muestra en la **Figura 8**. Es casi del mismo tamaño que la Tierra. Gira tan lentamente que su periodo de rotación es más largo que su periodo de revolución. Esto significa que un día en Venus es más largo que un año. A diferencia de la mayoría de planetas, Venus rota de este a oeste. Varias sondas espaciales han volado cerca de Venus o aterrizado allí.

Atmósfera de Venus

La atmósfera de Venus es casi 97 por ciento dióxido de carbono. Es tan gruesa que la presión atmosférica es casi 90 veces mayor que en la Tierra. A pesar de que Venus casi no tiene agua en su atmósfera ni en su superficie, una capa gruesa de nubes cubre el planeta. A diferencia de las nubes de vapor de agua de la Tierra, las nubes de Venus están constituidas por ácido.

El efecto invernadero en Venus

Con una temperatura promedio de casi 460 °C, Venus es el planeta más caliente del sistema solar. El efecto invernadero causa las altas temperaturas. *El* **efecto invernadero** *ocurre cuando la atmósfera de un planeta atrapa energía solar que causa que la temperatura de la superficie aumente.* El dióxido de carbono en la atmósfera de Venus atrapa parte de la energía solar que el planeta absorbe y luego emite. Esto calienta el planeta. Sin el efecto invernadero, Venus sería casi 450 °C más frío.

 Verificación de concepto clave ¿Por qué Venus es más caliente que Mercurio?

Estructura y superficie de Venus

La estructura interna de Venus, como se muestra en la **Figura 8,** es similar a la de la Tierra. Imágenes de radar indican que más del 80 por ciento de la superficie de Venus está cubierta de lava solidificada. Erupciones volcánicas que ocurrieron hace casi 500 millones de años pudieron haber producido mucha de esta lava.

Figura 8 La superficie de Venus no se ha visto, debido a que una capa gruesa de nubes la cubre. Entre 1990 y 1994, la sonda espacial *Magellan* hizo un mapa de la superficie usando un radar.

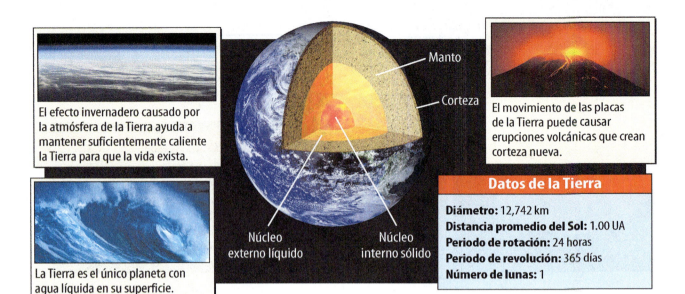

Figura 9 La Tierra tiene más agua en su atmósfera y en su superficie que los otros planetas interiores. Su superficie es más joven que las superficies de los otros planetas interiores porque constantemente se está formando corteza nueva.

La Tierra

La Tierra, que se muestra en la **Figura 9,** es el tercer planeta desde el Sol. A diferencia de Mercurio y Venus, la Tierra tiene una luna.

Atmósfera de la Tierra

Una mezcla de gases y una cantidad pequeña de vapor de agua constituyen la mayor parte de la atmósfera de la Tierra. Estos producen un efecto invernadero que aumenta la temperatura promedio de su superficie. Este efecto y la distancia de la Tierra al Sol calientan lo suficiente el planeta para que existan grandes cuerpos de agua líquida. Su atmósfera también absorbe mucho de la radiación del Sol y protege la superficie que está abajo. La atmósfera protectora de la Tierra, la presencia de agua líquida y el rango de temperatura moderada del planeta permite una variedad de vida.

Estructura de la Tierra

Como se muestra en la **Figura 9,** la Tierra tiene un núcleo interno sólido rodeado por un núcleo externo líquido. El manto rodea el núcleo externo líquido. Encima del manto se encuentra la corteza, que está partida en piezas grandes, llamadas placas. Estas constantemente se deslizan pasando, alejándose o chocando una contra otra. La corteza está formada principalmente por oxígeno y silicio y se crea y se destruye constantemente.

Verificación de la lectura ¿Por qué hay vida en la Tierra?

Investigación MiniLab

20 minutos

¿Cómo puedes hacer un modelo de los planetas interiores?

En este laboratorio, usarás arcilla de modelar para hacer modelos a escala de los planetas interiores.

Planeta	Diámetro real (km)	Diámetro del modelo (cm)
Mercurio	4,879	
Venus	12,103	
Tierra	12,756	8.0
Marte	6,792	

1. Usa los datos de la Tierra para calcular, en tu diario de ciencias, el diámetro de cada modelo para los otros tres planetas.

2. Usa **arcilla de modelar** para hacer una pelota que represente el diámetro de cada planeta. Verifica el diámetro con una **regla de centímetros.**

Analizar los resultados

1. **Explica** cómo convertiste diámetros reales (km) en diámetros del modelo (cm).

2. **Concepto clave** ¿En qué se parecen los planetas interiores? ¿Cuáles planetas tienen casi los mismos diámetros?

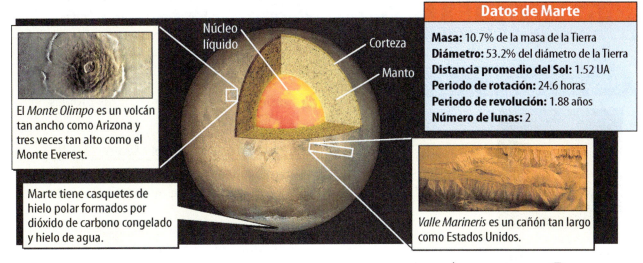

El *Monte Olimpo* es un volcán tan ancho como Arizona y tres veces tan alto como el Monte Everest.

Marte tiene casquetes de hielo polar formados por dióxido de carbono congelado y hielo de agua.

Valle Marineris es un cañón tan largo como Estados Unidos.

Datos de Marte

Masa: 10.7% de la masa de la Tierra
Diámetro: 53.2% del diámetro de la Tierra
Distancia promedio del Sol: 1.52 UA
Periodo de rotación: 24.6 horas
Periodo de revolución: 1.88 años
Número de lunas: 2

▲ **Figura 10** Marte es un planeta pequeño y rocoso con cañones profundos y montañas altas.

Marte

El cuarto planeta desde el Sol es Marte, que se muestra en la **Figura 10.** Marte tiene casi la mitad del tamaño de la Tierra. Tiene dos lunas muy pequeñas y de forma irregular. Estas lunas pudieron ser asteroides que la gravedad de Marte capturó.

Muchas sondas espaciales han visitado Marte. La mayoría ha buscado signos de agua que indiquen la presencia de organismos vivos. Las imágenes de Marte muestran rasgos que el agua pudo haber hecho, como los surcos en la **Figura 11.** Más allá de esto, no se ha encontrado evidencia de agua líquida ni de vida.

Atmósfera de Marte

La atmósfera de Marte es casi 95 por ciento dióxido de carbono. Es delgada y mucho menos densa que la atmósfera de la Tierra. Las temperaturas varían aproximadamente de −125 °C en los polos a 20 °C en el ecuador durante el verano marciano. Los vientos en Marte algunas veces producen tormentas grandes de polvo que duran meses.

Superficie de Marte

El color rojizo de Marte se debe a que el suelo contiene óxido de hierro, un compuesto en herrumbre. Algunos de los rasgos principales de la superficie de Marte se muestran en la **Figura 10.** El enorme cañón Valle Marineris tiene casi 4,000 km de largo. El volcán marciano Monte Olimpo es la montaña más alta conocida en el sistema solar. Marte también tiene casquetes de hielo polar formados por dióxido de carbono congelado y hielo.

El hemisferio sur de Marte está cubierto de cráteres. El hemisferio norte es más liso y parece estar cubierto por flujos de lava. Algunos científicos han propuesto que los flujos de lava fueron causados por el impacto de un objeto de casi 2,000 km de diámetro.

Verificación de concepto clave Describe la atmósfera de cada planeta interior.

Figura 11 El flujo de agua líquida pudo haber formado surcos como estos. ▼

Repaso de la Lección 2

Assessment — Online Quiz

Resumen visual

Los planetas terrestres son Mercurio, Venus, Tierra y Marte.

Todos los planetas interiores están formados por rocas y minerales, pero tienen diferentes características. La Tierra es el único planeta que tiene agua líquida.

El efecto invernadero aumenta enormemente la temperatura de la superficie de Venus.

FOLDABLES

Usa tu modelo de papel para repasar la lección. Guarda tu modelo para el proyecto de final de capítulo.

¿Qué opinas AHORA?

Al inicio de este capítulo leíste las siguientes afirmaciones.

3. La Tierra es el único planeta interior que tiene una luna.

4. Venus es el planeta más caliente del sistema solar.

¿Sigues estando de acuerdo o en desacuerdo con las afirmaciones? Reescribe las afirmaciones falsas para hacerlas verdaderas.

Usar vocabulario

1. **Define** *efecto invernadero* con tus propias palabras.

Entender conceptos clave

2. **Explica** por qué Venus es más caliente que Mercurio, a pesar de que Mercurio está más cerca del Sol.

3. **Infiere** ¿Por qué los vehículos exploradores se podrían usar en Marte pero no Venus?

4. ¿Cuál de los planetas interiores tiene la mayor masa?
   A. Mercurio   C. Tierra
   B. Venus   D. Marte

5. **Relaciona** Describe la relación entre la distancia del Sol de un planeta interior y su periodo de revolución.

Interpretar gráficas

6. **Infiere** ¿Cuál de los siguientes planetas tiene mayor probabilidad de sustentar vida ahora o fue capaz de hacerlo en el pasado? Explica tu razonamiento.

Mercurio   Venus   Marte

7. **Compara y contrasta** Copia y llena la siguiente tabla para comparar y contrastar las propiedades de Venus y la Tierra.

Planeta	Semejanzas	Diferencias
Venus		
Tierra		

Pensamiento crítico

8. **Imagina** ¿Cómo cambiarían las temperaturas de Mercurio si tuviera la misma masa que la Tierra? Explica.

9. **Opina** ¿Piensas que se deberían explorar los planetas interiores o que el dinero se debería gastar en otras cosas? Justifica tu opinión.

Práctica de destrezas: Graficar datos   25 minutos

¿Qué podemos aprender acerca de los planetas graficando sus características?

Los científicos recolectan y analizan datos y sacan conclusiones con base en ellos. Están particularmente interesados en hallar tendencias y relaciones en los datos. Un método comúnmente usado para hallar relaciones es graficar los datos. Graficar permite ver la relación entre diferentes tipos de datos.

Aprende

Los científicos saben que algunas propiedades de los planetas están relacionadas. **Graficar datos** hace fácil identificar las relaciones. Las gráficas pueden mostrar las relaciones matemáticas como relaciones directas e inversas. Sin embargo, con frecuencia, las gráficas muestran que no hay relación entre los datos.

Intenta

1. Trazarás dos gráficas que muestren las relaciones entre los datos. La primera gráfica compara la distancia de un planeta al Sol y su periodo orbital. La segunda gráfica compara la distancia de un planeta al Sol y su radio. Haz una predicción de cómo se relacionan estos dos conjuntos de datos, si lo hacen. Los datos se muestran en la siguiente tabla.

Planeta	Distancia promedio del Sol (UA)	Periodo orbital (año)	Radio del planeta (km)
Mercurio	0.39	0.24	2440
Venus	0.72	0.62	6051
Tierra	1.00	1.0	6378
Marte	1.52	1.9	3397
Júpiter	5.20	11.9	71,492
Saturno	9.58	29.4	60,268
Urano	19.2	84.0	25,559
Neptuno	30.1	164	24,764

2. Usa los datos de la tabla para trazar una gráfica de líneas que muestre el periodo orbital frente a la distancia promedio del Sol. En el eje x, traza la distancia del planeta al Sol. En el eje y, traza el periodo orbital del planeta. Asegúrate de que la línea de cada eje sea adecuada para los datos que vas a trazar y rotula claramente el punto de los datos de cada planeta.

3. Usa los datos de la tabla para trazar una gráfica lineal que muestre el radio del planeta frente a la distancia promedio del Sol. En el eje y, traza el radio del planeta. Asegúrate de que la línea de cada eje sea adecuada para los datos que vas a trazar y rotula claramente el punto de los datos de cada planeta.

Aplica

4. Examina la gráfica *Periodo orbital frente a Distancia del Sol*. ¿Muestra la gráfica alguna relación? Si lo hace, describe la relación entre la distancia de un planeta al Sol y su periodo orbital en tu diario de ciencias.

5. Examina la gráfica *Radio del planeta frente a Distancia del Sol*. ¿Muestra la gráfica alguna relación? Si lo hace, describe la relación entre la distancia de un planeta al Sol y su radio.

6. **Concepto clave** Identifica una o dos características que los planetas interiores comparten y que hayas aprendido de tus gráficas.

Lección 3

Los planetas exteriores

Guía de lectura

Conceptos clave 🔑
PREGUNTAS IMPORTANTES

- ¿En qué se parecen los planetas exteriores?
- ¿De qué están formados los planetas exteriores?

Vocabulario
lunas de Galileo pág. 779

🅖 Multilingual eGlossary

Investigación ¿Qué hay abajo?

Con frecuencia, las nubes evitan que los pilotos de los aviones vean el suelo abajo. De manera similar, las nubes bloquean la vista de la superficie de Júpiter. ¿Qué piensas que hay debajo de la capa colorida de nubes de Júpiter? La respuesta podría sorprenderte: Júpiter no es como la Tierra.

Laboratorio de inicio

15 minutos

¿Cómo vemos los objetos distantes en el sistema solar?

Algunos de las planetas exteriores fueron descubiertos hace cientos de años. ¿Por qué no fueron descubiertos todos los planetas?

1. Lee y completa un formulario de seguridad en el laboratorio.
2. Usa una **vara métrica, cinta adhesiva protectora** y la **tabla de datos** para marcar y rotular la posición de cada objeto en la cinta sobre el piso a lo largo de una línea recta.
3. Ilumina horizontalmente con una **linterna** desde el "Sol", a lo largo de la cinta.
4. Pídele a un compañero que sostenga una página de este **libro** en el rayo de la linterna en la ubicación de cada planeta. Registra tus observaciones en tu diario de ciencias.

Objeto	Distancia del Sol (cm)
Sol	0
Júpiter	39
Saturno	71
Urano	143
Neptuno	295

Piensa

1. ¿Qué le sucede a la imagen de la página a medida que te alejas de la linterna?
2. **Concepto clave** ¿Por qué piensas que es más difícil observar los planetas exteriores que los planetas interiores?

Los gigantes gaseosos

¿Has visto alguna vez gotas de agua en la parte de afuera de un vaso con hielo? Se forman porque el vapor de agua en el aire cambia a líquido en el vaso frío. Los gases también cambian a líquidos a altas presiones. Estas propiedades de los gases afectan los planetas exteriores.

Los planetas exteriores, que se muestran en la **Figura 12,** se llaman gigantes gaseosos porque están fundamentalmente formados por hidrógeno y helio. Estos elementos son gases usuales en la Tierra.

Los planetas exteriores tienen fuerzas gravitatorias fuertes debido a sus tamaños enormes. Estas fuerzas aplican presiones tremendas a la atmósfera de cada planeta y cambian los gases a líquidos. Por tanto, los planetas exteriores tienen principalmente interiores líquidos. En general, un planeta exterior tiene una capa gruesa de gas y de líquido que cubre un núcleo pequeño y sólido.

Verificación de concepto clave ¿En qué se parecen los planetas exteriores?

Figura 12 Los planetas exteriores están fundamentalmente formados por gases y líquidos.

✓ **Verificación visual** ¿Cuál planeta exterior es el más grande?

Júpiter

El planeta más grande en el sistema solar, Júpiter, se muestra en la **Figura 13.** Su diámetro es 11 veces más grande que el diámetro de la Tierra. Su masa es más de dos veces la masa de todos los otros planetas juntos. Una forma de entender lo grande que es Júpiter es darse cuenta de que más de 1,000 Tierras cabrían en el volumen de este planeta gaseoso.

Júpiter tarda casi 12 años de la Tierra para completar una órbita. Aun así, gira más rápido que cualquier otro planeta. Su periodo de rotación es menos de 10 horas. Como todos los planetas exteriores, Júpiter tiene un sistema de anillos.

Atmósfera de Júpiter

La atmósfera de Júpiter es casi 90 por ciento hidrógeno y 10 por ciento helio y tiene casi 1,000 km de profundidad. En el interior de la atmósfera, hay capas de nubes densas y de colores. Debido a que Júpiter rota tan rápidamente, estas nubes se extienden en bandas arremolinadas de colores. La Gran Mancha Roja en la superficie del planeta es una tormenta de gases arremolinados.

Estructura de Júpiter

En total, Júpiter es casi 80 por ciento hidrógeno y 20 por ciento helio con cantidades pequeñas de otros materiales. El planeta es una bola de gas arremolinado alrededor de una capa gruesa de líquido que oculta un núcleo sólido. Casi 1,000 km debajo del borde exterior de la capa de nubes, la presión es tan grande que el hidrógeno gaseoso cambia a líquido. Esta capa gruesa de hidrógeno líquido cubre el núcleo de Júpiter. Los científicos no saben con seguridad de qué está formado el núcleo. Sospechan que está formado por roca y hierro. El núcleo podría ser tan grande como la Tierra y podría tener 10 veces más masa.

 Verificación de concepto clave Describe de qué está formada cada una de las tres distintas capas de Júpiter.

FOLDABLES

Haz un boletín con cuatro secciones. Rotula cada sección con el nombre de un planeta exterior. Usa el boletín para organizar tus notas sobre los planetas exteriores.

Figura 13 Júpiter es principalmente hidrógeno y helio. En la mayor parte del planeta, la presión es lo suficientemente alta para cambiar el hidrógeno gaseoso a líquido.

Lunas de Júpiter

Júpiter tiene por lo menos 63 lunas, más que cualquier otro planeta. Sus cuatro lunas más grandes fueron primero vistas por Galileo Galilei en 1610. *Las cuatro lunas más grandes de Júpiter, Io, Europa, Ganímides y Calisto, se conocen como las* **lunas de Galileo**. Todas están formadas por roca y hielo. Las lunas Ganímides, Calisto e Io son más grandes que la Luna de la Tierra. Probablemente, las colisiones entre las lunas de Júpiter y los meteoritos resultaron en las partículas que constituyen los anillos tenues del planeta.

Saturno

Saturno es el sexto planeta desde el Sol. Como Júpiter, Saturno rota rápidamente y tiene bandas horizontales de nubes. Es casi 90 por ciento hidrógeno y 10 por ciento helio. Es el planeta menos denso. Su densidad es menor que la del agua.

Estructura de Saturno

Saturno está formado principalmente por hidrógeno y helio con cantidades pequeñas de otros materiales. Como se muestra en la **Figura 14,** la estructura de Saturno es similar a la de Júpiter: una capa exterior de gas, una capa gruesa de hidrógeno líquido y un núcleo sólido.

El sistema de anillos alrededor del planeta es el más grande y el más complejo del sistema solar. Saturno tiene siete bandas de anillos y cada una tiene miles de anillos cada vez más pequeños. El sistema de anillos principal tiene más de 70,000 km de ancho, pero tiene quizá menos de 30 m de grosor. Las partículas de hielo en los anillos son posiblemente de una luna que se destruyó en una colisión con otro objeto de hielo.

 Verificación de concepto clave Describe de qué están formados Saturno y su sistema de anillos.

Destrezas matemáticas

Ratios

Un ratio es un cociente: una cantidad dividida entre otra. Los ratios se pueden usar para comparar distancias. Por ejemplo, Júpiter está a **5.20** UA del Sol y Neptuno está a **30.05** del Sol. Divide la distancia mayor entre la distancia menor.

$$\frac{30.05 \text{ UA}}{5.20 \text{ UA}} = 5.78$$

Neptuno está 5.78 veces más lejos del Sol que Júpiter.

Practicar

¿Cuántas veces más lejos se encuentra Urano del Sol (distancia = 19.20 UA) que Saturno (distancia = 9.58 UA)?

Review
- Math Practice
- Personal Tutor

Figura 14 Como Júpiter, Saturno es principalmente hidrógeno y helio. Los anillos de Saturno son uno de los rasgos más notables del sistema solar.

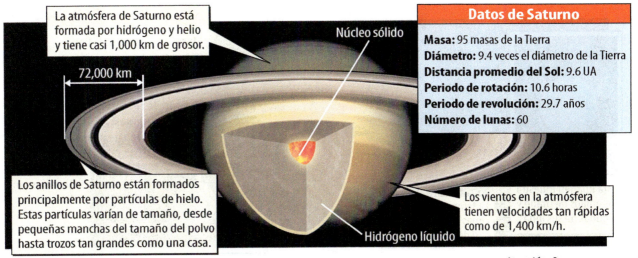

La atmósfera de Saturno está formada por hidrógeno y helio y tiene casi 1,000 km de grosor.

72,000 km

Núcleo sólido

Los anillos de Saturno están formados principalmente por partículas de hielo. Estas partículas varían de tamaño, desde pequeñas manchas del tamaño del polvo hasta trozos tan grandes como una casa.

Hidrógeno líquido

Los vientos en la atmósfera tienen velocidades tan rápidas como de 1,400 km/h.

Datos de Saturno

Masa: 95 masas de la Tierra
Diámetro: 9.4 veces el diámetro de la Tierra
Distancia promedio del Sol: 9.6 UA
Periodo de rotación: 10.6 horas
Periodo de revolución: 29.7 años
Número de lunas: 60

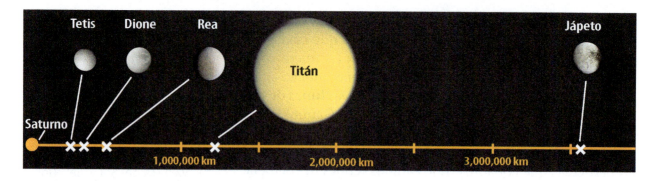

▲ **Figura 15** Se muestran las cinco lunas más grandes de Saturno, dibujadas a escala. Titán es la luna más grande de Saturno.

Lunas de Saturno

Saturno tiene al menos 60 lunas. Las cinco lunas más grandes, Titán, Rea, Dione, Jápeto y Tetis, se muestran en la **Figura 15**. La mayoría de las lunas de Saturno son trozos de hielo de menos de 10 km de diámetro. Sin embargo, Titán es más grande que el planeta Mercurio. Titán es la única luna del sistema solar con una atmósfera densa. En 2005, el orbitador *Cassini* lanzó la **sonda** *Huygens* que aterrizó en la superficie de Titán.

ORIGEN DE LAS PALABRAS

sonda
del francés *sonde*, que significa "examinar"

Urano

Urano, que se muestra en la **Figura 16,** es el séptimo planeta desde el Sol. Tiene un sistema de anillos angostos y oscuros, y su diámetro es casi cuatro veces el de la Tierra. *Voyager 2* es la única sonda espacial que explora Urano y en 1986 voló cerca del planeta.

Urano tiene una atmósfera profunda compuesta principalmente por hidrógeno y helio. También contiene una cantidad pequeña de metano. Debajo de la atmósfera hay una capa gruesa y fangosa de agua, amoniaco y otros materiales. Urano podría también tener un núcleo sólido rocoso.

Figura 16 Urano es principalmente gas y líquido, con un núcleo pequeño y sólido. El gas metano en la atmósfera de Urano le da un color azul. ▼

Verificación de concepto clave Identifica las sustancias que constituyen la atmósfera y la capa gruesa y fangosa de Urano.

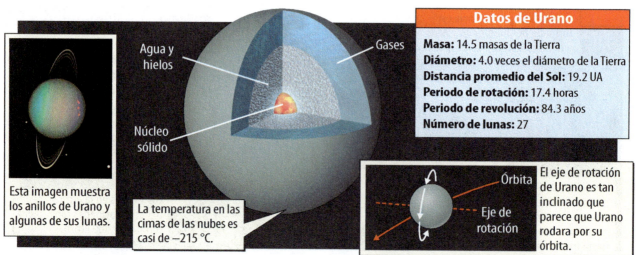

Esta imagen muestra los anillos de Urano y algunas de sus lunas.

La temperatura en las cimas de las nubes es casi de −215 °C.

Agua y hielos
Núcleo sólido
Gases

Datos de Urano
Masa: 14.5 masas de la Tierra
Diámetro: 4.0 veces el diámetro de la Tierra
Distancia promedio del Sol: 19.2 UA
Periodo de rotación: 17.4 horas
Periodo de revolución: 84.3 años
Número de lunas: 27

El eje de rotación de Urano es tan inclinado que parece que Urano rodara por su órbita.

El eje y las lunas de Urano

La **Figura 16** muestra que Urano tiene un eje de rotación inclinado. De hecho, está tan inclinado que el planeta se mueve alrededor del Sol como una bola rodante. Esta inclinación de lado la pudo causar una colisión con un objeto del tamaño de la Tierra.

Urano tiene por lo menos 27 lunas. Las dos lunas más grandes, Titania y Oberón, son considerablemente más pequeñas que la luna de la Tierra. Titania tiene una superficie de hielo agrietada que alguna vez pudo haber estado cubierta por un océano.

Neptuno

Neptuno, que se muestra en la **Figura 17,** fue descubierto en 1846. Como Urano, la atmósfera de Neptuno es principalmente hidrógeno y helio, con trazas de metano. Su interior también es similar al de Urano. El interior de Neptuno es en parte agua congelada y amoniaco con un núcleo de hierro y roca.

Neptuno tiene por lo menos 13 lunas y un sistema de anillos tenue y oscuro. Su luna más grande, Tritón, está formada por roca con una capa exterior de hielo. Tiene una superficie de nitrógeno congelado y géiseres que expulsan gas nitrógeno.

 Verificación de concepto clave ¿En qué se parecen la atmósfera y el interior de Neptuno con los de Urano?

Investigación MiniLab   15 minutos

¿Cómo las lunas de Saturno afectan sus anillos?

En este laboratorio, harás un modelo de los anillos de Saturno con azúcar. ¿Cómo podrían las lunas de Saturno afectar sus anillos?

1. Lee y completa un formulario de seguridad en el laboratorio.
2. Sostén dos **lápices afilados** con las puntas parejas y asegúralos con **cinta adhesiva.**
3. Inserta un tercer lápiz en el hueco de un **disco.** Sostén el lápiz de tal forma que el disco quede horizontal.
4. Pídele a tu compañero que espolvoree **azúcar** uniformemente sobre la superficie del disco. Sostén los lápices verticalmente sobre el disco, de tal forma que las puntas descansen sobre los surcos del disco.
5. Gira lentamente el disco. Anota en tu diario de ciencias qué le pasó al azúcar.

Analizar y concluir

1. **Compara y contrasta** ¿Qué rasgo de los anillos de Saturno representan los lápices?
2. **Infiere** ¿Qué causa los espacios entre los anillos de Saturno?
3. **Concepto clave** ¿Qué tendría que suceder para que una luna interactúe de esta forma con los anillos de Saturno?

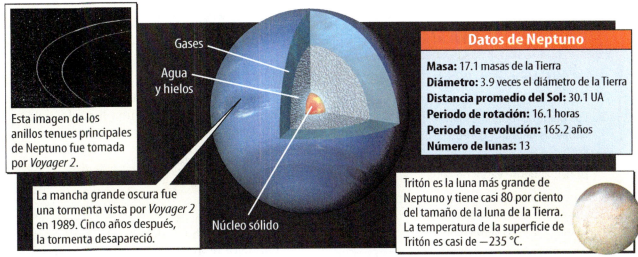

Figura 17 La atmósfera de Neptuno es similar a la de Urano: es principalmente hidrógeno y helio con trazas de metano. Las áreas circulares oscuras de Neptuno son tormentas arremolinadas. Los vientos en Neptuno algunas veces exceden los 1,000 km/h.

Esta imagen de los anillos tenues principales de Neptuno fue tomada por *Voyager 2*.

La mancha grande oscura fue una tormenta vista por *Voyager 2* en 1989. Cinco años después, la tormenta desapareció.

Gases
Agua y hielos
Núcleo sólido

Datos de Neptuno
Masa: 17.1 masas de la Tierra
Diámetro: 3.9 veces el diámetro de la Tierra
Distancia promedio del Sol: 30.1 UA
Periodo de rotación: 16.1 horas
Periodo de revolución: 165.2 años
Número de lunas: 13

Tritón es la luna más grande de Neptuno y tiene casi 80 por ciento del tamaño de la luna de la Tierra. La temperatura de la superficie de Tritón es casi de −235 °C.

Repaso de la Lección 3

Resumen visual

Todos los planetas exteriores están fundamentalmente formados por materiales que son gases en la Tierra. Coloridas nubes de gas cubren Saturno y Júpiter.

Júpiter es el planeta exterior más grande. Sus cuatro lunas más grandes se conocen como las lunas de Galileo.

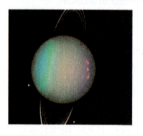

Urano tiene una inclinación inusual, debido posiblemente a una colisión con un objeto grande.

FOLDABLES

Usa tu modelo de papel para repasar la lección. Guarda tu modelo para el proyecto de final de capítulo.

¿Qué opinas AHORA?

Al inicio de este capítulo leíste las siguientes afirmaciones.

5. Los planetas exteriores también son llamados gigantes gaseosos.

6. Las atmósferas de Saturno y Júpiter son principalmente vapor de agua.

¿Sigues estando de acuerdo o en desacuerdo con las afirmaciones? Reescribe las afirmaciones falsas para hacerlas verdaderas.

Usar vocabulario

1. **Identifica** ¿Cuáles son las cuatro lunas de Galileo de Júpiter?

Entender conceptos clave

2. **Contrasta** ¿En qué se diferencian los anillos de Saturno de los anillos de Júpiter?

3. ¿Los anillos de cuál planeta se formaron probablemente de una colisión entre una luna de hielo y otro objeto de hielo?
   A. Júpiter
   B. Neptuno
   C. Saturno
   D. Urano

4. **Enumera** los planetas exteriores de menor a mayor masa.

Interpretar gráficas

5. **Infiere** del siguiente diagrama cómo el eje inclinado de Urano afecta sus estaciones.

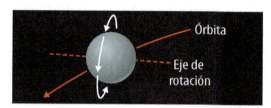

6. **Organiza información** Copia el siguiente organizador y úsalo para enumerar los planetas exteriores.

Pensamiento crítico

7. **Predice** qué le sucedería a la atmósfera de Júpiter si su fuerza gravitatoria disminuyera de repente. Explica.

8. **Evalúa** ¿Es más probable la vida en una luna seca y rocosa o en una luna de hielo? Explica.

Destrezas matemáticas
— Math Practice —

9. **Calcula** Marte está casi a 1.52 UA del Sol y Saturno a 9.58 UA del Sol. ¿Cuántas veces más lejos del Sol está Saturno que Marte?

Plutón

PROFESIONES CIENTÍFICAS

¿Qué es esto?

Desde el descubrimiento de Plutón en 1930, los estudiantes han aprendido que el sistema solar tiene nueve planetas. Pero en 2006, el número de planetas cambió a ocho. ¿Qué sucedió?

Neil deGrasse Tyson es un astrofísico del Museo de Historia Natural de Nueva York. Él y sus compañeros científicos del Museo estuvieron entre los primeros en cuestionar la clasificación de Plutón como planeta. Una razón fue que Plutón era más pequeño que seis lunas de nuestro sistema solar, incluida la luna de la Tierra. Otra razón fue que la órbita de Plutón es más ovalada, o elíptica, que las órbitas de otros planetas. También que Plutón tiene la órbita más inclinada de todos los planetas: 17 grados fuera del plano del sistema solar. Por último, a diferencia de otros planetas, Plutón es principalmente hielo.

Tyson también cuestionó la definición de planeta: objeto que orbita el Sol. Entonces, ¿no deberían los cometas ser planetas? Además, notó que cuando Ceres, objeto que orbita el Sol entre Júpiter y Marte, fue descubierto en 1801, se clasificó como planeta. Pero, a medida que los astrónomos descubrieron más objetos como Ceres, fue reclasificado como un asteroide. Después, durante los años de 1990, se descubrieron muchos objetos espaciales similares a Plutón. Estos orbitan el Sol más allá de la órbita de Neptuno, en una región llamada el cinturón de Kuiper.

Estos nuevos descubrimientos llevaron a Tyson y a otros a concluir que Plutón debía ser reclasificado. En 2006, la Unión Astronómica Internacional estuvo de acuerdo. Plutón fue reclasificado como un planeta enano, un objeto de forma esférica que orbita el Sol en una zona con otros objetos. Plutón perdió su rango como el planeta más pequeño, pero se convirtió en "el rey del cinturón de Kuiper".

LÍNEA CRONOLÓGICA DE Plutón

1930
El astrónomo Clyde Tombaugh descubre el noveno planeta, Plutón.

1992
Se descubre el primer objeto del cinturón de Kuiper.

Julio de 2005
Se descubre Eris, un objeto del tamaño de Plutón, en el cinturón de Kuiper.

Enero de 2006
La NASA lanza la nave espacial *New Horizons*, que se espera llegue a Plutón en 2015.

Agosto de 2006
Se reclasifica a Plutón como planeta enano.

Neil deGrasse Tyson es director del Planetario Hayden del Museo de Historia Natural. ▶

Esta ilustración te muestra cómo se vería Plutón si estuvieras sentado en una de sus lunas.

Te toca a ti

INVESTIGA En grupo, identifica los diferentes tipos de objetos en nuestro sistema solar. Considera el tamaño, la composición, la ubicación y si los objetos tienen lunas. Propón al menos dos formas diferentes de agrupar los objetos.

Lección 4

Guía de lectura

Conceptos clave
PREGUNTAS IMPORTANTES

- ¿Qué es un planeta enano?
- ¿Cuáles son las características de los cometas y asteroides?
- ¿Cómo se forma un cráter de impacto?

Vocabulario
meteoroide pág. 788
meteoro pág. 788
meteorito pág. 788
cráter de impacto pág. 788

g **Multilingual eGlossary**

Los planetas enanos y otros objetos

Investigación ¿Regresará?

Probablemente recordarás una vista como esta. Esta imagen del cometa C/2006 P1 se tomó en 2007. El cometa ya no es visible desde la Tierra. Aunque no lo creas, muchos cometas aparecen y luego reaparecen de cientos a millones de años después.

Laboratorio de inicio

15 minutos

¿Cómo se formarían los asteroides y las lunas?

En esta actividad vas a explorar cómo pudieron haberse formado asteroides y lunas.

1. Lee y completa un formulario de seguridad en el laboratorio.
2. Haz una bola pequeña con **arcilla de modelar** y ruédala sobre **arena**.
3. Envuelve una **canica** en una capa delgada de arcilla de modelar.
4. Amárrale pedazos iguales de **cuerda** a cada bola. Sostén las cuerdas de manera que las bolas cuelguen encima de una **hoja de papel**.
5. Pídele a alguien que hale la canica de manera que la cuerda quede paralela a la mesa y que luego la suelte. Anota los resultados en tu diario de ciencias.

Piensa

1. Si la colisión que representaste ocurriera en el espacio, ¿qué le pasaría a la arena?
2. **Concepto clave** Infiere una manera cómo, según los científicos, se formaron las lunas y los asteroides.

Planetas enanos

Ceres fue descubierto en 1801 y fue llamado planeta hasta que se descubrieron objetos similares cerca de él. Entonces fue llamado asteroide. Durante décadas, desde el descubrimiento de Plutón en 1930, se le llamó planeta. Luego se descubrieron objetos similares y Plutón perdió su clasificación de planeta. ¿Qué tipo de objeto es Plutón?

En 2006, la Unión Astronómica Internacional (UAI) adoptó una nueva categoría: planetas enanos. La UAI define un planeta enano como un objeto que orbita una estrella. Cuando un planeta enano se formó, había suficiente masa y gravedad para formar una esfera. Un planeta enano tiene objetos similares en masa orbitando cerca de él o cruzando la trayectoria de su órbita. Los astrónomos clasificaron a Plutón, Ceres, Eris, Makemake y Haumea como planetas enanos. La **Figura 18** muestra cuatro planetas enanos.

Verificación de concepto clave Describe las características de un planeta enano.

Figura 18 Se muestran cuatro planetas enanos a escala. Todos los planetas enanos son más pequeños que la Luna.

Planetas enanos

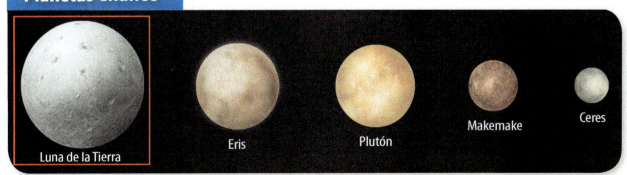

Luna de la Tierra | Eris | Plutón | Makemake | Ceres

Lección 4
785
EXPLORAR

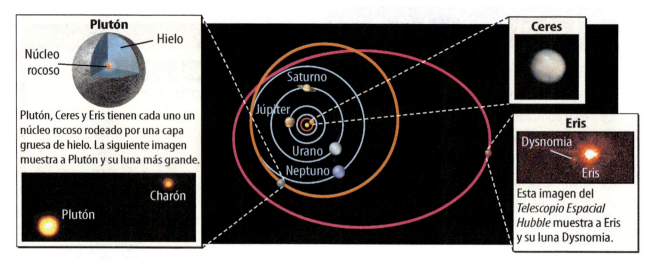

Figura 19 Debido a que la mayoría de planetas enanos están muy lejos de la Tierra, los astrónomos no tienen imágenes detalladas de ellos.

Verificación visual
¿Cuál planeta enano orbita más cerca de la Tierra?

Haz un boletín en capas usando dos hojas de papel. Rotúlalo como se muestra. Úsalo para organizar tus notas sobre otros objetos del sistema solar.

Ceres

Ceres, como se muestra en la **Figura 19,** orbita el Sol en el cinturón de asteroides. Con un diámetro de casi 950 km, Ceres tiene casi un cuarto del tamaño de la Luna. Es el planeta enano más pequeño. Ceres podría tener un núcleo rocoso rodeado por una capa de hielo de agua y una corteza delgada de polvo.

Plutón

Plutón tiene casi dos tercios del tamaño de la Luna. Está tan lejos del Sol que su periodo de revolución es casi 248 años. Como Ceres, Plutón tiene un núcleo rocoso rodeado por hielo. Con una temperatura promedio en la superficie de casi −230 °C, Plutón es tan frío que está cubierto con nitrógeno congelado.

Plutón tiene tres lunas conocidas. La luna más grande, Charón, tiene un diámetro de casi la mitad del diámetro de Plutón. Tiene también dos lunas más pequeñas, Hydra y Nix.

Eris

El planeta enano más grande, Eris, fue descubierto en 2003. Su órbita tarda casi 557 años. Actualmente, Eris está tres veces más lejos del Sol que Plutón. La estructura de Eris es probablemente similar a la de Plutón. Dysnomia es la única luna conocida de Eris.

Makemake y Haumea

En 2008, la UAI designó dos objetos nuevos como planetas enanos: Makemake y Haumea. Aunque es más pequeño que Plutón, Makemake es uno de los objetos más grandes en la región del sistema solar llamada el cinturón de Kuiper. Este cinturón se extiende aproximadamente desde la órbita de Neptuno hasta 50 UA del Sol. Haumea también está en el cinturón de Kuiper y es más pequeño que Plutón.

Verificación de la lectura ¿Cuál planeta enano es el más grande? ¿Cuál planeta enano es el más pequeño?

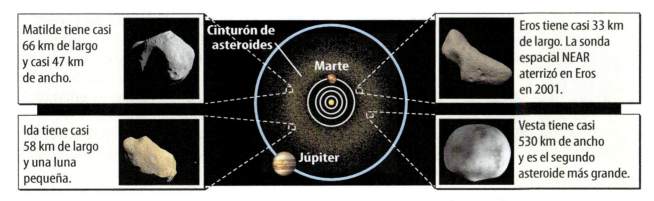

Figura 20 Los asteroides que orbitan el Sol en el cinturón de asteroides son de varios tamaños y formas.

Asteroides

Recuerda de la Lección 1 que los asteroides son trozos de roca y hielo. La mayoría orbita el Sol dentro del cinturón de asteroides. Dicho cinturón está entre las órbitas de Marte y Júpiter, como se muestra en la **Figura 20**. Se han descubierto cientos de miles de asteroides. El más grande, Pallas, tiene más de 500 km de diámetro.

Los asteroides son trozos de roca y hielo que nunca se agruparon como las rocas y el hielo que formaron los planetas interiores. Algunos astrónomos sugieren que la fuerza del campo gravitatorio de Júpiter pudo haber causado que los trozos colisionaran tan duro que se partieran, en vez de unirse. Esto significa que los asteroides son objetos sobrantes de la formación del sistema solar.

 Verificación de concepto clave ¿Dónde se presentan las órbitas de la mayoría de asteroides?

Cometas

Recuerda que los cometas son mezclas de roca, hielo y polvo. Las partículas de un cometa se mantienen relativamente juntas debido a la atracción gravitatoria entre las partículas. Como se muestra en la **Figura 21**, los cometas orbitan el Sol en grandes órbitas elípticas.

La estructura de los cometas

El núcleo es la parte interna sólida de un cometa, como se muestra en la **Figura 21**. A medida que el cometa se acerca al Sol, se calienta y puede desarrollar una cola brillante. El calor cambia el hielo del cometa en gas. La energía del sol extrae parte del gas y del polvo del núcleo y los hace brillar. Esto produce la cola brillante del cometa y el núcleo resplandeciente, llamada coma.

 Verificación de concepto clave Describe las características de un cometa.

Figura 21 Cuando la energía del sol golpea el gas y el polvo en el núcleo del cometa, puede crear una cola de dos partes. La cola de gas siempre está alejada del Sol.

Figura 22 Cuando un meteorito grande golpea, puede formar un cráter de impacto gigante como este cráter de 1.2 km de ancho en Arizona.

ORIGEN DE LAS PALABRAS

meteoro
del griego *meteoros*, que significa "alto"

Los cometas de periodo corto y de periodo largo

Un cometa de periodo corto tarda menos de 200 años terrestres en orbitar el Sol. La mayoría de estos cometas vienen del cinturón de Kuiper. Un cometa de periodo largo tarda más de 200 años terrestres en orbitar el Sol. Estos cometas vienen de la nube Oort, un área al borde exterior del sistema solar. Oort rodea al sistema solar y se extiende casi 100,000 UA desde el Sol. Algunos de estos cometas de periodo largo tardan millones de años para orbitar al Sol.

Meteoroides

Cada día, millones de meteoroides entran a la atmósfera de la Tierra. *Un* **meteoroide** *es una partícula pequeña y rocosa que viaja por el espacio.* La mayoría solo son tan grandes como un grano de arena. A medida que pasa por la atmósfera, la fricción calienta lo suficiente al meteoroide y al aire alrededor que lo hace resplandecer. *Un* **meteoro** *es un rayo de luz en la atmósfera de la Tierra producido por la entrada de un meteoroide resplandeciente.* La mayoría de meteoroides se queman en la atmósfera. Pero, algunos son tan grandes que llegan a la superficie de la Tierra antes de quemarse completamente. Cuando esto ocurre, se le llama **meteorito**: *es un meteoroide que impacta un planeta o una luna.*

Cuando un meteoroide grande golpea una luna o planeta, con frecuencia hace una depresión en forma de tazón **(Figura 22)**. *Un* **cráter de impacto** *es una depresión redonda formada en la superficie de un planeta, luna u otro objeto espacial por el impacto de un meteorito.* Hay más de 170 cráteres de impacto en la Tierra.

 Verificación de concepto clave ¿Qué origina un cráter de impacto?

Investigación MiniLab

20 minutos

¿Cómo se forman los cráteres de impacto?

En este laboratorio, representarás la formación de un cráter de impacto.

1. Vierte una capa de **harina** de casi 3 cm de profundidad en un **molde para ponqué.**
2. Vierte una capa de **harina de maíz** de casi 1 cm encima de la harina.
3. Deja caer, una a la vez, **canicas** de diferentes tamaños en la mezcla desde la misma altura, casi 15 cm. Anota tus observaciones en tu diario de ciencias.

Analizar y concluir

1. **Describe** la superficie de la mezcla después de que dejaste caer las canicas.
2. **Reconoce causa y efecto** Con base en tus resultados, explica por qué los cráteres de impacto en las lunas y los planetas son diferentes.
3. **Concepto clave** Explica cómo las canicas de la actividad se podrían emplear para hacer modelos de meteoroides, meteoros y meteoritos.

Repaso de la Lección 4

 Assessment   Online Quiz

Resumen visual

Un asteroide, como Ida, es un trozo de roca y hielo que orbita el Sol.

Los cometas, que son una mezcla de roca, hielo y polvo, orbitan el Sol. Su interacción con el Sol causa la cola del cometa.

Cuando un meteorito grande golpea un planeta o una luna, con frecuencia forma un cráter de impacto.

FOLDABLES

Usa tu modelo de papel para repasar la lección. Guarda tu modelo para el proyecto de final de capítulo.

¿Qué opinas AHORA?

Al inicio de este capítulo leíste las siguientes afirmaciones.

7. Los asteroides y los cometas son principalmente roca y hielo.

8. Un meteoroide es un meteoro que golpea la Tierra.

¿Sigues estando de acuerdo o en desacuerdo con las afirmaciones? Reescribe las afirmaciones falsas para hacerlas verdaderas.

Usar vocabulario

1. **Define** *cráter de impacto* con tus propias palabras.

2. **Distingue** entre meteorito y meteoroide.

3. **Usa el término** *meteoro* en una oración completa.

Entender conceptos clave

4. ¿Cuál produce un cráter de impacto?
   A. cometa   C. meteoroide
   B. meteoro   D. planeta

5. **Razona** ¿Qué es más probable que veas, un meteoro o un meteoroide? Explica.

6. **Diferencia** entre objetos localizados en el cinturón de asteroides y objetos localizados en el cinturón de Kuiper.

Interpretar gráficas

7. **Explica** por qué algunos cometas tienen una cola de dos partes durante tramos de su órbita.

8. **Organiza información** Copia la siguiente tabla y enumera las características principales de un planeta enano.

Objeto	Características que lo definen
Planeta enano	

Pensamiento crítico

9. **Redacta** un párrafo que describa qué pudieron haber pensado los primeros observadores del cielo cuando vieron un cometa.

10. **Evalúa** ¿Estás de acuerdo con la decisión de reclasificar a Plutón como planeta enano? Defiende tu opinión.

Investigación Laboratorio

40 minutos

El sistema solar a escala

Materiales

papel para registradora de 2.25 pulg. de ancho (varios rollos)

vara métrica

cinta adhesiva protectora

marcadores de colores

Seguridad

Un modelo a escala es una representación física de algo que es mucho más pequeño o mucho más grande. Los modelos a escala reducidos de tamaño representan cosas muy grandes, como el sistema solar. La escala usada debe reducir el tamaño real a un tamaño razonable para el modelo.

Preguntar
¿Qué escala puedes usar para representar las distancias entre los objetos del sistema solar?

Procedimiento

1. Primero, decide el tamaño de tu sistema solar. Usa los datos dados en la tabla para calcular la distancia entre el Sol y Neptuno si se usara la escala 1 metro = 1 UA. ¿Cabría tu sistema solar de acuerdo con la escala en el espacio que tienes disponible?

2. Determina con tu grupo la escala del modelo que quepa en el espacio disponible. Los modelos más grandes son generalmente más exactos, entonces, escojan la escala que produzca el modelo más grande y que quepa en el espacio disponible.

3. Una vez que hayas decidido la escala, copia la tabla en tu diario de ciencias. Reemplaza la palabra (*Escala*) en la tercera columna de la tabla, con la unidad que has escogido. Luego, llena la distancia a escala para cada planeta.

4. En papel para registradora, marca las posiciones de los objetos del sistema solar con base en la escala escogida. Usa un largo de papel de registradora que sea ligeramente más largo que la distancia a escala entre el Sol y Neptuno.

Planeta	Distancia del Sol (UA)	Distancia del Sol (Escala)
Mercurio	0.39	
Venus	0.72	
Tierra	1.00	
Marte	1.52	
Júpiter	5.20	
Saturno	9.54	
Urano	19.18	
Neptuno	30.06	

5 Pega con cinta los extremos del papel en una mesa o en el piso. Marca un punto en un extremo del papel para representar el Sol. Mide a lo largo del papel desde el centro del punto hasta la ubicación de Mercurio. Marca un punto en esta posición y rotúlalo *Mercurio*. Repite este proceso para los planetas restantes.

Analizar y concluir

6 Critica Hay muchos objetos en el sistema solar. Estos objetos tienen diferentes tamaños, estructuras y órbitas. Examina tu modelo a escala del sistema solar. ¿Es exacto el modelo? ¿Cómo cambiarías el modelo para que sea más exacto?

7 La gran idea Plutón es un planeta enano localizado más allá de Neptuno. Con base al patrón de datos de distancia para los planetas que se muestran en la tabla, ¿a qué distancia aproximada del Sol esperarías encontrar a Plutón? Explica tu análisis.

8 Calcula ¿Qué longitud de papel para registradora se necesita si se usa una escala de 30 cm = 1 UA para el modelo del sistema solar?

Comunicar resultados

Compara tu modelo con otros grupos de la clase pegándolos uno al lado del otro. Comenten las diferencias principales de sus modelos y las dificultades de hacer los modelos a escala mucho más pequeños.

Ir más allá

¿Cómo construirías un modelo a escala del sistema solar que muestre exactamente los diámetros planetarios y las distancias? Describe cómo lo calcularías.

Sugerencias para el laboratorio

- ☑ Una escala es el ratio entre el tamaño real de algo y la representación que se hace de él.
- ☑ Las distancias entre los planetas y el Sol son distancias promedio porque las órbitas planetarias no son círculos perfectos.

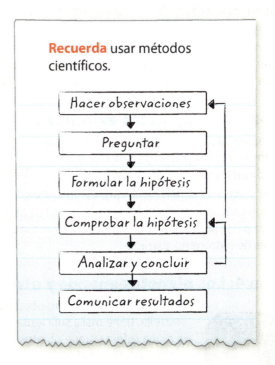

Recuerda usar métodos científicos.

Hacer observaciones → Preguntar → Formular la hipótesis → Comprobar la hipótesis → Analizar y concluir → Comunicar resultados

Guía de estudio del Capítulo 21

 El sistema solar contiene planetas, planetas enanos, cometas, asteroides y otros cuerpos pequeños del sistema solar.

Resumen de conceptos clave

Vocabulario

Lección 1: La estructura del sistema solar

- Los planetas interiores están formados principalmente por materiales sólidos. Los planetas exteriores, que son más grandes que los planetas interiores, tienen capas gruesas de gas y líquido que cubren un núcleo sólido y pequeño.
- Los astrónomos miden las distancias vastas del espacio en **unidades astronómicas**; una unidad astronómica es casi 150 millones de km.
- La velocidad de cada planeta cambia a medida que se mueve por su órbita elíptica alrededor del Sol.

asteroide pág. 763
cometa pág. 763
unidad astronómica pág. 764
periodo de revolución pág. 764
periodo de rotación pág. 764

Lección 2: Los planetas interiores

- Los planetas interiores, Mercurio, Venus, Tierra y Marte, están formados por roca y materiales metálicos.
- El **efecto invernadero** hace que Venus sea el planeta más caliente.
- Mercurio no tiene atmósfera. Las atmósferas de Venus y Marte son casi totalmente dióxido de carbono. La atmósfera de la Tierra es una mezcla de gases y una cantidad pequeña de vapor de agua.

planeta terrestre pág. 769
efecto invernadero pág. 771

Lección 3: Los planetas exteriores

- Los planetas exteriores, Júpiter, Saturno, Urano y Neptuno, están formados principalmente por hidrógeno y helio.
- Júpiter y Saturno tienen capas gruesas de nubes, pero son principalmente hidrógeno líquido. Los anillos de Saturno son en gran parte partículas de hielo. Urano y Neptuno tienen atmósferas gruesas de hidrógeno y helio.

lunas de Galileo pág. 779

Lección 4: Los planetas enanos y otros objetos

- Un planeta enano es un objeto que orbita una estrella, tiene masa suficiente como para constituirse en una esfera y tiene objetos similares en masa que orbitan cerca de él.
- Un asteroide es un objeto pequeño rocoso que orbita el Sol. Los cometas están formados por roca, hielo y polvo y orbitan el Sol en trayectorias elípticas muy grandes.
- El impacto de un **meteorito** forma un **cráter de impacto**.

meteoroide pág. 788
meteoro pág. 788
meteorito pág. 788
cráter de impacto pág. 788

Guía de estudio

- Personal Tutor
- Vocabulary eGames
- Vocabulary eFlashcards

Proyecto del capítulo

Organiza tus modelos de papel como se muestra, para hacer un proyecto de capítulo. Usa el proyecto para repasar lo que aprendiste en este capítulo.

Usar vocabulario

Une cada frase con el término de vocabulario correcto de la Guía de estudio.

1. el tiempo que un objeto tarda para completar una rotación en su eje
2. la distancia promedio de la Tierra al Sol
3. el tiempo que tarda un objeto en viajar una vez alrededor del Sol
4. aumento en la temperatura que causa la energía atrapada por la atmósfera de un planeta
5. planeta interior
6. las cuatro lunas más grandes de Júpiter
7. rayo de luz en la atmósfera de la Tierra hecho por un meteoroide resplandeciente

Relacionar vocabulario y conceptos clave  Interactive Concept Map

Copia este mapa conceptual y luego usa términos de vocabulario para completarlo.

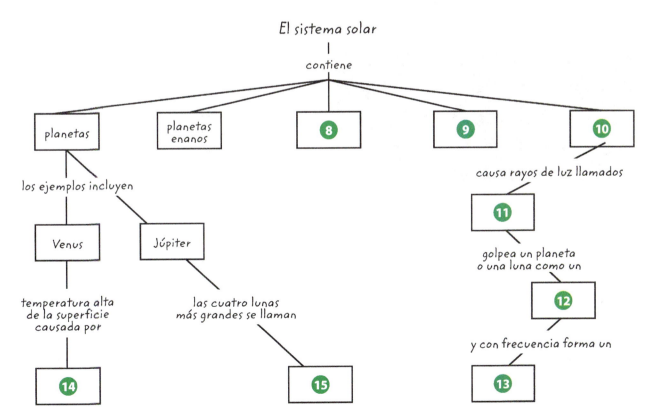

Repaso del Capítulo 21

Entender conceptos clave

1. ¿Cuál objeto del sistema solar es el más grande?
   A. Júpiter
   B. Neptuno
   C. el Sol
   D. Saturno

2. ¿Cuál frase describe mejor el cinturón de asteroides?
   A. otro nombre para la nube Oort
   B. región donde se originan los cometas
   C. trozos grandes de gas, polvo y hielo
   D. millones de objetos pequeños rocosos

3. ¿Cuál oración describe la velocidad de un planeta a medida que orbita el Sol?
   A. Esta disminuye constantemente.
   B. Esta aumenta constantemente.
   C. Esta no cambia.
   D. Esta aumenta, luego disminuye.

4. El siguiente diagrama muestra la órbita de un planeta alrededor del Sol. ¿Qué representa la flecha azul?
   A. la fuerza gravitatoria del Sol
   B. la trayectoria orbital del planeta
   C. la trayectoria del planeta si el Sol no existiera
   D. la velocidad del planeta

5. ¿Cuál frase describe el efecto invernadero?
   A. efecto de la gravedad sobre la temperatura
   B. energía emitida por el Sol
   C. energía atrapada por la atmósfera
   D. emisión de luz de un planeta

6. ¿En qué se parecen los planetas terrestres?
   A. tienen densidades similares
   B. tienen diámetros similares
   C. tienen periodos de rotación similares
   D. tienen superficies rocosas similares

7. ¿Cuál planeta interior es el más caliente?
   A. Tierra
   B. Marte
   C. Mercurio
   D. Venus

8. La siguiente fotografía muestra cómo se ve la Tierra desde el espacio. ¿En qué se diferencia la Tierra de los otros planetas interiores?

   A. Su atmósfera contiene cantidades grandes de metano.
   B. Su periodo de revolución es mucho más grande.
   C. Su superficie está cubierta por cantidades grandes de agua líquida.
   D. La temperatura de su superficie es mayor.

9. ¿Cuáles dos gases constituyen la mayoría de los planetas exteriores?
   A. amoniaco y helio
   B. amoniaco e hidrógeno
   C. hidrógeno y helio
   D. metano e hidrógeno

10. ¿Cuál frase es verdadera acerca de los planetas enanos?
    A. tienen más masa que los objetos cercanos
    B. nunca tienen lunas
    C. orbitan cerca del Sol
    D. tienen forma esférica

11. ¿Cuál objeto es un rayo de luz brillante en la atmósfera de la Tierra?
    A. un cometa
    B. un meteoro
    C. un meteorito
    D. un meteoroide

12. ¿Cuál característica describe mejor un asteroide?
    A. helado
    B. rocoso
    C. redondo
    D. húmedo

Repaso del capítulo

Pensamiento crítico

13. **Relaciona** los cambios de velocidad durante la órbita de un planeta con la forma de la órbita y la fuerza gravitatoria del Sol.

14. **Compara** ¿En qué se parecen los planetas y los planetas enanos?

15. **Aplica** Como Venus, la atmósfera de la Tierra contiene dióxido de carbono. ¿Qué sucedería en la Tierra si la cantidad de dióxido de carbono en la atmósfera aumentara? Explica.

16. **Defiende** Un compañero afirma que algún día se encontrará vida en Marte. Defiende la afirmación y da una razón de por qué podría existir vida en Marte.

17. **Infiere** si un planeta con volcanes activos tendría más o menos cráteres que un planeta sin volcanes activos. Explica.

18. **Justifica** Usa el diagrama del cinturón de asteroides para sustentar la explicación de cómo se formó el cinturón.

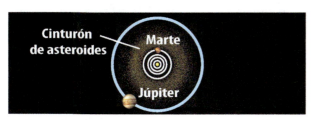

19. **Evalúa** La sonda *Huygens* transmitió datos acerca de Titán solo durante 90 min. En tu opinión, ¿valió esto el esfuerzo de enviar la sonda?

20. **Explica** por qué la luna de Júpiter, Ganímides, no se considera un planeta enano, aunque es más grande que Mercurio.

Escritura en Ciencias

21. **Redacta** un folleto que describa cómo la Unión Astronómica Internacional clasifica los planetas, los planeas enanos y los objetos pequeños del sistema solar.

REPASO LA GRAN IDEA

22. ¿Qué clases de objetos hay en el sistema solar? Resume los tipos de objetos espaciales que constituyen el sistema solar y da por lo menos un ejemplo de cada uno.

23. La siguiente foto muestra parte de los anillos de Saturno y dos de sus lunas. Describe de qué están formados Saturno y sus anillos y explica por qué los otros dos objetos son lunas.

Destrezas matemáticas

Usar ratios

Datos de los planetas interiores			
Planeta	Diámetro (% del diámetro de la Tierra)	Masa (% de la masa de la Tierra)	Distancia promedio del Sol (UA)
Mercurio	38.3	5.5	0.39
Venus	95	81.5	0.72
Tierra	100	100	1.00
Marte	53.2	10.7	1.52

24. Usa la tabla anterior para calcular cuántas veces está Marte más lejos del Sol en comparación con Mercurio.

25. ¿Cuántas veces es mayor la masa de Venus en comparación con la masa de Mercurio?

Práctica para la prueba estandarizada

Anota tus respuestas en la hoja de respuestas que te entregó el profesor o en una hoja de papel.

Selección múltiple

1 ¿Cuál es un planeta terrestre?
- **A** Ceres
- **B** Neptuno
- **C** Plutón
- **D** Venus

2 Una unidad astronómica (UA) es la distancia promedio
- **A** entre la Tierra y la Luna.
- **B** de la Tierra al Sol.
- **C** a la estrella más cercana de la galaxia.
- **D** al borde del sistema solar.

3 ¿Cuál NO es una característica de TODOS los planetas?
- **A** excede la masa total de los objetos cercanos
- **B** tiene una forma casi esférica
- **C** tiene una o más lunas
- **D** hace una órbita elíptica alrededor del Sol

Usa el siguiente diagrama para responder la pregunta 4.

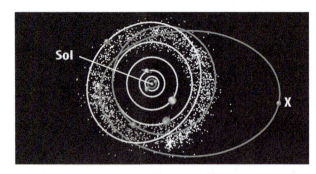

4 ¿Cuál objeto del sistema solar está marcado con una X en el diagrama?
- **A** un asteroide
- **B** un meteoroide
- **C** un planeta enano
- **D** un planeta exterior

Usa el siguiente diagrama de Saturno para responder las preguntas 5 y 6.

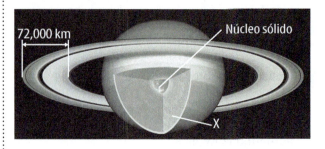

5 ¿De qué material está formada la capa interior gruesa marcada con una X en el diagrama?
- **A** dióxido de carbono
- **B** helio gaseoso
- **C** hidrógeno líquido
- **D** roca derretida

6 En el diagrama, se muestra que los anillos de Saturno tienen 72,000 km de ancho. ¿Qué espesor tienen los anillos de Saturno aproximadamente?
- **A** 30 m
- **B** 1,000 km
- **C** 14,000 km
- **D** 1 UA

7 ¿Cuál rasgo NO se encuentra en la superficie de Mercurio?
- **A** acantilados altos
- **B** cráteres de impacto
- **C** flujos de lava
- **D** dunas

8 ¿Cuál es la causa fundamental de las temperaturas extremadamente altas en la superficie de Venus?
- **A** el calor que asciende del manto
- **B** la falta de atmósfera
- **C** la proximidad al Sol
- **D** el efecto invernadero

Práctica para la prueba estandarizada

Usa el siguiente diagrama para responder la pregunta 9.

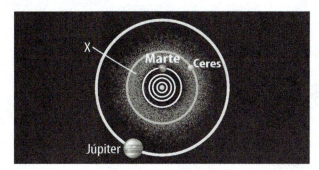

9 En el diagrama anterior, ¿qué región del sistema solar está marcada con una *X*?

  A el cinturón de asteroides

  B los planetas enanos

  C el cinturón de Kuiper

  D la nube Oort

10 ¿Qué es un meteorito?

  A una depresión de la superficie formada por la colisión con una roca del espacio

  B un fragmento de roca que golpea un planeta o una luna

  C una mezcla de hielo, polvo y gas con una cola resplandeciente

  D una partícula pequeña y rocosa que viaja por el espacio

11 ¿Qué le da a Marte su color rojizo?

  A los casquetes polares de dióxido de carbono congelado

  B la lava del Monte Olimpo

  C el agua líquida de los surcos

  D el suelo rico en óxido de hierro

Respuesta elaborada

Usa la siguiente tabla para responder las preguntas 12 y 13.

	Planetas interiores	Planetas exteriores
También reciben el nombre de		
Tamaño relativo		
Materiales principales		
Estructura general		
Número de lunas		

12 Copia la tabla y completa las primeras cinco hileras para comparar las características de los planetas interiores con las de los planetas exteriores.

13 En la hilera que está en blanco agrega otra característica de los planetas interiores y de los planetas exteriores. Luego, describe la característica que escogiste.

14 ¿Qué características de la Tierra la hacen adecuada para soportar la vida tal como la conocemos?

15 ¿En qué se parecen y se diferencian los planetas enanos y los asteroides?

¿NECESITAS AYUDA ADICIONAL?															
Si no pudiste responder la pregunta...	1	2	3	4	5	6	7	8	9	10	11	12	13	14	15
Pasa a la Lección...	2	1	1	1	3	3	2	2	1,4	4	2	2,3	2,3	2	1,4

Capítulo 22

Estrellas y galaxias

 ¿Qué conforma el universo y cómo lo afecta la gravedad?

Investigación ¿Qué no puedes ver?

Esta fotografía muestra una parte pequeña del universo. En ella puedes ver muchas estrellas y galaxias. Sin embargo, el universo también contiene muchas cosas que no puedes ver.

- ¿Cómo estudian los científicos el universo?
- ¿Qué conforma el universo?
- ¿Cómo la gravedad afecta el universo?

Prepárate para leer

¿Qué opinas?

Antes de leer, piensa si estás de acuerdo o no con las siguientes afirmaciones. A medida que leas el capítulo, decide si cambias de opinión sobre alguna de ellas.

1. El cielo nocturno está dividido en constelaciones.
2. Un año luz es una medida de tiempo.
3. Las estrellas brillan porque en sus núcleos hay reacciones nucleares.
4. Las manchas solares se ven oscuras porque están más frías que las áreas alrededor.
5. Cuanta más materia contenga una estrella, mayor es el tiempo que puede brillar.
6. La gravedad desempeña una función importante en la formación de las estrellas.
7. La mayor parte de la masa del universo está en las estrellas.
8. La teoría del *Big Bang* es una explicación del origen del universo.

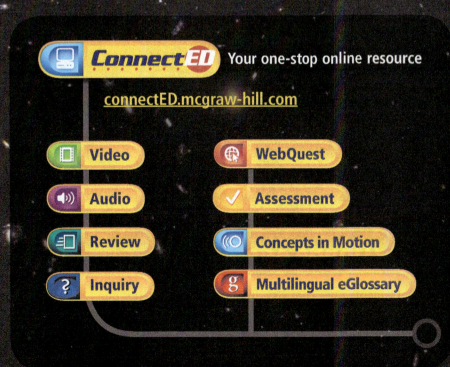

ConnectED Your one-stop online resource

connectED.mcgraw-hill.com

- Video
- WebQuest
- Audio
- Assessment
- Review
- Concepts in Motion
- Inquiry
- Multilingual eGlossary

Lección 1

Guía de lectura

Conceptos clave
PREGUNTAS IMPORTANTES

- ¿Cómo dividen los astrónomos el cielo nocturno?
- ¿Qué aprenden los astrónomos de las estrellas a partir de su luz?
- ¿Cómo miden los científicos la distancia y el brillo de los objetos en el cielo?

Vocabulario
espectroscopio pág. 803
unidad astronómica pág. 804
año luz pág. 804
magnitud aparente pág. 805
luminosidad pág. 805

g Multilingual eGlossary

La vista desde la Tierra

Investigación ¿Dónde es esto?

Probablemente nunca has visto lucir el cielo así, a menos que hayas visitado una parte remota del país. Es similar a como tus ancestros veían el cielo nocturno, antes de que los pueblos y las ciudades lo iluminaran.

Laboratorio de inicio

20 minutos

¿Cómo puedes "ver" la energía invisible?

Ves debido a la luz del sol. Sientes el calor de la energía del sol. El Sol produce otros tipos de energías que no puedes ver ni sentir directamente.

1. Lee y completa un formulario de seguridad en el laboratorio.
2. Pon de 5 a 6 **cuentas** en un **recipiente transparente.** Observa el color de las cuentas.
3. En un cuarto oscuro, alumbra las cuentas con una **linterna** durante varios segundos. Anota tus observaciones en tu diario de ciencias. Repite este paso, exponiendo las cuentas a la luz de un **foco incandescente** y a una **luz fluorescente.** Anota tus observaciones.
4. Párate afuera en un lugar con sombra durante varios segundos. Luego, expón las cuentas directamente a la luz solar. Anota tus observaciones.

Piensa

1. ¿Cómo la luz de las diferentes fuentes afectó el color de las cuentas?
2. ¿Qué piensas que hizo que las cuentas cambiaran de color?
3. 🔑 **Concepto clave** ¿Cómo piensas que las formas invisibles de luz ayudan a los científicos a entender las estrellas y otros objetos en el cielo?

Observación del cielo nocturno

¿Alguna vez has mirado hacia el cielo en una noche despejada y oscura, y has visto innumerables estrellas? Si lo has hecho, tienes suerte. Poca gente ve el cielo como el que se muestra en la página anterior. La luz de los pueblos y ciudades vuelve el cielo nocturno muy brillante como para poder ver las estrellas tenues.

Si miras el cielo nocturno despejado durante largo rato, parece que las estrellas se movieran. Pero lo que en realidad estás viendo es el movimiento de la Tierra. La Tierra gira, o rota, una vez cada 24 horas. El día cambia a noche y luego otra vez a día a medida que la Tierra rota. Debido a que la Tierra rota de oeste a este, los objetos en el cielo salen por el este y se ponen por el oeste.

La Tierra gira en su eje, una línea imaginaria trazada desde el polo Norte al polo Sur. La Estrella Polar está casi directamente encima del polo Norte. A medida que la Tierra gira, las estrellas cercanas a la Estrella Polar parecen viajar en círculo a su alrededor, como se muestra en la **Figura 1.** Estas estrellas nunca se ponen cuando se ven desde el hemisferio norte. Siempre están presentes en el cielo de la noche.

Figura 1 En esta fotografía a intervalos, las estrellas alrededor de la Estrella Polar parecen rayas de luz.

Lección 1
EXPLORAR

Astronomía a simple vista

No necesitas un equipo costoso para ver el cielo. *Astronomía a simple vista* significa observar el cielo solo con los ojos, sin binoculares ni telescopio. Mucho antes de la invención del telescopio, las personas observaban las estrellas para saber la hora y orientarse. Aprendieron acerca de los planetas, las estaciones y los eventos astronómicos simplemente observando el cielo. Cuando practiques la astronomía a simple vista, recuerda nunca mirar al Sol directamente pues podrías dañar tus ojos.

Constelaciones

Cuando las personas de las culturas antiguas observaban el cielo nocturno, veían patrones. Estos patrones se parecían a personas, animales u objetos, como el cazador y el dragón que se muestran en la **Figura 2**. El astrónomo griego Ptolomeo identificó docenas de patrones de estrellas hace cerca de 2,000 años. Hoy, estos patrones y otros como ellos se conocen como constelaciones antiguas.

Los astrónomos de la actualidad usan muchas constelaciones antiguas para dividir el cielo en 88 regiones. Algunas de estas regiones, que también se llaman constelaciones, se muestran en el mapa del cielo de la **Figura 2**. La división del cielo ayuda a los científicos a comunicar a los otros qué área del cielo están estudiando.

Verificación de concepto clave ¿Cómo dividen los astrónomos el cielo nocturno?

Foldables

Haz un boletín horizontal con dos solapas. Rotúlalo como se muestra. Úsalo para organizar tus notas sobre astronomía.

Figura 2 La mayoría de las constelaciones modernas contienen una constelación antigua.

Verificación visual ¿Por qué el este aparece a la izquierda y el oeste aparece a la derecha en el mapa del cielo?

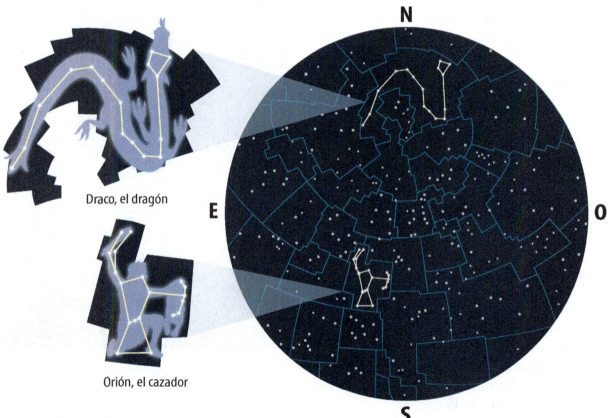

Draco, el dragón

Orión, el cazador

Espectro electromagnético

Figura 3 Las diferentes partes del espectro electromagnético tienen longitudes de onda y energías distintas. Solo puedes ver una parte pequeña de la energía en estas longitudes de onda.

Verificación visual ¿Cuál longitud de onda tiene la energía más alta?

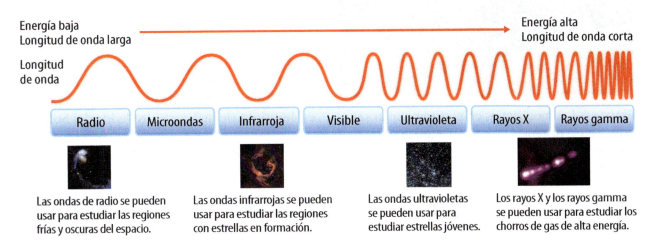

Telescopios

Los telescopios pueden captar mucha más luz de la que el ojo humano puede detectar. La luz visible es solo una parte del espectro electromagnético. Este, como se muestra en la **Figura 3,** es un rango continuo de longitudes de onda. Las longitudes de onda más largas tienen energía baja. Las más cortas tienen energía alta. Los diferentes objetos del espacio emiten distintos rangos de longitudes de onda. El rango de las longitudes de onda que una estrella emite es el espectro de la estrella.

Espectroscopios

Los científicos estudian los espectros de las estrellas con un instrumento llamado espectroscopio. *Un* **espectroscopio** *propaga la luz en diferentes longitudes de onda.* Al usarlo, los astrónomos pueden estudiar las características de las estrellas, incluidas temperaturas, composiciones y energías. Así, las estrellas recién formadas emiten por lo general ondas de radio e infrarrojas, que tienen energía baja. Las estrellas en explosión emiten principalmente ondas ultravioletas y rayos X de energía alta.

Verificación de concepto clave ¿Qué pueden aprender los astrónomos del espectro de una estrella?

Investigación MiniLab — 20 minutos

¿Cómo se diferencia la luz?

La luz del sol es diferente de la luz de un foco. ¿Cómo se diferencian las fuentes de luz?

1. Lee y completa un formulario de seguridad en el laboratorio.

2. Sigue las instrucciones incluidas con tu **espectroscopio.** Úsalo para observar varias **fuentes de luz** del salón de clases. Luego, úsalo para mirar una parte brillante del cielo. ⚠ No mires directamente al Sol.

3. Con **lápices de colores** dibuja lo que ves en cada tipo de luz en tu diario de ciencias.

Analizar y concluir

1. **Compara y contrasta** ¿Qué colores viste en cada fuente de luz? ¿Cómo se diferenciaban los colores?

2. **Concepto clave** ¿Cómo se podría usar un espectroscopio para aprender acerca de las estrellas?

Figura 4 Las mediciones en el sistema solar se basan en la distancia promedio entre la Tierra y el Sol: 1 unidad astronómica (UA). El planeta más distante, Neptuno, está a 30 UA del Sol.

Origen de las palabras

paralaje
del griego *paralaxis*, que significa "alteración"

Destrezas matemáticas

Usar proporciones

Las proporciones se pueden usar para calcular las distancias a objetos astronómicos. La luz puede viajar casi 10 billones de km en un año. ¿Cuántos años le tomaría a la luz llegar a la Tierra desde una estrella ubicada a 100 billones de km?

1. Establece una proporción.

   $$\frac{10 \text{ billones km}}{1 \text{ año}} = \frac{100 \text{ billones km}}{x \text{ años}}$$

2. Multiplica en cruz.

   10 billones km × (*x*) años = 100 billones km × 1 año

3. Resuelve *x* dividiendo los dos lados entre 10 billones de km.

   $$x = \frac{100 \text{ billones km}}{10 \text{ billones km}} = 10 \text{ años}$$

Practicar

¿Cuántos años le tomaría a la luz alcanzar la Tierra desde una estrella a 60 billones de km?

Review
- Math Practice
- Personal Tutor

Medición de distancias

Estira un brazo con el dedo pulgar levantado. Cierra un ojo y mira el pulgar. Ahora abre el ojo y cierra el otro. ¿Pareció como si el pulgar saltara? Esto es un ejemplo de **paralaje** o cambio aparente de la posición de un objeto al mirarlo desde dos puntos diferentes.

Los astrónomos usan ángulos creados por paralaje para medir a qué distancia están los objetos de la Tierra. En vez de usar los ojos como los dos puntos de vista, usan dos puntos en la órbita de la Tierra alrededor del Sol.

 Verificación de la lectura ¿Qué es paralaje?

Distancias dentro del sistema solar

Debido a que el universo es muy grande para medirlo fácilmente en metros o kilómetros, los astrónomos usan otras unidades de medición. Para las distancias dentro del sistema solar, usan unidades astronómicas. *Una* **unidad astronómica (UA)** *es la distancia media entre la Tierra y el Sol: casi 150 millones de km.* Es conveniente usar esta unidad en el sistema solar porque las distancias se pueden comparar fácilmente con la distancia entre la Tierra y el Sol, como se muestra en la **Figura 4**.

Distancias más allá del sistema solar

Los astrónomos miden las distancias de los objetos más allá del sistema solar con una unidad de distancia más grande: el año luz. A pesar de su nombre, un año luz mide distancia, no tiempo. *Un* **año luz** *es la distancia que la luz recorre en un año.* La luz viaja a una velocidad de casi 300,000 km/s. Eso significa que 1 año luz es casi ¡10 billones de km! Proxima Centauri, la estrella más cercana al Sol, está a casi 4.2 años luz.

Mirar al pasado

Debido a que la luz toma tiempo al viajar, ves una estrella no como es hoy, sino como era cuando la luz la dejó. A 4.2 años luz de distancia, Proxima Centauri se ve como era hace 4.2 años. Cuanto más lejos está un objeto, más tiempo toma su luz para llegar a la Tierra.

804 Capítulo 22
EXPLICAR

Medición del brillo

Cuando miras las estrellas, puedes ver que algunas son oscuras y otras son brillantes. Los astrónomos miden el brillo de las estrellas de dos maneras: por lo brillantes que se ven desde la Tierra y por lo brillantes que en realidad son.

Magnitud aparente

Los científicos miden el brillo aparente de las estrellas desde la Tierra usando una escala desarrollada por Hiparco, un antiguo astrónomo griego. Hiparco asignó un número a cada estrella que vio en el cielo con base en su brillo. Hoy, los astrónomos llaman a estos números magnitudes. *La* **magnitud aparente** *de un objeto es una medida de lo brillante que se ve desde la Tierra.*

Como se muestra en la **Figura 5,** algunos objetos tienen magnitudes aparentes negativas. Esto es porque Hiparco asignó un valor de 1 a todas las estrellas más brillantes. Él no les asignó valores al Sol, a la Luna ni a Venus. Posteriormente, los astrónomos les asignaron números negativos al Sol, la Luna y Venus, y a otras estrellas.

> **VOCABULARIO ACADÉMICO**
> **aparente**
> *(adjetivo)* que parece al ojo o a la mente

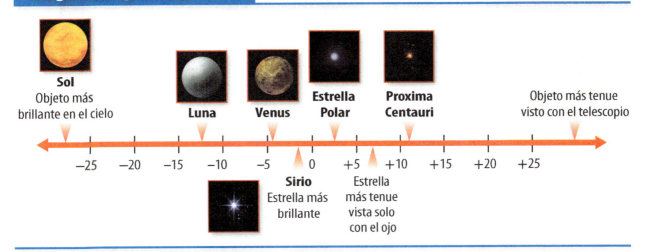

Magnitud absoluta

Las estrellas se ven brillantes o tenues dependiendo de sus distancias desde la Tierra. Pero las estrellas también tienen magnitudes reales, o absolutas. *La* **luminosidad** *es el brillo real de un objeto.* La luminosidad de una estrella, medida en una escala de magnitud absoluta, depende de la temperatura y el tamaño de la estrella, no de su distancia de la Tierra. La luminosidad de una estrella, la magnitud aparente y la distancia están relacionadas. Si los científicos conocen dos de estos factores, pueden determinar el tercero con fórmulas matemáticas.

Figura 5 Cuanto más tenue se vea una estrella u otro objeto en el cielo, mayor es su magnitud aparente.

Verificación visual
¿Cuál es la magnitud aparente de Sirio?

Verificación de concepto clave ¿Cómo miden los científicos el brillo de las estrellas?

Repaso de la Lección 1

Resumen visual

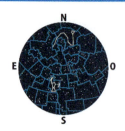

Los astrónomos usan constelaciones antiguas para dividir el cielo en secciones, también llamadas constelaciones.

Las diferentes longitudes de onda del espectro electromagnético transportan distintas energías.

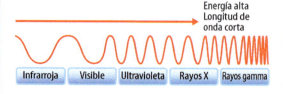

Los astrónomos miden las distancias dentro del sistema solar usando unidades astronómicas.

FOLDABLES

Usa tu modelo de papel para repasar la lección. Guarda tu modelo para el proyecto de final de capítulo.

Usar vocabulario

1. Un aparato que propaga la luz en diferentes longitudes de onda es un(a) _____.

2. **Define** *unidad astronómica* y *año luz* con tus propias palabras.

3. **Distingue** entre magnitud aparente y luminosidad.

Entender conceptos clave

4. ¿Qué mide un año luz?
   - A. brillo
   - B. distancia
   - C. tiempo
   - D. longitud de onda

5. **Describe** cómo los científicos dividen el cielo.

Interpretar gráficas

6. **Analiza** ¿Cuál estrella del siguiente diagrama se ve más brillante desde la Tierra?

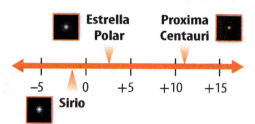

7. **Organiza información** Copia y llena el siguiente organizador gráfico para enumerar tres cosas que los astrónomos pueden aprender de la luz de una estrella.

¿Qué opinas AHORA?

Al inicio de este capítulo leíste las siguientes afirmaciones.

1. El cielo nocturno está dividido en constelaciones.

2. Un año luz es una medida de tiempo.

¿Sigues estando de acuerdo o en desacuerdo con las afirmaciones? Reescribe las afirmaciones falsas para hacerlas verdaderas.

Pensamiento crítico

8. **Evalúa** por qué los astrónomos usan regiones de constelaciones modernas en vez de patrones de constelaciones antiguas para dividir el cielo.

Destrezas matemáticas

9. La galaxia Andrómeda está casi a 25,000,000,000,000,000,000 km de la Tierra. ¿Cuánto tiempo le toma a la luz alcanzar la Tierra desde esa galaxia?

Investigación · Práctica de destrezas — Interpretar ilustraciones científicas
30 minutos

¿Cómo puedes usar ilustraciones científicas para ubicar constelaciones?

Puede que hayas escuchado que las estrellas de El Carro apuntan a la Estrella Polar. El Carro es un patrón pequeño de estrellas en la constelación más grande de la Osa Mayor. Osa Mayor viene del latín *Ursa Major*, que significa "oso grande". Es la tercera constelación más grande de 88 constelaciones modernas en el cielo. Estudia la imagen de la Osa Mayor. ¿Puedes encontrar las siete estrellas que forman El Carro? Puedes usar un localizador de estrellas en una noche despejada del año. El localizador de estrellas también te ayuda a ver cómo se mueven las constelaciones por el cielo.

Materiales

tabla de estrellas

estrellas adhesivas

papel cuadriculado

Aprende
Las ilustraciones científicas te pueden ayudar a entender materias difíciles o complicadas. **Interpreta ilustraciones científicas** en el localizador de estrellas para aprender acerca del cielo nocturno.

Intenta

1. Lee y completa un formulario de seguridad en el laboratorio.
2. Lee la información para el usuario que el localizador de estrellas suministra.
3. Rota la rueda para ubicar en el localizador de estrellas el día y la hora en que verás el cielo nocturno. Observa cómo se mueven las constelaciones antiguas marcadas en el localizador.

4. Haz una lista de las estrellas brillantes, las constelaciones y los planetas que podrías ver en el cielo.
5. Usa el localizador de estrellas afuera en una noche despejada. Mientras sostienes el localizador de estrellas por encima de la cabeza, asegúrate de que las flechas estén apuntando en la dirección correcta.

Aplica

6. ¿Qué constelaciones antiguas, planetas y estrellas pudiste ver?
7. ¿Localizaste la Estrella Polar? ¿Por qué podrás ver la Estrella Polar durante 6 meses a partir de ahora?
8. ¿Cuáles constelaciones no podrás ver durante 6 meses a partir de ahora?
9. ¿Por qué parece que las estrellas se mueven?
10. ¿Cómo podrían las constelaciones antiguas haber ayudado a las personas en el pasado?
11. 🔑 **Concepto clave** ¿Cómo la división del cielo en constelaciones ayuda a los científicos a estudiar el cielo?

Lección 2

El Sol y las otras estrellas

Guía de lectura

Conceptos clave 🗝
PREGUNTAS IMPORTANTES

- ¿Cómo brillan las estrellas?
- ¿Qué capas tienen las estrellas?
- ¿Cómo cambia el Sol en periodos cortos de tiempo?
- ¿Cómo los científicos clasifican las estrellas?

Vocabulario
fusión nuclear pág. 809
estrella pág. 809
zona radiativa pág. 810
zona de convección pág. 810
fotosfera pág. 810
cromosfera pág. 810
corona pág. 810
diagrama de Hertzsprung-Russell pág. 813

g **Multilingual eGlossary**

Investigación ¿Volcanes en el Sol?

No, es la atmósfera del Sol. La atmósfera del Sol se puede extender millones de kilómetros en el espacio. Algunas veces la atmósfera se vuelve tan activa que afecta los sistemas de comunicación y las redes de energía eléctrica en la Tierra.

808 Capítulo 22
EMPRENDER

Laboratorio de inicio

15 minutos

¿Qué son esas manchas en el Sol?

Si pudieras ver el Sol en un acercamiento, ¿cómo se vería? ¿Se ve igual todo el tiempo?

1. Examina un **colaje de imágenes del Sol.** Observa las fechas en que fueron tomadas las fotos.
2. Comenta con un compañero lo que podrían ser las manchas oscuras y por qué cambian de posición.
3. Elige una mancha. Calcula cuánto tiempo le toma a la mancha moverse completamente por la superficie del Sol. Anota tu cálculo en tu diario de ciencias.

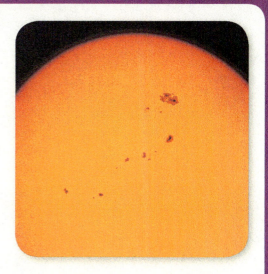

Piensa

1. ¿Qué piensas que son las manchas?
2. ¿Por qué piensas que las manchas se mueven por la superficie del Sol?
3. **Concepto clave** ¿Cómo piensas que el Sol cambia con los días, los meses y los años?

Cómo brillan las estrellas

Cuanto más caliente está algo, más rápido se mueven sus átomos. A medida que los átomos se mueven, colisionan. Si un gas está lo suficientemente caliente y sus átomos se mueven con suficiente rapidez, los núcleos de algunos de los átomos se pegan unos a otros. *La **fusión nuclear** es un proceso que ocurre cuando los núcleos de varios átomos se combinan en un núcleo mayor.*

La fusión nuclear libera una gran cantidad de energía. Esta energía provee energía a las estrellas. *Una **estrella** es una esfera grande de gas que se mantiene unida por la gravedad, con un núcleo tan caliente que ocurre la fusión nuclear.* El núcleo de una estrella puede alcanzar millones o cientos de millones de grados Celsius. Cuando la energía deja el núcleo de una estrella, viaja a través de la estrella y se irradia al espacio. Como resultado, la estrella brilla.

 Verificación de concepto clave ¿Cómo brillan las estrellas?

Composición y estructura de las estrellas

El Sol es la estrella más cercana a la Tierra. Por esto, los científicos pueden observarla fácilmente. Pueden enviar sondas al Sol y estudiar su espectro con espectroscopios montados sobre telescopios terrestres. Los espectros del Sol y de otras estrellas dan información acerca de la composición **estelar.** El Sol y la mayoría de las estrellas están formados casi completamente por hidrógeno y gas helio. La composición de una estrella cambia lentamente con el tiempo a medida que el hidrógeno en su núcleo se fusiona en núcleos más complejos.

FOLDABLES

Haz un boletín vertical con cuatro solapas. Rotúlalo como se muestra. Úsalo para organizar tus notas sobre los rasgos cambiantes del Sol.

USO CIENTÍFICO Y USO COMÚN
estelar

Uso científico todo lo relacionado con las estrellas

Uso común sobresaliente, ejemplar

Capas del Sol 🗝

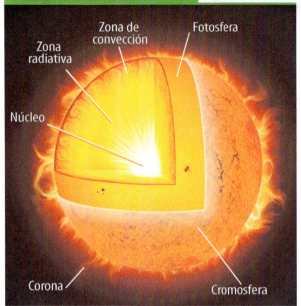

Figura 6 El Sol está dividido en seis capas.

✅ **Verificación visual** ¿Dónde se ubica la fotosfera en relación con las otras capas del Sol?

Investigación MiniLab 20 minutos

¿Puedes hacer un modelo de la estructura del Sol?

La construcción de un modelo bidimensional del Sol te ayudará a visualizar sus partes.

1. Lee y completa un formulario de seguridad en el laboratorio.
2. Usa **tijeras** para cortar cada **parte del Sol**.
3. Usa **pegamento en barra** para pegar la corona a una hoja de **papel negro**. Pega las otras piezas a la corona en este orden: cromosfera, zona de convección, zona radiativa, núcleo.
4. Pega solo el borde de arriba de la fotosfera sobre la zona de convección.

Analizar y concluir

1. Dibuja la trayectoria que seguiría una partícula de luz del núcleo a la fotosfera.
2. 🗝 **Concepto clave** ¿Cómo representa esta actividad la capacidad de una estrella de brillar?

El interior de las estrellas

Cuando se formaron, todas las estrellas fusionaron hidrógeno en helio en sus núcleos. El helio es más denso que el hidrógeno, así que se hunde hacia el interior del núcleo después de que se forma.

El núcleo es una de las tres capas interiores de una estrella típica **(Figura 6)**. *La* **zona radiativa** *es una capa de hidrógeno más frío, encima del núcleo de una estrella*. Allí, el hidrógeno es denso. La energía lumínica rebota de átomo en átomo a medida que asciende de forma gradual, fuera de la zona radiativa.

Encima de la zona radiativa está la **zona de convección**, *donde el gas caliente asciende hacia la superficie y el gas más frío desciende hacia el interior*. La energía lumínica asciende rápidamente en la zona de convección.

✅ **Verificación de concepto clave** ¿Cuáles son las capas interiores de una estrella?

La atmósfera de las estrellas

Más allá de la zona de convección están las tres capas exteriores de una estrella. Estas constituyen su atmósfera. *La* **fotosfera** *es la superficie aparente de una estrella*. En el Sol, esta es la parte densa y brillante que puedes ver, donde la energía lumínica se irradia al espacio. Desde la tierra, la fotosfera del Sol parece lisa. Pero al igual que el resto del Sol, está formada por gas.

Encima de la fotosfera están las dos capas exteriores de la atmósfera de una estrella. *La* **cromosfera** *es la capa de color rojo anaranjado encima de la fotosfera* **(Figura 6)**. *La* **corona** *es la capa ancha más exterior de la atmósfera de una estrella*. Su temperatura es mayor que la de la fotosfera o de la cromosfera. Tiene forma irregular y se puede extender por varios millones de kilómetros.

Rasgos cambiantes del Sol

Los rasgos interiores del Sol permanecen estables durante millones de años. Pero su atmósfera puede cambiar con el paso de los años, meses o incluso minutos. Alguno de estos rasgos se ilustran en la **Tabla 1** de la siguiente página.

Tabla 1 El Sol es dinámico. Cambia con el paso de los años, meses, horas y minutos.

Verificación de concepto clave ¿Cuáles partes del Sol cambian en periodos cortos de tiempo?

Tabla 1 Rasgos cambiantes del Sol

Manchas solares
Las regiones de actividad magnética fuerte se llaman manchas solares. Más frías que el resto de la fotosfera, las manchas solares parecen salpicaduras oscuras en el Sol. Aparentemente se mueven por el Sol a medida que este rota. El número de manchas solares cambia con el tiempo. Siguen un ciclo y alcanzan su número máximo cada 11 años. Una mancha solar promedio tiene casi el tamaño de la Tierra.

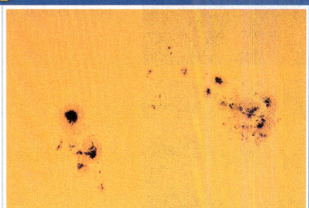

Protuberancias y erupciones
El arco que se muestra aquí es una protuberancia. Las protuberancias son nubes de gas que forman los arcos y las eyecciones que se extienden hacia la corona. Estas duran algunas veces semanas. Las erupciones son aumentos repentinos en el brillo, con frecuencia cerca de las manchas solares y las protuberancias. Estas erupciones violentas duran desde minutos hasta horas. Tanto las protuberancias como las erupciones empiezan en la fotosfera o justo encima de ella.

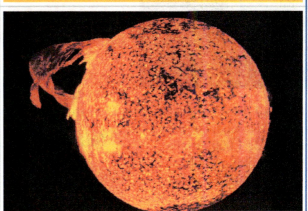

Eyecciones de masa coronal (EMC)
Las burbujas enormes de gas eyectado de la corona son las eyecciones de masa coronal (EMC). Son mucho más grandes que las erupciones y ocurren durante el curso de varias horas. El material de las EMC puede llegar a la Tierra y causar ocasionalmente el apagón de radios o el mal funcionamiento de un satélite en órbita.

Viento solar
Las partículas cargadas que se alejan continuamente del Sol crean el viento solar. El viento solar pasa la Tierra y se extiende hacia el borde del sistema solar. Las luces del norte, o auroras, que se muestran aquí, son cortinas de luz. Se forman cuando partículas de viento solar o una EMC interactúan con el campo magnético de la Tierra.

Grupos de estrellas

El Sol no tiene compañía estelar: la estrella más cercana al Sol está a 4.2 años luz. Muchas estrellas están solas, como el Sol. Sin embargo, la mayoría existe en sistemas de estrellas unidas por la gravedad.

El sistema de estrellas más común es el sistema binario, donde dos estrellas se orbitan entre sí. Estudiando las órbitas de las estrellas binarias, los astrónomos pueden determinar sus masas. Muchas estrellas existen en grupos grandes llamados cúmulos. Dos de sus clases, abiertos y **globulares**, se muestran en la **Figura 7.** Las estrellas en un cúmulo se forman casi al mismo tiempo y están a la misma distancia de la Tierra. Al establecer la distancia o la edad de una estrella en un cúmulo, los astrónomos pueden saber la distancia y la edad de cada estrella en este.

Clasificación de las estrellas

¿Cómo clasificas una estrella? ¿Cuáles propiedades son importantes? Los científicos clasifican las estrellas de acuerdo con su espectro: rango de longitud o de onda que esta emite. Las estrellas tienen espectros y colores diferentes, según las temperaturas de su superficie.

Temperatura, color y masa

¿Alguna vez has visto carbón en una fogata? Los carbones rojos son los más fríos y los carbones blancoazulados son los más calientes. Las estrellas son similares. Las estrellas blancoazuladas son más calientes que las estrellas rojas. Las estrellas anaranjadas, amarillas y blancas tienen temperatura intermedia. Aunque hay excepciones, el color en la mayoría de estrellas está relacionado con la masa, como se muestra en la **Figura 8.** Las estrellas blancoazuladas tienden a tener mayor masa, seguidas por las blancas, las amarillas, las anaranjadas y las rojas.

Verificación de la lectura ¿Cómo se relaciona el color de una estrella con la masa?

En la **Figura 8,** el Sol es diminuto comparado con las estrellas enormes de color blancoazulado. Pero, los científicos sospechan que casi el 90% de estrellas son más pequeñas que el Sol. Estas estrellas se llaman enanas rojas. La estrella más pequeña en la **Figura 8** es una enana roja.

Figura 7 Los cúmulos abiertos (arriba) contienen menos de 1,000 estrellas. Los cúmulos globulares (abajo) pueden contener cientos de miles de estrellas.

ORIGEN DE LAS PALABRAS

globular
del latín *globus*, que significa "masa redonda, esfera"

Figura 8 Las estrellas con mayor masa son por lo general las más calientes y son blancoazuladas. Las estrellas más pequeñas tienden a ser más frías y rojas.

Sol

Diagrama de Hertzsprung-Russell

Figura 9 El diagrama H-R traza luminosidad frente a temperatura. La mayoría de las estrellas se ubican a lo largo de la secuencia principal, la banda que se estira de la esquina superior izquierda a la esquina inferior derecha.

✓ Verificación visual ¿Dónde está el Sol en este diagrama?

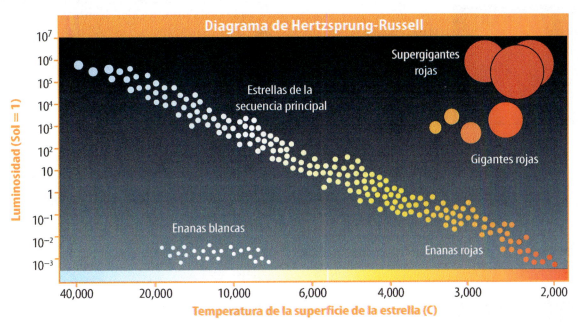

Diagrama de Hertzsprung-Russell

Cuando los científicos trazan las temperaturas de las estrellas frente a sus luminosidades, el resultado es una gráfica como la que se muestra en la **Figura 9**. El **diagrama de Hertzsprung-Russell** (o diagrama H-R) *es una gráfica que representa luminosidad frente a temperatura de las estrellas*. El eje *y* muestra el aumento de luminosidad y el eje *x* la disminución de temperatura.

El diagrama H-R se nombró así por los dos astrónomos que lo desarrollaron a principios de los años 1900. Es una herramienta importante para categorizar las estrellas y para determinar las distancias de algunas de ellas. Si una estrella tiene la misma temperatura que una estrella en el diagrama H-R, los astrónomos pueden con frecuencia determinar su luminosidad. Como ya leíste, si los científicos conocen la luminosidad de una estrella, pueden calcular su distancia de la Tierra.

Verificación de concepto clave ¿Qué es el diagrama de Hertzsprung-Russell?

La secuencia principal

La mayoría de estrellas, incluidas las que se muestran en la **Figura 8**, se ubican a lo largo de la secuencia principal. En el diagrama H-R, las estrellas de dicha secuencia forman una línea de la esquina superior izquierda a la esquina inferior derecha. La masa de una estrella de esta secuencia determina su temperatura y luminosidad. Debido a que las estrellas de masa mayor tienen más fuerza de gravedad que las comprime que las estrellas de menor masa, sus núcleos tienen temperaturas más altas y producen más energía a través de la fusión.

En la **Figura 9,** algunos grupos de estrellas del diagrama H-R no encajan en la secuencia principal. Las estrellas de la esquina superior derecha son frías, aunque luminosas. Esto se debe a que son inusualmente grandes, no a que produzcan más energía. Las estrellas masivas son gigantes. Las más masivas son supergigantes. Las enanas blancas en la parte baja del diagrama H-R son calientes, aunque tenues. Esto porque son inusualmente pequeñas. Leerás más acerca de ellas en la Lección 3.

Lección 2
EXPLICAR

Repaso de la Lección 2

Resumen visual

El gas caliente asciende y el gas frío desciende en la zona de convección del Sol.

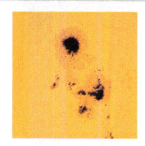

Las manchas solares son áreas del Sol relativamente oscuras que tienen una actividad magnética fuerte.

Los cúmulos globulares contienen cientos de miles de estrellas.

FOLDABLES

Usa tu modelo de papel para repasar la lección. Guarda tu modelo para el proyecto de final de capítulo.

¿Qué opinas AHORA?

Al inicio de este capítulo leíste las siguientes afirmaciones.

3. Las estrellas brillan porque en sus núcleos hay reacciones nucleares.

4. Las manchas solares se ven oscuras porque están más frías que las áreas alrededor.

¿Sigues estando de acuerdo o en desacuerdo con las afirmaciones? Reescribe las afirmaciones falsas para hacerlas verdaderas.

Usar vocabulario

1. El _____ es una gráfica que traza luminosidad frente a temperatura.

2. **Usa el término** *fotosfera* en una oración.

3. **Define** *estrella* con tus propias palabras.

Entender conceptos clave

4. ¿Cuál parte de una estrella se extiende millones de kilómetros en el espacio?
   A. cromosfera   C. fotosfera
   B. corona   D. zona radiativa

5. **Explica** cómo las estrellas producen y liberan energía.

6. **Construye** un diagrama de H-R y muestra las posiciones de la secuencia principal y del Sol.

Interpretar gráficas

7. **Identifica** ¿Cuál estrella del siguiente diagrama es la más caliente? ¿Cuál es la más fría? ¿Cuál estrella representa el Sol?

8. **Organiza información** Copia y llena el siguiente organizador gráfico para enumerar la zona radiativa, la corona, la zona de convección, la cromosfera y la fotosfera del Sol en orden del núcleo hacia fuera.

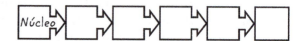

Pensamiento crítico

9. **Evalúa** por qué los científicos monitorean los rasgos cambiantes del Sol.

10. **Evalúa** ¿De qué forma el Sol es una estrella promedio? ¿De qué forma el Sol no es una estrella promedio?

Vista del Sol en 3D

Observatorio de Relaciones Solares-Terrestres de la NASA

CÓMO FUNCIONA

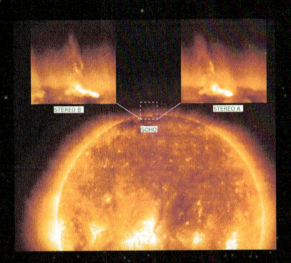

Seguramente has usado un telescopio para observar objetos distantes o mirar las estrellas y los planetas. Aunque los telescopios te permiten ver más de cerca los detalles de un objeto distante, no puedes tener una vista tridimensional de los objetos del espacio. Para obtener una vista tridimensional del Sol, los astrónomos usan dos telescopios espaciales. Los telescopios del *Observatorio de Relaciones Solares-Terrestres de la NASA* (STEREO, por sus siglas en inglés) orbitan el Sol por delante y por detrás de la Tierra y dan a los astrónomos una vista en 3D del Sol. ¿Por qué esto es importante?

Si una eyección de masa coronal (EMC) en el Sol hace erupción, puede expulsar más de mil millones de toneladas de material hacia el espacio. Si la Tierra se encuentra a su paso, la poderosa energía de la EMC puede dañar satélites y redes de energía eléctrica. Antes de STEREO, los científicos solo tenían una vista directa de las EMC que se acercaban a la Tierra. Con STEREO, tienen dos vistas diferentes. Cada telescopio STEREO transporta varias cámaras que pueden detectar muchas longitudes de onda. Los científicos combinan las imágenes de cada tipo de cámara para hacer una imagen en 3D. Así, pueden rastrear una EMC desde su surgimiento en el Sol y durante toda su trayectoria hasta su impacto con la Tierra.

STEREO B está en órbita alrededor del Sol, por detrás de la Tierra.

En enero de 2009, los telescopios estaban separados 90 grados.

En febrero de 2011, las naves estaban separadas 180 grados.

Tierra

STEREO A está en órbita alrededor del Sol, por delante de la Tierra.

Te toca a ti

INVESTIGA E INFORMA ¿Cómo pueden las compañías eléctricas y de satélites prepararse cuando se aproxima una EMC? Investiga y escribe un informe corto acerca de lo que encontraste. Comparte tus hallazgos con la clase.

Lección 3

Guía de lectura

Conceptos clave 🗝
PREGUNTAS IMPORTANTES

- ¿Cómo se forman las estrellas?
- ¿Cómo la masa de una estrella afecta su evolución?
- ¿Cómo se recicla la materia de una estrella en el espacio?

Vocabulario
nebulosa pág. 817
enana blanca pág. 819
supernova pág. 819
estrella de neutrones pág. 820
agujero negro pág. 820

g **Multilingual eGlossary**

Evolución de las estrellas

Investigación ¿Una estrella en explosión?

No, esto es una nube de gas y polvo donde se forman las estrellas. ¿Cómo piensas que se forman las estrellas? ¿Piensas que las estrellas alguna vez dejan de brillar?

816 Capítulo 22
EMPRENDER

Laboratorio de inicio

20 minutos

¿Las estrellas tienen ciclos de vida?

Seguramente has aprendido acerca de los ciclos de vida de las plantas o de los animales. ¿Las estrellas, como el Sol, tienen ciclos de vida? Antes de que lo averigües, repasa el ciclo de vida de un girasol.

1. Lee y completa un formulario de seguridad en el laboratorio.
2. Consigue un **sobre con pedacitos de papel** que expliquen el ciclo de vida de un girasol.
3. Usa **lápices de colores** para dibujar un girasol en la mitad de una **hoja de papel,** o usa **pegamento en barra** para pegar una imagen de un girasol en el papel.
4. Con lo que sabes acerca de los ciclos de vida de las plantas, arregla los pedacitos de papel alrededor del girasol en el orden en el cual ocurren los eventos enumerados en ellos. Traza flechas para mostrar cómo los pasos forman un ciclo.

Piensa

1. ¿Tiene el ciclo de vida de un girasol un comienzo y un final? Explica tu respuesta.
2. ¿Cada etapa en el ciclo de vida dura la misma cantidad de tiempo? ¿Por qué?
3. **Concepto clave** ¿En qué piensas que se parecen el ciclo de vida de una estrella y el ciclo de vida de un girasol? ¿Piensas que todas las estrellas tienen el mismo ciclo de vida?

Ciclo de vida de una estrella

Como los seres vivos, las estrellas tienen ciclos de vida. "Nacen" y, después de millones o de miles de millones de años, "mueren" de diferentes formas, dependiendo de sus masas. Pero todas, desde las enanas blancas hasta las supergigantes, se forman igual.

Nebulosas y protoestrellas

Las estrellas se forman en lo profundo de nubes de gas y polvo. *Una nube de gas y polvo es una* **nebulosa.** Las nebulosas donde se forman las estrellas son frías, densas y oscuras. La gravedad causa que las partes más densas colapsen, formando regiones llamadas protoestrellas. Estas continúan contrayéndose, atrayendo el gas que las rodea, hasta que sus núcleos están lo suficientemente calientes y densos como para que la fusión nuclear empiece. A medida que se contraen, las protoestrellas producen cantidades enormes de energía térmica.

Nacimiento de una estrella

Luego de miles de años, la energía producida por las protoestrellas calienta el gas y el polvo que las rodea. Con el tiempo, el gas y el polvo que las rodea explota, y las protoestrellas se vuelven visibles como estrellas. Parte de este material puede luego convertirse en planetas u otros objetos que orbitan la estrella. Durante el proceso de formación de una estrella, las nebulosas resplandecen brillantemente, como se muestra en la fotografía de la página anterior.

Verificación de concepto clave ¿Cómo se forman las estrellas?

ORIGEN DE LAS PALABRAS

nebulosa
del latín *nebula*, que significa "neblina" o "nube pequeña"

FOLDABLES

Haz un boletín vertical con cinco solapas. Rotúlalo como se muestra. Úsalo para organizar tus notas sobre del ciclo de vida de una estrella.

- Protoestrella
- Secuencia principal
- Gigante roja
- Supergigante roja
- Supernova

Lección 3
EXPLORAR

Estrellas de la secuencia principal

Recuerda la secuencia principal del diagrama de Hertzsprung-Russell. Las estrellas pasan la mayor parte de su vida en ella. Una estrella se vuelve una estrella de secuencia principal tan pronto comienza a fusionar hidrógeno en helio. Permanece en esta secuencia mientras continúe el proceso de fusión. Las estrellas de menor masa como el Sol permanecen en esta secuencia por miles de millones de años. Las estrellas de mayor masa permanecen solo durante unos pocos millones de años. Aunque las estrellas masivas tienen más hidrógeno que las de menor masa, lo procesan más rápido.

Cuando su provisión de hidrógeno casi se ha terminado, la estrella deja la secuencia principal. Empieza la siguiente etapa de su ciclo de vida, como se muestra en la **Figura 10.** No todas las estrellas pasan por todas estas fases. Las estrellas de menor masa, como el Sol, no tienen masa suficiente para volverse supergigantes.

Figura 10 Las estrellas masivas se vuelven gigantes rojas, luego gigantes rojas más grandes y posteriormente, supergigantes rojas.

✅ **Verificación visual**
¿Qué elemento se forma solo en las estrellas más masivas?

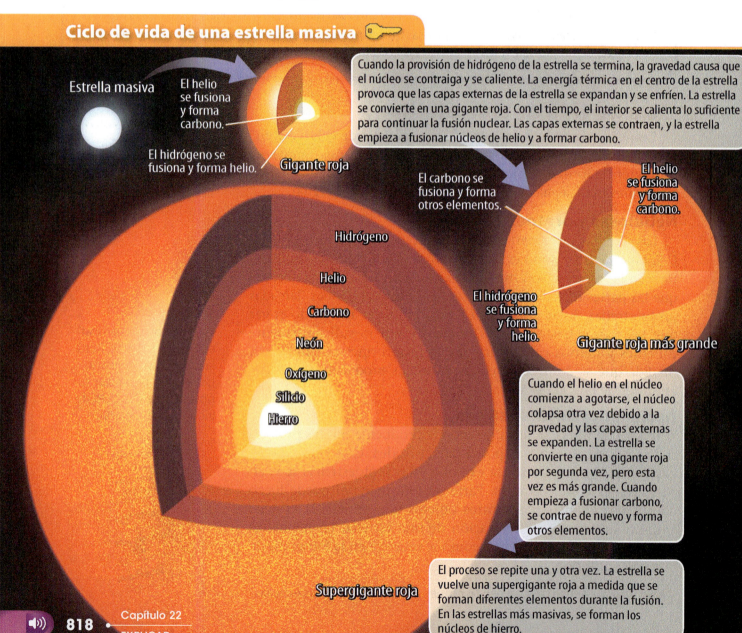

Ciclo de vida de una estrella masiva

Estrella masiva — El hidrógeno se fusiona y forma helio.

Gigante roja — El helio se fusiona y forma carbono.

Cuando la provisión de hidrógeno de la estrella se termina, la gravedad causa que el núcleo se contraiga y se caliente. La energía térmica en el centro de la estrella provoca que las capas externas de la estrella se expandan y se enfríen. La estrella se convierte en una gigante roja. Con el tiempo, el interior se calienta lo suficiente para continuar la fusión nuclear. Las capas externas se contraen, y la estrella empieza a fusionar núcleos de helio y a formar carbono.

Gigante roja más grande — El carbono se fusiona y forma otros elementos. El helio se fusiona y forma carbono. El hidrógeno se fusiona y forma helio.

Cuando el helio en el núcleo comienza a agotarse, el núcleo colapsa otra vez debido a la gravedad y las capas externas se expanden. La estrella se convierte en una gigante roja por segunda vez, pero esta vez es más grande. Cuando empieza a fusionar carbono, se contrae de nuevo y forma otros elementos.

Supergigante roja — Hidrógeno, Helio, Carbono, Neón, Oxígeno, Silicio, Hierro.

El proceso se repite una y otra vez. La estrella se vuelve una supergigante roja a medida que se forman diferentes elementos durante la fusión. En las estrellas más masivas, se forman los núcleos de hierro.

Fin de una estrella

Todas las estrellas se forman de la misma manera, pero mueren de diferentes formas, dependiendo de sus masas. Las estrellas masivas colapsan y explotan. Las estrellas de menor masa mueren más lentamente.

Enanas blancas

Las estrellas de menor masa, como el Sol, no tienen suficiente masa para fusionar elementos más allá del helio porque no se calientan lo suficiente. Después de que el helio en sus núcleos se termina, las estrellas se deshacen de sus gases, dejando expuestos sus núcleos. El núcleo se convierte en una **enana blanca**, *una esfera de carbono caliente y densa que se enfría lentamente.*

¿Qué les pasará a la Tierra y al sistema solar cuando el combustible del Sol se agote? Cuando el Sol se quede sin hidrógeno, en casi 5,000 millones de años, se convertirá en una gigante roja. Una vez la fusión de helio empiece, el Sol se contraerá. Cuando el helio se agote, el Sol se volverá a expandir y quizá absorberá a Mercurio, Venus y la Tierra, y empujará a Marte hacia fuera, como se muestra en la **Figura 11**. Con el tiempo, el Sol se convertirá en una enana blanca. Imagina la masa del Sol comprimida millones de veces, hasta quedar del tamaño de la Tierra. Ese es el tamaño de una enana blanca. Los científicos esperan que todas las estrellas con masas menores de 8 a 10 veces la masa del Sol se conviertan con el tiempo en enanas blancas.

 Verificación de la lectura ¿Qué le sucederá a la Tierra cuando se agote el combustible del Sol?

Supernovas

Las estrellas con más de 10 veces la masa del Sol no se convierten en enanas blancas. En su lugar, explotan. *Una* **supernova** *es una explosión enorme que destruye una estrella.* En las estrellas más masivas, una supernova ocurre cuando se forma hierro en el núcleo de la estrella. El hierro es estable y no se fusiona. Después de que la estrella forma hierro, pierde su fuente de energía interna y el núcleo colapsa rápido debido a la fuerza de gravedad. Entonces, se libera tanta energía que la estrella explota y puede volverse mil millones de veces más brillante y formar elementos incluso más pesados que el hierro.

Figura 11 En casi 5,000 millones de años, el Sol se convertirá en una gigante roja y luego en una enana blanca.

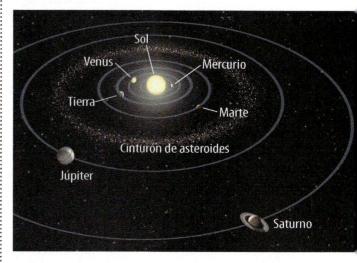

El Sol permanecerá en la secuencia principal por 5,000 millones de años más.

Cuando el Sol se convierta en una gigante roja por segunda vez, quizá absorberá a la Tierra y empujará a Marte y a Júpiter hacia fuera.

Cuando el Sol se convierta en una enana blanca, el sistema solar será un lugar frío y oscuro.

REPASO DE VOCABULARIO

neutrón
partícula neutral del núcleo de un átomo

Estrellas de neutrones

¿Alguna vez has comido algodón de azúcar? Una bolsa de algodón de azúcar se hace solo de unas pocas cucharadas de azúcar centrifugada; es principalmente aire. De forma similar, los átomos son en su mayor parte espacio vacío. Durante una supernova, el colapso es tan fuerte que los espacios normales dentro de los átomos se eliminan y se forma una estrella de neutrones. *Una* **estrella de neutrones** *es un núcleo denso de neutrones que queda después de una supernova.* Estas estrellas solo tienen casi 20 km de ancho, con núcleos tan densos que una cucharadita podría pesar más de mil millones de toneladas.

Agujeros negros

En las estrellas más masivas, las fuerzas atómicas que mantienen a los neutrones juntos no son tan fuertes como para superar tanta masa en un volumen tan pequeño. La gravedad es tan fuerte que la masa se comprime en un **agujero negro** *u objeto cuya gravedad es tan grande que la luz no puede escapar.*

Un agujero negro no succiona la materia como una aspiradora. Pero su gravedad es muy fuerte debido a que toda su masa está concentrada en un solo punto. Como los astrónomos no pueden ver un agujero negro, solo pueden inferir su existencia. Por ejemplo, si detectan una estrella que circula alrededor de algo, pero no pueden ver qué es ese algo, pueden sospechar que es un agujero negro.

 Verificación de concepto clave ¿Cómo la masa de una estrella determina si se convertirá en una enana blanca, una estrella de neutrones o un agujero negro?

Investigación MiniLab
15 minutos

¿Cómo los astrónomos detectan los agujeros negros?

La única forma en que los astrónomos pueden detectar los agujeros negros es estudiando el movimiento de los objetos cercanos. ¿Cómo los agujeros negros afectan los objetos cercanos?

1. Lee y completa un formulario de seguridad en el laboratorio.
2. Con un compañero, forma dos pilas de **libros** de igual altura y separadas casi por 25 cm. Pon una hoja de **cartulina delgada** encima de los libros.
3. Esparce algunas **grapas** sobre la cartulina. Sostén un **imán** bajo la cartulina. Observa qué les pasa a las grapas.
4. Mientras un estudiante mantiene el imán en su lugar debajo de la cartulina, el otro estudiante rueda con suavidad una **canica magnética pequeña** por la cartulina. Repitan varias veces, rodando la canica en diferentes direcciones. Anota tus observaciones en tu diario de ciencias.

Analizar y concluir

1. **Infiere** ¿Qué representó la atracción del imán?
2. **Causa y efecto** ¿Cómo el imán afectó las grapas y el movimiento de la canica?
3. **Concepto clave** ¿Cómo los agujeros negros afectan los objetos cercanos?

Reciclaje de materia

Al final del ciclo de vida de una estrella, mucho de su gas escapa al espacio y se recicla. Se convierte en los componentes básicos de generaciones futuras de estrellas y planetas.

Nebulosas planetarias

Leíste que las estrellas de menor masa, como el Sol, se convierten en enanas blancas. Cuando esto sucede, se deshacen de los gases hidrógeno y helio de sus capas externas, como en la **Figura 12**. La materia desechada y en expansión de una enana blanca es una nebulosa planetaria. La mayor parte del carbono de una estrella queda encerrado en la enana blanca. Pero los gases en la nebulosa planetaria se pueden usar para formar nuevas estrellas.

Las nebulosas planetarias nada tienen que ver con los planetas. Se llaman así porque los primeros astrónomos pensaron que eran regiones donde se estaban formando planetas.

Remanentes de supernova

Durante una supernova, una estrella masiva se destruye. Esto envía una onda de choque al espacio. La nube de polvo y gas en expansión se llama remanente de supernova, que se muestra en la **Figura 13**. Al igual que un quitanieves empuja la nieve en su camino, el remanente de una supernova empuja el gas y el polvo que encuentra.

En una supernova, una estrella libera los elementos que se formaron en su interior durante una fusión nuclear. Casi todos los elementos en el universo diferentes al hidrógeno y al helio fueron creados por reacciones nucleares en el interior de los núcleos de estrellas masivas y fueron liberados en supernovas. Esto incluye el oxígeno en el aire, el silicio en las rocas y el carbono en ti.

Verificación de concepto clave ¿Cómo reciclan las estrellas la materia?

La gravedad causa que los gases reciclados y otra materia se agrupen en nebulosas y formen estrellas y planetas nuevos. Como leerás en la siguiente lección, la gravedad también causa que las estrellas se agrupen en estructuras incluso más grandes llamadas galaxias.

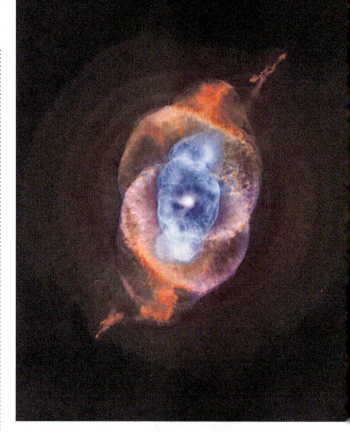

▲ **Figura 12** Las enanas blancas desechan helio e hidrógeno en forma de nebulosas planetarias. Las nuevas generaciones de estrellas pueden usar estos gases.

▲ **Figura 13** Muchos de los elementos en ti y en la materia a tu alrededor se formaron en el interior de estrellas masivas y fueron liberados en forma de supernovas.

Repaso de la Lección 3

Assessment — Online Quiz

Resumen visual

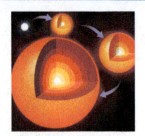

El hierro se forma en los núcleos de la mayoría de las estrellas masivas.

El Sol se convertirá en una gigante roja en casi 5,000 millones de años.

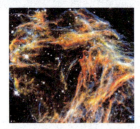

La materia se recicla en una supernova.

FOLDABLES

Usa tu modelo de papel para repasar la lección. Guarda tu modelo para el proyecto de final de capítulo.

¿Qué opinas AHORA?

Al inicio de este capítulo leíste las siguientes afirmaciones.

5. Cuanta más materia contenga una estrella, mayor es el tiempo que puede brillar.

6. La gravedad desempeña una función importante en la formación de las estrellas.

¿Sigues estando de acuerdo o en desacuerdo con las afirmaciones? Reescribe las afirmaciones falsas para hacerlas verdaderas.

Usar vocabulario

1 Las nebulosas planetarias son la expansión de capas externas de un(a) _____.

2 Define *supernova* con tus propias palabras.

3 Usa los términos *estrellas de neutrones* y *agujero negro* en una oración.

Entender conceptos clave

4 ¿En qué tipo de estrella se convertirá el Sol con el tiempo?
   A. estrella de neutrones
   B. enana roja
   C. supergigante roja
   D. enana blanca

5 Explica cómo las supernovas reciclan materia.

6 Ordena los agujeros negros, las estrellas de neutrones y las enanas blancas del más pequeño al más grande. Luego, ordénalos del más masivo al menos masivo.

Interpretar gráficas

7 Describe los detalles del proceso que está ocurriendo en la siguiente foto.

8 Organiza información Copia y llena el siguiente organizador gráfico para enumerar lo que le sucede a una estrella después de una supernova.

Pensamiento crítico

9 Predice si con el tiempo el Sol se convertirá en un agujero negro. ¿Por qué?

10 Evalúa por qué la masa es tan importante para determinar la evolución de una estrella.

Práctica de destrezas: Hacer y usar gráficas

Investigación — 45 minutos

¿Cómo graficar datos te puede ayudar a entender las estrellas?

¿Cómo puedes entender todo acerca del universo? Las gráficas te ayudan a organizar información. El diagrama de Hertzsprung-Russell es una gráfica que traza el color, o temperatura, de las estrellas frente a sus luminosidades. ¿Qué puedes aprender acerca de las estrellas trazando los valores de estas propiedades en una gráfica similar al diagrama H-R?

Materiales

papel cuadriculado

Aprende

Presentar información en gráficas facilita ver cómo están relacionados los objetos. Las líneas en las gráficas te muestran patrones y te permiten hacer predicciones. Las gráficas muestran mucha información de una forma fácil de entender. En esta actividad, **harás y usarás gráficas,** trazando la temperatura, el color y la masa de las estrellas.

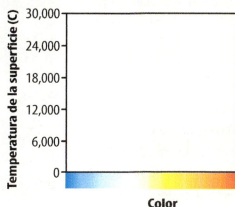

Intenta

1. Usando papel cuadriculado o tu diario de ciencias, dibuja una gráfica como la que se muestra a la derecha.

2. Usa los datos de color y temperatura de la siguiente tabla para trazar la posición de cada estrella en tu gráfica. Marca los puntos pegando estrellas adhesivas a la gráfica.

3. Si las estrellas tienen datos similares, trázalas en grupo. Rotula cada estrella con su nombre.

4. Traza una curva que una los puntos de los datos tan uniformemente como sea posible.

5. Haz otra gráfica y anota la temperatura frente a la masa de las estrellas en la tabla.

Estrella	Color	Temperatura (K)	Masa en las masas solares
Sol	Amarillo	5,700	1
Alnilam	Blanco-azulado	27,000	40
Altair	Blanco	8,000	1.9
Alfa Centauro A	Amarillo	6,000	1.08
Alfa Centauro B	Anaranjado	4,370	0.68
Estrella de Barnard	Rojo	3,100	0.1
Épsilon Eridani	Anaranjado	4,830	0.78
Hadar	Blanco-azulado	25,500	10.5
Proxima Centauri	Rojo	3,000	0.12
Regulus	Blanco	11,000	8
Sirio A	Blanco	9,500	2.6
Spica	Blanco-azulado	22,000	10.5
Vega	Blanco	9,900	3

Aplica

6. Todas las estrellas de tu gráfica son estrellas de la secuencia principal. ¿Cuál es la relación entre el color y la temperatura de una estrella de la secuencia principal?

7. ¿Cuál es la relación entre la masa y la temperatura de una estrella de la secuencia principal? ¿Cómo se relacionan el color y la masa?

8. **Concepto clave** ¿Qué estrella tiene mayor probabilidad de formar con el tiempo un agujero negro? ¿Por qué?

Lección 3 — EXTENDER

Lección 4

Las galaxias y el universo

Guía de lectura

Conceptos clave 🔑
PREGUNTAS IMPORTANTES
- ¿Cuáles son los principales tipos de galaxias?
- ¿Qué es la Vía Láctea y cómo se relaciona con el sistema solar?
- ¿Qué es la teoría del *Big Bang*?

Vocabulario
galaxia pág. 825
materia oscura pág. 825
teoría del *Big Bang* pág. 830
efecto Doppler pág. 830

g Multilingual eGlossary

Investigación ¿Un disco en el espacio?

Sí, este es el disco de una galaxia: un conjunto enorme de estrellas. Esta galaxia la ves en su borde. Si fueras a mirar hacia abajo sobre ella, la verías como una espiral de dos brazos. ¿Todas las galaxias tienen forma de espirales? ¿Y la galaxia donde vives?

Laboratorio de inicio

investigación — **20 minutos**

¿Se mueve el universo?

Los científicos piensan que el universo se está expandiendo. ¿Qué significa esto? ¿Se están alejando las estrellas y las galaxias unas de otras? ¿Se está moviendo el universo?

1. Lee y completa un formulario de seguridad en el laboratorio.
2. Copia la tabla de la derecha en tu diario de ciencias.
3. Usa un **marcador** para hacer tres puntos separados de 5 a 7 cm a un lado de un **globo redondo grande**. Rotula los puntos A, B y C. Los puntos representan las galaxias.
4. Infla el globo a un diámetro de casi 8 cm. Sostén el globo cerrado mientras tu compañero usa **cinta métrica** para medir la distancia entre cada galaxia en la superficie del globo. Anota las distancias en la tabla.
5. Repite el paso 4 dos veces más, inflando el globo un poco más cada vez.

Tamaño del globo	A–B (cm)	B–C (cm)	A–C (cm)
Pequeño			
Mediano			
Grande			

Piensa

1. ¿Qué sucedió con las distancias entre las galaxias a medida que el globo se expandió?
2. Si estuvieras parado en una de las galaxias, ¿qué observarías con respecto a las otras galaxias?
3. 🔑 **Concepto clave** Si el globo fuera una representación del universo, ¿qué piensas que pudo haber producido que las galaxias se separaran de esta forma?

Galaxias

La mayoría de personas viven en pueblos o ciudades donde las casas están cerca unas de otras. En el campo no hay muchas casas. De forma similar, la mayoría de estrellas existen en **galaxias** *o conjuntos enormes de estrellas*. El universo contiene cientos de miles de millones de galaxias, y cada una puede tener cientos de miles de millones de estrellas.

 Verificación de la lectura ¿Qué son las galaxias?

Materia oscura

La gravedad mantiene las estrellas y las galaxias unidas. Cuando los astrónomos estudian cómo rotan e interactúan gravitacionalmente las galaxias, como las de la **Figura 14,** encuentran que la mayor parte de la materia en las galaxias es invisible. *La materia que no emite luz a ninguna longitud de onda es* **materia oscura**. Los científicos calculan que más del 90% de la masa del universo es materia oscura, aunque no la entienden por completo ni saben qué material contiene.

Figura 14 Mediante el estudio de la interacción de galaxias como estas, los astrónomos formulan hipótesis de que la mayor parte de la masa del universo es materia oscura.

Tipos de galaxias

Hay tres tipos principales de galaxias: espirales, elípticas e irregulares. La **Tabla 2** presenta una descripción breve de cada tipo.

 Verificación de concepto clave ¿Cuáles son los tres tipos principales de galaxias?

Tabla 2 Tipos de galaxias

Galaxias espirales
Las estrellas, el gas y el polvo en una galaxia espiral existen en brazos espirales que empiezan en un disco central. Algunos brazos espirales son largos y simétricos; otros son cortos y gruesos. Las galaxias espirales son más gruesas cerca del centro, una región llamada abultamiento central. Un halo esférico de cúmulos globulares y estrellas antiguas y más rojas rodean el disco. La galaxia NGC 5679, que se muestra aquí, contiene un par de galaxias espirales.

Galaxias elípticas
A diferencia de las galaxias espirales, las galaxias elípticas no tienen estructura interna. Algunas son esferas, como balones de baloncesto, mientras que otras parecen balones de fútbol americano. Las galaxias elípticas tienen porcentajes más altos de estrellas rojas antiguas que las galaxias espirales. Estas contienen poco o nada de gas y polvo. Los científicos sospechan que muchas galaxias elípticas se forman por la fusión gravitatoria de dos o más galaxias espirales. La galaxia elíptica fotografiada aquí es la NGC 5982, parte del Grupo Draco.

Galaxias irregulares
Las galaxias irregulares son de forma rara. Muchas se forman por la fuerza gravitatoria de galaxias vecinas. Las galaxias irregulares contienen muchas estrellas jóvenes y tienen áreas de intensa formación de estrellas. Aquí se muestra la galaxia irregular NGC 1427A.

MiniLab

20 minutos

¿Puedes identificar una galaxia?

El *Telescopio Espacial Hubble*, que se muestra aquí, es un telescopio orbitador que les provee a los astrónomos imágenes claras del cielo nocturno. ¿Qué tipos de galaxias puedes ver en las fotos tomadas por el *Telescopio Hubble*?

1. Estudia cada imagen en la hoja de imagen del **Telescopio Espacial Hubble.** Para cada una, identifica por lo menos dos galaxias. ¿Son espirales, elípticas o irregulares? Escribe tus observaciones en tu diario de ciencias, rotuladas con la letra de la imagen.

Analizar y concluir

1. **Saca conclusiones** ¿Por qué algunas galaxias son más fáciles de identificar que otras?
2. **Infiere** ¿Qué interacciones ves entre algunas galaxias?
3. **Concepto clave** ¿Piensas que las formas de las galaxias pueden cambiar con el paso del tiempo? ¿Por qué?

Grupos de galaxias

Las **galaxias** no están distribuidas uniformemente en el universo. La gravedad las mantiene unidas en grupos llamados cúmulos. Algunos son enormes. El cúmulo Virgo está a 60 millones de años luz de la Tierra y tiene casi 2,000 galaxias. La mayoría de cúmulos existen en estructuras incluso más grandes llamadas supercúmulos. En medio de ellos hay vacíos, que son regiones de espacio casi vacío. Los científicos formulan la hipótesis de que la estructura de gran escala del universo se parece a una esponja.

✓ **Verificación de la lectura** ¿Qué mantiene unidos los cúmulos de galaxias?

La Vía Láctea

El sistema solar está en la Vía Láctea, una galaxia espiral que contiene gas, polvo y casi 200,000 millones de estrellas. La Vía Láctea es un miembro del Grupo Local, un cúmulo de casi 30 galaxias. Los científicos esperan que la Vía Láctea comience a fusionarse con la galaxia Andrómeda, la más grande en el Grupo Local, en 3,000 millones de años. No es probable que muchas estrellas colisionen durante este evento, pues están muy separadas en las galaxias.

¿Dónde está la Tierra en la Vía Láctea? La **Figura 15** en las siguientes dos páginas muestra un dibujo artístico de la Tierra en la Vía Láctea.

FOLDABLES

Haz un boletín plegado horizontal con una solapa. Rotúlalo como se muestra. Úsalo para describir los contenidos de la Vía Láctea.

> Vía Láctea
> Galaxia

ORIGEN DE LAS PALABRAS

galaxia
del griego *galactos*, que significa "leche"

La Vía Láctea

Figura 15 La Vía Láctea se muestra aquí en dos vistas separadas, desde arriba (página izquierda) y del borde (página derecha). Debido a que la Tierra está ubicada en el interior del disco de la Vía Láctea, la gente no puede ver más allá del abultamiento central, hacia el otro lado.

Verificación de concepto clave ¿Dónde está la Tierra en la Vía Láctea?

Estás aquí.

Agujero negro supermasivo

Diámetro 100,000 años luz

Brazos

Vista desde arriba

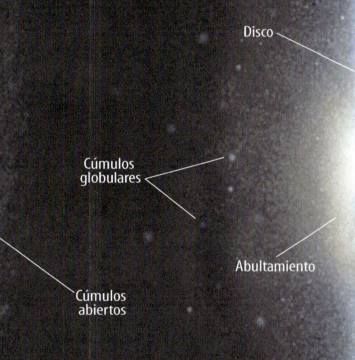
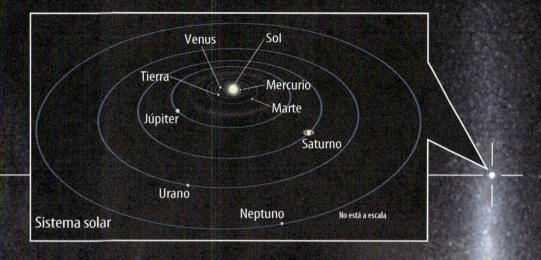

Vista del borde

La teoría del *Big Bang*

Cuando los astrónomos miran al espacio, miran al pasado. ¿Hay un comienzo para el tiempo? De acuerdo con la **teoría del *Big Bang***, *el universo comenzó de un punto hace miles de millones de años y desde entonces se ha estado expandiendo.*

 Verificación de concepto clave ¿Qué es la teoría del *Big Bang*?

Origen y expansión del universo

La mayoría de científicos coinciden en que el universo tiene de 13 a 14 mil millones de años. Cuando comenzó, era denso y caliente, tan caliente que incluso los átomos no existían. Tras algunos cientos de miles de años, el universo se enfrió lo suficiente para que los átomos se formaran. Con el tiempo, se formaron las estrellas y la gravedad las atrajo en galaxias.

A medida que el universo se expande, el espacio se extiende y las galaxias se separan. Lo mismo sucede en un molde de un pan de pasas sin hornear. A medida que la masa crece, las pasas se separan. Los científicos observan cómo se expande el espacio al medir la velocidad a la que las galaxias se alejan de la Tierra. A medida que las galaxias se alejan, sus longitudes de onda se alargan y se extienden. ¿Cómo se extiende la luz?

El efecto Doppler

Quizá has escuchado la sirena de un carro de policía en movimiento. En la **Figura 16,** cuando el carro se acerca, las ondas sonoras se comprimen. A medida que se aleja, las ondas se expanden. De forma similar, cuando la luz visible viaja hacia ti, su longitud de onda se comprime. Cuando se aleja, su longitud de onda se expande y se mueve hacia el extremo rojo del espectro electromagnético. *El cambio a una longitud de onda diferente se llama* **efecto Doppler**. Debido a que el universo se está expandiendo, la luz que viene de las galaxias tiende hacia el rojo. Entre más distante esté la galaxia, más rápido se aleja la luz de la Tierra y tiende a ser más roja.

Energía oscura

¿Se expandirá el universo por siempre? ¿O la gravedad causará que el universo se contraiga? Los científicos han observado que, con el tiempo, las galaxias se alejan de la Tierra más rápido. Para explicar esto, sugieren que una fuerza llamada energía oscura está separando las galaxias.

La energía oscura, al igual que la materia oscura, es un área activa de investigación. Todavía hay mucho que aprender acerca del universo y todo lo que contiene.

El efecto Doppler

Figura 16 Las ondas de sonido de un carro de policía que se acerca están comprimidas. A medida que el carro se aleja, las ondas de sonido se expanden. De forma similar, cuando un objeto se aleja, su luz se expande. La longitud de onda de la luz cambia a una longitud de onda más larga.

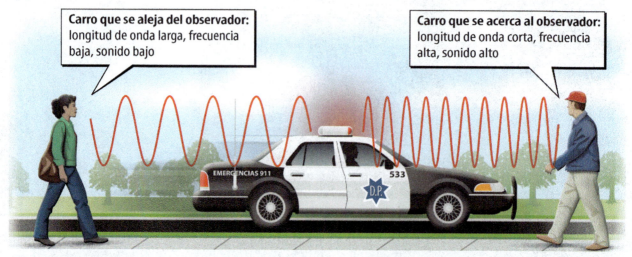

Repaso de la Lección 4

Assessment   Online Quiz

Resumen visual

Mediante el estudio de la interacción de las galaxias, los científicos han determinado que la mayor parte de la masa del universo es materia oscura.

El Sol es una de las miles de millones de estrellas de la Vía Láctea.

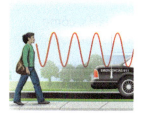

Cuando un objeto se aleja, su luz se expande, como las ondas de sonido de una sirena se expanden a medida que la sirena se aleja.

FOLDABLES

Usa tu modelo de papel para repasar la lección. Guarda tu modelo para el proyecto de final de capítulo.

¿Qué opinas AHORA?

Al inicio de este capítulo leíste las siguientes afirmaciones.

7. La mayor parte de la masa del universo está en las estrellas.

8. La teoría del *Big Bang* es una explicación del origen del universo.

¿Sigues estando de acuerdo o en desacuerdo con las afirmaciones? Reescribe las afirmaciones falsas para hacerlas verdaderas.

Usar vocabulario

1 Las estrellas existen en conjuntos enormes llamados _____.

2 Usa el **término** *materia oscura* en una oración.

3 **Define** la *teoría del Big Bang*.

Entender conceptos clave

4 ¿Cuál NO es un tipo principal de galaxia?
  A. oscura   C. irregular
  B. elíptica   D. espiral

5 **Identifica** Haz un bosquejo de la Vía Láctea e identifica la ubicación del sistema solar.

6 **Explica** cómo los científicos saben que el universo se está expandiendo.

Interpretar gráficas

7 **Identifica** Haz un bosquejo de la Vía Láctea que se muestra enseguida. Identifica el abultamiento, el halo y el disco.

8 **Organiza información** Copia y llena el siguiente organizador gráfico. Enumera los tres tipos principales de galaxias y algunas características de cada una.

Tipo de galaxia	Características

Pensamiento crítico

9 **Evalúa** la función de la gravedad en la estructura del universo.

10 **Predice** cómo se verían el sistema solar y el universo en 10,000 millones de años.

Lección 4
EVALUAR   **831**

Laboratorio

Investigación

3 periodos de clase

Describe un viaje por el espacio

Materiales

papel

lápices de colores

revistas de astronomía

cuerda

pegamento

tijeras

Seguridad

Imagina que puedes viajar por el espacio a velocidades aun más rápidas que la luz. Con base en lo que has aprendido en este capítulo, ¿adónde escogerías ir? ¿Qué te gustaría ver? ¿Cómo sería viajar por la Vía Láctea y hacia galaxias distantes? ¿Viajarías con alguien o conocerías algunos personajes? Escribe un libro que describa tu viaje.

Preguntar

¿Adónde te llevaría tu viaje y cómo lo describirías? ¿Cómo puedes escribir una historia de ficción acerca de tu viaje, pero científicamente exacta? ¿Harás un libro de imágenes? Si así es, ¿dibujarás tus propias imágenes, usarás diagramas o fotografías, o las dos? ¿Será tu libro en su mayoría texto o será como una novela gráfica? ¿Cómo atraerás a los lectores de tu historia?

Procedimiento

1. En tu diario de ciencias, escribe ideas acerca de adónde viajarás, cómo viajarás, qué sucederá en el camino, y a quién o qué podrías conocer.

2. Traza un organizador gráfico como el siguiente en tu diario de ciencias. Úsalo para ayudarte a organizar las ideas.

3. Escribe un resumen de tu historia. Úsalo para guiarte a medida que la escribes.

4. Enumera cosas que necesitarás investigar, imágenes que necesitarás encontrar o dibujar y otros materiales que necesitarás. ¿Cómo encuadernarás tu libro? ¿Harás más de una copia?

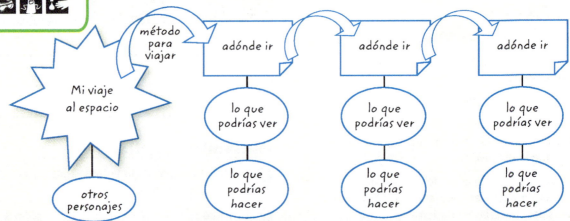

5. Escribe tu libro. Agrega fotografías o ilustraciones. Encuadérnalo para formar un libro.
6. Pídele a un amigo que lea tu libro y te diga si lograste contar la historia de una forma agradable. ¿Qué sugerencias tiene tu amigo para mejorarlo?
7. Revisa y mejora tu libro con base en las sugerencias de tu amigo.

Analizar y concluir

8. **Investiga información** ¿Qué información nueva aprendiste mientras investigabas para tu libro?
9. **Calcula** cuántos años luz viajaste desde la Tierra.
10. **Saca conclusiones** ¿De qué forma estaría limitada tu historia si solo pudieras viajar a la velocidad de la luz?
11. **La gran idea** ¿Cómo ayuda tu historia para que la gente entienda el tamaño del universo, lo que contiene y cómo la gravedad lo afecta?

Sugerencias para el laboratorio

☑ Piensa en tu audiencia mientras planeas tu libro. ¿Lo estás escribiendo para niños pequeños o para estudiantes de tu edad? ¿Qué clases de libros disfrutan leer tus amigos y tú?

☑ ¿Qué metáforas u otras clases de lenguaje figurativo puedes incluir en tu escrito para que tu historia atraiga a los lectores?

Comunicar resultados

Si lo deseas, haz una copia de tu libro y dásela a la biblioteca de la escuela o agrégala a la biblioteca de tu salón de clases.

Investigación Ir más allá

Une tu libro con los libros escritos por otros estudiantes de tu clase para hacer un almanaque del universo. Agrega páginas que provean estadísticas y otros hechos interesantes acerca del universo.

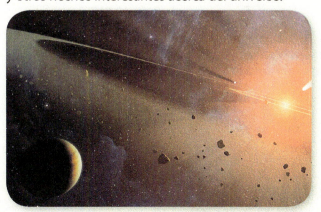

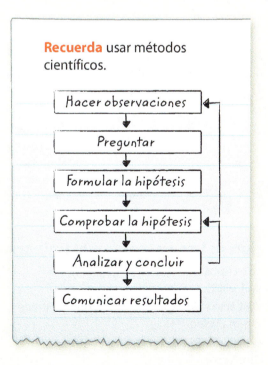

Recuerda usar métodos científicos.

- Hacer observaciones
- Preguntar
- Formular la hipótesis
- Comprobar la hipótesis
- Analizar y concluir
- Comunicar resultados

Guía de estudio del Capítulo 22

El universo está formado por estrellas, gases y polvo, así como por materia oscura e invisible. La materia del universo no está organizada al azar, sino que la fuerza de la gravedad la atrae y forma las galaxias.

Resumen de conceptos clave

Vocabulario

Lección 1: La vista desde la Tierra

- El cielo está dividido en 88 constelaciones.
- Los astrónomos aprenden acerca de la energía, la distancia, la temperatura y la composición de las estrellas mediante el estudio de su luz.
- Los astrónomos miden las distancias en el espacio en **unidades astronómicas** y en **años luz.** Miden el brillo de las estrellas como **magnitud aparente** y como **luminosidad.**

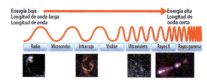

espectroscopio pág. 803
unidad astronómica pág. 804
año luz pág. 804
magnitud aparente pág. 805
luminosidad pág. 805

Lección 2: El Sol y las otras estrellas

- Las **estrellas** brillan debido a la **fusión nuclear** en sus núcleos.
- Las estrellas tienen una estructura en capas, que conducen la energía por sus **zonas radiativas** y sus **zonas de convección,** y liberan la energía por sus **fotosferas.**
- Las manchas solares, las protuberancias, las erupciones y las eyecciones de masa coronal son fenómenos temporales del Sol.
- Los astrónomos clasifican las estrellas por sus temperaturas y luminosidades.

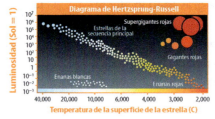

fusión nuclear pág. 809
estrella pág. 809
zona radiativa pág. 810
zona de convección pág. 810
fotosfera pág. 810
cromosfera pág. 810
corona pág. 810
diagrama de Hertzsprung-Russell pág. 813

Lección 3: Evolución de las estrellas

- Las estrellas nacen en nubes de gas y polvo llamadas **nebulosas.**
- Lo que sucede a una estrella cuando deja la secuencia principal depende de su masa.
- La materia se recicla en las nebulosas planetarias de **enanas blancas** y en los remanentes de **supernovas.**

nebulosa pág. 817
enana blanca pág. 819
supernova pág. 819
estrella de neutrones pág. 820
agujero negro pág. 820

Lección 4: Las galaxias y el universo

- Los tres tipos principales de **galaxias** son espiral, elíptica e irregular.
- La Vía Láctea es la galaxia espiral que contiene el sistema solar.
- La **teoría del *Big Bang*** explica el origen del universo.

galaxia pág. 825
materia oscura pág. 825
teoría del *Big Bang* pág. 830
efecto Doppler pág. 830

Guía de estudio

- Personal Tutor
- Vocabulary eGames
- Vocabulary eFlashcards

Proyecto del capítulo

Organiza tus modelos de papel como se muestra, para hacer un proyecto de capítulo. Usa el proyecto para repasar lo que aprendiste en este capítulo.

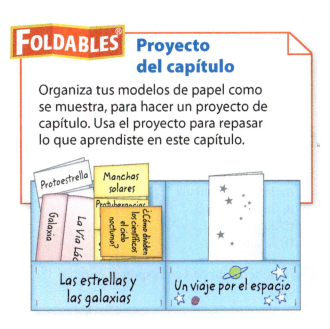

Usar vocabulario

1. **Explica** cómo se relacionan las nebulosas con las estrellas.
2. **Define** *efecto Doppler*.
3. **Compara** las estrellas de neutrones con los agujeros negros.
4. **Explica** la función de las enanas blancas en el reciclaje de la materia.
5. **Distingue** entre unidad astronómica y año luz.
6. ¿Cómo transfiere energía la zona de convección?
7. **Usa el término** *materia oscura* en una oración.
8. ¿En qué diagrama podrías encontrar trazadas la luminosidad frente a la temperatura estelar?
9. **Compara** la fotosfera y la corona.

Relacionar vocabulario y conceptos clave

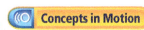 Interactive Concept Map

Copia este mapa conceptual y luego usa términos de vocabulario de la página anterior para completarlo.

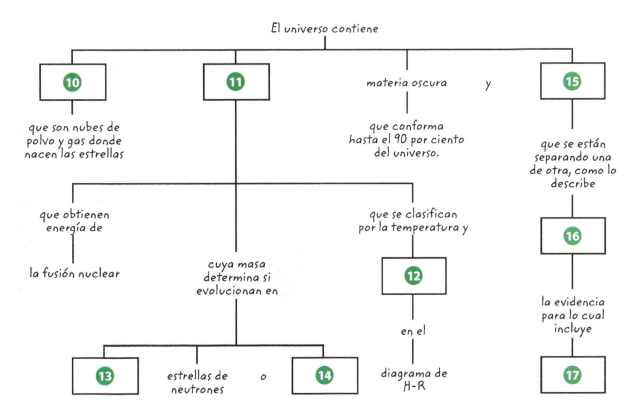

Guía de estudio del Capítulo 22 • 835

Repaso del Capítulo 22

Entender conceptos clave

1 Los científicos dividen el cielo en
   A. unidades astronómicas.
   B. cúmulos.
   C. constelaciones.
   D. años luz.

2 En el siguiente diagrama, ¿qué parte del Sol está marcada con una *X*?

   A. zona de convección
   B. corona
   C. fotosfera
   D. zona radiativa

3 ¿Qué propiedad podría cambiar, dependiendo de la distancia a una estrella?
   A. magnitud absoluta
   B. magnitud aparente
   C. composición
   D. luminosidad

4 ¿Cuál es la distancia promedio entre la Tierra y el Sol?
   A. 1 UA
   B. 1 km
   C. 1 año luz
   D. 1 magnitud

5 ¿Cuál característica es la más importante para determinar el destino de una estrella?
   A. color de la estrella
   B. distancia de la estrella
   C. masa de la estrella
   D. temperatura de la estrella

6 ¿Qué estrella a lo largo de la secuencia principal probablemente terminará en una supernova?
   A. la blancoazulada
   B. la anaranjada
   C. la roja
   D. la amarilla

7 ¿Qué término NO corresponde con los otros?
   A. agujero negro
   B. estrella de neutrones
   C. enana roja
   D. supernova

8 ¿Qué plantea la teoría del *Big Bang*?
   A. El universo no tiene edad.
   B. El universo está colapsando.
   C. El universo se está expandiendo.
   D. El universo es infinito.

9 ¿Qué tipo de galaxia se ilustra enseguida?

   A. elíptica   C. peculiar
   B. irregular   D. espiral

Repaso del capítulo

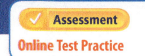

Pensamiento crítico

10 **Explica** cómo se libera energía en una estrella.

11 **Evalúa** cómo la invención del telescopio cambió la imagen que tenía la gente sobre el universo.

12 **Imagina** que te piden clasificar 10,000 estrellas. ¿Qué propiedades medirías?

13 **Deduce** por qué las supernovas se necesitan para la vida en la Tierra.

14 **Predice** en qué sería diferente el Sol si tuviera dos veces su masa.

15 **Imagina** que le escribes a un amigo que vive en el cúmulo de galaxias Virgo. ¿Cómo escribirías tu dirección de remitente? Especifica.

16 **Interpreta** La siguiente figura muestra parte del sistema solar. Explica qué sucede.

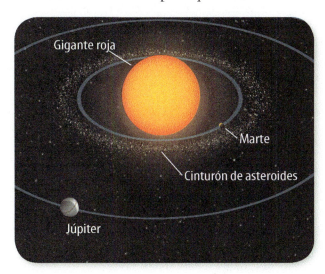

Escritura en Ciencias

17 **Escribe** Eres un científico al que entrevistan para una revista acerca del tema de los agujeros negros. Escribe tres preguntas que un entrevistador podría hacer, al igual que tus respuestas.

REPASO LA GRAN IDEA

18 ¿Qué conforma el universo y cómo lo afecta la gravedad?

19 La siguiente foto muestra una imagen del inicio del universo obtenida con el *Telescopio Espacial Hubble*. Identifica los objetos que ves. Haz una lista de otros objetos del universo que no puedes ver en esta imagen.

Destrezas matemáticas

Usar proporciones

20 La galaxia Vía Láctea está a casi 100,000 años luz. ¿Cuánto es esta distancia en kilómetros?

21 Los astrónomos algunas veces usan una unidad de distancia llamada pársec. Un pársec es 3.3 años luz. ¿Cuál es la distancia en pársecs de una nebulosa que está a 82.5 años luz?

22 La distancia a la nebulosa Orión es de casi 390 pársecs. ¿Cuál es la distancia en años luz?

Práctica para la prueba estandarizada

Anota tus respuestas en la hoja de respuestas que te entregó el profesor o en una hoja de papel.

Selección múltiple

1 ¿Cuáles características se pueden estudiar mediante el análisis del espectro de una estrella?

   A magnitudes absoluta y aparente
   B formación y evolución
   C movimiento y luminosidad
   D temperatura y composición

2 ¿Cuál rasgo del Sol aparece en ciclos de aproximadamente 11 años?

   A eyecciones de masa coronal
   B erupciones solares
   C viento solar
   D manchas solares

Usa la siguiente gráfica para responder la pregunta 3.

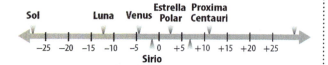

3 ¿Cuál estrella de la gráfica tiene la mayor magnitud aparente?

   A Estrella Polar
   B Proxima Centauri
   C Sirio
   D El Sol

4 ¿Dónde se localiza el sistema solar en la Vía Láctea?

   A en el borde del disco
   B dentro de los cúmulos globulares
   C cerca del agujero negro supermasivo
   D dentro del abultamiento central

Usa la siguiente figura para responder la pregunta 5.

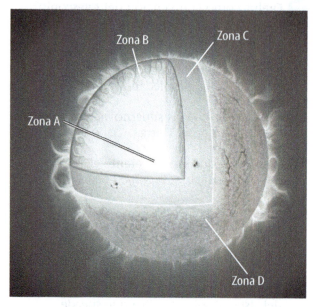

5 ¿Cuál zona contiene gas caliente ascendiendo hacia la superficie y gas más frío descendiendo hacia el centro del Sol?

   A zona A
   B zona B
   C zona C
   D zona D

6 ¿Cuál contiene la mayor parte de la masa del universo?

   A agujeros negros
   B materia oscura
   C gas y polvo
   D estrellas

7 ¿Cuáles objetos estelares se forman de las estrellas más masivas con el tiempo?

   A agujeros negros
   B nebulosas difusas
   C nebulosas planetarias
   D enanas blancas

838 • Capítulo 22: Práctica para la prueba estandarizada

Práctica para la prueba estandarizada

Usa la siguiente figura para responder la pregunta 8.

8 ¿Cuál es una característica de este tipo de galaxia?

    A No contiene polvo.

    B Contiene poco gas.

    C Contiene muchas estrellas jóvenes.

    D Contiene principalmente estrellas antiguas.

9 ¿Dónde se forman las estrellas?

    A en los agujeros negros

    B en las constelaciones

    C en las nebulosas

    D en las supernovas

10 ¿Qué término describe el proceso que causa que una estrella brille?

    A fisión binaria

    B eyección de masa coronal

    C fusión nuclear

    D composición estelar

11 ¿Qué agrupación antigua de estrellas usan los astrónomos modernos para dividir el cielo en regiones?

    A unidad astronómica

    B constelación

    C galaxia

    D cúmulos de estrellas

Respuesta elaborada

Usa el siguiente diagrama para responder la pregunta 12.

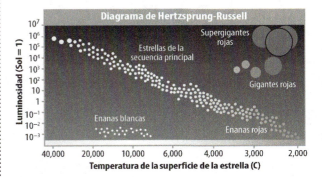

12 Usa la información del diagrama anterior para describir las gigantes rojas y las enanas blancas con base en sus tamaños, temperaturas y luminosidades.

13 Describe el ciclo de vida de una estrella de secuencia principal. ¿Qué evento hace que la estrella salga de la secuencia principal?

14 ¿De qué manera el desplazamiento hacia el rojo de la galaxias apoya la teoría del *Big Bang*?

15 Explica cómo las nebulosas planetarias reciclan materia.

¿NECESITAS AYUDA ADICIONAL?															
Si no pudiste responder la pregunta…	1	2	3	4	5	6	7	8	9	10	11	12	13	14	15
Pasa a la Lección…	1	2	1	4	2	4	3	4	3	2	1	2	3	4	3

Recursos del estudiante

Para estudiantes y padres o acudientes

Estos recursos se diseñaron para ayudarte a alcanzar el éxito en ciencias. Encontrarás información útil acerca de la seguridad en el laboratorio, las destrezas en matemáticas y las destrezas en ciencias. Además, hay material de referencia científico en el Manual de Referencia. Encontrarás la información que necesitas para aprender y perfeccionar tus destrezas con respecto a estos recursos.

Tabla de contenido

Manual de destrezas científicas RDE-2

Los métodos científicos RDE-2
   Identificar una pregunta RDE-2
   Reunir y organizar información RDE-2
   Formular la hipótesis... RDE-5
   Comprobar la hipótesis RDE-6
   Recolectar datos RDE-6
   Analizar los datos RDE-9
   Sacar conclusiones.. RDE-10
   Comunicar.. RDE-10

Símbolos de seguridad.. RDE-11

La seguridad en el laboratorio de ciencias RDE-12
   Reglas generales de seguridad RDE-12
   Prevenir accidentes RDE-12
   Trabajar en el laboratorio... RDE-12
   Limpiar el laboratorio RDE-13
   Emergencias... RDE-13

Manual de destrezas matemáticas RDE-14

Repaso de matemáticas RDE-14
   Usar fracciones.. RDE-14
   Usar ratios RDE-17
   Usar decimales.. RDE-17
   Usar proporciones RDE-18
   Usar porcentajes.. RDE-19
   Resolver ecuaciones de primer grado.............................. RDE-19
   Usar estadística RDE-20
   Usar geometría RDE-21

Las aplicaciones de la ciencia RDE-24
   Medición en el SI.. RDE-24
   Análisis dimensional RDE-24
   Precisión y cifras significativas RDE-26
   La notación científica RDE-26
   Hacer y usar gráficas RDE-27

Manual de Foldables® RDE-29

Manual de referencia RDE-40

   Tabla periódica de los elementos RDE-40
   Símbolos para mapas topográficos RDE-42
   Rocas.. RDE-43
   Minerales.. RDE-44
   Símbolos para los mapas del tiempo atmosférico................. RDE-46

Glosario G-2

Índice I-2

Créditos C-2

Manual de destrezas científicas

Los métodos científicos

Los científicos usan un enfoque ordenado llamado el método científico para resolver problemas. Este consiste en organizar y anotar datos de manera que otras personas puedan entenderlos. Los científicos varían este método cuando resuelven problemas.

Identificar una pregunta

El primer paso en la investigación o experimentación científica es identificar una pregunta para responder o un problema para resolver. Por ejemplo, puedes preguntar cuál gasolina es más eficiente.

Reunir y organizar información

Después de que has identificado tu pregunta, empieza a reunir y organizar información. Hay muchas maneras de conseguir información, como investigar en una biblioteca, entrevistar a los expertos en el área, hacer pruebas y trabajar en el laboratorio y el campo. El trabajo de campo consiste en investigaciones y observaciones que se hacen fuera del laboratorio.

Buscar información Antes de moverse en otra dirección, es importante reunir la información que se conoce sobre el tema. Comienza haciéndote preguntas que determinen exactamente lo que necesitas saber. Luego, busca información en varias fuentes de referencia, como lo hace la estudiante de la **Figura 1**. Algunas fuentes pueden ser libros de texto, enciclopedias, documentos gubernamentales, revistas profesionales, revistas científicas y la Internet. Enumera, siempre, tus fuentes de información.

Figura 1 La Internet puede ser una herramienta útil de investigación.

Evaluar las fuentes de información No todas las fuentes de información son confiables. Debes evaluar todas tus fuentes de información, y usar solo las seguras. Por ejemplo, si estás investigando cómo hacer viviendas más eficientes en energía, un sitio escrito por el Departamento de Energía de EE.UU. será más confiable que uno escrito por una compañía que está tratando de vender un material aislante nuevo. Además, recuerda que la investigación siempre está cambiando. Consulta los recursos disponibles más recientes. Por ejemplo, una fuente de 1985 sobre el ahorro de energía no reflejará los últimos descubrimientos.

Algunas veces los científicos usan datos que no recolectaron ellos mismos o conclusiones que obtuvieron otros investigadores. Estos datos se deben evaluar con cuidado. Pregunta cómo se consiguieron los datos, si la investigación se condujo de manera adecuada, si se reprodujo exactamente con los mismos resultados. ¿Concluirás lo mismo con los mismos datos? Solo cuando tengas confianza en los datos puedes convencerte de que son correctos y sentirte cómodo usándolos.

Interpretar las ilustraciones científicas A medida que investigas un tema en ciencias, observarás dibujos, diagramas y fotografías que te ayudarán a entender lo que lees. Algunas ilustraciones se incluyen para ayudarte a entender una idea que no puedes captar fácilmente por tu cuenta, como las partículas diminutas de un átomo en la **Figura 2**. Un dibujo le ayuda a muchas personas a recordar detalles con más facilidad y da ejemplos que clarifican conceptos difíciles o suministra información adicional sobre el tema que estás estudiando. La mayoría de las ilustraciones tienen rótulos o leyendas para identificar o dar más información.

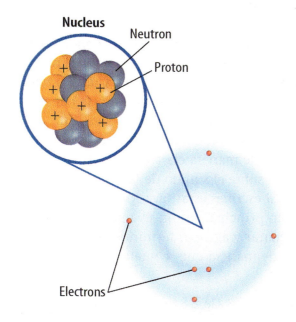

Figura 2 Este dibujo muestra un átomo de carbono con sus seis protones, seis neutrones y seis electrones.

Mapas conceptuales Una manera de organizar datos es dibujar un diagrama que muestre relaciones entre las ideas (o conceptos). Un mapa conceptual puede ayudarte a aclarar el significado de las ideas, términos y a entender y recordar lo que estás estudiando. Los mapas conceptuales son útiles para descomponer conceptos complejos en partes más pequeñas y facilitar su aprendizaje.

Red conceptual Un tipo de mapa conceptual que no solo muestra una relación, sino cómo se relacionan los conceptos es una red conceptual, como se muestra en la **Figura 3**. En una red conceptual se escriben las palabras en los óvalos, mientras que la descripción del tipo de relación se escribe a través de las líneas conectoras.

Cuando construyas una red conceptual, escribe el tema y todos los temas principales en hojas o tarjetas individuales de notas. Luego, arréglalas en orden de lo general a lo específico. Construye ramas de conceptos relacionados a partir del concepto principal y describe la relación sobre la línea conectora. Continúa con los conceptos más específicos hasta que termines.

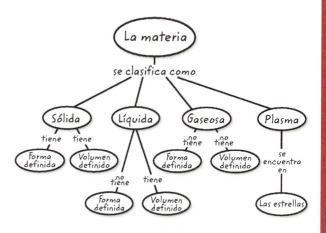

Figura 3 Una red conceptual muestra cómo se relacionan los conceptos o los objetos.

Cadena de eventos Otro tipo de mapa conceptual es la cadena de eventos. Cuando se llama diagrama de flujo, representa el orden o la secuencia de elementos. Una cadena de eventos se puede usar para describir una secuencia de eventos, los pasos de un procedimiento o las etapas de un proceso.

Cuando elabores una cadena de eventos, encuentra primero el evento que comienza la cadena. Este evento se llama el evento iniciador. Luego, encuentra el siguiente evento y continúa hasta que llegues al resultado, como se muestra en la **Figura 4**.

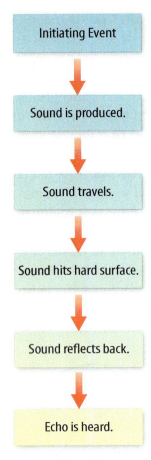

Figura 4 Los mapas conceptuales del tipo cadena de eventos muestran el orden de los pasos de un proceso o evento. Este mapa conceptual indica cómo el sonido produce eco.

Mapa cíclico Un tipo específico de cadena de eventos es el mapa cíclico. Este se usa cuando la serie de eventos no produce un resultado final, sino que en su lugar establece una relación con el evento inicial, como se muestra en la **Figura 5.** Por consiguiente, el ciclo se repite.

Para elaborar un mapa cíclico, decide primero cuál evento ocurre primero. Este también se llama evento inicial. Luego, enumera los siguientes eventos en el orden en que ocurren, teniendo en cuenta que el último se relaciona con el evento inicial. Se pueden escribir palabras entre los eventos que describen qué ocurre de un evento a otro. El número de eventos de un mapa cíclico puede variar, pero generalmente contiene tres o más eventos.

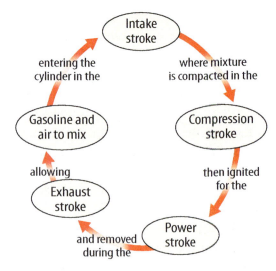

Figura 5 Un mapa cíclico muestra los eventos que ocurren en un ciclo.

Mapa de araña Un tipo de mapa conceptual que puedes usar para llevar a cabo lluvias de ideas es el mapa de araña. Cuando tienes una idea central, puedes darte cuenta de que tienes una mezcla de ideas que se relacionan con ella, pero no necesariamente de manera clara entre sí. El mapa de araña sobre el sonido de la **Figura 6** muestra que si escribes estas ideas por fuera del concepto principal, entonces puedes comenzar a separar y agrupar términos no relacionados de manera que se vuelvan más útiles.

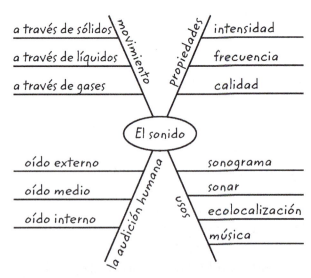

Figura 6 Un mapa de araña te permite enumerar ideas que se relacionan con un tema central, pero no necesariamente entre sí.

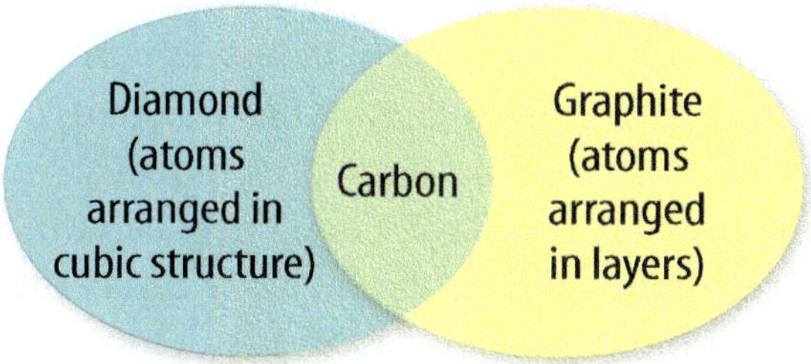

Figura 7 Este diagrama de Venn compara y contrasta dos sustancias formadas por carbono.

Diagrama de Venn Para ilustrar cómo se comparan y contrastan dos sustancias puedes usar un diagrama de Venn. Puedes ver las características que los elementos tienen en común y los que no, como se muestra en la **Figura 7**.

Para crear un diagrama de Venn, dibuja dos óvalos que se traslapen y sean lo suficientemente grandes para escribir en ellos. En un óvalo, enumera las características que son únicas a un elemento y en el otro, las características del segundo elemento. Las características comunes se escriben en la intersección.

Hacer y usar tablas Una manera de organizar información para que sea fácil de entender es usar una tabla. Las tablas pueden contener números, palabras o ambos.

Para elaborar una tabla, pon en la primera columna los elementos que se van a comparar y en la primera hilera, las características de comparación. El título debe indicar claramente el contenido de la tabla y los encabezados de la columna o de la hilera deben ser claros. Observa que en la **Tabla 1** se incluyen las unidades.

Tabla 1 Objetos reciclables recolectados durante la semana			
Día de la semana	Papel (kg)	Aluminio (kg)	Vidrio (kg)
Lunes	5.0	4.0	12.0
Miércoles	4.0	1.0	10.0
Viernes	2.5	2.0	10.0

Hacer un modelo Un modelo te ayuda a entender las partes de una estructura, cómo funciona un proceso o a visualizar cosas muy grandes o muy pequeñas. Por ejemplo, un modelo atómico elaborado con un núcleo de bolas de plástico y niveles de electrones elaborados con limpiadores de pipa te ayuda a visualizar cómo se relacionan entre sí las partes de un átomo. Otros tipos de modelos se pueden crear en computadoras o representar mediante ecuaciones.

Formular la hipótesis

Una explicación posible basada en el conocimiento y la observación previos se llama hipótesis. Después de investigar los tipos de gasolina y recordar experiencias previas en el carro de tu familia, formulas una hipótesis: nuestro carro funciona más eficientemente porque usamos gasolina premium. Para ser válida, la hipótesis debe ser comprobable mediante una investigación.

Predecir Cuando aplicas una hipótesis a una situación específica, predices algo acerca de dicha situación. Una predicción es una afirmación anticipada, basada en la observación previa, la experiencia o el razonamiento científico. Las personas usan las predicciones para tomar decisiones a diario. Los científicos prueban las predicciones al realizar investigaciones. Con base en observaciones y experiencias anteriores, tú puedes formular la predicción de que los carros son más eficientes con gasolina premium. Esta predicción se puede probar en una investigación.

Diseñar un experimento Un científico necesita tomar muchas decisiones antes de comenzar una investigación. Algunas de estas son: cómo llevar a cabo la investigación, qué pasos seguir, cómo anotar los datos y cómo la investigación responderá la pregunta. También es importante tener en cuenta los aspectos de seguridad.

Comprobar la hipótesis

Ahora que has planteado tu hipótesis, necesitas probarla. Mediante una investigación harás observaciones y recolectarás datos o información. Estos datos pueden sustentar o no tu hipótesis. Los científicos recolectan y organizan datos como números y descripciones.

Seguir un procedimiento Para saber qué materiales usar, además de cuándo y en qué orden usarlos, debes seguir un procedimiento. La **Figura 8** muestra un procedimiento que podrías seguir para comprobar tu hipótesis.

Procedimiento

Paso 1 Usar gasolina regular durante dos semanas.

Paso 2 Anotar el número de kilómetros entre cada llenada y la cantidad de gasolina usada.

Paso 3 Cambiar a gasolina premium durante dos semanas.

Paso 4 Anotar el número de kilómetros entre cada llenada y la cantidad de gasolina usada.

Figura 8 Un procedimiento te indica qué hacer paso a paso.

Identificar y manipular variables y controles
En cualquier experimento es importante mantener todo igual, excepto el elemento que estás probando. El factor que cambias se llama la variable independiente. El cambio que obtienes es la variable dependiente. Asegúrate de tener solo una variable independiente, para que tengas la certeza de la causa de los cambios que observas en la variable dependiente. Por ejemplo, en tu experimento de la gasolina el tipo de combustible es la variable independiente. La variable dependiente es la eficiencia.

Muchos experimentos también tienen un control: un ejemplo o sujeto experimental para el cual la variable independiente no se cambia. Entonces, puedes comparar los resultados de la prueba con los resultados del control. Para diseñar un control puedes tener dos carros del mismo tipo. Al carro de control se le pone gasolina regular durante cuatro semanas. Al finalizar la prueba, compara los resultados experimentales con los del control.

Recolectar datos

Bien sea que lleves a cabo una investigación o un experimento corto de observación, recolectarás datos, como se muestra en la **Figura 9**. Los científicos recolectan datos como números y descripciones y los organizan de maneras específicas.

Observar Los científicos observan elementos y eventos y anotan lo que ven. Cuando usan palabras para describir una observación, se llaman datos cualitativos. Las observaciones científicas describen cuánto hay de algo. En ellas se usan números, así como palabras, en la descripción y se llaman datos cuantitativos. Por ejemplo, si una muestra del elemento oro se describe como "brillante y muy densa", los datos son cualitativos. Los datos cuantitativos de esta muestra pueden incluir "una masa de 30 g y una densidad de 19.3 g/cm^3."

Figura 9 Recolectar datos es una manera de reunir información directamente.

Figura 10 Anota los datos de manera clara y ordenada para que sean fáciles de entender.

Cuando observas, primero debes examinar todo el objeto o la situación y luego, con cuidado, buscar los detalles. Es importante anotar las observaciones de manera precisa y completa. Siempre anota tus observaciones de inmediato a medida que las haces, de manera que no pierdas detalles o cometas errores cuando anotes resultados de memoria. Nunca anotes observaciones sin identificar en hojas sueltas. En su lugar, se deben escribir en un cuaderno de notas, como el de la **Figura 10**. Escribe tus datos claramente para que sean fáciles de leer más adelante. En cada punto del experimento anota tus observaciones y rotúlalas. Así, no tendrás que descifrar qué significan los números cuando luego lees tus notas. Elabora tablas con anticipación, que usarás más adelante, para que puedas anotar cualquier observación de inmediato. Recuerda evitar los sesgos cuando recolectes datos; para ello, evita incluir tus ideas personales cuando anotes observaciones. Escribe solo lo que observas.

Estimar El trabajo científico también implica estimar. Estimar es evaluar el tamaño o el número de algo sin medir o contar. Esto es importante cuando el número o el tamaño de un objeto o una población es demasiado grande o demasiado difícil de contar o medir con precisión.

Muestrear Los científicos usan una muestra o una parte del número total como un tipo de estimación. Muestrear es tomar una parte pequeña y representativa de los objetos u organismos de una población para investigar. Al hacer observaciones cuidadosas o manipular variables dentro de esa parte del grupo, se descubre información y se sacan conclusiones que pueden aplicar a toda la población. Una muestra mal seleccionada no es representativa del todo. Si estás tratando de determinar la pluviosidad de un área, sería mejor no tomar una muestra de lluvia debajo de un árbol.

Medir Usas medidas a diario. Los científicos también hacen mediciones cuando recolectan datos. Cuando haces mediciones es importante saber cómo usar adecuadamente las herramientas de medición. La precisión también es importante.

Longitud Para medir la longitud, la distancia entre dos puntos, los científicos usan metros. Las medidas más pequeñas se deben tomar en centímetros o en milímetros.

La longitud se mide con una regla métrica o una vara métrica. Cuando uses una regla métrica alinea la marca de 0 cm con un extremo del objeto que vas a medir y lee el número de la unidad en donde termina el objeto. Observa la regla métrica que se muestra en la **Figura 11**. Las líneas de centímetro son las largas y las de milímetros son las cortas. En este ejemplo, la longitud es 4.50 cm.

Figura 11 Esta regla métrica tiene divisiones en centímetros y en milímetros.

Masa La unidad del SI para la masa es el kilogramo (kg). Los científicos pueden medir la masa en unidades que se forman añadiendo prefijos métricos a la unidad gramo (g), como el miligramo (mg). Para medir la masa, debes usar una balanza de triple brazo similar a la que se muestra en la **Figura 12.** La balanza tiene un platillo en un lado y un conjunto de brazos en el otro. Cada brazo tiene una pesa que se desliza sobre el brazo.

Para usar una balanza de triple brazo, coloca un objeto sobre el platillo. Desliza la pesa más grande hasta que el fiel caiga por debajo de cero. Entonces, regrésalo una marca. Repite el procedimiento con cada pesa, desde la más grande hasta la más pequeña, hasta que el fiel se balancee de manera equidistante alrededor del cero. Suma las masas de cada pesa para hallar la masa del objeto. Regresa todas las pesas a cero cuando termines.

En lugar de poner materiales directamente sobre la balanza, los científicos toman la tara de un recipiente. La tara es la masa de un recipiente dentro del cual se colocan objetos o sustancias para medir sus masas. Para medir la masa de objetos o sustancias, halla la masa de un recipiente limpio. Retira el recipiente del platillo, y coloca el objeto o las sustancias en el recipiente. halla la masa del recipiente con los materiales. Resta la masa del recipiente vacío de la masa del recipiente lleno para hallar la masa de los materiales que estás usando.

Figura 12 La balanza de triple brazo se usa para determinar la masa de un objeto.

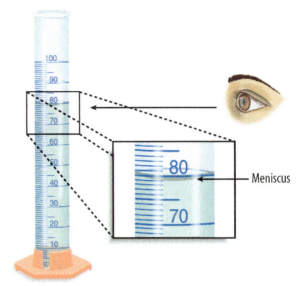

Figura 13 Las probetas graduadas miden el volumen de los líquidos.

Volumen de un líquido La unidad que se usa para medir líquidos es el litro. Cuando se necesita una unidad más pequeña, los científicos usan el mililitro. Debido a que el mililitro ocupa el volumen de un cubo que mide 1 cm en cada lado, este también se puede llamar centímetro cúbico ($cm^3 = cm \times cm \times cm$).

Puedes usar vasos graduados y probetas graduadas para medir el volumen de los líquidos. Una probeta graduada, como se muestra en la **Figura 13,** está marcada desde la parte inferior hasta la superior en mililitros. En el laboratorio, puedes usar una probeta graduada de 10 ml o una de 100 ml. Cuando midas líquidos, observa que el líquido tiene una superficie curva. Observa la superficie al nivel de los ojos, y toma la medida en la parte inferior de la curva. Esto se conoce como el menisco. La probeta graduada de la **Figura 13** contiene 79.0 ml o 79.0 cm^3 de un líquido.

Temperatura Los científicos miden, con frecuencia, la temperatura usando la escala Celsius. El agua pura tiene un punto de congelación de 0 °C y un punto de ebullición de 100 °C. La unidad de medida es grados Celsius. Otras dos escalas que se usan con frecuencia son la Fahrenheit y la Kelvin.

Figura 14 El termómetro mide la temperatura de un objeto.

Los científicos usan termómetros para medir la temperatura. La mayoría de los termómetros de un laboratorio son tubos de vidrio con un bulbo en el extremo inferior que contiene un líquido como alcohol coloreado. El líquido se eleva o baja con el cambio de la temperatura. Para leer el termómetro de vidrio, como el termómetro de la **Figura 14**, gíralo lentamente hasta que aparezca una línea roja. Lee la temperatura donde termina la línea roja.

Crear definiciones operativas Una definición operativa define un objeto según como funcione, trabaje o se comporte. Por ejemplo, cuando estás jugando a las escondidas y un árbol es la base, creaste una definición operativa para el árbol.

Los objetos pueden tener más de una definición operativa. Por ejemplo, una regla se puede definir como una herramienta que mide la longitud de un objeto (cómo se usa). Esta también puede ser una herramienta con una serie de marcas que se usa con un patrón cuando se mide (cómo funciona).

Analizar los datos

Para determinar el significado de tus observaciones y el resultado de tus investigaciones, necesitarás buscar patrones en los datos. Entonces, debes pensar de manera crítica para determinar qué significan los datos. Los científicos usan varios enfoques cuando analizan los datos que recolectaron y anotaron. Cada enfoque es útil para determinar patrones específicos.

Interpretar datos La palabra *interpretar* significa "explicar el significado de algo". Cuando analices los datos de un experimento, intenta descubrir lo que muestran los datos. Identifica el grupo de control y el grupo de prueba para ver si los cambios en la variable independiente tuvieron un efecto o no. Busca diferencias en la variable dependiente entre los grupos de control y de prueba.

Clasificar Organizar en grupos objetos o eventos con base en características comunes se llama clasificar. Cuando clasifiques, observa primero los objetos o eventos que vas a ordenar. Luego, selecciona una característica que comparten varios miembros del grupo, pero no todos. Coloca aquellos miembros que comparten esa característica en un subgrupo. Puedes clasificar miembros en subgrupos cada vez más pequeños con base en sus características. Recuerda que cuando clasificas, estás agrupando objetos o eventos con un propósito. Ten tu propósito en mente a medida que seleccionas las características para conformar grupos y subgrupos.

Comparar y contrastar Las observaciones se pueden analizar a partir de las semejanzas y las diferencias entre dos o más objetos o eventos que observas. Cuando observas objetos o eventos para ver de qué manera son similares, estás comparándolos. Contrastar es buscar diferencias en los objetos o eventos.

Reconocer causa y efecto Una causa es la razón para una acción o condición. El efecto es esa acción o condición. Cuando dos eventos ocurren al tiempo, no es necesariamente verdadero que un evento causó el otro. Los científicos deben diseñar una investigación controlada para reconocer la causa y el efecto exactos.

Sacar conclusiones

Cuando los científicos han analizado los datos que recolectaron, proceden a sacar conclusiones acerca de ellos. Algunas veces, estas conclusiones se expresan en palabras, de manera similar a la hipótesis que formulaste anteriormente. Las conclusiones pueden llevarte a confirmar la hipótesis o conducirte a nuevas hipótesis.

Inferir Con frecuencia, los científicos hacen inferencias con base en sus observaciones. Una inferencia es un intento para explicar observaciones o para indicar una causa. Una inferencia no es un hecho, pero sí una conclusión lógica que necesita investigación adicional. Por ejemplo, puedes inferir que el fuego ha causado humo. Sin embargo, hasta que no investigues no puedes estar seguro.

Aplicar Cuando sacas conclusiones, debes aplicarlas para determinar si los datos sustentan la hipótesis. Si tus datos no sustentan tu hipótesis, no significa que la hipótesis sea incorrecta. Esto solo significa que el resultado de la investigación no sustentó la hipótesis. Es posible que el experimento necesite un rediseño o que algunas de las observaciones iniciales sobre las cuales se basó la hipótesis estaban incompletas o sesgadas. Tal vez sea necesario observar o investigar más para refinar tu hipótesis. Una investigación exitosa no siempre termina de la manera como lo predijiste originalmente.

Evitar el sesgo Algunas veces la investigación científica implica hacer juicios. Cuando juzgas te formas una opinión. Es importante ser honesto y no permitir que las expectativas de los resultados sesguen tus juicios. Esto es importante en toda la investigación, desde indagar para recolectar datos hasta sacar conclusiones.

Comunicar

La comunicación de las ideas es una parte importante del trabajo de los científicos. Un descubrimiento que no se reporta no avanzará en el entendimiento o conocimiento de la comunidad científica. La comunicación entre los científicos también es importante como una manera de mejorar sus investigaciones.

Los científicos se comunican de varias maneras, desde escribir artículos en periódicos y revistas que expliquen sus investigaciones y experimentos hasta anunciar descubrimientos importantes por televisión y radio. Los científicos también comparten ideas con sus colegas en la Internet o las presentan como conferencias, tal como lo hace el estudiante de la **Figura 15**.

Figura 15 Un estudiante comunica a sus compañeros sobre su investigación.

Estos símbolos de seguridad se usan en el laboratorio y en investigaciones de campo en este libro para indicar posibles riesgos. Aprende su significado y consúltalos con frecuencia. *Recuerda lavarte las manos después de los procedimientos de laboratorio.*

EQUIPO DE PROTECCIÓN
No empieces ningún laboratorio sin el equipo de protección adecuado.

GAFAS PROTECTORAS	Debes usar protección adecuada para los ojos cuando realices u observes actividades de ciencias que impliquen objetos o situaciones como los que se enumeran a continuación.	**DELANTAL**	Ponte un delantal cuando uses sustancias que puedan manchar, mojar o destruir la ropa.	**JABÓN**	Lávate las manos con agua y jabón antes de quitarte las gafas protectoras y después de todas las actividades del laboratorio.	**GUANTES**	Usa guantes cuando trabajes con materiales biológicos, sustancias químicas, animales, o que puedan manchar o irritar las manos.

RIESGOS EN EL LABORATORIO

Símbolos	Riesgos potenciales	Precaución	Reacción
DESECHOS	contaminación del salón de clases o del medioambiente debido al desecho inadecuado de materiales como sustancias químicas y especímenes vivos	• NO deseches materiales peligrosos en el lavamanos o la caneca de basura. • Desecha los desperdicios como indique tu profesor.	• Si se desechan materiales peligrosos inadecuadamente, informa a tu profesor de inmediato.
TEMPERATURA ALTA	la piel se quema debido a materiales extremadamente calientes o fríos como vidrio caliente, líquidos o metales calientes; nitrógeno líquido; hielo seco	• Usa equipo de protección adecuado como guantes resistentes al calor y/o pinzas, cuando manipules objetos con temperaturas altas.	• En caso de herida, informa a tu profesor de inmediato.
OBJETOS AFILADOS	punciones o cortes por objetos afilados como cuchillas de afeitar, alfileres, escalpelos y vidrios rotos	• Manipula los objetos de vidrio con cuidado para evitar que se rompan. • Camina con los objetos afilados hacia abajo, alejados de ti y los demás.	• En caso de que se rompa un vidrio o se produzca una herida, informa a tu profesor de inmediato.
ELECTRICIDAD	choque eléctrico o quemadura de piel debido a la conexión a tierra inadecuada, cortocircuitos, derrames de líquidos o cables expuestos	• Revisa el estado de los cables y los aparatos en busca de cables pelados o sin aislar, y equipo roto o partido. • Usa solo tomacorrientes con conexión a tierra (ICFT).	• NO trates de reparar problemas eléctricos. Informa a tu profesor de inmediato.
SUSTANCIA QUÍMICA	irritación de piel o quemaduras, dificultad para respirar y/o envenenamiento debido al contacto, ingestión o inhalación de sustancias químicas como ácidos, bases, blanqueador, compuestos metálicos, yodo, poinsettias, polen, amoniaco, acetona, quitaesmaltes, sustancias químicas calientes, bolas de naftalina y otras sustancias químicas rotuladas o conocidas como peligrosas	• Usa equipo de protección adecuado como gafas protectoras, delantal y guantes cuando uses sustancias químicas. • Asegúrate de que haya ventilación adecuada o usa una campana extractora de vapores cuando uses materiales que producen gases. • NUNCA huelas los gases directamente. • NUNCA pruebes ni comas ningún material en el laboratorio.	• En caso de contacto, lava la zona afectada de inmediato e informa a tu profesor. • En caso de derrame, evacua la zona de inmediato e informa a tu profesor.
MATERIAL INFLAMABLE	fuego inesperado debido a líquidos o gases que hacen combustión fácilmente como el alcohol antiséptico	• Evita llamas encendidas, chispas, o calor cuando líquidos inflamables estén presentes.	• En caso de incendio, evacua la zona de inmediato e informa a tu profesor.
LLAMA ENCENDIDA	quemaduras o incendios debido a la llama encendida de fósforos, mecheros Bunsen, o materiales en combustión	• Recógete el cabello y asegura tu ropa. • Mantén la llama alejada de todos los materiales. • Sigue las instrucciones del profesor para encender y apagar llamas. • Usa protección adecuada, como guantes resistentes al calor o pinzas, cuando manipules objetos calientes.	• En caso de incendio, evacua la zona de inmediato e informa a tu profesor.
SEGURIDAD ANIMAL	heridas causadas a animales de laboratorio u ocasionadas por estos	• Usa equipo de protección adecuado como guantes, delantal y gafas protectoras cuando trabajes con animales. • Lávate las manos después de manipular animales.	• En caso de herida, informa a tu profesor de inmediato.
MATERIAL BIOLÓGICO	infección o reacción adversa debido al contacto con organismos como bacterias, hongos y materiales biológicos como sangre, materiales animales o vegetales	• Usa equipo de protección adecuado como guantes, gafas protectoras y delantal cuando trabajes con materiales biológicos. • Evita contacto con el organismo o con cualquier parte de este. • Lávate las manos después de manipular los organismos.	• En caso de contacto, lava la zona afectada e informa a tu profesor de inmediato.
SUSTANCIA VOLÁTIL	dificultades respiratorias causadas por inhalación de sustancias volátiles como amoniaco, acetona, quitaesmaltes, sustancias químicas calientes y bolas de naftalina	• Usa gafas protectoras, delantal y guantes. • Asegúrate de que haya ventilación adecuada o usa una campana extractora de vapores cuando uses sustancias que produzcan gases. • NUNCA huelas los gases directamente.	• En caso de derrame, evacua la zona de inmediato e informa a tu profesor.
SUSTANCIA IRRITANTE	irritación de piel, membranas mucosas, o vías respiratorias debido a materiales como ácidos, bases, blanqueador, polen, bolas de naftalina, virutas de acero y permanganato de potasio	• Usa gafas protectoras, delantal y guantes. • Usa una máscara antipolvo para protegerte contra partículas finas.	• En caso de contacto con la piel, lava la zona afectada de inmediato e informa a tu profesor.
MATERIAL RADIACTIVO	exposición excesiva a partículas alfa, beta y gamma	• Quítate los guantes y lávate las manos con jabón y agua antes de quitarte el resto del equipo de protección.	• Si se encuentran grietas o huecos en el recipiente, informa a tu profesor de inmediato.

La seguridad en el laboratorio de ciencias

Introducción a la seguridad en ciencias

El laboratorio de ciencias es un lugar seguro para trabajar si sigues procedimientos básicos de seguridad. Ser responsable de tu propia seguridad ayuda a hacer del laboratorio un lugar más seguro para todos. Cuando estés llevando a cabo cualquier laboratorio, lee y aplica las indicaciones de precaución y los símbolos de seguridad que aparecen al comienzo del laboratorio.

Reglas generales de seguridad

1. Completa el *Formulario de seguridad en el laboratorio* u otro contrato de seguridad ANTES de comenzar cualquier laboratorio de ciencias.
2. Estudia el procedimiento. Consulta con tu profesor cualquier inquietud. Asegúrate de entender los símbolos de seguridad que aparecen en la página.
3. Notifica a tu profesor sobre alergias o cualquier condición de salud que pueda afectar tu participación en el laboratorio.
4. Aprende y sigue los procedimientos de uso y seguridad de tu equipo. Si no estás seguro, pregunta a tu profesor.
5. Nunca bebas, comas, mastiques chicle, te apliques cosméticos o te acicales en el laboratorio. Nunca uses el material de vidrio del laboratorio como recipiente para comidas o bebidas. Mantén tus manos lejos de tu cara y de tu boca.
6. Conoce la ubicación y el uso adecuado de la ducha de seguridad, la ducha lavaojos, la manta contra incendios y la alarma de incendios.

Prevenir accidentes

1. Usa el equipo de seguridad que recibiste. Durante las investigaciones debes usar gafas protectoras y delantal de seguridad.
2. NO uses laca, espumas u otros productos inflamables para el cabello. Amárrate el cabello y la ropa suelta.
3. NO uses sandalias u otros zapatos abiertos.
4. Quítate las joyas de las manos y de las muñecas. Debes quitarte las joyas sueltas, como cadenas y collares largos, para evitar que queden atoradas en el equipo.
5. No pruebes ninguna sustancia ni eches ningún material en un tubo con tu boca.
6. Se espera un comportamiento adecuado en el laboratorio. Hacer bromas y payasadas puede causar accidentes y heridas.
7. Mantén tu área de trabajo despejada.

Trabajar en el laboratorio

1. Recoge y transporta todo el equipo y los materiales a tu área de trabajo antes de comenzar el laboratorio.
2. Permanece en tu área de trabajo a menos de que tu profesor te haya dado permiso de dejarla.

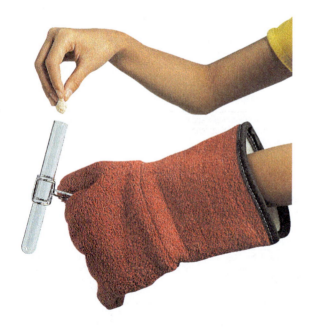

3. Inclina siempre los tubos de ensayo retirados de ti o de otras personas cuando los calientes, les añadas sustancias o los levantes.
4. Si te han dado la instrucción de oler una sustancia que está en un recipiente, sostén el recipiente a corta distancia de tu nariz y atrae los vapores con tu mano.
5. NO sustituyas otras sustancias químicas o sustancias por otros presentes en la lista de materiales a menos que tu profesor te indique hacerlo.
6. NO saques ningún material ni sustancia química del laboratorio.
7. Mantente fuera de la zona de almacenamiento a menos que tu profesor te indique hacerlo y te supervise.

Limpiar el laboratorio

1. Apaga todos los mecheros, cierra todas las llaves del agua y del gas y desconecta todos los aparatos eléctricos.
2. Limpia todas las piezas del equipo y regresa todos los materiales a sus lugares.
3. Desecha las sustancias químicas y otros materiales según las instrucciones de tu profesor. Pon los vidrios rotos y las sustancias sólidas en los recipientes adecuados. Nunca deseches materiales en el lavamanos.
4. Limpia tu área de trabajo.
5. Lava muy bien tus manos con agua y jabón ANTES de quitarte las gafas protectoras.

Emergencias

1. Reporta de inmediato a tu profesor cualquier fuego, descarga eléctrica, rompimiento de material de vidrio, derrame o herida, sin importar qué tan pequeña sea. Sigue sus instrucciones.
2. Si tu ropa se enciende, DETÉNTE, TÍRATE AL PISO y RUEDA. De ser posible, aplácalo con la manta contra incendios o ponte debajo de la ducha de seguridad. NUNCA CORRAS.
3. Si hubiera fuego, apaga todo el gas y deja el salón de acuerdo con el procedimiento establecido.
4. En la mayoría de los casos, tu profesor limpiará los derrames. NO intentes limpiar los derrames a menos que tengas permiso y las instrucciones para hacerlo.
5. Si alguna sustancia química entra en contacto con tus ojos o tu piel, informa de inmediato a tu profesor. Usa la ducha lavaojos o lava tu piel y tus ojos con gran cantidad de agua.
6. El extintor de incendios y el botiquín de primeros auxilios solo deben ser usados por tu profesor, a menos que haya una emergencia y tengas permiso de usarlos.
7. Si alguien resulta herido o se enferma, solo alguien certificado en primeros auxilios puede llevar a cabo procedimientos de primeros auxilios.

Manual de destrezas matemáticas

Repaso de matemáticas

Usar fracciones

Una fracción compara la parte de un todo. En la fracción $\frac{2}{3}$, el 2 representa la parte y es el numerador. El 3 representa el todo y es el denominador.

Reducir fracciones Para reducir una fracción, debes hallar el factor más grande que es común tanto al numerador como al denominador: el máximo común divisor (M.C.D.). Divide ambos números entre el M.C.D. Entonces, la fracción ha quedado reducida o se encuentra en su forma más simple.

Ejemplo

Doce de las 20 sustancias químicas del laboratorio de ciencias están en forma de polvo. ¿Qué fracción de las sustancias químicas usadas en el laboratorio están en forma de polvo?

Paso 1 Escribe la fracción.
$\frac{parte}{todo} = \frac{12}{20}$

Paso 2 Para hallar el M.C.D. del numerador y del denominador, enumera todos los factores de cada número.

Factores de 12: 1, 2, 3, 4, 6, 12 (los números que dividen a 12 en partes iguales)

Factores de 20: 1, 2, 4, 5, 10, 20 (los números que dividen a 20 en partes iguales)

Paso 3 Enumera los factores comunes.
1, 2, 4

Paso 4 Escoge el factor más grande de la lista. El M.C.D. de 12 y de 20 es 4.

Paso 5 Divide el numerador y el denominador entre el M.C.D.
$\frac{12 \div 4}{20 \div 4} = \frac{3}{5}$

En el laboratorio, $\frac{3}{5}$ de las sustancias químicas están en forma de polvo.

Problema de práctica En un parque de diversiones, 66 de las 90 atracciones tienen restricción de altura. ¿Qué fracción de las atracciones, en su forma más sencilla, tiene restricción de altura?

Suma y resta de fracciones con denominadores iguales Para sumar o restar fracciones con el mismo denominador, suma o resta los numeradores y escribe la suma o la diferencia sobre el denominador. Después de hallar la suma o la diferencia, halla la forma más sencilla de tu fracción.

Ejemplo 1

En el bosque cercano a tu casa, $\frac{1}{8}$ de los animales son conejos, $\frac{3}{8}$ son ardillas y el resto son aves e insectos. ¿Cuántos mamíferos hay?

Paso 1 Suma los numeradores.
$\frac{1}{8} + \frac{3}{8} = \frac{(1+3)}{8} = \frac{4}{8}$

Paso 2 Halla el M.C.D.
$\frac{4}{8}$ (M.C.D., 4)

Paso 3 Divide el numerador y el denominador entre el M.C.D.
$\frac{4 \div 4}{8 \div 4} = \frac{1}{2}$

$\frac{1}{2}$ de los animales son mamíferos.

Ejemplo 2

Si $\frac{7}{16}$ de la Tierra está cubierta por agua dulce y $\frac{1}{16}$ de esa agua son glaciares, ¿cuánta agua dulce no está congelada?

Paso 1 Resta los numeradores.
$\frac{7}{16} - \frac{1}{16} = \frac{(7-1)}{16} = \frac{6}{16}$

Paso 2 Halla el M.C.D.
$\frac{6}{16}$ (M.C.D., 2)

Paso 3 Divide el numerador y el denominador entre el M.C.D.
$\frac{6 \div 2}{16 \div 2} = \frac{3}{8}$

$\frac{3}{8}$ del agua dulce no está congelada.

Problema de práctica Un ciclista pasea en bicicleta a una velocidad de 15 km/h durante $\frac{4}{9}$ de su recorrido, a 10 km/h durante $\frac{2}{9}$ de su recorrido y a 8 km/h durante el resto de su recorrido. ¿Cuánto de su trayecto recorre a una velocidad mayor de 8 km/h?

Suma y resta de fracciones con denominadores distintos Para sumar o restar fracciones con distintos denominadores, halla primero el mínimo común denominador (m.c.d.). Este es el número más pequeño que es múltiplo común de ambos denominadores. Renombra cada fracción con el m.c.d. y luego suma o resta. Halla la forma más simple si es necesario.

Ejemplo 1

Un químico hace una pasta que es $\frac{1}{2}$ de sal de mesa (NaCl), $\frac{1}{3}$ de azúcar ($C_6H_{12}O_6$), y el resto es agua (H_2O). ¿Cuánto de la pasta es sólido?

Paso 1 Halla el m.c.d. de las fracciones.

$\frac{1}{2} + \frac{1}{3}$ (m.c.d., 6)

Paso 2 Renombra cada numerador y cada denominador con el m.c.d.

Paso 3 Suma los numeradores.

$\frac{3}{6} + \frac{2}{6} = \frac{(3+2)}{6} = \frac{5}{6}$

$\frac{5}{6}$ de la pasta es un sólido.

Ejemplo 2

La precipitación promedio en Grand Junction, CO, es $\frac{7}{10}$ pulgadas en noviembre y $\frac{3}{5}$ pulgadas en diciembre. ¿Cuál es la precipitación total promedio?

Paso 1 Halla el m.c.d. de las fracciones.

$\frac{7}{10} + \frac{3}{5}$ (m.c.d., 10)

Paso 2 Renombra cada numerador y cada denominador con el m.c.d.

Paso 3 Suma los numeradores.

$\frac{7}{10} + \frac{6}{10} = \frac{(7+6)}{10} = \frac{13}{10}$

$\frac{13}{10}$ pulgadas de precipitación total o $1\frac{3}{10}$ pulgadas.

Problema de práctica En el cobro de una cuenta de la electricidad, casi $\frac{1}{8}$ de la fuente de energía es solar y casi $\frac{1}{10}$ es eólica. ¿Cuánto del total de la cuenta proviene de la suma de la energía solar y la energía eólica?

Ejemplo 3

En tu cuerpo, $\frac{7}{10}$ de tus contracciones musculares son involuntarias (tejido muscular cardiaco y liso). El músculo liso comprende $\frac{3}{15}$ de tus contracciones musculares. ¿Cuántas de tus contracciones musculares corresponden al músculo cardiaco?

Paso 1 Halla el m.c.d. de las fracciones.

$\frac{7}{10} - \frac{3}{15}$ (m.c.d., 30)

Paso 2 Renombra cada numerador y cada denominador con el m.c.d.

$\frac{7 \times 3}{10 \times 3} = \frac{21}{30}$

$\frac{3 \times 2}{15 \times 2} = \frac{6}{30}$

Paso 3 Resta los numeradores.

$\frac{21}{30} - \frac{6}{30} = \frac{(21-6)}{30} = \frac{15}{30}$

Paso 4 Halla el M.C.D.

$\frac{15}{30}$ (M.C.D., 15)

$\frac{1}{2}$

$\frac{1}{2}$ de todas las contracciones musculares son del músculo cardiaco.

Ejemplo 4

Tony quiere hacer galletas que necesitan $\frac{3}{4}$ de taza de harina, pero solo tiene $\frac{1}{3}$ de taza. ¿Cuánta harina le hace falta?

Paso 1 Halla el m.c.d. de las fracciones.

$\frac{3}{4} - \frac{1}{3}$ (m.c.d., 12)

Paso 2 Renombra cada numerador y cada denominador con el m.c.d.

$\frac{3 \times 3}{4 \times 3} = \frac{9}{12}$

$\frac{1 \times 4}{3 \times 4} = \frac{4}{12}$

Paso 3 Resta los numeradores.

$\frac{9}{12} - \frac{4}{12} = \frac{(9-4)}{12} = \frac{5}{12}$

$\frac{5}{12}$ de taza de harina

Problema de práctica Con la información suministrada en el problema 3 de esta página, determina cuántas contracciones musculares son voluntarias (músculo esquelético).

Multiplicar fracciones Para multiplicar con fracciones, multiplica los numeradores y multiplica los denominadores. Halla la forma más sencilla si es necesario.

> **Ejemplo**
>
> Multiplica $\frac{3}{5}$ por $\frac{1}{3}$.
>
> **Paso 1** Multiplica los numeradores y los denominadores.
>
> $\frac{3}{5} \times \frac{1}{3} = \frac{(3 \times 1)}{(5 \times 3)} \frac{3}{15}$
>
> **Paso 2** Halla el M.C.D.
>
> $\frac{3}{15}$ (M.C.D., 3)
>
> **Paso 3** Divide el numerador y el denominador entre el M.C.D.
>
> $\frac{3 \div 3}{15 \div 3} = \frac{1}{5}$
>
> $\frac{3}{5}$ multiplicado por $\frac{1}{3}$ es $\frac{1}{5}$.

Problema de práctica Multiplica $\frac{3}{14}$ por $\frac{5}{16}$.

Hallar un recíproco Dos números cuyo producto es 1 se llaman inversos multiplicativos o recíprocos.

> **Ejemplo**
>
> Halla el recíproco de $\frac{3}{8}$.
>
> **Paso 1** Invierte la fracción poniendo el denominador en la parte superior y el numerador en la parte inferior.
>
> $\frac{8}{3}$
>
> El recíproco de $\frac{3}{8}$ es $\frac{8}{3}$.

Problema de práctica Halla el recíproco de $\frac{4}{9}$.

Dividir fracciones Para dividir una fracción entre otra fracción, multiplica el dividendo por el recíproco del divisor. Halla la forma más sencilla si es necesario.

> **Ejemplo 1**
>
> Divide $\frac{1}{9}$ entre $\frac{1}{3}$.
>
> **Paso 1** Halla el recíproco del divisor.
>
> El recíproco de $\frac{1}{3}$ es $\frac{3}{1}$.
>
> **Paso 2** Multiplica el dividendo por el recíproco del divisor.
>
> $\frac{\frac{1}{9}}{\frac{1}{3}} = \frac{1}{9} \times \frac{3}{1} = \frac{(1 \times 3)}{(9 \times 1)} = \frac{3}{9}$
>
> **Paso 3** Halla el M.C.D.
>
> $\frac{3}{9}$ (M.C.D., 3)
>
> **Paso 4** Divide el numerador y el denominador entre el M.C.D.
>
> $\frac{3 \div 3}{9 \div 3} = \frac{1}{3}$
>
> $\frac{1}{9}$ dividido entre $\frac{1}{3}$ es $\frac{1}{3}$.

> **Ejemplo 2**
>
> Divide $\frac{3}{5}$ entre $\frac{1}{4}$.
>
> **Paso 1** Halla el recíproco del divisor.
>
> El recíproco de $\frac{1}{4}$ es $\frac{4}{1}$.
>
> **Paso 2** Multiplica el dividendo por el recíproco del divisor.
>
> $\frac{\frac{3}{5}}{\frac{1}{4}} = \frac{3}{5} \times \frac{4}{1} = \frac{(3 \times 4)}{(5 \times 1)} = \frac{12}{5}$
>
> $\frac{3}{5}$ dividido entre $\frac{1}{4}$ es $\frac{12}{5}$ o $2\frac{2}{5}$.

Problema de práctica Divide $\frac{3}{11}$ entre $\frac{7}{10}$.

Usar ratios

Cuando comparas dos números por división, estás usando un ratio. Los ratios se pueden escribir 3 a 5, 3:5 o $\frac{3}{5}$. Los ratios, al igual que las fracciones, también se pueden escribir en su forma más sencilla.

Los ratios pueden representar un tipo de probabilidad. Este es un ratio que compara el número de maneras como ocurre un resultado con el número de resultados posibles. Por ejemplo, si lanzas una moneda 100 veces, ¿cuál es la probabilidad de que caiga en cara? Hay dos posibles resultados, cara o cruz, así que la probabilidad de que caiga en cara es 50:100. Otra manera de decirlo es que 50 de cada 100 veces la moneda caerá en cara. En su manera más sencilla, el ratio es 1:2.

Ejemplo 1

Una solución química contiene 40 g de sal y 64 g de bicarbonato. A manera de fracción en su forma más sencilla, ¿cuál es el ratio de sal a bicarbonato?

Paso 1 Escribe el ratio como una fracción.

$$\frac{\text{sal}}{\text{bicarbonato}} = \frac{40}{64}$$

Paso 2 Expresa la fracción en su forma más sencilla. El M.C.D. de 40 y 64 es 8.

$$\frac{40}{64} = \frac{40 \div 8}{64 \div 8} = \frac{5}{8}$$

El ratio de sal a bicarbonato en la muestra más sencilla es 5:8.

Ejemplo 2

Se lanzan 6 veces un dado de 6 lados. ¿Cuáles son las probabilidades de que caiga en 3?

Paso 1 Escribe el ratio como una fracción.

$$\frac{\text{número de lados con 3}}{\text{número de lados posibles}} = \frac{1}{6}$$

Paso 2 Multiplica por el número de lanzamientos.

$$\frac{1}{6} \times 6 \text{ lanzamientos} = \frac{6}{6} \text{ lanzamientos} = 1 \text{ lanzamiento}$$

1 de cada 6 lanzamientos mostrará un 3.

Problema de práctica Dos varillas de metal miden 100 cm y 144 cm de longitud. ¿Cuál es el ratio de sus longitudes en la forma más sencilla?

Usar decimales

Una fracción cuyo denominador es un múltiplo de 10 se puede escribir como un decimal. Por ejemplo, 0.27 significa $\frac{27}{100}$. El punto decimal separa las cifras de los enteros de los decimales.

Cualquier fracción se puede escribir como decimal mediante la división. Por ejemplo, la fracción $\frac{5}{8}$ se puede escribir como decimal al dividir 5 entre 8. Escrito como decimal es 0.625.

Sumar o restar decimales Cuando sumes o restes decimales, alinea primero los puntos decimales antes de llevar a cabo la operación.

Ejemplo 1

Halla la suma de 47.68 más 7.80.

Paso 1 Alinea las cifras decimales cuando escribas los números.

```
  47.68
+  7.80
```

Paso 2 Suma los decimales.

```
  47.68
+  7.80
  55.48
```

La suma de 47.68 más 7.80 es 55.48.

Ejemplo 2

Halla la diferencia entre 42.17 y 15.85.

Paso 1 Alinea las cifras decimales cuando escribas el número.

```
  42.17
− 15.85
```

Paso 2 Resta los decimales.

```
  42.17
− 15.85
  26.32
```

La diferencia entre 42.17 y 15.85 es 26.32.

Problema de práctica Halla la suma de 1.245 más 3.842.

Multiplicar decimales Para multiplicar decimales, multiplica los números sin tener en cuenta el punto decimal. Cuenta las cifras decimales de cada factor. El producto tendrá el mismo número de cifras decimales de la suma de las cifras decimales de los factores.

Ejemplo

Multiplica 2.4 por 5.9.

Paso 1 Multiplica los factores como si fueran dos números enteros.

$24 \times 59 = 1416$

Paso 2 Halla la suma de las cifras decimales en los factores. Cada factor tiene una cifra decimal, lo cual suman dos cifras decimales.

Paso 3 El producto tendrá dos cifras decimales.

14.16

El producto de 2.4 por 5.9 es 14.16.

Problema de práctica Multiplica 4.6 por 2.2.

División de decimales Cuando dividas decimales, convierte el divisor a un número entero. Para hacerlo, multiplica el divisor y el dividendo por el mismo múltiplo de diez. Luego, pon el punto decimal en el cociente, directamente encima del punto decimal en el dividendo. Luego, divide tal como lo haces con números enteros.

Ejemplo

Divide 8.84 entre 3.4.

Paso 1 Multiplica ambos factores por 10.

$3.4 \times 10 = 34, 8.84 \times 10 = 88.4$

Paso 2 Divide 88.4 entre 34.

```
      2.6
  34)88.4
     −68
     204
    −204
       0
```

8.84 dividido entre 3.4 es 2.6.

Problema de práctica Divide 75.6 entre 3.6.

Usar proporciones

Una ecuación que muestra que dos ratios son equivalentes es una proporción. Los ratios $\frac{2}{4}$ y $\frac{5}{10}$ son equivalentes, así que se pueden escribir como $\frac{2}{4} = \frac{5}{10}$. Esta ecuación es una proporción.

Cuando dos ratios forman una proporción, los productos cruzados son iguales. Para hallar los productos cruzados en la proporción $\frac{2}{4} = \frac{5}{10}$, multiplica el 2 por el 10 y el 4 por el 5. Entonces, $2 \times 10 = 4 \times 5$, o $20 = 20$.

Dado que sabes que ambos ratios son iguales, puedes usar los productos cruzados para hallar el término que falta en una proporción. Esto se llama resolver la proporción.

Ejemplo

Las alturas de un árbol y un poste son proporcionales a la longitud de sus sombras. El árbol da una sombra de 24 m mientras que un poste de 6 m da una sombra de 4 m. ¿Cuál es la altura del árbol?

Paso 1 Escribe una proporción.

$$\frac{\text{altura del árbol}}{\text{altura del poste}} = \frac{\text{longitud de la sombra del árbol}}{\text{longitud de la sombra del poste}}$$

Paso 2 Sustituye los valores conocidos en la proporción. Sea que h represente el valor desconocido, la altura del árbol.

$\frac{h}{6} \times \frac{24}{4}$

Paso 3 Halla los productos cruzados.

$h \times 4 = 6 \times 24$

Paso 4 Simplifica la ecuación.

$4h \times 144$

Paso 5 Divide cada lado entre 4.

$\frac{4h}{4} \times \frac{144}{4}$

$h = 36$

La altura del árbol es 36 m.

Problema de práctica Los ratios de los pesos de dos objetos sobre la Luna y sobre la Tierra están en proporción. Una roca que pesa 3 N sobre la Luna, pesa 18 N sobre la Tierra. ¿Cuánto pesará sobre la Tierra una roca que pesa 5 N sobre la Luna?

Usar porcentajes

La palabra *porcentaje* significa "de cien". Es un ratio que compara un número con 100. Supón que lees que 77 por ciento de la superficie de la Tierra está cubierta por agua. Es lo mismo que leer que la fracción de la superficie de la Tierra que está cubierta por agua es $\frac{77}{100}$. Para expresar una fracción como porcentaje, halla primero el equivalente decimal para la fracción. Luego, multiplica el decimal por 100 y agrega el símbolo de porcentaje.

Ejemplo 1

Expresa $\frac{13}{20}$ como porcentaje.

Paso 1 Halla el equivalente decimal para la fracción.

$$\begin{array}{r} 0.65 \\ 20\overline{)13.00} \\ \underline{12\,0} \\ 1\,00 \\ \underline{1\,00} \\ 0 \end{array}$$

Paso 2 Reescribe la fracción $\frac{13}{20}$ como 0.65.

Paso 3 Multiplica 0.65 por 100 y pon el símbolo de %.

$$0.65 \times 100 = 65 = 65\%$$

Entonces, $\frac{13}{20} = 65\%$.

Esto también se puede resolver como una proporción.

Ejemplo 2

Expresa $\frac{13}{20}$ como porcentaje.

Paso 1 Escribe una proporción.

$$\frac{13}{20} = \frac{x}{100}$$

Paso 2 Halla los productos cruzados.

$$1300 = 20x$$

Paso 3 Divide cada lado entre 20.

$$\frac{1300}{20} = \frac{20x}{20}$$

$$65\% = x$$

Problema de práctica En un año, 73 de 365 días fueron lluviosos en una ciudad. ¿Qué porcentaje de días en esa ciudad fueron lluviosos?

Resolver ecuaciones de primer grado

La afirmación, dos expresiones son iguales es una ecuación. Por ejemplo, $A = B$ es una ecuación que afirma que A es igual a B.

Una ecuación está resuelta cuando una variable se reemplaza por un valor que iguala ambos lados de la ecuación. Para que ambos lados de una ecuación sean iguales se usa la operación inversa. La suma y la resta son operaciones inversas, así como la multiplicación y la división.

Ejemplo 1

Resuelve la ecuación $x - 10 = 35$.

Paso 1 Halla la solución sumando 10 a cada lado de la ecuación.

$$x - 10 = 35$$
$$x - 10 + 10 = 35 - 10$$
$$x = 45$$

Paso 2 Verifica la solución.

$$x - 10 = 35$$
$$45 - 10 = 35$$
$$35 = 35$$

Ambos lados de la ecuación son iguales, así que $x = 45$.

Ejemplo 2

En la fórmula $a = bc$, halla el valor de c si $a = 20$ y $b = 2$.

Paso 1 Reorganiza la fórmula dividiendo ambos lados entre b, de manera que el valor desconocido quede solo en un lado de la ecuación.

$$a = bc$$
$$\frac{a}{b} = \frac{bc}{b}$$
$$\frac{a}{b} = c$$

Paso 2 Reemplaza las variables a y b con los valores dados.

$$\frac{a}{b} = c$$
$$\frac{20}{2} = c$$
$$10 = c$$

Paso 3 Verifica la solución.

$$a = bc$$
$$20 = 2 \times 10$$
$$20 = 20$$

Ambos lados de la ecuación son iguales, así que $c = 10$ es la respuesta cuando $a = 20$ y $b = 2$.

Problema de práctica En la fórmula $h = gd$, halla el valor de d si $g = 12.3$ y $h = 17.4$.

Usar estadística

La rama de las matemáticas que se relaciona con la recolección, el análisis y la presentación de datos es la estadística. En estadística hay tres maneras comunes de resumir datos con un solo número: la media, la mediana y la moda.

La **media** de un conjunto de datos es el promedio aritmético. Se calcula sumando los números del conjunto de datos y dividiendo entre el número de elementos del conjunto.

La **mediana** es el número intermedio de un conjunto de datos, cuando los datos están organizados en orden numérico. Si hubiera un número par de datos, la mediana sería la media de los dos números del medio.

La **moda** de un conjunto de datos es el número o el objeto que aparece con más frecuencia.

Otro número que se usa con frecuencia para describir un conjunto de datos es el intervalo. El **intervalo** es la diferencia entre el número más grande y el número más pequeño de un conjunto de datos.

Ejemplo

Las velocidades (en m/s) en una carrera de carros durante cinco ensayos diferentes son 39, 37, 44, 36 y 44.

Para hallar la media:

Paso 1   Halla la suma de los números.

$39 + 37 + 44 + 36 + 44 = 200$

Paso 2   Divide la suma entre el número de elementos, el cual es 5.

$200 \div 5 = 40$

La media es 40 m/s.

Para hallar la mediana:

Paso 1   Organiza las mediciones de menor a mayor.

36, 37, 39, 44, 44

Paso 2   Determina la medición del centro.

36, 37, <u>39</u>, 44, 44

La mediana es 39 m/s.

Para hallar la moda:

Paso 1   Agrupa los números iguales.

44, 44, 36, 37, 39

Paso 2   Determina los números que más aparecen en el conjunto.

<u>44, 44,</u> 36, 37, 39

La moda es 44 m/s.

Para hallar el intervalo:

Paso 1   Organiza las mediciones de mayor a menor.

44, 44, 39, 37, 36

Paso 2   Determina las mediciones mayor y menor en el conjunto.

<u>44,</u> 44, 39, 37, 36

Paso 3   Halla la diferencia entre las mediciones mayor y menor.

$44 - 36 = 8$

El intervalo es 8 m/s.

Problema de práctica Halla la media, la mediana, la moda y el intervalo para el conjunto de datos 8, 4, 12, 8, 11 14, 16.

Una **tabla de frecuencia** muestra cuántas veces ocurre cada elemento de los datos, generalmente de una encuesta. La **Tabla 1** muestra el resultado de una encuesta estudiantil sobre la preferencia de color.

Tabla 1 Selección de color en estudiantes

Color	Conteo	Frecuencia
rojo	IIII	4
azul	IIII	5
negro	II	2
verde	III	3
morado	IIII II	7
amarillo	IIII I	6

Con base en la frecuencia de los datos de la tabla, ¿cuál es el color favorito?

Usar geometría

La rama de las matemáticas que se relaciona con la medición, las propiedades y las relaciones de puntos, líneas, ángulos, superficies y sólidos se llama geometría.

Perímetro El **perímetro** (P) es la distancia alrededor de una figura geométrica. Para hallar el perímetro de un rectángulo, suma el largo y luego el ancho y multiplica esa suma por 2, o $2(l + a)$. Para hallar los perímetros de figuras irregulares, suma la longitud de los lados.

Ejemplo 1

Halla el perímetro de un rectángulo que tiene 3 m de largo y 5 m de ancho.

Paso 1 Sabes que el perímetro es 2 veces la suma del ancho más el largo.

$P = 2(3\text{ m} + 5\text{ m})$

Paso 2 Halla la suma del ancho más el largo.

$P = 2(8\text{ m})$

Paso 3 Multiplica por 2.

$P = 16\text{ m}$

El perímetro es 16 m.

Ejemplo 2

Halla el perímetro de una figura cuyos lados miden 2 cm, 5 cm, 6 cm, 3 cm.

Paso 1 Sabes que el perímetro es la suma de todos los lados.

$P = 2 + 5 + 6 + 3$

Paso 2 Halla la suma de los lados.

$P = 2 + 5 + 6 + 3$

$P = 16$

El perímetro es 16 cm.

Problema de práctica Halla el perímetro de un rectángulo cuyo largo es 18 m y ancho es 7 m.

Problema de práctica Halla el perímetro de un triángulo que mide 1.6 cm por 2.4 cm por 2.4 cm.

Área del rectángulo El **área** (A) es el número de unidades cuadradas que se necesitan para cubrir una superficie. Para hallar el área de un rectángulo, multiplica el largo por el ancho, o $l \times a$. Cuando halles el área, también debes multiplicar las unidades. El área se da en unidades cuadradas.

Ejemplo

Halla el área de un rectángulo de 1 cm de largo por 10 cm de ancho.

Paso 1 Sabes que el área es el largo multiplicado por el ancho.

$A = (1\text{ cm} \times 10\text{ cm})$

Paso 2 Multiplica el largo por el ancho. También multiplica las unidades.

$A = 10\text{ cm}^2$

El área es 10 cm^2.

Problema de práctica Halla el área de un cuadrado cuyos lados miden 4 m.

Área del triángulo Para hallar el área del triángulo, usa la fórmula:

$A = \frac{1}{2}(\text{base} \times \text{altura})$

La base del triángulo puede ser cualquiera de sus lados. La altura es la distancia perpendicular desde la base al extremo opuesto, o vértice.

Ejemplo

Halla el área de un triángulo cuya base es 18 m y tiene una altura de 7 m.

Paso 1 Sabes que el área es $\frac{1}{2}$ de la base por la altura.

$A = \frac{1}{2}(18\text{ m} \times 7\text{ m})$

Paso 2 Multiplica $\frac{1}{2}$ por el producto de 18×7. Multiplica las unidades.

$A = \frac{1}{2}(126\text{ m}^2)$

$A = 63\text{ m}^2$

El área es 63 m^2.

Problema de práctica Halla el área de un triángulo cuya base es 27 cm y tiene una altura de 17 cm.

Circunferencia del círculo El **diámetro** (d) del círculo es la distancia a través de su centro y el **radio** (r) es la distancia desde el centro a cualquier punto en el círculo. El radio es la mitad del diámetro. La distancia alrededor del círculo se llama **circunferencia** (C). La fórmula para hallar la circunferencia es:

$C = 2\pi r$ o $C = \pi d$

La circunferencia dividida entre el diámetro siempre es igual a 3.1415926... Este número que no termina y no se repite se representa con la letra griega π (pi). Una aproximación de π que se usa con frecuencia es 3.14.

Ejemplo 1

Halla la circunferencia de un círculo cuyo radio es 3 m.

Paso 1 Sabes que la fórmula de la circunferencia es 2 por el radio por π.

$C = 2\pi(3)$

Paso 2 Multiplica 2 por el radio.

$C = 6\pi$

Paso 3 Multiplica por π.

$C \approx 19$ m

La circunferencia es aproximadamente 19 m.

Ejemplo 2

Halla la circunferencia de un círculo cuyo diámetro es 24.0 cm.

Paso 1 Sabes que la fórmula de la circunferencia es el diámetro por π.

$C = \pi(24.0)$

Paso 2 Multiplica el diámetro por π.

$C \approx 75.4$ cm

La circunferencia es aproximadamente 75.4 cm.

Problema de práctica Halla la circunferencia de un círculo cuyo radio es 19 cm.

Área del círculo La fórmula del área del círculo es: $A = \pi r^2$

Ejemplo 1

Halla el área de un círculo cuyo radio es 4.0 cm.

Paso 1 $A = \pi(4.0)^2$

Paso 2 Halla el cuadro del radio.

$A = 16\pi$

Paso 3 Multiplica el cuadrado del radio por π.

$A \approx 50$ cm^2

El área del círculo es aproximadamente 50 cm^2.

Ejemplo 2

Halla el área de un círculo cuyo radio es 225 m.

Paso 1 $A = \pi(225)^2$

Paso 2 Halla el cuadrado del radio.

$A = 50625\pi$

Paso 3 Multiplica el cuadrado del radio por π.

$A \approx 159043.1$

El área del círculo es aproximadamente 159043.1 m^2.

Ejemplo 3

Halla el área de un círculo cuyo diámetro es 20.0 mm.

Paso 1 Recuerda que el radio es la mitad del diámetro.

$A = \pi\left(\frac{20.0}{2}\right)^2$

Paso 2 Halla el radio.

$A = \pi(10.0)^2$

Paso 3 Halla el cuadrado del radio.

$A = 100\pi$

Paso 4 Multiplica el cuadrado del radio por π.

$A \approx 314$ mm^2

El área del círculo es aproximadamente 314 m^2.

Problema de práctica Halla el área de un círculo cuyo radio es 16 m.

Volumen La medida del espacio que ocupa un sólido es su **volumen** (V). Para hallar el volumen de un sólido rectangular multiplica el largo por el ancho por la altura, o $V = l \times a \times h$. Este se mide en unidades cúbicas, como los centímetros cúbicos (cm^3).

Ejemplo

Halla el volumen de un sólido rectangular de 2.0 m de largo, 4.0 m de ancho y 3.0 m de alto.

Paso 1 Sabes que la fórmula del volumen es el largo por el ancho por el alto.

$V = 2.0 \text{ m} \times 4.0 \text{ m} \times 3.0 \text{ m}$

Paso 2 Multiplica el largo por el ancho por el alto.

$V = 24 \text{ m}^3$

El volumen es 24 m^3.

Problema de práctica Halla el volumen de un sólido rectangular de 8 m de largo, por 4 m de ancho, por 4 m de alto.

Para hallar el volumen de otros sólidos, multiplica el área de la base por la altura.

Ejemplo 1

Halla el volumen de un sólido que tiene una base triangular de 8.0 m de largo y 7.0 m de alto. La altura de todo el sólido es 15.0 m.

Paso 1 Sabes que la base es un triángulo y que el área del triángulo es $\frac{1}{2}$ de la base por la altura, y que el volumen es el área de la base por la altura.

$V = \left[\frac{1}{2}(b \times h)\right] \times 15$

Paso 2 Halla el área de la base.

$V = \left[\frac{1}{2}(8 \times 7)\right] \times 15$

$V = \left(\frac{1}{2} \times 56\right) \times 15$

Paso 3 Multiplica el área de la base por la altura del sólido.

$V = 28 \times 15$

$V = 420 \text{ m}^3$

El volumen es 420 m^3.

Ejemplo 2

Halla el volumen de un cilindro cuya base tiene un radio de 12.0 cm y una altura de 21.0 cm.

Paso 1 Sabes que la base es un círculo y que el área del círculo es el cuadrado del radio por π y el volumen es el área de la base por la altura.

$V = (\pi r^2) \times 21$

$V = (\pi 12^2) \times 21$

Paso 2 Halla el área de la base.

$V = 144\pi \times 21$

$V = 452 \times 21$

Paso 3 Multiplica el área de la base por la altura del sólido.

$V \approx 9{,}500 \text{ cm}^3$

El volumen es aproximadamente 9,500 cm^3.

Ejemplo 3

Halla el volumen de un cilindro que tiene un diámetro de 15 mm y una altura de 4.8 mm.

Paso 1 Sabes que la base es un círculo con un área igual al cuadrado del radio por π. El radio es la mitad del diámetro. El volumen es el área de la base por la altura.

$V = (\pi r^2) \times 4.8$

$V = \left[\pi \left(\frac{1}{2} \times 15\right)^2\right] \times 4.8$

$V = (\pi 7.5^2) \times 4.8$

Paso 2 Halla el área de la base.

$V = 56.25\pi \times 4.8$

$V \approx 176.71 \times 4.8$

Paso 3 Multiplica el área de la base por la altura del sólido.

$V \approx 848.2$

El volumen es aproximadamente 848.2 mm^3.

Problema de práctica Halla el volumen de un cilindro cuyo diámetro es 7 cm en la base y su altura es 16 cm.

Las aplicaciones de la ciencia

Medición en el SI

El sistema métrico de medidas se desarrolló en 1795. Una forma moderna del sistema métrico, llamado el Sistema Internacional (SI), se adoptó en 1960 y suministra las medidas estándar que todos los científicos alrededor del mundo entienden.

El SI es conveniente porque los tamaños de las unidades varían en múltiplos de 10. Se usan prefijos para nombrar las unidades. Observa la **Tabla 2** en la que aparecen algunos prefijos comunes del SI y sus significados.

Tabla 2 Prefijos comunes del SI

Prefijo	Símbolo	Significado	
kilo-	k	1,000	mil
hecto-	h	100	cien
deca-	da	10	diez
deci-	d	0.1	décimo
centi-	c	0.01	centésimo
mili-	m	0.001	milésimo

Ejemplo

¿Cuántos gramos equivalen a un kilogramo?

Paso 1 Halla el prefijo *kilo-* en la **Tabla 2.**

Paso 2 Usando la **Tabla 2,** determina el significado de *kilo-*. Según la tabla, significa 1,000. Cuando se añade el prefijo *kilo-* a la unidad, significa que hay 1,000 de esas unidades en una "kilounidad".

Paso 3 Aplica el prefijo a las unidades de la pregunta. Las unidades de la pregunta son gramos. Hay 1,000 gramos en un kilogramo.

Problema de práctica ¿Un miligramo es más grande o más pequeño que un gramo? ¿Cuántas de las unidades más pequeñas equivalen a una unidad más grande? ¿Qué fracción de la unidad más grande representa una unidad más pequeña?

Análisis dimensional

Convertir unidades del SI En ciencias, magnitudes como longitud, masa y tiempo se miden, algunas veces, con diferentes unidades. Se puede usar un proceso llamado análisis dimensional para cambiar una unidad de medida en otra. Este proceso requiere multiplicar la cantidad inicial y las unidades por uno o más factores de conversión. Un factor de conversión es un ratio igual a uno y se puede hacer con cualesquiera dos cantidades iguales con unidades diferentes. Si 1,000 ml equivalen a 1 l, entonces se pueden hacer dos ratios.

$$\frac{1,000 \text{ ml}}{1 \text{ l}} = \frac{1 \text{ l}}{1,000 \text{ ml}} = 1$$

Se pueden convertir unidades dentro del SI usando las equivalencias de la **Tabla 2** para hacer factores de conversión.

Ejemplo

¿Cuántos centímetros hay en 4 m?

Paso 1 Escribe factores de conversión para las unidades dadas. De la **Tabla 2,** sabes que 100 cm = 1 m. Los factores de conversión son

$$\frac{100 \text{ cm}}{1 \text{ m}} \quad y \quad \frac{1 \text{ m}}{100 \text{ cm}}$$

Paso 2 Decide cuál factor de conversión usar. Selecciona el factor que tenga las unidades a partir de las cuales estás convirtiendo (m) en el denominador y las unidades a las que estás convirtiendo (cm) en el numerador.

$$\frac{100 \text{ cm}}{1 \text{ m}}$$

Paso 3 Multiplica la cantidad inicial y las unidades por el factor de conversión. Cancela las unidades iniciales con las unidades del denominador. Hay 400 cm en 4 m.

$$4 \text{ m} \times \frac{100 \text{ cm}}{1 \text{ m}} = 400 \text{ cm}$$

Problema de práctica ¿Cuántos miligramos hay en un kilogramo? (Pista: necesitarás usar dos factores de conversión de la **Tabla 2**).

Tabla 3 Sistema de unidades equivalentes

Tipo de medida	Equivalencia
Longitud	1 pulg = 2.54 cm 1 yd = 0.91 m 1 mi = 1.61 km
Masa y peso*	1 oz = 28.35 g 1 lb = 0.45 kg 1 ton (corta) = 0.91 tonelada (toneladas métricas) 1 lb = 4.45 N
Volumen	1 pulg^3 = 16.39 cm^3 1 qt = 0.95 l 1 gal = 3.78 l
Área	1 pulg^2 = 6.45 cm^2 1 yd^2 = 0.83 m^2 1 mi^2 = 2.59 km^2 1 acre = 0.40 hectáreas
Temperatura	°C = $\frac{(°F - 32)}{1.8}$ K = °C + 273

*El peso se mide en la gravedad estándar de la Tierra.

Convertir entre sistemas de unidades La **Tabla 3** muestra una lista de equivalencias que se pueden usar para convertir entre unidades inglesas y del SI.

Ejemplo

Si una vara métrica tiene una longitud de 100 cm, ¿cuál es su longitud en pulgadas?

Paso 1 Escribe los factores de conversión para las unidades dadas. De la **Tabla 3**, 1 pulg = 2.54 cm.

$$\frac{1 \text{ pulg}}{2.54 \text{ cm}} \quad y \quad \frac{2.54 \text{ cm}}{1 \text{ pulg}}$$

Paso 2 Determina cuál factor de conversión usar. Estás convirtiendo de cm a pulg. Usa el factor de conversión con cm en la parte inferior.

$$\frac{1 \text{ pulg}}{2.54 \text{ cm}}$$

Paso 3 Multiplica la cantidad inicial y las unidades por el factor de conversión. Cancela las unidades iniciales con las unidades del denominador. Aproxima tu respuesta a la decena más cercana.

$$100 \text{ cm} \times \frac{1 \text{ pulg}}{2.54 \text{ cm}} = 39.37 \text{ pulg}$$

La vara métrica mide aproximadamente 39.4 pulg.

Problema de práctica 1 Un libro tiene una masa de 5 lb. ¿Cuál es la masa del libro en kg?

Problema de práctica 2 Usa la equivalencia de pulg y cm (1 pulg = 2.54 cm) para demostrar cómo 1 pulg^3 ≈ 16.39 cm^3.

Precisión y cifras significativas

Cuando haces una medición, el valor que anotas depende de la precisión del instrumento de medida. Esta precisión se representa con el número de cifras significativas anotadas en la medición. Cuando cuentas el número de cifras significativas, se cuentan todas las cifras excepto los ceros del final del número que no tienen punto decimal como 2,050 y los ceros al inicio de un decimal como 0.03020. Cuando sumas o restas números con diferente precisión, aproxima la respuesta al número más pequeño de las cifras decimales de cualquier número de la suma o de la resta. Cuando multipliques o dividas, la respuesta se aproxima al número más pequeño de cifras significativas de cualquier número que se multiplique o se divida.

Ejemplo

Las longitudes 5.28 y 5.2 se midieron en metros. Halla la suma de estas longitudes y anota tu respuesta usando el número correcto de cifras significativas.

Paso 1 Halla la suma.

   5.28 m   2 cifras después del decimal
 + 5.2 m   1 cifra después del decimal
   10.48 m

Paso 2 Aproxima a una cifra después del punto decimal porque el menor número de cifras que se pusieron después del decimal es 1.

La suma es 10.5 m.

Problema de práctica 1 ¿Cuántas cifras significativas hay en la medida 7,071,301 m? ¿Cuántas cifras significativas hay en la medida 0.003010 g?

Problema de práctica 2 Multiplica 5.28 por 5.2 usando las reglas para multiplicar y dividir. Anota la respuesta usando el número correcto de cifras significativas.

La notación científica

Muchas veces los números que se usan en ciencias son muy pequeños o muy grandes. Dado que estos números son difíciles de trabajar, los científicos usan la notación científica. Para escribir números en notación científica, mueve el punto decimal hasta que a la izquierda solo quede un número diferente de cero. Luego, cuenta el número de lugares que moviste el punto decimal y usa ese número como potencia de diez. Por ejemplo, la distancia promedio del Sol a Marte es 227,800,000,000 m. En notación científica, esta distancia es 2.278×10^{11} m. Dado que moviste el punto decimal hacia la izquierda, el número es una potencia positiva de diez.

La masa de un electrón es aproximadamente 0.000 000 000 000 000 000 000 000 000 000 911 kg. Expresada en notación científica, esta masa es 9.11×10^{-31} kg. Dado que el punto decimal se movió hacia la derecha, el número es una potencia negativa de diez.

Ejemplo

La Tierra está a 149,600,000 km del Sol. Expresa esto en notación científica.

Paso 1 Mueve el punto decimal hasta que una cifra diferente de cero quede a la izquierda.

1.496 000 00

Paso 2 Cuenta el número de lugares decimales que moviste. En este caso, ocho.

Paso 2 Muestra ese número como potencia de diez, 10^8.

La Tierra está a 1.496×10^8 km del Sol.

Problema de práctica 1 ¿Cuántas cifras significativas hay en 149,600,000 km? ¿Cuántas cifras significativas hay en 1.496×10^8 km?

Problema de práctica 2 Las partes que se usan en un carro de alto desempeño se pueden medir con precisión de hasta 7×10^{-6} m. Expresa este número como un decimal.

Problema de práctica 3 Un disco compacto gira a 539 revoluciones por minuto. Expresa este número en notación científica.

Hacer y usar gráficas

Los datos de las tablas se pueden mostrar en una gráfica: una representación visual de los datos. Dentro de los tipos de gráficas comunes están las gráficas lineales, las gráficas de barras y las gráficas circulares.

Gráfica lineal Una gráfica lineal muestra una relación entre dos variables que cambian de manera continua. La variable independiente es la que se manipula, y se traza en el eje x. La variable dependiente es la que se observa, y se traza en el eje y.

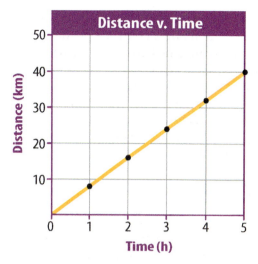

Figura 8 Esta gráfica lineal muestra la relación entre la distancia y el tiempo durante una carrera ciclística.

Ejemplo

Dibuja una gráfica lineal con los siguientes datos de un ciclista que participa en una carrera de larga distancia.

Tabla 4 Datos de la carrera ciclística

Tiempo (h)	Distancia (km)
0	0
1	8
2	16
3	24
4	32
5	40

Paso 1 Determina las variables del eje x y del eje y. El tiempo varía de manera independiente de la distancia y se traza en el eje x. La distancia depende del tiempo y se traza en el eje y.

Paso 2 Determina la escala de cada eje. Los datos del eje x tienen intervalos de 0 a 5. Los datos del eje y tienen intervalos de 0 a 50.

Paso 3 En papel milimetrado, dibuja y rotula los ejes. Pon unidades en los rótulos.

Paso 4 Dibuja un punto en la intersección del valor del tiempo del eje x y el valor de la distancia correspondiente del eje y. Conecta los puntos y rotula la gráfica con un título, como se muestra en la **Figura 8**.

Problema de práctica Se mide la altura del hombro de una perrita durante su primer año de vida. Se recolectaron las siguientes medidas: 3 meses, 52 cm; 6 meses, 72 cm; 9 meses, 83 cm; 12 meses, 86 cm. Grafica estos datos.

Hallar la pendiente La pendiente de una línea recta es el ratio del cambio en sentido vertical, la elevación, al cambio en sentido horizontal, el recorrido.

$$\text{Pendiente} = \frac{\text{cambio vertical (elevación)}}{\text{cambio horizontal (recorrido)}} = \frac{\text{cambio en } y}{\text{cambio en } x}$$

Ejemplo

Halla la pendiente de la gráfica de la **Figura 8**.

Paso 1 Sabes que la pendiente es el cambio en y dividido entre el cambio en x.

$$\text{Pendiente} = \frac{\text{cambio en } y}{\text{cambio en } x}$$

Paso 2 Determina los puntos de datos que usarás. Para una línea recta, escoge los dos conjuntos de puntos que estén más lejanos.

$$\text{Pendiente} = \frac{(40 - 0) \text{ km}}{(5 - 0) \text{ h}}$$

Paso 3 Halla el cambio en y y en x.

$$\text{Pendiente} = \frac{40 \text{ km}}{5 \text{ h}}$$

Paso 4 Divide el cambio en y entre el cambio en x.

$$\text{Pendiente} = \frac{8 \text{ km}}{\text{h}}$$

La pendiente de la gráfica es 8 km/h.

Gráfica de barras Para comparar datos que no cambian de manera continua puedes escoger una gráfica de barras. Esta tiene barras para mostrar las relaciones entre las variables. La variable del eje x se divide en partes. Las partes pueden ser números como años o categorías como el tipo de animal. El eje y es un número que aumenta de manera continua a lo largo del eje.

Ejemplo

Un centro de reciclaje recolecta 4.0 kg de aluminio el lunes, 1.0 kg el miércoles y 2.0 kg el viernes. Haz una gráfica de barras con estos datos.

Paso 1 Selecciona las variables del eje x y del eje y. Los números medidos (las masas de aluminio) se deben ubicar en el eje y. La variable dividida en partes (días de recolección) debe ponerse en el eje x.

Paso 2 Haz una cuadrícula tal como la harías para dibujar una gráfica lineal. Incluye rótulos y unidades.

Paso 3 Para cada número medido, dibuja una barra vertical encima del eje x y llévala hasta el valor correspondiente en el eje y. Para el primer punto de los datos, dibuja una barra vertical sobre lunes hasta 4.0 kg.

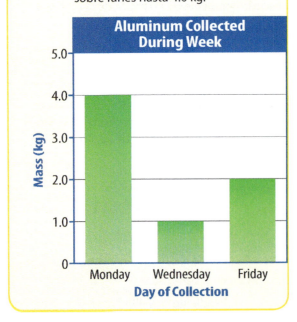

Problema de práctica Dibuja una gráfica de barras de los gases del aire: nitrógeno, 78%; oxígeno, 21%; otros gases, 1%.

Gráfica circular Para mostrar los datos como partes de un todo, puedes usar una gráfica circular. Una gráfica circular es un círculo dividido en secciones que representan el tamaño relativo de cada parte de los datos. El círculo completo representa el 100%, la mitad representa el 50%, y así sucesivamente.

Ejemplo

El aire está conformado por 78% de nitrógeno, 21% de oxígeno y 1% de otros gases. Muestra esta composición en una gráfica circular.

Paso 1 Multiplica cada porcentaje por 360° y divide entre 100 para hallar el ángulo de cada sección dentro del círculo.

$$78\% \times \frac{360°}{100} = 280.8°$$

$$21\% \times \frac{360°}{100} = 75.6°$$

$$1\% \times \frac{360°}{100} = 3.6°$$

Paso 2 Con un compás dibuja un círculo y marca su centro. Dibuja una línea recta desde el centro hacia el borde del círculo.

Paso 3 Con un transportador y los ángulos que calculaste divide el círculo en partes. Pon el centro del transportador sobre el centro del círculo y alinea la base del transportador sobre la línea recta.

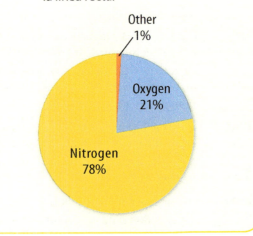

Problema de práctica Dibuja una gráfica circular que represente la cantidad de aluminio recolectado durante la semana, que se muestra en la grafica de barras de la izquierda.

Manual de FOLDABLES

Instrucciones y guías de estudio para los estudiantes
Por Dinah Zike

1. En cada lección de capítulo y como proyecto final, encontrarás sugerencias para las guías de estudio, también conocidas como *Foldables* o Modelos de papel. Mira al final del capítulo para establecer el formato del proyecto y pega los Modelos de papel en su lugar a medida que avanzas en las lecciones del capítulo.

2. Hacer Modelos de papel o boletines es sencillo y fácil con papel para fotocopia, papel para manualidades e impresiones de la Internet. Para algunos de los Modelos de papel puedes usar fotocopias de mapas, diagramas o tus propias ilustraciones. Las hojas de cuaderno son la fuente más común de material para las guías de estudio y 83% de todos los Modelos de papel se hacen con ellas. Cuando se doblan para hacer boletines, los Modelos de papel de cuaderno caben fácilmente en proyectos de capítulo de 11" × 17" o 12" × 18" y queda algo de espacio de sobra. Los Modelos de papel elaborados con papel para fotocopia son un poco más grandes y caben en los proyectos, aunque algo apretados. Usa la menor cantidad de pegamento, cinta adhesiva y grapas para ensamblar los Modelos de papel.

3. Siete de los Modelos de papel se pueden hacer con papel grande o pequeño. Cuando se usa papel de 11" × 17" o 12" × 18", en estos proyectos caben Modelos de papel más pequeños. Dentro de las instrucciones hay cajas con el formato de los proyectos para que recuerdes esta opción.

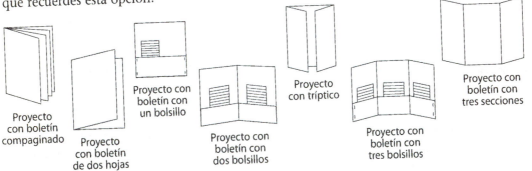

Proyecto con boletín compaginado
Proyecto con boletín de dos hojas
Proyecto con boletín con un bolsillo
Proyecto con boletín con dos bolsillos
Proyecto con tríptico
Proyecto con boletín con tres bolsillos
Proyecto con boletín con tres secciones

4. Usa bolsas de plástico resellables de un galón de capacidad para almacenar tus proyectos. A lo largo del lado izquierdo de la bolsa pon cinta adhesiva transparente de dos pulgadas de ancho y abre huecos sobre el borde con cinta. Corta las esquinas inferiores de la bolsa de manera que no quede aire atrapado. Guarda este portafolio de proyectos en una carpeta de tres anillas. Para guardar una colección grande de bolsas de proyectos, usa una caja grande de detergente para la ropa. A algunos Modelos de papel se les puede abrir huecos, así que se pueden guardar en una carpeta de tres anillas sin usar una bolsa de plástico. Abre huecos a los boletines con bolsillos antes de pegarlos o graparlos.

Proyecto con boletín de dos hojas
Proyecto con boletín con un bolsillo
Proyecto con boletín con tres secciones
Proyecto con boletín con dos bolsillos

5. Da un uso completo a los proyectos recolectando información adicional y poniéndola al dorso del proyecto y en otros espacios libres de los Modelos de papel grandes.

Boletín de dos hojas® Por Dinah Zike

Paso 1 Dobla por la mitad una hoja de cuaderno o de papel para fotocopia.

Rotula la solapa exterior y usa el espacio interior para escribir la información.

FORMATO DEL PROYECTO
Para hacer un proyecto de boletín grande, en el eje horizontal usa papel de 11" × 17" o de 12" × 18".

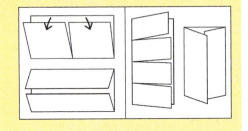

Variaciones
El papel se puede doblar en sentido vertical, como una *hamburguesa*, o en sentido horizontal como un *perro caliente*.

A

B

C Los boletines de dos hojas se pueden doblar de manera que un lado es ½ pulgada más largo que el otro lado. Se puede escribir un título o una pregunta en la solapa extendida.

Boletín con hoja de trabajo o boletín en pliegos® Por Dinah Zike

Paso 1 Haz un boletín de dos hojas (como el anterior) con hojas de trabajo, impresiones de la Internet, diagramas o mapas.

Paso 2 De nuevo, dóblalas por la mitad.

Variaciones

A Esta hoja doblada como un boletín pequeño con dos hojas se puede usar para comparar y contrastar, causa y efecto, entre otras destrezas.

B Cuando la hoja está abierta, las cuatro secciones se pueden usar de manera independiente o colectiva para mostrar secuencias o pasos.

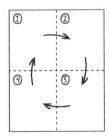

Boletín con dos solapas y de mapa conceptual® Por Dinah Zike

Paso 1 Dobla una hoja de cuaderno o papel para fotocopia por la mitad en sentido horizontal o vertical.

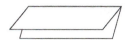

Paso 2 Dóblala otra vez, como se muestra.

Paso 3 Desdobla una vez y corta a lo largo del doblez de la tapa superior de manera que obtengas dos tapas.

Variaciones

A Los mapas conceptuales se pueden hacer dejando una solapa de ½ pulgada en la parte superior cuando doblas el papel por la mitad. Usa flechas y rótulos para relacionar temas con el concepto básico.

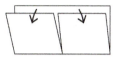

B Con dos hojas de papel haz boletines de varias solapas. Pega o grapa los boletines en el pliegue superior.

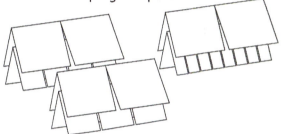

Boletín de tres cuartos® Por Dinah Zike

Paso 1 Haz un boletín con dos solapas (como el anterior) y corta la solapa izquierda en la parte superior de la línea de quiebre.

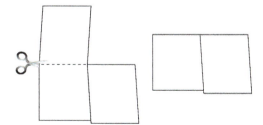

Variaciones

A Usa este boletín para hacer un diagrama o un mapa sobre la parte izquierda que queda a la vista. Escribe preguntas acerca de la ilustración en la solapa superior derecha y da respuestas completas en el espacio que hay debajo de la solapa.

B Haz una autoevaluación con respuestas de selección múltiple para tus preguntas. Incluye una respuesta correcta y tres erradas. Las respuestas correctas se pueden escribir en el dorso del boletín o cabeza abajo en la parte inferior de la página interior.

Boletín con tres solapas® Por Dinah Zike

Paso 1 Dobla una hoja de papel por la mitad en sentido horizontal.

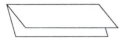

Paso 2 Dóblala en tercios.

Paso 3 Desdóblala y corta a lo largo del doblez de la solapa superior para hacer tres secciones.

Variaciones

A Antes de cortar las tres solapas dibuja un diagrama de Venn en el frente del boletín.

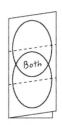

B Deja un espacio de ½ pulgada en la parte superior, para títulos o mapas conceptuales, cuando dobles el papel por la mitad.

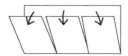

Boletín con cuatro solapas® Por Dinah Zike

Paso 1 Dobla una hoja de papel por la mitad en sentido horizontal.

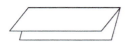

Paso 2 Dobla por la mitad y, luego, dobla cada mitad como se muestra a continuación.

Paso 3 Desdobla y corta a lo largo de los dobleces de la tapa superior para hacer cuatro solapas.

Variaciones

A Deja un espacio de ½ pulgada en la parte superior, para títulos o mapas conceptuales, cuando dobles el papel por la mitad.

B Usa el boletín sobre el eje vertical, con las solapas extendidas o sin ellas.

Boletín para doblar en quintos® Por Dinah Zike

Paso 1 Dobla una hoja de papel por la mitad en sentido horizontal.

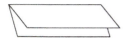

Paso 2 Dobla otra vez de manera que un tercio del papel quede expuesto y dos tercios queden cubiertos.

Paso 3 Dobla por la mitad la sección de dos tercios.

Paso 4 Dobla una vez y hacia atrás la sección de un tercio para marcar el doblez.

Variaciones

A Desdobla y corta a lo largo de los dobleces para hacer cinco solapas.

B Haz un boletín con cinco solapas, con una solapa de ½ pulgada en la parte superior (véase las instrucciones para dos solapas).

C Usa papel de 11" × 17" o 12" × 18" y dóblalo en quintos para obtener una tabla o cuadro de cinco columnas y cinco hileras.

Tabla o cuadro en pliegos y boletín con tres secciones® Por Dinah Zike

Paso 1 Dobla una hoja de papel en el número requerido de columnas para hacer una tabla o cuadro.

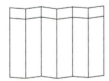

Paso 2 Dobla el número de hileras necesarias para hacer una tabla o cuadro.

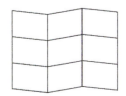

FORMATO DEL PROYECTO
Usa papel de 11" × 17" o de 12" × 18" y dóblalo para hacer un proyecto de boletín grande de tres secciones o tablas y cuadros grandes.

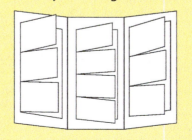

Variaciones

A Haz un boletín con tres secciones doblando el papel en tercios en sentido horizontal o vertical.

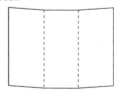

B Haz un boletín de tres secciones. Desdóblalo y dibuja un diagrama de Venn en el interior.

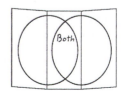

Boletín con dos o tres bolsillos® Por Dinah Zike

Paso 1 Dobla 5 cm de una hoja en sentido horizontal.

Paso 2 Dobla el papel por la mitad.

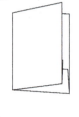

Paso 3 Abre el papel y pega o grapa los extremos exteriores para formar dos compartimientos.

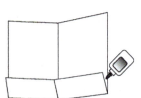

Variaciones

A Haz un cuadernillo de varias páginas pegando varios boletines.

B Haz un boletín con tres bolsillos usando un boletín con tres secciones (véanse las instrucciones anteriores).

FORMATO DEL PROYECTO
Usa papel de 11" × 17" o de 12" × 18" y dóblalo en sentido horizontal para hacer un proyecto grande de varios bolsillos.

Boletín plegado® Por Dinah Zike

Paso 1 Dobla una hoja de papel casi por la mitad, de manera que el borde posterior sobresalga 1 ó 2 cm.

Paso 2 Ubica la parte media de la tapa más corta.

Paso 3 Abre el papel y corta la tapa más corta a lo largo de la línea del doblez, de manera que obtengas dos solapas.

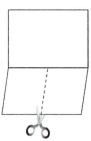

Paso 4 Cierra el boletín y dobla la solapa sobre el lado más corto.

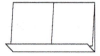

Variaciones

A Sáltate los pasos 2 y 3 y haz un boletín plegado de una solapa.

B Haz dos boletines plegados más pequeños cortando en dos el boletín plegado de una solapa.

Boletín tríptico® Por Dinah Zike

Paso 1 Comienza como si fueras a doblar una hoja de papel por la mitad y en sentido vertical, pero en lugar de plegarlo, hazle un doblez que indique el punto medio.

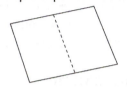

Paso 2 Dobla hacia el centro las partes superior e inferior de la hoja.

Variaciones

A Usa el tríptico sobre su eje horizontal.

B Crea una solapa central dejando 0.5 a 2 cm entre las tapas del Paso 2.

FORMATO DEL PROYECTO
Usa papel de 11" × 17" o de 12" × 18" y dóblalo para hacer un proyecto grande tríptico.

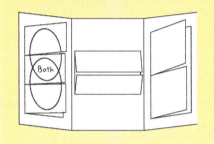

Boletín con cuatro secciones® Por Dinah Zike

Paso 1 Haz un tríptico (véanse las instrucciones anteriores).

Paso 2 Dobla la hoja de papel por la mitad.

Paso 3 Abre el último doblez y corta a lo largo de las marcas para hacer cuatro solapas.

Variaciones

A Usa el boletín con cuatro secciones sobre el eje opuesto.

B Haz una solapa central dejando 0.5 a 2 cm entre las tapas del Paso 1.

Boletín compaginado® Por Dinah Zike

Paso 1 Dobla tres hojas de papel por la mitad. Pon los papeles en una pila dejando 0.5 cm entre cada papel doblado. Haz una marca a las tres hojas a casi 3 cm de los bordes.

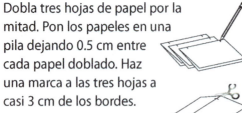

Paso 2 Con dos de las hojas, corta desde los extremos hacia los puntos marcados en cada lado. En otra hoja, corta entre los puntos marcados.

Paso 3 Coge las dos hojas del Paso 1 y deslízalas entre el corte de la tercera hoja para hacer un boletín de 12 páginas.

Paso 4 Dobla las páginas compaginadas por la mitad para formar un boletín.

Variación

A Usa dos hojas de papel para hacer un boletín de ocho páginas o aumenta el número de páginas usando más de tres hojas.

FORMATO DEL PROYECTO
Usa dos o más hojas de papel de 11" × 17" o de 12" × 18" y dóblalas para hacer un proyecto grande de boletín compaginado.

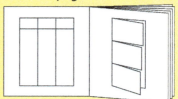

Boletín tipo acordeón® Por Dinah Zike

Paso 1 Dobla el papel que escogiste por la mitad en sentido vertical, como una *hamburguesa*.

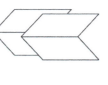

Paso 2 Corta cada hoja de papel doblado por la mitad a lo largo del doblez.

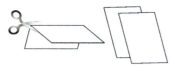

Paso 3 Dobla cada media hoja casi por la mitad, dejando una solapa de 2 cm en la parte superior.

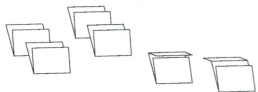

Paso 4 Dobla la solapa superior sobre el lado más corto y, luego, dóblala en sentido contrario.

Variaciones

A Pega el borde de una hoja a la solapa de otra hoja. Deja una solapa al final del boletín para agregar más páginas.

B Pega el borde de una hoja a la solapa de otra, o pega el borde de las hojas sin doblez al extremo de otras hojas para hacer un acordeón.

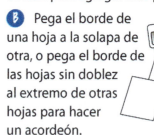

C Usa hojas enteras para hacer un acordeón grande.

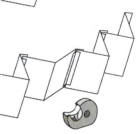

Boletín en capas® Por Dinah Zike

Paso 1 Pon una hoja contra otra, de manera que la de atrás sobresalga 1 a 2 cm. Mantén los lados derecho e izquierdo alineados.

Variaciones

A Rota el boletín de manera que el lomo quede en la parte superior o lateral.

Paso 2 Dobla los bordes inferiores para crear cuatro solapas. Pliega el lomo para mantener las solapas en su lugar.

B Agranda el boletín usando más de dos hojas de papel.

Paso 3 Grapa a lo largo del lomo o abre y pega los papeles en el lomo.

Boletín tipo sobre® Por Dinah Zike

Paso 1 Dobla una hoja de papel a manera de *taco*. Corta la solapa de la parte superior.

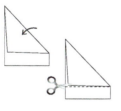

Variaciones

A Usa papel de 11" × 17" o de 12" × 18" para hacer un sobre más grande.

B Corta las puntas de las cuatro solapas para hacer una ventana en el centro del boletín.

Paso 2 Abre el *taco* y dóblalo en sentido opuesto, de manera que hagas otro *taco* y en la hoja quede marcado un patrón en forma de X.

Paso 3 Corta un mapa, una ilustración o un diagrama que quepa dentro del sobre.

Paso 4 Usa las solapas exteriores como rótulos y las interiores para escribir información.

Boletín en tiras para oraciones® Por Dinah Zike

Paso 1 Dobla dos hojas de papel por la mitad en sentido vertical, como una *hamburguesa*.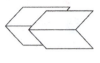

Paso 2 Desdobla y corta a lo largo del doblez para obtener cuatro mitades.

Paso 3 Dobla cada mitad por el centro en sentido horizontal, como un *perro caliente*.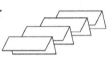

Paso 4 Apila alineadamente las hojas dobladas de manera horizontal y grápalas en el lado izquierdo.

Paso 5 Abre la solapa superior de la primera tira para oraciones y haz un corte a casi 2 cm desde el extremo grapado hasta el doblez. Esto forma una tapa que se puede levantar y bajar. Repite este paso con cada tira para oraciones.

Variaciones

A Agranda este boletín usando más de dos hojas de papel.

B Usa hojas completas de papel para hacer boletines grandes.

El boletín en forma piramidal® Por Dinah Zike

Paso 1 Dobla una hoja a manera de *taco*. Pliega el doblez, pero no lo cortes.

Paso 2 Abre la hoja doblada y vuelve a doblarla a manera de *taco*, pero en la dirección contraria para que quede marcado un patrón en forma de X.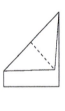

Paso 3 Corta una de las líneas como se muestra, parando en el centro de la X, de manera que se forme una solapa.

Paso 4 Traza líneas en la X. Rotula las tres secciones frontales y usa los espacios interiores para notas. Usa la solapa para el título.

Paso 5 Pega la solapa en un boletín de proyecto o en un cuaderno. Usa el espacio que hay debajo de la pirámide para otra información.

Paso 6 Para armar la pirámide, dobla la tapa hacia abajo y asegúrala con un sujetapapeles, si es necesario.

Boletín sencillo o boletín de un bolsillo® Por Dinah Zike

Paso 1 Dobla hacia arriba casi 5 cm del extremo inferior de una hoja grande de papel colocada en sentido vertical.

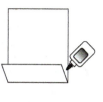

Paso 2 Pega o grapa los extremos exteriores para formar un bolsillo grande.

FORMATO DEL PROYECTO
Usa papel de 11" × 17" o de 12" × 18" y dóblalo en sentido horizontal o vertical para hacer un proyecto grande de un bolsillo.

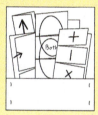

Variaciones

A Haz el proyecto de un bolsillo usando el papel sobre su eje horizontal.

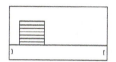

B Para guardar materiales en su interior de manera segura, dobla la parte superior del papel casi hasta el centro, dejando 2 a 4 cm entre los bordes del papel. Desliza los Modelos de papel a través de la abertura y debajo de los bolsillos inferior y superior.

Boletín de solapas múltiples® Por Dinah Zike

Paso 1 Dobla una hoja de cuaderno por la mitad como un *perro caliente*.

Paso 2 Abre el papel y en uno de los lados haz un corte cada tres renglones. Esto forma diez solapas de hojas de cuaderno con renglones de interlineado amplio y doce solapas con renglones de interlineado mediano.

Paso 3 Rotula las solapas en el lado frontal y usa el espacio interior para definiciones y otra información.

Variación

A Haz una solapa para el título doblando el papel de manera que los huecos queden destapados. Esto permite almacenar el Modelo de papel de hoja de cuaderno en una carpeta de tres anillas.

Manual de referencia

TABLA PERIÓDICA DE LOS ELEMENTOS

Leyenda del elemento:
- Elemento: Hidrógeno
- Número atómico: 1
- Símbolo: H
- Masa atómica: 1.01
- Estado de la materia: Gas, Líquido, Sólido, Sintético

Grupo	1	2	3	4	5	6	7	8	9
1	Hidrógeno 1 H 1.01								
2	Litio 3 Li 6.94	Berilio 4 Be 9.01							
3	Sodio 11 Na 22.99	Magnesio 12 Mg 24.31							
4	Potasio 19 K 39.10	Calcio 20 Ca 40.08	Escandio 21 Sc 44.96	Titanio 22 Ti 47.87	Vanadio 23 V 50.94	Cromo 24 Cr 52.00	Manganeso 25 Mn 54.94	Hierro 26 Fe 55.85	Cobalto 27 Co 58.93
5	Rubidio 37 Rb 85.47	Estroncio 38 Sr 87.62	Itrio 39 Y 88.91	Circonio 40 Zr 91.22	Niobio 41 Nb 92.91	Molibdeno 42 Mo 95.96	Tecnecio 43 Tc (98)	Rutenio 44 Ru 101.07	Rodio 45 Rh 102.91
6	Cesio 55 Cs 132.91	Bario 56 Ba 137.33	Lantano 57 La 138.91	Hafnio 72 Hf 178.49	Tantalio 73 Ta 180.95	Tungsteno 74 W 183.84	Renio 75 Re 186.21	Osmio 76 Os 190.23	Iridio 77 Ir 192.22
7	Francio 87 Fr (223)	Radio 88 Ra (226)	Actinio 89 Ac (227)	Rutherfordio 104 Rf (267)	Dubnio 105 Db (268)	Seaborgio 106 Sg (271)	Bohrio 107 Bh (272)	Hassio 108 Hs (270)	Meitnerio 109 Mt (276)

Una columna en la tabla periódica se llama **grupo**.

Una hilera en la tabla periódica se llama **periodo**.

El número en paréntesis es el número de masa del isótopo de más larga vida para ese elemento.

Serie de los lantánidos

Cerio 58 Ce 140.12	Praseodimio 59 Pr 140.91	Neodimio 60 Nd 144.24	Prometio 61 Pm (145)	Samario 62 Sm 150.36	Europio 63 Eu 151.96

Serie de los actínidos

Torio 90 Th 232.04	Protactinio 91 Pa 231.04	Uranio 92 U 238.03	Neptunio 93 Np (237)	Plutonio 94 Pu (244)	Americio 95 Am (243)

Tabla periódica (parte derecha)

Leyenda:
- Metal
- Metaloide
- No metal
- Descubierto recientemente

Grupo 18
- Helio, 2, He, 4.00

Grupo 13
- Boro, 5, B, 10.81
- Aluminio, 13, Al, 26.98
- Galio, 31, Ga, 69.72
- Indio, 49, In, 114.82
- Talio, 81, Tl, 204.38
- Ununtrio*, 113, Uut, (284)

Grupo 14
- Carbono, 6, C, 12.01
- Silicio, 14, Si, 28.09
- Germanio, 32, Ge, 72.64
- Estaño, 50, Sn, 118.71
- Plomo, 82, Pb, 207.20
- Ununquadio*, 114, Uuq, (289)

Grupo 15
- Nitrógeno, 7, N, 14.01
- Fósforo, 15, P, 30.97
- Arsénico, 33, As, 74.92
- Antimonio, 51, Sb, 121.76
- Bismuto, 83, Bi, 208.98
- Ununpentio*, 115, Uup, (288)

Grupo 16
- Oxígeno, 8, O, 16.00
- Azufre, 16, S, 32.07
- Selenio, 34, Se, 78.96
- Telurio, 52, Te, 127.60
- Polonio, 84, Po, (209)
- Ununhexio*, 116, Uuh, (293)

Grupo 17
- Flúor, 9, F, 19.00
- Cloro, 17, Cl, 35.45
- Bromo, 35, Br, 79.90
- Yodo, 53, I, 126.90
- Astato, 85, At, (210)

Grupo 18 (continuación)
- Neón, 10, Ne, 20.18
- Argón, 18, Ar, 39.95
- Kriptón, 36, Kr, 83.80
- Xenón, 54, Xe, 131.29
- Radón, 86, Rn, (222)
- Ununoctio*, 118, Uuo, (294)

Grupos 10, 11, 12
- Níquel, 28, Ni, 58.69
- Cobre, 29, Cu, 63.55
- Cinc, 30, Zn, 65.38
- Paladio, 46, Pd, 106.42
- Plata, 47, Ag, 107.87
- Cadmio, 48, Cd, 112.41
- Platino, 78, Pt, 195.08
- Oro, 79, Au, 196.97
- Mercurio, 80, Hg, 200.59
- Darmstadio, 110, Ds, (281)
- Roentgenio, 111, Rg, (280)
- Copernicio, 112, Cn, (285)

*Los nombres y los símbolos de los elementos 113 a 116 y 118 son provisionales. Los nombres definitivos se escogerán cuando se haya verificado el descubrimiento de los elementos.

Lantánidos / Actínidos (parte)
- Gadolinio, 64, Gd, 157.25
- Terbio, 65, Tb, 158.93
- Disprosio, 66, Dy, 162.50
- Holmio, 67, Ho, 164.93
- Erbio, 68, Er, 167.26
- Tulio, 69, Tm, 168.93
- Iterbio, 70, Yb, 173.05
- Lutecio, 71, Lu, 174.97
- Curio, 96, Cm, (247)
- Berkelio, 97, Bk, (247)
- Californio, 98, Cf, (251)
- Einstenio, 99, Es, (252)
- Fermio, 100, Fm, (257)
- Mendelevio, 101, Md, (258)
- Nobelio, 102, No, (259)
- Laurencio, 103, Lr, (262)

Manual de referencia • RDE-41

Símbolos para mapas topográficos

Símbolos para mapas topográficos

	Autopista principal, pavimentada		Curva de nivel directriz
	Autopista secundaria, pavimentada		Curva de nivel suplementaria
	Carretera de trabajo ligero, pavimentada o mejorada		Curva de nivel intermedia
	Carretera destapada		Curvas de nivel de depresión
	Vía férrea: vía sencilla		
	Vía férrea: vías múltiples		Fronteras: nacional
	Vía férrea superpuesta		Estado
			Condado, parroquia, municipio
	Edificación		Municipio, distrito policial, población, barrio
	Escuelas, iglesia y cementerio		Incluye ciudad, aldea, pueblo, caserío
	Edificación (establo, bodega, etc.)		Reserva nacional o estatal
	Pozos diferentes de pozos de agua (rotulados según el tipo)		Parque pequeño, cementerio, aeropuerto, etc.
	Tanques: petróleo, agua, etc. (rotulados solo si son de agua)		Concesión de tierra
	Monumento u objeto; molino de viento		Línea de municipio o límite, reconocimiento de tierra EE.UU.
	Mina a cielo abierto, mina o cantera; posible explotación de minerales		Línea de municipio o límite, ubicación aproximada
	Pantano		
	Pantano boscoso		Arroyos perennes
	Bosque o maleza		Acueducto elevado
	Viñedo		Pozo de agua y fuente
	Tierra sujeta a inundación controlada		Corrientes suaves
	Pantano inundado		Corrientes fuertes
	Manglar		Lago intermitente
	Huerto		Arroyo intermitente
	Matorral		Túnel de acueducto
	Zona urbana		Glaciar
			Cascadas pequeñas
x7369	Elevación puntual		Cascadas grandes
670	Elevación de agua		Lecho de lago seco

Rocas

Rocas		
Tipo de roca	Nombre de la roca	Características
Ígnea (intrusiva)	Granito	Mineral de granos grandes de cuarzo, feldespato, hornblendita y mica. Generalmente de color claro.
	Diorita	Mineral de granos grandes de feldespato, hornblendita y mica. Menos cuarzo que granito. De color intermedio.
	Gabro	Mineral de granos grandes de feldespato, augita y olivino. Sin cuarzo. De color oscuro.
Ígnea (extrusiva)	Riolita	Mineral de granos pequeños de cuarzo, feldespato, hornblendita y mica o sin granos visibles. De color claro.
	Andesita	Mineral de granos pequeños de feldespato, hornblendita y mica o sin granos visibles. De color intermedio.
	Basalto	Mineral de granos pequeños de feldespato, augita y posiblemente olivino o sin granos visibles. Sin cuarzo. De color oscuro.
	Obsidiana	Textura vidriosa. Sin granos visibles. Vidrio volcánico. La fractura parece vidrio roto.
	Piedra pómez	Textura espumosa. Flota en el agua. Generalmente de color claro.
Sedimentaria (detrítica)	Conglomerado	De grano grueso. Granos del tamaño de la gravilla o los guijarros.
	Arenisca	Granos del tamaño de la arena, 1/6 a 2 mm.
	Limolita	Los granos son más pequeños que los de la arena y más grandes que los de la arcilla.
	Pizarra arcillosa	Los granos más pequeños. Con frecuencia de color oscuro. Generalmente en placas.
Sedimentaria (química u orgánica)	Piedra caliza	El mineral principal es la calcita. Generalmente se forma en los océanos y en los lagos. Con frecuencia contiene fósiles.
	Carbón	Se forma en zonas pantanosas. Capas compactas de materia orgánica, principalmente restos de plantas.
Sedimentaria (química)	Sal de roca	Generalmente se forma por la evaporación del agua de mar.
Metamórfica (foliada)	Gneis	Bandas debidas a capas alternas de minerales diferentes o de colores diferentes. La roca madre es generalmente granito.
	Esquisto	Disposición paralela de minerales en forma de lámina, principalmente micas. Se forma a partir de diferentes rocas madre.
	Filita	Apariencia brillante o sedosa. Se puede ver arrugada. Las rocas madre comunes son la pizarra arcillosa y la pizarra.
	Pizarra	Más dura, más densa y más brillante que la pizarra arcillosa. La roca madre común es la pizarra arcillosa.
Metamórfica (no foliada)	Mármol	Calcita o dolomita. La roca madre común es la piedra caliza.
	Esteatita	Principalmente de talco. Suave con sensación grasosa.
	Cuarcita	Dura con cristales de cuarzo entrelazados. La roca madre común es la arenisca.

Minerales

Minerales

Mineral (fórmula)	Color	Raya	Patrón de dureza	Propiedades de fragmentación	Usos y otras propiedades
Grafito (C)	negro a gris	negro a gris	1–1.5	clivaje basal (escamas)	minas de lápices, lubricantes para cerraduras, barras para controlar reacciones nucleares pequeñas, polos de baterías
Galena (PbS)	gris	gris a negro	2.5	clivaje cúbico perfecto	fuente de plomo, se usa en tuberías, escudos para rayos X, pesas para equipo de pesca
Hematita (Fe_2O_3)	negro o marrón rojizo	marrón rojizo	5.5–6.5	fractura irregular	fuente de hierro; se convierte en hierro en lingotes, se usa para fabricar acero
Magnetita (Fe_3O_4)	negro	negro	6	fractura concoidal	fuente de hierro, atrae un imán
Pirita (FeS_2)	amarillo, dorado claro	negro verdoso	6–6.5	fractura desigual	pirita u oro de los tontos
Talco ($Mg_3Si_4O_{10}(OH)_2$)	blanco verdoso	blanco	1	clivaje en una dirección	se usa en el polvo de talco, esculturas, papel y superficie de mesas
Yeso ($CaSO_4 \cdot 2H_2O$)	incoloro, gris, blanco, marrón	blanco	2	clivaje basal	se usa en el yeso de paris y en mampostería para la construcción de edificaciones
Esfalerita (ZnS)	marrón, marrón rojizo, verdoso	marrón claro a oscuro	3.5–4	clivaje en seis direcciones	mineral principal de cinc; se usa en pinturas, tintes y medicamentos
Moscovita ($KAl_3Si_3O_{10}(OH)_2$)	blanco, gris claro, amarillo, rosado, verde	incoloro	2–2.5	clivaje basal	se presenta en placas grandes y flexibles; se usa como aislante en equipos eléctricos, lubricante
Biotita ($K(Mg,Fe)_3(AlSi_3O_{10})(OH)_2$)	negro a marrón oscuro	incoloro	2.5–3	clivaje basal	se presenta en placas grandes y flexibles
Halita ($NaCl$)	incoloro, rojo, blanco, azul	incoloro	2.5	clivaje cúbico	sal; soluble en agua; un preservativo

Minerales

Minerales

Mineral (fórmula)	Color	Raya	Patrón de dureza	Propiedades de fragmentación	Usos y otras propiedades
Calcita ($CaCO_3$)	incoloro, blanco, azul pálido	incoloro, blanco	3	clivaje en tres direcciones	hace burbujas cuando se añade HCl; se usa en el cemento y otros materiales de construcción
Dolomita ($CaMg(CO_3)_2$)	incoloro, blanco, rosado, verde, gris, negro	blanco	3.5–4	clivaje en tres direcciones	concreto y cemento; se usa como piedra ornamental en edificaciones
Fluorita (CaF_2)	incoloro, blanco, azul, verde, rojo, amarillo, morado	incoloro	4	clivaje en cuatro direcciones	se usa en la fabricación de equipos ópticos; brilla bajo luz ultravioleta
Hornblendita ($(CaNa)_{2-3}(Mg,Al,Fe)_5\text{-}(Al,Si)_2Si_6O_{22}(OH)_2$)	verde a negro	gris a blanco	5–6	clivaje en dos direcciones	transmite luz en los bordes delgados; corte transversal de seis lados
Feldespato ($KAlSi_3O_8$) ($NaAlSi_3O_8$), ($CaAl_2Si_2O_8$)	incoloro, blanco a gris, verde	incoloro	6	dos planos de clivaje que se encuentran a un ángulo de 90°	se usa en la fabricación de cerámica
Augita ((Ca,Na)(Mg,Fe,Al)(Al,Si)$_2O_6$)	negro	incoloro	6	clivaje en dos direcciones	corte transversal de 8 lados o cuadrado
Olivino ((Mg,Fe)$_2SiO_4$)	oliva, verde	ninguno	6.5–7	fractura concoidal	piedras preciosas, arena refractaria
Cuarzo (SiO_2)	incoloro, diferentes colores	ninguno	7	fractura concoidal	se usa en la fabricación de vidrio, equipos electrónicos, radios, computadoras, relojes, piedras preciosas

Símbolos para mapas del tiempo atmosférico

Muestra de un modelo de estación

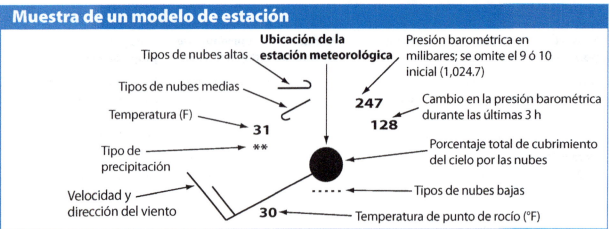

- Tipos de nubes altas
- Tipos de nubes medias
- Temperatura (F) → 31
- Tipo de precipitación → **
- Velocidad y dirección del viento
- Ubicación de la estación meteorológica
- 247
- 128
- 30
- Presión barométrica en milibares; se omite el 9 ó 10 inicial (1,024.7)
- Cambio en la presión barométrica durante las últimas 3 h
- Porcentaje total de cubrimiento del cielo por las nubes
- Tipos de nubes bajas
- Temperatura de punto de rocío (°F)

Muestra de informe trazado en cada estación

Precipitación		Dirección y velocidad del viento		Cobertura del cielo		Algunos tipos de nubes altas	
☰	Niebla	○	0 calma	○	No cubierto	⌒	Cirros aislados
★	Nieve	╱	1–2 nudos	⊘	1/10 o menos	⌒ʃ	Cirros densos en grupos
●	Lluvia	⌄	3–7 nudos	◔	2/10 a 3/10	⌒⌒ʃ	Velo de cirros que cubren todo el cielo
⌐	Turbonada	⌄	8–12 nudos	◔	4/10	⌒ʃ	Cirros que no cubren todo el cielo
'	Llovizna	⌄	13–17 nudos	◑	–		
▽	Chubasco	⌄	18–22 nudos	◐	6/10		
		⌄	23–27 nudos	◕	7/10		
		▼	48–52 nudos	◉	Cubierto con claros		
		1 nudo = 1.852 km/h		●	Completamente cubierto		

Algunos tipos de nubes medias		Algunos tipos de nubes bajas		Frentes y sistemas de presión		
∠	Capa delgada de altoestratos	⌒	Cúmulos de buen tiempo	Ⓐ o Alto Ⓑ o Bajo	Centro con un sistema de alta o baja presión	
⫽	Capa gruesa de altoestratos	⌣	Estratocúmulos	▲▲▲▲	Frente frío	
⌒	Altoestratos delgados en grupos	-----	Fractocúmulos de mal tiempo	⌒⌒⌒⌒	Frente caliente	
⌒	Altoestratos delgados en bandas	───	Estratos de buen tiempo	▲▲▲▲	Frente ocluido	
				⌒▲⌒▲	Frente estacionario	

Glossary/Glosario

Multilingual eGlossary

A science multilingual glossary is available on the science website. The glossary includes the following languages.

Arabic
Bengali
Chinese
English
Haitian Creole
Hmong
Korean
Portuguese
Russian
Spanish
Tagalog
Urdu
Vietnamese

Cómo usar el glosario en español:
1. Busca el término en inglés que desees encontrar.
2. El término en español, junto con la definición, se encuentran en la columna de la derecha.

Pronunciation Key

Use the following key to help you sound out words in the glossary.

a	back (BAK)		ew	food (FEWD)
ay	day (DAY)		yoo	pure (PYOOR)
ah	father (FAH thur)		yew	few (FYEW)
ow	flower (FLOW ur)		uh	comma (CAH muh)
ar	car (CAR)		u (+ con)	rub (RUB)
e	less (LES)		sh	shelf (SHELF)
ee	leaf (LEEF)		ch	nature (NAY chur)
ih	trip (TRIHP)		g	gift (GIHFT)
i (i + com + e)	idea (i DEE uh)		j	gem (JEM)
oh	go (GOH)		ing	sing (SING)
aw	soft (SAWFT)		zh	vision (VIH zhun)
or	orbit (OR buht)		k	cake (KAYK)
oy	coin (COYN)		s	seed, cent (SEED, SENT)
oo	foot (FOOT)		z	zone, raise (ZOHN, RAYZ)

English — A — Español

abrasion/adhesion — **abrasión/adhesión**

abrasion: the grinding away of rock or other surfaces as particles carried by wind, water, or ice scrape against them. (p. 192)

abrasión: desgaste de una roca o de otras superficies a medida que las partículas transportadas por el viento, el agua o el hielo las raspan. (pág. 192)

absolute age: the numerical age, in years, of a rock or object. (p. 345)

edad absoluta: edad numérica, en años, de una roca o de un objeto. (pág. 345)

abyssal plains: large, flat areas of the seafloor that extend across the deepest parts of ocean basins. (p. 566)

planos abisales: zonas extensas y planas del fondo oceánico que se extienden por las partes más profundas de las cuencas oceánicas. (pág. 566)

acid precipitation: precipitation that has a lower pH than that of normal rainwater (5.6). (pp. 435, 670)

precipitación ácida: precipitación que tiene un pH más bajo que el del agua de la lluvia normal. (5.6) (págs. 435, 670)

adhesion: the attraction among molecules that are not alike. (p. 539)

adhesión: atracción entre moléculas que son diferentes. (pág. 539)

air mass/bioindicator   **masa de aire/bioindicador**

air mass: a large area of air that has uniform temperature, humidity, and pressure. (p. 460)

air pollution: the contamination of air by harmful substances including gases and smoke. (p. 434)

air pressure: the force that a column of air applies on the air or a surface below it. (p. 452)

alpine glacier: a glacier that forms in the mountains. (p. 608)

apparent magnitude: a measure of how bright an object appears from Earth. (p. 805)

aquifer: an area of permeable sediment or rock that holds significant amounts of water. (p. 627)

asteroid: a small, rocky object that orbits the Sun. (p. 763)

asthenosphere (as THEN uh sfihr): the partially melted portion of the mantle below the lithoshpere. (p. 52)

astrobiology: the study of the origin, development, distribution, and future of life on Earth and in the universe. (p. 711)

astronomical unit (AU): the average distance from Earth to the Sun—about 150 million km. (pp. 764, 804)

atmosphere (AT muh sfihr): a thin layer of gases surrounding Earth. (p. 409)

masa de aire: amplia zona de aire que tiene temperatura, humedad y presión uniformes. (pág. 460)

polución del aire: contaminación del aire por sustancias dañinas como gases y humo. (pág. 434)

presión atmosférica: fuerza que una columna de aire ejerce sobre el aire o sobre una superficie debajo de esta. (pág. 452)

glaciar alpino: glacial que se forma en las montañas. (pág. 608)

magnitud aparente: medida de lo brillante que se ve un objeto desde la Tierra. (pág. 805)

acuífero: área de sedimento o roca permeables que almacena cantidades significativas de agua. (pág. 627)

asteroide: objeto pequeño y rocoso que orbita el Sol. (pág. 763)

astenosfera: parte parcialmente fundida del manto debajo de la litosfera. (pág. 52)

astrobiología: estudio del origen, desarrollo, distribución y futuro de la vida en la Tierra y en el universo. (pág. 711)

unidad astronómica (UA): distancia promedio entre la Tierra y el Sol, aproximadamente 150 millones de km. (págs. 764, 804)

atmósfera: capa delgada de gases que rodean la Tierra. (pág. 409)

B

basin: area of subsidence; region with low elevation. (p. 279)

Big Bang theory: the scientific theory that states that the universe began from one point and has been expanding and cooling ever since. (p. 830)

biochemical rock: sedimentary rock that was formed by organisms or contains the remains of organisms. (p. 129)

bioindicator: an organism that is sensitive to environmental conditions and is one of the first to respond to changes. (p. 550)

cuenca: zona de hundimiento; región con elevación baja. (pág. 279)

Teoría del *Big Bang*: teoría científica que establece que el universo comenzó de un punto y desde entonces se ha ido expandiendo y enfriando. (pág. 830)

roca bioquímica: roca sedimentaria formada por organismos o que contiene restos de organismos. (pág. 129)

bioindicador: organismo que es sensible a las condiciones medioambientales y es uno de los primeros en responder a los cambios. (pág. 550)

biomass energy/clastic rock

biomass energy: energy produced by burning organic matter, such as wood, food scraps, and alcohol. (p. 655)

biota (bi OH tuh): all of the organisms that live in a region. (p. 161)

black hole: an object whose gravity is so great that no light can escape. (p. 820)

blizzard: a violent winter storm characterized by freezing temperatures, strong winds, and blowing snow. (p. 467)

brackish water: a mix of fresh water and sea water. (p. 565)

C

carbon film: the fossilized carbon outline of an organism or part of an organism. (p. 330)

cast: a fossil copy of an organism made when a mold of the organism is filled with sediment or mineral deposits. (p. 341)

catastrophism (kuh TAS truh fih zum): the idea that conditions or creatures on Earth change in quick, violent events. (p. 327)

cementation: a process in which minerals dissolved in water crystallize between sediment grains. (p. 126)

Cenozoic (sen uh ZOH ihk) era: the youngest era of the Phanerozoic eon. (p. 371)

chemical rock: sedimentary rock that forms when minerals crystallize directly from water. (p. 128)

chemical weathering: the process that changes the composition of rocks and minerals due to exposure to the environment. (p. 152)

chromosphere: the orange-red layer above the photosphere of a star. (p. 810)

cinder cone: a small, steep-sided volcano that erupts gas-rich, basaltic lava. (p. 310)

clast: a broken piece or fragment that makes up a clastic rock. (p. 127)

clastic (KLAH stik) rock: sedimentary rock that is made up of broken pieces of minerals and rock fragments. (p. 127)

energía de biomasa/roca clástica

energía de biomasa: energía producida por la combustión de materia orgánica, como la madera, las sobras de comida y el alcohol. (pág. 655)

biota: todos los organismos que viven en una región. (pág. 161)

agujero negro: objeto cuya gravedad es tan grande que la luz no puede escapar. (pág. 820)

ventisca: tormenta violenta de invierno caracterizada por temperaturas heladas, vientos fuertes y nieve que sopla. (pág. 467)

agua salobre: mezcla de agua dulce y agua de mar. (pág. 565)

película de carbono: contorno de carbono fosilizado de un organismo o parte de un organismo. (pág. 330)

contramolde: copia fósil de un organismo producida cuando un molde del organismo se llena con depósitos de sedimento o mineral. (pág. 341)

catastrofismo: idea de que las condiciones o criaturas en la Tierra cambian mediante eventos rápidos y violentos. (pág. 327)

cementación: proceso por el cual los minerales disueltos en agua se cristalizan entre granos de sedimento. (pág. 126)

era Cenozoica: era más joven del eón Fanerozoico. (pág. 371)

roca química: roca sedimentaria que se forma cuando los minerales se cristalizan directamente del agua. (pág. 128)

meteorización química: proceso que cambia la composición de las rocas y los minerales debido a la exposición al medioambiente. (pág. 152)

cromosfera: capa de color rojo anaranjado arriba de la fotosfera de una estrella. (pág. 810)

cono de ceniza: volcán pequeño y de lados empinados que expulsa lava basáltica rica en gases. (pág. 310)

clasto: pedazo partido o fragmentado que forma una roca clástica. (pág. 127)

roca clástica: roca sedimentaria formada por pedazos partidos de minerales y fragmentos de rocas. (pág. 127)

cleavage/convection

cleavage: the breaking of a mineral along a smooth, flat surface. (p. 90)

climate: the long-term average weather conditions that occur in a particular region. (pp. 160, 487)

coal swamp: an oxygen-poor environment where, over a period of time, decaying plant material changes into coal. (p. 374)

cohesion: the attraction among molecules that are alike. (p. 539)

comet: a small, rocky and icy object that orbits the Sun. (p. 763)

compaction: a process in which the weight from the layers of sediment forces out fluids and decreases the space between sediment grains. (p. 126)

composite volcano: a large, steep-sided volcano that results from explosive eruptions of andesitic and rhyolitic lavas along convergent plate boundaries. (p. 310)

compression: the squeezing force at a convergent boundary. (p. 255)

computer model: detailed computer programs that solve a set of complex mathematical formulas. (p. 474)

condensation: the process by which a gas changes to a liquid. (p. 531)

conduction: the transfer of thermal energy due to collisions between particles. (p. 421)

contact metamorphism: formation of a metamorphic rock caused by magma coming into contact with existing rock. (p. 136)

continental drift: the movement of Earth's continents over time. (p. 217)

contour interval: the elevation difference between contour lines that are next to each other on a map. (p. 21)

contour line: a line on a topographic map that connects points of equal elevation. (p. 20)

convection: the circulation of particles within a material caused by differences in thermal energy and density. (pp. 238, 421)

clivaje/convección

clivaje: rompimiento de un mineral en superficies lisas y planas. (pág. 90)

clima: promedio a largo plazo de las condiciones del tiempo atmosférico de una región en particular. (págs. 160, 487)

pantano de carbón: medioambiente pobre en oxígeno donde, con el paso de un periodo de tiempo, el material vegetal en descomposición se transforma en carbón. (pág. 374)

cohesión: atracción entre moléculas que son parecidas. (pág. 539)

cometa: objeto pequeño, rocoso y con hielo que orbita el Sol. (pág. 763)

compactación: proceso por el cual el peso de las capas de sedimento extrae los fluidos y reduce el espacio entre los granos de sedimento. (pág. 126)

volcán compuesto: volcán grande y de lados empinados producido por erupciones explosivas de lava andesítica y riolítica a lo largo de los límites de placas convergentes. (pág. 310)

compresión: tensión en un límite convergente. (pág. 255)

modelo de computadora: programas de computadora que resuelven un conjunto de fórmulas matemáticas complejas. (pág. 474)

condensación: proceso por el cual un gas cambia a líquido. (pág. 531)

conducción: transferencia de energía térmica debido a colisiones entre partículas. (pág. 421)

metamorfismo de contacto: formación de roca metamórfica causada cuando el magma entra en contacto con la roca existente. (pág. 136)

deriva continental: movimiento de los continentes de la Tierra con el paso del tiempo. (pág. 217)

distancia vertical: diferencia en elevación entre las curvas de nivel que están cercanas entre sí en un mapa. (pág. 21)

curva de nivel: línea que conecta puntos de igual elevación en un mapa topográfico. (pág. 20)

convección: circulación de partículas dentro de un material causada por las diferencias en la energía térmica y densidad. (págs. 238, 421)

convection zone: layer of a star where hot gas moves up toward the surface and cooler gas moves deeper into the interior. (p. 810)

convergent boundary: the boundary between two plates that move toward each other. (p. 235)

coral bleaching: the loss of color in corals that occurs when stressed corals expel the colorful algae that live in them. (p. 592)

core: the dense metallic center of Earth. (p. 54)

Coriolis effect: the movement of wind and water to the right or left that is caused by Earth's rotation. (p. 582)

corona: the wide, outermost layer of a star's atmosphere. (p. 810)

correlation (kor uh LAY shun): a method used by geologists to fill in the missing gaps in an area's rock record by matching rocks and fossils from separate locations. (p. 340)

critical thinking: comparing what you already know about something to new information and deciding whether or not you agree with the new information. (p. NOS 10)

cross section: profile view that shows a vertical slice through rocks below the surface. (p. 23)

crust: the brittle, rocky outer layer of Earth. (p. 51)

crystallization: the process by which atoms form a solid with an orderly, repeating pattern. (p. 81)

zona de convección: capa de una estrella donde el gas caliente se mueve hacia arriba de la superficie y el gas más frío se mueve más profundo hacia el interior. (pág. 810)

límite de placa convergente: límite entre dos placas que se acercan una hacia la otra. (pág. 235)

blanqueamiento del coral: pérdida de color de los corales que ocurre cuando los corales estresados expulsan las algas de color que viven en ellos. (pág. 592)

núcleo: centro de la Tierra denso y metálico. (pág. 54)

efecto Coriolis: movimiento del viento y del agua a la derecha o a la izquierda causado por la rotación de la Tierra. (pág. 582)

corona: capa extensa más externa de la atmósfera de una estrella. (pág. 810)

correlación: método utilizado por los geólogos para completar interrupciones en el registro geológico de un zona, comparando rocas y fósiles de lugares apartados. (pág. 340)

pensamiento crítico: comparación que se hace cuando se sabe algo acerca de información nueva y se decide si se está o no de acuerdo con ella. (pág. NDLC 10)

sección transversal: vista de perfil que muestra un corte vertical en las rocas bajo la superficie. (pág. 23)

corteza: capa frágil y rocosa de la parte externa de la Tierra. (pág. 51)

cristalización: proceso mediante el cual los átomos forman un sólido con un patrón ordenado y repetitivo. (pág. 81)

D

dark matter: matter that emits no light at any wavelength. (p. 825)

decomposition: the breaking down of dead organisms and organic waste. (p. 159)

deforestation: the removal of large areas of forests for human purposes. (pp. 507, 664)

delta: a large deposit of sediment that forms where a stream enters a large body of water. (p. 190)

materia oscura: materia que no emite luz a ninguna longitud de onda. (pág. 825)

descomposición: degradación de los organismos muertos y desechos orgánicos. (pág. 159)

deforestación: eliminación de grandes áreas de bosques con propósitos humanos. (págs. 507, 664)

delta: depósito grande de sedimento que se forma donde un río entra a un cuerpo grande de agua. (pág. 190)

density/elevation

density: the mass per unit volume of a substance. (pp. 45, 91)

dependent variable: the factor a scientist observes or measures during an experiment. (p. NOS 21)

deposition: the laying down or settling of eroded material. (p. 181)

description: a spoken or written summary of an observation. (p. NOS 12)

dew point: temperature at which air is fully saturated because of decreasing temperatures while holding the amount of moisture constant. (p. 453)

dinosaur: dominant Mesozoic land vertebrates that walked with their legs positioned directly below their hips. (p. 382)

divergent boundary: the boundary between two plates that move away from each other. (p. 235)

Doppler radar: a specialized type of radar that can detect precipitation as well as the movement of small particles, which can be used to approximate wind speed. (p. 472)

Doppler shift: the shift to a different wavelength on the electromagnetic spectrum. (p. 830)

drought: a period of below-average precipitation. (p. 501)

dune: a pile of windblown sand. (p. 192)

E

earthquake: vibrations caused by the rupture and sudden movement of rocks along a break or a crack in Earth's crust. (p. 293)

electromagnetic (ih lek troh mag NEH tik) spectrum: the entire range of electromagnetic waves with different frequencies and wavelengths. (p. 690)

elevation: the height above sea level of any point on Earth's surface. (p. 20)

---

densidad/elevación

densidad: cantidad de masa por unidad de volumen de una sustancia. (págs. 45, 91)

variable dependiente: factor que el científico observa o mide durante un experimento. (pág. NDLC 21)

deposición: establecimiento o asentamiento de material erosionado. (pág. 181)

descripción: resumen oral o escrito de una observación. (pág. NDLC 12)

punto de rocío: temperatura a la cual el aire está completamente saturado debido a la disminución en las temperaturas, aunque mantiene constante la cantidad de humedad. (pág. 453)

dinosaurio: vertebrados dominantes en la tierra durante el Mesozoico, que caminaban con las extremidades ubicadas justo debajo de las caderas. (pág. 382)

límite de placa divergente: límite entre dos placas que se alejan la una de la otra. (pág. 235)

radar Doppler: tipo de radar especializado que detecta tanto la precipitación como el movimiento de partículas pequeñas, que se pueden usar para determinar la velocidad aproximada del viento. (pág. 472)

efecto Doppler: cambio a una longitud de onda diferente en el espectro electromagnético. (pág. 830)

sequía: periodo con bajo promedio de precipitación. (pág. 501)

duna: montículo de arena que el viento transporta. (pág. 192)

---

terremoto: vibraciones causadas por la ruptura y el movimiento repentino de las rocas a lo largo de una fractura o grieta en la corteza terrestre. (pág. 293)

espectro electromagnético: gama completa de ondas electromagnéticas con diferentes frecuencias y longitudes de onda. (pág. 690)

elevación: altura sobre el nivel del mar de cualquier punto de la superficie de la Tierra. (pág. 20)

El Nino/Southern Oscillation/fault zone

El Nino/Southern Oscillation: the combined ocean and atmospheric cycle that results in weakened trade winds across the Pacific Ocean. (p. 500)

eon: the longest unit of geologic time. (p. 363)

epicenter: the location on Earth's surface directly above an earthquake's focus. (p. 296)

epoch (EH pock): a division of geologic time smaller than a period. (p. 363)

equinox: when Earth's rotation axis is tilted neither toward nor away from the Sun. (p. 731)

era: a large division of geologic time, but smaller than an eon. (p. 363)

erosion: the moving of weathered material, or sediment, from one location to another. (p. 179)

estuary: a coastal area where freshwater from rivers and streams mixes with salt water from seas or oceans. (p. 619)

evaporation: the process of a liquid changing to a gas at the surface of the liquid. (p. 531)

explanation: an interpretation of observations. (p. NOS 12)

extraterrestrial (ek struh tuh RES tree ul) life: life that originates outside Earth. (p. 711)

extrusive rock: igneous rock that forms when volcanic material erupts, cools, and crystallizes on Earth's surface. (p. 120)

El Niño/Oscilación meridional/zona de falla

El Niño/Oscilación meridional: combinación de los ciclos atmosférico y oceánico que produce el debilitamiento de los vientos alisios en el océano Pacífico. (pág. 500)

eón: unidad más larga del tiempo geológico. (pág. 363)

epicentro: lugar en la superficie de la Tierra que está justo sobre el foco de un terremoto. (pág. 296)

época: división del tiempo geológico más pequeña que un periodo. (pág. 363)

equinoccio: al eje de rotación de la Tierra está inclinado ni hacia fuera ni desde el sol. (pág. 731)

era: división grande del tiempo geológico, pero más pequeña que un eón. (pág. 363)

erosión: traslado de material meteorizado, o de sedimentos, de un lugar a otro. (pág. 179)

estuario: región costera donde el agua dulce de ríos y las corrientes se mezclan con el agua salada de los mares u océanos. (pág. 619)

evaporación: proceso por el cual un líquido cambia a gas en la superficie de dicho líquido. (pág. 531)

explicación: interpretación que se hace de las observaciones. (pág. NDLC 12)

vida extraterrestre: vida que se origina fuera de la Tierra. (pág. 711)

roca extrusiva: roca ígnea que se forma cuando el material volcánico erupciona, se enfría y cristaliza en la superficie de la Tierra. (pág. 120)

F

fault: a crack or a fracture in Earth's lithosphere along which movement occurs. (p. 295)

fault-block mountain: parallel ridge that forms where blocks of crust move up or down along faults. (p. 272)

fault zone: an area of many fractured pieces of crust along a large fault. (p. 265)

falla: grieta o fractura en la litosfera de la Tierra en la cual ocurre movimiento. (pág. 295)

montaña de bloques fallados: cresta paralela que se forma donde los bloques de corteza se mueven hacia arriba o hacia abajo a lo largo de las fallas. (pág. 272)

zona de falla: zona de muchos pedazos fracturados de corteza a lo largo de una falla extensa. (pág. 265)

focus/global climate model

focus: a location inside Earth where seismic waves originate and rocks first move along a fault and from which seismic waves originate. (p. 296)

folded mountain: mountain made of layers of rocks that are folded. (p. 271)

foliated rock: rock that contains parallel layers of flat and elongated minerals. (p. 135)

fossil: the preserved remains or evidence of past living organisms. (p. 327)

fracture: the breaking of a mineral along a rough or irregular surface. (p. 90)

freshwater: water that has less than 0.2 percent salt dissolved in it. (p. 607)

front: a boundary between two air masses. (p. 462)

G

galaxy: a huge collection of stars, gas, and dust. (p. 825)

Galilean moons: the four largest of Jupiter's 63 moons discovered by Galileo. (p. 779)

gemstone: a rare and attractive mineral that can be worn as jewelry. (p. 98)

geographic isolation: the separation of a population of organisms from the rest of its species due to some physical barrier such as a mountain range or an ocean. (p. 366)

geologic map: a map that shows the surface geology of an area. (p. 23)

geosphere: the solid part of Earth. (p. 42)

geothermal energy: thermal energy from Earth's interior. (p. 655)

glacial grooves: grooves in solid rock formations made by rocks that are carried by glaciers. (p. 389)

glacier: a large mass of ice, formed by snow accumulation on land, that moves slowly across Earth's surface. (p. 199)

global climate model: a set of complex equations used to predict future climates. (p. 509)

foco/modelo de clima global

foco: lugar dentro de la Tierra donde se originan las ondas sísmicas, las cuales son producidas por el movimiento de las rocas a lo largo de un falla. (pág. 296)

montaña plegada: montaña formada por capas de rocas plegadas. (pág. 271)

roca foliada: roca que contiene capas paralelas de minerales planos y alargados. (pág. 135)

fósil: restos conservados o evidencia de organismos vivos del pasado. (pág. 327)

fractura: rompimiento de un mineral en una superficie desigual o irregular. (pág. 90)

agua dulce: agua que contiene menos de 0.2 por ciento de sal disuelta. (pág. 607)

frente: límite entre dos masas de aire. (pág. 462)

galaxia: conjunto enorme de estrellas, gas y polvo. (pág. 825)

lunas de Galileo: las cuatro lunas más grandes de las 63 lunas de Júpiter, descubiertas por Galileo. (pág. 779)

gema: mineral raro y atractivo que se usa como joya. (pág. 98)

aislamiento geográfico: separación de una población de organismos del resto de su especie debido a alguna barrera física, como una cordillera o un océano. (pág. 366)

mapa geológico: mapa que muestra la geología de la superficie de un área. (pág. 23)

geosfera: parte sólida de la Tierra. (pág. 42)

energía geotérmica: energía térmica del interior de la Tierra. (pág. 655)

surcos glaciares: surcos en las formaciones de roca sólida formados por las rocas transportadas en los glaciares. (pág. 389)

glaciar: masa enorme de hielo formada por la acumulación de nieve en la tierra, que se mueve lentamente a través de la superficie de la Tierra. (pág. 199)

modelo de clima global: conjunto de ecuaciones complejas que se usan para predecir climas futuros. (pág. 509)

global warming: an increase in the average temperature of Earth's surface. (p. 506)

grain: an individual particle in a rock. (p. 111)

gravity: an attractive force that exists between all objects that have mass. (p. 43)

greenhouse effect: the natural process that occurs when certain gases in the atmosphere absorb and reradiate thermal energy from the Sun. (p. 771)

greenhouse gas: a gas in the atmosphere that absorbs Earth's outgoing infrared radiation. (p. 506)

groundwater: water that is stored in cracks and pores beneath Earth's surface. (p. 625)

gyre (JI ur): a large circular system of ocean currents. (p. 582)

calentamiento global: incremento de la temperatura promedio de la superficie de la Tierra. (pág. 506)

grano: partícula individual de una roca. (pág. 111)

gravedad: fuerza de atracción que existe entre todos los objetos que tienen masa. (pág. 43)

efecto invernadero: proceso natural que ocurre cuando ciertos gases en la atmósfera absorben y vuelven a irradiar la energía térmica del Sol. (pág. 771)

gas invernadero: gas en la atmósfera que absorbe la radiación infrarroja que sale de la Tierra. (pág. 506)

agua subterránea: agua almacenada en grietas o poros debajo de la superficie de la Tierra. (pág. 625)

giro: sistema circular extenso de corrientes oceánicas. (pág. 582)

half-life: the time required for half of the amount of a radioactive parent element to decay into a stable daughter element. (p. 347)

hardness: the resistance of a mineral to being scratched. (p. 89)

harmful algal bloom: explosive growth of algae that harms organisms. (p. 591)

Hertzsprung-Russell diagram: a graph that plots luminosity v. temperature of stars. (p. 813)

high-pressure system: a large body of circulating air with high pressure at its center and lower pressure outside of the system. (p. 459)

Holocene (HOH luh seen) epoch: the current epoch of geologic time which began 10,000 years ago. (p. 387)

horizons: layers of soil formed from the movement of the products of weathering. (p. 162)

hot spot: a location where volcanoes form far from plate boundaries. (p. 308)

vida media: tiempo requerido para que la mitad de la cantidad de un elemento padre radiactivo se desintegre en un elemento hijo estable. (pág. 347)

dureza: resistencia de un mineral al rayado. (pág. 89)

floración de algas nociva: crecimiento explosivo de algas dañinas para los organismos. (pág. 591)

diagrama de Hertzsprung-Russell: gráfica que representa la luminosidad frente a la temperatura de las estrellas. (pág. 813)

sistema de alta presión: gran cuerpo de aire circulante con presión alta en el centro y presión más baja fuera del sistema. (pág. 459)

Holoceno: época actual del tiempo geológico que comenzó hace 10.000 años. (pág. 387)

horizontes: capas de suelo formadas por el movimiento de los productos de la meteorización. (pág. 162)

punto caliente: lugar lejos de los límites de placas donde se forman los volcanes. (pág. 308)

humidity/International Date Line   **humedad/línea internacional de cambio de fecha**

humidity (hyew MIH duh tee)**:** the amount of water vapor in the air. (p. 452)

hurricane: an intense tropical storm with winds exceeding 119 km/h. (p. 466)

hydroelectric power: electricity produced by flowing water. (p. 654)

hydrosphere: the system containing all Earth's water. (p. 530)

hypothesis: a possible explanation for an observation that can be tested by scientific investigations. (p. NOS 6)

humedad: cantidad de vapor de agua en el aire. (pág. 452)

huracán: tormenta tropical intensa con vientos que exceden los 119 km/h. (pág. 466)

energía hidroeléctrica: electricidad producida por agua corriente. (pág. 654)

hidrosfera: sistema que contiene toda el agua de la Tierra. (pág. 530)

hipótesis: explicación posible de una observación que se puede probar por medio de investigaciones científicas. (pág. NDLC 6)

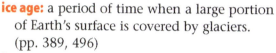

ice age: a period of time when a large portion of Earth's surface is covered by glaciers. (pp. 389, 496)

ice core: a long column of ice taken from a glacier. (p. 612)

ice sheet: a glacier that spreads over land in all directions. (p. 609)

impact crater: a round depression formed on the surface of a planet, moon, or other space object by the impact of a meteorite. (p. 788)

inclusion: a piece of an older rock that becomes a part of a new rock. (p. 339)

independent variable: the factor that is changed by the investigator to observe how it affects a dependent variable. (p. NOS 21)

index fossil: a fossil representative of a species that existed on Earth for a short period of time, was abundant, and inhabited many locations. (p. 341)

inference: a logical explanation of an observation that is drawn from prior knowledge or experience. (p. NOS 6)

inland sea: a body of water formed when ocean water floods continents. (p. 372)

interglacial: a warm period that occurs during an ice age. (p. 496)

International Date Line: the line of longitude 180° east or west of the prime meridian. (p. 14)

edad del hielo: periodo cuando los glaciares cubren una gran porción de la superficie de la Tierra. (págs. 389, 496)

núcleo de hielo: columna larga de hielo tomado de un glaciar. (pág. 612)

manto de hielo: glaciar que se extiende sobre la tierra en todas las direcciones. (pág. 609)

cráter de impacto: depresión redonda formada en la superficie de un planeta, luna u otro objeto espacial debido al impacto de un meteorito. (pág. 788)

inclusión: pedazo de una roca antigua que se convierte en parte de una roca nueva. (pág. 339)

variable independiente: factor que el investigador cambia para observar cómo afecta la variable dependiente. (pág. NDLC 21)

fósil índice: fósil representativo de una especie que existió en la Tierra durante un periodo de tiempo corto, era abundante y habitaba en varios lugares. (pág. 341)

inferencia: explicación lógica de una observación que se extrae de un conocimiento previo o experiencia. (pág. NDLC 6)

mar interior: masa de agua formada cuando el agua del océano inunda los continentes. (pág. 372)

interglaciar: periodo cálido que ocurre entre las edades del hielo. (pág. 496)

línea internacional de cambio de fecha: línea de longitud 180° al este u oeste del meridiano de Greenwich. (pág. 14)

International System of Units (SI)/lithosphere

International System of Units (SI): the internationally accepted system of measurement. (p. NOS 12)

intrusive rock: igneous rock that forms as magma cools underground. (p. 121)

ionosphere: a region within the mesosphere and thermosphere containing ions. (p. 413)

isobar: lines that connect all places on a map where pressure has the same value. (p. 473)

isostasy (i SAHS tuh see): the equilibrium between continental crust and the denser mantle below it. (p. 254)

isotopes (I suh tohps): atoms of the same element that have different numbers of neutrons. (p. 346)

J

jet stream: a narrow band of high winds located near the top of the troposphere. (p. 429)

L

lake: a large body of water that forms in a basin surrounded by land. (p. 620)

land breeze: a wind that blows from the land to the sea due to local temperature and pressure differences. (p. 430)

land bridge: a landform that connects two continents that were previously separated. (p. 366)

landform: a topographic feature formed by processes that shape Earth's surface. (p. 60)

landslide: rapid, downhill movement of soil, loose rocks, and boulders. (p. 197)

latitude: the distance in degrees north or south of the equator. (p. 12)

lava: magma that erupts onto Earth's surface. (pp. 83, 113, 308)

light-year: the distance light travels in one year. (p. 804)

lithosphere (LIH thuh sfihr): the rigid outermost layer of Earth that includes the uppermost mantle and crust. (pp. 52, 234)

Sistema Internacional de Unidades (SI)/litosfera

Sistema Internacional de Unidades (SI): sistema de medidas aceptado internacionalmente. (pág. NDLC 12)

roca intrusiva: roca ígnea que se forma cuando el magma se enfría bajo el suelo. (pág. 121)

ionosfera: región entre la mesosfera y la termosfera que contiene iones. (pág. 413)

isobara: línea que conecta todos los lugares en un mapa donde la presión tiene el mismo valor. (pág. 473)

isostasia: equilibrio entre la corteza continental y el manto más denso debajo de ella. (pág. 254)

isótopos: átomos del mismo elemento que tienen diferente número de neutrones. (pág. 346)

vientos de chorro: banda angosta de vientos fuertes cerca de la parte superior de la troposfera. (pág. 429)

lago: gran masa de agua que se forma en una cuenca rodeada de tierra. (pág. 620)

brisa terrestre: viento que sopla desde la tierra hacia el mar debido a diferencias locales de temperatura y presión. (pág. 430)

puente intercontinental: accidente geográfico que une dos continentes que anteriormente estaban separados. (pág. 366)

accidente geográfico: característica topográfica formada por procesos que moldean la superficie de la Tierra. (pág. 60)

deslizamiento de tierra: movimiento rápido cuesta abajo del suelo, rocas sueltas y canto rodado. (pág. 197)

latitud: distancia en grados al norte o al sur del ecuador. (pág. 12)

lava: magma que hace erupción en la superficie de la Tierra. (págs. 83, 113, 308)

año luz: distancia que recorre la luz en un año. (pág. 804)

litosfera: capa rígida más externa de la Tierra que incluye el manto más superior y la corteza. (págs. 52, 234)

loess (LUHS): a crumbly, windblown deposit of silt and clay. (p. 192)

longitude: the distance in degrees east or west of the prime meridian. (p. 12)

longshore current: a current that flows parallel to the shoreline. (p. 189)

low-pressure system: a large body of circulating air with low pressure at its center and higher pressure outside of the system. (p. 459)

luminosity (lew muh NAH sih tee): the true brightness of an object. (p. 805)

lunar: term that refers to anything related to the Moon. (p. 701)

lunar eclipse: an occurrence during which the Moon moves into Earth's shadow. (p. 746)

luster: the way a mineral reflects or absorbs light at its surface. (p. 88)

loess: depósito quebradizo de limo y arcilla transportado por el viento. (pág. 192)

longitud: distancia en grados al este u oeste del meridiano de Greenwich. (pág. 12)

corriente costera: corriente que fluye paralela a la costa. (pág. 189)

sistema baja presión: gran cuerpo de aire circulante con presión baja en su centro y presión más alta fuera del sistema. (pág. 459)

luminosidad: es el brillo real de un objeto. (pág. 805)

lunar: término que hace referencia a todo lo relacionado con la Luna. (pág. 701)

eclipse lunar: ocurrencia durante la cual la Luna pasa por la zona de sombra de la Tierra. (pág. 746)

brillo: forma en que un mineral refleja o absorbe la luz en su superficie. (pág. 88)

magma: molten rock stored beneath Earth's surface. (pp. 83, 113, 307)

magnetic reversal: an event that causes a magnetic field to reverse direction. (p. 228)

magnetosphere: the outer part of Earth's magnetic field that interacts with charged particles. (p. 55)

mantle: the thick middle layer in the solid part of Earth. (p. 52)

map legend: a key that lists all the symbols used on a map. (p. 10)

map scale: the relationship between a distance on the map and the actual distance on the ground. (p. 11)

map view: a map drawn as if you were looking down on an area from above Earth's surface. (p. 9)

maria (MAR ee uh): the large, dark, flat areas on the Moon. (p. 736)

marine: a term that refers to anything related to the oceans. (p. 590)

mass extinction: the extinction of many species on Earth within a short period of time. (p. 365)

magma: roca fundida depositada bajo la superficie de la Tierra. (págs. 83, 113, 307)

inversión magnética: evento que causa que el campo magnético invierta su dirección. (pág. 228)

magnetosfera: parte externa del campo magnético de la Tierra que interactúa con partículas cargadas. (pág. 55)

manto: capa de mediano espesor de la parte sólida de la Tierra. (pág. 52)

leyenda de mapa: clave que enumera todos los símbolos usados en un mapa. (pág. 10)

escala del mapa: relación entre una distancia en el mapa y la distancia real en el terreno. (pág. 11)

vista de mapa: mapa que se dibuja como si estuvieras mirando un área hacia abajo, desde arriba de la superficie de la Tierra. (pág. 9)

mares: áreas extensas, oscuras y planas en la Luna. (pág. 736)

marino: término que se refiere a todo lo relacionado con los océanos. (pág. 590)

extinción masiva: extinción de muchas especies de la Tierra durante un periodo de tiempo corto. (pág. 365)

mass wasting / mountain

mass wasting: the downhill movement of a large mass of rocks or soil due to gravity. (p. 196)

meander: a broad, C-shaped curve in a stream. (p. 188)

mechanical weathering: physical processes that naturally break rocks into smaller pieces. (p. 150)

mega-mammal: large mammal of the Cenozoic era. (p. 390)

Mesozoic (mez uh ZOH ihk) era: the middle era of the Phanerozoic eon. (p. 371)

metamorphism: process that affects the structure or composition of a rock in a solid state as a result of changes in temperature, pressure, or the addition of chemical fluids. (p. 133)

meteor: a meteoroid that has entered Earth's atmosphere and produces a streak of light. (p. 788)

meteorite: a meteoroid that strikes a planet or a moon. (p. 788)

meteoroid: a small rocky particle that moves through space. (p. 788)

microclimate: a localized climate that is different from the climate of the larger area surrounding it. (p. 491)

mid-ocean ridge: long, narrow mountain range on the ocean floor; formed by magma at divergent plate boundaries. (p. 225)

mineral: a naturally occurring, inorganic solid that has a crystal structure and a definite chemical composition. (p. 77)

mineralogist: scientist who studies the distribution of minerals, mineral properties, and their uses. (p. 87)

mold: the impression of an organism in a rock. (p. 331)

monsoon: a wind circulation pattern that changes direction with the seasons. (p. 501)

moraine: a mound or ridge of unsorted sediment deposited by a glacier. (p. 200)

mountain: landform with high relief and high elevation. (p. 63)

transporte en masa / montaña

transporte en masa: movimiento cuesta abajo de gran cantidad de roca o tierra debido a la fuerza de gravedad. (pág. 196)

meandro: curva pronunciada en forma de C en una corriente de agua. (pág. 188)

meteorización mecánica: proceso físico natural mediante el cual se rompen las rocas en pedazos más pequeños. (pág. 150)

megamamífero: mamífero grande de la era Cenozoica. (pág. 390)

era Mesozoica: era media del eón Fanerozoico. (pág. 371)

metamorfismo: proceso que afecta la estructura o composición de una roca en estado sólido debido a cambios en la temperatura y la presión, o a la adición de fluidos químicos. (pág. 133)

meteoro: meteoroide que ha entrado a la atmósfera de la Tierra y produce un rayo de luz. (pág. 788)

meteorito: meteoroide que impacta un planeta o una luna. (pág. 788)

meteoroide: partícula pequeña y rocosa que viaja por el espacio. (pág. 788)

microclima: clima localizado que es diferente del clima de la región más extensa que lo rodea. (pág. 491)

dorsal meso-oceánica: cordillera larga y angosta en el fondo oceánico, formada por magma en los límites de placas divergentes. (pág. 225)

mineral: sólido inorgánico de origen natural que tiene estructura de cristal y composición química definida. (pág. 77)

mineralogista: científico que estudia la distribución, propiedades y usos de los minerales. (pág. 87)

molde: impresión de un organismo en una roca. (pág. 331)

monsón: patrón de circulación del viento que cambia de dirección con las estaciones. (pág. 501)

morrena: montículo o cresta de sedimento sin clasificar depositado por un glaciar. (pág. 200)

montaña: accidente geográfico de alto relieve y gran elevación. (pág. 63)

N

neap tide: the lowest tidal range that occurs when Earth, the Moon, and the Sun form a right angle. (p. 577)
nebula: a cloud of gas and dust. (p. 817)
neutron star: a dense core of neutrons that remains after a supernova. (p. 820)
nitrate: a nitrogen based compound often used in fertilizers. (p. 549)
non-foliated rock: metamorphic rock with mineral grains that have a random, interlocking texture. (p. 135)
nonpoint-source pollution: pollution from several widespread sources that cannot be traced back to a single location. (p. 547)
nonrenewable resource: a natural resource that is being used up faster than it can be replaced by natural processes. (p. 643)
normal polarity: when magnetized objects, such as compass needles, orient themselves to point north. (p. 228)
nuclear energy: energy stored in and released from the nucleus of an atom. (p. 647)
nuclear fusion: a process that occurs when the nuclei of several atoms combine into one larger nucleus. (p. 809)

marea muerta: amplitud de la marea más baja y ocurre cuando la Tierra, la Luna y el Sol forman un ángulo recto. (pág. 577)
nebulosa: nube de gas y polvo. (pág. 817)
estrella de neutrones: núcleo denso de neutrones que queda después de una supernova. (pág. 820)
nitrato: compuesto nitrogenado que se usa con frecuencia en los fertilizantes. (pág. 549)
roca no foliada: roca metamórfica con granos de mineral que tienen una textura intercalada al azar. (pág. 135)
polución de fuente no puntual: polución de varias fuentes apartadas que no se pueden rastrear hasta un solo lugar. (pág. 547)
recurso no renovable: recurso natural que se usa más rápido de lo que se puede reemplazar por procesos naturales. (pág. 643)
polaridad normal: ocurre cuando los objetos magnetizados, como las agujas de las brújulas, se orientan apuntando hacia el norte. (pág. 228)
energía nuclear: energía almacenada en y liberada desde el núcleo de un átomo. (pág. 647)
fusión nuclear: proceso que ocurre cuando los núcleos de varios átomos se combinan en un núcleo mayor. (pág. 809)

O

observation: the act of using one or more of your senses to gather information and take note of what occurs. (p. NOS 6)
ocean current: a large volume of water flowing in a certain direction. (p. 581)
ocean trench: a deep, underwater trough created by one plate subducting under another plate at a convergent plate boundary. (p. 262)
orbit: the path an object follows as it moves around another object. (p. 726)

observación: acción de usar uno o más sentidos para reunir información y tomar nota de lo que ocurre. (pág. NDLC 6)
corriente oceánica: gran cantidad de agua que fluye en una cierta dirección. (pág. 581)
fosa oceánica: depresión profunda submarina creada por una placa que se desliza debajo de otra en un límite de placa convergente. (pág. 262)
órbita: trayectoria que un objeto sigue a medida que se mueve alrededor de otro objeto. (pág. 726)

ore/photochemical smog — mena/esmog fotoquímico

ore: a deposit of minerals that is large enough to be mined for a profit. (pp. 95, 663)

organic matter: remains of something that was once alive. (p. 158)

outwash: layered sediment deposited by streams of water that flow from a melting glacier. (p. 200)

oxidation: the process that combines the element oxygen with other elements or molecules. (p. 153)

ozone layer: the area of the stratosphere with a high concentration of ozone. (p. 412)

mena: depósito de minerales suficientemente grandes como para ser explotados y obtener ganancias. (págs. 95, 663)

materia orgánica: restos de algo que una vez estuvo vivo. (pág. 158)

sandur: capas de sedimentos depositados por las corrientes de agua que fluyen de un glaciar en deshielo. (pág. 200)

oxidación: proceso por el cual se combina el elemento oxígeno con otros elementos o moléculas. (pág. 153)

capa de ozono: área de la estratosfera con una alta concentración de ozono. (pág. 412)

P

paleontologist (pay lee ahn TAH luh jihstz): scientist who studies fossils. (p. 332)

Paleozoic (pay lee uh ZOH ihk) era: the oldest era of the Phanerozoic eon. (p. 371)

Pangaea (pan JEE uh): Name given to a supercontinent that began to break apart approximately 200 million years ago. (p. 217)

parent material: the starting material of soil consisting of rock or sediment that is subject to weathering. (p. 160)

particulate (par TIH kyuh lut) matter: the mix of both solid and liquid particles in the air. (p. 436)

penumbra: the lighter part of a shadow where light is partially blocked. (p. 743)

period: a unit of geologic time smaller than an era. (p. 363)

period of revolution: the time it takes an object to travel once around the Sun. (p. 764)

period of rotation: the time it takes an object to complete one rotation. (p. 764)

permeability: the measure of the ability of water to flow through rock and sediment. (p. 626)

phase: the lit part of the Moon or a planet that can be seen from Earth. (p. 738)

photochemical smog: air pollution that forms from the interaction between chemicals in the air and sunlight. (pp. 435, 670)

paleontólogo: científico que estudia los fósiles. (pág. 332)

era Paleozoica: era más antigua del eón Fanerozoico. (pág. 371)

Pangea: nombre dado a un supercontinente que empezó a separarse hace aproximadamente 200 millones de años. (pág. 217)

material parental: material original del suelo compuesto por roca o sedimento sujeto a meteorización. (pág. 160)

partículas en suspensión: mezcla de partículas tanto sólidas como líquidas en el aire. (pág. 436)

penumbra: parte más clara de una sombra donde la luz está bloqueada parcialmente. (pág. 743)

periodo: unidad del tiempo geológico más pequeña que una era. (pág. 363)

periodo de revolución: tiempo que tarda un objeto en dar una vuelta alrededor del Sol. (pág. 764)

periodo de rotación: tiempo que tarda un objeto para completar una rotación. (pág. 764)

permeabilidad: medida de la capacidad del agua para fluir a través de la roca y el sedimento. (pág. 626)

fase: parte iluminada de la Luna o de un planeta que se ve desde la Tierra. (pág. 738)

esmog fotoquímico: polución del aire que se forma de la interacción entre los químicos en el aire y la luz solar. (págs. 435, 670)

photosphere: the apparent surface of a star. (p. 810)

plain: landform with low relief and low elevation. (pp. 62, 279)

plastic deformation: the permanent change in shape of rocks caused by bending or folding. (p. 134)

plate tectonics: theory that Earth's surface is broken into large, rigid pieces that move with respect to each other. (p. 233)

plateau: an area with low relief and high elevation. (pp. 63, 280)

Pleistocene (PLY stoh seen) epoch: the first epoch of the Quaternary period. (p. 389)

plesiosaur (PLY zee oh sor): Mesozoic marine reptile with a small head, long neck, and flippers. (p. 383)

point-source pollution: pollution from a single source that can be identified. (p. 547)

polar easterlies: cold winds that blow from the east to the west near the North Pole and South Pole. (p. 429)

polarity: a condition in which opposite ends of a molecule have slightly opposite charges, but the overall charge of the molecule is neutral. (p. 538)

pores: small holes and spaces in soil. (p. 158)

porosity: the measure of a rock's ability to hold water. (p. 626)

precipitation: water, in liquid or solid form, that falls from the atmosphere. (p. 455)

prediction: a statement of what will happen next in a sequence of events. (p. NOS 6)

primary wave (also P-wave): a type of seismic wave which causes particles in the ground to move in a push-pull motion similar to a coiled spring. (p. 297)

profile view: a drawing that shows an object as though you were looking at it from the side. (p. 9)

Project Apollo: a series of space missions designed to send people to the Moon. (p. 702)

fotosfera: superficie luminosa de una estrella. (pág. 810)

llanura: accidente geográfico de bajo relieve y baja elevación. (págs. 62, 279)

deformación plástica: cambio permanente en la forma de las rocas causado por el doblamiento o el plegado. (pág. 134)

tectónica de placas: teoría que afirma que la superficie de la Tierra está dividida en piezas enormes y rígidas, que se mueven una con respecto a la otra. (pág. 233)

meseta: región de bajo relieve y alta elevación. (págs. 63, 280)

época del Pleistoceno: primera época del periodo Cuaternario. (pág. 389)

plesiosaurio: reptil marino del Mesozoico de cabeza pequeña, cuello largo y aletas. (pág. 383)

polución de fuente puntual: polución de una sola fuente que se puede identificar. (pág. 547)

vientos polares del este: vientos fríos que soplan del este al oeste cerca del polo Norte y del polo Sur. (pág. 429)

polaridad: condición en la cual los extremos opuestos de una molécula tienen cargas ligeramente opuestas, pero la carga completa de la molécula es neutra. (pág. 538)

poros: huecos y espacios pequeños en el suelo. (pág. 158)

porosidad: medida de la capacidad de una roca para almacenar agua. (pág. 626)

precipitación: agua, en forma líquida o sólida, que cae de la atmósfera. (pág. 455)

predicción: afirmación de lo que ocurrirá después en una secuencia de eventos. (pág. NDLC 6)

onda primaria (también, onda P): tipo de onda sísmica que causa un movimiento de atracción y repulsión en las partículas del suelo, similar a un resorte. (pág. 297)

vista de perfil: dibujo que muestra un objeto como si lo estuvieras mirando desde un lado. (pág. 9)

Proyecto Apolo: serie de misiones espaciales diseñadas para enviar personas a la Luna. (pág. 702)

pterosaur/remote sensing

pterosaur (TER oh sor): Mesozoic flying reptile with large, batlike wings. (p. 383)

R

radiation: energy carried by an electromagnetic wave. (p. 418)

radiative zone: a shell of cooler hydrogen above a star's core. (p. 810)

radioactive decay: the process by which an unstable element naturally changes into another element that is stable. (p. 346)

radio telescope: a telescope that collects radio waves and some microwaves using an antenna that looks like a TV satellite dish. (p. 693)

rain shadow: an area of low rainfall on the downwind slope of a mountain. (p. 489)

reclamation: a process in which mined land must be recovered with soil and replanted with vegetation. (p. 649)

reflecting telescope: a telescope that uses a mirror to gather and focus light from distant objects. (p. 692)

refracting telescope: a telescope that uses lenses to gather and focus light from distant objects. (p. 692)

regional metamorphism: formation of metamorphic rock bodies that are hundreds of square kilometers in size. (p. 136)

relative age: the age of rocks and geologic features compared with other nearby rocks and features. (p. 337)

relative humidity: the amount of water vapor present in the air compared to the maximum amount of water vapor the air could contain at that temperature. (p. 453)

relief: the difference in elevation between the highest and lowest point in an area. (p. 20)

remote sensing: the process of collecting information about an area without coming into contact with it. (pp. 27, 545)

pterosaurio/teledetección

pterosaurio: reptil volador del Mesozoico de alas grandes, parecidas a las del murciélago. (pág. 383)

radiación: transferencia de energía mediante ondas electromagnéticas. (pág. 418)

zona radiativa: capa de hidrógeno más frío por encima del núcleo de una estrella. (pág. 810)

desintegración radiactiva: proceso mediante el cual un elemento inestable cambia naturalmente en otro elemento que es estable. (pág. 346).

radiotelescopio: telescopio que capta ondas de radio y algunas microondas por medio de una antena parecida a una antena parabólica de TV. (pág. 693)

sombra de lluvia: región de baja precipitación en la ladera de sotavento de una montaña. (pág. 489)

restauración: proceso por el cual las tierras explotadas se deben recubrir con suelo y replantar con vegetación. (pág. 649)

telescopio reflector: telescopio que usa un espejo para recoger y enfocar la luz de los objetos distantes. (pág. 692)

telescopio refractor: telescopio que usa una lente para recoger y enfocar la luz de los objetos distantes. (pág. 692)

metamorfismo regional: formación de cuerpos de rocas metamórficas que son del tamaño de cientos de kilómetros cuadrados. (pág. 136)

edad relativa: edad de las rocas y de los rasgos geológicos comparada con otras rocas cercanas y sus rasgos. (pág. 337)

humedad relativa: cantidad de vapor de agua presente en el aire comparada con la cantidad máxima de vapor de agua que el aire podría contener a esa temperatura. (pág. 453)

relieve: diferencia en elevación entre el punto más alto y el más bajo en un área. (pág. 20)

teledetección: proceso de recolectar información sobre un área sin entrar en contacto con ella. (págs. 27, 545)

renewable resource/scientific theory

renewable resource: a natural resource that can be replenished by natural processes at least as quickly as it is used. (p. 643)

reversed polarity: when magnetized objects reverse direction and orient themselves to point south. (p. 228)

revolution: the orbit of one object around another object. (p. 726)

ridge push: the process that results when magma rises at a mid-ocean ridge and pushes oceanic plates in two different directions away from the ridge. (p. 239)

rock: a naturally occurring solid composed of minerals, rock fragments, and sometimes other materials such as organic matter. (p. 111)

rock cycle: the series of processes that change one type of rock into another type of rock. (p. 114)

rocket: a vehicle propelled by the exhaust made from burning fuel. (p. 699)

rotation: the spin of an object around its axis. (p. 727)

rotation axis: the line on which an object rotates. (p. 727)

runoff: water that flows over Earth's surface. (p. 617)

S

salinity: a measure of the mass of dissolved salts in a mass of water. (p. 565)

satellite: any small object that orbits a larger object other than a star. (p. 700)

science: the investigation and exploration of natural events and of the new information that results from those investigations. (p. NOS 4)

scientific law: a rule that describes a pattern in nature. (p. NOS 9)

scientific theory: an explanation of observations or events that is based on knowledge gained from many observations and investigations. (p. NOS 9)

recurso renovable/teoría científica

recurso renovable: recurso natural que se puede reemplazar por procesos naturales al menos con la misma rapidez con que se consume. (pág. 643)

polaridad inversa: ocurre cuando los objetos magnetizados invierten la dirección y se orientan apuntando hacia el sur. (pág. 228)

revolución: movimiento de un objeto alrededor de otro objeto. (pág. 726)

empuje de dorsal: proceso que resulta cuando el magma asciende en la dorsal meso-oceánica y empuja las placas oceánicas en dos direcciones diferentes, lejos de la dorsal. (pág. 239)

roca: sólido de origen natural compuesto de minerales, fragmentos de roca y algunas veces de otros materiales como materia orgánica. (pág. 111)

ciclo geológico: series de procesos que cambian un tipo de roca en otro tipo de roca. (pág. 114)

cohete: vehículo propulsado por gases de escape producidos por la ignición de combustible. (pág. 699)

rotación: movimiento giratorio de un objeto sobre su eje. (pág. 727)

eje de rotación: línea sobre la que un objeto rota. (pág. 727)

escorrentía: agua que fluye sobre la superficie de la Tierra. (pág. 617)

salinidad: medida de la masa de sales disueltas en una masa de agua. (pág. 565)

satélite: cualquier objeto pequeño que orbita un objeto más grande diferente de una estrella. (pág. 700)

ciencia: la investigación y exploración de los eventos naturales y de la información nueva que es el resultado de esas investigaciones. (pág. NDLC 4)

ley científica: regla que describe un patrón dado en la naturaleza. (pág. NDLC 9)

teoría científica: explicación de observaciones o eventos con base en conocimiento obtenido de muchas observaciones e investigaciones. (pág. NDLC 9)

sea breeze: a wind that blows from the sea to the land due to local temperature and pressure differences. (p. 430)

seafloor spreading: the process by which new oceanic crust forms along a mid-ocean ridge and older oceanic crust moves away from the ridge. (p. 226)

sea ice: ice that forms when sea water freezes. (p. 611)

sea level: the average level of the ocean's surface at any given time. (p. 576)

seawater: water from a sea or ocean that has an average salinity of 35 ppt. (p. 565)

secondary wave (also S-wave): a type of seismic wave that causes particles to move at right angles relative to the direction the wave travels. (p. 297)

sediment: rock material that forms when rocks are broken down into smaller pieces or dissolved in water as rocks erode. (p. 113)

seismic wave: energy that travels as vibrations on and in Earth. (p. 296)

seismogram: a graphical illustration of seismic waves. (p. 299)

seismologist (size MAH luh just): scientist that studies earthquakes. (p. 298)

seismometer (size MAH muh ter): an instrument that measures and records ground motion and can be used to determine the distance seismic waves travel. (p. 299)

shear: parallel forces acting in opposite directions at a transform boundary. (p. 255)

shield volcano: a large volcano with gentle slopes of basaltic lavas, common along divergent plate boundaries and oceanic hotspots. (p. 310)

significant digits: the number of digits in a measurement that that are known with a certain degree of reliability. (p. NOS 14)

silicate: a member of the mineral group that has silicon and oxygen in its crystal structure. (p. 81)

brisa marina: viento que sopla del mar hacia la tierra debido a diferencias en la temperatura local y la presión. (pág. 430)

expansión del fondo oceánico: proceso por el cual se forma nueva corteza oceánica a lo largo de la dorsal meso-oceánica y la corteza oceánica más antigua se aleja de la dorsal. (pág. 226)

hielo marino: hielo que se forma cuando el agua del mar se congela. (pág. 611)

nivel del mar: nivel promedio de la superficie del océano en algún momento dado. (pág. 576)

agua de mar: agua de mar u océano que tiene una salinidad promedio de 35 ppt. (pág. 565)

onda secundaria (también, onda S): tipo de onda sísmica que causa que las partículas se muevan en ángulos rectos respecto a la dirección en que la onda viaja. (pág. 297)

sedimento: material rocoso formado cuando las rocas se rompen en piezas pequeñas o se disuelven en agua al erosionarse. (pág. 113)

onda sísmica: energía que viaja como vibraciones sobre y dentro de la Tierra. (pág. 296)

sismograma: ilustración gráfica de las ondas sísmicas. (pág. 299)

sismólogo: científico que estudia los terremotos. (pág. 298)

sismómetro: instrumento que mide y registra el movimiento del suelo y se puede usar para determinar la distancia que las ondas sísmicas recorren. (pág. 299)

cizalla: fuerzas paralelas que actúan en direcciones opuestas en un límite de transformación. (pág. 255)

volcán escudo: volcán grande con suaves pendientes de lavas basálticas, común a lo largo de los límites de placas divergentes y puntos calientes oceánicos. (pág. 310)

cifras significativas: número de dígitos que se conoce con cierto grado de fiabilidad en una medida. (pág. NDLC 14)

silicato: miembro del grupo de minerales que tiene silicio y oxígeno en su estructura de cristal. (pág. 81)

slab pull/strain

slab pull: the process that results when a dense oceanic plate sinks beneath a more buoyant plate along a subduction zone, pulling the rest of the plate that trails behind it. (p. 239)

slope: a measure of the steepness of the land. (p. 21)

soil: a mixture of weathered rock, rock fragments, decayed organic matter, water, and air. (p. 158)

solar eclipse: an occurrence during which the Moon's shadow appears on Earth's surface. (p. 744)

solar energy: energy from the Sun. (p. 653)

solstice: when Earth's rotation axis is tilted directly toward or away from the Sun. (p. 731)

space probe: an uncrewed spacecraft sent from Earth to explore objects in space. (p. 701)

space shuttles: reusable spacecraft that transport people and materials to and from space. (p. 702)

specific heat: the amount of thermal energy (joules) needed to raise the temperature of 1 kg of material 1°C. (pp. 489, 529)

spectroscope: an instrument that spreads light into different wavelengths. (p. 803)

sphere: a ball shape with all points on the surface at an equal distance from the center. (p. 41)

spring tide: the largest tidal range that occurs when Earth, the Moon, and the Sun form a straight line. (p. 577)

stability: whether circulating air motions will be strong or weak. (p. 422)

star: a large sphere of hydrogen gas, held together by gravity, that is hot enough for nuclear reactions to occur in its core. (p. 809)

strain: a change in the shape of rock caused by stress. (p. 256)

tracción de bloque/deformación

tracción de bloque: proceso que resulta cuando una placa oceánica densa se hunde debajo de una placa flotante en una zona de subducción, arrastrando el resto de la placa detrás suyo. (pág. 239)

pendiente: medida de la inclinación del terreno. (pág. 21)

suelo: mezcla de roca meteorizada, fragmentos de rocas, materia orgánica en descomposición, agua y aire. (pág. 158)

eclipse solar: acontecimiento durante el cual la sombra de la Luna se proyecta sobre la superficie de la Tierra. (pág. 744)

energía solar: energía proveniente del Sol. (pág. 653)

solsticio: cuando el eje de rotación de la Tierra está más cerca del Sol o más alejado de él. (pág. 731)

sonda espacial: nave espacial sin tripulación enviada desde la Tierra para explorar objetos en el espacio. (pág. 701)

transbordador espacial: nave espacial reutilizable que transporta personas y materiales hacia y desde el espacio. (pág. 702)

calor específico: cantidad de energía térmica (julios) requerida para subir la temperatura de 1 kg de materia a 1 °C. (págs. 489, 529)

espectroscopio: instrumento utilizado para propagar la luz en diferentes longitudes de onda. (pág. 803)

esfera: figura similar a un balón, cuyos puntos en la superficie están ubicados a una distancia igual del centro. (pág. 41)

marea viva: amplitud de la marea más grande y ocurre cuando la Tierra, la Luna y el Sol forman una línea recta. (pág. 577)

estabilidad: describe si los movimientos del aire circulante serán fuertes o débiles. (pág. 422)

estrella: esfera grande de gas de hidrógeno que se mantiene unida por la gravedad, lo suficientemente caliente para producir reacciones nucleares en el núcleo. (pág. 809)

deformación: cambio en la forma de una roca causado por la presión. (pág. 256)

stratosphere/texture   **estratosfera/textura**

stratosphere (STRA tuh sfihr): the atmospheric layer directly above the troposphere. (p. 412)

streak: the color of a mineral's powder. (p. 88)

stream: a body of water that flows within a channel. (p. 618)

subduction: the process that occurs when one tectonic plate moves under another tectonic plate. (p. 235)

subsidence: the downward vertical motion of Earth's surface. (p. 255)

supercontinent: an ancient landmass which separated into present-day continents. (p. 375)

supernova: an enormous explosion that destroys a star. (p. 819)

superposition: the principle that in undisturbed rock layers, the oldest rocks are on the bottom. (p. 338)

surface report: a description of a set of weather measurements made on Earth's surface. (p. 471)

surface wave: a type of seismic wave that causes particles in the ground to move up and down in a rolling motion. (p. 297)

estratosfera: capa atmosférica ubicada directamente sobre la troposfera. (pág. 412)

raya: color del polvo de un mineral. (pág. 88)

corriente de agua: masa de agua que fluye dentro de un canal. (pág. 618)

subducción: proceso que ocurre cuando una placa tectónica se mueve debajo de otra placa tectónica. (pág. 235)

hundimiento: movimiento vertical hacia abajo de la superficie de la Tierra. (pág. 255)

supercontinente: antigua placa continental que se dividió en los continentes actuales. (pág. 375)

supernova: explosión enorme que destruye una estrella. (pág. 819)

superposición: principio que establece que en las capas de rocas ininterrumpidas, la rocas más viejas se encuentran en la parte inferior. (pág. 338)

reporte de superficie: descripción de un conjunto de mediciones del tiempo atmosférico realizadas en la superficie de la Tierra. (pág. 471)

onda superficial: tipo de onda sísmica que causa un movimiento ondulante hacia arriba y hacia abajo en las partículas del suelo. (pág. 297)

T

talus: a pile of angular rocks and sediment from a rockfall. (p. 197)

technology: the practical use of scientific knowledge, especially for industrial or commercial use. (p. NOS 8)

temperature inversion: a temperature increase as altitude increases in the troposphere. (p. 423)

tension: the pulling force at a divergent boundary. (p. 255)

terrestrial planets: Earth and the other inner planets that are closest to the Sun including Mercury, Venus, and Mars. (p. 769)

texture: a rock's grain size and the way the grains fit together. (p. 112)

talus: pila de rocas angulares y sedimentos de un desprendimiento de rocas. (pág. 197)

tecnología: uso práctico del conocimiento científico, especialmente para uso industrial o comercial. (pág. NDLC 8)

inversión de temperatura: aumento de la temperatura en la troposfera a medida que aumenta la altitud. (pág. 423)

tensión: fuerza de tracción en un límite divergente. (pág. 255)

planetas terrestres: la Tierra y otros planetas interiores que están más cerca del Sol, incluidos Mercurio, Venus y Marte. (pág. 769)

textura: tamaño del grano de una roca y la forma como los granos encajan. (pág. 112)

tidal range/turbidity

tidal range: the difference in water level between a high tide and a low tide. (p. 576)

tide: the periodic rise and fall of the ocean's surface caused by the gravitational force between Earth and the Moon, and between Earth and the Sun. (pp. 576, 747)

till: a mixture of various sizes of sediment that has been deposited by a glacier. (p. 200)

time zone: the area on Earth's surface between two meridians where people use the same time. (p. 14)

topographic map: a map showing the detailed shapes of Earth's surface, along with its natural and human-made features. (p. 20)

topography: the shape and steepness of the landscape. (p. 161)

tornado: a violent, whirling column of air in contact with the ground. (p. 465)

trace fossil: the preserved evidence of the activity of an organism. (p. 331)

trade winds: steady winds that flow from east to west between 30°N latitude and 30°S latitude. (p. 429)

transform fault: fault that forms where tectonic plates slide horizontally past each other. (p. 265)

transform boundary: the boundary between two plates that slide past each other. (p. 235)

transpiration: the process by which plants release water vapor through their leaves. (p. 533)

troposphere (TRO puh sfihr): the atmospheric layer closest to Earth's surface. (p. 412)

tsunami (soo NAH mee): a wave that forms when an ocean disturbance suddenly moves a large volume of water. (p. 575)

turbidity (tur BIH duh tee): a measure of the cloudiness of water from sediments, microscopic organisms, or pollutants. (p. 549)

amplitud de la marea/turbidez

amplitud de la marea: diferencia en el nivel de agua entre una marea alta y una marea baja. (pág. 576)

marea: ascenso y descenso periódico de la superficie del océano, causados por la fuerza gravitatoria entre la Tierra y la Luna, y entre la Tierra y el Sol. (págs. 576, 747)

till: mezcla de varios tamaños de sedimento que se han depositado por un glaciar. (pág. 200)

zona horaria: área en la superficie de la Tierra que está entre dos meridianos donde la gente maneja la misma hora. (pág. 14)

mapa topográfico: mapa que muestra las formas detalladas de la superficie de la Tierra, junto con sus características naturales y artificiales. (pág. 20)

topografía: forma e inclinación del paisaje. (pág. 161)

tornado: columna de aire violenta y giratoria en contacto con el suelo. (pág. 465)

traza fósil: evidencia conservada de la actividad de un organismo. (pág. 331)

vientos alisios: vientos constantes que soplan del este al oeste entre 30 °N de latitud y 30 °S de latitud. (pág. 429)

falla de transformación: falla que se forma donde las placas tectónicas se deslizan horizontalmente una con respecto a la otra. (pág. 265)

límite de placa de transformación: límite entre dos placas que se deslizan una con respecto a la otra. (pág. 235)

transpiración: proceso por el cual las plantas liberan vapor de agua a través de las hojas. (pág. 533)

troposfera: capa atmosférica más cercana a la superficie de la Tierra. (pág. 412)

tsunami: ola que se forma cuando una alteración en el océano mueve repentinamente una gran cantidad de agua. (pág. 575)

turbidez: medida de la turbiedad del agua debido a sedimentos, microorganismos o contaminantes. (pág. 549)

umbra: the central, darker part of a shadow where light is totally blocked. (p. 743)

unconformity (un kun FOR muh tee): a surface where rock has eroded away, producing a break, or gap, in the rock record. (p. 340)

uniformitarianism (yew nuh for muh TER ee uh nih zum): a principle stating that geologic processes that occur today are similar to those that occurred in the past. (p. 328)

uplift: the process that moves large bodies of Earth materials to higher elevations. (p. 255)

uplifted mountain: mountain that forms when large regions rise vertically with very little deformation. (p. 273)

upper-air report: a description of wind, temperature, and humidity conditions above Earth's surface. (p. 471)

upwelling: the vertical movement of water toward the ocean's surface. (p. 583)

umbra: parte central más oscura de una sombra donde la luz está totalmente bloqueada. (pág. 743)

discontinuidad: superficie donde la roca se ha erosionado, produciendo una ruptura, o interrupción, en la sedimentación en el registro geológico. (pág. 340)

uniformismo: principio que afirma que los procesos geológicos que ocurren actualmente son similares a aquellos que ocurrieron en el pasado. (pág. 328)

levantamiento: proceso por el cual se mueven grandes cuerpos de materiales de la Tierra hacia elevaciones mayores. (pág. 255)

montaña elevada: montaña que se forma cuando grandes regiones se elevan verticalmente con muy poca deformación. (pág. 273)

informe del aire superior: descripción de las condiciones del viento, de la temperatura y de la humedad por encima de la superficie de la Tierra. (pág. 471)

surgencia: movimiento vertical del agua hacia la superficie del océano. (pág. 583)

variable: any factor that can have more than one value. (p. NOS 21)

viscosity: a measurement of a liquid's resistance to flow. (p. 311)

volcanic arc: a curved line of volcanoes that forms parallel to a plate boundary. (p. 263)

volcanic ash: tiny particles of pulverized volcanic rock and glass. (p. 311)

volcanic glass: rock that forms results when lava cools too quickly to form crystals. (p. 120)

volcano: a vent in Earth's crust through which molten rock flows. (p. 307)

variable: cualquier factor que tenga más de un valor. (pág. NDLC 21)

viscosidad: medida de la resistencia de un líquido a fluir. (pág. 311)

arco volcánico: línea curva de volcanes que se forma paralela a un límite de placa. (pág. 263)

ceniza volcánica: partículas diminutas de roca y vidrio volcánicos pulverizados. (pág. 311)

vidrio volcánico: roca que se forma cuando la lava se enfría demasiado rápido para formar cristales. (pág. 120)

volcán: abertura en la corteza terrestre por donde fluye la roca fundida. (pág. 307)

waning phases: phases of the Moon during which less of the Moon's near side is lit each night. (p. 738)

fases menguantes: fases de la Luna durante las cuales menos área de la cara visible de la luna está iluminada cada noche. (pág. 738)

water cycle/wind farm

water cycle: the series of natural processes by which water continually moves throughout the hydrosphere. (pp. 455, 532)

water quality: the chemical, biological, and physical status of a body of water. (p. 546)

watershed: an area of land that drains runoff into a particular stream, lake, ocean or other body of water. (p. 619)

water table: the upper limit of the underground region in which the cracks and pores within rocks and sediment are completely filled with water. (p. 626)

water vapor: water in its gaseous form. (p. 410)

waxing phases: phases of the Moon during which more of the Moon's near side is lit each night. (p. 738)

weather: the atmospheric conditions, along with short-term changes, of a certain place at a certain time. (p. 451)

weathering: the mechanical and chemical processes that change Earth's surface over time. (p. 149)

westerlies: steady winds that flow from west to east between latitudes 30°N and 60°N, and 30°S and 60°S. (p. 429)

wetland: an area of land that is saturated with water for part or all of the year. (p. 628)

white dwarf: a hot, dense, slowly cooling sphere of carbon. (p. 819)

wind: the movement of air from areas of high pressure to areas of low pressure. (p. 427)

wind farm: a group of wind turbines that produce electricity. (p. 654)

ciclo del agua/parque eólico

ciclo del agua: serie de procesos naturales por los cuales el agua se mueve continuamente en toda la hidrosfera. (págs. 455, 532)

calidad del agua: estado químico, biológico y físico de una masa de agua. (pág. 546)

cuenca hidrográfica: área de tierra que drena escorrentía hacia una corriente de agua, lago, océano u otra masa de agua en particular. (pág. 619)

nivel freático: límite superior de la región subterránea en la cual las grietas y los poros dentro de las rocas y el sedimento están completamente llenos de agua. (pág. 626)

vapor de agua: agua en forma gaseosa. (pág. 410)

fases crecientes: fases de la Luna durante las cuales más área de la cara visible de la Luna está iluminada cada noche. (pág. 738)

tiempo atmosférico: condiciones atmosféricas, junto con cambios a corto plazo, de un lugar determinado a una hora determinada. (pág. 451)

meteorización: procesos mecánicos y químicos que con el tiempo cambian la superficie de la Tierra. (pág. 149)

vientos del oeste: vientos constantes que soplan de oeste a este entre latitudes 30 °N y 60 °N, y 30 °S y 60 °S. (pág. 429)

humedal: área de tierra saturada con agua durante parte del año o todo el año. (pág. 628)

enana blanca: esfera de carbón caliente y densa que se enfría lentamente. (pág. 819)

viento: movimiento del aire desde áreas de alta presión hasta áreas de baja presión. (pág. 427)

parque eólico: grupo de turbinas de viento que produce electricidad. (pág. 654)

Índice

Abanico aluvial — *Números en itálica* = ilustración/fotografía — **números en negrita** = **término del vocabulario** — *Lab* = indica que la palabra se usa en el laboratorio de esa página — **Astenósfera**

A

Abanico aluvial, 183, *183*
Abrasión
 explicación de, *151*, **192**, 204
 del viento, *192*, 204
Absorción, 419
Accidentes geográficos
 características de los, 60–63, 61 *lab*
 comparación de los, 183
 deposición y, 183, *183*
 elaboración de modelos de, 282–283 *lab*
 en Estados Unidos, 64, *64*
 erosión y, 182, *182*
 formación de, 182, 187, 187 *lab*, 204
 formados por compresión, 262–263, *263*
 formados por movimiento de la placa, 261, *261*, 264 *lab*
 formados por esfuerzo de cizalla, 265, *265*
 formados por tensión, *263*, 263–264, *264*
 naturaleza dinámica de los, 280
 explicación de, **60**
 meteorización y, 178, *178*
Acidez, 549
Ácido carbónico, 593
Ácidos, 152
Acuíferos, *627*, **627**
Adhesión, *539*, **539**
Administración Nacional de Aeronáutica y del Espacio (NASA), 416, 700, 703, 710, 711, 741, 815
Aéreo, 26
Aerosoles, 507
Agricultura
 uso de la tierra para la, 662, *662*, 665
Agua
 ahorrar el, 667
 calor específico del, 489, 529
 cambio de la temperatura en el, 621
 cambios en la Tierra por el, 187 *lab*
 como agente de erosión, 179, 187, *188*, 188–189
 como agente de meteorización, 178
 como recurso, 660, 671, 672
 corre cuesta abajo, 161
 densidad del, 44 *lab*
 distribución en la Tierra, *671*
 en el cuerpo humano, 669, *669*
 en el sistema solar, 711, *711*
 en la Tierra, 42, *42*, 530, *530*
 estados del, 531–533
 funciones biológicas del, 527–528, *529*
 importancia del, 527, *529*
 interacción entre los minerales y el, 82
 meteorización química y, 152, *152*
 propiedades del, 537, 537 *lab*, 538–540
 rol del viento en el movimiento del, 581 *lab*
 turbia, 546 *lab*
Agua de deshielo, 608
Agua de mar. *Véase también* **Océanos**
 acidez del, 593, 593–594, 594 *lab*
 composición del, *565*, 565
 densidad del, 569
 dióxido de carbono en el, 593, *593*
 explicación de, **565**
 luz solar en el, 568
 oxígeno en el, 592
 sales disueltas en el, 82
 salinidad del, 565, 569
 temperatura del, 569, 592
Agua dulce
 densidad del, *541*, 542, *542*
 distribución del, 530, *530*, 671, *671*
 en la Tierra, 607, *607*
 en los glaciares, 610
 en los mantos de hielo, 609
 explicación de, **607**
 mezclada con agua de mar, 619
Agua salada, 607, 611
Agua salobre, 565
Agua subterránea
 como agente de erosión, 189, *189*
 deposición por, 190
 explicación de, 530, **625**
 flujo de, *626*, 626–627, *627*
 freático y, 626, *626*
 impacto humano en el, 627
 importancia del, 625
Aguanieve, 455. *Véase también* **Precipitación**
Agujeros negros, 820
Aire. *Véase también* **Atmósfera**
 como recurso, 670, 672
 estable, 423
 inestable, 423
 movimiento de, 427 *lab*
Aislamiento geográfico, 366
Albedo, 494
Aldrin, Buzz, 702
Algas
 uso de calcio por las, 594
 descomposición de, 548, 549, 591
 efecto de las bacterias sobre las, 621
 crecimiento excesivo de, 548–550, *549*, *550*
Altitud
 presión atmosférica y, 414, *414*
 temperatura y, 414, *414*, 487, 488, *488*
Aluminio, *95*, 96
Amatista, *98*
Ámbar, 330, *330*
Ambiente, 181, *181*, 181
Ambientes de alta energía, 181
Ambientes de baja energía, 181, *181*
Ambientes deposicionales, 181, *181*
América del Norte
 era Mesozoica en, 381, *381*
 tipos de suelo en, 164, *164*
 procesos tectónicos que dan forma a, 275
Amplitud de la marea
 cálculo de la, 577 *lab*
 en la bahía de Fundy, 579
 explicación de, **576**, 577
Análisis de datos, NDLC 19
Andesita, 83, *83*, 122
Anemómetro, NDLC 18, NDLC 18, 452, *452*
Anfibios, 374
Anfíbol, *81*
Animales
 adaptaciones al clima de los, 492
 como causa de la meteorización mecánica, 151
Anisotropía, 240
Antártida
 clima de la, 219, *219*
 agujero en la capa de ozono, 416
 plataformas de hielo en la, 199, *608*, 609, *609*, 610
 temperatura en la, 487
Apatito, 89
Apollo 11, 702
Árboles caducifolios, 492
Archaeopteryx, 382
Arcilla
 depósitos de, 192
 en ambientes de baja energía, *181*
 explicación de, 149, 178
 formación de, 150
 propiedades de la, *159*
Arco de islas, 235
Arcos marinos, 189
Arcos volcánicos, 263
Áreas urbanas
 ozono en las, 437
 proyecciones demográficas para las, 510
 temperaturas en las, 487, *491*
Arena, 97
 de playa, 191
 dunas formadas por, 192, *192*
 explicación de, 149, 178
 formación de, 150
 propiedades de la, *159*
Arenisca, 185
Argón, 411
Arista, 199
Arizona, 501
Armstrong, Neil, 702, 741
Arrastre basal, 239
Arroyo, 618
Ascensores espaciales, 705
Astenósfera, 52, *53*, 234

I-2 • Índice

Asteroides

Asteroides
 como fuente de formación de los océanos, 564
 explicación de, 763, *763*, 787, *787*
 formación de, 767, 785 *lab*
Astrobiología, 711
Astrofísicos, 783
Astronautas, 702, *702*, 741
Astronomía, 802
Astronomía a simple vista, 802
Atmósfera. *Véase también* **Aire**
 capas de la, *412*, 412–413
 composición de la, 411
 de Marte, 773
 de Neptuno, 781
 de la Tierra, 772
 de Urano, 780
 de Venus, 771
 estable, 423
 explicación de, 42, *42*, 409
 importancia de la, 409
 inestable, 423
 modelo de circulación de tres celdas en la, 428, *428*, 432 *lab*
 orígenes de la, 410
 partículas sólidas en la, 410 *lab*, 411
 presión atmosférica y, 414, *414*
 temperatura y, 414
Átomos
 desintegración radiactiva y, 346, 347, *347*
 en cristales, 79, 80
 explicación de los, 346
 isótopos como, 346
Auroras, 413, *413*
Australia, 391
Azufre, 91

B

Bahía de Fundy, 579
Bahía de Pamlico, 550, *550*
Balanza de triple brazo, NDLC 17, NDLC *17*
Ballenas, 596–597 *lab*
Barómetros, *452*
Barra de arena, 183, *183*
Basalto, 83, *83*, 122, 226, *226*
Bauxita, *95*, 96, 153, 663
Binoculares, NDLC 18, NDLC *18*
Bioindicador, 550
Biosfera, 42, *42*
Biota, 161
Bjerknes, Jacob, 462
Blanqueamiento de corales, 548, 592, *592*
Bosques, 662, *662*
Brillo, 88
Brillo metálico, 88
Brisa marina, *430*, **430**
Brisa terrestre, *430*, **430**
Bromo, 416
Brújula, NDLC 18, NDLC *18*
Bruma, 436

C

Cabecera, 619
Calcio, 594, *594*, 594 *lab*
Calcita, 79, *79*, 81, *81*, 89, *89*, 91
Caldera de Yellowstone, 310, *310*

Calentamiento global. *Véase también* **Cambio climático**
 capa de ozono y, 416
 explicación de, **506**
 huracanes y, 457
Calidad del agua
 acidez y, 549
 bioindicadores para, 550
 efectos humanos en la, 546
 explicación de, **546**
 nitratos y, 549, *549*
 oxígeno disuelto y, 548
 turbiedad y, 549, *549*
 temperatura del agua y, 548
Calidad del aire
 estándares de, 437
 monitorización de la, 437
 tendencias en, 438, *438*
Calisto, 779
Caliza fosilífera, 129
Callejón de tornados, 465
Calmas ecuatoriales, 429
Calor, 418, 421
Calor específico, 489, 529
Calor latente, 421
Cambio climático. *Véase también* **Calentamiento global**
 al final de la era del Pleistoceno, 392
 cambio en el nivel del mar y, 610
 capa de ozono y, 416
 causas del, 365
 efecto del derretimiento de la nieve y el hielo en el mar sobre el, 611, 612
 erupciones volcánicas y, 314
 extinción masiva y, 365
 formas para reducir el, 510
 fuentes de información sobre el, 496, *496*, 503
 impacto ambiental del, 508
 impacto humano en el, 506–507, 612
 información a partir de fósiles sobre el, 333
 métodos para pronosticar el, 509–510
 océanos y, 592, 592–594, *593*, *594*
 regional y global, 505, *505*
Campo magnético, 55, *55*, 228
Cangrejos de herradura, *332*, **332**
Cañón submarino de Monterrey, 59, *59*
Capa de ozono, 412, 416
Capa superficial del suelo 192
Capas de roca
 correlación de, 343
 determinación de la edad de las, 337 *lab*, 338
 elaborando modelos de las, 339 *lab*
 fósiles en las, 364, *364*
Características, 60
Carbón, 129
 desventajas del, 646, *646*
 explicación de, 219, 644
 formación de, 219, 374, 377 *lab*, 644
Carbono 12 (C-14), 348
Carbono 14 (C-14), 348
Cascadas, 188
Cassini, 709
Cassiopea A, 695, *695*
Catastrofismo, 327

Cavernas, 189, 190
Cavernas de Carlsbad (Nuevo México), 189
Celda de convección, 428, *428*
Células solares, 653
Cementación, *126*, **126**
Ceniza volcánica, 311
Cenizas, 117. *Véase también* **Cenizas volcánicas**
 en la atmósfera, 411, *411*
 en las erupciones volcánicas, 313
Centrales nucleares, 648
Ceres
 como planeta enano, 785, 786, *786*
 descubrimiento de, 785
 explicación de, 763, *763*, 783, 785
Cherrapunji, India, 501
Ciclo del agua
 áreas de almacenamiento y, 533
 caminos en el, *532*, 532–533, *533*
 explicación de, 455, **455,** 532
 rol de las escorrentías en, 617
Ciclo geológico
 elaboración de modelos del, 115 *lab*
 explicación de, **114**
 tectónica de placas y, 257, *257*
 procesos en el, 115, *115*, 140
Ciclo lunar, 738, *739*
Ciclones tropicales, 466
Ciclos climáticos
 causas de largo plazo, 497, *497*
 corto plazo, 498–501
 explicación de, 496
 edades del hielo y, 496, 497
Cielo
 aparición de la noche, 801, *801*, 802
 métodos para ver el, 801–803
 observación del, 689, 802
Ciencia
 aplicaciones de la, NDLC 4
 explicación de, NDLC 4
 información nueva sobre, NDLC 9–NDLC 11
 ramas de la, NDLC 5
 resultados de, NDLC 8–NDLC 9
Ciencia de la Tierra, NDLC 5
Ciencia verde, 667
Ciencia y sociedad, 457, 615, 741
Ciencias de la vida, NDLC 5
Ciencias físicas, NDLC 5
Cifras significativas, NDLC 14, NDLC **14**
Cinturón de Fuego, 309
Cinturón de Kuiper, 783
Cinturones de viento
 explicación de, 427, 428
 globales, 428–429
Circo, 199
Circuito de retroalimentación positiva, 613
Circulación del aire
 cinturones globales de viento y, 428, *428*
 explicación de, 422
 modelo de tres células de circulación de, 428, *428*, 432 *lab*
Cizalla, 255, *255*, 261
Clastos, 127, **127**
Clima. *Véase también* **Temperatura**
Clima continental, 490, 492
Clima polar, 490

Clima seco, *490,* 492, *492*
Clima templado, *490*
Clima tropical, *490*
Clivaje
 explicación de, **90**
 identificación de, 90 *lab*
Cloro, 416
Clorofluorocarbonos (CFC), 416
Cloruro de sodio, 152, 538
Cohesión, *539,* **539**
Cohete, 699, 699 *lab,* **705**
Colina, 198 *lab*
Columnas marinas, 189
Combustible fósil, 507, 612, *612*
 carbón como, 644, *644*
 desventajas del, *646,* 647, 707
 explicación de, 644
 petróleo y gas natural como, 645, *645*
 ventajas del, 646
Cometas
 como fuente de formación de océanos, 564
 de corto periodo y de largo periodo, 788
 estructuras de los, 787
 explicación de, **763,** 787, *787*
 formación de, 767
Cometas de periodo corto, 788
Cometas de periodo largo, 788
Cómo funciona la naturaleza, 185, 705, 815,267, *267*
 como gas del efecto invernadero, 506, *506*
 emisiones en los vehículos de, 509 *lab*
 en agua de mar, 593, *593*
 en Venus, 771
 fuentes de, 507
 radiación infrarroja y, 420
Compactación, *126,* **126**
Complejo ígneo Bushveld, 85
Compost, 665
Compresión
 explicación de, 255, *255, 256,* 261
 accidentes geográficos formados por, 262–263, *263*
Computadoras, NDLC 17, NDLC *17*
Conclusiones, NDLC 7
Condensación
 como fuente de formación de océanos, 564
 en el ciclo del agua, 455
 explicación de, *531, 532–533,* 533
Cóndrulos, 767
Conducción, 421, 425 *lab,* 440 *lab*
Congelación, 467
Conglomerado, 112, *112*
Conos de ceniza, 310, *310*
Conservar, 665
Constelaciones, 802, 807
Construcciones sostenibles, 510, 667
Contaminación
Contaminación del agua, 547, *547,* 671. *Véase también*
Contaminación del aire interior, 438. *Véase también* **Polución del aire**
Continentes, 59, 227
 análisis de los, 278 *lab*

 crecimiento de los, 277 *lab,* 278
 efecto de las placas tectónicas sobre los, 270
 estructura de los, 277, *277*
 formación de los, 254, 275
Continuidad lateral, 338
Contramoldes, *331,* **331**
Convección
 explicación de, *238,* **238,** 421, 422, 425 *lab* en
Convergente, 302
Convertidores catalíticos, 97
Corales
 absorción de calcio por parte de los, 594
 efecto del cambio de temperatura en los, 592, *592*
 fosilizados, información a partir de, 535
Cordillera de Caledonia, 220, *220*
Corindón, 89, *89*
Corona, 810
Corriente de California, 584, *584*
Corriente de Florida, 582
Corriente del Golfo
 corrientes superficiales en la, 584, *584*
 explicación de, 489
Corrientes. *Véase;* **Corrientes de aire; Corrientes oceánicas**
Corrientes ascendentes
 explicación de, 464, 465
 formación de un tornado y, 465
Corrientes costeras, 189, 204
Corrientes de agua
 calidad del agua en los, 617 *lab*
 como agentes de erosión, *188,* 188
 deposición a lo largo de los, 190
 erosión del agua y deposición a lo largo de los, 190, *190,* 194
 etapas en el desarrollo de los, 188
 explicación de, *618,* **618**
 flujo del agua al interior de los, 623
 impacto humano sobre los, 621, *621*
 que comienzan en las cabeceras, 619
Corrientes de aire
 vientos globales y, *427,* 427–429
 vientos locales y, *430,* 430
Corrientes de densidad, 583
Corrientes descendentes, 464
Corrientes oceánicas
 clima y, 489
 densidad de las, 583
 explicación de, **581**
 gran banda transportadora oceánica y, 585, *585*
 investigación sobre las, 587
 superficie de las, *581,* 581–584, *582, 583*
 tiempo atmosférico, clima y, *584,* 584–585, *585*
Corrientes superficiales
 efecto Coriolis y, *582,* 582
 efecto en Estados Unidos de las, 584, *584*
 explicación de, *581,* 581
 giros y, 582, *582*
 surgencia y, 583, *583,* 585
 topografía y, 582

Corteza
 deformación en la, 256
 de la Tierra, 772
 explicación de, *51,* **51**
 minerales en la, 83
Corteza continental, 51, *51,* 254, *254*
Corteza oceánica, 51, *51*
Corythosaurus, 378, 379
Cráteres
 en la Luna, 736, *737*
 por impacto, **788,** 788 *lab*
Cráteres de impacto, 788, 788 *lab*
Crecimiento de la población humana, 510, *510*
Cristales
 estructura de, *79,* 79–80, *80,* 80 *lab*
 explicación de, **78**
 formación de, 47, 87 *lab*
Cristalización
 a partir de magma, 83
 a partir de soluciones calientes, 82
 a partir de soluciones frías, 82
 explicación de, **81,** 113
 tamaño del cristal y tasa de, 120 *lab*
Cromosfera, 810
Cuarzo, 78, 79, *79,* 81, *81,* 83, 89, *89,* 122
Cubierta de nieve, 611
Cuencas, 279, *619,* 619, 620
Cuerpos de agua, 487, 489–490
Cuevas marinas, 189
Cúmulos abiertos, 812, *812*
Cúmulos estelares, 812, *812*
Cúmulos globulares, 812, *812*
Cuñas de hielo, *151*
Curvas de nivel
 en los mapas del Servicio Geológico de Estados Unidos, 22
 explicación de, 20, 21, *21*

Datación por radiocarbono, 348, 349
Datación radiométrica, 348, *349*
 datos sobre, 773
 estructura y superficie de, 773
 explicación de, 708, *763, 769,* 773
 exploración de, 710
Deforestación, 506, 507, *507,* **664**
Deformación, 256
Deformación de las rocas, 295, *295*
Deformación plástica, 134
Deltas, *190,* **190,** 204
Densidad
 agua, 540, 540–542, *541, 542*
 explicación de, **45,** *91,* 233 *lab,* 540
 de los minerales, 93 *lab*
 del agua, 44 *lab*
 del agua de mar, 569
 método para encontrar la, 44 *lab,* 51 *lab,* 57
 movimiento causado por cambio en la densidad, 238 *lab*
Densidad del agua
 características de, *540,* 542, 544
 explicación de, 540
 temperatura y, 541, *541, 542, 542,* 552–553 *lab*

Deposición
- a lo largo de las litorales, 190
- a lo largo de los ríos, 190, *190*, 194 *lab*
- accidentes geográficos formados por, 183, 187
- agua subterránea, 190
- ambientes para la, 181
- explicación de, **179**, **181**, 204
- glaciar, 183, 200, *200*
- en el Gran Cañón, *185*
- por transporte de masa, 197, *197*
- viento de, 192, *192*

Deriva continental
- evidencia relacionada con la, 218–221, 237
- explicación de, 217, *217*
- indicios fósiles de la, 219, *219*
- indicios sobre el clima de la, 218, *218*
- indicios sobre las rocas de la, 220
- expansión del fondo marino y, 226
- modelos de, 217 *lab*

Derrames de carga, 587

Descomposición
- de algas, 591
- explicación de, **159**
- rol de los organismos del suelo en la, 161

Descripción, NDLC **12**
Desierto pintado (Arizona), 182, *182*
Desintegración radiactiva
- explicación de, 346, *346*, 348
- vida media de isótopos sometidos a, 347, *347*

Deslizamiento de tierra, 197, *198*, 202–203 *lab*
Desprendimiento, 197, *197*
Desprendimiento de rocas, 197, *197*
Destrezas matemáticas, NDLC 13, NDLC 18, NDLC 31, 11, 16, 35, 45, 46, 71, 97, 99, 105, 135, 137, 143, 150, 155, 171, 198, 201, 207, 240, 241, 247, 273, 274, 287, 300, 321, 350, 351, 357, 388, 393, 399, 438, 439, 445, 461, 468, 481, 508, 511, 517, 529, 534, 557, 576, 601, 609, 614, 637, 672, 673, 679, 691, 696, 729, 732, 755, 779, 782, 795, 804, 806, 837
Diagrama de Hertzsprung-Russell, **813**, *813*, 818, 823
Diamante, 47, 89, **89**, 98, *98*
Diario de Ciencias, NDLC 16, NDLC *16*
Dinosaurios
- diversidad de, 379 *lab*
- en la era Mesozoica, 379, 380, *380*, *381*
- explicación de, **382**
- miembros y estructura de la cadera de los, 382, *382*, 382 *lab*

Diorita, *122*
Dióxido de Azufre, 314, 411
Dióxido de Carbono
- combustibles fósiles que producen, *612*
- deforestación y, 664
- en la atmósfera, 409–411, 528, 612–*612*

Dique, 339, *339*
Discontinuidad angular, 340
Disolver, 82
Distancia, 761 *lab*, 764

Distancia vertical, 21
Distinto, 621
Dominar, 464
Dorsales meso-oceánicas
- aumento del material del manto en las, 226, 239
- edad de las rocas en las, y, 231
- formación de las, 227, *227*, 233
- erupciones de lava a lo largo de, 226, *226*, 235
- expansión del fondo oceánico en las, 235, 244
- explicación de, 225, 263, *263*, 566, *566*
- DSV Alvin, 567

Dunas, *192*, 192
Dunas de arena, 192
Dunkleosteus, 373, *373*
Dureza, 89

E

Ebel, Denton, 767
Eclipse lunar
- explicación de, **746**
- ocurrencia del, 747
- parcial, 747, *747*
- total, 746, *746*

Eclipses
- lunar, 746–747, *746–747*
- solar, 744–745, *744–745*

Eclipses solares
- explicación de, **744**, *744*, *745*
- ocurrencia de los, 745, *745*
- parciales, 745
- totales, 744

Ecosistemas, 615
Ecosonda, 225, *225*
Ecuador
- energía solar y, 488
- explicación de, 12, **728**
- temperatura cerca del, 487

Edad absoluta, 345
Edad relativa, de las rocas, 337–339, *338*, *339*
Efecto Coriolis, 428, 429, 582, *582*
Efecto Doppler, 830, *830*
Efecto invernadero. *Véase también* **Cambio climático**
- elaboración de modelos del, 512–513 *lab* en la Tierra, 772, *772*
- en Venus, 771
- explicación de, 420, *420*, 506, 528, *528*, **771**

Eje de rotación
- el manto, 238, *239*
- estaciones y el, 729, *729*, 731, *731*, 733
- explicación de, 727, *727*, 729
- movimiento de la placa causado por, 238 *lab*

El Niño, Oscilación meridional (ENSO) 500
El último viaje del hombre de hielo (Caso de estudio), NDLC 20–NDLC 27
El uso de la tierra
- erosión a partir de, 191, 192
- que afectan los glaciares, 200
- transporte de masa a partir del, 198

Elementos, 78
Elementos nativos, 78
Elevación
- diferencias en, 61–63
- explicación de, **20**, 60
- en los mapas, 19 *lab*

Elipse, 765
Embalses, 533
Emisiones de vehículos, 509 *lab*, 510
Empuje dorsal, 239
Enanas blancas, *819*, **819**, 821, *821*
Energía. *Véase también* **Recursos energéticos no renovables; Recursos energéticos renovables**
- analizando el uso de la, 659
- conservación de la, 649
- del Sol, 418, 427, 440 *lab*, *726*, 726, 728, *728*
- en la Tierra, 419
- energía radiante, 690
- fuentes de, 643, *643*, 649, 657
- uso eficiente de la, 674–675 *lab*
- vampiro, 649

Energía cinética, **452**
Energía de biomasa, **655**, *656*
Energía de las mareas, 654
Energía eólica, 654, *656*
Energía geotérmica, **655**, *655*, *656*
Energía hídrica
- ventajas y desventajas de la, *656*
- explicación de, 654, *654*

Energía hidroeléctrica, *654*, **654**
Energía nuclear, 647–648, 647 *lab*, *648*
Energía Oscura, 830
Energía radiante, 690
Energía renovable, 427 *lab*
Energía solar
- ciclos climáticos y, 497, 498, *498*
- explicación de, 643, **653**, *653*
- reflejada en la atmósfera, 494
- temperatura y, 487, 488, *488*
- ventajas y desventajas de la, *656*

Energía térmica. *Véase también* **Calor**
- corrientes oceánicas y, 584, 585, 594
- efectos de la, 45, 492
- efectos sobre el agua, 531
- en el agua del océano, 489
- explicación de, **238**, 418 *lab*, 529
- generación de, 44
- producción de, 313, 418
- proveniente del Sol, 528
- relacionada con la expansión del fondo oceánico, 229
- transferencia de, 421, *421*

Eón Fanerozoico, 367, *367*, 371
Eones, 363
Epicentro
- explicación de, *296*, **296**
- método para encontrar, 299, *299*, 300 *lab*, 304–305

Época del Holoceno, **387**, 392, 497
Épocas, 363
Equinoccio
- explicación de, 499, *499*, **731**
- Marzo, *730*, 731, *731*
- Septiembre, *730*, 731, *731*

Equinoccio de marzo, *730*, 731, *731*
Equinoccio de septiembre, *730*, 731, *731*

Era Cenozoica
    Era Cenozoica
        explicación de, **371**, 387, 396
        glaciares en la, 389, *389*
        mamíferos en la, *388–390*, 390–392
        montañas en la, 388
    Era Mesozoica
    Era Paleozoica
        explicación de, *371*, **371**, 396
        formas de vida en la, 371, *372, 373*
        inferior, 371–372
        media, 373
        tardía, 374–375
    Eras geológicas
        Cenozoica, 387–389
        Mesozoica, 379–381
        Paleozoica, 372–375
    Eris, 763, 785, *785*, 786, *786*
    Erosión
        accidentes geográficos formados por, 182, *182*
        agua y, 179, *187*, 188, 188–189
        a partir del uso de la tierra, 191, 192
        clasificación y, 180, *180*
        contribución de la, a la polución del océano, 590, *590*
        costera, 182, 189, *189*
        de minerales, 83
        del Gran Cañón, *185*
        efecto de la inclinación de la colina en la, 198 *lab*
        en la corteza terrestre, 254
        en montañas, 269, 271
        explicación de, *179*, 179, 204, 257
        flujo de la, 188, *188*, 194
        glaciar, 182, 199, *199*
        humedales y protección contra la, 629
        playa, *189*, 191
        por aguas subterráneas, 189, *189*
        por transporte en masa, 197, *197*
        redondeado y, 180, *180*
        superficie y, *189*, 191
        tipo de roca y, 180
        velocidad de, 179
        viento y, 179, *187*, 192
    Erosión en la playa, 191, *191*
    Erosión superficial, 191, *191*
    Erupciones, 811
    Erupciones volcánicas
        cambio climático y, 314
        contaminación proveniente de, 670, *670*
        efectos de las, 307, 313–314
        explicación de, 310, 311, 564, *564*
        gases disueltos y, 312, *312*
        magma química y, 311
        partículas sólidas en la atmósfera como consecuencia de, 411, *411*
        predicción de, 314
        simulación de, 117
    Escala, *10*, 11
    Escala de dureza, 89, *89*
    Escala de dureza de Mohs, 89, *89*
    Escala de magnitud de Richter, 300
    Escala de Mercalli, 300 *lab*, 301, *301*
    Escala de Mercalli modificada, 301, *301*
    Escala de tiempo geológico
        elaboración de modelos de la, 394–395 *lab*
        explicación de, 363, *363*
        fósiles y, 364, *364*, 369
        grandes divisiones en la, 364
        unidades en la, 363
Escala del mapa
    explicación de, *11*, **11**
    mapa carreteras con, *10*
Escepticismo, NDLC 10
Escolleras, 191, *191*
Escorrentía
    a partir de fertilizante, 549
    contaminantes en las, 621, *621*
    de sedimentos, 550, *550*
    efectos de la, 533
    explicación de, **617**, 664
Escritura en Ciencias, NDLC 31, 35, 143, 171, 207, 287, 357, 445, 481, 517, 557, 601, 637, 719, 755, 795, 837
Esferas, *41*, 41, 41 *lab*
Esfuerzo de cizalla, 265, *265*
Eskers, 183
Esmeralda, *98*
Esmog fotoquímico, 435, 670
Espacio vital, 661
Espectro electromagnético, 690, 803, *803*
Espectroscopios, 803
Estabilidad, aire, 422, 422–423
Estación Espacial Internacional, 702, *702*
Estaciones
    Eje de rotación de la Tierra y, 729, *729*, 731, *731*, 733
    explicación de, 498, 729
    vientos monzones y, 501, *501*
Estado sólido, 531
Estados Unidos
    mapa de riesgos sísmicos de los, 302, *302*
    regiones de accidentes geográficos en los, 64, *64*
    volcanes en los, 309
Estalactitas, 190, 190 *lab*
Estalagmitas, 190
Estelar, 809
Estratosfera
    explicación de, *412*, 412
    ozono en la, 414, 416, 435
Estrella de neutrones, 820
Estrella polar, 801, *801*
Estrellas
    aparición de, 801, *801*
    brillo de las, 805, *805*
    ciclo de vida de las, 817–818, *818*
    clasificación de las, *812*, 812–813
    composición y estructura de las, 809–810
    de secuencia principal, 813, 818
    energía radiante y, 690
    explicación de, 761, **762**, 809
    grupos de, 812, *812*
    fin de las, *819*, 819–821
    luz de las, 691
Estuarios, *619*, 619
Europa, 779
Evaporación
    en el ciclo del agua, 455
    explicación de, *531*, **531**
    del agua en plantas, 533
Evaporarse, 381

Evolución, 366, 366 *lab*
Exosfera
    explicación de, *412*, 413
    temperatura en, 414, *414*
Expansión del fondo oceánico
    en la dorsal meso-oceánica, 235
    evidencias relacionadas con la, 228, 229, *229*, 231
    explicación de la, **226**, 244
    inversiones magnéticas y, 228
    firmas magnéticas y, 228, 229
    movimiento del continente y, 227
    topografía y, *226*, 227, *227*
Experimentos, NDLC 21
    como óxidos, 153
    explicación de, **75**, **95**, **663**
    fuentes de, 96
    investigación sobre, 85
    metálicos, 96
Explicación, NDLC **12**
Exploración espacial
    a los planetas exteriores, 709, *709*
    a los planetas interiores, 708, *708*
    equipo para los humanos en la, NDLC 8
    humanos en la, 702, *702*, 710, *710*
    inicios de la, *700*, 700–701
    indicios sobre la Tierra a partir de la 712
    tecnología para la, 703
Explorer I, 700, *701*
Explosión cámbrica
    explicación de, 367, *367*
    organismos a partir de, 371
Exponerse, 133
Extinción, 365
Extinción del Cretácico, 383
Extinción masiva
    explicación de, **365**
    extinción del Cretácico, 383
    historia de las, 365
    Paleozoico superior, 374, 375
    Pérmico, 375
Extracción, 85
Eyecciones de masa coronal (EMC), *811*, 815

F

Falla de Nuevo Madrid, 302
Falla de San Andrés, 235, 261, 265, *265*, 293, 294, 295
Falla de transformación, 265
Fallas
    explicación, **295**
    tipos de, *295*, 296
Fallas inversas, *295*, 296
Fallas normales, *295*, 296
Fallas rumbo-deslizantes, *295*, 296
Fase, 738
Fases crecientes, 738
Fases menguantes, 738
Feldespato, 78, 89, 122
Feldespato plagioclasa, *81*
Feldespato potásico, 78, *81*
Fenómeno, 500
Fertilizantes, 549
Firma magnética, 228, 229
Física, NDLC 5
Fisión nuclear, 647 *lab*, 648

Floración de algas nociva, 549, *549*, **591**, *591*
Floraciones de algas, 549, *549*, **591**, *591*
Flotabilidad, 233 *lab*
Flujo de lodo, 196, 313, *313*
   flujo piroclástico, 314, *314*
Fluorescencia, 91, *91*
Fluorita, *89*
Foco, 296
Focos, 765
Foldables, NDLC 10, NDLC 14, 15, 21, 33, 43, 50, 64, 69, 83, 87, 96, 103, 114, 121, 127, 136, 141, 149, 160, 169, 183, 188, 197, 205, 220, 229, 235, 245, 255, 262, 270, 279, 285, 296, 310, 319, 331, 338, 347, 355, 364, 372, 379, 387, 397, 413, 422, 428, 435, 443, 454, 460, 472, 479, 491, 498, 505, 515, 532, 539, 547, 555, 566, 575, 584, 593, 599, 610, 620, 627, 635, 649, 655, 664, 670, 677, 690, 700, 731, 735, 746, 753, 764, 770, 778, 786, 793, 802, 809, 817, 827, 835, 917
Fondo marino. *Ver* **Lecho marino**
Fondo oceánico. *Véase también* **Océanos**
   cartografía del, 225, *225*
   edad de las rocas en el, 231
   estimando la edad del, 225 *lab*
   exploración del, 567
   olas en contacto con el, 575, *575*
   recursos del, 567, *567*
   sedimento en el, 129
   separación de las placas tectónicas en el, 233
   topografía del, 225, *566*, 566–567
Fórmulas químicas, 78
Fosa Mariana, 567
Fosa tectónica de África del Este, 264, *264*
Fosa tectónica continental o valle de rift, 264, *264*
Fosas oceánicas, 262, *263*
Fosas tectónicas, 270
Fosfatos, 591
Fósil trilobite, *332*, 332
Fósiles
   área de superficie de las, 150
   catastrofismo y, 327
   conservación de, *330*, 330–331
   datación radiométrica de las, 349, *349*, *350*
   de mamíferos de la era Mesozoica, 385
   discontinuidad de las, 340, *340*
   edades relativas de las, 337–339, *338*, *339*
   en el fondo oceánico, 231
   en el manto, 52
   en el tiempo Precámbrico, 367
   en las capas de las rocas, 364, *364*
   explicación de, **219**, **327**
   firma magnética de las, 228, 229
   formación de, 329, *329*
   índice en, 341
   información sobre la historia geológica de las, 337 *lab*
   intrusivas, 121, *121*
   metamórficas, 114, *114*, 133–136
   meteorización de las, 149, 150, *151*, 153 *lab*, 154, 156 *lab*, 178, *178*, 179 *lab*
   no foliadas, 135, 136, *136*
   ondas sísmicas en, 296
   oxidación de las, 153
   permeabilidad de las, 626
   porosidad de las, 626
   redondeadas, 180, *180*
   sedimentarias, 113, *126*, 126–129, *127–129*, 349
   tensión y esfuerzo en las, 255, 255–256, *256*
   textura de las, 112
   transporte en masa de las, 196, 197
   volcánicas, 117, *117*, 220
Fósiles índice
   correlacionar rocas utilizando, 352–353 *lab*
   explicación de, 341, *341*
   hipótesis de la deriva continental y, 218
   índice, 341, *341*
   información obtenida de, 219, 223, 327 *lab*, 328 *lab*, *332*, 332–333, *333*, 335, 369 *lab*, 371 *lab*
Fotografía
   aérea, 26
   estéreo, 30–31 *lab*
Fotografías estéreo, *30*, 30–31, *31*
Fotosfera, 810
Fotosíntesis
   explicación de, 410, 528, **568**, 664
   proceso de, 507
Fowler, Sarah, 117
Fractura, 90, 90 *lab*
Frente
   cálidos, *462*, 463
   explicación de, **462**
   estacionarios, 463, *463*
   frío, 462, *462*
   ocluidos, 463, *463*
Frentes cálidos, *462*, 463
Frentes estacionarios, 463
Frentes fríos, 462, *462*
Frentes ocluidos, 463
Fuentes de sal, 381
Fuerzas gravitatorias, 762, 777
   en la Tierra, 726, *726*
   entre la Tierra y la Luna, 576
Fujita, Ted, 465
Fusión nuclear, 725, **809**

Gabro, *122*
Galaxia
   explicación de, **825**
   formación de, 821
   gravedad en, 825
   grupos de, 827
   identificación de, 827 *lab*
   tipos de, 826, *826*
   Vía Láctea como, 827, *828–829*
Galaxia espiral, *826*, 827
Galaxias elípticas, *826*
Galaxias irregulares, *826*
Galena, 80, *80*

Galileo Galilei, 779
Ganímedes, 779
Gas natural, *567*, **645**, *645*
Gases, 531
   disueltos, 312
   en la atmósfera, 411
   en la Tierra, 42, *42*
Gases del efecto invernadero. *Véase también* **Cambio climático**
   en la atmósfera, 528
   explicación de, **506**
   fuentes de, 507
   métodos para reducir los, 510, *510*
Gases disueltos, 312
Gaspra, *763*
Gemas, *98*, **98**
Geólogo, *112*, 503, 535, 767
Geoquímica marina, 571
Geosfera
   capas de, 45
   explicación de, **42**, *42*
   temperatura y presión en, 50, *50*
Gigante roja, 819, *819*
Gigantes gaseosos, 777. *Véase también* **Planetas exteriores;** *planetas específicos*
Giro del Pacífico Norte, *590*, *590*
Giros
   explicación de, *582*, **582**
   polución del océano y, 590, *590*
Glaciaciones, 496, *497*
Glaciar alpino, 199, *199*
   derretimiento del, 613, *613*
   explicación de, *608*, **608**
Glaciar Mendenhall (Alaska), 199
Glaciares
   agua dulce en los, 610
   alpinos, 199, *199*, 608, *608*
   capas de hielo en los, 496
   como agentes de deposición, 183, 200, *200*
   como agentes de erosión, 179, 199, *199*
   explicación de, **199**, 255, *255*, **608**
   impacto humano en los, 612–613
   movimiento de los, 187, 196 *lab*
   plataformas de hielo, 199, *608*, 609, *609*
   prácticas de uso del suelo que afectan los, 200
   derretimiento de los, 610, *610*, 613, *613*
   sedimento en los bordes de los, 180
Glaciares continentales. *Véase* **Mantos de hielo**
   Interiores continentales
   cuencas en, 279, *279*
   llanuras en, 279
   mesetas en, 280, *280*
   rocas en, 279
Globo, 15, 32. *Véase también* **Mapas**
Glossopteris, 219, *219*
Gneis, 114, *114*
Gondwana, 223, *223*, 379
Grados (mapas), 13
Gráficas, 823
Grafito, 91
Gran banda transportadora oceánica, 585, *585*
Gran Cañón, 59, *59*, 185, 280
Gran mancha roja, 778, *778*
Granito, 112, *112*, 114, *114*, 122

Granizo

Granizo, 455. *Véase también* Precipitación
Granos, 111, 112
Gravedad
    como agente de erosión, 179
    efecto de la, sobre las estrellas y los planetas, 821
    en los agujeros negros, 820
    explicación de, *43*, 43, 414
    fuerza de, *43*, 44, *44*, 45
    influencia de la, 43
    transporte en masa y, 196
    variaciones en la, 43
    viaje en nave espacial y, 707 *lab*
Gravilla, 178
Greensburg, Kansas, 667
Groenlandia, 199, 535, *608*, 609
Guía de estudio, NDLC 30–NDLC 31, 32–33, 68–69, 102–103, 140–141, 168–169, 204–205, 244–245, 284–285, 318–319, 354–355, 396–397, 442–443, 478–479, 514–515, 554–555, 598–599, 634–635, 676–677, 716–717, 752–753, 792–793, 834–835

H

Hábitat, 629, *629*, 646
Halita, 78, *81*, 82, *82*
Harlow, George, 47
Haumea, 785, 786
Hechos, NDLC 10
Helio
    como nebulosa planetaria, 821, *821*
    estrellas de secuencia principal y, 818, *818*
Hematita, 153
    brillo de la, *88*
    como recurso mineral, 663
    fórmula química de la, 78
    raya en la, 88, *88*
Hidratos de metano, *567*
Hidrógeno
    como nebulosas planetarias, 821, *821*
    estrellas de secuencia principal e, 818, *818*
Hidrósfera, 42, *42*, 530, 531
Hielo
    como agente de meteorización, 178
    densidad del, 541, *541*, 542, 544
    formación de, 530
Hielo marino
    explicación de, **611**
    derretimiento del, 613
    osos polares y, 615
    ubicación del, *613*
Hierro, 96, 122
    en el núcleo de la Tierra, 54
    en la corteza oceánica, 51
    rocas que contienen, 153, *153*
Himalaya, 63, 262, *262*
Hiparco, 805
Hipotermia, 467
Hipótesis, 391
    explicación de, NDLC **6**
    método para comprobar la, NDLC 7, NDLC 24
Hipótesis de acreción, 767
Homo sapiens, 392

Hoodoos /gafes, 182, *182*
Horizontalidad original, 338
Horizonte A, 162, *162*
Horizonte B, 162, *162*
Horizonte C, 162, *162*
Horizonte O, 162
Horizonte R, 162
Horizontes, 162, *162*, 163
Humanos
    impacto en el cambio climático, 506–507
    primeros fósiles, 392
Humedad, 452, 453
Humedad relativa, 453
Humedales
    explicación de, **628**
    impacto humano en los, 630, *630*
    importancia de los, 629, *629*
    tipos de, 628, *628*
Humphris, Susan, 571
Hundimiento, 255, 257, 279
Huracán Floyd, 550, *550*
Huracán Katrina, *191*
    calentamiento global y, 457
    imágenes satelitales antes y después del, 27, *27*
    seguido por inundaciones, 630
Huracanes
    calentamiento global y, 457
    explicación de, **466**
    formación de, 466, *466*
Husos horarios, 14, *14*

I

Icebergs, 254, *254*
Imágenes de satélite, 472, *472*
Imágenes satelital infarroja, 472, *472*
Imágenes satelitales
    fotografía estéreo, *30*, 30–31 *lab*, *31*
    información del tiempo atmosférico a partir de, 472, *472*
    usadas en el Sistema de Información Geográfico, 26
    usadas en la teledetección, 27–28
Impacto en el medioambiente, 508
Incendios forestales, 670
Inclusiones, 47, **339**
Inconformidad, *340*, **340**
Industria minera, 85, 96
Inferencia
    a partir de evidencia indirecta, NDLC 28–NDLC 29 *lab*
    explicación de, NDLC **6**, NDLC *26*, NDLC 26
Inorgánico, 79
Insectos, 373
Instrumentos científicos
    explicación de, NDLC 16, NDLC 16–NDLC 17, NDLC *17*
    generales, tipos de, NDLC 16, NDLC 16–NDLC 17, NDLC *17*
    usados por los científicos en la Tierra, NDLC 18, NDLC *18*
Interglaciares, 496, 497
Internet, NDLC 17
Intervalo, NDLC 15, NDLC *15*
Inundaciones, 629

La Tierra

Inversión de la temperatura
    contaminación por la, 436, *436*
    explicación de, 423
    identificación de la, 423 *lab*
Inversiones magnéticas, 228, 244
Invertebrados, 371
Investigación científica. *Véase también* El último viaje del Hombre de Hielo (Estudio de caso)
    explicación de, NDLC 6–NDLC 7, NDLC 7–NDLC 8
    limitaciones de, NDLC 11
    uso de prácticas de seguridad durante, NDLC 11
    valoración de las pruebas durante, NDLC 10
Invierno, 729, *729*
Io, 779
Iones
    en cristales, 79, 80
    explicación de, **78,** 152
Ionosfera, *413*, **413**
Isla de calor urbano, 491, *491*
Islas Hawai, 63
Isobara, 473
Isostasia, 254, *273*
Isotermas, 473
Isótopos, *346*, 346–348
Isótopos radiactivos
    datación de rocas mediante el uso de, *350*
    explicación de, 346–348

J

James, Hutton, 328
Jardín comunitario, 665
Jason-1, 28
Júpiter
    atmósfera de, 778
    datos sobre, *778*
    estructura de, 778
    explicación de, 709, 763, 778
    lunas de, 779

K

Kilobares (kb), 134
Konrad Spindler, NDLC 22
Köppen, Wladimir, 490

L

La Montaña de Piedra en (Georgia), 119, *119*
La Niña, 501 *lab*
La Tierra
    accidentes geográficos de, *60*, 60–64, 68
    agua en, 530, *530*, 607, 607 *lab*
    atmósfera de, 772
    cálculo radiométrico para conocer la edad de, 350
    campo magnético de, 55, *55*, 228
    capas de, 45, *45*, 49 *lab*, 51–52, 51 *lab*, 53, 54, 66–67 *lab*
    composición, 763
    datos sobre, *772*

Lab / Laboratorio
    distancia entre el Sol y, 726, *726*
    edad de, 394 *lab*, 395
    efecto de la órbita y la inclinación del eje sobre
    efecto del agua y el viento sobre, 187 *lab*
    efecto del movimiento de la placa sobre, 253
    efecto del movimiento horizontal sobre, 255, 255–256, *256*
    efecto del movimiento vertical sobre, 254, 254–255, *255*
    el clima de, 496 *lab*, 497, *497*, 498,*498*
    elaboración de modelos de, 41 *lab*, 49 *lab*, 66–67 *lab* energía en, 419
    en el Sistema Solar, 708
    energía térmica del interior de, 45
    estaciones en, 729, *729*, 730, 731, 733 *lab*
    estructura de, 772
    formación de, 43–44
    inclinación en el eje de rotación de, 727, *727*, 729, *729*, 733
    influencia de la gravedad sobre, *43*, 43–45, *44*
    interior de, 47, 49–50, 68
    núcleo de, 54–55
    núcleo interno y externo de, 298
    manto de, 294, 298
    movimiento de, 801
    océanos y continentes de, 59, *59*
    condiciones requeridas para la vida en, 710 *lab*
    reformación de la, 177
    revolución de, *499*, 499
    rotación de, alrededor del Sol, 726, *726*, 726 *lab*, 727, *727*
    rotación de la Luna alrededor de, 737, *737*, 738
    satélites que orbitan, 712, *712*
    superficie curva de, 488
    tamaño y forma de, 13, 41, *41*, *769*
    superficie de, 625 *lab*
    sistemas de, 42, *42*, 68
    temperatura de la superficie de, 725 *lab*, 728

Lab / Laboratorio
    Lab, NDLC 28–NDLC 29, 30–31, 66–67, 100–101, 138–139, 166–167, 202–203, 242–243, 282–283, 316–317, 352–353, 394–395, 440–441, 476–477, 512–513, 552–553, 596–597, 632–633, 674–675, 714–715, 750–751, 790–791, 832–833. *Véase también* Laboratorio de inicio; **Laboratorio de inicio; MiniLab; MiniLab; Práctica de destrezas; Práctica de destrezas**
    Laboratorio de inicio, 9, 19, 41, 49, 59, 77, 87, 95, 111, 119, 126, 133, 149, 158, 177, 187, 196, 217, 225, 233, 253, 261, 269, 277, 293, 307, 327, 337, 345, 363, 371, 379, 387, 409, 418, 427, 434, 451, 459, 471, 487, 496, 505, 527, 537, 546, 563, 573, 581, 589, 607, 617, 625, 643, 653, 661, 669, 689, 699, 707, 725, 735, 743, 761, 769, 777, 785, 801, 809, 817, 825

Lago Superior, *187*
Lagos
    explicación de, 620
    formación de, 620
    impacto humano en los, 621, *621*
    polución en los, 620 *lab*
    propiedades y estructura de, 621
Lagunas, 618
Lahares, 313
Latitud
    explicación de, *12*, **12**, 13, 13 *lab*
    temperatura y, 487, 488, *488*, 498
Laurasia, 223, *223*, 379
Lava
    almohadilla de, 226
    características de, 119, 120
    composición química de la, *311*
    densidad de la, 540
    efectos del movimiento de la, 313
    en la dorsal meso-oceánica, 226, *226*
    explicación de, **83**, **113**, **308**
    minerales magnéticos en la, 228, *228*
    montañas formadas a partir de, 63
    rocas ígneas extrusivas formadas a partir de, 121, *121*
    vidrio volcánico formado a partir de, 120
Lava almohadilla, 226
Lecho rocoso, 160, *161*, 162
Lentes, 689 *lab*
Levantamiento, 255, 257
Ley científica, NDLC 8, NDLC 9
Ley de Energía Atómica, 649
Ley de Política Energética, 649
Ley de Aire Limpio (1970), 437, 672, *672*
Leyendas, *10*, **10**
Leyendas de mapas, *10*, **10**
Límite de placa divergente, **235**, *236*, 308, 309
Límites de transformación de placa, **235**, *236*
Límites de placas
    cercanos a terremotos y volcanes, 236, 237, *237*
    convergentes, **235**, *236*, 302, 308, *309*
    divergentes, **235**, *236*, 308, 309
    elaboración de modelos de los, 242–243 *lab*
    explicación de, **294**
    terremotos y, 294, 302
    transformación de los, **235**, *236*
    volcanes y, 309
Límites de placas convergentes, 235, *236*
    terremotos cercanos a los, 294, 302
    volcanes a lo largo de, 308, *309*
Limo
    causas del, 149
    depósitos de, 192
    en ambientes de baja energía, *181*
    explicación de, 178
    propiedades del, *159*
Limolita, 180
Línea cronológica, 363–364, 363 *lab*
Línea internacional de cambio de fecha, 14
Líneas de latitud, 12
Líquidos
    densidad de los, 44 *lab*, 51 *lab*, 57 *lab*
    explicación de, **410**, 531

Litorales
    clima en los, 487, 489
    deposición a lo largo de las, 190
    erosión a lo largo de las, 182, 189
Litosfera, 52, *53*, 234
Llanuras
    características de, *62*
    en la Tierra, 63
    en Estados Unidos, 64
    explicación de, **62**, **279**
Llanuras de inundación, 191, *191*
Lluvia. *Véase también* **Precipitación**
    adaptaciones a la, 492
    explicación de, 455, 533
    helada, 467
    naturaleza ácida de la, 152
Lluvia ácida
    formación de, 434 *lab*
    pH de, 152
Loess, 192
Longitud, *12*, **12**, 13, 13 *lab*
Longitud de onda, 803, *803*
Louisiana, 630, *630*
Luminosidades, 805, 813, *813*
Luna (Tierra)
    aparición de la, 735 *lab*
    datos sobre la, *735*
    eclipses lunares y, *746*, 746–747, *747*
    eclipses solares y, 744, *744*, 745, *745*
    efecto de las mareas sobre la, 748, *748*
    explicación de, 700, 735
    exploración de, 710, *710*, 714–715 *lab*
    fases de la, 738, *739*, 750–751 *lab*
    formación de, 736, *736*
    fuerza gravitatorial entre la Tierra y, 576
    mareas y posición de la, 577, *577*
    Programa Espacial Apolo en la, 741
    rotación de la, 737, *737*, 738, 738 *lab*, 744, *745*
    sondas a la, 701, 707
    superficie de la, 736
Lunar Reconnaissance Orbiter (LRO), 707, 741
Lunar, 701
Lunas
    de Eris, 786
    de Júpiter, 778
    de Marte, 773
    de Neptuno, 781
    de Plutón, 786
    de Saturno, 780, *780*, 781 *lab*
    de Urano, 781
    formación de 785 *lab*
Lunas de Galileo, 778
Luz
    blanca, 691 *lab*
    en los océanos, 568, 569
    tipos de, 803 *lab*
    velocidad de la, 691
Luz blanca, 691 *lab*
Luz solar, 427, 568

M

MacPhee, Ross, 223
Macroinvertebrados, 617 *lab*
Madagascar, 223

Madera petrificada, *330*, 330
Magma
　características del, 119, 120
　composición química del, 311
　elaboración de modelos de movimiento del, 312 *lab*
　energía térmica proveniente del, 655
　explicación de, 47, **83**, **113**, **307**, 308, 318
　forma del volcán y, 310
　formación mineral a partir de, 85
　gases disueltos en el, 312
　roca ígnea formada a partir de, 119–121, *121*
　sobrecalentada, 117
　volcanes activos y, 267, *267*
Magnesio, 51, 122
Magnetita, 91, *91*, 96
Magnetómetro, 229
Magnetósfera, **55,** *55*
Magnitud aparente, 805
Makemake
　como planeta enano, 785, *785*, 786
　explicación de, 763
Mamíferos
　era Cenozoica, 388–390, 390–392
　era Mesozoica, 383, 385, 390
Mamut lanudo, 333, *333*
Manchas solares, *811*
Manto
　convección en el, 238, *239*
　corrientes de convección en, 298
　de la Tierra, 772
　equilibrio en el, 254, *254*
　explicación de, 52, *53*, 221, 294
　formación de diamantes en el, 47
　minerales en, 83
　uso de las ondas sísmicas para modelar
Manto de hielo antártico del este, 609, *609*, 610, 610
Manto de hielo antártico del oeste, 609, *609*, 610, 610
Manto inferior, 52, *53*
Manto superior, 52, *53*
Mantos de hielo, 219, *219*
　derretimiento de los, 535
　en la edad del hielo más recientes 497
　explicación de, 199, 609
　formación de, 496
　ubicación de los, *608*, 609, *609*, 610
Mapa de carreteras, 10, *19*, 19
Mapa de riesgos de terremoto, 302, *302*
Mapas
　cómo elaborarlos, 17
　explicación de, 9, 9 *lab*, 32
　geológicos, **7**, 23, **23**, *23*, 32
　graficar localidades en los, 12–14
　husos horarios en los, *14*, **14**
　línea internacional de cambio de fecha, 14
　proyecciones en los, 15, 32
　símbolos en los, 10
　uso general, 19
　topografía, 19 *lab*, 20–22, 22 *lab*, 32
　vistas en los, 9, 9
Mapas de tiempo atmosférico, 472–473, *473*

Mapas de uso general, 19
Mapas de relieve, 19
Mapas físicos, 19
Mapas geológicos
　formaciones en los, 23, *23*
　explicación de, **23**, 32
　secciones a través de los, 23, *23*
Mapas políticos, 19
Mapas topográficos
　curvas de nivel en los, 21, *21*
　elevación y relieve en los, 19 *lab*, 20
　explicación de, **20**, 32
　perfiles en los, 21, 22, 22 *lab*
　símbolos en los, 22, *22*
Mapeo
　sistemas de información geográfica
　Sistema de Posicionamiento Global utilizado para, 24–25, 32
　teledetección utilizada para, 27–28
　utilizadas para, 26, 32
Mar interior, 372
Mareas
　efectos del Sol sobre las, 748, *748*
　en bahía de Fundy, 579
　explicación de, **576**, **747**, *747*
　muertas, 577
　vivas, 577, *577*
　y la Luna, 576, 748, *748*
　topografía y, 576, *576*
Mareas muertas, 577, *577*, 748
Mareas vivas, 577, *577*, 748
Mares, 736, *737*
Margen continental, 566, *566*
Mariner 10, *708*
Mariner 2, *700*, 701
Marino, 590
Mármol, 114, *114*
Mars Science Laboratory 711
Marsupiales, 391
Marte
Masa, 45
Masas de aire
　antárticas, 460
　árticas, 460, 461
　clasificación de las, *460*, 460–461
　explicación de, **460**
Masas de aire polar continental, 461
Masas de aire polar marítima, 461
Masas de aire tropical continental, 461
Masas de aire tropical marítima, 461
Materia inorgánica, 159, *159*
Materia orgánica
　explicación de, **158**
　en el suelo, 159, 161, 163
Materia oscura, 825
Material de vidrio, NDLC 16, NDLC *16*
Mathez, Ed, 85
Meandro 188, 204
Media, NDLC 15, NDLC *15*
Mediana, NDLC 15, NDLC *15*
Medición
　precisión de la, NDLC 14, NDLC *14*
　Sistema Internacional de Unidades, NDLC 12–NDLC 13, NDLC *13*
Medioambiente, 154
Medusa, 527, *527*
Megamamíferos, 390
Meng, Jin, 385

Mercurio
　datos sobre el, *770*
　estructura y superficie de, 770
　explicación de, 708, 763, *769*, 770
Meseta, **62, 63,** 280
Meseta de Columbia, 63, *280*
Meseta del Colorado, 64, *185*, 280, *280*
Meseta Tibetana, 63
Mesosfera
　explicación de, *412*, 413
Mesozoico, 382, 383, *383*
　Paleozoico medio, 373
　temperatura en la, 414, *414*
Messenger, 708
Metamorfismo
　contacto, 136
　elaboración de modelos de, 134 *lab*
　explicación de, 133
　regional, 136
Metamorfismo de contacto, 136
Metamorfismo regional, 136
Metano
　en la atmósfera, 528
　como gas del efecto invernadero, 506
　en Neptuno, 781
　en Urano, 780, *780*
　radiación infrarroja y, 420
Meteoritos
　explicación de, 767, **788**
　impacto de los, 365, *365*
Meteoritos condritas, 767
Meteorización
　agentes de, 178
　clima y, 160
　del Gran Cañón, *185*
　elaboración de modelos de, 153 *lab*, 156
　en las montañas, 269, 270
　explicación de, **149**, 168, 178, *178*
　medición de la, 179 *lab*
　mecánica, 150, *151*, 156, 168
　química, 152, 152–153, 168
　velocidad de, 178, *178*, 180
　tasas de, 154, *154*, 160
Meteorización física, **178**, *178*
Meteorización mecánica
　área de superficie y, 150, *150*
　causas de la, 150, *151*, 156 *lab*
　explicación de, **150**
　tasa de, 154
Meteorización química
　ácidos y, 152
　agua y, 152, *152*
　explicación de, **152**, 178, *178*
　oxidación y, 153, *153*
　tasa de, 154
Meteoro, 788
Meteoroide, 788
Meteorólogos, 451, 472, 474 *lab*
Métodos científicos, NDLC 29, 31, 67, 101, 139, 167, 203, 243, 283, 317, 353, 395, 441, 477, 513, 553, 597, 675, 715, 751, 791, 833
Mica, 81
Microclimas, **491**, 492 *lab*
Minas, 49, 50
Minerales
　brillo de, 88
　clivaje y fractura en los, 90, *90*, 90 *lab*

Minerales metálicos
  color de, 87
  composición química de, 78
  composición química definida de 78
  comunes, 81, *81*
  de origen natural, 78
  densidad de, 91, 93 *lab*
  desintegración de, 152
  diferencias entre rocas y, 77 *lab*
  dureza de los, 89
  en el océano, 129, *567*
  estructura de los, 79, *79*, 79–81
  explicación de los, **77**, **111**, **349**
  forma cristalina de los, 78
  formación de, 81–83, *82*, *83*, 85
  identificación de, 80 *lab*, 100–101 *lab*
  magnéticos, 228, *228*, 229
  objetos de uso diario hechos de, 77, *96*
  propiedades especiales de los, 91
  rayas en los, 88
  rocas que forman, 78
  usos comunes de los, 95 *lab*, *96*, 98 *lab*
Minerales metálicos, 96. *Véase también*
Mineralogistas, 87, 89
Minería a cielo abierto, 646, *646*
MiniLab, 13, 22, 44, 51, 61, 80, 90, 98, 115, 120, 128, 134, 153, 159, 179, 190, 198, 221, 227, 238, 256, 264, 272, 278, 300, 312, 328, 339, 348, 366, 375, 382, 392, 410, 423, 429, 437, 453, 461, 474, 492, 501, 509, 531, 541, 548, 565, 577, 585, 594, 611, 620, 630, 647, 657, 662, 671, 691, 703, 710, 726, 738, 744, 765, 772, 781, 788, 803, 810, 820, 827. *Véase también* Lab; Laboratorio
Minutos, en mapas, 13
Modelo de Clima Global (MCG), 509
Modelo de estación, 473, *473*, 474 *lab*
Modo, NDLC 15, NDLC *15*
Mohs, Friedrich, 89
Moldes, *331*, 331
Moléculas de agua
  adhesión entre las, 539, *539*
  cohesión entre las, 539, *539*
  como solvente, 538
  fuerzas entre las, 537, *537*
  polaridad de las, 538, *538*
Montañas
  bloques fallados, 272, *272*, 272 *lab*
  características de las, *62*
  de la era Cenozoica, 388
  de la era Mesozoica, 381, *381*
  de la era Paleozoica, 373
  en océanos, 225
  elevadas, 273, *273*
  explicación de, **63**, 253, *253*
  formación de, 253, 255, 262–263, *269*, 269–270, *270*
  plegadas, 271, *271*
  sombras de lluvia en las, 489, *489*
  tiempo atmosférico en las, 487
  volcánicas, 263, 273
Montañas de bloques fallados, *272*, 272, 272 *lab*
Montañas elevadas, 273, *273*
Montañas plegadas, *271*, **271**
Montañas rocosas, 253, *253*, 270
  descripción de, 64
  formación de, 63, 381, *381*

Montañas volcánicas, 263, 273
Monte Etna, 313, *313*
Monte Olimpo, 773, *773*
Monte Pinatubo, 314, *314*
Monte Rainier, 20, *309*, 316–317 *lab*
Monte Redoubt, 309, 313, *313*
Monte Santa Helena, 309–311, *311*, 314
Montes Apalaches, 63, 64, 220, *220*, 253, *253*, 270, *270*, 373
Montes Urales, 261, *261*
Monzón, 501
Morrenas, 183, 200
Mosca de las piedras, 550
Movimiento de la placa
  accidentes geográficos formados por, 261, *261*, 264 *lab*
  en las montañas, 269, 269–270, *270*, 279
  explicación de, 253
Movimiento horizontal, *255*, 255–256, 256
Movimiento vertical, *254*, 254–255, 255
Muhs, Daniel, 535
Muros de contención, 191, *191*

N

Nebulosa, 44, *44*, **817**
Nebulosa solar, 767
Nebulosas planetarias, 821, *821*
Neptuno, 709, 763, 781, *781*
Niebla, 454
Niebla tóxica, 435, **670**
Nieve. *Véase también* **Precipitación**
  albedo de la, 494
  como un peligro al conducir, 467
  explicación de, 455
  relación entre aumento de la temperatura y derretimiento, 613
Níquel, 54
Nitratos, 549, 591, *591*
Nitrógeno, 410, 411, *411*
Nivel del mar
  aumento en el, 332
  aumento en la temperatura y, 592
  cambios en el, 610
  derretimiento de los mantos de hielo y, 535
  en la era Mesozoica, 380, 381
  explicación de, **576**
  hielo marino y, 611
  medida del, 573 *lab*, 576
Nivel freático, *626*, **626**
Novacek, Michael, 335
Nubes
  ciclo del agua y, 455
  cúmulos, 464, *464*
  efecto sobre el clima, 507, *507*
  explicación de, 454, 530
  formación de las, 451 *lab*, 454, 455, 564
Nubes cúmulos, *454*, 464
Núcleo
  explicación de, 54
  geomagnetismo y, 55
Núcleo externo, 54
Núcleo interno, 54

Núcleos de hielo
  análisis de los, 503
  explicación de, 496, *496*, 612, **612**
  método para reunir, 503
New Horizons, 709
Nutrientes
  en el suelo, 163

O

Observar, NDLC **6**, NDLC 23, **49**
Observatorio de Relaciones Terrestres Solares (STEREO), 815
Obsidiana, 120, *120*
Océano Ártico, 563, 611, 613, *613*, 615
Océano Atlántico
  edad del, 227 *lab*
  explicación del, 563
  formación del, 380
Océano Austral, 563, 574
Océano Índico, 563
Océano Pacífico, 563
Oceanógrafos, 587
Océanos, 59. *Véase también* **Lecho marino; Agua de mar**
  calculando la edad del, 227 *lab*
  calentamiento de los, 457
  cambio climático y, *592*, 592–594, *593*, *594*
  composición de los, 565, *565*
  explicación de, 563, *563*
  fondo oceánico de los, *566*, 566–567, *567*
  formación de los, 564
  fosas en los, 567
  en la era Mesozoica, 380
  minerales en los, 129
  polución de los, *589*, 589–591, *590*, *591*
  saludables, necesidad de, 594
  zonas en los, *568*, 568–569
Oficina de Eficiencia Energética y Energía Renovable (Departamento de Energía), 657
Olas de calor, 501, 508
Olas de frío, 501
Olas oceánicas
  medición de las, 573, *573*
  partes de las, 573, *573*
  superficie de las, *574*, 574–575, *575*
  como tsunamis, 575
Olas superficiales. *Véase también* ondas del océano
  explicación de, **297**, *297*, 574
  movimiento de las, 574, *574*
  que alcanzan la playa, 575, *575*
Olivino, 78, 81, *81*, 83, 122
Onda de montaña, 422, *422*
Ondas (terremoto), 50, 51
Ondas de radio, 413, *413*, 693
Ondas sonoras, 690
Ondas electromagnéticas, 418
  explicación de, 690–691
  telescopios y, 692, 694, *694*
Ondas primarias (ondas P)
  análisis de, 304, 305
  explicación de, **297**, *297*
  velocidad y dirección de, 298, *298*, 299

Ondas secundarias (ondas S)
　análisis de las, 304, 305
　explicación de las, *297*, 297
　velocidad y dirección de las, 298, *298*, 299
Ondas sísmicas *50, 51* a través del estudio de las, 298
　explicación de, **296**, 298
　conocimiento del interior de la Tierra
　primarias, 297, *297*, 298, *298*, 299, 304, 305
　secundarias, 297, *297*, 298, *298*, 299, 304, 305
　superficiales, *297, 297*
　velocidad de, 240, *240*
Opción, 710
Opiniones, NDLC 10
Opportunity, 708
Óptica adaptativa, 693, *693*
Órbita
　de la Tierra alrededor del Sol, 726, *726,*
　726 *lab*, 727, *727*
　elíptica, 765, 765 *lab*
　explicación de, **726**, **762**
Orbitador *Cassini*, 780
Órbitas elípticas, 765, 765 *lab*
Organismos, 42, *42*
Origen de las palabras, NDLC 5, 12, 20, 45, 52, 55, 62, 83, 90, 121, 127, 135, 158, 162, 181, 192, 200, 235, 254, 265, 270, 277, 297, 327, 338, 346, 365, 371, 383, 388, 409, 421, 436, 454, 466, 473, 491, 497, 506, 530, 539, 549, 566, 575, 582, 590, 608, 619, 643, 655, 663, 689, 700, 711, 731, 736, 743, 763, 769, 780, 788, 812, 817, 827
Oro, 97
Osa Mayor, 807
Oscilación del Atlántico Norte (OAN), 500
Osos polares, 615
Otoño, 729
Oxidación, 153, **153**
Óxido nitroso, 411
Óxido, 153
Oxígeno, 78
　disuelto, 548, 548 *lab*
　en la atmósfera, 409–411
　en el cuerpo humano, 669, *669*
　en las aguas de los rápidos, *618*
Ozono
　a nivel del suelo, 437, 438
　en la atmósfera, 411, 414, 435
　explicación de, 412

Paleontólogo, 223, **332**, 385
Panel Intergubernamental para el Cambio Climático (IPCC), 506
Pangea, 217, 218, 219, 221 *lab*, 375, *375*, 379. *Véase también* **Deriva continental**
Pantanos. 628, *628 Véase también* **Humedales**
　depósitos en los, 181, *181*
　explicación de, 628, *628*

Pantanos de carbón, 374, *374*
Paralaje, 804
Parque eólico, *654*, **654**
Parque Nacional Bryce Canyon, *182*
Parque Nacional de los Glaciares (Montana), 182, *182*
Parque Nacional de Yellowstone, 117, *188*
Partículas en suspensión, 436
Peces, 373
Película de carbono, *330*, **330**
Pendiente, 21
Pensamiento crítico, NDLC 10
Penumbra, *743*, **743**, 746
Pequeña Edad del Hielo, 497
Perfil del suelo, 166–167 *lab*
Peridoto, 98
Periodo Cámbrico, 367, *367*, 371, *372*
Periodo carbonífero, 373, *374*
Periodo Cretácico, *381*
Periodo Cuaternario, 387
Periodo Devónico, 373
Periodo de revolución, **764**
Periodo de rotación, **764**
Periodo del Mioceno, 390
Periodo Jurásico, *381*
Periodo Oligoceno, 390
Periodo Ordovícico, 371, *372*
Periodo Pérmico, 373, 374, 375
Periodo Pleistoceno, 390
Periodo Plioceno, 390
Periodo Precámbrico, 367, *367*
Periodo Silúrico, *372*
Periodo Terciario, 387
Periodo Triásico, *380*
Periodos, 363
Permafrost, 492
Permeabilidad, **626**
Perpendicular, **271**
Petróleo, *Ver* **Aceite** 567, 645, *645*
pH, 152, 163, *163*
Picacho *199*
Piedra caliza, 114, *114*, 129, 189
Piedra pómez, 117, *117*, 120, *120*, 312, *312*
Pioneer 10, 700
Pipas de Kimberlita, 47
Piroxeno, 81, *81*, 122
Pizarra, 180, *181*
Placa de América del Norte, 234, *235*
Placa de rayado, NDLC 18, NDLC 18, 88, *88*
Placa del Pacífico, 234, *234*, *235*
Placa Juan de Fuca, 234, *234*
Placas tectónicas
　colisión de las, 261 *lab*
　deformación plástica durante colisión de las, 134
　efecto sobre las montañas, 269, 269–270, *270*
　efecto de divergencia, 269 *lab*
　explicación de, 234, *234*
　formación de océanos, por los movimientos de las, 564
　límites de, 235, *236, 237, 237*, 242–243 *lab*
　movimiento de las, 223, 238, *238–239*, 239
　sobre las plumas del manto, 267
Plancton, 645

Planetas. *Véase también* **Planetas interiores; Planetas exteriores; Sistema solar;** *planetas específicos*
　características gráficas de, 775
　distancia del Sol a los, 764
　enanos, 709, *785*, 785–786, *786*
　explicación de, 761
　formación de, 44, *44*, 767
　interiores y exteriores, *762*, 763
　interiores, misiones espaciales a los, 708, *708*
　movimiento de, 764–765, *765*
　órbitas y velocidades de, 765, *765*
Planetas enanos
　explicación de, 709, 763, 785–786
Planetas exteriores. *Véase también* **Planetas;**
　explicación de, *762*, 763, 777, *777*
　Júpiter, *778*, 778–779
　Neptuno, 781, *781*
　Saturno, *779*, 779–780
　Urano, *780*, 780–781
Planetas interiores. *Véase también* **Planetas;** *planetas específicos*
　composición de los, 769
　elaboración de modelos de, 772 *lab*
　explicación de, *762*, 763
　Marte, 773, *773*
　Mercurio, 770, *770*
　temperatura en los, 769 *lab*
　Tierra, 772, *772*
　Venus, 771, *771*
Planetas terrestres, **769**. *Véase también* **Planetas interiores**
Plano abisal, 227, *227*, *566*, **566**
Plantas de energía solar, 653
Plantas
　como causa de la meteorización mecánica, *151*
　propiedades del suelo que ayudan a las, 163
Plástico, 234
Plataforma continental, 217, *566*, **566**
Platino, 85, *85*, 97
Plesiosaurios, 383
Pluma del manto, 267
Plutón, 763, 783, 785, *785*, 786, *786*
Plutón y, 783
Polar, **538**
Polaridad
　de las moléculas de agua, 538, *538*
　explicación de, **538**
　inversa, 228, 229
　normal, 228, 229
Polaridad inversa, **228**, 229
Polaridad normal, **228**, **229**
Polo Norte
　energía solar y, 488, *488*
　hielo marino en el, 613, *613*
　ubicación del, 12
Polo Sur, 12, 488, *488*
Polución. *Véase también* **Contaminación del aire; Contaminación del agua**
　de las escorrentías, 664
　de partículas, 436
　en aguas subterráneas, 627
　en arroyos y lagos, 621, *621*
　en el océano, *589*, 589–591, *590, 591*
　esfuerzos para evitar la, del agua dulce, 632–633 *lab*

Polución de fuente no puntual

fuente no puntual de, 434, **547**, 589
fuente puntual de, 434, **547**, 589
fuentes de, 590
inversión de temperatura y, 423
lluvia ácida como, 434 *lab*
métodos para reducir la, 510, *510*
proveniente de combustibles fósiles, 647, *647*

Polución de fuente no puntual, 434, **547**, *547*

Polución de fuente puntual, 434, **547**, 589

Polución del aire. *Véase también* **Polución**
en espacios interiores, 438
explicación de, 434
fuentes de, 434, 670, *671*, *672*
inversión de temperatura y, 423
manejo de la, 672, *672*
monitorización de la, 437
movimiento de la, 436, *436*
partículas en suspensión como, 436
precipitación ácida como, 434 *lab*, 435
niebla tóxica como, 435, *435*

Poros, 158, *159*
Porosidad, 626
Potencial, NDLC 11
Pozo de Kola, 49, 50
Pozos
estudio de la profundidad de los, 49, 50
explicación de, 627, *627*

Práctica de destrezas, NDLC 19, 17, 57, 93, 124, 131, 156, 194, 231, 259, 275, 304–305, 343, 369, 377, 425, 432, 469, 494, 544, 579, 587, 623, 651, 659, 697, 733, 775, 807, 823. *Véase también* Lab;

Práctica para la prueba estandarizada, 36–37, 72–73, 106–107, 144–145, 172–173, 208–209, 248–249, 288–289, 322–323, 358–359, 400–401, 446–447, 482–483, 518–519, 558–559, 602–603, 638–639, 680–681, 720–721, 756–757, 796–797, 838–839

Precipitación. *Véase también* **Lluvia**
cambio climático y, 508
ciclo del agua y, 455
como fuente de formación del océano, 564
efectos de la, 533
explicación de, **160**, **454**, **455**, **489**, *532*, 533
tipos de, *455*

Precipitación ácida
efectos de, 435
explicación de, 435, 670
formación de, 434 *lab*

Predecir, NDLC 6
Presión, 50, *50*
Presión atmosférica
altitud y, 414, *414*
explicación de, *452*, **452**
observar la, 461 *lab*

Presión barométrica, 452
Primaria, 297
Primavera, 729, *729*
Primer meridiano, 12, 14

Procesos, 177, 418
Profesiones científicas, 47, 85, 117, 223, 335, 385, 416, 503, 535, 571, 767, 783
Programa espacial Apolo, 741
Programa Landsat 7, 28
Pronósticos del tiempo
comprensión de los, 471 *lab*
explicación de, 471
imágenes satelitales y de radar para, 472
métodos para predecir el, 476–477 *lab*
modelos de estación utilizados para, 473, 474 *lab*
reportes de superficie como, 471
reporte del aire superior como, 471
uso de la tecnología en los, 472, 474, *474*

Protección del medioambiente, 510, *510*
Protuberancias, *811*
Proyecciones cilíndricas, 15, *15*
Proyecciones cónicas (mapas), 15, *15*
Proyecto Apolo, 702
Psittacosaurus, 385
Pterosaurios, 383
Ptolomeo, 802
Puente intercontinental de Bering, 392 *lab*
Puentes intercontinentales
Bering, 392 *lab*
en la era Cenozoica, 391, *391*
explicación de, **366**
Punto de rocío, 453, 453 *lab*
Puntos calientes, 308, *309*

Radar, 472
Radar Doppler, 472
Radiación
absorción de, 419, *419*
equilibrio en, 420, *420*
explicación de, **418**
Radiación infrarroja (IR), 418, 420
Radiactividad, 345
Radiocarbono, 348
Radiotelescopios, *693*, **693**
Rápidos, 618, *618*
Rápidos de río, 188
Raya, 88, *88*
Rayos, de los cráteres lunares, 736, *737*
Rayos ultravioleta (UV), 418
Reciclaje, 510, 665
Recuperación, 649
Recursos de energía renovables
administración de la, 657, 667
en la casa, 653 *lab*
en la escuela, 657 *lab*
energía de biomasa como, 655
energía eólica como, 654, *654*
energía geotérmica como, 655, *655*
energía hídrica como, 654, *654*
energía solar como, 653, *653*
explicación de, *643*, 643
ventajas y desventajas de, 656, *656*

Recursos de la tierra
administración de los, 662 *lab*, 665, 665
bosques como, 662– 664, *664* 663, *663*
deforestación de los, 664, *664*
en Estados Unidos, 661, *662*
explicación de, 661, *661*
polución de los, 664
Recursos minerales
elementos comunes de los, 663, *663*
explicación de, 95
extracción de, 665
gemas, 98
metálicos, 96
no metálicos, 97
raros, 97
Recursos no renovables
administración de los, 649
combustibles fósiles como, 644, 644–647, *645–647*
energía nuclear como, 647–648, 647 *lab*, 648
explicación de, *643*, **643**
Redes alimentarias, 594
Redondeo de números, NDLC 14
Reflexión, de la radiación, 419, *419*
Regiones polares, 488
Reglas, NDLC 16, NDLC *16*
Regulación, nuclear, 649
Relieve
diferencias en, 62, 63
explicación de, 59 *lab*, 61
Relieve topográfico, 59 *lab*
Repaso de la lección, NDLC 11, NDLC 18, NDLC 27, 16, 29, 46, 56, 65, 84, 92, 99, 116, 123, 130, 137, 155, 165, 184, 193, 201, 222, 230, 241, 258, 266, 274, 281, 303, 315, 334, 342, 351, 368, 376, 384, 393, 415, 424, 431, 439, 456, 468, 475, 493, 502, 511, 534, 543, 551, 570, 578, 586, 595, 614, 622, 631, 650, 658, 666, 673, 696, 704, 713, 732, 740, 749, 766, 774, 782, 789, 806, 814, 822, 831
Repaso de vocabulario, 49, 82, 111, 160, 181, 219, 280, 294, 302, 349, 381, 410, 451, 452, 489, 540, 568, 608, 664, 709, 762, 820
Repaso del capítulo, NDLC 30–NDLC 31, 34–35, 70–71, 104–105, 142–143, 170–171, 206–207, 246–247, 286–287, 320–321, 356–357, 398–399, 444–445, 480–481, 516–517, 556–557, 600–601, 636–637, 678–679, 718–719, 754–755, 794–795, 836–837
Repenomamus robustus, 385
Reporte de aire superior, 471
Reportes de la superficie, 471
represas, 191
Reptación, 197, *197*
Reptiles, 374
Residuos peligrosos, 648
Residuos sólidos, 590, *590*
Respiraderos en aguas profundas, 571
meteorización mecánica de la, 150
resultados, a partir de

Índice • **I-13**

Revolución
- explicación de, **499**, **726**
- periodo de, 764

Riachuelos, 618
Riolita, *122*
Roca madre
- explicación de, **147**, *160*, **160**
- formación de suelo a partir de, 163

Rocas
- cambio en las, 149 *lab*, 253 *lab*, 256 *lab*
- características de las, *111*, 111 *lab*
- carbonatadas, 129
- composición de las, 112
- correlaciones de, 340, *341*, 352–353 *lab*
- de la corteza, 51
- diferencias entre minerales y, 77 *lab*
- edades absolutas de, 345
- efectos de las, en temperatura y presión
- en interiores continentales, 279
- erosión de las, 179, 180, *180*, 182
- explicación de, **111**
- extrusivo, 120, *121*
- foliadas, 109, 135, *136*
- fuerza, aplicada a, 295
- hipótesis de la deriva continental y, 220
- ígneas, 113, 119, 119–122, 119 *lab*, *120*, *121*, 124, 349
- identificación de, 138–139 *lab*, 140
- sobre las, 133, 134

Rocas bioquímicas, 129, *129*
Rocas carbonatadas, 129
Rocas clásticas, 127
Rocas extrusivas, 120, *121*
Rocas foliadas, 135, *136*
Rocas ígneas, 349. *Véase también* **Rocas**
- comunes, *122*
- composición de las, 122
- explicación de, 113
- formación de las, 119, 119–121, 119 *lab*, *120*, *121*, 140
- identificación de, 121–122, 124 *lab*, 138–139 *lab*
- rocas metamórficas formadas a partir de, 114
- textura de las, 121

Rocas intrusivas, *121*, **121**
Rocas madre, 134
Rocas metamórficas. *Véase también* **Rocas**
- explicación de, *114*, **114**
- foliadas, 135
- formación de, 133–134, 133 *lab*, 134 *lab*, 136, 140
- identificación de, 135–136, 138–139 *lab*
- no foliadas, 135, 136

Rocas no foliadas, 135, 136, *136*
Rocas químicas, 128, 128, *129*
Rocas sedimentarias. *Véase también* **Rocas**
- bioquímicas, 129, *129*
- capas de las, 339
- clásticas, 127
- explicación de, 113
- formación de, 113, 126, *126*, 128 *lab*, 140
- identificación de, 126 *lab*, 127, 131, 138–139 *lab*
- método para la datación de las, 349
- que forman rocas metamórficas, 114
- químicas, 128, *129*

Rocas volcánicas, 117, *117*, 220
Rompeolas, 575
Rotación
- de la Luna alrededor de la Tierra, 737, *737*, 738
- de la Tierra alrededor del Sol, 726, *726*, 726 *lab*, 727, *727*
- explicación de, **727**
- periodo de, **764**

Rubí, 98, *98*

S

Sahara, 487
Sal de mesa, 152
Salinidad
- densidad del agua y, 565 *lab*
- en los océanos, 569
- explicación de, **565**

Sandur, 200
Satélites. *Véase también* Exploración del espacio
- explicación de, **700**
- que orbitan la Tierra, 712, *712*

Saturno
- datos sobre, 779
- estructura de, 779
- explicación de, 709, 763, 779
- lunas de, 780, *780*, 781 *lab*

Sea beam, 28
Sedimento
- capas de, 181
- clasificación del, 180, *180*
- como fuente de polución del océano, 590, *590*
- en cuencas, 279, *279*
- en el suelo, 161, *161*
- depósitos de, 113, *113*, 126, *126*
- distribución de, *161*
- en ambientes de alta energía, 181
- en el agua, 546 *lab*
- en el Gran Cañón, *185*
- en las cuencas oceánicas, 227
- escolleras para atrapar el, 191, *191*
- explicación de, 113, 149, 178
- forma y tamaño del, 177 *lab*, 180
- permeabilidad del, 626
- proveniente de corrientes costeras, 189, *189*
- tamaño del, 127
- transportado por ríos, 188

Segundos (mapas), 13
Sensación de frío, 467
- dinosaurios en la, 379, 380, *380*, *381*, 382, *382*
- en América del Norte, 381, *381*
- explicación de, **371, 396**
- extinción de cretáceos en la, 383
- grandes vertebrados en la, 383
- mamíferos en la, 383, 385, 390
- nivel del mar en la, 380, *380*

Separación de pangea en la, 379
Sequía, 501, 508

Servicio Geológico de Estados Unidos (USGS), 22, *22*, 309
Servicio Nacional de Meteorología de EE.UU, 467
Sesgo, 651
Shindell, Drew, 416
Silicatos, 81, *81*
Sílice, 122, 311
Sismograma, *299*, **299**
Sismólogos, 298, 299, 300, 302
Sismómetro, 299, 318
Sistema de alta presión, **459,** *459*, 460
Sistema de baja presión, **459,** *459*
Sistema de cuadrícula, 12, 13
Sistema de Posicionamiento Global (GPS)
- explicación de, 24, *24–25*, 237, 700
- usos del, 25

Sistema Internacional de Unidades (SI)
- conversiones entre el, NDLC 13
- explicación de, NDLC **12**
- lista del, NDLC 13
- prefijos del, NDLC 13

Sistema solar. *Véase también* **Planetas;** *planetas específicos*
- agua en el, 711, *711*
- elaboración de modelos del, 790–791 *lab*
- explicación de, 761, *761*
- formación del, 44, *44*
- medición de distancias en el, 804, *804*
- movimiento de los planetas en el, 764–765, *765*
- objetos en el, *762*, 762–764, *763*, *764*
- observación del, 777 *lab*
- primeras exploraciones del, 700, 700–701

Sistemas de filtración, 629
Sistemas de Información Geográfica (GIS), 26, *26*
Sistemas de presión, 459
Sol
- capas del, *810*
- diámetro del, 762
- distancia de los planetas al, 764
- distancia entre la Tierra y, 726, *726*
- efecto sobre las mareas, 748, *748*
- energía del, 418, 440 *lab*, 726, 728, *728*, 801 *lab*
- estaciones en la Tierra y el, 729, *729*, 731, *731*, 733
- estructura del, 810 *lab*
- explicación del, 689, 725, *725*
- formación del, 44
- fuerza gravitatoria del, 764, 765
- manchas en el, 809 *lab*
- mareas y posición del, 577, *577*
- movimiento aparente del, 727
- objetos que orbitan al, *762*, 762–763, *763*, 765
- orbita de la Tierra alrededor del, 726, *726*, 726 *lab*, 727, *727*
- rasgos cambiantes del, 810, *811*, 819, *819*
- reflexión de los rayos del, 494
- sondas al, 707

Sólidos, 79
Solsticio
de diciembre, *730, 731, 731*
explicación de, *499, 499,* 731
junio, *730, 731, 731*
Solsticio de diciembre, *730, 731, 731*
Solsticio de junio, *730, 731, 731*
Solventes, agua como, 538
Sombra de lluvia, *489,* **489**
Sombras, 743, 743 *lab*
Sonda, 780
Sonda de aterrizaje, *701*
Sonda espacial *Magellan,* 771
Sonda *Huygens,* 780
Sonda orbitadora, *701,* 709
Sondas de acercamiento, *701,* 708
Sondas espaciales, 701, 707
Sondas lunares, 701, 707
Sondas solares, 707
Sphagnum, 628
Spirit, 708
Sputnik **1,** 700
Subducción, 235, 308, *308*
Subsuelo, 161
Sudáfrica, 50
Suelo
biota en, 161
efecto de la meteorización en el, 150
explicación de, **158,** 168
formación del, 160–161, *161,*166–167 *lab*
horizontes del, 162, *162,* 166–167 *lab,* 168
materia inorgánica en el, 159, *159*
materia orgánica en el, 159
observación del, 158 *lab*
propiedades del, 163, *163*
textura del, 159 *lab*
tipos y ubicaciones del, 164, *164*
Supercontinente, 375, 375 *lab*
Superficie, 150, *150*
Supernova, 819, 821
Superposición, 338
Supervolcanes, 117, 310
Surcos glaciares, 219
Surgencia
explicación de, 500, *583,* **583,** 585
avistamientos de ballenas fundamentados en la, 596–597 *lab*

T

Tabla periódica de los elementos, 78
Talco, *88,* 89, *89,* 91
Talud continental, *566, 566*
Tecnología, NDLC **8,** *703, 703*
Tectónica de placas
ciclo de las rocas y, 257, *257*
efecto sobre la corteza continental, 254
evidencias de, 237, *237*
explicación de, **233,** 234, 244
límites de placas y, 235, *236, 237, 237,* 242–243 *lab*
montañas formadas por, 253
movimiento de la placa y, *238,* 238–239, 239
preguntas sin respuesta en, 240

Teledetección
explicación de, **27, 550**
cambio en el seguimiento mediante la, 27, *27*
Landsat para, 28
Sea Beam para, 28
TOPEX/Jason-1 for, 28, *28*
Telescopio Espacial Hubble, 694, *694,* 695, 827 *lab*
Telescopio Espacial James Webb, 695, *695*
Telescopio Espacial Kepler, 712, *712*
Telescopio Espacial Spitzer, NDLC 8, 695
Telescopio Keck, 692, *692*
Telescopios
de radio, 693, *693*
espaciales, *694,* 694–695
explicación de, 689, 803
Observatorio de Relaciones óptico, 692, *692,* 694
óptico espacial, *694,* 694–695
simple, construcción de, *697, 697*
Telescopios espaciales ópticos, *694,* 694–695
Telescopios ópticos, 692, *692*
Telescopios reflectores, *692,* **692**
Telescopios refractores, *692,* **692**
Temas ambientales. *Véase* **Prácticas en el uso de la tierra**
razones por las cuales cambia la, 469
severo, precauciones de seguridad durante, 467
severo, tipos de, *464,* 464–467, *465–467*
variables relacionadas con la, 451–455, *452–455*
Temperatura. *Véase también* **Temperatura corporal; Clima; Tiempo atmosférico**
acción de los gases del efecto invernadero en la, 506
ciclos de, 496–501
corrientes oceánicas y, *584,* 584, 585, *585*
adaptaciones a la, 492
altitud y, 414, *414*
cambios en el agua de la, 548
densidad del agua y, 541, *541,* 542, *542,* 552–553 *lab*
de las estrellas, 812, *812,* 813, *813*
del agua, 621
del aire, 452, 453, *453,* 459 *lab*
derretimiento de la nieve y aumento en la, 613
en el interior de la Tierra, 50, *50*
en los océanos, 569
efecto de los colores tierra sobre la, 611 *lab*
efecto del incremento en la , 508–509
estabilidad de la, en la Tierra, 529
estados del agua y, 531, 531 *lab*
océanos y aumento en la superficie, 592, *592*
relaciones entre el dióxido de carbono y la, 612, *612*
tendencias en la, 505, *505*
variaciones en el, 487, 488, *488*

Temperatura corporal, 528 *Véase también* **Temperatura**
Temperatura del aire
explicación de, 452
presión y, 459, 459 *lab*
vapor de agua y, 453, *453*
Tensión
accidentes geográficos formados por, 263, *263*–264, *264*
efectos de la, 261
Tensiones
accidentes geográficos generados por, 265, *265*
en la masilla, 259 *lab*
en las rocas, *255,* 255–256
Teoría científica, NDLC 8, NDLC **9,** NDLC *9*
Teoría del *Big Bang,* **830**
Termoclina, 620 *lab*
Termómetro, NDLC 17, NDLC *17*
Termósfera
explicación de, *412,* 413
temperatura en, 414, *414*
Terremoto de Loma Prieta (1989), 301, 302
Terremoto de Northridge (1994), 293, *293*
Terremotos
área del Cinturón de fuego de, 309
centro y epicentro de los, 296, *296*
deformación de la roca y, 295, *295*
epicentro de los, *296,* 296, 299, *299,* 300 *lab,* 304–305 *lab*
explicación de, **293,** 318
evaluaciones de riesgo para, 302, *302*
fallas y, *295,* 295–296
límites de placas, y, 235, 237, *237,* 294, 302
localización de los, 294, *294*
magnitud de los, 300–302, *301*
movimiento de la placa tectónica y, 233
ondas sísmicas en, 296–297, *297,* 298
simulación de, 293 *lab*
Terrestre, 769
Terrestres solares, 815
Textura, 112, 121
Thompson, Lonnie, 503
Tiempo atmosférico
adaptaciones al, 492, *492*
comparación de la, 487 *lab*
efecto *Albedo* en el, 494
efecto en el suelo, 160, 164
erosión y, 179, *179*
explicación de, 160, **487**
factores que afectan el, 487–489, 505 *lab*
hipótesis de la deriva continental y 218
métodos para clasificar el, 490, *491*
microclimas, 491
Tiempo atmosférico. *Véase también* **Clima**
Tiempo, de meteorización, 161, *161*
Tierras altas
de la Luna, 736, *737*

Tifones, 466
Tiktaalik, 374
Till, 200
Toba, 117, *117*
Topacio, 89
TOPEX, 28, *28*
Topografía
  corrientes superficiales y, 582
  efecto en el suelo, 161, *161*
  erosión y, 178
  explicación de, 61, *62*, 161
  mareas y, 576
Tormentas invernales, 467
Tormentas de hielo, 467
Tornados, 465, *465*
Tracción de bloque, 239
Transbordadores espaciales, 702
Transpiración, 533
Transporte en masa
  deposición por, 197, *197*
  erosión por, 197, *197*
  ejemplos de, *197*
  explicación de, 196
  prácticas de uso de la tierra que afectan el, 198
Trazas fósiles, *331,* **331**
  trazas, 331, *331*
  uniformismo y, 328
Triásico superior, 379
Trópico, 427
Troposfera
  explicación de, *412,* **412**
  temperatura en la, 414, *414,* 423 *lab*
  vientos de chorro en la, 429
Tsunamis, 575
Turbidez, *549,* **549**
Turbonadas
  explicación de, 423, 464, *464,* 465
  precauciones de seguridad durante, 467
Tyson, Neil deGrasse, 783

Ukhaa Tolgod, 335
Umbra, *743,* 743, *746*
Unidad Astronómica (UA), 764, *804,* 804
Uniforme, 328
Uniformismo, 328
Unión Astronómica Internacional (UAI), 785
Universo
  movimiento en el, 825 *lab*
  origen y expansión del, 830
  viajando a través del, 832–833 *lab*
Uranio, 648
Uranio-235 (U-235)
  explicación de, 349, *349*
  vida media del, 350, *350*
Urano
  datos sobre, *780*
  ejes y lunas de, 781
  explicación de, 709, 763, 780
Uso científico y uso común, 10, 54, 78, 149, 200, 221, 234, 256, 294, 330, 364, 419, 462, 499, 538, 591,

620, 701, 738, 762, 809. *Véase también* Vocabulario; Vocabulario
Uso común. *Véase* **Uso científico y Uso común**

V

Valle de la muerte, California, *192*
Valle en forma de U, 199, *199*
Valle glaciar suspendido, *199*
Valle Marineris, 773, *773*
Vapor de agua
  ciclo del agua y, 455
  como gas del efecto invernadero, 506
  condensación del, 533, *533,* 564
  distribución del, 530
  en la atmósfera, 411, 528
  explicación de, 410, 531
  radiación infrarroja y, 420
  temperatura del, 529
  temperatura del aire y, 453, *453*
Varas métricas, NDLC 16, NDLC *16*
Variable, NDLC **21,** 451
Variable dependiente, NDLC **21,** NDLC 25
Variable independiente, NDLC **21,** NDLC 25
Vaso graduado, NDLC 16, NDLC *16*
Vegetación
  adaptaciones al clima por parte de la, 492
  en las montañas, 489
  nativa, clasificación del clima por, 490
Vehículos a motor, 509 *lab,* 510
Vehículos manejados por control remoto (ROV), 567
Veleta, NDLC 18, NDLC *18*
Ventisca, *467,* **467**
Venus
  acción del efecto invernadero sobre, 771
  atmósfera de, 771
  datos sobre, *771*
  explicación de, 708, 763, *769,* 771
  estructura y superficie de, 771, *771*
Verano, 729, *729*
Vertebrados
Vía Láctea, 689, 827, *828–829*
Vida extraterrestre, 711
Vida media, 347
Vidrio
  dureza del, 89, *89*
  explicación de, 78
Vidrio volcánico, 120
Volcánico, 120
Viento
  alisios, 429
  cambios en la Tierra por el, 187 *lab*
  como agente de erosión, 179, *187,* 192
  como agente de meteorización, 178
  como fuente de energía renovable, 427 *lab*
  contaminación del aire y, 436
  corrientes superficiales y, 581
  deposición proveniente del, 192, *192*
  explicación de, **427,** 452

  global, *427,* 427–429, *428*
  local, 430, *430*
  medición del, 452, *452*
  monzón, 501
  movimiento del agua por el, 581, 581 *lab*
  olas superficiales y, 574
  sistemas de presión y, 459
Viento solar, 811
Vientos alisios, 429, 500
Vientos de chorro, 429, *429*
Vista de mapa, 9
Vista de perfil, 9, 9, 21, 22, 22 *lab*
Vista en planta. *Véase* **Vista de mapa**
Vocabulario académico, NDLC 11, 14, 26, 60, 133, 154, 177, 229, 271, 312, 328, 391, 418, 464, 500, 540, 567, 621, 649, 710, 728, 805
Volcán Kilauea, *311*
Volcanes
  Cinturón de fuego de los, 309
  cono de ceniza de los, 310, *310*
  compuestos, 310, *310, 313*
  distribución de, 309, *309*
  en Estados Unidos, 309
  escudo, 310, *310*
  explicación de, **307,** 318
  forma de los, 307 *lab,* 310
  formación de, 307–308
  hipótesis de la deriva continental y, 220
  límites de placas y, 237, *237*
  programa de evaluación de riesgos para, 309
  puntos calientes, 267, *267*
  separación de placas tectónicas y, 233
Volcanes compuestos, *310,* 310, *313*
Volcanes de puntos calientes, 267, *267*
Volcanes escudo, *310,* **310**
Voyager 2, 780

W

Wegener, Alfred, 217–221, 237

Y

Yeso, 79, *79, 89*

Z

Zafiro, *98*
Zona de convección, 810
Zona de subducción, 235
Zona media del océano, 568, *568*
Zona profunda, 568
Zona radiativa, 810
Zona superficial, 568, *568*
Zonas de falla, 265, *265*

Credits

Art Acknowledgments: MCA+, Argosy, Cindy Shaw, Mapping Specialists Ltd.

Photo Credits

COV K. R. Svensson/Photo Researchers; **BACK COV** K. R. Svensson/Photo Researchers; **ConnectED** (t)Richard Hutchings, (c)STOCK4B/Getty Images, (b)Jupiter Images/Thinkstock/Alamy; **ii** K. R. Svensson/Photo Researchers; **vii** Ransom Studios; **viii** Daniel H. Bailey/Alamy; **ix** ©Fancy Photography/Veer; **NOS 02–NOS03** Ashley Cooper/Woodfall Wild Images/Photoshot; **NOS 04** 2008 Thomas Del Brase/Getty Images; **NOS 05** (t)USGS, (c)Steve Winter/National Geographic/Getty Images, (b)Klaus Tiedge/Getty Images; **NOS 06** Chris Howes/Wild Places Photography/Alamy; **NOS 08** (t)Hannah Gal/Science Source, (c)john angerson/Alamy, (b)NASA/JPL-Caltech/Harvard-Smithsonian CfA; **NOS 09** NASA/JPL; **NOS 10** ©Sigrid Olsson/PhotoAlto/Corbis; **NOS 11** Hutchings Photography/Digital Light Source; **NOS 12** Corbis; **NOS 14** Matt Meadows; **NOS 15** Pixtal/SuperStock; **NOS 16** (t)Matt Meadows, (c)By Ian Miles-Flashpoint Pictures/Alamy, (b)Joseph Clark/Photodisc/Getty Images; **NOS 17** (t)Hutchings Photography/Digital Light Source, (br)Steve Cole/Getty Images; **NOS 18** (tl)Corbis, (tr)Paul Rapson/Photo Researchers, Inc., (bl)Jacques Cornell/McGraw-Hill Education, (br)©Doug Sherman/Geofile; **NOS 19** (3 5 6)McGraw-Hill Education, (others)Hutchings Photography/Digital Light Source; **NOS 20** Landespolizeikommando für Tirol/Austria; **NOS 21** South Tyrol Museum of Archaeology, Italy (www.iceman.it); **NOS 22** South Tyrol Museum of Archaeology, Italy (www.iceman.it); **NOS 23** South Tyrol Museum of Archaeology, Italy (www.iceman.it), (inset)Klaus Oeggl; **NOS 24** ©Samadelli Marco/EURAC/dpa/Corbis; **NOS 28** (1 2)McGraw-Hill Education, (others)Hutchings Photography/Digital Light Source; **NOS 29** (t)Hutchings Photography/Digital Light Source, (bl)U.S. Fish & Wildlife Service/John & Karen Hollingsworth; **NOS 31** Ashley Cooper/Woodfall Wild Images/Photoshot; **6** Courtesy of HISTOPO; **6–7** U.S. Geological Survey (USGS); **8** Hemera/age fotostock; **9** Hutchings Photography/Digital Light Source; **11** (l)David R. Frazier Photolibrary, Inc./Alamy, (r)imagebroker/Alamy; **17** (t c)McGraw-Hill Education, (b)Aaron Haupt; **18** Jon Arnold Images/SuperStock; **19** Hutchings Photography/Digital Light Source; **20** (l)Robert Glusic/Getty Images, (r)USGS; **25** Nick Koudis/Photodisc/Getty Images; **27** NASA images courtesy the MODIS Rapid Response Team at NASA GSFC.; **28** NASA/JPL Ocean Surface Topography Team; **30** (t)McGraw-Hill Education, (b)NASA/JPL; **31** NASA/JPL/NIMA; **32** USGS; **35** imagebroker/Alamy; **38–39** Robert Postma/age fotostock; **40** Bloomimage/Corbis; **41** Hutchings Photography/Digital Light Source; **42** (tl)©Brand X Pictures/PunchStock, (tr)Gary Vestal/Photographer's Choice/Getty Images, (c)NASA, (bl)Corbis/SuperStock, (br)age fotostock/SuperStock; **44** Hutchings Photography/Digital Light Source; **47** (t)AMNH, (b)The Natural History Museum/Alamy; **48** Stephen Alvarez/National Geographic/Getty Images; **49** Hutchings Photography/Digital Light Source; **51** Hutchings Photography/Digital Light Source; **52–53** (c)NASA, (bkgd)StockTrek/Getty Images; **55** Steele Hill/NASA; **57** (4)McGraw-Hill Education, (others)Hutchings Photography/Digital Light Source; **58** David Gralian/Alamy; **59** Hutchings Photography/Digital Light Source; **61** Hutchings Photography/Digital Light Source; **62** (t)Medioimages/Photodisc/Getty Images, (b)Jonathan Andrew/Corbis; **63** (l)Yann Arthus-Bertrand/Corbis, (tr)Jane Sweeney/Getty Images, (cr)Corbis; **65** (t)Corbis, (b)Yann Arthus-Bertrand/Corbis; **66** (3 4 5)McGraw-Hill Education, (others)Hutchings Photography/Digital Light Source; **67** Hutchings Photography/Digital Light Source; **68** (t)Bloomimage/Corbis, (c)Stephen Alvarez/National Geographic/Getty Images, (b)David Gralian/Alamy; **71** Robert Postma/age fotostock; **74–75** Javier Trueba/MSF/Photo Researchers, Inc.; **76** Justin Bailie/Getty Images; **77** Hutchings Photography/Digital Light Source; **79** (t)RF Company/Alamy, (bl)Jesus Ayala/Getty Images, (br)La_Corivo/Getty Images; **80** (t)Borislav Dopudja/Alamy, (c)Jacques Cornell/McGraw-Hill Education, (b)Hutchings Photography/Digital Light Source; **81** (t to b)Jesus Ayala/Getty Images, Phil Robinson/age fotostock, ©Doug Sherman/Geofile, Mark A. Schneider/Photo Researchers, Inc., Andrew Silver/U.S. Geological Survey, Andrew Silver/U.S. Geological Survey, Andrew Silver/U.S. Geological Survey, Andrew Silver/U.S. Geological Survey, La_Corivo/Getty Images, Bob Coyle/McGraw-Hill Education; **82** (tl)Scott T. Smith/Corbis, (tr)Comstock Images/PictureQuest, (b)Layne Kennedy/Corbis; **83** (l)DEA/C. Bevilacqua/Getty Images, (r)Dr. Parvinder Sethi; **84** (t)Jacques Cornell/McGraw-Hill Education, (b)Mark A. Schneider/Photo Researchers, Inc.; **85** (t)American Museum of Natural History/Jacob Mey, (cr)Tetra Images/Getty Images, (br)Clive Streeter/Getty Images, (bkgd)Jill Vantongeren/AMNH; **86** Joel Arem/Photo Researchers, Inc.; **87** Hutchings Photography/Digital Light Source; **88** (t)Dr. Parvinder Sethi, (c)DEA/A.RIZZI/De Agostini Picture Library/Getty Images, (b)Mark Steinmetz; **89** (t to b)Smithsonian Institution/Corbis, Andrew Silver/U.S. Geological Survey, José Manuel Sanchis Calvete/Corbis, José Manuel Sanchis Calvete/Corbis, Doug Sherman/Geofile, Andrew Silver/U.S. Geological Survey, José Manuel Sanchis Calvete/Corbis, La_Corivo/Getty Images, Harry Taylor/Dorling Kindersley/Getty Images, Dr. Parvinder Sethi, (bl)Matt Meadows; **90** (tl)Dr. Parvinder Sethi, (tr)RF Company/Alamy, (c)DEA/C. Bevilacqua/Getty Images, (b)Biophoto Associates/Photo Researchers, Inc.; **91** (bl)MarcelC/Getty Images, (br)Ted Foxx/Alamy; **92** (t)Mark Steinmetz, (c)Matt Meadows, (bl)MarcelC/Getty Images, (bc)Dorling Kindersley/Getty Images, (br)José Manuel Sanchis Calvete/Corbis; **93** Hutchings Photography/Digital Light Source; **94** age fotostock/SuperStock; **95** (t)Hutchings Photography/Digital Light Source, (b)Gary Gladstone/Getty Images, (inset)Andrew Silver/U.S. Geological Survey; **97** (l)Mark Harwood/Getty Images, (c)Siede Preis/Getty Images, (r)Alena Brozova/Alamy, (bkgd)Sascha/Photonica/Getty Images; **98** (t to b)Harry Taylor/Dorling Kindersley/Getty Images, rep0rter/Alamy, Melissa Carroll/Getty Images, Matteo Chinellato-ChinellatoPhoto/Getty Images, Mark A. Schneider/Photo Researchers, Inc., Dr Parvinder Sethi, Hutchings Photography/Digital Light Source; **99** (t c)Andrew Silver/U.S. Geological Survey, (b)Melissa Carroll/Getty Images; **100** (t to b)Hutchings Photography/Digital Light Source, Richard Hutchings, McGraw-Hill Education, Hutchings Photography/Digital Light Source, McGraw-Hill Education, McGraw-Hill Education, Hutchings Photography/Digital Light Source; **101** Hutchings Photography/Digital Light Source; **102** (t)Phil Robinson/age fotostock, (cl)Dr. Parvinder Sethi, (c)José Manuel Sanchis Calvete/Corbis, (cr)RF Company/Alamy, (b)Matteo Chinellato-ChinellatoPhoto/Getty Images; **104** (l r)Dr. Parvinder Sethi, (c)Siede Preis/Getty Images; **105** Javier Trueba/MSF/Photo Researchers, Inc.; **108–109** Steve Allen/Getty Images; **111** Robert Harding Picture Library Ltd/Alamy, (t)Hutchings Photography/Digital Light Source, (b)Sodapix AG, Switzerland/Glow Images; **112** (tl)Ken Cavanagh/McGraw-Hill Education, (c)McGraw-Hill Education, (b)Nancy Simmerman/Stone/Getty Images; **113** ©Stephen Reynolds; **114** Brent Turner/BLT Productions; **115** Hutchings Photography/Digital Light Source; **116** (t)Sodapix AG, Switzerland/Glow Images, (cl)George Bernard/Photo Researchers, (c)Ken Cavanagh/McGraw-Hill Education, (bl)Ken Cavanagh/McGraw-Hill Education, (br)McGraw-Hill Education; **117** (t)Jeff Vanuga/Corbis, (cl)Sarah Fowler, (cr)Ken Cavanagh/McGraw-Hill Education, (br)Richard Roscoe/Getty Images; **118** Philippe Bourseiller/Getty Images; **119** (t)Hutchings Photography/Digital Light Source, (b)Kevin Fleming/Corbis; **120** (tl)Harry Taylor/Dorling Kindersley/Getty Images, (cl)Tony Lilley/Alamy, (b)Hutchings Photography/Digital Light Source; **121** Jacques Cornell/McGraw-Hill Education; **122** (tl)Colin Keates/Dorling Kindersley/Getty Images, (tr)RF Company/Alamy, (cl)©Doug Sherman/Geofile, (cr)Joyce Photographics/Photo Researchers, Inc., (bl)Siim Sepp/Alamy; **123** (t to b)Joyce Photographics/Photo Researchers, Inc., Harry Taylor/Dorling Kindersley/Getty Images, Kevin Fleming/Corbis, Siim Sepp/Alamy; **124** (b)Hutchings Photography/Digital Light Source, (others)McGraw-Hill Education; **125** Sara Winter/Getty Images; **126** (bl)

Credits

sihasakprachum/iStock/Getty Images, (others)McGraw-Hill Education; **127** (bl)sonsam/Getty Images, (br)Tyler Boyes/Getty Images; **128** Bertlmann/Getty Images; **129** (l to r)Ilan Rosen/Alamy, Frank Blackburn/Alamy, DEA/C. Bevilacqua/De Agostini/Getty Images, Corbin17/Alamy, Nearby/Alamy, Adam88xx/Getty Images; **130** (t)Tyler Boyes/Getty Images, (c)Bertlmann/Getty Images, (b)Corbin17/Alamy; **131** (7)Hutchings Photography/Digital Light Source, (others)McGraw-Hill Education; **132** ©Stephen Reynolds; **133** Hutchings Photography/Digital Light Source; **134** Hutchings Photography/Digital Light Source; **135** Siim Sepp/Alamy; **136** (t to b) McGraw-Hill Education, Steve Gorton/Dorling Kindersley/Getty Images, RF Company/Alamy, Mark A. Schneider/Photo Researchers, Inc., Dr. Parvinder Sethi, Andrew J. Martinez/Photo Researchers, Inc., Ken Cavanagh/McGraw-Hill Education; **137** (t)Siim Sepp/Alamy, (c)Andrew J. Martinez/Photo Researchers, Inc., (b)McGraw-Hill Education; **138** (r)RF Company/Alamy, (6)Richard Hutchings, (others)McGraw-Hill Education; **139** McGraw-Hill Education; **140** (t to b)Sodapix AG, Switzerland/Glow Images, Siim Sepp/Alamy, Bertlmann/Getty Images, McGraw-Hill Education; **142** (l)McGraw-Hill Education, (r)Ilan Rosen/Alamy; **143** Steve Allen/Getty Images; **146–147** Robert Harding Picture Library Ltd/Alamy; **148** ©Carol Wolfe, photographer; **149** Hutchings Photography/Digital Light Source; **150** Hutchings Photography/Digital Light Source; **151** (t to b)Richard Hamilton Smith/Corbis, altrendo nature/Getty Images, marima-design/Getty Images, Guy Edwardes/Getty Images; **152** (l)Worldwide Picture Library/Alamy, (r)Matt Naylor/Getty Images; **153**(l)©PjrStudio/Alamy, (r)Hutchings Photography/Digital Light Source; **154** Paul Stutzman/National Institute of Standards and Technology; **155** (t)altrendo nature/Getty Images, (c) Hutchings Photography/Digital Light Source, (b)Worldwide Picture Library/Alamy; **156** (3)McGraw-Hill Education, (others)Hutchings Photography/Digital Light Source; **157** William Yu Photography/Getty Images; **158** Hutchings Photography/Digital Light Source; **159** Hutchings Photography/Digital Light Source; **162** Matthew Ward/Getty Images; **166** (r)USDA/NRCS and SWSD-UnFL, (4 5 7)Hutchings Photography/Digital Light Source, (others)McGraw-Hill Education; **167** (l)USDA, (r)Tom Reinsch/USDA-NRCS; **168** Richard Hamilton Smith/Corbis; **171** Robert Harding Picture Library Ltd/Alamy; **174–175** johnnya123/iStock/Getty Images; **176** Glen Allison/Getty Images; **177** Hutchings Photography/Digital Light Source; **178** (t) Creatas/PunchStock, (b)Image Source; **179** (tl)Medioimages/Photodisc/Getty Images, (tr)Photodisc/SuperStock, (b)Hutchings Photography/Digital Light Source; **180** (tl)Pixoi Ltd/Alamy, (cl)Stephen Reynolds, (bl)Gilles_ Paire/Getty Images, (bc)Imagemore/Glow Images, (br)Sabrina Pintus/Getty Images; **181** DEA/F. Barbagallo/Getty Images; **182** (t)Marc Crumpler/Getty Images, (c)Corbis, (b)Photography by R.G. McGimsey, U.S. Geological Survey; **183** (t)©Doug Sherman/Geofile, (b)Patrick Durand/Corbis; **184** (t) Image Source, (b)Patrick Durand/Corbis; **185** Jeff Foott/Getty Images; **186** Theo Allofs/Getty Images; **187** (l to r, t to b)Harald Sund/Photographer's Choice/Getty Images, Steve Hamblin/Corbis, Image Source/Getty Images, Michael Melford/Getty Images, Robert Glusic/Photodisc/Getty Images, Corbis, Dirk Anschutz 2007/Getty Images,; **188** (t)Michael Melford/Getty Images, (bl)Digital Archive Japan/Alamy, (bc)Connie Coleman/Photographer's Choice/Getty Images, (br)Image Source/Getty Images; **189** (t)Karl Johaentges/Getty Images, (b)Steve Hamblin/Corbis; **190** Corbis; **191** (t)Tony Hopewell/Getty Images, (b)Getty Images; **192** (t)Robert Glusic/Photodisc/Getty Images, (b)Harald Sund/Photographer's Choice/Getty Images; **193** (t)Digital Archive Japan/Alamy, (c)Corbis, (bl)Harald Sund/Photographer's Choice/Getty Images, (br)Image Source/Getty Images; **194** (1 2 6)McGraw-Hill Education, (others)Hutchings Photography/Digital Light Source; **195** Getty Images; **196** Hutchings Photography/Digital Light Source; **197** (l)©Stephen Reynolds, (c)Getty Images, (r)©paolo gislimberti/Alamy; **198** (t)Getty Images, (b)Hutchings Photography/Digital Light Source; **199** DEA/G. Sioen/Getty Images; **201** (t)Getty Images, (b)©Stephen Reynolds; **202** (t)McGraw-Hill Education, (others)Hutchings Photography/Digital Light Source; **204** (t)Marc Crumpler/Getty Images, (c)Michael Melford/Getty Images, (b)©paolo gislimberti/Alamy; **207** johnnya123/iStock/Getty Images; **214–215** Arctic-Images/Ironica/Getty Images; **216** Bernhard Edmaier/Science Source; **217** Hutchings Photography/Digital Light Source; **219** Walter Geiersperger/Corbis; **220** Harold R. Stinnette Photo Stock/Alamy; **221** Hutchings Photography/Digital Light Source; **223** (l)Peter Johnson/Corbis, (r)Clare Flemming; **224** Science Source/Photo Researchers; **225** Hutchings Photography/Digital Light Source; **226** Image courtesy of Submarine Ring of Fire 2002 Exploration, NOAA-OE.; **230** Image courtesy of Submarine Ring of Fire 2002 Exploration, NOAA-OE.; **231** (c) McGraw-Hill Education, (r)Dr. Peter Sloss, formerly of NGDC/NOAA/NGDC, (others))Hutchings Photography/Digital Light Source; **232** NASA; **233** Hutchings Photography/Digital Light Source; **236** (t to b)Dr. Ken MacDonald/Photo Researchers, Inc., Lloyd Cluff/Corbis, Jim Richardson/Corbis, Tony Waltham/Robert Harding World Imagery/Getty Images; **238** Hutchings Photography/Digital Light Source; **241** Hutchings Photography/Digital Light Source; **242** (2 3 4)McGraw-Hill Education, (others)Hutchings Photography/Digital Light Source; **250–251** ©Imageshop/Alamy; **252** Rex A. Stucky/Getty Images; **253** (t)Hutchings Photography/Digital Light Source, (bl)Comstock Images/Alamy, (br)Adam Jones/Getty Images; **254** Ralph A. Clevenger/Corbis; **256** Hutchings Photography/Digital Light Source; **258** Sinclair Stammers/Photo Researchers, Inc.; **259** (3 4 5)McGraw-Hill Education, (others)Hutchings Photography/Digital Light Source; **260** Philippe Bourseiller/Getty Images; **261** (t)Hutchings Photography/Digital Light Source, (b)Buena Vista Images/Getty Images; **263** Manrico Mirabelli/Getty Images; **264** Geoffrey Morgan/Alamy; **268** Bernhard Edmaier/Photo Researchers, Inc.; **269** Hutchings Photography/Digital Light Source; **271** (t) Joe Ferrer/Alamy, (b)Matauw/iStock/Getty Images Plus/Getty Images; **272** Hutchings Photography/Digital Light Source; **276** Digital Vision; **277** Hutchings Photography/Digital Light Source; **279** Courtesy: Jonathan O'Neil/National Science Foundation; **280** C. McIntyre/PhotoLink/Getty Images; **282** (2 3 6)McGraw-Hill Education, (others)Hutchings Photography/Digital Light Source; **287** ©Imageshop/Alamy; **290–291** Alberto Garcia/Corbis; **292** C.E. Meyer/USGS; **293** (t)Hutchings Photography/Digital Light Source, (b)William S Helsel/Getty Images; **295** Robert E. Wallace/U.S. Geological Survey; **299** U.S. Geological Survey; **300** Hutchings Photography/Digital Light Source; **301** (t)Grant Smith/Corbis, (c)Francesco Scatena/Shutterstock, (b)Photodisc/Alamy; **304** Hutchings Photography/Digital Light Source; **305** U.S. Geological Survey; **306** J.D. Griggs/USGS; **307** Hutchings Photography/Digital Light Source; **308** National Oceanic and Atmospheric Administration (NOAA); **309** Corbis Premium RF/Alamy; **310** (tl)Bernd Mellmann/Alamy, (tr)Robert Glusic/Getty Images, (bl)©Tan Yilmaz/Getty Images, (br)National Geographic/Getty Images; **311** (t)Digital Vision/Getty Images, (b)David Weintraub/Photo Researchers, Inc.; **312** (t) Tony Lilley/Alamy, (b)Hutchings Photography/Digital Light Source; **313** (t) Art Wolfe/Getty Images, (b)Image courtesy of Alaska Volcano Observatory/U.S. Geological Survey; **314** (t)Courtesy Chris G. Newhall/U.S. Geological Survey, (b)Science Source/Photo Researchers; **315** (t)Digital Vision/Getty Images, (c)Bernd Mellmann/Alamy, (bl)Robert Glusic/Getty Images, (br)Art Wolfe/Getty Images; **316** (t to b)McGraw-Hill Education, Hutchings Photography/Digital Light Source, McGraw-Hill Education, Karl Weatherly/Corbis; **324–325** Corbis/SuperStock; **326** Howard Grey/Getty Images; **327** Hutchings Photography/Digital Light Source; **328** (t)Photograph by Ann B. Tihansky, U.S. Geological Survey, (b)Hutchings Photography/Digital Light Source; **329** Michler Hanns-Frieder/age fotostock; **330** (t)Staffan Widstrand/Corbis, (c)David Lyons/Alamy, (b)©DaisyPhotography/Alamy; **331** (t)José Enrique Molina/age fotostock, (b)age fotostock/SuperStock; **332** (tl)Scott Orr/iStock/360/Getty Images, (tr)David Troy/Alamy, (b)Jason Edwards/National Geographic Image Collection/Alamy; **333** (t)Jim Zuckerman/Corbis, (c)JTB Photo Communications, Inc./Alamy, (b)Jonathan Blair/Corbis; **334** (t)Photograph by Ann B. Tihansky, U.S. Geological Survey,

Credits

(c)©DaisyPhotography/Alamy, (b)Jason Edwards/National Geographic Image Collection/Alamy; **335** (t c)American Museum of Natural History, (b)Tuul and Bruno Morandi/Photolibrary/Getty Images; **336** ©Stephen Reynolds; **337** (t)Hutchings Photography/Digital Light Source, (b)Hemis/Corbis; **339** Hutchings Photography/Digital Light Source; **340** (t)Ashley Cooper/Alamy, (c b)©Stephen Reynolds; **342** Ashley Cooper/Alamy; **343** (t)Hutchings Photography/Digital Light Source, (others)McGraw-Hill Education; **344** Richard T. Nowitz/Photo Researchers, Inc.; **345** (t)Hutchings Photography/Digital Light Source, (b)Stockbyte/PunchStock; **348** Hutchings Photography/Digital Light Source; **353** (l to r, t to b)koi88/Alamy, Andrew Ward/Life File/Getty Images, Kjell B. Sandved/Science Source, DK Limited/Corbis, Jacob Hamblin/Getty Images, DK Limited/Corbis, The Natural History Museum/Alamy; **354** (t)David Lyons/Alamy, (b)Hemis/Corbis; **357** Corbis/SuperStock; **360–361** Kevin Schafer/Corbis; **362** Francois Gohier/Photo Researchers, Inc.; **363** Hutchings Photography/Digital Light Source; **364** (tl)Andy Crawford/Getty Images, (tr)DK Limited/Corbis; **365** Jonathan Blair/Corbis; **366** (t)Hutchings Photography/Digital Light Source, (bl)Robert Clay/Alamy, (bc)kojihirano/Getty Images, (br)NPS Photo; **367** Dave Sangster/Getty Images; **368** (t)DK Limited/Corbis, (b)kojihirano/Getty Images; **369** (l)Andrew Ward/Life File/Getty Images, (c)DK Limited/Corbis, (r)Jacob Hamblin/Getty Images, (b)koi88/Alamy; **370** Mark Steinmetz; **371** Hutchings Photography/Digital Light Source; **373** (b)DEA Picture Library/Getty Images; **374** Arthur Dorety/Stocktrek Images/Getty Images; **375** Hutchings Photography/Digital Light Source; **377** Photodisc/Getty Images; **378** DEA Picture Library/Getty Images; **379** Hutchings Photography/Digital Light Source; **382** Hutchings Photography/Digital Light Source; **383** (t)Naturfoto Honal/Corbis, (b)Nigel Reed QEDimages/Alamy; **385** (tl)Jin Meng, (tr br)American Museum of Natural History, (bl)AMNH/Denis Finnin; **386** Nik Wheeler/Corbis; **387** Hutchings Photography/Digital Light Source; **389** joel zatz/Alamy; **390** Sinclair Stammers/Photo Researchers, Inc.; **392** (t)miv123/iStock/Getty Images, (b)Getty Images; **393** miv123/iStock/Getty Images; **394** (2 4)McGraw-Hill Education, (others)Hutchings Photography/Digital Light Source; **398** Jacob Hamblin/Getty Images; **399** Kevin Schafer/Corbis; **406–407** Daniel H. Bailey/Alamy; **408** Corbis; **409** Hutchings Photography/Digital Light Source; **410** Hutchings Photography/Digital Light Source; **411** (t)PhotoLink/Getty Images, (b)C. Sherburne/PhotoLink/Getty Images; **413** Per Breiehagen/Getty Images; **414** Corbis; **415** (t)PhotoLink/Getty Images, (c)Per Breiehagen/Getty Images, (b)Hutchings Photography/Digital Light Source; **416** (t)American Museum of Natural History, (b)Pedro Guzman; **417** John King/Alamy; **418** Hutchings Photography/Digital Light Source; **419** Eric James/Alamy; **422** (t)Ingram Publishing, (b)James Brunker/Alamy; **425** (2)McGraw-Hill Education, (others)Hutchings Photography/Digital Light Source; **426** Gyro Photography/amanaimagesRF/Getty Images; **427** Hutchings Photography/Digital Light Source; **429** (t)Corbis, (b)Hutchings Photography/Digital Light Source; **432** 3 4)McGraw-Hill Education, (others)Hutchings Photography/Digital Light Source; **433** Reuters/Corbis; **434** C. Sherburne/PhotoLink/Getty Images; **435** (l) Purestock/SuperStock, (r) Thinkstock/Getty Images; **438** (t to b) Digital Vision Ltd./SuperStock, Testra Images/Getty Images, Creatas/PictureQuest, C. Sherburne/PhotoLink/Getty Images; **439** Thinkstock/Getty Images; **440** (2)McGraw-Hill Education, (others)Hutchings Photography/Digital Light Source; **441** Hutchings Photography/Digital Light Source; **444** supershoot/Alamy; **445** Daniel H. Bailey/Alamy; **448–449** George Frey/Getty Images; **450** Peter de Clercq/Alamy; **451** Hutchings Photography/Digital Light Source; **452** (l)Jan Tadeusz/Alamy, (r)matthias engelien/Alamy; **454** (l)WIN-Initiative/Getty Images, (c)MIMOTITO/Getty Images, (r)age fotostock/SuperStock; **456** (t)WIN-Initiative/Getty Images, (b)Jan Tadeusz/Alamy; **457** (inset)NASA/Jeff Schmaltz, MODIS Land Rapid Response Team, (bkgd)Jocelyn Augustino/FEMA; **458** Kyle Niemi/U.S. Coast Guard via Getty Images; **459** Hutchings Photography/Digital Light Source; **461** Hutchings Photography/Digital Light Source; **464** (l)Amazon-Images/Alamy, (c)Mike Olbinski Photography/Getty Images, (r)mediacolor's/Alamy; **465** Eric Nguyen/Corbis; **466** StockTrek/Getty Images; **467** AP Photo/Dick Blume, Syracuse Newspapers; **468** Eric Nguyen/Corbis; **470** Signature Exposures Photography by Shannon Bileski/Getty Images; **471** Hutchings Photography/Digital Light Source; **472** National Oceanic and Atmospheric Administration (NOAA); **474** Dennis MacDonald/Alamy; **475** (r)National Oceanic and Atmospheric Administration (NOAA), (b)Dennis MacDonald/Alamy; **476** (t)Aaron Haupt, (others)Hutchings Photography/Digital Light Source; **478** (t)Peter de Clercq/Alamy, (c)AP Photo/Dick Blume, Syracuse Newspapers, (b)matthias engelien/Alamy; **481** George Frey/Getty Images; **484–485** Ashley Cooper/Corbis; **486** Egmont Strigl/Getty Images; **490** (tl)Rolf Hicker/age fotostock, (tc)nancykennedy/iStockphoto.com, (tr)Radius Images/Getty Images, (bl)Andoni Canela/age fotostock, (br)Steve Cole/Getty Images; **492** imagebroker/Alamy; **493** (t)Rolf Hicker/age fotostock, (b)Purestock/SuperStock; **494** (5)McGraw-Hill Education, (others)Hutchings Photography/Digital Light Source; **495** Quasarphoto/Getty Images; **496** (t)Hutchings Photography/Digital Light Source, (b)©Ragnar Th Sigurdsson/Arctic Images/Alamy; **502** ©Ragnar Th Sigurdsson/Arctic Images/Alamy; **503** American Museum of Natural History; **504** Ashley Cooper/Alamy; **505** Hutchings Photography/Digital Light Source; **507** Chris Cheadle/Getty Images; **508** ©Pete Ryan/National Geographic Image Collection/Alamy; **510** Bruce Harber/age fotostock; **511** (t)Chris Cheadle/Getty Images, (b)Bruce Harber/age fotostock; **512** (4 6 r)Hutchings Photography/Digital Light Source, (others)McGraw-Hill Education; **514** (t)Andoni Canela/age fotostock, (c)Quasarphoto/Getty Images, (b)©Pete Ryan/National Geographic Image Collection/Alamy; **517** Ashley Cooper/Corbis; **524–525** Gallo Images/Corbis; **526** Pixtal/age fotostock; **527** (t)Hutchings Photography/Digital Light Source, (b)Digital Vision/Getty Images; **529** (t)altrendo nature/Getty Images, (c)Stocktrek Images/Getty Images, (b)Neil Emmerson/Getty Images; **531** (t)Hutchings Photography/Digital Light Source, (b)Stephen Frisch/McGraw-Hill Education; **534** (t)Pixtal/age fotostock, (b)Neil Emmerson/Getty Images; **535** American Museum of Natural History; **536** Fuse/Getty Images; **537** (t)Hutchings Photography/Digital Light Source, (b)PhotoLink/Getty Images; **538** Hutchings Photography/Digital Light Source; **539** (l)Matti Suopajarvi/mattisj/Getty Images, (r)Lester V. Bergman/Corbis; **540** Ralph A. Clevenger/Corbis; **541** Hutchings Photography/Digital Light Source; **543** Matti Suopajarvi/mattisj/Getty Images; **544** Hutchings Photography/Digital Light Source; **545** Rich Reid/Getty Images; **546** (t)Hutchings Photography/Digital Light Source, (b)James Leynse/Corbis; **547** (t)Photofusion Picture Library/Alamy, (r)Paolo Messina Photography/Getty Images; **548** DK Limited/Corbis; **549** (t)Nick Hawkes; Ecoscene/Corbis, (bl br)Hutchings Photography/Digital Light Source; **550** NASA images courtesy the MODIS Rapid Response Team; **551** (t)Paolo Messina Photography/Getty Images, (c)Nick Hawkes; Ecoscene/Corbis, (b)Hutchings Photography/Digital Light Source; **552** (6)McGraw-Hill Education, (others)Hutchings Photography/Digital Light Source; **553** Hutchings Photography/Digital Light Source; **554** (t)Digital Vision/Getty Images, (b)Paolo Messina Photography/Getty Images; **557** Gallo Images/Corbis; **560–561** Frank Krahmer/Getty Images; **562** David Doubliet/National Geographic Stock; **563** (t)Hutchings Photography/Digital Light Source, (b)Image by Reto Stockli, NASA/Goddard Space Flight Center. Enhancements by Robert Simmon.; **564** (t)M.E. Young/USGS, (b)Pixtal/SuperStock; **565** Hutchings Photography/Digital Light Source; **567** (t)Arnulf Husmo/Getty Images, (c)Kazuhiro Nogi/AFP/Getty Images, (b)Peter Ryan/Photo Researchers, Inc.; **568** (tl)Guillen Photography/UW/USA/Gulf of Mexico/Alamy, (tr)Island Effects/Getty Images, (b)Dante Fenolio/Science Source; **570** (t)M.E. Young/USGS, (b)Dante Fenolio/Science Source; **571** (t)NOAA PMEL Vents Program, (r)American Museum of Natural History, (bkgd)Ralph White/Corbis; **572** Henk Badenhorst/Getty Images; **573** Hutchings Photography/Digital Light Source; **576** Bill Brooks/Alamy; **578** Bill Brooks/Alamy; **580** Jacques Descloitres, MODIS Rapid Response Team, NASA/GSFC; **581** (t)Hutchings Photography/Digital Light Source, (b)©Ben Welsh/Corbis;

Credits

585 Hutchings Photography/Digital Light Source; **587** (t)Hutchings Photography/Digital Light Source, (c bl)Jill Braaten/McGraw-Hill Education; **588** Chris Cheadle/age fotostock; **589** T. O'Keefe/PhotoLink/Getty Images; **590** (tl)©ZUMA Press, Inc./Alamy, (b)NASA; **591** (tl)LOOK Die Bildagentur der Fotografen GmbH/Alamy, (tr)©S. Zankl/age fotostock, (b)Ricardo Aguiar/age fotostock; **592** (t)Darryl Leniuk/Getty Images, (b)Timothy G. Laman/National Geographic/Getty Images; **593** (t)Steve Allen/Brand X/Corbis, (b)Hulteng/MCT/Newscom; **594** Clouds Hill Imaging Ltd./Science Source; **595** (t)Ricardo Aguiar/age fotostock, (c)Timothy G. Laman/National Geographic/Getty Images, (bl)Clouds Hill Imaging Ltd./Science Source, (br)Steve Allen/Brand X/Corbis; **596** (t to b)McGraw-Hill Education, Mark Carwardine/Photolibrary/Getty Images, ©Nature Picture Library/Alamy, Mark Carwardine/Peter Arnold/Getty Images, Digital Vision/PunchStock; **597** ©Nature Picture Library/Alamy; **598** (t to b)David Doubilet/National Geographic Stock, Henk Badenhorst/Getty Images, Jacques Descloitres, MODIS Rapid Response Team, NASA/GSFC, Timothy G. Laman/National Geographic/Getty Images; **600** Bill Brooks/Alamy; **601** Frank Krahmer/Getty Images; **604–605** Jon Spaull/Getty Images; **606** Paul Souders/Corbis; **607** Hutchings Photography/Digital Light Source; **608** (t)©NPS photo by American Geological Society, (b)Yann Arthus-Bertrand/Corbis; **611** (t) Hutchings Photography/Digital Light Source, (tl)NASA/James Yungel; **612** (t)©Accent Alaska.com/Alamy, (c)Paul Nicklen/National Geographic Creative, (b)Ted Spiegel/National Geographic Creative; **613** (t)Bruce F. Molnia, U.S. Geological Survey, (b)William O. Field, National Snow and Ice Data Center; **615** (t c)NASA/Goddard Space Flight Center Scientific Visualization Studio Thanks to Rob Gerston (GSFC)for providing the data., (b)HuntedDuck/Getty Images; **616** ThinkStock/SuperStock; **617** Garry McMichael/Photo Researchers, Inc.; **618** Andreas Strauss/Getty Images; **620** Hutchings Photography/Digital Light Source; **622** Garry McMichael/Photo Researchers, Inc.; **623** Hutchings Photography/Digital Light Source; **624** Jason Edwards/Getty Images; **625** Hutchings Photography/Digital Light Source; **628** (t)Custom Life Science Images/Alamy, (c)Brand X Pictures/PunchStock, (b)Tom Uhlman/Alamy; **629** U.S. Fish & Wildlife Service/Midwest Region; **630** (t)Hutchings Photography/Digital Light Source, (b)Kevin Fleming/Corbis; **631** (t)Jason Edwards/Getty Images, (c)Brand X Pictures/PunchStock, (b)U.S. Fish & Wildlife Service/Midwest Region; **632** (t)McGraw-Hill Education, (others)Hutchings Photography/Digital Light Source; **633** Pete McBride/National Geographic Stock; **634** (c)Andreas Strauss/Getty Images, (b)Brand X Pictures/PunchStock; **636** Tom Uhlman/Alamy; **637** (l)©NPS photo by American Geological Society, (c)Yann Arthus-Bertrand/Corbis, (r)Jon Spaull/Getty Images; **640–641** Tyrone Turner/National Geographic Stock; **642** stanley45/iStock/Getty Images; **643** Spencer Grant/PhotoEdit; **646** Creatas/SuperStock; **647** (t)Simon Fraser/Photo Researchers, (b)Hutchings Photography/Digital Light Source; **650** Creatas/SuperStock; **651** George Diebold/Getty Images; **652** Unlisted Images/PhotoLibrary; **653** Russel Illig/Photodisc/Getty Images; **654** Clynt Garnham Renewable Energy/Alamy; **658** (t)Clynt Garnham Renewable Energy/Alamy, (c)Russel Illig/Photodisc/Getty Images, (b)Unlisted Images/PhotoLibrary; **660** Tyrone Turner/National Geographic Stock; **661** ©Eye Ubiquitous/Alamy; **664** Karen Huntt/Getty Images; **665** Steve Hillebrand/USFWS; **666** (t)Karen Huntt/Getty Images, (b)Steve Hillebrand/USFWS; **667** (t)©Saxon Holt/Alamy, (b)Courtesy of Armour Homes, LLC; armourh.com, (bkgd)Jim Watson/AFP/Getty Images; **668** Kris Hanke/Getty Images; **669** Michelle D. Bridwell/PhotoEdit; **670** Klaus Nigge/Getty Images; **671** Hutchings Photography/Digital Light Source; **673** (t)Klaus Nigge/Getty Images, (b)Kris Hanke/Getty Images; **675** Corbis/SuperStock; **676** (t) stanley45/iStock/Getty Images, (b)Steve Hillebrand/USFWS; **679** Tyrone Turner/National Geographic Stock; **686–687** Stocktrek/age fotostock; **688** NASA and The Hubble Heritage Team (AURA/STScI); **689** Hutchings Photography/Digital Light Source; **691** Hutchings Photography/Digital Light Source; **692** (inset)NASA, (bkgd)NASA; **693** (t)Images Etc Ltd/Getty Images, (b)Chas Beichman and Angelle Tanner/JPL/NASA, (inset)Time & Life Pictures/Getty Images; **694** NASA; **695** (t)NASA/JPL-Caltech/STScI/CXC/SAO, (b)NASA/GSFC; **696** (t)Time & Life Pictures/Getty Images, (b)NASA; **697** (1 6 7) Digital Light Source, (others)McGraw-Hill Education; **698** Stockbyte/Alamy; **699** (t)Hutchings Photography/Digital Light Source, (b)©Stocktrek/age fotostock; **700** (l)NASA Marshall Space Flight Center (NASA-MSFC), (cl) NASA, (cr)NASA/JPL, (r)Stocktrek/Corbis; **701** (l)AP Images, (c)NASA/JPL, (r) Atlas Photo Bank/Photo Researchers, Inc; **702** (l r)NASA, (c)Stocktrek/age fotostock; **703** (t)Hutchings Photography/Digital Light Source, (b)Alex Bartel/Photo Researchers, Inc.; **704** (t)©Stocktrek/age fotostock, (c)NASA/JPL, (bl)Alex Bartel/Photo Researchers, Inc., (br)Hutchings Photography/Digital Light Source; **706** NASA/JPL/University of Arizona; **707** (t)Hutchings Photography/Digital Light Source, (b)SOHO (NASA & ESA); **708** (l)NASA/Johns Hopkins University Applied Physics Laboratory/Carnegie Institution of Washington., (r)©NASA/epa/Corbis; **709** (l)Craig Attebery/NASA, (r)NASA/Johns Hopkins University Applied Physics Laboratory/Southwest Research Institute (NASA/JHUAPL/SwRI); **710** (t)Michael Hixenbaugh/National Science Foundation, (b)Hutchings Photography/Digital Light Source; **711** (t) Arco Images GmbH/Alamy, (bl)NASA/JPL/DLR, (br)NASA/JPL/University of Arizona/University of Colorado; **712** (t)NASA/Ames Wendy Stenzel, (b) NASA/Goddard Space Flight Center Scientific Visualization Studio; **713** (t) NASA/Johns Hopkins University Applied Physics Laboratory/Southwest Research Institute (NASA/JHUAPL/SwRI), (c)NASA/JPL/University of Arizona/University of Colorado, (r)NASA/Johns Hopkins University Applied Physics Laboratory, (b)NASA/Goddard Space Flight Center Scientific Visualization Studio; **714** (r b)Hutchings Photography/Digital Light Source, (others) McGraw-Hill Education; **715** Hutchings Photography/Digital Light Source; **716** (t)NASA, (c)©Stocktrek/age fotostock, (b)Michael Hixenbaugh/National Science Foundation; **718** NASA/JPL/Cornell; **719** Stocktrek/age fotostock; **722–723** O. Alamany & E. Vicens/Corbis; **724** NASA Human Spaceflight Collection; **725** (t)Hutchings Photography/Digital Light Source, (b)SOHO (ESA & NASA); **726** Hutchings Photography/Digital Light Source; **732** SOHO (ESA & NASA); **733** Hutchings Photography/Digital Light Source; **734** NASA; **735** Hutchings Photography/Digital Light Source; **737** (c)NASA/JPL/USGS, (bl)ClassicStock/Alamy, (others)Lunar and Planetary Institute; **738** Hutchings Photography/Digital Light Source; **739** Eckhard Slawik/Photo Researchers, Inc.; **740** (c)Lunar and Planetary Institute, (b)Eckhard Slawik/Photo Researchers, Inc.; **741** NASA; **742** Jacques Descloitres, MODIS Rapid Response Team at NASA GSFC; **743** Hutchings Photography/Digital Light Source; **744** Hutchings Photography/Digital Light Source; **747** Robert Estall photo agency/Alamy; **750** (2)McGraw-Hill Education, (others) Hutchings Photography/Digital Light Source; **751** (t)NASA, (c)m-gucci/Getty Images, (b)Brian E. Kushner/Getty Images; **752** Eckhard Slawik/Photo Researchers, Inc.; **755** O. Alamany & E. Vicens/Corbis; **758–759** NASA/JPL/Space Science Institute; **760** UVimages/amanaimages/Corbis; **761** (t) Hutchings Photography/Digital Light Source, (b)Diego Barucco/Alamy; **763** NASA/JPL; **765** Hutchings Photography/Digital Light Source; **766** UVimages/amanaimages/Corbis; **767** (t)Josef Muellek/Getty Images, (cl) American Museum of Natural History; **768** ESA/DLR/FU Berlin (G. Neukum); **769** (t)Hutchings Photography/Digital Light Source, (bl)NASA/Johns Hopkins University Applied Physics Laboratory/Carnegie Institution of Washington, (bcl)NASA, (bcr)NASA Goddard Space Flight Center, (br)NASA/JPL/Malin Space Science Systems; **770** (l)NASA/Johns Hopkins University Applied Physics Laboratory/Carnegie Institution of Washington; **771** NASA/JPL; **772** (tl)NASA, (r)Image Ideas/PictureQuest, (bl)Comstock/JupiterImages; **773** (tl)NASA/JPL, (b)NASA/JPL/University of Arizona; **774** (t)NASA/Johns Hopkins University Applied Physics Laboratory/Carnegie Institution of Washington, (c)Comstock/JupiterImages, (bl)NASA; **776** NASA/JPL; **777** (l)NASA/JPL/USGS, (cl)NASA and The Hubble Heritage Team (STScI/AURA)Acknowledgment: R.G. French (Wellesley College), J. Cuzzi (NASA/Ames), L. Dones (SwRI), and J. Lissauer (NASA/Ames), (cr r)

Credits

NASA/JPL; **778** NASA/JPL; **780** (bl)NASA/ESA and Erich Karkoschka, University of Arizona, (others)NASA/JPL/Space Science Institute; **781** NASA/JPL; **782** (t b)NASA/JPL, (c)NASA/JPL/USGS; **783** Frederick M. Brown/Getty Images; **784** Gordon Garradd/SPL/Photo Researchers, Inc.; **785** Hutchings Photography/Digital Light Source; **786** (l)Dr. R. Albrecht, ESA/ESO Space Telescope European Coordinating Facility; NASA, (tr)NASA, ESA, and J. Parker (Southwest Research Institute), (br)NASA, ESA, and M. Brown (California Institute of Technology); **787** (l to r, t to b)NASA/JPL/JHUAPL, NASA/JPL/JHUAPL, NASA/JPL/USGS, Ben Zellner (Georgia Southern University), Peter Thomas (Cornell University), NASA/ESA,Rawan Hussein/Alamy Stock Photo, NASA/JPL-Caltech; **788** (t)Jonathan Blair/Corbis, (b)Hutchings Photography/Digital Light Source; **789** (t)NASA/JPL/USGS, (c)Gordon Garradd/SPL/Photo Researchers, Inc., (bl)Jonathan Blair/Corbis, (br)Rawan Hussein/Alamy Stock Photo; **790** Hutchings Photography/Digital Light Source; **791** Hutchings Photography/Digital Light Source; **794** NASA Goddard Space Flight Center; **795** NASA/JPL/Space Science Institute; **798–799** NASA, ESA, and S. Beckwith (STScI)and the HUDF Team; **800** Stephen & Donna O'Meara/Photo Researchers, Inc.; **801** (t)Hutchings Photography/Digital Light Source, (b)Joseph Baylor Roberts/Getty Images; **803** (tl)Robert Gendler/Stocktrek Images/Getty Images, (tr)NASA/CXC/MIT/H. Marshall et al., (cl)NASA/JPL-Caltech/E. Churchwell (University of Wisconsin), (cr)NASA/JPL-Caltech/Univ. of Virginia, (b)Hutchings Photography/Digital Light Source; **807** (t to b) McGraw-Hill Education, Brand X Pictures/PunchStock, Aaron Haupt, Hutchings Photography/Digital Light Source; **808** Science Source/Photo Researchers, Inc; **809** Digital Vision/PunchStock; **810** Hutchings Photography/Digital Light Source; **811** (t to b)Jerry Lodriguss/Photo Researchers, Inc., Naval Research Laboratory, SOHO Consortium, ESA, NASA, Arctic-Images/Getty Images; **812** (t)Heidi Schweiker/WIYN and NOAO/AURA/NSF, (b)NOAO/AURA/NSF; **814** (t)Jerry Lodriguss/Photo Researchers, Inc., (bl)Heidi Schweiker/WIYN and NOAO/AURA/NSF, (br)NOAO/AURA/NSF; **815** STEREO Stereoscopic Observations Constraining the Initiation of Polar Coronal Jets S. Patsourakos, E.Pariat, A. Vourlidas, S. K. Antiochos, J. P. Wuesler/NASA; **816** NASA; **817** Hutchings Photography/Digital Light Source; **820** Hutchings Photography/Digital Light Source; **821** (t)X-ray: NASA/CXC/SAO; Optical: NASA/STScI, (b)NASA, The Hubble Heritage Team (STScI/AURA), Y.-H. Chu (UIUC), S. Kulkarni (Caltech)and R. Rothschild (UCSD); **822** (l)NASA, The Hubble Heritage Team (STScI/AURA), Y.-H. Chu (UIUC), S. Kulkarni (Caltech)and R. Rothschild (UCSD), (r)NASA; **823** Aaron Haupt; **824** NASA/Hubble Heritage Team; **825** NASA/Alamy; **826** (t)NASA, ESA, M. Livio and the Hubble Heritage Team (STScI/AURA), (c)Robert Gendler/NASA, (b)NASA, ESA, and The Hubble Heritage Team (STScI/AURA); **827** STS-82 Crew/STScI/NASA; **831** NASA/Alamy; **832** McGraw-Hill Education; **833** (t)Hutchings Photography/Digital Light Source, (b)NASA/JPL-Caltech, (inset)Brand X Pictures/PunchStock, (inset)NASA/JPL-Caltech/S. Willner (Harvard-Smithsonian Center for Astrophysics); **836** Robert Gendler/NASA; **SR-0–SR-1** Gallo Images - Neil Overy/Getty Images; **SR-2** Hutchings Photography/Digital Light Source; **SR-6** Michell D. Bridwell/PhotoEdit; **SR-7** (t)McGraw-Hill Education, (b)Dominic Oldershaw; **SR-8** StudiOhio; **SR-9** Timothy Fuller; **SR-10** Aaron Haupt; **SR-12** KS Studios; **SR-13** Matt Meadows; **SR-47** Matt Meadows; **SR-48** (l)NIBSC/Photo Researchers, Inc., (c)Stephen Durr, (r)Datacraft Co Ltd/imagenavi/Getty Images; **SR-49** (t)Ed Reschke/Photolibrary/Getty Images, (r)Andrew Syred/Science Photo Library/Photo Researchers, (br)Rich Brommer; **SR-50** (l)Lynn Keddie/Photolibrary/Getty Images, (tr)©Steven P. Lynch, (br)R. Aaron Raymond/Radius Images/Getty Images; **SR-51** ©Gallo Images/Corbis.